《中国河湖大典》编纂委员会 编著
Compiled by: Editorial Committee of
Encyclopedia of Rivers and Lakes in China

中国河湖大典

ENCYCLOPEDIA OF RIVERS AND LAKES IN CHINA

【西南诸河卷】
SECTION OF RIVER BASINS IN SOUTHWEST REGION

中国水利水电出版社
China Water & Power Press

封面题字 敬正书

图书在版编目（CIP）数据

中国河湖大典 = Encyclopedia of rivers and lakes in China. 西南诸河卷 /《中国河湖大典》编纂委员会编著. -- 北京：中国水利水电出版社，2014.11
 ISBN 978-7-5170-2699-0

Ⅰ. ①中… Ⅱ. ①中… Ⅲ. ①河流－概况－中国②湖泊－概况－中国③河流－概况－西南地区④湖泊－概况－西南地区 Ⅳ. ①K928.4

中国版本图书馆CIP数据核字(2014)第269187号

审图号：GS（2014）930号

书　名	中国河湖大典　西南诸河卷 ENCYCLOPEDIA OF RIVERS AND LAKES IN CHINA SECTION OF RIVER BASINS IN SOUTHWEST REGION
版　权	《中国河湖大典》编纂委员会 中国水利水电出版社
出版发行	中国水利水电出版社 （北京市海淀区玉渊潭南路1号D座　100038） 网址：www.waterpub.com.cn E-mail：sales@waterpub.com.cn 电话：（010）68367658（发行部）
经　售	北京科水图书销售中心（零售） 电话：（010）88383994、63202643、68545874 全国各地新华书店和相关出版物销售网点
排　版	中国水利水电出版社微机排版中心
印　刷	北京新华印刷有限公司
规　格	210mm×285mm　16开本　23.75印张　1106千字　3插页
版　次	2014年11月第1版　2014年11月第1次印刷
印　数	0001—3000册
定　价	**238.00元**

凡购买我社图书，如有缺页、倒页、脱页的，本社发行部负责调换

版权所有·侵权必究

《中国河湖大典》编纂委员会

主　任：敬正书

副主任：矫　勇　　周　英　　陈小江

委　员：（按姓名笔画排序）

于　睿	于丛乐	王世江	王仕尧	王扬俊	王全胜	王孝忠
王宏江	王忠法	王晓东	戈　锋	文　明	邓　坚	叶建春
叶勇义	史会云	白玛旺堆	匡尚富	吕振霖	仲　刚	朱开茗
朱芳清	朱宪生	任宪韶	庄　先	刘　震	刘水在	刘兰育
刘伟民	刘雅鸣	汤鑫华	许文海	孙砚方	孙晓山	孙继昌
孙雪涛	纪　冰	杜昌文	李代鑫	李英明	李国英	李洪波
李清林	杨志英	肖　友	吴存荣	吴洪相	冷　刚	宋光禄
宋继峰	张红兵	张志彤	张拓原	张金如	张绮文	张嘉毅
张德新	陆　兵	陈　川	岳中明	金俊杰	周日方	周运龙
周学文	郑连第	赵　伟	赵文元	钟想廷	段安华	袁进琳
耿福明	顾　浩	党连文	钱　敏	高　波	高而坤	黄柏青
盛维德	康国玺	宿　政	彭述明	董克义	韩乃义	程　静
焦志忠	谢承或	蔡其华	谭策吾	黎　平	滕胜叶	潘军峰
戴军勇						

主　编：敬正书

常务副主编：顾　浩　　郑连第

副主编：蔡其华　李国英　钱　敏　邓　坚　任宪韶　岳中明　党连文
　　　　叶建春　刘雅鸣　匡尚富　汤鑫华　戴定忠　胡昌支

《中国河湖大典》专家组

组　　长：郑连第

副组长：焦得生

成　　员：陆孝平　窦以松　李文堙　窦鸿身　赵魁义　徐根才　张卫东

《中国河湖大典》编纂委员会办公室

主　　任：胡昌支

副主任：穆励生　王　丽

成　　员：（按姓名笔画排序）

　　　　　马爱梅　王可欣　王海琴　王德鸿　冯红春　纪　红　吉鑫丽
　　　　　曲大鹏　杜丙照　李忠胜　李金玲　吴　娟　崔志强　程　锐

《西南诸河卷》终审专家：（按姓名笔画排序）

　　　　　丁泽民　冯明祥　张卫东　郑连第　赵　伟　赵广和　钟　勇
　　　　　焦得生

《西南诸河卷》编纂委员会

主　　任：蔡其华　刘雅鸣
副 主 任：马建华　魏山忠
委　　员：刘振胜　胡甲均　徐德毅
　　　　　吴志广　王志宏　王新才
　　　　　周刚炎　王百恒　季昌化
　　　　　张晓宁　李　杰　达娃扎西
　　　　　王　宏　陈　坚　李苦峰
主　　编：蔡其华　刘雅鸣
副 主 编：魏山忠　季昌化
执行主编：徐德毅　王志宏
执行副主编：胡早萍　别道玉
　　　　　　钟小珍（常务）
审　　稿：刘振胜　王新才　张明光
　　　　　周刚炎　王百恒　别道玉
　　　　　季昌化　陈炳金　史立人
　　　　　罗钟毓　邱忠恩　钟小珍
统　　稿：陈炳金　史立人　邱忠恩
　　　　　钟小珍
水系图编制：史立人　陈炳金
　　　　　　黄重力　莫小青
审　　图：史立人　陈炳金　高圣益
　　　　　张　力
计算机制图：王　芳　张　伟　汪利敏
撰　　稿：史立人　石铭鼎　陈炳金
　　　　　邱忠恩
表格编制：邱忠恩　陈炳金
照片提供：史立人　钟小珍　张　宾
　　　　　潘一学　王绒艳　常增兵
编　　辑：王　振　陈　辉

《西南诸河卷》编纂人员名单

青海省水利厅

审　　稿：刘锡宁（审定）孙爱霞
　　　　　王绒艳（审核）周莞荪
　　　　　崔德维　云　涌
　　　　　韩　荣（审查）
撰　　稿：王绒艳　杜文忠
摄　　影：霍列东　王武龙　王江波
　　　　　王晓轶　李书海　王发玉
照片提供：王绒艳
编　　图：杜文忠
制　　表：王绒艳　杜文忠

云南省水利厅

主　　任：李　林
副 主 任：李苦峰　伍立群　王长青
　　　　　傅　骅
委　　员：潘一学　曹矿君　王红鹰
　　　　　朱远高　肖　林
审　　稿：伍立群　王红鹰　朱远高
　　　　　潘一学
统　　稿：潘一学　王红鹰　畅　进

撰　稿：潘一学　曹矿君　赵金梅
　　　　陈建琦　胡大琼　杨王宏
摄　影：潘一学　牛　涛　李　恩
　　　　冯健康　汪祖恩　江　波
　　　　尹以亮　王文宝　苏建宏
　　　　涂　毅　白丽清　段朝雄
　　　　叶新民　赵兴周　王庭富
　　　　张延平　熊文华　张立安
　　　　朱远高　舍付兰　蔡文静
编　图：张应亮　兰学友　包艳飞
制　表：张应亮　曹矿君　杨志泉

西藏自治区水利厅

主　任：张承红

副主任：李克恭

成　员：肖长伟　周大才　王　宏
　　　　周建华　方桂林　邓来清
　　　　格桑巴珠　冯全生　洪　强
　　　　扎　西　王怀恩

审　稿：李克恭　巩同梁　谢玉红
　　　　西　曲　贡嘎次仁　杨德昌
　　　　黄秀霞　皇甫大林　扎　西
　　　　张　鹰　何凤良　刘　强
　　　　严官隅　江　娟　何　钢
　　　　宗　嘎　刘　伟

统　稿：唐述君　王　静　罗再均
　　　　陈　燕

撰　稿：周同生　唐述君　张　宾
　　　　周克勤　李　艳
　　　　窦鸿身　范云崎　史复详

摄　影：张　宾　陈尚志　何　军
　　　　罗小和　张尚忠　刘绍卿
　　　　谢述清　尼玛次仁
　　　　格桑平措　赵军详

照片提供：张　宾　丘　勇

编　图：汪银奎　王　静　雷晓洪
　　　　江玉吉　达　卓　巴桑赤烈

制　表：周克勤　李　艳　达　平
　　　　罗伟峰　杨　培　张红艳
　　　　欧　珠

编修当代水经　服务千秋伟业
——《中国河湖大典》序

　　水是人类和一切生物生存的物质基础，是发展经济、保护环境、改善民生的基础性自然资源和战略性经济资源。我国幅员辽阔，地形多样，气候复杂，河湖众多，流域面积超过 1 000 平方千米的河流有 1 500 多条，湖水面积在 1 平方千米以上的湖泊达 2 939 个。先民逐水而居，以水为伴，既享受江河湖泊的恩惠，也遭受洪魔旱魃的侵扰。从大禹治水开始，中华民族始终在同水旱灾害作斗争。上下 5 000 年，一部中国历史，从一定意义上讲，也是中国人民兴水利、除水害的历史。

　　"善治国者先治水"。新中国成立以来，党和政府带领全国人民开展了大规模水利建设，初步形成了防洪、排涝、灌溉、供水、发电等比较完整的水利工程体系，全国已建成江河堤防 28.69 万千米，是新中国成立之初的 7 倍，相当于环绕地球赤道 7 圈多；各类水库数量从 1 223 座增加到 2008 年的 86 353 座，总库容从约 200 亿立方米增加到 6 924 亿立方米；供水量从 1 031 亿立方米增加到 5 828 亿立方米；农田有效灌溉面积从新中国成立之初的 2.4 亿亩扩大到目前的 8.77 亿亩；累计解决了 2.72 亿农村人口的饮水困难和 1.65 亿农村人口的饮水不安全问题，以及 3 亿多无电人口的用电问题；治理水土流失面积 101.6 万平方千米。我国以占世界 6%的淡水资源、9%的耕地养育了占世界 21%的人口并向全面小康社会迈进，这是中华民族 5 000 年文明史上前所未有的伟大成就，也是中国人民对世界发展作出的巨大贡献。

　　当前和今后一个时期，我国正处于全面建设小康社会、加快推进社会主义现代化的关键阶段。人多水少，水资源时空分布不均、水土资源与生产力布局不相匹配，是我国将要长期面对的基本水情。特别是受全球气候变化影响，近年来我国极端水旱灾害事件呈多发频发突发趋势，洪涝灾害、干旱缺水、水体污染和水土流失等水问题更加复杂。党和政府高度重视解决水问题，把节约资源、保护环境作为基本国策，大力倡导并深入落实科学发展观。水利部门结合实际提出了可持续发展治水思路，坚持以人为本，坚持人与自然和谐，以民生水利发展为重点，以节水防污型社会建设为途径，以水资源可持续利用为目标，对水资源进行合理开发、高效利用、综合治理、优化配置、全面节约、有效保护和科学管理，推进传统水利向现代水利、可持续发展水利转变，以水资源的可持续利用保障经济社会的可持续发展。我们期望并且坚信，到2020年我国全面建设小康社会目标实现之时，人民群众的防洪安全将得到可靠保障，城乡居民普遍享有安全清洁的饮用水，水环境和水生态状况显著改善，祖国的山更绿、水更清、天更蓝。

盛世修典是中华民族的优良传统。作为水资源主要载体和水旱灾害的地表源头，河流和湖泊历来受到高度重视，描述河湖的文献成为中华民族文化宝库中的重要典藏。公元6世纪郦道元所著的《水经注》，以更早记载我国江河水道的古书——《水经》为纲，溯源探流，访渎搜渠，以辞约意丰、情韵悠然的笔触，记述了1 500多年前我国自然地理、人文地理、历史地理面貌，成为后世人们了解全国水资源、水环境及其开发利用状况的主要依据。其后，历代也出现过一些描述河湖的文献，但其内容的广度和深度都无法与《水经注》相比。今人为此作出过很多努力，出版了一些有关中国河湖及水资源的书籍，但仍未能反映我国河湖水系的全貌。新世纪以来，随着经济社会发展和水资源条件变化，随着治水思路调整和水利实践深入，编纂出版《中国河湖大典》（以下简称《大典》），全面、准确地反映我国江河湖泊的历史和现状，弘扬、传承中华水文化，引导社会科学治水，维护河流生态健康，自然成为水利人和各界有识之士的迫切愿望与神圣使命。

水利部党组高度重视《大典》的编纂出版工作。2004年3月，水利部原部长汪恕诚同志作出批示，请时任水利部党组副书记、副部长的敬正书同志担任全书编委会主任兼主编，组成了由有关司局、流域机构及有关各省、市、自治区水利（务）厅（局）等单位负责人为委员的编委会，下设编委会办公室，组织有关专家成立全书专家组；各流域机构和地方水利部门也成立了相应的工作机构，组织了精干力量。敬正书同志不仅亲自著书、审稿，还多次深入各地指导编纂工作，协调处理编纂过程中遇到的各种困难，创造性地解决了大量关键难题，付出了巨大辛劳。各地撰稿人员和有关专家孜孜不倦、辛勤耕耘，或埋头著述，或字斟句酌，或旁征博引，或探幽发微，奠定了《大典》的基础。全书编委会办公室（中国水利水电出版社）和各地编纂办公室工作人员上下沟通，多方协调，充分发挥了桥梁和纽带作用。《大典》涉及编纂人员数千人，既有水利系统领导干部，也有系统内外专业人才，既有水利水电专家，也有地理学科权威。作者阵容之强大，组织工作之繁复，我国水利出版史鲜见。编纂工作不仅要对已有资料进行系统梳理与整编，还要对许多无人区进行开创性勘探、调查与研究；不仅要纠正历史讹误，明辨是非曲直，努力正本清源，还要秉持科学理念，描绘崭新实践，充实时代元素；不仅要善于突破地理盲区，还要勇于超越思想藩篱。可以说，《大典》不仅是我国江河湖泊面貌和水利实践过程的真实写照，也是"献身、负责、求实"水利行业精神的具体展现。借此机会，谨向参与编纂出版工作的同志们表示由衷的敬意和诚挚的感谢!

《大典》以我国河流湖泊的当代水文水资源状况为主、水利工程建设情况为辅,涉及地理、历史、环境、生态、农业、文化、经济和社会等领域,以现有权威水文资料、史志资料为依托,借鉴《水经注》的行文方式,通过图文并茂的装帧版式,对我国河流湖泊的基本资料进行系统收集、整理、加工和提炼,客观描述当今中国河流湖泊的基本状况,反映21世纪初人类对江河湖泊利用、保护、治理的新理念,是一部具有重要存史价值和重大现实意义的权威工具书,可为水利部门、社会各界乃至国际人士提供新颖、系统、准确、便捷的参考信息,为我国水利事业和经济社会的可持续发展服务。

中华民族悠久灿烂的文明史,中华大地多姿多彩的水景观,孕育了具有鲜明特色的水文化。新中国成立以来波澜壮阔的治水实践和举世瞩目的治水成就,又极大地丰富和发展了水文化。在新的历史时期,我们既要充分认识传统水文化的历史意义和现实价值,对传统水文化进行科学梳理、深入挖掘和系统总结,传承和发扬先进水文化;也要从广泛生动的水利实践中汲取时代精神,在人民群众的治水行动中丰富水文化,在水利事业的发展进步中创新水文化,引导社会建立人水和谐的生产生活方式,促使水文化更好地适应经济社会健康发展的需要。《大典》的编纂是一项浩大的水文化工程,它的问世是水文化建设结出的硕果。《大典》以其所载信息的科学性、准确性、实用性、丰富性和系统性,确立了其在中国水利史册中的权威地位,堪称当代中国的《水经注》。希望广大水利干部职工珍爱《大典》,用好《大典》,使《大典》更好地服务于水利这一千秋伟业,更好地推动社会主义文化大发展大繁荣。

我相信,在科学发展观的引领指导下,在水利部门和社会各界的共同努力下,我国的水利事业必将取得更加辉煌的成就,我国的河流湖泊必将变得更加绚丽多彩、永葆生命健康。

是为序。

中华人民共和国水利部部长 陈雷

2009年9月27日

编纂说明

《中国河湖大典》(以下简称《大典》)是一部全面、科学、客观描述中国河流湖泊体系,重要河流湖泊自然、人文状况的大型典籍,由中华人民共和国水利部及其派出的流域管理机构组织各省、自治区、直辖市水行政主管部门负责人、水利系统内外相关专家学者组成的《大典》编纂委员会及其执行机构编纂完成,以供各界人士和有关方面了解或研究河流、湖泊之用。

中国幅员辽阔,不同地域气候、水文千变万化,地形、植被千差万别,河流、湖泊自然面貌千姿百态。中华民族悠久的历史又赋予这些河流湖泊深厚多彩的文化内涵。如何全面真实、深浅适度地将这些信息综合表述在统一的文本之中,现存的文献典籍鲜有可借鉴的先例。因此,编纂《大典》可以说是一项具有挑战性的工作。

《大典》编纂工作在启动伊始就受到社会各方的关注,财政部为此立项,新闻出版总署将其列入"十一五"重点图书出版规划。为保证编纂质量,编纂委员会组织水利、地理、历史等学界专家成立了专家组,各流域机构也组建了编纂机构与工作班子,广揽各方熟悉相关河湖的专家学者、工程技术人员、研究和关心河湖的人士作为撰稿人和审稿人,以使本《大典》更真实、更全面、更权威。

《大典》由序、编纂说明、分卷前言、总论、条目、插图、附表和索引等部分组成,其中条目即全书的正文,是《大典》的主体。各部分的编纂规则如下。

一、条目的含义、选列及编号

1. 含义

条目是《大典》的基本叙述单元,一般一个条目表述一条河流或一个湖泊,所指河湖包括天然河流、天然湖泊、著名的人工河流(包括运河、灌溉水系、引水渠道等)和人工湖泊(水库)。

2. 选列标准

中国河流和湖泊数量巨大,规模和影响差异悬殊,为使全书条目的总数合理,做到各地域间条目数量的大致平衡和内容相称,选列条目时河湖分为两类:第一类是在主要技术参数上达到一定规模的,第二类是规模以下但有特色或重要价值的。

(1)《大典》选列条目标准

达到一定规模的选列条目标准为:

天然河流,流域面积达到或超过1 000平方千米者(包括各级支流);

天然湖泊,水面面积达到或超过10平方千米者;

水库,总库容达到或超过1亿立方米者;

人工渠道,限规模大、历史悠久或社会影响独到者。

规模以下河湖数量众多,其中一些在自然、社会、经济、科技、环境、历史、文化、军事等领域具有突出价值或特殊影响,因此也被列入,称为规模以下列条河湖。这类条目入选的数量控制在第一类条目数量的1.0~1.5倍之间。

(2) 其他问题处理原则

1) 泉源、瀑布、湿地、水渠和水闸的列条问题。泉源、瀑布一般在相应的河流或湖泊中予以阐述；个别著名或特色突出者单独列条，但严格控制数量；各类湿地因与相关河流、湖泊不可分割，除极个别者外，没有单独列条，其内容在相关的河流、湖泊中阐述。我国水渠和水闸所形成的水域数量很大，它们都是开发治理河湖的工程，故在相应的河湖条目中给予表述。

2)"双源"或"多源"河流的列条问题。由于自然或社会的原因，少数河流没有公认的单一的主源头，而是有两个或多个并列的源头（例如，海河有潮白河、永定河、大清河、子牙河、漳卫南运河等）。此类河流通常既从整体上列选一个条目，在撰写释文时，概述部分以全河流域为撰写范围，说明此河有两个或多个并列的源头；纪实部分则从两源或多源的汇合处写起，直至入河（湖、海）口止；此外，又把两个或多个源头分别作为这条河流最上游的两条或多条支流另列条目。

3) 河网或河口的列条问题。平原河网地区，河流的干支关系与一般水系不同。《大典》把一定区域内有水流联系的水网作为一个水系列为条目；而水网中的水流如符合列条要求，就列为该水网的下一级条目。一些河流的河口，水流比较复杂，这一区域也作为一个河网予以列条。

3. 条目篇幅分档

为保持全书内容的分布均衡、繁简适当，《大典》在编纂过程中将条目按其篇幅分为7个层次：①特长条；②长条；③中长条；④中条；⑤中短条；⑥短条；⑦短短条。特长条用于极少数特别重要、内容特别丰富的河流，如长江、黄河；长条用于其他重要干流、特别重要的湖泊，如松花江、辽河、淮河、珠江、太湖、洞庭湖、鄱阳湖等；中长条用于七大流域下的重要支流、重要独流入海河流、重要内陆河流、重要湖泊和特大水库，如汉江、汾河、钱塘江、雅鲁藏布江、塔里木河、洪泽湖、三峡水库等；中条用于比较重要的河流、湖泊和水库，如文峪河、白洋淀、密云水库等；中短条用于一般的河流、一般的湖泊；短条用于其他内容偏少的河湖；短短条用于内容最少的河湖。

4. 条目编号

(1) 编号的表达形式

为便于读者阅读，《大典》对选列的河湖条目进行统一编号。每个条目都有唯一的编号，读者根据编号可以方便地查找条目在书中的准确位置。所有编号组成的体系，体现了本书列条的全国河流、湖泊的存在状况及相互关系。

条目编号的表达形式为×.×.×.×.×，其中每个"×"标示水系的一个干支层次，即几级支流。其具体编法是：

1) 从左侧开始，第一位×为流域分片的编号，也是该流域干流（一级列条河湖）的编号。水系和水系群体之间的排号顺序以东北为先，后续按顺时针方向依次排列。黑龙江及其流域片为1，辽河及其流域片为2，海河及其流域片为3，黄河及其流域片为4，淮河及其流域片为5，长江及其流域片为6，七大江河之外的独流入海河流为7，珠江及其流域片为8，海岛河流水系为9，内陆水系为10。

2) 前两位×.×为二级列条河湖编号。在相应的流域范围内，按二级列条河湖入河口在一级列条河湖干流上从上游到下游的顺序排列。湖泊水系编号与河流水系相同。

3) 前三位×.×.×为三级列条河湖编号。在相应的二级列条河湖流域范围内，按三级列条河湖入河口在二级列条河湖干流从上游到下游的顺序排列。其余依此类推。

4）条目编号示例

  6 长江   表示长江水系在全国水系中的编号为 6

  6.133 洞庭湖水系   表示洞庭湖水系在长江水系中的编号为 133

  6.133.5 湘江   表示湘江在洞庭湖水系中的编号为 5

  6.133.5.18 舂陵水   表示舂陵水在湘江水系中的编号为 18

  6.133.5.18.3 欧阳海水库 表示欧阳海水库在舂陵水水系中的编号为 3

（2）独流入海河流、内流河湖编号

《大典》把位于一个特定地区的七大江河以外的独流入海河流或内流河湖作为一个群体（例如东南诸河、广东沿海诸河、羌塘高原内流河湖等）当作一级水系进行编号，其中的河湖按上述原则依次进行编号。

（3）条目编号与条目总表

全书各卷条目按上述原则编成的条目编号体系形成《大典》条目总表，收录于《综合卷》。

5. 分卷安排

依据前述条目编号体系及各水系的地理位置，全书共分下列 10 卷：综合卷，黑龙江、辽河卷，海河卷，黄河卷，淮河卷，长江卷（上、下），东南诸河、台湾卷，珠江卷，西南诸河卷，西北诸河卷。

二、条 目 的 结 构

条目由条题、释文、示意图、照片等组成，释文是条目的主体。

1. 条题

条题由汉字条题和外文条题组成，外文条题是汉字条题对应的外文译名。

（1）一河多名

一河多名的情况甚多。《大典》规定：以国家明文规定的名字为条题，没有国家明文规定名称的河湖则以一个应用最广、在社会上影响最大的名字作为条题，其他名字则在释文中一一列出。

（2）一河分段异名

一条河流上下游可能存在不同名称。对此，《大典》只选择权威认可的或在社会上最具影响的名字作为条题。如果不具备上述条件，则选择最下游一段河名作为条题。为使读者阅读和检索方便，有必要时，在条题后加括弧注明自上而下的河段名称。

（3）多河或多湖同名

多河或多湖同名者很多。由于在正文和附录中所有条目都是按条目编号排列的，在索引中所有河湖名称后面都注有其所在页码，故同名不会出现混淆问题。少数同名者在条题后面加注了所在地区。

2. 释文

释文是条目的核心内容，其主旨是介绍中国河流、湖泊的基本情况，重点是河湖的自然状况，有关经济、工程、文化、社会、历史的内容力求简洁明了，且紧扣人与河湖的相互关系。

释文一般由三部分组成：①题解，②概述，③纪实。

（1）题解

题解是对条题的概括说明。内容包括：河湖名称、别名、少数民族语言称谓、古名，河湖类型，河系关系，河湖发源地、入河（湖、海）口，流域所处经纬度（字数少的条目省略），干流行经及支流伸展所及省、自治区、直辖市。

（2）概述

概述是对河流、湖泊宏观情况的记述，主要包括下述内容：

1）河湖要素。

天然河流：所在水系、自然环境概要、河道历史变迁、河长、流域面积、多年平均入海（河、湖）水量、输沙量。

天然湖泊：湖河关系、自然环境概要、历史变迁、湖面面积及其丰枯变化、水质及其变化等。

人工河流：功用及开发目标、水系关系、自然环境概要、河长、设计规模、建成时间等。

水库：位置、自然环境概要、功用及开发目标、坝型、坝体主要尺寸、库容、库面面积及其丰枯变化、淤积情况、建成时间等。

2）气候水文。气候、降水、蒸发、多年平均流量、冰情、历史洪水等。

3）减灾兴利。旱涝灾害、水利史概述、水资源开发、防洪、灌溉、治涝、发电、航运、城市供水、水土保持等。

（3）纪实

自源头至入河（湖、海）口，依次记述流经地段、自然状况、人与河湖相互影响，属于微观情况描述。包括：

1）自然状况。地质地貌、水流（流态、变化、特殊洪水、断流、泉源、瀑布、地下河等）、沼泽、环境与生态（植被覆盖、生物资源及其多样性、珍稀动植物）等。

2）水事工程和遗迹。重要堤防、不列条水库、渠道、灌区、灌排设施等。

3）自然资源和社会经济概况。

4）与河湖相关的自然景观与文化遗存。城邑聚落、历史事件、民族文化、风景名胜（世界文化遗产和自然遗产、国家重点文物、国家风景名胜区、国家水利风景区等）、名人胜迹（历史人物在此地值得记忆的与河湖相关的遗迹）等。

5）与条目相关的不列条河湖的特色内容的简要表述。

3. 示意图

在《大典》条目的释文中，附加了一些平面布置图或河流水系示意图、湖区示意图、库区示意图等。

4. 照片

部分条目配有照片，与释文相互印证和烘托。多数照片反映自然生态，也有部分照片反映人文和工程面貌。

5. 其他

（1）水利工程本身的描述原则

《大典》不只是水利著作，故对水利工程不作专业详述，主要记述工程在人与河湖关系中的作用，扼要地反映工程的科学技术水平。

（2）水库的描述原则

水库是作为人工湖泊而列条的。《大典》主要描述其形成、规模、形状，人与水库的关系，经济社会效益，以及相关生态、环境情况。

（3）条目与行政区划的关系

条目撰写以水系为单元，不受行政区划的分割。

三、《大典》的其他组成部分

1. 地图与水系图插页

地图与水系图分为3个层次：

(1) 全国地图

包括中国政区图、中国地形图、中国河流水系及水资源分区图等。

(2) 大流域和大地区水系图

1) 大流域水系图包括七大江河的水系图。

2) 大地区水系图包括七大江河水系以外由大地区联系的河湖水系图，涉及东南诸河、西南诸河、西北诸河等。

3) 七大江河以外无法划入大地区的河湖，根据水资源分区和流域管理范围，分别划入大流域或大地区。

(3) 重要支流水系图

一些大流域或大地区水系图比例尺较小，所展示的内容有限。因此，把大流域、大地区按大支流、干流区间或独立的小流域群分片，绘制若干支流水系图，显示相应范围内的列条河湖的流向及干支关系。

根据《大典》的宗旨，所附地图或水系图与一般的地图不同，其核心内容是河湖水系。除标出居民点等必要信息外，其他内容尽量简化。

2. 附表

(1) 全国水系一览表

列条河湖数量有限，为了更全面展示我国河湖总体情况，在《综合卷》中编列了"全国水系一览表"，把收录范围扩大为：河流流域面积100平方千米，湖泊水面面积1平方千米，水库库容100万立方米及其以上规模。

(2) 其他附表

为使读者更方便、清晰地了解各列条河湖要素及相关事项，《大典》在各卷之末增列一些附表，如"列条河流一览表"、"列条湖泊一览表"、"列条水库一览表"、"灌溉面积在2万公顷以上的灌区一览表"。

3. 索引

《大典》中河湖数量众多，相互关系错综复杂，为方便读者查阅，每卷后设"条题汉字笔画索引"、"条题外文索引"和"内容索引"。内容索引中的河湖名有黑体和宋体两种，黑体为列条河湖，宋体为列条河湖的别称、又称和未列条河湖。内容索引中宋体的河湖名在释文中用楷体标示，以方便检索。释文中标示为斜体的为列条河湖名，表示读者可在专条查阅该河湖的知识，此处不赘述。

《西南诸河卷》前言

　　西南诸河应该包括西南国际河流——元江、澜沧江、怒江、伊洛瓦底江、雅鲁藏布江、藏南诸河和藏西诸河，以及羌塘高原内陆河湖水系的西藏部分（以下简称西藏内陆河湖）。由于元江（红河）为珠江水利委员会负责编纂，已列入《中国河湖大典　珠江卷》编辑出版，因此本卷不再包含元江的相关内容。奇普恰普河水系原由《中国河湖大典　西北诸河卷》组织编写，因属印度河水系，归并本卷出版。

　　本卷所辖区域主要位于我国西南部的青藏高原和横断山地，涉及西藏、云南、青海三省（自治区）等我国地势最高的区域。西南诸河水资源、水力资源丰富，区域内蕴藏有丰富的矿藏资源，并具有众多各具特色的自然资源，因受特殊自然地理条件的制约，区域内经济社会发展缓慢，治理、开发和保护力度相对滞后。目前藏北和藏西很大部分区域还基本处于天然状态，交通闭塞，人迹罕至。《西南诸河卷》的编辑出版，重点是向广大读者反映本区域河湖的自然概况，并尽可能地记述河湖开发利用与治理保护的史实。本卷提供的河湖信息资料，期望能为本区域今后的治水事业和经济社会的可持续发展作出应有的贡献。

　　根据编纂任务分工，长江水利委员会（简称长江委）负责本卷的编纂工作。2004年8月，长江委成立了编纂委员会，负责领导、统筹总体的编纂任务，下设编纂办公室和专家组，具体负责编纂的组织及指导工作，相关省（自治区）也分别成立了编纂机构。长江委经与西藏自治区水利厅协商，委托中国科学院南京地理湖泊研究所承担西藏自治区境内湖泊水系的编写工作。从而为编纂工作的有序开展提供了保证。

　　《西南诸河卷》所列条目总计为863条（内含西藏内陆河湖398条），其中：河流557条（西藏内陆河141条）、湖泊280条（西藏内陆湖257条）、水库22座（西藏内流区没有）、水系综述4条。规模以上河流294条，规模以上湖泊268个，规模以上水库7座。从数据统计中可见，本区域水库等水利工程不多。

　　《西南诸河卷》所列附表共有4种，即《西南诸河卷列条河流一览表》《西南诸河卷列条湖泊一览表》《西南诸河卷列条水库一览表》《西南诸河卷灌溉面积在2万公顷以上的灌区一览表》。

7.14.22.4 顺濞河（Shunbi River） …… 28
7.14.22.5 歪角河（Waijiao River） …… 29
7.14.22.6 小黑河（Xiaohei River） …… 29
7.14.23 小湾水库（Xiaowan Reservoir） …… 29
7.14.24 漫湾水库（Manwan Reservoir） …… 30
7.14.25 罗闸河（Luozha River） …… 30
7.14.25.1 秧琅河（Yanglang River） …… 31
7.14.25.2 凤庆河（Fengqing River） …… 31
7.14.26 勐片河（Mengpian River） …… 31
7.14.27 大寨河（Dazhai River） …… 32
7.14.28 大朝山水库（Dachaoshan Reservoir） …… 32
7.14.29 勐戛河（Mengjia River） …… 32
7.14.29.1 昔木水库（Ximu Reservoir） …… 33
7.14.29.2 民乐河（Minle River） …… 33
7.14.30 小黑江（Xiaohei River） …… 33
7.14.30.1 弄巴水库（Nongba Reservoir） …… 35
7.14.30.2 勐董河（Mengdong River） …… 35
7.14.30.3 拉勐河（Lameng River） …… 35
7.14.30.4 勐勐河（Mengmeng River） …… 36
7.14.30.5 下允河（Xiayun River） …… 36
7.14.31 芒怕河（Mangpa River） …… 36
7.14.32 威远江（Weiyuan River） …… 36
7.14.32.1 景谷河（Jinggu River） …… 38
7.14.32.1.1 响水水库（Xiangshui Reservoir） …… 38
7.14.32.2 小黑江（Xiaohei River） …… 38
7.14.32.3 普洱大河（Puerda River） …… 39
7.14.32.3.1 思茅河（Simao River） …… 39

7.14.32.3.1.1 洗马河水库（Ximahe Reservoir） …… 39
7.14.32.3.2 南邦河（Nanbang River） …… 40
7.14.33 黑河（Heihe River） …… 40
7.14.33.1 多依林水库（Duoyilin Reservoir） …… 40
7.14.34 大中河（Dazhong River） …… 40
7.14.35 南甸河（Nandian River） …… 41
7.14.36 南昆河（Nankun River） …… 41
7.14.37 南果河（Nanguo River） …… 41
7.14.38 勐养河（Mengyang River） …… 41
7.14.39 景洪水库（Jinghong Reservoir） …… 42
7.14.40 流沙河（Liusha River） …… 42
7.14.40.1 南哈河（Nanha River） …… 43
7.14.40.1.1 曼满水库（Manman Reservoir） …… 43
7.14.40.1.2 勐邦水库（Mengbang Reservoir） …… 43
7.14.40.2 曼飞龙水库（Manfeilong Reservoir） …… 44
7.14.41 南班河（Nanban River） …… 44
7.14.41.1 普文河（Puwen River） …… 46
7.14.41.2 磨者河（Mozhe River） …… 47
7.14.41.3 南品河（Nanpin River） …… 47
7.14.42 南阿河（Nan'a River） …… 47
7.14.43 南腊河（Nanla River） …… 47
7.14.43.1 南木窝河（Nanmuwo River） …… 49
7.14.43.2 南满河（Nanman River） …… 49
7.14.44 南垒河（Nanlei River） …… 49
7.14.44.1 南腊河（Nanla River） …… 50
7.14.44.2 南览河（Nanlan River） …… 50

二、怒 江 水 系
Nujiang River Basin

7.15 怒江（Nujiang River） …… 52
7.15.1 错那（Cuona Lake） …… 55
7.15.1.1 嘎弄错（Ganongcuo Lake） …… 55
7.15.1.1.1 错加（Cuojia Lake） …… 55
7.15.2 母曲（Muqu River） …… 56
7.15.3 次曲（Ciqu River） …… 56
7.15.4 龚曲（Gongqu River） …… 56
7.15.5 罗曲（Luoqu River） …… 56
7.15.6 卡曲（Kaqu River） …… 57
7.15.6.1 桑曲（Sangqu River） …… 57
7.15.6.2 白曲（Baiqu River） …… 57
7.15.6.2.1 江曲（Jiangqu River） …… 58
7.15.7 嘎曲（Gaqu River） …… 58
7.15.8 索曲（Suoqu River） …… 58
7.15.8.1 登曲（Dengqu River） …… 59
7.15.8.2 贡曲（Gongqu River） …… 59
7.15.8.3 本曲（Benqu River） …… 60
7.15.8.4 巴青曲（Baqingqu River） …… 60
7.15.8.5 枪曲（Qiangqu River） …… 60

7.15.8.6 益曲（Yiqu River） …… 60
7.15.8.7 库尔色曲（Kuersequ River） …… 61
7.15.9 热玛曲（Remaqu River） …… 61
7.15.10 热曲（Requ River） …… 61
7.15.11 姐曲（Jiequ River） …… 61
7.15.11.1 七曲（Qiqu River） …… 62
7.15.11.2 莫弄曲（Monongqu River） …… 62
7.15.12 美曲（Meiqu River） …… 62
7.15.13 拉布希曲（Labuxiqu River） …… 63
7.15.14 色曲（Sequ River） …… 63
7.15.14.1 汝曲（Ruqu River） …… 63
7.15.15 多让曲（Duorangqu River） …… 63
7.15.16 当曲（Dangqu River） …… 64
7.15.17 卓玛郎错曲（Zhuomalangcuoqu River） …… 64
7.15.17.1 西曲（Xiqu River） …… 64
7.15.18 达曲（Daqu River） …… 64
7.15.18.1 卸曲（Xiequ River） …… 65
7.15.19 洛隆曲（Luolongqu River） …… 65
7.15.20 惹曲（Requ River） …… 65

7.15.21	马曲涌（Maquyong River）……… 65	7.15.35.1	茄子山水库（Qiezishan Reservoir）……… 70
7.15.22	德曲（Dequ River）……… 65	7.15.36	勐波罗河（Mengboluo River）……… 70
7.15.22.1	巴曲（Baqu River）……… 66	7.15.36.1	北庙水库（Beimiao Reservoir）……… 72
7.15.22.1.1	察曲（Chaqu River）……… 66	7.15.36.2	三块石水库（Sankuaishi Reservoir）……… 72
7.15.23	八宿曲（Basuqu River）……… 66	7.15.36.3	大勐统河（Damengtong River）……… 73
7.15.23.1	瓦曲（Waqu River）……… 66	7.15.36.3.1	勐底大河（Mengdida River）……… 73
7.15.24	列曲（Liequ River）……… 67	7.15.36.3.2	镇康河（Zhenkang River）……… 73
7.15.25	然布曲（Ranbuqu River）……… 67	7.15.37	曼辛河（Manxin River）……… 74
7.15.26	木空曲（Mukongqu River）……… 67	7.15.38	南汀河（Nanting River）……… 74
7.15.27	伟曲（Weiqu River）……… 67	7.15.38.1	博尚水库（Boshang Reservoir）……… 76
7.15.28	迪麻洛河（Dimaluo River）……… 68	7.15.38.2	河底岗河（Hedigang River）……… 76
7.15.29	普拉河（Pula River）……… 68	7.15.38.3	小黑河（Xiaohei River）……… 76
7.15.30	老窝河（Laowo River）……… 68	7.15.38.4	南捧河（Nanpeng River）……… 76
7.15.31	孙足河（Sunzu River）……… 69	7.15.38.4.1	勐捧河（Mengpeng River）……… 77
7.15.32	水长河（Shuichang River）……… 69	7.15.38.4.2	勐撒河（Mengsa River）……… 77
7.15.32.1	罗明坝河（Luomingba River）……… 69	7.15.39	南滚河（Nangun River）……… 77
7.15.32.1.1	大海坝水库（Dahaiba Reservoir）……… 69	7.15.40	南卡江（Nanka River）……… 77
7.15.33	勐梅河（Mengmei River）……… 70	7.15.40.1	南康河（Nankang River）……… 78
7.15.34	施甸河（Shidian River）……… 70	7.15.40.1.1	库杏河（Kuxing River）……… 78
7.15.35	苏帕河（Supa River）……… 70	7.15.40.2	南马河（Nanma River）……… 78

三、伊洛瓦底江水系
Yiluowadi River Basin

7.16	伊洛瓦底江（Yiluowadi River）……… 80	7.16.4.5.1	户宋河水库（Husonghe Reservoir）……… 87
7.16.1	日东曲（Ridongqu River）……… 81	7.16.4.6	户撒河（Husa River）……… 87
7.16.2	勐戛河（Mengjia River）……… 82	7.16.5	瑞丽江（Ruili River）……… 87
7.16.2.1	勐典河（Mengdian River）……… 82	7.16.5.1	西沙河（Xisha River）……… 90
7.16.3	勐乃河（Mengnai River）……… 82	7.16.5.2	腾冲火口湖（Tengchong Caldera Lake）……… 90
7.16.4	大盈江（Daying River）……… 82	7.16.5.3	龙江小江（Longjiangxiao River）……… 90
7.16.4.1	古永河（Guyong River）……… 85	7.16.5.4	香柏河（Xiangbai River）……… 90
7.16.4.2	支那河（Zhina River）……… 85	7.16.5.5	萝卜坝河（Luoboba River）……… 90
7.16.4.3	南底河（Nandi River）……… 85	7.16.5.6	芒市河（Mangshi River）……… 90
7.16.4.3.1	明朗河（Minglang River）……… 86	7.16.5.6.1	芒究水库（Mangjiu Reservoir）……… 91
7.16.4.4	盏达河（Zhanda River）……… 86	7.16.5.7	姐勒水库（Jiele Reservoir）……… 92
7.16.4.5	户宋河（Husong River）……… 86	7.16.5.8	南畹河（Nanwan River）……… 92

四、雅鲁藏布江—布拉马普特拉河水系
Yaluzangbu-Brahmaputra River Basin

7.17	雅鲁藏布江（Yaluzangbu River）……… 93	7.17.7	加塔藏布（Jiatazangbu River）……… 99
7.17.1	郭昌曲（Guochangqu River）……… 97	7.17.7.1	如角藏布（Rujiaozangbu River）……… 99
7.17.2	来乌藏布（Laiwuzangbu River）……… 97	7.17.7.2	萨曲（Saqu River）……… 99
7.17.2.1	森里错（Senlicuo Lake）……… 98	7.17.8	吉曲（Jiqu River）……… 100
7.17.3	日阿苏藏布（Riasuzangbu River）……… 98	7.17.9	朗错（Langcuo Lake）……… 100
7.17.3.1	加柱藏布（Jiazhuzangbu River）……… 98	7.17.10	忙嘎普曲（Manggapuqu River）……… 100
7.17.4	拉龙藏布（Lalongzangbu River）……… 98	7.17.11	萨迦冲曲（Sajiachongqu River）……… 100
7.17.5	柴曲（Chaiqu River）……… 98	7.17.12	多雄藏布（Duoxiongzangbu River）……… 101
7.17.6	尼多曲（Niduoqu River）……… 99	7.17.12.1	孔弄曲（Kongnongqu River）……… 103

7.17.12.1.1	安觉错（Anjuecuo Lake）	103
7.17.12.2	美曲藏布（Meiquzangbu River）	103
7.17.12.2.1	查洛容曲（Chaluorongqu River）	104
7.17.12.2.2	布曲藏布（Buquzangbu River）	104
7.17.12.2.3	烈巴藏布（Liebazangbu River）	104
7.17.13	荣曲（Rongqu River）	104
7.17.14	热曲（Requ River）	105
7.17.15	夏布曲（Xiabuqu River）	105
7.17.16	塘河（Tanghe River）	105
7.17.17	年楚河（Nianchu River）	105
7.17.17.1	满拉水库（Manla Reservoir）	108
7.17.17.2	学堆河（Xuedui River）	109
7.17.17.3	康如普曲（Kangrupuqu River）	109
7.17.17.3.1	冲巴雍错（Chongbayongcuo Lake）	109
7.17.17.4	江嘎雄曲（Jianggaxiongqu River）	109
7.17.17.5	孜日阿曲（Ziriaqu River）	110
7.17.18	湘曲（Xiangqu River）	110
7.17.18.1	仁堆曲（Renduiqu River）	110
7.17.18.2	觉母曲（Juemuqu River）	111
7.17.19	浪孔曲（Langkongqu River）	111
7.17.20	曼曲（Manqu River）	111
7.17.21	尼木玛曲（Nimumaqu River）	111
7.17.21.1	续曲（Xuqu River）	112
7.17.22	色莆沟（Sepugou River）	112
7.17.23	拉萨河（Lasa River）	112
7.17.23.1	麦曲（Maiqu River）	115
7.17.23.2	桑曲（Sangqu River）	116
7.17.23.3	乌鲁龙曲（Wululongqu River）	116
7.17.23.3.1	拉曲（Laqu River）	117
7.17.23.4	雪绒藏布（Xuerongzangbu River）	117
7.17.23.5	直孔水库（Zhikong Reservoir）	117
7.17.23.6	墨竹玛曲（Mozhumaqu River）	117
7.17.23.7	玉年曲（Yunianqu River）	118
7.17.23.8	流沙河（Liusha River）	118
7.17.23.9	堆龙曲（Duilongqu River）	118
7.17.23.9.1	古仁曲（Gurenqu River）	119
7.17.23.9.2	楚布曲（Chubuqu River）	119
7.17.24	扎囊河（Zhanang River）	120
7.17.25	业拉雄藏布（Yalaxiongzangbu River）	120
7.17.25.1	琼结河（Qiongjie River）	120
7.17.26	吉舍曲（Jishequ River）	120
7.17.26.1	曲松河（Qusong River）	121
7.17.27	沃卡河（Woka River）	121
7.17.27.1	罗林曲（Luolinqu River）	121
7.17.28	色布垄曲（Sebulongqu River）	121
7.17.29	脚不郎（Jiaobulang River）	121
7.17.30	古如曲（Guruqu River）	121
7.17.31	拿窝蒲（Nawopu River）	122
7.17.32	阿那塘（Anatang River）	122
7.17.33	金东曲（Jindongqu River）	122
7.17.34	那姆曲（Namuqu River）	122
7.17.35	里龙普曲（Lilongpuqu River）	123
7.17.36	拉普曲（Lapuqu River）	123
7.17.37	南伊曲（Nanyiqu River）	123
7.17.38	尼洋河（Niyang River）	123
7.17.38.1	野弄（Yenong River）	126
7.17.38.2	洞中弄（Dongzhongnong River）	126
7.17.38.3	下不梭朗（Xiabusuolang River）	126
7.17.38.4	娘曲（Niangqu River）	126
7.17.38.5	巴朗曲（Balangqu River）	126
7.17.38.5.1	司马朗曲（Simalangqu River）	127
7.17.38.5.2	吉普曲（Jipuqu River）	127
7.17.38.6	巴河（Bahe River）	127
7.17.38.6.1	罗结曲（Luojiequ River）	128
7.17.38.6.2	八松错（Basongcuo Lake）	128
7.17.38.6.3	朱拉曲（Zhulaqu River）	128
7.17.38.6.3.1	色布弄巴（Sebunongba River）	129
7.17.38.7	几布雄（Jibuxiong River）	129
7.17.38.8	则弄（Zenong River）	129
7.17.38.9	白雍（Baiyong River）	129
7.17.38.10	八及曲（Bajiqu River）	129
7.17.38.11	林芝沟（Linzhigou River）	130
7.17.39	帕隆藏布（Palongzangbu River）	130
7.17.39.1	真空弄巴（Zhenkongnongba River）	133
7.17.39.2	然乌错（Ranwucuo Lake）	133
7.17.39.3	牟汝弄巴（Murunongba River）	133
7.17.39.4	曲宗藏布（Quzongzangbu River）	133
7.17.39.5	尼觉河（Nijue River）	134
7.17.39.6	若弄巴（Ruonongba River）	134
7.17.39.7	波堆藏布（Boduizangbu River）	134
7.17.39.7.1	亚龙藏布（Yalongzangbu River）	134
7.17.39.8	易贡藏布（Yigongzangbu River）	135
7.17.39.8.1	徐达曲（Xudaqu River）	136
7.17.39.8.2	松曲（Songqu River）	136
7.17.39.8.3	尼都藏布（Niduzangbu River）	136
7.17.39.8.4	夏曲（Xiaqu River）	136
7.17.39.8.5	龙普曲（Longpuqu River）	136
7.17.39.8.6	勒曲藏布（Lequzangbu River）	137
7.17.39.8.7	易贡错（Yigongcuo Lake）	137
7.17.39.8.8	磨龙曲（Molongqu River）	137
7.17.39.9	拉月曲（Layuequ River）	137
7.17.40	邦英河（Bangying River）	138
7.17.41	金珠曲（Jinzhuqu River）	138
7.17.41.1	嘎隆曲（Galongqu River）	138
7.17.42	修莫河（Xiumo River）	139
7.17.43	西工河（Xigong River）	139
7.17.44	白马西路河（Baimaxilu River）	139
7.17.44.1	比西曲（Bixiqu River）	139
7.17.45	多姆普曲（Duomupuqu River）	139
7.17.46	仰桑曲（Yangsangqu River）	140
7.17.46.1	荣布马古曲（Rongbumaguqu River）	140
7.17.47	宁贡河（Ninggong River）	140

7.17.47.1　那布曲（Nabuqu River） …… 140	7.17.56　西巴霞曲（Xibaxiaqu River） …… 148
7.17.48　昔勒帕抵曲（Xilepadiqu River） …… 140	7.17.56.1　朗麦曲（Langmaiqu River） …… 149
7.17.49　安贡河（Angong River） …… 140	7.17.56.2　洛曲（Luoqu River） …… 149
7.17.50　希芝河（Xizhi River） …… 140	7.17.56.3　加波曲（Jiaboqu River） …… 149
7.17.51　锡约尔河（Xiyueer River） …… 141	7.17.56.4　玉门曲（Yumenqu River） …… 149
7.17.51.1　德钦姆河（Deqinmu River） …… 141	7.17.56.5　扎日曲（Zhariqu River） …… 150
7.17.51.2　永木河（Yongmu River） …… 141	7.17.56.6　八哥尔曲（Bageerqu River） …… 150
7.17.52　木乃河（Munai River） …… 141	7.17.56.7　马林曲（Malinqu River） …… 150
7.17.53　西些尔河（Xixieer River） …… 141	7.17.56.8　阿协果曲河（Axieguoqu River） …… 150
7.17.54　察隅曲（Chayuqu River） …… 142	7.17.56.9　苏穆河（Sumu River） …… 150
7.17.54.1　沙夷弄巴（Shayinongba River） …… 143	7.17.56.10　坎拉河（Kanla River） …… 151
7.17.54.2　卡阴弄巴（Kayinongba River） …… 143	7.17.56.10.1　打坝河（Daba River） …… 151
7.17.54.3　桑久曲（Sangjiuqu River） …… 143	7.17.56.10.2　巴尼亚河（Baniya River） …… 151
7.17.54.4　达朵河（Daduo River） …… 143	7.17.56.10.3　黑马河（Heima River） …… 151
7.17.54.5　钦果拉曲（Qinguolaqu River） …… 143	7.17.56.10.4　班尔达姆曲（Banerdamuqu River） …… 151
7.17.54.6　堆普曲（Duipuqu River） …… 143	7.17.56.10.5　克鲁河（Kelu River） …… 151
7.17.54.7　尺古曲（Chiguqu River） …… 144	7.17.56.10.5.1　马格里曲（Mageliqu River） …… 152
7.17.54.8　贡日嘎布曲（Gongrigabuqu River） …… 144	7.17.56.11　哈姆得里河（Hamudeli River） …… 152
7.17.54.8.1　空扎曲（Kongzhaqu River） …… 144	7.17.56.11.1　佩林河（Peilin River） …… 152
7.17.54.8.2　雅达曲（Yadaqu River） …… 144	7.17.56.11.2　卡依河（Kayi River） …… 152
7.17.54.8.3　脚通龙曲（Jiaotonglongqu River） …… 145	7.17.56.12　迪克朗河（Dikelang River） …… 152
7.17.54.9　拉曲（Laqu River） …… 145	7.17.57　布拉河（Bula River） …… 152
7.17.54.10　底富河（Difu River） …… 145	7.17.58　巴尔岗河（Baergang River） …… 152
7.17.54.11　赛梯曲（Saitiqu River） …… 145	7.17.59　卡门河（Kamen River） …… 153
7.17.54.12　特兵曲（Tepangqu River） …… 145	7.17.59.1　克纽克曲（Keniukequ River） …… 153
7.17.54.13　多格曲（Duogequ River） …… 145	7.17.59.2　巴秋河（Baqiu River） …… 153
7.17.54.14　杜莱曲（Dulaiqu River） …… 146	7.17.59.3　帕查河（Pacha River） …… 153
7.17.54.14.1　莫翁曲（Mowengqu River） …… 146	7.17.59.4　比迥河（Bijiong River） …… 154
7.17.54.14.2　卡里加曲（Kalijiaqu River） …… 146	7.17.59.4.1　唯通河（Weitong River） …… 154
7.17.54.15　蒂丁河（Diding River） …… 146	7.17.59.4.2　莱姆奔曲（Laimubenqu River） …… 154
7.17.54.16　丹巴曲（Danbaqu River） …… 146	7.17.59.5　巴普河（Bapu River） …… 154
7.17.54.16.1　安扎河（Anzha River） …… 147	7.17.59.6　派克河（Paike River） …… 154
7.17.54.16.2　德利河（Deli River） …… 147	7.17.60　娘江曲（Niangjiangqu River） …… 154
7.17.54.16.2.1　学里曲（Xueliqu River） …… 147	7.17.60.1　组克曲（Zukequ River） …… 155
7.17.54.16.3　唐工河（Tanggong River） …… 147	7.17.60.2　达旺曲（Dawangqu River） …… 155
7.17.54.16.3.1　丹巴林河（Danbalin River） …… 147	7.17.60.2.1　马哥河（Mage River） …… 155
7.17.54.16.3.2　阿潘里河（Apanli River） …… 147	7.17.61　洛扎雄曲（Luozhaxiongqu River） …… 156
7.17.54.16.4　恩姆拉河（Enmula River） …… 148	7.17.61.1　浦错麦进曲（Pucuomaijinqu River） …… 156
7.17.54.16.5　阿玉河（Ayu River） …… 148	7.17.61.2　洛扎下曲（Luozhaxiaqu River） …… 156
7.17.54.16.6　衣屯河（Yitun River） …… 148	7.17.62　康布曲（Kangbuqu River） …… 157
7.17.55　西曼河（Ximan River） …… 148	7.17.62.1　帕里曲（Paliqu River） …… 157

五、恒　河　水　系
Ganges River Basin

7.18　恒河水系（Ganges River Basin） …… 158	7.18.2.3　斗嘎尔河（Dougaer River） …… 159
7.18.1　马甲藏布（Majiazangbu River） …… 158	7.18.2.3.1　汝河（Ruhe River） …… 159
7.18.2　吉隆藏布（Jilongzangbu River） …… 158	7.18.2.3.2　拧河（Ninghe River） …… 159
7.18.2.1　卧马曲（Womaqu River） …… 159	7.18.3　朋曲（Pengqu River） …… 159
7.18.2.2　岗勒拉（Ganglela River） …… 159	7.18.3.1　朋秋曲（Pengqiuqu River） …… 161

7.18.3.2 热曲（Requ River） …… 161	7.18.3.6 扎嘎曲（Zhagaqu River） …… 163
7.18.3.3 洛洛曲（Luoluoqu River） …… 161	7.18.3.7 卡达曲（Kadaqu River） …… 163
7.18.3.3.1 协曲（Xiequ River） …… 162	7.18.3.8 卡马曲（Kamaqu River） …… 164
7.18.3.4 丁木错（Dingmucuo Lake） …… 162	7.18.3.9 吉马曲（Jimaqu River） …… 164
7.18.3.5 叶如藏布（Yeruzangbu River） …… 162	7.18.3.10 波曲（Boqu River） …… 164
7.18.3.5.1 苦曲藏布（Kuquzangbu River） …… 162	7.18.3.10.1 荣吉嘎（Rongjiga River） …… 165
7.18.3.5.2 金龙曲（Jinlongqu River） …… 163	7.18.3.10.2 富曲（Fuqu River） …… 165
7.18.3.5.3 定结错（Dingjiecuo Lake） …… 163	7.18.3.10.3 绒霞藏布（Rongxiazangbu River） …… 165
7.18.3.5.3.1 麻加曲（Majiaqu River） …… 163	7.18.3.10.3.1 鲁乌龙木（Luwulongmu River） …… 165

六、印 度 河 水 系
Indus River Basin

7.19 印度河水系（Indus River Basin） …… 166	7.19.2.2.1 天南河（Tiannan River） …… 169
7.19.1 森格藏布（Sengezangbu River） …… 166	7.19.2.3 加勒万河（Jialewan River） …… 169
7.19.1.1 生拉藏布（Shenglazangbu River） …… 167	7.19.2.4 羌臣摩河（Qiangchenmo River） …… 169
7.19.1.1.1 夏赛错（Xiasaicuo Lake） …… 167	7.19.2.4.1 昌隆河（Changlong River） …… 169
7.19.1.2 赤左藏布（Chizuozangbu River） …… 167	7.19.3 朗钦藏布（Langqinzangbu River） …… 169
7.19.1.3 噶尔河（Gaer River） …… 167	7.19.3.1 索岗绒曲（Suogangrongqu River） …… 170
7.19.1.4 噶尔藏布（Gaerzangbu River） …… 168	7.19.3.2 玛那曲（Manaqu River） …… 171
7.19.2 奇普恰普河（Qipuqiapu River） …… 168	7.19.3.3 香孜河（Xiangzi River） …… 171
7.19.2.1 鸳鸯湖（Yuanyang Lake） …… 169	7.19.3.4 俄布河（Ebu River） …… 171
7.19.2.2 西大沟（Xidagou River） …… 169	7.19.3.5 如许藏布（Ruxuzangbu River） …… 171

内 陆 河 湖 水 系
Inland Rivers and Lakes

一、藏 南 内 陆 河 湖
Inland Rivers and Lakes in Southern Tibet

10.2 藏南内陆河湖（Inland Rivers and Lakes in Southern Tibet） …… 172	10.2.7.1 恰洛藏布（Qialuozangbu River） …… 178
10.2.1 拿日雍错（Nariyongcuo Lake） …… 172	10.2.7.1.1 多庆错（Duoqingcuo Lake） …… 178
10.2.2 哲古错（Zhegucuo Lake） …… 172	10.2.8 错母折林（Cuomuzhelin Lake） …… 178
10.2.2.1 业久曲（Yejiuqu River） …… 173	10.2.9 昂仁金错（Angrenjincuo Lake） …… 179
10.2.3 羊卓雍错（Yangzhuoyongcuo Lake） …… 173	10.2.10 错卧莫（Cuowomo Lake） …… 179
10.2.3.1 空姆错（Kongmucuo Lake） …… 175	10.2.11 浪强错（Langqiangcuo Lake） …… 179
10.2.3.2 绒波藏布（Rongbozangbu River） …… 175	10.2.12 打加错（Dajiacuo Lake） …… 179
10.2.3.3 嘎马林河（Gamalin River） …… 175	10.2.13 佩枯错（Peikucuo Lake） …… 180
10.2.3.4 卡鲁雄曲（Kaluxiongqu River） …… 176	10.2.13.1 巴日雄曲（Barixiongqu River） …… 180
10.2.4 巴纠错（Bajiucuo Lake） …… 176	10.2.14 错戳龙（Cuochuolong Lake） …… 180
10.2.4.1 巴纠曲（Bajiuqu River） …… 176	10.2.15 公珠错（Gongzhucuo Lake） …… 180
10.2.5 沉错（Chencuo Lake） …… 177	10.2.16 拉昂错（Laangcuo Lake） …… 181
10.2.6 普莫雍错（Pumoyongcuo Lake） …… 177	10.2.16.1 那曲（Naqu River） …… 181
10.2.6.1 加曲（Jiaqu River） …… 177	10.2.16.2 玛旁雍错（Mapangyongcuo Lake） …… 182
10.2.7 嘎拉错（Galacuo Lake） …… 177	10.2.16.2.1 扎曲藏布（Zhaquzangbu River） …… 183
	10.2.16.2.2 萨摩河（Samo River） …… 183

二、羌塘高原内流区河湖
Endorheic Rivers and Lakes in Qiangtang Plateau

10.3 羌塘高原内流区河湖（Endorheic Rivers and Lakes in Qiangtang Plateau） ……… 184
- 10.3.1 错鄂（Cuoe Lake） ……… 184
- 10.3.2 乃日平错（Nairipingcuo Lake） ……… 184
- 10.3.3 懂错（Dongcuo Lake） ……… 185
- 10.3.4 纳木错（Namucuo Lake） ……… 185
  - 10.3.4.1 波曲（Boqu River） ……… 187
  - 10.3.4.2 昂曲（Angqu River） ……… 188
  - 10.3.4.3 测曲（Cequ River） ……… 188
- 10.3.5 蓬错（Pengcuo Lake） ……… 188
  - 10.3.5.1 罗可曲（Luokequ River） ……… 189
    - 10.3.5.1.1 崩错（Bengcuo Lake） ……… 189
- 10.3.6 兹格塘错（Zigetangcuo Lake） ……… 189
  - 10.3.6.1 柴荣藏布（Chairongzangbu River） ……… 190
- 10.3.7 江错（Jiangcuo Lake） ……… 190
- 10.3.8 达如错（Darucuo Lake） ……… 191
- 10.3.9 巴木错（Bamucuo Lake） ……… 191
  - 10.3.9.1 白桑桑曲（Baisangsangqu River） ……… 191
  - 10.3.9.2 荣钦藏曲（Rongqinzangqu River） ……… 192
  - 10.3.9.3 桑曲（Sangqu River） ……… 192
  - 10.3.9.4 卡莫曲（Kamoqu River） ……… 193
- 10.3.10 申错（Shencuo Lake） ……… 193
- 10.3.11 东恰错（Dongqiacuo Lake） ……… 193
- 10.3.12 徐果错（Xuguocuo Lake） ……… 193
  - 10.3.12.1 桑曲（Sangqu River） ……… 194
- 10.3.13 其香错（Qixiangcuo Lake） ……… 194
  - 10.3.13.1 夏玛纳多曲（Xiamanaduoqu River） ……… 194
- 10.3.14 多尔索洞错（Duoersuodongcuo Lake） ……… 195
  - 10.3.14.1 米提江占木错（Mitijiangzhanmucuo Lake） ……… 195
    - 10.3.14.1.1 帮陇陇巴河（Banglonglongba River） ……… 196
      - 10.3.14.1.1.1 波涛湖（Botao Lake） ……… 196
      - 10.3.14.1.1.2 燕子湖（Yanzi Lake） ……… 196
      - 10.3.14.1.1.3 巴日根曲（Barigenqu River） ……… 196
      - 10.3.14.1.1.4 诺多错（Nuoduocuo Lake） ……… 197
      - 10.3.14.1.1.5 玛巧错（Maqiaocuo Lake） ……… 197
    - 10.3.14.1.2 曲郎岛日河（Qulangdaori River） ……… 197
      - 10.3.14.1.2.1 日居错（Rijucuo Lake） ……… 197
    - 10.3.14.1.3 切尔恰藏布（Qieerqiazangbu River） ……… 198
    - 10.3.14.1.4 曾松曲（Zengsongqu River） ……… 198
  - 10.3.14.2 孔纳木错（Kongnamucuo Lake） ……… 198
  - 10.3.14.3 托纳藏布（Tuonazangbu River） ……… 198
- 10.3.15 雪莲湖（Xuelian Lake） ……… 199
- 10.3.16 欧错（Oucuo Lake） ……… 199
- 10.3.17 加木称错（Jiamuchengcuo Lake） ……… 199
- 10.3.18 仁错约玛（Rencuoyuema Lake） ……… 199
- 10.3.18.1 仁错贡玛（Rencuogongma Lake） ……… 200
  - 10.3.18.1.1 扎让雄曲（Zharangxiongqu River） ……… 200
- 10.3.18.2 玖如错（Jiurucuo Lake） ……… 200
  - 10.3.18.2.1 藏布曲（Zangbuqu River） ……… 200
- 10.3.19 雅根查错（Yagenchacuo Lake） ……… 201
- 10.3.20 美日切错（Meiriqiecuo Lake） ……… 201
  - 10.3.20.1 美日北河（Meiribei River） ……… 201
- 10.3.21 班戈错（Bangecuo Lake） ……… 202
  - 10.3.21.1 卡挖藏布（Kawazangbu River） ……… 202
- 10.3.22 纳卡错（Nakacuo Lake） ……… 202
- 10.3.23 洋纳朋错（Yangnapengcuo Lake） ……… 203
- 10.3.24 太平南湖（Taipingnan Lake） ……… 203
- 10.3.25 太平湖（Taiping Lake） ……… 203
- 10.3.26 扎木错玛琼（Zhamucuomaqiong Lake） ……… 203
- 10.3.27 昂达尔错（Angdaercuo Lake） ……… 203
  - 10.3.27.1 昂达尔东错（Angdaerdongcuo Lake） ……… 204
- 10.3.28 赞宗错（Zanzongcuo Lake） ……… 204
- 10.3.29 普嘎错（Pugacuo Lake） ……… 204
- 10.3.30 向阳湖（Xiangyang Lake） ……… 205
- 10.3.31 瀑赛尔错（Pusaiercuo Lake） ……… 205
- 10.3.32 多格错仁强错（Duogecuorenqiangcuo Lake） ……… 205
  - 10.3.32.1 天台河（Tiantai River） ……… 205
  - 10.3.32.2 玉龙河（Yulong River） ……… 206
  - 10.3.32.3 西南河（Xinan River） ……… 206
  - 10.3.32.4 五泉河（Wuquan River） ……… 206
- 10.3.33 色林错（Selincuo Lake） ……… 206
  - 10.3.33.1 扎加藏布（Zhajiazangbu River） ……… 208
    - 10.3.33.1.1 香嘎曲（Xianggaqu River） ……… 209
    - 10.3.33.1.2 达卓曲（Dazhuoqu River） ……… 209
    - 10.3.33.1.3 惹纳藏布（Renazangbu River） ……… 209
    - 10.3.33.1.4 桑曲嘎波（Sangqugabo River） ……… 209
    - 10.3.33.1.5 尕尔曲（Gaerqu River） ……… 210
      - 10.3.33.1.5.1 多着曲（Duozhaoqu River） ……… 210
    - 10.3.33.1.6 破曲（Poqu River） ……… 210
    - 10.3.33.1.7 亚土错（Yatucuo Lake） ……… 210
  - 10.3.33.2 波曲藏布（Boquzangbu River） ……… 211
  - 10.3.33.3 阿里藏布（Alizangbu River） ……… 211
    - 10.3.33.3.1 木纠错（Mujiucuo Lake） ……… 211
    - 10.3.33.3.2 错鄂（Cuoe Lake） ……… 211
      - 10.3.33.3.2.1 时补错（Shibucuo Lake） ……… 212
  - 10.3.33.4 扎根藏布（Zhagenzangbu River） ……… 212
    - 10.3.33.4.1 查藏错（Chazangcuo Lake） ……… 212
    - 10.3.33.4.2 越恰错（Yueqiacuo Lake） ……… 212
    - 10.3.33.4.3 木地达拉玉错（Mudidalayucuo Lake） ……… 213
    - 10.3.33.4.4 格仁错（Gerencuo Lake） ……… 213

10.3.33.4.4.1　巴汝藏布（Baruzangbu River） ……… 213
10.3.33.4.5　孜桂错（Ziguicuo Lake） ……… 214
10.3.33.4.5.1　虾嘎荣藏布（Xiagarongzangbu River）
　　　　　　　　　　　　　　　　　　　　　　……… 214
10.3.33.4.6　吴如错（Wurucuo Lake） ……… 214
10.3.33.4.7　恰规错（Qiaguicuo Lake） ……… 214
10.3.34　桃湖（Taohu Lake） ……… 215
10.3.35　果忙错（Guomangcuo Lake） ……… 215
10.3.36　果根错（Guogencuo Lake） ……… 215
10.3.36.1　大杈饶河（Dacharao River） ……… 215
10.3.37　永波湖（Yongbo Lake） ……… 216
10.3.38　围山湖（Weishan Lake） ……… 216
10.3.39　多格错仁（Duogecuoren Lake） ……… 216
10.3.39.1　洪玉泉河（Hongyuquan River） ……… 217
10.3.39.2　东温河（Dongwen River） ……… 217
10.3.39.3　源泉河（Yuanquan River） ……… 217
10.3.39.4　长水河（Changshui River） ……… 218
10.3.39.5　长龙河（Changlong River） ……… 218
10.3.40　东月湖（Dongyue Lake） ……… 218
10.3.41　长湖（Changhu Lake） ……… 218
10.3.41.1　西峡河（Xixia River） ……… 218
10.3.42　才多茶卡（Caiduochaka Salt Lake） ……… 219
10.3.43　蒂让碧错（Dirangbicuo Lake） ……… 219
10.3.44　恒梁湖（Hengliang Lake） ……… 219
10.3.45　雅个冬错（Yagedongcuo Lake） ……… 220
10.3.46　荷花湖（Hehua Lake） ……… 220
10.3.47　玉液湖（Yuye Lake） ……… 220
10.3.47.1　西沙河（Xisha River） ……… 220
10.3.48　毕洛错（Biluocuo Lake） ……… 220
10.3.49　浅水湖（Qianshui Lake） ……… 221
10.3.50　鄂雅错（Eyacuo Lake） ……… 221
10.3.51　阿木错（Amucuo Lake） ……… 221
10.3.51.1　希杂洛玛曲（Xizaluomaqu River） ……… 222
10.3.52　达尔沃错温（Daerwocuowen Lake） ……… 222
10.3.53　崩则错（Bengzecuo Lake） ……… 222
10.3.53.1　纳江错（Najiangcuo Lake） ……… 223
10.3.53.1.1　浦志藏布（Puzhizangbu River） ……… 223
10.3.53.1.2　卡续当玛河（Kaxudangma River） ……… 223
10.3.54　令戈错（Linggecuo Lake） ……… 223
10.3.55　白滩湖（Baitan Lake） ……… 224
10.3.56　万安湖（Wan'an Lake） ……… 224
10.3.56.1　向峰河（Xiangfeng River） ……… 224
10.3.57　琼浆湖（Qiongjiang Lake） ……… 224
10.3.58　半岛湖（Bandao Lake） ……… 224
10.3.59　北雷错（Beileicuo Lake） ……… 225
10.3.60　若拉错（Ruolacuo Lake） ……… 225
10.3.60.1　双莲湖（Shuanglian Lake） ……… 225
10.3.60.1.1　湃浪河（Pailang River） ……… 225
10.3.60.1.2　烈马河（Liema River） ……… 226
10.3.60.2　淡冰湖（Danbing Lake） ……… 226
10.3.60.2.1　裕民河（Yumin River） ……… 226

10.3.61　美菊湖（Meiju Lake） ……… 226
10.3.62　长颈湖（Changjing Lake） ……… 226
10.3.63　恰尔嘎木错（Qiaergamucuo Lake） ……… 226
10.3.64　玉盘湖（Yupan Lake） ……… 227
10.3.65　龙尾湖（Longwei Lake） ……… 227
10.3.66　孔错（Kongcuo Lake） ……… 227
10.3.67　赛布错（Saibucuo Lake） ……… 227
10.3.68　太苦湖（Taiku Lake） ……… 228
10.3.69　雪梅湖（Xuemei Lake） ……… 228
10.3.70　朋彦错（Pengyancuo Lake） ……… 228
10.3.71　银波湖（Yinbo Lake） ……… 228
10.3.72　诺尔玛错（Nuoermacuo Lake） ……… 229
10.3.73　孔孔茶卡（Kongkongchaka Salt Lake） ……… 229
10.3.74　仙鹤湖（Xianhe Lake） ……… 229
10.3.74.1　狭床河（Xiachuang River） ……… 229
10.3.75　映天湖（Yingtian Lake） ……… 230
10.3.76　雪环湖（Xuehuan Lake） ……… 230
10.3.76.1　汇水河（Huishui River） ……… 230
10.3.77　饮龙湖（Yinlong Lake） ……… 230
10.3.78　浩波湖（Haobo Lake） ……… 230
10.3.79　拔度错（Baducuo Lake） ……… 231
10.3.79.1　萨嘎尔藏布（Sagaerzangbu River） ……… 231
10.3.80　甲热布错（Jiarebucuo Lake） ……… 231
10.3.81　肖茶卡（Xiaochaka Salt Lake） ……… 231
10.3.81.1　塘茸贡玛曲（Tangronggongmaqu River） … 232
10.3.82　纳克茶卡（Nakechaka Salt Lake） ……… 232
10.3.82.1　琵琶湖（Pipa Lake） ……… 232
10.3.83　达则错（Dazecuo Lake） ……… 232
10.3.83.1　波仓藏布（Bocangzangbu River） ……… 233
10.3.83.1.1　它日错（Taricuo Lake） ……… 233
10.3.83.1.2　冻果错（Dongguocuo Lake） ……… 234
10.3.83.1.3　舍藏藏布（Shezangzangbu River） ……… 234
10.3.84　马尔下错（Maerxiacuo Lake） ……… 234
10.3.84.1　雅贝藏布（Yabeizangbu River） ……… 234
10.3.85　确旦错（Quedancuo Lake） ……… 235
10.3.86　雪景湖（Xuejing Lake） ……… 235
10.3.86.1　玲珑河（Linglong River） ……… 235
10.3.86.1.1　微水河（Weishui River） ……… 235
10.3.86.2　淋水河（Linshui River） ……… 236
10.3.87　错尼（Cuoni Lake） ……… 236
10.3.87.1　曲龙河（Qulong River） ……… 236
10.3.87.1.1　吐坡错（Tupocuo Lake） ……… 236
10.3.88　雅根错（Yagencuo Lake） ……… 237
10.3.89　昂孜错（Angzicuo Lake） ……… 237
10.3.89.1　达扎藏布（Dazhazangbu River） ……… 237
10.3.89.2　江子藏布（Jiangzizangbu River） ……… 237
10.3.90　戈芒错（Gemangcuo Lake） ……… 238
10.3.90.1　张乃错（Zhangnaicuo Lake） ……… 238
10.3.91　虾别错（Xiabiecuo Lake） ……… 238
10.3.92　得雨湖（Deyu Lake） ……… 238
10.3.93　朝阳湖（Zhaoyang Lake） ……… 239

10.3.94 角木茶卡 (Jiaomuchaka Salt Lake) ………… 239
10.3.95 懂布错 (Dongbucuo Lake) ………… 239
10.3.96 亚克错 (Yakecuo Lake) ………… 239
10.3.97 达杂迪扎错 (Dazadizhacuo Lake) ………… 239
10.3.97.1 桑绿河 (Sanglu River) ………… 240
10.3.98 玛尔果茶卡 (Maerguochaka Salt Lake) ………… 240
10.3.98.1 虾河 (Xiahe River) ………… 240
10.3.99 江尼茶卡 (Jiangnichaka Salt Lake) ………… 241
10.3.99.1 玉龙河 (Yulong River) ………… 241
10.3.99.1.1 淡水湖 (Danshui Lake) ………… 241
10.3.99.2 玛尔盖茶卡 (Maergaichaka Salt Lake) ………… 241
10.3.99.2.1 日马卜松曲 (Rimabosongqu River) ………… 242
10.3.100 振泉湖 (Zhenquan Lake) ………… 242
10.3.100.1 嬉龙河 (Xilong River) ………… 242
10.3.100.2 迎雪河 (Yingxue River) ………… 243
10.3.101 康如茶卡 (Kangruchaka Salt Lake) ………… 243
10.3.102 热觉茶卡 (Rejuechaka Salt Lake) ………… 243
10.3.103 映山湖 (Yingshan Lake) ………… 243
10.3.104 依布茶卡 (Yibuchaka Salt Lake) ………… 244
10.3.104.1 江爱藏布 (Jiang'aizangbu River) ………… 244
10.3.105 当惹雍错 (Dangreyongcuo Lake) ………… 244
10.3.105.1 达果藏布 (Daguozangbu River) ………… 245
10.3.105.1.1 昂玛藏布 (Angmazangbu River) ………… 245
10.3.105.2 卜寨藏布 (Buzhaizangbu River) ………… 246
10.3.106 当穹错 (Dangqiongcuo Lake) ………… 246
10.3.107 涌波湖 (Yongbo Lake) ………… 246
10.3.107.1 浑水河 (Hunshui River) ………… 246
10.3.108 唢呐湖 (Suona Lake) ………… 247
10.3.109 冈塘错 (Gangtangcuo Lake) ………… 247
10.3.110 甲若错 (Jiaruocuo Lake) ………… 247
10.3.110.1 垌莫错 (Dongmocuo Lake) ………… 248
10.3.110.2 董杯曲岗 (Dongbeiquqang River) ………… 248
10.3.110.2.1 佣尖错 (Yongjiancuo Lake) ………… 248
10.3.111 嘎尔孔茶卡 (Gaerkongchaka Salt Lake) ………… 248
10.3.112 许如错 (Xurucuo Lake) ………… 249
10.3.113 姆错丙尼 (Mucuobingni Lake) ………… 249
10.3.114 日干配错 (Riganpeicuo Lake) ………… 249
10.3.115 直若错 (Zhiruocuo Lake) ………… 249
10.3.116 北于湖 (Beiyu Lake) ………… 250
10.3.117 拉相错 (Laxiangcuo Lake) ………… 250
10.3.118 达玛孜壤 (Damazirang Lake) ………… 250
10.3.119 扎日南木错 (Zharinanmucuo Lake) ………… 250
10.3.119.1 措勤藏布 (Cuoqinzangbu River) ………… 251
10.3.119.1.1 独日藏布 (Durizangbu River) ………… 252
10.3.119.1.2 鲁马蒋登曲 (Lumajiangdengqu River) ………… 252
10.3.119.1.2.1 坡孜错 (Pozicuo Lake) ………… 252
10.3.119.1.3 恰玖藏布 (Qiajiuzangbu River) ………… 252
10.3.119.1.4 温多藏布 (Wenduozangbu River) ………… 253
10.3.119.1.5 萨沃藏布 (Sawozangbu River) ………… 253
10.3.119.2 达龙藏布 (Dalongzangbu River) ………… 253

10.3.119.2.1 齐格错 (Qigecuo Lake) ………… 254
10.3.120 戈木茶卡 (Gemuchaka Salt Lake) ………… 254
10.3.121 布若错 (Buruocuo Lake) ………… 254
10.3.122 雪源湖 (Xueyuan Lake) ………… 254
10.3.123 甲多错 (Jiaduocuo Lake) ………… 254
10.3.124 南扎错 (Nanzhacuo Lake) ………… 255
10.3.125 昂古错 (Angguocuo Lake) ………… 255
10.3.125.1 桑无藏布 (Sangwuzangbu River) ………… 255
10.3.126 圆湖 (Yuanhu Lake) ………… 255
10.3.127 拉雄错 (Laxiongcuo Lake) ………… 255
10.3.128 扎西错 (Zhaxicuo Lake) ………… 256
10.3.128.1 勒仁藏布 (Lerenzangbu River) ………… 256
10.3.129 棉桃湖 (Miantao Lake) ………… 256
10.3.130 拉顺湖 (Lashun Lake) ………… 256
10.3.130.1 拉顺东河 (Lashundong River) ………… 256
10.3.131 达瓦错 (Dawacuo Lake) ………… 256
10.3.131.1 下曲 (Xiaqu River) ………… 257
10.3.131.2 雅弄藏布 (Yanongzangbu River) ………… 257
10.3.131.3 绒玛藏布 (Rongmazangbu River) ………… 257
10.3.132 攸布错 (Youbucuo Lake) ………… 257
10.3.132.1 康巴藏布 (Kangbazangbu River) ………… 258
10.3.132.1.1 嘎仁错 (Garencuo Lake) ………… 258
10.3.133 杰萨错 (Jiesacuo Lake) ………… 258
10.3.134 洞错 (Dongcuo Lake) ………… 259
10.3.134.1 下曲藏布 (Xiaquzangbu River) ………… 259
10.3.134.1.1 重昌藏布 (Chongchangzangbu River) ………… 259
10.3.135 羊湖 (Yanghu Lake) ………… 260
10.3.135.1 隆桑曲 (Longsangqu River) ………… 260
10.3.135.1.1 西岔沟 (Xichagou River) ………… 260
10.3.136 冈玛错 (Gangmacuo Lake) ………… 260
10.3.137 才玛尔错 (Caimaercuo Lake) ………… 261
10.3.137.1 改来藏布 (Gailaizangbu River) ………… 261
10.3.137.2 乌孜藏布 (Wuzizangbu River) ………… 261
10.3.138 多玛错 (Duomacuo Lake) ………… 261
10.3.139 布尔嘎错 (Buergacuo Lake) ………… 261
10.3.140 热那错 (Renacuo Lake) ………… 262
10.3.141 心湖 (Xinhu Lake) ………… 262
10.3.142 拉果错 (Laguocuo Lake) ………… 262
10.3.142.1 索美藏布 (Suomeizangbu River) ………… 262
10.3.142.2 桑热河 (Sangre River) ………… 262
10.3.143 查波错 (Chabocuo Lake) ………… 263
10.3.144 扎布耶茶卡 (Zhabuyechaka Salt Lake) ………… 263
10.3.144.1 桑目旧曲 (Sangmujiuqu River) ………… 263
10.3.144.1.1 塔若错 (Taruocuo Lake) ………… 264
10.3.144.1.2 脚布曲 (Jiaobuqu River) ………… 264
10.3.144.1.2.1 麦穷错 (Maiqiongcuo Lake) ………… 264
10.3.144.1.3 甲布曲 (Jiabuqu River) ………… 265
10.3.144.2 罗具藏布 (Luojuzangbu River) ………… 265
10.3.145 玉环湖 (Yuhuan Lake) ………… 265
10.3.146 三岛湖 (Sandao Lake) ………… 265

10.3.147	万泉湖（Wanquan Lake）	266	10.3.169.2 古波克错（Gubokecuo Lake）	275
10.3.147.1	温泉湖（Wenquan Lake）	266	10.3.170 聂尔错（Nieercuo Lake）	275
10.3.148	吓嘎错（Xiagacuo Lake）	266	10.3.170.1 响曲（Xiangqu River）	275
10.3.148.1	罗仁藏布（Luorenzangbu River）	266	10.3.171 色喀执错（Sekazhicuo Lake）	276
10.3.149	拉布错（Labucuo Lake）	266	10.3.171.1 久尖曲（Jiujianqu River）	276
10.3.150	帕龙错（Palongcuo Lake）	267	10.3.172 骆驼湖（Luotuo Lake）	276
10.3.151	仓木错（Cangmucuo Lake）	267	10.3.172.1 清澈湖（Qingche Lake）	276
10.3.151.1	冬隆藏布（Donglongzangbu River）	267	10.3.173 普尔错（Puercuo Lake）	277
10.3.152	仁青休布错（Renqingxiubucuo Lake）	267	10.3.173.1 月牙湖（Yueya Lake）	277
10.3.152.1	祝地藏布（Zhudizangbu River）	267	10.3.174 独立石湖（Dulishi Lake）	277
10.3.153	昂拉仁错（Anglarencuo Lake）	268	10.3.175 鲁玛江冬错（Lumajiangdongcuo Lake）	277
10.3.153.1	昂翁藏布（Angwengzangbu River）	268	10.3.175.1 尔玛好尔毛河（Ermahaoermao River）	277
10.3.153.1.1	金美错（Jinmeicuo Lake）	268	10.3.175.2 库尔拿河（Kuerna River）	278
10.3.153.1.2	惹查木曲（Rechamuqu River）	269	10.3.175.2.1 显民得错（Xianmindecuo Lake）	278
10.3.153.1.2.1	阿果错（Aguocuo Lake）	269	10.3.176 阿翁错（Awengcuo Lake）	278
10.3.153.1.3	琐色藏布（Suosezangbu River）	269	10.3.176.1 扎哥拉哥藏布（Zhagelagezangbu River）	
10.3.153.2	拉布让藏布（Laburangzangbu River）	269		278
10.3.153.2.1	拉加纳曲（Lajianaqu River）	270	10.3.177 邦达错（Bangdacuo Lake）	279
10.3.154	果普错（Guopucuo Lake）	270	10.3.177.1 泉水河（Quanshui River）	279
10.3.154.1	江窘藏布（Jiangjiongzangbu River）	270	10.3.177.1.1 窝尔巴错（Woerbacuo Lake）	279
10.3.155	拜惹布错（Bairebucuo Lake）	270	10.3.178 先旦错（Xianqiecuo Lake）	279
10.3.156	达热布错（Darebucuo Lake）	271	10.3.179 郭扎错（Guozhacuo Lake）	280
10.3.157	碱水湖（Jianshui Lake）	271	10.3.179.1 郭扎东北河（Guozhadongbei River）	280
10.3.158	喀湖错（Kahucuo Lake）	271	10.3.180 结则茶卡（Jiezechaka Salt Lake）	280
10.3.159	长条湖（Changtiao Lake）	271	10.3.181 热帮错（Rebangcuo Lake）	280
10.3.159.1	托和平错（Tuohepingcuo Lake）	271	10.3.182 埃永错（Aiyongcuo Lake）	281
10.3.159.1.1	托和平河（Tuoheping River）	271	10.3.183 龙木错（Longmucuo Lake）	281
10.3.160	别若则错（Bieruozecuo Lake）	272	10.3.184 芒错（Mangcuo Lake）	281
10.3.160.1	帕莫藏布（Pamozangbu River）	272	10.3.185 昆仲错（Kunzhongcuo Lake）	281
10.3.161	黑石北湖（Heishibei Lake）	272	10.3.186 松木希错（Songmuxicuo Lake）	281
10.3.162	捌千错（Baqiancuo Lake）	273	10.3.186.1 秋马强绒河（Qiumaqiangrong River）	282
10.3.163	扎仓茶卡（Zhacangchaka Salt Lake）	273	10.3.187 班公错（Bangongcuo Lake）	282
10.3.164	昆楚克错（Kunchukecuo Lake）	273	10.3.187.1 多玛曲（Duomaqu River）	283
10.3.165	普让茶卡（Purangchaka Salt Lake）	273	10.3.187.2 麻嘎藏布（Magazangbu River）	283
10.3.166	错呐错（Cuonacuo Lake）	273	10.3.187.2.1 戴藏布（Daizangbu River）	284
10.3.167	恰贡错（Qiagongcuo Lake）	274	10.3.187.3 昌隆河（Changlong River）	284
10.3.168	美马错（Meimacuo Lake）	274	10.3.188 泽错（Zecuo Lake）	284
10.3.168.1	阿鲁错（Alucuo Lake）	274	10.3.188.1 猎斯高热嘎河（Liesigaorega River）	284
10.3.160	纳屋错（Nawucuo Lake）	274	10.3.189 曼冬错（Mandongcuo Lake）	285
10.3.169.1	贾个热不嘎河（Jiagerebuga River）	275	10.3.189.1 唐热曲（Tangrequ River）	285

附　　录

Appendix

附表一　西南诸河卷列条河流一览表 286
附表二　西南诸河卷列条湖泊一览表 310
附表三　西南诸河卷列条水库一览表 317
附表四　西南诸河卷灌溉面积在2万公顷以上灌区一览表 318

索 引
Index

条题汉字笔画索引 ·· *319*　　内容索引 ··· *331*
条题外文索引 ·· *325*

插 页 目 录

澜沧江水系图　　　　　　　　　　　　　雅鲁藏布江及藏南河湖水系图
怒江水系图　　　　　　　　　　　　　　藏西河湖水系图
伊洛瓦底江境内流域水系图　　　　　　　羌塘高原（藏北部分）内陆河湖水系图

图 例

北京市★	首都		时令河
拉萨市◉	省级行政中心		伏流河
临沧市◎	地级市行政中心		流域界
玉树县	自治州行政中心 地区(盟)行政公署		大中型水库
杂多县⊙	县级行政中心		小型水库
娘达○	乡、镇		冰川、雪山
巴塘●	村庄	▲	水文站
	国界		水电站
	未定国界	○	文化遗址、景点
—— ——	省级界		世界及国家级地质公园
—— ——	地级界		世界自然和文化遗产
—— ——	县级界	✤	国家级自然保护区
▲3306 猫头山	山峰		国家级风景名胜区
	常年河、湖泊		国家森林公园
	咸水湖		

独流入海水系

Rivers Flowing Directly into the Sea

一、澜沧江水系

Lancang River Basin

7.14 澜沧江

（Lancang River）

中国西南地区的一条重要国际河流，发源于青海省唐古拉山北麓玉树藏族自治州的杂多县境内，流经青海、西藏、云南3省（自治区），于云南省西双版纳傣族自治州勐腊县出境，成为缅甸与老挝的界河，称湄公河。湄公河流经缅甸、老挝、泰国、柬埔寨和越南5国，于越南胡志明市以南注入南海。

概　述

流域范围　流域地处东经93°48′～101°51′，北纬21°06′～33°48′。流域呈西北—东南走向的狭长形，南北稍宽，中部狭窄。北侧与**长江**上游通天河毗邻，东侧以宁静山、云岭、无量山与金沙江、**元江**为界，西侧以唐古拉山、他念他翁山、怒山与**怒江**分野。流域面积16.44万平方千米，占澜沧江—湄公河全流域总面积的20.2%，涉及青海省玉树藏族自治州的3个县，西藏自治区那曲、昌都地区的10个县，云南省迪庆、怒江、丽江、保山、大理、临沧、普洱、西双版纳8州（市）的32个县（市、区）。

河流水系　河流源于青海省杂多县西北的查加日玛西侧，干流自西北流向东南，经青海省囊谦县进入西藏自治区的昌都地区。继续东南流，于德钦县佛山乡进入云南境内，在西双版纳州勐腊县关累镇西南出境。澜沧江干流全长2 161千米，天然落差4 583米，河道平均比降2.12‰。河长占澜沧江—湄公河总长的44.3%，落差占澜沧江—湄公河总落差的90.6%。

水系主干明显，支流众多但多较短小，落差大。主要支流左岸有**子曲**、**麦曲**、**沘江**、**黑惠江**、**威远江**、**南班河**、**南腊河**等，右岸有**吉曲**、**金河**、**罗闸河**、**小黑江**等。其中流域面积大于1万平方千米的支流有3条，即吉曲、子曲、黑惠江，大于1 000平方千米的支流有42条，100～1 000平方千米的支流有284条。河长超过100千米的支流有13条。湖泊包括**洱海**、**布托错青**、**布托错穷**等。

根据河谷地形及河道特征，澜沧江干流河源至西藏昌都镇为上游，昌都镇至云南临翔区四家村为中游，四家村至支流南腊河汇入口为下游。

地质地貌　流域地处青藏、滇缅、印尼"歹"字形构造体系的上、中段与川滇经向构造体系的复合部位，地质构造复杂，构造运动强烈，岩浆活动频繁。流域主要处在澜沧江断裂带上，两侧分别为金沙江断裂带和怒江断裂带，均属现今活动中等到强烈的断层。地震活动较多，地震烈度一般为Ⅶ度，个别达到Ⅷ度。流域内出露的岩层，元古界以变质岩为主，震旦系至石炭系以碳酸盐岩为主，中生界以碎屑岩为主，新生界第三系为湖相、河湖相沉积，第四系为各种成因的松散堆积层。其中，青海境内主要出露石炭系以后的地层，西藏境内主要出露泥盆系以后的地层，云南境内除寒武系外从元古界到第四系地层均有出露。流域内岩浆活动在各个地质时期多有发生。

流域地势西北高，东南低，地形以山地、丘陵为主，平坝仅占土地总面积的4%。上游地处青藏高原，地面高程多在海拔4 500米以上，除高山地区终年积雪、冰川发育外，一般山势平缓，河谷宽浅，阶地发育。中游属中高山峡谷，河流穿行于横断山脉之间，切割强烈，河谷窄深，地面高程一般为海拔2 500～5 000米，谷岭高差多在2 000米左右。下游为横断山脉的延伸地带，地势趋于平缓，呈中低山宽谷盆地地貌，地面高程一般为海拔500～3 000米，河谷较为开阔。

气候水文　由于纬度和地形的差异，流域上、中、下游的气候迥然不同。上游属温带半湿润气候区，气候寒冷，年温差小，日温差大；中游属北亚热带至中亚热带季风气候区，河谷深切，立体气候显著，高山寒冷，山腰温凉，河谷暖热；下游地势较低，属南亚热带至北热带季风气候区，气候炎热，降水较丰，干湿两季分明。

流域多年平均气温自北向南递增。上游青海省杂多县的年平均气温为0.2摄氏度，其东南的囊谦县为3.7摄氏度；中游气温垂直变化显著，多年平均气温为5～16摄氏度；下游滇西南地区多年平均气温达17～22摄氏度。

流域多年平均年降水量为996毫米。上游地区雨量稀少，年降水量为500毫米左右，多为夏季型降水；中游地区降水量多为650～1 100毫米，一般随着高度的增加而增加，局部地区如与怒江的分水岭碧罗雪山一带可达 2 500 毫米以上；下游地区雨量丰沛，多年平均年降水量为 900～1 700 毫米，主要集中在雨季。

流域水量丰沛，径流由降雨、融水和地下水混合补给。上游以地下水和融水补给为主，中游以降雨和地下水补给为主，下游以降雨补给为主。径流量的年内分配较为集中，汛期 5—10 月的径流量占年径流量的 80% 左右，7—9 月的径流量占年径流量的 51% 左右。

自然资源

全流域水力资源理论蕴藏量 3 589.1 万千瓦，年电量 3 144 亿千瓦时；技术可开发装机容量 3 484.0 万千瓦，年发电量 1 690 亿千瓦时。可开发水力资源主要集中在干流。干流水力资源理论蕴藏量 2 487.0 万千瓦，占全流域的 69.3%；技术可开发装机容量 3 240.0 万千瓦，年发电量 1 570 亿千瓦时，均约占全流域的 93% 左右。

流域内有各类矿产资源 40 余种，其中以有色金属矿产资源最为丰富。尤其是铅、锌及其伴生的锶、铊、镉等 5 种矿产储量大，品位高，采选条件好，在全国占重要地位，云南怒江傈僳族自治州兰坪白族普米族自治县金顶铅锌矿为我国最大的铅锌基地。此外，锡、锑、铜等也有一定储量。

流域内动植物种类繁多。全流域共有森林植被 549.45 万公顷，其中针叶林占 56.2%，阔叶林占 37.4%。在白马雪山自然保护区内，有植物 171 科 625 属，共 1 794 种；西双版纳自然保护区内有维管束植物 1 399 属，共 3 500 余种，其中列入国家第一批《珍稀濒危保护植物名录》的达 53 种，占全国总数的 15%。丰富的植物资源为各类动物的生息繁衍提供了良好条件，流域内分布的野生动物有 4 纲 28 目 104 科 386 属，共 655 种，其中有滇金丝猴、黑长臂猿、雪豹、云豹、牛羚等国家一级重点保护动物 28 种，林麝、金猫、小熊猫、江獭等二级重点保护动物 66 种。

澜沧江是世界自然遗产云南三江（金沙江、澜沧江、怒江）并流保护区的重要组成部分。流域内的国家级风景名胜区有三江并流风景名胜区、大理风景名胜区、西双版纳风景名胜区；国家级自然保护区有芒康滇金丝猴自然保护区、白马雪山自然保护区、云南天池自然保护区、云南茨碧湖自然保护区、云南苍山洱海自然保护区、无量山自然保护区、西双版纳自然保护区、西双版纳纳版河自然保护区等。居住在流域内的 10 多个少数民族，民族风情和文化传统各具特色，与美丽的自然景观相互交融，增添了澜沧江的魅力。

自然灾害 流域内的自然灾害主要包括洪灾、旱灾、气象灾害和地质灾害。

洪灾主要发生在云南省境内的干支流上，多由局地性暴雨或长时间的持续降雨造成。20 世纪 50 年代以来，共发生主要洪水灾害 14 次，受灾人口 99.55 万，受灾耕地面积 2.54 万公顷。旱灾一般成灾面积大，持续时间长，尤以春旱最为频繁。云南省境内 20 世纪 50—90 年代，平均 3 年即有两旱。

气象灾害多发生在流域上游的青藏高原地区，主要为雪灾、风沙灾害等，对畜牧业影响较大。

流域内多为山地，滑坡、崩塌和泥石流灾害分布较广。据不完全统计，全流域有规模较大的泥石流 100 多处，滑坡、崩塌 160 多处，大理、临沧等地均为泥石流多发区。地震灾害也较频繁。1988 年 11 月 6 日，云南省临沧市澜沧拉祜族自治县、耿马傣族佤族自治县曾连续发生 7.6 级和 7.2 级两次强震。2007 年 6 月 3 日，云南省普洱市宁洱哈尼族彝族自治县又发生了 6.4 级大地震。

经济社会 流域内居住着汉族、藏族、彝族、傈僳族、哈尼族、普米族、白族、傣族、佤族、瑶族、拉祜族、布朗族、基诺族、德昂族、回族等十多个民族，是我国少数民族较为集中的地区。2003 年，全流域有人口 631.4 万，其中农村人口 508.0 万，城镇人口 123.4 万，平均人口密度 38.4 人每平方千米，城市化率 19.5%。

流域总土地面积 1 644 万公顷，其中耕地 124.93 万公顷，园地 26.99 万公顷，林地 683.80 万公顷，草地 443.18 万公顷，水域 21.87 万公顷。

2003 年全流域地区生产总值 284.80 亿元，其中第一产业 92.91 亿元，第二产业 85.09 亿元，第三产业 106.8 亿元，主要经济活动集中在流域中、下游自然条件较好的平坝地区。青海、西藏境内多为牧区或半农半牧区，云南境内则以农业为主。青藏和云南北部主要种植青稞、小麦、马铃薯等耐寒作物；云南境内其他地区除种植水稻、小麦、玉米等粮食作物外，烤烟、甘蔗、茶叶、橡胶、药材、咖啡等经济作物也占有很大比重。工业规模较小，以加工业为主，初级产品、中间产品居多，主要集中在云南省的大理白族自治州、普洱市、临沧市、西双版纳州和怒江州。

流域内交通以公路为主，纵向交通以 213 国道、214 国道为干线，横向交通以 317 国道、318 国道、320 国道、323 国道为干线。大理、保山、思茅、临沧和景洪建有民用机场。下游思茅、景洪、橄榄坝等水运港口可通往老挝、缅甸、泰国、柬埔寨、越南等国。

治理开发 在防洪方面，主要在流域中、下游地区开展了河道整治、堤防、水库等防洪工程建设。河道整治工程有景洪的右岸曼哈—曼贺暖护岸工程、曼哈洲右汊出口锁坝工程、左岸曼厅寨附近的丁坝工程、左岸曼飞岱岸坡防护工程，支流**思茅河**治理工程，以及大理市河道整治工程等。堤防工程主要分布在干流西藏昌都县城关镇、云南景洪市及**流沙河**、思茅河、**南垒河**等支流，总长 118.6 千米，其中干流堤防 11.42 千米，支流堤防 107.19 千米。水库工程包括干流已建的小湾、漫湾等电站水库以及支流上兴建的中、小型水库，但防洪库容不大。

流域水资源丰富，但时空分布不均，开发利用率不到 4%。截至 2003 年年底，全流域已建各类水源工程设施 5.98 万座（处），主要集中在云南境内。各类水源工程的总设计供水能力 31.66 亿立方米，现状供水能力 28.68 亿立方米，其中生活用水 1.65 亿立方米，生产用水 26.98 亿立方米，生态用水 0.05 亿立方米。受地形条件和经济发展水平制约，流域农业灌溉设施不足，水利化程度较低。截至 2003 年年底，流域内共有有效灌溉面积 25.64 万公顷，其中农田有效灌溉面积 23.86 万公顷，占耕地总面积的 19.1%。此外，草场灌溉面积 0.84 万公顷，园果地灌溉面积 0.60 万公顷，鱼塘补水面积 0.34 万公顷。

流域内水能资源开发以修建干流大型电站为主，位于中、下游的小湾电站（装机容量 420 万千瓦）、漫湾电站（装机容量 155 万千瓦）、大朝山电站（装机容量 135 万千瓦）、景洪电站（装机容量 175 万千瓦）已先后建成。支流水电开发规模较小，主要集中于云南的**西洱河**、流沙河、**景谷河**和黑惠江。西洱河已完成四级开发，总装机容量 25.5 万千瓦；流沙河已完成五级开发。

20 世纪 90 年代以来，重点开发了澜沧江景洪以下的国际航运。1990—1998 年，实施了澜沧江南得坝—中缅 243 号界碑的航道整治工程，基本达到 Ⅵ 级航道标准。2003 年起，又投资近 1 亿元实施景洪港—中缅 243 号界碑 Ⅴ 级航道建设工程。

21世纪初澜沧江的年货运量在30万吨以上,年客运量已超过25万人次,运输货种主要为农副产品和加工贸易型产品。干流南得坝以下Ⅵ级航道里程287千米,常年可通航100吨以下机动船舶,丰水期可通航300吨级船舶,国际营运船舶以150吨级船型为主。此外,大朝山、漫湾、小湾等水电枢纽的建设,可形成约330千米的库区航道。洱海可进行湖区航运,威远江、南腊河等支流也有一些等外航道。

流域内有水土流失面积5.35万平方千米,占流域总面积的32.5%。其中青海和西藏境内以冻融侵蚀为主,伴有少量风蚀和水蚀,云南境内以水蚀为主。流域水土保持工作尚处于起步阶段,在青海省杂多、囊谦县开展了水土保持预防保护工程,在西藏昌都地区类乌齐县开展了水土保持生态修复试点工程。在云南境内开展了水土保持小流域综合治理工程,加强了水土流失的预防监督工作。截至2005年年底,全流域累计治理水土流失面积1 735.1平方千米。

纪　　实

上游　自河源至西藏昌都镇,长554千米,落差1 848米,河道平均比降3.34‰,区间集水面积5.88万平方千米。干流先后流经青海省杂多、囊谦两县和西藏自治区的昌都县。

源头位于青海省玉树藏族自治州杂多县西北、唐古拉山北麓的查加日玛西侧约4千米的高地,河源海拔5 388米。源区河网纵横,湖沼密布。源头水流称加果空桑贡玛曲,向东南流与右岸支流陇冒曲汇合后折向东流,称扎那曲。经莫云乡纳左岸支流**扎阿曲**后始称扎曲。沿程高原地貌较为完整,河道宽浅,河床为沙砾质,宽约100~200米。扎曲向东南流,纳右岸支流**阿涌**、左岸支流**布当曲**后至杂多县城。水流继续向东南流,纳左岸支流**沙曲**,经昂赛乡进入囊谦县境。两县交界处有右岸支流**班涌**汇入,至果弱涌村附近有左岸支流**宁曲**汇入。经觉拉乡到达囊谦县城香达镇。县城上、下游自亚则村至总扎村一段,沿江有214国道相伴。设在县城的香达水文站控制扎曲流域面积1.79万平方千米。沿程河谷渐趋窄深,比降增大,水量亦丰,峡谷段河宽在30米左右。曲折流至囊谦县娘拉乡的打如达村附近成为青海、西藏的界河,经4.5千米进入西藏自治区昌都县境内。

澜沧江上游

处新石器时代遗址,说明早在5 000年前就有人类在此繁衍生息。2008年,全县有人口8.95万,地区生产总值71 120万元。昌都水文站控制澜沧江流域面积5.88万平方千米。在昌都县城有317国道东西向跨越澜沧江,从昌都县柴维乡的果多村以下至察雅县的吉塘镇,沿江有214国道相伴。

中游　昌都镇至云南省临沧市临翔区四家村为中游,长1 188千米,落差2 464米,河道平均比降2.07‰,区间集水面积6.42万平方千米。干流先后流经西藏自治区的昌都、察雅、左贡、芒康4县,云南省德钦、维西、兰坪、云龙、永平、隆阳、昌宁、凤庆、南涧、云县、景东、临翔、镇沅、景谷14县(区)。

河流出西藏昌都县城关镇后,逐渐进入横断山高中山峡谷地区,右岸为他念他翁山和怒山山脉,左岸为芒康山和云岭山脉。早期的滇藏茶马古道多经此段。河流流向东南,经卡若原始村落遗址所在地卡若镇,在担担甲村附近折向南流,成为昌都、察雅两县界河,至帕衣村附近复转东南方向进入察雅境内。察雅藏语意为"岩窝",县城设在烟多镇。河流先后纳左岸麦曲、右岸金曲等支流,经卡贡乡、西农村后,为左贡县和芒康县界河。两岸山峰高耸,植被茂密。在左贡县仁果乡附近有右岸支流**若曲**汇入,萨诺以下有左岸支流**培曲**汇入,至芒康县如美镇附近进入芒康境内。

芒康盐田

扎曲

在昌都境内,扎曲先后流经嘎玛、约巴、柴维、日通、如意等乡,左岸有子曲、**热曲**等较大支流汇入。河道水流湍急,河谷多呈V形,相对高差达500~1 000米。经133千米抵达昌都县城,右岸有最大支流吉曲汇入,河流水量大增,始称澜沧江。1444年,由宗喀巴弟子喜绕松布创建的著名黄教寺庙强巴林寺就坐落在两河汇合处的阶地上。昌都藏语意为"水汇合口处",为昌都地区政治、经济、文化中心,也是藏东历来最大的商贸集散地。县境内有卡若遗址和小恩达遗址两

芒康以下,河谷沿岸两山夹峙,河流进入世界自然遗产"三江并流"核心地带,澜沧江与怒江最短直线距离不到19千米。河谷窄深,两岸多悬岩峭壁,江水奔腾,流向东南。在如美镇下游的竹卡村有318国道跨江而过。至曲登乡崩都村附近纳右岸支流**登曲**,经曲孜卡乡到纳西民族乡。江边有盐泉出露,成片盐田依山而建,成为滇西茶马古道上迄今仅存的人工原始晒盐景观。在农日村附近,河流沿西藏与云南边界南流30余千米,经芒康县木许乡,于云南省迪庆藏族自治州的德钦县佛山乡进入云南境内。

澜沧江梅里大峡谷

德钦县境北起佛山乡，南至燕门乡，为著名的梅里大峡谷。峡谷长100余千米，河谷深邃，江流湍急，两岸呈干旱河谷景观。从佛山乡至明永村附近，右岸挺立着著名的梅里雪山，平均高程在6 000米以上的山峰有13座，号称"太子十三峰"。在溜筒江村附近有左岸支流**阿东河**汇入。设在溜筒江村的水文站控制流域面积8.37万平方千米，河面高程在海拔2 000米左右。溜筒江村下游约20千米的明永村附近耸立着高6 740米的梅里雪山主峰卡格博峰，为云南第一高峰，晶莹剔透的冰川从高程5 500米延伸至2 700千米的森林地带，蔚为壮观。河流继续沿峡谷南流，纳左岸支流**德钦小河**，先后经德钦县云岭、燕门等乡。沿江分布有永芝石棺墓、茨中教堂等历史文物，茨中教堂系近代重要史迹，为全国重点文物保护单位。从芒康县热岗地村以下至德钦县明永村一段，沿江有214国道相伴。

梅里雪山

在巴迪乡结义村附近，干流南北向纵贯维西傈僳族自治县全境，右岸耸立着怒山山脉中的碧罗雪山，左岸为白马雪山自然保护区。维西是全国唯一的傈僳族自治县，河流经巴迪乡到达叶枝镇，镇内的叶枝土司衙署属全国重点文物保护单位。继续南流，经康普乡，在白济汛乡附近左岸纳**永春河**，再经中路、维登等乡，进入怒江傈僳族自治州的兰坪白族普米族自治县内，两县交界处有左岸支流**通甸河**汇入。河流继续沿南北向纵贯兰坪县境，先后流经中排乡、石登乡、营盘镇和兔峨乡。右岸为碧罗雪山风景名胜区，主峰高程4 435米，植被茂密，有大小高山湖泊10余个。兔峨乡有保存完整的兔峨土司衙署，为白族传统的庭院建筑，是省级文物保护单位。从芒康至兰坪，两岸汇入的支流多较短小，呈羽状排列，支流河口一般为峡谷。

澜沧江南流，进入大理白族自治州的云龙县以北。经表村傈僳族乡渐转东南方向流至旧州镇，河宽约100～150米。在旧州镇设有水文站，控制流域面积9.41万平方千米。至功果桥附近有左岸支流沘江汇入，汇口下游约5千米，澜沧江成为云龙县与永平县之界河，再行约10千米，为永平县与保山市隆阳区、昌宁县的界河。至隆阳区瓦窑镇繁荣村附近，有右岸支流**漕涧河**汇入。汇口下约5千米有320国道大桥跨越。至隆阳区水寨乡上坡村附近，两岸博南山与罗岷山对峙，旁有兰津古渡口，曾为"蜀身毒道"（身毒系印度的古称）之咽喉，渡口附近建有我国最古老的霁虹桥（铁索桥），系省级文物保护单位。河流继续流向东南，于永平县水泄乡下丙龙村附近纳左岸支流**永平河**后，流经昌宁县东北部进入临沧市凤庆县。河谷呈V形，两岸山坡陡峻，谷岭高差约1 000米，呈干热河谷景观。至大理白族自治州南涧彝族自治县小湾东镇龙跑路村附近，左岸有澜沧江在云南的最大支流黑惠江汇入。汇口以下为凤庆县与南涧县界河，行1.5千米至凤庆县小湾村，有**小湾水库**坝址。

澜沧江中游峡谷

干流出小湾村后南流，呈U形河湾折向东北，在南涧县小湾东镇独家村附近成为南涧与云县之界河。东流至南涧县公郎镇落底河村附近转向东南，在景云桥以下为云县与普洱市景东彝族自治县的界河。河谷狭窄，谷底宽仅百米左右。左岸南涧县与景东县交界地带为无量山国家自然保护区，主要保护黑长臂猿及其栖息地。至云县漫湾镇上游不远处建有**漫湾水库**，水库正常蓄水位994米，总库容9.2亿立方米。坝下游的漫湾镇有214国道的漫湾大桥跨江而过。向东南行约8千米，于云县忙怀乡附近有右岸支流罗闸河汇入。汇口上游设有戛旧水文站，控制流域面积11.46万平方千米。水流曲折南行，于普洱市景东彝族自治县曼等乡新田村纳左岸支流**勐片河**。至云县大朝山西镇附近建有**大朝山水库**。河流出水库后南流，为临翔区与镇沅彝族哈尼族拉祜族自治县之界河，继而转向西南流入临翔区东南部，至圈内乡小尖山村以下为临翔区与景谷傣族彝族自治县界河，经圈内乡四家村流向下游。

下游　云南省临沧市临翔区四家村至支流南腊河汇入口为下游，长419千米，落差271米，河道平均比降0.65‰，区间面积4.14万平方千米。干流先后流经云南省临翔、景谷、双江、澜沧、思茅、勐海、景洪、勐腊8县（市、区）。

河流出四家村后，逐渐进入滇西南中山宽谷地区，两岸分水岭高程显著降低。向西南流不远，有323国道的景临桥跨江而过，大桥下游2千米有左岸支流**勐戛河**注入。再行7千米为双江拉祜族佤族布朗族傣族自治县与景谷傣族彝族自治县界河，至双江拉祜族佤族布朗族傣族自治县大文乡回蚌村附近有右岸支流小黑江汇入。汇口以下水流折向东南，为景谷县与澜沧拉祜族自治县界河。先后纳右岸**芒怕河**、左岸腊马河、芒旺河等支流，至思茅区、景谷县、澜沧县交界的腊撒渡口附近，有左岸支流威远江注入。

威远江汇口以下为澜沧县与思茅区界河。思茅区为普洱市政府所在地，以生长思茅松闻名，其普洱茶系列产品远销海内外。河谷两岸为云南省糯扎渡自然保护区，植被茂密，生长有桫椤、榆绿木和印度野牛等珍稀动植物。在澜沧县糯扎渡镇东北有右岸支流**黑河**注入。继续东南行，右纳**南甸河**左纳**大中河**后至思茅港镇。思茅港为澜沧江第一港，是国家一类口岸，乘船沿江而下可驶往东南亚5国。

澜沧江下游景洪段

出思茅港约7千米，澜沧江进入西双版纳傣族自治州境内。西双版纳为国家级风景名胜区，具有绚丽的热带雨林风光和浓郁的民族风情，其热带雨林曾被《中国国家地理》评为中国最美的十大森林之一。河流沿景洪市与勐海县界曲折向东南流。勐海为闻名中外的普洱茶故乡和我国产茶最早的地区之一，自古有"滇南茶仓"之称。澜沧江左纳**南昆河**右纳**南果河**等支流后流入景洪市境内。至勐养镇江边下寨村附近纳左岸支流**勐养河**，左岸为西双版纳国家自然保护区的勐养片区，区内有数量众多的亚洲野象出没，右岸为西双版纳版河自然保护区。河流继续蜿蜒流向东南，至**景洪水库**，出水库后进入景洪坝宽谷段，河宽约200～300m，水流多汊，通过景洪市城区。景洪傣语意为"黎明之城"，为西双版纳州政治、经济和文化中心。景洪港为国家一类口岸，设在城区上游的允景洪水文站集水面积14.91万平方千米。干流出景洪市区后右纳流沙河，进入中低山峡谷，经勐罕镇至橄榄坝宽谷河段。曲折东流，纳左岸支流南班河。汇口以下，河流沿景洪市与勐腊县界形成U形河湾，转向南流。勐腊境内有大片热带雨林，为西双版纳国家自然保护区勐仑片区。勐仑镇附近的中国科学院西双版纳热带植物园是我国面积最大、保存物种最多的植物园。在景洪市景哈乡东南的和广寨附近，澜沧江纳右岸支流**南阿河**后沿中缅边界南流。至勐腊县关累镇西南怕良各脚寨附近的中国、缅甸、老挝三国交界处，纳左岸支流南腊河。在南腊河口以下，澜沧江流出国境，成为

景洪市取水口河段

缅甸、老挝界河，始称湄公河。

7.14.1 扎阿曲
(Zhaaqu River)

澜沧江上游段扎曲左岸支流，位于青海省玉树藏族自治州杂多县境内的中北部，河流全长91.7千米，流域面积2 572平方千米。

流域东西向最宽处达50余千米，南北长约66千米，其中沼泽面积约124平方千米。流域东邻**布当曲**，南接扎曲，西邻通天河支流**莫曲**，北与通天河支流**牙哥曲**、**科欠曲**、**聂恰曲**源头相邻。

河流水系较发育，右岸支流短小，左岸支流较长，流量较大，多源于雪山。水力资源理论蕴藏量2.59万千瓦，尚未开发。

流域西北部的支流扎尕曲和干流上段郭涌曲之间有沼泽分布，均能通行，沼泽地面牧草生长良好，还有数十个小湖泊；流域东北隅散布着约78平方千米的雪山冰川，多为各级支流源头。流域草山、草原广阔，为牧业区，均有各季牧帐分布，有小路沿河谷相通。两岸共有支流27条，其中以托吉曲、格龙涌曲、昂纳涌曲、昂瓜涌曲、扎尕曲较大，余皆很小。

上游段名称郭涌曲，发源于流域北端采莫赛山丘东南约2千米处，源头海拔5 444米，向西3千多米进入宽谷始见流水，又8千米转向西南流5千米至谷涌盆地，盆地中河宽15米，中泓水深0.5米，砾石河床。又12千米至沼泽地转向南流，经28.6千米右岸接纳支流扎尕曲，汇口以下干流始称扎阿曲。扎阿曲过汇口即出沼泽进入峡谷，沼泽中河宽12～15米，中泓水深0.3～0.6米，砾石河床。干流在峡谷中南流15.5千米，左岸接纳昂纳涌曲后即出峡谷。峡谷中河宽8米，中泓水深0.7米，石质河床。汇口以下干流转向东南流，经18.2千米，接纳左岸支流托吉曲，又经1.4千米于尕纳松多汇入澜沧江，下游河段为石质河床，河口海拔4 360米。

流域属三江源国家自然保护区的果宗木查功能区，全流域位于核心区，其功能有退牧还草、鼠害防治和黑土滩治理工程等。

7.14.2 阿涌
(Ayong River)

澜沧江上游段扎曲右岸支流，又称阿曲，位于青海省玉树藏族自治州杂多县境内中部，由西向东渐转向北流入扎曲，河流全长91.0千米，流域面积1 169平方千米。

阿涌南部宽36千米，北部近河口处仅宽12千米，南北长48千米。其中沼泽面积约56平方千米，散布在流域西部源流区，能通行。流域东邻扎曲右岸小支流，东南邻**吉曲**，西南与长江支流**当曲**相邻，西北与扎曲支流扎拉色拉相邻，北接扎曲。

上游河宽4～12米，中泓水深0.5米，砾石河床；中游河宽18～20米，中泓水深0.8米，石质河床；下游河宽20～24米，中泓水深0.9～1.0米，石质河床。河口海拔4 308米，水力资源理论蕴藏量1.71万千瓦，未开发。

流域内多为山丘地貌，除山巅石块地外，山坡、河谷均有牧草生长，为纯牧区，牧帐稀疏，多为夏秋季牧点。干支流沿河大多有小路通行，杂多县阿多乡所辖的瓦合、普克两个牧民委员会驻地分别在下游和上游。

阿涌发源于流域西南部的昆果日玛山丘，源头海拔5 026米，源流名为曲米邦稿，在沼泽地向南流15.3千米后转向东

流，以下干流始称阿涌。东流 11.2 千米处左岸接纳最大支流康谷，后转向东北流 22.9 千米，左岸接纳支流东补涌后转向北流，经 41.6 千米，在尕青玛山西麓汇入扎曲。两岸共有支流 37 条，较大支流仅有康谷一条，余皆甚小，呈羽状分布。

流域属三江源国家自然保护区的果宗木查功能区，全流域位于核心区。

7.14.3　布当曲
（Budangqu River）

澜沧江上游段扎曲左岸支流，由北向南流入扎曲。位于青海省玉树藏族自治州杂多县境东部。

布当曲全长 91.5 千米，流域面积 1 930 平方千米，上游宽达 50 千米，下游宽约 15 千米，南北长约 70 千米。流域东邻**子曲**源头及**沙曲**，南接扎曲，西邻扎曲诸小支流及**扎阿曲**支流托吉曲，北与通天河支流**聂恰曲**分水。

流域呈山丘峡谷地貌，牧草生长良好，属纯牧区，人口稀少，各季牧帐都在河畔和山脚下。杂多县扎青乡政府驻地在布当曲下游东畔之沙日塘，所辖"地青牧委会"驻地亦在附近，有公路可通杂多县城。各牧点间亦有小路相通。

河流均在峡谷中蜿蜒流淌，石质河床；共有一级支流 28 条，其中以尕茸曲、东脚涌曲、然者涌曲、阿藏送赛曲、众根涌曲较大，其余皆很小。上游河宽 8～18 米，水深 0.4～0.5 米；下游河宽 22～25 米，水深 0.7～1.3 米。河口海拔 4 160 米。水力资源理论蕴藏量 3.04 万千瓦，尚未开发。

布当曲发源于杂多县与治多县交界处的色的日雪山群中，源头海拔 5 770 米。源头有东向冰川，长 3.2 千米，源流在峡谷中向东南流 10.3 千米，左岸接纳支流那锐弄，汇口海拔 4 710 米。以上河段为源流段，名穷日弄。汇口以下称查日涌曲，又行 7.8 千米左岸纳小支流曲阿弄，汇口以下称然也涌曲。又行 10.5 千米左岸纳阿藏送赛曲后转向西南流，经 12.4 千米右岸纳支流众根涌曲后又转向东南流，始称布当曲。流经 13.8 千米，左岸纳支流然者涌曲。渐转南下，经 17.3 千米，进入纵横各约 4 千米的小盆地，左岸即扎青乡政府驻地——沙日塘。又南下 11.2 千米转向西流 5 千米汇入扎曲。

布当曲属三江源国家自然保护区的果宗木查功能区，全流域位于核心区。

7.14.4　沙曲
（Shaqu River）

澜沧江上游段扎曲左岸支流，又称尕沙河，由北向南注入扎曲。位于青海省玉树藏族自治州杂多县境内东北部，河长 47.9 千米，流域面积 901 平方千米，东西宽约 24 千米，南北长约 40 千米。

流域呈高山峡谷地貌，水系发育，牧草生长良好，间有灌木丛，山阴及近河山岭处散布着小面积密灌丛 60 余处。流域内主要是畜牧业，人口稀少，牧帐多分布在河畔。流域中部有结杂煤矿，南部有军分区煤矿，交通尚称方便，有公路西达杂多县城，东通玉树县，各牧点有小路连通。

河流均在峡谷中穿流，石质河床，一般河宽 9 米，中泓水深 0.5～0.9 米。河口海拔约 3 990 米。水力资源理论蕴藏量 1.55 万千瓦，1980 年已开发小水电站 1 座，装机容量 0.05 万千瓦。

沙曲发源于杂多县东北部藏西查牙本桑山西南 1.5 千米处，分水岭海拔约 4 860 米，上游和中游河名为扎格涌曲，东

沙曲河口

南流经 34.7 千米，左纳支流结绕涌后，转向南流，又 10.8 千米左纳支流沙旬涌，以下河段称沙曲，于蒙扎赛山西山脚下汇入扎曲。两岸共有支流 25 条，其中以沙切涌、结绕涌、郭荣涌曲、耐干涌较大。

沙曲属三江源国家自然保护区的昂赛功能区，全流域位于核心区，主要实施有退牧还草、封山育林、鼠害防治和黑土滩治理等工程。

7.14.5　班涌
（Banyong River）

澜沧江上游段扎曲右岸支流，又称班曲。位于青海省玉树藏族自治州囊谦县境内西北隅，河流全长 62.3 千米，流域面积 890 平方千米，上游窄，呈山丘宽谷地貌，下游渐宽，呈高山峡谷地貌。

河口海拔约 3 870 米，水力资源理论蕴藏量 2.18 万千瓦，尚未开发。

全流域牧草良好，间有疏灌丛，属纯牧业区，沿河有牧帐及洗羊池分布。囊谦县香晓乡所辖的由涌、班多和查哈 3 个牧民委员会驻地分布在流域南北。茶哈盐场在班涌中游左岸，有公路通往县城。沿河多有小路连通各牧点。

班涌发源于青海玉树藏族自治州囊谦、杂多两县交界处的优日阿仁麻山南侧，分水岭海拔 5 381 米。源流在宽谷中东去 10.3 千米转向东南流，又经 30.6 千米，右岸接纳最大支流窑涌。汇口对岸即茶哈盐场，以下干流转向东北流经 6 千米进入峡谷，又 15.4 千米在哇罗以西注入扎曲。上游宽谷河宽一般约 11 米，中泓水深 0.9 米，下游峡谷河宽一般约 18 米，中泓水深 0.5～0.7 米，均为石质河床。共有一级支流 26 条，其中仅窑涌较大，流域面积 358 平方千米，余皆小，呈羽状分布。

班涌属三江源国家自然保护区的昂赛功能区，全流域位于核心区。

7.14.6　宁曲
（Ningqu River）

澜沧江干流上游段扎曲左岸支流，流经青海省玉树藏族自治州杂多、玉树和囊谦 3 县，流域面积 1 169 平方千米，呈西北—东南走向，逐渐展宽。

流域内为高山峡谷地貌，牧草丰美，间有疏林和灌丛，近河山坡有 50 多处小面积密矮林和密灌丛分布，属纯牧业区，各季牧帐散布在干流上下游。流域南接扎曲，西邻**沙曲**，东、北方向紧靠**子曲**。杂多县昂赛乡所辖的苏绕牧委会驻地和耐多龙、改龙达等牧点位于流域北部，南部有囊谦县觉拉乡所

辖的兄日玛等牧点。玉树至杂多的公路横过流域北部，各牧点间有小路相通。

河流全长80.1千米，共有一级支流20条，较大的支流有：晓各龙曲、梭啰涌、莫海，其余皆很小。上游为石质河床，河宽11～15米，中泓水深0.3～0.4米；下游为砾石河床，河宽约15米，中泓水深约0.8米。河口海拔约3 780米，干流天然落差1 270米，水力资源理论蕴藏量3.72万千瓦，尚未开发。

宁曲发源于青海省玉树藏族自治州杂多县东部玛日赛山南麓，源头分水岭海拔5 050米，下行3.2千米，海拔4 700多米处河旁即出现夏季牧帐（5—6月），源流名高各查依。在峡谷中又东南流2.8千米过公路桥，以下河名为高涌。继续东南流46千米进入玉树县西南角，河名为郭曲。又1.3千米左南岸接纳梭啰涌，过汇口转向南流，经4.8千米进入囊谦县北部，复转东南流，经7.8千米左纳晓各龙曲，又转南下河名始称宁曲。经14.2千米，在觉拉乡政府驻地以西约3.5千米处注入扎曲。

7.14.7 子曲
(Ziqu River)

澜沧江干流上游段扎曲左岸支流，为澜沧江较大支流之一。由西北向东南流经青海省玉树藏族自治州的杂多县、玉树县、囊谦县和西藏自治区昌都地区的昌都县。子曲又名孜曲，均系藏语音译，意为"百花草河"，因流经一条长满百花草的峡谷而得名。

概　述

流域内山脉绵亘，山高谷深，地形复杂。上游（德曲汇口以上）为山丘宽谷，山坡较缓；下游高山峡谷，切割较深，山坡陡峻，海拔4 800米以上的山岭多有山岩裸露。区内草山连绵，牧草优良，是玉树县下拉秀乡和囊谦县毛庄乡的主要牧场。上游为夏季牧场，牧民多在近水避风处扎帐；中游以下渐为冬季牧场，牧帐增多，尤其在一些支流山谷中较为密集；到隆曲附近，下游出现许多牧民定居点，显得较为兴旺，并且下游右岸出现小片农田，约有333.34公顷，种植青稞，属囊谦县毛庄乡。河谷两侧有天然林木，上游仅有小块疏灌木林分布，下游广布密灌木丛，在热昌陇附近及以下出现松柏林。

干流全长292.7千米，其中青海境内干流总长276.9千米，河口海拔3 486米，落差1 942米，全河平均比降6.69‰。流域面积12 645平方千米，其中青海省境内8 095平方千米，地理位置为东经95°26′～97°58′，北纬31°28′～33°22′，其东以得实普山—拉无茄山为界与金沙江分水，南以子散赛拉—查拉—

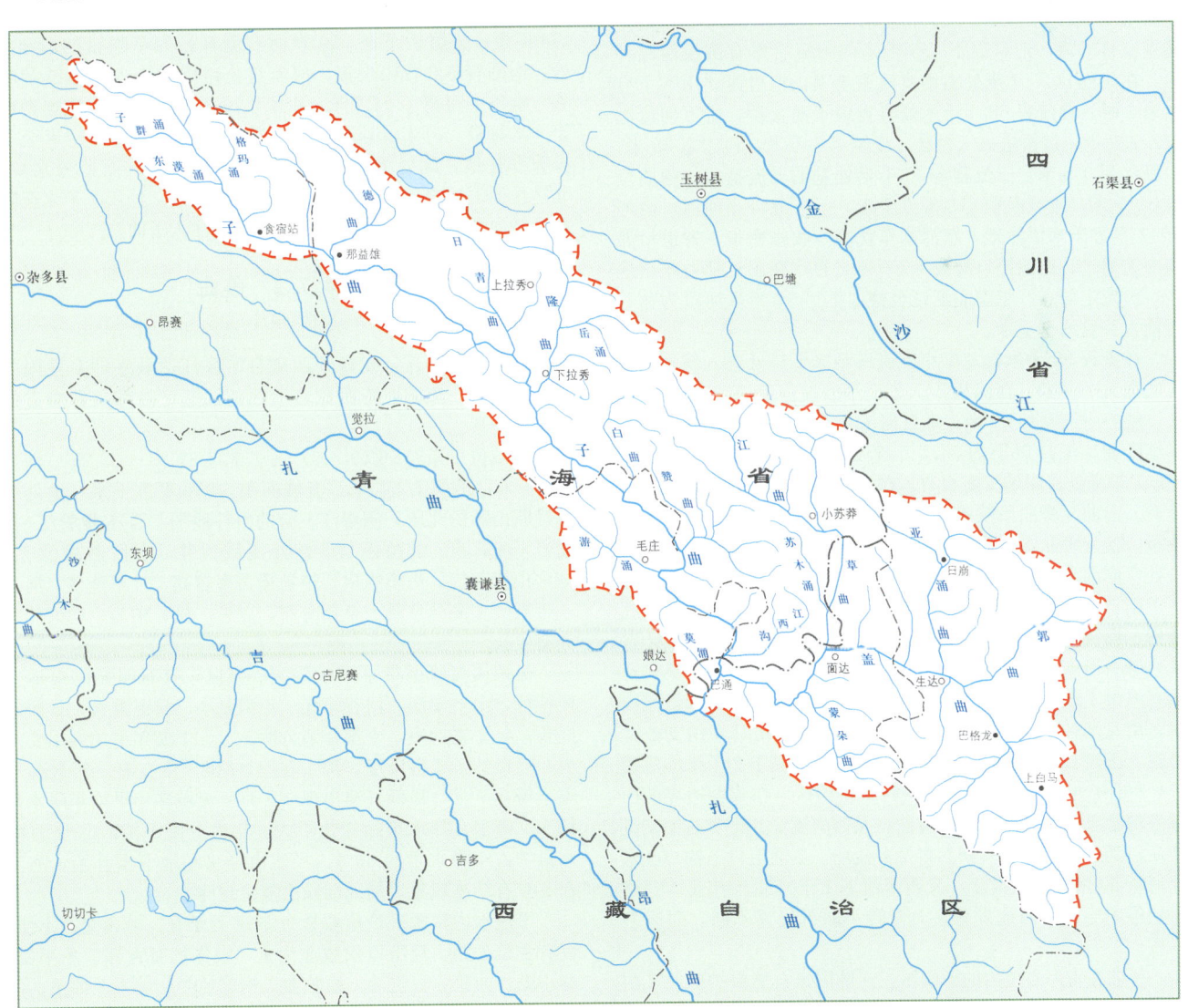

子曲水系示意图

夏拉—多吉直赛—浪俄拉山与干流扎曲相隔,西接**布当曲**,北与通天河各大支流的源头相邻。

子曲呈条状流域,羽状水系。共有大小一级支流130余条,其主要支流有**隆曲**、**盖曲**等。干流径流主要以降水和冰雪融水补给为主,多年平均年降水量450~550毫米。水力资源理论蕴藏量39.85万千瓦,技术可开发量22.31万千瓦,属尚未开发河流。

流域人口密度平均为1人每平方千米。玉树县下拉秀镇(含9个村)、上拉秀乡(含7个牧委会)、小苏莽乡(含9个牧委会)及囊谦县毛庄乡(含5个牧委会)均在流域之内。公路交通尚为方便,214国道沿隆曲南下过子曲转西南出流域,在囊谦县吉曲乡入西藏;省道在上拉秀接国道西行奔杂多县,县道通达各乡镇,便道联络各定居点和牧帐。

纪　实

子曲发源于青海省玉树藏族自治州杂多县东北端扎格俄玛山、沙诺贡俄山之间的一座无名山岭,分水岭海拔5 428米。其西南2千米处即扎格俄玛拉山口,是牧区便道之隘口,四季均可通行。源头系石质山地,向西南流1.3千米,出现长流水,流向转东南,河名为子切涌,至流程13.2千米处,河宽5米,水深0.2米,石质河床,谷宽1.2千米;在流程40.1千米处,右岸纳支流子群涌后始称子曲。在汇口以下1.8千米处河宽12米,水深0.6米,石质河床。在流程48.6千米处左纳支流格玛涌,汇口以下1.3千米内干流右岸有清泉两眼补给。在流程50.5千米处右纳支流东漠涌,汇口西北山嘴下有温泉1眼。在流程68.4千米处有省道子曲大桥,桥下河床海拔4 299米,过桥进入玉树县。流经1.8千米,河床宽38米,中泓水深0.8米。于流程87.5千米处左纳支流德曲。德曲全长51千米,流域面积619平方千米,下游流经一涌滩,沿河有12平方千米沼泽地,草滩水草优良,牧帐密集,省道沿滩南山麓通过。德曲汇口海拔4 200米,首次在附近那益雄(地名)出现定居点。东漠涌汇口至德曲汇口37千米河段为宽谷河槽,谷宽约1千米。

在流程96千米处左岸小支流塔玛陇汇口处进入峡谷,峡谷底宽约200米。在流程147.7千米处左岸有支流日青曲汇入,峡谷中河宽约30米,砾石河床。在流程158.8千米处左岸纳隆曲,汇口以下约31.5千米处进入囊谦县境。在流程199.1千米处左岸纳支流白曲,在流程223千米处左岸纳支流赞曲。白曲至赞曲段峡谷中河宽45~65米,沙质河床,流速减缓,接近赞曲汇口处河宽70米,砾石河床,子曲在赞曲汇口处弯向西南。在流程236.6千米处右纳支流游涌,干流复转向东南。囊谦县毛庄乡府驻地在汇口以上5千米游涌北岸的扎西唐,海拔3 720米。游涌汇口以下约2千米处子曲河宽70米,砾石河床。继续东南流18.4千米左纳小支流热昌陇,河边有温泉1眼,汇口以下为石质河床,附近河宽47米,流向由东南又渐转西南,经17.8千米在定居点玉树马左纳支流江西沟,玉树县江西林场即设在汇口东南岸。其下2千米即流程274.8千米处流出青海省界进入西藏自治区。在青藏边界的西藏昌都县巴通左纳最大支流盖曲。又西南流2.6千米右纳支流莫涌,其上游河旁有囊谦县多伦多盐场。莫涌汇口下约500米处河宽60米,石质河床,又西南流8.1千米注入扎曲。一路在峡谷中穿流,曲流发育,大弯转小曲折接连不断,河床多石质。

子曲在青海省境内的下段属三江源国家自然保护区的江西功能区,在近省界处为核心区,主要实施退牧还草、退耕还林草、封山育林、鼠害防治、黑土滩治理和生态移民等工程。

7.14.7.1　隆曲
(Longqu River)

子曲左岸支流,又称龙曲,位于青海省玉树藏族自治州玉树县境内中部。河长55.7千米,流域面积789平方千米,上游狭窄,下游渐宽,其中左岸最大支流岳涌源头有冰川约4平方千米。

流域内呈山丘峡谷地貌,牧草生长良好,上游间布疏林,下游林木较密,沿河山地有密灌林十处,最大的一片密灌丛面积达4平方千米。牧业发达,沿河上下均有牧帐驻牧,玉树县下拉秀乡政府驻地在河流下游的龙西寺(地名),还分布着玻荣、扎岗陇、野吉尼玛等牧民居住点。214国道由玉树县城至隆曲畔,然后顺河经下拉秀南下;还有省道横贯流域北部,牧点间有小路相通。

河口海拔3 870米,全河落差1 105米,河道比降19.8‰。共有一级支流24条,仅岳涌较大。下游建有下拉秀水电站,装有2台75千瓦机组,供乡政府及驻地居民用电。

隆曲发源于青海玉树藏族自治州玉树县中部海拔4 975米的无名山岭,源流在名为务陇的山沟中向东南流6.4千米出山谷,进入波洛滩盆地,草滩中春夏牧帐群分布于干支流畔,其间河宽3米,水深0.2米,砾石河床,流速仅0.4米每秒。又东南流13千米,左纳支流塞陇后转向南流,经1千米抵214国道,公路桥下游500米河右侧有名为草陇错的清泉1处,周围有冬春牧帐聚集。河流过公路桥后进入巧格绒尕峡谷,峡谷中河宽12~17米,中泓水深0.5~1.2米,流速渐增至3米每秒,河床由砾石渐呈石质。流经峡谷28.1千米至下拉秀乡驻地。此处为林区中心,林区东西南三面抵分水岭,北达岳涌汇口之下。隆曲过龙西寺转向西南,经4.4千米至嘎玛,转向西流2.8千米在子曲大桥以南注入子曲。

7.14.7.2　盖曲
(Gaiqu River)

子曲左岸支流,发源于西藏自治区江达县字呷乡境内的俄拉山北麓。流域地跨西藏自治区的江达、昌都及青海省的囊谦3个县。

流域位于东经96°59′~97°58′,北纬31°30′~32°25′。河长150千米,落差1 255米。流域面积5 930平方千米。地处藏东横断山脉的北段,澜沧江上游的山谷地带。西连**澜沧江**(扎曲)干流,东、北两面与金沙江流域为邻,南临**热曲**水系。域内山峦起伏,沟壑纵横。植被覆盖率较高,林草茂盛,河谷一带有较多灌丛草场、草甸分布,以杉、松、柏为主的天然林亦有生长。

流域属高原温带季风半湿润气候区,具有明显的山地气候特征,山上湿润,河谷干燥。年温差小、日温差大,日照时间长,年无霜期短,干湿季节分明。上、下游年平均气温变差大,河口约7.4摄氏度,源头在−1.8摄氏度左右。年最高气温出现在7月,最低气温出现在1月。流域多年平均年降水量约550毫米,降水年际变化不大,年内分配不均,6—9月降水量约占年降水量的80%。径流由降水和地下水补给,河流在冬季有结冰现象,局部河段会发生封冻。

干流水力资源理论蕴藏量为13.8万千瓦。域内交通不便,仅有乡镇公路。经济以农牧业为主,农作物有青稞、冬小麦、春小麦、油菜、豆类等,畜牧业以饲养牦牛、黄牛、绵羊、山羊、马、猪为主。河谷一带有少量的经济林,每年可产一定数量的干鲜水果。矿藏有石灰石、铁、铅、锌等。野生动植物有鹿、猞猁、水獭、贝母、知母、大黄等。常见的自然灾害有雪灾、旱灾、洪灾和霜冻，偶尔也有地震发生，基本烈度为Ⅶ度。

盖曲自源头向北流，经上格色、上百马至洛玛，右纳**郭曲**（各曲）后折向西北流。约流5千米抵达生达，右纳**亚涌曲**。生达以上河谷宽广，地势开阔，属宽谷山丘地貌，山峰较矮，相对高度多在500米以下。河谷地带水草丰美，牛羊成群，是良好的牧场。河流在采冂可西面流出江达县境进入昌都县。于冷达转向西流，过日学至面达，右纳盖曲最大支流**草曲**。生达至面达之间的区域以中低山地形为主，山峰相对高度一般不超过800米。河谷较宽，两岸有较多农田和草场。面达以下地带以中高山为主，山势险峻，山峰相对高度多在500～1 200米。蒙多那至格扎大转弯段为峡谷河段，两岸山高坡陡，河道蜿蜒曲折，河谷狭窄，水流湍急。河流自面达折向西南流，约10千米后又缓缓转向西北流，于巴通附近注入子曲。

7.14.7.2.1　郭曲
(Guoqu River)

盖曲右岸支流，又名各曲。发源于西藏自治区江达县生达乡境内的扎杰来玛山峰北侧。流域面积550平方千米，河长48千米，落差880米。

流域东北高、西南低，山峦起伏，沟壑纵横。属高原温带半湿润季风气候区，山上寒冷湿润，河谷温暖干燥，上下游气温差异显著。日温差大，日照时间长，年无霜期短，干湿季节分明。流域多年平均年降水量约550毫米，降水集中在6—9月。径流由降水和地下水补给，水力资源理论蕴藏量约1.18万千瓦，河流在冬季有冰情发生。

域内交通不便，仅有乡镇公路。经济为半农半牧，两岸阶地上有零星农田分布，长有青稞等农作物。牧业以饲养牛、羊为主。野生动植物丰富。常见霜冻、干旱、洪涝等灾害。

自源头向东南流，于格宗上游转向西南流。沿程经过楼日、格宗、达朗达、宁帮等地，纳入多条支流后，干江达县生达乡洛玛村附近注入盖曲。上游地带属宽谷地貌。山峰低矮，地势高亢，地形平坦，山体裸露。植被稀疏，以高山草甸生态系统为主。达郎达以下的下游地带植被生长较好，有较多的灌丛草场分布。

7.14.7.2.2　亚涌曲
(Yayongqu River)

盖曲右岸支流，又名亚曲。发源于青海省玉树县小苏莽乡境内。流域面积853平方千米，河长66千米，落差730米，流域涉及青海省玉树县和西藏自治区的江达县。

流域东北高、西南低，山峦起伏，沟壑纵横。属高原温带半湿润季风气候区，山上寒冷湿润，河谷温暖干燥，上下游气温差异显著。日温差大，日照时间长，年无霜期短，干湿季节分明。6—9月为雨季，多年平均年降水量约550毫米。径流由降水和地下水补给，水力资源理论蕴藏量约1.70万千瓦。冬季河流有冰情发生。

流域内交通不便。经济以农牧业为主，星星点点的农田里长有青稞等农作物，牧业以饲养牛、羊、马为主。野生动植物资源丰富。常见霜冻、干旱、雪灾等不良天气。

亚涌曲自源头向东南流，约15千米，流出青海进入西藏江达县境。经饿纽弄、跃江格至日崩，折向南偏西流，至仁达又转向南流。于生达乡附近注入盖曲。流域为山谷地貌，由中低山、丘陵、谷地构成。上游地带山体裸露，植被稀疏。日崩以下的下游区域，植物生长较好，有较多的灌丛林、草场及小面积森林。

7.14.7.2.3　草曲
(Caoqu River)

盖曲右岸支流，发源于青海省玉树藏族自治区玉树县小苏莽乡境内。位于青海省玉树县境内东南部和西藏自治区昌都地区一隅，流域面积1 300平方千米，其中青海省境内约1 160平方千米，走向西北—东南，上窄下宽。

草曲流域属高原温带半湿润季风气候区，上、下游气温差异显著，日照时间长，年无霜期短，干湿季节分明。流域多年平均年降水量约540毫米，降水集中在5—9月。径流由降水、融水和地下水补给，水力资源理论蕴藏量约4.49万千瓦。河流在冬季结冰现象严重。

流域内地貌以高山峡谷和山原地带为主，间有宽谷和小盆地。上源地带有小湖泊，山岭上多为基岩裸露的石块地；中下游地区牧草生长茂盛，河旁山坡有较多的条块状密灌丛和云杉松柏等林地，是玉树县小苏莽乡的主要草场和部分水源涵养林区。小苏莽乡府驻地位于流域中部，多年平均气温1.3摄氏度，年日照时数2 536小时，多年平均年降水量521毫米，6—9月降水量占全年的77%。小苏莽乡的扎西、本江、莫地、草格4村以及多个定居点均在流域中、下游干支流河旁。有一条县道由北沿其支流西曲至乡政府驻地，还有两条乡道连接各村。

域内交通比较方便，有简易公路数条。经济以牧为主，下游河谷地带有零星农田分布，长有青稞等农作物，牧业以饲养牛、羊为主。野生动植物资源丰富。常见灾害有雪灾、霜冻、干旱、鼠害等。

河流全长96.1千米，两岸共有大小支流50多条，较大的支流有：江琼、西曲、苏木涌。河口海拔3 650米，河道平均比降16.6‰。

草曲发源于青海省玉树藏族自治州玉树县境内东南部的由衣玛崩山岭，分水岭海拔5 245米，沿谷底向西南流3千米至宽谷涌钦包，流向转南，经4.1千米入小宽白马海，湖东西宽1千米，北南长1.6千米。干流出湖即转向东南流，谷宽1.5千米，两岸沼泽地宽约200～800米，并有3处小湖泊。谷中水草丰美，夏季牧帐较多。干流经9.3千米接纳左岸支流多实陇，汇口处为一小盆地，南北宽2千米。汇口以上干流长18千米，名奖木曲。河流在宽约1.6～0.8千米的山谷中继续东南流，两岸山坡上开始出现条块状密灌木丛。流经16.8千米至吉钦牧安会；又5.2千米至石岸江琼汇口，又18.2千米至县道草曲桥，桥下附近河宽30米，水深1.5米，过桥入小盆地，又4.2千米左岸纳最大支流西曲，小苏莽乡府即驻其下游左岸，西曲汇口海拔3 921米。以上河段称江曲，长44.4千米。汇口以下干流始称草曲。草曲在小盆地中渐转南流，经5.4千米入西藏昌都境内的峡谷，谷底宽100米左右，谷中河宽一般约25米，水深0.8米，两侧山坡较陡，杉柏灌木生长茂盛。水流南下18千米经措荣村，于打爱格村附近复入青海省境，入境约0.2千米右岸接纳支流苏木涌，谷底展宽至300～400米；又0.6千米经莫地滩直下9.5千米，在青海、西藏分界处的昌都县面达乡附近注入盖曲。

7.14.7.2.4　蒙朵曲
(Mengduoqu River)

盖曲左岸支流，发源于西藏自治区昌都县面达乡的达都村附近。流域面积410平方千米，河长39千米，落差1 160米。

流域南高北低，山高坡陡，沟壑纵横。属高原温带半湿润季风气候区。日温差大，日照时间长，年无霜期短，干湿季节分明。夏季雨水丰沛，多年平均年降水量约550毫米。径流由降水和地下水补给，水力资源理论蕴藏量约1.26万千瓦。冬季河流有冰情发生。

域内仅有乡镇级公路。经济以农牧业为主，饲养牛羊，种植青稞。野生动植物资源丰富。常见灾害有霜冻、干旱和雪灾。

蒙朵曲自源头向西流，至拉日岗转向北流。经字多、果帕，河道曲折，河谷狭窄，水流湍急。纳左右岸多条支流后，于蒙多那注入盖曲。流域为高山峡谷地貌，植物生长良好，灌丛林、草场及小面积森林分布广泛。

7.14.8 热曲
(Requ River)

澜沧江左岸支流，发源于西藏自治区昌都县拉多乡娘如村上游。流域面积2 470平方千米，河长82千米，落差1 458米。

流域东高西低，山峦起伏，沟壑纵横。南与**麦曲**流域毗邻，东、北两面与**盖曲**流域接壤，西与澜沧江干流相连。属高原温带半湿润季风气候区。山上寒冷湿润，河谷温暖干燥，上、下游气温差异显著。日温差大，日照时间长，年无霜期短，干湿季节分明。多年平均年降水量约550毫米，6—9月降水量约占全年的80%。径流由降水和地下水补给，干流水力资源理论蕴藏量约6.11万千瓦。冬季河流有岸冰或流冰花发生。

域内有妥坝、拉多两个小型水电站，总装机容量360千瓦。属半农半牧区。零碎的农田分布在河道两岸的阶地上，种有青稞、小麦、油菜、豌豆等。牧业以饲养牛、羊、马为主。野生动植物有鹿、貂、水獭、虫草、贝母及天然成材林木。霜冻、干旱、洪水、雪灾时有发生。

自源头向西流，巴阿拥、贡隆雄等支流汇入后，于娘吉转向西南流。纳下弄、马拥之水，经嘎德、嘎压抵达热瀑，此段河流称嘎尔弯（亦称阿曲）。于热瀑附近左纳**妥曲**后，转向西北流。经康多至瓦达，纳热曲最大支流**玉曲**。河流折向西流，过尼塔转向西南流，于多拉多纳果曲后又缓缓折向西北流。于嘎日注入澜沧江。流域为高原山谷地貌。上游地势较开阔，由中低山、丘陵、谷地等地貌单元构成。河谷宽窄相间。灌丛林、草场分布广泛，生长茂盛，是优良的牧场。热瀑以下山势险峻，河谷较窄，河道曲折，水流湍急。植物生长良好，有较多的天然林草地分布。

7.14.8.1 妥曲
(Tuoqu River)

热曲左岸支流，发源于西藏自治区昌都县妥坝乡。流域面积638平方千米，河长36千米，落差820米。

流域南高北低，山峦起伏，沟壑纵横。日温差大，日照时间长，年无霜期短，干湿季节分明。6—9月降水丰沛，多年平均年降水量约530毫米。径流由降水和地下水补给。水力资源理论蕴藏量1.26万千瓦。河床由砂卵石、块石组成。河流在冬季有冰情发生。

流域内有1986年建成的妥坝水电站，装机容量160千瓦。经济以农牧业为主，种有青稞、油菜等，饲养的牲畜有牛、羊、马等。野生动植物资源丰富。自然灾害有霜冻、干旱、洪水、雪灾等。

妥曲自源头向南流，8千米后折向西流，至色隆麦转向西北流。过朱官寺右纳阿龙雄，至妥坝川藏公路（317国道）自东而西穿过。又流数千米，左纳巴拥，河流缓缓转向东北流。于热瀑附近注入热曲。流域为高山峡谷地貌，河谷稍窄。域内有小面积森林生长，灌丛草地分布广泛，生长茂盛。牧业兴旺。

7.14.8.2 玉曲
(Yuqu River)

热曲右岸支流，又名尤曲，发源于西藏自治区昌都县拉多乡。流域面积640平方千米，河长45千米，落差920米。

流域呈南北向带状，北高南低，山峦起伏，沟壑纵横。日温差大，日照时间长，年无霜期短，干湿季节分明。6—9月降水丰沛，多年平均年降水量约550毫米。径流由降水和地下水补给。水力资源理论蕴藏量约1.67万千瓦。河床由砂卵石、块石组成。河流在冬季有冰情发生。

流域内建有拉多水电站，装机容量200千瓦。经济以农牧业为主，种有青稞、油菜等，饲养的牲畜有牛、羊、马等。野生动植物资源丰富。自然灾害有霜冻、干旱、洪水、雪灾等。

玉曲自源头向东南流，经嘎孔、达尼、嘎来等地，两岸山峦起伏，河道蜿蜒曲折，水流时缓时急。沿程纳入多条支流，于嘎来转向西南流，至瓦达注入热曲。流域为高山峡谷地貌，河谷宽窄相间。岸边有小块农田分布，灌丛草地分布广泛，生长茂盛。

7.14.9 吉曲
(Jiqu River)

澜沧江右岸支流，又称昂曲，发源于西藏自治区巴青县贡日乡桑堆敌玛村附近，流域面积16 774平方千米，河长约499千米，落差1 926米。

概　述

流域北与扎曲相邻，东与澜沧江干流相连，西、南与**怒江**流域相邻。地跨西藏自治区的巴青、丁青、类乌齐、昌都和青海省的杂多、囊谦六县。支流多分布在右岸，主要支流有**木曲、羊木涌、沙木曲**，左岸支流主要有**巴曲**。

流域属高原温带半湿润季风气候区。域内日照充足，干湿季分明，年无霜期短。多年平均年降水量约550毫米。多年平均年水面蒸发量约1 100毫米。径流由降水、地下水和融水构成，是混合补给型河流。洪水期主要由降水补给，枯水期主要由地下水和融水补给。上游河段在冬季冰情严重，有封冻现象，中、下游河段有岸冰和流冰花发生。河水含沙量较大，水质良好。

流域地处横断山脉，属高原山谷地貌。地势北高南低，上游地势平缓，地形起伏小，为丘状高原。下游河谷深切，沟壑纵横。流域内有古生代及中生代陆相地层组成的线状褶皱，并伴有复杂的走向断层和挤压破碎带。河谷一线分布有第四系松散沉积物。发育的土壤为褐土、棕壤、暗棕壤、漂灰土、黑毡土等。

水力资源理论蕴藏量约115万千瓦。已建水电站2座，总装机容量1.1万千瓦。矿产有铁、铜、砷等。药材主要有虫草、贝母、大黄、雪莲花等。野生动物有鹿、黄羊、马鸡、狐狸、水獭等几十种。经济以农牧业为主，主要饲养牦牛、黄牛、犏牛、绵羊、山羊和马，农作物有青稞、春小麦、冬小麦、豌豆、油菜等，畜产品主要有牛羊肉、酥油、羊毛、皮张

7.14.9 吉曲

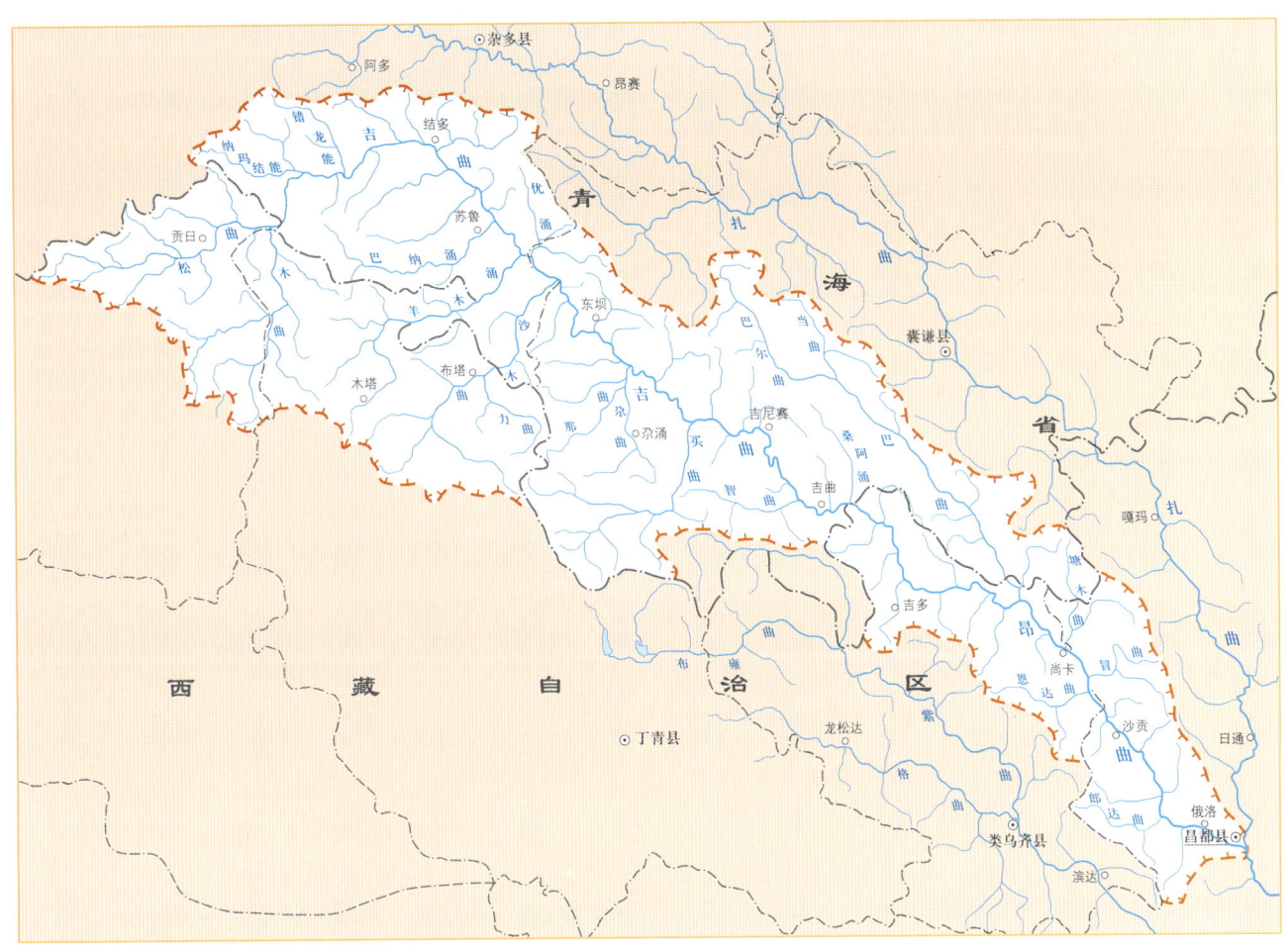

吉曲水系示意图

和牛羊绒。自然灾害有洪水、干旱、雪灾、霜冻、地震等。其中干旱、洪灾尤为突出，历史上曾发生过多次洪、旱灾害，淹没农田和冲毁公路及草场现象时有发生。

纪　实

源头至沙木曲汇口为上游。河流自源头向东北流，在栋雄郭村附近转向北流。而后折向东流，至结多乡转向东南流。在木桑松多右纳木曲后流进青海省境内，始称吉曲。左纳拉加涌，右纳巴纳涌、羊木涌、沙木曲后进入中游段。

源流段名为松曲，地处西藏自治区巴青县境内，发源于西藏自治区巴青县贡日乡桑堆敌玛村查如贡山，峰顶海拔5 660米，冰川长1.7千米，指向北，融水在宽谷东流2.7千米渐转东北流，经5千米处进入沼泽草甸，可通行，有小湖多处，并有夏季牧帐出现。又2.9千米转向东流，以下河宽5米，水深0.4米，砾石河床，流经15.6千米，接纳左岸支流扎仁陇巴，汇口海拔4 760米，松曲又东流5千米出沼泽地带，此处河宽16米，水深0.6米，砾石河床。至右岸支流角米能汇口以下呈石质河床，至右岸日子俄敌能汇口转北流，至左岸霞舍涌汇口复转东流，以下仍为石质河床，河宽24米，水深0.6米。至木桑松多接纳右岸支流木曲，汇口海拔4 525米。松曲在西藏自治区巴青县境内流程73.6千米。以下与青海省共界河长4千米后进入青海省杂多县境内，始称吉曲，流向转北，为石质河床，河宽30米左右，水深为1.2~1.8米，流经13千米后转向东流。经9千米至茶米能汇口，河床海拔4 378米，又9千米转向东南，石质河床，经18.1千米至结多乡政府驻地，附近河宽59米，水深约1米。又经9.2千米右纳巴纳涌，苏鲁乡政府驻地在巴纳涌下游岸边。吉曲继续东南流，过沙木曲汇口进入囊谦县。

上游地势高亢，地形平坦，河谷宽阔，水流平缓。河床覆盖层多为砂砾石组成。降水丰沛，湿地、草场广布。植被以高原草甸为主，牧业兴旺发达，主要饲养牦牛、黄牛、绵羊、山羊和马。

沙木曲汇口至巴曲汇口为中游。右纳那曲、**买曲**，经吉尼赛乡河流向南流。右纳智涌后，经青海省囊谦县吉曲乡，在吉曲乡瓦义兴荣村下游进入西藏境内。经类乌齐县的加桑卡乡，在尚卡乡吉多村左纳巴曲。在流程212.5千米处到日那滩，左岸有过曲汇入，东坝乡府驻地在过曲下游岸边。以下干支流两岸开始出现疏林地和条块状密灌丛。在流程279.6千米处左岸是吉尼赛乡府驻地，此处河床海拔3 822米。在囊谦县境内峡谷中曲流加人，石质河床，河宽缩为38米，水深渐加到3.5米。在流程320.9千米处至吉曲乡府驻地，呈砾石河床，海拔3 713米，河宽达100米，水深1.5米，两岸为山林区。在流程331.2千米处至桑达改的左岸有桑阿涌汇口，进入西藏自治区类乌齐县，河流改称昂曲，为峡谷松柏林区。谷中多为砾石河床，经加桑卡乡，在尚卡乡吉多村流程400.6千米处左纳巴曲，汇口海拔3 518米。

中游段河谷宽窄相间，阶地较为发育。河床覆盖层多为砂卵石组成，有温泉出露。植被以草甸、灌丛为主，分布有灌木林及小面积森林。流域内交通条件较差，人类活动影响较小。经济以农牧业为主，种植青稞、冬小麦、春小麦等。建有小型水电站1座。

巴曲汇口类乌齐县尚卡乡吉多村至昌都镇为下游。下游河段在深山峡谷中蜿蜒曲折继续向东南流去，约经21千米至

11

尚卡乡鲁杜，左纳支流塘木曲。约12千米至芒达乡，左纳支流冒曲，约5千米右纳恩达曲。又约16千米至昌都县沙贡乡，附近干流上建有沙贡水电站。又东南流至右岸支流郎达曲（腰曲）汇口处折向东流，经俄洛镇、昌都水电站在昌都城南汇入澜沧江。

下游河谷宽窄相间，间断性地分布着一至四级阶地。河床覆盖层为砂卵石组成，植被以灌木林及小面积森林为主。农牧业较发达，农作物有青稞、冬小麦、春小麦、豌豆、油菜、土豆等。工业有电力、印刷、皮革加工、藏药研制、粮油加工等。干流上建有昌都水电站。昌都镇是昌都行署所在地，是昌都地区的政治、经济、文化和交通中心，也是藏东最大的商贸集散地。有560多年历史的强巴林寺信奉黄教，坐落在河口附近的阶地上。

吉曲在青海省境内的下段属三江源国家自然保护区的白扎功能区，主要实施退牧还草、封山育林、鼠害防治、黑土滩治理和生态移民等工程。

7.14.9.1 木曲
（Muqu River）

吉曲右岸支流，发源于西藏自治区丁青县嘎塔乡嘎塔村附近，流域面积1 170平方千米，河长58千米，落差551米，流域涉及西藏丁青、巴青2个县。

流域南高北低，呈扇形。为高原温带半湿润季风气候区。日温差大，日照时间长，高寒缺氧，年无霜期短，干湿季节分明。多年平均年降水量约570毫米，降水集中在5—9月。径流由降水、融水和地下水补给。水力资源理论蕴藏量约1.83万千瓦。冬季冰情严重，有封冻现象。

流域内交通不便，仅有乡村通道。经济以牧业为主，牲畜有牦牛、黄牛、犏牛、绵羊、山羊、马等。野生动植物有黄羊、鹿、水獭、狐狸、虫草、贝母、雪莲花等。自然灾害有霜冻、干旱、雪灾、洪水、风灾等。

河流自源头向北流，于乃日果拉附近纳尕涌、木涌。至加拉村左纳木曲最大支流木切涌后折向东北流，数千米后复向北流。沿程纳入者辰能、沙颔涌后，经木塔村于丁青县木塔乡木桑松多村附近注入吉曲。流域呈高原丘陵地貌，地势开阔，河谷宽广，植被以高山草甸生态系统为主，牧草在谷盆地带有广泛生长。

7.14.9.2 羊木涌
（Yangmuyong River）

吉曲右岸支流，发源于西藏自治区丁青县嘎塔乡，流域面积851平方千米，河长79千米，落差933米。地跨西藏自治区丁青和青海省的杂多2个县。

流域西南高东北低，属高原温带半湿润季风气候区。日温差大，日照时间长，年无霜期短，干湿季节分明。多年平均年降水量约570毫米，降水集中在5—9月。径流由降水、融水和地下水补给。水力资源理论蕴藏量约2.62万千瓦。沙石河床，河水含沙量较大，冬季冰情严重，有封冻现象。

域内交通不便，仅有乡村通道。经济以牧业为主，主要牲畜有牦牛、黄牛、犏牛、绵羊、山羊和马。野生动植物有黄羊、鹿、水獭、狐狸、虫草、贝母、雪莲花等。自然灾害有霜冻、干旱、雪灾、洪水和风灾。

源头有冰川分布，自源头向东北流，20多千米后折向西北流，至羊木村复向东北流，沿青藏边界流10余千米后进入青海省境内。河道蜿蜒曲折，沿程纳入多条支流，于青海省杂多县苏鲁乡注入吉曲。河流在西藏自治区境内河长46千米，在青海省境内的河长33千米。中游地带山峦起伏，上、下游山峰低矮，地势开阔。谷盆一带长有较好的牧草。

7.14.9.3 沙木曲
（Shamuqu River）

吉曲右岸支流，又名波曲。发源于西藏自治区丁青县布塔乡，流域面积1 412平方千米，河长82千米，落差908米，地跨西藏自治区丁青县和青海省囊谦县。

流域南高北低，属高原温带半湿润季风气候区。日温差大，日照时间长，年无霜期短，干湿季节分明。多年平均年降水量约600毫米，降水集中在5—9月。径流由降水、融水和地下水补给。水力资源理论蕴藏量约4.88万千瓦。沙石河床，河水含沙量较大。河流在冬季冰情严重。

域内交通不便，仅有乡村通道。经济以牧业为主，牲畜有牦牛、黄牛、犏牛、绵羊、山羊和马。野生动植物有黄羊、鹿、水獭、狐狸、虫草、贝母、雪莲花等。自然灾害有霜冻、干旱、雪灾、洪水和风灾。

源头有冰川分布。自源头向西北流，至桑日普巴它纳扎弄弄，又流10多千米，河流缓缓转向东北流。经布塔乡至布塔村，右纳**等曲**后流入青海省杂多县境，在杂多县和囊谦县边界处注入吉曲。中游多山，上游和下游地势开阔，河谷宽广，牧草生长良好。

7.14.9.3.1 等曲
（Dengqu River）

沙木曲右岸支流，又名丁曲，发源于西藏自治区丁青县布塔乡。流域面积284平方千米，河长34千米，落差700米。

流域属高山峡谷地貌。域内山峦起伏，沟壑纵横，山体裸露，植被稀疏。日温差大，日照时间长，年无霜期短，干湿季节分明。夏季降水丰沛，多年平均年降水量约600毫米。径流的补给来源于降水和地下水。水力资源理论蕴藏量约1.1万千瓦。河床由砂卵石组成。河流在冬季有冰情出现，部分河段会发生封冻。霜冻、雪灾、干旱、洪水常有发生。

等曲自源头向东北流，数千米后缓缓转向西流，相继纳入几条支流后又折向西北流，于丁青县布塔乡布塔村附近注入沙木曲。

7.14.9.4 买曲
（Maiqu River）

吉曲右岸支流，亦写作麦曲，由西向东继而转向北流注入吉曲，位于青海省玉树藏族自治州囊谦县境内西南隅。流域面积875平方千米，上游舒展如扇状，下游狭窄似瓶颈，冰川面积约11平方千米，分布在青藏两省区交界处。

流域内呈高山峡谷地貌，雨量相对较多，牧草林木茂盛，畜牧业发达。尕涌乡所辖麦多、麦买两牧民委员会驻地在流域中部，吉尼赛乡所辖的麦曲牧民委员会在河口附近。区内交通仅有小路。

买曲发源于青海、西藏两省区边界的他翁他念山西北麓，源头海拔5 000米左右，山麓下即有牧帐出现。源流在麦也峡谷中东流29.2千米，右岸接纳最大支流甘穷郎，又东流9.8千米至麦永居民点，流向转北，下游2千米河道右侧有温泉一处，继续北流10.2千米，河道水深0.7米，石质河床。以下至河口流程10.8千米，其间峡谷两侧森林茂密。于青海省囊谦县麦曲居民点东南汇入吉曲。买曲全长62千米，河口海拔约3 915米。推算多年平均流量约7.7立方米每秒。两岸共有支流数十条,以甘穷郎较大,余皆小。

7.14.9.5 巴曲
(Baqu River)

吉曲左岸支流,发源于青海省囊谦县着晓乡,流域位于**澜沧江**(扎曲)和吉曲干流之间。三条河流的流向近乎平行。流域面积1 752平方千米,地跨青海省的囊谦和西藏自治区的类乌齐两县,主要位于青海省境内。

流域西北高东南低,呈带状。山上寒冷湿润,河谷温暖干燥,上下游气温差异显著,干湿季分明。径流补给以降水为主,还有融水和地下水,多年平均年降水量为533毫米,降水集中在5—9月。径流由降水、融水和地下水补给。水力资源理论蕴藏量约7.22万千瓦。流域内植被良好,以高寒灌木丛和高寒草甸为主,着晓乡府驻地位于上游左岸,中下游是囊谦县,林区主要树种有云杉、圆柏等。白扎林场即坐落在巴曲河边,林场附近有白扎煤矿。囊谦县马场在巴曲中游。

河流全长133.4千米,落差1 012米。河道平均比降8.4‰,上游河宽4~14米,多为石质河床;下游河宽15~18米,多为砾石河床。水系较发育,较大的支流有各青曲和当曲。域内交通较为方便,214国道从域内通过。经济以牧业为主,牲畜有牦牛、黄牛、犏牛、绵羊、山羊和马。野生动植物丰富。常见灾害有霜冻、干旱、雪灾、洪灾和风灾。

巴曲发源于青海省玉树藏族自治州囊谦县境内的日阿恰赛东南的无名山丘,河源海拔4 640米,源流河名腾日涌,自东向西流,纳支流江日达后干流称巴尔曲,河道逐渐弯向东南,在瓦查弄流向转为正东,纳当曲后干流复折向东南流称巴日曲,至囊谦卡干流始称巴曲,在青海境内的河长约126千米,在西藏境内河长约7千米。巴曲上游地势开阔,植被以高山草甸生态系统为主,宽谷地带是较好的牧草地。中下游山峦起伏,间有小面积的乔木和灌丛林分布。巴曲继续东南流,进入西藏自治区,在类乌齐县尚卡乡吉多村以北汇入吉曲。

巴曲在青海省境内的河段属三江源国家自然保护区的白扎功能区,近省界段在核心区。

7.14.10 麦曲
(Maiqu River)

澜沧江左岸支流,又称昌曲,发源于西藏自治区昌都地区贡觉县拉妥乡芒康山西北麓。流域面积6 450平方千米,河长151千米,落差1 380米。流域涉及西藏自治区贡觉、察雅、昌都、芒康四县。

概 述

流域地处西藏自治区东部,介于东经97°24′~98°30′和北纬30°01′~31°13′之间。东与金沙江支流**热曲**流域相邻,南与澜沧江支流和金沙江支流为邻,西连澜沧江干流,北临澜沧江支流**热曲**。流域呈扇形分布,左右岸支流分布不均,右岸多于左岸。左岸主要支流有**勒曲**、大毕铺,右岸主要支流有**汪布曲**、**勇曲**、**色曲**和**雅曲涌**。

流域属高原温带半湿润季风气候区。域内日照充足,干湿分明,气候温和。河谷干热,山上湿冷。年无霜期约180天。河口一带年平均气温在11摄氏度左右,1月平均气温约-1摄氏度,7月平均气温约19摄氏度。源头较河口气温偏低约6~8摄氏度。降水是藏东三江流域的低值区,流域多年平均年降水量约500毫米,年水面蒸发量约1 100毫米。洪水期径流主要由降水补给,产汇流时间不长,洪峰多呈尖瘦型,持续时间多为1~3天。枯水期径流主要由地下水补给。在冬季有冰情发生。河水含沙量较大。

流域地处横断山脉的北部,属高原山谷地貌。流域平均海拔在3 600米以上。5 000米以上的山峰有10多座。地势东、北、南部略高,西部偏低。上游地势平缓,地形起伏小,为丘状高原。下游河谷切割深,地形起伏大,山势挺拔,巨石嶙峋,沟壑纵横。谷底仰望是山,山顶四顾如原。河道两岸冲积扇发育。河谷农田海拔多在3 700米以下。流域属藏东地质构造区。有古生代及中生代陆相地层组成的线状褶皱,并伴有复杂的走向断层和挤压破碎带。河谷一线分布有第四系松散沉积物。发育的土壤为褐土、棕壤、暗棕壤、漂灰土、黑毡土等。

干流水力资源理论蕴藏量约23.4万千瓦。矿产有铁、铜、钼、金、石膏、硫黄、石灰石等。药材主要有虫草、贝母、大黄、雪莲花等。野生动物有鹿、黄羊、马鸡、狐狸、水獭等几十种。主要灾害有洪灾、旱灾、雪灾、霜冻、地震和虫害。其中干旱、洪灾尤为突出,历史上曾发生过多次洪、旱灾害。如1991年、1993年、1995年和1997年的春旱,造成不同程度的粮食减产、牧草枯萎。1991年和2000年夏季的洪灾,淹没农田和草场,冲毁公路、房屋及电站,经济损失严重。

流域内经济活跃,交通方便。有县乡级公路数条,上连214国道及四川—西藏公路,下接各个乡镇及重要村庄。上游以牧业为主,主要饲养牦牛、黄牛、犏牛、绵羊、山羊和马;下游以农业为主,种植青稞、春小麦、冬小麦、豌豆、油菜、玉米等。河谷地带盛产苹果、水蜜桃、核桃、梨等,种植黄瓜、茄子、西红柿、辣椒、土豆等多种蔬菜,是藏东的水果、蔬菜生产基地。土特产品有藏靴、藏白酒、银器等。截至2004年,流域内有小型水电站3座,总装机容量2 530千瓦,有小型灌区3处,干渠总长约21千米。

纪 实

源头至勒曲汇入口为上游,称昌曲。河段长96千米,落差860米。河流自源头向北偏西流,约17千米后折向西北流。流过一个S形湾,经仲萨寺、宗沙等地至然觉。转向西南流,于达巴复向西北流,经高日抵达香堆镇,右纳汪布曲后折向南流,至左多以下4千米处到达勒曲汇入口。上游地带水草丰盛,牧业兴旺,有利得、西布、拉松等多个牛场,以饲养牛、羊、马为主,是重要的牧业生产地。流域内除了有良好的生态旅游环境外,还有丰富的宗教文化旅游资源,如向康大殿、仁达摩崖石刻、角克寺、尼萨普巴溶洞、萨嘎日出宝塔林、六子真言等,都具有较大的旅游开发价值。

勒曲汇口以下为下游,河段长约55千米,落差520米。河流自勒曲汇口向西北流,经齐周、莫坝、巴西等地,先后接纳大毕铺、勇曲、色曲等支流至察雅县烟多镇。右纳雅曲涌后,河流缓缓转向南流,于烟多镇多瓦下游注入澜沧江。下游山高谷深。干支流的河谷地带植被较好,有农田、草场及小面积森林分布。河谷宽窄相间,宽谷段有多级阶地发育。盛产各类水果及蔬菜,是当地经济的重要组成部分。下游地带旅游资源丰富,有烟多寺、恩达温泉瀑布、罗宋石刻、色都寺等。

察雅县烟多镇坐落在麦曲下游右岸,察雅藏语意为"岩窝",2008年全县人口52 833人,GDP为26 803万元。

7.14.10.1 汪布曲
(Wangbuqu River)

麦曲右岸支流,发源于西藏自治区昌都地区贡觉县莫洛镇西南侧,流域面积 650 平方千米,河长约 47 千米,落差 740 米。

流域北高南低,地势开阔,为丘状高原地貌。海拔多在 4 000 米以上。河谷宽浅,气候寒冷,灌丛草地分布广泛。日温差大,日照时间长,年无霜期短,干湿季节分明。降水集中在 6—9 月,多年平均年降水量约 550 毫米。水力资源理论蕴藏量约 1.71 万千瓦。河床为砂卵石组成,河水含沙量稍大,冬季河流有冰情发生。

经济以牧为主,牲畜有牦牛、黄牛、犏牛、绵羊、山羊和马。下游河谷一线有零星农田分布,种有青稞等农作物。野生动植物丰富。自然灾害有霜冻、干旱、洪水、雪灾等。

汪布曲自源头向西南流,数千米后入察雅县境,折向西偏北流,至仁达转向南流。河道蜿蜒曲折,水流时缓时急,经它如、汪布至香堆镇,右纳杂拉铺后河流转向东南注入麦曲。

7.14.10.2　勒曲
（Lequ River）

麦曲左岸支流,又称坤达曲,发源于西藏自治区昌都地区芒康县昂多乡。流域面积约 1 000 平方千米,河长 88 千米,落差 800 米。

流域东南高西北低,属高原温带季风半湿润气候区。日温差大,日照时间长,年无霜期短,干湿季节分明。6—9 月降水量约占全年的 80%,多年平均年降水量约 550 毫米。径流由降水和地下水补给,干流水力资源理论蕴藏量约 3.14 万千瓦。沙石河床,河水含沙量较大,冬季河流有结冰现象,部分河段冰情严重。

经济以牧业为主,牲畜有牦牛、黄牛、犏牛、绵羊、山羊和马等。野生动植物丰富。霜冻、干旱、洪水、雪灾时有发生。

勒曲自源头向北偏西流,十多千米后出芒康县入察雅县境。河流向西北流,数千米后急转西南流,而后复向西北流。经珠扎、阿孜至色曲汇入口,此段河流称勒布曲,色曲汇口以下称归达曲。流经佳嘎、坤达等地,于香堆镇当多村上游约 4 千米处注入麦曲。勒曲流域地势开阔,为丘状高原地貌,海拔多在 4 000 米以上。河谷宽浅,丘坡平缓,气候寒冷。有广袤的灌丛草地和零散的湿地沼泽。支流较多,水流潺潺,水草丰盛。牧业是当地的支柱产业。

7.14.10.3　勇曲
（Yongqu River）

麦曲右岸支流,发源于西藏自治区昌都地区察雅县扩达乡北侧。流域面积 693 平方千米,河长 63 千米,落差 1 390 米。

流域内属高原山区,北高南低,山峦起伏,沟壑纵横,河道深切。日温差大,日照时间长,年无霜期短,干湿季节分明。6—9 月为雨季,多年平均年径流量约 1.39 亿立方米,多年平均流量约 4.41 立方米每秒。水力资源理论蕴藏量约 3.79 万千瓦。河床由砂卵石组成,河水含沙量较大,水质较好,冬季河流有冰情发生。

勇曲上有一座岗卡水电站,装机容量 320 千瓦。经济以牧为主,农牧结合。上游地势开阔,水草丰美,牧业兴旺。饲养牦牛、黄牛、犏牛、绵羊、山羊、马等。下游河谷一带有农田分布,种有青稞等。野生动植物丰富。自然灾害有霜冻、干旱、洪水、雪灾等。

勇曲自源头向南流,至扩达一村,缓缓折向西南流。经扩达乡、多桑卡,至都达转向南流,河道蜿蜒曲折,水流时缓时急,沿程纳入多条支流,过岗卡于扩达乡乌然村下游约 7 千米处注入麦曲。

7.14.10.4　色曲
（Sequ River）

麦曲右岸支流,又称史曲,发源于西藏自治区昌都县埃西乡达久塘。流域面积 1 486 平方千米,河长 82 千米,落差 1 560 米。

流域北高南低,属高原温带季风半湿润气候区。域内山峦起伏,沟壑纵横,河道深切。日温差大,日照时间长,年无霜期短,干湿季节分明。降水集中在 6—9 月,多年平均年降水量约 450 毫米。径流由降水和地下水补给,多年平均年径流量约 5.5 亿立方米,多年平均流量约 17.4 立方米每秒。水力资源理论蕴藏量约 11.2 万千瓦。沙石河床,河水含沙量较大,无污染,冬季河流有冰情发生。

流域内为农牧经济,主要牲畜有牦牛、黄牛、犏牛、绵羊、山羊和马,农作物有青稞、小麦、油菜等。矿产有煤、铁、铜、铅等。野生动植物丰富。霜冻、干旱、洪水、雪灾时有发生。

色曲自源头向西北流,4 千米后折向西南流,又流数千米转向东南流。经然炸通、都日左纳嘎曲。经巴贡至多巴,左纳**多曲**。河道蜿蜒曲折,流淌于山峦之间。经王卡、恩所等地,于烟多镇色嘎村注入麦曲。流域属山原区,由中低山丘及谷地构成。上游植被生长良好,灌丛草甸分布广泛,小面积森林亦有分布。下游植被较差,山体裸露,河谷地带有农作物种植。

7.14.10.4.1　多曲
（Duoqu River）

色曲左岸支流,又称佟曲,发源于西藏自治区昌都县妥坝乡钟尼娘达。流域面积 613 平方千米,河长 49 千米,落差 900 米。

流域北高南低,由低矮山丘及谷地组成。日温差大,日照时间长,年无霜期短,干湿季节分明。6—9 月为雨季,多年平均年降水量约 450 毫米。多年平均年径流量约 1.23 亿立方米,多年平均流量约 3.9 立方米每秒。水力资源理论蕴藏量约 1.39 万千瓦。河床由砂卵石组成。河水含沙量稍大,水质未受污染。冬季河流有结冰现象,局部河段冰情严重。

流域内植被良好,灌丛草地分布广泛,亦有小面积森林分布,水草丰美,牧业兴旺。牲畜有牦牛、黄牛、犏牛、绵羊、山羊、马等。矿产及野生动植物丰富。自然灾害有霜冻、干旱、洪水和雪灾。

多曲自源头向东南流,至多热通转向西南流。沿程有多条支流汇入,至肯塘贡巴转向东南流,10 多千米后折向西南流。经察雅县肯通乡等地,于王卡乡多巴村注入色曲。

7.14.10.5　雅曲涌
（Yaquyong River）

麦曲右岸支流,又称雅曲,发源于西藏自治区察雅县新卡乡。流域面积 314 平方千米,河长 36 千米,落差 1 530 米。

流域北高南低,山峦起伏,沟壑纵横。日温差大,日照时间长,年无霜期短,干湿季节分明。6—9 月为雨季,多年平均年降水量约360毫米。多年平均年径流量约0.55亿立方米,多年平均流量约1.74立方米每秒。水力资源理论蕴藏量约1.32万千瓦。沙石河床,河水含沙量大,水质较好,上游段在冬季有结冰现象。

域内植被稀疏,山体裸露。河谷地带有零星农田分布,种有青稞等农作物。自然灾害有霜冻、干旱、洪水和雪灾。

自源头向南流。河流蜿蜒曲折,河谷宽窄相间,水流时缓时急。经克琼、卡松、索贡等地,沿程纳入几条支流后,于察雅县烟多镇多瓦村附近注入麦曲。

7.14.11 金河
(Jinhe River)

澜沧江右岸支流,亦称紫曲或色曲,发源于西藏自治区丁青县丁青镇则绒格附近。流域涉及西藏自治区的丁青、类乌齐、昌都、察雅及青海省玉树藏族自治州的囊谦五县。

概　述

流域位于西藏自治区东部,呈带状分布,位于东经95°31′~97°31′、北纬30°30′~31°51′。流域面积6493平方千米(其中冰川面积19.0平方千米)。东面和北面与**吉曲**(昂曲)流域相邻,西面和南面与**怒江**流域接壤。流域的东部为藏东高山峡谷地貌,河谷切割深,地形起伏大,山势挺拔,巨石嶙峋,沟壑纵横。西部为藏北高原地貌,地势平缓,地形起伏小,为丘状高原。地势呈西北高东南低,平均海拔在4000米以上。植物分布随地理位置、气候特点、垂直高度的差异呈明显的规律性变化,海拔3000~4300米,气候温和,为亚高山暗针叶林与山地常绿硬阔叶林带;海拔4300米以上,气候寒冷,以高山灌丛草甸生态系统为主。域内地质构造复杂,断裂发育,倾角较陡,岩石均有不同程度的变质现象。河谷一线分布有第四系松散沉积物,发育的土壤为褐土、棕壤、暗棕壤、漂灰土、黑毡土等。

源头至河口大致向东南流,河长301千米,落差1805米。沿程支流较多,大约每隔4~5千米就有一条长年流水的支流。较大支流有5条,**格曲**为右岸最大支流,**热曲**是左岸最大支流。流域属高原温带半湿润季风气候区。空气稀薄,年温差小,日温差大,冬春季节多风,年无霜期短。年日照时数在2400小时左右。气候差异显著,"一山有四季,十里不同天"是流域气候的显著特征。降雨集中在6—9月,夏季多夜雨,流域多年平均年降水量约570毫米。年蒸发量约1000毫米。最大洪峰流量一般出现在7—8月,最小流量一般出现在2—3月。上游地势开阔。径流以地下水、降水补给为主。上游段有结冰现象,初冰期为11月上旬,终冰期为翌年3月下旬。河床由砂卵石及块石组成。中、下游河谷呈V形,多为窄谷和峡谷,水流湍急。域内森林茂密,自然生态环境完好。水质无污染,据2005年水环境监测资料,水质达地表水质量Ⅲ类标准。

干流水力资源理论蕴藏量约43万千瓦。流域的东南部分布着茂密的原始森林,树种以云杉、柏树、青冈树、松树为主,河谷地带生长着较多的桦树、柳树和杨树。野生动植物丰富。马鹿、白唇鹿、豹、狼、岩羊、獐子、藏狐、藏原羚、松雀鹰、藏雪鸡等常有出没。国家一级重点保护动物白唇鹿在类乌齐县各乡镇均有分布,但以长毛岭乡、卡玛多、岗色乡分布最多。虫草、贝母、大黄、三棵针、红景天等药用植物多有生长。矿产有锡、煤、重晶石、铁、盐、金、铬、铅锌、大理石等。干旱、霜冻、雪灾、洪水、滑坡、地震、泥石流和风沙是影响域内社会经济发展的主要自然灾害,其中尤以干旱危害最重。据资料记载,历史上曾发生过多次旱灾。1991年、1993年、1995年、1997年和2006年的旱灾,都不同程度地造成农作物减产,牧草产量下降,病虫害加剧,百姓生活水平下降。

流域内经济活跃,交通方便。214国道及317国道一纵一横穿过流域。县乡级公路网可上连国道、下接各个乡镇及重要村庄,为流域内经济带来勃勃生机。上游以牧业为主,下游系半农半牧,农、林、牧、副并举的产业经济。主要饲养牦牛、黄牛、犏牛、绵羊、山羊、马、驴、猪等。农作物有青稞、春小麦、冬小麦、豌豆、油菜、元根、白菜、萝卜、土豆等。下游河谷地带盛产苹果、水蜜桃、核桃、梨等。土特产品有金银首饰、氆氇、地毯等。流域内已建中小型水电站5座,总装机容量6.27万千瓦。其中位于昌都县的金河水电站于2004年8月建成,是流域内最大的一座水电站,装机容量6万千瓦。已建防洪堤6处,总长2.4千米,小型灌区1处,干渠长11.9千米。

纪　实

源头至类乌齐县岗色乡的岗达村为上游。上游段长94千米,河道比降8.55‰,源头有冰川分布。自源头向东南流入**布托错青**(湖泊),自湖南缘流出,而后折向东流。流经10余千米后,左纳脚曲(河长32千米),右纳赛曲。脚曲上有**布托错穷**。河流向左绕一弧形弯后,缓缓转向东南流,纳热曲后至岗色乡的岗达村。此段河流称布曲或布雍曲。上游地势开阔,属高原湖盆地貌,山峰相对低矮,植被以高山草甸生态系统为主。

岗色乡的岗达村至滨达乡的滨达村为中游段,岗色以下始称紫曲。中游段长98千米,河道比降3.83‰。中游段大致向东南流,蜿蜒穿梭于山峦之间,经孟达、君达等地至类乌齐镇,位于该镇的类乌齐寺有着700多年的历史,是西藏著名的噶举派寺院,为藏、汉及尼泊尔相结合的建筑风格。河流缓缓转向南流,至类乌齐县府驻地桑多镇。右纳格曲,向东南流至恩达,又向东流至滨达。中段河谷宽窄相间,群山连绵,山峰相对高度一般不超过1000米,以中低山为主,植被覆盖率高,森林茂密,灌丛草地分布广泛。流域内的桑多镇坐落在金河中游的右岸。类乌齐藏语意为"大山",据2008年资料统计,类乌齐县总人口42069人,全县GDP为34900万元。县城依山傍水,有高山峡谷、美丽的草原、清澈的河水、茂密的森林、漂亮的马鹿和著名的伊日温泉等,素有"藏东明珠"、西藏"小瑞士"之美誉。

滨达村至察雅县卡贡为下游段,长109千米,比降4.35‰。自滨达向东南流5千米后流出类乌齐县进入昌都县境。河谷渐渐缩窄,峡谷段水面宽一般在10~30米,两岸山

类乌齐寺查杰玛大殿

高坡陡,河谷呈V形,河道深切。谷坡不稳定,常见崩塌、滑坡和泥石流发生,河道中多急流、险滩。经若尼、果拉、向宗等地,沿程纳入多条支流后至金河水电站,向南流出昌都县进入察雅县境,经吉塘镇在达布村下游5千米处名纳学曲后,于察雅县卡贡乡卡贡村附近注入澜沧江。下游植被覆盖率较高,森林茂密。河谷地带是重要的农业生产区,谷内土地肥沃,果树颇多,物产丰富。

金河紫曲段

7.14.11.1 布托错青
(Butuocuoqing Lake)

金河上游段布曲上的湖泊,位于西藏自治区丁青县境内,又名布冲错、普塘错庆、布托湖。湖呈南北走向,湖面高程4 660.0米,湖长6.4千米,最大宽2.2千米,平均宽1.4千米,水面面积9.0平方千米,周长14.7千米。

布托错青地处他念他翁山南麓的山间盆地内,湖南部为稍开阔的山前坡地。湖属高原温带藏东半湿润气候区,多年平均气温3.4摄氏度,多年平均年降水量641.0毫米(丁青县气象站)。集水面积99.1平方千米。湖水为大气降水及冰雪融水补给,入湖主要河流有错青浦曲、弄玛弄曲等。湖水于南部流出,汇入布曲。湖水pH值7.2,矿化度0.057克每升,属硫酸钠亚型。湖区植被以高山草甸和蒿类草原为主,小蒿草和蒿叶猪毛菜、沙生针茅多有生长。野生动物有獐子、黄羊、鹿、狐狸等。湖区有简易公路,并与省(区)级公路连接。

7.14.11.2 布托错穷
(Butuocuoqiong Lake)

金河上游支流脚曲上的湖泊,位于西藏自治区丁青县境内,又名普塘错琼。湖体呈北西—南东走向,湖面高程4 590.0米,湖长4.4千米,最宽3.0千米,平均宽1.45千米,水面面积6.4平方千米。湖岸线较规则,周长14.5千米。

地处他念他翁山南麓的山间盆地内,湖北部、东部分布有小面积的沼泽湿地。属高原温带藏东半湿润气候区,多年平均气温3.4摄氏度,多年平均年降水量641.0毫米(丁青县气象站)。集水面积233平方千米。湖水由大气降水及冰雪融水补给。出流口在湖的东部,经脚曲注入金河。湖水pH值7.4,矿化度0.069克每升,属硫酸钠亚型。湖区植被以高山草甸和蒿类草原为主,小蒿草和蒿叶猪毛菜、沙生针茅多有生长。野生动物有獐子、黄羊、鹿、狐狸等。湖区有简易公路,可与省(区)级公路连接。

7.14.11.3 热曲
(Requ River)

金河左岸支流,河流由南向北继而转东,最后转向南流注入金河,位于青海省玉树藏族自治州囊谦县境内南部边界。

流域面积约710平方千米,东西长约50千米,南北平均宽约15千米,呈高山峡谷地貌,属囊谦县吉曲乡的牧业区,上游沿河分布牧帐较多,中、下游有森林分布。热多、巴是弄、热买等牧民居住点位于下游河畔,仅有小路相互联络。

热曲全长83.7千米,河口海拔4 203.2米,多年平均年径流量约2.14亿立方米,多年平均流量约6.8立方米每秒。有支流十多条,均较小,最大的龙让流域面积仅92平方千米。

热曲发源于青海省玉树藏族自治州囊谦县南界群山中,源头(血江拉)海拔5 400米,源流名草错弄,北流约15.9千米纳左岸支流觉都,汇口海拔4 622.5米。又北流4.1千米,转向东流13.6千米右纳支流龙让,汇口海拔4 531.1米。又东流约18千米,折向南流,经26.4千米注入金河。

7.14.11.4 格曲
(Gequ River)

金河右岸支流,发源于西藏自治区丁青县丁青镇扎帮果以南。流域面积1 713平方千米,河长100千米,落差1 080米。

流域西、南面与**怒江**流域相邻,东、北面靠近金河干流。属高原温带半湿润季风气候区。年温差小,日温差大,冬春季多风,年无霜期短,年日照时数为2 160小时左右。径流由降水、地下水及冰雪融水补给,年际变化不大,年内分配不匀。降水主要集中在6—9月,多年平均年降水量约650毫米,夏季多夜雨。河床由砂卵石、块石组成。河水含沙量较大,水质无污染,冬季有冰情发生。

流域多年平均年径流量约6亿立方米,多年平均流量约19立方米每秒,干流水力资源理论蕴藏量约5.86万千瓦。野生动植物主要有马鹿、岩羊、藏狐、藏雪鸡、虫草、贝母、大黄、红景天等。经济系半农半牧,两岸的阶地上有零散农田分布,种有青稞、小麦等,牧业以饲养牛、羊、马为主。自然灾害有旱灾、冰雹、霜冻、雪灾、泥石流等。

流域属高原山丘地貌,地势开阔,河谷较宽。山峰相对低矮,中上游地带多在6 000米以下,下游一般在1 000米以下。协塘以上植被以灌丛草甸生态系统为主,协塘以下植被茂密,森林分布广泛。长毛岭乡有野生马鹿饲养基地,1988年被划为西藏马鹿自然保护区。

河流自源头向东流,数千米后出丁青进入类乌齐县。至木尺折向东南流,经更达、龙桑、那布至长毛岭折向东流。至协塘又缓缓转向东南流。河道蜿蜒曲折,在井林下游纳右岸支流**抽曲**之后,于桑多镇附近注入金河。

7.14.11.4.1 抽曲
(Chouqu River)

格曲右岸支流,亦称错曲,发源于西藏自治区类乌齐县卡玛多乡夏莫普附近。流域面积380平方千米,河长42千米,落差1 135米。

流域位于类乌齐县南部,年温差小,日温差大,冬春季多风,年无霜期短,光照充足。流域多年平均年降水量约550毫米,夏季多夜雨。河床由砂卵石、块石组成。河水含沙量稍大，水质较好。径流由降水、地下水、冰雪融水补给，流域多年平均年径流量约1.33亿立方米，多年平均流量约4.22立方米每秒。水力资源理论蕴藏量约1.39万千瓦。

域内地势开阔，山峰低矮，河谷较宽，河道坡度较缓。下游植被覆盖率高，森林、灌丛草场多有分布。河流自源头向北流，在鄂菜卡折向西北流。至嘎吉转向北偏西流，左纳一支流后复向北流。经帮嘎注入格曲。

7.14.12 若曲
（Ruoqu River）

澜沧江右岸支流，发源于西藏自治区左贡县北部的日许错。流域面积873平方千米，河长78千米，落差2 190米。

流域为高山峡谷地貌，西北高东南低，山高坡陡，沟壑纵横。山上湿冷，河谷干热，日温差大，日照时间长，干湿季节分明。多年平均年降水量约430毫米，6—9月降水量占全年的80%以上。水力资源理论蕴藏量约9.77万千瓦。河床由砂卵石及块石组成。局部河段在冬季有结冰现象。自然灾害有霜冻、干旱、洪水和雪灾。

若曲自日许错向北流，6千米后折向东偏南流。至格如村河流称然速，然速河谷较宽，植被稀疏。格如村以下称若曲，向南流，至次嘎拉转向东南流。过沙益，河流渐渐进入峡谷段，构造地貌明显。至新地西侧，河道弯向东北，进入峡谷深处。两岸山势险峻，巨石嶙峋，鸟语花香，景色秀丽。河谷呈V形，谷坡一般大于30度，谷宽20～50米。右岸有多条支流汇入。植被覆盖率高，森林、灌丛草场分布广泛，牧业兴旺。河流于仁果乡沙龙村下游4千米处注入澜沧江。

7.14.13 培曲
（Peiqu River）

澜沧江左岸支流，亦称各同培曲。发源于西藏自治区察雅县阿孜乡觉萨村。流域面积1 060平方千米，河长62千米，落差1 760米。

流域北高南低，属高原温带半湿润季风气候区。流域内群山起伏，沟壑纵横，地形复杂。夏季温暖湿润，冬季寒冷干燥，日温差大，日照时间长，年无霜期短。多年平均年降水量约500毫米，降水主要集中在6—9月。径流由降水、地下水补给，干流水力资源理论蕴藏量约4.56万千瓦。沙石河床，河水含沙量较大。上游段在冬季有冰情发生。

流域内为农牧经济，以饲养牦牛、黄牛、绵羊、山羊、马为主，农作物有青稞、小麦、玉米等。矿产及野生动植物资源丰富。自然灾害有洪水、泥石流、霜冻、干旱等。

培曲自源头向南偏东流，至阿孜乡邓察村，进入芒康县境，河流转向西南流，至仲日折向东南流。经各同、斯布等地，左纳**熊曲**后折向南流。至桶巴进入峡谷段，谷深坡陡，河谷呈V形，谷宽20～60米。两岸山峰高耸，植物茂盛，山花烂漫，虫叽鸟啼，原始森林、灌丛草场分布广泛。河流在萨诺以下注入澜沧江。

7.14.13.1 熊曲
（Xiongqu River）

培曲左岸支流，亦称日曲，发源于西藏自治区芒康县措瓦乡没沙牛场。流域面积415平方千米，河长34千米，落差1 500米。

地势东南高西北低。属高原温带半湿润季风气候区。流域内夏季温暖湿润，冬季寒冷干燥，日温差大，日照时间长，年无霜期短。多年平均年降水量约550毫米，降水主要集中在6—9月。多年平均年径流量约1.41亿立方米，多年平均流量约4.47立方米每秒。水力资源理论蕴藏量约2.36万千瓦。沙石河床，河水含沙量稍大，无污染，水质良好。冬季河流有冰情发生。

熊曲自源头向西北流，至日西右纳佐曲后转向西流至措瓦。沿程地势开阔、平坦，山丘低矮，河谷宽阔。有灌丛草甸分布，牧业兴旺。措瓦以下河流向西南流，10余千米后注入培曲。下游地形起伏度增大，植被覆盖率高，柏、松、杉等乔木林多有分布。河谷较窄，河道曲折。岸边有农作物生长。

7.14.14 登曲
（Dengqu River）

澜沧江右岸支流，发源于西藏自治区芒康县曲登乡境内的东达拉山。流域面积1 057平方千米，河长60千米，落差2 500米。

地势西北高东南低。属高原温带半湿润季风气候区。流域内山峰耸立，沟壑纵横。夏季温暖湿润，冬季寒冷干燥，日温差大，日照时间长，年无霜期短。多年平均年降水量约600毫米，5—10月为雨季。径流主要由降水、地下水补给。干、支流水力资源理论蕴藏量约8.61万千瓦。河床由砂卵石及块石组成。河水含沙量较大，水质较好，冬季河流有冰情发生。

流域内为农牧经济，种植青稞、小麦等，以饲养牦牛、黄牛、绵羊、山羊、马为主。矿产及野生动植物资源丰富。交通便利，川藏公路横贯流域。自然灾害有洪水、泥石流、霜冻等。

自源头向东偏北流，数千米后缓缓转向东南流。经尼顶寺至亚龙，河流称阿总曲。阿总曲流域地势较高，河谷宽窄相间，灌丛草甸多有分布，牧业兴旺。右纳胸龙达后称登曲。向东流，过登巴至那许又弯向南流。河流渐渐进入峡谷段。约7千米后右纳玻曲，流至曲登（著名的托瓦日珠曲登塔位于这里）。河流急转东北流。右纳策仁刺曲后，于曲登乡邦多村附近注入澜沧江。下游地势相对高差大，两岸山高坡陡，巨石嶙峋。树木葱郁，鸟语花香，河谷深切，水流湍急。呈现出"一山有四季，十里不同天"的气候变化。

7.14.15 阿东河
（Adong River）

澜沧江左岸支流，位于云南省迪庆藏族自治州德钦县中北部。流域面积473.2平方千米，河长42.7千米，自然落差3 060米。

流域地处云南省西北隅横断山北段，地貌主要类型为极高山、喀斯特极高山与高山，北部以查里雪山与西藏自治区交界，东部为甲午雪山，地势东北高西南低。寒温带山地季风气候，四季不分明，长冬无夏，春秋相连，多年平均气温4.7摄氏度。多年平均年降水量660毫米。

阿东河发源于云南省德钦县升平镇布阿垭口北侧，源地高程4 800米，源流向北转东后改向南流，经阿东村折向西流，于溜筒江汇入澜沧江。上游雪峰林立，分水岭高程为4 636～5 416米，河道深切为V形河床，基岩裸露，源短流急。下游河道平缓易淤积，每逢暴雨，易造成洪水、滑坡和泥石流灾害。沿河两岸居住着藏族，对外交通为滇藏公路，总人口约2 200人。林地面积28 750公顷，其中水源林地8 000公顷。农牧业以青稞、小麦、畜牧为主。流域内已建小型坝塘

9 座，蓄水量 600 万立方米，引水工程 44 个，修防护堤 3.5 千米。

水力资源理论蕴藏量 5.46 万千瓦，技术可开发量和经济可开发量均为 0.72 万千瓦。已建阿东一级、二级水电站，装机容量为 0.72 万千瓦。1979 年在德钦县升平镇阿东村设立阿东水文站，集水面积为 432 平方千米。

7.14.16　德钦小河
（Deqinxiao River）

澜沧江左岸支流，又名只切河，位于云南省迪庆藏族自治州德钦县中部。

流域地处云南省滇西横断山北端，地貌主要类型为极高山、高山，地质构造单元属云岭褶皱带。地势东北高西南低。气候垂直变化明显，总体上属寒温带山地季风气候，多年平均气温 4.7 摄氏度。多年平均年降水量 663.7 毫米，水力资源理论蕴藏量为 5.03 万千瓦，技术可开发量和经济可开发量均为 0.08 万千瓦。

流域面积 238.3 平方千米，是云南省西北部崩塌、滑坡、泥石流活动极强的河流之一。上游为水磨房河，源于海拔 5 300 米的木堵东山西坡，源头和谷地分布有现代冰川和冰碛物，南流至德钦县城德维桥河宽 8～12 米，纵坡变陡，河道比降为 35.0‰，谷坡上有多处滑坡与崩塌。左岸接纳流经德钦县城南部的支流只曲河后称德钦小河，其下河道展宽，河道比降 10.6‰。于公子顶接纳左岸三岔河，南下 5.7 千米注入澜沧江。干流全长 27.5 千米，落差 3 310 米。

流域内德钦县城升平镇，高程 3 400 米，是云南省海拔最高的城镇。滇藏公路 214 线和德（钦）维（西）公路贯穿县城，为滇藏"茶马古道"的入藏门户。县城西部有支流只曲河，源于海拔 4 519 米的里尼山，主河长 4.25 千米，河道平均比降 13.2‰，因山体中部植被稀疏，每年 7—8 月都会发生规模大小不等的泥石流，对德钦县城安全造成威胁。

西部分水岭有飞来寺国家森林公园，是观赏梅里雪山的理想地点。

7.14.17　永春河
（Yongchun River）

澜沧江左岸支流，位于云南省迪庆藏族自治州维西傈僳族自治县与丽江市玉龙纳西族自治县。东邻金沙江**腊普河**，北望大桥河，南靠**通甸河**，西邻澜沧江。

流域地处滇西横断山地区北段，高山峡谷相间，地势由东南向西北倾斜。属温带山地季风气候区，四季不明显，仅有冷暖、干湿和雨季之分。流域面积 791.7 平方千米，河长 59.1 千米，落差 1 853 米，河道平均比降 19.8‰，多年平均流量 12.8 立方米每秒。水力资源理论蕴藏量 4.83 万千瓦，技术可开发量为 1.55 万千瓦。维西县城驻地保和镇设立有塘上水文站，控制流域面积 202 平方千米，多年平均年降水量为 920.3 毫米。

永春河发源于云南省玉龙纳西族自治县鲁甸乡，源头高程 3 156 米。上游拖枝河为峡谷河段，支流有沼泽分布，流向自北向南流淌后折向西，接纳自南向北的庆福河后入淮西坝子，水势平缓为宽谷，河流转向西北流淌，沿岸缓坡台地为维西县粮经作物的主产区，左岸支流二道河易发生泥石流灾害，北缘坐落有维西县城。出保和镇后永春河进入下游峡谷，水流湍急，接纳右岸集水面积 135.2 平方千米的公龙河后西汇入澜沧江，总流向与南下的澜沧江背道而驰。沿河有公路通过。

流域内易发生洪、旱、泥石流灾害。1990 年 8 月，维西县城南侧的二道河发生山体滑坡、泥石流，被冲下的堆积物使整个河床填高 2～3 米，冲毁良田 4 公顷、桥梁 3 座、房屋 476 间、公路 656 米。永春河上已建 4 座水电站，总装机容量 1.55 万千瓦。流域已建小型蓄水工程 9 座，引水渠 252 条，灌溉农田 633 公顷。

维西是全国唯一的傈僳族自治县，澜沧江纵贯全境，素有"药材之乡""杜鹃花园"之美称。

7.14.18　通甸河
（Tongdian River）

澜沧江左岸支流，又名碧玉河。东邻金沙江，北邻**永春河**，南靠**沘江**，西望澜沧江，地跨云南省怒江傈僳族自治州兰坪白族普米族自治县和迪庆藏族自治州维西傈僳族自治县两县。

流域地处云南省滇西横断山脉纵谷区老君山西侧槽地，地貌为高山、陡坡、深谷，地势由东南向西北倾斜。暖温带山地季风气候，多年平均气温 9.7 摄氏度。河长 101.3 千米，自然落差 1 965 米，平均比降 14.6‰，流域面积 1 350.4 平方千米，多年平均年降水量为 1 010 毫米。水力资源理论蕴藏量为 8.96 万千瓦，技术可开发量 0.71 万千瓦，已建成小水电站 3 座，装机容量 0.31 万千瓦。沿河两岸开挖多条盘山引水渠道，灌溉农田 600 公顷。主要农作物为小麦、大豆、玉米、花荞等。

冬春干旱，夏秋多雨。旱、洪、冰雹、泥石流灾害交错频发。1950 年 8 月通甸河大水，近 700 公顷农田受涝，冲毁石拱桥 1 座。1962 年河西大旱，粮食严重减产，旱地作物大面积无法播种；1988 年 7 月 24—25 日，兰坪县河西乡连续降大雨，电站水沟上侧沟谷产生大量泥石流，填满了 45 米长的水沟；1979 年 7 月 8—9 日，通甸降冰雹、大雨，雹粒堆积有 50 多厘米，受灾面积达 518 公顷（其中无收成的 62.7 公顷），冲倒房屋 14 间。已治理危险地段 1 200 米，保护农田 190 公顷，保护人口 3 250 人。

通甸河主源发源于兰坪县金顶镇栗树场，源地高程 3 445 米，源头自东北流经通甸镇转北偏西，于河西乡左纳支流安乐街河（集水面积 124 平方千米，河长 21 千米，落差 920 米，平均比降 27.1‰），右纳支流清水江（集水面积 104.5 平方千米，河长 26.2 千米，落差 1 370 米，平均比降 50.8‰），其间右岸有兰坪罗古箐省级风景名胜区。过中排乡白龙村急转向西后，为兰坪县、维西县界河，河长约 14 千米。丁维西县维登乡小甸村附近汇入澜沧江，汇口高程 1 480 米。

河道上游流经通甸坝，坡降平缓，耕地集中，为农作物主要种植区，下游陡峻。通甸河的石花鱼、细鳞鱼、扁头鱼以肉质肥嫩而远近闻名。

7.14.19　沘江
（Bijiang River）

澜沧江左岸支流，河名源自云龙县名，西汉至南朝云称比苏，意为"比苏之江"，后来在比字上加三点水，得名"沘江"。地处云南省怒江傈僳族自治州东部与大理白族自治州西部接壤地区，东邻**黑惠江**，南邻**永平河**，西连澜沧江，北与**通甸河**相邻。地跨云南省怒江傈僳族自治州兰坪县、大理白族自治州云龙县、剑川县。

概　述

沘江河长 169.5 千米，落差 2 182 米，平均比降 8.4‰，流域面积 2 709.4 平方千米。干流由北向南经兰坪县、云龙县，于云龙县旧州镇功果桥汇入澜沧江，汇口高程 1 240 米。

水系干支分明，呈不对称树枝状分布。主要支流有金龙河、**象图小河**（又称大朗河）、师里河。

流域山地气候明显，气候垂直分布，跨温带、北亚热带、中亚热带。多年平均气温 9.3 摄氏度，最高气温 28.7 摄氏度，最低气温 −3.2 摄氏度。干雨季分明、雨热同季、干凉同季，冬春易干旱。流域多年平均年降水量为 880 毫米，5—10 月降水量占全年降水量的 83.9%，最大月降水量出现在 7 月、8 月，占全年降水量的 43.5%。上游的金顶水文站建于 1960 年，控制流域面积 449 平方千米，汛期 6—11 月径流占全年径流的 81.9%，8 月最大，占全年的 22.5%。水力资源理论蕴藏量为 23.06 万千瓦，技术可开发量和经济可开发量均为 1.29 万千瓦。分布有云南松、冷杉、落叶杉、栎树等树种。

流域地处云南省滇西横断山地区，地貌为高山深谷，山势磅礴，谷底幽深。地势北高南低。流域北部的兰坪县金顶镇是铅、锌矿集中产源地，南部云龙县矿藏有锡、盐、金、铜、铅、锑、镍、钴、水银、云母、水晶等，以锡为主。

自然灾害以洪灾为主，时有泥石流发生，主要发生在上游兰坪县境内。1952 年 10 月 8 日，金顶镇发生大洪灾，冲毁沿江桥梁 8 座，近 700 公顷农田被淹。1966 年 8 月 31 日全流域大洪灾，沿江两岸多处发生滑坡泥石流灾害，所有桥梁被毁，云龙至功果桥公路中断，损失惨重。

流域内居住着白族、汉族、普米族、傈僳族、怒族、彝族等多个民族，2000 年人口约 14 万人。耕地面积为 1.5 万公顷，以种植水稻、小麦、玉米、蚕豆等为主，经济收入低。311、327 省道从流域通过。

中华人民共和国成立前，沿岸人民为抵御洪水，采用木马、打桩、石笼及树枝杂物等拦水护岸。1971 年 2 月至 1973 年 3 月，兰坪县按 50 年一遇标准对上游河道进行改造，去弯改直新辟河道 50 米，支砌高 1.5 米、宽 1.3 米、长 56 米的新河堤；疏浚筑堤老河道 3.2 千米，提高了上游河道的抗洪能力，保护沿岸水田 4.9 公顷。云龙县建成永久性防洪护堤 32 道，总长 3.12 千米，保护农田 281 公顷（含新开田 31.7 公顷）。干流已建水电站 5 座，装机容量 0.97 万千瓦，年发电量 0.57 万千瓦时。

纪　实

沘江发源于兰坪县拉井镇绿竹坪村的一座无名山，源地高程为 3 422 米，干流流经兰坪县东南部，由北向南纵贯金顶镇全境，于白石镇入云龙县，自北而南纵贯云龙县全境。兰坪县境内河长 46.7 千米，云龙县境内河长 122.8 千米。主源地拉井镇桃树村段称挂登河，穿行于高山峡谷。河上建有丰坪中型水库，总库容 3 230 万立方米，集水面积 152 平方千米，设计工业、农业及生活供水量 2 587 万立方米，灌溉面积 1 190 公顷。该段地处新生桥国家森林公园。桃树村至金顶镇金凤村段称金坪河。在金凤村左与金龙河相汇后始称沘江。至云龙县长新乡下岩村左纳象图小河，于检槽乡八步山村附近右纳师里河（河长 36.4 千米，落差 1 329 米，流域面积 253.9 平方千米），检槽乡有中型锡矿藏。流经果郎有 S 形河湾，北湾为庄坝子，南湾有连井坪坝子，形成"太极图"形状的天然地貌奇观。流向转南，穿云龙县城诺邓镇，过宝丰乡坡角村后流向转西偏南，于宝丰乡洗澡塘村（功果桥）汇入澜沧江。

沘江太极图景观

兰坪县县政府所在地金顶镇地处金顶宽谷槽地，地势相对开阔平缓，面积 408 平方千米，人口 2.9 万。金顶以铅锌矿储量丰富闻名。凤凰山铅锌矿被誉为金沙江、澜沧江、**怒江**"三江"成矿带上的明珠，已探明储量 1 500 多万吨。明末清初迴龙开采铜矿（现为铅锌矿）；清乾隆至嘉庆年间在凤凰山、来龙等地采炼白银。拉井盐开采史已近 150 年。

云龙县有林地面积 20.3 万公顷，森林覆盖率 46.5%，天然宜牧草场 12.4 万公顷。云龙县政府所在地诺邓镇面积 467 平方千米，人口 2.45 万。沘江支流狮尾河于云龙县城注入沘江，狮尾河历来是云龙县境内盐井最集中、人口最稠密的地区。盐业开采史可追溯至明末，至今已逾 360 年；顺盈、登诺、石门、大井、宝丰盐井盐质较好，史称"云龙五井"。清至民国期间，先后修了一部分石堤，以保护盐井和盐民安全。部分残缺石堤为民国时期修建。1962—1989 年，对狮尾河下游进行整治，建成永久性石砌堤岸 4.48 千米，截弯改直，固定河床 2 千米，新增城建基地 4.8 万平方米、生产基地 3.92 公顷，保护农田 8 公顷。距云龙县城西南 22 千米的五宝山顶**天池**（断陷湖泊），1979 年改扩建为小（1）型水库，现为云龙县城饮用水水源地，1981 年 4 月被划定为云南省云龙天池自然保护区。

沘江河谷地处云岭山脉分支纵谷地带，除金顶宽谷槽地、检槽、石门坝子及少数河谷地段地势相对平缓外，其余河段深切，水流湍急。西为老君山，东为雪邦山。云岭山脉连绵千里，巍峨雄壮，气势磅礴。新生桥国家森林公园、翠坪山自然保护区、云龙天池自然保护区、苍莽原始森林中夹有千年古树，植物群落多样，郁郁葱葱。土特产有松茸、牛肝菌、木耳等野生菌类和野生天麻、茯苓、白芍、贝母、麝香等中药材。珍稀保护动物有滇金丝猴等。沘江所产土著石花鱼、细鳞鱼、扁头鱼以肉质肥嫩而远近闻名。

沘江

7.14.19.1 象图小河
(Xiangtuxiao River)

沘江左岸支流,又名大朗河,亦称黑桃树河,因象鼻山山梁直下黑桃树村附近平地,呈象鼻抱图书之状,故名象图,位于云南省大理白族自治州剑川县、云龙县。

流域地处云南省滇西横断山地区,地貌以高山峡谷为主,河谷两岸群山壁立,河床狭窄,地势北高南低。干流由北向南剧烈切割,将象鼻山劈为东西两半。高原山地季风气候区,气候垂直变化大,山区年均气温9.3摄氏度,河谷年均气温13.5摄氏度。河长35.4千米,落差1290米,河道平均比降19.7‰,流域面积419.4平方千米,山区多年平均年降水量1200毫米,河谷多年平均年降水量700毫米。

象图小河发源于雪邦山南麓的云南省大理白族自治州剑川县马登镇,自源地由北向南流经白菜坪、江头,过象图乡后折向西南,流经沽泥盆,于马渡登附近入云龙县境,于白石镇附近汇入沘江。山区森林茂密,河谷地带多为农耕种植,但因坡陡谷深,耕地分布零星,经济林木以核桃为主。水力资源理论蕴藏量为2.09万千瓦,已建象图电站,装机容量400千瓦。矿产以采盐为主。

7.14.19.2 天池
(Tianchi Lake)

沘江右岸的淡水湖泊,又名暑场海、高子海,成因为断陷溶蚀湖泊。位于云南省大理白族自治州云龙县果朗乡,距云龙县城约22千米。

地处横断山南端五宝山天然断陷溶蚀洼湖盆区,地势东高西低。属高原山地季风气候,多年平均气温10.5摄氏度。多年平均年降水量1072.9毫米。集水面积6.25平方千米,引水区面积5.0平方千米。入湖河流为源短溪流,出湖水量东注沘江。

天池原有湖容量265万立方米,湖面面积0.59平方千米。中华人民共和国成立初期,湖口设有简易木栏门蓄水,旱时用来灌溉白汉登、暑场田,灌溉农田约33公顷。1954—2003年,天池先后历经4次改扩建成为水库型湖泊,正常湖水位为2560.30米,湖容量1002万立方米,水面面积1.26平方千米,东西长1.28千米,南北最大宽1.0千米,最大水深16.8米,平均水深8.4米。最低湖水位2558米,湖容量726万立方米。提供云龙县城4.9万人生活用水,灌溉农田667公顷。

天池为云南省省级风景名胜区。湖泊四周,高山环绕,最高峰天池山高程3225.9米。集水区完整地保存着以云南松为主的森林原生生态,植物群落多样,池水清澈,蓝天、白云、森林、山峰倒映于湖水之中,冬有雪景,春夏野花满山,景色奇幽。云南松是云南省特有的乡土树种,占云南省森林面积的大半数,是云南省主要造林树种和用材林种。云龙天池周围分布的云南松具有原生状态,树干通直挺拔,冠幅小,更新强等优良特性,是理想的云南松原始生态型研究基地。1981年4月,天池被云南省确定为二级自然保护区,重点保护云南松种质资源及其生态系统。

7.14.20 漕涧河
(Caojian River)

澜沧江右岸支流,又名空江。地跨云南省大理白族自治州云龙县和保山市隆阳区。

流域地处滇西横断山地区,地貌以高中山峡谷为主,地势北高南低,属高原山地季风气候,立体气候明显,多年平均气温13.5摄氏度。河长57.6千米,落差2310米,河道平均比降22.6‰。流域面积520.1平方千米,漕涧雨量站多年平均年降水量1601毫米,最大年降水量2197.7毫米(1966年)。森林覆盖率36.3%。

漕涧河

漕涧河发源于云龙县漕涧镇北部三崇山双梁子,自源地沿东南流纵贯云龙县漕涧坝区,过光山村后进入隆阳区境,于瓦窑镇繁荣村附近汇入澜沧江。

流域上游三崇山一带位于暴雨中心,雨季暴雨洪灾较为频繁,1959—1982年,出现洪灾6次,平均4年一遇;漕河坝子位于上游河段,下游为峡谷河段,左岸七昌河为最大支流,集水面积99.0平方千米。

水力资源理论蕴藏量5.27万千瓦,已建小水电站4座。漕涧镇是云龙县人口最密集的乡镇,漕涧坝子土壤肥沃,河流纵贯坝区,灌溉条件好,84.8%的水田集中在此,是云龙县主要产粮基地之一。

7.14.21 永平河
(Yongping River)

澜沧江左岸支流,又名银江、永平大河,古名出自"每岁孟冬,近晓有白气横江,恍然如银龙",故名银龙江,位于云南省大理白族自治州永平县和保山市昌宁县境内。

流域地处滇西横断山地区,地貌以中山、峡谷为主,地势北高南低。属高原山地季风气候,立体气候明显,年均气温15.8摄氏度。河长103.4千米,落差1640米,河道平均比降7.8‰,流域面积1440.2平方千米。水力资源理论蕴藏量9.75万千瓦。多年平均年降水量1040.6毫米。森林覆盖率25.2%。

永平河发源于云南省大理白族自治州永平县龙门乡李子树村后阿荛山南麓,河源高程2740米,自源地东南流,经锁

天池

风桥入山区峡谷，过胜泉后进入永平坝区，穿县城继续南流过厂街彝族乡境，偏东南流至水泄彝族乡马鞍山村流向急转向西，为永平县—昌宁县界河（界河长16千米），左纳打平河（源于昌宁县耈街乡王家寨村，集水面积168.4平方千米，河长23.9千米），沿界河继续西流于永平县水泄乡下丙龙村入澜沧江，汇口高程1 100米。河流上游段峡谷与宽谷相间，纵横在龙门与永平两坝子，地势平缓，支流发育，下游为中山狭谷河段，支流较少。

上游永平县城博南镇1958年设立新城水文站，集水面积459平方千米，最大年降水量1 385.2毫米（2001年），最小年降水量498.7毫米（1981年）。

流域内洪水泥石流灾害频发。1985年7月28日，永平县老街、曲硐发生了特大洪水泥石流灾害，为近百年一遇。新城水文站实测最大洪峰流量达342立方米每秒。上游各支流山洪泥石流暴发，洪水携带大量泥沙、树木横流破城，县城被淹，淹没农田4 733公顷，毁田94.1公顷，受灾人口6.65万，倒塌房屋602间，冲毁水利设施多件，冲毁桥梁5座，昆畹公路银江大桥一度封闭。直接经济损失约380万元。

永平县交通便利，地处古"西南丝绸之路"要冲，现存博南古道、霁虹桥等历史古迹。2000年末总人口17万，居住着汉、彝、回、苗、傈僳等民族。永平河灌溉着永平县64.2%的耕地。1963—1988年，新修石堤10.5千米、土堤8.9千米。保护农田200多公顷，新开田37.3公顷。泡核桃、香菌为出口产品，白木瓜是境内特产。流域内龙门、永平两坝，地势平缓，三面环山，群峰盘峙，林木茂盛，诸水潆洄，集山川自然之灵气，以"银江夜月、和邱耸翠、潭影涵滤、崖悬瀑布"载入永平县名胜。下游右岸还坐落有金光寺省级自然保护区。

7.14.22 黑惠江

(Heihui River)

澜沧江左岸支流，又名漾濞江，汉代称北仆水，唐时叫漾水，明、清时期称漾备江、漾溪江，是澜沧江水系在云南省境内流域面积最大、流程最长的河流。

概 述

流域范围 黑惠江流域地处云南省滇西中部，东经99°29′～100°26′，北纬24°42′～26°48′。涉及丽江市玉龙纳西族自治县，大理白族自治州的剑川县、洱源县、大理市、漾濞县、巍山县、南涧县，保山市昌宁县，临沧市凤庆县等4市州（9县市）。西邻**沘江**、**永平河**水系，北部、东北部靠金沙江流域，东南邻**元江**流域，南入澜沧江。流域面积12 110.9平方千米，呈北窄南宽狭长状。

河流水系 黑惠江发源于云南省丽江市玉龙纳西族县九河乡白汉场（中南村），源地高程2 780米，干流长341.8千米，总体向南流，于南涧县小湾东镇入澜沧江，高程990米，总落差1 790米，河道平均比降3.4‰。按河谷地形和河道特性划分为上游、中游、下游三段。源头至羊庄坪水文站为上游，羊庄坪水文站至徐村电站为中游，徐村电站以下为下游。

黑惠江流域上、中游峡谷与盆地呈串珠状分布，支流河溪纵横，河网密布，水系发育，流域面积大于100平方千米的一级支流有螳螂河、桃源河、**弥沙河**、沙平河、平头河、**西洱河**、**顺濞河**、吐鲁河、鸡街河、**歪角河**、羊街河和**小黑河**12条，其中西洱河、顺濞河流域面积大于1 000平方千米。左右岸支流汇入比例相当，水系呈树枝状分布。

流域有多个高原淡水湖泊，干流上游有**剑湖**，支流西洱河上有**海西海**、**茈碧湖**、**西湖**与**洱海**。

气候水文 黑惠江流域属北亚热带山地季风气候，四季温差小，干湿季分明，立体气候明显。西北部的雪邦山、中部的点苍山属高山寒冷区，河谷和盆地为湿热气候。多年平均气温12.8～16.1摄氏度，最高气温在7月份，月均气温为19.7～21.5摄氏度，最低气温在1月份，月均气温4.8～8.7摄氏度，极端气温为34.6和-10.7摄氏度。年平均气温由西北向东南递增，西北丽江、剑川、洱源一带为5～24摄氏度，大理、漾濞、巍山、南涧一带在15摄氏度左右。

流域多年平均年降水量1 088.5毫米，时空分布极不均，具有明显的地域性。总的趋势是自南向北、自西向东递减，河谷盆地小、山区大，迎风坡大于背风坡。点苍山、老君山为高值区，多年平均年降水量1 300～2 000毫米，黑惠江河谷、剑川、洱源坝区为低值区，多年平均年降水量500～750毫米。受地形影响降水垂直变化显著，点苍山山麓至山顶海拔高程升高100米，降水量递增近70毫米。

降水的年内年际变化较大，雨季（5—10月）降水量占全年降水量的80%以上。流域内同一个雨量站极值比达1.5～2.5倍，甸南水文站1966年降水量是1982年的1.75倍，田口站1973年是1984年的1.99倍，羊庄坪站1966年降水量是1977年的2.18倍。

径流主要由降水补给，高山地区有融雪补给。径流的时空分布与降水分布基本一致。

流域内洪水源于暴雨，多发生在7—10月。1966年8月，上游甸南水文站实测最大洪峰流量为109立方米每秒，洪峰模数0.12立方米每平方千米，中游羊庄坪水文站实测最大洪峰流量1 330立方米每秒，洪峰模数0.31立方米每平方千米；1993年8月下游田口水文站实测最大洪峰流量为2 340立方米每秒，洪峰模数0.12立方米每平方千米。

流域4个代表水文站实测多年平均年水面蒸发量1 148.3～1 313.6毫米。实测最大水面蒸发量出现在炼城水文站，为1 563.6毫米，最小出现在羊庄坪水文站，为922.2毫米。

地质地貌 黑惠江流域地处滇西横断山地区与滇中红色高原的结合部，西部为横断山脉高山纵谷区，河流湍急，两岸分布台地；东部地势开阔，坝区、湖泊较多，坝子南北展布，呈狭长形，四周山峦起伏，为湖盆及中低山起伏复合地形。

流域地处著名的青、藏、滇、缅、印尼巨型"歹"字形构造体系东支中段偏北与三江经向构造体系的复合部。以南北构造形迹为主，黑惠江以东以古生界碳酸盐岩为主，以西以新生界碎屑岩为主，中部点苍山为变质岩。剑川—洱源地区为强震发生带，地震活动频繁。

经济社会 2000年，黑惠江流域内总人口约120万，人口密度为99.1人每平方千米，居住着白、彝、回、傈僳、藏、傣、纳西、苗、壮、瑶、满、水、哈尼、景颇、布依、土家等17个少数民族，占总人口的68%。其中白族和彝族居多。流域内耕地面积6.38万公顷，以种植水稻、小麦、玉米、豆类为主。其中大理市、洱源县是大理白族自治州粮食和经济作物的主产区。

大理市是国家历史文化名城、国家重点风景名胜区、国家优秀旅游城市。公路有滇缅公路（320国道）、滇藏公路（214国道）及州府至各县支线。随着1996年大理机场通航，1999年广大铁路、楚大高速公路相继开通，大理市已成为祖国内地通往东南亚、南亚及滇西各地的重要交通枢纽。

自然资源 据2003年水力资源复查成果，全流域水力资

7.14.22 黑惠江

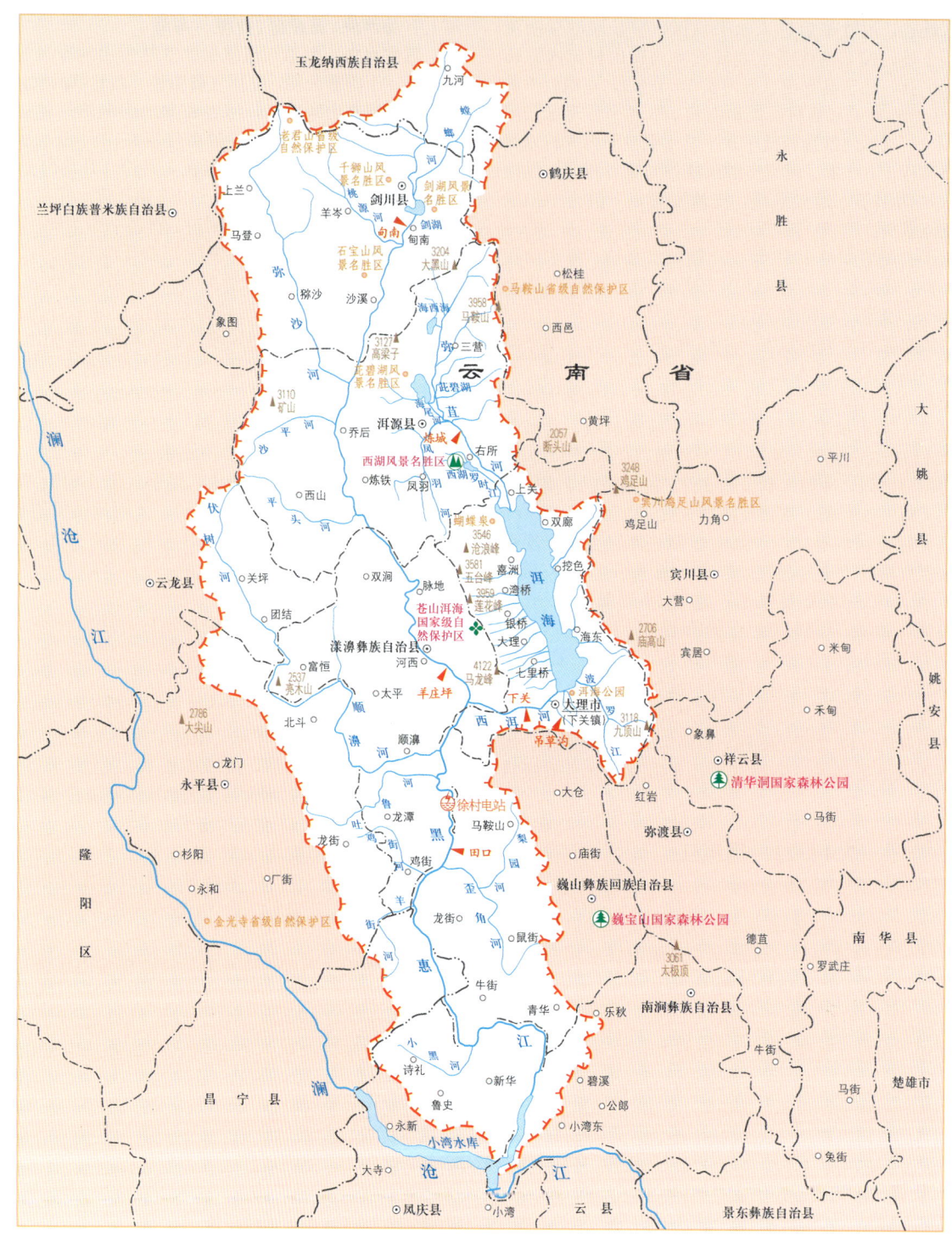

黑惠江水系示意图

源理论蕴藏量为141.13万千瓦，技术可开发量105.09万千瓦，其中干流理论蕴藏量88.72万千瓦，技术可开发量54.06万千瓦。

森林资源主要分布在中上游，主要树种有云南松、华山松、油杉、冷杉、木荷等，被称为"有山皆有林、无峰不绿"的"绿色宝地"。珍贵花种有苴碧花、木莲花、毛叶黄杜鹃，有天麻、灵芝、半夏、当归等药用植物。

流域内有点苍山洱海国家自然保护区、老君山省级自然保护区，地州级自然保护区有剑川石宝山、洱源黑虎山、洱源罗坪鸟吊山、漾濞雪山河水源涵养林、洱源苴碧湖、洱源西罗坪、洱源西湖等7个。剑川石宝山、苍山洱海风景名胜区、洱源苴碧湖温泉休疗区、漾濞县的石门关以及大理历史文化名城等均为重要的旅游景区。

"乳扇"为云南有名的唐宋美食，远近闻名。泡核桃、雕梅、蜂蜜、木雕家具等行销20多个国家和地区，为主要土特产。有盐、煤、铅、锰、硅藻土、石膏、铜、铁、锡、锌和大理石等矿产资源。

自然灾害 流域内的自然灾害有地震、泥石流、水灾、旱灾等。

1924—1993年共发生大洪水6次。1966年8月22日至9月2日大洪水，历时15天。大理、洱源、漾濞三县市的7个雨量代表站一次降水量为336~484毫米。黑惠江上游甸南和中游羊庄坪水文站实测最大洪峰流量分别为109立方米每秒、1 330立方米每秒。洪水总量分别为1.12亿立方米、8.74亿立方米，支流弥苴河炼城水文站最大洪峰流量116立方米每秒，洪量1.35亿立方米。这场洪水是1950年以来流域最大，为50年一遇的特大洪水。据不完全统计，导致农田受灾1 333公顷，冲毁大小河堤540处、小塘坝32处、大小桥167座、水利工程301件，死亡6人。

流域内的剑川位于下关—剑川地震带，地震活动强度大、频率高。在全国地震烈度区划中，剑川地震烈度为Ⅸ度。据资料记载，剑川县在近600年中共发生灾难性地震22次，洱源县发生5级以上的地震11次。

漾濞、洱源、大理古城是大理白族自治州滑坡泥石流多发区，主要分布在点苍山东西侧的洱海大断裂带和黑惠江断裂带。其中暴发频繁、危害严重、规模大的是点苍山西侧的西大河、雪山河、清水河，东侧的螳螂河、弥苴河、苍山十八溪。泥石流均为暴雨类沟谷型，以稀性为主。其中清水河1976—1980年共暴发泥石流4次，1978年6月29日至7月8日暴发了2次。咆哮洪水挟带大量石块、泥沙、牲畜、树木滚滚而下，所到之处寸草不留，直冲乔后街区，沿河两边房舍沙石埋至楼层，受灾353户，毁稻田7.6公顷、旱地9.4公顷。

治理与开发 黑惠江上游（金龙河）冬春雨量少，水流枯竭，夏秋洪水多，汹涌澎湃。河床内泥沙淤积过量，年年疏挖，已形成地上悬河，河高田低，易溃成灾。1950年3月以后，政府决定重点治理河堤倒塌部分，平整河底，疏理河床淤塞。1969年以后，采取毛块石支砌的办法逐年砌护堤，至1984年完成45个险段，共砌石3.2千米。同时设专人种植蓝桉、柳树和北京杨。到1990年护堤树已挺拔茂盛，各段险堤已经稳固定型。河道中的拦沙坝、节制闸等充分发挥作用，排灌两便。

流域内的剑川、洱源、大理、邓川、乔后、漾濞、巍山、南涧、昌宁、凤庆等坝子耕地较多，农业灌溉较发达，干流已建徐村电站1座，装机容量7.8万千瓦。已建中型水库3座，小（1）型水库9座，小（2）型水库70座。建成水电站6座，沿江建有24站30台电力提水站，总装机容量1 840千瓦，灌溉农田955公顷。

纪　　实

上游 黑惠江源地高程2 780米，向南经白汉场水库入九河坝子，流淌于中山宽谷。入剑川县后，左纳螳螂河后流入剑湖。右岸有千狮山风景名胜区，为剑川县剑湖省级风景名胜区的组成部分。剑湖周边为剑川坝子，坐落有剑川县城金华镇。剑川县为云南省历史文化名城，有"文献名邦"与"中国木雕艺术之乡"之称，全县白族人口约占总人数的90%，是全国白族人口比例最高的县。出剑川坝，设有甸南水文站，控制流域面积918平方千米。测验河道水面宽18.3～33.0米。历年最大流量109立方米每秒，最高洪水位2 189.70米，历年最小流量0.004立方米每秒。

干流向南右纳桃源河，穿行于中山峡谷。右岸有剑川县石宝山省级风景名胜区。景区内古树荫浓，溪水流淌，山石具有丹霞地貌之相，石窟群为全国重点文物保护单位。至沙溪镇，河谷开阔，河床宽浅。沙溪镇是全国历史文化名镇，为唐朝和吐蕃经济、文化交流古道上的一个陆路码头，寺登古驿站是云南省唯一幸存且保留完整的古驿站，西面的兴教寺为全国重点文物保护单位。

出沙溪镇后纳右岸支流弥沙河，复入峡谷，先后右纳沙平河、平头河，纵贯洱源县流经漾濞县城，河道蜿蜒，间有宽谷分布。漾濞县城为省级历史文化名城，漾濞县以泡核桃闻名，为"中国核桃之乡"。干流左岸为苍山洱海国家自然保护区西坡，著名的点苍山山脉绵延30多千米，分水岭高程在3 500米以上。2002年在保护区外围的石钟村马鹿塘发现有4株漾濞槭，被确认为世界上最稀有的濒危物种之一，具有较高的科学研究价值。出漾濞县城向南流，设有羊庄坪水文站，控制流域面积4 330平方千米，测验河道水面宽15～68米。历年最大流量1 330立方米每秒，最高洪水位1 504.15米，历年最小流量4.10立方米每秒。

黑惠江

中游 羊庄坪水文站以下进入中游，向南流经峪谷，左纳西洱河。左岸点苍山西麓有石门关省级风景名胜区，有两座高百米的断崖峡谷，形如两扇巨大的石门，峡谷中有清流飞瀑，常年清澈见底。支流西洱河为黑惠江左岸最大的支流，集水面积2 718.4平方千米，分布有洱海等湖泊与水库。

沿峡谷南流11.9千米，接纳右岸支流顺濞河。顺濞河为黑惠江右岸最大支流，集水面积1 716.5平方千米。又南流右纳支流吐鲁河，其集水面积为230平方千米。继续向南折西，流入漾濞县瓦厂乡。建有徐村水电站，首部拦河坝最大坝高67米，总库容7 374万立方米，总装机容量为7.8万千瓦。

下游 徐村电站以下为下游，黑惠江转南入峡谷。首段为漾濞县与巍山县界河，左岸毗邻元江流域。设有田口水文站，控制流域面积9 394平方千米，测验河道水面宽40～104米，历年最大流量2 340立方米每秒，历年最小流量1.0立方米每秒，最大洪峰流量2 400立方米每秒（1924年）。

沿峡谷向南流，河道深切，落差集中。流经大理白族自治州与保山市界河段，斜贯昌宁县东部。向南为大理白族自治州与临沧市的界河，转东后折南流，汇入澜沧江。区段接纳集水面积大于100平方千米的一级支流有歪角河、鸡街河、羊街河与小黑河。河口段右岸凤庆县鲁史镇是省级历史文化名镇，旧为茶马古道的要冲，位于黑惠江与澜沧江干流之间。

7.14.22.1　剑湖
(Jianhu Lake)

黑惠江上游的淡水湖泊，又名东湖，位于云南省大理白族自治州剑川县金华镇南约3千米，为断陷湖泊。

剑湖集水面积为918平方千米。入湖河流众多，较大的河流有金龙河、螳螂河与永丰河。1971年在海门口兴建七墩六孔钢筋混凝土节制闸，剑湖成为人工控制蓄泄的湖泊。最高蓄水位为2 187.7米，水域面积6.2平方千米，形似凸面向东南的元宝，南北长3.47千米，东西宽3.25千米。最大水深7.9米，平均水深3.0米，蓄水量为1 860万立方米；最低湖水位为 2 187.3 米，湖容量 1 280 万立方米。

湖区地处滇西横断山脉纵谷区，属暖温带季风气候，长冬无严寒，短夏无酷暑。湖水温度 3～18 摄氏度，繁生着众多的浮游生物和 20 多种海草、海藻，鱼类有光唇裂腹鱼、灰裂腹鱼、后鳍四须巴、鲫鱼、白缘鉠、黄颡鱼、黄幼鱼等，后来又引进了武昌鱼、草鱼等。沿湖建有 8 站 11 台抽水机提水灌溉湖周农田，补充剑湖南部的沙溪镇引水灌溉 933 公顷农田，兼调节米子坪电站发电用水。

剑湖为云南省省级风景名胜区，有"高原明镜"之称，沿湖而建的白族村寨风光秀丽，四时景观各异，田畴村落如画。每年夏历六月十五日，当地的白族人民以自己的村庄为出发点，身着盛装，成群结队步行绕湖一周，叫做"绕海会"。剑湖的"剑阳八景"为前人所称道，其中以"海门秋月"与"海面渔灯"最为著名。据清代修纂的《剑川州志》记载，"海门秋月"的奇观是"中秋晚，月未出，海门水中先有月映"。"海面渔灯"为"湖面中渔人夜静捕鱼，火光如星丽天"。如今剑湖水域缩小，不复见"海门秋月"奇观，因鱼类资源颇丰，"海面渔灯"尚能目睹。

7.14.22.2 弥沙河
(Misha River)

黑惠江上游右岸支流，地跨云南省大理白族自治州剑川、洱源两县。流域地处滇西横断山地区，地貌以高山峡谷为主，其间有平坝和丘陵。气候特点为夏无酷暑、冬寒较长，夏秋季节多冰雹，多年平均气温 12.2 摄氏度，多年平均年降水量 700 毫米左右。河长 73.9 千米，落差 1 470 米，平均比降 11.4‰，流域面积 992.5 平方千米，多年平均流量 16.5 立方米每秒。上游有上兰工业园区，铅、锌、镉等重金属超标，水质受到影响。

弥沙河发源于云南省大理白族自治州剑川县西北部的老君山西南麓，自源地由东北向西南流，经老君山镇、马登镇、弥沙乡入洱源县，于乔后镇下合江村汇入黑惠江。水力资源理论蕴藏量 7.19 万千瓦，年发电量 6.3 亿千瓦时；技术可开发量和经济可开发量均为 8.09 万千瓦，年发电量 4.08 亿千瓦时。干流已建 3 座水电站。

1986 年 3 月老君山被列为省级自然保护区，是联合国公布的"三江并流"世界自然遗产的重要组成部分。为南北植物区系交界过渡的地带，植物种类丰富，保留了多种珍稀保护动植物种类。

流域内山地坡陡，耕地集中在沿河山间盆地，其中老君山镇至马登镇间有长约 23 千米的坝子，最大宽度约 7 千米。1966 年始，裁弯改直老君山镇店文段的 60 米，砌石护岸 150 米。1983 年又对马登镇东华一段河道新立河埂 120 米，砌石护岸 50 米。现仍有多段处于雨季泛滥的危险地段，需继续根治。

7.14.22.3 西洱河
(Xier River)

黑惠江左岸支流，古称叶榆水，位于云南省大理白族自治州，东经 99°50′～100°26′，北纬 25°31′～26°26′，流经大理白族自治州剑川、洱源、大理和漾濞等 4 个县（市），河长 135.8 千米，流域面积 2 718.4 平方千米。西连黑惠江，北部和东部与金沙江流域接壤，南邻**元江**流域。

概 述

河流水系 干流由北向南经洱源县，上游称弥苴河，从北至南依次镶嵌着**海西海**、**茈碧湖**、**西湖**与**洱海** 4 个高原湖泊，出洱海为下游，转向西流，于西洱河梯级四级电站下游 300 米处注入黑惠江。

水系呈树枝状分布。大于 100 平方千米以上的支流有三岔河、凤羽河和波罗江 3 条。

气候水文 流域属北亚热带高原季风气候。11 月至次年 4 月为干季，天气晴朗、风大、日温差大、干燥少雨；5 月下旬至 10 月为雨季，降雨多且集中、湿度大。多年平均气温 15.1 摄氏度，最热月 7 月平均气温 20 摄氏度，最冷月 1 月平均气温 8.7 摄氏度，年温差 11.3 摄氏度。

降水时空分布不均，具有明显的季节性和地域性，雨季 5—10 月降水量占全年降水量的 80%～91%，干季 11 月至次年 4 月降水量仅占 9%～20%；地域分布，自洱海东北面的挖色开始，往北偏西方向沿银桥、洱源一线，多年平均年降水量小于 750 毫米，洱海西岸、洱海出口至入黑惠江汇口段多年平均年降水量超过 1 000 毫米，点苍山多年平均年降水量在 1 600 毫米以上。

西洱河上游炼城水文站多年平均年径流量 3.66 亿立方米，全流域多年平均年径流量 8.99 亿立方米。上游弥苴河水土流失较严重。

地质地貌 流域位于滇西横断山地区与滇中红色高原区结合部，地貌类型多样，有高、中山、深谷、盆地。地势四周高，中间低，境内呈"三山、五坝、四湖"。点苍山、罗坪山、马鞍山将全区分割为邓川、洱源、三营、凤羽、大理等 5 块山间盆地，海西海、茈碧湖、西湖、洱海 4 个断陷而成的天然湖泊分布其间，盆地和湖泊自北向南呈阶梯状排列。

地层岩性为中元古界绿片岩、眼球状混合岩及大理岩。下泥盆统为灰色白云质结晶灰岩，上覆变质碎屑岩。下石炭统为一套粉晶骨屑灰岩，在凤仪一带为碎屑岩夹少量碳酸盐及石英砂岩。二叠系为一套台地相碳酸盐、角砾状粉晶灰岩。处于剑川大理地震带上。

经济社会 2000 年，流域内人口 75.3 万，其中白、彝、回、傈僳、傣等少数民族占总人口的 65.4%，耕地面积 3.52 万公顷，地区生产总值 65.6 亿元，农林牧渔业总产值为 11.33 亿元，工业总产值为 32.2 亿元。

基本形成电力、食品、轻纺、机械、建材、造纸、印刷、化纤、制药、烟草加工、皮革塑料等多门类的工业体系。农作物主要有水稻、小麦、玉米、豆类等，经济作物有烤烟、茶叶等。

滇缅公路（320 国道）、滇藏公路（214 国道）、省级公路、县乡公路四通八达，1996 年后大理机场通航，广大铁路，楚大、大保高速公路相继开通。使大理成为祖国内地通往东南亚、南亚及滇西各地的重要交通枢纽。

自然资源 多年平均年水资源量 8.99 亿立方米。2003 年水力资源复查成果理论蕴藏量 25.09 万千瓦。流域自然植被以亚热带针阔混交林为主，主要树种有云南松、杉、桦、高山栎和杜鹃。珍贵树种有苍山冷杉、元江桦、阔叶铁杉、白穗石砾、滇青桦、大理罗汉松、滇山茶等。

大理石分布在沿点苍山中和寺一带，储量 1 亿多立方米。有大理国家风景名胜区与云南省级风景名胜区西湖，大理古城为中国历史文化名城。另有梅子制品、乳制品、下关沱茶等土特产。

自然灾害 西洱河是大理白族自治州洪涝灾害最多的河流，有"小黄河"之称，旧志档案记有"全川沉陆，禾付沧波，村陷水族，饿殍载道"。经统计 1448—1990 年的 542 年间，有 138 年发生较大的洪涝灾害 167 次，大旱 16 年，前旱后涝 19 年。上游弥苴河共溃堤 36 年,计 45 次。明弘治五年(1492 年)五月点苍山绿玉溪大水,高数十丈,至一塔寺分为两股,冲断西门城关,水入城淹没房舍死 200 余人。明弘治十四年(1502 年)八月,洱源下山口黑白汉涧暴发泥石流堵塞弥苴河,洱源县城进水,房屋倒塌,溺死百余人。1954 年 8 月中旬,弥苴河洱源邓川段洪水暴涨漫溢,决堤 74 处,西排、文土等村被淹;9 月 28 日西闸河决堤,冲淹 100 公顷农田;12 月 6 日,绿茵塘溃坝,受灾农田 252.3 公顷,受灾人口 5 596 人。1950—1990 年,点苍山十八溪共发生 50 多次泥石流,每年流失泥沙量 111 万吨,水土流失面积 29.5 平方千米。

治理开发 中华人民共和国成立后,对西洱河进行了整治。1975 年建成天生桥节制闸,1994 年 3 月"引洱入宾"工程竣工通水。云南省人民政府于 2003 年确立了洱海保护治理"六大工程"。

西洱河下段建有 4 座梯级电站,一级站装机容量 10.5 万千瓦,二级站、三级站、四级站装机容量均为 5 万千瓦,总装机容量 25.5 万千瓦,年发电量 9.33 亿千瓦时。

纪 实

上游 弥苴河入洱海口以上为西洱河上游,河长 68.5 千米,自源地由北向南流经洱源县海西海,过牛街乡纳左岸支流三岔河(集水面积 100.7 平方千米,河长 22.2 千米),穿洱源坝子在茈碧湖镇中炼村附近纳右岸海尾河(茈碧湖出口)、凤羽河(集水面积 249.4 平方千米,河长 26.2 千米),过巡检风景名胜区出下山口峡谷,穿邓川、江尾坝子,于河尾村注入洱海。区内四周高山环绕,东有南无山(高程 3 958 米)、石闹山宝山、猫鼻子和鸡足山,中有罗坪山、干海子山、点苍山,西有平地山、鸡山岭、千山岭、金牛头、吴太极山。区内峡谷与盆地呈连珠状分布,河谷纵横。坝区地势平缓,河湖相连,自北向南有海西海、茈碧湖和西湖。地下水位高。牛街、三营、洱源、凤羽、邓川等坝子相对封闭,河流、湖泊出口狭窄,咽喉地带极易淤塞,泄洪能力低,大部分河床高于农田和房屋 2~5 米,为高出地面的悬河,多洪涝灾害。

洱源县城玉湖镇坐落在洱源坝子西南,被誉为"热水城",城中温泉遍布,热水沿街渠纵流,冬春热气缭绕。距茈碧湖约 4 千米。洱源、邓川坝子土地肥沃,物产丰富,有温泉 21 处,被誉为"温泉之乡""素心兰之乡""乳牛之乡"和"滇西鱼米之乡"。九台温泉是国家级风景名胜区大理景区的组成部分,邓川坝子右岸有西湖省级风景名胜区。上游地区珍稀花卉有茈碧花、木莲花、毛叶杜鹃、紫色杜鹃。乳制品、梅子制品为洱源县食品知名品牌系列,"乳扇"为云南有名的特色美食。

1953 年在弥苴河中游的洱源县茈碧湖镇设炼城水文站,集水面积 969 平方千米。多年平均流量 12.6 立方米每秒,多年平均年降水量为 715.5 毫米。

中游 中游为洱海水域,顺主流向湖长约 44.3 千米。由北向南经大理市上关、大理古城与下关。西纳"点苍山十八溪",南汇波罗江,集水面积 213.4 平方千米,于大关邑村(天生桥节制闸)入西洱河下游。

大理市下关镇李后山村设有大关邑水位站观测洱海水位。

下游 洱海出口以下为西洱河下游,是洱海的唯一出口,河长 23 千米(大理市与漾濞县界河长约 10 千米),由东向西流经大理市区下关、温泉、四十里桥、太邑,于平坡注入黑惠江。西洱河下游地处高中山深切割峡谷地带,北为点苍山南端,最高峰佛顶峰高程 3 615 米;南为哀牢山西北端,最高者摩山高程 3 008 米,是澜沧江流域与元江流域的分水岭。

该段水流湍急,天然落差 660 米,有利于水能资源开发。西洱河梯级水电站分别于 1975—1987 年建成,是大理白族自治州最大的能源基地。西洱河节制闸于 1975 年建成后,提高了洱海的调节能力,有效地协调了洱海和西洱河灌溉、发电、防洪的矛盾。

大理市为大理白族自治州人民政府所在地,位于点苍山以东,洱海以西洪积湖积平原上,地势较平坦开阔,土地肥沃。西靠点苍山十九峰(海拔高度均在 3 500 米以上,最高峰马龙峰高程 4 122 米,白雪皑皑),山峰北南绵延,形成一道巨大的天然屏障,景色壮丽;北观洱海(湖内有金梭岛、玉几岛和赤文岛湖中 3 岛);东望佛教名山鸡足山、南无山;南靠哀牢山西北端者摩山。大理市是国务院首批公布的全国 24 座历史文化名城和 44 个风景名胜区之一。现存名胜古迹甚多,有古城、古塔、寺观 40 余处,古碑 500 余座。南诏太和城遗址、德化碑、崇圣寺三塔为全国重点文物保护单位。元世祖平云南碑、杜文秀墓、喜洲白族民居、周保中故居为省级保护文物单位。1993 年点苍山、洱海被列为国家级自然保护区,以点苍山、洱海为中心,包括蝴蝶泉、喜洲白族民居金梭岛、洱海公园等,组成闻名的风景区,以"下关风、上关花、点苍山雪、洱海月"著称于世。一年一度的"三月街""绕山灵""蝴蝶会"具有浓郁的白族风情。

西洱河横贯下关城区中心地带,也是大理市最具特色的景观通道。西洱河南岸有碳酸盐温泉出露,泉水四季长流,水温 76.5 摄氏度,日出水量 324 立方米,水质优良,含有 10 多种矿物质和稀有元素,温泉面对蜿蜒奔流的西洱河,背靠林木挺秀的者摩山,是人们休闲的好场所。现已开发,供四方游客游览和沐浴。

7.14.22.3.1 海西海

(Haixihai Lake)

西洱河上游弥苴河右岸淡水湖泊,古称"罗木舍海",成因为断陷溶蚀湖泊。位于云南省大理白族自治州洱源县牛街乡,距县城约 25 千米。

湖区地处滇西横断山纵谷盆地,弥苴河上游西侧,地势四周高、中间低。气候属北亚热带季风气候,多年平均气温 16.8 摄氏度,多年平均年降水量 744 毫米,集水面积为 59 平方千米,因水量不足,引入旁侧弥苴河源头东大河与西大河水,引水区集水面积为 165 平方千米。出湖水量注入弥苴河。

海西海原为天然淡水湖。1956—1981 年历经数次扩建,大坝加高至 21 米,海西海成为水库型湖泊,正常湖水位 2 131.2 米,湖面面积 4.33 平方千米,湖容量 5 310 万立方米,水面南北长 3.6 千米,东西最大宽 1.5 千米,最大水深 16 米。最低湖水位 2 117 米,湖容量 1 116 万立方米。校核洪水位 2 133.2 米。可防洪保护下游 10 万人与 4 870 公顷耕地,扩建淹没耕地 153.9 公顷,迁移人口 1 727 人。有效灌溉面积 5 530 公顷,坝后有装机容量 400 千瓦水电站。湖中有珍稀鱼类檀香鱼,体型不大,肉质鲜美,香味独特,现存数量已极为稀少。

据《康熙鹤庆府志》载:"海西海,其先密箐也。一夜水泛成海,广袤约十里许。奇石玲珑耸峭,无一不堪下拜者。四面值荷花开时,宛然一幅西子照镜图。"海西海的景致以"海映山奇观"为最,每当风平浪静之时,海边莲花山上的诸多景物便倒映在水中,由于水质绝佳,水中世界竟如蓬莱仙山一般。湖岸有供奉着南诏王皮逻阁庙宇,这位唐朝时期被册封为云南王的当地统治者,在海西海被尊为海神。海西海东北隅经较狭窄湖面后又进入一条东北至西南方向的近似矩形的水域，山麓有百株老松，一湾湖水浅浅地泊在一个小盆地中，沃野平畴，阡陌纵横，农舍掩映在茂密的林间。左面的村庄叫龙门舍，右边的村庄叫天子庄。一座二十四孔长桥横跨湖面，将两个村落连了起来。

海西海是重点的水源保护区和弓鱼保护区。2003年以来，当地开展了海西海前置库湿地生态修复建设，库内柳树成荫，茭草成行，睡莲怒放，芦苇挺水，鱼儿成群，鸟儿翔集，黄鸭栖息，让引水区的来水在前置库内休养生息，日处理水量达26万立方米，进入海西海的水质得到改善。

7.14.22.3.2　茈碧湖
(Zibi Lake)

西洱河上游弥苴河右岸的淡水湖泊，又名宁湖、浪穹海子或洱源海子，成因为断陷湖泊。茈碧湖以湖中盛产茈碧花而得名，位于云南省大理白族自治州洱源县茈碧乡东北部，距洱源县城约4.0千米。

湖区属北亚热带高原湿润季风气候，多年平均气温13.8摄氏度，多年平均年降水量742.2毫米。入湖河流主要为西南山麓的龙王泉、扑水洞、来风河、新登河及沂水河等河流，出湖河流为海尾河，泄入弥苴河注入**洱海**。集水面积95.2平方千米，引水河流主要为旁侧弥苴河，引水区集水面积871.5平方千米。

1955—1976年，茈碧湖南岸建成了坝高8.8米的均质土坝，成为人工控制蓄泄的水库型湖泊。正常湖水位2054.6米，南北长6.1千米，东西最大宽2.5千米，最小宽0.75千米，湖面面积7.43平方千米，最大水深32.0米，平均水深11.0米，湖岸线长17.0千米，湖容量8070万立方米。最低湖水位2052.88米，湖容量6880万立方米。具有防洪、灌溉、城镇供水等功能。通过蓄洪削峰，防洪保护下游10万人与耕地5330公顷，有效灌溉农田3330公顷，年供城镇用水量180万立方米。湖水无色透明，水质优良。

茈碧湖湖底北部高低不平，习惯称里海；南部湖底平坦且浅狭，与湖岸农田、村庄相连，称外海。湖内盛产白中透黄的茈碧莲。茈碧花属睡莲科，花茎粗仅竹筷，长及10米，叶子如心，婀娜多姿。每年农历七八月份开花，开花时间仅限于每天太阳刚出及午后，分别开放半个小时左右，所以又称"子午莲"。库中还有地下泉水上升形成的"水花树"奇景。西南1000公顷水域原来是"平湖千顷碧"的一部分，经长期的泥沙淤填和人工治理，已由浅湖变为绿洲。

茈碧湖水域面积宽广，水质优良，有"水花树"自然奇观、生态湿地与候鸟，以及传统的海灯会等景观，南有号称"大理地热国"的大规模室外温泉，东北角山坳里有数百亩梨树称为"世外梨园"，白族文化和风情相互烘托，自然和谐，2007年被命名国家级水利风景区。

7.14.22.3.3　西湖
(Xihu Lake)

西洱河上游弥苴河西侧的一座天然淡水湖泊，因居古今交通要道之西称西湖。位于云南省大理白族自治州洱源县东南邓川坝子弥苴河西部的右所乡境内，距右所镇约1千米，距洱源县城18千米。成因为断陷湖泊。

西湖地处洱海上游西侧，集水面积119平方千米，多年平均年降水量656毫米。湖面面积3.3平方千米，南北长3千米，东西宽最大2.5千米，最小0.25千米，湖岸线长13千米。正常蓄水位1968.3米时湖容量593万立方米，平均水深1.8米。最低水位1967.03米，容积286万立方米。出湖河道称罗时江，流入洱海。

西湖西接山前洪积扇，东、北为平畴，南部为浅湖出口。多年来，湖面积逐渐减少变浅，露出大片沼泽地，芦苇群落发达。湖周边多农田与村落，湖体富营养化较为严重。沿岸已种植垂柳2万多株，芦苇、茭草34公顷，对西湖湿地生态进行了修复。

洱源西湖为云南省省级风景名胜区，湖中有六村（张家登、清水塘、东登、中登、南登、海塘）一岛，构成村内有湖、湖中有村的天然画景。出湖水流经新州、中和、兆邑至沙坪坝入洱海，四周群山环绕，其间分布着形似葡萄串的"三湖两海"及与之相连的众多潭潭沼泽。

湖滨曾是舟楫往来"一村三渡水"的高原水乡，历史上曾是较有名的"烟渚渔村"旅游风景区。明代杨升庵等一代名士曾多次泛湖唱和。明崇祯十二年（1639年），徐霞客泛舟西湖，被西湖的山光水色和荷花渔村所陶醉，赞道："悠悠有江南风景，而外有四山环翠，觉西子湖又反出其下也。"

7.14.22.3.4　洱海
(Erhai Lake)

西洱河上的著名高原淡水湖泊，古称叶榆泽，汉称昆明池，唐名西洱河，因其状如耳，故称洱海。位于云南省大理白族自治州境内，成因为构造断陷湖泊。

概　　述

湖区范围　洱海流域位于大理白族自治州大理市与洱源县。地理坐标东经100°05′～100°17′，北纬25°35′～25°58′。洱海主源称弥苴河，自北而南入湖。北部入湖河流还有罗时江、永安江；西部汇有苍山十八溪，东有海潮河、凤尾箐、玉龙等小溪水汇入，南纳波罗江。出湖水流经西洱河注入**黑惠江**。总集水面积为2565平方千米。

湖泊特征　洱海南北长、东西窄，略弯曲，形如耳状。正常蓄水位1974米（海防高程）时，湖面面积249.4平方千米，南北长42.5千米，最大湖宽8.4千米，最小湖宽3.4千米，平均宽度6.3千米，湖岸线116.9千米，最大水深20.9米，平均水深10.5米，相应蓄水量28.8亿立方米。根据1998年公布的《云南省大理白族自治州洱海管理条例》，最低运行水位1971.00米，防洪水位1974.20米。

地质地貌　湖区地处横断山脉南北纵谷地带，地形为断层陷落构造盆地，第四纪新构造运动迹象明显，点苍山强烈上升，河谷剧烈下切，形成四周高、中间低的侵蚀地貌特点。洱海西岸点苍山地层为中元古界绿片岩、眼球状混合岩及大理岩；洱海东岸主要为泥盆系、石炭系、二叠系、奥陶系，主要岩石有石灰岩、玄武岩、砂页岩等；洱海南岸丘陵，地层为白垩系，岩石主要为紫砂岩。

气候水文　区域属北亚热带高原季风气候。多年平均气温14.5摄氏度，极端最高气温28.4摄氏度，极端最低气温－2.6摄氏度，多年平均日照时数2323.7小时。湖区冬夏短暂、春秋特长、四季如春。冬春季风沿西洱河河谷上行，多年平均风速2.4米每秒，最大风速40.0米每秒。

多年平均年降水量1185.7毫米，最大年降水量为1698.0毫米，最小年降水量798.5毫米。湖面多年平均年蒸发量为1296.4毫米，最大年蒸发量1519.2毫米，最小年蒸发量1220.4毫米。集水区多年平均年径流量8.519亿立方米，最大年径流量为18.49亿立方米，最小年径流量为

2.465亿立方米,多年平均年出湖水量为7.946亿立方米。

自然资源 流域自然植被以亚热带常绿针阔混交林为主,主要树种有云南松、杉、栲、高山栎和杜鹃。珍贵树种有苍山冷杉、元江栲、阔叶铁杉、白穗石栎、滇青冈、大理罗汉松、滇山茶等十余种,流域森林覆盖率21.6%。

湖区有水生植物17科24属32种,其中眼子菜9种,以北部湖湾分布最密集,形成以苦草、黑藻、狐尾藻、金鱼藻和眼子菜等典型的沉水植物区。全湖水生植物分布总面积7.7平方千米,生物现存量约80万吨。水禽候鸟主要有鸭科,另有灰雁、棕头雁、翘鼻麻鸭等受保护鸟类。

湖内原有土著鱼类20种,外来鱼类11种。土著鱼类中大理弓鱼、洱海鲤为国家二级保护鱼类,大理鲤、春鲤为云南省二级保护鱼类。从鱼类优势种群的变化情况看,20世纪50年代至今,大致经历了3次演替过程:50年代,鱼类区系保持土著鱼类结构特点,以大理裂腹鱼、大理鲤、祁箩鲤、大眼鲤、洱海四须鲃、油四须鲃等为主,年捕捞量750~1500吨;70年代末,鱼类优势种群变成克氏吻鰕虎鱼、麦穗鱼、史氏黄鲴和兴凯刺鳑鲏;80年代,鱼类优势种变成鲫鱼,其产量约占洱海总渔获量的70%,土著鱼类产量急剧减少。

湖滨有大理历史文化名城、白族民居与雄伟壮丽的苍山、碧波荡漾的洱海、众多的历史古迹和丰富的民族文化,大理风景名胜区为国家级风景名胜区。

自然灾害 区域洪涝灾害多发生在入湖河流山脚箐口地带与洱海坝子,总体上洱海东部以洪为主,洱海西部则洪涝共患。旱灾时有发生,主要表现为春旱和夏旱,海东、挖色一带较为严重。大理市于1978年被列为全国重点地震城市,1999年境内曾发生过5级以上地震。20世纪50年代以来,点苍山十八溪共发生50多次泥石流,每年流失泥沙量111万吨,流失面积29.5平方千米。

历史变迁与治理开发 洱海发育于更新世早期,随着地质运动抬升,湖面退缩。更新世中期,洱海盆地又继续深陷扩张,水域达到最大。全新世后,洱海开始退缩,凤仪湖消失,邓川湖与洱海分离,同时开始发育弥苴河三角洲。南诏时期湖岸已退至距今岸线数百米处。20世纪70年代,由于在西洱河下游修建水电站,湖水位又大幅度下降。到20世纪80年代,水位达到最低,下降了2米多,湖泊面积缩小了3.64%,蓄水量减少了23.8%。

历史上洱海出湖河道狭窄壅塞,湖水宣泄不畅,滨岸多有淹涝之灾。元、明、清及民国时期地方知府组织沿湖民众不辍疏浚洱海出口,制定有"三年一浚"的制度。中华人民共和国成立后,洱海的治理采取出口河道疏浚、建节制闸等措施。1954年、1961年和1962年较大规模疏挖洱海出湖河道。1964年建成洱海出口节制闸,人工控制出流。1989年沿1974米水位线测设界桩。1984—1990年,营造洱海滨岸绿化带60多千米,植树16.4公顷;在洱海主要水源林区设立两个保护站,管护和植树面积约252公顷。1986—1990年治理了17条入湖河口,1986年1月兴建截污工程。2003年洱源县投入336万元,完成了**西湖**93.4公顷的退塘还湖,对洱海的保护及利用起到了积极作用。

洱海的开发利用主要为农业灌溉、水力发电、城镇供水、航运、旅游、渔业等方面。20世纪80年代后期,开发骨干抽水站5座;湖周已建一级泵站73个,装机224台19 912千瓦,设计灌溉面积1.2万公顷;1998年洱海农业供水量1.9亿立方米。1994年3月"引洱入宾"建成通水,跨流域灌溉金沙江干热河谷宾川坝,设计灌溉面积3 867公顷。洱海的调蓄水,供西洱河4个梯级水电站发电。城镇供水建有日供水2万吨的团山自来水厂,年取洱海水量750万立方米。2000年,洱海总供水量7.47亿立方米,其中发电用水4.51亿立方米,农业用水量2.8亿立方米。旅游业发展迅猛,2005年大理接待国内外游客人数达666万,旅游总收入49.1亿元。洱海渔业是当地支柱产业,每年的鱼产量占全州总产量的50%以上。从1973年起开始实施鱼种人工放殖,20世纪70年代水产品产量年平均2 934.9吨,80年代年平均3 564.3吨,90年代年平均5 766.2吨,2005年产量达7 278吨,特别是鲢鱼、鲫鱼、土著鲤等大中型经济鱼类产量显著提高。

纪　实

洱海是大理国家级风景名胜区的核心区域,苍山洱海自然保护区为国家级自然保护区。全湖位于大理市,北起上关镇,南至下关,点苍山屏列于洱海西岸,东部与金沙江南岸宾川县干热河谷相邻,西南部抵达大理白族自治州大理市区。

洱海北岸为弥苴河挟带泥沙形成的三角洲,北邻洱源县邓川坝,平畴沃野,村落棋布,湖泊库塘众多,物产丰富,有"鱼米之乡"与"梅果之乡"之誉,是云南省乳制品加工的主要基地和乳牛饲养的重点区域之一。

洱海西岸点苍山是云岭山脉南端的主峰,由19座山峰由北而南组成,北起洱源邓川,南至下关天生桥,长约50千米,高程一般均在3 500米以上,有7座山峰海拔高达4 000米以上,最高的马龙峰海拔为4 122米。寒冬时节,百里点苍,白雪皑皑,阳春三月,雪线以上仍堆银垒玉,经夏不消的苍山雪是大理著名景色。杨升庵的《滇南月节词》中曾写到大理"五月卖雪"的情景:"五月滇南烟景别,清凉国里无烦热,双鹤桥边人卖雪,冰碗啜,调梅点蜜和琼屑。"苍山又是中国著名的冰川遗迹地,形成于距今10万年前的大理冰期,至今苍山顶部还能见到古代冰川的遗迹。苍山群峰蜿蜒陡峻,溪涧发育,19座山峰的两峰之间均有一条溪涧奔涌而出,形成十八条溪水汇入洱海,形成苍山独特而多姿的"十九峰十八溪"景观。苍山的森林自成景观,由下而上形成了幼林草地带、松林栎林带、冷杉杂木带、高山草地带,具有层次分明的高山景观和变化有致的季相景观。以苍山命名的苍山冷杉是中国冷杉属树种在地理位置上分布最南的一个树种,也是中国特有的一种高山景观植物。苍山又是中国著名的大理石出产地,其中以花纹取胜的"彩花石"被誉为"石中瑰宝",至今保存完好的北京故宫和十三陵里,可看到大量使用了取自大理的大理石。

苍山东麓的洱海之滨是坡积与冲洪积缓坡地带,地势平坦开阔,土地肥沃,村寨密布,滇藏公路(214国道)纵贯南北。自南向北分布有大理镇、银桥镇、喜洲镇与上关镇,其中大理镇有国务院首批公布的历史文化名城——大理古

洱海一角

城。大理古城简称叶榆，又称紫城，其历史可追溯至唐天宝年间，南诏王阁逻凤筑的羊苴咩城（今城之西三塔附近），为其新都。现在的古城始建于明洪武十五年（1382年）。古城内的道路仍保持着明、清以来的棋盘式方格网结构，素有九街十八巷之称。清冽的泉水从苍山下流进城里，穿街绕巷，叮咚的水声不绝于耳，当地住户"家家流水，户户养花"。城西的苍山脚下一年一度举行历史悠久的民族传统盛会"三月街"，云南省首批文物保护单位"世祖皇帝平云南碑"就耸立在三月街街场上。在古城西北1千米处，有被国务院列为第一批全国重点文物保护单位的大理三塔，与河北的赵州桥、西安的大雁塔齐名，是我国古代建筑的珍品。三塔中的主塔高69.13米，是一座方形密檐式的16级大砖塔，建于1000多年前的唐代贞观年间。与大理三塔遥遥相对的是古城西南角的弘圣寺一塔，建于三塔之后的大理国时期，距今约800余年。

崇圣寺三塔

位于大理古城之北16千米的喜洲镇是滇西、大理一带的著名乡镇，以喜洲白族民居闻名。洱海湖滨为白族聚居地，喜洲民居代表了洱海白族民居的风格，以"三坊一照壁""四合五天井"封闭式庭院为典型格局，有独成一院，有一进数院，平面呈方形，造型为表瓦人字大层顶，二层、重檐；主房东向或南向，三间或五间，土木砖石结构，木屋架用榫卯组合，一院或数院连接成一个整体，外墙面多为上白下灰，分别采用石灰与细泥粉饰面。杨品相宅、严家院、董家院、赵府建筑群等为全国重点文物保护单位。

喜洲镇之北的云弄峰麓以上关花著称，传说仙人吕洞宾植有"十里香"的花树，花大如莲，每年开12瓣，闰年开13瓣，花色黄白相间，美丽诱人。著名景点有蝴蝶泉，是电影《五朵金花》里阿鹏、金花对歌谈情的地方。蝴蝶泉内蝴蝶种类繁多，每年阳春3—5月间，蝴蝶大的大如巴掌，小的小如蜜蜂，成串悬挂在泉边的合欢树上，五彩缤纷。盛况最为空前的4月15日被白族人民定为蝴蝶会。徐霞客在他的游记里曾作过这样的描述："还有真蝶万千，连须钩足，自树巅倒悬而下及于泉面，缤纷络绎，五色焕然。"著名诗人郭沫若于1961年秋到大理游蝴蝶泉时，曾写下"蝴蝶泉头蝴蝶树，蝴蝶飞来万千数，首尾连接数公尺，自树下垂疑花序"的诗句。

洱海东岸分水岭高程一般为2 200～3 000米，东北部木香坪最高峰高程3 320.3米。湖岸自北向南有双廊镇、挖色镇、海东镇与凤仪镇。东北部双廊镇地处凤尾河下游冲洪积扇，西南部凤仪镇位于波罗江冲积平坝，其间多为陡岩湖岸。东部金沙江流域宾川县坝区土地资源丰富，光热条件优越，但干旱少雨，多年平均年降雨量仅559毫米。1951年有关部门曾提出引洱海水到宾川，调水工程曾两度开工。1987年3月再次开工建设，于洱海东南岸海东镇南村开凿长7 745米的隧洞，工程于1994年3月竣工通水，灌溉效益显著。

洱海东部的著名景点有三岛，分别为金梭岛、玉几岛与赤文岛。金梭岛位于洱海东南部，是三岛中最大的岛，四面临水，高出水面约250米，南北长约800米，东西宽约100多米，中部低而南北偏高，形似一支织布的梭子，故名金梭岛。据《蛮书》记载，南诏王曾在岛上建避暑行宫，至今还能见一些残砖断瓦。现在岛上有200多户人家，以打鱼为业。由金梭岛往北约10千米是玉几岛，是一座秀丽的小岛，高出海面只有4米左右，全岛似一块巨大的岩石构成，独立水中，岛上建有观音阁，因此有"小普陀"之称。赤文岛位于洱海东北面，紧靠海岸，是一座半岛，顶端为古祭天台，南与双廊风情岛（北名金梭岛）遥遥相望。这里海水一年四季清亮碧澄，全岛怪石峥嵘，花草树木到处可见。水中游鱼成群，岸边是各种水禽栖息的场所，蝶飞鸟鸣，渔船穿梭，为洱海东部的主要旅游景点之一。

洱海西南部直抵下关，为大理白族自治州大理市主城区。因苍山十九峰阻碍了东西方向的空气对流，故而洱海出口西洱河峡谷为下关空气对流的出口，所以下关的风特别大，一年四季都有大风，有时风力达8级以上，故下关以下关风著称。

大理风景名胜区的核心区域是洱海，浩荡汪洋，烟波无际。风起雪浪千堆，气势磅礴，浪静时蓄黛拖蓝，温柔娴静，一日之中变幻离奇，姿态万千。在月白风清的夜晚，泛舟洱海，万籁俱寂，月色朦胧，月光漾在平静的水面上，天上月和水中月相互辉映，呈现在眼前的是水天一色的壮丽画卷。"洱海月"是大理"风、花、雪、月"中的最后一景，也是场面最宏大、意境最开阔、最能引人入胜的风景。

洱海

7.14.22.4　顺濞河
(Shunbi River)

黑惠江右岸支流，又称胜备江、关坪河，位于云南省大理白族自治州云龙、永平、漾濞3县境内。北望**通甸河**，西邻**沘江**，南近**永平河**。

河流水系发育，呈树枝状分布，大小溪涧数十条，集水面积大于100平方千米的支流有3条，分别为大双河、六米河、陆伍河。

流域地处滇西横断山地区，为高中山宽谷地貌，山峦重叠，峰高坡陡，山脉多为南北走向。亚热带和温带山地季风气候，具有冬春干旱，夏秋多雨，干湿分明的特点，多年平均气温15.2摄氏度。河长132.7千米，落差2 162.7米，河道平均比降7.3‰，流域面积1 716.5平方千米。多年平均年降水量1 008毫米，多年平均流量24.3立方米每秒。水力资源理论蕴藏量14.13万千瓦，技术可开发量17.39万千瓦。

顺濞河发源于云南省大理白族自治州云龙县关坪乡东北兔子坪西南麓，河源高程3 456米。从源头向西南流至关坪乡称伏树河，过关坪乡后转东南至团结彝族乡称关坪河，过团结彝族乡称西理河，经山坞村纳左岸大双河后为云龙和漾濞县界河，于大白果村调头西流，后为永平县和漾濞县的界河，至半坡村折向南流，经永平县北斗彝族乡纳右岸六米河后折向东流，经阿路田村纳左岸陆伍河折向南流，过阿路田村始称顺濞河，经龙街镇阿里摆村折向东入漾濞县，于顺濞乡河边村注入黑惠江，汇口高程1 294米。

顺濞河

7.14.22.5 歪角河
(Waijiao River)

黑惠江左岸支流，位于云南省大理白族自治州巍山彝族回族自治县西南部，东北部与**元江**上源西河相邻。

歪角河发源于巍山彝族回族自治县五印乡新民村，穿流于中山峡谷，向南转北流入黑惠江。河长44.7千米，落差1 539米，流域面积530.7平方千米。多年平均流量7.2立方米每秒，水力资源理论蕴藏量为2.56万千瓦，技术可开发量2.55万千瓦。

地处中山峡谷区，多年平均年降雨量839.8毫米。东南部最高峰五印山高程2 793米，相邻的小鸡足山保存有茂密的山栲等阔叶植物群落。五印山又称千佛山，半山腰并排突起的五峰形如倒立着的大印。建有多座佛教寺院，于胜光寺可观赏到佛光、彩云现瑞、蜃楼玉宇3种自然景观，巍山旧志称之为"五印灵光"。

歪角河上游称石房河，自河源西南流，至直捷以南折向北流，右纳梨园河，水系扇状分布。梨园河集水面积大于100平方千米。于河南村以西汇入黑惠江。

7.14.22.6 小黑河
(Xiaohei River)

黑惠江右岸支流，又名诗礼河，位于云南省临沧市凤庆县北部。

流域地处滇西横断山地区，地貌以中山宽谷为主，主要支流有9条。为亚热带季风气候，有"雨热同季、气候温和、日照充足"的气候特点，多年平均气温16.5摄氏度。河长26.6千米，落差1 476米，河道平均比降25.1‰，集水面积349.9平方千米。多年平均年降水量1 300毫米左右。多年平均流量4.4立方米每秒。

小黑河源于云南省凤庆县诗礼乡河东村，自源地由西向东流经诗礼乡的乐平村、永复、大平地村后折向北偏东方向，经鲁史、跃进乡（镇），于鲁史镇大河村入黑惠江。水力资源理论蕴藏量为2.19万千瓦，技术可开发量0.05万千瓦。黑河电站年发电量0.02亿千瓦时。

流域内居住着汉、彝、苗等10个民族。诗礼、鲁史、跃进均属典型的山区农业乡（镇），以种植业为主，主产玉米、豆类、水稻、小麦，经济作物有烤烟、泡核桃、茶叶。鲁史镇历史悠久，茶文化底蕴深厚，旧为茶马古道要津，是云南省历史文化名镇，因地处凤庆县**澜沧江**北岸地区的中心位置，成为江北三乡一镇农副产品集散地。

7.14.23 小湾水库
(Xiaowan Reservoir)

澜沧江干流上以开发水电为主要目标的大型水库，因云南省凤庆县小湾村得名，坝址位于澜沧江与**黑惠江**汇口下游1.5千米处，距凤庆县城约58千米，距南涧县城约78千米。于2002年开工，2009年首台机组投产发电。

概 述

小湾水库位于云南省南涧县与凤庆县交界处澜沧江峡谷河段，河谷呈V形，两岸山坡陡峻，两岸山体分水岭高出河面约1 000米。库区回水分东西两支，东支为黑惠江库区，主要分布为中生界地层，近坝库段为变质岩系；西支为澜沧江库区，分布地层为变质岩系和中生界碎屑岩；坝区分布的岩石为致密的黑云母花岗片麻岩和角闪斜长片麻岩，夹有少量片岩。工程区地处三江皱褶系的滇西经向构造带、青藏滇缅印尼"歹"字形构造体系东支、云南"山"字形西翼反射弧和纬向构造复合部位，地震基本烈度为Ⅶ度。

坝址以上流域面积11.33万平方千米，径流主要是由降水补给，春季上游有少量高山融雪补给，径流的年际变化不大，年内分配较不均匀，70%的径流集中在汛期6—10月。最大年来水量533亿立方米，最小年来水量298亿立方米。

水库以发电为主，兼有防洪、灌溉、拦沙及航运等综合利用效益，系澜沧江中下游河段的"龙头水库"，具有多年调节能力。设计防洪标准为1 000年一遇。

枢纽工程主要由混凝土双曲拱坝、左岸泄洪洞与右岸地下厂房组成。坝顶高程1 245米，最大坝高292米，是21世纪初世界上第一高拱坝。坝顶长922.74米，坝身设5个开敞式表孔溢洪道、6个泄水中孔和2个放空底孔，其中坝身表孔最大泄流量8 625立方米每秒，中孔最大泄流量6 730立方米每秒。左岸布置2条泄洪隧洞，轴线间距为40米，1号洞长为1 490米，2号洞长为1 550米；最大泄流量5 325立方米每秒。引水发电系统布置在右岸，压力管道为地下埋藏式，单机单管供水方式，每管最大引水流量390立方米每秒。地下厂房洞室群位于右岸坝端下游，垂直埋深300～500米。厂房、主变压器开关室和尾水调压室平行布置。主厂房总长326米，厂房内安装6台70万千瓦混流式发电机组。

水库正常蓄水位1 240米时，水面面积189.1平方千米，澜沧江干流回水至云龙县旧州乡，回水长度约178千米；黑惠江下游回水至漾濞县的徐村电站，回水长度约125千米。水库淹没涉及云南省的凤庆县、南涧彝族自治县、漾濞县、永平县、巍山县、云龙县、昌宁县和隆阳区，淹没耕地4 380公顷，安置人口3.53万。在移民安置工作方面，凤庆县移民最多，部分移民到耿马县、镇康县等地安置。其他县市移民不多，在本县市内安置。

纪 实

小湾水库位于澜沧江中游河段，具有多年调节能力，除自身巨大的效益之外，还可调节下游漫湾、大朝山、景洪等电站的汛期和枯期发电用水，增加下游的发电效益。水库建成后正常蓄水位时河谷宽720～800米，枯水期水面宽80～100米，可形成干流库区深水航道178千米，黑惠江库区深水航道123千米，为发展库区航运创造了条件。

纵观小湾水库，澜沧江、黑惠江直面小湾镇而奔流南下，沿江两岸形成了"绝壁奇峰千仞山，谷底深幽水澄蓝，珍禽异兽林中走，万顷良田一江边"的自然景观。随着澜沧江小湾水库的建设，水库区形成高峡百里长湖，将展示出奇峰绝壁风光和秀水绿岛景色。在电站与新小湾镇之间，规划建设有"电站观景台""青松亭""太华屋""温馨园"等景点，其中观景台上可早观澜沧江晨雾，夜观澜沧江明珠，白天可观电站美景和新镇全貌。从区位上看，小湾水库界于历史名城大理与滇西要冲保山之间，小湾至大理，小湾至保山，小湾至漫湾的水上商贸、旅游线可以通航，为发展当地旅游事业创造了又一景点，雄伟壮观的工业文明和巧灵秀丽的旅游集镇将是吸引游客前往的地方。

7.14.24 漫湾水库
（Manwan Reservoir）

澜沧江干流上的以开发水电为目标的大型水库，位于云南省云县与景东县交界的澜沧江干流河段，因坝址位于漫湾镇而得名。距临沧市140千米，至大理市200千米。

概　述

漫湾水库地处澜沧江中游河段，涉及云南省临沧市、大理白族自治州和保山市，水库地貌属中高山峡谷。水库坝址位于反S形急拐弯的下段，河谷狭窄，底部宽度仅60余米，在高程1 000米处，宽约420米。左岸山体单薄，三面临江，为40度左右的均匀山坡。右岸山体雄厚，地形坡度为20～35度。坝址外围地质构造比较复杂，河谷呈不对称V形，坝址地层岩性为流纹岩和流纹质火山碎屑岩。基本地震烈度为Ⅶ度。

水库控制流域面积11.45万平方千米，库区山高谷深，属典型的峡谷河道型水库。集水区径流以降雨补给为主，春季有较多的冰雪融水，对河川径流有一定的调节作用，径流量主要集中在5—10月。

漫湾水库开发任务主要是发电，调节性能为季调节。水库正常蓄水位994米，死水位982米，校核洪水位999.4米，总库容9.2亿立方米。

枢纽建筑物主要由拦河大坝、左岸泄洪洞、电站厂房等组成。大坝为混凝土重力坝，坝顶高程1 002米，最大坝高132米，坝顶长418米。共分19个坝段，其中，1～7号，10～19号坝段为非溢流坝段；8号与14号坝段各布置一个内径为6米的冲沙底孔；9～13号坝段为溢流坝段，顶部为5个13米×20米（宽×高）的溢流表孔，最大泄流量17 480立方米每秒；15号坝段布置2个5米×8米的泄流底孔，泄流底孔与冲沙底孔的最大泄流量2 621立方米每秒。右岸坝体下部还设有一个冲沙底孔。左岸泄洪隧洞有压洞段尺寸12米×12米，无压洞段尺寸12米×15米，最大泄流量2 670立方米每秒。一期工程厂房布置在溢流坝段后，5条压力钢管直径均为7.5米。主厂房内安装5台单机容量为25万千瓦的混流式水轮发电机组。二期工程于右岸另建地下式厂房，安装1台30万千瓦发电机组。

水库水面面积23.6平方千米，回水区涉及云县、凤庆两县，干流回水线长71千米，支流回水长除公郎河可至2千米外，其他支流均小于2千米。淹没绿地面积17.63平方千米，耕地415公顷，林地面积567公顷，淹没村庄12个，乡政府驻地1个，安置人口3 513人。

纪　实

漫湾电站是澜沧江干流开发的首期工程。1986年导流洞开工，1993年6月第一台机组投产发电，1995年6月一期5台机组全部投产。2004年3月第二期扩建工程开工，于2007年5月投产发电。由于建设工期短、质量好、投资省，创国内大型水电站建设新水平，20世纪90年代被誉为水电行业的"五朵金花"之一。

水库上游为**小湾水库**，下游为**大朝山水库**，斜贯坝区的214国道沿线依次分布着澜沧江大峡谷，云海山庄，又有忙怀、曼志新石器遗址和朝山寺、滇缅铁路等历史遗址，还有民族风情村、电站景观等众多景点。高山峡谷、江水湖湾、电站水坝、历史遗址等各类旅游资源，形成以澜沧江为纽带联成一线的百里长湖景观区。水库地景东漫湾—哀牢山云南省省级风景名胜区，有漫湾、哀劳山杜鹃湖、无量山荒草岭、大朝山、锦屏、仙人寨六片景区。

7.14.25 罗闸河
（Luozha River）

澜沧江右岸支流，又名顺甸河。流域东北面与澜沧江干流相连，南与**怒江**流域**南汀河**相望，西与怒江支流**勐波罗河**相邻。地跨云南省保山市的昌宁、临沧市的凤庆、永德、云县四县，流域总面积3 230.7平方千米。

概　述

罗闸河发源于云南省保山市昌宁县漭水镇新炉村董瓮山，源地高程2 820米，在云县忙怀乡忙槐村汇入澜沧江，河长190.2千米，落差1 930米，河道平均比降5.1‰。流域面积大于100平方千米的支流4条，为右岸**秧琅河**、晓街河，左岸**凤庆河**、茂兰河。流域地处滇西横断山地区南段，地貌以中山宽谷为主。地势由西北向东南倾斜。

流域属亚热带季风气候，干湿季分明，有雨热同季和干凉同季的特点。立体气候明显，流域最高点永德县大雪山高程3 504米，最低点澜沧江汇口高程890米，多年平均气温15～19.5摄氏度。流域多年平均年降水量900～1 900毫米，年降水量85%集中在夏秋两季。

径流年内分配不均，6—11月占全年的80%，最枯月平均流量发生在4月或5月。

据2004年末统计资料，罗闸河流域内总人口约60.3万，少数民族有彝族、白族、傣族、布朗族、回族、傈僳族和苗族等，少数民族人口总人口的49.9%。地区生产总值13.7亿元，甘蔗、茶叶、畜牧是流域经济的重要支柱。

流域多年平均年水资源量20.58亿立方米，据2003年水

漫湾水库大坝

力资源复查成果,干流水力资源理论蕴藏量24.91万千瓦,技术可开发量约4.07万千瓦。流域森林覆盖率在60%以上,沿河两岸林木十分茂密,主要分布亚热带常绿阔叶林及低矮常绿植物群落。

截至2000年,流域已建成水利水电工程50多处,年供水量6874万立方米,其中农业生产灌溉用水4232万立方米;已建电站10座,装机容量3.07万千瓦,年发电量1.45亿千瓦时。

纪 实

罗闸河发源于云南省保山市昌宁县漭水乡新炉村,河源段称佑甸河,右岸松子坡高程2875.9米。向南穿流于中山峡谷,流入河西中型水库。河西水库为峡谷型水库,总库容1160万立方米,兴利库容1052万立方米,有效灌溉面积1430公顷。出水库进入右甸坝,两岸种植粮食作物,坐落有昌宁县城。河道已完成砌护绿化,成为了昌宁县新田园城市的一道新景观。出右甸坝流经温泉乡有热泉出露,河岸多老柳,右岸分布有著名的尼诺茶茶园。温泉村断面以上集水面积399平方千米,最大洪峰流量319立方米每秒(1932年)。

向南经中山峡谷流入凤庆县勐佑乡称勐佑河。经宽谷入峡谷于三岔河镇右纳秧琅河,进入两岔河水库。两岔河水库总库容1092万立方米,兴利库容795万立方米,有效灌溉面积4380公顷。出水库称南桥河,两岸多花园,分水岭有核桃林分布,左岸最高峰黄竹岭高程3098.7米。于雪山乡转西流入云县,于县城接纳左支凤庆河后称罗闸河。云县为临沧市通往内地的交通要道,214国道与罗闸河相伴西行。

下游河段地处峡谷,干流右纳晓街河,左纳茂兰河,进入忙怀彝族布朗族乡汇入澜沧江。忙怀乡以忙怀型新石器遗址闻名,以砾石石片打制而成的有肩石斧为特征。距河口27.8千米设有太平关水文站,控制流域面积2910平方千米。测验河道水面宽40~65米,多年平均流量62.1立方米每秒。历年最大流量954立方米每秒,最高洪水位1017.86米。历年最小流量1.85立方米每秒,最大洪峰流量1110立方米每秒(1908年)。

7.14.25.1 秧琅河
(Yanglang River)

罗闸河右岸支流,为傣语音译的河名,意为陡坎河,位于云南省临沧市永德县、凤庆县境内。

流域地处滇西横断山地区大雪山北部,地貌以中山峡谷为主,地势南高北低。属中亚热带山地季风气候区,多年平均气温16.5摄氏度。河长46.3千米,落差1850米,河道平均比降15.2‰,流域面积388.1平方千米。多年平均年降水量1332.3毫米,多年平均流量13.2立方米每秒。水力资源理论蕴藏量7.19万千瓦。已建电站1座,装机容量0.05万千瓦,年发电量200万千瓦时。

秧琅河发源于云南省临沧市永德县乌木龙乡扎模大雪山,自源地沿北偏东流,出乌木龙乡入凤庆县境,经郭大寨乡,于凤庆县三岔河镇浪泥塘村汇入罗闸河。

流域内永德大雪山地处北回归线附近,主峰高程3504米,是我国大陆北纬24°08′以南的最高峰,1996年建立了大雪山省级自然保护区,2003年7月被批准为国家级自然保护区。主要保护对象为中山湿性常绿阔叶林为代表的南亚热带山地垂直自然生态系统和珍稀特有野生动植物物种。区内野生动植物繁多,是云南省、中国乃至世界上生物多样性最为丰富的地区之一。

1978年在永德县乌木龙乡石灰地村设有乌木龙水文站,控制流域面积16.8平方千米,多年平均年降水量1553.9毫米,多年平均流量0.63立方米每秒。

7.14.25.2 凤庆河
(Fengqing River)

罗闸河左岸支流,又名迎春河、北桥河,位于云南省临沧市凤庆县、云县境内。

凤庆河流域地处滇西横断山地区南段。地貌以中山峡谷为主,河谷狭窄,地势西北高东南低。属中亚热带山地季风气候,有雨热同季和干凉同季的特点,多年平均气温16.6摄氏度。河长48.3千米,落差1320米,河道平均比降16‰,流域面积481.2平方千米。多年平均流量11.7立方米每秒。水力资源理论蕴藏量为4.67万千瓦。多年平均年降水量约1600毫米,雨季(5—10月)降水约占年降水量的80%。流域处于大雨、暴雨区,自然灾害以泥石流、崩塌、滑坡为主。已建成中型水库1座,小型水库3座,电站9座。

据2004年末统计资料,流域内人口约10.8万,地区生产总值1.19亿。农作物主要有水稻、玉米等。主要经济作物有茶叶、甘蔗等。矿藏有铅、铜、铁、锡、煤、彩色大理石等。

凤庆河发源于云南省凤庆县凤山镇白侯寺大围龙,发源地高程2060米。自发源地东南流经凤庆县凤山(县城)、洛党等乡镇进入云县,于云县爱华镇草皮街附近汇入罗闸河,沿程灌溉凤庆县凤山镇、洛党镇及云县新城坝约5518公顷农田。凤庆县城段河道已进行治理,设计防洪标准20年一遇,最大设计过水流量25立方米每秒,保护人口3.8万、耕地237公顷。

1977年1月在凤庆县凤山镇南边村设立凤山水文站,控制流域面积178平方千米,多年平均年径流量1.665亿立方米。

凤庆坝子地处流域中部腹地,南北狭长,东西群山连绵,气候温和。凤庆县是滇红茶的发源地,具有浓郁地方特色的茶文化。明代大旅行家徐霞客在《徐霞客游记》中就有"颇能慰客,煎太华茶饮余"的记载。被国家列为优质茶生产基地县和出口商品茶叶基地县。县城内有省级文物保护单位文庙,整个建筑占地约12000平方米,由名宦阁、崇胜殿、大成殿、棂星门、龙门等组成,布局合理,技艺精湛,具有较高的建筑艺术水平及历史研究价值。凤庆石洞寺风景优美,位于凤庆县城东南30千米的箐头村,建于清乾隆年间。

7.14.26 勐片河
(Mengpian River)

澜沧江左岸支流,因流经勐片村而得名。发源于云南省景东县林街乡猫头子山南麓,流域面积553.9平方千米。

勐片河流域地处滇西横断山地区南延段,地貌以中山峡谷为主,地势东北高西南低。按河谷地貌及河道特征分为上游、下游两段:勐片村以上河段称古里河,河谷狭窄,山高谷深,左岸为无量山国家级自然保护区,森林覆盖率50.5%,保留了世界上三分之一的物种,黑冠长臂猿为世界仅有;勐片村以下河段称勐片河,河谷相对开阔平缓。河长52.2千米,落差2330米,河道平均比降21.1‰。水力资源理论蕴藏量11.02万千瓦。多年平均气温18.3摄氏度,多年平均年降水量1094.1毫米。流域内已建小(1)型水库1座。

勐片河源地高程3290米,沿西偏南流向经磨刀河、二道水村流向转南，经藤子棚、景福、下村等村（镇）流向转东南，过勐片村左纳湾水河（上游建有湾水河水库，库容224万立方米）流向转南，过谷家山流向折转西南流，左纳大田河，河长30.6千米，流域面积177.1平方千米，继续前行于曼等乡新田村汇入澜沧江，汇口高程为960米。

7.14.27 大寨河
(Dazhai River)

*澜沧江*右岸支流，位于云南省临沧市云县中南部，西南与*南汀河*上游相邻。发源于云南省云县茶房乡罗家村，上游称茶房河，向东南流经大寨镇后汇入澜沧江大朝山水库。

大寨河河长53.5千米，落差1460米，流域面积487.6平方千米。水力资源理论蕴藏量为4.39万千瓦。

流域内地貌以中山峡谷为主，分水岭高程多在2500米以上。最高峰位于最南端的临沧大雪山，高程3203米，为省级自然保护区。区域粮食作物以水稻与玉米为主，主要经济作物有茶叶，新增规模种植有泡核桃与龙胆草。上游已建响水水电站，下游河段落差集中，有利于水电开发。

7.14.28 大朝山水库
(Dachaoshan Reservoir)

*澜沧江*干流上的一座大型水库。位于云南省云县与景东县交界的干流河段上，距云南省会昆明600千米，距临沧市58千米。1993年12月开工建设，2001年12月第一台发电机组投产，2003年全部机组投产。

概　　述

工程区地处澜沧江中游河段，属中高山峡谷地形。出露的地层岩性比较复杂，沉积岩、岩浆岩与变质岩均有分布，岩浆多期强烈活动，中生代以前地层普遍变质。区域地处青藏滇缅印尼"歹"字形构造体系东支，是东西向、南北向和北西向三大构造体系的复合部位。坝基及地下厂房岩性以玄武岩为主，岩层中夹有薄层凝灰岩。河谷为基本对称的V形。基本地震烈度为Ⅶ度。水库坝址以上控制流域面积12.1万平方千米，多年平均流量1330立方米每秒，多年平均年输沙量5493吨。

主要开发目标为发电。水库正常蓄水位899米，汛限水位882米，设计洪水位899米，校核洪水位905.78米；水库调节性能为季调节，正常蓄水位时水面面积为26.3平方千米。

枢纽建筑物主要为碾压混凝土溢流重力坝、右岸地下式厂房等建筑物。溢流重力坝最大坝高111米，坝顶高程906米，坝顶全长480米。河床坝段设置5道14米×17米溢流表孔、3个7.5米×10米的泄洪底孔、1个3米×6米的排沙孔，最大泄流量为18200立方米每秒。大坝右岸布置电站进水口，采用单管单机引水，采用内径8.5米的高压隧洞，下接右岸山体内的地下厂房，安装6台单机容量为22.5万千瓦的水轮发电机组。电站尾水采用内径为15米的2条隧洞出流，3台机组的尾水管合并为1洞；尾水隧洞长1.2千米，穿过下游泥石流支沟底部汇入澜沧江。

大朝山水库淹没涉及云南省云县和景东县，云县安置4049人，其中就地与后靠安置1887人，外迁安置2162人；景东县需安置2314人，其中就地与后靠安置557人，外迁安置1757人。

纪　　实

大朝山水库与上游的*漫湾水库*相距约100千米。工程于1992年开始筹建，1993年底导流隧洞开工，1996年5月建成过水。1997年8月4日国家正式批准大朝山工程开工。同年11月10日大江截流，大坝工程开工。2001年底第1台机组发电。2002年继续投入3台发电，2003年全部投产。

大朝山水库地处云县大朝山—干海子省级风景名胜区，由温湾—温竹河、大朝山—大雪山、爱华镇、亮山天池等四个片区及温湾—大朝山水陆游览线组成，景点129个，总面积190.8平方千米，景观有巍峨雄奇的大雪山、茫茫苍苍的林海、满山遍野的杜鹃、繁花似锦的木棉、温竹河上三叠瀑、澜沧江上第一坝等。风景独特迷人，民族风情浓郁。

7.14.29 勐戛河
(Mengjia River)

*澜沧江*左岸支流，又名门罗巴河，河长100.6千米，落差760米，河道平均比降6.6‰，流域面积1539平方千米。

流域地处横断山地区南延段。地貌以中山峡谷为主，地势由东北向西南倾斜，最高点为景谷县西北面高程2220.6米的牛尖山，最低点为高程700米的干流汇口。南亚热带山地季风气候，多年平均气温20.2摄氏度。沿程有10多条支流汇入，呈不规则树枝状分布。流域面积大于100平方千米的支流仅有右岸二道河（翁孔河）、*民乐河*两条。干流水力资源理论蕴藏量12.18万千瓦。多年平均年降水量1245毫米，雨季（5—10月）降水量占年降水量的86.8%，冬春多旱灾，夏秋多洪涝。森林覆盖率55%。流域内已建昔木中型水库1座，长海、团结、火营、干海等8座小（1）型水库和20余座小（2）型水库。

勐戛河发源于云南省普洱市景谷县永平镇黄草岭村后山箐，源地高程1460米，自源地沿北偏东流向纵贯永平镇，于民乐镇骂戛村附近右纳二道河（源于民乐镇马鹿塘，河长41.6千米，流域面积253.9平方千米，多年平均流量5.9立方米每秒）流向转西偏北，于永平镇南卓村右侧纳民乐河后流向转西南，经大河边村流向转西，于曼海村注入澜沧江。

泼水节

勐戛河沿程灌溉着上千公顷农田，中游永平坝子西岸土地平坦肥沃，物产丰富，是景谷县重要的商品粮生产区。流域内居住着汉、傣、彝、拉祜、哈尼、布朗、回等15个民族，民族风俗各异，尤以傣族的泼水节、推山节、采花节、朝山节、关门节、开门节、新米节和彝族的"二月八""火把节"等极富地方民族文化特色。自然人文景观有被小乘佛教教民视为"圣地"的大仙人肢化寺、省级文物保护单位迁糯缅寺、意为"锁住勐戛财宝"的锁水文笔塔、奇峰险峻的大石岩仙人洞和景色怡人的*昔木水库*等。

7.14.29.1 昔木水库
(Ximu Reservoir)

勐戛河左岸支流昔木河源头的一座中型水库，坝址位于云南省普洱市景谷傣族彝族自治县永平镇昔木村，距景谷县城 73 千米。1956 年 2 月开工建设，1960 年将大坝加高至 30.50 米。因施工质量较差与白蚁危害，1962—2002 年先后 8 次对大坝进行除险加固，2004 年 6 月通过竣工验收。

水库集水面积 35.4 平方千米，引水区集水面积 3 平方千米。多年平均年降水量 1 200.0 毫米，多年平均年径流量 2 299 万立方米，多年平均年输沙量 1.8 万立方米。水库以农业灌溉为主，兼顾防洪、工业供水等功能。设计灌溉面积 2 500 公顷，2005 年农灌供水 840 万立方米，供永平糖厂用水 650 万立方米。防洪保护下游 6 000 人，耕地 1 330 公顷。

属多年调节水库，校核洪水位 1 303.84 米，设计洪水位 1 303.43 米，正常蓄水位 1 301.54 米，死水位 1 280.7 米。总库容 2 600 万立方米，兴利库容 2 126 万立方米，死库容 70 万立方米。水库淹没耕地 50 公顷，迁移人口 250 人。

枢纽建筑物为大坝、输水洞与溢洪道。大坝为土石坝，最大坝高 31.2 米，坝顶长 212 米。输水洞布置于右岸，最大洪水流量 5.6 立方米每秒。溢洪道布置于右坝肩，最大泄洪流量 49.4 立方米每秒。

水库四面环山，植被浓郁，水体清澈，水面山峦倒影叠嶂，古典长廊曲径幽回，人在景中，景随步移。水库风景区于 2005 年被水利部批准为国家级水利风景区。

昔木水库

7.14.29.2 民乐河
(Minle River)

勐戛河右岸支流，地跨云南省普洱市景谷傣族彝族自治县与临沧市临翔区，东与**威远江**上游支流**景谷河**相邻。发源于云南省景谷傣族彝族自治县民乐镇烂坝塘梁子，向南西流汇入勐戛河。河长 58.3 千米，落差 990 米，流域面积 421.8 平方千米。多年平均流量 10.4 立方米每秒，水力资源理论蕴藏量为 3.01 万千瓦。

流域内除下游河段流经临翔区外，干支流大部分位于景谷县民乐镇，居住着汉、傣、彝、回、哈尼等 12 个民族，其中少数民族人口占总人口数的 93.87%，产业主要以茶叶、林业、蚕桑、铜矿业、橡胶为主。植被以针叶林为主，思茅松为优势树种，森林覆盖率 80% 以上。

7.14.30 小黑江
(Xiaohei River)

澜沧江右岸支流，又称南迸河、辣蒜河。流域位于云南省临沧市南部与普洱市西南部接壤地区，地理坐标东经 99°10′~100°03′，北纬 22°54′~23°55′。地跨云南省临沧市耿马傣族佤族自治县、沧源佤族自治县、双江拉祜族佤族布朗族傣族自治县及普洱市澜沧拉祜族自治县 4 个县（市）。东入澜沧江，南接**黑河**，西、北与**南汀河**相邻，西南部与缅甸交界。

概　　述

河流水系　小黑江发源于云南省耿马县芒洪乡大雪山西北麓，源地高程 3 233 米，于双江、澜沧、景谷 3 个县交界处汇入澜沧江。河长 173 千米，流域面积 5 784 平方千米，天然落差 2 563.5 米，河道平均比降 4.0‰。按河谷地貌及河道特征分为上、下游两段，**勐勐河**汇口以上为上游，长 106.7 千米，勐勐河汇口以下为下游，长 66.3 千米。

河流水系发育，呈树枝状分布。流域面积大于 1 000 平方千米的一级支流有 1 条，即左岸勐勐河。流域面积 500~1 000 平方千米的一级支流有 3 条：右岸**勐董河**、**拉勐河**及**下允河**。流域面积 100~500 平方千米的一级支流有 2 条：左岸老发金河，右岸芒片河。

气候水文　小黑江流域属南亚热带山地季风气候，四季不分明，冬无严寒，夏无酷暑，气候温和，日气温变化大，年气温变化小，多年平均气温 18.8 摄氏度，夏季多雨，冬季干旱。流域多年平均年降水量 1 568.1 毫米，时空分布不均匀，垭口雨量站实测多年平均年降水量达 2 667.0 毫米，雨季（5—10 月）降水量占全年降水量的 80% 以上。山区多雨湿润，蒸发量小；坝区、河谷少雨干燥，蒸发量大。年蒸发量 1 580~2 350 毫米。

上游南碧河勐省水文站多年平均年降水量 1 127.3 毫米，多年平均流量 52.1 立方米每秒；支流勐勐河甸头水文站多年平均年降水量 1 040.6 毫米，多年平均流量 18.6 立方米每秒；下允河上游上允坝区年降水量在 940~1 200 毫米之间，是普洱市降水量最少的地带，下允河多年平均流量 10.7 立方米每秒。

地质地貌　流域地处滇西横断山脉南部，深切割中山峡谷地貌，河床狭陡。地势为南北走向，以山地为主，东北部有邦马山脉，最高峰大雪山高程 3 233 米；西南部分水岭处有南滚河自然保护区，最高峰回汗山高程 2 977.9 米。间有勐勐、耿马、勐董、勐省、上允等坝子。流域上游北部为大雪山山脉，以西为南碧河（主干流），以东为勐勐河。中下游多为低山、低谷、盆地地貌，有较大平缓宽阔山地。

经济社会　流域内 214 国道纵贯南北，309 省道、314 省道及县乡公路四通八达，构成了较为便捷的陆地交通网络。流域内各县工业门类较多，茶叶、白糖是流域经济的重要支柱。

流域粮食作物以水稻、小麦、玉米为主，经济作物有茶叶、甘蔗、南药、紫胶、烤烟、热带水果等。耿马县为云南省第一产糖大县。双江县盛产茶叶，勐库大叶茶以条索肥硕、芽尖丰盛、香味浓郁、鲜爽回甘的独特风格驰名中外，为中国优良精制茶叶品种之一。

自然资源　流域多年平均年径流量 46.82 亿立方米，干流水能资源理论蕴藏量约 58.54 万千瓦。流域森林资源主要分布在中低山地带，以亚热带季风常绿阔叶林、云南松和思茅松林为主，植被覆盖率约 30%。有地热资源近百处，其中澜沧县就集中有 54 处。

耿马石佛洞文化遗址、沧源崖画为省级重点文物保护单位。有澜沧江国家自然保护区、南滚河国家自然保护区、大浪坝省级森林公园、班洪抗英纪念碑

7.14.30 小黑江

小黑江水系示意图

自然灾害 流域自然灾害频繁，主要有旱灾、洪灾和地震灾害。

干旱灾害"三年一小旱，五年一大旱"，民国32年（1943年），双江旱灾，河水干涸，勐勐坝子366.7公顷水田绝收，1962年7月耿马、沧源旱灾，勐撒坝子已栽的333.3公顷农田开裂，26.7公顷无水栽播，勐省坝子40公顷无水保苗。

民国28年（1939年）7月15日，双江南勐河泛滥，勐库坝子被水淹没3日，勐勐坝子水深0.86米，冲毁农田653.3公顷。1983年8月1日，双江境内普降暴雨，干流流量达1 000立方米每秒，小黑江桥和4千米公路被江水冲毁，1995年8月15—16日，澜沧县南岭乡、上允镇因暴雨大面积滑坡，12个村2 350户1.29万人受灾。

民国30年（1941年）耿马县发生7.0级破坏性地震，伤亡惨重。1988年11月6日，澜沧、耿马相继发生7.6级和7.2级强烈地震，此后余震不断，耿马、沧源、澜沧三县受灾最重，地震中有748人死亡，7 751人受伤，73人致残，房屋严重破坏55.45万间，倒塌75.35万间，破坏公路556千米，破坏桥梁89座，工业、农业、水利设施等遭到严重破坏，直接经济损失20.5亿元。

治理开发 流域内兴建了大量的中小型农田水利工程，截至2004年年底，已建成中型水库5座、小（1）型水库9座、小（2）型水库及坝塘24座、灌溉渠沟667条，实灌面积6 500多公顷。已建电站14座，装机容量1.55万千瓦，年发电量0.7亿千瓦时。

纪　实

上游 河源段称南碧河，发源于云南省耿马县芒洪乡大雪山西北麓，自发源地西偏南流至菜籽地村附近转向南偏西流，于芒洪乡坝卡村左纳老发金河（发源于云南省耿马县芒洪乡户南村后山箐，河长22.4千米，落差1 300米，流域面积127.4平方千米）。南穿耿马坝子边缘，于贺派乡芒畔新寨右纳芒片河（发源于云南省耿马县耿马镇户昆鹏村后山箐，河长26.2千米，落差700米，流域面积286.2平方千米），过贺派乡挡帕村约2千米，于耿马县与沧源县界河口芒幺村右纳勐董河；南流至勐省镇下游右纳拉勐河折转东流，过勐省国营农场四队始称小黑江；蜿蜒东流至双江县沙河乡大勐峨村（双江、沧源县界河口交界处）左纳勐勐河。勐勐河汇口以上为上游段，上游河段先后流经马坝和勐省坝。耿马坝是临沧市最大的坝子，面积116平方千米，主产甘蔗与水稻。建有耿马机制白糖厂和耿马华侨农场，耿马糖厂是我国西南地区的第一大糖厂。建有耿马中型灌区，有弄巴水库与允楞水库两座中型水库。勐省坝子左岸有石佛洞遗址，为云南省最大的洞穴遗址。

沧源县勐省镇大桥设有勐省水文站，控制流域面积1 766平方千米。

下游 勐勐河汇口以下为下游段。纳勐勐河后江水急转南下，行至沧源、双江、澜沧三县交界处又折转东流，于澜沧县上允镇小芒堆村右纳下允河，蜿蜒东流至澜沧、双江、景谷三县交界处澜沧县文东乡芒召村汇入澜沧江，汇口地高程670米。下游多峡谷河段，流经之地均为边远山区，经济社会欠发达。

1997年，在勐勐河勐库大雪山中上部原始丛林中发现了333.3多公顷野生古茶树群，保存完好，自然更新能力强，是珍贵的自然遗产和生物多样性的活基因库。野生茶树群树龄在千年以上，是目前国内外已发现高程最高、面积最大、密度最高的古茶树群落。

小黑江流域地处澜沧江省级自然保护区，旅游资源丰富。有石佛洞新石器文化遗址，洞口高出小黑江水面约50米，呈半圆形，保存面积3 000平方米，已挖掘大批有重大考古价值的文物。有沧源县广允缅寺、司岗里溶洞、神林、崖画1~6号点、巨型壁画、万亩茶园、芒阳大榕树、班列瀑布、高山原始森林公园、翁丁湖、翁丁佤族原始群居村落、班洪抗英纪念碑、炉房银矿旧址等风景名胜和历史遗址，尤以沧源崖画、班洪抗英纪念碑最为著名。沧源崖画是我国目前为止所发现的最古老的崖画之一，刻绘于3 000多年前的新石器时代晚期，为云南省文物保护单位。班洪抗英纪念碑记载了70多年前，十七部落首领为保卫民族利益，反对英帝国主义对阿佤山银矿的侵占，剽牛盟誓，共饮鸡血酒，以惨重的牺牲在中国近代反帝斗争史写下了光辉的一页。

7.14.30.1 弄巴水库
(Nongba Reservoir)

小黑江上游右岸支流南桠河的左岸支流那弄河上的一座中型水库。位于云南省临沧市耿马县耿马镇，距县城15.4千米。1969年6月开工建设，1971年年底建成高18米主坝，1975年12月开工扩建中型水库，2003年10月进行水库除险加固，2006年12月通过竣工验收。

水库本区集水面积4.9平方千米，引水区集水面积30.7平方千米。库区多年平均年降雨量1600.0毫米。

水库功能以农业灌溉为主，兼顾防洪、人畜饮水及水产养殖等综合利用。设计灌溉面积1400公顷，设计洪水标准为50年一遇。校核洪水位1144.97米，设计洪水位1144.79米，正常蓄水位1144.50米，死水位1129.5米。总库容1100万立方米，兴利库容1006万立方米，死库容32万立方米。为年调节水库，水库淹没耕地24公顷，无迁移人口。

枢纽建筑物由大坝与输水隧洞组成。主坝与副坝均为均质土坝。主坝高22.4米，坝顶长230米，坝顶高程1146.0米。副坝有两座，最大坝高7.7米，总长度583米。输水隧洞1个，最大过水流量5立方米每秒。

7.14.30.2 勐董河
(Mengdong River)

小黑江右岸支流，属国际河流，地跨中国云南省临沧市沧源佤族自治县、耿马傣族佤族自治县和缅甸边境。

流域地处滇西横断纵谷地带南端。地貌为中山峡谷及中山宽谷盆地，地势呈西南向东北倾斜。流域最高点为沧源县西南面的芒告大山，高程2498.7米，最低点为与小黑江汇口，高程970米。河长57.2千米，流域面积771.7平方千米。流域属南亚热带山地季风气候，气候温和，冬无严寒、夏无酷暑，多年平均气温17.4摄氏度，无霜期320天。多年平均流量22.1立方米每秒，水力资源理论蕴藏量为4.56万千瓦。多年平均年降水量约1748毫米，雨季（5—10月）降水约占年降水量的88.3%。森林以针叶树和阔叶树为主。农作物主要有水稻、玉米、小麦，复种指数126%。经济作物主要有茶叶、甘蔗、烟草、紫胶、热带水果等。

流域内勐董镇为沧源县城所在地，属佤族聚居区，佤族占总人口的85%以上。佤族有着悠久的文化历史，是一个热爱生活，能歌善舞的民族，有班洪抗英剽牛盟誓遗址及抗英纪念碑、沧源崖画、中国小乘佛教三大建筑之一的广允缅寺等文物古迹。

勐董河发源于沧源佤族自治县与缅甸边界岗斯歪壤母山南麓，源地高程1760米。自源头向东右纳界河格浪姐河进入国境内，沿北偏东方向，过勐董水库，穿沧源县城（勐董坝子），经勐角坝子，至勐来坝尾流入落水洞，进入地下暗河，伏流于勐省镇福广寨脚出露，北行约9千米左纳支流挡帕河后汇入小黑江。

勐来坝子落水洞群由11个洞组成，吞泄河流9条。勐来坝尾有一段长666米、高355米的横断山阻拦，河流到此转入地下暗河，每年雨季落水洞群吞泄不了洪水，勐来坝区常被洪水淹没，少则7天，多则1月，回水线长8千米，230多公顷农田受灾。1970年开始对勐董河、落水洞进行整治，通过疏浚河道、支砌护堤、截横山、打隧洞、开挖明渠等工程措施，截止到2000年，已建取水枢纽闸9座、灌溉渠道15条、截弯改直河道29千米，灾害逐年减少。

勐董河上游于1971—2001年设有勐董水文站，勐董水库建成后撤销。

挡帕河为其最大支流，总体向东穿流于峡谷，大都为沧源县与耿马县的界河，河长33.2千米，集水面积225.9平方千米。

7.14.30.3 拉勐河
(Lameng River)

小黑江右岸支流，位于云南省沧源佤族自治县东部和澜沧拉祜族自治县西北角，东邻**下允河**，南与缅甸南马河为邻，西接**勐董河**，北入小黑江。

拉勐河水系较发育，河流呈树枝状分布。主要支流有6条，其中流域面积大于100平方千米的支流有右岸的容木斯维河和贺勐河。

拉勐河流域地处滇西横断山地区南端。地貌为中山峡谷地貌及中山宽谷盆地。河谷多呈U形宽谷，山区面积占99.2%。地势呈东南向西北倾斜。最高点为沧源县单甲乡西面大山，高程2469米，最低点河流出口，高程932米。流域地处北回归线以南，南亚热带山地季风气候，多年平均气温17.4摄氏度。多年平均年降水量约1748毫米，雨季（5—10月）降水量约占年降水量的88.3%。河长63.2千米，落差1370米，河道平均比降9.2‰，流域面积714.1平方千米，多年平均流量21.7立方米每秒，水力资源理论蕴藏量为10.29万千瓦。

流域内世居有佤、拉祜、傣、彝、汉等民族。农作物以水稻、玉米、小麦为主，经济作物以茶叶、甘蔗、烟草、紫胶、热带水果等为主。河流两岸多农田、坡地和村庄。勐省坝附近的勐省、岩帅、糯良、单甲4个乡镇的50多个自然村，易发生冬春旱、夏秋涝。中华人民共和国成立后，开始对拉勐河进行整治，通过疏浚河道、截弯改直、支砌护堤、开挖渠道等工程措施，截至2000年，已建小（1）型水库2座、小（2）型水库3座、小塘坝10余个、引水灌溉沟渠近1000条、电站2座，装机容量0.11万千瓦，年发电量0.04亿千瓦时。规划在上游兴建具有调洪作用的蓄水工程东丁水库和海别水库。

拉勐河发源于云南省沧源佤族自治县单甲乡安墩山，源地高程2302米。自源地蜿蜒东流，于澜沧县雪林乡大芒岭村右纳容木斯维河（发源于云南省澜沧县木戛乡小拉巴村以南后山箐，河长16.1千米，落差890米，流域面积124.0平方

勐董河

7.14.30.4 勐勐河

千米),流向急转折向北偏西,蜿蜒曲折流入勐省坝子,于勐省镇下班奈村右纳贺勐河(发源于云南省沧源县岩帅镇坡塘寨后的东米山,河长34.9千米,落差1070米,流域面积168.6平方千米),继续北流经勐省坝,并于勐省农场下游约2千米注入小黑江。

7.14.30.4　勐勐河
（Mengmeng River）

小黑江左岸支流,又名勐库河,跨云南省临沧市临翔区、双江拉祜族佤族布朗族傣族自治县。

勐勐河全长84.5千米,落差1780米,河道平均比降8.6‰,流域面积1354.6平方千米。水系发育,共有46条支流汇入,其中流域面积大于100平方千米支流1条。

流域位于云南滇西横断山地区南端,地貌为中山宽谷,地势西北高东南低;最高点邦马山主峰大雪山高程3233米,最低点河流出口高程870米。流域位于北回归线南北,立体气候十分明显,坝区属南亚热带气候,山区为中、北热带亚热带到温带气候,多年平均气温16.3～18.8摄氏度。多年平均年降水量约1015毫米,雨季（5—10月）降水量占年降水量的84.7%,多年平均流量33.0立方米每秒。水力资源理论蕴藏量为6.02万千瓦。流域位于澜沧江省级自然保护区内,其中双江县城右侧大浪坝省级森林公园有森林400公顷,登顶可目及连片的千年野生古茶树群。

勐勐河流域降水时空分布极不均匀,易发生冬春旱、夏秋涝。截至2004年年底,流域内已建成回东河中型水库1座（总库容1013万立方米）,小（1）型水库3座和小（2）型水库8座,小水电站5座,总装机容量0.5万千瓦,年发电量0.25亿千瓦时。有南等中型水库,总库容5149万立方米,具有灌溉、防洪、发电等综合利用功能。

勐勐河

勐勐河发源于云南省临沧市临翔区南美乡南棱田,源地高程2650米。自源地蜿蜒南流,经南美乡于坡脚村入双江县境,称大南美河,向南经勐库镇坝卡、南等等村,穿嘎告电站,至勐库镇称勐库大河,后于青控村左纳章外河（发源于勐勐镇澜路阱村以东后山箐,流域面积111.7平方千米,河长19.7千米,天然落差1200米,河道平均比降37.5‰）,继续南流过华侨农场电站,经双江县城（勐勐镇）后称勐勐河,再经过双旺农场、小黑江3座梯级电站,于双江县沙河乡大勐峨村注入小黑江。勐勐河中游沙河乡甸头村于1961年设有甸头水文站,控制流域面积711平方千米。

勐勐镇是双江政府所在地。双江县是全国唯一由4个民族组成的自治县。勐勐河由北向南纵贯双江县中部勐库、勐勐等主要坝区,河道两岸土地肥沃,物产丰富,是双江县粮食主产区。主要粮食作物有水稻、荞麦、豆蔻、薯类和蔬菜;经济作物有茶叶、甘蔗、橡胶、虫胶、花生、油菜和南药等。勐库镇以下,沿江有214国道相伴,交通较方便。

7.14.30.5　下允河
（Xiayun River）

小黑江右岸支流,位于云南省普洱市澜沧拉祜族自治县,下允河全长42.6千米,落差1226米,河道平均比降12.8‰,流域面积750.9平方千米。水系呈扇形分布,流域面积大于100平方千米的支流只有1条。

流域地处滇西横断山地南段,地貌为中山、低山、丘陵、河谷、盆地,地势中北部低,东、西、南三面高,呈南向北倾斜。最高点白石头尖山高程2489.6米,最低点下允河入小黑江出口处高程790米。南亚热带山地季风气候区,气温高、少雨、干热,多年平均气温18.9摄氏度。多年平均年降水量为940～1200毫米,5—10月降水量约占年降水量的80%以上。多年平均流量10.7立方米每秒,水力资源理论蕴藏量3.27万千瓦。

下允河发源于云南省普洱市澜沧拉祜族自治县富邦乡火石山村,源地高程2016米。自源地向西北过上允坝、下允坝,纳多条小支流,右岸支流清卡河发源于澜沧县上允镇大板桥,流域面积111.7平方千米,河长19.7千米,于上允镇邦腊村注入下允河。河流于上允镇小芒堆附近汇入小黑江。流域内已建小（1）型水库1座、小（2）型水库4座和总装机容量1.18万千瓦的4个梯级电站。

河流纵贯的上允镇,有澜沧县最大的上允坝,主要生产水稻、玉米及甘蔗,建有两座白糖厂,年产白糖5万吨,为彻底解决上允坝干旱,1987—1992年在南邻的**黑河**上修建**多依林水库**,跨流域调水至上允坝,供上允镇工业、农业、发电用水及城镇居民饮水。解决了下允河总装机容量1.18万千瓦的发电用水及17000人的居民生活用水,灌溉耕地1433.3公顷,基本解决了上允坝的干旱问题。

7.14.31　芒怕河
（Mangpa River）

澜沧江右岸支流。西邻**下允河**,西南邻**黑河**,位于云南省普洱市澜沧拉祜族自治县东北部。发源于南岭乡北部纳别寨,向东南转东北流,于大山村汇入澜沧江。河长58.1千米,落差1390米,流域面积589.7平方千米。水力资源理论蕴藏量4.45万千瓦。

流域地处怒山余脉南端,地势西南高东北低,大同山主峰高程2316米。属亚热带山地季风气候,冬无严寒,夏无酷暑。集水面积大于100平方千米的一级支流为拉巴河与邦敢河,均位于左岸。干流上游称谦哲河,山高坡陡,建有芒怕河水电站。下游右岸为谦六彝族乡,新兴产业为蚕桑养殖。

7.14.32　威远江
（Weiyuan River）

澜沧江下游左岸支流,"威远"傣语意为盐井城,因临古称威远州、威远厅的景谷傣族彝族自治县城而得名。流域位于云南省普洱市中部地区,地理坐标东经100°19′～101°11′,北纬22°37′～24°22′,东、北与**元江**水系的**把边江**相接,南与**南班河**为邻,西连澜沧江。地跨普洱市镇沅彝族哈尼族拉祜族自治县、景谷傣族彝族自治县、宁洱哈尼族彝族自治县及思茅区4个县（区）。

概 述

河流水系 威远江发源于云南省镇沅县里崴乡的朝阳山,河源高程 2 752 米,于思茅市区思茅港镇大边堆村汇入澜沧江。河长 274.2 千米,落差 2 142 米,河道平均比降 2.5‰,流域面积 8 810.5 平方千米。按河谷地貌及河道特征分为上游、中游、下游三段。

河流水系发育,呈树枝状分布。主要支流有左岸的威远河、恩坑河、芒绵河(曼免河)、南景河(南井河)**小黑江**、**普洱大河**,右岸的西山河、**景谷河**、昔饿河(习俄河)。流域面积大于 100 平方千米的一级支流 11 条,其中大于 500 平方千米的有景谷河、小黑江、普洱大河。

气候水文 流域立体气候明显,总体属南亚热带气候。多年平均气温 18.1~20.2 摄氏度,最高气温多发生在 7 月,月均温度 21.9~24.6 摄氏度。全年无霜期在 320 天以上。

威远江流域降水时空分布不均,多年平均年降水量 1 437.5 毫米;雨季(5—10 月)降水量约占年降水量的 86.8%,7—8 月降水量约占年降水量的 43.0%;流域降水量东北部(无量山山脉迎风坡)大于西南部,山区大于河谷。域内最大降水发生在景谷正兴雨量站,最大日降水量 273.0 毫米。最小值为大新山站 770.4 毫米(1986 年)。蒸发量分布则与降水量相反,多年平均年蒸发量 1 841.0 毫米。暴雨则是东南部较西北部大。

地质地貌 流域地处滇西横断山地区南延段。无量山脉从流域东部通过,地形起伏较大;西部山原顶部起伏不大。为深切割山原地貌,山高谷深,其间散布少许河谷盆地。总的地势由北向南倾斜,渐向东北、西南两翼扩张呈帚状分布。流域最高点为景谷县东北面干坝子山,高程 2 920 米,最低点为威远江出河口,高程 636 米。流域两岸以丘陵及溶蚀山地为主。上中游河谷相对开阔,河道弯曲,水流平缓;下游河谷狭窄,水流湍急。河流流经的威远坝、景谷坝、普洱坝等属滇西南中山宽谷盆地。

自然资源 流域多年平均年径流量为 51.78 亿立方米。干流水力资源理论蕴藏量 44.09 万千瓦,技术可开发量 7.78 万千瓦。

流域内分布有大量的思茅松及阔叶林。上游镇沅县森林覆盖率达 66.7%,中下游景谷县森林覆盖率 74.4%。

以煤、盐、铁、金矿为主。凤岗盐矿 1996 年产盐 2.59 万吨,为云南省滇南主要盐产地;镇沅县黄金储量居云南省第一位,是国家级黄金生产基地之一。

有糯扎渡省级自然保护区,益智威远江省级自然保护区。名胜有景谷勐卧佛寺双塔,被云南省人民政府公布为省级文物保护单位。

流域内盛产茶叶,镇沅县是世界茶树起源中心之一,有野生茶树群落 800 余公顷,最大一株树龄长达 2 700 年,名优特产"五一生态茶"畅销省内外。景谷县是普洱茶的重要产地,还是闻名遐迩的芒果之乡,象牙芒果果大香甜。

水旱灾害 流域水旱灾害频繁,经统计,自清乾隆六年(1741 年)至 1978 年的 237 年中,有旱洪灾害 90 次,其中重洪灾 45 次,重旱灾 21 次,重旱洪灾平均 3.59 年一次。据记载,民国 31 年(1942 年)景谷全县大旱灾:"已下种之旱谷无水灌溉,完全枯萎焦死,收成无望……"1908 年 7 月,景谷淫雨半月,18 日早晨大江小河同时渐涨,大街水深四尺,房屋塌十分之八。1969 年 7 月 30—31 日,景谷凤山公社文折、南顺等地倾盆大雨夹桃核大冰雹齐下,约 5.13 平方千米范围内山体大面积滑坡,农田受灾 103 公顷,泥石流沿文折河进入威远江,景谷水文站实测含沙量为 680 千克每立方米。

经济社会 流域境内少数民族居多,经济主要以农业为主,经济作物以茶叶、甘蔗及林产品为主。林产品、茶叶、白糖是流域经济的重要支柱。流域内景谷县面积 7 777 平方千米,占流域面积的 88.3%;2003 年,景谷县地区生产总值 111 207 万元,人均产值(GDP)3 834 元;农业总产值 21 718 万元,农民人均纯收入 1 518 元。

流域内 214 国道、328 国道纵贯东西南北,222 省道、县乡公路四通八达,构成了较为便捷的陆地交通网络。

治理开发 中华人民共和国成立前,威远江流域的水利设施抵御不了较大水旱灾害,特别是旱灾。中华人民共和国成立后,在流域内兴建了大量的中小型农田水利工程。截至 2004 年年底,流域内已建中型水库 4 座,小(1)型水库 6 座,小(2)型水库和坝塘 30 余座,引水流量大于等于 1.00 立方米每秒大渠 6 条,引水流量大于等于 0.30 立方米每秒的引水沟渠 63 条。灌溉面积约 1.2 万公顷。

2003 年,流域已建电站 19 座,总装机容量达 5.68 万千瓦,年发电量 2.63 亿千瓦时。威远江电站 2003 年开工,总装机容量 7.2 万千瓦。

纪 实

上游 源头至威远河汇入口为上游段,上游称勐统河,河长 84.5 千米,发源于无量山南端朝阳山西麓,向南流入靛坑河水库,两岸森林植被多为次生的中山湿性常绿阔叶林。靛坑河水库总库容 2 722 万立方米,兴利库容 2 227 万立方米,有效灌溉面积 2 930 公顷。出水库经峡谷右纳西山河向南,流经勐大镇河谷变宽。建有勐大水文站,控制流域面积 500 平方千米。测验河道宽 11~106 米,多年平均流量 13.5 立方米每秒。出勐大蜿蜒于宽谷,复入峡谷。两岸植被浓郁,进入景谷县凤山乡左纳威远河后称威远江。

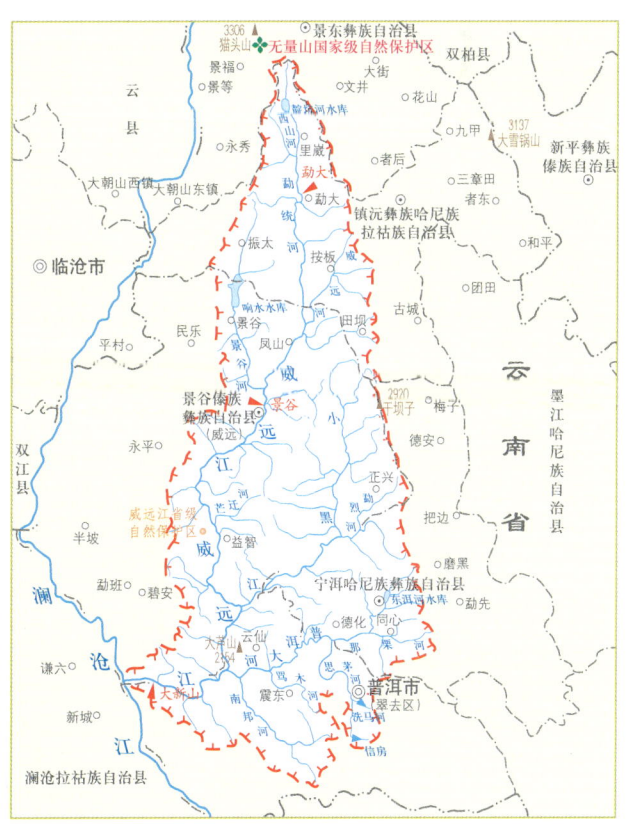

威远江水系示意图

中游 威远河汇入口至小黑江汇入口为中游段,中游段河长128.2千米。继续南流,连续纳左岸众多支流,流向南偏西,流淌于U形河谷,于景谷县城威远镇蛮咸右纳景谷河,蜿蜒西南行数千米,过景谷水文站(控制流域面积2 759平方千米),穿景谷县城,入峡谷流经益智乡,于该乡芒迁村纳左岸芒迁河,至昔俄转东南流,于益智乡田房左纳小黑江。

河流纵贯景谷县,森林覆盖率达74.1%,是林业大县,又是国家商品粮和蔗糖生产基地;纸浆、人造板、松香、紫胶、中药蔓荆子产量居云南省首位,畅销海内外。

威远镇有勐卧佛寺双塔,傣语称"梅赫窝广勐""广勐赫窝梅"(即树包塔、塔包树)。勐卧佛寺建筑群为明末清初(1628—1661年)傣族威远土官刀汉臣所建,是昔日的官佛寺。双塔位于大殿两侧,南北向并列,左塔形成"树包塔""塔包树"的奇异景观,双塔为云南省省级文物保护单位。

益智乡段右岸为威远江思茅松自然保护区,长20千米,宽5千米,林地面积7 666.7公顷,其中思茅松林地面积6 043.9公顷,是云南省唯一以思茅松天然林生态系统为保护对象的自然保护区。

下游 威远江与小黑江汇口以下至澜沧江汇口为下游段,又称小黑江,河长61.5千米,为景谷县与思茅区界河。自两江汇口流向急转西南,沿界河蜿蜒流至思茅区区云仙乡南宋左纳普洱大河。折向西流,进入V形河谷,多孤石急滩。至思茅区龙潭乡老肚寨左纳那糯河,河长25.3千米,流域面积123.6平方千米,于思茅区思茅港镇大边堆村(思茅区、景谷县、澜沧县交界的腊撒渡口)注入澜沧江。

距澜沧江汇口8.1千米处思茅市翠云区大新山村建有大新山水文站,控制流域面积8 454平方千米。

7.14.32.1 景谷河
(Jinggu River)

威远江右岸支流,又名蒙索河,因流经景谷县景谷乡而得名,位于云南省普洱市镇沅彝族哈尼族拉祜族自治县、景谷傣族彝族自治县。

河长77.2千米,落差1 398米,河道平均比降10.5‰,流域面积634平方千米,多年平均流量15.6立方米每秒,水力资源理论蕴藏量6.35万千瓦。

流域位于滇西横断地区南延段。地貌为中山、宽谷盆地,地势北高南低,河源段地处峡谷,后进入宽谷,下游河口段狭窄、陡峭。流域内有振太、小景谷2个小平坝镶嵌其中。属南亚热带山地季风气候,冬春少雨易旱,夏秋多雨易涝;多年平均气温18.1摄氏度。多年平均年降水量1 245毫米,降水主要集中在5—10月。

截至2006年年底,流域内已建中型水库1座,小(1)型水库3座,小(2)型水库1座,总库容6 306万立方米,年供水量5 400多万立方米,实灌农田耕地2 500多公顷。已建电站8座,总装机容量2.52万千瓦,年发电量1.45亿千瓦时。

景谷河发源于云南省普洱市镇沅彝族哈尼族拉祜族自治县振太乡打拉阱,源头高程2 389.5米。河流由北向南在镇沅县境内称振太河,景谷县境内称景谷河。源地南流过了丁家凹小(1)型水库,库容335.7万立方米,左纳文板河,文板河上游建有文板小(1)型水库,库容126.0万立方米。入景谷县后流经**响水水库**。河流在景谷县芒玉大桥以上河道相对比较平缓,芒玉大桥至威远江汇口段河道狭窄陡峭,落差285米,具有较好的水电开发优势,该河段已开发8座小水电站。芒玉大峡谷风景奇秀,为景谷河一大景观。河流于景谷县威远镇蛮冷汇入威远江。

7.14.32.1.1 响水水库
(Xiangshui Reservoir)

景谷河上的中型水库,位于云南省普洱市景谷傣族彝族自治县景谷乡响水村,故名响水水库,又名景谷河水库,距景谷县城北约38千米。1983年9月开工,1986年7月河水猛涨,围堰水毁,工期延误一年,1990年5月竣工。

水库集水面积322平方千米,多年平均年降水量1 600毫米,多年平均年径流量19 320万立方米,多年平均年输沙量3.7万立方米。水库以灌溉为主,兼顾防洪、发电及城镇供水。设计洪水标准为100年一遇,保护5万人,保护耕地6 670公顷。有效灌溉面积2 330公顷,坝后式电站装机容量3 200千瓦。2005年提供农灌水量1 100万立方米,城镇生活用水120万立方米。

属年调节水库。校核洪水位1 325米,设计洪水位1 323米,汛期限制水位1 312米,正常蓄水位1 323米,死水位1 296米。总库容5 670万立方米,调洪库容3 918万立方米,兴利库容4 950万平方千米,死库容159万立方米。

枢纽建筑物为大坝、输水洞、泄洪洞及坝后电站。主坝为浆砌石重力坝,由溢流与非溢流坝段组成,坝高53米,坝顶长108米,宽6米。副坝为黏土心墙堆石坝,坝高20.9米,坝顶长181米,宽4米。输水洞内径2.5米,最大流量10.2立方米每秒。泄洪洞为钢筋混凝土城门洞,最大泄流量1 500立方米每秒。

水库回水长约8千米,涉及景谷县景谷乡及镇远县振太乡,淹没耕地128.9公顷,迁移人口1 470人。

7.14.32.2 小黑江
(Xiaohei River)

威远江左岸支流,因江水深处色黑绿似万丈深渊而得名,地跨云南省普洱市镇沅彝族哈尼族拉祜族自治县、景谷傣族彝族自治县和宁洱哈尼族彝族自治县与思茅区。

河长110.7千米,落差2 131.1米,河道平均比降19.4‰,流域面积1 979.9平方千米,支流较发育,共有20多条,呈树枝状分布,其中流域面积大于100平方千米的有5条。

流域地处滇西横断山地区南段,为中低山峡谷地貌,地势东北高西南低;两岸山高坡陡,林密成荫,植被良好。南亚热带山地季风气候,立体气候明显,多年平均气温18.0摄氏度。多年平均年降水量在1 600毫米以上,中游正兴镇地处暴雨中心区,年降水量多达1 904.7毫米,多集中在5—10月,易发生冬春旱、夏秋涝。最大日降水量达273.0毫米。多年平均流量41.9立方米每秒。域内水力资源理论蕴藏量8.44万千瓦。

小黑江流域水力资源开发利用程度较低,已建小型水电站1座,装机容量500千瓦,年发电量200万千瓦时。在小黑江流域内开发小型电站13座(干流6座,支流7座),总装机容量4.99万千瓦,年发电量1.84亿千瓦时。截止到2006年,流域内建有小(1)型水库1座,小(2)型水库3座,总库容291万立方米,灌溉农田耕地约200公顷。

小黑江发源于云南省普洱市镇沅彝族哈尼族拉祜族自治县田坝乡干坝子大山,自源地蜿蜒南偏西流,经景谷县北部凤山乡顺南、梅庆村,于正兴镇高桥村左纳通达河(河长

21.0千米,流域面积161.3平方千米,落差1935米),至龙潭村山南右纳暖里河(河长22.3千米,流域面积175.6平方千米,落差1197米),至板凳塘村右纳独达河(河长24.4千米,流域面积114.6平方千米,落差1011米),至景谷县与宁洱县界河处左纳勐烈河(河长32.9千米,流域面积393.1平方千米,落差1319米)折向西南流,至宁洱县德化乡曼达村左纳曼达河(河长20.5千米,流域面积113.1平方千米,落差1065米),于益智乡田房岔江村注入威远江,汇口地高程720米。小黑江1号桥下建有游景谷小黑江水文站,控制流域面积1442平方千米。

域内景谷县与宁洱县交界区域有小黑江省级森林公园,园内原始森林郁郁葱葱,辟有芒果园、荔枝园、柑橘园、茶园。有普贤寺、观林寺、荣圣苗、天池玉女峰等主要景点。河流水生生物丰富,有面瓜鱼、红尾巴鱼等野生鱼类。

小黑江峡谷

7.14.32.3 普洱大河
(Puerda River)

威远江左岸支流,又称普洱河,因流经云南省普洱县城(现为宁洱县)而得名。位于云南省普洱市宁洱哈尼族彝族自治县、思茅区境内。

普洱大河全长91.8千米,天然落差1010米,河道平均比降11.0‰,流域面积1894.3平方千米。支流较发育,源短流急,呈树枝状分布,流域面积大于100平方千米的支流有4条。

流域地处滇西横断山地区南端,为中低山河谷地貌,地势东北高西南低。流域地处澜沧江大断裂带,为强烈地震活动带,自1970年以来发生里氏5.0级以上的地震就有8次之多。属南亚热带山地季风气候区,立体气候明显,多年平均气温19摄氏度;多年平均年降水量1460毫米,降水多集中在5—10月,占年降水量的86%。多年平均流量29.6立方米每秒,下游河段曾设有三棵桩水文站,控制流域面积1179平方千米,实测最大流量1250立方米每秒,最小流量0.96立方米每秒。

干流水力资源理论蕴藏量5.43万千瓦,技术可开发量为4.10万千瓦。截至2004年,流域内已建电站5座,装机容量1.12万千瓦,年发电量6350万千瓦时;中型水库2座,小(1)型水库7座,小(2)型水库及坝塘40多座,总库容5000多万立方米,灌溉宁洱坝子及思茅坝子农田2700多公顷。

普洱大河主源东洱河源于宁洱县宁洱镇芹菜塘,源地高程1700米,次源西洱河源于宁洱镇民政村,东洱河、西洱河怀抱整个宁洱县城,由北向南穿流宁洱镇。宁洱镇为宁洱县城所在地,普洱茶久负盛名,小粒咖啡基地面积居全国县级之首。出县城后,河流渐由宽谷转入峡谷。于同心乡岔河龙潭村左纳那梨河(流域面积225.6平方千米,河长24.9千米,天然落差771米),折转西稍偏南流,经同心乡回龙寨左纳**思茅河**,沿宁洱县、思茅区界河西南行约10千米入思茅区境,于震东乡那寨左纳骂木河(流域面积130.9平方千米,河长28.0千米,天然落差826米);蜿蜒西南行左纳**南邦河**,折头西北行于龙潭彝族傣族乡南宋渡口汇入威远江,汇口高程690米。

上游段河道平缓曲折,雨季常发生洪涝灾害,20世纪60—70年代,宁洱县分别在西洱河上建西洱河小(2)型水库,在东洱河上建东洱河中型水库(库容1437万立方米),通过两水库拦蓄洪水,宁洱县城的洪灾得以减轻。

7.14.32.3.1 思茅河
(Simao River)

普洱大河左岸支流,因流经思茅坝而得名,位于云南省普洱市思茅区中部,蕨箕坝以上称信房河,下游称思茅河。

流域位于滇西横断山地南段,地貌为山谷相间,地势东南高西北低。属南亚热带山地季风气候。多年平均气温18.1摄氏度。河长56千米,天然落差654米,河道平均比降8.7‰,流域面积296平方千米,多年平均流量2.99立方米每秒。多年平均年降雨量1410毫米。雨季(5—10月)占年降水量的86.0%,易发生冬春旱、夏秋涝。思茅坝区河道弯曲平缓,坝子下游石龙过峡严重阻水,雨季洪涝灾害较为频繁,几乎每年均会发生。中华人民共和国成立后,为利于洪水排泄,先后3次对石龙过峡进行炸尽以扩大过水断面,均未奏效。1977年后通过裁弯改直、兴建蓄水工程等措施受涝情况有所缓解。1998年,云南省确定思茅河治理分5期实施,规划治理长度15.36千米。

思茅河发源于云南省普洱市思茅区南屏乡大尖山。自源地北流入信房水库,总库容1030万立方米,兴利库容913万立方米,为思茅区城市供水水源。2005年供水435万立方米,出水库后右纳曼连河,再纳梅子河,梅子河上建有总库容660万立方米的梅子湖(原红旗水库),湖畔辟有梅子湖公园,为普洱市主要游览风景区。至曼连村右纳老杨菁河,再纳洗马河,洗马河上的**洗马河水库**亦为思茅城区城市饮用水源,水库旁建有洗马河公园。再向北流至思茅镇飞机场大桥设有思茅河水文站,控制集水面积90.0平方千米。左河道经石龙过峡口流出思茅坝,下游河道左转180度河弯,流淌于中低山峡谷,于思茅镇莲花村老田寨附近汇入普洱大河。

河流纵贯的思茅区是普洱市的政治、经济、文化和商贸中心,是驰名中外的普洱茶的集散地。213国道纵贯南北。思茅河是普洱市水资源开发利用程度较高的河流,域内已建中型水库1座、小(1)型水库3座、小(2)型水库及坝塘30余座,总库容2800多万立方米,实灌耕地2300多公顷,并供思茅城区10余万人的生活饮用水。

7.14.32.3.1.1 洗马河水库
(Ximahe Reservoir)

思茅河支流洗马河上的小(1)型水库,位于云南省普洱市思茅城区东面,距思茅城1千米。传说三国诸葛亮率军南征到此,曾在河边洗刷战马,故名洗马河,水库因河命名。1955年12月动工兴建,1965—1983年两次进行加固处理。

水库集水面积9.45平方千米。水库功能为农业灌溉与城市供水。水库建成前期以农业灌溉为主,设计灌溉面积1033

公顷。1995年开始，每年向思茅城区供水200万～300万立方米。水库正常蓄水位1 317.9米，水面面积40公顷。校核洪水位1 318.92米，死水位1 313.5米，总库容420万立方米。

枢纽建筑物为大坝、输水涵洞与溢洪道。大坝为均质土坝，坝长169千米，坝高15.0米；输水涵洞为浆砌石拱涵，放水设施为卧管。溢洪道布设于大坝右肩，宽4米，最大泄洪流量14立方米每秒。

库区建有洗马河公园，园内有诸葛亮座像及泥塑战马数匹，表达人们对先贤的怀念。库周丘陵台地普种普洱茶，梯田茶园延绵起伏，为思茅城区附近的一大景点。

7.14.32.3.2　南邦河
(Nanbang River)

普洱大河左岸支流，位于云南省普洱市思茅区，东邻**普文河**，南邻**大中河**。

南邦河发源于云南省普洱市思茅区南屏镇糯倒，西流折西北流汇入普洱大河。河长56.7千米，落差793米，流域面积467.4平方千米。多年平均流量5.4立方米每秒，水力资源理论蕴藏量为3.23万千瓦，上游建有换桥河电站。

流域地处中低山峡谷区，地形波状起伏，最高峰为西部鹅头山，高程2 143.3米，河口高程约710米。属低纬高原南亚热带季风气候区，具有多雨湿热的气候特点，多年平均年降雨量约1 500毫米。河源段为"几"字形河湾，经大河边村转西流经南邦河村，复向西北流入下游河段，左岸山脉高于右岸。域内地广人稀，上游整碗坝子种植有水稻，经济作物有咖啡、茶叶与水果。南邦河村以下交通不便，天然林植被良好，河口段水土流失较严重。

7.14.33　黑河
(Heihe River)

澜沧江下游右岸支流，位于云南省普洱市澜沧拉祜族自治县中部。河流全长137.6千米，天然落差1 570米，河道平均比降5.9‰，流域面积2 106.5平方千米。支流较发育，共有23条，其中流域面积大于100平方千米的支流有4条，即小塘河、杜康河、谦迈河、锰坎河。

流域地处滇西横断山地南端，中切中低山河谷地貌。山峰绵延纵横，地势西北高东南低，最高点大黑山高程2 167.1米，河道蜿蜒曲折，河岸多台地、坡地，最低点出口高程610.0米。属南亚热带山地季风气候，立体气候明显。多年平均年降雨量1 042.8毫米，雨季（5—10月）降水量约占年降水量的88.1%；冬春多冰雹、夏秋多涝。多年平均年蒸发量1 577.5毫米。水力资源理论蕴藏量13.56万千瓦。

流域内粮食作物以水稻、玉米为主，经济作物以甘蔗、茶叶、橡胶、芒果等为主。截至2004年，已建中型水库1座，小（1）型水库2座，小（2）型水库6座，总库容2 696万立方米，有效灌溉面积1 590公顷；小型电站1座，装机容量约6 000千瓦，年发电量3 860万千瓦时。

黑河发源于云南省普洱市澜沧拉祜族自治县雪林乡大黑山，源头段称格浪浪河，水系呈扇形分布，沟壑纵横。蜿蜒东南流经木戛乡后称惠河，有糯埂小（1）型水库（总库容133万立方米）。此处有长约19千米的顺直峡谷。至富邦乡科美寨右纳东流的小塘河（源于富邦乡骂灯地，流域面积113平方千米，河长19.4千米，天然落差1 130米），左纳杜康河（流域面积146.2平方千米，河长31.1千米，天然落差1 270米）。杜康河上游建有**多依林水库**，与纵贯流域的214国道在富邦乡附近河段相交，呈S形河湾。至糯扎渡镇下景章右纳西北流的谦迈河（流域面积406.2平方千米，河长39.4千米，天然落差1 430米），转向北流，于麻栗附近左纳锰坎河（流域面积138.2平方千米，河长18.2千米，天然落差455米），再折向东流，蜿蜒东行至糯扎渡镇东北部距虎跳石2千米处汇入澜沧江。

黑河下游糯扎渡镇（原名雅口乡）地处糯扎渡自然保护区，区内森林覆盖率56%。有一类、二类、三类国家级野生保护动物上百种，主要有野象、黑熊、蟒蛇等；一类和二类国家级保护树种20多种，三类30多种；近300种中草药材。自然景观有向水河瀑布、热水塘地热、古茶园等，矿藏有金、银、铅、锌、铁、水晶石等20多种，是处自然资源丰富的宝地。

7.14.33.1　多依林水库
(Duoyilin Reservoir)

黑河左岸支流杜康河上的中型水库，坝址位于云南省普洱市澜沧拉祜族自治县富邦乡多依林村，距澜沧县城约90千米。工程于1988年1月开工，1997年完工。2002年10月进行除险加固，2005年5月竣工。

坝址以上河长约16.5千米，集水面积57平方千米，植被良好。上游支流草ърト河建有草坝水库，为多依林水库的调节水库，控制集水面积为11平方千米，总库容715万立方米。区域多年平均年降水量1 700毫米，水库多年平均年径流量5 100万立方米，多年平均年输沙量10.0万立方米。

水库以灌溉为主，兼有防洪、发电、乡镇供水等功能。水库有效灌溉农田1 830公顷，保护2万人，保护耕地133公顷，解决了上允坝1.7万人的生活饮用水及上允糖厂的工业用水。2005年提供农灌用水600万立方米，城镇生活用水30万立方米。水库电站装机容量1 600千瓦，跨流域提供下允河多依林梯级电站用水。

属年调节水库，校核洪水位1 834.6米，设计洪水位1 833.8米，汛期限制水位1 831.3米，正常蓄水位1 833.8米，死水位1 804.8米。总库容1 740万立方米，其中调洪库容320万立方米，兴利库容1 570万立方米，死库容100万立方米。水库淹没耕地33.3公顷，迁移人口298人。

枢纽建筑物为大坝、输水洞与溢洪道。大坝为均质土坝，坝高46.6米，坝顶长176米。输水洞布置于大坝右岸，设计最大过水流量39.8立方米每秒。开敞式溢洪道位于大坝左岸，堰宽5米，最大泄洪流量72立方米每秒。

7.14.34　大中河
(Dazhong River)

澜沧江下游左岸支流，又名中河，位于云南省西双版纳傣族自治州景洪市北部与普洱市思茅区西南部接壤地区。

大中河河长68.5千米，落差886米，河道平均比降10.8‰，流域面积549.7平方千米。流域地处滇西横断山地区南端，域内多岩溶地貌，有伏流。属南亚热带山地季风气候区，干湿季节分明，降水充沛，但时空分布不均。5—10月湿热多雨，尤以7—8月居多，而11月至次年4月干燥、少雨。流域多年平均年降水量1 488.6毫米，多年平均年蒸发量1 402.3毫米。水力资源理论蕴藏量2.69万千瓦。

大中河发源于云南省西双版纳傣族自治州景洪市勐讷乡勐板村的波罗大山西侧，河源头称勐板河，流经勐板宽谷，左岸有孔雀山，高程1 351.4米，向北经峡谷转西称小中河，入思茅区六川穴乡后称大中河。建有大中河水库，出水库转西右纳龙潭河（流域面积 111.6 平方千米，河长 15.0 千米，天然落差 450 米），经那澜河流转向西北，于思茅港镇蛮垒汇入澜沧江。

截至 2006 年，域内已建大中河中型水库，总库容 5 600 万立方米，设计灌溉面积 30 784 公顷；小（2）型水库 3 座，总库容 104 万立方米，设计灌溉面积 54 公顷；梯级水电站 5 座，总装机容量 7 200 千瓦。支流龙潭河上建有小（1）型的龙潭水库。

7.14.35　南甸河
（Nandian River）

澜沧江 下游右岸支流，又名南汀河，位于云南省普洱市澜沧拉祜族自治县东南部。

流域地处滇西横断山地区南端，地貌中低山河谷地貌。河流水系不太发育，河道蜿蜒曲折，河岸多坡地，有少量水田；地势西南高东北低，最高点蚌塘后山高程 2 429.0 米，最低点南甸河出口高程 809.0 米。属亚热带山地湿润季风气候区，立体气候明显，干湿季节分明，5—10 月湿热多雨，多年平均气温 19.2 摄氏度。河长 42.8 千米，落差 1 620 米，河道平均比降 25.5‰，流域面积 227.1 平方千米。多年平均年降雨量 1 610.7 毫米，水力资源理论蕴藏量 1.49 万千瓦。下游处于糯扎渡自然保护区内。

南甸河发源于云南省普洱市澜沧拉祜族自治县糯扎渡镇蚌塘后山东北部，自源地蜿蜒北流经迈登山至石狮子折东南流，至小荒田转东北流，过大忙界村约 6 千米汇入澜沧江。

南甸河流域内粮食作物以水稻、玉米为主，经济作物以甘蔗、茶叶为主。截至 2006 年，流域内有村寨 20 余个，4 495 人，耕地 1 120 公顷。农田灌溉沟渠 3 条，实际灌溉农田 42.7 公顷。流域内已建石狮子、南汀河小水电站 2 座，总装机容量 1 150 千瓦。

7.14.36　南昆河
（Nankun River）

澜沧江 下游左岸支流，又名南肯河。北邻**大中河**，南邻**勐养河**，地跨云南西双版纳傣族自治州景洪市与普洱市思茅区，发源于景洪市大渡岗乡北部波罗大山，向南转西右纳曼召河，汇入澜沧江。

南昆河长 65.8 千米，落差 1 237 米，流域面积 599.1 平方千米（其中思茅区 19.7 平方千米）。水力资源理论蕴藏量 4.29 万千瓦。

流域地处无量山余脉山地，最高峰波罗大山高程 1 797.3 米，河流主要穿流于中山峡谷。右岸支流曼召河长 31.7 千米，集水面积 295.9 平方千米，坐落有景讷坝子。下游左岸地处西双版纳国家级自然保护区的勐养片区，热带雨林中生存有亚洲野象群。

7.14.37　南果河
（Nanguo River）

澜沧江 下游右岸支流，河名为傣语意译，南为水，果为汇合，意为多流汇合而成的河，又名纳懂河。

南果河河长 90.9 千米，落差 1 480 米，河道平均比降 13.8‰，流域面积 1 248.2 平方千米。支流较发育，呈树枝状分布，其中流域面积大于 100 平方千米的有南啊河、南碰河、那勐河、曼浪河。

南果河

南果河流域地处滇西横断山地区南端，地跨澜沧、勐海两县。属中低山河谷地貌，上游河谷陡峭，中下游流经坝区河势相对平缓。总地势西北高东南低，最高点桦竹梁子山高程 2 429.0 米，最低点南果河汇口高程 560.0 米。属南亚热带山地季风气候区，多年平均气温 18.5 摄氏度。多年平均年降雨量 1 643.4 毫米。水力资源理论蕴藏量 11.87 万千瓦。

南果河发源于云南省澜沧拉祜族自治县发展河哈尼族乡南宾村北部，自源地东南流，至发展河乡上勐送村称勐送河，至那谷村称发展河，经那谷村入勐海县境，至勐阿镇那翁村后称南丙河，于勐阿镇林管所右纳南啊河（河长 36.7 千米，流域面积 304.2 平方千米，落差 1 170 米），南啊河右岸地处西双版纳国家级自然保护区曼稿片区，总面积 6 980 公顷，保护动植物 4 000 多种，其中珍稀动植物 300 多种。经那翁村、勐阿镇转向东北流称南朗河，于勐阿镇宋康村右纳南碰河（又名那碰河，河长 24.7 千米，流域面积 107.8 平方千米，落差 1 215 米）。至勐阿镇灭笆桥村左纳那勐河（河长 34.4 千米，流域面积 187.5 平方千米，落差 1 399 米）后称南果河。折向东流至勐阿镇河边新寨右纳曼浪河（河长 21.0 千米，流域面积 110.4 平方千米，落差 1 430 米）。蜿蜒东流于勐海县勐往乡小糯有村汇入澜沧江。1998 年在勐阿镇那勾坝村建有那勾坝水文站，控制流域面积 997 平方千米。

南果河流域内粮食作物以水稻、玉米为主，经济作物以甘蔗、茶叶、热带水果为主。截至 2004 年，已建长田坝、那依、坝散、帕迫小（1）型水库 4 座，总库容 571 万立方米，实际灌溉面积 420 公顷。小型闸坝引水工程有南朗河水沟、勐康滚水坝、贺建水沟、纳丙水沟等 4 处。已建南果河、天生桥小水电站 2 座，总装机容量 3.6 万千瓦。

7.14.38　勐养河
（Mengyang River）

澜沧江 下游左岸支流，又称龙养河，位于云南省西双版纳傣族自治州景洪市境内。

勐养河河长 47.2 千米，落差 758 米，河道平均比降 8.2‰，流域面积 599.4 平方千米。水系尚发育，分布不对称，主要集中在右岸，流域面积大于 100 平方千米的支流有南木养河、南曼。

流域地处西双版纳国家级自然保护区，地跨景洪市景洪、基诺山、勐养、大渡岗 4 乡（镇）。侵蚀地貌，中低山、丘陵、盆地相间。中上游坝区河段平缓，下游相对较陡；地势西北高东南低，高程 800～1 562 米。属北热带、南亚热带气候，终年长夏无冬、日照充足，雨量充沛，静风少寒，多年平均气温 21.7 摄氏度。多年平均年降雨量 1 211.1 毫米，水力资源理论蕴藏量 11.87 万千瓦。森林茂密，植被覆盖率 33.3%。

截至2004年已建小（1）型、小（2）型水库6座，总库容1 162万立方米，拦河坝3座，有效灌溉面积846.7公顷。

勐养河发源于云南省西双版纳傣族自治州景洪市基诺山乡曼坡山南麓，自源头西北向流经勐养镇的因养村右纳南木养河（又称三岔河，流域面积149.9平方千米，河长27.0千米，天然落差473米，河道平均比降9.9‰），至团山寨右纳南曼河（流域面积177.8平方千米，河长32.6千米，天然落差818米，河道平均比降14.7‰），北流至勐养镇江边下寨村萝卜山北汇入澜沧江。

在勐养河与南木养河交汇处为三岔河森林公园，又称野象谷，地处勐养自然保护片区（面积996.7平方千米），占西双版纳自然保护区总面积的41.26%，214国道纵贯全境。园内沟壑纵横，莽莽原始森林生长着多种植物，成片绚丽的热带雨林、热带竹林为亚洲象等野生动物提供了最适宜生长、繁衍的栖息之地。园内野象众多，现存亚洲象约300头，还有百鸟园、蛇园、蝴蝶园和大象表演等动物观赏区和国内第一所驯象学校。野象谷已成为令国内外学者、游人研究和观赏野象活动的森林公园景区。三岔河森林公园（野象谷）已被云南省列为重点森林旅游景区开发建设。

7.14.39 景洪水库

(Jinghong Reservoir)

澜沧江干流上的大型水库，位于云南省西双版纳傣族自治州景洪市北郊，2003年7月开工筹建，2008年6月首台机组投产发电。

工程区地处澜沧江下游河段，属中山峡谷地貌。枢纽区河道弯曲呈S形，坝址处直线河道长约1千米，两岸地形基本对称。总体地势北高南低，区内岩浆岩、沉积岩与变质岩均有分布，坝址处岩石为闪长岩。褶皱与断裂总体走向为北北西至北西，地震基本烈度为Ⅷ度。水库坝址以上集水面积14.91万平方千米。

开发方式采用坝式，具备季调节性能。开发任务以发电为主，兼有防洪、航运及其他综合利用效益。电站总装机容量175万千瓦，设计年发电量78.1亿千瓦时。正常蓄水位为602米，死水位591米。库区长约105千米，水面面积33平方千米。水库淹没耕地390公顷，迁移人口3 877人。淹没区涉及纳板河自然保护区部分林地，在库区外建立了库区珍稀濒危植物保护点，对受到影响的珍稀濒危植物进行移栽保护。保护点占地面积约4公顷，种植有国家重点保护珍稀、濒危植物16种。

枢纽工程由挡水建筑物、泄水建筑物、引水建筑物、厂房及变电站、通航建筑物等组成。电站厂房布置在左岸，航运建筑物布置在右岸，中间为溢流坝。碾压混凝土重力坝最大坝高108米，坝顶总长704.5米。泄洪消能建筑物由坝身7个表孔、两个冲沙底孔和消力池等组成。开敞式表孔尺寸为15米×21米（宽×高），各孔均设有油压启闭的弧形工作闸门及检修门。左冲沙底孔布置在厂房坝段左侧，右冲沙底孔布置在厂房右端墙下部。发电厂房位于坝后，采用单机单管的供水方式，安装5台35万千瓦的水轮发电机组。开关站布置在左岸坝肩山顶，主变压器布置在厂房上游坝后平台，主变压器与开关站之间采用架空线连接。航运过坝建筑物采用水力式垂直升船机，按五级航道、300吨级船型标准设计。

景洪电站从筹建到2009年6月全部机组建成投产，用了不到6年时间，刷新了国内外百万千瓦级水电站建设速度的新纪录。电站通航采用的水力驱动式垂直升船机实现了高坝通航，其中的300吨级水力平衡式垂直升船机为我国自主创新，在国内外电站建设史上属于首创。

7.14.40 流沙河

(Liusha River)

澜沧江下游右岸支流，因流经风化强烈的花岗岩山地，河中多流沙而得名，位于云南省西双版纳傣族自治州勐海县、景洪市境内。流域南邻**南阿河**，西与**南览河**为邻，北邻**南果河**，东入澜沧江。

概 述

河流水系 流沙河流域面积2 052.8平方千米，落差1 371米，河道平均比降9.2‰，河长121千米，习惯将流沙河分为上和中下游两段，勐海县勐海镇曼恩村以上为上游，由正源南开河、左支**南哈河**组成。曼恩村以下为中下游段。

流沙河水系干支分明，呈树枝状分布。流域面积大于100平方千米的一级支流有3条：左岸南哈河、南木河，右岸南窝（凹）河。

气候水文 流沙河流域位于亚热带季风气候区，立体气候明显。多年平均气温18.0～21.7摄氏度。全年无霜期345天。流域内降水丰沛，多年平均年降水量1 386.5毫米，雨季（5—10月）降水量约占年降水量的88%。各地多年平均年降水量1 211.1～1 432.0毫米。

地质地貌 流域地处滇西横断山地区南延段边缘，地貌为中山宽谷，残余高原面。广布花岗岩，表层风化强烈，山峰、丘陵、坝land相互交错。地势西北高东南低，域内最高点桦竹梁子山高程2 429.0米，最低点流沙河汇口高程537.0米。河道蜿蜒曲折，上游坡陡源短，中游地势平坦，土壤肥沃，下游河床狭窄，落差集中，水力资源丰富。

经济社会 截至2004年年底，流沙河流域内人口23.306万，其中农业人口18.468万，居有傣、哈尼、拉祜、布朗、彝、回、瓦、汉等民族，少数民族人口约15.544万，占流域总人口的66.74%。流域内橡胶、茶、糖业发达，是重要经济支柱。景洪市工业门类较多，基础较好，经济较为发达。

214国道、省级高速公路纵贯南北，与景洪机场构成了较为便捷的陆空交通网络。

自然资源 多年平均年径流量为11.01亿立方米，据2003年水力资源复查成果，流域水力资源理论蕴藏量21.09万千瓦，技术、经济可开发量均为5.96万千瓦。

流域内有铁、锰、铜、锌、金、稀土砂矿、煤、水泥、黏土等10余种矿藏资源。主要的旅游资源有西双版纳国家级自然保护区勐海曼稿片区、景真八角亭。

水旱灾害 1959—1990年间，春、夏、秋、冬均有旱情发生，其中尤以春旱突出。1987年春夏高温少雨，持续时间长，流沙河干枯断流，工矿企业停工，水稻无法栽插，人畜饮水困难；1989年春夏高温少雨，到6月23日流沙河几乎断流，各梯级电站无水发电，勐养近千公顷稻田缺水栽插。

1908年7月上旬连续大雨，"洪水淹到勐海街上，农田全部被水淹没……"1950年以后大面积水灾平均4年1次。1964年7月2—10日连降大雨、暴雨，全县大春作物受灾2 100多公顷，成灾1 700多公顷，1966年8月21—23日连续大雨，大春作物受灾近1 500公顷，其中125公顷绝收，1975年7月17—19日下暴雨，大春作物被淹约1 000公顷，勐遮至巴达的公路、桥梁被冲断。

开发与治理 截至2004年年底，流域内已建中型水库4座，总库容10 263.0万立方米，小（1）型水库10座，总库容1 738.8万立方米，小（2）型水库61座，总库容1 218.3万立方米。有效灌溉面积达1.53余万公顷。已建电站6座，总装机容量5.96万千瓦，年发电量2.02亿千瓦时。

1974—1987年先后对上游南开河进行裁弯改直并加宽河道，建曼海桥闸、曼宰龙水闸及曼纳麻水闸，增加曼恩片233公顷农灌用水，减轻了勐混坝区排洪不畅矛盾。

流沙河

纪　实

上游　流沙河正源为南开河，发源于云南省勐海县格朗和乡村，源地高程1 908米，自源地蜿蜒向西南流，至勐混镇曼贺勐村称南格朗河，折西北流至曼扫村称南混河，至勐遮镇曼恩村称南开河。在曼恩村西北约2千米处与南哈河汇口以下始称流沙河。支流南溪河上建有那达勐中型水库，总库容4 943万立方米，有效灌溉面积3 300余公顷；建有那达勐电站总装机容量1.26万千瓦，年发电量0.21亿千瓦时。

左支南哈河源于云南省勐海县，南哈河自源地沿214国道方向蜿蜒东南流，沿程纳左右岸小支流10余条，过勐遮镇至景真右纳南木央河（河长33.8千米，流域面积107.0平方千米，天然落差820.0米，上游建有**曼满水库**）。过景真折东行右纳南岭河（上游建有**勐邦水库**）。经曼贺龙村于勐遮镇曼恩村西北约2千米处汇入南开河。

南哈河右岸景真山上屹立的景真八角亭系景真中心佛寺"瓦拉扎滩"旁的一座佛教建筑物，是全国重点文物保护单位。八角亭与北边约2千米的景真山顶的佛塔遥遥相对，其间有棵巨大古老的菩提树，蓊郁葳蕤，粗壮挺拔的树干几个人才能合抱过来。

中下游　流沙河中下游河长约90.5千米。自勐遮镇曼恩村南开河与南哈河交汇处蜿蜒东行，穿行约4千米峡谷后于流沙河桥处进入勐海坝，左岸坐落有曼短佛寺，为全国重点文物保护单位。至曼贺折北偏东流穿勐海县城西，至曼垒折东流过勐海水文站，于勐海县勐宋乡朝上寨南左纳南木河（河长24.3千米，控制流域面积164.2平方千米，天然落差1 380米）。沿勐海县与景洪市界河东行4.8千米出勐海县境入景洪市境，进入狭谷河段，左岸相邻纳板河流域国家级自然保护区。东行约18.0千米，于景洪市嘎洒镇曼暖龙右纳南窝河（河长32.9千米，流域面积257.0平方千米，天然落差1 395米，其支流曼飞龙河上建有**曼飞龙水库**），于允景洪镇曼听村南汇入澜沧江。

下游干流已建梯级电站5座，总装机容量4.7万千瓦，年发电量1.81亿千瓦时。

流域内勐海县四季适宜水稻生长，自古有"滇南粮仓"之称，是普洱茶的故乡，茶树种植面积约1.16万公顷，年产茶叶约7 000吨，是云南省茶叶产量最多的县之一。

流域内景洪市是西双版纳傣族自治州政府所在地，地处西双版纳国家级自然保护区南部。世居以傣族为主体的10多个少数民族，保留着独具特色的历史文化传统习俗和生活方式。每年傣历六月（公历4月中旬）傣族的"泼水节"被誉为"东方的狂欢节"。

7.14.40.1　南哈河
(Nanha River)

流沙河左岸支流，位于云南省西双版纳傣族自治州勐海县中部，发源于勐海县勐遮镇星火老寨，向东南汇入流沙河。河长35.8千米，落差823米，流域面积464.4平方千米。水力资源理论蕴藏量为6.44万千瓦。集水面积大于100平方千米的支流为南木央河。

流域总体属中山丘陵地貌，中部坐落有勐遮盆地，多年均气温18.4摄氏度，多年平均年降雨量1 201.9毫米，雾日约100天。东北部位于西双版纳国家级自然保护区的曼稿子片区，保护对象为山地雨林、季风常绿阔叶林，分布植物以山茶科、樟科、木兰科、壳斗科四大科为主，国家重点保护动物有绿孔雀、蜂猴、野牛、白鹇、原鸡等。干流向东南流入勐遮坝，右纳南木央河，流域南部支流口建有**曼满水库**与**勐邦水库**两座中型水库，总库容3 820万立方米。

勐遮为傣语，意为浸泡在水中的平地，勐遮坝有"版纳粮库"与"鱼米之乡"之称，是云南省滇西南最大的坝子，面积1.53万公顷，平坦之地阡陌纵横，沟壑交错，是优质水稻、甘蔗与水产鱼类的主产区，坝周茶园连片。建有景真糖厂，日处理甘蔗3 000吨。河口段左岸坐落有属于小乘佛教建筑精品的景真八角亭，古为佛事议事亭，现为全国重点文物保护单位。

7.14.40.1.1　曼满水库
(Manman Reservoir)

南哈河支流南木央河上的中型水库，位于云南省西双版纳傣族自治州勐海县巴达乡，距勐海县城42千米。1958年10月动工，1959年停工，1970年复工，1986年10月竣工。

库区地层主要为花岗岩、玄武岩及砂岩，库周植被覆盖较差，水土流失严重。水库集水面积47.1平方千米，引水区集水面积3平方千米，多年平均年降水量1 715毫米，年入库径流量4 980万立方米。

水库具有防洪、灌溉、城镇供水等功能。防洪保护4.2万人。设计灌溉面积2 400公顷，有效灌溉面积2 000公顷。2005年农灌用水900万立方米，工业供水400万立方米。

属年调节水库，校核洪水位1 312.9米，设计洪水位1 312.1米，正常蓄水位1 312.1米，死水位1 277.0米；总库容1 520万立方米，兴利库容1 456万立方米，死库容30万立方米。水库淹没耕地53.3公顷，迁移人口100人。

枢纽建筑物为大坝、泄洪洞与输水洞。大坝为土石混合坝，坝顶高程1 314米，最大坝高46米，坝顶长155米，顶宽6米。泄洪洞位于大坝左岸，为钢筋混凝土无压城门洞形，最大下泄流量61.5立方米每秒。输水隧洞内径1.2米，最大出流量12.0立方米每秒。因水土流失严重，死库容已淤满。

7.14.40.1.2　勐邦水库
(Mengbang Reservoir)

南哈河支流南岭河上的中型水库，位于云南省西双版纳

傣族自治州勐海县勐遮镇，距勐海县城23千米。工程于1958年8月动工，1960年4月投入运行。因坝体受白蚁危害严重，出现大面积渗漏，水库长期降低水位2.5米运行。2002年进行除险加固，2003年6月完工。

水库地处滇西南中山宽谷亚区盆地，库周植被覆盖较好。水库集水面积43.5平方千米，引水区集水面积15.5平方千米。多年平均年降水量1310毫米，多年平均年入库径流量2310万立方米。

水库功能以灌溉为主，兼有防洪、工业、乡镇人畜饮水等效益。防洪保护下游4.53万人，耕地5330公顷。有效灌溉面积2230公顷，2005年提供农业用水1000万立方米，景真糖厂500万立方米，乡镇生活用水156万立方米。属年调节水库。校核洪水位1248.09米，设计洪水位1247.24米，正常蓄水位1246.3米，死水位1227.5米。总库容2300万立方米，调洪库容508万立方米，兴利库容1786万立方米，死库容6万立方米。水库淹没耕地52.9公顷，迁移人口205人。

枢纽建筑物为大坝、输水洞与溢洪道。主坝为均质土坝，坝高25.4米，坝顶长84.8米。副坝高19米，长140米。输水洞内衬钢筋混凝土圆管，内径0.9米，最大输水流量6立方米每秒。开敞式溢洪道位于主坝左肩，堰宽8米，最大下泄流量35立方米每秒。

勐邦水库

勐邦水库已形成人工湖，造湖之地曾是天鹅故居，旧有"天鹅湖"之称。著名作家冯牧曾在建湖之初临湖赏景，目睹天鹅在湖中戏水，写下了优美散文《湖光山色之间》。如今的勐邦水库天鹅远去不复返，忽起忽落有野鸭，湖面还有成群嬉戏的鹭鸶，加之青山秀竹与绿岛草滩恰到好处的组合，仍具迷人的诗情画意。水库回水区上游，傍水而居的有一个50余户的傣族勐邦寨，村民常在湖中划筏往来，游人亦可自撑竹筏在湖中游览。

7.14.40.2 曼飞龙水库
(Manfeilong Reservoir)

流沙河支流曼飞龙河上的中型水库，位于云南省西双版纳傣族自治州景洪市嘎洒乡曼飞龙村南侧，距城区12千米。1958年8月开工兴建，主体工程于1967年7月竣工，2007年3月开工进行除险加固。

水库集水面积43.8平方千米，库区多年平均年降水量1189.9毫米，多年平均年径流量2290万立方米。20世纪90年代从外流域南格河的南帕引水渠入库补充水库水源，外引径流面积15.9平方千米。由于集水区人类活动频繁，水源林地破坏严重，入库沙量逐年增加。

水库功能以灌溉为主，兼顾防洪、养殖、旅游等综合效益。设计灌溉面积1600公顷，有效灌溉面积800公顷，防洪保护下游1.26万人，农田1670公顷。属年调节水库，校核洪水位584.79米，设计洪水位583.80米，正常蓄水位581.73米，死水位573.21米。总库容1261.3万立方米，兴利库容720.2万立方米，死库容95.6万立方米。

枢纽建筑物为大坝、输水洞与溢洪道。大坝为均质土坝，坝高20.8米，坝顶长316米。输水隧洞全长214.4米，设计流量3.2立方米每秒。溢洪道堰宽6.6米，最大泄流量50.1立方米每秒。

水库淹没耕地68.7公顷，无移民搬迁。

曼飞龙水库

7.14.41 南班河
(Nanban River)

澜沧江下游左岸支流，又名补远江，古称罗梭江，南班河意为凉快、舒适之河。

概　　述

流域范围　流域地处云南省普洱市东南部和西双版纳傣族自治州中东部，位于东经100°52′～101°42′，北纬21°49′～23°08′。东邻**李仙江**，西入澜沧江，南与**南腊河**相邻，西北接**威远江**，涉及云南省普洱市宁洱县、思茅区、江城县及西双版纳傣族自治州景洪市、勐腊县5县（区）。

河流水系　南班河河长297.8千米，源地高程1846米，落差1356米，河道平均比降2.2‰，流域面积7678.9平方千米。按河谷地貌及河道特征分为上游、中游、下游三段：源地至江城县大树脚段为上游，河名勐先河，河长约74.9千米；大树脚至景洪市景养河汇入口为中游，河名曼老江，河长约65.2千米；景养河汇口以下为下游，下游河长157.7千米，曼又村至曼配村称小黑江，曼配村以下始称南班河。

南班河水系干支分明，呈树枝状分布。流域面积大于100平方千米的一级支流有14条，其中流域面积大于1000平方千米一级支流1条，为右岸**普文河**；300～1000平方千米一级支流7条，分别为右岸五里河、踏青河、勐旺河、南线河和左岸倚帮河、**磨者河**、**南品河**；100～300平方千米一级支流6条，分别为景养河、曼汤河、盐井河、龙骨河、磨羊河和龙帕河。

气候水文　流域位于北回归线以南，跨北热带、南亚热带湿润季风气候区。上游山地属北亚热带湿润气候，河谷盆地为南亚热带湿润季风气候，多年平均气温15.2～20.2摄氏度；中下游山地为北亚热带湿润气候，河谷盆地为北热带气候，多年平均气温18.1～21.7摄氏度。月最高气温多发生在5月，江城县城极端最高气温在34.5摄氏度以上，景洪市极端最高气温为41.0摄氏度。无霜期317～365天。高程1000

南班河水系示意图

流域内 213 国道为南北主要交通干线，省道及县乡公路纵贯东西南北，构成了较为便捷的陆上交通网络。

自然资源 据 2003 年水力资源复查成果，流域水力资源理论蕴藏量 81.43 万千瓦，其中干流 50.24 万千瓦；技术可开发量 22.35 万千瓦，其中干流 18.98 万千瓦。

流域内多为南亚热带常绿季风阔叶林、山地雨林和沟谷雨林、季雨林、原生纯竹林、石灰岩山热带北缘雨林。森林基本上属原生植被，其中以番龙眼、千果榄仁、红椿、四树木、天料木等尤为突出。江边一带主要以枫杨、江边刺葵和水杨柳占优势。林内多腾木，并有大量附生、寄生和贴生在石上的植物。

上游普洱县岩盐蕴藏量丰富，磨黑盐井开采历史已愈 290 年，为滇南主要产盐区；中游江城县氯化钾盐（可溶性古钾盐）矿床储量较大，为全国独有；其他矿藏有煤、铜、银、铅、锌、水晶石和石膏等。

流域内有莱阳河省级自然保护区（莱阳河国家级森林公园）和西双版纳国家级自然保护区（勐仑热带植物园）。

水旱灾害 流域雨季（5—10 月）降水约占全年的 83%～87%，洪旱灾害频繁。

较严重的旱灾年有 1933 年、1944 年、1947 年、1948 年、1959 年、1976 年、1979 年、1994 年。其中 1976 年景洪、勐腊春旱，两县 1 000 公顷早稻严重受旱。景洪早稻 66.7 公顷绝收；1979 年景洪春旱，受灾面积达 21 000 余公顷，200 多公顷早稻旱死；1994 年思茅全区持续高温少雨，稻田缺水，不能按时移种，人畜饮水困难。

米以上地区偶有寒害低温。

流域多年平均年降水量 1 574.4 毫米。中上游为多雨区，曼中田水文站多年平均年降水量 2 021.6 毫米，年最大降水量 2 725.8 毫米（1999 年）；下游曼安水文站多年平均年降水量 1 488.7 毫米。

地质地貌 流域地处滇西横断山地区南段，地势北高南低，东西两侧高于中部。流域内最高点茶山箐头山高程 2 429.0 米，最低点南斑河汇口高程 490.0 米。地貌以山地为主，中山、低山丘陵、盆地相间，域内山顶高程一般在 1 800 米左右，坝区高程一般在 800 米左右。中上游位于横断山南段中山峡谷亚区，河道较平直，山高坡陡；下游位于滇西南中山宽谷亚区。流域内地质构造复杂，风化严重，岩石完整性较差，水土流失较严重。

经济社会 流域内经济社会主要以农业为主。截至 2004 年年底，流域内总人口约 21.5 万，其中农业人口约 18.4 万。流域内居住着哈尼、彝、傣、瑶、回、拉祜、白等少数民族，少数民族人口占总人口的 60% 以上。农作物有水稻、玉米、小麦，经济作物以茶叶、橡胶、咖啡、紫胶、松香、砂仁及热带水果等为主。水稻、茶叶、橡胶、甘蔗、砂仁、热带水果、盐是流域内经济的重要支柱。

1872 年，普洱、思茅洪水成灾，灾情严重。民国 31 年（1942 年），上游思茅、普文、江城大暴雨，普文坝被淹，勐仑坝一片汪洋……1984 年 7 月 12—13 日普洱、江城、思茅等县降暴雨，普洱县勐先、磨黑发生多处浅层滑坡，滑坡后缘接近分水岭，洪水冲刷形成泥石流，毁坏农田 4 000 余公顷，倒塌房屋 3 700 多间，冲毁小（2）型水库 4 座，坝塘 76 个，小电站 39 座，交通中断，灾情之重，为思茅地区百年罕见。

治理与开发 截至 2006 年年底，流域内已建有小（1）型水库 5 座，小（2）型水库 20 座，配套渠道 3 条，总长 13.1 千米，自流引水灌溉面积 850 公顷。建有中型水库 1 座，总库容 1 537.5 万立方米，灌溉农田耕地 2 140 公顷。流域内已建小水电站 24 座，总装机容量 3.25 万千瓦，年发电量 0.97 亿千瓦时。在干流上游段建设勐先河 2 级电站，总装机容量 16 200 千瓦。

纪 实

上游 发源于云南省宁洱县磨黑镇曼见村，至江城县大树脚村为上游。自源地蜿蜒南流至宁洱县勐先乡先胜村称家脚河，河长约 6 千米。先胜村至江城县境康平乡大树脚村称勐先河,河长约68.9千米。东南行约24千米至勐先乡雅鹿村折西南流,行约13千米至勐先乡会崩村为宁洱县与思茅区界河,沿界河行约10千米,折向东南流约7.5千米,于翠云区倚象镇入峡谷右纳五里河(河长34.5千米,流域面积335.6平方千米,天然落差650.0米)。继续沿河行约7千米,流淌于丘陵宽谷,于宁洱、思茅、江城三县(区)界河处入江城县康平乡境,东南流约7.4千米至大树脚村又为思茅区与江城县界河。

南班河源头磨黑镇以产盐著称。勐先河流经普洱茶的原产地及集散地。支流五里河上游营盘山有集中连片的梯田茶园,辟有普洱茶博园景区。

中游 大树脚村以下至景养河汇入口为中游,称曼老江。河长约65.2千米。流经曼中田水文站,曼中田水文站设于1959年,控制流域面积1133平方千米。沿思茅区、江城县边界东南流至江城县康平乡左纳桥头河(该河上游建有营盘山中型水库,中游建有桥头河3级电站,总装机容量6 200千瓦)。沿河东南行约2千米,于思茅区倚象镇那吉村右纳踏青河。踏青河长60.9千米,流域面积307.1平方千米,天然落差942.1米,其上游左岸分水岭地带有莱阳河国家级自然保护区。沿景洪市、江城县界河东南流,至江城县整董镇曼又村(江城县、景洪市、勐腊县界河交界处)左纳景养河。景养河河长36.3千米,流域面积296.6平方千米,天然落差710米,左岸分水岭与老挝交界。

曼老江左岸为江城县,右岸为思茅区,两县(区)均是云南省十大产茶县之一。中游河段西岸垦殖度高,水土流失较为严重。

下游 纳景养河后折西进入下游,河流平面形态呈S形,河长157.7千米。沿景洪市与勐腊县边界西南行(左岸为勐腊县,"勐腊"傣语意为产茶的地方;右岸为景洪市,"景洪"傣语意为黎明之城),至景洪市勐往乡仙火山东右纳勐旺河(河长56.1千米,流域面积427.4平方千米,天然落差836米,多年平均流量9.1立方米每秒)。下游右岸进入西双版纳国家级自然保护区的勐养片区。至诺山乡仙火山南右纳普文河,普文河上游左岸为莱阳河省级自然保护区。干流曲折西南行至景洪市左纳龙骨河,右纳南线河,南线河长60.4千米,流域面积460.1平方千米,天然落差886.1米,区间左岸孔明山一峰突起,峰顶高程1 788米,悬崖绝壁之上多奇石孔洞,峰丛中常见根似虬龙的乔木树种。后折向东南入景洪市境,东南流至基诺山乡曼底村入勐腊县境,蜿蜒东行约4千米于勐腊县象明乡苏底村左纳倚邦河(又称曼赛河、曼庄大河,河长36.9千米,流域面积314.2平方千米,天然落差1 248.0米,多年平均流量7.0立方米每秒)。东南行经象明乡曼配村入勐仑镇境,曼配村以下始称南班河。南班河曲折东南行至勐仑镇左纳磨者河。经勐仑坝子、葫芦岛,至勐仑镇喃醒村左纳南品河。西南行至勐仑镇新会板村南注入澜沧江。下游河道蜿蜒曲折,有三大河湾,入景洪市后,多在山地峡谷和热带雨林中穿行。小黑江河段在进入勐仑坝之前,一直在V形峡谷中奔流,切割最深处超过1 000米,人们称它为绿野蛟龙,进入勐仑盆地后,地势平缓,江水驯良温柔。

"勐仑"傣语意为柔软的地方,勐仑坝子山水环绕,地处西双版纳国家级自然保护区勐仑片区。保护区面积约112.4平方千米,有高等植物3 000种、珍贵树种340多种、脊椎动物600多种、鸟类400种、兽类60种。保护区内已开发版纳雨林谷和绿石林森林公园两个景区。

河流于勐仑坝子间蜿蜒迂回,在坝子中部形成一个半岛,形似葫芦,故名葫芦岛。葫芦岛三面环水,东与一像葫芦颈似的小山相连,面积900公顷。中国科学院西双版纳热带植物园就坐落在葫芦岛上,是中国唯一一处热带雨林植物园。1958年,由著名植物学家蔡希陶提议创建,占地133.3余公顷。园内不仅集聚了西双版纳的热带植物,还收纳全世界热带、亚热带的植物1 500余种,各种奇花异草、热带植物群落规则分布,有棕榈林、竹林、标本园、王莲池、红豆树以及蔡希陶先生栽种的望天树。建有植物引种驯化、实验植物群落、植物生理研究室,已取得对植物资源的发掘利用、引种培育、人工植物群落等研究成果120多项。曼安水文站设立其中,控制流域面积6 609平方千米。

南班河在勐仑境河道蜿蜒曲折,水势平缓,两岸多为阶地和低丘。平坦的阶地上生长着一年三熟的水稻玉米及小麦等农作物;低丘山地上生长着橡胶、泡果、芒果、香蕉等经济作物。

勐仑石灰山下南班河

7.14.41.1 普文河
(Puwen River)

南班河右岸支流,位于云南省普洱市思茅区、西双版纳傣族自治州景洪市境内,流域面积1 188.2平方千米。

普文河长108.2千米,落差720米,河道平均坡降约4.0‰,河流水系发育,呈叶片状分布,其中流域面积的大于100平方千米的支流有2条。

流域位于滇西南横断山地区的南段,地貌以中低山为主,峡谷与盆地相间,地势西北高东南低。中上游坝区河床平缓,下游相对较陡。属北热带、南亚热带季风湿润气候,多年平均气温15.2~21.7摄氏度。雨量充沛,多年平均年降雨量1 574.4毫米。雨季(5—10月)降水约占全年的83%~87%;多年平均流量24.6立方米每秒;水力资源理论蕴藏量4.54万千瓦;森林覆盖率28.9%。

流域内经济以橡胶、水稻、茶叶等为主。上游大渡岗山岭有1 066.7余公顷茶园,绵延10余平方千米的茶山为我国最大连片高产茶园。截至2003年,流域内已建小型水电站3座,总装机容量1 500千瓦,年发电量500万千瓦时,已建小(2)型水库2座、拦河坝2道,有效灌溉面积820公顷。

普文河发源于云南省普洱市思茅区白沙坡西麓,自源地东南向流至马塘,上游山高谷深,耕地零星。南流至大开河村为思茅区与景洪市界河,又称大开河。沿界河东南流至大开河电站,在普文镇上游左纳莱阳河,于普文镇普文农场右纳瘴气河(河长30.6千米,流域面积140.8平方千米,天然落差945.2米),至普文镇坡脚右纳麻地河(河长23.4千米,流域面积114.1平方千米,天然落差495米)。河流纵贯普高坝子,河道宽浅透迤,长约28千米,213国道相伴而行。东南流至支笼附近折转东流，于景洪市基诺山乡仙火山南麓汇入南班河，汇口地高程710米。下游进入西双版纳国家级自然保护区的勐养片区，两岸植被为原始森林。1967年在大开河桥头设立光明水文站，控制集水面积390平方千米。

7.14.41.2　磨者河
（Mozhe River）

南班河左岸支流，位于云南省西双版纳傣族自治州勐腊县北部，河长58.4千米，落差1 210米，河道平均比降约9.3‰，流域面积519.5平方千米。

流域地处云南滇西横断山地区南段，地貌为中低山、河谷盆地。地势由东北向西南倾斜，最高点一碗水山高程1 927米，最低点汇口高程717米。上游、下游河道陡峻，中游坝区相对平缓。北热带、南亚热带季风气候，多年平均气温17.2摄氏度。多年平均年降雨量1 527.6毫米，多年平均流量16.3立方米每秒。森林覆盖率41.4%。水力资源理论蕴藏量5.68万千瓦，技术可开发量为2.47万千瓦。截至2003年，已建电站一座，装机容量0.32万千瓦，年发电量0.11亿千瓦时。

磨者河发源于云南省勐腊县易武乡曼腊村北部，自源地向西南流经曼腊、易武、勐仑3个乡（镇），于勐腊县勐仑镇曼着西南汇入南班河。河源段多石山，水系呈扇状分布，上游穿行于峡谷，流经曼腊村有零星宽谷分布。左岸曼洒茶山与易武茶山连成一体，以生产慢撒茶著称。

下游河道陡峻，地处峡谷。有一座可一步跨越"一线天"峡谷的"天生桥"，两岸悬崖绝壁，桥下水流湍急，声似雷霆。由"天生桥"向下看，深达数十丈，目眩欲坠。这座地造天成的奇桥，是一天然石灰岩穿洞，岩洞横空，洞下有一厅室，磨者河水奔流于厅室一侧，河上洞顶形如拱桥，飞架于两岸的岩石间。民国年间留有"一线波浪地腾蛟，两岸峡锁天生桥，可怜河底百卷腾，不如崖上一枝篙"一诗。"天生桥"虽未开发，但已有不畏艰险的游客经勐仑镇沿河步行而上，观此奇景。

7.14.41.3　南品河
（Nanpin River）

南班河左岸支流，又名南醒河，位于云南省西双版纳傣族自治州勐腊县，东北部分水岭与邻国老挝接壤。

南班河发源于勐腊县易武乡曼腊村刺竹林，西南流折西汇入南班河。河长95.3千米，落差1 445米，流域面积786平方千米。多年平均流量24.2立方米每秒，水力资源理论蕴藏为9.34万千瓦。

上游分布有易武茶山，是有名的"七子饼茶"产地。区域平均高程1 400米，多年平均气温17.7摄氏度，年降雨量1 800～2 100毫米，古茶树种群大都属普洱茶种。《滇海虞衡志》写道，"昔洱六大茶山，相距不远，以易武为中心集散"。历史上易武曾为镇越县治所在地，有石板铺成的茶马驿道直通思茅。下游地形波状起伏，坐落在以橡胶为主业的勐醒农场，2006年开割橡胶面积3 320公顷，生产干胶5 630.42吨。

7.14.42　南阿河
（Nan'a River）

澜沧江下游右岸支流，又称南雅河、勐龙河，中缅国际河流。中国境内位于云南省西双版纳傣族自治州勐海县、景洪市境内。南阿河长135千米，落差1 409.5米，河道平均比降4.1‰，中国境内集水面积1 528.5平方千米，河流水系发育，呈树枝状分布，中国境内流域面积大于100平方千米的支流有3条。

流域位于云南滇西南横断山地区末端，地貌为低山、中低盆地。地势由西北向东南倾斜。属北热带雨林、季雨林气候，多年平均气温20.5摄氏度，多年平均年降水量1 800毫米。干流水力资源理论蕴藏量10.15万千瓦。

流域内森林茂密，有野生大象、野牛、虎、熊、鹿等珍贵动物。水稻、茶叶、橡胶等是重要经济支柱产业。截至2003年，已建有小（2）型以上水库8座，0.3立方米每秒以上引水渠12条；已建电站2座，总装机容量0.39万千瓦，年发电量0.14亿千瓦时。

南阿河发源于中国境内的云南省勐海县布朗山乡广怀巴母，源地高程1 889.5米，干流河道呈U形蜿蜒东南流，由源地经班南坎入景洪市境，沿程纳南丁乡河、南骑乐河等小支流，至曼兵村转向东北，于勐龙镇左纳南坎河（河长28.2千米，流域面积104.0平方千米，天然落差1 220米），至小街乡左纳南背弄河（河长43.6千米，流域面积278.8平方千米，天然落差1 163米，多年平均流量5.9立方米每秒），至小街乡曼井湾左纳南背冈河（河长30.3千米，流域面积109.1平方千米，天然落差1 500米）。折向东流至部队寨为中缅界河，沿国界蜿蜒东北流，于景洪市景哈乡和广寨南（云南省景洪市、勐腊县和缅甸三地边境交界处）汇入澜沧江。汇口高程480米。河流上段水系呈扇状分布，中段有宽谷盆地，分布有勐龙坝子，下段地处峡谷。中缅界河段长34.2千米。

景洪市勐龙镇南坎河畔有一座曼飞龙白塔，又称金刚宝座塔、笋塔。为小乘佛教实心砖结构古建筑。建于傣历565年（1204年）。塔群位于勐龙镇曼飞龙寨北面后山山顶，主塔高16.29米，八角各立小塔1座，高9.1米。曼飞龙白塔为全国重点文物保护单位。

7.14.43　南腊河
（Nanla River）

澜沧江下游左岸支流，地跨中国与老挝的国际河流。干流全部位于云南省西双版纳傣族自治州勐腊县境内，是国境内汇入澜沧江的最后一条支流。

概　　述

流域范围　南腊河流域位于东经101°08′～101°50′和北纬21°09′～21°54′。流域东部、南部和西南部与老挝交界，西北部与缅甸隔澜沧江相望，北邻**南班河**。地跨中国云南省勐腊县和老挝北部边境地区，流域总面积4 570.0平方千米，中国境内流域面积3 911平方千米。

河流水系　发源于中国云南省勐腊县勐伴镇大青树寨后山箐，源地高程1 330米。河长186.8千米，落差850米，河道平均比降1.8‰。干流自源地向南流，经勐腊县城转西，至勐捧镇折北流到关累镇曼冈又转向西流，于关累镇西南中国、老挝、缅甸3国交界处汇入澜沧江（湄公河）。

南腊河水系干支分明，呈网状分布。流域面积大于300平方千米的一级支流有3条，分别为左岸**南木窝河**、**南满河**和右岸南远河；100～300平方千米的一级支流6条，分别为左岸龙夏河、南杭河、南木浪河、南润河和右岸南瓜河、南泥河，其中南润河由老挝北部边境向北流入中国，河流一半以上的集水面积位于老挝境内。

水文气候　域内气候多样，河谷区气候炎热，高海拔山地南亚热带季风气候。夏秋多雨，冬春多大雾，全年雾日达192.5天，为云南省之冠。坝区无霜日，山区偶尔有霜。一

7.14.43 南腊河

南腊河水系示意图

年中只有春、夏、秋，无寒冬。气候炎热，湿度偏高，多年平均气温 21.0 摄氏度，最热月平均气温 24.7 摄氏度，最冷月平均气温 15.2 摄氏度，年日照时数 1 868 小时，多年平均湿度 84%。流域内雨量充沛，多年平均年降水量 1 550 毫米。雨季（5—10 月）降水占全年降水量的 80% 以上。

地貌 南腊河流域地处滇西横断山地南延段尾端。地貌为中低山、中低盆地，地势东北高西南低，域内最高点雷公岩高程 2 007.0 米，最低点汇口高程 480.0 米。域内山谷相间，沟壑纵横，大小盆地镶嵌其间。干流呈 U 形在山岭、盆地间蜿蜒迂回。

经济社会 2003 年末流域内总人口约 12.672 万，其中农业人口约 8.052 万，主要有傣族、哈尼族、瑶族、彝族等少数民族。2003 年地区生产总值为 14.6 亿元，农业生产总值为 11.3 亿元。经济以种植业、加工业为主。橡胶业尤为发达，主要分布在勐腊、勐捧、勐满 3

望天树

个农场，橡胶园面积数万公顷，年产干胶数量占据云南省首位，是该流域重要的经济支柱。茶叶种植面积达 2 000 余公顷。

213 国道、213 省道及县乡公路纵贯东西南北，构成了较为便捷的陆上交通。东南部有磨憨国家级口岸，连接邻国老挝。

自然资源 流域内勐腊县森林资源丰富，森林覆盖率 73.2%。热带、亚热带原始森林约 32.67 万公顷，生长着高等植物 249 科 4 000 余种，约占中国植物种类总数的七分之一，云南省的四分之一多。国家重点保护的植物有望天树、箭毒木、版纳藤黄等 43 种。

流域内有铁、锰、铜、锌、金、石盐、石灰石等矿产 10 余种。其中石盐储量巨大。流域内有西双版纳国家级自然保护区勐腊、尚勇两片区。

洪涝灾害 1914 年 8 月，勐腊暴雨，勐腊河水上涨，坝区村寨全部被淹，农作物被淹 1 300 多公顷。1964 年 7 月 3 日南腊河发生大水，水位比正常年高 10 米，勐腊、勐捧等区 38 个村寨 10 个区属机关、1 个分场全部被淹。1989 年 8 月 13 日，勐润、勐捧、勐满等地降大暴雨达 130 毫米，境内出现 40 年来罕见的大洪水，造成勐满、勐润等 4 条大沟塌方 170 多处，8 个村公所、30 个村共 1 545 户 8 547 人受灾。1991 年 8 月，南腊河流域连续降中到暴雨，流量陡然增至 1 215 立方米每秒，超过警戒水位 4.12 米，勐腊坝、勐捧坝沿江两岸一片汪洋。

治理开发 中华人民共和国成立后，对南腊河坝区河段进行了数次整治。干流曼冈纳至曼庄村段河道弯曲，地势平缓，土质松散，极易发生洪涝灾害。1972 年对该河段截弯改直，根除了水患。

截至 2004 年年底，流域内已建中型水库 1 座，总库容 6 800 万立方米，小（1）型水库 7 座、小（2）型水库 10 座，总库容 260 万立方米，各支流已建引水大沟 12 条。各类水利设施控制水量 5 000 多万立方米，有效灌溉面积约 70 万公顷。已建自来水厂 1 座，年供水量约 145 万立方米，供水人数 3.56 万。截至 2003 年年底，干流已建水电站 1 座，装机容量 0.8 万千瓦。

纪　实

南腊河主源南岛河于峡谷向北折西后转南，流经勐伴镇宽谷，左纳龙夏河（河长 20.9 千米，流域面积 134.0 平方千米）复入峡谷，向南右纳南瓜河（河长 29.2 千米，流域面积 230.6 平方千米）后始称南腊河。进入西双版纳国家级自然保护区勐腊片区，至勐腊镇曼庄村左纳南杭河（河长 38.4 千米，流域面积 112.8 平方千米），流入勐腊坝子，南腊河南行至勐腊镇曼龙代村左纳南木浪河（河长 24.6 千米，流域面积 143.8 方千米）。南木浪河上游曼旦村约 1.0 千米处已建曼旦小型水库 1 座，总库容 800 万立方米。过曼拉撒水文站到勐腊镇（勐腊县政府所在地），勐腊镇位于通向中南半岛的国际通道上，属国家一类开放口岸。至勐腊镇曼迈村附近折向西流，左纳南木窝河。南木窝河流域位于西双版纳国家级自然保护区尚勇片区，上游磨憨口岸是云南省入境人数排名第三的口岸。

南腊河蜿蜒西行进入勐捧坝子。至勐捧镇曼坡村左纳南满河，河道迂曲向北流，于勐捧镇曼龙村左纳南润河（国际河流，源于老挝孟新以南，中国境内河长约23.5千米，流域面积131.4平方千米）。蜿蜒北行于勐捧镇罗北右纳南泥河（河长35.4千米，流域面积173.0平方千米）。至关累镇曼岗村折向西流，于关累镇岔河村右纳由北向南流的南远河（河长44.6千米，流域面积470.6方千米）。继续西行，于关累镇怕良各脚寨中国、老挝、缅甸三国界河处汇入澜沧江（湄公河）。

西双版纳国家级自然保护区勐腊、尚勇两片区，1983年划定保护区总面积1 234.7平方千米，占南腊河流域面积的27%，区内森林密布，流水潺潺，大片的热带雨林、山地雨林及热带季风雨林"苍翠劲千里，高低千百层"。全国近3万种高等植物，勐腊就有4 000种，其中国家重点保护植物52种。珍贵树种有望天树、箭毒木、龙脑香、版纳藤黄、版纳青梅、千果榄仁、番龙眼等，热带雨林中生息着4 000多种鸟类、500多种陆栖脊椎动物，珍贵动物有亚洲象、野牛、印支虎、豹、白颊长臂猿、孔雀、白喉犀鸟等，被列为国家重点保护的一类、二类、三类动物有66种，被誉为动植物王国中一颗璀璨的明珠。

南腊河傣语意为"茶水之河"，但河水清澈，鱼类众多，有气泡鱼、大头鱼等，是西双版纳傣族自治州产鱼最多的河流之一。南腊河汇入澜沧江口处，春末夏初常有众多的鱼儿云集，俗称"鱼赶摆"。中国、老挝、缅甸交汇处附近的江面上有一岬角，人称"玉三角"，可在岬角上观赏中、缅、老三国毗连之地的自然景观。

南腊河

7.14.43.1 南木窝河
(Nanmuwo River)

南腊河左岸支流，位于云南省西双版纳傣族自治州勐腊县境内，河长75千米，落差630米，河道平均比降3.3‰，流域面积660.7平方千米。

流域地处滇西横断山脉地区尾端。侵蚀中山峡谷地貌，主要岩性有千枚岩、页岩、花岗岩及片麻岩等。地势呈东南向西北倾斜，最高点广庄莫山高程1 328.0米，最低点南木窝河与南腊河汇口高程698.0米。坝区、河谷两侧为热带季雨林气候，山地为亚热带季风气候。多年平均气温20摄氏度，多年平均年降水量1 550毫米，雨季（5—10月）降水量占全年降水量的81.6%。多年平均年蒸发量1695.5毫米。多年平均流量13.1立方米每秒。水力资源理论蕴藏量2.69万千瓦。

南木窝河发源于云南省勐腊县磨憨镇南部，自源地蜿蜒北流经尚勇镇至曼庄折向西流，于勐腊镇曼迈村南汇入南腊河。河流以峡谷为主，间有宽谷，两岸为橡胶林带，尚勇坝子多种植水稻与香蕉。沿途有多条小支流汇入。流域内水资源开发利用率低，已建小（2）型水库1座；王四龙大沟全长14千米，设计引水量为0.6立方米每秒，灌溉面积230余公顷。

流域地处西双版纳国家级自然保护区尚勇片区。分布有大片的原始森林，天然植被保存完好，林木茂密，溪流潺潺，亚洲野象、野牛、印支虎、豹、白颊长臂猿、孔雀、白喉犀鸟等珍稀动物经常出没其间。213国道经勐腊镇沿南木窝河逆流而上直通老挝。磨憨国家级口岸熙攘的街市、纯朴的边民、保存良好的生态环境和迷人的民族风情吸引着众多的中外游客前往游览观光。

7.14.43.2 南满河
(Nanman River)

南腊河左岸支流，位于云南省西双版纳傣族自治州勐腊县西南，河长98.2千米，落差759米，河道平均比降3.8‰，流域面积592.5平方千米。

流域位于滇西横断山脉地区南端，地貌为中低山、低盆地，地势东南高西北低。除勐满镇宽谷盆地外，余均为丘陵地带。河道蜿蜒曲折，河岸多台地。属亚热带季风湿润气候，夏热多雨，冬暖多雾，多年平均气温21摄氏度。流域内降水量丰沛，多年平均年降水量1 800～1 900毫米，降水年内分配不均，多集中在7—9月。多年平均流量10.7立方米每秒。水力资源理论蕴藏量1.17万千瓦。

南满河发源于勐腊县磨憨镇，自源地总体向西流，又折向西南，经勐满镇下田房村改向北流，经勐满镇并纵穿勐满坝子中部，于勐捧镇曼坡村注入南腊河。

流域土地肥沃，以种植业为主。截至2004年年底已建成小（1）型水库2座、小（2）型水库多座，总库容592.5万立方米，南满河引水坝，勐满、河图引水干渠2条，总灌溉面积667公顷。

7.14.44 南垒河
(Nanlei River)

澜沧江下游湄公河右岸支流，为流经中国与缅甸的国际河流，流域地处中国云南省普洱市西南部和缅甸东北部接壤地区。西邻**南卡江**，东有支流南览河，南入缅甸汇入湄公河，北与**黑河**上游相邻。国境内地跨云南省普洱市澜沧拉祜族自治县、孟连傣族拉祜族佤族自治县，流域面积1 928.7平方千米（不含下游左岸独立出境的支流南览河境内面积）。

概　述

南垒河在中国境内水系干支分明，呈树枝状分布。境内干流河长88.9千米，落差1 133米，河道平均比降3.5‰。中国境内流域面积大于100平方千米的一级支流4条，为左岸**南腊河**、**南览河**和右岸塔拉弄河、南吒河。

南垒河流域属低纬度南亚热带山地季风气候，多年平均气温19.6摄氏度。流域多年平均年降水量为1 350～2 000毫米，5—10月降水量占全年降水量的88.6%，流域多年平均年蒸发量为1 221.6毫米。

境内流域位于滇西横断山地区西南端，地貌为岩溶中山、宽谷盆地。地势北高南低，山谷相间，河谷北窄南宽。主要成土母质为花岗岩、玄武岩、片麻岩及千枚岩等。

流域主要流经的孟连县居住着傣族、拉祜族、瓦族等少数民族，2006年总人口为13.34万，全县地区生产总值61 754万元，粮食总产量46 750吨，种植有水稻、玉米、大豆、小麦，主要经济作物有甘蔗、橡胶、茶叶及热带水果等。工业以白糖、酒精、原煤为主。流域内有309省道，西盟—孟连县道纵贯南北，形成较便捷的陆地交通网。

南垒河流域特别是中部孟连坝宽谷区域雨季易遭洪涝，1951—1990年多次对蜿蜒弯曲的河段进行裁弯改直治理，已筑河堤东岸长1.21千米，西岸长0.42千米。截至2006年已建小（1）型及小（2）型水库各3座，总库容为1 217万立方米，设计年总供水能力约2 000万立方米，解决孟连坝子工农业用水并灌溉耕地2 087公顷。

纪　　实

南垒河发源于中国云南省澜沧县拉巴乡扎蝶寨芒东村黑山梁子，源地高程2 043米，自源地南流经勐英村名为牡音河，穿行于中山峡谷，入孟连县境改称南垒河，间有零星宽谷，两岸岩溶发育，多奇石洞穴。南垒河经勐英村折西南流，于景冒坝子右纳塔拉弄河（河长21.6千米，流域面积162.8平方千米），此处河道弯曲平缓，洪水常冲刷淹没河岸农田，现已裁弯改直初步治理。南垒河出景冒坝，相继流经和南雅乡、景信乡，转而南流进入孟连坝，纵贯孟连县城，县城新旧两城位于南垒河东西两岸，旧城在西岸，傣族称娜允，传说为1289年傣王罕罢法在孟连所建，迄今已有700多年的历史，为中国最后一座傣族古城，2001年被云南省人民政府列为傣族历史文化名城。古城内有孟连宣抚司署，是云南历代土司衙署的典型代表和唯一保存完整的土司古建筑群。孟连县城设有孟连水文站，流域控制面积775平方千米。

出孟连坝过竜山省级自然保护区，保护区内有54公顷珍稀药用植物小花龙血树，右纳南吒河（河长36.2千米，流域面积176.0平方千米），干流又复入中低山峡谷。南垒河蜿蜒南流至芒信镇，左纳南腊河。河流南行于孟连县芒信镇那呼科山南面200号界碑出中国国境入缅甸，出境地高程910米。支流南览河为南垒河最大支流，发源于云南省澜沧县竹塘乡，于缅甸境内汇入南垒河。

7.14.44.1　南腊河
（Nanla River）

南垒河左岸支流，地跨云南省普洱市澜沧拉祜族自治县与孟连傣族拉祜族佤族自治县，东与**南览河**相邻。

南腊河发源于澜沧县糯福乡，河流由东南向西北流，至芒信镇谷河右纳南基河，向西于芒信镇汇入南垒河。河长47.4千米，落差720米，流域面积698.2平方千米。水系呈扇状分布，集水面积大于100平方千米的支流有两条，均位于右岸。多年平均流量17.8立方米每秒，水力资源理论蕴藏量为4.37万千瓦。

流域南部分水岭与缅甸接壤，设有边境口岸。流域内大部分位于澜沧县糯福乡，有五个自然村毗邻缅甸，有境外学童入学。糯福乡居住有拉祜族、爱伲族、布朗族、彝族、白族、傣族、佤族等少数民族，占总人口的94%，糯福基督教堂为省级文物保护单位。茶叶、甘蔗与松油是当地农民的主要经济收入，谷地分布有小块水田，山坡种植有旱稻，森林覆盖率78.6%。

7.14.44.2　南览河
（Nanlan River）

南垒河左岸支流，又名南拉河、打洛江，为独立出境的流经中国与缅甸的国际河流，于缅甸境内汇入南垒河，中国境内部分位于云南省西南部，其中有102.4千米为中、缅界河。

概　　述

流域范围　河流在中国境内地理坐标位于东经99°42′～100°24′，北纬21°29′～22°46′，东邻**澜沧江**，西邻南垒河干流，北近**黑河**，南入缅甸后汇入南垒河。地跨云南省普洱市澜沧拉祜族自治县及西双版纳傣族自治州勐海县。中国境内流域面积4 002.7平方千米。

河流水系　南览河发源于云南省澜沧县竹塘乡甘河头，源地高程1 857.9米，落差1 312.9米，河道平均比降2.6‰，中国境内河长227.5千米，于云南省勐海县布朗山乡南木界河汇口处流入缅甸。河流按河谷地貌及河道特征分为上游、下游两段：源地至澜沧县惠民乡为上游，河长98.5千米；惠民至出境地为下游，河长129千米。

南览河水系干支分明，呈树枝状分布。河流蜿蜒，支流众多，中国境内流域面积大于100平方千米的一级支流左岸有南丙河、南往河、南满河、南佬河、南披河、南木界河，右岸有南里河和南门河，另右岸有缅甸境内的南兰河等三条较大的支流汇入。

气候水文　南览河流域属南亚热带山地季风气候，下游部分属北热带。受低纬、地形、季风影响，流域内气温日际变化大，年际变化小，冬无严寒、夏无酷暑，气候温和，四季不分明，多年平均气温约20摄氏度。

南览河流域雨量充沛，但年内分配不均匀，干湿两季分明，5—10月为雨季，11月至次年4月为干季。多年平均年降水量为1 133.3～2 102.9毫米，降水多集中在7—9月。据上游澜沧县勐朗水文站资料统计，多年平均年降水量为1 563.4毫米。

南览河中国境内流域多年平均年径流量22.84亿立方米。流域上游勐朗水文站多年平均年径流量3.595亿立方米，最大值为5.424亿立方米。

地貌　南览河流域地处云南滇西横断山地区西南端，地貌为中低山、宽谷与盆地相间。地势北高南低，上游山高、坡陡，下游河谷相对开阔，河道弯曲，水流平缓。河流流经的坝子有勐朗坝、勐滨坝、勐满坝、打洛坝。

经济社会　流域经济社会主要以农业为主。上游的澜沧县是全国唯一的拉祜族自治县，粮食作物以稻谷、小麦、玉米为主，主要经济作物为茶叶、甘蔗等，是云南省蔗糖生产基地县之一。下游的勐海县四季适应水稻生长，盛产优质米，自古有"滇南粮仓"之称，是国家级粮食生产基地和糖料基地，主要经济作物有茶叶、甘蔗、樟脑、橡胶等，其中樟脑是勐海县仅次于茶叶的传统外销产品，下游流经的勐满、打洛2个热区盆地是橡胶生产基地。流域内214国道、309省道纵横东西南北，县乡公路四通八达，构成了便捷的陆地交通网络。

自然资源　河流水力资源理论蕴藏量约26万千瓦，技术可开发量6.33万千瓦。流域内的森林资源主要为思茅松及亚热带常绿阔叶林。流域内矿产资源以铅、铁、煤为多。

流域具有秀丽的热带亚热带风光，民族风情浓郁。景迈芒景古茶叶园集千年古茶树及原始森林为一体。下游流经的打洛是通往缅甸、泰国重要的省级口岸，边贸、旅游前景广阔。澜沧县的精制茶"茶正神毫""涌泉"在中国科技精品博览会上分别获金奖和银奖。勐海茶厂生产的传统产品"普洱茶""勐海沱茶""七子饼茶"誉满国内外。

水旱灾害 1957年10月10—11日，上游连降暴雨两天，南朗河河水猛涨，将沿河Ⅰ级阶地淹没。1998年8月8日凌晨，勐朗坝降大雨，河水猛涨，流量达百年一遇，勐朗坝、勐滨坝汪洋一片。1996年7月24—26日，南览河下游勐海县境内及缅甸东部持续3天大面积降大雨、暴雨，造成勐海县境内的河流洪水泛滥成灾，淹没农田2 389.4公顷，有4 000多户、2万余人受灾。

开发与治理 南览河部分河段为中缅界河，水资源和水力资源开发利用程度较低。截至2006年，仅在该流域内的上游和支流上开发了2座小（1）型水库，4座小（2）型水库，总库容462万立方米，灌溉耕地面积573.3公顷。

南览河

纪　实

上游 南览河发源于澜沧县竹塘乡境内，河流源地高程1 857.9米。上游为岩溶地貌，多奇石溶洞，向南流淌于峡谷，间有零星宽谷。源地至澜沧县惠民乡段称南朗河。自源地东南流经澜沧县城勐朗镇，区间设有勐朗水文站，测站集水面积406平方千米。过勐朗镇后折转向西南，穿峡谷后入勐滨坝，左纳南丙河，流域面积177.4平方千米，河长35.8千米，落差1 290米，为澜沧县城供水水源地，河流两岸林木茂密，苍松翠柏，水质良好，两岸种植水稻与甘蔗。复入峡谷右纳南里河（流域面积111.8平方千米，河长29.2千米，落差701米）。南朗河出勐滨坝改称南拉河，蜿蜒东南流左纳南往河，流至澜沧县与勐海县交界附近入下游。在上、下游交界处的景迈、芒景村附近，有一片生长在原始森林中的万亩古茶园，古茶园与高大常绿阔叶林交错生长。景迈以古茶园规模、布朗族与茶文化等要素被评为"中国民间文化旅游遗产示范区"。

下游 河流经景迈山沿澜沧县与勐海县边界西南流26.6千米，左纳西流的南满河，右纳蜿蜒南流的南门河，于洛勐村南出澜沧境成为中缅两国界河，称南览河。南览河傣语意为甜水河。南览河沿勐海县与缅甸交界南流，河段峡谷两岸山高谷深，高差有100余米。沿河两岸是旖旎的傣寨风光，中缅两国人民在河流两岸安居乐业。河流左岸有南佬河流入，右岸有南兰河自缅甸经219号界碑于中国勐海打洛汇入。南兰河国门桥以上（缅甸）流域面积为824.2平方千米，是南览河最大的一条支流，在勐海境内打洛坝子仅有4千米长，勐海县人民政府组织群众裁弯改直南兰河道，挖深河床，整治衬砌河段，并分期恢复南兰河两岸荒废的砂石滩地。南览河经过打洛镇河道，衬砌河堤400米，免受洪水威胁。

南览河于打洛镇拐向东流，在打洛境内东流6.2千米，又称打洛江。打洛傣语意为联合摆渡的渡口，从前居住在这里的傣、布朗、哈尼等民族一起在江边摆渡，如今渡口上已架起了一座长70多米的双孔石拱桥，飞越打洛江直通国门桥。打洛已列为省级口岸。目前已成为集跨国旅游、边境贸易为一体的滇南边陲重镇。在打洛边境贸易开发区内辟有中缅旅游村和边贸街。境出打洛坝子复为中缅界河，东流左纳南撒河后折向东南流，向南左纳南木界河，穿流于低山峡谷，鲜有村寨分布。在布朗山乡曼木村流出国外，出境地高程545米。

二、怒江水系

Nujiang River Basin

7.15 怒江
(Nujiang River)

我国西南地区一条重要的国际河流，曾名潞江，古称泸水，发源于西藏自治区北部唐古拉山脉南麓安多县境内，干流流经西藏那曲、昌都和林芝3个地区，再流经云南省怒江、大理、保山、临沧、德宏5个州、市，在潞西县流入缅甸称萨尔温江，经缅甸、泰国，在缅甸毛淡棉附近注入印度洋的安达曼海。怒江—萨尔温江全长3 673千米，流域总面积32.5万平方千米。

概 述

流域范围 中国境内流域面积约13.6万平方千米，位于北纬22°10′～32°48′（包括地域上单独成块的南卡江部分），东经91°13′～100°15′。流域呈西北向东南逐渐变窄复又展宽的带状。东以他念他翁山、怒山山脉与*澜沧江*相邻，西北连着藏北内流水系，西面以念青唐古拉山、伯舒拉岭、高黎贡山与*雅鲁藏布江*和*伊洛瓦底江*流域毗邻，北隔唐古拉山邻*长江*源头水系，南及西南部与缅甸交界。涉及的行政区划除干流流经的8个地、州、市外，还有云南省的普洱市（南卡江部分）。

远眺唐古拉山脉

河流水系 国境内干流河长2 013千米，天然落差约4 840米。河源至嘉玉桥为上游，长818千米；嘉玉桥至六库为中游，长885千米，上、中游河道平均比降为2.75‰；六库以下为下游，长约310千米，河道平均比降0.91‰。

河流支流众多，上游流域面积大于5 000平方千米的支流有*卡曲*8 590平方千米，*索曲*13 840平方千米，*姐曲*5 590平方千米，其次为*色曲*（嘎曲）、*达曲*。中游的主要支流有*德曲*、*八宿曲*和*伟曲*，其中伟曲流域面积大于5 000平方千米，为9 190平方千米。下游左岸支流发育，流域面积大于5 000平方千米的有*勐波罗河*6 646.4平方千米，*南汀河*8 207.9平方千米（中国境内），其次有*南卡江*，其中南汀河与南卡江单独出境，在缅甸汇入萨尔温江。

地质地貌 流域大部分处于青藏滇缅"歹"字形构造体系及其与滇西南北向（经向）构造体系复合部位，另有北东向构造体系和近东西向（纬向）构造体系。褶皱断裂发育，构造复杂。新构造运动较为活跃，主要表现为地壳隆升及断陷盆地、火山活动、地热活动、活动性断裂和地震活动等。流域地层从元古界至新生界均有分布。上游出露地层以中生界为主，有部分为上古生界地层。中下游主要地层有元古界的花岗片麻岩、混合岩、变粒岩等深变质岩，分布于干流右岸高黎贡山和左岸碧罗雪山；河谷和两岸较低处主要为古生界和中生界地层，以石炭系地层分布最广，三叠系、二叠系次之，为玄武岩、白云质灰岩、片麻岩、片岩、板岩、石英砂岩、大理岩等，多经历了区域变质作用，由南向北变质程度逐渐加深。两岸山岭有花岗岩侵入体广泛分布，河谷花岗岩体较少。

流域地势西北高东南低。地貌类型多样，高原、高山、深谷、盆地交错。上游地处青藏高原东南部，地势高亢，河谷宽阔，两岸是海拔5 500～6 000米的高山，现代冰川发育，属高原地貌。

中游进入藏东南和滇西横断山纵谷区。河流从东南走向渐变为南北走向，山高谷深，峰谷间高差达2 000～3 000米，河道比降加大，水流湍急，水面狭窄处仅100米左右，两岸少有阶地。至滇西横断山区，为著名的怒江大峡谷，在世界自然遗产"三江并流"区的西部。河流两岸高山夹峙，谷窄水急，峰谷高差达3 000米，东西分水岭之间的流域最窄处仅宽21千米。

下游为中山宽谷区，呈上紧下疏的帚状地形。两岸山势渐低，左岸碧罗雪山延至保山市隆阳区，为余脉，海拔1 000～2 000米；右岸高黎贡山至龙陵县为丘陵盆地所代替，海拔1 700～2 000米。河谷宽500～1 000米，两岸有阶地分布。

滔滔怒江

气候水文 流域受地形和大气环流影响，气候复杂多样。上游地处青藏高原，属高原温带半湿润气候区，气候高寒，冰雪期长，山地气候特征明显，山上湿润，河谷干燥，年温差小，日温差大，日照时间长。中游属中亚热带季风气候区，呈垂直气候变化，高山积雪寒冷，山腰温凉，河谷炎热。下游地势较低，进入南亚热带和北热带季风气候区，气候炎热，冬干夏雨，干湿季分明。

流域多年平均气温从上游向下游递增。西藏那曲站多年平均气温-11.9摄氏度，泸水14~15摄氏度，潞西以下21~25摄氏度。

流域多年平均年降水量为903毫米，亦从上游向下游递增：西藏那曲年降水量仅400毫米左右；云南的泸水、保山一带年降水量增至1 000毫米左右；下游受西南季风影响较深，龙陵一带最高年降水量达1 500~2 000毫米，是著名的多雨区，但西南迎风坡山区的降水量明显大于背风坡及河谷地带，降水低值区潞江坝的年降水量仅600~700毫米，是著名的干热河谷区。

上游径流主要由冰雪融水、降水和地下水组成；中游径流补给以降水为主，融雪次之；下游径流主要由降水补给。

洪水主要由暴雨形成，据洪水调查，贡山站最大洪峰流量10 300立方米每秒（1952年），道街站最大洪峰流量12 700立方米每秒。

自然资源 据2003年全国水力资源复查成果，流域水力资源理论蕴藏量为4 474.2万千瓦，其中干流3 522万千瓦，支流952.1万千瓦。技术可开发量3 221万千瓦，年发电量1 625.8亿千瓦时。经济可开发量2 306.5万千瓦，年发电量1 119.9亿千瓦时。

流域植被较好，云南境内森林植被覆盖率57.1%，右岸高黎贡山南北绵延600多千米，为南北动植物迁徙扩散的天然通道和东西生物交汇的过渡纽带，有"世界物种基因库"之称。已记载有高等植物256科1 196属4 897种及变种，有脊椎动物699种，鸟类419种，两栖动物21种，爬行类动物56种。

流域矿产资源已初步查明有一定储量和开采价值的矿床200多处，西藏境内有铜、铁、银、金、铅、锌、煤、石灰石、水晶石等，云南境内有煤、铅、锌、银、铜、锡、重晶石等。

流域内野生动物主要分布在上、中游高原和山区，有岩鹿、草鹿、獐、乌熊、豹、雪鸡、马鸡、旱獭、水獭、猞猁、狐狸、马猴等，其中麝、棕熊、马鹿、野山羊、白马鸡、黑劲鹤等36种为国家级保护动物。

流域盛产多种名贵药材，主要有冬虫夏草、鹿茸、贝母、知母、雪莲、黄连、当归等。

高黎贡山为国家级自然保护区，属世界自然遗产三江并流区的组成部分，也是云南省最大的自然保护区。下游还有永德大雪山、临沧大雪山、耿马南汀河、孟连大黑山等，为云南的省级风景名胜区。

一江春水

经济社会 流域涉及西藏自治区和云南省的9个地（市、州）的32个县（市、区）。流域内有多民族聚居，主要少数民族包括藏、独龙、怒、佤、傈僳、彝、傣、德昂、白、阿昌、景颇、拉祜等民族。截至2003年年底有耕地面积57.5万公顷，人口347.2万。地区生产总值108.34亿元（2000年可比价）。工业总产值39亿元，农业总产值69.34亿元。粮食产量111.66万吨，年末牲畜存栏数733.01万头。

流域内经济社会发展相对落后，上、下游经济结构与特点差异较明显。2003年人均地区生产总值3 190元，仅为全国平均水平的35%。西藏境内以畜牧业为主，河源及上游各县，多属纯牧区，往东南渐为半农半牧区，耕地多分布在河谷地带。流域共有牧草地623.4万公顷，绝大部分在西藏境内。畜牧业以饲养牦牛、黄牛、绵羊、山羊、马、猪为主，农作物主要有青稞、冬小麦、春小麦、油菜、豆类等。云南境内的怒江州山高谷深，地方经济以农牧业为主，主要农作物有水稻、玉米、小麦、豆类，热带作物主要有甘蔗、咖啡、热带果类等，蔗糖、茶叶与烤烟为支柱产业。下游保山市与临沧市相对发达。保山坝有"滇西粮仓"之称，支流南汀河的民营橡胶已具规模，潞江坝的小粒咖啡在国际市场享有盛誉。

寨子的转经筒

上游有青藏铁路和109国道（青藏公路）纵贯南北，317国道横贯东西；下游有以杭瑞高速公路和320国道为干线的公路网；中游有228省道在怒江大峡谷穿行。保山、临沧已建两处民用机场。流域内外交通已有很大改善。云南境内还有多条公路支线通往缅甸。

治理开发 据2003年全国水力资源复查成果，在干支流上西藏、云南建有小型水电站60余座，装机容量30余万千瓦。在干流上有水电站2座，装机容量1.24万千瓦，支流有水电站10座，装机容量1.02万千瓦。

截至2005年，流域云南省境内已建中型水库11座，总库容2.58亿立方米，兴利库容2.13亿立方米，有效灌溉面积2.37万公顷。支流勐波罗河上游的保山坝与南汀河下游的勐定坝，原有易洪涝冲淹之河段，经多年综合治理已大见成效。

纪　实

河源 怒江发源于西藏自治区那曲地区安多县帮麦乡境内的吉热格帕峰南麓将美尔阿日陇冰川，河源从将美尔阿日陇冰川至嘎弄错，河源段称桑曲。河流蜿蜒流经安多盆地，冬季基本封冻。纳右岸支流安多曲后，在隆青附近注入**错那**，安多县城帕那镇位于支流安多曲旁。出错那又转注**嘎弄错**，出嘎弄错后改称那曲。青藏铁路跨桑曲沿错那东岸通过。桑曲河谷宽阔平坦，纵比降小，水流平缓，河水穿流在湖泊、沼泽之间，尤以左岸沼泽最为发育，河床海拔在4 300米以上。

上游 从嘎弄错出口至嘉玉桥为上游段，称那曲。河流出嘎弄错后，呈西北—东南流向，青藏铁路基本沿河而行。右岸支流**母曲**汇入干流后，总体转向东北流，穿过青藏铁路和109国道。那曲地区和那曲县政府驻地那曲镇位于109国道旁，左岸支流**次曲**汇入口上游城镇建设颇具规模，藏北名寺——孝登寺坐落在该镇。右岸支流**龚曲**汇入后，经查龙电站、尼玛乡，在尼玛乡水电站附近流入比如县境。右纳**罗曲**后，在那曲、比如两县县界附近左纳支流卡曲（卡秋曲），蜿蜒东流，经达塘乡左纳支流洛曲，过茶曲乡于良曲乡右纳**嘎曲**抵比如县城比如镇。

318国道（怒山）

怒江上游峡谷

比如镇坐落在怒江左岸，有303省级公路经过。比如有"藏北江南"之称，历史悠久，民风古朴，自然景观多姿多彩。居住着藏、汉、蒙古、回、门巴等多个民族。

左岸大支流索曲在索县边境汇入干流。两岸山岭渐近，河谷宽窄相间。流经赤多乡于嘎达村附近左纳**热玛曲**，过江达乡，至亚仲附近纳左岸支流**热曲**后转向东南流，入昌都地区边坝县境。至沙丁乡纳右岸支流姐曲，又转向东、再向东南流，纳右岸支流**美曲**后，河流东流成为索县和边坝县的界河。右纳支流**拉布希曲**、**多让曲**，再经热玉乡，左岸支流色曲汇入干流后，干流逐渐过渡为狭谷河段，并成为洛隆县和丁青县的界河。流向转为东南，至洛隆县俄西乡折为东流，到新荣乡右纳**卓玛郎错曲**，左纳达曲后又转东偏南流，经达龙左纳**惹曲**，右纳**洛隆曲**（康沙曲）至嘉玉桥。

上游地区干支流现代冰川广为分布，水系发育，支流众多，呈树枝状。有广袤的草场和林地，植被较好，河水含沙量不大，河床由松散的冰积物组成，两岸有阶地分布，河谷由湖盆、宽谷、窄谷逐渐过渡到峡谷。

中游 从嘉玉桥至六库为中游段，河流进入中游后，渐入藏东南横断山纵谷区，左岸依次为他念他翁山和怒山，右岸先后有伯舒拉岭和高黎贡山，河流在峡谷中穿行，始称怒江。两岸少有台地或阶地，仅在较大支流汇口附近有冲积扇和洪积扇分布。两岸山高谷深，南北两侧多为海拔5 000～5 500米以上的雪山冰川，河谷深切河道逐渐变窄至100米左右，纵比降加大，多急流、险滩，主流在高差2 000～3 000米的深切河谷中奔流澎湃，咆哮如怒吼，怒江由此而得名。

嘉玉桥附近有303省级公路通过。由此，可东至邦达、昌都，西通那曲、拉萨。该处设有嘉玉桥水文站。河水东南流，左纳**马曲涌**后过白达乡在白托村附近进入八宿县境。河流在八宿县拥巴乡附近，纳右岸支流德曲后，急转东流，在同卡镇吉巴村附近复向东南流，至318国道怒江大桥附近右纳支流八宿曲后，进入八宿县和左贡县的界河段。纳数条小支流后继而流至左贡县的中林卡、下林卡，左纳列曲后过绕金乡等地后进入察隅县境内，进入察隅县境后右纳**然布曲**河流蜿蜒南流，在目巴村附近右纳**木空曲**，左纳大支流伟曲在沙布附近汇入干流后，流经察瓦龙乡等地，在松塔以南进入云南省境。

进入云南省境后自北向南纵贯怒江傈僳族自治州贡山独龙族怒族自治县，穿流于横断山纵谷区的怒江大峡谷中，该峡谷曾被《中国国家地理》评为中国最美的十大峡谷之一。地处其核心的那沧洛峡谷中的秋那桶村河谷滩地海拔约1 557米，右岸高黎贡山娃嘎普主峰海拔5 128米，左岸怒山竹子坡主峰海拔4 784.5米。两岸悬崖耸立，峡谷幽深，原始森林一望无际，景色极为壮观。东南流至丙中洛，为开阔的台地，居住着藏、怒、傈僳、独龙等少数民族，多文化与多宗教和谐相处。此处江流蜿蜒曲折，有"怒江第一弯"景区。三面环水的坎桶村高出江面50余米，田园风光绮丽，人称世外桃源。流经棒当后左纳**迪麻洛河**，在贡山县城北右纳**普拉河**，经贡山县城东侧南流，贡山县城茨开镇为228省级公路北行的终点。本段区间河谷夏无酷暑，冬无严寒，多年平均气温14.8摄氏度。贡山县境内原始森林遮天蔽日，高山逶迤雄奇，珍稀动植物资源极为丰富，被称为"南北动植物的走廊"与"第四纪冰川活动时期原生物的避难所"。

干流南流入福贡县，经马吉多，在石月亮（利沙底）乡右岸有石月亮景观，傈僳语称它为"亚哈巴"。南流右纳亚马河，有装机容量1.5万千瓦的亚马河电站，是当地主要电源点。再南流途经福贡县城西侧。福贡县居住有傈僳、怒、纳西等少数民族，其中傈僳族占总人口的70%以上，全县地处南北向的怒江大峡谷，为"三江并流"景区的重要组成部分。左依怒山山脉，碧罗雪山（嘎拉相山）海拔4 379米；右抵高黎贡山山脉，勒舍山海拔4 004.6米。区间多源短流急的支流，呈"非"字形水系分布于干流两侧。干流多险滩，峭壁千尺，险峻雄伟，前人有"关山险阻，交通横断"的记载。江流与两岸分水线平行纵列，其中高黎贡山峰线又为中国与缅甸的国界线。继续南流入泸水县，左岸碧罗雪山海拔降至3 000余米，

利沙底风光

右岸高黎贡山仍有海拔 4 000 米以上的山峰，设有高黎贡山国家级自然保护区。六库镇为怒江州州府和泸水县县府所在地，坐落于干流右岸，有西行的 316 省级公路，越过高黎贡山即可到达与缅甸通商的片马国家口岸。怒江过六库镇左纳支流**老窝河**，结束中游流程。

下游　下游地貌为中山宽谷。向南先后为怒江州泸水县与大理白族自治州云龙县和保山市隆阳区的界河，左岸怒山山脉的三崇山海拔 3 595 米。右岸高黎贡山分布有国家级自然保护区。流入隆阳区后，河谷开阔，水势变缓，流淌于潞江坝，左纳支流**水长河**。左岸怒山大风口海拔 3 132 米，右岸高黎贡山白风坡海拔 3 622 米。右岸植被随海拔由低向高分布有河谷稀树灌木草丛、季风常绿阔叶林、云南松林、中山湿性常绿阔叶林、旱冬瓜林、半湿润常绿阔叶林、华山松林、云南铁杉林、山顶苔藓矮竹、寒温性竹林、苍山冷杉林、寒温性灌丛草甸等类型。潞江坝主要包括芒宽彝族傣族乡、潞江镇河谷台地，地势平缓，土壤肥沃，气候炎热，江面宽阔可通航。潞江坝又是隆阳区甘蔗、咖啡、香料烟、热带水果与水稻等作物的主产地。潞江坝的小粒咖啡和香料烟品质上乘，白胡椒、荔枝、龙眼等经济作物广受青睐，蔗糖为地方支柱产业。

怒江下游潞江坝段

出潞江坝向南流，右纳**勐梅河**入峡谷，江左岸为施甸县，右岸为龙陵县。架设有过江大桥，旧时的惠通桥为滇缅公路要冲。滇西抗战期间，中国军队曾于左岸与侵华日军隔江对峙，并于 1944 年 9 月收复龙陵松山。松山战役遗址为全国重点文物保护单位。又南流，沿程山高谷深，右岸小黑山省级自然保护区主峰海拔 3 001 米。右纳**苏帕河**转向东南流，于龙陵县勐糯镇东部急转东北，左纳勐波罗河后调头折向西南，为保山市与临沧市的界河，形成了怒江干流上最大的河湾。向西流入龙陵县木城彝族傈僳族乡，为中国与缅甸的界河，穿流于峡谷，又右纳支流万马河后流入德宏傣族景颇族自治州潞西市，仍为中缅界河，再右纳**曼辛河**后进入缅甸，改称萨尔温江。

7.15.1　错那
(Cuona Lake)

怒江源头桑曲上的季节性外流淡水湖泊，原名黑海湖、安多错那湖，位于西藏自治区安多县境内。湖面高程 4 588.0 米时，湖长 22.4 千米，最大宽 12.4 千米，平均宽 8.1 千米，水面面积 182.4 平方千米。湖体呈南北走向，湖岸比较规则，湖周长度 58.4 千米。

湖泊位于班公—东巧—怒江大断裂带、唐古拉山与念青唐古拉山之山间盆地内，属断陷构造湖。流域北接**长江**源头通天河及**色林错**最大入湖河流扎加藏布源区；西侧与兹格塘错水系交界；东、南邻怒江上游诸支流。湖泊出水口以上流域面积 3 382 平方千米。湖泊东西两侧有相对高程 200~400 米的山地，山麓线贴近湖边，滨岸带狭窄。北侧是最大入湖河流桑曲河口三角洲及大面积湖积平原与沼泽湿地。南侧离岸边 3~4 千米处分布 3 座圆形低山，滨岸带残留许多湖泊退缩形成的大小水塘，其中东南角一条 1.5 千米长的小河将湖水排入**嘎弄错**，再经嘎弄错转注怒江上源河段那曲。

流域多年平均年降水量 400 毫米左右。多年平均气温约 −5 摄氏度。属高原亚寒带那曲果洛半湿润向羌塘半干旱气候区的过渡类型。从湖北岸汇入的较大河流有 3 条：一是最大入湖河流桑曲，河长 145 千米；二是卓betty曲港，河长 42 千米，流域面积 336 平方千米，入湖前与东侧的桑曲干流交汇后注入湖泊；三是忘朵曲，河长 35 千米，流域面积 234 平方千米，中上游有较多地下水补给，过黑阿公路（扎萨区）后，大部分径流渗入地下，以潜流形式补给湖泊。从东岸入湖的较大河流有吧索曲，河长 35 千米，流域面积 260 平方千米。从湖泊西侧汇入的吞吐湖流**错加**。据 1979 年考察资料，湖中有明显的浑水区与清水之分，即近岸边水很浑浊，离岸约 1 千米后水渐清，界线十分楚清。湖水 pH 值为 8.5，矿化度为 0.512 克每升，湖中有小头裸裂尻鱼生栖。湖底沉积物中，发现有介形类微化石 3 属 6 种。

流域植被主要属高山草原类型，生长紫花针茅、羽柱针茅、硬叶苔草、高山蒿草等高寒旱生植物，广大河谷平原地区植株高 20~30 厘米，植被覆盖度可达 30%~40%。特别是桑曲中下游河谷平原及错加周围滨湖，大面积沼泽湿地成为良好的天然牧场，是安多县藏系绵羊及牦牛的重要牧养基地。错那东邻青藏铁路，北接黑阿公路，距安多县驻地约 20 余千米。丰富的淡水资源对该区域的经济社会发展将带来重要影响。

7.15.1.1　嘎弄错
(Ganongcuo Lake)

怒江上游河源段山间盆地内的断陷构造湖亦称喀隆错，位于西藏自治区安多县境内，地理位置为东经 91°30′，北纬 31°55′。湖面高程 4 580 米，湖长 10.5 千米，最大宽 3 千米，平均宽 1.49 千米，水面面积 15.6 平方千米。湖体呈南北走向，湖岸线十分曲折，周长 30.8 千米。

湖泊位于念青唐古拉山北侧，多年平均气温 −4 摄氏度左右，多年平均年降水量约 420 毫米，属高原亚寒带那曲果洛半湿润气候区。湖水补给大致为**错那**出水口以上来水及湖泊区间入湖径流两部分。湖体西北岸与错那之间仅以一条宽数十米的低平沙堤相隔，夏季高水位时，错那湖水漫过小沙堤下泄入湖。错那出水口以上的流域面积为 3 382 平方千米，两湖之间的区间流域面积为 1 228 平方千米。在区间汇入的河流主要有东岸的桑曲、江咬马河和西岸的土曲。受东西山体控制，嘎弄错南部出流河道宽不足百米。

据 1959 年地质资料，湖水矿化度为 0.754 克每升，属碳酸盐型外流淡水湖泊。湖泊东侧有大面积的沼泽湿地，水草丰茂，是良好的牧场。青藏公路、青藏铁路均从东侧湖滨通过。

7.15.1.1.1　错加
(Cuojia Lake)

外流吞吐淡水湖泊，位于西藏自治区安多县境内，地理位置为东经 91°20′~91°24′，北纬 31°58′~32°02′。湖面高程

4 588 米时，湖泊长度 8.9 千米，最大宽度 3.6 千米，平均宽度 2.25 千米，水面面积 20 平方千米。湖西岸较曲折，东岸相对平直，湖泊周长 23 千米。

错加与**错那**同处班公—东巧—怒江大断裂带，属构造湖。流域南邻懂错水系；西、北与兹格塘错入湖河流源区交界。出水口以上流域面积 624 平方千米。北部湖滨是大面积湖积平原及沼泽湿地，地势十分平坦；西、南部湖滨分布低山丘陵，滨岸地势起伏显著；东部与错那之间枯水时以低平沙堤阻隔，夏季两湖通连，湖水越沙堤向错那排泄。亦即错加是错那水系中吞吐湖泊。历史上两湖同属统一湖体，现两湖间低平沙堤系在湖水位逐步下降过程中由风浪等动力作用所形成。

湖水补给主要来自西岸及南岸。最大的入湖河流是从西北岸汇入的昌木钦玛曲，河长 34 千米，流域面积 268 平方千米。上游自东向西有 4 条河流，其中布夏麦曲为正源，源头高程 4 850 米。各支源头均有较丰富的泉水补给，单泉出水量多在每小时 1 800～3 600 升。西岸另有扎嘎卡曲及沙鄂玛夏弄曲两条较小河流汇入，前者长 31 千米，流域面积 176 平方千米；后者长 17 千米，流域面积 75 平方千米。均以大气降水补给为主。由南岸汇入的我容曲河长 19 千米，流域面积 56 平方千米，是一条坡陡流急、具山区性特征的溪流。

错加西北部湖滨是水草丰茂的良好牧场，交通较方便，居民点比较集中，已成为安多县饲养藏系绵羊及牦牛等牲畜的基地。

7.15.2 母曲
(Muqu River)

怒江右岸支流，亦称母各曲，发源于西藏自治区那曲县香茂乡境内的香雄日山北麓，流域面积 2 103 平方千米，河长 74 千米，落差 765 米。

流域东面与**龚曲**流域接界，南面与拉萨河支流桑曲流域相邻，西邻乃日平错流域，北与怒江干流相连。流域内地势高亢，南高北低，属羌塘高原湖盆地貌。河谷宽阔，地形平坦。

流域内气候严寒，无霜期短，多大风，长冬无夏，冬、春季多雪。年日照时数约 2 860 小时。多年平均年降水量约 450 毫米。年水面蒸发量约 1 100 毫米。冬季冰情严重，河流有封冻现象。水力资源理论蕴藏量 4.82 万千瓦。水资源、水能资源尚未开发。珍稀野生动物有野驴、黑颈鹤等。经济以畜牧业为主，饲养牦牛、绵羊、山羊等。

河流的上段称忧曲。自源头向北流，经栋孜、察夏右纳捌大曲岗，左纳卡期曲岗后转向西流，至门曲库附近急转北流。经冲冲、不格彦朗，于姑青玛附近左纳加木曲后，在那曲县罗玛镇的泥根朗靶下游约 3 000 米处注入怒江。

流域内沼泽、草场分布广泛，沼泽湿地已被国家列为重要湿地。植被以高山草甸为主，覆盖率较高。河水清澈，属低沙河流。河床覆盖层多为砂卵石组成。流域内湖泊星罗棋布，主要有凶欧错、的雅错、夯错等，自然灾害有雪灾、风灾、旱灾等。

7.15.3 次曲
(Ciqu River)

怒江左岸支流，亦称称曲，发源于西藏自治区聂荣县尼玛乡境内的江格拉山西麓。流域面积 1 090 平方千米，河长 91 千米，落差 530 米，地跨西藏自治区那曲、聂荣两县。

流域东、北面与**卡曲**流域接界，南面与怒江干流相连。流域内地势高亢，北高南低，属高原湖盆地貌。河谷宽阔，地形平坦，为高原丘陵地形。

流域内气候严寒，无霜期短，长冬无夏，多大风，冬、春季多雪，日照充足。多年平均年降水量约 450 毫米。年水面蒸发量约 1 100 毫米。水质较好。冬季冰情严重，河流有封冻现象。水力资源理论蕴藏量约 1.95 万千瓦。水资源、水能资源尚未开发。珍稀野生动物主要有野驴、黑颈鹤等，饲养牦牛、绵羊、山羊等，虫草、贝母、雪莲花是主要的地方特产。

上段称因门曲。自源头向西南流，经地卡玉至曲扎（穷扎），河流出聂荣县进入那曲县境。于衣里竹希转向东南流。至夺曲雄村河流始称次曲。在那曲镇下游约 8 000 米处注入怒江。那曲镇是那曲县府和那曲地区行署所在地。交通发达，青藏公路穿城而过，青藏铁路沿城边通过。那曲藏语意为"黑河"。乾隆十六年（1751 年）清政府在那曲建立坎囊宗，隶属西藏地方政府，后改名那曲宗，1942 年，归绛曲基巧管辖，1959 年 10 月设县。那曲县 2008 年总人口 92 908 人，地区生产总值为 50 328.26 万元。

藏北赛马节是藏北草原规模盛大的传统节日，故又称"草原盛会"，每年藏历六月举行，为期 5～15 天不等。流域内沼泽、草场广布，沼泽湿地已被国家列为重要湿地。植被以高山草甸为主，覆盖率较高。河水清澈，属低沙河流。河床多以砂卵石组成。自然灾害有雪灾、风灾、旱灾等。

7.15.4 龚曲
(Gongqu River)

怒江右岸支流，发源于西藏自治区那曲县达萨乡境内的那木国附近，流域面积 1 232 平方千米，河长 60 千米，落差 860 米。

流域东面与**罗曲**流域接界，南面与拉萨河上游河段麦地藏布流域相邻，西邻**母曲**流域，北与怒江干流相连。流域内地势高亢，南高北低，为湖盆地貌。河谷宽阔，地形平坦。

流域内气候严寒，无霜期短，多大风，冬、春季多雪，长冬无夏，日照充足。多年平均年降水量约 480 毫米，年水面蒸发量约 1 100 毫米。冬季冰情严重，河流有封冻现象。水力资源理论蕴藏量约 4.10 万千瓦。水资源、水能资源尚未开发。珍稀野生动物主要有野驴、黑颈鹤等。经济以畜牧业为主，饲养牦牛、绵羊、山羊等。

自源头向东流，于那木国附近转向北流。至桑底右纳迁诺曲后转向西北流。在尼布（拉木青）村以下约 3 000 米处左纳则诺曲，流经约 7 000 米注入怒江。流域植被以高山草甸为主，覆盖率较高。河水清澈，属低沙河流。河床覆盖层多以砂卵石组成。自然灾害有雪灾、风灾、旱灾等。流域内的达萨乡建有塘坝工程，蓄水量 0.3 万立方米。

7.15.5 罗曲
(Luoqu River)

怒江右岸支流，亦称乐曲，发源于西藏自治区那曲县洛麦乡达朗列附近的罗布习卡山北麓，流域面积 1 479 平方千米，河长 93 千米，落差 997 米，地跨西藏自治区那曲、比如两县。

流域东、南面与麦地藏布流域接界，北与怒江干流相连，西邻**龚曲**流域。流域内地势高亢，西南高东北低，高原湖盆地貌。河谷宽阔，地形平坦。

流域内气候严寒，无霜期短，多大风，冬、春季多雪，长冬无夏，日照充足。多年平均年降水量约 550 毫米，年水面蒸发量约1 100毫米。冬季冰情严重,有封冻现象。水力资源理论蕴藏量4.40万千瓦。珍稀野生动物有野驴、黑颈鹤等。经济以畜牧业为主,饲养牦牛、绵羊、山羊等。

罗曲自源头向东北流,经洛麦乡的那布和色雄乡的东庆,在那曲县尼玛乡的栋庆库村(汤孔玛)以下进入比如县境,于比如县达塘乡达孜村附近注入怒江。流域内沼泽湿地已被国家列为重要湿地。植被以高山草甸为主,覆盖率较高。河水清澈,属低沙河流。河床多以砂卵石组成。自然灾害主要有雪灾、风灾和旱灾。

7.15.6 卡曲
(Kaqu River)

怒江左岸支流,亦称下秋曲,发源于西藏自治区安多县滩堆乡恰查玛附近的唐古拉山南麓,在那曲县达前乡帕那村岗廓(卡伙)附近汇入怒江干流,地跨西藏自治区安多、聂荣、比如、那曲4县。

概 述

流域介于北纬31°34′~32°46′,东经91°53′~93°22′之间。东与**索曲**流域相邻,南与怒江干流相接,北与**长江**河源沱沱河流域接界。流域面积8 590平方千米,河长219千米,落差1 194米。卡曲支流较多,100平方千米以上的支流有15条,其中,流域面积大于400平方千米以上的有6条。主要支流有**白曲**、**桑曲**和下如曲。

流域内地势高亢,气候严寒、干燥。属高原亚寒带半湿润、半干旱季风气候区。年日照时数约2 860小时,无霜期短,长冬无夏。冬、春季多雪、多大风天气。那曲气象站多年平均气温-1.4摄氏度,7月为9.0摄氏度,1月为-13.1摄氏度。年水面蒸发量约1 100毫米。径流由雨水、冰雪融水和地下水组成,流域内有现代冰川分布,冰川面积约33.9平方千米。径流年际变化较小,年内分配不均。植被覆盖率较高。河水含沙量较小。冬季冰情严重,河流有封冻现象。流域地势北高南低,平均海拔在4 500米左右,属羌塘高原湖盆地貌。河谷宽阔,地形平坦,为高原丘陵地形。出露岩层主要为玄武岩、白云质灰岩、片麻岩、片岩、板岩等。新构造运动较为活跃,地震基本烈度为Ⅷ度。

矿产有砂金、铅、锌、铜、铁等。珍稀野生动物有野牦牛、野驴、藏羚羊、黑颈鹤等。珍贵药材有虫草、贝母、雪莲花等。自然灾害以雪灾、风灾、旱灾为主,几乎年年发生。雪灾主要发生在11月至次年3月。

流域内居民以藏族居多,宗教信仰以藏传佛教为主,民风淳朴。西藏自治区成立以前,无公路交通,物流只能靠人背(牦牛)马驮。至21世纪初,已达到乡乡通公路,交通条件得到改善。经济以牧业为主,主要饲养牦牛、绵羊等。畜产品主要有牛羊肉、酥油、羊毛、皮张和牛羊绒。传统家庭手工业品有藏被、糌粑口袋、腰带等。西藏自治区成立以后,特别是改革开放以来,国家加大了对西藏水利、水电建设的投资力度。水利建设以小型灌溉和水电工程为主。截至2005年年底,已建小型引水工程1处,干渠长3.18千米。已建水电站2座,装机容量0.146万千瓦。

纪 实

河流呈北南流向。源头分布有现代冰川。高原湖盆及冰碛地貌发育,地形平坦。植被以高山草甸为主。源头至楚曲汇口为上游,上游段称当曲,大致向南流。经恰查玛右纳麦若曲,左纳永浦曲。在楚雄以下约8千米处流进聂荣县。左纳楚曲后河流进入中游。上游地形平坦,水流平缓。河床多以砂石组成。

楚曲汇口至夏曲镇为中游,中游段称下秋曲。以宽谷地貌为主,两岸有阶地分布。沼泽、草场发育,湖泊星罗棋布,已被国家列为重要湿地。右纳桑曲后,河流转向东南流。在日入格觉村附近右纳下如曲,在尼玛隆村附近右纳贡布曲,河流进入比如县境内。经朗底,在如日尕附近左纳冬尕日曲。至边塘(白塘)村转向南流。在夏曲镇上游左纳白曲,经夏曲镇,流进下游,进入那曲县境内。

夏曲镇以下为下游。右纳藏曲后河流向东南流。经荣抱贡巴、宁加,在那曲县达前乡曲水贡玛村附近汇入怒江。下游段有阶地分布,草原广袤,以牧业为主。水流平缓,河床多以砂卵石组成。

7.15.6.1 桑曲
(Sangqu River)

卡曲右岸支流,发源于西藏自治区安多县帮麦(帮美)乡尕绞松库附近的麦若莱日山南麓,河长76千米,落差810米,流域面积1 772平方千米。

流域内地势高亢,北高南低,属高原湖盆地貌。河谷宽阔,地形平坦。流域内气候严寒,无霜期短,长冬无夏,多大风,冬、春季多雪,日照允足。多年平均年降水量约450毫米。冬季冰情严重,有封冻现象。多年平均年径流量约2.03亿立方米,多年平均流量约6.44立方米每秒。水力资源理论蕴藏量约4.65万千瓦。水资源、水能资源尚未开发。珍稀野生动物有野驴、黑颈鹤等。饲养牦牛、绵羊、山羊等。虫草、贝母、雪莲花是主要的地方特产。

上游段称加木采曲,向南流。右纳江照曲后转向东南流,始称桑曲。过滩堆进入聂荣县境内。在错阳附近右纳聂荣曲后,流约4千米注入卡曲。聂荣县城位于聂荣曲与桑曲汇口附近。流域内沼泽、草场发育,沼泽湿地已被国家列为重要湿地。植被以高山草甸为主,覆盖率较高。低沙河流,河床多以砂卵石组成。流域内雪灾频繁,其他自然灾害还有风灾、旱灾等。

7.15.6.2 白曲
(Baiqu River)

卡曲左岸支流,发源于西藏自治区聂荣县白雄乡玛扎贡玛村附近,流域面积2 149平方千米,河长94千米。

流域西、南面与卡曲干流相连,北、东面与**本曲**流域接界。流域内地势高亢,北高南低,属高原湖盆地貌。河谷宽阔,地形平坦。

流域内气候严寒,无霜期短,长冬无夏,多大风,冬、春

卡曲下游

季多雪，日照充足。多年平均年降水量约550毫米。年水面蒸发量约1 100毫米。植被覆盖率较高，河水含沙量较小。冬季冰情严重，有封冻现象。多年平均年径流量约7.09亿立方米，多年平均流量约22.5立方米每秒。水力资源理论蕴藏量约3.58万千瓦。水资源、水能资源尚未开发。珍稀野生动物有野驴、黑颈鹤等。饲养牦牛、绵羊、山羊等。虫草、贝母、雪莲花是主要的地方特产。

河流大致上向东南流。经聂荣县白雄乡的孙木村，在恰欧多附近进入比如县境内。左纳**江曲**后转向西南流。经色雄村，在色列下游汇入卡曲。流域内的沼泽湿地已被国家列为重要湿地。植被以高山草甸为主，覆盖率较高。河床多以砂卵石组成。雪灾频繁，其他自然灾害还有风灾、旱灾等。

7.15.6.2.1　江曲
(Jiangqu River)

白曲左岸支流，发源于西藏自治区比如县夏曲镇改玛村附近。流域面积721平方千米，河长42千米。

流域内地势高亢，南高北低，属高原湖盆地貌。气候严寒，无霜期短，多大风，日照充足。多年平均年降水量约550毫米。植被覆盖率较高，河水含沙量较小。冬季冰情严重，有封冻现象。多年平均年径流量约2.38亿立方米，多年平均流量约7.55立方米每秒。水资源、水能资源尚未开发。珍稀野生动物有野驴、黑颈鹤等。

河流上段称岗曲，下段称江曲。自源头向西北流。在那欠附近左纳措布松曲和桃色曲后，流经约4 000米汇入白曲。植被以高山草甸为主，覆盖率较高。河床多为砂卵石组成。流域内雪灾频繁，还有风灾、旱灾等。

7.15.7　嘎曲
(Gaqu River)

怒江右岸支流，亦称嘎弄曲，发源于西藏自治区比如县良曲乡境内的朗卡拉铁附近，流域面积1 060平方千米，河长71千米，落差1 151米。

嘎曲嘎塔段

流域东与**姐曲**流域相邻，南与麦地藏布流域接界，北与怒江干流相连，西为怒江其他支流。流域内地势高亢，南高北低，以高原湖盆地貌为主。河谷宽阔，地形平坦。

流域属高原亚寒带季风半湿润气候区。气候严寒，无霜期短，多大风，日照充足。多年平均年降水量550毫米。年水面蒸发量约1 100毫米。植被覆盖率较高，河水含沙量较小。冬季冰情严重，有封冻现象。水力资源理论蕴藏量约3.65万千瓦，水资源、水能资源尚未开发。珍稀野生动物有野驴、黑颈鹤等。经济以畜牧业为主，饲养牦牛、绵羊、山羊等。

西藏野驴

河流自东向西流，注入错饶错后转向北流。在区日以波附近转向东流，而后折向东北流。河源地带多湖泊、沼泽及草场。经然木塘、格康村、嘎塔，于良曲乡热如村附近汇入怒江。上游植被以高山草甸为主，中、下游以灌丛草甸为主，覆盖率较高。饲养牦牛、绵羊、山羊等。河床多以沙石组成。自然灾害有雪灾、风灾、旱灾等。

7.15.8　索曲
(Suoqu River)

怒江左岸支流，亦称素曲，发源于西藏自治区聂荣县索雄乡仲果次庆附近的唐古拉山南麓。地跨西藏自治区聂荣、巴青、索县、比如4县。

概　述

流域介于北纬31°31′～32°45′，东经92°32′～94°32′之间。东与**热玛曲**流域相邻，南与怒江干流相接，西邻**卡曲**下秋曲段，北与**长江**上源的沱沱河接界。流域面积13 840平方千米（其中冰川面积约162平方千米），河长260千米，落差1 570米，为怒江最大的支流。索曲支流较多。流域面积大于200平方千米的支流有16条。流域面积大于1 000平方千米的有4条。主要支流有**本曲**、**益曲**、**巴青曲**、**库尔色曲**和**贡曲**等。

流域地势高亢，气候严寒、干燥。属高原亚寒带半湿润半干旱季风气候区。年日照时数约2 860小时。无霜期短，冬、春季多雪，多大风。那曲多年平均气温－1.4摄氏度（1956—2003年），极端最低气温－41.2摄氏度（1968年），流域多年平均年降水量约580毫米。年水面蒸发量约1 100毫米。径流由雨水、冰雪融水和地下水组成，年内分配不均。河水含沙量较小。冬季冰情严重，有封冻现象。流域地势西北高东南低，以高原湖盆和高原丘陵地貌为主。河谷宽阔，地形较平坦。出露岩层主要为玄武岩、白云质灰岩、片麻岩、片岩、板岩等。地震基本烈度为Ⅷ度。

流域水力资源理论蕴藏量约59.6万千瓦，其中干流约35.8万千瓦。矿产有砂金、铅、锌、铜、铁等。珍稀野生动物有野牦牛、野驴、藏羚羊、黑颈鹤等。珍贵药材有虫草、贝母、雪莲花等。自然灾害以雪灾、风灾、旱灾为主，几乎年年发生。雪灾主要发生在11月至次年3月，如1848年、1901年、1956年、1988年、1989年9月至1990年4月30日、1993年3月及1995年，都给流域内的人民生命财产造成了重大损失。冬、春季多大风，常常伴有暴风雪灾害发生。如1999年2～3月，发生了8～11级大风天气，昼夜不停，牧草连根刮走，造成部分牲畜死亡。

流域内居民以藏族为主。317国道穿越本流域，交通较为

索曲水系示意图

方便。经济以牧业为主，兼有农业。主要饲养牦牛、绵羊、山羊等。畜产品主要有牛羊肉、酥油、羊毛、皮张等。手工业产品主要有氆氇、卡垫、藏被等。下游地带可种植青稞、春小麦和油菜等。西藏自治区成立后，促进了流域水利、水电事业的发展。水利建设以索县、巴青县城防洪堤工程和小水电工程为主。截至 2005 年年底，流域内已建小水电站 5 座，总装机容量 2 185 千瓦，已建防洪堤 9.93 千米。

纪　实

河流向东南流。地势高亢，气候寒冷。冬、春季多雪，现代冰川发育，冰碛丘陵起伏，地形平坦，植被以高山草甸为主。源头至登曲汇口为上游，向东南流，经仲果次庆，左纳洪巴日曲和郭仁曲后，转向南流，而后复向东南流。经达布日通、多巧，在登嘎（帕央塘）村以下左纳**登曲**，河流进入中游段。上游以高原湖盆地貌为主，河谷宽阔，水流平缓。多冰碛湖，沼泽、湿地发育，河床为沙石组成。

登曲汇口至索县县城亚拉镇为中游。在栋达（东达）村以下左纳当木江曲和贡曲后，河流进入巴青县境内。经切塘（宰顺通）、莲乃塘、拉布亚塘等地，相继纳入右岸果曲、本曲和左岸巴青曲、**枪曲**等支流后进入索县境内。经亚拉镇左纳益曲后河流进入下游段。中游河段位于藏北高原与藏东高山峡谷的结合部，属南羌塘大湖盆区，以宽谷地貌为主，两岸有阶地分布。河床多为砂卵石组成。

亚拉镇至河口为下游。向东南流，流经卓普塘、央达村，右纳**库尔色曲**，经若达、旦特卡村，河流在若达乡嘎欧卡村以下汇入怒江干流。下游河谷宽窄相间，两岸有阶地分布。植被以高山草甸为主，有小面积森林和灌丛分布。

7.15.8.1　登曲
(Dengqu River)

索曲左岸支流，发源于西藏自治区聂荣县当木江乡登嘎村附近的登玛绞尼山（亦称拉迪日旧山）东麓，流域面积 439 平方千米，河长 50 千米，落差 890 米。

流域内地势高亢，北高南低，以高原湖盆地貌为主。河谷宽阔，地形平坦。气候严寒，无霜期短，多大风，日照充足。流域多年平均年降水量约 550 毫米。年水面蒸发量约 1 100 毫米。河水含沙量较小。冬季冰情严重，有封冻现象。多年平均年径流量约 1.10 亿立方米，多年平均流量约 3.49 立方米每秒。水资源、水能资源尚未开发。经济以畜牧业为主，饲养牦牛、绵羊、山羊等。

登曲自源头向东流，上段称登额陇，下段称登曲。流经陇切达转向南流。在聂荣县当木江乡登嘎（帕央塘）村以下汇入索曲。源头有冰川分布。草场较好，植被以高山草甸为主。河水清澈，河床为沙石组成。冬、春季雪灾频繁，其他自然灾害还有风灾、旱灾等。

7.15.8.2　贡曲
(Gongqu River)

索曲左岸支流，发源于西藏自治区巴青县岗切乡拉迦村附近的多吉热沙（诺尔比查查拉）山南麓，流域面积 944 平方千米，河长 56 千米，落差 640 米。

流域内地势高亢，北高南低，以高原湖盆地貌为主。河谷宽阔，地形平坦。气候严寒，无霜期短，多大风，日照充足。流域多年平均年降水量635毫米，年水面蒸发量1 100毫米。河水含沙量较小。冬季冰情严重，有封冻现象。流域多年平均年径流量约2.69亿立方米，多年平均流量8.53立方米每秒，水资源、水能资源尚未开发。

贡曲上游

贡曲自源头向南流。经拉加、纳贡村，左纳拉玛曲，右纳玉肖贡玛，河流称岗曲。左岸有抛钦曲汇入后河流转向西南流，窝金曲从右岸汇入后始称贡曲，在巴青县岗切乡伦布村以下汇入索曲。流域内草场较为发育，植被以高山草甸为主。冬、春季雪灾频繁，其他还有风灾、旱灾等。

7.15.8.3　本曲
（Benqu River）

索曲右岸支流，发源于西藏自治区聂荣县桑荣乡朗玛隆达村附近的错隆山南麓，流域面积2 405平方千米，河长143千米，落差1 050米。

流域东北面与索曲干流相连，西、南面与**卡曲**流域接界。地势高亢，西北高东南低，高原湖盆地貌。河谷宽阔，地形平坦。

流域内气候严寒，无霜期短，多大风，冬、春季多雪，日照充足。流域多年平均年降水量约540毫米。冬季冰情严重，有封冻现象。流域多年平均年径流量约6.13亿立方米，多年平均流量约19.4立方米每秒。水力资源理论蕴藏量约7.14万千瓦。水资源、水能资源尚未开发。珍稀野生动物主要有野驴、黑颈鹤等。经济以畜牧业为主，饲养牦牛、绵羊、山羊等。畜产品主要有牛羊肉、酥油、羊毛、皮张。虫草、贝母、雪莲花是主要的地方特产。

本曲自源头向南流，上段称彭曲。右纳格曲后转向东南流。经央热帕玛村，在白雄乡瓦比格加卡村下游进入巴青县境内。经廷莫、擦岗吓村，在巴青县杂色镇梅帕塘村附近汇入索曲。河流上段有冰川分布。沼泽、草场较为发育，植被以高山草甸为主。水流平缓，河水清澈，河床多为砂卵石组成。雪灾频繁，还有风灾、旱灾等。

7.15.8.4　巴青曲
（Baqingqu River）

索曲左岸支流，亦称连曲，发源于西藏自治区巴青县玛如乡的伦布雄（龙朴涌）境内，流域面积1 259平方千米，河长85千米，落差1 100米。

流域东与**枪曲**和**益曲**流域接界，西南面与索曲干流相连。流域地势高亢，北高南低，属高原湖盆地貌。河谷宽阔，地形平坦。

流域内气候严寒，无霜期短，多大风，冬、春季多雪，日照充足。流域多年平均年降水量约650毫米。冬季冰情严重，有封冻现象。流域多年平均年径流量约4.41亿立方米，多年平均流量约14.0立方米每秒。水力资源理论蕴藏量约4.68万千瓦。水资源、水能资源尚未开发。珍稀野生动物有野驴、黑颈鹤等。经济以畜牧业为主，饲养牦牛、绵羊、山羊等。畜产品主要有牛羊肉、酥油、羊毛、皮张。虫草、贝母、雪莲花是主要的地方特产。

巴青曲上游

河流总体上向西南流，河源段称萨色曲（或撒赛曲）。流经玛如、责盖、扎孔果村，在巴青县杂色镇梅帕塘村附近汇入索曲。域内有冰川、沼泽和草场分布，植被以高山草甸为主。河水清澈，河床为砂卵石组成。自然灾害有雪灾、风灾、旱灾等。

7.15.8.5　枪曲
（Qiangqu River）

索曲左岸支流，发源于西藏自治区巴青县江绵乡的枪堆附近，流域面积419平方千米，河长56千米，落差1 120米。

流域东与益曲流域接界，南与索曲干流相连，西北面与**巴青曲**流域相邻。流域内地势高亢，北高南低。河谷宽阔，地形平坦。流域内气候严寒，无霜期短，日照充足，多大风，冬、春季多雪。流域多年平均年降水量约650毫米。冬季冰情严重，有封冻现象。多年平均年径流量约1.89亿立方米，多年平均流量约5.99立方米每秒。水资源、水能资源尚未开发。经济以畜牧业为主，饲养牦牛、绵羊、山羊等。

河流总体上向西南流，流经枪堆、改如塘村，在咔吾达村附近进入索县境内。流经强雄，在索县亚拉镇鲁乃村附近注入索曲。植被以高山草甸为主。河水清澈，河床多为砂卵石组成。流域内雪灾频繁，其他自然灾害还有风灾、旱灾等。

7.15.8.6　益曲
（Yiqu River）

索曲左岸支流，发源于西藏自治区巴青县江绵乡索日亚拉（索日尼那）村附近的唐古拉山南麓，河长110千米，落差1 130米，流域面积2 362平方千米。

流域东与**热玛曲**接界，南与索曲干流相连，西为**枪曲**，北与**澜沧江**支流**吉曲**（昂曲）相邻。流域内地势高亢，北高南低，以高原湖盆地貌为主。河源一带有冰川分布。河谷宽窄相间。

流域内气候严寒，无霜期短，日照充足，多大风，冬、春季多雪。流域多年平均年降水量650毫米左右，冬季冰情严重，有封冻现象。流域多年平均年径流量约10.3亿立方米，多年平均流量约32.7立方米每秒。水力资源理论蕴藏量约

8.06万千瓦。经济以畜牧业为主，饲养牦牛、绵羊、山羊等。虫草、贝母、雪莲花是主要的地方特产。

河流自源头向东南流，左纳江陇曲后转为南流，至玛尼央嘎村以下始称益曲。经满热乡村至达热村，左纳郭欠曲后急转西流。经拉西镇，河流在佐雪圭村附近进入索县境内。在索县亚拉镇的色热塘村下游约3千米处注入索曲。流域内草场较好，植被以高山草甸为主。河水清澈，河床多为砂卵石组成。流域内雪灾频繁，自然灾害还有风灾、旱灾等。

坐落在益曲右岸的拉西镇是巴青县府驻地。巴青藏语意为"大牛毛帐篷"，吐蕃时期称为松比东布琼，受象雄郭比诸侯及松比管辖，元代属霍尔王管理，明代属四川，清代为三十九族地区之一，光绪年间划归西藏地方政府管辖，并派有官员驻扎。1941年始设巴青宗。1959年设县。巴青县2008年总人口46 092人，2007年地区生产总值为32 443.32万元。

7.15.8.7 库尔色曲
（Kuersequ River）

索曲右岸支流，发源于西藏自治区比如县扎拉乡桑布村附近的帕以拉山北麓，流域面积1 280平方千米，河长47千米，落差1 080米。

流域内地势高亢，西高东低。河谷宽阔，地形平坦。流域内气候严寒，无霜期短，多大风，冬、春季多雪，日照充足。流域多年平均年降水量约550毫米。冬季冰情严重，有封冻现象。流域多年平均年径流量约4.48亿立方米，多年平均流量约14.2立方米每秒。水力资源理论蕴藏量约3.93万千瓦。水资源、水能资源尚未开发。经济以畜牧业为主，饲养牦牛、绵羊、山羊等。虫草、贝母、雪莲花是主要的地方特产。

河流总体上向东北流。经桑布、察夺村，在昂秀村附近左纳积曲。经扎拉乡，在索县亚拉镇江青村附近进入索县境内。经羌偏夺、其珠村，在索县亚拉镇央安村附近汇入索曲。流域内有冰川、沼泽、草场分布，植被以高山草甸为主。河水清澈，河床多为砂卵石组成。流域内雪灾频繁，自然灾害还有风灾、旱灾等。

7.15.9 热玛曲
（Remaqu River）

怒江左岸支流，发源于西藏自治区巴青县雅安镇贡庆达村附近的拉根徐晓山西麓，流域面积2 378平方千米，河长126千米，落差1 444米。

流域内地势高亢，北高南低，属羌塘高原大湖盆区。河谷宽阔，地形相对平坦。出露岩层有片麻岩、片岩、板岩等。

热玛曲雅安镇段

流域内气候严寒，无霜期短，多大风，冬、春季多雪，日照充足。流域多年平均年降水量约645毫米。冬季冰情严重，有封冻现象。流域多年平均年径流量约10.7亿立方米，多年平均流量约33.9立方米每秒。水力资源理论蕴藏量约12.7万千瓦。经济以畜牧业为主，饲养牦牛、绵羊、山羊等。畜产品主要有牛羊肉、酥油、羊毛和皮张。虫草、贝母、雪莲花是主要的地方特产。

河流自源头向南流。经贡庆达、普古格，在夏卓格附近左纳荣曲，在雅安镇上游处转一大弯，于鹅公打下游约3.2千米处进入索县境内。流经夺崩库、苏羌村，在嘎美附近右纳咸日达曲，继续南流经加勤乡嘎达村后汇入怒江。

流域内有冰川、沼泽、草场分布，在雅安镇附近有温泉出露。植被以高山草甸为主。河水清澈，河床覆盖层多为砂卵石组成。中游段上建有嘎美乡水电站，装机容量250千瓦。流域内雪灾频繁，自然灾害还有风灾、旱灾等。

7.15.10 热曲
（Requ River）

怒江左岸支流，发源于西藏自治区索县荣布镇恰达卡村附近的恰拉山南麓，流域面积1 453平方千米，河长50千米，落差1 078米，流域涉及西藏自治区索县、丁青两县。

流域内地势高亢，北高南低，属羌塘高原大湖盆区。河源地带冰川及冰蚀地貌发育，冰川覆盖面积约32.2平方千米。河谷较宽阔，地形相对平坦。出露岩层有片麻岩、片岩、板岩等。

流域内气候严寒，无霜期短，多大风，冬、春季多雪，日照充足。流域多年平均年降水量约645毫米。冬季冰情严重，有封冻现象。流域多年平均年径流量约6.54亿立方米，多年平均流量约20.7立方米每秒。水力资源理论蕴藏量约6.79万千瓦。经济以牧业为主，兼有农业和民族手工业。饲养牦牛、绵羊、山羊等。畜产品主要有牛羊肉、酥油、羊毛、皮张和牛羊绒。农作物有青稞、小麦和油菜等。民族手工业产品有氆氇、卡垫、手工艺品等。虫草、贝母、雪莲花是主要的地方特产。

河流自源头向东南流，支流多在左岸汇入。流经恰达卡、格隆塘村，在日曲夺村下游左纳拥曲。至荣布镇附近左纳则荣曲。在色昌乡附近左纳纬曲后，河流转向西南流。经强根卡村，在索县色昌乡南巴村附近汇入怒江。在色昌乡附近有温泉出露。草场较好，植被以高山草甸为主，分布有灌木和小面积森林。河水清澈，河床多为砂卵石组成。流域内雪灾频繁，还有风灾、旱灾等。

7.15.11 姐曲
（Jiequ River）

怒江右岸支流，亦称杰曲，发源于西藏自治区比如县羊秀乡松夺以上约12千米处，流域面积5 590平方千米，河长135千米，落差1 660米，流域涉及西藏自治区比如、边坝两县。

概 述

流域介于北纬30°52′～31°24′，东经93°16′～94°35′之间。东、北与怒江干流相连，南隔念青唐古拉山与易贡藏布流域接界，西邻**拉萨河**上源麦地藏布。主要支流有**莫弄曲**和**七曲**（亦称其曲）。

流域地势高亢，气候严寒，日照充足，无霜期短，冬、春季多雪，多大风。属高原亚寒带或温带半湿润季风气候区。流域多年平均年降水量约800毫米。年水面蒸发量约1 100毫米。径流由雨水、冰雪融水和地下水组成，年际变化较小，年内分配不均。河水含沙量较小。上游河段冬季冰情严重，有封冻现象。中、下游河段有岸冰和流冰花出现。流域地势西高东低，属羌塘高原大湖盆区。有现代冰川分布，冰川面积约203平方千米。河谷宽阔，地形较平坦。出露岩层为玄武岩、白云质灰岩、片麻岩、片岩、板岩等。地震基本烈度为Ⅷ度。

干流水力资源理论蕴藏量约23.6万千瓦。矿产有砂金、铅、锌、铜、铁等。珍稀野生动物有藏羚羊、黑颈鹤等。珍贵药材有虫草、贝母、雪莲花等。自然灾害以雪灾、风灾、旱灾为主。雪灾主要发生在11月至翌年3月，常给流域内的人民生命财产造成重大损失。

流域内交通较为方便，可乡乡通汽车。经济以牧业为主，兼有农业。畜牧业较发达，主要饲养牦牛、绵羊、山羊等。畜产品有牛羊肉、酥油、羊毛、皮张和牛羊绒。家庭手工业产品有氆氇、卡垫、藏被等。下游地带可种植青稞、冬（春）小麦和油菜。流域内已建水电站1座，装机容量200千瓦。

氆氇

纪　　实

源头至那布宗为上游，向东北流。河源段称鸭孔弄巴，左纳熊日弄巴后始称姐曲。经亚贡、斯塔村，左纳索弄巴后，河流进入中游段。上游地带以高原湖盆地貌为主，植被主要为高原草甸和灌木林。河谷宽阔，水流平缓。干、支流河源区有冰川分布。

那布宗至斯达村为中游。河流在卓匈村附近转向东南流，经羊秀乡，右纳七曲，经白嘎、杂亚村，左纳昔弄后河流进入下游段。中游段位于藏北高原与藏东高山峡谷的结合部，河谷宽窄相间，两岸有阶地分布，灌木林茂密，植被覆盖率较高。

斯达村至河口为下游。自西南向东北流，经亚昂朵、惹托村，河流在帕玛（帕尔玛）村下游约2千米处进入边坝县境内。经尼木乡雪巴（许巴）村，左纳结苦弄、右纳莫弄曲和瑜护雄曲后，于边坝县沙丁乡的栋定村附近汇入怒江。下游降水丰沛，森林茂密，植被以森林和灌丛为主。河谷宽窄相间，两岸有阶地分布。峡谷段水流湍急，河床多为砂卵石组成。

7.15.11.1　七曲
(Qiqu River)

姐曲右岸支流，亦称其曲，发源于西藏自治区比如县羊秀乡董木青格以上约6.5千米处，流域面积1 050平方千米（其中冰川面积约83.9平方千米），河长79千米，落差1 200米。

流域地势高亢，西高东低，属羌塘高原大湖盆区。河谷较为宽阔，地形相对平坦。流域内气候严寒，无霜期短，多大风，冬、春季多雪，日照充足。流域多年平均年降水量约660毫米。冬季冰情严重，有封冻现象。流域多年平均年径流量约5.78亿立方米，多年平均流量约18.3立方米每秒。经济以牧业为主，兼有农业和民族手工业。饲养牦牛、绵羊、山羊等。畜产品主要有牛羊肉、酥油、羊毛、皮张和牛羊绒。农作物有青稞、小麦和油菜等。民族手工业产品有氆氇、卡垫、手工艺品等。虫草、贝母是主要的地方特产。

河流总体上向东北流，流经董木青格、瓦聂和帕荣村，在比如县羊秀乡的奇达村附近汇入姐曲。流域内有冰碛湖分布，主要湖泊有彭错错孔玛和撒木错。草场较好，植被以高山草甸为主，分布有灌木和小面积森林。河水清澈，河床为砂卵石组成。自然灾害有雪灾、风灾、旱灾等。

7.15.11.2　莫弄曲
(Monongqu River)

姐曲右岸支流，发源于西藏自治区比如县白嘎乡打如格以上约6 500米高程处的冰川，流域面积1 281平方千米，河长71千米，落差1 330米，流域涉及西藏自治区比如、边坝两县。

流域位于羌塘高原与藏东南峡谷区的过渡地带。地势高亢，西南高东北低。冰川及冰蚀地貌发育。河谷宽窄相间，地形相对平坦。

流域内气候严寒，无霜期短，多大风，冬、春季多雪，日照充足。流域多年平均年降水量约800毫米。在冬季上游冰情严重，有封冻现象，中下游有岸冰和流冰花。水力资源理论蕴藏量约5.91万千瓦。经济以牧业为主，兼有农业和民族手工业。饲养牦牛、绵羊、山羊等。畜产品主要有牛羊肉、酥油、羊毛和皮张。农作物有青稞、小麦和油菜等。民族手工业产品有氆氇、卡垫、手工艺品等。虫草、贝母、雪莲花是主要的地方特产。

河流大致向东南流，经打如格、扎西隆村，在贡定村附近左纳靶曲，于白喀附近进入边坝县境内。右纳冻些雄曲后，在边坝县尼木乡雪巴（许巴）村附近汇入姐曲。流域内草场较好，植被以灌木和森林为主。河水含沙量较小，河床为砂卵石组成。自然灾害有雪灾、风灾、旱灾等。

7.15.12　美曲
(Meiqu River)

怒江右岸支流，亦称麦曲，发源于西藏自治区边坝县边坝镇拿木中以上的凶马达腊山北麓。流域面积1 658平方千米，河长76千米，落差1 280米。

流域位于羌塘高原与藏东南峡谷区的过渡地带。山峦重叠，沟壑纵横，地势高亢，南高北低。出露岩层有片麻岩、片岩、板岩等。

流域内气候严寒，无霜期短，多大风，冬、春季多雪，日照充足。流域多年平均年降水量约1 200毫米。河水未受污染，上游在冬季冰情严重，有封冻现象，中下游有岸冰和流冰花。水力资源理论蕴藏量约4.70万千瓦。已建电站2座，总装机容量约0.235万千瓦。经济以农牧业为主，兼有林业和民族手工业。饲养牦牛、绵羊、山羊等。农作物有青稞、小麦、油菜等。民族手工业产品有氆氇、卡垫、手工艺品等。虫草、贝母、雪莲花是主要的地方特产。

上游段称凶木曲。河流自源头向东北流，至洛亚玛村转向西北流。经巴亚岗、显俄村，左纳学曲后始称美曲。河流在边坝镇附近多岔道。经多许、宗古村，至江村折向北流。经边坝县城草卡镇，在草卡镇索村附近汇入怒江。中、上游植被以灌木为主，下游森林密布，植被覆盖率较高。中、上游河谷较宽阔，水流平缓。下游河谷狭窄，水流湍急。河水含沙量较小，河床为砂卵石组成。域内雪灾频繁，其他自然灾害还有风灾、泥石流、滑坡等。

坐落在美曲左岸的草卡镇为边坝县府驻地。边坝藏语意为"吉祥光辉、祥焰"。1951年成立边坝宗解放委员会，属昌都地区解放委员会驻三十九族第一办事处。1959年边坝宗与沙丁宗合并改称边坝县。边坝县2008年总人口33 496人，全县地区生产总值为20 518万元。

7.15.13 拉布希曲
(Labuxiqu River)

怒江右岸支流，亦称沙曲，发源于西藏自治区边坝县拉孜乡打堆塘以上的东拉山北麓，流域面积1 322平方千米（其中冰川面积约65平方千米），河长87千米，落差1 000米。

流域位于羌塘高原与藏东南峡谷区的过渡地带。地势高亢，南高北低，冰川及冰蚀地貌发育。河谷宽窄相间，地形相对平坦。

流域内气候严寒，无霜期短，多大风，冬、春季多雪，日照充足。流域多年平均年降水量约750毫米。水质较好，上游河段在冬季冰情严重，有封冻现象，中、下游段有岸冰和流冰花。水力资源理论蕴藏量约4.42万千瓦。经济以农牧业为主，兼有林业和民族手工业。饲养牦牛、绵羊、山羊等。种植青稞、小麦和油菜等。民族手工业产品有氆氇、卡垫、手工艺品等。虫草、贝母、雪莲花是主要的地方特产。

河流自源头向北流，至打堆塘转向西北流，在拉孜乡附近左纳一支流后复向北流。经拉孜乡的如村（亦称若村）、都瓦乡的加荣村（亦称加容村），左岸支流杂堆曲（亦称炸对曲）在珠村下游约6.3千米汇入干流后，河流在热玉乡热玉村上游约4千米处汇入怒江。河流中、上游河谷较宽阔，水流平缓。下游河谷狭窄，水流湍急。植被以灌木和森林为主。河水含沙量较小，河床为砂卵石组成。自然灾害有雪灾、风灾、旱灾等。

7.15.14 色曲
(Sequ River)

怒江左岸支流，亦称嘎曲，发源于西藏自治区丁青县嘎塔乡露六卡附近的布加岗日山北麓，流域面积4 810平方千米，河长161千米，落差1 590米。

流域介于东经94°40′～95°32′，北纬31°09′～32°09′之间。东与**达曲**流域相邻，南与怒江干流相连，西与**热曲**流域接界。域内地势高亢，北高南低。源头冰川及冰蚀地貌发育，冰川面积约181平方千米。出露岩层有玄武岩、白云质灰岩、片麻岩、石英砂岩、大理岩等。

流域属高原温带半湿润季风气候区。多年平均气温在3.4摄氏度左右，年日照时数在2 400小时以上，无霜期短。雨季一般为4—10月，流域多年平均年降水量约640毫米。多年平均水面蒸发量约1 000毫米。径流由雨水、冰雪融水和地下水组成。河水含沙量较小。冬季上游河段有封冻现象，中、下游河段有岸冰或流冰花。

水力资源理论蕴藏量约20.0万千瓦，截至2005年年底，已建电站1座，装机容量320千瓦。经济以农牧业为主，兼有民族手工业。农作物有青稞、冬（春）小麦和油菜。饲养牦牛、黄牛、绵羊、马等。畜产品主要有牛羊肉、酥油、羊毛、皮张和牛羊绒。民族手工业产品有氆氇、卡垫等。珍稀野生动物有野牦牛、熊、雪豹等。虫草、贝母、雪莲花是主要的地方特产。

源头至嘎塔乡的夏扎村为上游，称姜曲。河流向西北流，至色兴转向东北流。经江塔村，至嘎塔村附近始称嘎曲，并折向东南流。经贡日至夏扎，河流进入中游段。上游河谷开阔，有温泉出露。夏扎村至尺牍镇的瓦郭（瓦河）村为中游。经嘎塔、甘岩等地，相继纳入艾曲（亦称额曲）、布曲、**汝曲**、结曲等支流，至尺牍镇进入下游段。中游植被以灌丛为主，分布有小面积森林。河谷宽窄相间，宽谷段水流平缓，峡谷段水流湍急。河床多为砂卵石组成。经济主要以牧业为主，兼有农耕。瓦郭村至河口为下游。至如桑村附近，右纳迪曲（亦称地曲）。经巴邓，于直丁喀附近左纳巴恩曲（亦称斯荣浦曲）后，于当堆乡斯壤（斯荣或斯绒）村以下注入怒江。下游段蜿蜒穿行于峡谷中，水流湍急。河床多为砂卵石组成。两岸森林茂密，谷坡陡峻，岩石破碎。雨季易发生滑坡和泥石流灾害。

7.15.14.1 汝曲
(Ruqu River)

色曲左岸支流，亦称日曲，发源于西藏自治区丁青县色扎乡斯雄喀附近，流域面积1 364平方千米（其中冰川面积约58.3平方千米），河长80千米，落差1 631米。

流域地势高亢，北高南低。气候严寒，无霜期短，多大风，冬、春季多雪，日照充足。流域多年平均年降水量约650毫米。水质较好。上游段冬季冰情严重，有封冻现象，中、下游段有岸冰和流冰花。

多年平均年径流量约6.14亿立方米，多年平均流量约19.5立方米每秒，径流由雨水、冰雪融水和地下水组成。水力资源理论蕴藏量约6.73万千瓦。截至2005年年底，域内已建电站1座，装机容量320千瓦。

河流自源头呈北南流向。经日塔（邦达）、拍达喀（拥家卡）、贡桑等地，相继左纳剥弄曲、恩久弄和曲岗曲（亦称千曲）后，转向西南流。在色扎乡附近转向西北流，经索巴村，于尺牍镇瓦郭（瓦河）村附近注入色曲。河谷宽窄相间，以宽谷为主。河床多为砂卵石组成。植被以高山、亚高山草甸为主，草场较好。经济以牧业为主，兼有少量的种植业。常见的自然灾害有雪灾、霜冻、洪水和泥石流。

7.15.15 多让曲
(Duorangqu River)

怒江右岸支流，亦称热曲、涌通曲，发源于西藏自治区边坝县马武乡西龙（叉热）村附近，流域面积514平方千米，河长41千米，落差1 309米。

流域位于羌塘高原湖盆区与藏东南峡谷区的过渡带。地势南高北低。出露岩层有玄武岩、白云质灰岩、片麻岩、石英砂岩、大理岩等。

流域多年平均年降水量约560毫米。年水面蒸发量约1 000毫米。河水含沙量小。冬季上游有封冻现象，中、下游有岸冰和流冰花。水力资源理论蕴藏量约2.8万千瓦。自然生态环境完好。水资源、水能资源尚未开发。

河流自源头向东流，经雄通村后转向东北流。右纳南落曲，经白玉村（白玉村至河口为边巴县和洛隆县的界河）在洛隆县俄西乡的涅巴瓦下游约 8.4 千米处注入怒江。植被以灌木林为主，分布有小面积森林。河谷宽窄相间，以宽谷为主。河床多为砂卵石组成。常见的自然灾害有洪水、干旱、地震和泥石流等。

7.15.16　当曲
(Dangqu River)

怒江 左岸支流，亦称达曲，发源于西藏自治区丁青县当雄乡伊达西村附近，流域面积 797 平方千米，河长 44 千米，落差 1 625 米。

流域位于羌塘高原湖盆区与藏东南峡谷区的过渡地带。出露岩层为玄武岩、片麻岩、板岩、石英砂岩等。

流域多年平均年降水量约 620 毫米，年水面蒸发量小于 1 000 毫米。含沙量小，水质未受污染。冬季河流有封冻现象，中、下游河段有岸冰和流冰花。水力资源理论蕴藏量约 4.45 万千瓦。人类活动影响小，自然生态环境完好。水资源、水能资源尚未开发。

上游段称腊弄弄。河流自源头向西北流，经灭热通折向西南流，经当雄乡（当堆乡）等地，右纳拉庆雍、骑曲（亦称杰曲）后，于骑曲汇口下游约 2.5 千米处注入怒江。植被以灌木林为主，分布有小面积森林。常见的自然灾害有洪水、干旱、地震和泥石流等。河床多为沙卵石组成。

7.15.17　卓玛郎错曲
(Zhuomalangcuoqu River)

怒江 右岸支流，发源于西藏自治区洛隆县孜托镇然尼村附近的倾多拉山北麓，流域面积 2 552 平方千米，河长 81 千米，落差 1 940 米。

流域为高原山地地貌，山高谷深，峰峦纵横。源头一带冰川及冰蚀地貌发育。出露岩层有玄武岩、片麻岩、板岩、石英砂岩等。

流域为高原温带半湿润季风气候区，多年平均气温在 8.0 摄氏度左右，年均日照时数 2 852 小时。流域多年平均年降水量约 750 毫米。年水面蒸发量约 1 000 毫米。干流水力资源理论蕴藏量约 21.6 万千瓦。截至 2005 年年底，已建电站 1 座，装机容量 100 千瓦。

河流自源头向北流，至阿拉日折向东北流。经然尼、夏果，右纳格弄曲（亦称贡蘘普曲），河流始称卓玛郎错曲。经孜托镇，河流转向西北流。左纳达瓮曲后折向东北流。**西曲** 从左岸汇入后，于洛隆县俄西乡达惹定以下约 3.5 千米处注入怒江。

流域经济以农牧业为主，兼有民族手工业、木材加工业和粮食加工业。饲养牦牛、绵羊、山羊等。畜产品主要有牛羊肉、酥油、羊毛、皮张和牛羊绒。种植青稞、冬（春）小麦、油菜等。虫草、贝母、雪莲花是主要的地方特产。植被以森林和灌木林为主，两岸森林茂密，覆盖率在 70% 左右。河谷宽窄相间，以峡谷地貌为主，河床多为砂卵石组成。常见的自然灾害有地震、雪灾、洪水和泥石流等。

坐落在中游右岸的孜托镇为洛隆县府驻地。洛隆藏语意为"南谷"或"南川、南岭"。唐代时为吐蕃属地。明代后期属昌都寺。清雍正三年（1725 年）由噶厦地方政府管辖。2008 年全县有人口 41 723 人，地区生产总值为 31 397 万元。

7.15.17.1　西曲
(Xiqu River)

卓玛郎错曲 左岸支流，亦称中亦曲，发源于西藏自治区洛隆县中亦乡的咱拢格附近，流域面积 854 平方千米，河长 61 千米，落差 1 610 米。

流域多年平均年径流量约 5.55 亿立方米，多年平均流量约 17.6 立方米每秒，水力资源理论蕴藏量约 4.98 万千瓦。

河源段称若色（热曲），河流自源头向东北流，至宗嘎村始称中亦曲。河流折向北流，经中亦乡左纳巴日藏布（亦称巴里中波）及比吾隆曲（亦称必农曲）后转向东流。经娘聂（娘娘）村，在洛隆县俄西乡西果（西湖）村附近注入卓玛郎错曲。源头一带冰川及冰蚀地貌发育。

河谷宽窄相间，以峡谷地貌为主。河流蜿蜒穿行于深山峡谷中，两岸谷坡陡峻，水流湍急。河床多为砂卵石组成。植被以森林和灌木林为主，覆盖率在 70% 左右。常见的自然灾害有地震、雪灾、洪水和泥石流等。

7.15.18　达曲
(Daqu River)

怒江 左岸支流，亦称打曲，发源于西藏自治区类乌齐县卡玛多乡的朱拉冬（母拉铜）附近。河长 113 千米，落差 1 620 米，流域地跨西藏自治区类乌齐、丁青、洛隆 3 个县。

流域介于东经 95°19′～96°30′，北纬 30°58′～31°34′ 之间，流域面积 2 995 平方千米。东与**惹曲**流域相邻，南与怒江干流相连，西与**当曲**流域接界，北临**澜沧江**支流。达曲水系较为发育，右岸支流**卸曲**是最大支流。出露岩层有玄武岩、片麻岩、板岩、石英砂岩等。

流域属高原温带半湿润季风气候区。气候寒冷、干燥，年温差小，日温差大，多大风天气。冬、春季多雪，雨季一般为 4—10 月，流域多年平均年降水量约 630 毫米。年水面蒸发量约 1 000 毫米。径流由雨水、冰雪融水和地下水组成，径流年际变化较小，年内分配不均匀。河水含沙量较小。冬季上游河段有封冻现象，中、下游河段有岸冰和流冰花。干流水力资源理论蕴藏量 23.3 万千瓦。截至 2005 年年底，已建水电站 2 座，装机容量 3 700 千瓦。

流域经济以农牧业为主，兼有林业和民族手工业。农作物有青稞、冬（春）小麦和油菜。饲养牦牛、黄牛、绵羊等，畜产品主要有酥油、牛羊肉、羊毛和皮张。民族手工业主要有地毯和氆氇。矿产有砂金、铅、锌、铜等。珍稀野生动物有野牦牛、野驴等。虫草、鹿茸、大黄、知母是主要的地方

雪莲花

特产。

源头至丁青县觉恩乡的日普（嘎新）为上游，河源段称玉曲。自源头向西北流，在涡托卡附近进入丁青县境内，经敏日（洛塘）、多盖至日普（嘎新），河流进入中游。上游地形起伏小，河谷开阔，水流平缓。谷地和山坡均被森林所覆盖，人类活动影响小，自然生态环境完好。日普（嘎新）至桑多为中游，中游段称打曲。在玉仲附近右纳然然嘎曲，西流经觉恩乡、在拉托村，右纳卸曲后转向西南流，于桑多村进入下游段。中游段河谷宽阔，水流平缓，河床多为沙石组成。植被以高山草甸为主，草场较好。经济以牧业为主，有少量农耕。桑多村至河口为下游，称达曲。河流向南流，经喀堆（卡堆），在如巴以下进入洛隆县境内。过朱固隅、板丁村，在新荣乡的扎（或热学俄茸）以下注入怒江。下游以峡谷地貌为主，水流湍急，河床多以砂卵石组成。两岸森林密布，植被以灌木林为主。谷坡陡峻，岩石破碎，雨季易发生滑坡和泥石流灾害。

7.15.18.1　卸曲
（Xiequ River）

达曲右岸支流，发源于西藏自治区丁青县协雄乡协堆村附近的雄安格里，流域面积 1 263 平方千米，河长 65 千米，落差 1 114 米。

流域内地势高亢，气候寒冷、干燥，冬、春季多大风雪天气。流域多年平均年降水量约 650 毫米。年水面蒸发量 900 毫米。含沙量小，水质较好。冬季冰情严重，河流有封冻现象。多年平均年径流量约 5.56 亿立方米，多年平均流量约 17.6 立方米每秒。水力资源理论蕴藏量约 8.62 万千瓦。截至 2005 年年底，已建水电站 1 座，装机容量 1 200 千瓦。

源头至协雄乡为上游段。河流向西流，经协堆村、协雄村，在协雄乡附近右纳促千曲（亦称雍曲）后转向东南流。协雄乡至拉托（俄仁果）为下游段，经夏拉、然强村，在沙贡乡的拉托（俄仁果）附近注入达曲。卸曲河谷宽阔，地形平坦。植被以高山草甸为主，草场较好。以牧业为主，兼有农业。自然火害有地震、雪火、洪水等。

流域内的丁青镇坐落在卸曲支流雍曲的左岸，是丁青县府驻地。历史上曾多次变更隶属关系，唐朝属吐蕃，明代属蒙古王统治，清顺治四年（1647 年）由清政府管辖，1912 年归属西康省管辖，1916 年归西藏地方政府管辖。1959 年 4 月将丁青、色札、尺牍 3 个宗合并建立丁青县，丁青县 2008 年总人口 63 908 人，地区生产总值为 22 089 万元。

7.15.19　洛隆曲
（Luolongqu River）

怒江右岸支流，亦称康沙乡曲，发源于西藏自治区洛隆县康沙镇阿彭囊（阿歌弄）附近，流域面积 566 平方千米，河长 40 千米，落差 1 010 米。

流域内为高原山地地貌，山高谷深，峰壑纵横，地势南高北低。流域多年平均年降水量约 550 毫米，年水面蒸发量约 1 000 毫米。水力资源理论蕴藏量约 2.43 万千瓦。人类活动影响小，自然生态环境完好，水资源、水能资源尚未开发。

河源段称德呷雄，河流自源头向东流，右纳一支流后急转北流。经康沙、静恩、拉杂薛，于洛隆县马利镇的日吾欧上游约 2.5 千米处注入怒江。河谷宽窄相间，以峡谷地貌为主。河流蜿蜒穿行于深山峡谷中，两岸谷坡陡峻，水流湍急，河床多为砂卵石组成。植被以灌木林及森林为主。常见的自然灾害有洪水、泥石流和滑坡等。

7.15.20　惹曲
（Requ River）

怒江左岸支流，亦称若曲，发源于西藏自治区丁青县桑多乡孜洛喀（扎罗卡）附近，流域面积 401 平方千米，河长 45 千米，落差 1 312 米，流域涉及西藏自治区丁青、洛隆 2 个县。

流域多年平均年降水量 550 毫米，年水面蒸发量约 1 000 毫米。水力资源理论蕴藏量约 2.51 万千瓦。人类活动影响小，自然生态环境完好，水资源、水能资源尚未开发。

上段称瓦曲，自源头向东南流，流经孜洛喀，在纳家向下游约 2 千米处进入洛隆县境内。经荣格、瓦沙，纳左岸一支流后始称若曲。流经西然、塘琼，在洛隆县马利镇的兴玛久以下约 4 千米处注入怒江。河谷宽窄相间，以峡谷地貌为主。植被以森林和灌木林为主，覆盖率较高。含沙量小，河水清澈。常见的自然灾害有洪水、泥石流和滑坡等。

7.15.21　马曲涌
（Maquyong River）

怒江左岸支流，亦称雄曲（或马日曲），发源于西藏自治区丁青县桑多乡安拉村附近，流域面积 654 平方千米，河长 65 千米，落差 1 825 米。流域涉及西藏自治区丁青、类乌齐、洛隆 3 个县。

流域多年平均年降水量约 550 毫米，年水面蒸发量约 1 000 毫米。水力资源理论蕴藏量约 5.43 万千瓦。水资源、水能资源尚未开发。

河流自源头向东南流。流经约 3 千米进入类乌齐县境内。经下玛日吉、雄宗，进入洛隆县境内。经夏（当地名）、杂瓦，在洛隆县白达乡玛荣（马若）以下约 5 千米处注入怒江。河谷宽窄相间，以峡谷地貌为主。峡谷段水流湍急，谷坡陡峻，两岸岩石破碎，雨季易发生滑坡和泥石流灾害。植被以森林及灌木林为主，覆盖率较高。含沙量小。河床多为砂卵石组成。

7.15.22　德曲
（Dequ River）

怒江右岸支流，发源于西藏自治区波密县康玉乡吾那（乌那）村附近的伯舒拉岭山北麓，河长 100 千米，落差 1 950 米，流域涉及西藏自治区波密、洛隆、八宿 3 个县。

流域介于东经 95°48′～96°44′，北纬 29°50′～30°40′之间，流域面积 3 733 平方千米。流域东与怒江干流相连，南与帕隆藏布流域接界，西、北面与**卓玛朗错曲**流域相邻。主要支流有**巴曲**。流域主要为峡谷地貌，山高谷深，峰壑纵横。干、支流源头一带冰川及冰蚀地貌发育，冰川面积 75.2 平方千米。出露岩层为花岗片麻岩、混合岩、变粒岩等。

域内气候寒冷、干燥，年无霜期短，日照时间长，年温差小，日温差大，冬、春季多大风天气。雨季一般为 4—10 月，流域多年平均年降水量约 750 毫米。年水面蒸发量约 1 300 毫米。径流由雨水、冰雪融水和地下水组成。上游在冬季有封冻现象，中、下游有岸冰和流冰花。干流水力资源理论蕴藏量约 33.4 万千瓦。

流域内属半农半牧区，兼有林业和民族手工业。农作物主要有青稞、冬（春）小麦和油菜。饲养牦牛、犏牛、绵羊等，畜产品主要有酥油、牛羊肉、羊毛和皮张。民族手工业产品主要有地毯和氆氇。矿产有金、铅、锌、铜、汞等。珍稀野生动物有小熊猫、藏羚羊、雪豹等。虫草、贝母、雪莲花和红景天是主要的地方特产。

源头至波密县康玉乡曲崩村（秋崩）为上游。河流向北流，河源段称罗马弄巴，源头冰川发育，分布有小型冰碛湖。经王左屯、吾那（乌拉）村，左纳卡德曲后转向东北流，经康玉乡至曲崩（秋崩）村，右纳昌各弄巴，进入中游段。上游为高原湖盆地貌。地形相对平坦，河谷较为开阔。曲崩（秋崩）村至然（地名）为中游，称康玉曲。河流右纳毛热曲后流向西北，经宗热村，在挪巴左纳拉瓦西曲后进入洛隆县境内，过密村，支流曲巴从左岸汇入后进入下游段。中游水系较密，河道迂回曲折，支流的汇口处冲洪积扇较为发育。河谷宽窄相间，两岸岩石破碎。然（地名）至河口为下游，称德曲，河流总体向东流，经昂通、希塘、江宇村，在朗拉寺附近左纳孜西曲后进入八宿县境内。在拥巴乡的拥巴村下游约4千米处注入怒江。下游为峡谷地貌。河谷狭窄，水流湍急，谷坡陡峻，岩石破碎，雨季易发生滑坡和泥石流灾害。河床多为砂卵石组成。森林密布，植被覆盖率较高。

7.15.22.1 巴曲
（Baqu River）

德曲 左岸支流，发源于西藏自治区洛隆县腊久乡白堆（八堆）村附近的错仁错，流域面积1 002平方千米（其中冰川面积约30.2平方千米），河长49千米，落差1 685米。

流域多年平均年降水量约780毫米。径流由雨水、冰雪融水组成。含沙量小，水质良好。冬季上游有封冻现象。多年平均年径流量约6.01亿立方米，多年平均流量约19.1立方米每秒。干流水力资源理论蕴藏量约14.2万千瓦。人类活动影响小，自然生态环境完好，水资源、水能资源尚未开发。

河流总体上向东南流。上段称雄曲。出错仁错，经赫巴董、日垂至白堆（八堆）下游，始称巴曲。过拉康塘（拉公通），右纳冻错曲、左纳**察曲**后，在腊久乡东尼村下游约1.8千米处注入德曲。河流源头峰顶常年白雪皑皑，冰川及冰蚀地貌举目可见。地形起伏小，河谷较为宽阔。下游为峡谷地貌，河道狭窄，水流湍急。河床多以砂卵石组成。源头地带多冰碛湖，主要有错仁错和冻错。经济以农牧业为主，种植青稞、（冬）春小麦、油菜等。饲养牦牛、山羊和绵羊。植被以灌木林及森林为主，谷坡森林密布，覆盖率较高。自然灾害有雪灾、洪水、泥石流和滑坡等。

7.15.22.1.1 察曲
（Chaqu River）

巴曲 左岸支流，亦称多隅曲（多则曲），发源于西藏自治区洛隆县腊久乡的江余雄附近，流域面积616平方千米，河长49千米，落差2 550米。

流域多年平均年降水量约550毫米，径流由雨水、冰雪融水和地下水组成，含沙量小。多年平均年径流量约2.53亿立方米，多年平均流量约8.02立方米每秒。人类活动影响小，水资源、水能资源尚未开发。

自源头大致向东南流。经姆薛（木西）、腊久乡的多尼（栋尼）村，在腊久乡尼提（耐地）附近注入巴曲。河源一带河谷开阔，地形起伏小，水流平缓。中、下游河谷宽窄相间。色丁以下为峡谷段，水流湍急。河床多为砂卵石组成。域内森林茂密，植被覆盖率在80%左右。

7.15.23 八宿曲
（Basuqu River）

怒江 右岸支流，亦称冷曲，发源于西藏自治区八宿县吉达乡圭拉（果拉绕）村附近的苍龙日山西麓，流域面积3 110平方千米（其中冰川面积209平方千米），河长125千米，落差2 595米。

流域介于东经95°30′～97°15′，北纬29°37′～30°08′。北、东与怒江干流相连，南邻**帕隆藏布**流域，西与**德曲**流域接界。主要支流有**瓦曲**、沙丘弄巴、布巴沟、查曲卡。地势南高北低，干、支流河源一带现代冰川及冰蚀地貌较为发育，多小型冰碛湖分布。出露岩层有花岗片麻岩、混合岩、变粒岩等。

流域内属高原温带半干旱季风气候区。多年平均气温在10摄氏度左右，日照充足，干、湿季分明。雨季一般为4—10月，流域多年平均年降水量约750毫米，年水面蒸发量约1 350毫米。上游冰情严重，河道有封冻现象，中、下游有岸冰和流冰花。径流由雨水、冰雪融水和地下水组成。河水含沙量较小。2005年水环境评价，水质为地表水环境质量Ⅱ类标准。

干流水力资源理论蕴藏量约37.1万千瓦。已建水电站2座，装机容量2 690千瓦。经济以农牧业为主，兼有原材料加工业和民族手工业。农作物主要有青稞、冬（春）小麦和油菜。饲养牦牛、犏牛、绵羊等。珍稀野生动物有猕猴、野牛、旱獭等。矿产有煤、铅、铁、锌、锡等。虫草、贝母、雪莲花、鹿茸是主要的地方特产。

源头至拉然为上游，称目曲。自源头向南流，而后转向西流，左纳一小支流后折向北流。在仲沙村附近左纳查曲卡，至南木宗（郎宗）右纳布巴沟后始称八宿曲（冷曲）。经吉达乡、通空、拉然，河流进入下游段。植被以灌木林为主，分布有小面积森林。河谷宽窄相间，以宽谷为主。冻融风化严重，侵蚀强烈，雨季易发生滑坡和泥石流灾害。拉然至林卡乡的怒江大桥为下游。河流转向东流至旺比村，右纳沙丘弄巴。此处建有八宿曲一级电站，装机容量800千瓦。过珠巴、白玛镇、拉根乡、瓦达，右纳瓦曲后，河流折向东北流，在八宿县林卡乡怒江大桥附近注入怒江。河谷宽窄相间，以峡谷为主。河床多为砂卵石组成。两岸岩石破碎，雨季易发生滑坡和泥石流灾害，常造成交通中断。

流域内的白玛镇是八宿县府驻地，八宿藏语意为"勇士山脚下的村庄"，唐朝为吐蕃属地，清康熙三十三年（1694年）设立八宿拉让，清雍正三年（1725年）划归西藏，清末改土归流时并入恩达县，1912年改设八宿宗，1959年5月将八宿宗改称八宿县。八宿县2008年总人口41 163人，2007年全县地区生产总值为23 600万元。

7.15.23.1 瓦曲
（Waqu River）

八宿曲 右岸支流，发源于西藏自治区八宿县林卡乡九木加（金加）附近，流域面积852平方千米（其中冰川面积约90平方千米），河长54千米，落差2 150米。

流域属高原温带半湿润季风气候区。多年平均气温在8.0摄氏度左右。多年平均年降水量约650毫米，雨季一般为4—10月。年水面蒸发量约1 350毫米。含沙量小，水质良好。多年平均年径流量约4.09亿立方米，多年平均流量约13立方米每秒。水力资源理论蕴藏量约10万千瓦。自然生态环境完好，水资源、水能资源尚未开发。

河流自源头大致向东北流。经九木加（金加），在拉兰东附近右纳过懦曲后折向北流。经娃珠（旺珠）、向巴、觉久村、林卡乡，于林卡乡子嘎以下约3千米处注入八宿曲。河谷宽窄相间，以峡谷为主。宽谷段水流平缓，峡谷段谷坡陡峻，水流湍急。两岸岩石破碎，雨季易发生滑坡和泥石流灾害。河床多以砂卵石组成。植被以灌木林为主，分布有小面积森林。常见的自然灾害有洪水和泥石流。

7.15.24　列曲
（Liequ River）

怒江左岸支流，发源于西藏自治区左贡县旺达镇林加（冷加）村附近的勒穷山南麓，流域面积404平方千米，河长61千米，落差2 550米。

地势西北高东南低，属高山地貌。出露岩层有花岗片麻岩、混合岩、变粒岩等。流域多年平均年降水量约620毫米。年水面蒸发量约1 200毫米。河水含沙量小，水质良好。上游在冬季冰情严重，有封冻现象，下游有岸冰和流冰花。水力资源理论蕴藏量约5.11万千瓦。自然生态环境完好，水资源、水能资源尚未开发。

河流自源头大致向东南流。上游段称冷加曲（亦称冷弄巴），在林加村附近右纳一支流后称列曲。经仲德（种地）、然给（然额根），于绕金乡帕巴（坝巴）村附近注入怒江。河谷宽窄相间，以峡谷为主。峡谷段谷坡陡峻，水流湍急，两岸岩石破碎。河床多以砂卵石组成。雨季易发生滑坡和泥石流灾害。植被以森林和灌木林为主，覆盖率较高。

7.15.25　然布曲
（Ranbuqu River）

怒江右岸支流，亦称热路曲、昂曲、然龙曲，发源于西藏自治区察隅县古拉乡萨麦（沙美）村附近的百学错以上约3千米处。流域面积1 879平方千米（其中冰川面积约98.4平方千米），河长65千米，落差3 330米。流域涉及西藏自治区左贡、察隅两县。

流域东与怒江干流相连，南与**独龙江**流域接界，西与**察隅曲**流域相邻。出露岩层有花岗片麻岩、混合岩、变粒岩等。流域多年平均气温在10.0摄氏度以上。多年平均年降水量约900毫米，雨季一般为4—10月。年水面蒸发量约1 100毫米。河水含沙量小，水质未受污染。水力资源理论蕴藏量约30.2万千瓦。自然生态环境完好，水资源、水能资源尚未开发。

源头至河口大致向东南流，河源段称马西共曲，流经约3千米进入白学错。出白学错经沙麦、龙日、扎久、俄科等地，相继纳入诺弄曲（亦称聪古曲）、龙忍曲（龙恩曲）、俄玉曲（亦称俄纳学弄巴）、泽通曲后，经古拉乡、则巴（亦称根巴）村，于安巴（阿巴）村下游约5.5千米处注入怒江。流域内冰碛湖星罗棋布，多珠串在干、支流上，主要湖泊有百学错和址体错。河谷宽窄相间，以峡谷地貌为主。峡谷段水流湍急，谷坡陡峻，两岸岩石破碎，雨季易发生滑坡和泥石流灾害。植被以森林为主，覆盖率较高。河床多以砂卵石组成。常见的自然灾害有洪水、泥石流和滑坡等。

7.15.26　木空曲
（Mukongqu River）

怒江右岸支流，发源于西藏自治区察隅县竹瓦根镇境内的速腊，流域面积426平方千米，河长44千米，落差2 892米。

流域多年平均年降水量约1 600毫米，年水面蒸发量约1 200毫米。径流由雨水、冰雪融水和地下水组成。水力资源理论蕴藏量约7.67万千瓦。水资源、水能资源尚未开发，自然生态环境完好。

河流自源头向东南流，右纳赤松茶曲后折向东北流。经木孔，于察隅县察瓦龙乡目巴（木巴）村附近注入怒江。流域内以高山峡谷地貌为主。谷坡陡峻，水流湍急，两岸岩石破碎，雨季易发生滑坡和泥石流灾害。河床多以砂卵石组成。森林密布，覆盖率在75%以上。

7.15.27　伟曲
（Weiqu River）

怒江左岸支流，亦称玉曲，发源于西藏自治区洛隆县马利镇布宿村附近的瓦合山南麓，流域面积为9 190平方千米（其中冰川面积约80平方千米），河长402千米，落差3 012米，流域呈狭长形，干流流经西藏自治区洛隆、八宿、左贡、察隅四县。

概　　述

流域介于东经96°30′～98°37′和北纬28°26′～30°59′之间。东、北部与**澜沧江**流域相邻，西南部与怒江干流相连。伟曲蜿蜒穿流于崇山峻岭之间，与东、西两边的澜沧江、怒江干流流向平行。支流较多，流域面积大于250平方千米的支流有6条，主要有直曲、曲扎曲、开曲、橙曲、阿比曲、班章烘曲等。其中，开曲最长，流域面积最大。较大支流多分布在左岸，左岸流域面积为右岸的2.4倍。

流域属高原温带半湿润半干旱气候区。年日照时数约2 100小时。八宿气象站多年平均气温10.5摄氏度，左贡气象站多年平均气温4.5摄氏度。中、下游河谷干热。随着海拔高度的增加，气候由峡谷亚热带、高原温带逐渐过渡到高原寒温带。具有"一山分四季，十里不同天"的垂直气候特征。流域多年平均年降水量约650毫米。5—10月降水量占全年的85%以上。暴雨多出现在7月、8月。径流由雨水、冰雪融水和地下水组成。植被覆盖率较高。河流含沙量较小。冬、春季河流的上游有封冻现象，下游有岸冰和流冰花。流域位于青藏高原东部，高山、峡谷、盆地地貌交错。地势西北高东南低，四周多高山，山峰海拔多在5～6千米以上。流域地处冈底斯山—念青唐古拉山地质构造区的东端，岩层发生了强烈的褶皱和变质，变质岩分布较广，且非常破碎。冰碛、洪积和冲积层分布较广，冲积层分布在河谷两岸，构成河谷阶地和河漫滩，洪积层多分布在沟口。

干流水力资源理论蕴藏量约251万千瓦。主要树种有云杉、冷杉、马尾松、柏树等，还有少量世界珍稀树种红豆杉、红松及国家一级保护树种黄杉。珍贵药材有虫草、贝母、雪莲花等，珍稀野生动物有豹、熊、滇金丝猴等，矿产有金、铜、锌、煤、锡等。自然灾害有干旱、洪涝、泥石流、滑坡和冰雹等，其中干旱是危害最大的灾害之一。泥石流、滑坡灾害也经常发生，如距左贡县城约30千米的塔鲁一带，每年雨季常发生滑坡、泥石流，堵塞支沟及道路。流域内地震频繁，地震基本烈度为Ⅷ度。

经济以农牧业为主，兼有林业。农作物有青稞、冬（春）小麦、玉米、油菜等。畜牧业较发达，主要饲养牦牛、犏牛、黄牛、马、绵羊等。经济林木有苹果、核桃、葡萄、花椒等。交通运输以公路为主，214国道、318国道穿越本流域，大部分乡村可通公路。帮达机场的通航有力地促进了当地农牧业的发展和对外经济文化的交流。水利开发以发电为主，兼顾城镇供水和防洪治理。截至 2005 年年底，已建 8 座水电站，总装机容量 3.19 万千瓦；小型灌区 3 处，灌溉耕地 288 公顷；人畜饮水工程 24 处（眼）。现状堤防总长 2.02 千米。

纪　实

河流自源头向东南流，至多嘎，右纳如曲后进入八宿县境内。河源地带河谷宽阔，地形起伏小。植被以高山、亚高山草甸为主，草场、湿地较好。河床多为沙石组成。源头至帮达镇为上游。河流向东南流，在郭庆乡的曲雅村以下称卫曲。流经觉麦（觉美）、拉龙、益庆乡等地，在觉美村附近左纳直曲、右纳觉曲，过拉龙村，河流转向东南流。在多庆村附近右纳多庆曲、左纳牙曲，于莫那村附近左纳枭曲后河流始称玉曲。经益庆乡的泥琼村（帮达机场所在地）、曲扎村，右纳曲扎曲，至帮达镇河流进入中游段。上游地势高亢，地形平坦，谷底海拔在 4 500 米以上。草原广袤，植被以高山草甸和灌丛为主。支流汇口处多冲、洪积物，有阶地、湿地、河漫滩、温泉分布。

帮达镇至扎玉镇的吾沙为中游。河流在让确达下游约 4.8 千米处进入左贡县境内。流经美玉、卡察（嘎扎）、德达（登达）、金达、亚仲、惹尼（然尼）、奔达（兵达）、旺达镇等地，先后纳入开曲、江达曲（艾喜曲）、橙曲、节曲（故打曲）、阿比曲、塔鲁曲、闭合曲、大曲等支流，在普绒左纳俄嘎龙巴，至吾沙左纳吾沙河后进入下游段。中游支流较多，河流蜿蜒穿流于深山峡谷中，水流湍急。两岸郁郁葱葱，植物垂直分带明显，是西藏热量水平较高的地区，适宜农作物及多种果木生长。两岸谷坡陡峻，岩石破碎，洪积台地断断续续出现。雨季易发生滑坡、崩塌和泥石流灾害。

吾沙至河口为下游。经扎玉镇、觉母乡、碧土乡，相继纳入通曲、生曲、锅路曲及班章烘曲等支流，至扎朗村始称扎玉曲。过甲郎、龙西（俄扎），在莫得下游约 2 米处进入察隅县境内。左纳曲那通后转向西流，在扎古（惹达）附近急转北流。河道呈 U 形弯，最窄处约 1 250 米，落差约 400 米。右纳梅里拉鲁曲后转向西南流，始称伟曲。经红东，在目巴村东南约 1.5 千米处注入怒江。下游沿岸两岸为悬崖峭壁。地形起伏大，山谷幽深，河道狭窄，呈 V 形，河水在谷底咆哮奔流。从碧土乡至河口多为山嘴交错的峡谷，原始森林密布，珍禽异兽繁多，古木参天，松萝满树，幽中显古，蔚为壮观。下游地区人类活动影响小，自然生态环境完好。河床多为砂卵石组成。

流域内山青水秀，秀丽神秘的梅里雪山、辽阔的帮达草原、野生动物聚集的帕巴拉神湖（雪巴湖）、温度适宜的高原温泉和寺庙建筑都是旅游探险的好去处。

旺达镇是左贡县府驻地，左贡藏语意为犏牛背，这里是历代商贾由茶马古道进出西藏的必经之地。唐朝为吐蕃属地，元代由吐蕃等路宣慰使司都元帅府管辖，明中期起成为昌都寺辖区，清雍正三年（1725 年）为芒康台吉管辖，清末改土归流时属科麦县的一部分，1959 年 4 月 30 日将左贡宗改为左贡县。2008 年总人口 41 787 人，地区生产总值为 31 211 万元。

7.15.28　迪麻洛河
(Dimaluo River)

怒江左岸支流，原称等旺洛，迪麻洛在怒语中意为积水箐，位于云南省怒江傈僳族自治州贡山独龙族怒族自治县，河流发源于贡山独龙族自治县捧当乡安卡以北，河源高程 4 340.0 米，河长 35.3 千米，总落差为 2 942.2 米，流域面积 271.7 平方千米。水力资源理论蕴藏量 5.27 万千瓦。迪麻洛河流域最高点位于流域南部左岸支流斯瓦洛巴河的左岸分水岭上，高程 4 737.6 米。干流自源头由北向南流，于贡山县城以北约 17.0 千米处的棒当乡以南从左岸汇入怒江。在河长为 28.2 千米处建有迪麻洛河电站，较大的支流有下游的斯瓦洛巴河，集水面积 60.9 平方千米。

迪麻洛河流域地处横断山纵谷区北端，为典型的高中山峡谷地貌，左岸为南北向的怒山山脉。属北亚热带季风气候，立体气候十分明显，河谷气温较高，山顶较低。由于受西南暖湿气流和西藏高原冷空气的共同影响，干湿季不分明，经常是阴雨连绵，云雾笼罩，具有雨季长、雨量多、湿度大等特点。每年的 2—10 月为雨季，降水量的年内分配较均匀。2—5 月为第一个雨季，此时正值春季，桃花盛开，俗称"桃花汛"，一般雨量达 500～600 毫米，占全年雨量的 42% 左右。迪麻洛河流域水资源丰富，多年平均水资源量 3.59 亿立方米。

村落集中于下游，人口以藏族为主，傈僳族、怒族次之。农作物以玉米与马铃薯为主。迪麻洛村依偎在清澈的迪麻洛河畔，是一个很美的藏族小山村，树木葱郁，像传说中的世外桃源。该村是贡山县畜牧业重点村，有数千公顷高山草场。村里的人都信仰天主教，在其北面的白汉洛村有一座怒江最早的天主教教堂。交通不方便。

7.15.29　普拉河
(Pula River)

怒江右岸支流，位于云南省怒江傈僳族自治州贡山独龙族怒族自治县，发源于贡山独龙族怒族自治县茨开镇独怒山，河长 31.9 千米，落差 2 480 米，流域面积 406.3 平方千米，水力资源理论蕴藏量 15.84 万千瓦。

普拉河流域地处高黎贡山北段东坡，山高谷深，水流湍急，河道蜿蜒于崇山峻岭之中，流域呈扇形。干流自源头向东一段称楚木丹劳河，沿ీ先后有 4 条支流从左岸汇入，机独洛河汇入后流向转向东北，过双拉娃村后称普拉河，经吉速底转东南方向，在贡山县城茨开镇汇入怒江。流域属亚热带山地季风气候，因复杂的地形地貌，立体气候十分明显，贡山气象站多年平均气温 14.5 摄氏度，多年平均年降水量 1 749.9 毫米。河流年平均含沙量 0.439 千克每立方米，水质良好，无明显污染源。

流域西为**独龙江**流域，南与缅甸为邻。流域内森林资源丰富，植被覆盖率 80% 以上，高程 2 000 米以上区域为"高黎贡山国家级自然保护区"。流域内珍稀动植物资源极为丰富，丰富的矿产资源有待开发。

7.15.30　老窝河
(Laowo River)

怒江左岸支流，位于云南省大理白族自治州云龙县和怒江傈僳族自治州泸水县。发源于云龙县漕涧镇架仲山，源地高程 3 203 米，河长 44.6 千米，落差 2 360 米，河道平均比降 37.7‰，流域面积 579.2 平方千米。水力资源理论蕴藏量 6.25 万千瓦。

流域位于横断山纵谷地区，地势东高西低，属高山深切割峡谷地形，山脉走向受构造线控制。河道深切，两岸基岩裸露，自源头向西北一段称分水岭河，过嵩坝地、核桃坪后进入泸水县境内称老窝河，在中元西右岸接纳冲余河后转向西流，在左岸接纳石缸河后在泸水县的六库镇汇入怒江。冲家河发源于泸水县大兴地乡,向南流经云龙县进入老窝白族乡,流域面积158.9平方千米。北部亚西乐峰高程3 887.5米,河口高程800米。在区域构造的影响下,流域内岩石局部风化较强,地形切割较大,山坡陡峻,沿河道两岸多为悬崖峭壁。

老窝河

流域立体气候明显,河口为亚热带,高山区为寒温带。老窝河水文站1985—2004年平均年降水量为986.2毫米,每年的2—10月为雨季,经常是阴雨连绵,云雾笼罩。流域暴雨强度大,汛期河水流速快,易发生山洪、泥石流及山体滑坡等灾害。截至2005年,泸水县境内的老窝河上共修建了4座电站,总装机容量为1.435万千瓦。

老窝河流域矿产资源较为丰富,以铁、锡、铜、煤、花岗石为主。由于山高坡陡,土层较薄,生态脆弱,容易引发泥石流、山体滑坡等山洪及地质灾害。流域内不仅有银坡河瀑布、老窝溶洞等自然风景点,还有中元圆通寺、老窝土司衙门等人文景观,当地居民多为白族,民族风情浓郁。

7.15.31 孙足河
(Sunzu River)

怒江左岸支流,又名冲江河,地跨云南省保山市隆阳区与大理白族自治州云龙县,东与**澜沧江**支流**漕涧河**相邻。发源于云南省保山市隆阳区汶上乡黄泥坡,向西折北复向西流。河长43.9千米,落差2 620米,流域面积386.8平方千米。水力资源理论蕴藏量为4.53万千瓦。

地处横断山纵谷区怒山山脉南端,东南部分水岭高程在3 000米以上,篱笆坡头峰高程3 585.4米。流域内主要经济作物有核桃、茶叶、烤烟。上游分别称后河、隔界河,山高谷深。右纳漤塘河转西称孙足河,成为保山市与大理白族自治州的界河。澡塘河源于云龙县漕涧镇,总体向南流,河长17千米,集水面积149.9平方千米。下游穿流于中山峡谷,界河长约13千米,河口栗柴坝为我国南方丝绸之路的怒江古渡口之一。

7.15.32 水长河
(Shuichang River)

怒江左岸支流,位于云南省保山市隆阳区和施甸县,河长46.7千米,落差1 820米,河道平均比降24.3‰,流域面积703.6平方千米,干流水力资源理论蕴藏量3.87万千瓦。

河流发源于云南省保山市施甸县水长乡王家山,干流呈西北向流,于隆阳区蒲缥镇双河村西南进入蒲缥盆地,以上河段称蒲贯缥河。此后进入狭谷区,于罗明坝尾与**罗明坝河**汇合后西行汇入怒江。河流水系发育,较大支流有罗明坝河。

流域位于怒山山脉南缘,流域东南部和东北部以溶蚀地形为主,西部怒江沿岸为溶蚀侵蚀地形,地势总体趋势东南、东北高,中西部低。最高点为东北部分水岭,高程2 830米,蒲缥坝子高程约1 400米,河口高程700米。流域位于经向构造带,地层以石灰岩为主,地表岩溶发育,地面分水岭与地下分水岭不完全重合,暗河较多。

流域多年平均年降水量996.2毫米,北部大海坝站多年平均年降水量1 173.6毫米,南部红岩站多年平均年降水量917.2毫米。流域光热条件好,土地肥沃,盛产水晶石榴和甘蔗等。

截至2005年末,支流罗明坝河建有大海坝和小海子两座中型水库,总库容3 735万立方米。有小型水库10座,总库容487万立方米。蒲缥河2007年开工建设红岩中型水库,总库容1 581万立方米。

水长河流经云南省历史文化名镇蒲缥镇,这里有塘子沟旧石器时代晚期遗址。蒲缥镇是古代南方丝绸之路上的重要驿站,古建筑始建于明清时期,至今已有500多年历史,保存有完好的明清时期古建筑面积6 248.11平方米。塘子沟遗址位于蒲缥古镇北面蒲缥河右岸30米处,面积约1 000平方米,据测定年代为距今约8 000年左右。

7.15.32.1 罗明坝河
(Luomingba River)

水长河右岸支流,位于云南省保山市隆阳区,东与**勐波罗河**上源东河右岸支流大沙河相邻,发源于隆阳区杨柳白族彝族乡,向西转南流,于岩头以南汇入水长河。河长38.9千米,落差1 865米,流域面积308平方千米。多年平均流量5.1立方米每秒,水力资源理论蕴藏量为2.86万千瓦。

河源段称磨房河,东南隅最高峰高程2 830米,干流穿流于中山峡谷。中游左纳马河向南流入罗明坝。马河又称麻河,为罗明坝河最大支流,河源段建有两座中型水库,为北部的小海坝水库与南部的**大海坝水库**,两库有连通洞相连,合计总库容4 050万立方米。下游罗明坝高程约740米,出露地下泉水丰富,大宗经济作物为甘蔗与香料烟。

7.15.32.1.1 大海坝水库
(Dahaiba Reservoir)

罗明坝河支流马河上游的中型水库,位于云南省保山市隆阳区杨柳乡,距保山市城区37千米。1958年1月开工,1983年11月竣工。

水库集水面积10.7平方千米,库周植被较好,多为针阔混合林。多年平均年降水量1 282.6毫米,多年平均年径流量800万立方米。

大海坝水库属年调节水库,以农业灌溉为主,兼工业供水,并具有一定防洪作用。有效灌溉面积800公顷,2005年农业灌溉用水1 470万立方米,供罗明糖厂用水200万立方米。水库校核洪水位2 323.80米,设计洪水位2 322.60米,汛期限制水位2 318.00米,正常蓄水位2 320.40米,死水位2 305.30米;总库容2 370万立方米,调洪库容383万立方米,兴利库容2 120万立方米,死库容70万立方米。水库水面回水长度2.0千米,淹没耕地41.3公顷,迁移人口104户680人。

枢纽建筑物由主坝和泄洪输水洞组成。大坝为均质土坝,坝高23.0米,坝顶长80.0米,宽21.0米。输水洞为砌石城门洞，最大过水流量 5 立方米每秒。

7.15.33 勐梅河
(Mengmei River)

怒江右岸支流，又称勐明河，位于云南省保山市龙陵县北部，发源于龙陵县镇安镇油竹坡，源地高程 2 612.5 米。河长 34.1 千米，落差 1 720 米，流域面积 252.7 平方千米。主河道由南向西北流经镇安坝子后于河尾村下游 1.5 千米折向东北进入峡谷地带，至龙陵县腊勐乡岭岗寨汇入怒江。

流域地处高黎贡山山脉南端，怒江和龙川江之间，流域地势上游由东南向西北倾斜，中下游由西南向东北倾斜，水系发育，呈扇形分布，由淘金河、黑水河、张田河、镇安河、老表河、邦迈河等 8 条小河汇集而成。

流域南部大型山高程 2 779.3 米，河口高程 650 米。地形变化大，地貌较为复杂，形成垂直分布典型的立体气候，四季温差小，干湿季分明，多年平均气温 14.8 摄氏度，多年平均年降水量 1 594 毫米。流域洪灾、滑坡、泥石流等自然灾害均有发生，特别是位于河流中游的腊勐大丫口与松山的深层滑坡相当突出。

流域内水力资源理论蕴藏量 12.38 万千瓦，下游已建成一、二两级电站，装机容量 3.4 万千瓦。已建成水库 7 座，其中上游有八〇八中型水库，总库容 1 032 万立方米；小（1）型水库 1 座，小（2）型水库 5 座，有效灌溉面积 1 150 公顷。

7.15.34 施甸河
(Shidian River)

怒江左岸支流，位于云南省保山市施甸县，东邻**勐波罗河**，西部为怒江。

施甸河发源于云南省保山市施甸县甸阳镇（施甸县城）东南鹰窝山，穿过施甸坝子，于何元乡注入怒江。流域面积 642.4 平方千米，河长 62.4 千米，落差 1 860 米。水力资源理论蕴藏量 4.84 万千瓦。地貌以中低山和盆地为主，高程 700～2 895 米。施甸坝气候属中亚热带，多年平均气温 17 摄氏度，多年平均年降水量 945 毫米。

上游流向自南向北，经施甸县城纵贯施甸盆地，右岸支流发育。施甸县盛产粮、烟、糖、畜，是云南省商品猪基地县。施甸盆地南北向长约 30 千米，东西宽约 2.2 千米，高程 1 400～1 550 米，为施甸县粮经作物主产区。水利设施总灌溉面积 4.7 公顷。南缘建有库容 810 万立方米的蒋家寨水库，北部建有总库容 1 160 万立方米的鱼洞水库，与盆地周边水库形成了较为完善的灌溉系统。主河道为排灌两用河道，建有 9 道拦河闸。因盆地四周河流源短流急，主河道坡降较缓，易于发生洪灾，1950—2002 年，流域内共发生较大洪灾 14 次，涉及县城的有 9 次。

出施甸坝后进入下游峡谷河段，穿过狮、象两山峡谷，干流掉头转向南流注入怒江。沿河有引水渠道 7 条，建有 3 座小水电站，装机容量 1 342 千瓦。

7.15.35 苏帕河
(Supa River)

怒江右岸支流，傣语意为洗菜河，位于云南省保山市龙陵县中部。流域面积 664 平方千米，水系呈树枝状。

流域地处高黎贡山山脉的南端，朝阳以上地势东高西低，朝阳以下则西高东低。位于西南季风气候区，年降水量 1 000～2 900 毫米，多年平均气温 14.9～21.9 摄氏度。植被覆盖率为 36%。

苏帕河发源于龙陵县龙新乡大雪山西麓。源头高程 2 779 米，河口高程 604 米，河长 67.4 千米。河源段称大哨河，向西转向南入**茄子山水库**，出库后于朝阳折向东流，右纳集水面积 119.5 平方千米的帕索河，于天宁乡三江口汇入怒江。朝阳以上两岸为高原缓坡台地，分布有勐冒、象达、朝阳等山间盆地，落差集中，河道平均比降 13.6‰；朝阳以下则为峡谷，水流湍急，河道平均比降 30.0‰。

2005 年末，流域内共有人口 9.03 万人，耕地面积 8 130 公顷。主要种植水稻、小麦、玉米和甘蔗等农作物。左岸分水岭地带为小黑山省级自然保护区，植被为原始森林，有桫椤木罗、长蕊木兰、灰叶猴、绿孔雀等珍稀野生动植物。

干流水能资源理论蕴藏量 26.1 万千瓦，已建成茄子山水库及茄子山、朝阳、乌泥河、阿鸠田、三江口一库五级电站，总装机容量 25.3 万千瓦。

7.15.35.1 茄子山水库
(Qiezishan Reservoir)

苏帕河上游干流上的大型水库，位于云南省保山市龙陵县龙新乡，距龙陵县城 40 千米。1996 年 6 月开工，1999 年 9 月完工。

坝址两岸对称，基岩为花岗岩，控制流域面积 211 平方千米，多年平均年降水量 2 113.49 毫米，多年平均流量 9.1 立方米每秒。水库功能以发电为主，兼防洪。设计洪水标准为 100 年一遇。

具有多年调节性能，为苏帕河流域水能开发的龙头水库。水库正常蓄水位 1 815.00 米，相应库容 1.256 亿立方米，其中调节库容 1.037 亿立方米。死水位 1 452.4 米，死库容 0.115 亿立方米。

枢纽建筑物为大坝、溢洪道、放空洞、发电引水隧洞与地面厂房。大坝为混凝土面板堆石坝，最大坝高 106.10 米，坝顶宽 10 米，坝长 236 米。溢洪道布置在右坝肩，全长 211.00 米，最大泄洪流量 716 立方米每秒。放空兼旁通隧洞布置在右岸，全长 450.73 米。发电引水隧洞全长 491.50 米，引水流量 21.80 立方米每秒。坝后设有一级水电站，位于大坝下游左岸，电站总装机容量 2×0.8 万千瓦，年发电量 0.64 亿千瓦时。

为湖泊型水库，库周青山环抱，湖水清澈明净。正常蓄水位水库水面 4.6 平方千米。形成两支库汊，东支沿干流回水长度约 8.7 千米，西支为支流蚌渺河，回水长度约 7.0 千米。水库淹没耕地 230 公顷，迁移人口 2 271 人。

7.15.36 勐波罗河
(Mengboluo River)

怒江左岸支流，位于云南省保山市和临沧市，河长 193 千米，落差 2 280 米，河道平均比降 6.2‰，流域面积 6 646.4 平方千米。于临沧市永德县小勐统镇鸭塘村西北约 5 千米处汇入怒江干流。

概 述

流域范围 勐波罗河流域位于东经 99°07′～99°48′，北纬 23°49′～25°21′。东邻**澜沧江**干流及其支流**罗闸河**，南邻怒江左岸一级支流**南汀河**，西部为怒江干流，北部与怒江干流及澜沧江干流相邻。流域涉及云南省保山市的隆阳区、昌宁县、施甸县和临沧市永德县与凤庆县。

河流水系 勐波罗河发源于云南省保山市隆阳区老营街

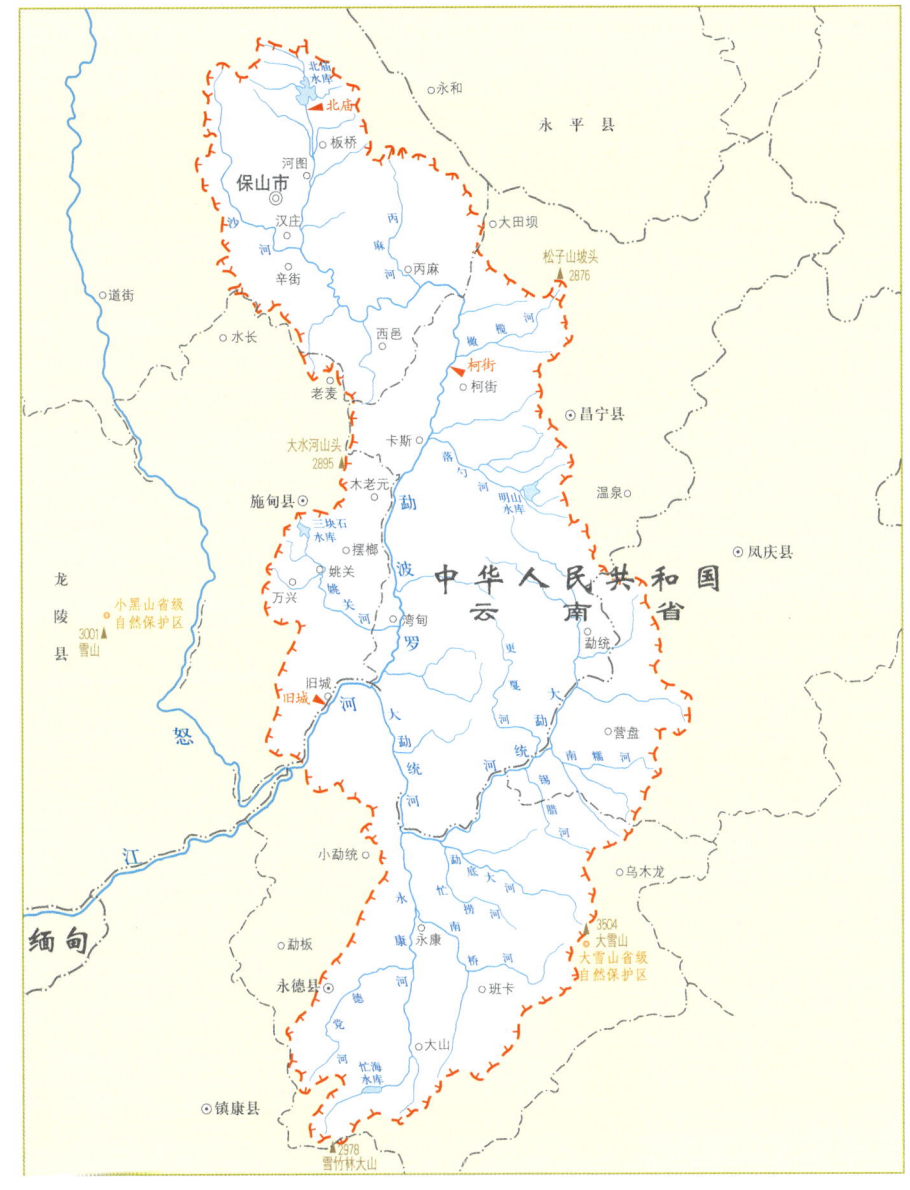

勐波罗河水系示意图

汪家箐猴子石卡山（原名白鹤山）东北麓，源地高程2 860米，河流自源头至隆阳区丙麻乡落水洞为上游，在保山坝区称为东河；丙麻乡落水洞以下至**大勐统河**汇入口为中游，称为枯柯河；大勐统河汇入口至怒江汇口为下游，称为勐波罗河，是保山施甸县与临沧永德县的界河。流域内共有集水面积大于100平方千米的一级支流6条，上游有丙麻河、沙河，中游有橄榄河、落勺河、姚关河，下游有大勐统河等。

气候水文 勐波罗河流域高程变化在580～3 504米，气候具有较为分明的地带性，大都属亚热带季风气候，中下游局部河谷属北热带。上游保山市多年平均气温15.6摄氏度，下游旧城河谷为21.2摄氏度。勐波罗河流域多年平均年降水量约1 160毫米，汛期（5～11月）降水量占全年降水量的85%，年际变化不大。年内降水空间分布差异较大，低热河谷区年降水量在940毫米左右，高海拔的永德大雪山年降水可达2 500毫米以上。主河道上游北庙站多年平均年降水量1 082.9毫米，中游柯街站多年平均年降水量938.4毫米，下游旧城站多年平均年降水量948.1毫米。

地质地貌 流域地势总体呈北向南倾斜。区域多为中低山峡谷，间有保山、丙麻、柯街、湾甸、旧城、永康、姚关等山间盆地分布，面积最大，人口最多的是保山坝。流域上游主要属切割构造剥蚀地貌，多分布有砂页岩和石灰岩类，保山坝东部半山区喀斯特溶岩地貌发育，有卧佛寺溶洞、龙王塘景区内的秋水洞、石花洞以及主河道上的落水洞。中下游属岩溶地貌，特别是大勐统河与永康河汇口上段的河谷带最为典型，石灰岩分布最广。

自然资源 据2003年水力资源复查成果，流域水力资源理论蕴藏量为49.91万千瓦，其中干流34.1万千瓦；技术和经济可开发量为15.9万千瓦，其中干流9.01万千瓦。

流域内的植被主要分布在分水线以下地形坡度较大的区域，多为次生或人工植被，原生植被仅存于永德大雪山海拔较高区域，流域中下游盆地分布有榕树、木棉等亚热带植物树种。主要树种有云南松、冷杉、华山松和栎类，珍稀植物有秃杉、树蕨、铁杉、冷杉、楠木、樟木等。流域中下游亚热带气候区盛产甘蔗、橡胶、芒果、咖啡、茶叶、胡椒、西瓜等。

自然灾害 流域内的自然灾害主要有洪灾、旱灾、冰雹、滑坡、泥石流等。洪灾主要发生在主河道流经的地势低洼人口集中的坝区。据记载，1950—1990年，流域内共发生洪灾23次，涉及保山坝区东河段的有17次，占74%以上，通过河道治理，洪灾发生频率已逐渐减少。上游的保山坝滑坡、泥石流主要发生在支流及公路沿线。上游集中在保山坝西山区西庄河等12条支流，中游有湾甸农场羊场洼、昌宁县鸡飞里文等5条支流，下游有施甸县旧城龙坎河支流。保山坝西山区滑坡通过治理已明显得到控制。

治理开发 保山坝区在20世纪50年代初对东河进行了初步治理，修筑河堤，疏浚河道，使沿河30余个村庄基本消除了洪水威胁，增加灌溉面积593.3公顷。1979年对坝区25.3千米河段再次进行了治理，提高了泄洪能力，防洪标准达到20年一遇。

上游建有**北庙水库**及众多小型蓄水工程，保障了保山坝灌溉和供水要求。中游有明山水库和**三块石水库**两个中型水库，总库容3 613万立方米。下游永康河支流建有忙怀中型水库，库容3 110万立方米。已建成北庙水库坝后电站、丙麻二级电站，支流姚关河三块石水库坝下电站及姚关河梯级电站等。

纪　实

上游 河源段称老营河，沿峡谷向东转南进入北庙水库。水库汇集了大西河等5条支流水量，经北庙水库调蓄后经板桥镇进入保山坝北部，称东河。板桥镇为云南历史文化名镇，是古南方"丝绸之路"的重要驿站。在保山坝区汇集了西庄河、大沙河等东西两侧的17条支流，由北向南贯穿保山坝中部腹地,右纳沙河。出保山坝河道蜿蜒穿流于峡谷,间有零星宽谷分布。南流至隆阳区辛街乡大庄村附近折向东流,在丙麻乡秧田寨落入地下暗河,出入口相距约2千米。左纳丙麻河,转向南流进入昌宁县境。

源头处的北庙水库是保山城的重要防洪供水工程。东河两岸新建和扩建了新街大坝水库、大海子水库等10万立方米以上蓄水工程共27个,汉庄抽水站等提水工程34个。右岸西坡喀斯特地貌发育,有9条支流汇入,其中龙王塘、孝感泉、五郎庙、黄龙山等支流主要水量为地下泉水,水质较好,也是保山城区主要供水水源。

主河道流经保山城郊,是保山城的主要泄洪排污河道。保山城早在东汉永平年间设永昌郡,是著名的"西南丝绸之路"的重要驿镇,迄今已有1 000多年历史,现为云南省历史文化名城。省级文物保护单位有诸葛亮遗址,太保山玉皇阁为全国重点文物保护单位。保山城拥有各种兰花十几万盆,被冠以"兰城"雅称。保山机场建于1929年,是中国建成最早的航站之一。

中游 进入昌宁县境后称枯柯河,开始中游流程。经宽谷向南纵贯柯街坝子与卡斯坝子,河道蜿蜒,中泓易摆冲淹河岸。建有三八大沟、橄榄沟、西大沟等多条引水渠。左岸分别接纳橄榄河与落勺河,其中落勺河上游建有明山中型水库。沿岸为干热河谷区,适宜开发亚热带经济作物,是昌宁县甘蔗主产区。设有柯街水文站,多年平均年降水量949毫米,控制流域面积1 755平方千米。测验河道水面宽7.5~43米,历年最大流量585立方米每秒,最高洪水位962.75米,历年最小流量0.47立方米每秒。

出卡斯坝经葫芦口进入中山峡谷,两岸多悬崖峭壁,岭谷高差多在1 500米以上。向南流淌23.6千米至湾甸坝,称湾甸河。湾甸坝气候炎热,广植甘蔗。湾甸坝有上甸与下甸之分,间隔有界牌山。上甸较为宽阔,引水工程有东、西两沟,右岸接纳姚关河。姚关河上游建有三块石水库,沿河开发有五个梯级水电站,总装机容量2.32万千瓦。下甸左纳大勐统河,为保山市与临沧市之界河,亦为流域内集水面积最大的支流。

柯街坝、卡斯坝和湾甸坝,历史上曾是有名的瘴毒之区,据《永昌府》载:"湾甸坝每年六月瘴气炽盛,水不可涉,有黑泉色如暗漆,瘴时鸟飞过之辄坠"。中华人民共和国成立后,经大规模开发建设,昔日瘴疠之地成为富庶之区。

下游 接纳大勐统河后开始下游流程,始称勐波罗河。向西于低山峡谷流淌约5千米,进入旧城坝。右岸为保山市施甸县属地,多坡耕地,主要靠姚关河上游的三块石水库西大沟供水灌溉。左岸为临沧市永德县。旧城坝中部高程约640米,主要经济作物为甘蔗。设有旧城水文站,多年平均年降水量910.9毫米,控制流域面积6 306平方千米。测验河道水面宽38~150米,历年最大流量1 630立方米每秒,最高洪水位631.05米,历年最小流量3.11立方米每秒。

出旧城坝复入峡谷,向南汇入怒江,河口对岸为龙陵县勐糯镇江中山。

7.15.36.1 北庙水库
(Beimiao Reservoir)

勐波罗河 上游东河源头的一座中型水库,位于云南省保山市隆阳区板桥镇北庙村,距保山市城区20千米。1958年动工兴建,1962年投入运行。1983—1990年多次对坝体进行除险加固,1992年开工扩建,大坝加高8米。1995年对副坝进行除险加固,1995年6月竣工。

水库本区集水面积119平方千米,引水区集水面积45.4平方千米,建有老营引水渠与西庄引水渠。坝址以上主河道长15.0千米,水库范围涉及的行政区有板桥镇、瓦窑镇、水寨乡。库区多年平均气温16.2摄氏度,多年平均年降水量1 082.9毫米。水库多年平均年径流量7 090万立方米,最大年径流量为10 340万立方米,最小年径流量为4 223万立方米,年均淤积量13.4万立方米。

水库是一座多年调节水库,具有灌溉、防洪、发电、城市供水等功能。灌溉保山坝区9 400公顷农田,2005年提供农业灌溉用水6 097万立方米,工业用水400万立方米,城市生活用水110万立方米。水库雄踞保山坝子上游,设计洪水标准为100年一遇,防洪保护着保山坝区,保山机场、国防公路以及下游沿河地区人民生命财产安全。

属多年调节水库,校核洪水位1 782.45米,设计洪水位1 780.22米,正常蓄水位1 778.70米,死水位1 737.00米;总库容7 350万立方米,调洪库容1 193万立方米,兴利库容5 850万立方米,死库容307万立方米。水库正常高水位水面面积3.01平方千米,回水长度5.0千米,淹没耕地200公顷,迁移人口3 092人。

枢纽建筑物为主坝、副坝、泄洪洞、输水洞及坝后电站。主坝为均质土坝,最大坝高73.0米,坝顶长280.0米,宽8.0米。副坝高10.60米,长62.65米。泄洪洞内径1.5米,最大泄水流量43.0立方米每秒。输水洞内径1.4米,最大过水流量18.0立方米每秒。坝后电站1座,装机容量2×1 250千瓦,年发电量350万千瓦时。

北庙湖风光

北庙水库为保山坝北端的人工湖,分为东西两个湖区,东部董达湖面宽阔、呈半月形,西部湖区湖湾发育是主坝湖区,两湖连接处湖面狭窄,架设有纵贯南北的大保高速公路桥。"北庙湖水利风景区"于2006年被批准为国家级水利风景区。北庙湖区总面积6平方千米,水面3.01平方千米,库周绿树成荫。坝下沿河道与水池遍植垂柳、并修建了人工湖、沙滩、旅游池等娱乐休闲设施。登上73米高的坝顶,既可纵览湖光山色,又可回望保山坝风光。

7.15.36.2 三块石水库
(Sankuaishi Reservoir)

勐波罗河 右岸支流姚关河上游的中型水库,坝址位于云南省保山市施甸县姚关镇蒜园村三架湾,因库内孤山西北角有石裂隙分成3块而得名,距施甸县城14.8千米。1977年10月开工建设,1982年枢纽工程建成,1985年12月总体工程完工。2003年5月进行水库除险加固,2006年11月通过竣工验收。

库区集水面积9.53平方千米，引水区集水面积33.67平方千米。水库范围涉及的行政区有施甸县甸阳镇、姚关镇、摆榔乡。多年平均气温13.8摄氏度，库区多年平均年降水量985.8毫米，多年平均年径流量417万立方米。

水库功能以灌溉为主，兼防洪、发电、集镇饮水等。有效灌溉面积2 330公顷，2005年提供农业灌溉用水1 803万立方米，城镇供水88万立方米。对下游居民和农田具有一定防洪作用。坝后电站装机容量500千瓦，年发电量43.2万千瓦时，属年调节水库，对姚关镇二级、三级、四级、五级电站有一定补充调节功能。水库校核洪水位1 826.76米，设计洪水位1 826.65米，正常蓄水位1 826.30米，死水位1 800.00米，总库容2 340万立方米，兴利库容2 066万立方米，死库容80万立方米。

枢纽建筑物为主坝、副坝、输水洞和溢洪道。主坝为均质土坝，坝高41米，坝顶长218.0米，宽6.8米。副坝高11米，长114.0米。输水洞内径1.70米，最大过水流量22.5立方米每秒，泄洪道堰宽6.0米，最大下泄流量4.0立方米每秒。水库正常蓄水位水面面积200万平方米，回水长度3.9千米，淹没耕地68.9公顷，迁移人口87户461人。

7.15.36.3　大勐统河
(Damengtong River)

勐波罗河左岸支流，又名永康河，位于云南省保山市和临沧市，发源于昌宁县翁堵乡风吹山，河长107.8千米，落差1 142.5米，河道平均比降5.1‰，流域面积3 077.9平方千米，于昌宁县湾甸乡大城汇入勐波罗河。流域地跨保山市南部的昌宁县和临沧市北部的凤庆县、永德县。

概　　述

流域东邻**罗闸河**，南与**南汀河**流域相连，西北、西与干流勐波罗河相邻。干流上段称勐统河，中段称大勐统河，纳入镇康河后亦称永康河。大勐统河水系不对称发育，左岸多于右岸。流域面积大于1 000平方千米的一级支流1条，为左岸的**镇康河**。

流域位于西南季风区，属低纬高原中亚热带季风气候，具有干湿季分明、雨热同季和干冷同季的特点。流域多年平均年降水量980～1 520毫米，夏秋两季降水量占全年85%左右。降水量随高程升高而增大，高值区位于流域北部和南部分水岭附近，低值区位于流域中部河谷区。流域内径流主要来源于降水，多年平均年径流量12.5亿立方米。干流水力资源理论蕴藏量7.19万千瓦。

流域位于怒山山脉南缘，地势南北高中部低，自东向西倾斜。上游昌宁县境内主要为中山陡坡地形，山峰高程一般为2 100～2 200米，总体地貌以中低山峡谷为主，中部有宽谷盆地，南部大雪山高程3 504米。流域位于"歹"字形构造体系和经向构造体系结合部位，昌宁县境内主要岩层为前奥陶系和上古生界，断裂发育，岩石较破碎。

流域内经济以农业为主，粮食作物主要种植水稻、小麦和玉米等，经济作物种植茶叶、烟叶和甘蔗等。截至2005年末，昌宁境内建有小型水库7座，塘坝373件，流域内建有水电站8座，总装机容量2.38万千瓦。

纪　　实

大勐统河自北向南流，河源头为山区性河流，呈扇形分布，河谷深切多漂石与卵石。经14千米至芒拨进入勐统盆地，勐统盆地段河长9.45千米，水势平缓，河床多细沙。勐统坝物产丰富，田畴多白鹭，种植有水稻、甘蔗、香料、茶叶等粮经作物。出勐统盆地进入峡谷，水流湍急，至南糯河口段河长9.65千米。上游水系总体呈树枝状左右岸对称发育。

大勐统河南流至南糯河汇入后转西南向流，为昌宁县与凤庆县、永德县界河，至镇康河汇入口为中游。大勐统河中游水系不对称发育，右岸有更戛河汇入，左岸有南糯河、锡腊河、**勐底大河**和镇康河汇入。中游接纳的支流较多，山高谷深，跌水急滩比比皆是，水能资源丰富。

大勐统河自镇康河汇入后转向北流，为昌宁县与永德县界河，亦称永康河，为下游河段。下游河谷深切，水流湍急，两岸支流短小，有泉水分布。

永德县境内大勐统河流域面积1 626.7平方千米，约占全县面积一半，是该县经济社会最发达的区域。永德县属国家级糖料基地县，云南芒果之乡，中国南药诃子主产地。

7.15.36.3.1　勐底大河
(Mengdida River)

大勐统河左岸支流，位于云南省临沧市永德县，发源于永德县亚练乡大雪山，源地高程3 504米，河长37.9千米，落差2 789米，流域面积373.8平方千米，多年平均年径流量1.13亿立方米，水力资源理论蕴藏量1.43万千瓦。

勐底大河流域处于云贵高原西部的边缘，流域地势呈东南向西北倾斜。干流自源头大雪山向西北，上游分水岭高程多在3 000米以上，属深切割构造剥蚀地貌，多砂页岩和石灰岩类；干流穿行于峡谷，支流呈扇形分布。下游属岩溶地貌，流经勐底坝，高程降至760米，建有国营勐底农场。出坝子复入峡谷再入宽谷，接纳左岸忙捞河，向北汇入大勐统河。整个流域植被覆盖率约50%～60%，植被良好，调蓄能力较强。

流域的源地永德大雪山属国家级自然保护区，是一个较为封闭的低纬度高海拔原始林区。主要保护以中山湿性常绿阔叶林为代表的南亚热带山地垂直自然生态系统及珍稀特有野生动植物物种，被誉为天然野生动物园，也是云南省天然旅游风景区之一。

7.15.36.3.2　镇康河
(Zhenkang River)

大勐统河左岸支流，亦称永康河，位于云南省临沧市永德县，干流河长66.6千米，落差2 010米，河道平均比降16.7‰，流域面积1 047.6平方千米，多年平均年径流量5.19亿立方米。

流域位于横断山脉南延段纵谷区，地处中心峡谷盆地区，地势南高北低，水系发育呈扇状分布。南部为老别山山脉，分水岭高程一般为2 000～3 000米。

镇康河发源于云南省永德县明朗乡亮山，沿途流经永德县明朗乡、大山乡、永康镇、小勐统镇。干流设有永康水文站，集水面积534平方千米，多年平均流量534平方千米。河流源头段称红石头河，东北方向流，建有忙海中型水库，总库容3 110万立方米，有效灌溉面积2 690公顷。过大山乡笼渣村后称大地河，转南北向流，德党河自左岸汇入后称镇康河，纵贯永康坝子，支流德党河为左岸最大支流，集水面积223.8平方千米，流经的永康坝子坐落有永德县城，下游有长约2千米的伏流段。过永康镇石纳流域最大支流南桥河，集水面积358.9平方千米，其源头为永德大雪山。向北流淌3千米，出永康坝进入低山峡谷，在永德县小勐统镇东北方汇入大勐统河。流域内具有多种地貌类型，山高坡陡，地形复杂，主要分布有石灰岩及部分砂页岩。

流域内高差变化大，区域内由低海拔到高海拔分布有多个气候类型，多年平均气温为12.8～21.6摄氏度。流域主要分布有河谷季雨林、季风常绿阔叶林、山地湿性常绿阔叶林、湿性铁杉混交林、寒温性冷杉林、亚高山低矮灌丛林及人工经济林，呈垂直地带分布。整个流域植被覆盖率约为28.5%。

流域内有勐耷新石器时代文化遗址观音洞和高程3 504米的永德大雪山。

7.15.37 曼辛河
(Manxin River)

怒江右岸支流，为流经中国与缅甸的国际河流。国境内位于云南省德宏傣族景颇族自治州潞西市，发源于勐戛镇半坡寨，河长40.8千米，流域面积230平方千米，中国境内流域面积186平方千米。

地处中山峡谷，西部最高峰高程2 246.1米。上游称香柏河，左岸支流较发育。干流自河源向南流，穿流于峡谷，左纳清水河后折向东为中缅界河，流经曼辛村，复折转东南流，有零星U形河谷分布。下游中缅界河段长19.1千米，于云南芒市勐戛镇杨家场汇入怒江，河口高程约510米。

7.15.38 南汀河
(Nanting River)

怒江下游萨尔温江左岸支流，又名南丁河、南定河，原系傣语音译名，为中缅国际河流，位于云南省临沧市中部，干流沿途流经临翔区、云县、永德县、镇康县、耿马县及沧源县。

概 述

流域范围 流域处于云贵高原西部的边缘，横断山脉南延段，地理坐标在东经98°41′～100°14′，北纬23°18′～24°20′之间。整个流域地势呈东北向西南方向倾斜。流域内的最高点为北面的永德大雪山，最低点为干流出境处的清水河，高程450米。北部为怒江的一级支流**勐波罗河**及**澜沧江**一级支流**罗闸河**；东面为澜沧江干流，东南部临澜沧江一级支流**小黑江**，北部和西南部与缅甸交界。国境内流域面积8 207.9平方千米。

河流水系 南汀河发源于云南省临沧县博尚镇永泉村西南部，源地高程2 480米，在耿马县孟定镇的清水河口岸进入缅甸，下行约20千米在缅甸国的滚龙汇入萨尔温江。国境内干流总长272.9千米，总落差1 860米，河道平均比降约2.9‰。流域内主要支流有昔夏河、勐旺河、头道水、盘河、勐回河、芒帕河、南袜河、**小黑河**、**河底岗河**、**南捧河**等。以下游右岸的南捧河为最大。

气候水文 南汀河流域高程变化在450～3 504米，流域分水岭一带永德大雪山、耿马回汉山、临沧和双江的大雪山一带气候冬寒夏凉，而低海拔的河谷区和盆地坝区气候较为炎热。总体上属中山地区典型的亚热带湿润气候类型。多年平均气温上游临沧为17.3摄氏度，下游孟定为21.8摄氏度。流域多年平均年降水量1 600毫米，5—11月降水量占全年的90%，年际变化较小。降水由西南向东北递减，高山大于河谷坝区。

南汀河流域的暴雨多发生在6—10月。洪水主要由上游各条支流的洪水组成，洪水特性一般为陡涨陡落的山区性洪水，以单峰为主。下游实测最大洪水流量为1 000立方米每秒。径流由降水补给，汛期约占年径流总量的70%。

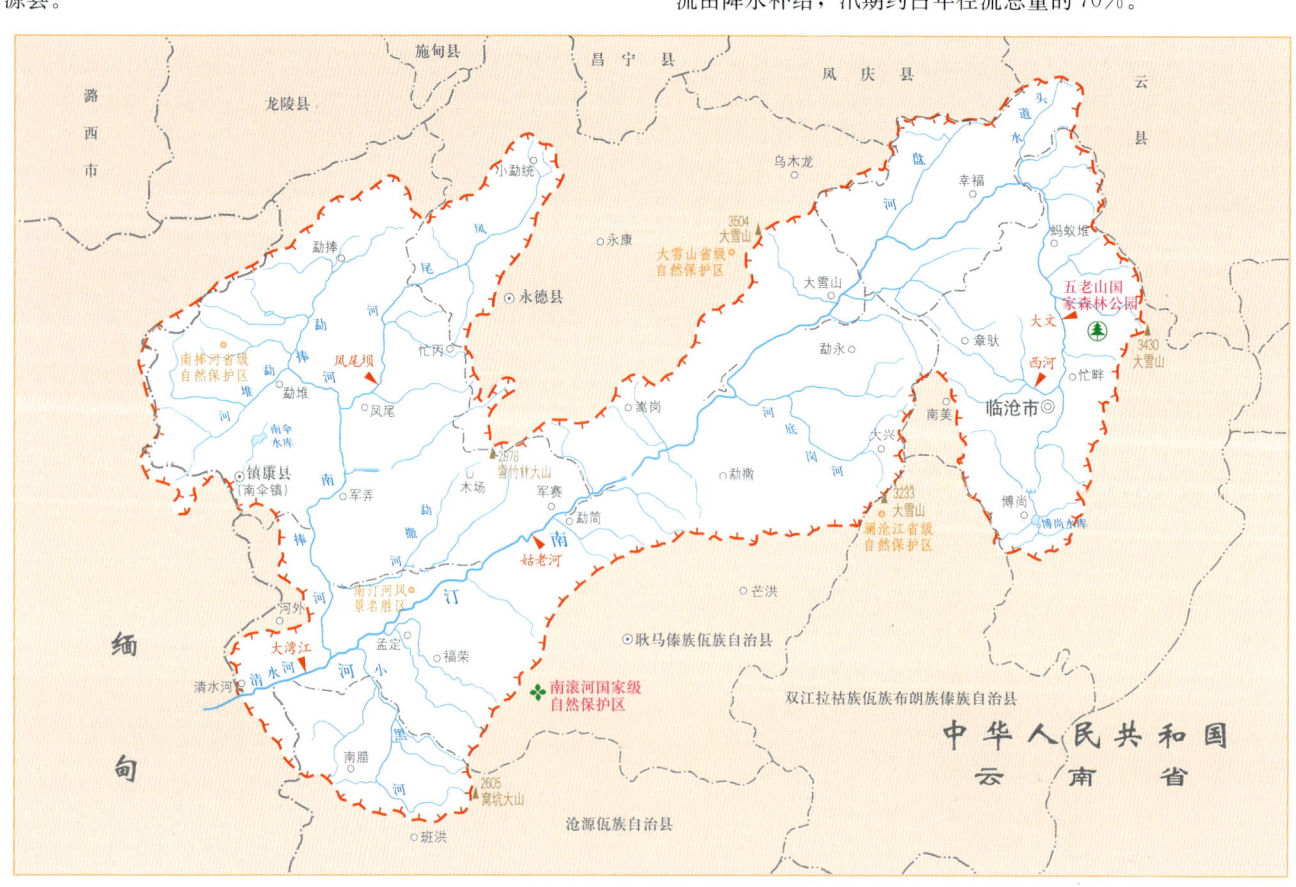

南汀河水系示意图

地质地貌 流域内具有多种地貌类型，上中游的左半区及支流南捧河的上游区为浅切割构造剥蚀低中山残丘地形，多分布表层风化剥蚀破碎严重的花岗岩及灰岩，山势较平缓，一般河浅谷宽，中小冲积盆地点缀其中；干流中游和南捧河中游多为高度切割构造剥蚀、溶蚀高中山陡坡地势地貌，河谷下切侵蚀强烈，多呈V形，峰谷高差达千余米；下游区一般山高谷宽，多为深切割的高山峡谷地形，干流经过处则为断陷冲积盆地。

经济社会 2004年末，南汀河流域内总人口约65.9万，其中农业人口56.9万，占总人口的86.4%，主要居住着彝、佤、傣、布朗、德昂、拉祜等23个少数民族。流域地区生产总值约24.2亿元，主要农产品有甘蔗、橡胶、茶叶、咖啡、核桃、热带水果等，其中糖、茶、橡胶已成为支柱产业。流域内214国道纵贯上游区域，县乡公路四通八达。临沧民用机场于2001年3月建成通航。

自然资源 流域水力资源理论蕴藏量约97.0万千瓦，其中干流46.2万千瓦，技术可开发量约21.9万千瓦，其中干流11.8万千瓦。

流域内的植被主要有亚热带常绿阔叶林、针叶松林及低矮常绿植物，多分布于流域上游分水岭一带，植被覆盖率50%~70%。分布有锗、煤、铅、锌、铁、金、银、锰、高岭土、硅藻土、稀土等矿藏，其中锗和高岭土都有大型矿床。

流域内有大雪山国家级自然保护区、五老山国家级森林公园和南汀河风景名胜区。

自然灾害 旱灾、洪灾、泥石流、滑坡是流域内主要的自然灾害。1949—2000年的51年间全流域发生较大旱灾10次，通常是"三年一小旱，五年一大旱"，大旱之年河溪断流，小春欠收，大春迟播、重播，山区人畜饮水困难。流域的洪水灾害大部分发生在中下游河段，尤以勐定坝最为严重。1949年后，南汀河流域先后有8年发生过较大规模的水灾。流域水土流失面积4000余平方千米，其中上游区约1800平方千米。

治理开发 南汀河开渠灌田，始于明朝穆宗隆元年（1567年）。截至2005年，已建中型**博尚水库**与南伞水库，总库容3495万立方米；小（1）型水库7座，总库容2111万立方米。防洪重点在下游勐定坝河段和上游临沧地区河段，分别以河道整治、堤防和蓄水工程进行了治理，取得了一定成效。截至2008年，流域内已建水电站21座，总装机容量5.64万千瓦。

纪　实

上游 河流源头由众溪流汇合而成，向东流入博尚水库，水库左岸坐落有博尚镇，出水库向北流，河浅谷宽，左纳昔夏河，沿岸岗峦起伏连绵，有214国道相伴。至临沧坝左纳西河，临沧坝是流域内重要坝子，有耕地0.28万公顷，临沧市政府所在地临翔区位于该坝子，是滇西南的重要门户。出临沧坝向北经峡谷流经蚂蚁堆乡，此区间两岸分水岭呈孤岛状，属澜沧江省级自然保护区，主要保护对象为完整的山地湿性常绿阔叶林生态系统及野生茶树生态群落。右岸有五老山国家级森林公园与小道省级森林公园。

区域广泛分布花岗岩，风化剥蚀严重，地表多为松散的砂壤土和红壤土，植被覆盖率不足30%。上游段大文水文站，控制流域面积657平方千米。河段两岸山势较为平缓，博尚、临沧、蚂蚁堆坝子等大小盆地分布集中，上游河段已建成博尚水库、昔夏等8级电站。

过蚂蚁堆乡，经与峰胺村转西，于羊头岩右纳向南流淌

上游城郊河段

的支流头道水后进入中游。

中游 河流向西南穿流峡谷3千米，两岸渐行开阔为幸福坝，有耕地面积693公顷，为重要粮蔗生产基地。过云县幸福彝族拉祜族傣族镇继续西南流，右纳盘河后为永德县和耿马县的界河，穿行于深山狭谷，左岸有较大支流河底岗河汇入，右岸为永德县的大雪山脉，岭谷最大高差有2000余米。继续西南流至勐简坝，成为耿马县与镇康县的界河，主河道宽浅，蜿蜒多汊，两岸多种植水稻与香蕉，坡地多橡胶林，雨季满山皆绿。勐简坝耕地面积2280公顷，为重要的橡胶基地。区间有众多短小支流汇入，坡蚀和沟蚀现象较突出。

南汀河中游

出勐简坝左纳古老河进入峡谷，流淌7千米至勐定坝，该河段设有姑老河水文站，控制流域面积4185平方千米。

下游 进入耿马县勐定坝为下游河段，主河道蛇曲游荡，左岸接纳有南袜河与小黑河。两岸河滩发育，有沼泽分布，生长百优粒野生稻，分布区已纳入《全国湿地保护规划》范围。勐定坝子为冲积平坝，是流域内最大的坝子，有耕地约0.67万公顷，水、热条件好，土地肥沃。沿岸广植水稻、香蕉及其他热带水果，山坡上遍布橡胶林，为云南省水稻及橡胶等热带经济作物主产区。设有勐定国家口岸，毗接邻国缅甸。出勐定坝进入峡谷，右纳南捧河，干流西岸有热带季雨林景观，沿岸多竹林与藤冠树丛，水势较平缓。设有大湾江水文站，控制流域面积7986平方千米。向西右纳清水河后亦称南定河，在耿马县河外乡清水河口岸出境流入缅甸，汇入萨尔温江。

下游坐落有耿马南汀河省级风景名胜区，核心区勐定坝风光秀丽，清水河有热带雨林与季雨林景观。勐足洞景佛寺是全国重点文物保护单位，相传埋存有释迦牟尼"舍利子"，闻名于东南亚。

下游出境河段

7.15.38.1 博尚水库
(Boshang Reservoir)

南汀河上游河段的中型水库，位于云南省临沧市临翔区博尚镇，距临沧市城区25千米，1958年9月开工，1960年4月完成土坝高16米，1965—1966年大坝加高3米，1977年9月进行扩建，1982年完工，1997年6月进行水库除险加固，2004年10月通过竣工验收。

博尚水库

水库集水面积87.2平方千米，多年平均年径流量6528万立方米。水库具有防洪、灌溉、发电等功能。防洪保护下游20万人，2万公顷耕地。设计灌溉面积2000公顷，2005年灌溉用水5300万立方米，工业用水268万立方米。水库电站装机容量1140千瓦，年发电量350万千瓦时。

属年调节水库，校核洪水位1726.40米，设计洪水位1725.16米，汛期限制水位1723.00米，正常蓄水位1724.80米，死水位1711.00米，总库容2320万立方米，兴利库容1710万立方米，死库容304.8万立方米。水库淹没耕地246.7公顷，迁移人口2250人。

枢纽建筑物包括主坝、副坝、输水洞和溢洪道。主坝为均质土坝，坝高27.0米，坝顶长354.0米，宽8.0米。副坝有3座，最大坝高17.5米，总长210.0米。输水隧洞全长291米，内径1.5米，设计流量为3.0立方米每秒。溢洪道设3孔4米宽闸门，最大下泄流量94.7立方米每秒。

7.15.38.2 河底岗河
(Hedigang River)

南汀河左岸支流，位于云南省临沧市耿马傣族佤族自治县东北部，发源于耿马傣族佤族自治县大兴乡龚家寨以东，源地高程2485米，河长43.8千米，河道平均比降27.7‰，流域面积697.6平方千米，多年平均年径流量3.12亿立方米，水力资源理论蕴藏量5.62万千瓦。

流域处于云贵高原西部的边缘，整个流域地势呈东南向西北倾斜。干流源头地处邦马山脉，穿行于中山狭谷，西南流经龚家寨、大兴转向西北右纳芒佑河（河长25.5千米，流域面积162.5平方千米），此后河流转向西行，在河底岗电站下游约5千米处汇入南汀河。下游河段多以暗河补给，流域内的最高点为高程3233米的大雪山，最低点为南汀河汇口，高程850米。立体气候显著，干湿季节分明。流域多分布砂页岩和石灰岩类。流域内主要分布有亚热带常绿阔叶林、针阔混交林、次生林、低矮常绿植物。流域植被覆盖率约为85%，植被较好。

北部的勐永镇多植被地藤。南部临耿马县主要坝子勐撒坝，有"蒸酶茶之乡"之称。流域内建有小型水电站2座，分别为河底岗一级电站和二级电站，总装机容量1.30万千瓦。

河底岗河

7.15.38.3 小黑河
(Xiaohei River)

南汀河下游左岸支流，地跨云南省临沧市沧源佤族自治县与耿马傣族佤族自治县，发源于沧源佤族自治县东北部班洪乡窝坎大山，源地高程2605米，河长53.8千米，河道平均比降11.3‰，流域面积418.8平方千米。

流域处于云贵高原西部的边缘，流域地势呈南向北倾斜。干流自源头向西北，经南哄、忙老后转向北，过嘎洪大寨，在两县界河处又向西北，纳南柯河、南令河，过派卡在耿马县的勐定坝滚乃村附近汇入南汀河。

流域位于北回归线附近的南亚热带区，四季不分明，立体气候明显。流域主要为切割构造剥蚀地貌，属山地丘陵地带中复被轻度侵蚀，地貌形态大多为中低山。流域高程较高区域及分水岭一带多为阔叶疏林及针阔混父林，高程较低区域多为低矮常绿植物。植被覆盖率约为40%~70%。多年平均年径流量4.19亿立方米，2005年水质为Ⅲ类。水力资源理论蕴藏量8.17万千瓦。

小黑河流域具有多彩的佤族文化民族风情，并分布有苍翠碧绿的野生植物群落、瀑布、原始森林等。1934—1935年，在沧源县发生了班洪抗英斗争，1943年又有班洪抗日战争，在历史上具有光辉的一页。

7.15.38.4 南捧河
(Nanpeng River)

南汀河下游右岸支流，位于云南省临沧市永德县、镇康县、耿马傣族佤族自治县，发源于永德县小勐统镇以北三角山，在耿马傣族佤族自治县孟定镇南捧村西南约2千米处汇入南汀河，干流河长113.6千米，河道平均比降6.8‰，流域面积2 797.3平方千米。

流域内水系比较发育，水量充沛。南捧河流域高程为480～2 628.4米，气候亦随高程而变化，总体上属亚热带季风气候类型，中镇康凤尾镇多年平均气温18.9摄氏度，气候温和。多年平均年降水量1 702.9毫米。河口地处北热带，气候炎热。年内降水时空分布极不均匀，集中在汛期的5—10月，年际变化不大。河流多年平均年径流量21.3亿立方米。流域水力资源理论蕴藏量31.6万千瓦，其中干流27.07万千瓦。

南捧河流域处于云贵高原西部的边缘，横断山脉南延段，地势呈西北向东南倾斜。流域内具有多种地貌类型，流域右翼及中上部主要属切割构造剥蚀地貌，流域右下部则属溶岩地貌，有若干溶洞分布。干流中上游森林植被属中复被，主要分布有亚热带常绿阔叶林、针阔混交林、次生林及低矮常绿植物。流域分水岭一带多为阔叶林及针阔混交林，中下部多为次生林组成。全流域植被覆盖率约为50%。

干流发源于永德小勐统镇，近南北走向，沿流程分别有小勐统河、南木算河、晒米河和凤凰河等称谓。在凤尾镇设有凤尾坝水文站，控制流域面积712平方千米，多年平均流量15立方米每秒。**勐棒河**从右岸汇入后始称南捧河。流域内多岩溶地貌，分布有溶洞、暗河、漏斗。上游有较宽河谷坝子，除勐棒坝子较大外，还有小勐统、勐板、凤尾、勐堆等小型坝子，沿河有耕地1.43万公顷，需引南捧河水灌溉。下游流经峡谷地带，水能资源丰富。镇康县四楞坝中型水库库容1 965万立方米，马鞍山一级电站装机容量4万千瓦。河流经镇康、耿马两县界河，南捧河在耿马县境汇入南汀河。

镇康县国土面积的90%以上属南捧河流域，镇康县居住着汉、佤、德昂、拉祜、布朗等民族，2004年末，全县总人口16.7万，地区生产总值5.54亿元。分布有南伞国家口岸和6个边民互市点。南捧河省级自然保护区东西长62千米，南北宽35千米，总面积3.69公顷。保护区分布有国家一级、二级重点保护动物42种，国家一级、二级、三级保护植物19种，流域内旅游开发价值很高的石花瓶山，山间有石花瓶溶洞10余处，境内境外连为一体，构成2千米长的"跨国溶洞"。河流内的四须鲃为稀有野生鱼类。

7.15.38.4.1　勐棒河
（Mengpeng River）

南捧河右岸支流，又称轩干河，位于云南省临沧市镇康县，河长46.6千米，落差1 443.2米，流域面积966.3平方千米，多年平均年径流量7.38亿立方米。

流域北部与**怒江**十流相邻，西部与南部和缅甸交界，有右岸支流勐堆河，河长约29.5千米，流域面积446.1平方千米。

流域处于横断山脉南延段，流域地势西高东低。干流发源于勐棒镇北部，向南流经勐棒镇，在勐堆镇以北与源自缅甸的勐堆河汇合后折向东南流，在凤尾镇以南汇入南捧河。流域位于北回归线附近的南亚热带区，四季不明显，雨热同季，地形平面形态较为复杂，立体气候显著。流域西部为南棒河省级自然保护区，总面积36 970公顷，主要保护对象为季风常绿阔叶林、中山湿性常绿阔叶林的生态系统与珍稀濒危动植物资源。南部勐堆河区域岩溶发育，喀斯特缓丘分布广泛，多分布有溶洞、暗河、漏斗、泉水等。流域内建有南伞中型水库，总库容1 175万立方米，有效灌溉面积7.33公顷。镇康县政府驻地南伞镇，设有国家级通商口岸。

7.15.38.4.2　勐撒河
（Mengsa River）

南捧河下游左岸支流，又名南片河，流域涉及云南省临沧市永德县、镇康县与耿马县，河长39.4千米，河道平均比降34.8‰，流域面积313.0平方千米。多年平均年径流量2.52亿立方米。水力资源理论蕴藏量2.43万千瓦。

流域处于云贵高原西部的边缘。发源于云南省临沧市永德县明朗乡老别山乾树丫口，源地高程2 687米。干流自源头由北向南进入镇康县境，转向西南过木场乡、勐撒、散路坝、纳木厂河后向西为镇康县和耿马县的界河，向西流淌于中低山峡谷后落入溶洞，出流后汇入南捧河。流域最高点为2 978米的雪竹林大山，最低点河口高程为600米。

流域位于北回归线附近的南亚热带区，四季不明显。高差变化大，立体气候明显。流域属滇西横断系切割山地峡谷区南段的深切割中、低山地形地貌，多分布表层风化剥蚀破碎的石灰岩。流域内主要分布有亚热带常绿阔叶林、针阔混交林、次生林及低矮常绿植物。植被覆盖率约为30%～50%，多年平均气温14.2摄氏度。

流域为云南省的糖料基地之一，土地资源丰富，盛产蔗糖、橡胶、茶叶、咖啡和热带水果。

7.15.39　南滚河
（Nangun River）

怒江下游萨尔温江左岸支流，为中缅国际河流。国境内位于云南省临沧市沧源佤族自治县，发源于勐董镇西部的南滚河自然保护区。流域主要位于班洪、班老两乡境内。中国境内河长62.1千米，河道平均比降9.5‰，流域面积558平方千米。水力资源理论蕴藏量8.82万千瓦。

南滚河流域处于云贵高原西部的边缘，流域地势呈东北向西南倾斜。流域内的最高点为北部高程2 605米的窝坎大山，最低点为干流出境口高程约500米。干流上游称芒库河，向北流经班洪乡折向西流后又折向西南流出国境。河源段山体破碎，支流扇形分布。中上游多为深切割、溶蚀高中山陡坡地形地貌，河床多呈V形，陡坎跌水比比皆是，地形、地貌复杂。下游山高谷深，河道宽浅蜿蜒，水流平缓。在中缅界河段右纳支流南衣河（亦为界河）后进入缅甸。气候具有较为明显的季节性和随高程变化地带性。流域具有水汽充足、气候温热、日照时数长，少寒、多雾等特点。

1995年南滚河流域被批准为国家级自然保护区，以保护孟加拉虎、亚洲象、白掌长臂猿等多种珍稀动物及热带雨林、热带季风林为主要目的的自然保护区。已鉴定的种子植物1 350余种，有以绒毛番龙眼、千果榄仁为标志的热带季风性雨林；以杯状栲、刺栲、红木何、滇楠组成的南亚热带季风常绿阔叶林；以黄竹、野龙竹组成的热性竹林；以思茅松为优势种的暖热性针叶林；以中平树为优势种的灌木林。有亚洲象、白掌长臂猿、孟加拉虎等13种国家一级保护动物，保护区基本保持原始自然生态环境，植被覆盖度达80%～90%。北部班洪乡有班洪人民抗英盟誓遗址，为省级文物保护单位。

7.15.40　南卡江
（Nanka River）

怒江下游萨尔温江左岸支流，中缅国际河流。中国境内南卡江流域位于云南省普洱市西盟佤族自治县和孟连傣族拉祜族佤族自治县，发源于缅甸境内，干流为中缅界河，最后又进入缅甸，汇入萨尔温江，境内集水面积2 268.3平方千米。

南卡江上段流向为北西—南东，在西盟县与孟连县交界处转为北东—南西，**南马河**汇入后，从孟连县勐马镇吾仑山以西流出国境，出境地高程500米。

流域处于热带边缘，属北热带气候类型，并有向亚热带过渡型气候，多年平均气温大于20.4摄氏度。由于雨量充沛，干湿季节分明，立体气候明显，光照适中。多年平均年降水量上游1 944.1毫米、中游1 826.5毫米、下游1 535.5毫米。降水量年内分布极不均匀，年际变化小。暴雨多发生在7—9月，汛期5—10月降水量占全年降水量的87.7%，全年雨日多年平均达170天。6—10月径流量占全年径流量的80%。

流域属横断山脉南延段怒山余脉地带，地势北高南低，东高西低，群山起伏，沟壑纵横，多分布有沉积岩和变质岩类。

流域内主要居住着傣族、拉祜族、佤族等少数民族。经济活动以种植业为主，主要种植水稻、旱谷、玉米、小麦及甘蔗、茶叶、橡胶、杉木、竹子、水果等绿色商品。耕地复种指数低，土地利用率低，耕作粗放。西盟县基本位于本流域内，为国家重点扶持县，农业生产以种旱稻、小红米为主，生产力低下。干流水力资源理论蕴藏量为10.97万千瓦。流域植被良好，孟连县森林面积18.9万公顷，西盟县13.6万公顷。流域内有大黑山省级自然保护区、勐梭龙潭国家级自然保护区、里坎瀑布国家二级景区及佛殿山佛房遗址等景区。流域内已兴建三河、新厂河、永业水电站3座，马散、城子、永光、英腊小型水库4座。

河流在西盟县岳宋乡岳宋以西约5千米（支流界河南弄河汇入后）成为中缅界河，界河河长93千米，沿途地势平坦。**南康河**、格浪秧河和南马河先后从左岸汇入南卡江。

河流自西盟县岳宋乡以西起，沿峡谷西南流21.1千米，称南锡河，纳南康河后称南卡江。河流经两县边界，流经孟连县富岩乡区域，富岩乡有国家二级景区南卡江畔瓦山秘境——大曼糯，佤语意为"森林之寨"。河流继续流经公信乡，进入勐阿盆地，河流以西是勐阿坝子，与缅甸邦康市隔江相望。江上建有通往邦康市的中缅友谊大桥，为中缅边贸的一个重要口岸。在勐阿村左纳西南流的南马河后转180度弯复西流，约7千米后，进入缅甸。

7.15.40.1　南康河
（Nankang River）

南卡江左岸支流，为中缅国际河流，中国境内位于云南省普洱市西盟佤族自治县，发源于缅甸境内，源头段称格浪重河，向西转南后成为中缅两国界河，沿峡谷向南流8.9千米称南卡犒河。由西盟县新厂乡进入中国境内始称南康河，左纳**库杏河**。中国境内河长46.3千米，落差460米，河道平均比降为5.8‰，流域面积1 063.8平方千米。

河流设有南康河水文站，控制流域面积920平方千米。实测多年平均年径流量12.2亿立方米。流域属南亚热带山地季风气候，西盟气象站多年平均气温15.3摄氏度，雨量十分充沛，多年平均年降水量1 826.5毫米。干流水力资源理论蕴藏量11.53万千瓦。

流域处于横断山脉南延段，怒山余脉地带，群山起伏，气势磅礴。整个流域地势呈北向南倾斜，流域内最高点为高程为2 364米的无名大山，最低点为河口处，高程为620米。流域内山间林木繁茂，竹林葱茏，终年云雾缭绕，朝夕彩霞满天，为"佤山云海"景观。主要树种为栲、栎、樟、木荷、春树等。野生动物有峰猴、豹、熊、野猪、马鹿、岩羊、孔雀、蟒蛇等。

西盟佤族自治县是全国两个佤族自治县当中的一个，其面积的85%位于本流域内。县域内居住有25个民族，其中佤族人口占72%，中缅边界附近的佤族同宗同族，语言相通。中华人民共和国成立后，本着"团结、生产、进步"的方针，在国家的扶持下，经济建设和社会事业取得很大进步。当地保留有古老的民间史诗《司岗里》，省级文物保护单位佛殿山佛屋遗址也在本流域内。

7.15.40.1.1　库杏河
（Kuxing River）

南康河左岸支流，位于云南省普洱市西盟佤族自治县，发源于西盟佤族自治县中课乡北部冈窝少，河长45.9千米，天然落差1 551.2米，流域面积557.6平方千米。多年平均年径流量7.2亿立方米，水力资源理论蕴藏量4.18万千瓦。

河流自源头由北向南流经中课乡，至中课乡班箐与左岸支流勐梭河汇合，转向西流，在中课乡窝笼附近汇入南康河。地貌以中低山峡谷为主，仅西盟县城勐梭镇有200公顷的河谷平坝外，其余均为山区。最高峰高程2 458.9米，最低河口高程590米。受孟加拉湾西南暖湿气流影响，夏秋季节降水高度集中，占全年的90.1%。无霜期319天，年均日照时段2 204.7小时，年风速平均2.5米每秒。流域适宜亚热带各类作物生长。流域南部勐梭河左岸分布有勐梭龙潭省级自然保护区，冬春季节天气晴朗，风和日丽，朝霞初升，山头阳光灿烂，山脚云蒸霞蔚，绵延无尽的"佤山云海"尽收眼底，勐梭龙潭为国家水利风景区，位于西盟县城郊，水面面积0.4平方千米。建有库查河水电站，装机2 500千瓦，还建有小型水库1座。

勐梭龙潭

7.15.40.2　南马河
（Nanma River）

南卡江左岸支流，位于云南省普洱市孟连傣族拉祜族佤族自治县西南部，流域南部与缅甸接壤。发源于中缅交界的昂朗山，源头高程2 603.1米，河长53.6千米，落差1 895米，流域面积504.3平方千米，河道平均比降为21‰，多年平均年径流量4.07亿立方米。

南马河自源头由南向北流，河源段建有腊福中型水库，总库容3 328万立方米，兴利库容2 674万立方米，有效灌溉面积2 190公顷。出水库后，河道比降加大，水流湍急，上段称南腊河，到芒列附近转向西南流，进入勐马盆地，河道比降减小，水流变缓，穿越勐马盆地后复入峡谷，河道落差增大，继续向西南流经勐阿坝、孟连农场后在勐阿附近汇入南卡江。

流域处于横断山脉余脉以西的低纬地区，地貌以中低山峡谷为主，气候属南亚热带湿润季风气候区，四季不分明，降水充沛，时空分布不均，5—10月湿热多雨，降水量占全年的85%；11月至次年4月为干燥、凉爽的少雨天气。腊福水库坝址以上多年平均年降水量1 785.5毫米，腊福水库引水区流域多年平均年降水量1 978.3毫米。流域南部为大黑山省级自然保护区。

南马河水力资源理论蕴藏量3.39万千瓦，建成的南马河一级电站和南马河二级电站位于勐马镇以西河段，总装机容量6 800千瓦。

三、伊洛瓦底江水系

Yiluowadi River Basin

7.16 伊洛瓦底江

（Yiluowadi River）

中国与缅甸的国际河流，有东西两源，以发源于中国西藏自治区林芝地区察隅县境内伯舒拉岭山脉的东源为正源，称吉太曲（藏）和独龙江（滇），于云南省怒江傈僳族自治州贡山独龙族怒族自治县马库附近进入缅甸后称恩梅开江，在缅甸密支那城以北约45千米处的密松汇合西源迈立开江后始称伊洛瓦底江。伊洛瓦底江由北向南贯穿缅甸，最后注入印度洋的安达曼海。全流域面积约41万平方千米，其中我国境内流域面积约2.13万平方千米。

伊洛瓦底江流域中国境内部分位于我国西南边陲，涉及云南省和西藏自治区。本条目第一部分介绍国境内流域的概况，第二、第三部分分述干流区域的概述和纪实。

概　述

伊洛瓦底江流域在中国境内为一不连续的流域体，从地域上可分为三块：一是位于北部的干流主源部分；二是位于南部的以两大支流为主体的区域，这是本流域面积最大（占国境内流域面积的80%）、经济社会最发达区域；三是在中部云南省怒江州有一小块独立小流域。

按水系可归纳为四部分：

（1）干流主源部分，即吉太曲—独龙江，其流域面积4 344平方千米。

（2）独立小流域，系伊洛瓦底江干流上游左岸诸中小支流水系，源于中国境内，于缅甸境内汇入干流。分为两片，小片位于云南省怒江傈僳族自治州泸水县的片马镇，有小江、片马河等。流域面积157.7平方千米注入恩梅开江的左岸支流；大片位于云南省德宏傣族景颇族自治州盈江县的苏典乡、卡场镇、勐弄乡、昔马镇、那邦镇，有**勐戛河**、**勐典河**、石竹河、大巴江、**勐乃河**（穆雷江）等，流域面积1 356.4平方千米，为伊洛瓦底江左岸支流的源头水系。

（3）大盈江，伊洛瓦底江左岸支流，在云南省境内为独立的水系。涉及云南省腾冲、梁河、盈江、陇川四个县，中国境内流域面积5 859平方千米。在支流南奔江汇口处进入缅甸，至缅甸八莫附近注入干流。

（4）瑞丽江，伊洛瓦底江左岸支流，在云南省境内也为独立的水系。涉及云南省的腾冲、龙陵、梁河、潞西、陇川以及瑞丽等县（市），中国境内流域面积9 743平方行米。于支流**南畹河**汇口处进入缅甸，至缅甸畹尼瓦附近注入干流。

流域总体上属南亚热带季风气候，降雨丰沛。水资源开发利用程度低，2007年，全流域用水量10.75亿立方米，仅占水资源总量的3.5%。

据2003年水力资源复查成果，全流域水力资源理论蕴藏量771.53万千瓦。到2007年，已正建电站114座，装机容量24.84万千瓦。

流域的矿藏资源主要分布在大盈江和瑞丽江流域，已探明的铁矿属低硫磷高品位优质矿；硅藻土储量约占全国已探明储量的三分之一；硅灰石储量是世界上已发现的最大矿床。

干流独龙江峡谷是我国原始自然生态，原生动植物带谱保留最完整、特征最明显、跨幅最大的生物河谷，被誉为"动植物王国、野生植物天然博物馆和物种基因库"，已被列入三江并流保护区的高黎贡山片区。

大盈江流域和龙江—瑞丽江流域分布有南亚热带季风常绿阔叶林和中亚热带常绿阔叶林；有八宝树、龙脑香、云南石梓、腊肠树、婆罗双、团花、高大含笑、柚木、椿、楠、鱼尾蔡等珍贵树种；有树蕨、苏铁、鹿角蕨等珍稀植物。

高黎贡山国家级自然保护区还包括伊洛瓦底江和**怒江**水岭高黎贡山区域，流域内还有铜壁关省级自然保护区、龙江—瑞丽江省级自然保护区、腾冲火山热海等自然景观。

流域涉及西藏自治区的林芝地区、云南省的怒江傈僳族自治州、保山市、德宏傣族景颇族自治州等4地（市、州），10个（县、市），有傣、景颇、傈僳、德昂、阿昌、独龙、怒、藏等20多个少数民族。2007年，流域内总人口188.33万，其中城镇人口50.65万；地区生产总值127.90亿元，工业总产值73.99亿元；流域内有耕地面积约27.5万公顷，农田有效灌溉面积为9.66万公顷，粮食总产量73.91万吨，主要集中在大盈江和龙江—瑞丽江流域；粮食作物以水稻为主，还有玉米、青稞、薯类等；经济作物以甘蔗、橡胶、茶叶、油菜籽、烟叶等为主；流域还具有发展畜牧业的条件，2007年全流域存栏大、小牲畜151.26万头（只）。

流域内交通以公路为主，除干流源头部分因受自然条件制约交通不便外，其余区域基本形成了以国道、高速公路和省道为主线，以德宏芒市机场、腾冲机场及片马等口岸和重要旅游区为连接点，衔接国内，辐射东南亚、南亚的交通网。

干流区域概述

吉太曲—独龙江为伊洛瓦底江上游的干源河流，位于西藏自治区林芝地区察隅县和云南省怒江傈僳族自治州的贡山县。

流域范围　流域北接伯舒拉岭山，东以伯舒拉岭山和高黎贡山与怒江流域接壤，西界南北逶迤的担当力卡山与缅甸毗邻，西北部与**察隅曲**流域相接。流域面积4 344平方千米，其中西藏境内（吉太曲）为2 350平方千米，云南境内（独龙江）为1 994平方千米。流域呈微弯狭长条带状。

河流水系　河流发源于西藏自治区林芝地区察隅县境内的伯舒拉岭山脉西南麓。上段吉太曲河长90.5千米，天然落差2 380米，由西北向东南流；下段独龙江河长86.8千米（中国境内涨），天然落差940米，在支流麻必洛汇入后转为北向南流，出境前又折向东北—西南流。

干流最大支流为西藏境内的**日东曲**。云南境内流域面超过100平方千米的支流,自上而下依次有麻必洛河、木切而河(莫嘎洛河)、担当洛河(担当王河)、接壤河(特拉王河)。各支流特点是河流不长,落差较大,产水量大。

气候水文 干流西藏区间属喜马拉雅山南麓亚热带湿润气候区,四季温和,多年平均年降水量约1 800毫米,年日照时数1 615小时,年无霜日在200天以上。

干流云南区间属北亚热带气候,多年平均气温13.6～16.4摄氏度,立体气候明显,高程3 800米以上属高寒气候,多年平均气温在4.5摄氏度以下。区域位于西南暖湿气流北上的通道上,水气充沛,降水量大,多年平均年降水量约3 200毫米,临近中缅边界的马库村年降水量高达4 796毫米。一年内有双雨季,第一个为2—4月,第二个为5—10月,降水日数大于200天,是云南省降水最多的地区。

流域内径流由雨水、冰雪融水和地下水组成,属混合补给型河流。

流域内植被覆盖率高,森林茂密,悬移质含沙量较小,属低沙河流,流域内人类活动较少。

地质地貌 流域地处青藏高原与横断山地衔接地带,受冈底斯—念青唐古拉褶皱系之独龙江构造断裂带影响,主要山脉及河流都呈南北向延伸,总体地势北高南低,河流切割深度大于1 000米,形成了可与三江平行峡谷区并驾齐驱的高山峡谷地貌。

经济社会 据2007年资料,本区域总人口约0.66万,其中云南境内为0.45万,独龙族人口约占97%;西藏境内是僜(dèng)人(藏族)的主要分布区。

耕地面积约700公顷,2007年粮食总产量0.11万吨。域内经济以农业和畜牧业为主,农作物主要有玉米、水稻、青稞、大豆、油菜等,牧业主要饲养猪、牦牛、黄牛、马、羊等。吉太曲流域基本没有工业,独龙江流域经济基础也十分薄弱。

流域内受自然条件制约,交通极为不便,主要靠乡间道路通行。

流域内春季低温,连阴雨;秋季秋雨连阴,影响作物生长,并给人畜造成一定危害。独龙江有记载的较大洪灾出现在1972年6月中旬和1973年4月中旬,3天暴雨,江水猛涨,引发泥石流灾害。

流域内无蓄水工程,据2007年统计,有小型引水工程34处,主要解决农田灌溉用水,兼顾部分乡村生活用水。吉太曲干流上建有吉太曲引水式电站一座,装机容量1 400千瓦,支流上建有装机容量640千瓦的孔目水电站,为独龙江乡政府驻地供电。

干流纪实

干流源头吉太曲在西藏境内分东西两支,东支日东曲,长约56千米;西支嘎达曲,长约75千米,以西支为主干,发源于伯舒拉岭山脉西南麓然莫日峰附近,河源高程约4 720米。除日东曲外,其余西藏境内支流多分布于干流右岸,且均较短小。

河流自源头南流,在沙冬牧场附近转为西北—东南流向,河道蜿蜒曲折,经嘎达、吉台,沿途纳多条小支流后,在距藏滇边境约15千米处,有左岸支流日东曲来汇。汇口以下至云南境内麻必洛河河口,干流又称克劳龙河。西藏境内流域地处偏僻,沿岸居民点不多,两岸多高山,河谷深而窄,水流湍急,河床覆盖层多由砂卵石组成;日东曲汇入后,干流水量大增,河谷逐渐开阔,在云南省迪布里附近流入滇境。

西藏境内干流沿岸地带尚处于原始状态,长期以来,很少有人涉足,至今仍蒙着一层神秘的面纱。

干流进滇境后,继续西北—东南流,经斯当、加涌,在雄当以北有支流麻必洛河从左岸汇入,其流域面积约268平方千米,基本为北南流向;该支流汇入后,干流始称独龙江(以前称俅江或球江,1954年定现名),并转为北南流向。此后河谷稍展呈U形,主流曲折,谷坡陡峻,沿岸支流短小,坡面冲刷和沟床下切严重,谷底有小片耕地。至迪正当附近水面宽度增大到70米左右,河床多细卵石;迪政当以下河谷继续拓宽,沿河耕地也逐渐增多。在龙元村下游右岸有支流大锅莫洛河汇入,汇口处的江心洲,由砾石等冲积物组成,洲上杂草丛生。经献九当等地,在孔美上游左岸有木尔尔河(流域面积189平方千米,由南北转东西流向)汇入,此河段两岸山体相对完整,河谷较宽,沿河发育有山麓台地和冲积扇,河床中有磨圆很好的砾石。顺流而下经独龙江乡政府驻地,有独龙江最大支流担当洛河从右岸汇入,该河流域面积约283平方千米,以其西的中缅分水岭担当力卡山而得名,为西北—东南流向。以下河段又进入峡谷地带,河谷呈V形,谷深坡陡,两岸山峰逼近河床,岭谷高差在2 000米以上,河流较顺直,主河道比降为13‰,两岸支流短小降大,最大可达100‰以上。此段河宽仅20～30米,河水湍急,多险滩,河床砾石大而磨圆度差,多来自附近的重力崩塌物;两岸地形较破碎,阶地不发育,灌丛草坡多,在陡坡种植的地方存在水土流失。河流总体折向西南流,在左岸汇入由南向北流的接壤河(流域面积225平方千米),在右岸汇入达塞洛河至马库,河流折曲成2个小弯道后,在钦郎当村下游中缅边境41号界碑附近出境。马库附近有飞流瀑布,以下河段一带多嶂谷,有陡壁、滑坡,沿岸支流沟谷多为森林掩蔽。

独龙江流域区位偏僻,其东部由高黎贡山阻隔,与贡山县城通道一年中有半年以上大雪封堵,有史书称之为"太古之民"。中华人民共和国成立前,当地还处于铁、石、骨、木器混用时代,社会形态和民族风俗保留较多的原始遗迹。1999年修建了贡山县城至独龙江乡的公路,有利于流域经济社会的发展,但仍因大雪封山而季节性通车。独龙江峡谷中保留着完好的原始生态环境,蕴藏有丰富的自然资源,是我国原始生态保存最完整的区域之一。

伊洛瓦底江上源独龙江

7.16.1 日东曲
(Ridongqu River)

伊洛瓦底江(吉太曲段)左岸支流,发源于西藏自治区林芝地区察隅县竹瓦根镇曲瓦村附近的然莫日山南麓,河长76千米,流域面积806平方千米,落差1 850米。

流域内主要为高山峡谷地貌,出露岩层为花岗片麻岩、混合岩、变粒岩等。流域多年平均年降水量 1 800 毫米。年水面蒸发量 1 200 毫米。径流由雨水、冰雪融水和地下水组成。含沙量小，河水清澈，水质良好。水资源、水能资源尚未开发。人类活动影响小，自然生态环境完好。

自源头向东南流，河源段称曲阿曲。过日东村称日东河。至帮果以下转向西南流，称日东而美。于察隅县竹瓦根镇帮果下游约 50 千米处注入伊洛瓦底江的吉太曲段。河谷狭窄。森林密布，植被覆盖率在 85% 左右。河床由砂卵石组成。

7.16.2 勐戛河
(Mengjia River)

伊洛瓦底江 左岸支流，为流经中国与缅甸的国际河流，中国境内位于云南省德宏傣族景颇族自治州盈江县。北部与西部为中缅边界，东邻**大盈江**上游槟榔江，南与**勐乃河**流域接壤。

勐戛河发源于盈江县苏典乡迎风山东山，流向自北向南，经苏典乡（神护关）以南折向西，于中缅边界接纳自北向南的界河大巴江，沿国境线向西南流淌 5.6 千米，再接纳左岸支流**勐典河**，西入缅甸后称南太白江。河源高程 2 817 米，中国境内主河长 52.6 千米，流域面积 968 平方千米。

流域属南亚热带山地季风气候，多年平均气温 13.3 摄氏度，年均降雨量 3 553.5 毫米。地势东北高，西南低，分水岭高程 707.7～2 932 米。北部森林茂密，向南流淌的右岸支流有拉马河、木笼河与大巴江。左岸最大支流为勐典河，其次为勐鸭河。域内河流穿行于深山峡谷，宽谷零星分布于干流苏典傈僳族乡、支流勐弄乡与卡场镇，地方经济以农业为主。

流域水力资源理论蕴藏量 67.67 万千瓦，其中干流为 33.29 万千瓦，建有四级电站。右岸诸支流下游水土流失较严重。支流木笼河于 1987 年 6 月突发泥石流，勐戛河上游和支流拉马河于 1995 年发生泥石流。

流域北部设有苏典口岸，是云南省西北部通往缅甸的一个通道。明朝修建有边关"神护关"。左岸勐鸭河上游有黄草坝风景区，旧为荒草坝，分布有稀树灌丛草地和刺麻栗古树群，四周青山环抱，溪水清澈。

7.16.2.1 勐典河
(Mengdian River)

勐戛河左岸支流，为中缅国际河流，中国境内位于云南省德宏傣族景颇族自治州盈江县。河流北部与干流勐戛河相邻，南部与勐乃河毗连。

勐典河发源于勐弄乡尖峰山，河源高程 2 370 米，总体向西北方向流，于克都秧接纳自南向北流淌的中缅界河石竹河后，继续沿中缅边境线北上丁盆都山西南山麓汇入勐戛河，西入缅甸。河流全长 34.6 千米，总落差 1 720 米，中国境内流域面积 423 平方千米，水力资源理论蕴藏量 29.8 万千瓦。

流域为中山地貌，地势东南高，西北低，分水岭高程一般 1 500～2 500 米。流域内植被较好，主要森林植被有亚热带常绿阔叶林及针叶林，植被覆盖率约 95%。流域内有盈江县勐弄乡与卡场镇两个乡镇，勐弄街有明朝"万刃关"遗址。干流已建勐典河一级、二级电站，水利工程为小型引流灌溉渠道。盈江坝是云南省八十平坝之一，是国家商品粮、甘蔗生产基地县。

7.16.3 勐乃河
(Mengnai River)

伊洛瓦底江左岸支流，又称穆雷江，为流经中国与缅甸的国际河流。勐乃是傣语，意为小地方河。中国境内位于云南省德宏傣族景颇族自治州盈江县，发源于昔马镇东北尖峰山，源头高程 2 685 米。北部分水岭为中缅边境。在那邦镇左纳南来的中缅界羯羊河后，向西北沿国界线行 4.2 千米，右纳中缅界河拉沙河，西入缅甸后改称穆雷江。中国境内河长 48.9 千米，流域面积 382.0 平方千米。

流域属南亚热带山地季风气候区，多年平均气温 13.6 摄氏度，位于西南暖湿气流的迎风坡，为云南省多雨区与暴雨中心之一。据昔马气象哨实测资料，多年平均年降雨量为 3 960 毫米，1998 年降雨量 5 146 毫米，1997 年最大一日降雨量为 359 毫米。

干支流水能资源蕴藏量为 26.98 万千瓦，已建水电站 4 座，总装机为 3.835 万千瓦。水利工程有始建于 1910 年的老官沟灌渠，现渠长 12 千米，灌溉面积 80 公顷。

上游为山区性河段，山高谷深，坡降较陡，近昔马镇段植被较差。昔马镇为山间盆地，河流如网织，汛期排水不畅，洪涝灾害及泥石流时有发生。昔马镇以农业为主，主要农产品有稻谷、豆类、油料、蔬菜、茶叶、水果和药材。历史上曾为南方"丝绸之路"的出境通道，现在是德宏州的"华侨之乡"，旅居国外的华侨达 1.4 万人。

下游进入深山峡谷区，河道陡急，河谷深切，落差集中，陡坎瀑布广布。地处云南省铜壁关自然保护区北部，主要保护对象为山地混合森林生态系统及珍稀动物、植物资源。国家级保护植物有阿萨姆娑罗双、云南石梓、四数木、萼翅藤、鹿角蕨、盈江龙脑香、榆绿木、绒毛番龙眼、红椿、琴叶风吹楠等，其中阿萨姆娑罗双为中国热带西部地区特有的季雨林类型树种。支流羯羊河位于核心区，与勐乃河交汇口高程 250 米，为热带季雨林沟谷。国家级保护动物有蜂猴、白眉长臂猿、印支虎、野牛、云豹、豹、熊猴、绿孔雀、猕猴、穿山甲、水鹿、白鹇、大绯胸鹦鹉等。森林中还混生有榕树、红椿、高大含笑、见血封喉、羯布罗香等树木，其中那邦镇刀弄寨后山上有一棵古榕树，树冠覆盖面积 6 134 平方米，气根约 300 根，已入土长成新树干的就有 108 根，当地称为盈江榕树王，为盈江县著名景观。

盈江榕树王

7.16.4 大盈江
(Daying River)

伊洛瓦底江左岸支流，古称大车江，为流经中国与缅甸的国际河流，《腾越厅志》记载："众流萦合，名曰盈江"，故名大盈江。

概　述

流域范围　流域位于云南省西部，地理位置位于东经

97°31′48″～98°38′35″，北纬24°18′00″～25°37′48″；东邻瑞丽江水系，西邻勐戛河与勐乃河，北部与西南部与缅甸毗邻，涉及云南省腾冲、梁河、陇川、盈江4个县，国境内流域面积为5 859平方千米。

河流水系 发源于云南省腾冲县猴桥镇北部中缅边界分水岭地带，源地高程3 595米。河源至盈江县盏西镇为上游，又名槟榔江，流向自北向南。盏西至旧城镇为中游，接纳左岸最大支流**南底河**后始称大盈江，下游河段转西南流出盈江盆地后成为自东向西流淌的中缅界河，右纳南奔江出境汇入伊洛瓦底江。中国境内河长196.2千米，落差3 345米，河道平均比降为9.9‰。水系干支分明，支流水系发育，流域面积100平方千米以上的一级支流有9条，左岸为滇堂河、**古永河**、南底河与**户撒河**，右岸为**支那河**、芒牙河、**盏达河**、**户宋河**与南奔江。

气候水文 流域南北跨度大，高差悬殊，地貌类型多样，北部为中亚热带气候，南部以南亚热带气候为主，具有夏长湿热，冬暖干燥，雨量充沛，辐射量大，日照充足等气候特征。盈江气象站多年平均气温19.4摄氏度，年最高气温36.8摄氏度，最低气温−1.2摄氏度。流域多年平均年降水量约1 978.8毫米，其年际变化甚小，但空间及年内分布极不均匀。上游槟榔江流域为多雨区，多年平均年降水量2 424毫米，支那河上游的达海一带达3 500毫米。大盈江干流下游区间的多年平均年降水量为1 900毫米。年降水量集中在汛期（5—10月），占全年雨量的74.6%。流域暴雨频繁，主要集中在6—8月，出现频次最多的是7月。盈江县北部大雪山、支那一带和盈江县西部铜壁关一带为暴雨高值区，多年平均最大1日降雨量在100毫米以上。

地质地貌 流域处于横断山脉西南端，为高黎贡山南延支系西南余脉，北高南低。流域内新构造运动表现强烈，且以上升为主，北部腾冲县有火山口地貌。多中山切割地貌，峡谷盆地相间，河流上游中游以深山峡谷河段为主，下游有面积宽阔的盈江盆地，出境河段又流淌于深山峡谷。

区域位于青、藏、滇、缅、印尼"歹"字形构造体系的西支中段，地质构造比较复杂，断层和褶皱发育。河谷处于断裂带上，区内动力与热力变质作用多次重叠发生，岩石多为变质岩系。上游槟榔江大部分为透水性较差的混合花岗岩，局部地区有石灰岩出露。支流南底河分布有变质岩带、花岗岩带，在腾冲县境内多为透水性较强的火山堆积，气孔状辉石安山岩、玄武岩，风化层厚度数十米至百余米。

经济社会 流域位于云南省西部边陲，居住着25个少数民族，其中以傣族、景颇族、傈僳族为主。2003年，流域内人口约50万人，耕地面积约4.27万公顷，种植玉米、稻谷、小麦、马铃薯、红薯、豆类等粮食作物，经济作物有茶叶、橡胶、烟叶、油菜、甘蔗、水果等。

据2003年水力资源复查成果，流域水力资源理论蕴藏量231.55万千瓦，技术可开发量126.85万千瓦，其中干流分别为177.41万千瓦与117.23万千瓦。

流域有亚热带常绿阔叶林、落叶阔叶林及针叶林，西部边境为云南省铜壁关自然保护区，生长发育有茂密的季风常绿阔叶林。盈江县境内树木多为阔叶杂木林，以栎树、栲树、木荷、木莲、楠木、桦木、桤木、椿木为主。

流域矿产资源主要有铅、锌、锡、钨、金、银等。非金属矿产中云母较多。

自然灾害 流域自然灾害以水灾、旱灾、泥石流灾害为主。历史上水灾几乎年年发生，并常伴有泥石流、滑坡灾害。盈江盆地为流域内水灾发生频次较多、灾情较重的坝子。1950—1993年间有大小洪灾32年，平均1.4年一次，平均2.4年有一次重大洪灾。1983年7月大盈江出现10年一遇的洪水，盏西镇水深1～2米，大盈江沿岸38个村寨被淹，5 488.7公顷农田受灾。盈江县浑水沟、梁河县邓欠河是泥石流、滑坡多发地段。1969年8月1日，大盈江支流南怀河、户撒河支流郎光河同时暴发泥石流，在盈江、陇川两县形成重大灾害。

流域内易出现冬旱、春旱及初夏旱，以春旱出现频次较多。1957—1990年盈江有16年干旱，梁河有15年。1979年，盈江、梁河两县出现极端干旱年，冬、春、初夏持续干旱，除大盈江主河外，其余小河基本干枯，盈江县城因河水断流，到1千米以外的山凹取水。

治理开发 下游的水利建设重点在防洪。清代末年开始修筑防洪堤，规模较小。1952年后连续进行治理，在支流浑水沟泥石流形成区内，封山育林和人工植树造林，对大盈江坝区的主要干支流洪泛河段筑堤护岸，干流翁姐至姐满河段进行改造，扩宽拉红河段卡口；虎跳石卡口河段进行清滩炸礁，加大末端的泄洪能力。修筑堤防工程总长85.4千米，保护人口22.79万，保护耕地14 890公顷。灌溉工程以引为主，引蓄结合。计有渠道1 300多条，其中引水流量在0.30立方米每秒以上的100余条，有效灌溉面积13 200公顷。中型水库建有**户宋河水库**与芒旦水库，总库容分别为8 055万立方米和1 070万立方米；建有小（1）型水库6座，小（2）型水库15座。

腾冲县槟榔江河段建有装机容量3.6万千瓦的猴桥水电站。盈江县2005年已建水电站22座，总装机容量21.5万千瓦。

槟榔江猴桥河段

纪　实

上、中游 大盈江上游有东西两源，东源为大盈江—南底河，西源为大岔河—槟榔江，以西支槟榔江为正源。槟榔江发源于云南省腾冲县猴桥镇的五台山和狼牙山一带，北部与西部的分水岭为中国与缅甸的边界线，高程一般为2 900～3 700米。源头河段称大岔河，流向自北向南，与左岸支流滇堂河及轮马河交汇后称槟榔江，至猴桥镇左纳自南向北的古永河，干流穿行于峡谷，两岸森林茂密，河水湍急、清澈。入盈江县于右岸接纳支那河至盏西镇。进入中游河段，盏西镇盆地河道断面宽浅，设有盏西水文站，集水面积1548平方千米。河流自北向南复入中山峡谷，建有多级水电站，右纳芒牙河，流经芒章乡与新城乡，流淌到旧城镇与南底河汇合，汇口以上河段长124千米，集水面积2 310千米，河道平均坡降21.37‰。

上游与中游河段大部分穿行于深山峡谷，为典型的山区

7.16.4　大盈江

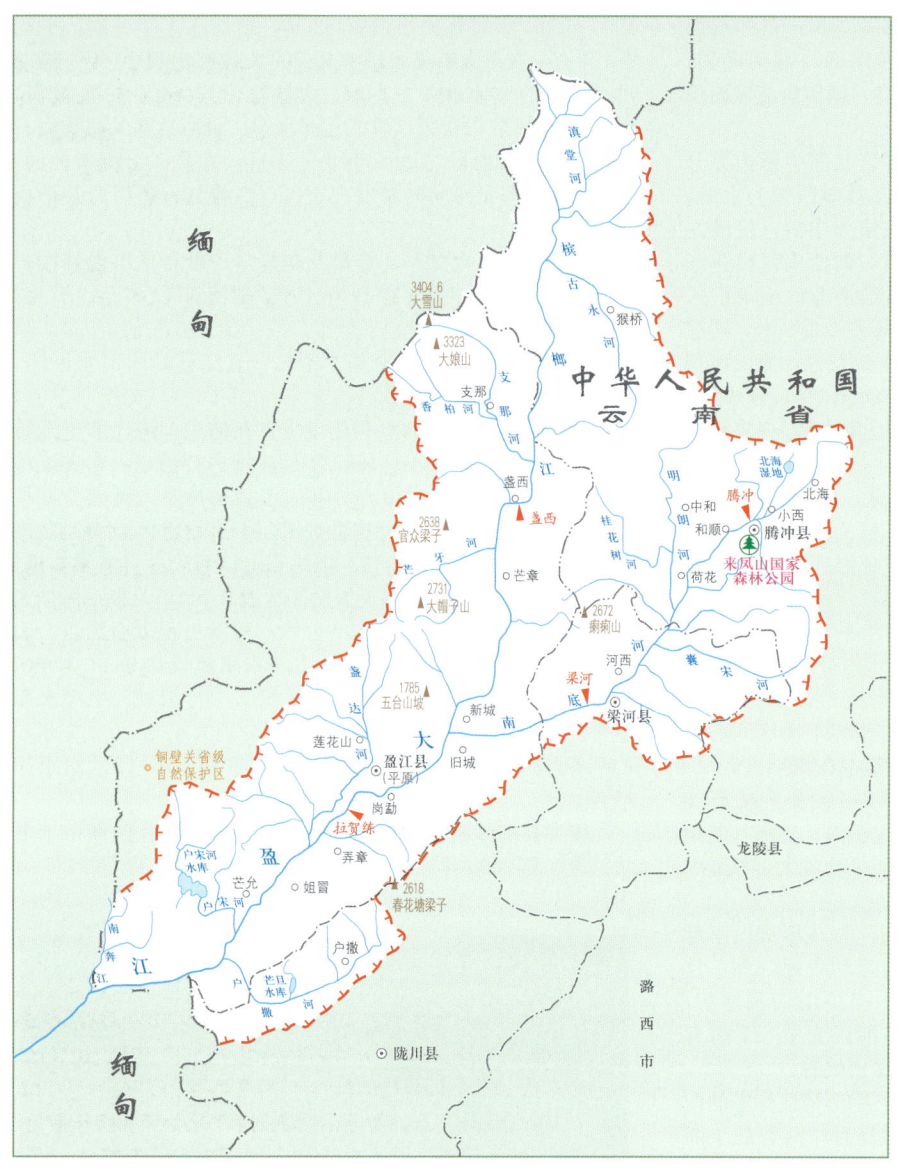

大盈江水系示意图

性河流，零星分布有瑞滇、支那、盏西等宽谷盆地。北部腾冲县猴桥为边境小镇，国境线长69.3千米，有出境公路连接缅甸密支那，于2000年4月经国务院批准为国家级口岸。槟榔江河段两岸皆是茂密的森林，河水清澈透明，江中多奇石，有的表面呈蜂窝状，有的透漏嶙峋，江心中有一方圆丈余的"莲花石"，为江水千百万年冲蚀雕凿成莲花瓣的巨石。因河中有一种腹部有吸盘的扁头鱼，水涨时吸附于河边低矮树木产卵，水落时鱼仍附于树枝，槟榔江又有"鱼上树"奇观。左岸新城乡的凤凰山生长着一棵高20余米的橡胶树，为1904年引进的至今仍存活的一株巴西三叶橡胶树，据考证是中国引种最早、树龄最大的橡胶树，被称为"中国橡胶母树"，已列为国家重点保护树种。

下游　槟榔江与南底河汇合后始称大盈江，西南向蜿蜒从盈江坝中部斜穿盈江县。下行约13千米有拉贺练水文站，水文站以上集水面积4 225平方千米。河道低水位时出现沙洲，高水位时出现浅滩。盈江县是一个美丽富饶的边疆县，少数民族众多，主要有傣族、景颇族、傈僳族、德昂族、阿昌族等，2005年少数民族人口16.12万，占总人口的59.7%。盈江县历史悠久，1935年置盈江设治局，1952年改盈江县。据记载盈江秦代即为"蜀身毒道"主要出口之一，是内地通往缅甸、印巴各国的主要商道，明朝设有铜壁关、巨石关、万仞关与神户关。明清时期贸易活动尤其活跃。现今盈江的口岸公路网络发达，分别经芒允、那邦、昔马、卡场、苏典、支那通向缅甸边境。

下游河段风景秀丽，云南省瑞丽—大盈江风景名胜区为国家级风景名胜区。大盈江进入盈江坝后河床比降变缓，支流羽状发育，大量泥沙沉积，为冲积平原型河流。坝区有4条流域面积大于100平方千米的支流汇入，左岸为户撒河，右岸为盏达河、户宋河与南奔江。盈江坝土地面积为516平方千米，是云南省八大平坝之一，因其土地资源与光、热、水的条件好，物产丰富，农业耕作水平较高，是远近闻名的"粮蔗之乡"。河流右岸坐落有盈江县城，曾先后被列为云南省商品粮基地县、油料基地县、滇西南农业综合开发区、国家糖料基地县及"八五"计划第一批国家级商品粮基地县。坝区江面开阔处有数百米至上千米宽，江渚江滩众多，两岸是一望无垠的农田，村寨散布其间，周边竹林树木环绕，青山如黛，翠竹欲滴。江岸有千里凤尾竹堤，汛期有江映竹林、林夹江水的风景奇观，枯季可观成行白鹭，成群野鸭野鸟。在宽阔的江面上，时有往来穿梭的竹筏木船，身着色彩艳丽服装的傣族少女，又为绚丽多彩的大盈江增添了一道新的风景。河流右岸有允燕山，靠近盈江县城，建有气势雄伟的允燕佛塔。主塔高20米，周边拱卫有40座子塔，建筑风格上融佛教文化和傣族传统建筑为一体，是云南省文物保护单位。西南隅有铜壁关乡，因明朝末年修筑有"天朝铜壁关"得名。其西部与缅甸接壤，自北向南流淌的南奔河为中缅界河，地处云南省铜壁关省级自然保护区。

河流在户撒河汇口出盈江坝，进入低山峡谷，两块屹立于大江两岸的巨石叫虎跳石。江面至此陡然束窄为七八米，水势汹涌翻滚，更兼下游河床有巨石横卧，水流左冲右突，水花飞溅，数里深谷一片喧嚣，如雷贯耳。从虎跳石沿江而

大盈江下游太平江河段

下,步行数百米有落水洞景观。出虎跳石为深山峡谷,下行8千米又称太平江,沿边界线自东向西流淌16千米,右纳中缅界河南奔江后进入缅甸。进入21世纪后,此峡谷江段建有四级水电站,总装机容量达109万千瓦。

7.16.4.1 古永河
(Guyong River)

大盈江上游槟榔江的左岸支流,发源于云南省保山市腾冲县猴桥镇箱子坡,源地高程1980米,自南向北贯穿古永坝子后至猴桥镇猴桥村注入大盈江。河长40.5千米,流域面积328平方千米,多年平均流量23.6立方米每秒。

河流源头至箐口因产金矿而得名金厂河,河流由南流变向北流如"倒挂金钩"。出箐口后一路北上,是腾冲县境内唯一由南向北流的河流。古永河四面环山,森林植被较好,河谷多呈V形。古永坝长13千米,为南北向展延的宽谷。坝区原河道弯曲,每遇大水,堤埂崩坍,沙石填积,下游峡谷洪水顶托,淹涝面积86.7公顷。1952—1978年多次对古永河进行裁弯改直,炸滩疏深峡谷锁口,缩短河道5.33千米,洪涝灾害得以减轻。

流域所在的古永乡2001年更名为猴桥镇,古永原称"古勇",有"古道西行"之意。早在西汉即有古道,由此西通缅甸至天竺(今印度)。如今是著名的史迪威公路通往印度支那半岛的要冲和最后一站,猴桥口岸为国家级一类对外开放口岸。

7.16.4.2 支那河
(Zhina River)

大盈江上游槟榔江的右岸支流,位于云南省德宏傣族景颇族自治州盈江县,北部分水岭是中国、缅甸的边界线。发源于盈江县支那乡大雪山,源地高程3174米,在盏西镇勐乃村汇入槟榔江。河长37.7千米,流域面积337平方千米,落差2344米,河道平均比降23.1‰。多年平均流量22.7立方米每秒。

源头山高坡陡,大雪山高程3404.6米,是德宏州最高的山峰。气候属南亚热带季风气候,据达海雨量站观测,多年平均年降雨量2173.8毫米。河源段称灯草坝河,流淌于中山峡谷,支流羽状发育,流向自西向东后转向南流。右岸最大支流为香柏河,发源于支那乡北部彩云顶山,流域面积145平方千米,于支那坝汇入支那河。支那坝为流域内唯一宽谷,总长约8千米。出支那坝后,河流复入长约3千米的峡谷,东南向注入大盈江。

河流水力资源理论蕴藏量13.1万千瓦。主要灌渠有芒老、芒海两条。流域内水土流失严重,支那坝河道蜿蜒交织,滑坡点众多,曾发生重大泥石流灾害。

支那乡是盈江县离县城最远的一个乡,居住着傣族、景颇族、傈僳族等少数民族,少数民族占总人口的93%。傣族村寨流传有"光帮"艺术,为傣族民间一种传统敲击鼓点乐器与鼓舞,已列为传统民族民间文化重要保护对象。自然风光以"支那云海"著名,冬季之晨可择地登高,俯瞰支那坝长达数小时的云雾,恍若置身仙境。

7.16.4.3 南底河
(Nandi River)

大盈江左岸支流。元代称阿禾江,清代称小梁河,东与瑞丽江上游的龙川江相邻,流经云南省西部保山市的腾冲县与德宏傣族景颇族自治州的梁河县与盈江县。

概 述

南底河发源于云南省腾冲县打苴乡,流经腾冲坝后进入梁河县,于盈江县旧城镇流入大盈江,汇口地高程810米。河长91.3千米,落差1330米,流域面积1721平方千米,多年平均流量51.4立方米每秒。

地形北东高、南西低,分水岭高程一般为2700~1100米,以中山地貌为主,宽谷与峡谷相间。属南亚热带季风气候。据梁河县气象站资料,多年平均气温18.3摄氏度,最高气温34.0摄氏度,最低气温-1.7摄氏度。多年平均年降雨量1525毫米。流域内单点暴雨突出,最大24小时降雨量148.6毫米(1985年6月7日)。设有梁河水文站,集水面积1525平方千米。

2004年,流域内人口10.8万人,主要居住有汉族与傣族、景颇族、德昂族、阿昌族、傈僳族等少数民族。上游腾冲县商贸发达,有中国翡翠第一城称号。中游地方经济以农业为主,有省道公路沿南底河连接腾冲县与梁河县。耕地面积约0.73万公顷,主要产品有粮、蔗、胶、茶和油料。

流域内矿产资源主要有铁、锡、铝、铅、锌等金属矿和硅藻土、硅灰石、高岭土等非金属矿。水能资源理论蕴藏量为19.28万千瓦,已建成众多小型水电站。

自然灾害以滑坡、泥石流山洪灾害为严重。南底河两岸分布有42条泥石流沟,最大的是浑水沟,较大的还有曩滚河、邓欠河、户赛河、喇叭河和来帕河。1974年6月浑水沟泥石流堆积壅塞南底河,溃决后冲毁丙汗大桥,冲淹村寨7个,毁田287公顷。1977年9月,梁河县东部山区暴发泥石流,冲毁稻田266公顷。2004年5月,南底河发生10年一遇洪水,梁河县7乡5镇受灾,受灾人口1万余人。农作物受灾面积386公顷,成灾面积306公顷。

水利灌溉以引为主,建成引水流量在0.3立方米每秒以上灌渠23条,设计灌溉面积3487公顷。流域治理重点为防治滑坡、泥石流山洪灾害。1966—2004年,当地对浑水沟泥石流进行了长达38年的治理,在主沟下游猴子岩峡谷段建7座拦沙坝,在支沟上共建谷坊18座,在梯级坝群下游的沟道中建了13座潜坝。到2000年6号坝兴建后,浑水沟泥石流完全被拦截在沟内。此外,对南底河的松树湾、澡塘河等五大弯道进行了截弯改直,修筑堤防提高防洪标准。

纪 实

南底河在腾冲县境为上游,发源于打苴乡花园村东部,河源高程2117米。在腾冲县内长48.6千米,河源至龙家营为山区峡谷河段。从龙家营至太极桥称大沙河,坐落有小西坝子。于太极桥飞流陡落40米后称叠水河,此瀑有"久雨不晴叠水河"之说,明朝徐霞客改前四字为"久旱不晴",为全

腾冲北海湿地

腾冲县城河段

国唯一的城市内天然瀑布,利用该段落差,建有腾冲县第一座水电站,装机容量3 250千瓦。叠水河流经国家历史文化名城腾冲,南岸有来凤山国家森林公园,旁侧有全国重点文物保护单位腾冲国殇墓园,为纪念中国远征军第20集团军在抗日战争中光复腾冲时为国捐躯的阵亡将士的陵园。在腾冲县城西北12.5千米是腾冲北海湿地,为1994年12月国家首批公布的全国33处国家重点湿地之一,也是云南省唯一的国家湿地保护区。保护区面积16.29平方千米,保护区内北海面积0.46平方千米,其中水面面积0.14平方千米,具有高原火山堰塞湖沼泽湿地和高原湖泊蔓延沼泽化的典型特征,为国家一级保护植物莼菜的天然分布地。大盈江在腾冲县城河段已深化,建有腾冲水文站。出腾冲县城后进入和顺镇,和顺镇是国家级历史文化名镇,为西南丝绸古道上最大的侨乡,也是翡翠之乡,风景秀丽,人居和谐,2005年荣获中国十大魅力名镇称号,和顺图书馆为全国重点文物保护单位。和顺镇以南的清水乡有热海河从左岸注入大盈江,出露有腾冲热海。在面积约9平方千米的范围内,地热景观类型丰富,开发有大滚锅、小滚锅、哈麻嘴、美女池、狮子头、珍珠泉、鼓鸣泉、怀胎井、仙人澡堂等众多景点,其中最高水温达98摄氏度的"大滚锅"涌水如柱,蔚为壮观。河流继续南下于荷花乡右纳**明朗河**后称南底河,进入梁河县囊宋乡。

腾冲热海大滚锅

河流进入梁河县后河谷豁然开阔,从囊宋乡热水塘到链子桥为中游河段,当地亦称大盈江。河流从东北向西南纵贯勐底坝,河道蜿蜒蛇曲,两岸阶地发育,左岸最大支流为囊宋河。因水土流失严重,两岸泥石流沟众多,年入河泥沙量约240万立方米。梁河县为"孔雀之乡",是傣族葫芦丝音乐的发祥地。梁河在傣语中称勐底,意即大盈江下游的地方,县城所在的坝子为勐底坝(南甸坝),土地3 000多公顷,县城驻地为遮岛镇。位于遮岛镇的南甸宣抚司署,是中国保存最完整的土司衙门,建筑群规模宏大,

有傣族"小故宫"之称。于1996年11月被列为全国重点文物保护单位。

链子桥以下为下游河段,流经9.3千米的峡谷后进入盈江县,左岸有梁河县与盈江县的界河浑水沟汇入。浑水沟是全国有名的泥石流沟,发源于石柱脑山北麓,河长3.75千米,流域面积4.5平方千米。浑水沟流域为一古滑坡体,经过1842年以来的几次大地震,古滑坡复活,新滑坡产生,滑坡面积增大,泥石流量增多。河流进入盈江县境后,自东向西流淌15千米,于旧城镇汇入大盈江。入盈江县境后,河谷宽度由200米扩展到数千米。

7.16.4.3.1　明朗河
(Minglang River)

南底河右岸支流,位于云南省保山市腾冲县,西邻**大盈江**上游槟榔江。发源于云南省腾冲县中和乡尖峰坡,向南汇入南底河上游大盈江。河长48.3千米,落差1 200米,流域面积431平方千米。多年平均流量10.1立方米每秒,已建3座小水电站。

流域内气候温和,峡谷平坝相间,种植的主要粮经作物有水稻、油茶、玉米与烤烟。右岸支流发育,最大支流为桂花树河,发源于中和乡新岐,集水面积124平方千米。干流河源高程2 424米,继续南流于中山峡谷,转东进入U形河谷。向南流称缅菁河,V形河谷与U形河谷相间,流经中和坝子。向南流经荷花傣族佤族乡明朗村改称明朗河,右纳桂花树河。荷花乡的翡翠加工业起源较早,有"中国翡翠第一乡"之称。

流域内有多处芭蕉丛环绕的地热温泉,错落分布有香樟树与古榕树环抱的村庄,栖息有白鹭。东北部地处腾冲热海国家级风景名胜区,打鹰山为最著名的休眠圆锥状火山口,峰顶高程2 614.5米,相对高度600米。顶部火山口直径300米,深60余米,下有暗红色的浮石和火山弹。熔岩表面无风化层,流动构造非常明显,是景区内现存火山锥中气势最宏伟的一座。

7.16.4.4　盏达河
(Zhanda River)

大盈江右岸支流,位于云南省德宏傣族景颇族自治州盈江县,西北部与**勐戛河**相邻。发源于云南省盈江县勐弄乡昔家坡,向西转南流经盈江县城,于太平乡西村附近汇入大盈江。河长36.3千米,落差1 890米,流域面积348平方千米。多年平均流量13.7立方米每秒,水力资源理论蕴藏量为7.08万千瓦,已建多级小水电站。

流域内属中山宽谷地貌,上游分水岭高程在2 000米以上,北部最高峰石人山高程2 767.7米。下游河谷地形开阔平缓,凤尾竹环绕的傣族村寨错落其间,支流以右岸发育较多。

区域平坦,当地称小平原,左岸坐落有盈江县城平原镇。坝区内年平均气温19.3摄氏度,多年平均年降雨量1 464毫米,无霜期325天,种植有水稻、甘蔗、香蕉、咖啡、坚果等多种粮经作物。

7.16.4.5　户宋河
(Husong River)

大盈江下游右岸支流,位于云南省德宏傣族景颇族自治州盈江县境内,发源于盈江县铜壁关乡东北部的夏洛山冬柯岭,河源高程1 976米,在芒允乡的芒蚌东侧汇入大盈江,河口高程790.6米。河长34.4千米,落差1 190米,流域面积

户宋河水库

229 平方千米。多年平均流量 15.2 立方米每秒。水力资源理论蕴藏量 6.08 万千瓦。

流域山体多呈丘陵状,属浅切割中低山地貌,地层以下古生界高黎贡山群深变质岩为主。属南亚热带山地季风气候区,多年平均气温 19.3 摄氏度,年降雨量在 2 500～3 500 毫米。户宋河上游称戛独河,中游称洋伞河,在户宋寨以下河段称户宋河。上游河道蜿蜒曲折,穿行于峡谷,于铜壁关乡进入宽谷。支流多发育于主河道左岸,流域内森林植被好,含沙量小。

铜壁关乡土地面积 300.91 平方千米,有明朝时修建的边境八关之一的"铜壁关"遗址。1986 年建立了铜壁关自然保护区。2004 年有农业人口 5 676 人,其中景颇族 3 744 人,占总人口数的 66%。耕地面积 545.1 公顷,粮食总产量 112.72 万千克,农民人均纯收入 918 元。出铜壁关,向南流入**户宋河水库**,出水库向东入峡谷,转南流入盈江坝,汇入大盈江。

7.16.4.5.1 户宋河水库
(Husonghe Reservoir)

户宋河中游的中型水库,位于云南省德宏傣族景颇族自治州盈江县铜壁关乡,距盈江县城 51 千米,1993 年 5 月开工,1997 年 6 月完工。

坝址以上集水面积 162 平方千米,多年平均年径流量 3.41 亿立方米。水库以发电为开发目标,兼有灌溉、防洪、水产养殖、旅游等综合效益,具有不完全多年调节能力。水库电站装机容量为 3×2.1 万千瓦,年发电量 2.72 亿千瓦时,改善户宋河北干渠灌区 1 067 公顷农田灌溉。经调洪削峰,防洪保护下游农田 400 公顷。水库工程是 20 世纪德宏州建成的库容最大、装机容量最大的枢纽工程,建成后基本解决了德宏州枯季电力不足的问题。

水库校核洪水位 1 314.29 米,正常蓄水位 1 312.5 米,死水位 1 293 米。总库容 8 055 万立方米,其中兴利库容 6 434 万立方米,防洪库容 1 145 万立方米,死库容 476 万立方米。水库水面面积 6.8 平方千米。水库回水长度 7.74 千米,回水区位于盈江县铜壁关乡境内。水库淹没水田 91.9 公顷,旱地 8.8 公顷,用材林 40.7 公顷,灌木林 20.7 公顷,牧草山 488 公顷,迁移人口 703 人。

枢纽建筑物由大坝、导流隧洞、溢洪道、引水隧洞与坝后电站组成。主坝为均质土坝,最大坝高 44.75 米,坝顶长 251.5 米。副坝高 17.5 米,长 141.0 米。导流隧洞位于主坝左岸山体,洞长 639 米,最大下泄流量 187 立方米每秒。溢洪道位于主坝右侧,最大泄洪流量 570 立方米每秒。引水隧洞全长 1 503.28 米,为内径 2.8 米的钢筋混凝土圆洞,通过压力钢管管道连接户宋河电站,最大过流量 21.0 立方米每秒。

库区西北部为边塞战备要地铜壁关。明代末年为抵御外敌入侵,修筑有"天朝铜壁关"。水库又称凯邦亚湖,"凯邦亚"系景颇语,意为收获之谷。水域内小岛众多,有"千岛湖"之称,周边植被浓郁,是旅游观光的理想之地。

7.16.4.6 户撒河
(Husa River)

大盈江下游左岸支流,流经云南省德宏傣族景颇族自治州陇川县与盈江县,发源于陇川县户撒乡地方头,源地高程 1 900 米。河长 40.5 千米,流域面积 265 平方千米,落差 1 720 米,多年平均年降雨量 1 950 毫米,多年平均流量 11.8 立方米每秒,水力资源理论蕴藏量 4.12 万千瓦。

地势东北高西南低,河流自东北向西南流经户撒坝,地形开阔为宽谷,坝区土地面积 3 200 多公顷,接纳右岸众多支流。支流上建有芒旦中型水库,总库容 1 070 万立方米。出户撒坝后于左岸纳倒淌河,转向西北进入峡谷,沿程森林茂密,河谷狭窄,水流湍急,建有户撒河 5 个梯级水电站,总装机容量 3.67 万千瓦。在盈江县姐冒乡曼岗汇入大盈江。

流域核心区域户撒乡是阿昌族的聚居地,出产有户撒刀,质地精纯,已有 600 多年历史。在景颇族和藏族群众心中,户撒刀为强悍和锋利的代名词。2006 年 5 月,户撒刀锻制技艺经国务院批准,列入第一批国家级非物质文化遗产名录。

7.16.5 瑞丽江
(Ruili River)

伊洛瓦底江左岸支流,元、明时期称麓川江,清时也称龙川江,傣语称南卯江,意为"白雾笼罩的河",为流经中国与缅甸的国际河流。

概　述

流域范围　流域位于云南省西部,地处东经 97°31′12″～98°53′24″,北纬 23°50′24″～25°50′24″。西面与**大盈江**水系相邻,东隔高黎贡山与**怒江**相邻,北部分水岭为中国与缅甸的国境线。流域面积 9 743 平方千米。流经云南省保山市的腾冲县、龙陵县与德宏傣族景颇族自治州的梁河县、潞西市、陇川县及瑞丽市。

河流水系　河流发源于云南省保山市腾冲县明光乡中河山头,源地高程 3 263 米,在瑞丽市弄岛镇右纳**南畹河**流入缅甸,于缅甸伊尼瓦注入伊洛瓦底江。中国境内河长 369.5 千米,落差 2 523 米,河道平均比降 2.5‰。河源至腾冲县曲石乡抗猛寨为上游,称明光河;抗猛寨至潞西市遮放坝入口为中游,名为龙江;遮放坝入口至瑞丽市弄岛村为下游,称瑞丽江。

7.16.5 瑞丽江

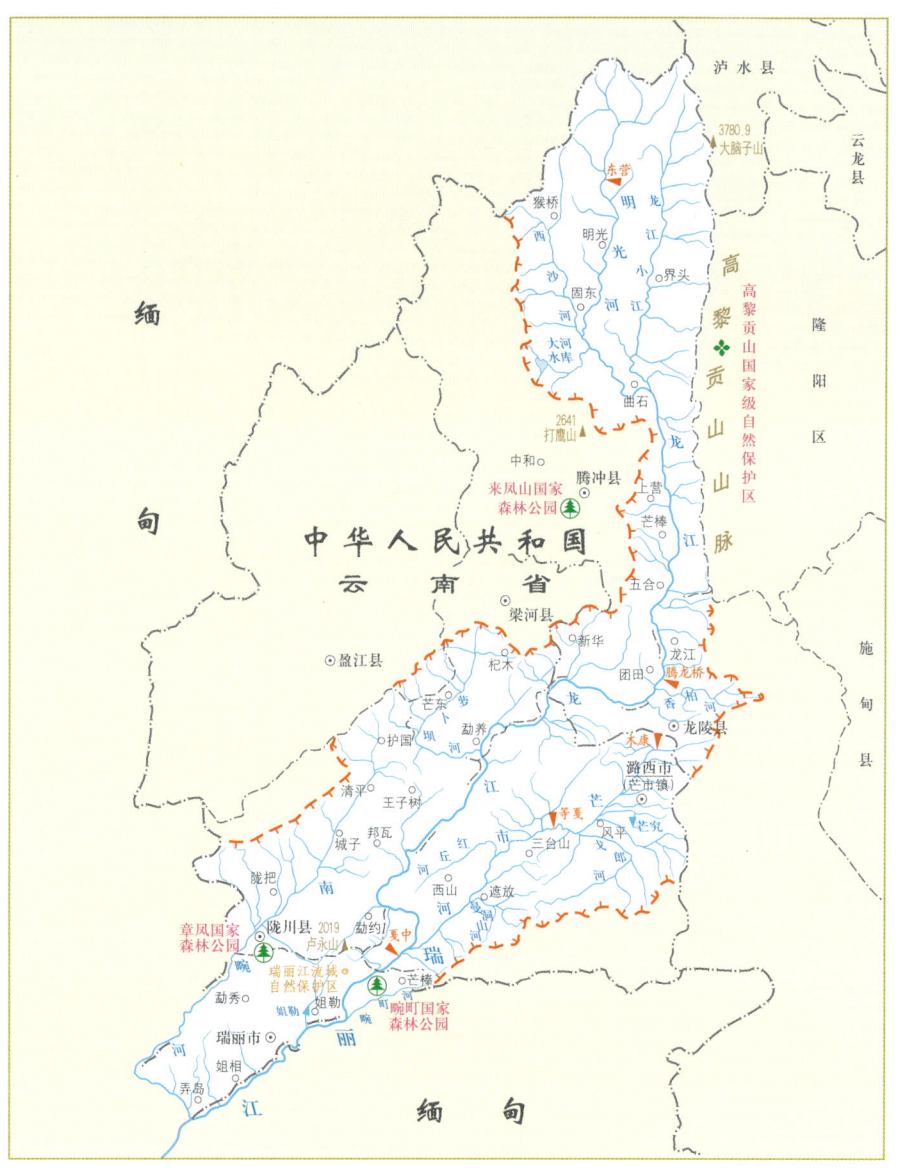

瑞丽江水系示意图

河流水系干支分明，水系发育，呈树枝状分布。流域面积在100平方千米以上的一级支流11条。在一级支流中，流域面积在100～200平方千米的有高树根河、顺利河、**香柏河**、大蒲窝河、小蒲窝河、难涨河；面积在200～1000平方千米的有左岸的**龙江小江**（龙川江），右岸的**西沙河、萝卜坝河**；面积在1000平方千米以上的有左岸**芒市河**与右岸南畹河。

气候水文 流域属南亚热带季风气候区，太阳辐射量大，气候温和，多年平均气温由南向北递减，南部的瑞丽市可达20摄氏度，北部的腾冲县为14.7摄氏度。全年无霜期平均280天左右。流域多年平均年降雨量1 786.2毫米。降水的年际变化小，年内分布不均，多集中在5—10月，占年降雨总量的85%，枯季11月至次年4月仅占年总降雨量的15%。年降水随高程增加而增加，每百米递增率为50～100毫米。上游源头地带，年降水量高达3 000毫米，而中下游的河谷地区年降水量仅1 400毫米。径流的年内分配不均，雨季（5—10月）水量占年水量的80%左右。流域暴雨频繁，单点暴雨突出。暴雨主要集中在6—8月，出现频次最多的是7月，24小时暴雨中，60%～80%的暴雨集中在6小时以内，强度大，历时短。流域上游植被较好，中、下游植被较差，森林覆盖率不到30%。

地质地貌 流域位于横断山脉西南段，高黎贡山以西，地势东北高西南低。上游地貌以山地为主，为横断山系峡谷区，山脉多为南北走向，形成如明光、界头、瑞滇、固东等宽谷山间盆地。流域中下游山川均为东北—西南走向，形成侵蚀山地与宽谷盆地相间的地貌形态，分布有较大的宽谷盆地，如芒市、遮放和瑞丽盆地，组成了"山、坝、河"相间的地貌景观。根据地貌形态特征，流域总体可归为山间河谷冲积平原、湖积台地丘陵、中切割中山3种地貌类型。流域内地质构造复杂，断裂、褶皱发育。岩层主要有变质岩、混合岩化花岗岩等。

经济社会 2004年流域人口约100万，耕地面积约14万公顷。流域内有25个少数民族，其中以傣族、景颇族、阿昌族、傈僳族、德昂族为主。粮食作物有玉米、稻谷、小麦、马铃薯、红薯、豆类，经济作物有茶叶、橡胶、烟叶、油菜、甘蔗、水果等。

流域内有320国道延伸至瑞丽市区和弄定镇，并与各市县相接。德宏州州府潞西市建有飞机场，开辟有省内航线。

自然资源 据2003年水力资源复查成果，流域水力资源理论蕴藏量233.46万千瓦，技术可开发量65.58万千瓦，其中干流分别为150万千瓦与64.1万千瓦。

有亚热带常绿阔叶林、落叶阔叶林、山地苔藓矮林以及以松、杉、柏、榆为主的针叶林。流域上游植被较好，植被覆盖率为60%；中、下游地区植被较差，森林覆盖率不到30%。

流域内矿产资源有锡矿、铅锌矿、铁矿、煤矿等。其中瑞丽市芒良铁矿含铁品位较高，储量约3 300万吨，已探明的煤矿储量750万吨。

流域内有国家级优秀旅游城市瑞丽市，瑞丽江—大盈江风景名胜区和上游腾冲地热火山风景名胜区均为国家级风景名胜区。上游左岸区属高黎贡山国家级自然保护区。

自然灾害 瑞丽江经南畹河汇口南行4千米入缅甸境内峡谷，中高水位时水流宣泄不畅，回水顶托易造成瑞丽坝尾的洪涝灾害。流域较大水灾发生在1974年、1985年、1986年、1989年、1992年、1997年、2004年。1992年10月，夏中水文站出现建站以来的2 290立方米每秒最大流量，瑞丽市淹没水深达1.8米，畹町公路被淹，最大水深1.6米，交通中断两天，村寨、农田被淹，公路、堤防遭不同程度的破坏。

瑞丽江流域易出现冬旱和春旱，极少出现全流域大旱。1960年春夏连旱，潞西市持续高温，久旱无雨，全市45.4%的农业人口缺粮。1979年潞西市冬春初夏连旱，累计58天滴雨未下，大河干枯，山区及部分坝区人畜饮水困难，为近40年之罕见。

治理开发 已建大河水库、姐勒水库和**芒究水库**3座中型水库，合计总库容7 508万立方米；小（1）型水库27座，小

(2)型水库62座。1955年起对中缅边界河段进行治理，1979年在冲刷严重的险段修建导流固堤工程。1986—1991年，在瑞丽江及其支流南畹河的界河段修建护岸工程，总长5501米。1998年瑞丽江堤防开始大规模治理，已建堤防18.25千米，其中姐告段堤防的设计标准为30年一遇，棒蚌至姐告段、姐告至丙午段堤防设计标准为20年一遇，南福河与南惹河汇口段、南畹河的南涝段堤防的设计标准为20年一遇，在瑞丽江的畹瑞桥至允井段、南畹河的弄岛段完成了一些护岸工程。

水力资源主要集中在干流上，建有曲石电站、龙江二级与龙江三级水电站，总装机容量8.89万千瓦。

纪　　实

上游　上游为保山市腾冲县明光乡的明光河，又名磨龙河。河源处最高峰为中缅交界处的鸡冠梁子，高程3 568米，它为高黎贡山西南支脉，支脉有多座山峰在3 000米以上。明光河南行穿过明光坝，过峡谷入固东镇，右岸接纳来自瑞滇盆地的西沙河，沿途明光坝两岸2 200多公顷耕地有灌溉之利，主河道蛇曲有九弯十八拐之说，下有地鼓塘和黑鱼塘两道锁口，泄流不畅，每遇较大洪水，上游形成"内湖"，涝、淹农田147公顷。在明光坝至西沙河入口区间有9.8千米河段当地称龙母河，属断陷峡谷，岩山对峙，水流湍急。集中落差130米，有怪石"烤烟塔""白塔""石屯子"矗立，水力资源集中，建有两座小水电站。

河流出固东镇后，于东南向穿峡谷陡坎至曲石乡抗猛寨汇口，河长37.2千米，当地通称龙江大江或灰窑江。在固东镇西沙河汇口以下，右纳支流顺新河，其上建有总库容3 135万立方米的大河水库。此河段流经燕山运动末期断裂带，河床深切，两岸陡峭，有高百米的断壁，如刀截斧劈，河道狭窄，因其江中巨石如"牛群"，马可跳越，当地形象地称为"石黄牛"和"龙马跳"。其中一段地层为火山岩，有柱状节理形的溶岩奇观。在河流右岸马站乡建有腾冲火山国家地质公园，火山群自北向南呈"一"字形排列，区内火山堰塞湖、火山口湖、熔岩堰塞瀑布、熔岩巨泉等景观构成中国最大的休眠期天然火山博物馆。经抗猛寨汇口，明光河左岸接纳了东源龙江小江（龙川江），结束了上游的行程。

晚霞

中游　明光河接纳龙江小江后进入中游河段，汇口以下通称龙江。流向自北向南沿高黎贡山西麓南下，经腾冲县五合乡后为腾冲县与龙陵县的界河，流向渐转西南，于左岸接纳香柏河后渐转西再转西南流。在龙陵县龙山镇设有腾龙桥水文站，集水面积3 487.0平方千米。此河段穿行于深涧峡谷，左岸山高坡陡，无集中农耕地，引灌甚少，右岸阶地发育，梯田梯地较多。腾冲县上营、芒棒、五合、团田、蒲川、新华等乡镇分布在阶地上，人口众多，村寨稠密，气候温和，土壤肥沃，作物产量较高，以盛产龙江茶著名，耕地靠支流及山间溪流灌溉。向南左纳支流河冲河，其上坐落有龙陵县城，多年平均年降雨量2095毫米，有"滇西雨屏"之称。出龙陵县继续沿西南方向进入德宏州，绕行于梁河县、潞西市、陇川县界的中低山峡谷地区。穿过梁河县面积为2 900多公顷的勐养坝，其下右纳萝卜坝河，南入陇川县勐约乡折向东流，其上建有龙江水电枢纽工程，混凝土双曲拱坝，最大坝高115米，水库总库容12.17亿立方米，装机容量24万千瓦，出水库后流入潞西市的遮放坝。

下游　河流进入潞西市遮放坝后，接纳左岸支流芒市河称瑞丽江。瑞丽江出遮放坝于黑山门峡谷进入瑞丽市境内，左岸接纳向西流淌的中缅界河畹町河后，亦成为中国与缅甸的界河，西行至姐告后中国边境线越过了瑞丽江，接纳有左岸缅甸境内的南拔河。继续向西南方向流淌后又进入缅甸国境，右岸接纳沿中缅边界流淌的支流南畹河，流入缅甸，最终于缅甸伊尼瓦附近汇入伊洛瓦底江。

瑞丽江下游界河

瑞丽江—大盈江风景区为国家级风景名胜区。河流在流经潞西市遮放坝时江面较为宽敞，水流平缓，江岸椿树成群，凤尾竹、亚热带水果树木围绕着傣家村寨，一派田园风光，江面可行摆渡船、航运物资船和游览船。下行的畹町段属峡谷地貌，两岸橡胶林成林，香蕉林成片，高大挺拔的木棉树，花开时满树彤红，江岸陡壁岩溶发育有石笋石山，阔叶树木裸露的根系穿插于岩壁之间。进入瑞丽市境为宽谷盆地，中缅的边境线沿江水与江岸透迤蛇曲，国境内的瑞丽坝面积1.36万公顷。辽阔田野间多处是热带果林和竹林掩映着的傣族村寨，坡地上的橡胶林郁郁葱葱一望无际。主要景点有雄伟美观的喊萨奘房、闻名东南亚的姐勒金塔、莫里热带雨林景区、芒令独树成林、大等喊农村公园等，其中莫里热带雨林景区位于瑞丽江右岸支流扎朵河，景区内有遮天蔽日的热带和亚热带森林与40余米落差的莫里瀑布。风景大观处是瑞丽江，春来江花似火，秋来芦花怒放，波光粼粼的江面有野鸭、白鹭群起群落，小舟、竹筏、机动船载着货物和两国边民来回穿梭，一条宽广的碧玉带将中国与缅甸毗连。

为瑞丽江水系三面环抱的城市是瑞丽市，瑞丽古称勐卯，傣语"雾城"之意，是中国傣族文化发祥地和景颇族主要聚居区，位于瑞丽市西南隅的弄岛镇有勐果占壁王国都城遗址，见证了傣族先民开发瑞丽江流域的历史，至今留存有6世纪的勐果占壁王国的国王召武定陵墓。瑞丽是中国西南部边境城市，瑞丽市畹町经济开发区是云南境内的国家级口岸，第二次世界大战期间，畹町成了中美英盟军的大本营和物资集散地，姐告边贸区是320国道的终点，建有中华人民共和国瑞丽口岸，历年来，通过该口岸的边境贸易进出口总值占云南省的70%以上。瑞丽又为中国翡翠毛料的最大集散地，是东南亚主要珠宝交易中心之一，有"东方珠宝城"之誉。中国瑞丽与友邦缅甸一衣带水，历史上长期友好，两国边民长期互市往来，至今保留有同一民族跨境而居，互相通婚，探亲访友之风情。

7.16.5.1 西沙河
(Xisha River)

瑞丽江上游右岸支流，又名瑞滇河。位于云南省保山市腾冲县北部，发源于腾冲县滇滩镇野猪滚塘山，源地高程3 094米。北部分水岭为中缅边界，东邻干流明光河，西邻槟榔江。河源至滇滩镇（原名瑞滇）称姊妹山河，滇滩镇以下称西沙河，流向自北向南，于固东镇新河村汇入瑞丽江上游明光河。河长48.1千米，流域面积471平方千米，落差1 820米。属中亚热带季风气候，瑞滇雨量站多年平均年降雨量1 624.0毫米。流域内植被良好，森林覆盖率为50.6%，多年平均流量26.8立方米每秒。水力资源理论蕴藏量11.49万千瓦。

矿业是滇滩镇的支柱产业，拥有丰富的铁、锡、铅、锌、铜等矿产资源，2002年地方工矿企业有108个。地热资源有瑞滇热田，由8个泉群组成，面积0.6平方千米，总涌水量为16升每秒。热水呈脉状喷涌，温度随涌水量变化时高时低。

著名景点有云峰山道观，始建于明代，为腾冲历史上著名的风景名胜。云峰山为享誉东南亚的道教名山，山势异峰突起，形似玉笋，直指苍穹。顺山势凿有石蹬3 000多级，以通向山顶一线的500级石阶最险，两侧万丈深渊。极顶的殿宇楼阁雄伟壮观，有"云里帝城"之称。

7.16.5.2 腾冲火口湖
(Tengchong Caldera Lake)

位于云南省保山市腾冲县固东镇，有大龙潭与小龙潭两池，当地亦称姊妹湖，是我国晚新生代火山口积水形成的小型湖泊。

大龙潭在固东镇顺江街西约200米，是腾冲县火山奇观中典型而完整的火口湖，湖面呈圆形，直径约110米，深约10米，无入湖与出湖河流。2001年水质为Ⅲ类。湖周围绿树成荫，景色秀丽，四季秋水，碧波不兴。

小龙潭位于大龙潭南约100米处，高出大龙潭1.79米，为一直径20.0米的小型火口湖，面积300多平方米。每年2—3月干涸，出流通过玄武岩裂隙补给大龙潭。

7.16.5.3 龙江小江
(Longjiangxiao River)

瑞丽江上游左岸支流，又名龙川江、界头小江。位于云南省保山市腾冲县北部。发源于界头乡境内高黎贡山樟柏松峰西北隅，源地高程2 700米，沿高黎贡山西麓，自北向南流经界头坝后，于曲石乡抗猛寨汇入瑞丽江上游明光河。河长78.8千米，流域面积981平方千米，落差2 040米，多年平均流量40.4立方米每秒。水力资源理论蕴藏量30.14万千瓦，已开发3 700千瓦。

流域属典型的亚热带季风气候，界头雨量站实测多年平均年降水量1 670.1毫米。上游岭坳层叠，山高洞深，水势奔涌，左岸大脑子山最高峰高程3 780.9米。中游界头县地形开阔，土地肥沃，历来是腾冲县粮、油、烟叶生产基地，有"腾越粮仓"和"边陲江南"之称。界头坝以下至陆家寨两江口高差120米，左岸高黎贡山支流众多。

域内有温泉6处，最高水温95摄氏度，其中石墙温泉、大塘温泉已初步开发。金属矿物有铅、锌、锡、氧化锌、锑、铁及金矿、银矿和铌钽矿，非金属矿有煤、硅藻土、硅灰石、硅酸盐等。

7.16.5.4 香柏河
(Xiangbai River)

瑞丽江中游龙江段左岸支流，因两岸多香柏树而得名。位于云南省保山市龙陵县境内，发源于龙陵县龙新乡与镇安镇边界的沙坝大坡，向西流经黄草坝、白家寨、邦腊掌温泉度假区后在腾龙桥西南1.2千米处汇入瑞丽江中游龙江。

地势由东向西倾斜，最高点为东部沙坝大坡，高程2 409.5米，汇口高程1 090米。河长32.6千米，流域面积135平方千米，天然落差1 250米。多年平均流量7.30立方米每秒。水力资源理论蕴藏量3.08万千瓦，已建两级水电站，总装机容量4 800千瓦。

沿河有温泉出露，中游有黄草坝温泉，下游有邦腊掌温泉，以邦腊掌温泉闻名。邦腊掌南距龙陵县城11.8千米，温泉区泉群出水口101个，有上硝、中硝与下硝之分，总出水流量9.328升每秒，合计日产水量805.9立方米，热气氤氲的温泉如繁星坠地，镶嵌在两岸的奇崖怪石之间。邦腊掌温泉含有多种有益人体健康的微量元素，以氢氟泉、重碳酸盐泉、硫磺泉为主，水温一般43摄氏度以上，有"神汤奇水"之称。

7.16.5.5 萝卜坝河
(Luoboba River)

瑞丽江中游龙江段右岸支流，又名杨柳河。地跨云南省德宏傣族景颇族自治州梁河县、盈江县与陇川县，北部与大盈江支流**南底河**相邻。发源于云南省梁河县杞木寨乡五棵树，河源高程1 700米，于梁河县勐养坝汇入瑞丽江中游龙江。河长60.7千米，流域面积574平方千米，落差993米。多年平均流量23.0立方米每秒。

属南亚热带山地季风气候区，多年平均年降雨量在1 300～2 200毫米。中山地貌，有低丘台地，峡谷和宽谷相间。河源头称松山河，偏西北流向，后折向南流称杨柳河，流经中山狭谷。斜贯萝卜坝称萝卜坝河，出萝卜坝向东流淌的16.6千米河段为梁河县与陇川县的界河，汇口处河段又进入梁河县勐养坝南部，向东注入龙江，河道主流向在平面上呈L形。

流域内的梁河县芒东乡萝卜坝，为东北至西南向展布的狭长盆地，面积3 800多公顷，主产水稻与甘蔗，下游勐养坝为梁河县比较富庶的坝子，当地称"鱼米之乡""歌舞之乡"与"民族之乡"。区域气候适宜，物产丰富，盛产稻谷、甘蔗、小麦、油菜等作物，是梁河县粮、蔗主产区。

上游森林毁坏严重，泥石流沟谷发育，枯水期断流，洪水期峰高，历时短，当地称为"泻肚子河"，洪涝灾害频繁。河床逐年淤积增高，两岸水田多处于涝田、泛浸田状态。

河流水力资源理论蕴藏量5.75万千瓦，水资源开发利用规模小。到2000年，共建成引排水灌溉渠道110多条，总灌溉面积1 068公顷。已建成小水电站13座，装机容量1 037千瓦，大多已不运转。

7.16.5.6 芒市河
(Mangshi River)

瑞丽江左岸支流，又名芒市大河，流经云南省保山市龙陵县、德宏傣族景颇族自治州潞西市，北与瑞丽江干流相邻，南与**怒江**干流毗连。

概　　述

芒市河发源于云南省保山市龙陵县荆竹坪村西部，源地高程2 235米，总体流向自东北向西南，进入潞西市斜贯芒市坝和遮放坝，流域面积大于100平方千米的支流有浪光河、戈郎河、轩岗河、红丘河与曼洞山河，于遮放坝曼蚌西注入瑞丽江，汇口高程783米，河长117.1千米，流域面积1 881平方千米。

地貌属低山宽谷盆地区，南部勐戛一带有岩溶地貌分布，中部有高程1 370米的三台山崛起，芒市坝与遮放坝高程在783～960米，河道水网漫滩发育。

流域气候属南亚热带季风气候。潞西市气象站多年平均气温18.3摄氏度，最高气温34.0摄氏度，最低－1.7摄氏度，多年平均年降雨量1 657.6毫米。下游设有等戛水文站，集水面积1 021平方千米，多年平均年径流量12.4亿立方米，最大16.7亿立方米（2001年），最小7.73亿立方米（2003年）；多年平均含沙量0.28千克每立方米，多年平均年输沙量37.0万吨。暴雨多发生在6～8月，洪水季节性与暴雨较对应，洪水峰型多为复式峰，洪水历时4～7天，峰顶滞时不长。

2004年流域人口28.99万，主要居住着傣族、景颇族、德昂族、阿昌族、傈僳族5个少数民族。经济以农业为主，芒市盛产优质大米、蔗糖、茶叶、香料植物和热带水果。320国道公路斜贯流域，建有芒市二级民用机场，交通便利。

自然灾害主要为干旱与洪涝。芒市河岸一级、二级阶地和山麓多干旱，桦桃岭一带水土流失严重，支流广沙河、果朗河时有滑坡、泥石流发生。2001年10月25日的高强度降雨，导致果朗河和芒市河遮放坝段洪水暴涨，沿岸漫堤与溃决，潞西市有8个乡镇农作物受灾2 497公顷。

河流水力资源理论蕴藏量9.43万千瓦。流域水资源的开发利用较早，遮放坝芒里沟始建于清乾隆二十八年（1763年），经后人不断维修扩建，现设计引水量10.0立方米每秒，灌溉面积1 286公顷。建成芒究中型水库，总库容1 866万立方米；小（1）型水库7座，小水电站50余座，多数小水电已停止运转。1975—1983年在芒市坝区段两岸修筑长13.1千米的防洪堤坝，但防洪标准不高。下游遮放段芒里大坝到芒瓦桥，右岸已建河堤总长17.07千米。

纪　　实

芒市河上游在龙陵县境称坝竹河，向西转南进入潞西市，行经峡谷河段，耕地零星，人户稀少，两岸植被为常绿阔叶林，间有藤冠灌丛分布，河长28.8千米，河道平均坡度27.9‰，河床多块石和大卵石。设有木康水文站，控制流域面积218平方千米，多年平均流量11.1立方米每秒。

出木康沿北东至南西方向斜贯芒市坝，复入峡谷至遮放坝芒里寨为中游，河长56.9千米，河谷渐宽，水势变缓，河网发育，河道蜿蜒。芒市坝是傣族主要聚居区，风景优美，空气清新，古榕翠竹参天，湿地候鸟群与耕田劳作的牛群人群相依相伴，有"悠然见南山"之生活节奏。坝子面积1.43万公顷，是潞西市粮、蔗主产区。左岸的芒市镇是潞西市政府驻地、德宏州的首府。320国道之芒市河左岸斜贯，是前往瑞丽或畹町到到缅甸的必经之地。市区内建有德宏民族风情游览区，集中展示了德宏丰富多彩的民族文化。景区内有周恩来总理纪念亭，是为纪念1956年12月周恩来总理同缅甸总理吴巴瑞一同来到芒市参加两国边民联欢大会所修建的。亭高27米，基座为四面八方形，建筑风格以傣族建筑为基调。市区东南建有**芒究水库**，为市区提供生活水源。支流戈郎河位于左岸，流域面积354平方千米，为芒市河最大支流。支流

汇口以下向西河段设有等戛水文站，控制流域面积1 021平方千米，多年平均流量39.0立方米每秒。

芒市河进入遮放坝后为下游河段，河长31.4千米，主河道蛇曲多汊，沼泽与漫滩发育，芦苇丛生，接纳左岸的曼洞山河后，向西于戛中附近注入龙江。遮放坝面积7 800多公顷，是潞西市优质稻米生产基地，"遮放米"驰名省内外。遮放坝又为潞西市第二大傣族聚居区，以弄坎江为界，东北为旱傣居住，西南是水傣居住，两支系的民居风格不同，服饰各异。坝之东南隅有千年古榕温泉景观，古榕高约10米，其下盘根形成多个"树洞"，有地热泉水源源不断涌出，形成洞内"蒸气房"，洞外温泉浴池的自然景观。

木康站测流河段

7.16.5.6.1　芒究水库
(Mangjiu Reservoir)

芒市河左岸支流南木黑河上的一座中型水库，位于云南省德宏傣族景颇族自治州潞西市，距芒市镇中心3.5千米。1958年8月开工，先后分别于1986—1988年、1989—1993年进行过两期除险加固处理，1995年12月竣工。

水库位于南亚热带山地季风气候区，多年平均气温19.5摄氏度。水库区集水面积31.7平方千米，引水区集水面积12.0平方千米，多年平均年径流量3 562.2万立方米。水库以灌溉为主，兼有城市供水、发电、防洪、水产养殖与旅游等功能。水库有效灌溉面积2 600多公顷，设计城市年供水量338万立方米。2005年灌溉、供水量2 729万立方米。防洪保护下游10.2万人，耕地1.44万公顷。电站装机容量600千瓦，年发电量165千瓦时。

属年调节水库，校核洪水位944.92米，正常蓄水位944.50米，死水位916.00米。总库容1 866万立方米，其中兴利库容1 750万立方米，设置防洪库容301万立方米。水库回水长度2.65千米。水库淹没涉及芒究、芒晃两个村寨，有20户119人，淹没农田30.5公顷。

枢纽建筑物为主坝、副坝、输水隧洞与溢洪道。主坝为均质土坝，最大坝高42.0米，坝顶长132.0米。副坝1座，高2.2米，长191.0米。输水隧洞为内径1.2米圆洞，长297米，出口分为两个支管，分别用于发电与灌溉，最大出流9.83立方米每秒。溢洪道位于左坝肩，堰宽10米，设2孔弧形闸，最大下泄洪量67.6立方米每秒。

水库蓄水区域旧为绿孔雀栖息之地，故水库又名孔雀湖，是国家湿地自然保护区。潞西市孔雀湖生态风景区于2005年被水利部批准为国家级水利风景区。孔雀湖区域空气湿度大，每日清晨有云雾飘忽于烟波浩渺的水面与群山之间，更有群鸟空谷争鸣。时至中午，呈现湖面波光粼粼，环山郁郁葱葱，龙舟初泛，佛塔隐现景观。旖旎的亚热带风光，宜人的傣族

景颇族风情,使孔雀湖生态风景区独具特色。

7.16.5.7 姐勒水库
(Jiele Reservoir)

瑞丽江右岸支流南卡河上的一座中型水库,位于云南省德宏傣族景颇族自治州瑞丽市姐勒乡,紧邻姐勒寨,旁有姐勒金塔,水库因此而得名。西南距瑞丽市区 5.5 千米,距国境线 2.5 千米。1958 年 11 月开工,1975—1979 年、1992—1996 年两次对水库工程进行除险加固,1996 年 3 月竣工。

地处南亚热带山地季风气候区,多年平均气温 20 摄氏度,多年平均年降雨量 1 490 毫米,水库集水面积 54.8 平方千米,多年平均年径流量 3 643 万立方米。

水库以农业灌溉为主,兼有城市供水、防洪、发电、水产养殖和旅游等综合功能。水库主要灌溉姐勒乡和团结乡农田,有效灌溉面积 2 600 多公顷,设计城市年供水量 475 万立方米,2005 年灌溉供水 1 236 万立方米,城市供水 524 万立方米,工业供水 171 万立方米。防洪保护下游 8 万人,耕地 8 000 公顷。电站装机容量 570 千瓦,年发电量 200 万千瓦时。

属年调节水库,校核洪水位 817.32 米,正常蓄水位 815.60 米,汛限水位 810.00 米,死水位 786.32 米。总库容 2 512 万立方米,其中兴利库容 2 185 万立方米;设置防洪库容 1 012 万立方米。水库淹没耕地 84.7 公顷,迁移人口 410 人。

水库枢纽建筑物为主坝、副坝、输水洞、泄洪洞与溢洪道。主坝为均质土坝,最大坝高 40.0 米,坝顶长 118 米。副坝 1 座,高 34.0 米,坝顶长 80 米。输水洞位于主坝与副坝之间,为钢筋混凝土城门洞形,最大下泄流量 5.27 立方米每秒。泄洪洞位于主坝左岸山体,为内径 1.5 米的钢筋混凝土圆洞,最大泄流量为 55.7 立方米每秒。开敞式溢洪道堰宽 14 米,最大泄流量为 157 立方米每秒。

7.16.5.8 南畹河
(Nanwan River)

瑞丽江右岸支流,傣语意为太阳坝(陇川坝)河,为流经中国与缅甸的国际河流,北邻**大盈江**,南入瑞丽江,国境内流经云南省德宏傣族景颇族自治州的陇川县与盈江县。

概 述

南畹河发源于陇川县护国乡干岩梁子,源地高程 2 520.5 米。由北东向南西纵贯陇川坝,于南多右纳中缅界河南洒河后进入峡谷,成为中国与缅甸的界河,在瑞丽市三大山掉头转向东南流,进入瑞丽坝区,于弄岛南注瑞丽江。中国境内集水面积 1 439 平方千米,河长 148.5 千米,多年平均年径流量 13.98 亿立方米。

流域属南亚热带季风气候,中低山宽谷地貌,地势东北高、西南低。中部陇川县气象台资料,多年平均气温 18.8 摄氏度。多年平均年降雨量 1 600 毫米,蒸发量 1 544.3 毫米。上游麻栗坝以上为多雨区,多年平均年降雨量在 1 800～2 500 毫米。

2004 年,南畹河流域人口 13.2 万人,主要居住着傣族、景颇族、德昂族、阿昌族、傈僳族等 5 个少数民族。经济以农业为主,有耕地 1.79 万公顷,其中水田 0.98 万公顷,旱地 0.81 万公顷,主要粮食作物为水稻、玉米、小麦、马铃薯,经济作物为甘蔗、油菜、紫胶、茶叶等。有省道公路与 320 国道连接。章凤是国家二类口岸,距缅甸八莫县 92 千米。

自然灾害主要是洪涝泥石流灾害,由于暴雨频繁,水土流失严重,干流局部河段为"地上悬河"。1974 年 7 月陇川县连续暴雨,河流决口 30 多处,受灾农田 3 000 多公顷,有 8 个村寨被水淹没,死亡 18 人。2004 年,"7.5"洪涝泥石流灾害,造成陇川县农作物面积 1.13 万公顷受灾,损坏房屋 13 936 间,死亡 17 人。

水力资源理论蕴藏量 23.5 万千瓦。已建众多小水电站,部分已淘汰。早期水利工程为引水工程,1925 年兴建有长 3 千米的陈家沟,引支流曼棒河水灌溉。截至 2000 年,累计建成蓄水工程 29 处,设计总蓄水量 3 437 万立方米;引水渠 100 余条,总引水流量 16 立方米每秒。建有麻栗坝大型水库,总库容 10 665 万立方米。

纪 实

南畹河源头名野油坝河,向南右纳红那河进入陇川坝称南畹河,流经陇川县护国乡与清平乡。麻栗坝以上为上游,河长 33.4 千米,河道平均坡度 17.8‰,平均植被度达 80% 以上,主要为常绿阔叶林。建有麻栗坝水文站,控制流域面积 294 平方千米,多年平均流量 11.7 立方米每秒;多年平均含沙量 0.86 千克每立方米,多年平均年输沙量 35.6 万吨。有断流记录。为解决下游陇川坝 1.51 万公顷农田的灌溉用水问题,历经"三上三下",最后于麻栗坝兴建水库,2004 年 12 月实现大坝围堰截流。麻栗坝水库工程是云南省建在边疆少数民族贫困地区的第一座大型水库,工程开发任务以灌溉防洪为主,兼顾发电、旅游和养殖业。

麻栗坝至南多为中游,自北东向南西斜贯陇川坝,支流枝状发育。坝区分布有城子镇、姐乌乡、赛号乡、陇把镇、景罕镇与章凤镇,其中章凤镇为陇川县政府驻地。陇川县是云南省重要的商品粮和蔗糖基地县,陇川县甘蔗入榨规模名列云南省前列,全县农民收入的 80% 来自甘蔗。面积 1.98 万公顷的陇川坝是陇川县优质水稻、甘蔗主要产区。坝区边沿台地曾经成片开垦种植紫胶,1972 年全县紫胶林达到 435.7 公顷,1973 年紫胶收获量达 11.8 吨,为云南省之最。陇川县又是以景颇族、傣族为主体的多民族县,世居少数民族人口以景颇族为最多,也是全国景颇族人口分布最多的县。景颇族以目瑙纵歌为传统节日,陇川因之被称为中国目瑙纵歌之乡。

干流于南多接纳右岸支流南洒河后出陇川坝,向南进入瑞丽县西北部深山峡谷,成为中国与缅甸的界河,开始了下游行程。初始流向为东北至西南,至三大山后折向东南流,于瑞丽县弄岛镇南注瑞丽江,河长 66.5 千米,汇口高程 743 米。瑞丽市三面与缅甸接壤,拥有两个国家级口岸与两个经国家批准的经济合作区。在河流左岸弄龙至三大山的区域,为云南省铜壁关自然保护区,属热带森林生态类型的自然保护区,与大盈江流域西岸的云南省铜壁关自然保护区遥遥相望。

南畹河中游

四、雅鲁藏布江—布拉马普特拉河水系
Yaluzangbu-Brahmaputra River Basin

7.17 雅鲁藏布江
（Yaluzangbu River）

西藏自治区最大的河流，藏族人民心中的母亲河，世界上海拔最高的大河。雅鲁藏布江在古代藏语中称"央恰布藏布"，意指从最高顶峰上流下来的水。地处西藏自治区南部，流出国境后称布拉马普特拉（Brahmaputra）河。

岗巴拉远眺雅鲁藏布江

日喀则

概　述

流域范围　中国境内流域面积 24.2 万平方千米，流域介于东经 82°00′～97°07′和北纬 28°00′～31°16′，东西最大长度约 1 500 千米，南北最大宽度约 290 千米，平均宽度约 166 千米。东、北部以冈底斯山、念青唐古拉山与藏北内流水系区及**怒江**上游的高原峡谷过渡区相邻；东边以伯舒拉岭与怒江相邻；西南以喜马拉雅山脉为界与尼泊尔接壤，南面以拉轨岗日和岗日嘎布等山脉与恒河支流**朋曲**和布拉马普特拉河支流**西巴霞曲**、**察隅曲**等水系分界。中国境内雅鲁藏布江流域呈东西向狭长柳叶状，流域地跨西藏自治区阿里、日喀则、山南、拉萨、那曲、林芝、昌都七地（市）。

河流水系　雅鲁藏布江发源于西藏自治区普兰县喜马拉雅山北麓的杰马央宗冰川，中国境内河流总体上呈西东流向，经过巴昔卡流入印度境内。中国境内河长约 2 057 千米，总落差 5 435 米。

中国境内左右岸流域面积不对称，左岸流域面积占全流域面积的 70%，集水面积大于 2 000 平方千米的支流有 14 条，集水面积大于 10 000 平方千米的支流有**多雄藏布**、**年楚河**、**拉萨河**、**尼洋河**和**帕隆藏布**，除年楚河外，均位于左岸。

气候水文

1. 气温。多样的地形地貌，形成了复杂多样的独特气候，流域内包含了西藏所有的气候分带。自下游至上游可分为热带、亚热带、高原温带、高原亚寒带和高原寒带。气温自东南至西北呈递减趋势，气温随海拔增高而降低的垂直变化明显。河源及高海拔地区，多年平均气温 0～3.0 摄氏度，中游河谷地带 5.0～9.0 摄氏度。相对湿度在 35%～70%。

2. 降水。流域内几乎包含了西藏所有的降水分带。自下游至上游可分为极湿润带（多雨带）、湿润带、半湿润带、半干旱带和干旱带。降水主要来源于印度洋孟加拉湾的暖湿气流，沿雅鲁藏布江河谷上溯形成降水，峡谷地区降水量梯度变化明显。降水量自下游至上游呈递减趋势，自东南向西北迅速递减，流域多年平均年降水量约 946 毫米，年降水量的 60%～90% 主要集中在 6—9 月。年水面蒸发量约 1 250 毫米，拉孜以上在 1 200～1 400 毫米。中游段的拉孜、拉萨、乃东、朗县为高值区，年水面蒸发量超过 1 600 毫米，下游段在 1 000 毫米以下。

拉孜县油菜地

3. 暴雨洪水。暴雨主要发生在藏东南及下游地区，中上游地区主要发生局部短历时强降水。暴雨洪水多出现在 7 月、8 月，年最大洪峰流量也多出现在 7 月、8 月。

4. 径流。流域内径流由降水、地下水和冰雪融水组成。从河源到河口，横跨少水带、过渡带、多水带、丰水带。径流的年内分配不均。

7.17 雅鲁藏布江

地质地貌 流域大地构造上属喜马拉雅槽向斜的一部分，为东西向的地槽型褶皱带。雅鲁藏布江深裂带是流域内控制性构造，是印度板块与欧亚板块之间的缝合线带。流域内山脉、河流的走向以及岩带的展布均明显受区域主构造线控制。雅鲁藏布江是沿东西向构造发育而成的。新构造运动活跃，褶皱与断裂发育，岩浆活动频繁，地震活动强烈。沿断裂带的加查、桑日、朗县等处和拉萨河北部的当雄以及流域东部的察隅地区，出现过7级以上强震。干流朗县以上地震烈度为Ⅶ度，朗县以下为Ⅷ度和Ⅸ度。岩层分布以雅鲁藏布江干流为界，有较明显的南北分区。在彭错林以上为侏罗、白垩系及三叠系结晶灰岩、千枚状砂板岩、石英岩。彭错林以下至朗县金东一带为燕山期大面积花岗岩，其中包括桑日—加查峡谷段。干流的南岸，朗县以上沿江大部分地区分布有侏罗系、白垩系千枚状板岩、结晶灰岩等，间有中、基性火山岩及花岗岩侵入体；朗县以下至河流大拐弯地区，岩性为片岩、片麻岩及各种混合岩。

自然资源

1. 水资源。流域上游区域多年平均年径流深在50～200毫米，中游区域在200～1 200毫米，下游区域在1 200～5 000毫米。干流水力资源理论蕴藏量约7 912万千瓦，支流水力资源理论蕴藏量约3 478万千瓦。

2. 森林资源。雅鲁藏布江流域是西藏主要的森林分布区，也是西藏主要用材林基地。雅鲁藏布江大拐弯林区，是中国第二大天然林区。有原始森林264.4万公顷，主要树种有乔松、高山松、喜马拉雅云杉、冷杉等。野生动物资源主要有藏羚羊、野牦牛、野驴、雪豹等珍稀野生动物64种，国家重点保护珍稀植物39种。

3. 矿产资源。流域内矿产资源主要有铬铁矿、铜、金（砂金）、花岗岩、地热等。

4. 土特产。主要有麝香、冬虫夏草、雪莲花、松茸、红景天等，驰名中外的藏药有七十味珍珠丸、仁青常觉等。传统的手工艺品主要有江孜地毯、贡嘎围裙、扎囊氆氇、拉孜藏刀、仁布玉器、喜马拉雅地区的木碗等。

自然灾害 流域的上游、中游以水、旱、雪、雹、霜冻灾害为主；下游以水、旱、泥石流、崩塌滑坡、地震灾害为主。

1. 水灾。干流水灾主要是由于支流洪水叠加造成。局部水灾主要是由于大型滑坡、泥石流堵江溃"坝"、冰湖溃决和局部地区强降雨造成。

2. 地震灾害。流域内新构造活动十分强烈，地震频繁。1952年8月至1980年共发生4.7级以上（含4.7级）地震17次。

3. 旱灾。流域内旱灾主要发生在中、上游地区。1982年、1983年全流域曾发生不同程度的干旱灾害。1987年5—7月日喀则、山南、昌都、林芝地区、拉萨市发生大面积干旱，受灾面积达10多万公顷。

经济社会 流域内2008年年底总人口139.94万。居民以信仰藏传佛教和苯教者居多，有少数人信仰天主教。耕地面积22.29万公顷，主要分布在干流的宽谷以及拉萨河、尼洋河、年楚河的中下游地区和支流汇口一带；粮食总产量66.34万吨（2000年），拉萨、山南、日喀则地区是西藏的主要粮食产地；地区生产总值231.89亿元。西藏自治区的重要市（镇）拉萨市、日喀则市、江孜镇、八一镇、泽当镇等均坐落在雅鲁藏布江中游，雅鲁藏布江中游地区是西藏自治区经济、文化、交通和民族工业最为发达的地区，人口、耕地多分布在这一区域。流域内的农作物主要有青稞、小麦、豌豆、油菜和荞麦等。下游地区种植有水稻、鸡爪谷、玉米、芝麻、烟草、茶和各类瓜果蔬菜。

西藏江孜县

2005年以前，流域内客运交通以航空、公路为主。主要机场有日喀则和平机场、山南贡嘎机场、林芝机场。货物运输以公路为主，各地区间均有国道及省级公路连通。2006年7月1日青藏铁路全线投入运行，给西藏经济发展注入了新的活力和机遇。

治理开发 西藏自治区成立以后，特别是改革开放以来，国家逐渐加大对西藏水利水电建设的投入。尤其是中央第三次、第四次西藏工作座谈会和实施西部大开发战略后，以满拉水利枢纽建设、"一江两河"流域综合开发、无电县小水电开发、江河治理、重点病险水库加固、城市防洪、重点大型灌区续建配套与节水增效改造、人畜饮水、水土流失治理为体系的水利基础设施建设得以全面实施。

纪　实

源头 仲巴县桑木张以上为河源段。河源地区冰川发育，主要有杰马央宗冰川、昂若冰川、藏拉冰川和昂什冰川等。海拔5 500多米，冰川及永久积雪面积约116平方千米，其中以杰马央宗冰川面积最大。冰雪融水汇成了雅鲁藏布江河源，称杰马央宗曲，意为"万"字形沙石丘或砂石海。河源地区地势高亢，气候寒冷，冻土发育。流石滩、岩屑坡及冰川退碛后遗留下的冰碛物、侧碛、终碛物分布广泛。只有高山稀疏垫状植被。中、下段主要为高山草甸，桑木张附近有小面积高山灌丛草甸分布。此外，由于受冰川和水流的侵蚀作用，在杰马央宗曲流域内分布有冰碛湖。源头以下35千米的河段内，有面积大于0.04平方千米的冰碛湖14个。其中，最大的为热布杰错，湖面海拔约4 930米，湖面面积为9.5平方千米；其次是古内脚错，湖面海拔约4 887米，湖面面积1.7平方千米。这些湖泊似珍珠串连在杰马央宗曲河道上，形成串珠状的河流。河道宽浅，谷底宽一般在2千米左右。两岸地形较平坦，为宽谷低山丘陵地貌。河源段平均坡降为8.8‰。

雅鲁藏布江河源

上游 源头至仲巴县亚热乡的里孜村为上游。流域面积2.62万平方千米，上游段河长268千米，落差1 190米。河流大体上向东偏南流。上游段河谷形态主要为高原宽谷，草原广袤，野生动物成群分布。经拉克昌附近，纳左岸支流马攸藏布，河流向东南流。自库比藏布汇入口至里孜村附近的柴曲藏布汇入口，称当却藏布（亦称马泉河）。该段河长161千米，属宽谷河段，河谷宽为1～10千米。河流在仲巴县的岗珠一带水面宽可达2～4千米。上游地区湿地发育，湿地植物主要为藏北蒿草，沼泽区的鸟类主要有黑颈鹤、斑头雁、棕头鸥、各种野鸭以及鹬类。上游河道多汊流和江心洲，桑木张至岗久附近，沿江两侧是以新月形沙丘为主的风沙堆积地形，其间以归桑—岗珠一带最为典型。两岸支流较多。右岸有**郭昌曲**、**日阿苏藏布**，左岸有**来乌藏布**、**柴曲**等。

黑颈鹤自然保护区

雅鲁藏布江上游

中游 仲巴县的里孜村至米林县的派镇为中游，河段长约1 293千米。中游段河谷宽窄相间，峡谷主要有岗来、仁庆顶、**托夏**、**永达**、**加查**、朗县、**日敏**等。

仲巴县的里孜村至萨嘎县的夏如村之间为宽谷段，长约256千米，谷底宽度一般在2千米左右，水面宽度在200米左右。河流始向东流，过**尼多曲**汇入口折向南流，至瓮布曲汇入口复转东流，经过萨嘎县城加加镇。过夏如进入岗来峡谷。峡谷长约16千米，水面落差约30米。两岸谷坡陡峻，为V形峡谷，谷底宽60米左右，水面宽约40米。

岗来峡谷出口至仁庆顶峡谷之间为宽谷段，谷底宽一般1～2千米，水面宽度一般200米左右。最宽处在昂仁县的多白乡一带，谷底宽2 000余米，水面宽300～500米。多白乡宁嘎村至卡嘎镇的帕热村之间，除局部段河谷较宽外，其余河段为连续的峡谷。仁庆顶峡谷长49千米，水面落差约110米。两岸山高坡陡，山体坡度在50度左右，属V形河谷。谷底一般宽100～200米，水面宽度一般在80米左右。河流经拉孜县拉孜镇琼嘎村转向东北流，右纳**萨迦冲曲**。河流经拉孜县的彭措林乡折向东流。多雄藏布在此处从左岸汇入，在拉孜县的曲夏镇到多雄藏布汇入口之间为宽谷河段，谷底宽一般在3～4千米。

雅鲁藏布江中游峡谷

从卡嘎镇帕热村至日喀则市联乡的达竹卡下游约23千米处，为长约302千米的宽谷河段，河流大体向东流。区间右纳**热曲**、**夏布曲**、**年楚河**等，左纳**荣曲**、**塘河**、**湘曲**（香曲）。谷底宽一般大于1千米，尤其是荣曲汇入口附近和夏布曲汇入口到南木林县土布加乡之间，谷底宽一般在3千米左右，最宽可达6～7千米。河道多分汊，呈网状或辫状分布，多江心洲和浅滩。河道的左、右岸汊流相距约2千米，最大可到4 000余米，水流平缓。该段河谷两岸风沙地貌发育，尤以北岸突出。沙丘类型以新月形沙丘、沙丘链为主。阶地发育，一般可见三级，分别高出水面3～5米、10米、15～20米，其中以一级、二级阶地分布最广。在达竹卡附近有四级阶地分布，分别高出水面3～5米、20～25米、30米、60米。拉孜至达竹卡河段被列为雅鲁藏布江中游黑颈鹤自然保护区。达竹卡下游约23千米，又进入连续的峡谷段。距达竹卡下游约30千米，于1955年设奴各沙水文站，为国际报汛站，承担着向印度和巴基斯坦报汛的任务。

托夏峡谷长约17千米，水面高程由进峡谷处的3 740米下降到出口处的3 708米，落差32米。两岸山峰高出水面400米左右，山体边坡坡度50～60度，为典型的V形峡谷。谷底宽度一般不到100米，水面宽度约50米左右。出峡谷后有27千米的窄谷段，窄谷段内高阶地发育，有高出水面60～70米和150米左右的两级阶地。

雅鲁藏布江中游峡谷

雅鲁藏布江流经尼木县吞巴乡以后进入永达峡谷，峡谷长10.4千米，落差约16米。两岸山峰高出水面500米左右，谷坡坡度50度以上，呈V形河谷。谷底宽50～80米，水面宽40米左右。在靠近峡谷出口的下游处有三级阶地，阶地分别高出水面30～40米、90～100米、130～150米。

出永达峡谷进入曲水县色麦村的五曲（约居），五曲—桑日县的桑株林为宽谷河段。河段长210千米左右，落差135米，谷底宽在3千米左右。河流在曲水县附近左纳拉萨河。

继续前行流经坐落在雅鲁藏布江右岸的贡嘎县城吉雄镇。贡嘎机场位于县城西边。东流经扎囊县城扎塘镇，桑耶寺位于扎囊县境内，坐落在雅鲁藏布江左岸，建于8世纪中叶，是藏传佛教史上第一座佛法僧俱全的寺庙。至乃东县泽当镇右纳**亚拉雄藏布**（雅砻河）。泽当镇为西藏山南地区行署所在地。

雅鲁藏布江畔的风蚀（扎囊县附近）

曲水至泽当一带河谷最宽处可达6～7千米，水面宽2千米左右。水流平缓，多汊流、江心洲和浅滩。风沙地貌发育，沿河两岸有大片沙丘分布。1989年由联合国粮农组织援助兴建的农、牧、林综合开发项目"3357工程"动工后，20多年来，不断对江心洲和浅滩及南岸沙丘进行人工植树、种草治理，河谷的自然生态环境得到初步改善。

出桑日县的桑株林到加查县的尼娜为加查峡谷段，峡谷长约37.2千米。峡谷入口处的水位为3 505米，出口处为3 235米，水面落差为270米。这里山高谷深，两岸山峰高出水面一般在500米以上，边坡在60度左右，甚至多处出现悬崖峭壁，为典型的Ⅴ形谷。花岗岩出露，且构造发育断层较多，岩石崩塌现象严重，尤以左岸明显。该峡谷段多跌水和瀑布。1米以上的跌水有10多处，其中最大的为僧瀑布和涅尔喀瀑布。僧瀑布（僧是当地的地名）位于峡谷的上段，在干登上游5.5千米处，水面宽33米，瀑布高4.6米。涅尔喀瀑布（"涅尔喀"即鱼被卡住的意思）在龙巴堆附近，高约5.3米，过水断面宽度约41米，奔腾的江水在这里倾泻而下，雄伟壮观，堪与黄河的壶口大瀑布比美。加查峡谷段宽度一般80～100米，水面宽在50米左右。加查藏语意为"汉盐"。相传文成公主路过此地时，把一块盐放在一个洞里，从此洞里就流出了盐水。加查县府驻地安饶镇位于该河段内。

出加查峡谷至朗县峡谷之间为宽谷段，河谷宽一般1千米左右，水面宽在200米左右，河长88千米，水面落差约155米。河道呈连续的S形曲流，两岸有两级阶地，分别高出水面20米和50米。河床稳定，无汊流。

经朗县县城朗镇附近，河流折向东北流，之后又拐向南偏东流，至洞嘎复向东流，河道形成一个U形拐弯。河谷狭窄，山高坡陡，形成一个长约20千米的朗县峡谷。峡谷段长20千米，水面落差约20余米，边坡坡度一般在50度左右，河谷狭窄。

出朗县峡谷后，流经约23千米的宽谷河段到日敏峡谷。宽谷段谷宽一般1千米左右，水面宽150米左右。两岸阶地与洪积扇较为发育，一般有三级阶地和二级叠置洪积扇。三级阶地分别高出水面10米、30米、50米。日敏峡谷谷长约10千米，水面落差约10米，山体边坡坡度在50度以上。峡谷两岸为花岗岩，岩石较破碎，崩塌现象较为严重。

雅鲁藏布江（米林县派镇附近）

出日敏峡谷至派镇为长约176千米的宽谷段，落差约165米。谷底逐渐展宽，日敏峡谷段下游谷底宽多在1千米左右，到茂公附近为2千米左右，经米林县城至尼洋曲汇口一带展宽到3千米以上。河流两岸阶地较发育，风蚀作用强烈，沙丘类型复杂，主要有月形沙丘、角状沙丘、刃脊状沙丘和山坡连续堆沙等。米林藏语意为"药洲"。

雅鲁藏布江中游地区（即藏中地区）是西藏自治区政治、经济、文化的中心地带。支流众多，水量丰富，为水资源开发利用创造了有利的条件。

下游 米林县派镇至墨脱县巴昔卡为下游段，河段长496千米，水面落差约2 725米。其中派镇至墨脱河段长约212千米，平均坡降达10.3‰，局部坡降可达62‰。河流自派镇蜿蜒北流至色青附近，左纳帕隆藏布后骤然折向南流。先后右纳**邦英河**（央朗藏布），左纳**金珠曲**等支流后，经墨脱县城继续南流，左纳**仰桑曲**，右纳**宁贡河**、**昔勒帕抵曲**后转向东南流。右纳锡**约尔河**和左纳**木乃河**后，在巴昔卡附近进入印度境内。出境后布拉马普特拉河先后接纳发源于我国藏南地区的察隅曲、西巴霞曲等支流。墨脱镇为墨脱县府驻地。墨脱县以门巴族居多，境内部分区域仍袭用原始耕作方式。

南迦巴瓦峰

河流在派镇和墨脱间形成U形大拐弯，在大拐弯顶部南侧有海拔7 756米的南迦巴瓦峰，西北有海拔7 151米的加拉白垒峰。两峰的直线距离仅20千米。雅鲁藏布江流经两峰之间，环绕南迦巴瓦峰形成U形大拐弯。这里山高谷深，河道迂回曲折。从南迦巴瓦峰顶到墨脱的雅鲁藏布江水面，水平距离仅40千米，垂直高差竟达7 100多米。峡谷段内构成了一幅峰顶白雪皑皑，河谷郁郁葱葱，从永久冰雪带到亚热带、热带的奇特景观，气候垂直变化及植物垂直分带明显。峡谷幽深、险峻、秀丽，形成了世界上最深、最长的河流大峡谷——雅鲁藏布江大峡谷。其万千气象堪与我国著名的长江三峡和美国的科罗拉多大峡谷媲美。峡谷段干、支流河道在横向及纵向形态上也有鲜明的特点。干流纵向为山嘴交错连续峡

墨脱雅鲁藏布江大峡谷

谷形态，横向又为深切入基岩的 V 形谷。派镇至金珠曲汇入口以上河段，谷坡上部坡度多为 40 度左右，下部则为 60～80 度，时有悬崖陡壁出现。水面宽一般小于 100 米。金珠曲汇入口以下至希让，为较浅的 V 形谷，谷坡坡度多在 30～45 度，谷底水面宽 150～200 米。河道弯曲形状也有所不同，派镇至金珠曲汇入口间河道，多呈不规则的直角形拐弯或"弓"字形曲流。汇入口以下多呈 S 形曲流，河流拐弯顶部较圆滑。河床内多砾石，覆盖层多以砂卵石组成。

色季拉国家森林公园

雅鲁藏布大峡谷自然保护区

下游地区出露岩石主要有片麻岩、片岩等。岩石破碎，节理发育。区内地质构造复杂，地震频繁且震级大，加上山高坡陡，山体崩塌现象最为频繁。阿斯登、背崩及帮辛对岸的崩塌区都具有很大规模。1950 年 8 月 16 日和 1973 年 5 月在同一地点发生大型山体崩塌滑坡，1973 年 5 月发生的山体崩塌滑坡致使雅鲁藏布江干流断流 1～2 小时。1968 年则龙弄暴发冰川泥石流，曾使雅鲁藏布江干流断流 10 小时左右。下游地区有色季拉国家森林公园和雅鲁藏布大峡谷自然保护区。

雅鲁藏布江背崩段

7.17.1　郭昌曲
(Guochangqu River)

雅鲁藏布江右岸支流，发源于西藏自治区仲巴县霍尔巴乡普琼村附近。河长 56 千米，流域面积 711 平方千米，落差 1 190 米。

流域内冬季冰情严重，冻土发育，河流有封冻现象。流域内冰川、冰蚀地貌发育，冰川退缩后遗留下的冰碛物分布广泛。流域内气候干燥、寒冷、风沙大，年日照时数在 3 000 小时以上，年无霜期在 110 天左右。流域多年平均年降水量 250 毫米，年水面蒸发量约 1 400 毫米，水力资源理论蕴藏量约 1.0 万千瓦。

河流自源头至河口总体呈西东流向。河源段称粗细弄，上段称普荣嘎尔播曲，下段右纳一支流后始称郭昌曲。于仲巴县霍尔巴乡普琼村休古嘎布附近注入雅鲁藏布江（当却藏布段）。

流域内地势高亢，地形平坦，河谷宽阔，水流平缓。草场发育，植被以高山草甸为主，植被覆盖率在 80% 左右。流域内人类活动影响小，自然生态环境保持完整。水资源、水力资源处于未开发状态，属原生态河流。河床覆盖层多以沙砾组成。

7.17.2　来乌藏布
(Laiwuzangbu River)

雅鲁藏布江左岸支流，发源于西藏自治区仲巴县境内的**森里错**。河长 140 千米，流域面积 3 476 平方千米。

流域内冰川及冰碛地貌发育，冰川及雪被覆盖面积约 50 平方千米。出露岩层主要为砂岩、泥岩、灰岩、千枚状砂板岩、石英砂岩等。流域内气候干燥、寒冷、风沙大、日照充足。年日照时数在 3 000 小时以上，年无霜期在 110 天左右。流域多年平均年降水量约 250 毫米。年水面蒸发量约 1 400 毫米。水质未受污染。

来乌藏布流域水力资源理论蕴藏量约 1.12 万千瓦。水资源、水能资源处于未开发状态，属原生态河流。流域内人类活动影响较小，自然生态环境保持完整。珍稀野生动物主要有野牦牛、野驴、黑颈鹤、藏羚羊等。流域内以畜牧业为主，饲养牦牛、马、绵羊和山羊。

自河源至真都淌汇口为上游，上游地区为湖盆地貌，地形平坦开阔，冰碛湖星罗棋布。河床多以沙砾组成，冬季冰情严重，河流有封冻现象。植被以高山稀疏草甸为主，草场发育。在森里、学洛附近有沼泽分布。河流出森里至甲惹淌汇口，呈东南—西北流向。在来玛加尼阿附近左纳甲惹淌后，折向南流。日利以下河段称真都藏布，流经一片沼泽地，左纳真都淌后，进入中游段。真都淌汇口至麦拉曲汇入口为中游，称达格弄藏布。真都淌汇口至吉拉乡河段河谷较为狭窄，吉拉乡以下河谷宽阔，水流平缓，两岸丘陵起伏，草场发育，植被以高山草甸为主。麦拉曲汇入口以下至岗曲村为下游，称来乌藏布。下游地区地形平坦，水流平缓，河流多汊道。霍尔巴乡附近有灌木林分布，归桑至帕羊镇河段多湿地和草场。至仲巴县帕羊镇的格曲（亦称岗曲）村附近注入雅鲁藏布江（此段称马泉河）。

7.17.2.1 森里错
（Senlicuo Lake）

来乌藏布源头湖泊，位于西藏自治区仲巴县境内，地理位置为东经 84°00′~84°06′，北纬 30°20′~30°31′，呈东南—西北向延伸。湖面高程 5386 米，湖长 21.9 千米，最大湖宽 6.7 千米，平均宽 3.83 千米，湖面面积 83.8 平方千米。湖周长 65 千米。是青藏高原面积 10 平方千米以上湖泊中湖面高程最高的湖泊。

地处藏北高原南缘，冈底斯山脉一山间盆地内，属构造湖。四周群山环绕，湖盆狭窄，湖岸陡峭。湖中有 3 座无名小岛，最大者约 0.5 平方千米。在入湖河口处有星散的沼泽地分布。湖区属高原亚寒带半干旱气候，气候干燥、日照充裕。年平均气温 0~2 摄氏度，多年平均年降水量 200~300 毫米。控制流域面积 440 平方千米。流域内有大小雪山 20 余座，冰雪融水是湖水的主要补给源。有大小入湖河流 12 条，源短流急。其中以西岸入湖的查当、姜章河稍长，约 9 千米。湖水于北端流入真都藏布（下游段称**来乌藏布**）。湖周有高山草甸植被发育，以小蒿草、紫花针茅、异针茅等种类居多，为高山牧场。

7.17.3 日阿苏藏布
（Riasuzangbu River）

雅鲁藏布江右岸支流，发源于西藏自治区仲巴县境内的惹嘎康日山北麓。河长 101 千米，流域面积 2629 平方千米，落差约 1150 米。水系呈树枝状分布。

流域内冰川及冰碛地貌发育。出露岩层为岩浆岩类的坚硬块状侵入岩组、坚硬和软弱层火山岩岩组，松散岩类的漂砾土、卵石土、砾砂土分布较广。流域属于高原亚寒带半干旱气候区，气候寒冷、干燥、风沙大，年日照时数 3000 小时以上，年无霜期约 110 天。流域多年平均年降水量约 400 毫米。属低沙河流。冬季冰情严重，冻土发育，河流有封冻现象。

流域水力资源理论蕴藏量约 1.05 万千瓦；截至 2003 年，已建水电站 1 座，装机容量 0.05 万千瓦。流域内人口稀少，人类活动影响较小，自然生态环境保持完整。动物主要有野牦牛、野驴、黑颈鹤、藏羚羊等。流域内以畜牧业为主，饲养牦牛、马、绵羊和山羊。

日阿苏藏布自河源至雄如日苏称日阿嘎藏布，向西北流。河源地带属高原宽谷湖盆地貌，冰川冰蚀地貌发育。河谷开阔，两岸地势平坦，沿河两岸分布有大片的草场。在雄如日苏附近左纳**加柱藏布**后折向北流，汇口处有大片的沼泽、湿地。汇口以下称日阿苏藏布，地形平坦，多汊流，河道上串有冰积湖。植被以高山草甸为主，河床覆盖层多以沙石组成。北流经去龙，两岸地势平坦，河谷较宽。再折向东流，于纳久乡热苏村以下注入雅鲁藏布江（马泉河段）。

7.17.3.1 加柱藏布
（Jiazhuzangbu River）

日阿苏藏布左岸支流，发源于西藏自治区仲巴县境内的巴穷哈姆山北麓。河长 47 千米，流域面积 826 平方千米。

流域内冰川及冰碛地貌发育，冰川面积约 80 平方千米。出露岩层主要为板岩、灰岩等。流域内气候寒冷、干燥、风沙大、日照充足。年日照时数在 3000 小时以上，年无霜期在 110 天左右。流域多年平均年降水量约 400 毫米。年水面蒸发量约 1400 毫米。冬季冰情严重，冻土发育，河流有封冻现象。属低沙河流，水质较好。

水资源、水力资源处于未开发状态，属原生态河流。流域内人类活动影响小，自然生态环境保持完整。珍稀野生动物主要有野牦牛、野驴、黑颈鹤、藏羚羊等，流域内以牧业为主，饲养牦牛、马、绵羊等。

河流大体向东偏南流。上段河谷宽阔，支流多集中在河流的右岸，水流平缓，两岸丘陵起伏，草场发育，植被以高山草甸为主。下段河流多汊道，河床覆盖层多以沙石组成。至雄如日苏附近汇入日阿苏藏布。

7.17.4 拉龙藏布
（Lalongzangbu River）

雅鲁藏布江右岸支流，亦称列荣藏布或勒龙藏布，发源于西藏自治区仲巴县境内的惹嘎康日山北麓。河长 52 千米，流域面积 711 平方千米。

流域内山间盆地及冰碛地貌发育，出露岩层主要为板岩、灰岩等。气候干燥、寒冷。年日照时数在 3000 小时以上，年无霜期在 110 天左右，多年平均年降水量约 280 毫米、年水面蒸发量约 1400 毫米。冬季冰情严重，河流有封冻现象。

流域内人类活动影响小，自然生态环境保持完整。水资源、水力资源处于未开发状态，属原生态河流。珍稀野生动物主要有野牦牛、野驴、黑颈鹤、藏羚羊等，流域内以牧业为主，饲养牦牛、马、绵羊等。

拉龙藏布自河源至河口总体呈西北向流。河源地带冰川发育。上游段地势高亢，河床多以沙石组成。植被以高山稀疏草甸为主，植被覆盖率低。下游段湿地、草场发育，河道多汊，并有沙洲分布。湿地周围分布有拉茸错和聂朗目错等小型湖泊。河流在仲巴县偏吉乡巴雄（雄如）村下游约 6.5 千米处汇入雅鲁藏布江（马泉河段）。

7.17.5 柴曲
（Chaiqu River）

雅鲁藏布江左岸支流，亦称柴曲藏布，发源于西藏自治区仲巴县帕羊镇达热村附近。河长约 148 千米，流域面积 4302 平方千米。位于西藏自治区西南部。

流域介于东经 83°34′~84°30′，北纬 29°34′~30°27′。东邻**尼多曲**（亦称门曲）流域，南与雅鲁藏布江干流相接，西与**来乌藏布**流域接界。柴曲流域气候严寒、干燥，属高原亚寒带半干旱气候。年日照时数在 3000 小时以上，无霜期 110 天左右。多年平均气温约 6 摄氏度。多年平均年降水量约 250 毫米、年水面蒸发量约 1 400 毫米。冬季冰情较严重，河流有封冻现象。流域的径流主要由降水和冰雪融水组成。流域内大陆型冰川发育，冰川及雪被覆盖面积约 58 平方千米。7—8 月的径流量占年径流量的 70%。流域内植被覆盖率低，水土流失较严重，河流含沙量较大。据 2005 年水环境评价，水质为地表水环境质量Ⅲ类标准。支流多分布在左岸冈底斯山南侧，呈梳状排列，右岸几乎无支流。沟谷呈西北—东南走向。地表物质为冰碛物、冰水沉积物和冲、洪积物。

柴曲流域水力资源理论蕴藏量约 1.38 万千瓦。珍稀野生动物有野牦牛、黑颈鹤、藏羚羊、马熊等。截至 2005 年，流域内已建水电站 1 座，装机容量 800 千瓦，流域内以畜牧业为主，饲养牦牛、绵羊和山羊等。

河流由南流，左纳卓仁木青曲、刘弄曲、格穹曲、麻沙曲四支流后，折向东南流，于罗娃嘎尔木附近，左纳绛曲后，再转向南流。河源地带分布有大陆型冰川和小型冰碛湖，地势高亢，地形平坦，植被以高原草甸为主，草场发育。沿河两岸多沼泽，并有沙丘分布。中段支流、支沟较多。以沙质河床为主。属宽谷地貌，地势平坦。支流和支沟口的冲洪积扇边缘多有沼泽湿地分布。下游段河谷开阔，多沙洲，并有湿地分布。向南流经仲巴县城拉让乡（原扎东乡）、岗珠，在仲巴县亚热乡的里孜村附近汇入雅鲁藏布江。仲巴县城位于柴曲左岸。

7.17.6　尼多曲
（Niduoqu River）

雅鲁藏布江 左岸支流，亦称门曲，发源于西藏自治区仲巴县琼果乡热珠村附近的格莱居冰川。河长 73 千米，流域面积 1 261 平方千米，地跨西藏自治区仲巴和萨嘎两县。

流域内冰川及冰碛地貌发育，出露岩层主要有板岩、灰岩等。流域内气候干燥、寒冷、风沙大，年日照时数在 3 000 小时以上，年无霜期在 100 天左右。流域多年平均年降水量约 310 毫米、年水面蒸发量约 1 400 毫米。水质未受污染。冬季冰情严重，河流有封冻现象。自然灾害主要有雪灾、旱灾、冰雹等。

流域多年平均年径流量约 1.58 亿立方米，多年平均流量约 5.01 立方米每秒，水力资源理论蕴藏量约 1.0 万千瓦。水资源、水力资源处于未开发状态，属原生态河流。珍稀野生动物主要有野牦牛、野马、黑颈鹤、藏羚羊等。流域内以畜牧业为主，兼有少量的种植业。饲养牦牛、绵羊等。

河流上段向南偏西流。河源一带大陆型冰川及冰碛地貌发育，地势北高南低，河床覆盖层多为沙砾组成。局部有沙洲分布，植被以高山草甸为主。中段折向东南流，在萨嘎县的拉藏乡门曲（曼曲）村进入萨嘎县境内。支流较多，多从左岸汇入。河谷宽阔，地形平坦，草场发育。甲不隆至河口为下游，河流在拉藏乡急转西偏南流，在萨嘎县拉藏乡的巴玛附近注入雅鲁藏布江。下游段河谷宽阔，湿地发育，水流平缓。

7.17.7　加塔藏布
（Jiatazangbu River）

雅鲁藏布江 左岸支流，亦称加大藏布或加达藏布，发源于西藏自治区措勤县县洛乡境内的珍我木泽以上的冰川末端。河长约 160 千米，流域面积 6 264 平方千米，落差 1 260 米。流域涉及西藏自治区措勤、萨嘎两县。

流域位于东经 84°28′~85°28′，北纬 29°19′~30°08′。东邻**多雄藏布**上游段强雄藏布，南与雅鲁藏布江干流相连，西与**尼多曲**（亦称门曲）流域接界，北与措勤藏布流域相邻。较大支流有**如角藏布**、**萨曲**。

流域内气候严寒，干燥少雨，日照充足，无霜期短。多年平均气温在 2.0 摄氏度左右。流域多年平均年降水量约 340 毫米，6—9 月降水量约占年降水量的 95%，年水面蒸发量约 1 300 毫米，径流由雨水、冰雪融水和地下水组成。河源地带有冰川分布，冰川及雪被覆盖面积约 187 平方千米。径流年际变化较小，年内分配极不均匀，7—8 月的径流量占年径流总量的 70%。流域内植被以高原草甸为主，河流含沙量较小。据 2005 年水环境评价，水质为地表水环境质量Ⅲ类标准。流域内冬季冰情严重，河流有封冻现象。流域地势北高南低。出露岩层主要有板岩、砂岩和页岩等。流域内冲、洪积扇发育，主要分布在支流（沟）口附近，流域内以宽谷及湖盆地貌为主，草场、湿地发育。

流域干流水力资源理论蕴藏量约 13.45 万千瓦。截至 2005 年，流域内已建水电站 1 座，装机容量 750 千瓦。珍稀野生动物有野牦牛、野驴、藏羚羊等。流域主要以畜牧业为主，饲养牦牛、绵羊、山羊等，畜产品主要有牛羊肉、皮张和牛羊绒。

河流自源头向东流，后折向东南流。河源一带冰川发育。属宽谷湖盆地貌，地形平坦开阔，植被以高山草甸为主，草场、湿地发育。上游段称纳雄藏布。注入惩香错（湖）。出惩香错折向西南流，经牙古至帮将，进入中游段。上游一带湖泊星罗棋布，沼泽及湿地分布较广。两岸地形平坦，植被以高山草甸为主。中游段进入萨嘎县境内后称规藏布。流经它巴勒，在茶让附近纳左岸支流夹弎不曲。在如角乡右纳如角藏布。中游段河流蜿蜒曲折，河床覆盖层多以砂卵石组成。流域内草场发育，以牧业为主。下游段向东南流，左纳萨曲后始称加塔藏布。经麻亚（马必亚），于萨嘎县加加镇醒星格里下游汇入雅鲁藏布江。下游地区河谷宽阔，两岸地形平坦，河道多汊流。湿地、草场发育，植被以高山草甸为主。在麻亚下游建有加达水电站，装机容量 750 千瓦。

7.17.7.1　如角藏布
（Rujiaozangbu River）

加塔藏布 右岸支流，又称加觉藏布，发源于西藏自治区萨嘎县如角乡境内的孜阿日错。河长 58 千米，流域面积 1 097 平方千米。

流域内冰川及冰碛地貌发育，冰川面积约 70 平方千米，地势西北高东南低。出露岩层主要有板岩、灰岩等。气候干燥、寒冷、风沙大。年日照时数在 3 000 小时以上，年无霜期在 100 天左右。流域多年平均年降水量约 345 毫米、年水面蒸发量约 1 400 毫米。径流由雨水、冰雪融水和地下水组成，全年多数时间河水清澈，水质未受污染。冬季冰情严重，河流有封冻现象。

流域水力资源理论蕴藏量约 1.25 万千瓦。水资源、水力资源处于未开发状态。人类活动影响较小，自然生态环境保持完整。流域内以畜牧业为主，饲养牦牛、绵羊等。

河流自源头大致向南流，经帮钦勒（帮穷勒），于萨嘎县如角乡纳勒附近汇入加塔藏布。流域内地势高亢，地形平坦，干支流河源地带多冰碛湖，植被以高山草甸为主，河床覆盖层多以沙砾石组成。

7.17.7.2　萨曲
（Saqu River）

加塔藏布 左岸支流，发源于西藏自治区萨嘎县达吉岭乡境内的曲鲁卓布勒附近。河长70千米，流域面积1090平方千米。

流域内有冰川及雪被覆盖面积约26平方千米。出露岩层主要有板岩、灰岩等。流域内气候干燥、寒冷、风沙大。年日照时数在3 000小时以上，年无霜期约为110天，流域多年平均年降水量约350毫米、年水面蒸发量约1 400毫米。径流由雨水、冰雪融水和地下水组成。全年多数时间河水清澈，水质未受污染。冬季冰情严重，冻土发育，河流有封冻现象。

萨曲流域多年平均年径流量约1.36亿立方米，多年平均流量约4.31立方米每秒。水力资源理论蕴藏量约1.43万千瓦。水资源、水力资源处于未开发状态。人类活动影响较小，自然生态环境保持完好。流域内以畜牧业为主，饲养牦牛、犏牛、驴、马、绵羊等。

河流上段向西南流，下段转向西北流，经达吉岭乡后，又转向南偏东流，在该乡鲁嘎村的路嘎耳附近汇入加塔藏布。流域内地势高亢，河谷宽窄相间，以宽谷及山间盆地地貌为主。草场发育，植被以高山草甸为主。地势北高南低，中、下段有湿地分布，河床覆盖层多以沙卵石组成。

7.17.8 吉曲
(Jiqu River)

雅鲁藏布江右岸支流，亦称彭吉藏布，发源于西藏自治区聂拉木县琐作乡境内。河长92千米，流域面积1 664平方千米，落差约1 330米。

流域北面与雅鲁藏布江干流相连，南面、西面与**朋曲**流域相邻。地跨聂拉木、定日、昂仁3个县。流域内地势高亢，西高东低，河谷宽窄相间。出露岩层主要为板岩、灰岩等。

流域气候干燥、寒冷、风沙大。年日照时数在3 000小时左右，年无霜期约110天，多年平均气温在2.0摄氏度以下。多年平均年降水量约330毫米、年水面蒸发量约1 400毫米。全年多数时间河水清澈，水质未受污染。流域内有冰川分布，冰川面积约25平方千米。

青稞

流域水力资源理论蕴藏量约5.35万千瓦。流域内已建电站1座，装机容量320千瓦。流域内以农牧业为主，种植青稞、小麦、油菜，饲养牦牛、绵羊、山羊等。

河流自源头至河口大致向东流。流经唐戈束嘎，右纳日知曲、左纳塔龙嘎么后，进入定日县境内。沿该县北边流经彭吉乡，称吉曲。进入昂仁县境内，在多白乡拉郭村附近汇入雅鲁藏布江。流域的中上游地区河谷宽阔，地势高亢，地形平坦，草场发育。下游地区有灌木林及灌丛分布，河谷宽窄相间，河床覆盖层多以沙石组成。

7.17.9 朗错
(Langcuo Lake)

又名浪错，位于雅鲁藏布江左岸，西藏自治区昂仁县境内，西北距县政府驻地约15千米。地理位置为东经84°24′，北纬29°12′，湖泊形状极不规则，呈东西向延伸。湖面高程4 300米，相应湖长6.9千米，最大湖宽2.3千米，平均宽1.8千米，湖面面积12.1平方千米。岸线周长25.0千米。

坐落在冈底斯山南坡一断陷盆地内，南与**雅鲁藏布江**仅一山之隔。湖周为高程4 300～4 800米的山地环绕，湖岸陡峭，唯东部一隅有一洪积扇伸入湖体，扇缘有沼泽发育。气候为高原温带藏南半干旱气候，日照强，干湿季分明，夏季多雨，无霜期短。多年平均气温3摄氏度左右，多年平均年降水量约330毫米，6—9月为多雨期。流域面积97平方千米，湖水补给以地表径流为主。湖北岸入湖的布马浦河是唯一常年性入湖河流。出口在湖东北，经拔嘎浦曲流入雅鲁藏布江。湖水pH值8.9，矿化度3.52克每升，碳酸盐型湖泊。据2000年资料，湖中有拉孜裸鲤、朱氏裸鲤等鱼类生栖。湖周植被为针茅草，土地利用为农牧兼营。野生动物有野驴、岩羊、藏羚羊、獐、狼及斑头雁、黑颈鹤、野鸭等。滨湖北侧有219国道东西穿过。

7.17.10 忙嘎普曲
(Manggapuqu River)

雅鲁藏布江右岸支流，发源于西藏自治区拉孜县芒普乡拉轨岗日山北麓，河长33千米，流域面积760平方千米，落差1 370米。

流域内地势高亢，南高北低，河谷宽窄相间。流域内有冰川分布，冰川面积约19平方千米，出露岩层主要为板岩和松散堆积物。

忙嘎普曲流域气候干燥、寒冷、风沙大。年日照时数在3 200小时左右，年无霜期约120天，多年平均气温约6.8摄氏度。流域多年平均年降水量370毫米、年水面蒸发量约1 500毫米。流域内植被覆盖率低，汛期河水含沙量较大，非汛期河水清澈，水质较好。

流域水力资源理论蕴藏量约1.13万千瓦。已建水电站1座，装机容量1 000千瓦。截至2004年年底，忙嘎普曲已建堤防总长2.9千米。经济为半农半牧，农作物以青稞、小麦、豌豆、油菜为主，饲养牦牛、绵羊、山羊、马等。

河流总体向北流，河源有冰碛湖珠串在河道上。流域内植被以高原草甸为主。河流上段称玛岗普曲，经过拉孜县城曲下镇后始称忙嘎普曲。拉孜县城坐落在芒嘎普曲右岸，拉孜藏语意为"神山顶，光明最先照耀之金顶"。河谷宽窄相间，以宽谷地貌为主，人口、耕地相对集中。在芒普乡附近有温泉出露，泉水清澈，温度适宜，能治病洁身，疗效较好。下段河谷宽阔，多汊道，河床主要以沙石组成。河流在拉孜县查务乡的达尔村附近汇入雅鲁藏布江。

7.17.11 萨迦冲曲
(Sajiachongqu River)

雅鲁藏布江右岸支流，亦称萨加藏布，发源于西藏自治区萨迦县萨迦镇卡吾村附近。河长85千米，流域面积1 449平方千米，落差1 424米。

流域东与**夏布曲**流域相邻，南与**朋曲**流域界界，西邻**忙嘎普曲**，北与雅鲁藏布江干流相接。地跨萨迦、拉孜两县。流域属高原温带半干旱季风气候区。年日照时数 3 270 小时、无霜期在 110 天左右，多年平均气温约 6.8 摄氏度。流域多年平均年降水量约 380 毫米、年水面蒸发量约 1 500 毫米。径流由雨水、冰雪融水和地下水组成。流域内有冰川面积约 8 平方千米。径流年际变化较小，7—8 月的径流量占年径流量的 70%。流域内植被覆盖率低，水土流失较严重，河流含沙量较大。冬季冰情严重，干、支流河源及上游地区河流有封冻现象，中、下游河段有岸冰和流冰花。流域内自然灾害主要有洪水、旱灾、泥石流、滑坡灾害等。

流域内以东西向构造为主，褶皱、断裂发育，地层变化较大。有不同程度的变质现象。岩层以砂岩及泥质岩为主。河谷内普遍发育有数级阶地，洪积扇较为发育。各支沟内有明显的二级内迭洪积扇，外形呈扇状或锥状，由砾石和泥沙组成，也含有较少的巨砾。坡积物分布于河谷两岸的山坡。

萨迦冲曲

流域水力资源理论蕴藏量 2.29 万千瓦。截至 2005 年，流域内已建水电站 3 座，装机容量 700 千瓦。截至 2004 年底，萨迦冲曲流域堤防总长 4.2 千米。动物资源有岩羊、黑颈鹤、黄羊、豹等。流域内以农牧业为主，饲养牦牛、绵羊、山羊等，农作物以种植青稞、冬（春）小麦、油菜为主。

萨迦冲曲自源头向西北流，上游段称扎衣曲。河源及上游地区地势高亢，植被以高山草甸为主，河床覆盖层多以沙石组成。卡吾村至扎西岗乡的伦珠定村为中游段，称冲曲（错目曲）。流经萨迦县城萨迦镇，附近有著名的萨迦寺。中游段支流、支沟较多。两岸人口相对集中，交通较为发达。沿河两岸主要为农区，种植青稞、冬（春）小麦、油菜等。萨迦寺是藏传佛教的主寺，是世界上保存贝叶经最多的寺庙，壁画和唐卡都是艺术精品，是全国文物保护单位。北寺是由萨迦派的创始人昆·贡觉加布于北宋熙宁六年（1073 年）创建的。南寺为萨迦派第五代祖师八思巴倡建于 1268 年。伦珠定村至河口为下游段，称萨迦冲曲。河谷宽阔，耕地集中，

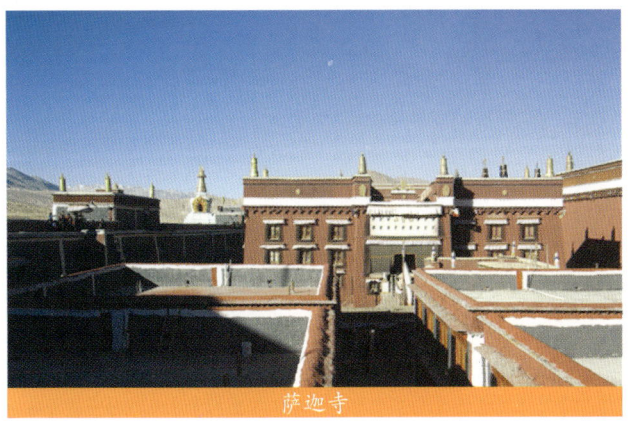
萨迦寺

两岸有大片沙丘分布，河道多汊道。局部地方有灌木林分布。河流出扎西岗经次多进入拉孜县境内，过仁达村后折向西流。在拉孜县曲下镇的土林村附近汇入雅鲁藏布江。

7.17.12 多雄藏布
(Duoxiongzangbu River)

雅鲁藏布江左岸支流，发源于西藏自治区萨嘎县境内的却则呀姑扎山，位于西藏自治区西南部。流域面积居雅鲁藏布江五大支流中的第三位，干流流经萨嘎、昂仁、拉孜 3 个县，流域还涉及谢通门县和申扎县。

概 述

流域范围 多雄藏布流域界于北纬 29°15′～30°27′ 和东经 85°28′～87°58′ 之间。流域东部与**荣曲**和**湘曲**上游河段相邻，西面与**加塔藏布**流域接界，北部以冈底斯山脉与藏北内陆水系分界。东西最大长度约 250 千米，南北平均宽度约 79 千米，流域呈狭长形。河长约 303 千米，流域面积约 19 697 平方千米，落差约 1 872 米。

河流水系 多雄藏布与雅鲁藏布江干流基本平行，支流主要分布于左岸。左岸流域面积为 15 871 平方千米，右岸仅有 3 826 平方千米。主要支流有**美曲藏布**、**孔弄曲**等，最大支流美曲藏布的流域面积 9 979 平方千米，约占全流域面积的 1/2。

气候水文 流域内气候干燥，属高原温带干旱、半干旱季风气候区。年日照时数在 3 000 小时以上，无霜期约 110 天。气温年际变化大，多年平均气温在 2.0 摄氏度左右。7 月平均气温最高，一般在 15.8 摄氏度左右，1 月最低，一般在 -22.6～-15.2 摄氏度左右。平均相对湿度约 40%，流域多年平均年降水量约 372 毫米。夜雨率高达 80% 以上。年水面蒸发约 1 400 毫米。

径流由雨水、冰雪融水和地下水组成。流域内有大陆型冰川分布，冰川面积约 237 平方千米。径流年际变化较小，7—8 月的径流量约占年径流量的 70%。流域内植被覆盖率低，汛期水土流失较严重，河水含沙量较大，非汛期河水清澈。冬季冰情严重，干、支流河源及上游地区河流有封冻现象，中、下游河段有岸冰和流冰花。据 2005 年水环境评价资料，水质为地表水环境质量Ⅲ类标准。

地质地貌 流域地势西高东低，南北两侧高，中部低，平均海拔在 4 700 米左右。出露有大面积的岩浆岩以及板岩、砂岩、页岩等。白垩纪火山分布在桑桑镇以北，昂仁县和昂仁县以北地区。第四纪地层则广泛分布于河谷内，构成了河谷阶地和河漫滩，主要为冲、洪积物和坡积物。

自然资源 流域多年平均水资源量约 37.9 亿立方米，流域水力资源理论蕴藏量约 77.2 万千瓦，其中干流约 41.5 万千瓦。矿产资源有金、铅、锌、铜、铁等。珍稀野生动物有野牦牛、野驴、野马、藏羚羊等。药材资源有冬虫夏草、当归、贝母、雪莲花等。

自然灾害 流域内自然灾害以水、旱、冰雹、霜冻为主。水灾主要由强降雨造成，据记载，2001 年昂仁县纳古村被洪水冲毁农田 5.67 公顷、草场 30 公顷。1998 年昂仁县达居村被洪水冲毁农田 3.47 公顷。1982 年昂仁县秋窝乡被洪水冲毁农田 6.67 公顷。旱灾也时有发生，如 1992 年 6—7 月，发生大面积旱灾，全流域受灾面积约 3.17 万公顷；1995 年再次发生大面积灾情，受灾面积 3.34 万公顷。

流域内雪、雹灾几乎年年发生。如 1991 年 7 月 9 日遭受从未见过的大冰雹袭击，受灾面积 405 公顷，造成绝收面积达 395 公顷；2000 年 4 月 9—27 日，昂仁县连续遭受大面积雪灾，牲畜死亡 9 933 头（只）。

7.17.12 多雄藏布

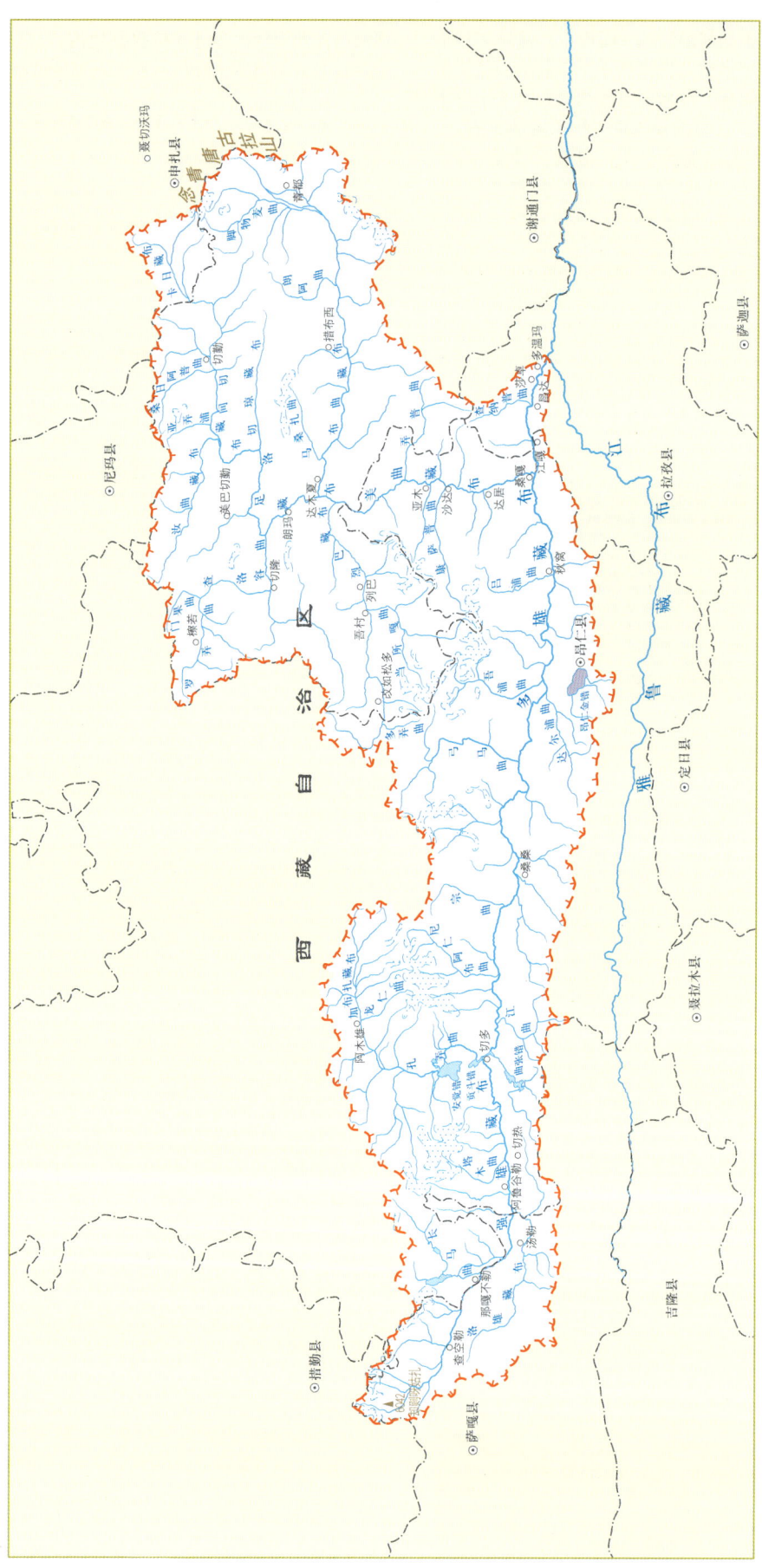

多雄藏布流域示意图

经济社会 流域内以农牧业为主，兼有粮食加工业和民族手工业。民族手工业历史悠久，主要产品有卡垫、陶罐、藏刀、氆氇、藏靴等。农作物有青稞、冬（春）小麦、油菜等。畜牧业较为发达，主要饲养牦牛、犏牛、黄牛、绵羊等，畜产品主要有牛羊肉、酥油、皮张、牛羊绒等。

治理开发 西藏自治区成立以前，流域内几乎无水利工程。自治区成立后，特别是改革开放以来，国家加大了对西藏水利、水电建设的投资力度，流域内水利建设以蓄、引水工程为主。截至 2003 年年底，已建水库 1 座，库容 30 万立方米。截至 2005 年，已建水电站 3 座，装机容量 1 820 千瓦。

纪 实

上游 自河源至昂仁县切热乡切多（格夺）村为上游段，上游段称强雄藏布。流向东南。河长约 50 千米，流域面积 830 平方千米，平均比降 19‰。河源地区分布有大陆型冰川，冰碛丘陵起伏，高原山间盆地及冰碛地貌发育。地形平坦，草场发育，植被以高山草甸为主。河流经查空勒，在勒琼勒进入昂仁县境内，于那嘎不勒附近，纳左岸支流长马曲，经通勒，右岸支流洛雄藏布在康巴松则汤勒汇入干流后始称多雄藏布。河流经阿鲁谷勒，在日阿嘎纳左岸支流塔木曲，在格夺（切多）村附近纳左岸支流孔弄曲（亦称加木曲）。上游地区冰碛湖星罗棋布，多沼泽、湿地、草场。上游地区有丰富的冰雪融水和泉水补给河流，河床覆盖层多以沙石组成。

中游 自昂仁县的切多（格夺）村至秋窝乡帕林村为中游。以宽谷地貌为主，两岸地形平坦，阶地发育。河道多汊流和江心洲，水流平缓。谷底最大宽度可达 8 千米以上。河流出切拉，在 15 道班，纳右岸支流江曲。河流自西向东流，经尼果，于莫乌纳左岸支流宋曲，河流折向南流。经桑桑镇河流蜿蜒东流至秋窝，纳左岸支流弓曲（亦称定莱曲）。右纳业吾浦曲、茶布曲、吕浦曲等支流。在曲嘎西附近有温泉出露。中游地区多湖泊，主要湖泊有阿木错、曲张错等。多沼泽、湿地和草场，植被以高山草甸和高山灌丛草甸为主。多雄藏布支流多在中游左岸汇入。两岸人口相对集中，中游上段以牧业为主，中段、下段沿河两岸主要为农业区，种植青稞、冬（春）小麦、油菜等。昂仁县府驻地卡嘎镇位于河流右岸的昂仁金错东岸。卡嘎镇建有水电站，装机容量 1 000 千瓦，年发电量约 120 万千瓦时。

下游 秋窝乡帕林村至河口为下游。经伦足、达居至桑嘎村纳左岸支流*美曲藏布*后，在江嘎附近进入拉孜县境内。大居以下属宽谷地貌，多江心洲和汊流，水流平缓。河床覆盖层多以砂卵石组成，左岸局部地方有灌木林分布。阶地与洪积扇发育，两岸耕地较为集中，以农牧业为主，种植青稞、冬（春）小麦、油菜等。流经仁青丁寺，纳左岸支流直纳普曲后，至拉孜县彭措林乡莎卓村附近注入雅鲁藏布江。

7.17.12.1 孔弄曲
(Kongnongqu River)

*多雄藏布*左岸支流，亦称加木曲，发源于西藏自治区昂仁县阿木雄乡境内的拉母嘎山西麓。河长 88 千米，流域面积 1 783 平方千米，落差 1 136 米。

流域内气候干燥、寒冷，风沙大。年日照时数在 3 000 小时以上，年无霜期约 60 天左右，年平均气温 2.0 摄氏度。流域多年平均年降水量约 350 毫米、年水面蒸发量约 1 400 毫米。水质未受污染。

流域多年平均年径流量约 2.85 亿立方米，多年平均流量 9.04 立方米每秒。水力资源理论蕴藏量约 2.83 万千瓦。水资源、水力资源处于未开发状态。经济为半农半牧，农作物以种植青稞、小麦、油菜为主，饲养牦牛、绵羊、山羊等。

河源海拔约 5 800 米。上游段称加布扎藏布，属高原山间盆地地貌，地形平坦。支流（沟）较多，水系呈树枝状分布。河源地带有冰川分布，面积约 26 平方千米。植被以高山草甸为主。河流经阿木雄乡的过纳村后进入中游段。流向西，左纳龙仁曲，右纳恶美松曲，在错布戈勒附近折向南流。中游段河谷宽阔，地形平坦，平均比降约 17.8‰。经加巴，在山仓附近注入*安觉错*（阿木错）。中游段属高原宽谷湖盆区。植被以高山草甸、灌丛草甸为主，有沼泽和湿地分布。河床覆盖层多以沙石组成，河流多汊道。流经孔弄勒、勒康扎、贡斗错，在昂仁县切热乡格夺（切多）村汇入多雄藏布。

7.17.12.1.1 安觉错
(Anjuecuo Lake)

*孔弄曲*上的淡水湖，又名阿木错，位于西藏自治区昂仁县境内。湖略呈矩形，南北向延伸。湖面高程 4 847 米，相应湖长 7.4 千米，最大湖泊宽 5.1 千米，平均宽 2.50 千米，湖面面积 18.5 平方千米。湖泊岸线周长 24.0 千米。

安觉错坐落在冈底斯山南麓一山间盆地内，位于盆地南端最低处。东、西、南三面环山，湖岸陡峭，北部地势开阔，为河流、湖泊冲积—淤积平原，有近 26 平方千米的沼泽湿地，多残迹岛。滨湖地区有古湖岸砂堤多条。湖区为高原温带藏南半干旱气候。日照充裕，干湿季分明，多年平均气温约 3 摄氏度。降水相对集中，多年平均年降水量约 350 毫米。流域面积 1 628 平方千米，湖泊补给系数 87。湖水以地表径流补给为主。*孔弄曲*是最大的入湖河流。据 1984 年资料，湖水 pH 值 7.2，矿化度 0.131 克每升，属碳酸盐型外流淡水湖泊。湖泊出口在湖的东北部，经孔弄曲下游段流入多雄藏布。湖周植被以高山草原为主，紫花针茅、羽柱针茅、珠峰苔草、青藏苔草等为其优势种类，是良好牧场。野生动物有野牦牛、野驴、岩羊、藏羚羊及黑颈鹤、野鸭等。湖滨东侧有乡间道路南北穿过，南与 219 国道相连。

7.17.12.2 美曲藏布
(Meiquzangbu River)

*多雄藏布*左岸支流，发源于西藏自治区申扎县巴扎乡聂切沃玛村附近。河长 206 千米，流域面积 9 979 平方千米，落差 1 650 米。流域涉及西藏自治区申扎、昂仁、谢通门 3 县。

流域属高原温带半干旱季风气候区。年日照时数 3 270 小时，无霜期约 110 天，相对湿度为 40%，流域多年平均年降水量约 400 毫米，降水量的年际变化较小，年内分配不均。年水面蒸发量约 2 400 毫米。径流由雨水、冰雪融水和地下水组成。流域内有冰川分布，面积约 90 平方千米。植被覆盖率低，水土流失较严重，河流含沙量较大。流域内自然灾害频繁，以洪、旱、雪灾为主。出露岩层主要有板岩、砂岩、页岩等。

流域多年平均年径流量约 20.0 亿立方米，多年平均流量约 63.4 立方米每秒，干流水力资源理论蕴藏量约 23.1 万千瓦。流域内已建水电站 2 座，装机容量 820 千瓦。经济为半农半牧区，以种植青稞、冬（春）小麦、油菜为主，饲养牦牛、绵羊、山羊等。

河源段称卡日藏布，总体呈东北—西南流向。河流进入谢通门县境内后转为北南流向。河源地带属高原湖盆地貌，地形平坦。湿地、草场分布广泛。切琼藏布汇口以上称切间藏布。河流经阿若、切勤村、各门厅、锐村等地，右岸纳入桑日阿普曲、亚弄浦、汝曲藏布，左岸纳入切琼藏布等支流。汝曲藏布汇口处有温泉出露。植被以高山草甸为主，有草场分布。切琼藏布汇口至列巴藏布汇口称洛足藏布。河流经结果布、朗玛村、林嘎寺等地，**查洛容曲**、**布曲藏布**、**烈巴藏布**等支流相继汇入。朗玛村附近有温泉出露。中游地带人口较集中，主要为农区，沿河两岸有灌木林分布。列巴藏布汇口至桑嘎村称美曲藏布。向南流经西庆进入昂仁县境，经折宗村（亦称总村）、亚木、沙达村、珠村等地，先后纳入弄普曲、康萨普曲等支流。于达居乡桑嘎村附近注入多雄藏布。下游段河谷宽窄相间，有江心洲分布，水流较平缓，河床覆盖层多以砂卵石组成。

7.17.12.2.1　查洛容曲
（Chaluorongqu River）

美曲藏布右岸支流，发源于西藏自治区谢通门县美巴切勤乡擦若（查若）村附近。河长 65 千米，流域面积 1 296 平方千米。

流域内地势高亢，气候干燥、寒冷，风沙大。年日照时数约 3 050 小时，无霜期约 110 天，流域多年平均年降水量约 350 毫米，年水面蒸发量约 1 300 毫米，径流由雨水、冰雪融水和地下水组成。冬季冰情较严重，河流有封冻现象。水质未受污染。

流域内出露岩层主要为板岩、砂岩、页岩等。冲积物、洪积物主要分布在支流（沟）口附近，坡积物分布在河谷两岸的山坡。流域多年平均年径流量约 2.27 亿立方米，多年平均流量约 7.20 立方米每秒，水力资源理论蕴藏量约 2.09 万千瓦。水资源、水力资源尚未开发。流域内以农牧业为主，种植青稞、小麦、油菜，饲养牦牛、绵羊、山羊等。

河流自源头向东南流。河段名称罗弄曲。植被以高山草甸为主，多草场。纳门果曲后折向南流，以下始称查洛容曲。经贡勒、切隆等地，下游河段又折向东流。在谢通门县美巴切勤乡吉果布村附近注入美曲藏布。河谷宽窄相间，以宽谷地貌为主，冲、洪积扇较为发育。下游左岸有灌木林分布。

7.17.12.2.2　布曲藏布
（Buquzangbu River）

美曲藏布左岸支流，发源于西藏自治区谢通门县青都乡境内念青唐古拉山南麓。河长 117 千米，流域面积 2 698 平方千米，落差 1 255 米。位于西藏自治区谢通门县中北部。

流域内出露岩层主要有板岩、砂岩、页岩等。第四纪地层则广泛分布于河谷内，构成了河谷阶地和河漫滩，坡积物分布于河谷两岸的山坡。河源区冰川及冰碛地貌发育，冰川及雪被覆盖面积约 40 平方千米。

流域内气候干燥、寒冷，风沙大。年日照时数约 3 050 小时，无霜期约 110 天。流域多年平均年降水量约 370 毫米。年水面蒸发量约 1 300 毫米。径流由雨水、冰雪融水和地下水组成。水质未受污染。

流域多年平均年径流量约 6.48 亿立方米，多年平均流量约 20.5 立方米每秒。水力资源理论蕴藏量约 5.28 万千瓦。截至 2005 年，流域内已建水电站 1 座，装机容量 500 千瓦。流域内以农牧业为主，种植青稞、冬（春）小麦、油菜，饲养牦牛、绵羊、山羊等。

河流自源头向南流，河源自措布西乡为上游段，称脚物麦曲。上游地带属高原宽谷地貌，湿地、草场广布。地势高亢、平坦。植被以高山草甸为主。河流至雪如转向西流，中段河流宽窄相间。纳右岸支流朗阿曲，至措布西乡以下始称布曲藏布。两岸阶地较发育，人口相对集中，属半农半牧区。在嘎孔附近右纳马桑扎曲，经达木夏乡，在达木夏乡德列（德来）村附近汇入美曲藏布。

7.17.12.2.3　烈巴藏布
（Liebazangbu River）

美曲藏布右岸支流，发源于西藏自治区昂仁县达若乡境内。河长 87 千米，流域面积 1 559 平方千米。地跨西藏自治区昂仁、谢通门两县。

流域内地势高亢，气候干燥寒冷，风沙大。年日照时数约 3 050 小时，无霜期约 110 天。流域多年平均年降水量约 380 毫米。年水面蒸发量约 1 350 毫米，冰川及雪被覆盖面积约 26 平方千米。径流由雨水、冰雪融水和地下水组成。水质未受污染。

流域多年平均年径流量约 3.82 亿立方米，多年平均流量约 12.1 立方米每秒。水力资源理论蕴藏量约 2.41 万千瓦。水资源、水力资源尚未开发。流域内以农牧业为主，种植青稞、小麦、油菜，饲养牦牛、绵羊、山羊等。

河流自源头向西南流。河源地带属高原山间盆地地貌，地势高亢、平坦。植被覆盖率低，以高山稀疏垫状植被为主。右纳多弄曲后，进入谢通县境内，河流称阿嘎弄曲，河流折向东流。经改如松多、在吾村附近纳右岸支流亚弄曲。流经列巴乡的玛雄，始称烈巴藏布，经列巴乡在嘎木多村折向东北流，在列巴乡的多康村下游注入美曲藏布。

7.17.13　荣曲
（Rongqu River）

雅鲁藏布江左岸支流，发源于西藏自治区谢通门县纳当乡境内的查咱木部山南麓。河长 64 千米，流域面积 1 350 平方千米，落差约 1 300 米。

流域内气候干燥、寒冷，风沙大。年日照时数约 3 050 小时，无霜期约 110 天。流域多年平均年降水量约 450 毫米、年水面蒸发量约 2 300 毫米。径流由雨水、冰雪融水和地下水组成，水质未受污染。冬季冰情较严重，上游河段有封冻现象。

流域内河谷宽窄相间，以宽谷为主。出露岩层主要有板岩、砂岩、页岩等。第四纪地层则广泛分布于河谷内，构成了河谷阶地和河漫滩。

流域水力资源理论蕴藏量约 3.05 万千瓦。截至 2005 年，流域内已建水电站 1 座，装机容量 1 200 千瓦。经济以农牧业

收割青稞

为主，种植青稞、小麦、油菜，饲养牦牛、绵羊、山羊等。

河流总体上向东南流。河源地带属宽谷地貌，植被以高山草甸为主。河流流经日松拉庆、荣村、坚白村等地，相继纳入拉档尕曲、陈者曲、江公普曲后，在谢通门县通门乡卓郭（初古）村附近汇入雅鲁藏布江。支流多分布在干流的左岸。下游段河谷开阔，地形平坦，河口一带多汊道和江心洲，风沙地貌发育。谢通门县位于河口以上约8千米的干支流交汇处，县府驻地为卡嘎镇。

7.17.14 热曲
(Requ River)

雅鲁藏布江右岸支流，发源于西藏自治区拉孜县热萨乡宗贝（宗白）村附近。河长56千米，流域面积691平方千米，落差1 094米。

流域内气候干燥、寒冷，风沙大。年日照时数3 232小时，无霜期120天左右。流域多年平均年降水量约450毫米，年水面蒸发量约1 500毫米。冬季冰情较严重，上游河道有封冻现象。河谷宽窄相间，以宽谷地貌为主。出露岩层主要为玄武岩、安山岩和凝灰岩。

流域水力资源理论蕴藏量约1.0万千瓦。经济以农业为主，种植青稞、冬（春）小麦、油菜，饲养牦牛、绵羊、山羊等。

河流自源头向东北流。上游地带植被以高山草甸为主，草场广布。经热萨乡，在三麦村附近折向东流，过扎西林又转向北流。经吾木宗村，左纳玖哇曲（亦称多列曲）后，于拉孜县扎西岗乡吉荣村附近汇入雅鲁藏布江。河谷宽阔，两岸多阶地及洪积扇。河口一带有沙洲分布，多汊道和江心洲。

7.17.15 夏布曲
(Xiabuqu River)

雅鲁藏布江右岸支流，亦称下布曲，发源于西藏自治区康马县雄章乡境内。河长185千米，流域面积5 420平方千米。落差1 618米。流域介于东经88°05′～89°16′和北纬28°19′～29°19′之间，东部与**年楚河**流域相邻，西南部与**朋曲**支流叶如藏布接壤，西北部与**热曲**毗连。干流流经西藏自治区康马、白朗、萨迦三县，流域还涉及西藏自治区江孜、岗巴、拉孜和日喀则等县（市）。

概 述

流域属高原温带半干旱季风气候，多年平均气温4.8摄氏度，年日照时数约3 200小时，相对湿度43%。多年平均年降水量约327毫米，年水面蒸发量约2 000毫米。流域径流由雨水、冰雪融水和地下水补给。冬季冰情较严重，上游河道有封冻现象。域内出露岩层以碎屑岩、变质岩为主，局部有岩浆岩分布。

流域水力资源理论蕴藏量约11.0万千瓦，其中78.6%分布在干流赛乡至河口。技术、经济可开发装机容量5.07万千瓦。

流域内自然灾害以洪、旱灾害为主。1998年8月20日，萨迦县的拉洛、雄玛等乡遭泥石流袭击，冲毁36.5公顷农田，1 066人受灾。

2000年，流域内共有3.5863万人，耕地1.06万公顷。种植青稞、小麦、油菜，饲养牦牛、绵羊、山羊等。2000年地区生产总值3 406.43万元。流域中、下游建有两座20千瓦水电站。中下游有大小灌区11个，其中灌溉面积在万亩以上的中型灌区有2个，实际可灌溉面积800公顷，为了解决地势较高地方的灌溉和人畜用水，在中下游山沟间修建了大约200余座水塘。

纪 实

河流自源头向西北流，河源一带有大渡错、勒蒽错两个小型冰碛湖，多湿地和草场。地势高亢平坦，植被为高山草甸。

河源至赛乡为上游，河长82.5千米，河谷宽100～300米，落差850米。河流出大渡错进入白朗县境内，称布曲。布曲河段长32千米。经曲松、吾久（吴久）二村，左纳空曲（亦称空汝壳曲），右纳茶多曲。北流进入萨迦县境内后称查曲。河流折向西北流，结曲汇入后称赛布曲。经亚麦、玛野、恰白村等地，下瓦曲、结曲、当曲等支流相继汇入。上游河谷较为宽阔，支流口处分布着冲、洪积物，阶地发育。经济以农牧业为主。

萨迦县赛乡以下为中游。中游段河谷宽窄相间，河床覆盖层多以卵石组成，沿河两岸阶地已开垦为农田。河流在赛乡折向西流，左纳卡家曲，右纳休普曲，至拉洛乡。赛乡至拉洛河段，长29.1千米，落差90米，河道比较平缓，为U形河谷。两岸基岩裸露，为灰黑色板岩。河谷宽度在500米左右，最宽处可达1.7千米。在拉洛乡附近左纳塔曲后称赛曲。河流先折向南流复折向西流，左纳雄千普曲后转向北流。拉洛至库堆河道长20.9千米，落差205米，是夏布曲干流河道平均比降最大的河段。域内有温泉出露。

在下嘎乡左纳洛曲后为下游，始称夏布曲。河流继续北流，经雄玛乡，左纳歇曲，于萨迦县吉定镇桑珠岗村汇入雅鲁藏布江。下游河谷开阔，河道多汊流和江心洲，两岸阶地发育。人口和耕地较多。植被以高山草甸和灌丛草甸为主。

7.17.16 塘河
(Tanghe River)

雅鲁藏布江左岸支流，亦称大纳浦曲，发源于西藏自治区谢通门县春哲乡罗堆村附近，河长100千米，流域面积2 418平方千米，落差1 130米。

流域内气候干燥、寒冷，风沙大。年日照时数约3 000小时，无霜期110天，多年平均气温约2.0摄氏度。流域多年平均年降水量约450毫米、年水面蒸发量约1 500毫米，水质未受污染。冬季冰情较严重，上游地区河道有封冻现象。

流域水力资源理论蕴藏量约6.39万千瓦。截至2005年，流域内已建水电站1座，装机容量6 400千瓦。流域内以农牧业为主，种植青稞、小麦、油菜，饲养牦牛、绵羊、山羊等。

上游段称朗堆普曲，河流自源头向西南流。经罗堆、春哲，在帮炯附近纳右岸支流南木切曲后，转为东南流。上游属宽谷河盆地貌，植被以稀疏草甸为主。帮炯至仁钦则乡为中游段，在达那普乡纳左岸支流纳浦曲后始称大纳浦曲，河流转向南流。河谷宽窄相间，两岸人口较多，属半农半牧区。仁钦则乡的下美村至河口为下游段。地形平坦，两岸阶地发育，河床覆盖层多为沙卵石组成。河流经扎西定村，于达那答乡嘎如仲（嘎如冲）村汇入雅鲁藏布江。

7.17.17 年楚河
(Nianchu River)

雅鲁藏布江右岸支流，亦称酿曲或年曲，发源于西藏自治区康马县喜马拉雅山脉中段北麓的什城错。年楚河意为"尝味水"，相传莲花生大师所持盛有甘露的宝瓶寄放在宁金岗桑雪山，后来甘露水就不断地从雪山上流下，供人们品尝。

7.17.17 年楚河

年楚河

概 述

流域范围 流域地处西藏自治区南部，介于东经88°35′~90°15′和北纬28°10′~29°20′之间。西与**夏布曲**为邻，南以喜马拉雅山为界与不丹接壤，东临**普莫雍错**和**羊卓雍错**，北连雅鲁藏布江干流。流域呈东南—西北向狭长形，流域面积11 101平方千米，其中冰川面积221平方千米。年楚河是雅鲁藏布江第五大支流，干流流经康马、江孜、白朗、日喀则4县（市），流域还涉及仁布、浪卡子两县。

河流水系 年楚河全长223千米，落差1 322米。河道平均比降6.1‰。源头至达巴为上游段，河段长77千米。达巴至康如普曲汇入口为中游段，河段长41千米。康如普曲汇入口自河口为下游段，河段长105千米。

年楚河的大支流多分布在干流的左侧，左岸的集水面积是右岸的1.9倍。面积较大的右岸支流有色来曲、**学堆河**、卡乌普曲，左岸支流有**康如普曲**、**江嘎雄曲**和**孜日阿曲**。

气候水文 流域地处高原温带半干旱季风气候区。上游至下游年平均气温在-2.5~6.5摄氏度之间变化，气压在550~640百帕之间。气候多变，昼夜温差大，空气稀薄，冬季风大干冷。日喀则市多年平均气温6.4摄氏度，年无霜期约118天，年日照时数约3 248小时。

上游至中游，降水量呈递减趋势，中游至下游，呈递增趋势。域内多夜雨，降水历时短，强度大，多年平均年降水量约326毫米，6—9月降水量约占年降水量的90%。地下水是径流的主要补给来源，约占年径流量的48%，雨水补给占32%，融水补给占20%。河流含沙量大，是西藏泥沙含量最大的河流之一。河流在冬季有结冰现象，上游河段冰情严重。据2005年的水质监测资料，水质达地表水质量Ⅲ类标准。

地质地貌 流域地处青藏高原内陆，喜马拉雅山脉中段以北，大部分为山地所盘踞，属山地宽谷湖盆地貌。地势呈东南部高，北部和西北部低。江孜以上，除河源段外，河谷狭窄，山高坡陡，山峰海拔多在5 000~5 500米，谷底海拔在4 000米以上。江孜以下，河谷开阔，地势起伏较小，由低山、丘陵、宽谷组成，山峰海拔多在4 500~5 000米，谷底海拔在3 800~4 000米。流域内主要分布有沉积岩，岩层厚度大，岩相变化大，褶皱剧烈，断裂发育，并有火成岩侵入。河谷地带多为第四系冲积层，主要为粉土、粉沙及卵砾石。

自然资源 流域多年平均年径流量18.0亿立方米，多年平均流量约57.1立方米每秒。干流水力资源理论蕴藏量约

年楚河水系示意图

10.2万千瓦。域内主要的矿产资源有金、银、铜、铬、煤、水晶、高岭土、硫黄、花岗岩、大理石和云母，主要的动植物有牦牛、羊、雪鸡、獐子、黑颈鹤、红景天、贝母、虫草、大黄、雪莲花和天麻。

灾害 主要自然灾害有洪涝、干旱、霜冻、大风、水土流失和鼠害，尤以洪涝、干旱和水土流失最为严重。干旱分为春旱和夏旱两种，如1983、1987、1992年和1995年的干旱，造成农牧业受损严重。沿岸的康马、江孜、白朗、日喀则四县（区）经常遭受洪水威胁。1931、1954、1998年和2000年的大洪水，给当地人民造成严重的生命财产损失。1954年7月，年楚河源头达赤雪山崩塌，造成冰湖决口，湖水直泻年楚河。2000年8月发生的大洪水，造成年楚河干流有98处决口，直接经济损失达4.12亿元。

经济社会 流域是雪域高原上神奇而富庶的地方，素有西藏"粮仓"之称。粮食作物有青稞、小麦和豌豆。城镇周围盛产蔬菜。畜牧业以饲养牦牛、黄牛、奶牛、羊为主。著名的手工艺品有藏刀、藏毯、唐卡、法器、酥油灯、头饰、玉器、藏服等。据统计，流域内的江孜县2008年有人口63 500人，地区生产总值为6.81亿元；日喀则市2008年有人口105 206人，地区生产总值为10.1亿元；2007年白朗县有人口44 880人，地区生产总值为32 886万元。

治理开发 年楚河水利建设起步较早，据史料记载，年楚河两岸在清代已有灌溉系统。西藏和平解放后，水利开发步伐加快。截至2004年，已建冲巴湖、满拉和楚松3座大、中型水库，6座小型水库，总库容83 337.4万立方米。已建的灌区有10多个，其中大（1）型灌区1个。干渠总长度102.9千米，灌溉面积达1.31万公顷。2004年建成日喀则、白朗、江孜三城市防洪堤，总长62千米，防洪标准为30年一遇至50年一遇。截至2004年，在干流和支流上建成水电站4座，总装机容量为2.52万千瓦。

纪　实

上游 源头至达巴为上游。上游段长77千米，平均比降约11.3‰。自源头什娥错向西流，至忧那折向北流，经公巴、直白墩等地；沿程纳色来曲等数条支流，抵达达巴。忧那以上河流称缺安曲，以下称涅如藏布。河源一带冰川地貌非常发育，什娥错以下20千米的范围内冰川终碛、侧碛处处可见。源头呈东西向排列的冰川湖，是冰川作用退缩后形成的。终碛垄的主要成分为花岗岩的块石、卵石和砂，直径大者有1~2米。上游除局部河段河谷较狭窄外，其余河谷宽达数千米，水面宽10~40米，河床由砂卵石组成。上游河段下端的涅如河谷平原，南北长35千米，东西宽3千米，是个天然牧场。河谷两侧山体不对称，左岸山低坡缓，相对高差在500米左右；右岸山高坡陡，相对高差在800米左右。右岸支流多而长，左岸支流少而短。山洪泥石流所形成的堆积物在左岸有广泛分布。上游段出露的岩石多为花岗岩、石英岩及灰岩。

中游 达巴至康如普曲汇入口为主游，河流自达巴向西北流，约7千米后进入江孜县境，折向北流。在达隆以下注入**满拉水库**。出水库后向西流。中游段河长约41千米，平均比降6.4‰。中游段多峡谷，河谷两侧山势陡峻，山体裸露，坡度一般在45度以上，山峰相对高度约300~800米。河谷呈V形，宽150~500米。两岸出露的岩石为页岩、灰岩、石英砂岩。河谷在车仁附近稍宽，两岸有三级阶地，分别高出水面3米、10米和15米左右。河谷内植被较好，有零星灌丛草地分布。种有青稞、小麦、油菜等。

下游 康如普曲汇入口以下为下游，始称年楚河。向西北流，流经江孜镇、藏改乡、达孜乡等地，相继纳入仁拉普曲、帮玉曲、卡乌普曲等支流。在仁庆岗附近流进白朗县。在宗下附近左纳江嘎雄曲。河道曲折，岔道较多。经白朗县城洛江镇，在嘎东镇折向西流。于拉东村附近流进日喀则市。至日喀则镇东南4千米处左纳江孜日阿曲后，转向北流，在日喀则镇以北4千米处汇入雅鲁藏布江。下游段长105千米，河道平均比降约2.2‰。下游河谷开阔，土地平坦、肥沃，人口稠密，经济发达，种有青稞、小麦、油菜、土豆等，是西藏最重要的农业生产地。河谷两侧山体裸露、平缓、矮小，坡角在20~30度，相对高差为100~300米。山体植被稀少，河床不稳定，冲淤变化大，两岸农田易受洪水威胁。在河谷两侧，不对称地分布着冲积阶地。左岸阶地多而连续，一般宽为500~1 000米，很少间断。右岸阶地宽度仅为100~400米，且断断续续。阶地的表层为沙土和黏土，底部为砾石。农田主要分布在阶地上。日喀则附近有三级阶地，分别高出水面2~3米、10米及15~20米。下游段地下水丰富，埋藏浅。一般情况下，江孜一带埋深约10米，白朗一带约3米，而在日喀则一带只有1.5米左右。两岸支流汇入口附近多为冲积、洪积扇，地形开阔平坦。下游段设有江孜、白朗和日喀则3个水文站，属国家或西藏基本水文站。江孜站多年平均流量30.9立方米每秒，多年平均含沙量1.66千克每立方米，多年最大含沙量48.5千克每立方米；日喀则站多年平均流量57.1立方米每秒，多年平均含沙量2.42千克每立方米，多年最大含沙量39千克每立方米。

年楚河下游

位于年楚河入雅鲁藏布江汇口处的日喀则市是历史文化名城，建城已有600年的历史。历史上称日喀则地区为后藏，日喀则为后藏的首府，也是历代班禅的驻锡地。扎什伦布寺建于1 447年，是西藏的四大名寺之一，建筑宏伟，文物众多。

江孜镇也是历史文化名城，素有"英雄城"之称。1904年，江孜军民在这里谱写了抵抗外国侵略、保卫祖国领土的

年楚河上游

7.17.17.1 满拉水库
(Manla Reservoir)

年楚河干流上的一座山谷型水库，位于西藏自治区江孜县龙马乡境内，是西藏自治区最宏伟的水利工程之一。

满拉水库是一座以灌溉、发电为主，兼有防洪、供水、旅游等效益的大型水利枢纽工程，2001年8月竣工。主要水工建筑物设计防洪标准为100年一遇，校核防洪标准为2 000年一遇。水库枢纽由大坝、输水道、溢洪道、电站及灌区建筑物等五部分组成。大坝为黏土心墙堆石坝，最大坝高75.3米，坝顶高程4 260.3米，坝顶宽度10米，坝顶长287米；输水洞位于大坝北端，设计最大流量41立方米每秒；溢洪道位于大坝北端，最大泄量为1 168立方米每秒；电站装机4台，装机容量为2万千瓦；水库控制灌溉面积3.0万公顷，干渠12条。

水库控制流域面积2 757平方千米，总库容1.55亿立方米。在正常蓄水位4 256.0米时，水库水面面积为5.4平方千米。坝址处河谷较窄，两端坡高为200～500米。河床覆盖30余米厚的第四系砂卵石，下卧石英砂岩、泥质粉砂岩及辉绿岩，岩层产状变化大，节理裂隙发育，完整性较差。枢纽区地震基本烈度为Ⅷ度。

满拉水库

库区属高原温带季风半干旱气候区。冬春干燥少雨，冬季有冰情发生。流域多年平均年降水量约400毫米，降雨时空分配不均，年内分配变差大。流域多年平均入库年径流量为4.83亿立方米，多年平均年输沙量148万吨。多年平均年蒸发量约1 300毫米。多年平均气温－0.1摄氏度，最低气温－22.8摄氏度，无霜期约100天。

满拉水库发挥了多方面的效益。①灌溉，涉及江孜、白朗、日喀则两县一市，最大灌溉引水量为18.2立方米每秒，控灌面积为3.0万公顷，其中农业灌溉面积2.24万公顷，草地灌溉面积0.42万公顷，林地灌溉面积0.34万公顷。灌区运行以来，效益明显，增加灌溉面积1.69万公顷。②发电，满拉水电站最大引用流量33.2立方米每秒，年发电量0.61亿千瓦时，有效地缓解了日喀则地区电力供需矛盾。③防洪，建库后可有效拦蓄上游洪水。④旅游，水库位于海拔4 330米的斯米拉山口下的峡谷地带，如绿宝石般镶嵌于苍茫的山体之中。景色秀丽，前来观光的游客日渐增多，发展前景看好。

满拉水库流域地形起伏大，山高坡陡，属峡谷山地，由东南向西北倾斜。山峰海拔在5 000～5 500米，谷底海拔在4 300米以上。水源主要有两支，一是年楚河上中游段，二是**学堆河**，年楚河是满拉水库的主要补给水源。水库水体无污染，水质纯净甘甜，富含矿物质，无水垢，达地表水质量Ⅱ类标准。流域内交通方便，拉亚公路横贯库区。

日喀则扎什伦布寺

江孜县宗山

江孜县白居寺

英雄篇章，至今，宗山堡上仍保留着当年抗英的炮台。宗山抗英遗址、白居寺、帕拉庄园、乃钦康桑大雪山、满拉水利枢纽等都是著名的观光之地。江孜土地肥沃，经济发达，物产丰富，是西藏重要的粮食生产基地。

抗英纪念碑

7.17.17.2 学堆河
(Xuedui River)

年楚河右岸支流，亦称龙马河或热龙曲。发源于西藏自治区江孜县热龙乡境内的卡惹拉冰川末端。河长约45千米，流域面积约764平方千米，落差约1 220米。

307省道旁的卡惹拉冰川（江孜）

流域呈扇形，地势东高西低。域内高寒缺氧，冬春气候干燥，风沙大，日温差大。年无霜期约110天，年日照时数约3 190小时。流域多年平均年降水量约400毫米，6—9月降水量占年降水量的85%以上。径流由地下水、降水和融水补给。流域多年平均年径流量约1.15亿立方米，多年平均流量约3.65立方米每秒。河水在冬季有结冰现象，上游河段冰情严重。河流水质状况较好。

拉萨—亚东公路沿干流而行，交通方便。流域内地势较平坦，灌溉条件便利。经济以农业为主，畜牧业为辅。主要农作物有青稞、小麦、豌豆和油菜。畜牧业以饲养牦牛、黄牛、犏牛、羊、马为主。

源头冰川发育，著名的卡惹拉冰川就坐落在这里。河流自源头大致向西南流，于热龙乡曲堆村折向西流。沿程经马玉、曲堆、西堆等地，相继纳入夏曲、得热浦等。于江孜县龙马乡注入**满拉水库**。学堆河河道曲折，坡降较大。两岸山峰相对低矮，山体裸露，冲沟较多。植被稀疏，水土流失严重，雨季河水泥沙含量较大。曲堆以上，河谷宽阔，两岸阶地上有零散农田和草场分布。曲堆以下，河谷较窄，谷内布满沙石堆积物。

7.17.17.3 康如普曲
(Kangrupuqu River)

年楚河左岸支流，亦称康马河，是年楚河最大支流。发源于西藏自治区康马县境内的喜马拉雅山北麓冰川末端。河长102千米，流域面积2 896平方千米，落差1 440米。

域内高寒缺氧，气候干燥，多大风，年无霜期约110天。流域多年平均年降水量约290毫米，6—9月降水量占年降水量的90%左右。流域多年平均年径流量约4.34亿立方米，多年平均流量约13.8立方米每秒，地下水补给量占较大比重。河水在冬季有结冰现象，上游冰情严重，局部水流缓、海拔高的河段亦会出现封冻。河流水质状况较好，人为污染甚微。域内天然植被稀少，覆盖率在7%左右。

康如普曲水力资源理论蕴藏量约2.28万千瓦。有1座装机容量1 000千瓦的小水电站。域内主要农作物有青稞、豌豆、油菜、土豆等。野生动植物有驴、羊、水獭、狗獾、贝母、雪莲花、兰石草、当归等。自然灾害有涝、旱、冰雹、霜冻、雪等。

河流自源头经冲巴，在砍多下游注入**冲巴雍错**。出冲巴雍错向西北流，至孟扎转向北偏东流，经莎玛达至嘎江转向北流。经康马县城康马镇至少岗，左纳虾鲁藏布后，于南尼乡曲热村附近注入年楚河。河流的上段称冲巴涌曲，中段称江日曲，下段称康如普曲。康马镇周围出露石灰岩、板岩夹石灰砂岩和大理岩，虾鲁藏布汇口附近出露花岗片麻岩。上游莎玛达一带，河谷宽1 000米左右，两岸分布着三级堆积阶地，最高一级阶地高出水面约25米。康马镇至虾鲁藏布汇口以上，河谷逐渐变窄至150米。域内温泉出露较多，水温在30～40摄氏度。流域内水土流失严重，夏季河水浑浊。虾鲁藏布河谷较窄，谷宽100～500米，水面宽10～30米，河谷两侧有三级阶地分布，最高一级高出水面约30米。两岸岩石主要为灰岩、页岩和板岩。流域内的康马镇为康马县府驻地，康马藏语意为"红房子"。原系西藏地方政府江孜宗管辖，1960年将原属江孜县的两个区划出，成立康马县，属江孜地区。1964年为日喀则地区管辖。据2008年资料统计，全县有人口21 146人，地区生产总值14 600万元，花岗岩和大理石加工业是康马县的重要产业。

7.17.17.3.1 冲巴雍错
(Chongbayongcuo Lake)

康如普曲上的外流淡水湖泊，亦称冲巴雍母错。在西藏自治区康马县境内。北距康马县城43千米。地理位置为东经89°34′，北纬28°14′。湖形宛若长茄，湖面高程4 540米，相应湖泊南北长6.3千米，东西最大湖宽2.5千米，平均宽1.9千米，湖面面积12.3平方千米。

地处喜马拉雅山北麓，坐落在一由南向北倾斜的小型山间盆地内。东、西、南三面为群山环绕，山势陡峻，直逼湖岸，唯北部和西北部山势低缓，略显开阔。湖区属高原温带藏南半干旱气候，干燥少雨，日照强烈，气温较低，昼夜温差大，干湿季分明，雨热同季。多年平均气温在4摄氏度左右，年无霜期约110天。流域多年平均年降水量约500毫米，流域多年平均年径流约0.9亿立方米，流域面积184平方千米，其中冰川面积27.7平方千米。冰雪融水径流是湖水的主要补给形式，大小入湖河流有8条，分布于湖的南部和东部，皆为源短的山溪。其中最主要的为从东北部入湖的龙纠河，河长16千米。在该河中游段有一小湖，名龙纠错，面积1.4平方千米，对该河流入冲巴雍错的水量起调节作用。湖泊泄水口位于西北隅，经由冲巴涌曲（康如普曲）北流注入**年楚河**。湖水pH值7.4，矿化度为0.122克每升，属碳酸盐型淡水湖泊。

湖区植被以蒿类草原为主，北部为较好放牧场。湖区野生动物主要有野驴、黄羊、盘羊及黑颈鹤、野鸭等。滨湖东、西侧均有乡道与省级公路相连。

1990年8月改建成冲巴水库，正常蓄水位4 578米，总库容6.61亿立方米。水库工程由大坝、溢洪道、输水道、副坝等组成。主坝位于冲巴雍错西北角，为黏土心墙砂砾石坝，坝高11.9米，坝顶高程4 580.9米，坝顶长度122.0米。溢洪道堰顶高程4 578米，最大泄量7.89立方米每秒。输水道最大设计流量23.5立方米每秒，副坝高2.5米。水库功能以灌溉为主，兼有防洪、人畜饮水之利。灌溉范围涉及康马、江孜、白朗和日喀则三县一市的3.67万公顷农田及林草地。

7.17.17.4 江嘎雄曲
(Jianggaxiongqu River)

年楚河左岸支流，亦称丹雄曲或汪丹雄曲。发源于西藏自治区白朗县嘎普乡马岗村附近。河长 56 千米，流域面积 1 450 平方千米，落差约 1 000 米。

流域内冬春气候干燥，多大风，年温差小，日温差大，年无霜期约 110 天，年日照时数约 3 200 小时。流域多年平均年降水量约 290 毫米，6—9 月降水量占年降水量的 85% 以上。流域多年平均年径流量约 1.96 亿立方米，多年平均流量约 6.22 立方米每秒，其中地下水补给量占有较大比重。河流在冬季有结冰现象，水流缓、海拔高或背阳的河段冰情较重。植被稀疏，水质较好。

水力资源理论蕴藏量 1.32 万千瓦。1999 年建成的楚松水库位于白朗县嘎普乡，总库容 1 460 万立方米。主要农作物有青稞、小麦、豌豆、油菜和马铃薯。野生动植物有野驴、狐狸、鹤、豹、大黄、贝母、虫草等，经济林木以核桃为主。自然灾害有干旱、冰雹、霜冻、风沙、泥石流等。

河流自源头向西流，过马岗缓缓转向北流，经嘎普乡、旺丹乡又折向北偏东流。沿程纳入马浦茶几、金嘎采久等支流，于洛江镇宗下村附近汇入年楚河。上游河谷狭窄，下游河谷逐渐展宽，尤其是在马浦茶几汇口以下河谷宽广，两岸阶地发育，农田分布广泛。河床由沙卵石组成，山体裸露，山峰相对低矮。

7.17.17.5 孜日阿曲
（Ziriaqu River）

年楚河 左岸支流，亦称孜惹曲，发源于西藏自治区日喀则市纳尔乡杂龙村西南 4 千米处。河长 45 千米，流域面积 900 平方千米，落差约 750 米。

流域呈扇形。冬春气候干燥，风沙大，年温差小，日温差大，年无霜期约 115 天，年日照时数约 3 250 小时。多年平均年降水量约 440 毫米，6—9 月降水量占年降水量的 85% 以上。多年平均年径流量约 1.58 亿立方米，多年平均流量约 5.01 立方米每秒，地下水、降水是径流的主要补给水源。河流在冬季有结冰现象，自下而上冰情逐渐加重。河流水质较好。

位于日喀则市曲布雄乡孜日阿曲上的加堆水库，总库容 12 万立方米。域内经济以农牧业为主，主要农作物有青稞、小麦、蚕豆、豌豆和油菜。野生动物有岩羊、獐、水獭、黑颈鹤、土豹、鸡、鸭、猫头鹰等。药用植物有虫草、贝母、大黄等。经济林木有苹果、桃、核桃等。干旱、冰雹、霜冻、风沙及山洪灾害常有发生。

自源头向东北流，经纳尔、曲布雄等地，沿程纳 10 多条支流，其中最大一条支流吓曲是自南向北在河口至曲布雄之间汇入，于甲措雄乡色玛村下游约 3 千米处汇入年楚河。域内山体裸露，河谷植被较好，河道曲折、散乱，上游段坡降较大，下游段水流平缓。水土流失严重，河水含沙量大。河谷宽阔，尤其在达措以下属典型的河谷平原，地势平坦，是日喀则市重要的农牧业生产地。

7.17.18 湘曲
（Xiangqu River）

雅鲁藏布江 左岸支流，亦称香曲。发源于西藏自治区谢通门县娘热乡卡嘎村附近。河长 173 千米，流域面积 7 346 平方千米（其中冰川面积约 86.4 平方千米）。干流流经西藏自治区谢通门、南木林县，流域还涉及西藏自治区尼木县。

概　述

东临**浪孔曲**水系，北临申扎藏布，西与**塘河**和**美曲藏布**为邻，南连雅鲁藏布江干流。地势北高南低，山峦起伏，由极高山、高山、中山、河谷、湖泊、冰川及沙丘等地貌单元组成。湘曲流域属高原温带半干旱季风气候区。干湿季节分明，空气干燥，昼夜温差大。流域多年平均年降水量约 445 毫米，多夜雨，85% 以上的降水集中在 6—9 月。

有灌溉面积万亩以上灌渠 1 条，千亩～万亩灌渠约 10 条。在南木林县城附近有 3 级堤防工程 1 处，4 级堤防工程 3 处。小型水电站 2 座，总装机容量为 1 500 千瓦。干流水力资源理论蕴藏量约 21.2 万千瓦，主要的矿产资源有煤、铜、瓷土、油页岩、泥炭等。野生动植物资源有獐子、狼、熊、野牛、黄羊、黑颈鹤、贝母、虫草等。主要农经作物有青稞、小麦、豌豆、油菜和各类蔬菜。牧业以放养牦牛、犏牛、黄牛、绵羊、山羊、马、驴为主。域内交通较方便，主要公路有 3 条，可通往拉萨、日喀则和狮泉河。

纪　实

河流自源头向东流，经娘热、果索，至新吉多转向东南流，进入南木林县境。至普当，河流称娘热藏布。娘热藏布水系较密，左岸支流较多，属高山地形。源头地势稍缓，有湖泊、温泉分布。河流左纳**仁堆曲**（亦称罗扎藏布），右纳则学藏布（亦称则绪藏布）后称甲错藏布。向东南流，于甲错右纳宗荣曲后缓缓转向南流。至加热，左纳最大支流**觉母曲**（拉布藏布）后称湘曲。向南流，至达那折向西流，经达那和南木林两个水电站至南木林镇（南木林县府驻地）又转向南流。右纳秋木曲后，经卡孜、多角、冲堆等地，于南木林县艾玛乡柳果村西南侧汇入雅鲁藏布江。流域内的自然灾害主要有霜冻、干旱、洪水、雪、虫等。

觉母曲汇口以上为上游，以下为下游。地势高亢，河网密集，植被以高山草甸生态系统为主，局部地带长有爬地松、刺槐、白草等。土壤类型为高山寒漠土和高山草甸土。河谷地带有农田和牧草地分布。下游段山体褶皱强烈，基岩裸露，地表疏松，沟蚀现象严重，洪积扇和坡积裙分布广泛，土壤以高山草甸土和亚高山（灌丛）草原土为主。植被稀疏，艾玛乡等地长有刺槐、沙棘、白草等。下游河谷宽阔，气候温和，两岸阶地发育，土地肥沃。经济以农为主、农牧结合。以个大、皮薄、味好有"地下面包"之称的艾玛乡土豆，深受人们的欢迎。

位于湘曲下游的南木林镇是南木林县府驻地，南木林藏语意为"全胜之地"，作为地名有"圣地"之意。吐蕃时期曾称扎西孜，后称为"湘巴"。清初设南木林宗，1960 年建县。2008 年全县有人口 81 438 人，地区生产总值 3.44 亿元。位于南木林镇的格丹曲廓（甘典曲果）寺，佛像形象逼真，壁画瑰丽多彩，内容丰富。索布溶洞至今已有 1 300 多年的历史，洞内岩石奇形怪状，宗教风情浓郁。湘巴藏戏是蓝色面具派藏戏四大流派之一，唱腔高亢嘹亮，表演入神细腻，深受当地群众的青睐。

7.17.18.1 仁堆曲
（Renduiqu River）

湘曲 左岸支流，亦称罗扎藏布。发源于西藏自治区南木林县仁堆乡洛扎村东北面。河长 57 千米，流域面积 1 338 平方千米，河道平均坡降 22.1‰。

流域呈扇形，地势东北高西南低，中高山地形。主河道海拔在 4 200～5 450 米，河床由砂卵石组成。植被稀疏，以高寒灌丛草甸生态系统为主，局部地带长有爬地松、刺槐、白草、秦艽等。主要分布的土壤为高山寒漠土和高山灌丛草

甸土。经济以牧业为主。

流域内气候干燥，干湿季节分明，气温低，年日照时数长，无霜期短。流域多年平均年降水量约410毫米，多夜雨，降水集中在6—9月。多年平均年径流量约3.48亿立方米，多年平均流量约11.0立方米每秒，降水、融水是影响径流的主要因素。水力资源理论蕴藏量约1.93万千瓦。河水泥沙含量较大，水质未受污染。

自源头向西南流，经洛扎等地，沿程纳入结曲、奴堆藏布等支流，至仁堆转向南流。河道蜿蜒曲折，时宽时窄，奔流于崇山峻岭之中。经普堆，于普当乡附近汇入湘曲。

7.17.18.2 觉母曲
（Juemuqu River）

湘曲左岸支流，亦称拉布藏布。发源于西藏自治区尼木县麻江乡北部果查上游的冰川末端。河长104千米，流域面积2390平方千米，河道平均比降15.0‰。

主河道海拔在4100～5600米，高原山区性河流。地势东北高西南低，中高山地形，河床由砂卵石组成。植被以高寒草甸生态系统为主，扎呷一带有少量的灌丛草地分布。主要分布的土壤为高山寒漠土和高山灌丛草甸土。

域内气候干燥，干湿季节分明，年日照时数长，无霜期短。流域多年平均年降水量约450毫米，多夜雨，夏季降水丰沛。多年平均年径流量约7.65亿立方米，多年平均流量约24.3立方米每秒，径流主要由融水和降水构成。水力资源理论蕴藏量约7.06万千瓦。河水泥沙含量较大，水质较好。

觉母曲上游段称穷莫麦曲，上段河谷开阔，山峰相对低矮，为冰川沼泽湖盆地貌。河流自源头向西流，于日勒以西5千米处进入南木林县，至东折古，右纳饿弄曲（饿弄曲向南流，发源地扛宗马山峰，终年积雪不化，银装素裹，云天相连，巍巍壮观）。至多扎垛，右纳白曲后称觉母曲。河流转向西南流，至扎呷转向南流，经拉布普乡、尼堆，在热当乡折向西流，于热当乡热让村以西注入湘曲。流域内为牧业区，中、上游地带有较多的牧草地，下游河道两岸有少量的农田分布。

7.17.19 浪孔曲
（Langkongqu River）

雅鲁藏布江左岸支流，亦称邬郁玛曲。发源于西藏自治区南木林县芒热乡亚木热村以北。河长72千米，流域面积1601平方千米，河道平均比降23.4‰。

主要支流分布在右岸，主河道海拔在3790～5290米，属高原山区性河流。地势北高南低。流域中部是较平坦开阔的盆地，周围是崇山峻岭，植被以高山灌丛草甸生态系统为主。主要分布的土壤为高山和亚高山灌丛草甸土。

域内空气干燥，干湿季节分明，年日照时数长，年无霜期短。流域多年平均年降水量约450毫米，多夜雨，降水集中在6—9月。水力资源理论蕴藏量约4.23万千瓦。

河流自源头向南流，至亚不热村转向西南流。经杂热、康玛，相继纳入立窘曲（拉跟玛曲）、芒麦曲、康结杂曲和普则玛曲（布擦孜曲）。于嘎布折向南流，从盆地流进山区，途经恰萨、奴玛、塔仲等地，于奴玛乡热拉村附近注入雅鲁藏布江。下游右岸植被较好，灌丛草地广泛分布。河口附近的热拉雍仲林寺建于1834年，信奉苯教，曾有喇嘛近600人。中尼公路与干流并行，为域内经济的发展带来了勃勃生机。

7.17.20 曼曲
（Manqu River）

雅鲁藏布江右岸支流，亦称门曲。发源于西藏自治区浪卡子县白地乡多扎村的布隆列附近。河长77千米，流域面积1377平方千米，河道平均比降9.3‰。

主河道海拔在3780～4335米，属高原山区性河流，地势东南高西北低。域内植被稀疏，山体裸露，局部地带长有萤花杜鹃、爬地柏、高山柳等植物。

流域属温带高原半干旱季风气候区。空气干燥，干湿季节分明，年日照时数约2300小时，年无霜期约110天。流域多年平均年降水量约400毫米，多夜雨，6—9月降水量占年降水量的85%以上。径流的组成以降水为主，水力资源理论蕴藏量约1.60万千瓦。流域内有两座小型水电站，总装机容量450千瓦；水库1座，总库容320万立方米。河床由砂卵石组成。

河流自源头的小湖泊向北流，过多扎折向西流，于杂塘以西进入仁布县境。经孜松至然巴，此段河流称然巴雄曲，流域为山地湖盆地貌。至然巴乡河流转向西南流，至曲参（灿）村转向西北流，两岸山高谷深，沟壑纵横，河道宽窄相间。过查巴乡，河谷逐渐展宽，阶地发育，有较多农田分布。经济以农业为主，种有青稞、小麦、豌豆、油菜、蔬菜等。经德吉林镇，于仁布县仁布乡白林村以北注入雅鲁藏布江。从查巴乡至河口，有勇曲和古雄曲等较大支流从左岸汇入。

流域内的德吉林镇为仁布县府驻地，"仁布"藏语意为"多宝、聚宝"的意思。元朝西藏建立萨迦地方政权，设卫藏十三万户，仁布属曲弥万户（今日喀则市曲美乡、南木林一带）管辖。元至正十四年（1354年）建仁布宗。清乾隆十六年（1751年）隶属地方政府。1960年建县。据2008年资料统计，仁布县有人口31 586人，地区生产总值为12 113.9万元。在仁布县城有黄教寺庙强钦寺，建于1432年，寺里有紫铜铸成的高13米的大强巴佛像。

7.17.21 尼木玛曲
（Nimumaqu River）

雅鲁藏布江左岸支流，发源于西藏自治区尼木县麻江乡塘堆村达则勒附近。河长76千米，流域面积2339平方千米（其中冰川面积28.8平方千米），河道比降24.9‰。

流域涉及尼木、当雄和南木林3个县。东临**堆龙曲**，北接**湘曲**和纳**木错**水系，西与**浪孔曲**为邻，南连雅鲁藏布江干流。地势西北高东南低。域内山峦起伏，沟壑纵横，平均海拔在4000米以上。流域属高原温带半干旱季风气候区。四季分明，空气干燥，昼夜温差大，辐射强烈，年日照时数约2950小时，年无霜期100天左右。夏季雨水充沛，多夜雨，流域多年平均年降水量约450毫米。

干流水力资源理论蕴藏量约6.78万千瓦，降水是径流的主要水源。河水泥沙含量较大。主要的矿产资源有铜、铀、泥炭和大理石。野生动植物资源有豹子、狗熊、猞猁、獐子、黑颈鹤、野鸡及贝母、雪莲、虫草、天麻等。主要牲畜有牦牛、犏牛、绵羊、山羊、马、猪等。藏纸、藏香等手工业历史悠久，远近闻名。交通方便，中尼公路和318国道分别通过流域的上游和下游地带。

流域内尼木县城有堤防工程3处，防洪堤总长约24千米；小型水电站四座（塔荣水电站、尼木县水电站、林岗水电站和安岗河东水电站);水库 1 座,总库容 160 万立方米。流域内的尼木县塔荣灌区,灌溉面积 1.38 万亩。

源头至帕布曲汇入口为上游。上游段地势高亢,植被以高山草甸生态系统为主,在白容达至帕布曲汇口一带有较多的灌丛草地分布。河流源于冰川,始向西北流,约 7 千米后又缓缓折向西南流。经塘堆、麻江乡至江翁曲汇口,此段河流称穷莫麦曲,色布曲等支流相继汇入。河谷开阔,沼泽草地有一定分布。江翁曲汇入后称穷木曲,向东南流。白容达以下,河谷渐渐缩窄,两岸山势挺拔。数千米后,左纳帕布曲。帕布曲汇入口以下为下游,称尼木玛曲。下游地带山体褶皱强烈,地表疏松,沟蚀现象严重,两岸洪积扇发育,植被稀疏。阶地上有零散农田分布,农作物有青稞、冬小麦、春小麦、豌豆、玉米等,经济作物以油菜为主。河流向东南流,右纳帕古沟、左纳拉卡如曲之水。经雪拉、塔荣镇(尼木县府驻地)、林岗等地,先后纳入尼玛沟和**续曲**后,于尼木乡曲林村南侧汇入雅鲁藏布江。

位于尼木玛曲下游左岸的塔荣镇是尼木县府驻地,尼木藏语意为"麦穗顶端",元朝时译为"聂摩",明朝时译为"聂母",清朝时称作"尼莫""尼穆"等。原分设尼木宗和麻江宗,1959 年合并为尼木县。尼木玛曲纵贯尼木县境,百姓主要分居在河谷地带。2008 年全县有人口 30 844 人,地区生产总值为 1.925 亿元。经济以农为主、农牧结合。主要自然灾害有霜冻、干旱、洪水、冰雹、泥石流和病虫害。

7.17.21.1 续曲
(Xuqu River)

尼木玛曲 左岸支流,亦称青杯曲,发源于西藏自治区尼木县续迈乡山岗村的绒觉附近。河长 51 千米,流域面积 626 平方千米,河道比降 32.5‰。

属山区性河流,主河道海拔在 3 750～5 370 米。流域内空气干燥,干湿季节分明。流域多年平均年降水量约 450 毫米,多夜雨,降水集中在 6—9 月。多年平均年径流量约 1.55 亿立方米,多年平均流量约 4.92 立方米每秒,径流以降水补给为主。水力资源理论蕴藏量约 1.26 万千瓦。河床由沙卵石组成,河水泥沙含量较大,水质较好。

自源头向西流,又缓缓转向东南流,约 10 千米后折向南流。至山岗,左纳续曲最大支流歇拉勃曲。经续普(河东)至续迈乡,河流转向西南流。于尼木县塔荣镇林岗村下游汇入尼木玛曲。上游段河谷稍窄,山势平缓,植被以亚高山草甸生态系统为主。放养的牲畜有牦牛、犏牛、羊、马等。中游段河谷宽阔,两岸阶地发育,有较多农田分布,农作物主要有青稞、小麦、豌豆、油菜、蔬菜等。续迈以下的下游河谷较窄,两岸山高谷深,沟壑纵横。

7.17.22 色莆沟
(Sepugou River)

雅鲁藏布江 左岸支流,亦称色普曲或色曲,发源于西藏自治区曲水县达嘎乡色莆村的结普兰附近。河长 37 千米,流域面积 314 平方千米,河道比降 46.2‰。

属高原山区性河流,主河道海拔在 3 500～5 200 米。域内空气干燥,干湿季节分明,年日照时数约 3 000 小时,年无霜期约 130 天。流域多年平均年降水量约 450 毫米,多夜雨,降水集中在 6—9 月。径流以降水补给为主,水力资源理论蕴藏量约 2.44 万千瓦。河床由砂卵石及块石组成,泥沙含量稍大。

自源头向南流,至玛古后转向东南流,于当大下游向东流过一个 S 形弯后,复向东南流。经贝色、江普等地,于曲水县达嘎乡雅江曲水大桥附近汇入雅鲁藏布江。流域北高南低,山高谷深,沟壑纵横,地势险峻。上游和下游一带植被稀少,山体裸露。中游植被茂盛,灌丛草地分布广泛。下游段河谷宽阔,阶地发育,有较多农田分布,农作物有青稞、小麦、豌豆、油菜等。

7.17.23 拉萨河
(Lasa River)

雅鲁藏布江 左岸支流,藏语称吉曲,意为幸福河,因流经拉萨而得名,是雅鲁藏布江最大的支流。

概 述

流域范围 流域地处西藏自治区中部,位于东经 90°06′～93°20′和北纬 29°19′～31°15′之间。北面和东北面与**怒江**流域相邻,东面与**帕隆藏布**、**尼洋河**流域相接,南面为雅鲁藏布江干流,西面和西北面为藏北内流水系。流域面积 32 896 平方千米,约占雅鲁藏布江流域面积的 13.6%,其中冰川面积 702 平方千米。流域涉及西藏自治区的嘉黎、那曲、当雄、林周、墨竹工卡、桑日、达孜、拉萨市城关区、堆龙德庆和曲水九县一区。

河流水系 拉萨河发源于念青唐古拉山中段南麓,彭错东南约 15 千米的彭错孔玛朵山峰下。干流流经嘉黎、林周、墨竹工卡、达孜、拉萨市城关区、堆龙德庆和曲水,于曲水县城附近汇入雅鲁藏布江。河流全长 551 千米,平均比降 2.9‰。

拉萨河水系由东北向西南呈扇形分布,支流在左右岸分布较均匀,右岸面积为左岸的 1.53 倍。共有流域面积大于 100 平方千米的一级支流 24 条。其中流域面积大于 1 000 平方千米的左岸支流有**麦曲**、**雪绒藏布**、**墨竹玛曲**;右岸有**桑曲**、**乌鲁龙曲**、**玉年曲**和**堆龙曲**。

气候水文 拉萨河流域属高原温带半干旱季风气候区。上游至下游多年平均年平均气温在−2.5～8.0 摄氏度变化,气压在 550～680 百帕之间。流域内气候多变,空气稀薄,冬季风大干冷,夏季暖湿多雨。拉萨市多年平均气温 7.6 摄氏度,最高月平均气温出现在 6 月,为 15.6 摄氏度,最低月平均气温出现在 1 月,为−2.0 摄氏度,年无霜期约 120 天,年日照时数约 3 000 小时。拉萨市大气洁净,是中国污染最少,大气环境最好的城市之一。

受印度洋西南季风的影响,沿支流雪绒藏布、墨竹玛曲上源西进的孟加拉湾暖湿气流,是流域的主要水汽来源。降水量的分布特征为东部大于西部,北部大于南部。墨竹玛曲、雪绒藏布为降水高值区,玉年曲为低值区。域内多夜雨,暴雨稀少,降水量年际变化小,多年平均年降水量约 532 毫米,年内分配不均,6—9 月降水量占年降水量的 80%～90%。降水是径流的主要补给来源。河水泥沙含量小。

地质地貌 拉萨河流域地处青藏高原内陆,念青唐古拉山脉中段以南,大部分为山地,属山间宽谷湖盆地貌。地势呈北高南低和东高西低之势,河谷宽广。流域平均海拔约 4 300 米,山峰海拔多在 4 500～5 500 米,谷底海拔在 3 600～5 200 米。北部山地平缓,地形起伏小。南部河谷切割深,地形起伏大,山高坡陡,河道两岸阶地发育,冲积扇广布。在山地斜坡间夹有盆地或河谷平原。

拉萨河流域属冈底斯—念青唐古拉地质构造区。构造发育,断裂纵横交织,岩层完整性较差。主要出露片麻岩、片

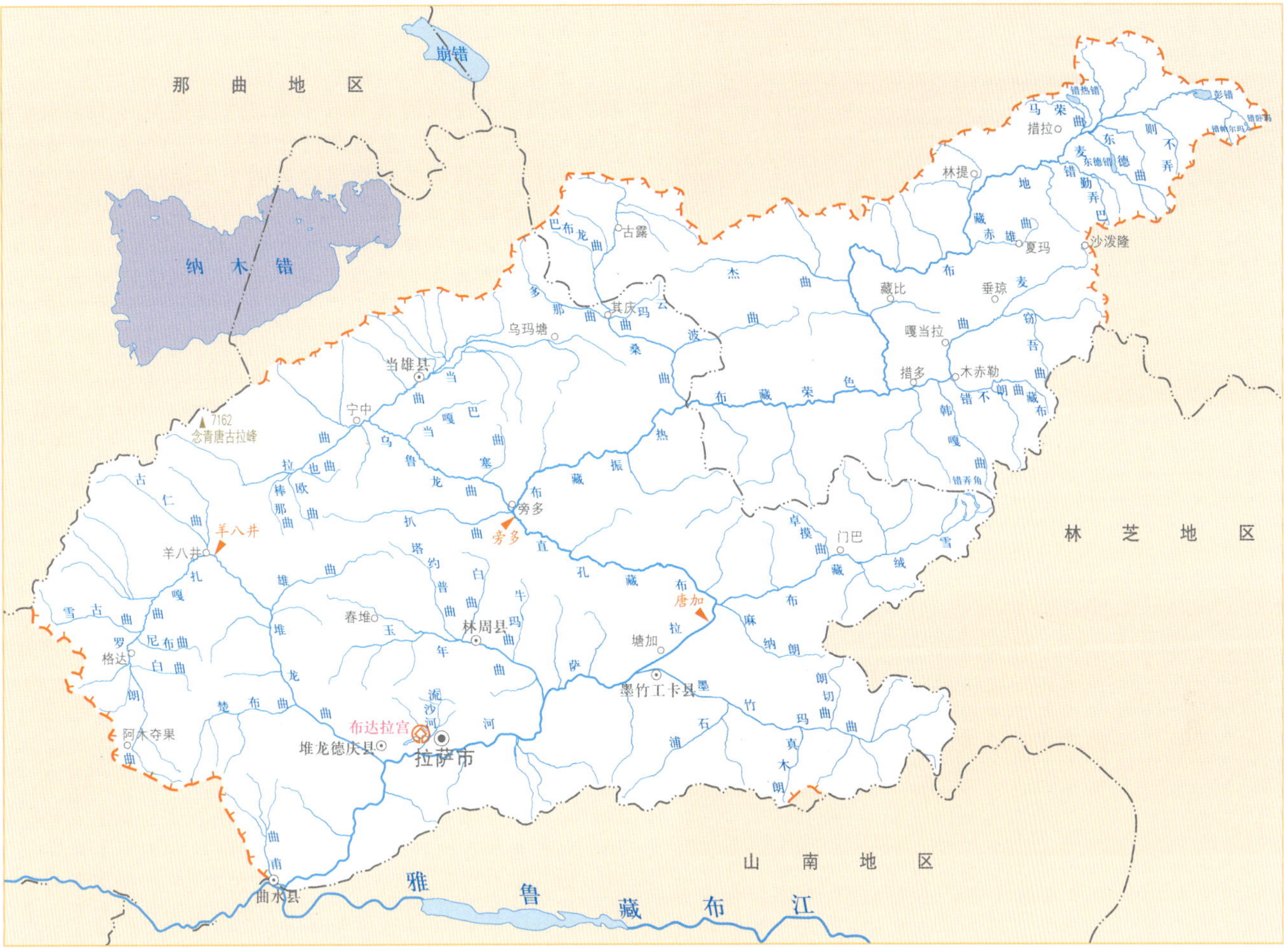

拉萨河水系示意图

拉萨河

岩、板岩、石英岩等，部分出露石英砂岩、灰岩、沙质板岩及酸性侵入花岗岩。河谷地带多为第四系冲积层，岩性主要为粉土、粉沙及卵砾石。

自然资源 流域多年平均年径流量110亿立方米，多年平均流量约349立方米每秒。据2003年水力资源复查成果，全流域水力资源理论蕴藏量约339.6万千瓦，其中干流256万千瓦，技术可开发量和经济可开发量约99.5万千瓦。矿产有石灰石、花岗岩、大理石、泥炭、瓷土、高岭土、石英砂、石膏、硫、钼、刚玉、煤、金、银、铜、铁、铅、锌。野生动物有黑颈鹤、豹、狼、鹿、驴、雪猪、雪鸡、狐狸、猞猁、秃鹫、水獭等。野生药用植物有虫草、贝母、红景天、雪莲花、龙胆、甘遂、黄芪、党参等。

自然灾害 洪灾、旱灾、雪灾、霜冻和地震是流域内的主要自然灾害。20世纪50年代以来，冬、春季干旱、伏旱和连续几年发生干旱的情况时有发生。如1987年5—7月的旱灾，1994—1997年的连年干旱，都不同程度地造成粮食减产、牧草产量下降。历史上曾发生过多次大洪水，尤以下游的河谷地带最为严重。1902年前的450年间，共有4次大洪水淹及拉萨市区。1917年的洪水，淹没拉萨市林廓一带；1962年的洪水，拉萨市各主要街道积水深达0.2~1.5米；1998年8月，洪水淹没拉萨市北郊一带，平均积水深度0.6米。境内地震多发，羊八井、当雄、达孜等地曾发生过6.2~7.5级地震。

社会经济 2008年流域内总人口约42.73万，耕地面积67.16万亩。粮食总产量约15.97万吨。地区生产总值133.5亿元。青藏铁路、青藏公路、川藏公路、中尼公路、拉贡公路纵横交错，是西藏自治区经济最发达、交通最便捷的地区。流经的主要垦区有八一农场、彭波农场和林周农场。种植的农作物有青稞、小麦、豌豆、蚕豆、玉米等；经济作物有油菜、大麻、土豆、萝卜、白菜、西红柿、黄瓜、茄子等；经济林木有苹果、桃、梨、核桃；畜牧业以饲养牦牛、黄牛、奶牛、羊、马为主。域内民族手工业历史悠久，传统工艺品有藏刀、卡垫、地毯、围裙、金银首饰。拉萨河流域是藏民族聚居区，具有浓郁的藏族宗教文化和民族风俗。

治理开发 引水灌溉是西藏农田灌溉的主要形式，具有悠久的历史。据藏文古籍记载，早在6世纪，西藏就有"高地蓄水为池，低地引水而灌"的水利措施。西藏和平解放后，拉萨河流域水利开发步伐加快。截至2004年，流域内有农田面

通往机场的高速公路

青藏铁路运输忙

积3.19万公顷。中型水库1座，小型水库10座，总库容2 148万立方米。中型灌区1处，小型灌区几十处。拉萨市区右岸的堤防工程于2004年建成，防洪堤长21.1千米，防洪标准为100年一遇。

拉萨河流域是中国较早利用水力发电的地区之一。1924年，兴建拉萨市北郊的夺底沟水电站，装机容量72千瓦，于1928年竣工。1931年，在拉萨市罗布林卡的"坚色颇章"（十三世达赖喇嘛的夏宫）围墙外建有一座约5千瓦的小水电站。西藏和平解放后，小水电建设速度加快，先后在拉萨河流域扩建或新建了夺底电站、纳金电站、西郊电站、当雄电站、德庆电站等几十座小型水电站。2003年5月动工修建的直孔电站坐落在荣称"西藏三峡"的拉萨河直孔河段上，装机容量10万千瓦。2009年动工在建的旁多水利枢纽工程坐落在流域中游上段，总库容11.74亿立方米，装机容量12万千瓦，设计灌溉面积67万亩。拉萨河支流堆龙曲中游的羊八井地热电站，自1975年开始兴建，1977年第一台1 000千瓦机组发电，1992年全部建成，总装机容量2.4万千瓦。

拉萨和平解放纪念碑

纪　　实

上游　河源至支流**桑曲**汇入口（当雄县乌玛塘乡境内）称上游段。上游段河长256千米，水面宽60～120米，河道平均比降3.8‰，是拉萨河比降最大的河段。河流自源头向西流，经错帕尔玛和错卧玛两个小湖流入彭错。出彭错后，河流称麦地藏布。麦地藏布向西南流。先后纳则不弄、马荣曲、赤雄曲、亚蒸穷曲等支流。至吉隆折向南流。麦地藏布河谷宽阔，湖盆沼泽广布，天然植被稀疏，河流蜿蜒于丘陵宽谷盆地之中。支流麦曲汇入口（措多乡下游约20千米）以下称色荣藏布，折向西流，经帕绒、绒多、江多、纳军荣弄、叶朗之水，至桑曲汇入口。该段河谷狭窄，河床为窄深式，河水含沙量小，两岸分布有灌丛草甸。河流在冬季有结冰现象，局部河段冰情严重，甚至会出现水面封冻，通行人马。上游地区以放牧为主。土壤多为亚高山和高山草甸土。

中游　桑曲汇入口至直孔水电站为中游。河段长138千米，河道平均比降2.6‰。中游的上段河床水面宽为80～150米，谷底宽700米左右。向下河谷逐渐展宽，一般为1～2千米。河水含沙量小。桑曲汇入后，河流继续向西南流，称热振藏布。至旁多又折向东南流，称直孔藏布。直孔藏布长约62千米，落差约120米，其中长约10千米的一段落差就有100米。中游两岸分布有三级不连续的阶地，尤以右岸明显。一级阶地高出水面10～20米，二级阶地高出水面20～40米，三级阶地高出水面40～50米。中游有3条较大支流汇入，即右岸的乌鲁龙曲、扒曲和左岸的雪绒藏布。1961年于林周县旁多乡设旁多水文站。旁多站多年平均流量200立方米每秒，多年平均含沙量0.15千克每立方米，多年最大含沙量3.4千克每立方米。中游地区经济发展迅速，农作物一年一熟，天然植被较好，灌丛草地和草甸广泛分布于大小沟壑中，阴坡植被好于阳坡。土壤多为偏碱性的草原土、草甸土。溯热振藏布而上，时宽时狭的河谷，春绿秋黄的草场，清澈见底的流水，千奇百怪的山峰，美不胜收，浸人心扉。位于林周县唐古乡境内有热振寺，周围生长着大片的高山林灌草甸和柏树林，2003年被定为西藏自治区级自然保护区。保护区面积16 549公顷，其中柏树林面积约6 200公顷。柏树约3万珠，树高5～12米，胸径30～80厘米，树龄300～500年不等。热振寺静谧地安卧在这古柏翠绿之间，和平原地区的古刹名山相比毫不逊色。河流在冬季有结冰现象，局部海拔较高的河段亦有封冻情况发生。

拉萨河夕照

下游　墨竹工卡县尼玛江热乡境内的直孔水电站以下至入雅鲁藏布江河口为下游段，始称拉萨河。此河段长157千米，河道平均比降1.9‰，为拉萨河坡度最小的河段。下游河段自东北向西南流。直孔水电站至工卡镇（墨竹工卡县城）河流较平直，河床稳定，水面宽为100～150米，谷底宽1～3千米。工卡镇以下河道曲折，多汊道，水面宽数百米至1千米，谷底宽3～5千米，拉萨附近最宽可达7～8千米，属典型的宽谷河段。沿岸有二级阶地发育。河水清澈，泥沙含量小，在冬季有结冰现象。有3条较大支流汇入，即右岸的玉年曲（澎波曲），于边觉林乡的铁冲村汇入拉萨河；右岸的堆龙曲于堆龙德庆县的乃琼镇的岗德林汇入拉萨河；左岸的墨竹玛曲于墨竹工卡县的工卡镇汇入拉萨河。主河道流经的重要城镇有墨竹工卡县城工卡镇、达孜县城德庆镇、拉萨市城关区和曲水县城曲水镇。2008年，墨竹工卡县有人口45 866人，地区生产总值5.73亿元；达孜县有人口28 983人，地区生产总值3.2亿元；拉萨市有人口477 248人，地区生产总值142.05亿元；曲水县有人口33 797人，地区生产总值2.79亿元。下游沿河一带山体裸露，在墨竹玛曲、玛岗沟、甲玛沟等地有一些灌丛草地分布。墨竹工卡至曲水两岸，有面积20余平方千米的灯芯草芦苇沼泽地。沼泽湿地断断续续地发育在滩地或低洼阶地上，河水和潜水是沼泽的主要补给水源。多有泥炭土、泥炭沼泽土、腐殖质沼泽土分布。植物有小花灯芯草、芦苇、槽杆荸荠、双柱头草、长轴蒿草、华扁穗草、绿穗苔草、车前草等。流域是黑颈鹤、斑头雁、赤麻鸭的主要越冬地。位于拉萨市布达拉宫北侧的拉鲁湿地，面积6.2平方千米，是目前世界上海拔最高、面积最大的城市湿地生态系统，享有"拉萨之肺"的美名，是国家级湿地保护区。湿地内有黑颈鹤、胡秃鹫等野生动物43种，水生动物152种，昆虫101种，菖蒲、西藏蒿草等草本植物332种。再往下游阶地和冲沟发育，大部分低阶地已开垦为农田，土地肥沃，工农业生产发达，人民生活富有。

坐落在河畔的西藏自治区首府拉萨是一座具有1 300多年历史的古城，海拔3 650多米，有藏、汉、回等31个民族，藏族人口约占87%。拉萨在藏语中为"圣地"或"佛地"之意，是西藏政治、经济、文化、宗教的中心。金碧辉煌、雄伟壮丽的布达拉宫曾经是至高无上政教合一政权的象征。藏族先民在这里繁衍生息了几千年，创造了灿烂的民族文化。以拉萨为中心的名胜古迹星罗棋布。被世界遗产委员会列入《世界遗产名录》的布达拉宫，国家AAAA级景点大昭寺、罗布林卡，民族色彩浓郁的八廓街，都以其独特的姿态招引着八方来客。1982年，拉萨成为国家首批公布的24座历史文化名城之一。

大昭寺

布达拉宫夜色

拉萨河畔的亚高山草原（达孜附近）

萨噶达娃节

拉萨八廓街

7.17.23.1 麦曲
(Maiqu River)

拉萨河左岸支流，发源于西藏自治区嘉黎县夏玛乡夏玛村附近。河长76千米，流域面积2 312平方千米（其中冰川面积7.81平方千米），河道平均比降6.7‰。

流域平均海拔约4 500米，属高原山区湖盆地貌，东与**易贡藏布**、**尼洋河**水系相邻，西连拉萨河干流。流域内植被以高寒草甸生态系统为主，在低山坡地及河谷地带多有小嵩草、藏北嵩草分布。百姓以放牧为主。流域内有一座措多水电站，建于2004年，装机容量200千瓦。

流域内空气干燥，高寒缺氧，干湿季节分明，年日照时数长，无霜期短，具有明显的高原山地气候特征。流域多年平均年降水量约720毫米，时空分配不均，降水集中在6—9月。流域多年平均年径流量约12.3亿立方米，多年平均流量约39.0立方米每秒。水力资源理论蕴藏量约2.24万千瓦。河流泥沙含量小，水质良好。河水在冬季有结冰现象，上游河段冰情严重。

麦曲自源头始向南流，至夏玛，左纳佳东曲后折向西南流。至垂琼，流经沼泽湖盆地带，河谷宽阔平坦，山低坡缓，牧草生长较好。至措多乡木赤勒村纳左岸支流错不朗藏布后，折向西流，于措多乡下游约20千米处注入拉萨河。木赤勒村至措多乡有流域面积大于100平方千米的错不朗藏布、韩嘎曲、洋勒3条支流，均由南向北汇入。河口附近两岸有部分灌丛草地分布，植被覆盖率较高。

7.17.23.2 桑曲
(Sangqu River)

拉萨河右岸支流，亦称绒土鲁，发源于西藏自治区那曲县古露镇三台岗沙附近的冰川末端。流域呈扇形，流域面积2 215平方千米（其中冰川面积119平方千米），河长95千米，河道比降11.4‰。

流域东临麦地藏布，北、西两面与**纳木错**、**崩错**、**怒江**等水系接壤，南接拉萨河干流。流域平均海拔4 400米以上，属高原山区宽谷地形，地势西北高东南低。中部是沼泽地和洪积宽谷盆地，属当雄湿地向东北的延伸带。

河谷内有良好的牧场，植被主要为草甸生态系统，小嵩草草甸广泛分布在中低山坡地，藏北嵩草和沼泽草甸多分布在地下水丰富的河谷洼地及洪积扇缘的潜水溢出带，覆盖率为60%～80%，流域内以牧业为主。著名的青藏公路和青藏铁路沿上游河谷北上，经ља次进入怒江流域。位于支流波曲上的油恰水电站于2003年建成，装机容量150千瓦。

流域内空气干燥，高寒缺氧，干湿季节分明，年日照时数长，无霜期短，具有明显的高原山地气候特征。河水在冬季有结冰现象，上游部分河段冰情严重，多夜雨。时空分配不均，降水集中在6—9月，流域多年平均年降水量约535毫米。多年平均年径流量约6.65亿立方米，多年平均流量21.1立方米每秒。水力资源理论蕴藏量6.04万千瓦。河水泥沙含量少，未受污染，水质良好。

河源地带沼泽地遍布，为古冰川作用过的冰蚀湖盆地貌。自源头向东流，过萨次（古露镇上游约10千米）折向南流，经古露镇，流淌于宽谷沼泽盆地之间。两岸支流密集，泉水发育，卓玛峡谷和古露温泉是著名的旅游休闲景点。右岸的巴布龙曲等9条支沟均发源于流域西部的冰川地带。左岸有支沟6条，发源于流域东部的中高山，径流以降水补给为主。自毛托向南，右纳多那曲、左纳云玛曲后，折向东南流。河谷渐渐缩窄，至波曲汇入口折向南流，两岸山高坡陡。开顶以下，流向东南，河谷渐宽，天然植物生长茂盛。于当雄县乌玛塘乡巴嘎村南面注入拉萨河。

7.17.23.3 乌鲁龙曲
(Wululongqu River)

拉萨河右岸支流，发源于西藏自治区当雄县乌玛塘乡尼隆玛附近。河长123.3千米，流域面积3 933平方千米（其中冰川面积208平方千米），河道平均比降12.8‰。流域涉及西藏自治区当雄、林周2个县。

概　　述

流域北临**纳木错**水系，西接**堆龙曲**流域，南与拉萨河支流扒曲相邻，东与**桑曲**为邻。流域位于冈底斯—念青唐古拉山地带，地势西北高东南低。西北和东南部为山区，其间是近似念青唐古拉山走向的山间构造宽谷盆地，河谷盆地海拔在4 200米以上。乌鲁龙曲支流较多。上游由来自东北的当曲和来自西南的**拉曲**两大水系组成，以当曲为干流。流域面积大于100平方千米的支流有3条，其中拉曲为最大支流。

流域平均海拔在4 300米以上，属高原温带半干旱季风气候区，具有明显的高原山地气候特征。高寒缺氧，气候干燥，多大风，8级以上大风年均可达74天。多年平均气温约1.3摄氏度、年无霜期约62天，年日照时数约2 880小时。年蒸发量约1 325毫米，流域多年平均年径流量约10.2亿立方米，多年平均流量约32.3立方米每秒，其中冰雪融水补给量较大。河水在冬季有结冰现象，上游部分河段冰情严重。主要自然灾害有雪灾、风灾、旱灾、虫灾、鼠灾等。

乌鲁龙曲流域多年平均水资源总量10.2亿立方米，水力资源理论蕴藏量21.0万千瓦。1954年和2006年建成的青藏公路及青藏铁路自东北至西南穿过本流域，给当地经济的发展注入了勃勃生机。

纪　　实

乌鲁龙曲自源头向西流，过乌玛塘、当曲卡后缓缓转向西南流，经当曲卡镇抵宁中乡附近拉曲从右岸汇入，此段称当曲，亦称达木楚或当雄河。流域面积1 521平方千米，河长79.3千米，河道比降12.0‰。当曲穿行于当雄宽谷盆地，水系密集，左、右岸有支沟30多条，多发源于5 800米以上的冰川。冰雪融水补给充足，水流相对滞缓，两岸广泛分布着低湿草滩与沼泽湿地。当曲在中下游一带，有灌丛草地分布。当雄县府驻地当曲卡镇位于当曲下游河畔，以"沼泽地"语意而得名。当雄藏语意为"挑选的草场"，是牧业县。当曲湿地水草丰美，主要有藏北嵩草、芒尖苔草、华扁穗草，潜水植物以红线草、菹草、梅花藻、杉叶藻、海韭菜为主，适宜放养牦牛、犏牛、黄牛、绵羊和山羊。土壤多为草甸土、沼泽草甸土或泥炭沼泽上，盛产虫草、贝母、麻黄、红景天、龙胆及黄芪等贵重药材，是黑颈鹤、斑头雁、棕头鸥等鸟类迁徙的停歇或栖息地。

村寨的经幡

宁中乡附近拉曲汇入口至河口称乌鲁龙曲。河段长44.0千米，比降3.7‰。自拉曲汇入口向东南流，水流平缓。河谷渐渐缩窄，两岸山势陡峻，灌丛草地分布广泛，是良好的河谷牧场。经比米、美琼等地，从当雄县流进林周县，先后纳入巴嘎当、连振浦、曲塞后，至林周县旁多乡汇入拉萨河。

一年一度的"当吉仁"赛马节（藏语意为"当雄盛大集会"）是当地集文体娱乐于一体的民间传统节日，内容丰富多彩，民族特色浓厚。

7.17.23.3.1 拉曲
（Laqu River）

乌鲁龙曲 右岸支流，发源于西藏自治区当雄县宁中乡西部念青唐古拉山主峰西南面的冰川。流域面积1588平方千米，河长63千米，河道比降31‰。流域位于当雄县境内，较大支流有十余条，多发源于左岸念青唐古拉山主峰延伸地带的冰川。

流域平均海拔在4300米以上，多年平均气温约1.5摄氏度，年无霜期约67天。多年平均年降水量约450毫米，6—9月降水量占年降水量的85%以上。多年平均年径流量约3.97亿立方米，多年平均流量12.6立方米每秒，其中冰雪融水补给量占较大比重。水力资源理论蕴藏量约1.32万千瓦。水质状况良好，河水在冬季有冰情发生，部分河段有封冻现象。主要自然灾害有雪灾、风灾、旱灾、虫灾和鼠灾。青藏公路及青藏铁路沿河谷而行。

河流自源头向东南流，河道比降大，两岸山势险峻。位于左岸海拔7162米的念青唐古拉山主峰，是第十一届亚运会圣火的采集地。堆灵以上河流称比郎曲，堆灵以下称拉曲。拉曲支流较多，多发源于左岸的冰川或冰湖。河流自郎洛转向东北流，蜿蜒穿流于开阔的河谷盆地，水流平缓。河谷宽10~15千米，长约40千米，牧草丰美，是优良的牧场，适宜放养牦牛、犏牛、黄牛、绵羊和山羊。域内盛产虫草、贝母、麻黄、红景天、龙胆及黄芪等贵重药材，是候鸟迁徙的停歇或栖息地。河流至宁中乡境内汇入乌鲁龙曲。

7.17.23.4 雪绒藏布
（Xuerongzangbu River）

拉萨河 左岸支流，亦称雪弄藏布、学绒藏布。发源于西藏自治区墨竹工卡县门巴乡东侧的错个角（湖泊）。流域面积2041平方千米（其中冰川面积2.86平方千米），河长84千米，河道平均比降14.6‰。有面积大于100平方千米的支流5条。

雪绒藏布流域属高原温带半干旱季风气候区，高寒缺氧，年无霜期短，冬季气候干燥，夏季湿润多雨。流域多年平均年降水量约710毫米，降水年际变化小，6—9月降水量占年降水量的80%以上。多年平均年径流量约9.39亿立方米，多年平均流量约29.8立方米每秒。水力资源理论蕴藏量约7.91万千瓦。河水在冬季有结冰现象，上游冰情严重。河流泥沙含量小，未受污染，水质良好。土壤多为高山灌丛草原土。自然灾害有霜冻、冰雹、干旱、洪涝、雪灾等。

河源地带多小型湖泊。自源头向西南流，至引波弄汇入口为上段，称波注隆，此段河段长34千米，坡降20.5‰。引波弄汇入口至河口称雪绒藏布，流向西南，河段长50千米，坡降10.5‰。两岸植被茂密，有小面积乔木林分布，灌丛草地遍及全流域。门巴乡至羊日岗，两岸山势险峻，河谷狭窄，水流湍急。羊日岗以下，河谷渐渐开阔，岸边阶地发育。河流于墨竹工卡县尼玛江热乡附近注入拉萨河。

雪绒藏布流域属半农半牧区。中下游河谷地带有农田分布，种植青稞、小麦、油菜等。仁多岗及羊日岗水电站分别坐落在流域的中游和下游，总装机容量为160千瓦。

位于门巴乡附近的直贡梯寺是直贡噶举派的中心寺院，建于1179年，依山而建，非常壮观。山洞深处的德忠寺为著名的尼姑修行地。德忠温泉水量充足，热度适中，具有良好的保健效果。

7.17.23.5 直孔水库
（Zhikong Reservoir）

拉萨河 干流上的一座山谷型电站水库，位于西藏自治区墨竹工卡县尼玛江热乡境内，拉萨河支流雪绒藏布汇口以下，距下游拉萨市约96千米，是西藏自治区"十五"期间开工建设的重点工程之一。

直孔水库是一座以发电为主，兼有防洪、灌溉等效益的水电枢纽工程，于1987年正式开展勘测设计工作，1989年完成初步设计报告，1990年审查通过。2003年5月18日主体工程正式开工建设，2006年10月下旬开始引水发电，2007年9月完建。

水库控制流域面积19963平方千米，正常蓄水位为3888.00米，校核洪水位为3889.57米，死水位为3878.00米；水库总库容2.24亿立方米，调节库容1.07亿立方米，具有季调节性能。电站装机容量为10万千瓦（4×2.5万千瓦），最大引水流量380立方米每秒，多年平均年发电量4.07亿千瓦时。

枢纽由混凝土溢流坝、土石坝、底孔坝段、引水隧洞、岸边式厂房和开关站组成。坝型为混凝土重力坝，坝长1422米，坝顶高程3892.6米，最大坝高55.60米。坝址处由基岩出露的河心岛将河床分为左右两部分，电站进水口设在右岸河床边；底孔坝段紧靠右岸进水口；右岸河床布置有混凝土溢流坝；左岸河床及左岸阶地布置黏土心墙土石坝。工程等别为二等，工程规模为大（2）型。大坝防洪标准按500年一遇洪水设计、10000年一遇洪水校核，其流量分别为3320立方米每秒和4180立方米每秒；厂房采用100年一遇洪水设计、500年一遇洪水校核，其流量分别为2840立方米每秒和3320立方米每秒。水工建筑物抗震按Ⅶ度设防。

库区属高原温带半干旱季风气候区，日照充足，年日照3065小时。空气稀薄，气温低，日温差大，冬春干燥，多大风，年无霜期110天左右。多年平均年降水量500毫米，降水集中在每年的6—9月份，多年平均入库流量约240立方米每秒。拉萨河上游段，两岸草场较多，部分沟谷有森林分布，水土流失不严重；中游段降雨量少，且雨强不大，流域内地表侵蚀不严重，坝址以上河道来沙量较少，多年平均含沙量为0.096千克每立方米，多年平均年悬移质输沙量为72.0万吨，年推移质输沙量为15.1万吨，设计水库运行100年坝前淤沙高程为3852.00米。

水库具有多方面的效益。水库的季调节性能在一定程度上提高了下游附近农田灌溉保证程度；建库后可有效拦蓄上游洪水，各频率洪水削减的洪峰流量在30~350立方米每秒，对下游拉萨市有一定的防洪保护作用；电站的建成，可有效地缓解西藏藏中电网的供需矛盾。

7.17.23.6 墨竹玛曲
（Mozhumaqu River）

拉萨河 左岸支流，亦称墨竹曲，发源于西藏自治区桑日县增期乡墨弄塘东北面的查穷错。流域面积 2 172 平方千米（其中冰川面积约 1 平方千米），河长 93 千米，河道平均比降 14.5‰。

河流流经桑日、墨竹工卡两县，北靠**雪绒藏布**，东临**尼羊河**，西连拉萨河干流。大于 100 平方千米的左岸支流有石浦、真木朗、玛纳浦，右岸支流有曲切朗。

流域属高原温带半干旱季风气候区。日照时间长，无霜期短，冬季空气干燥，夏季湿润多雨。流域多年平均年降水量约 600 毫米，6～9 月降水量占年降水量的 80% 以上。流域多年平均年径流量约 6.30 亿立方米，多年平均流量约 20.0 立方米每秒。水力资源理论蕴藏量约 9.42 万千瓦。河水在冬季有结冰现象，上游冰情严重。河水泥沙含量小，未受污染，水质良好。流域属冈底斯—念青唐古拉地质构造区。发育的土壤为高山灌丛草原土。自然灾害有霜冻、冰雹、干旱、洪涝、雪灾等。

流域内交通方便，川藏公路与干流同行。1985 年始建的怡嘎电站位于工卡镇，装机容量 1 500 千瓦。

河流自源头向西南流，日多乡以上称巴勒曲。上游地区属丘陵湖盆地貌，山峰相对不高，小湖泊广布。植被稀疏，以高山草甸生态系统为主。日多乡以下称墨竹玛曲。日多乡至扎西岗乡，河流自东向西流。河谷狭窄，水流湍急。植被茂密，灌木、乔木林广泛分布。扎西岗乡至河口，河流自东南向西北流。经扎西岗乡，河谷渐渐展宽。恰热多以下植被稀疏，山体裸露。河滩地上长有大量沙棘，面积约 2 000 公顷。两岸阶地上有农田分布，主要农作物为青稞、小麦、豌豆、油菜等。河流于墨竹工卡县城工卡镇汇入拉萨河。

7.17.23.7 玉年曲
（Yunianqu River）

拉萨河右岸支流，亦称澎波河，发源于西藏自治区林周县卡孜乡西部的夏尼多附近。流域面积 1 867 平方千米，河长 77 千米，河道坡降 16.1‰。

流域呈扇形，位于念青唐古拉山支脉—卡拉山的南面。山峰不高，多呈圆顶状，属低山宽谷地貌。大于 100 平方千米的支流有耽巴曲、塔约普曲、白曲及牛玛曲，均为左岸支流。

流域内年无霜期约 110 天，冬春季节气候干燥。多年平均年降水量约 460 毫米，6～9 月降水量占年降水量的 85% 以上。多年平均年径流量约 4.85 亿立方米，多年平均流量约 15.4 立方米每秒，水力资源理论蕴藏量约 5.37 万千瓦。河水在冬季有结冰现象，上游冰情严重。水质较好，泥沙含量稍大。自然灾害有干旱、洪涝、霜冻、冰雹、雪灾、病虫害等。

玉年曲流域位于林周县南部。有虎头山、卡孜等多座水库，虎头山水库建于 1972 年，位于强嘎乡境内，总库容 1 470 万立方米。澎波和林周农场位于玉年曲河谷地带，两农场拥有 1.32 万公顷耕地。种植的农作物有小麦、青稞、豌豆、蚕豆、油菜等。域内珍稀动物资源丰富，属西藏自治区黑颈鹤自然保护区。

河流自源头向东南流，至当木热剡折向东流，至耽巴曲汇入口称巴昌曲。巴昌曲右岸支流多，植被较好。耽巴曲流自西北，水系较密。汇口以下称玉年曲，相继纳入塔约普曲、白曲，东至甘丹曲果镇（林周县政府驻地），此段河流岔道甚多，分合交替，迂回曲折。甘丹曲果镇至河口，呈西北至东南流向。河谷宽阔，河床由沙卵石组成。河滩湿地较多，天然植被稀疏。左纳牛玛曲后，于林周县边觉林乡色康寺附近汇入拉萨河。

7.17.23.8 流沙河
（Liusha River）

拉萨河右岸支流，发源于西藏自治区拉萨市城关区夺底乡林宗村的嘎木拉山南麓。流域面积 231 平方千米，河长 18 千米，河道比降 70.8‰。

流域呈扇形，地势北高南低。原夺底沟水电站上游 2 千米以上为高山峡谷，山峰海拔在 4 700～5 300 米。电站以下为洪积地带，地形开阔、平坦，谷宽 1～2 千米。岩层为灰岩，岩体风化严重，第四系松散堆积物和坡积物广布。域内气候干燥，日照时间长，蒸发能力强，多夜雨。降水梯度变化明显，每升高 100 米，降水量约增加 20 毫米。流域多年平均年降水量约 500 毫米，多年平均年径流量约 0.555 亿立方米，多年平均流量约 1.76 立方米每秒。河流在冬季有冰情发生。

河流自源头向南流，至娘热沟汇口处称夺底沟。夺底沟先后接纳两条支流后，于夺底村南侧折向西南流。至色拉山脚下，右纳娘热沟后始称流沙河。流沙河向西南流，经拉鲁湿地，于拉萨市西郊注入拉萨河。建于 1924 年的原夺底沟水电站，是西藏最早的一座小型水电站。

流域内植被稀少，山高坡陡，地表覆盖物松散，水土流失严重。暴雨洪水常有发生，如 1998 年 8 月，拉萨市北郊遭洪水淹没，平均积水深度达 0.6 米，经济损失重大。20 世纪 80 年代以来，西藏自治区政府逐步加大了对流沙河综合治理的力度，至 21 世纪初流沙河防洪能力已大大增强。

7.17.23.9 堆龙曲
（Duilongqu River）

拉萨河右岸支流，发源于西藏自治区当雄县格达乡羊易村附近。流域面积 5 093 平方千米，河长 153 千米，河道坡降 12.4‰。流域涉及西藏自治区当雄、堆龙德庆两县。

概 述

流域面积大于 100 平方千米的支流有格达沟、扎纳沟、雪古曲、阿果曲、**古仁曲**、雄曲、色兴沟、**楚布曲**和贾木沟。域内山峦起伏，湖盆遍布，属山间湖盆地形。中部植被较好，灌丛草场分布广泛。

堆龙曲

流域内属高原温带半干旱季风气候区。干湿季节分明，气候干燥。上游至下游多年平均气温在 -2.5～7.8 摄氏度，气压为 550～680 百帕。多年平均年降水量约 450 毫米，6～9 月降水量占年降水量的 85% 以上，多夜雨。多年平均年径流量约 12.7 亿立方米，多年平均流量约 40.3 立方米每秒，径流中融水所占比重较大，泥沙含量小。冰川面积 340 平方千米，多分布在流域上游海拔 5 600 米以上的山巅上。河流在冬季有结冰现象，局部河段会发生封冻。据2005年水环境监测资料，地热田以上河段，水质为地表水质量Ⅲ级标准，以下河段为地表水质量Ⅲ～Ⅴ级标准。主要超标物为砷和氟化物。干流水力资源理论蕴藏量27.8万千瓦。域内有灌区1个，堆龙德庆城区段防洪堤1处，小型水电站多座。羊八井地热电站是我国最大的地热电站，装机容量2.4万千瓦。

堆龙曲流域交通发达，铁路、公路纵横交错，是西藏交通运输线最密集的区域。2006年建成的青藏铁路、1954年建成的青藏公路和1965年建成的中尼公路，都为这一地区的经济发展、旅游开发和文化交流注入了活力。主要的矿产资源有石灰石、红土、煤、铁、铅、锌、高岭土、石英砂、火山灰、石膏、泥炭等。野生动植物资源有豹、羊、猞猁、狼、水獭、鹿、黑颈鹤、水鸭、秃鹫、狐狸、虫草、贝母、雪莲花等。

纪　实

河源段称扎嘎曲，源头至羊八井镇为上游。上游为古冰川作用过的宽谷地带。自源头向西北流，于阿木夺果折向北流，经格达乡至雪古曲汇口，此段河流称罗朗曲。下至雄曲汇口称藏布曲，再至堆龙曲河口（岗德林）称堆龙曲。罗朗曲流域属山间湖盆地貌，山峰相对高度一般300～800米，谷底高度4 370～5 500米。河谷宽阔，主河道水面宽5～30米。主要支流有白曲、格达沟、尼布曲等。沼泽、湿地发育。位于羊易附近的地热资源极其丰富，具有较大的开发利用价值。河流自雪古曲汇口向东北流，至羊八井镇折向东南流。支流扎纳沟、阿果曲、古仁曲相继汇入。山峰相对高度一般300～1 000米，谷底高度在3 630～4 370米。羊八井盆地系念青唐拉山南缘的一个狭长带状断陷地带，呈东北—西南向延伸，宽1～10千米，面积约450平方千米。盆地南北两侧的山峰海拔在5 500米以上，周围可见皑皑雪山。盆地内的羊八井沼泽湿地被列入国家重要湿地名录，面积144平方千米，海拔4 200～4 300米，土壤为腐殖质沼泽土和盐化腐殖质沼泽土。湿地内长有藏北嵩草、华扁穗草、眼子菜等，伴生植物有云生毛茛、杉叶藻、海乳草、喜马拉雅嵩草、白尖苔草等。绿草茵茵，风景如画，植被覆盖度在90%以上。湿地边缘有多处泉水出露。坐落在盆地内的羊八井地热田，面积17.1平方千米。温泉、热泉、沸泉、热池、热爆炸穴星罗棋布，雄伟壮观，是我国目前已探明的最大高温地热湿蒸汽田。羊八井以上地带属牧业区，主要饲养牦牛、黄牛、绵羊、山羊、马等。主要自然灾害有旱灾、雪灾、草原鼠灾等。羊八井水文站是国家基本水文站，多年平均流量为22.6立方米每秒。

羊八井沼泽湿地

羊八井至楚布曲汇口为中游。德庆以上约3千米的河段为峡谷段，称藏布峡谷，河道迂回曲折，两岸山高坡陡，水面宽为10～30米，河道坡度大，水流急，山洪地质灾害时有发生。德庆以下，河谷渐渐拓宽，水面宽20～80米。河流左纳雄曲、色兴沟，右纳楚布曲后，进入下游。

楚布曲汇口至河口为下游。贡木沟汇入后，河谷继续展宽，河口附近河谷宽达5～7千米。山体植被稀疏。河谷一带土地肥沃，是堆龙德庆县主要的粮食生产基地，是西藏经济最发达的地区之一。百姓以种植青稞、小麦、土豆、豌豆、油菜为主，兼作经商，生活富裕。河流在堆龙德庆县乃琼镇岗德林村附近汇入拉萨河。

坐落在汇口附近左岸阶地上的东嘎镇，是堆龙德庆县府驻地，和拉萨市区紧紧相连。堆龙德庆，藏语意为上谷极乐。1951年前，西藏地方政府在此设立德庆等3个宗。1959年成立堆龙德庆县政府和西郊区政府。次年，西郊区并入该县。2008年，全县人口46 838人，地区生产总值为6.79亿元。

7.17.23.9.1　古仁曲
(Gurenqu River)

堆龙曲 左岸支流，亦称归仁曲。发源于西藏自治区当雄县羊八井镇西北念青唐古拉山中段的古令拉附近。流域面积662平方千米，河长40千米，落差2 510米。

流域内地势西北高东南低，上游地带由高山和极高山构成，中下游是羊八井盆地向东北的延伸带。古仁曲左岸支流密集，多发源于念青唐古拉山中段的冰川。

流域内气候干燥，干湿季节分明，具有明显的山地气候特征。多年平均气温低，日照时间长，无霜期短。多年平均年降水量约450毫米，多夜雨，6—9月降水丰沛。年水面蒸发量1 200～1 400毫米。径流主要由降水和冰雪融水组成，多年平均年径流量约1.66亿立方米，多年平均流量约5.26立方米每秒。水力资源理论蕴藏量约2.01万千瓦。河流在冬季有结冰现象，部分河段冰情严重。泥沙含量少，水质较好。

河流自源头向东流，约5千米后缓缓转向东南流，又流20千米左右，右岸一支流汇入。汇口以上，河谷狭窄，河道坡降大，两岸山高坡陡，山体裸露。有多座海拔6 000米以上的山峰，分布着诸多冰川。汇口以下河谷展宽，两岸山势平缓，渐渐进入羊八井盆地。河床由砂卵石组成，水流平缓。河流在盆地内流约10千米，左纳最大支流尤曲。下游盆地一带植被较好，以高寒草甸生态系统为主，长有藏北嵩草、芒尖苔草、华扁穗草等。是良好的牧场，主要放养牦牛、犏牛、黄牛、绵羊、山羊等。土壤多为草甸土、泥炭沼泽土。河流于羊八井附近注入堆龙曲。属羊八井盆地经济的一部分，水资源丰富，交通便利。

7.17.23.9.2　楚布曲
(Chubuqu River)

堆龙曲 右岸支流，亦称赛曲，发源于西藏自治区堆龙德庆县古荣乡西南的扎嘎拉东侧。流域面积618平方千米，河长41千米，落差1 690米。

流域内地势西高东低，为中高山地形。大于100平方千米的支流有朗巴浦、吉浦。河床由砂卵石组成，下切明显。域内植被稀疏，以高寒灌丛草甸生态系统为主。岸边阶地上有农田分布，种有青稞、小麦、土豆等。

域内气候干燥，干湿季节分明，无霜期短。多夜雨，降水集中在6—9月，年水面蒸发量1 300毫米。多年平均年径流量约1.55亿立方米，多年平均流量约4.92立方米每秒。水力资源理论蕴藏量约1.83万千瓦。水质较好，冬季有结冰现象。位于楚布曲上的楚布寺水电站,装机容量 100 千瓦。

河流自源头向北流,至楚布寺转向东流,楚布寺是藏传佛教噶玛噶举派主寺,西藏自治区文物保护单位。河道时宽时窄,坡降大。经那嘎、隆岗等地,相继纳入吉浦、旁堆沟、那嘎沟、朗巴浦等支流,于古荣乡下游注入堆龙曲。

7.17.24 扎囊河
(Zhanang River)

雅鲁藏布江右岸支流,亦称斯工沟,发源于西藏自治区扎囊县吉汝乡沙布夏(沙布下)村附近。流域面积 528 平方千米,河长 39 千米,落差 1 440 米。

南与**羊卓雍错**流域相邻,北与雅鲁藏布江干流相连。域内山峦起伏,植被稀疏,山体裸露,高山草甸、灌丛草地有零星分布。流域气候干燥,昼夜温差大,年日照时数约 3 090 小时。流域多年平均年降水量约 350 毫米,降水主要集中在 6—9 月,多夜雨。河床由砂卵石组成,夏季河水泥沙含量大。径流补给以降水为主。经济以农业为主,农作物主要有青稞、小麦、蚕豆、油菜等,矿产主要有铬铁、铜、金、玛瑙等。野生动物有鹿、獐子、豹子等。民族手工业主要有轻纺、制陶、金、银、铜器加工和藏香制作等。自然灾害主要有水灾、旱灾及雹灾。1993 年扎囊河发生历史上较大规模的泥石流,给当地经济造成严重损失。

河源地带有呈对称形状的东西两条支流,于扎西林附近汇合后向北流。经汝匀、热真岗、施贡等地,沿程纳入几条小支流后,于扎塘镇(扎囊县政府驻地)北侧 5 千米处汇入雅鲁藏布江。

7.17.25 亚拉雄藏布
(Yalaxiongzangbu River)

雅鲁藏布江右岸支流,亦称雅砻河、雅拉雄曲,发源于西藏自治区措美县哲古镇北面的卸桑日山峰附近。流域面积 2 024 平方千米(其中冰川面积 6.1 平方千米),河长 78 千米,落差 1 530 米。

流域地跨措美、乃东、琼结 3 县。东临**吉舍**曲流域,南与**哲古湖**流域毗邻,北连雅鲁藏布江干流。域内山峦起伏,沟壑纵横,植被稀疏,山体裸露,高山草甸、灌丛有零星分布。域内昼夜温差大,气候干燥。多年平均气温约 8.2 摄氏度,年日照时数 2 900 小时左右,年无霜期约 143 天。降水集中在 6—9 月,多夜雨,流域多年平均年降水量约 330 毫米。河床由砂卵石组成,泥沙含量较大,水质无污染。径流由地下水、降水和融水补给。干流水力资源理论蕴藏量约 3.01 万千瓦。建有小型水电站 5 座,总装机容量 120 千瓦。河流在冬季有冰清发生,基本不封冻。

河源一带有冰碛湖及冰碛物分布,以高山草甸生态系统为主,并有零散灌丛分布。河流自源头向东流,在卡珠村东侧转向北流,进入乃东县境内。至曲德贡,右纳东ико后始称亚拉雄藏布(雅砻河)。河流向北偏西流,经亚堆乡、颇章乡至昌珠镇附近,左纳最大支流**琼结河**。继而转向北流,于泽当镇结沙居委会附近汇入雅鲁藏布江。

两岸土地肥沃,是雅鲁藏布江流域发展灌溉的主要灌区之一(雅砻灌区)。主要的农作物有青稞、小麦、油菜、蚕豆等。域内自然灾害有水灾、旱灾、病虫害等。1995 年流域上游发生大洪水,受灾严重。域内有西藏的第一块农田索当,有 920 平方千米的国家级风景名胜区,有西藏历史上第一座宫殿——雍布拉康和第一座佛殿——昌珠寺。

流域内的泽当镇是乃东县府和山南地区行政公署所在地,乃东藏语意为"象鼻山尖前",雅砻部落时期曾是西藏的政治、文化中心。元至正十三年(1353 年)设宗。后隶属地方政府管辖。1959 年设县。2008 年,全县有人口 58 514 人,地区生产总值 15.35 亿元。

7.17.25.1 琼结河
(Qiongjie River)

亚拉雄藏布左岸支流,亦称巴雄曲,发源于西藏自治区琼结县加麻乡的斜母多附近。河长 52 千米,流域面积 1 059 平方千米,流域涉及西藏自治区琼结、乃东两县。

流域内地势南高北低,山峦起伏,沟壑纵横。昼夜温差大,气候干燥,年日照时数约 2 830 小时,年无霜期为 125~152 天。降水主要集中在 6—9 月,多夜雨,流域多年平均年降水量约 320 毫米。流域内植被覆盖率差,水土流失严重,河水泥沙含量大,水质污染甚微。多年平均年径流量约 1.59 亿立方米,多年平均流量约 5.04 立方米每秒。径流补给以降水为主,冬、春季河流有断流现象。水力资源理论蕴藏量约 1.6 万千瓦。琼果水库以下土地肥沃,种有青稞、小麦、油菜、豌豆等农作物。手工业有藏柜、茶碗、项链等。矿产主要有水晶石、玉石和铬铁。野生动植物主要有黑颈鹤、水獭、獐子、贝母、雪莲花、麻黄等。主要自然灾害有水灾、旱灾、病虫害等。

河流自源头向东流,右纳琼果曲后转向北流。琼果水库位于琼果曲上,建于 1994 年 7 月,总库容为 1 040 万立方米,是一座以灌溉为主、兼顾防洪和人畜饮水的中型水库。经琼结镇、下水、昆门等地,纳入帮打普曲等支流后,于下水乡宾堆村北侧进入乃东县境。河流在乃东县向东北流,至昌珠镇卡多居委会附近汇入亚拉雄藏布。琼结镇为琼结县府驻地,出琼结县城向西南约 1 千米有著名的藏王墓群。

7.17.26 吉舍曲
(Jishequ River)

雅鲁藏布江右岸支流,亦称四曲哪妈或舍曲河。发源于西藏自治区隆子县日当镇卡塘(卡当)村附近的热布拉山北麓,流域面积 2 033 平方千米,河长 101 千米,落差 1 550 米。

地势南高北低,流经隆子、曲松、桑日 3 个县。流域的大部分为山地和丘陵所盘踞。上游山峰海拔在 5 000 米左右,谷底海拔为 3 900~4 200 米。在山地斜坡间夹有盆地或较小河谷平原。植被以高山灌木及高山草甸为主。流域内日照充足,昼夜温差大,气候干燥,年无霜期为 123 天。降水主要集中在 6—9 月,多夜雨,流域多年平均年降水量约 320 毫米,6—8 月降雨量约占年降雨量的 69.4%。多年平均年蒸发量约 2 300 毫米。河道以卵石组成,河水含沙量小。地下水和降水是径流的主要补给来源。水力资源理论蕴藏量约 7.2 万千瓦。冬季河流有结冰现象,但不封冻。农作物有青稞、小麦、油菜等。手工业以纺织、制陶业为主。野生动植物有獐子、野鹿、水獭、虫草、贝母等。主要自然灾害有洪灾、旱灾、病虫害等。

河流上游称米米曲,自源头大致向北流,抵曲松县邱多江乡始称吉舍曲。河流中段河谷宽阔,河流迂回曲折,两岸地势开阔,沿途支流较多。经堆随乡,河流在达嘎村附近进入桑日县境内。河谷宽窄相间,有灌丛草地及小面积森林分布。右纳**曲松河**后,于绒乡附近汇入雅鲁藏布江。

7.17.26.1　曲松河
(Qusong River)

吉舍曲右岸支流，亦称尼久曲或措堆村沟，发源于西藏自治区曲松县下江乡境内。流域面积647平方千米，河长52千米，落差1 500米。

地势南高北低，流域平均海拔约4 000米。多年平均年降水量在350毫米左右，多夜雨；昼夜温差大，冬春季气候干燥、多大风。年日照时数3 070小时，年无霜期为110天左右。径流主要由降水和地下水组成，河道由砂卵石组成，河水含沙量小，水质良好。河流有结冰现象，但不封冻。多年平均年径流量约1.13亿立方米，多年平均流量约3.58立方米每秒。农作物有青稞、小麦、油菜等，矿产有铬铁、砂金、玉石、水晶石、大理石等。工业以采矿为主，手工业以纺织、制陶业为主。野生动植物有獐子、野鹿、水獭、虫草、贝母等。主要自然灾害有洪灾、旱灾、病虫害等。

河流大致向西北流。上游河谷较窄，水流急，两岸山峰高耸，有小面积森林、灌丛草场分布。下游植被稀疏，河谷宽窄相间。流经炯布琼、曲松镇等地，曲松镇为曲松县政府驻地。沿程纳入左右岸多条支流后，于曲松镇隆堆村下游汇入吉舍曲。流域内的拉加里王夏宫建筑结构严谨，融藏汉风格为一体，在西藏宫殿建筑中别具特色。

7.17.27　沃卡河
(Woka River)

雅鲁藏布江左岸支流，亦称增久曲，发源于西藏自治区桑日县增期乡岗普（岗布）村玛列雄嘎附近。流域面积1 430平方千米，河长62千米，落差1 795米。流域涉及西藏自治区桑日、墨竹工卡、加查三个县。

夏季雨水丰沛，多夜雨，流域多年平均年降水量约610毫米。年日照时数约2 700小时，昼夜温差大，冬春季气候干燥、多大风。河谷地带年无霜期为134～170天。径流以地下水、降水补给为主。河道由砂卵石组成。雨季河水泥沙含量较大。河流有结冰现象。干流水力资源理论蕴藏量约5.5万千瓦。水力资源开发较好，已建3座水电站，总装机容量3.04万千瓦。农作物有青稞、小麦、蚕豆、油菜等，矿产有铜、铬铁、石灰石、大理石等，野生动物有狼、狐狸、黑熊等。常见的自然灾害有洪灾、旱灾及病虫害。

河源地带有大面积沼泽地和温泉分布。河流自源头向南流，沿程支流较多。两岸山峰低矮，为宽谷地貌，植被稀疏。经增期乡、雪巴、许木等地，纳入**罗林曲**（德里母曲）、达西母曲等支流。于桑日县白堆乡藏嘎村附近汇入雅鲁藏布江。流域内有灌木林及小面积森林分布。沃卡一级、二级和三级水电站均坐落在沃卡河下游段。

7.17.27.1　罗林曲
(Luolinqu River)

沃卡河左岸支流，又称德里母曲，发源于西藏自治区加查县崔久乡琼果吉（青稞吉）附近。流域面积428平方千米，河长36千米，落差1 940米。流域涉及西藏自治区加查、桑日两县。

流域多年平均年降水量约630毫米，多年平均年径流量1.20亿立方米，多年平均流量3.81立方米每秒。径流由地下水、降水及冰雪融水组成。水力资源理论蕴藏量1.63万千瓦。河床由砂卵石组成，河水含沙量小，水质良好。农作物有青稞、小麦、蚕豆、油菜等。牲畜主要有牛、马、羊。

罗林曲发源于源头一湖泊，自源头向西南流，河道曲折，河谷较窄。经白金、德尼康萨等地，沿程纳入多条支流后，于桑日县增期乡雪巴村附近汇入沃卡河。干流左岸植被茂盛，灌丛草地分布广泛。流域内的桑日林寺、曲桑寺、曲隆寺、尼玛林寺、雪巴温泉等具有较高的旅游开发价值。

7.17.28　色布垄曲
(Sebulongqu River)

雅鲁藏布江左岸支流，亦称丝波绒曲或斯巴荣曲，发源于西藏自治区加查县崔久乡境内的琼果吉西北侧。流域面积570平方千米，河长46千米，落差1 980米。

流域地处高原温带半干旱季风气候区，地势北高南低，最高海拔在5 000米以上，平均海拔约4 000米。流域内日照充足，辐射强烈，蒸发量大，年温差小，日温差大。夏季雨水充沛，年日照时数在2 700小时左右，无霜期约150天。多年平均流量约3.81立方米每秒，径流主要由降水和地下水组成。植被覆盖率较高。河床由砂卵石组成。河水含沙量小，水质良好。冬季有结冰现象。经济以农业为主，农作物有青稞、小麦、蚕豆、油菜等。矿产主要有砂金、石墨等。野生动植物主要有马熊、水獭、獐子、虫草、贝母、当归等。水力资源理论蕴藏量2.3万千瓦。位于河口附近的加查水电站建于1992年，装机容量0.15万千瓦。

色布垄曲干、支流多有小型冰碛湖分布。自源头南流，至催久乡，此段河流称寺布弄。以下河流称色布垄曲。色布垄曲除河口一带为宽阔平坦的冲积扇外，其他河段河谷较窄，河道曲折，水流湍急。两岸山高坡陡，有灌木林分布。经加查镇的扎西定岗（热堆）村，于加查水电站南侧汇入雅鲁藏布江。

7.17.29　脚不郎
(Jiaobulang River)

雅鲁藏布江左岸支流，亦称坝曲或聂曲，发源于西藏自治区加查县坝乡日拉松多附近的错浪湖，流域面积1 618平方千米，河长81千米，落差1 950米。

流域地处高原温带半干旱季风气候区，地势北高南低。流域内太阳辐射强烈，蒸发量大，日温差大，冬、春季干燥多大风。年日照时数约2 750小时，年无霜期为150天左右。降水集中在6—9月，流域多年平均年降水量约800毫米。径流主要由降水和地下水组成。水力资源理论蕴藏量约14.0万千瓦。河床由砂卵石组成，河水含沙量小，水质良好。冬季河流有结冰现象。经济以农业为主，农作物主要有青稞、小麦、蚕豆、油菜等。矿产主要有砂金、石墨、水晶等。野生动植物主要有马熊、白唇鹿、獐子、虫草、贝母等。

河源一带有冰川及湖泊分布。上游河段称为坝曲，由支流青波、叉朗汇集而成。自源头向东南流，经坝乡转向南流。河谷宽窄相间，两岸有灌木林和小面积森林分布。经定贡岗、聂村、香木村等地，纳入朗布曲、利弄朗、麦弄朗等支流，在加查县冷达乡的尼塘附近汇入雅鲁藏布江。

7.17.30　古如曲
(Guruqu River)

雅鲁藏布江右岸支流，发源于西藏自治区朗县登木乡境内的干白拉山北麓，流域面积708平方千米，河长44千米，落差1 900米。

流域内干湿季分明，年日照时数 2 000～2 500 小时。降水集中在 6—9 月，多年平均年降水量约 530 毫米。径流主要由降水和地下水补给。河床由砂卵石组成，河水含沙量小。河流在冬季有结冰现象。水力资源理论蕴藏量 2.6 万千瓦。流域内有多座小型水电站，总装机容量 665 千瓦。经济以农业为主，农作物主要有青稞、小麦、油菜等。野生动植物资源丰富。主要自然灾害有冰雹、泥石流及洪涝。

上游段称错瑞曲或登木曲。河流自源头向北流。经崩果、比林等地，至登木纳入几条主要支流后称古如曲。河流继续向北流，河谷宽窄相间，水流时缓时急。经增达、拉丁雪、热村等地，于朗县仲达镇附近汇入雅鲁藏布江。域内植被覆盖率较高，灌木及小面积森林多有分布。

7.17.31　拿窝蒲
(Nawopu River)

雅鲁藏布江 右岸支流，亦称普曲，发源于西藏自治区朗县拉多乡杰堆村以上的冰川末端。流域面积 618 平方千米，河长 58 千米，落差 2 050 米。

流域东与**金东曲**流域接壤，西邻**古如曲**流域，北连雅鲁藏布江干流。属高原温带半湿润季风气候区。地势南高北低。海拔在 5 000 米以上的山峰有多座，峰顶白雪皑皑。流域内干湿季分明，年日照时数 2 000～2 500 小时。降水充沛，流域多年平均年降水量约 700 毫米，主要集中在夏季。径流由降水、融水和地下水补给。水力资源理论蕴藏量 4.7 万千瓦。有水电站 2 座，装机容量 450 千瓦。域内植被覆盖率较高，河床由砂卵石组成，河水含沙量小，水质良好。河流在冬季有冰情发生。主要农作物有青稞、小麦、蚕豆、油菜等，矿产有铬、铅、锌等，主要林木有高山松、冷杉、巨柏等，野生动物有鹿、熊、豹、獐子等。自然灾害有冰雹、洪涝、地震等。

源头有冰川分布，支流较多。河流自源头向西北流，经杰堆、更吉至白露，折向北流。河流穿行在山谷中，河谷多为 V 形。经拉多乡后，于朗县县城附近注入雅鲁藏布江。

7.17.32　阿那塘
(Anatang River)

雅鲁藏布江 左岸支流，发源于西藏自治区米林县卧龙镇的巴拉拉绰北侧。流域面积 600 平方千米，河长 50 千米，落差 1 880 米。流域涉及西藏自治区米林、朗县两县。

流域东邻**那姆曲**，西与**脚不郎**流域接壤，南连雅鲁藏布江干流。流域内干湿季节分明，年日照时数为 2 000～2 500 小时，年无霜期为 130～170 天。降水丰沛，流域多年平均年降水量约 1 050 毫米。径流主要由降水和地下水补给。水力资源理论蕴藏量 6.0 万千瓦。建于 2001 年的贡自荣水电站装机容量 0.12 万千瓦。河床由砂卵石组成，含沙量小。11 月下旬河流出现结冰现象，次年 4 月上旬冰情结束。农作物有青稞、冬小麦、春小麦、蚕豆、油菜等。主要经济林木有核桃、桃、苹果、花椒、梨等。林木有高山松、冷杉、巨柏等。矿产有铬、铁、铅等。野生动物有鹿、野猪、獐子等。自然灾害有洪涝和地震。

河流自源头向南流。经阿拉塘至卡仓岗，进入朗县境内。河谷宽窄相间，水流湍急。两岸山高坡陡，植被覆盖率较高。沿程纳入几条支流后，至列木切东侧 3 千米处急转西流，于朗县洞嘎镇达木村北侧汇入雅鲁藏布江。

7.17.33　金东曲
(Jindongqu River)

雅鲁藏布江 右岸支流，发源于西藏自治区朗县金东乡捏多勒以上的冰川末端。流域面积 964 平方千米，河长 45 千米，落差 1 940 米。

金东曲

流域内属高山峡谷地貌，地势南高北低，沟壑纵横，山峦起伏。流域内干湿分明，雨热同季，年无霜期为 130～170 天。流域多年平均年降水量约 900 毫米。径流由降水、融水和地下水补给。水力资源理论蕴藏量约 7.1 万千瓦。2004 年建成的金东水电站装机容量 200 千瓦。河床由砂卵石组成，河水含沙量小。初冰期在 12 月上旬，终冰期为次年 3 月上旬，河流无封冻现象。农作物主要有青稞、冬小麦、春小麦、豌豆、蚕豆、玉米、油菜、马铃薯。经济林木主要有核桃、桃、苹果、花椒和梨。天然林木有高山松、落叶松、冷杉、圆柏、巨柏等。野生动物主要有鹿、熊、豹、野猪、獐子、水獭。自然灾害有冰雹、泥石流、洪涝和地震。

河流在嘎木以上称卡马普曲，以下称金东曲。河流自源头向北流，约 7 千米后折向西北流，经嘎木、康玛、金东乡等地，纳入松波蒲等支流后，于金东乡的秀村附近汇入雅鲁藏布江。金东曲支流较多，河谷较窄。植被茂密，风景秀丽。位于朗县金东乡林邛公路旁的列山古墓群，气势宏伟，构筑奇特，延绵数公里，具有较高的旅游开发和科研价值。

列山古墓群

7.17.34　那姆曲
(Namuqu River)

雅鲁藏布江 左岸支流，亦称比扑曲，发源于西藏自治区米林县卧龙镇扎西绕岗（扎西热岗）以上的小型冰碛湖。流域面积 1 150 平方千米，河长 50 千米，落差 2 100 米。

流域内地形起伏较大，平均海拔约 3 800 米。流域内降水丰沛，多年平均年降水量 1 400 毫米。年无霜期较短，年日照时数 2 000～2 500 小时。径流由降水、融水和地下水补给。干流水力资源理论蕴藏量 10.0 万千瓦。河床主要由砂卵石组成，河水含沙量小。农作物主要有青稞、冬小麦、春小麦、豌豆。经济林木有核桃、桃、苹果、梨等。天然林木有高山松、落叶松等。野生动物有熊、豹、水獭等。自然灾害有冰雹、洪涝及病虫害。

那姆曲支流较多，水量丰沛。干支流多发源于源头的小湖泊。河流自源头向东南流，河道曲折，河谷狭窄，坡降大，水流急。两岸山高坡陡，植被覆盖率较高，景色秀丽。沿程流经仲塘、普龙等地，纳入脚母那等多条支流后，于米林县卧龙镇本宗村汇入雅鲁藏布江。

7.17.35　里龙普曲
(Lilongpuqu River)

雅鲁藏布江 右岸支流，发源于西藏自治区米林县里龙乡雨拉寺以上的冰川末端。流域面积 1 558 平方千米，河长 81 千米，落差 2 020 米。

东临**南伊曲**流域，西与**金东曲**流域接壤，北与雅鲁藏布江干流相连。域内山峦起伏，沟壑纵横，平均海拔约 3 800 米。年日照时数 2 000～2 500 小时。雨水集中在夏季，流域多年平均年降水量约 1 000 毫米。径流由降水、融水及地下水补给。水力资源理论蕴藏量 28.2 万千瓦。建于 1991 年的里龙水电站装机容量 130 千瓦。河床由砂卵石组成，河水含沙量小。农作物主要有青稞、冬小麦、春小麦和豌豆，主要经济林木有核桃、桃、苹果、梨等，主要林木有高山松、落叶松、冷杉、圆柏、巨柏等，野生动植物有熊、叶猴、香獐、天麻、当归等。水、旱、地震等灾害时常发生。

河源段称朗贡曲，莫如以下称朗贡普曲，在莫洛纳加尔普曲后称里龙普曲。源头有冰川分布。沿程河谷狭窄，森林密布，风景秀丽，气候宜人。河流自源头向东北流，抵达桑格尔桑坡折向北流。经莫洛、义当等地，纳入加尔普曲等多条支流后，在里龙乡附近汇入雅鲁藏布江。

7.17.36　拉普曲
(Lapuqu River)

雅鲁藏布江 左岸支流，发源于西藏自治区米林县扎西绕登乡嘎沙当嘎沙错附近的嘎沙错。流域面积 1 127 平方千米，河长 54 千米，落差 2 030 米。

流域的东面、北面与**尼洋河**流域接壤，西与**那姆曲**流域相邻，南连雅鲁藏布江干流。流域内山峦起伏，平均海拔约 3 750 米。流域多年平均年降水量 1 600 毫米。径流由降水、融水和地下水补给。水力资源理论蕴藏量 7.6 万千瓦。森林密布，植被覆盖率高。河水泥沙含量小。农作物有青稞、冬小麦、春小麦、豌豆等，经济林木有核桃、苹果等，主要天然林木有高山松、落叶松、冷杉等，野生动物有熊、豹、叶猴、香獐、虫草、贝母、三七等，自然灾害有水灾、旱灾和地震。

源头地带有冰川分布，沿程支流较多，干、支流多发源于小湖泊。河谷宽窄相间，河道蜿蜒曲折。河床由沙卵石组成。河流自源头向东南流，至吞布容（吞不绒）村以下左纳普拉松，经扎村、朋嘎村，于扎西绕登乡境内的扎西绕登寺附近汇入雅鲁藏布江。

7.17.37　南伊曲
(Nanyiqu River)

雅鲁藏布江 右岸支流，亦称纳玉普曲，发源于西藏自治区米林县南伊珞巴民族乡境内的家啥多乌脚山东麓。流域面积 629 平方千米，河长 58 千米，落差 1 050 米。

地势南高北低，地形起伏大，山高谷深，平均海拔约 3 700 米。干湿季节分明，年日照时数 2 000～2 500 小时。流域多年平均年降水量约 1 100 毫米。径流由降水、地下水及融水补给。水力资源理论蕴藏量 1.64 万千瓦。流域内有南伊水电站和南伊二级水电站，总装机容量 2 600 千瓦。河水泥沙含量小。经济系半农半牧，农作物有青稞、小麦、豌豆等，牧业以养殖牛、羊为主。经济林木有核桃、桃、苹果、梨等，天然林木以高山松、落叶松、冷杉、圆柏、巨柏居多。野生动植物有豹、水獭、红景天、雪莲花等。水灾和旱灾时有发生。

南伊曲

河流自源头向东流，至东拉山附近折向北流。河流穿行于山谷中，沿程支流较多，河谷宽窄相间，河道迂回曲折，水流湍急。两岸山高坡陡，森林密布。河流经琼林、南伊等地，于南伊珞巴民族乡才召村以下注入雅鲁藏布江。流域内居住的珞巴族是中国少数民族中人口较少的一个民族。

珞巴族

7.17.38　尼洋河
(Niyang River)

雅鲁藏布江 左岸支流，亦称尼洋曲，传说中的尼洋河是神山流出的悲伤眼泪，发源于西藏自治区工布江达县拉闻拉、俄拉等群峰环抱的湖盆带。流域面积 17 535 平方千米（其中冰川面积 1 243 平方千米），河长 286 千米，落差 2 080 米，流域涉及西藏自治区工布江达、林芝和加查 3 个县。

概　述

流域范围　流域介于东经 92°10′～94°35′，北纬 29°28′～30°30′，东西长 230 千米，南北宽 110 千米。东和东北面与**帕**

7.17.38 尼洋河

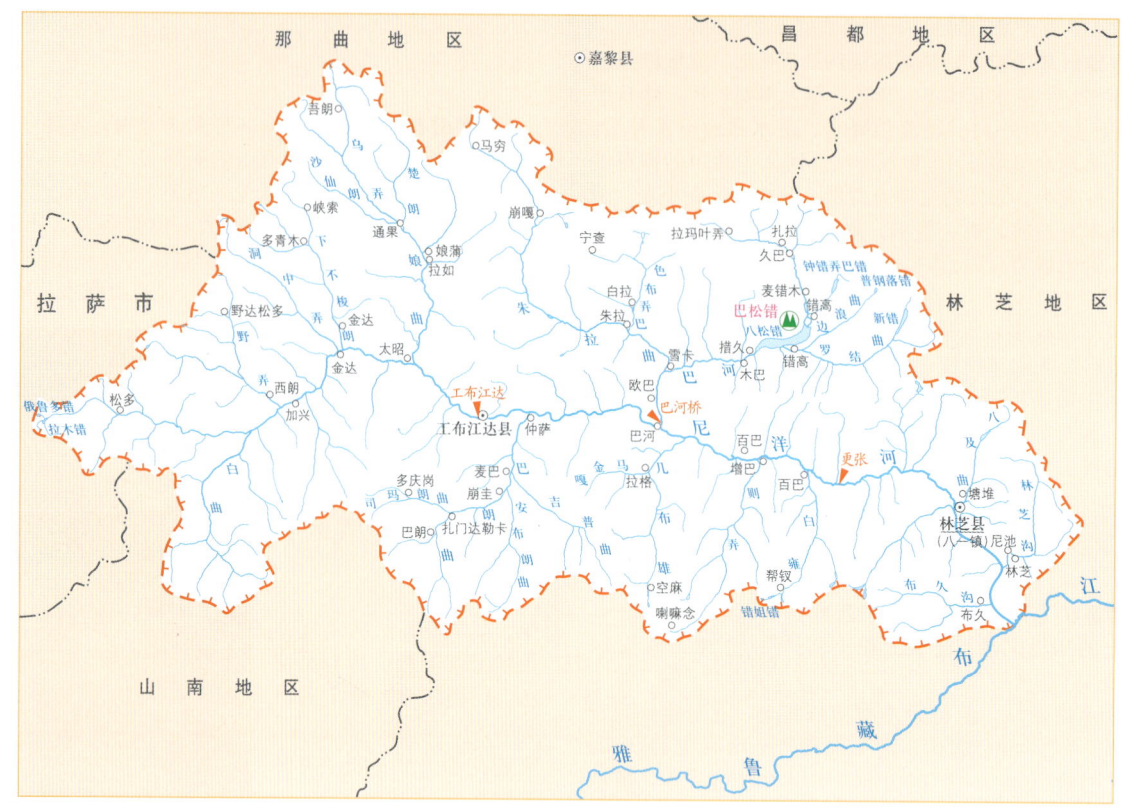

尼洋河水系示意图

尼洋河风光

隆藏布流域相邻，西和西北面与**拉萨河**流域接壤，南连雅鲁藏布江干流。

地质地貌 流域内山峦起伏，山脉纵横交织，形成了许多沟壑谷川。在沟谷源头，古冰川地貌及现代冰川发育。由于冰川的侵蚀作用，在河流的干、支流源头地带残留着诸多冰碛湖。中下游谷宽坡陡，属高山宽谷地貌。流域地势西北高东南低。北部的山峰海拔多在5 500米左右，最高的山峰海拔达6 800米；南部的山峰海拔多在5 200米左右，最高的山峰海拔达6 100余米。流域内海拔4 200米以下为森林，4 200～4 500米为灌丛草甸，4 500～5 200米为高山草甸，5 200米以上为高山寒冻带和高山冰雪带。流域处于冈底斯—念青唐古拉地质构造区，变质岩分布较广。出露的地层，尼西以东为花岗片麻岩、带状黑云母片岩及少数的角闪片麻岩，尼西以西为石英岩和矽质板岩、千枚岩。岩石较破碎，山体易产生崩塌现象。基岩裸露的地方，形成悬崖峭壁。

河流水系 河流从源头拉木错向东流，在林芝县布久乡附近汇入雅鲁藏布江。支流众多，大约每隔4～5千米就有一条常年流水的沟谷。流域面积大于500平方千米的一级支流有**野弄、下不梭朗、娘曲、巴朗曲、巴河、几布雄、八及曲**等。

水文气候 流域属高原温带半湿润季风气候区，气候温和，小气候复杂多样，有着"一山有四季，十里不同天"的特征。日照充足，年温差小，日温差大，流域多年平均气温约8.5摄氏度。流域多年平均年降水量约1 295毫米，降水量的年际变化不大，年内分配不均，从东向西逐渐减少。4月下旬至10月中旬为雨季，降水量约占全年的85%，其中6—7月降水最多。11月至次年2月降水最少，约占全年的2%。年蒸发量约1 000～1 200毫米。

径流以融水补给为主，占年径流量的46.0%，其次为降水，占年径流量的30%，地下水占年径流量的24%。径流的年际变化小。流域内山峰林立，植被茂密，泥沙含量小。据2005年水环境监测资料，水质为国家地表水质量Ⅱ类标准。

自然资源 流域水力资源理论蕴藏量约361.7万千瓦，其中干流约208.2万千瓦。尼洋河流域有丰富的森林资源，主要分布在尼洋河干流两侧的支沟内，分布高程大致从3 000～4 200米，上、中游地区的向阳坡上，主要为灌丛桧柏疏林，阴坡有大面积的次生杨桦混交林。中下游地区为高山栎和高山松。高山上部和一些深切的沟谷中，分布有大量的云杉、冷杉林。

域内主要的动植物资源有柏、杨、桦、桑、云杉、冷杉、高山松、猕猴、小熊猫、水獭、豹猫、金钱豹、雪豹、马鹿、狗熊、马熊、黑颈鹤等，已查明的矿产资源有水晶、金、银、铜、铁、铅、锌、瓷土、彩土、云母矿和石灰石等，特色资源有虫草、松茸、当归、党参、天麻、三七、雪莲、手掌参、藏香猪、藏鸡等。

自然灾害 尼洋河流域自然灾害有洪水、干旱、泥石流、地震和霜冻。洪涝是主要自然灾害，对中下游地区危害严重。

尼洋河野牧

尼洋河源头的古冰川谷地

流域内 1964 年、1980 年、1991 年、1995 年、1998 年曾发生大洪水。1998 年，尼洋河流域普降大到暴雨，更张水文站洪峰流量 3 080 立方米每秒（相当于 30 年一遇洪水）。1991 年，林芝县久巴村发生大型泥石流灾害，形成的堆积物长达 2 300 米，宽 200 米，高 15 米。据记载，1915 年、1953 年流域内曾发生 5 级以上大地震。1950 年 8 月 15 日察隅县发生的大地震，亦波及尼洋河流域引发罕见大洪水。1998 年 3~6 月曾发生干旱，受灾面积 2 134.5 公顷，1999 年 3~5 月发生干旱，受灾面积 2 234.5 公顷。1995 年 4 月发生霜冻，受灾面积 2 890.3 公顷。

经济社会　2008 年，流域内人口约 6.33 万，是藏族、门巴族、珞巴族聚居地。耕地面积约 0.83 万公顷，主要种植青稞、小麦、豆类、油菜等。在城镇周围种有各种蔬菜。地区生产总值 18.22 亿元，其中第一产业 1.7 亿元，第二产业 5.37 亿元，第三产业 11.15 亿元。

尼洋河流域已成为西藏自治区重要的工业基地。林芝地区是西藏高原气候条件最好的地区之一，八一镇已成为一座初具规模的现代化城镇。

治理开发　截至 2008 年，流域内已建在建水电站 13 座，总装机容量约 16 万千瓦。新建干流防洪堤工程 30.61 千米，其中八一城镇段堤防长 21.63 千米，防洪标准达到 20 年一遇至 50 年一遇，其他河段及支流防洪标准达到 10 年一遇至 30 年一遇。域内有小型灌区 11 个，分别位于干流和支流的河谷地带，有效灌溉面积约为 0.34 万公顷。

5 600 米。河谷时宽时窄，两岸地形起伏悬殊。峡谷两侧为高山峰林地貌，宽谷两侧呈现出缓坡圆顶状中低山，阶地发育。自源头向东流，右纳支流白曲之后转向东北流，在加兴乡境左纳野弄，至金达镇折向东南流，并先后左纳支流洞中弄、下不梭朗。经古城太昭，左纳上游最大支流娘曲。太昭原名江达，是唐蕃古道重要驿站，现太昭村尚存嘉庆年间的石碑。过太昭至工布江达镇。工布江达镇是工布江达县政治、经济、文化的中心。位于工布江达镇的工布江达水文站，多年平均流量约 122 立方米每秒，是尼洋河上游段的监控站和国家重要的水情站。

中游　从工布江达镇至八一镇为中游段，河长 125 千米，海拔从 3 430 米下降到 3 000 米，落差为 430 米。大致向东流。沿途接纳巴朗曲、巴河、几布雄、则弄等支流。中游段的主要特点是河谷较宽，一般为 1~3 千米，呈现出宽谷山地地貌。河谷内一级阶地发育，一般高出水面 3~5 米，二级阶地零星出现，范围很小，在支流汇口处亦可见到三级、四级阶地。沿阶地开渠引水是农经作物灌溉的主要引水形式。林芝行署驻地八一镇坐落在尼洋河中游的左岸。民族工业发达，风景秀丽。川藏公路和林泽公路在此交会，巨柏园林保护区位于镇南 6 公里处。

尼洋河中游，远处为工布江达

中流砥柱（尼洋河上游）

纪　实

上游　自源头拉木错出口到工布江达镇为上游段，河长 125 千米，海拔从 5 000 米降到 3 430 米，落差为 1 570 米。河源处分布有许多湖泊，其中最大的有俄鲁多错和拉木错，湖面面积约 3.5 平方千米。湖泊周围山峰林立，海拔 5 200~

下游　八一镇至汇口为下游段，河长 36 千米，海拔从 3 000 米下降到 2 920 米，落差为 80 米。自八一镇向南流，在林芝县布久乡的嘎玛村附近汇入雅鲁藏布江。下游段河谷进一步拓宽，一般达 4 千米以上，最宽处可达 8 千米，形成了宽广的河谷平原。由于河流旁蚀作用强烈，河床摆动性大，河汊交织，水流紊乱，河谷内多滩地和江心洲。下游河谷地带是林芝地区重要的农业生产基地，土地肥沃，物产丰富。因河道不稳定，两岸多筑有护岸、丁坝等工程，低处有堤防工程。主要汇入支流有八及曲等。

尼洋河下游

7.17.38.1 野弄
(Yenong River)

尼洋河左岸支流，发源于西藏自治区工布江达县加兴乡境内的比拉峰。流域面积591平方千米，河长35千米，落差1 260米。

地势西北高东南低，地形起伏大，山高谷深，平均海拔在4 000米以上。流域内气候湿润，年日照时数在2 000小时左右，年无霜期较短。流域多年平均年降水量约790毫米。河床由砂卵石、块石组成。河水泥沙含量小，无人为污染，水质良好。河流在冬季有冰情发生。

径流量由降水、地下水及融水补给。流域多年平均年径流量约3.66亿立方米，多年平均流量约11.6立方米每秒。水力资源理论蕴藏量约6.17万千瓦。

流域内经济以牧业为主，饲养的牲畜有牦牛、黄牛、犏牛、羊、马等，主要农作物有青稞和小麦。水灾及霜冻时有发生。干支流源头多有小湖泊分布。河流自源头向南流，25千米处纳一条自西向东的主要支流后转向东南流。河谷狭窄，河道坡降大，水流湍急。两岸山高坡陡，植被覆盖率较高，灌木林广布。夏季山花烂漫，虫叽鸟啼，气候宜人。经档多、拉让等地，沿程纳入数条支流后，于加兴乡西朗村附近汇入尼洋河。

7.17.38.2 洞中弄
(Dongzhongnong River)

尼洋河左岸支流，发源于西藏自治区工布江达县金达镇境内的日翁拉下。流域面积308平方千米，河长45千米，落差1 430米。

地势西北高东南低。具有明显的山地气候特征，干湿季节分明，年日照时数2 000小时左右。流域多年平均年降水量约900毫米，年无霜期较短。径流由降水、地下水和冰雪融水组成。河水泥沙含量小，水质良好。河流在冬季有结冰现象，上游冰情较重。经济以牧业为主，饲养的牲畜有牦牛、黄牛、犏牛、羊、马等，下游河口一带有零星农作物种植。经济林木有核桃、桃等。常见灾害为水灾、旱灾及霜冻。多年平均年径流量约1.85亿立方米，多年平均流量约5.87立方米每秒。水力资源理论蕴藏量约2.96万千瓦。

两岸山势险峻，河谷狭窄，水流湍急。植被覆盖率高，灌木林广布。河流自源头向东南流，经仲荣、拉荣、达青等地，沿程纳入数条支流后，在金达镇政府所在地（金达）附近汇入尼洋河。

7.17.38.3 下不梭朗
(Xiabusuolang River)

尼洋河左岸支流，亦称梭曲，发源于西藏自治区工布江达县金达镇峡索村的北面。流域面积558平方千米，河长47千米，落差1 381米。

流域内干湿季节分明，年日照时数2 000小时左右，多年平均年降水量约1 000毫米，年无霜期较短。径流由降水、地下水和冰雪融水组成。河水泥沙含量小，水质良好。河流在冬季有结冰现象，上游冰情较重。经济以牧业为主，饲养的牲畜有牦牛、黄牛、犏牛、羊、马等，河谷一带有零散农作物种植。经济林木有核桃、桃等。常见灾害为水灾、旱灾及霜冻。水资源丰富，多年平均年径流量约4.07亿立方米，多年平均流量约12.9立方米每秒。水力资源理论蕴藏量约4.54万千瓦。

干支流多发源于河源地带的小湖泊。自源头向南流，河道曲折，坡降大，河谷狭窄，水流湍急。两岸山高坡陡，植被茂密，灌木林广布。经峡索、多青木、加龙（甲龙）等地，沿程纳入数条支流后，在金达镇金达附近汇入尼洋河。

7.17.38.4 娘曲
(Niangqu River)

尼洋河左岸支流，发源于西藏自治区工布江达县娘蒲乡境内的乌拉山。流域面积1 861平方千米（其中冰川面积73平方千米），河长85千米，落差1 365米。

东临**巴河**流域，西与**下不梭朗**流域接壤，北与**拉萨河、易贡藏布**流域为邻，南与尼洋河干流相连。地势北高南低，域内植被良好，海拔4 200米以下以灌丛林和小面积天然林为主，4 200～5 200米以高山草甸生态系统为主，5 200米以上为高山寒冰带和高山冰雪带，植被稀疏。域内属高原温带半湿润季风气候区，气候湿润，年日照时数2 000小时左右。多年平均年降水量约1 200毫米，多年平均年径流量约16.0亿立方米，多年平均流量约50.7立方米每秒，径流由降水、地下水和冰雪融水补给。干流水力资源理论蕴藏量约16.27万千瓦。1985年建成的娘浦水电站，装机容量125千瓦。河水含沙量小，水质良好。冬季河流有结冰现象。

经济以牧业为主，饲养的牲畜有牦牛、黄牛、犏牛、羊、马、猪等。中下游河谷一带有小面积农作物种植。经济林木有核桃、桃、苹果、梨等。常见灾害为水灾、旱灾及霜冻。1995年8月发生洪水灾害，经济损失严重。

娘曲支流较多，支流源头地带有较多冰川和冰湖分布。河道曲折，坡降大，水流湍急。除中游峡沙村上下约4千米的河谷稍宽外，其他河谷狭窄，两岸山高坡陡，植被茂密。河流自源头东南流，右纳沙仙朗，经通果、峡沙，相继纳入楚朗等多条支流，至拉如，此段河流称乌弄。拉如以下称娘曲，娘曲由北向南流，过娘蒲乡、昂巴宗、米吉等地，于江达乡的太昭村附近汇入尼洋河。太昭是一座古城，原名江达，川藏古道重要驿站。

7.17.38.5 巴朗曲
(Balangqu River)

尼洋河右岸支流，亦称泥曲，发源于西藏自治区工布江达县仲萨乡巴朗村上游的巴拉劣果山北麓。流域面积1 605平方千米（其中冰川面积为99平方千米），河长55千米，落差1 620米。

流域呈扇形，地势南高北低，域内 5 000 米以上的山峰有多座。属高原温带半湿润季风气候区，气候湿润，年日照时数 2 000 小时左右。流域多年平均年降水量约 1 300 毫米，多年平均年径流量约 16.1 亿立方米，多年平均流量约 51.1 立方米每秒，径流由降水、地下水和冰雪融水补给。干流水力资源理论蕴藏量约 16.2 万千瓦。河水泥沙含量小，水质优良。冬季有冰情发生。

经济以农牧业为主，饲养的牲畜有牦牛、黄牛、犏牛、羊、马、猪等，河谷地带有青稞、小麦、豌豆等农作物种植。经济林木有核桃、桃、苹果、梨等。野生动物有狗熊、马鹿、水獭、雪豹等。自然灾害有水灾、旱灾、霜冻等。

巴朗曲支流较多，干、支流源头地带有较多冰川分布。河道坡度大，水流急。上游河谷较窄，中下游河谷稍宽。两岸山高坡陡，植被茂密，灌木林及小面积森林多有分布。河流自源头向北流，至巴朗转向东北流，经麦巴、那岗等地，沿程纳入**司玛朗曲**、**安布朗曲**，在**吉普曲**汇入后，转向北流，于仲萨乡仲萨村附近汇入尼洋河。

7.17.38.5.1　司玛朗曲
(Simalangqu River)

巴朗曲左岸支流，发源于西藏自治区工布江达县仲萨乡巴朗村多庆岗以上的冰川。流域面积 245 平方千米，河长 21 千米，落差 1 200 米。

地势西高东低。干湿季节分明。流域多年平均年降水量约 920 毫米。河水泥沙含量小，水质优良。经济以牧业为主。自然灾害有水灾、旱灾及雪灾。多年平均年径流量约 1.59 亿立方米，多年平均流量约 5.04 立方米每秒。水力资源理论蕴藏量约 1.67 万千瓦。

支流源头有冰川、冰湖分布。多庆岗以上河谷稍宽，山体裸露，属冰蚀湖盆地貌。多庆岗以下河谷狭窄，两岸山高坡陡，植被较好。河流自源头向东流，于仲萨乡扎门达勒卡附近汇入巴朗曲。

7.17.38.5.2　吉普曲
(Jipuqu River)

巴朗曲右岸支流，发源于西藏自治区工布江达县仲萨乡洞母附近。流域面积 346 平方千米，河长 37 千米，落差 1 250 米。

流域呈带状，地势南高北低。河水泥沙含量小，水质优良。域内空气湿润。流域多年平均年降水量约 1 500 毫米，多年平均年径流量约 3.81 亿立方米，多年平均流量约 12.1 立方米每秒。水力资源理论蕴藏量约 2.7 万千瓦。经济以牧业为主。自然灾害有水灾、旱灾及雪灾。

干、支流源头有冰川、冰湖分布。河流源头至河口大致向西北流。河道比降大，河谷狭窄，多呈 V 形，水流急。两岸山高坡陡，沟壑纵横，植被覆盖率高，灌丛草场及天然林木生长良好。河流经结牧（杰牧）、杰巴，于仲萨乡麦村附近汇入巴朗曲。

7.17.38.6　巴河
(Bahe River)

尼洋河左岸支流，亦称帕桑曲，发源于西藏自治区工布江达县错高乡扎拉村上游的冰川。流域面积 4 191 平方千米（其中冰川面积 862 平方千米），河长 100 千米，落差 760 米。

概　述

流域东邻**拉月曲**流域，西与**娘曲**流域接壤，北与**易贡藏布**流域毗邻，南与尼洋河相连。现代冰川在干、支流河源地带广泛分布。域内湖泊众多，主要有**八松错**、新错和钟错弄巴错。植被良好，海拔 4 200 米以下为森林生长带，4 200～5 200 米为灌木丛、高山草甸生长带，5 200 米以上为高山冰雪或寒冰带。河谷较宽阔，一、二级阶地发育，耕地多分布在低矮阶地或滩地上。河水泥沙含量小，矿化度较低，水质达地表水质量Ⅰ类标准。

流域属高原温带半湿润季风气候区，温暖湿润，雨水充沛。多年平均气温约 7.0 摄氏度。多年平均年蒸发量约 751 毫米。每年的 4—10 月为雨季，多年平均年降水量约 1 800 毫米，径流由降水、冰雪融水及地下水补给。位于河口处的巴河桥水文站建于 1996 年，是巴河的水文控制站。多年平均年径流量约 66.6 亿立方米，多年平均流量约 211 立方米每秒，年最大流量约 1 090 立方米每秒，年最小流量约 26.7 立方米每秒，年平均含沙量约 0.021 千克每立方米。5—10 月径流量约占全年的 80%。

流域属喜马拉雅山地质构造带，域内山峦起伏，沟壑纵横。源头古冰川侵蚀地形发育，上游河谷下切明显，山高谷深，水流湍急，河谷呈 V 形。中、下游河谷宽广，坡降小，水流平缓，阶地发育，多呈 U 形。两岸山体多为浅灰色层状石英岩、石英砂岩、杂色千枚岩及黑云母片岩等，完整性较差。流域内水灾、旱灾、冰雹、泥石流、地震、病虫害时有发生。

2008 年流域内有耕地约 2 000 公顷，并有多处草场。主要的农作物有冬小麦、青稞、豌豆、油菜，主要牲畜有牛、羊、猪。林木有冷杉、云杉、高山松、柏、杨、桦等，矿产有铁、铅、锌、水晶、云母和石灰。八松湖是国家 AAAA 级风景区，也是国家级森林公园。流域水力资源理论蕴藏量 63.7 万千瓦，其中干流约 38.9 万千瓦。截至 2008 年年底，干流上已建成雪卡一级和雪卡二级电站，总装机容量 5.56 万千瓦，在建老虎嘴电站，装机容量 10.2 万千瓦。

西藏单台装机容量最大的老虎嘴电站

纪　实

源头至错高村为上游段，河长 37.5 千米，河道平均坡降 8.53‰。河流自源头向东南流，经拉玛热弄、热玛、扎拉，于久巴转向南流，沿程纳入数条源于冰川或冰湖的支流后抵达错高村。上游山势高耸，森林茂密，鸟语花香。热玛以上河谷较窄，热玛以下河谷宽阔。

错高村至雪卡村为中游段。长 31.5 千米，平均比降 7.94‰。河流自错高村南流 3 000 余米进入**八松错**（错高湖），于八松错的西南岸边流出折向南流。左纳**罗结曲**，经木巴、甲热至雪卡村。中游段河谷较宽，谷宽为0.8～1.5千米。两岸高山耸立，森林密布。右岸发育有四级阶地，部分阶地宽广平坦。

雪卡村至河口为下游，下游段长31.0千米，河道平均比降14.2‰。河流于雪卡附近右纳最大支流**朱拉曲**后，转向南流。经欧巴、帮久，于巴河镇南侧汇入尼洋河。下游段水流湍急，河谷宽阔，有五级阶地发育。两岸分布有大面积农田，种有青稞、小麦、豌豆、油菜等。

7.17.38.6.1　罗结曲
(Luojiequ River)

巴河左岸支流，发源于西藏自治区工布江达县错高乡境内新错的东北部。流域面积654平方千米，河长39千米，落差437米。

流域内气候温暖湿润，山高谷深，森林密布，景色秀丽。多年平均年降水量在1900毫米以上。径流由冰雪融水、降水和地下水补给，多年平均年径流量约11.1亿立方米，多年平均流量约35.2立方米每秒。水力资源理论蕴藏量约1.92万千瓦。河水泥沙含量小，水质优良。农作物主要有冬小麦、青稞、豌豆和油菜。域内牧业兴旺，山坡草场、河谷草场多有分布，牲畜有牛、羊、猪等。主要的林木有冷杉、云杉、高山松等。水灾、旱灾、病虫害常有发生。

河源一带冰川地貌发育，上游为湖泊形河道，河道下切显著，两岸山峰高耸，青山碧水，环境优雅。中、下游河谷较宽，坡降小，水流平缓，岸边阶地发育。河流自源头向西南流，3千米后流进**新错**（为过水湖泊，呈东北—西南向带状，长约6千米，最大宽约1千米）。自新错西南一侧流出，经蝉洞五穷、沈洞，河流缓缓转向西北流。沿程纳入数条支流，至洛池村下游4千米处，纳右岸支流边浪曲后，于错高乡结巴西侧汇入**八松错**。

7.17.38.6.2　八松错
(Basongcuo Lake)

位于**巴河**中游，亦称巴松错、错高、帕桑错，藏语意为"绿色的水域"。在西藏自治区工布江达县境内，地理位置为东经93°59′、北纬30°01′。湖面高程3484米，湖长13.8千米，最大宽2.8千米，平均宽1.85千米，湖面面积25.5平方千米，最大水深约60米。

地处念青唐古拉山东段南侧八松曲谷地内，由两支古冰川相汇塑造成的槽谷中，谷口由终碛垅堵塞积水成湖，为冰川堰塞湖。属高原温带藏东半湿润区气候，多年平均气温6.2摄氏度，多年平均年降水量1800毫米。流域面积1235.0平

八松错

俯瞰八松错

方千米，湖泊补给系数为47.4。湖水由冰川融水和大气降水补给。入湖河流除巴河上游外，还有从南岸汇入的支流**罗结曲**。多年平均入湖流量55.6立方米每秒，多年平均年入湖径流量17.5亿立方米。湖水从西南端泄入巴河。湖水pH值7.3，矿化度0.120克每升，属硫酸钠亚型（1984年）。

八松错滨湖地区高山环绕，地势陡峻，湖水清澈碧绿，湖周有雪山和原始森林，水中有黄鸭、沙鸥、白鹤等。湖心小岛上建有17世纪的错宗寺。有县级公路连接川藏公路。是国家AAAA级旅游区，国家森林公园。

7.17.38.6.3　朱拉曲
(Zhulaqu River)

巴河右岸支流，又名特罗克拉河，发源于西藏自治区工布江达县朱拉乡马穷附近。流域面积1787平方千米（其中冰川面积约364平方千米），河长94千米，落差1734米。

流域出露岩层多为浅灰色层状石英岩、石英砂岩、杂色千枚岩及黑云母片岩等。多年平均年降水量约1600毫米，年蒸发量约1200毫米。径流由降水、冰雪融水和地下水补给。乔木林及灌木丛生长茂盛，植被覆盖率达80%以上，河水泥沙含量小，水质良好。

朱拉曲

流域多年平均年径流量25.0亿立方米，多年平均流量约79.3立方米每秒，干流水力资源理论蕴藏量约19.9万千瓦。主要农作物有青稞、小麦、豌豆、油菜等。野生动植物有熊、猴子、贝母、松茸、虫草等。天然林木有冷杉、高山松等。自然灾害有水灾、干旱等。

河流自源头向东南流，至崩嘎（莫西东波）转向南流，至岗登（嘎当）复向东南流，至朱拉乡扎热村，左纳**色布弄巴**，河流汇口以上河谷形态主要为宽谷型，河床宽一般为1.5千米左右，最宽处可达2.0千米。两岸分布有大量的耕地和草场。

人口相对集中，朱拉乡政府位于该河段内。汇口以下河道较窄，宽约 500 米，人口、耕地、草场也较少，于错高乡雪卡村附近注入巴河。域内山峦起伏，沟壑纵横，干支流河源地带有冰川及冰碛湖分布。沿程支流较多，冬季河流有结冰现象。河床由砂卵石组成，蜿蜒曲折，坡降大，河床稳定。

7.17.38.6.3.1　色布弄巴
(Sebunongba River)

朱拉曲 左岸支流，发源于西藏自治区工布江达县朱拉乡宁查（月查）附近的冰川。流域面积 477 平方千米，河长 31 千米，落差 712 米。

域内山峰林立，沟壑纵横，地势陡峻，气候温和。流域多年平均年降水量约 1 600 毫米。河床多为砂卵石组成，河床稳定，坡降稍大。径流由冰雪融水、降水和地下水补给。河流在冬季有冰情发生。域内乔木及灌木生长旺盛，植被覆盖率达 80% 以上。河水含沙量小，水质良好。

流域多年平均年径流量 10.0 亿立方米，多年平均流量约 31.7 立方米每秒，水力资源理论蕴藏量约 2.06 万千瓦。农作物有青稞、小麦、豌豆。野生动植物有熊、黑颈鹤、松茸等。林木有云杉、高山松等。主要的自然灾害有水灾和旱灾。

源头地带冰川发育。河流自源头向东南流，在色布上游左纳一支流后，转向南流，经白拉、色朗，于朱拉乡扎热村下游汇入朱拉曲。

7.17.38.7　几布雄
(Jibuxiong River)

尼洋河 右岸支流，亦称克拉曲，发源于西藏自治区林芝县百巴镇空麻附近的念久山北麓。流域面积 715 平方千米，河长 46 千米，落差 1 740 米。

流域内气候湿润温和，年日照时数 2 000 小时左右，年无霜期约 170 天。多年平均年降水量约 1 500 毫米，6—9 月降水量占全年的 80% 以上。多年平均年蒸发量约 1 300 毫米。径流主要由冰雪融水、降水和地下水补给。河流在冬季有冰情发生。河道为沙卵石组成。流域内森林茂密，植被茂盛，植被覆盖度阴坡好于阳坡。河水泥沙含量小，水质良好。流域多年平均年径流量约 7.87 亿立方米，多年平均流量约 25.0 立方米每秒。水力资源理论蕴藏量 8.13 万千瓦。

主要农作物有青稞、小麦和豌豆，以饲养牦牛、绵羊为主。天然林木有柏树、桑树、云杉、冷杉、高山松等，主要动植物有猴、小熊猫、水獭、贝母、天麻等。自然灾害有洪灾、旱灾、泥石流等。

源头呈冰川作用过的地貌，分布有少量冰川。河流自源头向北流，上中游段河谷狭窄，山高坡陡，河道比降大，水流湍急。沿程支流较多，至拉格，左纳嘎马后折向东北流，于百巴镇扎麦村下游汇入尼洋河。拉格至河口，河谷开阔，两岸农田较多。

7.17.38.8　则弄
(Zenong River)

尼洋河 右岸支流，发源于西藏自治区林芝县百巴镇喇嘛念附近的（念久山北麓）冰川。流域面积 541 平方千米，河长 49 千米，落差 1 191 米。

流域内气候湿润温和，雨水充沛。流域多年平均年降水量约 1 500 毫米，6—9 月降水量约占全年的 80% 以上。年日照时数 2 000 小时左右，年无霜期约 150 天。径流主要由降

水、融水补给。冬季河流有结冰现象。域内植被覆盖率高，乔木及灌木林分布广泛。河水泥沙含量小，水质为地表水质量 Ⅱ 类标准。流域多年平均年径流量 6.49 亿立方米，多年平均流量约 20.6 立方米每秒。水力资源理论蕴藏量 3.63 万千瓦。

农田主要分布在下游河谷地带，农作物有青稞、小麦、豌豆等。天然林木有柏树、桑树、云杉、冷杉、高山松等。主要动物有熊、豹、叶猴、野牛、香獐、水獭等。常见的自然灾害有泥石流、洪水、干旱等。

河流自源头至河口大致向北偏东流，沿程纳入多条支流，流经夺学玛等地，在百巴镇龙美下游注入尼洋河。干、支流的源头多湖泊分布，如龙格冲果错、得不半错、折古错等。中游山高坡陡，河谷深切，水流湍急。河口处河谷宽阔，阶地发育。

7.17.38.9　白雍
(Baiyong River)

尼洋河 右岸支流，亦称北永弄巴，发源于西藏自治区林芝县百巴镇帮钗巴附近的错姐错。流域面积 409 平方千米，河长 36 千米，落差 1 540 米。

流域内气候湿润温和，雨水充沛。流域多年平均年降水量约 1 400 毫米，6—9 月降水量约占全年的 80%。径流主要由降水补给。河流在冬季有结冰现象。域内山清水秀，森林茂密，植被良好，河水泥沙含量小，水质良好。流域多年平均年径流量 4.50 亿立方米，多年平均流量约 14.3 立方米每秒。水力资源理论蕴藏量约 4.28 万千瓦。

农作物有青稞、小麦、豌豆等。天然林木有柏树、桑树、松树等，主要动物有熊、豹、叶猴、水獭等。自然灾害有泥石流、洪灾、旱灾等。

干、支流源头地带，分布有较多的湖泊。河流自源头向东北流，过错巴折向北流。河谷狭窄，河床下切强烈，比降大，水流急。于百巴镇百巴村附近汇入尼洋河。河口附近河谷宽阔，有零星农田分布。

7.17.38.10　八及曲
(Bajiqu River)

尼洋河 左岸支流，亦称白及弄巴曲，发源于西藏自治区林芝县八一镇措古附近。流域面积 307 平方千米，河长 30 千米，落差 2 060 米。

高原江南

流域内森林茂密，植被覆盖率高，气候湿润温和，雨水充沛。源头河谷开阔，两岸山峰相对低矮，河道比降大，河口处阶地发育。河床多为砂卵石组成。冬季河流有结冰现象。流域多年平均年降水量约 1 100 毫米，6—9 月降水量约占全年

鲁朗小村

林芝色季拉山口的云杉

的 80%。径流主要由降水补给。河水含沙量小，水质良好。

流域多年平均年径流量约 2.61 亿立方米，多年平均流量约 8.28 立方米每秒。水力资源理论蕴藏量约 7.62 万千瓦。已建水电站 3 座，总装机容量 7 590 千瓦。主要农作物有青稞、小麦、豌豆和油菜，天然林木有柏树、桑树、云杉、冷杉、高山松等，主要野生动物有熊、猴、水獭等。主要自然灾害有水灾、干旱等。

产品有灵芝、虫草、猴头菇、天麻、三七等。自然灾害有洪灾、干旱、地震、病虫害等。

河流自源头向东流，经多诺折向南流，在尼莫纳杂附近急转西流，至尼池村复向南流，于林芝镇达格孜村附近汇入尼洋河。

7.17.39　帕隆藏布
（Palongzangbu River）

雅鲁藏布江 左岸支流，发源于西藏自治区八宿县然乌镇曲尺附近的阿扎贡拉山北坡。流域面积约 28 969 平方千米，河长 289 千米，落差 3 360 米。是雅鲁藏布江五大支流中水量最丰富的一条，年径流量接近其余四大支流的总和。

林芝八一镇

帕隆藏布中游峡谷段

自源头向东南流，经措古折向西南流，向下约 300 米，河水注入一过水湖泊，河流出湖泊后向南流，右纳良荣沟后，于八一镇附近汇入尼洋河。八一镇是林芝地区行署驻地，是一座初具规模的现代化城镇。这里气候温和，群山环抱，森林青翠，景色优美。周边名胜古迹较多。

7.17.38.11　林芝沟
（Linzhigou River）

尼洋河 左岸支流，发源于西藏自治区林芝县林芝镇错楚（错主）以上的小湖泊。流域面积 327 平方千米，河长 40 千米，落差 1 530 米。

流域内气候湿润温和，雨水充沛。河床为砂卵石组成，冬季河流有结冰现象。流域多年平均年降水量约 950 毫米，6—9 月降水量约占全年的 80%。年日照时数 2 000 小时左右，年无霜期约 175 天。径流主要由降水补给。洪水一般出现在 7—8 月。域内森林茂密，植被覆盖率达 80% 以上。河流泥沙含量小，水质良好。

流域多年平均年径流量约 2.29 亿立方米，多年平均流量约 7.26 立方米每秒。水力资源理论蕴藏量约 1.31 万千瓦。已建电站 1 座，装机容量 1 000 千瓦。农作物有青稞、小麦、豌豆、油菜等，天然林木有柏树、桑树、云杉、冷杉、高山松等，主要野生动物有熊、豹、叶猴、野牛、香獐和水獭，名特

概　述

流域范围　流域介于北纬 29°07′～31°03′ 和东经 92°53′～97°07′ 之间。流域东面和北面与**怒江**流域相邻，南面紧靠**察隅曲**、**尼洋河**流域，西与**拉萨河**流域接界。东西长约 430 千米，南北宽约 110 千米。位于西藏自治区东南部，流域涉及西藏自治区嘉黎、波密、林芝、八宿、边坝 5 县。

河流水系　河流蜿蜒穿行于崇山峻岭之间，主要支流有**曲宗藏布**、**波堆藏布**、**易贡藏布**和**拉月曲**。左、右岸流域面积极不对称，右岸流域面积为 26 069 平方千米，占全流域的 91%。

气候水文　从南到北由亚热带山地湿润气候逐渐过渡到高原温带季风半湿润气候和高原寒温带半湿润气候。总的气候属藏东温带半湿润高原季风气候区。年日照时数约 1 500 小时，年无霜期约 150 天，干湿季较明显。流域内年平均气温变化不大，多年平均气温 8.6 摄氏度。7 月平均气温最高，一般在 16.0 摄氏度左右，1 月最低，一般在 1.0 摄氏度左右，年水面蒸发量约 1 000 毫米。流域内阴湿多雨。多年平均年降水

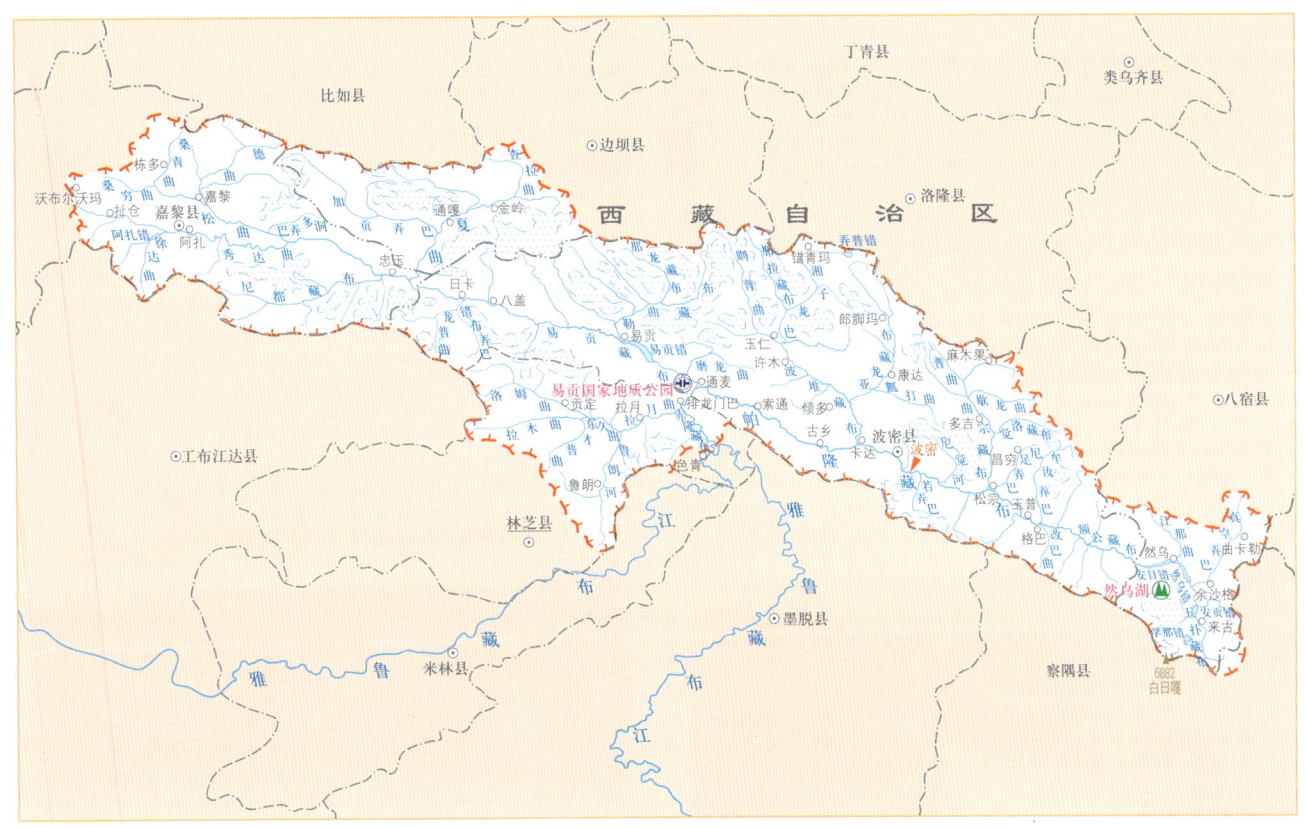

帕隆藏布水系示意图

量约 1 582 毫米，雨季一般自 5 月开始，9 月或 10 月结束。6—9 月降水量约占全年的 70%～90%。暴雨多出现在 7 月、8 月，实测 24 小时最大降水量 111.7 毫米，6 小时最大降水量 45.6 毫米。

流域内森林茂密，植被覆盖率达 85% 左右。径流由雨水、冰雪融水和地下水组成。流域多年平均年径流量约 379 亿立方米，多年平均流量约 1 200 立方米每秒。6—9 月径流量约占年径流量的 77%，1—5 月占全年的 12% 左右，10—12 月占全年的 11% 左右。中、上游仅有岸冰出现，下游河道有流冰花。

地质地貌 流域位于青藏高原东南边缘，地势向南倾斜，为典型的高山峡谷地形，峰高谷深，相对高差 2～4 千米，山峰海拔多在 5～6 千米以上。现代冰川发育，冰川及雪被覆盖面积约 6 800 平方千米，是西藏现代冰川分布最广、面积最大的地区，亦是我国境内罕有的海洋型山谷冰川主要分布区域。冰川类型主要有山谷冰川，其次有冰斗冰川以及悬冰川，冰蚀地貌举目可见。著名的米堆冰川在河流上游米堆沟内。冰舌可延伸到 3 500 米左右的山腰。

流域地处冈底斯—念青唐古拉地质构造区，岩层发生了强烈褶皱与变质。变质岩分布较广，且非常破碎。从震旦系至第四系地层在流域内均有出露，花岗岩出露广泛。河流的纵剖面上为宽谷盆地与峡谷，在深切的河谷中珠串有堰塞湖。

自然资源 据 2003 年水力资源复查成果，全流域水力资源理论蕴藏量约 1 622.65 万千瓦，其中干流约 877 万千瓦。干流技术可开发量约 493.9 万千瓦。

天然林木有云杉、冷杉、高山松，经济林木有漆树、核桃及茶树等，药材有天麻、虫草、贝母、雪莲等，食用菌有木耳、松茸等，珍稀野生动物有羚羊、黑熊、小熊猫、雪豹、赤斑羚，矿产主要有金、铅、水晶、铁、钨、铜等，土特产有易贡绿茶、易贡藏刀、木碗等。

自然灾害 自然灾害以泥石流、滑坡为主。泥石流、山

米堆冰川

体崩塌滑坡阻塞江河，形成"溃坝"洪水（如 1900 年和 2000 年扎木弄沟发生的特大型山体崩塌滑坡阻塞易贡藏布形成"溃坝"洪水）。据不完全统计，流域内的川藏公路沿线有泥石流沟 67 条，著名的有古乡沟、培龙沟、加马其美沟。据记载，古乡沟 1953 年 9 月 23 日发生特大型泥石流，死亡 140 余人，并堵塞帕隆藏布；1954—1957 年，平均每年发生 30～40 次泥石流灾害，1963—1965 年共暴发 165 次。培龙沟 1985 年 5 月 29 日暴发的泥石流堵塞帕隆藏布，造成 80 辆大小汽车被淹没，经济损失约 500 万元。域内地震频繁，1952—1980 年共发生 4.7 级以上地震 17 次。地震基本烈度为Ⅸ度。

经济社会 西藏和平解放以后，川藏公路正式通车，交通条件得到改善。木材加工业、民族手工业、服务业等随之兴起。特别是改革开放以来，各行业得以长足发展，国民经济和人民生活水平迅速提高。据 2008 年资料统计，流域内总人口 5.65 万，耕地面积 9.47 万亩，粮食总产量约 2.29 万吨，地区生产总值 9.48 亿元。流域内粮食作物有青稞和冬（春）

小麦，经济作物主要有茶叶和油菜。水利建设事业蓬勃发展。流域内主要以小水电和农灌引水工程为主。已建水电站17座，装机容量8 400千瓦。已建20年一遇防洪标准的防洪堤4处，总长16.8千米。

纪　实

上游　自源头流经约30千米进入安贡错，安贡错以上为河源段，称玉扑藏布。河源地带现代冰川发育，分布有学那错等小型冰碛湖4个，河谷开阔，地形起伏小，冰碛地貌发育。

自源头向北流，至波密县玉普乡格巴村为上游段。河长100千米。右纳**真空弄巴**后流经约4千米进入**然乌错**。在然乌镇附近，河流折向西流，右纳江那曲后进入安目错。出安目错后河流向西偏北流。至忠坝河段，河流急剧下切，水流湍急，在长约50千米的河段，落差达500米左右，平均比降10‰。水面宽30～80米左右，属高山峡谷地貌，此河段称额公藏布（亦称波斗藏布）。在格巴（改巴）村附近，相继纳入**改巴曲**和**牟汝弄巴**后始称帕隆藏布。

帕隆藏布上游

中游　格巴村至老虎嘴（拉月曲汇口）为中游段。河长约163千米，落差约900米，平均比降为9.6‰。忠坝至雪瓦村，河谷宽窄相间。宽谷段水流平缓，河道多汊流和江心洲，水面最宽处可达几百米，两岸阶地与洪积扇发育。宽谷段泥石流沟发育，规模较大，如古乡沟冰川泥石流曾多次阻塞河道，对公路等基础设施造成很大危害。峡谷段水流湍急，水面宽多在50～80米，谷坡在50度左右，峰顶与谷底高差多在500米以上。许瓦卡至通麦河道形态为山嘴交错的峡谷段。全长44千米，落差360米，平均比降约8.2‰。岩石多为较破碎的变质岩，山高坡陡，稳定性差。

帕隆藏布中游宽谷段

河流经玉普乡至松宗镇，在松宗镇附近右纳曲宗藏布和**尼觉河**后，流经波密县城扎木镇。左纳波堆藏布后，转向西北流。经古乡、索通至通麦，在通麦附近右纳易贡藏布后急转南流。拉月曲为排龙门巴民族乡汇入，再折向东南流，进入下游段。中游段河床覆盖层多以漂石和砂卵石组成。中游地区是易贡国家地质公园所在区域。通麦以下是雅鲁藏布大峡谷自然保护区的上源部分。两岸多悬崖峭壁、地形险峻，是川藏公路事故多发区，"迫龙天险"由此而得。坐落在帕隆藏布中游右岸的扎木镇是波密县府驻地，波密藏语意为"祖先"，原为波密王辖地，清道光年间统归西藏地方政府管辖。1954年将曲宗、易贡、倾多3个宗合并，划属昌都解放委员会驻波密第二办事处管辖，1959设县。波密县2008年总人口14 106人，2007年全县地区生产总值为49 857万元。

波密步行街

波密嘎朗王宫遗址

帕隆藏布下游

下游　老虎嘴（拉月曲汇口）至入雅鲁藏布江汇口为下游段，河长26千米。下游段向东南流。流经唐登、玉米，在林芝县鲁朗镇色青以下汇入雅鲁藏布江。此段亦称赤隆藏布，是雅鲁藏布大峡谷自然保护区的一部分。两岸为悬崖峭壁，原始森林茂密，云雾缭绕，十分壮观。河道内终年水流湍急，白浪翻滚，涛声隆隆。大砾石遍布河道，推移质含量大，在岸边常可听到推移质的撞击声，大砾石侵蚀河床作用显著。历史洪水位以下基岩裸露，覆盖层多以砾石和砂卵石组成。水面宽30～80米。下游地区人口稀少，交通不便，只有羊肠小道沿两岸通过，溜索桥是唯一的过河设施。多数地段骡马无法通行，物流仅靠人力运送。下游地区人类活动影响很小，自然生态环境保持完好。珍稀动植物种类繁多，亚热带林栖珍稀动物黑熊、赤斑羚、小熊猫、棕尾虹雉和鹦鹉活动频繁，时有猕猴群出没。

7.17.39.1　真空弄巴
(Zhenkongnongba River)

帕隆藏布 右岸支流，亦称真孔弄巴，发源于西藏自治区八宿县然乌镇曲卡勒以上的冰川。流域面积约502平方千米，河长40千米，落差1 140米。

流域南北长约37.5千米，东西宽约21千米。多年平均气温约7.5摄氏度，干湿季较明显。流域多年平均年降水量约1 100毫米，年水面蒸发量约1 000毫米，多年平均年径流量约5.02亿立方米，多年平均流量约15.9立方米每秒。水力资源理论蕴藏量约4.55万千瓦。

流域内现代冰川发育，冰川及雪被覆盖面积约104平方千米。高山上常年白雪皑皑，冰川及冰蚀地貌广布。域内人类活动影响小，自然生态环境保持完好。水资源、水力资源处于未开发状态。流域是然乌湖国家森林公园的一部分。经济以牧业为主。流域内森林茂密，植被覆盖率在60%左右。河水清澈，水质无污染，年悬移质输沙量约1.26万吨。

流域呈南北向狭长形，自源头向南流，右纳甲登弄巴，经余沙洛，在八宿县然乌镇宗巴村附近汇入然乌错。

7.17.39.2　然乌错
(Ranwucuo Lake)

位于西藏自治区八宿县然乌镇境内，地处**帕隆藏布**上游，地理位置为东经96°45′，北纬29°25′。湖呈河道形，大致作西北—东南向展布。湖面高程3 850米，相应湖长29千米，平均宽0.76千米，湖面面积22平方千米。按其形态，可分为上、中、下三段。各段之间有浅窄河道相连。湖泊岸坡陡峭，岸线曲折多弯，湖岸周长58千米。

美丽的然乌错

然乌错系1733年帕隆藏布右岸山体滑坡堵塞河道而形成的堰塞湖。四周群山环峙，山峰高程在5 000米以上，常年冰雪覆盖，著名的阿扎贡拉冰川即位于湖之南部。滨湖地区山高谷深，河道深切，水流湍急。属高原温带藏东半湿润气候，

受孟加拉湾暖湿气流影响，温暖湿润，干湿季分明。多年平均气温8.5摄氏度，多年平均年降水量约1 100毫米。流域面积1 798.0平方千米，湖泊补给系数80.7。湖水主要由冰雪融水径流补给，入湖河流主要有帕隆藏布干流河源段及其支流**真空弄巴**。实测湖泊最大水深上段3.55米，康萨附近1.6米，平均水深1米。年内水位变幅2～3米。每年冬季，各入湖河口区滩地显露，湖宽仅30～40米。夏季，近岸地带水温变化于10.6～17.8摄氏度，冬季11月至次年3月为湖面结冰期。湖水pH值6.7，矿化度0.32克每升，属碳酸盐类型。湖中仅见有裂腹鱼和高原鳅生栖。湖周野生植物有冷杉、云杉、落叶松、白桦、黑桦及药用植物贝母、大黄、雪莲等，常见野生动物有猕猴、马鹿、獐、草狐、紫貂、岩羊、盘羊、贝母鸡等。

然乌错（出口）

流域内自然景观层次鲜明，湖水清澈湛蓝，山腰为莽莽的原始森林和五颜六色的杜鹃花灌丛，山顶为终年不化的皑皑雪山，拉古冰川犹如蟒龙直抵湖边。然乌错现为国家级森林公园。滨湖北侧有川藏公路穿过。

7.17.39.3　牟汝弄巴
(Murunongba River)

帕隆藏布 右岸支流，发源于西藏自治区波密县玉普乡境内的昌穹（仓久）以上的冰川。流域面积312平方千米，河长34千米，落差约1 600米。

流域南北长30千米，东西宽约15千米。冰川及冰蚀地貌发育。干、湿季节较明显。流域多年平均年降水量约1 700毫米，年水面蒸发量在1 000毫米以下。域内森林茂密，植被覆盖率约55%。河水清澈，水质良好，年悬移质输沙量约0.662万吨。流域多年平均年径流量约4.52亿立方米，多年平均流量约14.3立方米每秒。水力资源理论蕴藏量约3.36万千瓦。已建水电站1座，装机容量75千瓦。

河流自源头向南流，经昌穹、达雅，于波密县玉普乡日昂寺附近汇入帕隆藏布（额公藏布段）。经济以牧业为主，饲养牦牛、犏牛、绵羊和山羊。河床覆盖层多为砂卵石组成。

7.17.39.4　曲宗藏布
(Quzongzangbu River)

帕隆藏布 右岸支流，亦称松宗藏布，发源于西藏自治区波密县多吉乡松打地以上的冰川。流域面积1 469平方千米，河长73千米，落差2 120米。

流域内冰川及冰蚀地貌发育，冰川及雪被覆盖面积约223

平方千米。多年平均气温约 8.5 摄氏度，日照时数约 2 060 小时。多年平均年降水量约 1 500 毫米。年水面蒸发量在 1 000 毫米以下。流域内森林茂密，植被覆盖率约 60%。河水清澈，年平均悬移质输沙量约 3.66 万吨。

流域多年平均年径流量 19.1 亿立方米，多年平均流量约 60.6 立方米每秒。水力资源理论蕴藏量约 24.59 万千瓦。已建水电站 1 座，装机容量 200 千瓦。

河流自源头向西流，至麻木果折向西南流，右纳普宗西曲后转向南流。经格窝、多吉乡、帕雄、茶绕等地，沿程纳入打龙曲、歇龙曲、觉洛藏布等支流，在波密县松宗镇附近汇入帕隆藏布。川藏公路从河口通过。流域内河谷宽窄相间，河床覆盖层多为砂卵石组成。两岸谷坡陡峻，水流湍急。常见的自然灾害有地震、洪水和泥石流。经济以农牧业为主，饲养牦牛、马、羊等。河口附近有农田，主要农作物有青稞、冬小麦、春小麦、油菜和豆类。

7.17.39.5　尼觉河
（Nijue River）

帕隆藏布右岸支流，亦称尼足弄巴，发源于西藏自治区波密县扎木镇让雄以上的冰川。流域面积 148 平方千米，河长约 21 千米。

流域内现代冰川发育，河源地区常年白雪皑皑。多年平均气温在 8.5 摄氏度左右。降水充沛，雨季为 4—10 月。流域多年平均年降水量 1 600 毫米，年水面蒸发量在 1 000 毫米以下。年悬移质输沙量约 0.54 万吨。域内森林茂密，植被覆盖率约 80%，水质良好。

流域多年平均年径流量约 2.19 亿立方米，多年平均流量 6.94 立方米每秒。水力资源理论蕴藏量 1.39 万千瓦。流域内人类活动影响小，自然生态环境保持完好，水资源、水力资源尚未开发。

河流源头至汇口总体上向南流，经让雄，于波密县扎木镇尼足附近汇入帕隆藏布。流域内农作物有青稞、冬（春）小麦和油菜等，河谷宽窄相间，河床覆盖层多以沙卵石组成。

7.17.39.6　若弄巴
（Ruonongba River）

帕隆藏布左岸支流，亦称多洛弄巴，发源于西藏自治区波密县扎木镇德卓附近的冰川。流域面积 169 平方千米，河长约 20 千米。

流域内现代冰川发育，干、支流河源区常年白雪皑皑。流域内多年平均气温在 8.5 摄氏度左右。流域多年平均年降水量约 1 500 毫米，雨季为 4—10 月。年水面蒸发量在 1 000 毫米以下。水质良好。森林茂密，植被覆盖率约 70%。

流域多年平均年径流量约 2.40 亿立方米，多年平均流量约 7.61 立方米每秒。水力资源理论蕴藏量约 4.74 万千瓦。流域内人类活动影响小，自然生态环境保持完好，水资源、水力资源尚未开发。

源头至河口总体上向北流。经亚巴至尼觉村，于波密县松宗镇达兴村附近汇入帕隆藏布。流域内农作物有青稞、冬小麦、春小麦和油菜等。河谷宽窄相间，河床覆盖层多以沙卵石组成。

7.17.39.7　波堆藏布
（Boduizangbu River）

帕隆藏布右岸支流，亦称波得藏布，发源于西藏自治区波密县玉仁乡错青玛以上的弄普错。流域面积 4 212 平方千米，河长 102 千米，落差 1 930 米。

流域介于东经 95°06′~95°37′和北纬 30°38′~29°54′之间。东邻**曲宗藏布**，西与**易贡藏布**流域相接，北与**怒江**流域接界。流域内现代冰川发育，冰川及雪被覆盖面积约 1 040 平方千米。出露岩层主要有变质黑云母花岗闪长岩、片麻岩、片岩、变粒岩等。

流域属高原温带湿润季风气候区。域内降水丰沛，雨季为 4—10 月，流域多年平均年降水量约 2 000 毫米，年水面蒸发量约 850 毫米。径流由雨水、冰雪融水和地下水组成。流域内森林茂密，植被覆盖率高，自然生态环境保持较完好。河水清澈，年悬移质输沙量约 9.36 万吨。冬季河源段冰情较严重，有封冻现象，中、下游河段有岸冰和流冰花。流域内常见的自然灾害有洪水、泥石流和地震。

流域多年平均年径流量约 67.4 亿立方米，多年平均流量约 214 立方米每秒。干流水力资源理论蕴藏量约 57.3 万千瓦。流域内已建水电站 2 座，装机容量 1 300 千瓦。主要农作物有青稞、冬（春）小麦、油菜，经济林木有花椒、核桃和苹果，主要树种有云杉、冷杉、高山松、落叶松等，野生动植物主要有羚羊、鹿、天麻、虫草、灵芝、雪莲等。

上游段称湘子龙巴。自源头向南流，经错青玛、结达等地，右岸相继纳入那拉藏布和则普曲。上游段干、支流两岸谷坡陡峻，原始森林及灌木茂密，云雾缭绕。水流湍急，基岩裸露。河道宽窄相间，河床覆盖层多为砂卵石。经济以牧业为主，饲养牦牛、马、绵羊和山羊。玉仁乡政府附近有耕地。则普曲汇入后始称波堆藏布。经许木乡，河流转向东南流，经白宇村、倾多镇至朱西村，左纳**亚龙藏布**。中游段河谷较宽阔，阶地发育，河床覆盖层多以砂卵石组成。经济以农牧业为主。亚龙藏布汇入后，河流向南流，至卡达村为下游。下游段河谷宽阔，多汊流和江心洲，两岸谷坡陡峭，森林及灌木茂密。河流在波密县扎木镇卡达村附近汇入帕隆藏布。

波堆藏布河口

7.17.39.7.1　亚龙藏布
（Yalongzangbu River）

波堆藏布左岸支流，发源于西藏自治区波密县倾多镇（亦称同美）拿乌松多附近的布次错。流域面积 1 387 平方千米，河长 70 千米，落差 1 300 米。

流域内现代冰川发育，冰川及雪被覆盖面积约 293 平方千米。流域多年平均年降水量约 1 600 毫米。年悬移质输沙量约 3.15 万吨。冬季河源段冰情较为严重，河流有封冻现象。流域多年平均年径流量约 19.4 亿立方米，多年平均流量约 61.5 立方米每秒。水力资源理论蕴藏量约 13 万千瓦。水资源、水

亚龙藏布

力资源尚未开发。

河流自源头向南流，经郎脚马、过卡达，在流程约45千米处折向西南流，在顶仲以下左纳赢（瓢）打曲后，于波密县倾多镇达龙村附近汇入波堆藏布。河流上段称布志曲，郎脚马以下称亚龙藏布。上段支沟较多，两岸谷坡陡峻，水流湍急。流域内主要经济林木有花椒、核桃和苹果，主要树种有云杉、冷杉和高山松等，主要饲养牦牛、犏牛、马和山羊，主要农作物有青稞、冬（春）小麦、油菜和豌豆。常见的自然灾害有洪水、泥石流和地震。

7.17.39.8　易贡藏布
（Yigongzangbu River）

帕隆藏布右岸支流，发源于西藏自治区嘉黎县阿扎镇曲隆（亦称雀隆）村沃布尔沃玛附近，流域面积13 533平方千米，河长286千米，落差3 070米。流域涉及西藏自治区嘉黎、边坝和波密3县。

概　　述

流域介于东经92°53′～95°04′和北纬30°04′～31°02′之间，东临**波堆藏布**，南与**尼洋河**流域接界，西靠**拉萨河**流域，北与**怒江**流域相邻。

流域内现代冰川发育，冰川及雪被覆盖面积约3 370平方千米。出露岩层主要有变质黑云母花岗闪长岩和片麻岩、片岩、变粒岩等。

流域内气候属高原温带湿润季风气候区。雨季在4—10月，流域多年平均年降水量约1 350毫米。年水面蒸发量约840毫米。径流由雨水、冰雪融水和地下水组成。流域内森林茂密，植被覆盖率高，自然生态环境保持较完好。河水清澈，年悬移质输沙量约24.1万吨。据2005年水环境评价，水质为地表水质量Ⅱ类标准。冬季河源区冰情较重，有封冻现象。中、下游有岸冰和流冰花出现。流域多年平均年径流量约135亿立方米，多年平均流量约428立方米每秒。流域水力资源理论蕴藏量约570.6万千瓦，其中干流约454万千瓦。已建水电站5座，装机容量3 290千瓦。

主要农作物有青稞、冬（春）小麦、油菜和豆类，经济林木有茶叶、核桃和苹果，珍稀野生动、植物有熊、雪豹、小熊猫、虫草、灵芝、雪莲等，主要树种有云杉、冷杉、高山松和落叶松。域内交通不便，偏僻山区只有人行便道，跨越河流仅靠溜索和简易吊桥。

纪　　实

源头至扯仓村为河源段，称程雄曲。河流自源头向东南流，在曲隆村附近转向东流。河源区属高原亚寒带季风湿润气候区，气候严寒，多雪灾，冰碛地貌发育。地势高亢，地形平坦，沼泽地、湿地、草场发育。冬、春季多雪。

扯仓村至松曲汇口为上游段，河长109千米，河流大致向东流。上游地区属高原温带湿润气候区。多年平均年降水量约870毫米。哈东隆巴汇入后称付雄曲。经朗若卡，在嘉黎县城阿扎镇右纳**徐达曲**（亦称普曲）。经阿扎村东流进入峡谷段，至**松曲**汇口河段称秀达曲。上游段河谷宽窄相间，宽谷段水流平缓，阶地发育，河床覆盖层多以砂石组成。峡谷段水流湍急，两岸谷坡陡峻。嘉黎气象站于1952年11月设立，属国家基本气象站。

松曲汇口至波密县八盖乡为中游段，河长84千米。中游段河流总体上向东南流。河谷深切，水流湍急，山陡谷窄，岩石破碎，呈现出典型的高山剥蚀地貌特征。河流沿断裂带发育。中游地带现代冰川极为发育，两岸各支流河源区常年白雪皑皑，冰碛、冰蚀地貌举目可见。河流在重村（冲村）附近右纳**尼都藏布**，经忠玉乡至江巴急转南流，约2千米左纳**夏曲**后称尼屋藏布。河流进入波密县，复转东南流，经亚聋，在日卡村附近右纳错布弄巴。至八盖乡雄吉村后始称易贡藏布。中游地带原始森林广布，山清水秀。交通条件差，人类活动影响小，自然生态环境保持完好。

八盖乡至帕隆藏布汇入口为下游段，河长93千米。河流经竹玉、贡德村，**勒曲藏布**于左岸在易贡乡附近注入。西偏东南流向经甲中、多卡，于波密县通麦附近汇入帕隆藏布。下游是易贡国家地质公园所在地，也是雅鲁藏布大峡谷自然保护区的一部分。河谷宽窄相间，以峡谷地貌为主，局部宽谷段发育有二级阶地。河道基岩裸露，河床内多砾石，覆盖层多以沙卵石组成。下游河谷地带植被茂密，生长着山地常绿阔叶林。流域内人类活动影响较小，自然生态环境保持完好，常见的自然灾害有山体崩塌滑坡、洪水和泥石流。

原易贡错湖区为古冰川作用形成的宽谷，谷坡上发育有三级冰碛台地。1900年北岸扎木弄沟发生特大型山体崩塌滑

易贡藏布下游

波密瓦村

坡，堵塞易贡藏布，形成**易贡错**。成湖100年后的2000年4月9日，在同一地点再一次发生特大型山体崩塌滑坡，堆积物总量约3亿立方米，再次阻塞易贡藏布。导致易贡错水位持续上涨62天，6月10日堆积体溃决，溃决时最大洪峰流量约12.4万立方米每秒，造成直接经济损失达3亿元，间接损失10亿元。原易贡错基本消失，形成网状河道，多汊流和江心洲。

7.17.39.8.1　徐达曲
（Xudaqu River）

易贡藏布右岸支流，发源于西藏自治区嘉黎县阿扎镇境内的杰拉山北麓。流域面积393平方千米，河长30千米，落差466米。

流域多年平均年降水量约750毫米，年水面蒸发量约1 000毫米。森林覆盖率高，人类活动影响小。河水清澈，年悬移质输沙量2.51万吨。冬、春季冰情较为严重。

流域多年平均年径流量约2.67亿立方米，多年平均流量约8.47立方米每秒。水力资源理论蕴藏量约1.3万千瓦。水资源、水力资源尚未开发，自然生态环境保持完好。

河流基本呈南北向流，上段称普曲，冰碛丘陵起伏，河谷较为宽阔。明目村以下为湖盆地貌。并流的两条河流在他加村附近注入阿扎错。河流出阿扎错后，在阿扎镇附近汇入易贡藏布。河床覆盖层多以沙石组成。植被以高山灌丛草甸为主，河源地区为高山稀疏垫状植被。常见的自然灾害有雪灾和洪水。

7.17.39.8.2　松曲
（Songqu River）

易贡藏布左岸支流，发源于西藏自治区嘉黎县嘉黎镇境内的几日阿拉托错。流域面积约2 265平方千米，河长约85千米，落差1 171米。

流域多年平均年降水量约690毫米，年水面蒸发量约1 000毫米。河水清澈，年悬移质输沙量约14.4万吨。冬、春季冰情较为严重。流域多年平均年径流量14.3亿立方米，多年平均流量45.3立方米每秒。水力资源理论蕴藏量约22.96万千瓦。已建水电站1座，装机容量750千瓦。

上游段称桑青曲（亦称桑钦曲）。上游地势高亢，河谷较为狭窄，小支流较多，主要分布在右岸。河流自源头向南流，至扎玛多，右纳桑穷曲后转向东南流，进入中游段。中游地带人口相对集中，以农牧业为主。中游段称松曲。在嘉黎镇（拉仁郭）附近，左纳德曲后进入下游段。下游段称乌树弄曲，为峡谷地貌，两岸谷坡陡峻，河谷狭窄，水流湍急。在拉果附近有温泉出露。河床覆盖层多为砂卵石组成。河流向东南流，经斯塘、亚塘村，在嘉黎县嘉黎镇玛塘村以下，左纳洞多弄巴后汇入易贡藏布。流域内植被以高山灌丛草甸为主，河源地区为高山稀疏垫状植被，中、下游以灌木林为主。常见的自然灾害有雪灾和洪水。

7.17.39.8.3　尼都藏布
（Niduzangbu River）

易贡藏布右岸支流，发源于西藏自治区嘉黎县忠玉乡北冲附近的罗拉山东麓。流域面积1 267平方千米，河长68千米，落差1 847米。

流域内山峰海拔多在6 000米以上，终年白雪皑皑，云雾缭绕。冰川及冰碛地貌发育，冰川及雪被覆盖面积约522平方千米。流域多年平均年降水量约1 100毫米。年水面蒸发量在1 000毫米以下。流域内人类活动影响小，自然生态环境保持完好。河水清澈，年悬移质输沙量约2.17万吨。冬、春季冰情严重，有封冻现象。

流域多年平均年径流量约12.7亿立方米，多年平均流量约40.3立方米每秒。水力资源理论蕴藏量约11.56万千瓦。已建水电站1座，装机容量200千瓦。

流域内山高谷深，谷坡陡峻。河流穿行于深山峡谷中，水流湍急。河床覆盖层多为砂卵石组成。上游地带以牧业为主，中、下游一带人口相对集中。河流自源头向东流，至桑旺村转向东北流，至领沃才以下复向东流。经堆巴村，在嘉黎县忠玉乡仲宇（忠玉）村附近汇入易贡藏布。流域内植被以原始森林为主，干、支流河源地带为高山灌丛。常见的自然灾害有洪水和泥石流。

7.17.39.8.4　夏曲
（Xiaqu River）

易贡藏布左岸支流，亦称霞曲，发源于西藏自治区边坝县金岭乡僧达隆以西的嘎卜拉山。流域面积2 952平方千米，河长82千米，落差1 990米。流域涉及西藏自治区边坝县和嘉黎县。

流域内山峰海拔多在5 500米以上，终年白雪皑皑，云雾缭绕。冰川及雪被覆盖面积约598平方千米。流域多年平均年降水量约1 600毫米。年水面蒸发量约900毫米。年悬移质输沙量约5.85万吨。水质良好。冬、春季冰情严重，河流有封冻现象。

流域多年平均年径流量约35.4亿立方米，多年平均流量约112立方米每秒。干流水力资源理论蕴藏量约33.56万千瓦，水资源、水力资源尚未开发，自然生态环境保持完好。

河流自源头向东南流，上段称查拉曲，流经亚喀冈、阿塔尔布，至玉达折向南流。左纳觉昂曲后始称夏曲（霞曲）。上游河谷宽窄相间，以峡谷地貌为主，河床覆盖层多以沙砾石组成。中游的郎杰贡村至通栋（通嘎）村河段，河谷较宽阔，阶地发育，金岭乡在该河段上。通栋村至阿兰多河段为峡谷。河流在边坝右纳加贡弄巴后进入下游。下游段称边绒朗曲。河流穿行于深山峡谷中，河道深切，水流湍急，河床覆盖层多为砂卵石组成。在玉巴（玉坝）村附近右纳墨汝弄巴后，流经约5千米进入嘉黎县境内。河流在嘉黎县忠玉乡江巴下游约1.5千米处汇入易贡藏布。流域内植被以原始森林为主，干、支流河源地区以高山灌丛为主。常见的自然灾害有洪水、泥石流和雪崩。

7.17.39.8.5　龙普曲
（Longpuqu River）

易贡藏布右岸支流，发源于西藏自治区波密县八盖乡境内的得哥母附近。流域面积约546平方千米，河长25千米，落差1 570米。域内山峰终年白雪皑皑，云雾缭绕。冰川及雪被覆盖面积约176平方千米。

流域多年平均年降水量约1 200毫米。年水面蒸发量在1 000毫米以下。河水清澈，年悬移质输沙量约1.05万吨，属低沙河流，水质良好。冬、春季冰情严重，河流有封冻现象。流域多年平均年径流量约6.01亿立方米，多年平均流量约19.1立方米每秒。水力资源理论蕴藏量约4.77万千瓦。水资源、水力资源尚未开发。

河流自源头向北流,至隆普村折向东北流。至吕松右纳错布弄巴曲后,在波密县八盖乡吕松下游约4千米处汇入易贡藏布。河谷宽窄相间,以峡谷地貌为主,河床覆盖层多为砂卵石组成。

7.17.39.8.6 勒曲藏布
(Lequzangbu River)

易贡藏布左岸支流,亦称麻果藏布,发源于西藏自治区波密县易贡乡西北的若果冰川。流域面积1651平方千米,河长48千米,落差1960米。

流域内山峰海拔多在5500米以上,终年白雪皑皑。冰川地貌极为发育,著名的麻果龙冰川、恰青冰川、若果冰川均分布在流域内,冰川及雪被覆盖面积约700余平方千米。

流域多年平均年降水量约2000毫米,年水面蒸发量在1000毫米以下。流域内森林覆盖率高,人类活动影响小。河水清澈,年悬移质输沙量约2.16万吨,属低沙河流。冬、春季冰情严重,河流有封冻现象。

流域多年平均年径流量约42.9亿立方米,多年平均流量约136立方米每秒。水力资源理论蕴藏量约12.2万千瓦,水资源、水能资源尚未开发。

河流自源头向南流,继而折向西南,右纳那龙藏布、麻果龙藏布后,在河口河段转向东南流,于波密县易贡乡贡扎村附近汇入易贡藏布。河谷宽窄相间,以峡谷地貌为主。较大支流的上游段有冰碛湖珠串在河道上。支流汇口处冲(洪)积扇发育,河床覆盖层多为砂卵石组成。常见的自然灾害有洪水、泥石流和崩塌滑坡。

7.17.39.8.7 易贡错
(Yigongcuo Lake)

易贡藏布上的堰塞湖位于西藏自治区林芝地区波密县境内,地理位置为东经94°58′、北纬30°14′。湖面高程2250米,湖长17千米,最大宽2千米,平均宽1.29千米,湖面面积22平方千米。最大水深约25米,蓄水量约1.5亿立方米。湖周长44千米。湖北有砂砾质小岛10座,总面积1.8平方千米。

位于藏东南高山峡谷区,原系**易贡藏布**河床的组成段,约在1900年前后因地震引发特大泥石流,遂将易贡藏布堰塞而成湖。湖呈西北—东南向长带状延伸,四周群山环绕,湖岸陡峭。湖区属藏东南高原温带半湿润气候,冬冷夏温,降水充沛,无霜期长,日照相对较少。多年平均气温为11.4摄氏度,1月平均气温-0.2摄氏度,7月平均气温16.4摄氏度。入湖河流有易贡藏布及其支流**勒曲藏布**等,入湖径流经湖东南部尾闾泄出,复入易贡藏布。受冰雪融水和降水的共同影响,易贡错一般在每年7月进入主汛期,8月以后开始退水,11月至次年4月为枯水期。入湖河口区平均水温约8摄氏度,历年最高水温15.4摄氏度,最低水温1.7摄氏度。冬季湖水不结冰,是青藏高原为数不多的不冻湖。据1984年资料,湖水pH值5.6,矿化度为42~61毫克每升。湖中有裂腹鱼类和鳅类生息繁衍,湖周植被为亚高山常绿针叶林,云杉、冷杉、高山松等为优势树种。湖区常见野生动物有鹿、獐子、盘羊、羚羊、雪豹、雪鸡等。湖区附近有桑林寺和易贡国家地质公园等景点,湖滨附近有省道与川藏公路相连。

2000年4月9日,位于易贡藏布左岸的扎木弄沟再次发生特大型山体崩塌滑坡(1900年前后在同一地点也曾发生类

易贡国家地质公园

似特大型泥石流滑坡)。约3亿立方米的堆积体造成易贡藏布7公里长的河道被填充,导致易贡错湖水位持续上涨62天,拦蓄水量约30亿立方米。6月10日堆积体溃决,至6月13日原易贡错基本消失,形成目前的网状河道。

7.17.39.8.8 磨龙曲
(Molongqu River)

易贡藏布左岸支流,发源于西藏自治区波密县易贡乡白仁目以上的加写陀补山北麓。流域面积372平方千米,河长约33千米,落差1970米。

流域内冰川、冰碛地貌发育,两岸山峰海拔多在5000米以上,终年白雪皑皑,云雾缭绕。

流域多年平均年降水量约1700毫米。年水面蒸发量在1000毫米以下。流域内森林覆盖率高,人类活动影响小。河水清澈,年悬移质输沙量约0.70万吨,属低沙河流。流域多年平均年径流量约5.95亿立方米,多年平均流量约18.9立方米每秒。水力资源理论蕴藏量约4.14万千瓦,水资源、水能资源尚未开发。

河流自源头向西北流,在白仁目以下折向南流,经邦卡,在波密县易贡乡多卡附近汇入易贡藏布。河谷宽窄相间,以峡谷地貌为主,河床覆盖层多为砂石组成。

7.17.39.9 拉月曲
(Layuequ River)

帕隆藏布右岸支流,发源于西藏自治区林芝县鲁朗镇冲果俄附近的冲果错上游冰川。流域面积2857平方千米,河长87千米,落差2891米。流域涉及西藏自治区林芝县和工布江达县。

流域北部以布泵格尼、麦隆坡容山与**易贡藏布**干流相隔,西邻尼河(也称朗赛河)流域,南与**尼洋河**、**雅鲁藏布江**干流相邻,东与帕隆藏布干流相连。流域内山峰海拔多在5000米以上,终年白雪皑皑。冰川、冰碛地貌发育,冰川及雪被覆盖面积约258平方千米。出露岩层主要有变质黑云母花岗岩、闪长岩和片麻岩、片岩、变粒岩等。

流域多年平均年降水量约1450毫米。年水面蒸发量在1000毫米以下。河水清澈,多年悬移质输沙量约6.94万吨。流域多年平均年径流量约34.7亿立方米,多年平均流量约110立方米每秒。水力资源理论蕴藏量约59.1万千瓦。已建水电站2座,装机容量895千瓦。

河流有两源,西源洛姆曲,南源鲁朗河,以西源为正源。河源地带有冲果错等3个冰碛湖。河流自源头向东北流,在力

苏左纳一支流后折向东南流。拉木曲汇入后进入中游段。上游地带冰碛湖星罗棋布,河谷宽窄相间,以峡谷地貌为主。中游段称东久曲,东久乡水电站位于这里。至直巴村,右纳最大支流鲁郎河后折向东北流,进入下游段。下游段称拉月曲,经德拉村,在林芝县鲁朗镇排龙以下约 8 千米处汇入帕隆藏布。

拉月曲下游(排龙附近)

流域内山高谷深,河谷深切,谷坡陡峻,岩石破碎,雨季易发生滑坡、泥石流灾害。河流穿行于深山峡谷中,水流湍急,河床内多砾石和砂卵石。植被以原始森林为主,干、支流河源区为灌木林。常见的自然灾害有洪水、泥石流和雪崩。流域在色季拉国家森林公园和雅鲁藏布大峡谷自然保护区范围内,珍稀动植物种类繁多,亚热带林栖珍稀动物黑熊、赤斑羚、小熊猫、棕尾虹雉和鹦鹉等活动频繁。

拉月曲鲁朗风景区

7.17.40 邦英河
(Bangying River)

雅鲁藏布江 右岸支流,亦称央朗藏布,发源于西藏自治区墨脱县帮辛乡鲁普巴上游的冰川(南迦巴瓦峰北麓)。流域面积 367 平方千米,河长 38 千米,落差 3 425 米。

流域南与**白马西路河**相邻,东连雅鲁藏布江干流。属峡谷地貌,地形有"山顶在云间,山脚在江边,说话听得见,走路要一天"的民谣形容。

流域为亚热带湿润气候区,雨水充沛,流域多年平均年降水量约 3 500 毫米。年水面蒸发量在 1 000 毫米以下。流域水力资源理论蕴藏量约 13.0 万千瓦,水资源、水力资源尚未开发。河水清澈,属低沙河流。

河流自源头向东流。经鲁普巴,在墨脱县帮辛乡邦英以下汇入雅鲁藏布江。河谷宽窄相间,以峡谷地貌为主,河床覆盖层多为砂卵石组成。流域地处墨脱自然保护区和雅鲁藏布大峡谷自然保护区范围内,森林覆盖率高,人类活动影响小,自然生态环境保持完好。

7.17.41 金珠曲
(Jinzhuqu River)

雅鲁藏布江 左岸支流,亦称金珠藏布,发源于西藏自治区墨脱县格当乡兴格村上游的岗日嘎布拉山西麓。流域面积 2 133 平方千米,河长 76 千米,落差 3 200 米。

流域东与贡日嘎布曲接壤,南与**修莫河**相邻,西连雅鲁藏布江干流。流域内冰川地貌发育,冰川及雪被覆盖面积约 230 平方千米。

流域内属亚热带湿润气候区,雨水充沛,多年平均年降水量约 1 700 毫米。流域水资源、水力资源丰富,水力资源理论蕴藏量约 91.8 万千瓦。已建水电站 2 座,装机容量 90 千瓦。

河流总体向西流。上游段称岗日嘎布藏布,相继纳入蛇孔弄巴、朗丘弄巴、提琴曲后进入中游段。上游地带有昂宗弄巴错等冰碛湖 5 个。河谷宽窄相间,支流汇口处有冲、洪积扇分布。流经当龙、觉尔登、格当等地,左纳崩崩弄巴,右纳美衣弄巴后,进入下游段。中游段河谷相对较宽,阶地发育,人口相对集中,居民以门巴族、珞巴族居多。在格当乡附近建有格当水电站,装机容量 40 千瓦。下游段称金珠藏布。右纳雅龙藏布和**嘎隆曲**后,河流急转南流,在墨脱县达木珞巴民族乡冷多附近注入雅鲁藏布江。下游段山高谷深,河流穿行于深山峡谷中,水流湍急。河床多为沙卵石组成。植被以原始森林为主,干、支流河源地带长有灌木林。流域在雅鲁藏布大峡谷自然保护区范围内,人类活动影响小,自然生态环境保持完好。常见的自然灾害有洪水、泥石流和地震。

金珠藏布

7.17.41.1 嘎隆曲
(Galongqu River)

金珠曲 右岸支流,发源于西藏自治区墨脱县达木珞巴民族乡波弄贡东部的嘎隆拉山南麓。流域面积 573 平方千米,河长 47 千米,落差 3 100 米。

流域多年平均年降水量约 2 200 毫米。年水面蒸发量在 1 000 毫米以下。河水含沙量小。流域水资源理论蕴藏量约 11.5 万千瓦,水资源、水能资源尚未开发。

河流自源头向西流,河源地带现代冰川发育,有温泉出露。在牛古拉附近折向南流,经波隆贡,在墨脱县达木珞巴民族乡巴迪村附近汇入金珠藏布。流域内为高山峡谷地貌,河谷狭窄,水流湍急。河道内多跌水,两岸谷坡陡峻,多瀑布。岩石破碎，雨季易发生滑坡和泥石流灾害。河床覆盖层多为砂卵石组成。流域内原始森林茂密，人类活动影响小，自然生态环境保持完好。

7.17.42 修莫河
(Xiumo River)

雅鲁藏布江左岸支流，亦称磨修莫河，发源于西藏自治区墨脱县墨脱镇境内的崩崩拉南麓。流域面积637平方千米，河长约51千米，落差2750米。流域东、南部与阿德尚河流域接界，西与雅鲁藏布江干流相接，北临**金珠曲**流域。

修莫河

流域属亚热带湿润气候。流域多年平均年降水量3500毫米，年水面蒸发量在1000毫米以下。河水含沙量小。流域水力资源理论蕴藏量约20.7万千瓦，水资源、水能资源尚未开发。

河流总体向西流，在墨脱镇巴日村附近汇入雅鲁藏布江。上游地带有玛仁错等12个湖泊，湖泊多珠串在支流上。河谷狭窄，水流湍急。河床覆盖层多为沙卵石组成。流域在雅鲁藏布大峡谷自然保护区范围内，人类活动影响小，自然生态环境保持完好。常见的自然灾害有洪水、山体滑坡、泥石流和地震。

7.17.43 西工河
(Xigong River)

雅鲁藏布江左岸支流，发源于西藏自治区墨脱县背崩乡境内的日青拉山南麓。流域面积约265平方千米，河长约28千米，落差2330米。

流域多年平均年降水量3500毫米，年水面蒸发量在1000毫米以下。流域水力资源理论蕴藏量约10.2万千瓦，水资源、水能资源尚未开发。

河流自源头至河口总体上向西北流，在墨脱县墨脱镇亚让村下游约4.5千米处汇入雅鲁藏布江。河谷狭窄，水流湍急，河床覆盖层多以砂卵石组成。流域在雅鲁藏布大峡谷自然保护区范围内。森林茂密，河源地带长有灌木林，河谷一带为常绿雨林带，生长有簇叶乔木、丛生竹类、藤木和芭蕉草本植物。常见的自然灾害有洪水、山体滑坡、泥石流和地震。

7.17.44 白马西路河
(Baimaxilu River)

雅鲁藏布江右岸支流，发源于西藏自治区墨脱县境内的多雄拉山。流域面积769平方千米，河长约38千米，落差3550米。流域东与**邦英河**流域相邻，南与雅鲁藏布江干流相接。

白马西路河

流域内主要地貌为峡谷阶地和低平河谷，属亚热带湿润气候区，多年平均年降水量约4100毫米。年水面蒸发量在1000毫米以下。河水含沙量小。干流水力资源理论蕴藏量约19.6万千瓦，水资源、水能资源尚未开发。

河流自源头向南流，于拉格附近转向东南流，上段称多雄河。河源地带现代冰川发育，冰川面积约38平方千米。拉格以上河谷较为宽阔，水流平缓。经汗密至一号桥附近折向南流，河流穿行于峡谷中，河谷狭窄，水流湍急，水面宽多在20~60米。两岸谷坡陡峻，岩石破碎，河床为砂卵石组成。右纳**比西曲**和丹戈眷河后称白马西路河。于墨脱县背崩乡解放大桥附近汇入雅鲁藏布江。流域在雅鲁藏布大峡谷自然保护区范围内。原始森林茂密，河源地带长有灌木林，河谷一带为常绿雨林带，生长有簇叶乔木、丛生竹类、藤木和芭蕉草本植物。常见的自然灾害有洪水、泥石流和地震。

7.17.44.1 比西曲
(Bixiqu River)

白马西路河右岸支流，亦称比西日河，发源于西藏自治区墨脱县背崩乡境内。流域面积182平方千米，河长28千米，落差3250米。

流域多年平均年降水量约4000毫米，年水面蒸发量在1000毫米以下。河水含沙量小，水质优良。多年平均年径流量约5.46亿立方米，多年平均流量约17.3立方米每秒。水力资源理论蕴藏量约7.8万千瓦，水资源、水能资源尚未开发，自然生态环境保持完好。

河流自源头至汇口向东北流，河谷狭窄，水流湍急，水面宽多在20~30米。两岸谷坡陡峻，河床多为砂卵石组成。在墨脱县德钦乡易翁白村附近汇入白马西路河。河源地带长有灌木林，河谷一带为常绿雨林带，生长有簇叶乔木、丛生竹类、藤木和芭蕉等草本植物。

7.17.45 多姆普曲
(Duomupuqu River)

雅鲁藏布江右岸支流，亦称泸公河，发源于西藏自治区墨脱县境内的盖西比山。流域面积308平方千米，河长28千米，落差2870米。

流域多年平均年降水量约4000毫米，年水面蒸发量在1000毫米以下。水力资源理论蕴藏量约7.3万千瓦，水资源、水能资源尚未开发。

河流自源头至河口向东南流。河谷狭窄，水流湍急，水面宽多在20~30米。河床覆盖层多为砂卵石组成。河流在墨脱县西让村附近汇入雅鲁藏布江。河源地带长有灌木林，河谷一带为常绿雨林带，生长有簇叶乔木、丛生竹类、藤木和芭蕉等草本植物。人类活动影响小，自然生态环境保持完好。

7.17.46 仰桑曲
（Yangsangqu River）

雅鲁藏布江左岸支流，亦称仰桑河，发源于西藏自治区墨脱县背崩乡境内的亚比罗喀山北麓。流域面积1 306平方千米，河长61千米，落差2 500米。

东与**恩姆拉河**流域相邻，南与**木乃河**流域为邻，西与雅鲁藏布江干流相连。主要地貌为峡谷阶地和低平河谷。

流域多年平均年降水量约4 500毫米，年水面蒸发量在1 000毫米以下。河水含沙量小。干流水力资源理论蕴藏量约32.4万千瓦，水资源、水能资源尚未开发。

河流自源头至河口向西北流。河谷较为宽阔，水流平缓。水面宽多在20~80米。两岸岩石破碎，雨季易发生滑坡和泥石流灾害。河床覆盖层多为砂卵石组成。在库琴附近右纳**荣布马古曲**后，于墨脱县阿米吉刀（亦称吉刀）附近汇入雅鲁藏布江。河源地带长有灌木林，河谷一带为常绿雨林带，生长有簇叶乔木、丛生竹类、藤木和芭蕉等草本植物。可种植水稻和亚热带水果。人类活动影响小，自然生态环境保持完好。常见的自然灾害有洪水、泥石流和地震。

7.17.46.1 荣布马古曲
（Rongbumaguqu River）

仰桑曲右岸支流，亦称阿尔彭河，发源于西藏自治区墨脱县境内堪里喀坡山西麓。流域面积330平方千米，河长41千米，落差1 700米。

流域多年平均年降水量约4 300毫米，年水面蒸发量在1 000毫米以下。河水清澈，水质优良。多年平均年径流量约9.41亿立方米，多年平均流量约29.8立方米每秒。水力资源理论蕴藏量约5.07万千瓦，水资源、水力资源尚未开发。

河流自源头向西南流，水流湍急，水面宽多在20~50米。河床多为砂卵石组成。在库琴附近汇入仰桑曲。域内植被茂密，人类活动影响小，自然生态环境保持完好。

7.17.47 宁贡河
（Ninggong River）

雅鲁藏布江右岸支流，亦称宁贡曲，发源于西藏自治区墨脱县境内的巴塔蝶巴山西麓。流域面积790平方千米，河长51千米，落差3 510米。

流域东北与**多姆普曲**流域相邻，西南与**昔勒帕抵曲**流域接界，东南与雅鲁藏布江干流相连。主要地貌为峡谷阶地和低平河谷。

流域多年平均年降水量约4 000毫米，年水面蒸发量在1 000毫米以下。河水含沙量小。干流水力资源理论蕴藏量约31.0万千瓦，水资源、水能资源尚未开发。

河流自源头至河口向东南流。河谷宽窄相间，水面宽多在20~80米。河床覆盖层多为砂卵石组成。河流在墨脱县那布附近右纳**那布曲**后在仁东以下汇入雅鲁藏布江。河源地带长有灌木林，河谷一带为常绿雨林带，生长有簇叶乔木、丛生竹类、藤木和芭蕉等草本植物。可种植水稻及亚热带水果。人类活动影响小，自然生态环境保持完好。常见的自然灾害有洪水、泥石流和地震。

7.17.47.1 那布曲
（Nabuqu River）

宁贡曲左岸支流，亦称陵岗曲，发源于西藏自治区墨脱县境内的巴塔蝶巴山西麓。流域面积430平方千米，河长34千米，落差2 280米。

流域多年平均年降水量约4 000毫米，年水面蒸发量在1 000毫米以下。河水清澈，水质良好。流域多年平均年径流量约12.9亿立方米，多年平均流量约40.9立方米每秒。水力资源理论蕴藏量约6.95万千瓦。

河流自源头向东南流。上游河谷较宽阔，中、下游河谷狭窄。水面宽多在20~50米。河床为砂卵石组成。河流在那布附近汇入宁贡曲。域内植物茂盛，森林广布。人类活动影响小，自然生态环境完好。

7.17.48 昔勒帕抵曲
（Xilepadiqu River）

雅鲁藏布江右岸支流，亦称昔勒帕挺河，发源于西藏自治区墨脱县境内的雪嘎山南麓。流域面积1 040平方千米，河长62千米，落差约2 640米。

流域东北与**宁贡曲**相邻，东南边与雅鲁藏布江干流相连，西南与**锡约尔河**流域接界。主要地貌为峡谷阶地、低平河谷和残丘平谷。

流域内属亚热带湿润气候区，多年平均年降水量约4 000毫米，年水面蒸发量在1 000毫米以下。河水含沙量小。水力资源理论蕴藏量约38.6万千瓦，水资源、水力资源尚未开发。

河流自源头向东南流，在墨脱县墨金附近汇入雅鲁藏布江。河谷宽窄相间，水面宽多在20~30米。河口段河谷较宽阔，水面宽在50米以上。河床覆盖层多为砂卵石组成。河源地带长有灌木林，河谷一带为常绿雨林带，生长有簇叶乔木、丛生竹类、藤木和芭蕉等草本植物。可种植水稻和亚热带水果。人类活动影响小，自然生态环境完好。常见的自然灾害有洪水和泥石流。

7.17.49 安贡河
（Angong River）

雅鲁藏布江右岸支流，发源于西藏自治区墨脱县境内的塔达。流域面积149平方千米，河长28千米，落差1 169米。

流域属亚热带湿润气候区。流域多年平均年降水量约4 500毫米，年水面蒸发量在1 000毫米以下。河水含沙量小。水力资源理论蕴藏量约7.32万千瓦，水资源、水能资源尚未开发。

河流自源头向北流，在格邦附近汇入雅鲁藏布江。河谷较为宽阔，水面宽多在20~50米，河床多为砂卵石组成。河谷一带为常绿雨林带，生长有簇叶乔木、丛生竹类、藤木和芭蕉等草本植物。人类活动影响小，自然生态环境完好。

7.17.50 希芝河
（Xizhi River）

雅鲁藏布江右岸支流，亦称希芝河，发源于西藏自治区墨脱县境内的阿波尔山南麓。流域面积567平方千米，河长38千米，落差1 400米。

流域内属热带湿润气候区。多年平均年降水量约5 900毫米，年水面蒸发量在1 000毫米以下。流域内森林茂密，河水清澈。流域水力资源理论蕴藏量约8.50万千瓦，水资源、水能资源尚未开发。

　　河流自源头向南流，在衣布克附近急转东流，左纳舒崩河后复向南流。经帕让，在多兴附近汇入雅鲁藏布江。河谷宽窄相间，两岸阶地较为发育。水面宽多在20～50米。河床覆盖层多为砂卵石组成。植被覆盖率可达98%，河谷一带为常绿雨林带，生长有簇叶乔木、丛生竹类、藤木和芭蕉等草本植物。人类活动影响小，自然生态环境完好。

7.17.51　锡约尔河
（Xiyueer River）

　　雅鲁藏布江右岸支流，亦称锡约姆河，发源于西藏自治区墨脱县境内的扎日莎巴山东麓。流域面积5 384平方千米，河长206千米，落差3 814米。

　　流域介于东经93°58′～95°01′和北纬28°02′～28°56′之间。流域东与雅鲁藏布江干流相连，南与**苏班西里河**流域接界，西靠**里龙普曲**流域。主要地貌为峡谷阶地、低平河谷和残丘平谷。出露岩层主要有变质黑云母花岗闪长岩和片麻岩、片岩等。

　　流域内属热带和亚热带湿润气候区。降水丰沛，流域多年平均年降水量4 000毫米，年水面蒸发量在1 000毫米以下。森林茂密，河水清澈，含沙量小。径流由雨水和地下水组成。水资源、水能资源丰富，干流水力资源理论蕴藏量约384万千瓦，水资源、水能资源尚未开发。

　　流域内可种植热带水果和经济作物，农作物一年两熟或三熟。物产丰富，种植香蕉、咖啡、甘蔗等。珍稀野生动物有孟加拉虎、犀鸟、蟒蛇、大眼镜王蛇、孔雀、飞蜥、树蜥等。

　　河流自源头向东流，6个小型冰碛湖珠串在干支流河道上。河谷狭窄，谷坡陡峻，水流湍急。经乃昌工、白吉苓至希热附近，左纳**德钦姆河**后进入中游。上游段称巴加西仁河，乃昌工至希热段河谷较为宽阔，阶地发育。上游人口较集中，以农耕为主。德钦姆河汇入后向东流20千米纳**永木河**（亦称希卡河），后转向南流至坎木布，河流进入下游。中游段称锡约姆河，河谷宽窄相间，以峡谷地貌为主，水面宽在80～120米。宽谷段阶地较为发育，水流平缓。峡谷段谷坡陡峻，有零星阶地分布，河床内多砾石，水流湍急。下游段经瓦克、阿朗、洛克本等地，在纳入尼日河后复向东流，在耶克兴附近汇入雅鲁藏布江。河谷宽窄相间，以峡谷地貌为主，发育有二级阶地。河床内多砾石，覆盖层多为砂卵石。谷地和山坡均被森林所覆盖，植被茂密。下游地带年降水量可达6 000毫米左右，是我国陆上降水量最大的地区之一。流域内人类活动影响较小，自然生态环境较完好，常见的自然灾害有山体崩塌滑坡、洪水和泥石流。

7.17.51.1　德钦姆河
（Deqinmu River）

　　锡约尔河左岸支流，亦称德青姆河或约梅河，发源于西藏自治区墨脱县境内的东拉山南麓。流域面积1 353平方千米，河长52千米，天然落差2 900米。

　　流域内属亚热带湿润气候区。多年平均年降水量约4 000毫米，年水面蒸发量在1 000毫米以下。河水含沙量小，水质良好。多年平均年径流量23.4亿立方米，多年平均流量约74.2立方米每秒。水力资源理论蕴藏量约47.6万千瓦，水资源、水能资源尚未开发。

　　河流自源头至河口大致向东南流。河谷宽窄相间，水面宽多在30～50米。两岸岩石破碎，雨季易发生滑坡和泥石流灾害。河口段河谷较为宽阔，水面宽在80米以上。河床覆盖层为砂卵石组成。河流在希热附近注入锡约尔河。流域内植被覆盖率在99%左右。河谷一带为常绿雨林带，生长有簇叶乔木、丛生竹类、藤木和芭蕉等草本植物。流域内可种植热带水果和经济作物。人类活动影响小，自然生态环境完好。常见的自然灾害有洪水和泥石流。

7.17.51.2　永木河
（Yongmu River）

　　锡约尔河左岸支流，亦称希卡河，发源于西藏自治区墨脱县境内的开特迪拉山南麓。流域面积550平方千米，河长约44千米，落差约2 140米。

　　流域内属热带湿润气候，多年平均年降水量约4 000毫米，年水面蒸发量在1 000毫米以下。流域内森林茂密，河水清澈，输沙量小，水质良好。多年平均年径流量约16.5亿立方米，多年平均流量约52.3立方米每秒。水力资源理论蕴藏量约42.8万千瓦，水资源、水能资源尚未开发。

　　总体上向南流。河谷宽窄相间，水面宽一般在20～50米，河床覆盖层多为砂卵石组成。在营五附近汇入锡约尔河。流域内植被覆盖率达95%，河谷发育有热带常绿雨林、季雨林、簇叶乔木、丛生竹类和藤本植物，芭蕉等草本植物也相当发育。人类活动影响小，自然生态环境保持完好。

7.17.52　木乃河
（Munai River）

　　雅鲁藏布江左岸支流，亦称亚木乃河，发源于西藏自治区墨脱县境内库姆的纳山南麓。流域面积1 258平方千米，河长约73千米，落差约2 335米。

　　流域东临西库河，南与雅鲁藏布江干流相连，北与**仰桑曲**流域接界。流域内主要地貌为峡谷阶地、低平河谷和残丘平谷。出露岩层主要有云母花岗闪长岩和片麻岩、片岩等。

　　流域属热带湿润气候。多年平均年降水量约6 400毫米，年水面蒸发量在1 000毫米以下。流域内森林茂密，河水清澈，输沙量小。流域水力资源理论蕴藏量约48.8万千瓦，水资源、水力资源尚未开发。

　　河流总体向南流。河谷宽窄相间。宽谷段水流平缓，水面宽80～120米，两岸阶地较为发育。峡谷段谷坡陡峻，水流湍急，水面宽一般在30～50米。河床覆盖层多为砂卵石组成。在墨脱县邦金附近汇入雅鲁藏布江。河谷有常绿雨林、季雨林、簇叶乔木、丛生竹类和藤本植物，芭蕉草本也相当发育，自然生态环境保持完好。常见的自然灾害有洪水和泥石流。流域内可种植亚热带水果和经济作物。

7.17.53　西些尔河
（Xixieer River）

　　雅鲁藏布江下游布拉马普特拉河左岸支流，发源于西藏自治区墨脱县境内的沙珍山南麓。境内流域面积约600平方千米，河长约41千米，落差2 010米。

　　流域多年平均年降水量6 250毫米，雨季为4—10月，年水面蒸发量在1 000毫米以下。河水清澈，含沙量小。多年平均年径流深5 000毫米左右，水力资源理论蕴藏量约2.90万千瓦。

　　河流自源头向东南流，至埃瓦林附近转向南流，经亚洛诺，在埃朋附近进入平原区，于博马科下游约3.5千米流出国境。河床覆盖层多为砂卵石。流域内森林茂密，植被覆盖率在98％以上，地势西北高、东南低，以丘陵地貌为主，出露岩层多为混合岩及灰岩。流域内村庄密集，人类活动较频繁，可种植水稻及亚热带经济作物，常见的自然灾害有地震、洪水和泥石流。

7.17.54 察隅曲
(Chayuqu River)

雅鲁藏布江下游布拉马普特拉河左岸支流，亦称察隅河，发源于西藏自治区察隅县古玉乡普学村达热（达日阿）以上的冰川。国境内的流域面积17 881平方千米，河长248千米。流域涉及西藏自治区察隅县和左贡县。在察隅县下察隅镇巴兰岗附近流入印度境内后称鲁希特河，右纳**丹巴曲**后汇入布拉马普特拉河。

概　　述

流域范围　流域介于北纬27°37′～29°47′和东经96°07′～97°43′之间。东邻**怒江**流域，西与丹巴曲流域相连，南同印度、缅甸接壤，北与雅鲁藏布江流域毗邻。流域南北长200余千米，东西宽约120千米。

河流水系　察隅曲有东、西两源，东源桑曲，西源**贡日嘎布曲**，以东源为正源。支流较多，河网密度大，流域面积大于250平方千米的支流有14条。主要支流有**沙夷弄巴**、**钦果拉曲**、**堆普曲**、**尺古曲**、贡日嘎布曲、**杜莱曲**等。其中，贡日嘎布曲最长，流域面积最大。察隅曲的较大支流多从右岸汇入，右岸流域面积为左岸的2.3倍。

水文气候　流域从南到北，由亚热带山地湿润气候逐渐过渡到高原温带季风半湿润气候和高原寒温带半湿润气候。流域内气候类型多样，垂直变化悬殊。流域内总的气候属喜马拉雅山南翼亚热带湿润气候区，年日照时数1 600小时左右，年无霜期在200天以上，干湿季较明显。流域内年平均气温变化不大，从南到北逐渐降低，平均约12.0摄氏度。上、中游地区多年平均年水面蒸发量约1 130毫米，下游地区在1 000毫米以下。降水量由南向北逐渐减少，多年平均年降水量约2 400毫米。雨季一般自3月开始，9月或10月结束。流域属藏东南暴雨区，暴雨多出现在4、5月。径流由雨水、冰雪融水和地下水组成，年际变化较小，年内分配不均。

流域内森林茂密，植被覆盖率在55％左右。河流悬移质输沙量小，全年多数时间河水清澈。冬、春季河源地区冰情较严重，河流有封冻现象，中、上游地区次之，仅有岸冰出现，下游河道有少量流冰花。

地质地貌　属喜马拉雅山与横断山过渡地带的藏东南高山峡谷区，地势北高南低，四周多高山，山峰海拔多在5 000～6 000米以上。海洋型冰川发育，冰川类型主要有山谷冰川，其次有冰斗冰川及悬冰川。流域地质构造复杂，干、支流基本上沿构造带发育，变质岩分布较广，且非常破碎。

自然资源　流域年平均径流深在800～2 500毫米之间，水力资源理论蕴藏量约989万千瓦。

流域内主要树种有云杉、冷杉、云南松、檀木、樟木，经济林木有漆树、核桃及茶树等，药材资源有天麻、贝母等，食用菌资源有木耳、松茸等，珍稀野生动物有虎、羚羊、黑熊、小熊猫、黑颈鹤、鹦鹉等，矿产主要有银、铅、铁、锌、铜等。

流域内人类活动影响小，自然生态环境保持较完整，有慈巴沟国家级自然保护区，广阔的原始森林、壮观的梅里雪山和阿扎冰川，以及冷泉、温泉和秀丽的湖泊。

自然灾害　流域内的自然灾害以地震、洪水、泥石流、滑坡等为主。水灾主要由暴雨洪水、大型泥石流和山体崩塌滑坡阻塞江河形成"溃坝"洪水造成。流域内新构造活动十分强烈，地震频繁。

经济社会　域内居住有藏族、汉族、珞巴族及僜人，2008年察隅县人口约2.5万。察隅县是僜人的主要集居地，僜人有自己的语言，没有文字，以从事农业生产为主。西藏和平解放以前，居民多以农牧业为主，自治区成立后，交通条件得到改善，木材加工业、民族手工业、服务等行业随之兴起，特别是改革开放以来，国家加大了对西藏基础设施建设的投资力度，国民经济和人民生活水平迅速提高。流域内粮食作物有小麦、青稞、水稻、玉米、豆类和马铃薯等，经济作物主要有油菜和花生。

治理开发　西藏自治区成立以前，流域内几乎无水利工程；自治区成立后，水利建设事业开始蓬勃发展，主要以小水电和农灌引水工程为主，无蓄水工程。

纪　　实

上游　正源桑曲自源头向南流，后转向东流。河源段为U形谷，两岸有阶地和河漫滩，水面宽10～30米。地形起伏小，冰碛地貌发育；植被以高山草甸和灌丛为主，河床覆盖层多为砂砾石组成。

河源至古玉乡（古井）的根巴为上游，在德拉附近河流转向东南流。上游谷底海拔在3 000米以上，河流自弄冲至古玉段为峡谷，呈V形，水面宽20～40米。古玉附近有侵蚀构成的北西向河谷盆地，盆地底部残留有一级堆积阶地，阶地以上覆盖有二级支沟洪积扇。

中游　古玉乡至塔玛村（贡日嘎布曲汇入口）为中游，中游段又称加达隆巴曲。自古玉向东南流，在左岸先后纳入沙夷弄巴和**桑久曲**后，经然巴村，至察隅县城竹瓦根镇。中游段河谷宽窄相间，谷底海拔3 000～1 330米。古玉乡至竹瓦根镇，河谷深切，水面宽20～30米，水流湍急，两岸谷坡陡峻，岩石破碎，雨季易发生滑坡、崩塌和泥石流灾害。竹瓦根镇以下，河谷逐渐展宽，两岸洪积台地断断续续出现，谷底宽约1 000米，水面宽约80米，河床覆盖层多为砂卵石。察隅县城附近有温泉出露。

察隅县城位于察隅曲中游左岸，吐蕃时期为官衙建制，1966年5月改称察隅县。察隅藏语意为"人居住地"。河流在竹瓦根镇以下转向西南流，称桑昂曲；经扎拉、达巴等地，先后纳入支流钦果拉曲、堆普曲、尺古曲后，急转南流至下察隅镇境内的塔玛村（他玛），纳右岸最大支流贡日嘎布曲后进入下游。

下游　塔玛村至巴兰岗为下游，贡日嘎布曲汇入后始称察隅曲（亦称察隅河）。向南流，相继纳**拉曲**、**底富河**、打曲河、虾底曲等支流，至玉拉附近左纳**赛梯曲**转向西偏北流。玉拉至巴兰岗河段亦称特鲁河，是中国和印度的界河；支流**多格曲**和杜莱曲汇入后，在巴兰岗附近流入印度境内，下游称鲁希特河。

下游段河谷宽窄相间，以峡谷为主。支流河源区多小型冰碛湖。干流谷地海拔在1 330～690米之间。下察隅镇以下水面逐渐展宽至80～150米，巴嘎附近的水面宽可达300～500米，水流平缓，两岸有一、二级阶地分布。从巴嘎大塌方至下察隅附近为山嘴交错的峡谷段，两岸山高坡陡，森林茂密，河床覆盖层多为砂卵石。下游地区人类活动影响小，自然生态环境保持完好，亚热带林栖珍稀野生动物种类繁多。

7.17.54.1 沙夷弄巴
(Shayinongba River)

察隅曲左岸支流，亦称沙夷隆巴，发源于西藏自治区左贡县中林卡乡境内的扎勒拉山北麓冰川。流域面积约615平方千米，河长约53千米，落差约2 290米。流域涉及西藏自治区左贡县和察隅县。

上游属高原温带半干旱半湿润气候，下游属亚热带湿润气候。多年平均年降水量1 100毫米，年水面蒸发量1 000毫米以下。径流由雨水、冰雪融水和地下水组成。河水清澈，输沙量小，水质良好。多年平均年径流量约5.54亿立方米，多年平均流量约17.6立方米每秒。水力资源理论蕴藏量约11.3万千瓦，水资源、水能资源尚未开发。

河流自源头至河口总体上向南流，河谷宽窄相间，以峡谷为主，水面宽一般20～40米，河床覆盖层多为砂卵石；在墨色进入察隅曲境内，于古玉乡罗玛村附近汇入察隅曲，大部分河段为察隅县与左贡县的界河。流域内植被以灌木林为主，分布有小面积森林，人类活动影响小，自然生态环境保持完好。

7.17.54.2 卡阴弄巴
(Kayinnongba River)

察隅曲左岸支流，亦称卡阴因弄巴，发源于西藏自治区左贡县中林卡乡种青村恩格附近。流域面积约268平方千米，河长约36千米，落差约1 485米。流域涉及西藏自治区左贡县和察隅县。

流域属亚热带湿润气候，多年平均年降水量约1 200毫米，年水面蒸发量1 000毫米以下。径流由雨水、冰雪融水和地下水组成，河水清澈，输沙量小，水质良好。多年平均年径流量约2.68亿立方米，多年平均流量约8.50立方米每秒。水力资源理论蕴藏量约4.5万千瓦，水资源、水能资源尚未开发。

河流自源头至河口总体上向南流，河谷宽窄相间，以峡谷为主，水面宽一般20～40米，河床覆盖层多为砂卵石。河流在各力圹附近进入察隅县境内，于古玉乡车因附近汇入察隅曲。流域内植被以灌木林为主，分布有小面积森林，人类活动影响小，自然生态环境保持完好。

7.17.54.3 桑久曲
(Sangjiuqu River)

察隅曲左岸支流，亦称竹瓦根曲，发源于西藏自治区察隅县竹瓦根镇桑久村日嘎以上的冰川。流域面积约363平方千米，河长约34千米，落差约2 325米。

流域属亚热带湿润气候，多年平均年降水量1 350毫米，年水面蒸发量1 000毫米以下。河水清澈，输沙量小，水质良好。多年平均年径流量约3.45亿立方米，多年平均流量约10.9立方米每秒。水力资源理论蕴藏量约7.1万千瓦，水资源、水能资源尚未开发。

河流自源头至河口总体上向西流，河谷狭窄，水面宽一般20～40米，河床覆盖层多为砂卵石。两岸谷坡陡峭，岩石破碎，雨季易发生滑坡和泥石流灾害。在桑久村卓娃宫附近汇入察隅曲。流域内植被以灌木林为主，分布有小面积森林，人类活动影响小，自然生态环境保持完好。

7.17.54.4 达朵河
(Daduo River)

察隅曲左岸支流，亦称愁金弄巴，发源于西藏自治区察隅县竹瓦根镇东南的雅夏拉山北麓。流域面积约217平方千米，河长约34千米，落差约2 350米。

流域属亚热带湿润气候，多年平均年降水量约1 400毫米，年水面蒸发量1 000毫米以下。径流主要由雨水和地下水组成，河水清澈，输沙量小，水质良好。多年平均年径流量约2.62亿立方米，多年平均流量约8.31立方米每秒。水力资源理论蕴藏量约4.58万千瓦，水资源、水能资源尚未开发。

河流自源头至河口总体上向西北流，河源有一小湖泊。河谷狭窄，水面宽一般20～30米，河床覆盖层多为沙石组成。两岸谷坡陡峭，岩石破碎，雨季易发生滑坡和泥石流灾害。河流在竹瓦根镇附近汇入察隅曲。流域内植被以灌木林为主，分布有小面积森林，人类活动影响小，自然生态环境保持完好。

7.17.54.5 钦果拉曲
(Qinguolaqu River)

察隅曲右岸支流，亦称泥曲或乃钦果拉曲，发源于西藏自治区察隅县竹瓦根镇境内的都拉山南麓。流域面积约808平方千米，河长约53千米，落差约2 720米。

流域内主要为峡谷地貌，河源一带小型冰碛湖星罗棋布，流域内出露岩层主要有黑云母花岗闪长岩、片麻岩和片岩。

流域属亚热带湿润气候，多年平均年降水量约1 300毫米，年水面蒸发量1 000毫米以下。河水清澈，输沙量小，水质良好。多年平均年径流量约9.70亿立方米，多年平均流量约30.8立方米每秒。水力资源理论蕴藏量约18.64万千瓦，水资源、水能资源尚未开发。

河流自源头总体上向南流，有两条主要支流先后汇入，河谷宽窄相间。宽谷段水流平缓，有零星阶地和冲洪积扇分布。峡谷段谷坡陡峻，水流湍急，水面宽一般20～40米，两岸岩石破碎，雨季易发生滑坡和泥石流灾害。河床覆盖层多为砂卵石组成。河流在竹瓦根镇雄久村附近注入察隅曲。流域内森林茂密，可种植亚热带水果等经济作物，人类活动影响小，自然生态环境保持完好。

7.17.54.6 堆普曲
(Duipuqu River)

察隅曲左岸支流，亦称堆曲或桑堆曲，发源于西藏自治区察隅县竹瓦根镇境内的茸翁拉山北麓。流域面积约663平方千米，河长约48千米，落差约3 045米。位于察隅县西南部。

流域内以峡谷地貌为主，河源一带小型冰碛湖星罗棋布。流域内出露岩层主要有黑云母花岗闪长岩、片麻岩和片岩等。

流域属亚热带湿润气候，多年平均年降水量约2 000毫米，年水面蒸发量1 000毫米以下。河水清澈，输沙量小，水质良好。多年平均年径流量约8.62亿立方米，多年平均流量约27.3立方米每秒。水力资源理论蕴藏量约15.6万千瓦，水资源、水能资源尚未开发。

自源头总体上向西北流，河床覆盖层多为砂卵石；在下游河段处有一主要支流从右岸汇入，河流在比坝附近注入察隅曲。域内森林茂密，人类活动影响小，自然生态环境保持完好。

7.17.54.7 尺古曲
(Chiguqu River)

察隅曲右岸支流，亦称娄巴曲或慈巴沟，发源于西藏自治区察隅县竹瓦根镇境内的都拉山南麓。流域面积约946平方千米，河长约68千米，落差约3 310米。

流域内主要为峡谷地貌，左岸支流河源一带有小型冰碛湖分布。流域内出露岩层主要有黑云母花岗闪长岩、片麻岩、片岩。

流域属亚热带湿润气候，多年平均年降水量约1 500毫米，年水面蒸发量在1 000毫米以下。河流输沙量小，河水清澈，水质良好。多年平均年径流量约15.6亿立方米，多年平均流量约49.5立方米每秒。水力资源理论蕴藏量约27.55万千瓦，水资源、水能资源尚未开发。

自源头总体上向南流，河谷宽窄相间。宽谷段水流平缓，有零星阶地和冲洪积扇分布。峡谷段谷坡陡峻，水流湍急，河床覆盖层多为沙卵石组成。河流在竹瓦根镇比坝附近注入察隅曲。流域内森林茂密，可种植亚热带水果和经济作物；人类活动影响小，自然生态环境保持完好，设有慈巴沟国家级自然保护区。

7.17.54.8 贡日嘎布曲
(Gongrigabuqu River)

察隅曲右岸支流，发源于西藏自治区察隅县上察隅镇境内的贡日嘎布拉山东麓，是察隅曲的最大支流，位于西藏自治区察隅县西部。流域面积5 370平方千米，河长161千米。

概　　述

流域介于北纬28°27′～29°30′和东经96°07′～97°02′之间。东北部与**帕隆藏布**流域相邻，西与**丹巴曲**流域接界，南部与察隅曲干流相连。流域南北长约120千米，东西宽约95千米。流域面积大于200平方千米的支流有3条，主要支流有**空扎曲**、**雅达曲**和**脚通龙曲**，较大支流多分布在左岸。

流域属喜马拉雅山南翼亚热带湿润气候区，从南到北由亚热带山地湿润气候逐渐过渡到高原温带半湿润季风气候和高原寒温带半湿润气候。流域年平均气温变化不大，从南到北逐渐降低，平均约12.0摄氏度，年水面蒸发量1 000毫米以下。

流域内阴湿多雨，多年平均年降水量约2 250毫米，降水量由南向北递减，随海拔高度递增。流域属藏东南暴雨区，径流由雨水、冰雪融水和地下水组成，多年平均年径流量约96.7亿立方米，多年平均流量约307立方米每秒。径流年际变化较小，年内分配不均。

流域内森林茂密，植被覆盖率在55%左右。河流输沙量小，全年多数时间河水清澈，水质良好。冬、春季河源地带冰情较严重，河流有封冻现象，中、上游仅有岸冰出现，下游河道有少量流冰花。

流域内地貌多样，属喜马拉雅山与横断山过渡地带的藏东南高山峡谷区，地势北高南低，四周多高山，山峰海拔多在5千米以上。海洋型冰川发育，冰川及雪被覆盖面积约1 040平方千米。变质岩分布较广，且非常破碎，从震旦系到第四系地层在流域内均有出露。

据2003年水力复查成果，流域水力资源理论蕴藏量约177.1万千瓦，其中干流约145.91万千瓦。

流域主要树种有云杉、冷杉、云南松、檀木、樟木，经济林木有漆树、核桃、油桐及茶树等，药材有天麻、贝母等，食用菌有木耳、松茸等，珍稀野生动物有虎、羚羊、黑熊、小熊猫、豹。流域内矿产资源主要有银、铅、铁、锌、铜等。

流域内人类活动影响小，自然生态环境保持完好；自然灾害以地震、洪水、泥石流、滑坡为主，地震基本烈度为Ⅷ度。

贡日嘎布曲流域是僜人聚居地。僜人有自己的语言，但没有文字。除僜人外，流域内还居住有藏、汉及珞巴族。

西藏自治区成立后，流域内交通条件得到改善，民族手工业、服务等行业随之兴起。改革开放以来，国家加大了对基础设施建设的投资力度，水利建设事业有较大发展，以小水电和农灌引水工程为主。粮食作物主要有小麦、青稞、水稻、玉米、豆类等，经济作物主要有油菜和花生。

纪　　实

贡日嘎布曲自源头向东南流。河源段为古冰川作用过的宽敞U形谷，冰碛地貌发育，在布藏（布宗）村附近纳左岸支流空扎曲后为上游段。上游段河谷深切，水流湍急，河谷呈V形，为峡谷河段。上游地区人类活动影响小，河床覆盖层多为砂卵石，两岸谷坡陡峻，森林茂密。

布藏（布宗）村至上察隅镇为中游段。经布宗、本堆、松林等地，纳雅达曲等支流，至上察隅镇。中游段河谷基本为平底宽谷，谷宽在1 000米左右，在上察隅一带水面宽可达400余米，一般在100米左右。两岸有阶地或残漫滩，离水面高度多在10米左右；局部河段有1～2千米长的峡谷。在少数支沟口中有中高洪积平台，如杀瓦弄巴对岸残留的高出水面120米的谷肩平台。在谷坡上，常有较老的崩积锥。

上察隅镇至下察隅镇塔玛村为下游段。河谷进一步展宽，最宽处达3～4千米。经古巴、扎巴等地，纳脚通龙曲等支流，至下察隅镇塔玛村附近汇入察隅曲。下游河谷两岸洪积台地、山麓洪积扇和阶地发育，洪积台地、山麓洪积扇和阶地距水面高度几十米到百余米不等。河道顺直，水面宽度变化不大，一般在100米左右；只有个别河段，由于泥石流淤堵，河床束窄，水流湍急。河谷两岸多为花岗岩类组成，山体高大，谷坡陡峻，森林茂密。下游地区人口较多，种植业、手工业和服务业较为发达。

7.17.54.8.1 空扎曲
(Kongzhaqu River)

贡日嘎布曲左岸支流，亦称送玉曲弄，发源于西藏自治区察隅县上察隅镇布藏村。流域面积456平方千米，河长31千米，落差1 550米。

流域多年平均年降水量约1 500毫米，年水面蒸发量约1 000毫米以下。全年多数时间河水清澈，含沙量小，水质良好。流域多年平均年径流量约5.47亿立方米，多年平均流量约17.3立方米每秒。水力资源理论蕴藏量约5.74万千瓦，水资源、水能资源尚未开发。

河流总体上向东南流，水流平缓，河床覆盖层多为砂卵石；在察隅县上察隅镇的布宗村附近注入贡日嘎布曲。河谷较为宽阔，四周多高山，山峰海拔均在5 000米以上，河源一带现代冰川发育。流域内森林茂密，人类活动影响小，自然生态环境保持完好，常见的自然灾害有洪水和泥石流。

7.17.54.8.2 雅达曲
(Yadaqu River)

贡日嘎布曲左岸支流，亦称阿扎曲，发源于西藏自治区察隅县上察隅镇布宗村附近的贡日嘎布拉山东麓。流域面积

721平方千米，河长47千米，落差2 210米。

流域四周多高山，山峰海拔均在4 000米以上。河源一带现代冰川发育，著名的阿扎贡拉冰川就分布在这里。流域地势东高西低，出露岩层多为混合岩和灰岩。流域属亚热带湿润气候，多年平均年降水量约1 600毫米，年水面蒸发量1 000毫米以下。河水含沙量小，河水清澈，水质良好。多年平均年径流量约10.8亿立方米，多年平均流量约34.2立方米每秒。水力资源理论蕴藏量约14.6万千瓦，水资源、水能资源尚未开发。

河流自源头总体上向西南流，河谷宽窄相间。宽谷段水流平缓，阶地和冲洪积扇发育。峡谷段水流湍急，水面宽一般20~40米，两岸岩石破碎，河床覆盖层多为砂卵石组成。上段称素苦曲，纳左岸支流素苦曲后始称雅达曲（阿扎曲）。河流在上察隅镇本堆村附近注入贡日嘎布曲。流域内森林茂密，人类活动影响小，自然生态环境保持完好。

7.17.54.8.3　脚通龙曲
(Jiaotonglongqu River)

贡日嘎布曲左岸支流，亦称江洪曲，发源于西藏自治区察隅县上察隅镇迟巴村附近。流域面积270平方千米，河长41千米，落差2 650米。

流域四周多高山，山峰海拔多在4 000米以上，地势北高南低，出露岩层多为混合岩和灰岩。流域属亚热带湿润气候，多年平均年降水量约2 200毫米，年水面蒸发量约1 000毫米以下。河流含沙量小，河水清澈，水质良好。多年平均年径流量约5.40亿立方米，多年平均流量约17.1立方米每秒。水力资源理论蕴藏量约6.50万千瓦，水资源、水能资源尚未开发。

河流自源头至汇口总体呈北南流向，河谷宽窄相间，以峡谷为主。峡谷段水流湍急，两岸岩石破碎，雨季易发生滑坡和泥石流。流至加马各惹附近折向西流，在上察隅镇迟巴村附近注入贡日嘎布曲。流域内森林茂密，人类活动影响小，自然生态环境保持完好。

7.17.54.9　拉曲
(Laqu River)

察隅曲左岸支流，亦称布曲，发源于西藏自治区察隅县下察隅镇宗果（宗古）村附近。流域面积443平方千米，河长44千米，落差3 365米。

流域四周多高山，山峰海拔均在4 000米以上；地势东南高、西北低，出露岩层多为混合岩和灰岩。

流域属亚热带湿润气候，多年平均年降水量约2 500毫米，年水面蒸发量1 000毫米以下。河流含沙量小，河水清澈，水质良好。多年平均年径流量约6.87亿立方米，多年平均流量约21.8立方米每秒。水力资源理论蕴藏量约14.11万千瓦。

河流自源头至汇口总体呈东南—西北流向，河谷宽窄相间，以峡谷为主。峡谷段水面宽一般30~60米，河口段河谷宽阔。沿河两岸谷坡陡峻，岩石破碎，雨季易发生滑坡和泥石流。河流在下察隅镇日玛村附近注入察隅曲。流域内森林茂密，人类活动影响小，自然生态环境保持完好。

7.17.54.10　底富河
(Difu River)

察隅曲左岸支流，亦称地补河，发源于西藏自治区察隅县下察隅镇夏觉拉以上的冰碛湖。流域面积283平方千米，河长40千米，落差3 020米。

流域地势东南高，西北低，出露岩层多为混合岩和灰岩；属亚热带湿润气候，多年平均年降水量约2 750毫米，年水面蒸发量在1 000毫米以下。河流含沙量小，河水清澈，水质良好。多年平均年径流量约5.09亿立方米，多年平均流量约16.1立方米每秒，水力资源理论蕴藏量约6.32万千瓦。

河流自源头总体上向西北流，河源一带多冰碛湖，以峡谷为主，水流湍急；河口段河谷较为宽阔。两岸谷坡陡峻，岩石破碎，雨季易发生滑坡和泥石流。河流于察隅县下察隅镇力秋附近注入察隅曲。流域内森林茂密，人类活动影响小，自然生态环境保持完好。

7.17.54.11　赛梯曲
(Saitiqu River)

察隅曲左岸支流，又称嘎仑河。发源于西藏自治区察隅县境内的康察山西麓。境内流域面积384平方千米，河长34千米，落差2 775米。

流域属亚热带湿润气候区，干湿季较明显；多年平均年降水量3 200毫米，年水面蒸发量在1 000毫米以下。河水含沙量小，水质良好。流域多年平均年径流深在2 000毫米左右，水力资源理论蕴藏量约9.29万千瓦。

河流自源头至河口大致向西北流，两岸谷坡陡峻，岩石破碎。河流经易尔底，在察隅县东附近注入察隅曲。流域地势东南高，西北低，以峡谷地貌为主，森林茂密，人类活动影响小，自然生态环境完好；常见的自然灾害有洪水和泥石流。

7.17.54.12　特乓曲
(Tepangqu River)

察隅曲右岸支流，亦称哈里河，发源于西藏自治区察隅县境内的坦果特库山南麓。境内流域面积183平方千米，河长25千米，落差2 400米。

流域属亚热带湿润气候区，干湿季较明显；多年平均年降水量约4 500毫米，年水面蒸发量在1 000毫米以下。河水清澈，流域多年平均年径流深约3 000毫米，水力资源理论蕴藏量约4.45万千瓦。

河流自源头向南流，流经龙多，在察隅县哈洞附近注入察隅曲（特鲁河）。流域地势北高南低，以峡谷地貌为主，森林茂密，河道覆盖层多为砂卵石。流域内人类活动影响小，自然生态环境完好，常见的自然灾害有洪水和泥石流。

7.17.54.13　多格曲
(Duogequ River)

察隅曲右岸支流，亦称格多河，发源于西藏自治区察隅县的卡能附近。境内流域面积482平方千米，河长38千米，落差2 500米。

流域属亚热带湿润气候区，多年平均年降水量4 500毫米，年水面蒸发量在1 000毫米以下。河水清澈，水质良好。流域多年平均年径流深约4 000毫米，水力资源理论蕴藏量7.61万千瓦。

河流自源头至河口大致向西南流，经洛通、布林孔、塔拉那，于察隅县前门里附近汇入察隅曲。流域地势北高南低，森林茂密，植被覆盖率在80%以上，可种植水稻及亚热带经济作物；常见的自然灾害有洪水和泥石流。

7.17.54.14 杜莱曲
(Dulaiqu River)

察隅曲右岸支流，亦称杜莱河，发源于西藏自治区察隅县境内的知拉山南麓。境内流域面积 1 823 平方千米，河长 69 千米，落差 3 158 米。

流域四周多高山，上游山峰海拔多在 4 000 米以上，中游山峰海拔多在 3 000 米左右，地势北高南低。

雨季一般为 4—10 月。流域多年平均年降水量 4 500 毫米，年水面蒸发量在 1 000 毫米以下。河水含沙量小，水质良好。流域多年平均年径流深在 3 000～4 000 毫米之间，水力资源理论蕴藏量 50.2 万千瓦。

河流自源头至河口总体上向南流，河谷宽窄相间。宽谷段水流平缓，阶地和冲洪积扇发育。峡谷段水流湍急，水面宽多在 30～60 米。两岸岩石破碎，谷坡陡峻，雨季易发生滑坡和泥石流灾害。河床覆盖层多为砂卵石。经坦隆里、姆邦纳等地，先后纳入卡兰禾约河、**莫翁曲**和**卡里加曲**后，在察隅县前门里附近汇入察隅曲（鲁希特河）。域内森林茂密，可种植水稻及亚热带经济作物。

7.17.54.14.1 莫翁曲
(Mowengqu River)

杜莱曲右岸支流，亦称卡查河，发源于西藏自治区察隅县境内的扎雄附近。流域面积 434 平方千米，河长 40 千米，落差 2 500 米。

流域地势北高南低，多年平均年降水量约 4 000 毫米，年水面蒸发量在 1 000 毫米以下。河水含沙量小，水质良好。多年平均年径流量约 13.0 亿立方米，多年平均流量约 41.2 立方米每秒，水力资源理论蕴藏量约 7.61 万千瓦。

河流自源头向南流，经扎雄、打龙，在察隅县培洛根附近汇入杜莱曲。流域内森林茂密，自然生态完好，常见的自然灾害有地震、洪水和泥石流。

7.17.54.14.2 卡里加曲
(Kalijiaqu River)

杜莱曲右岸支流，发源于西藏自治区察隅县境内的因通拉山南麓。流域面积 259 平方千米，河长 29 千米，落差 2 700 米。

流域多年平均年降水量约 4 000 毫米，年水面蒸发量在 1 000 毫米以下。河水清澈，水质良好。多年平均年径流量约 7.77 亿立方米，多年平均流量约 24.6 立方米每秒，水力资源理论蕴藏量约 5.0 万千瓦。

河流自源头向东南流，在察隅县卡里加附近汇入杜莱曲。流域地势西北高，东南低，以峡谷地貌为主。流域内森林茂密，自然生态环境完好，常见的自然灾害有地震、洪水和泥石流。

7.17.54.15 蒂丁河
(Diding River)

察隅曲下游鲁希特河右岸支流，又名拉崩河。境内流域面积约 357 平方千米，河长约 35 千米，落差约 1 600 米。

流域属亚热带湿润气候区，雨季一般为 4—10 月，多年平均年降水量 5 500 毫米，年水面蒸发量在 1 000 毫米以下。河水清澈，水力资源理论蕴藏量 1.0 万千瓦，流域自然生态环境完好。

河流自源头向南流，约 35 千米后流出国境。国境内流域人类活动影响小，地势北高南低，上段以峡谷地貌为主，中、下游段河谷宽阔；常见的自然灾害有地震、洪水和泥石流。

7.17.54.16 丹巴曲
(Danbaqu River)

察隅曲下游鲁希特河右岸支流，位于西藏自治区东南部，发源于西藏自治区墨脱县境内的岗日嘎布拉山南麓，境内流域面积约 12 114 平方千米，河长 157 千米。流域涉及西藏自治区墨脱县和察隅县。

概 述

流域介于北纬 28°15′～29°23′和东经 95°16′～96°35′之间，东邻察隅曲，南与印度境内的布拉马普特拉河相连，西与**雅鲁藏布江**流域毗邻。流域南北长约 120 余千米，东西宽约 130 千米，支流较多，面积大于 500 平方千米的支流有 6 条，即**安扎河**、**德利河**、**唐工河**、**恩姆拉河**、**阿玉河**及**衣屯河**。

流域属喜马拉雅山南翼亚热带湿润气候，年平均气温在 12.0 摄氏度以上，变化不大，从南到北逐渐降低；年均水面蒸发量在 1 000 毫米以下，多年平均年降水量约 4 890 毫米，由南向北逐渐减少。流域属藏东南暴雨区，径流主要由雨水、冰雪融水和地下水组成。

流域森林茂密，植被覆盖率在 95% 左右。河流输沙量小，全年多数时间河水清澈，冬、春季河源段有流冰花，河流无封冻现象，中、上游地区仅有少量岸冰出现。

流域地势起伏较大，属喜马拉雅山的藏东南高山区，地势北高南低，四周多高山，中、上游地区山峰海拔多在 3～4 千米以上，下游地区多在 1～2 千米，汇口海拔约 150 米。河源地带有海洋型冰川分布，冰川及雪被覆盖面积约 200 平方千米。流域内地质构造复杂，大小断裂交织，变质岩分布较广，且非常破碎。

流域多年平均年径流深在 4 000～5 000 mm 之间，水力资源理论蕴藏量约 1 054.5 万千瓦；自然灾害以地震、洪水、泥石流、滑坡为主，水灾主要由暴雨洪水造成。

纪 实

河流总体上向南流。河源段为 U 形谷，两岸分布有阶地和河漫滩，水面宽 10～30 米。地形起伏小，冰碛地貌发育。河源地带植被以高山灌木林为主，河床覆盖层多为沙石。

自源头至米培为上游。上游段称阿德涡河（亦称阿尊河、马通河），河谷较为宽阔，水面宽一般 50～80 米，支流汇口处冲、洪积台地较为发育。上游地区人类活动影响小，自然生态环境保持完好。

米培至安古林为中游。左岸支流德利河在安尼尼以下约 3 千米处汇入，干流在埃朴林附近再纳左岸支流唐工河，经阿浦能尼，在安古林附近纳右岸支流恩姆拉河后，进入下游。中游地区村庄密集，人类活动频繁，经济相对发达。中游段河谷较为宽阔，阶地发育。丹巴曲中、下游河段为墨脱县与察隅县的界河。

安古林至河流出境处为下游。下游段在依迪坡附近接纳右岸支流阿玉河后，转向东南流；经阿麦林、阿΄塔亚等地，先后纳入衣屯河、依牛河、阿哈森河、塞柯河后，于墨脱县尼杂木哈特附近流入印度境内，后汇入鲁希特河。下游段河谷宽窄相间，两岸以残丘平谷地貌为主，干流谷地海拔 600～150 米，水面宽一般 80～150 米。河床覆盖层多为砂卵石。班库附近的水面宽可达 500～1 000 米，河流进入平原区水流平缓。

7.17.54.16.1　安扎河
(Anzha River)

丹巴曲右岸支流，亦称安特勒河，发源于西藏自治区墨脱县境内的安扎拉山南麓。流域面积 514 平方千米，河长 45 千米，落差 2 540 米。

流域多年平均年降水量约 4 400 毫米，年水面蒸发量在 1 000 毫米以下。河水清澈，含沙量小，水质良好。流域多年平均年径流量约 17.0 亿立方米，多年平均流量约 53.9 立方米每秒，水力资源理论蕴藏量约 19.0 万千瓦。

河流大致向东南流，河道覆盖层多为砂卵石。在墨脱县安嘎邦下游约 4 千米处汇入丹巴曲。流域森林茂密，植被覆盖率在 95% 以上，地势西北高、东南低，以峡谷地貌为主，出露岩层多为混合岩和灰岩。流域内人类活动影响小，自然生态环境保持完好，自然灾害以地震、洪水和泥石流为主。

7.17.54.16.2　德利河
(Deli River)

丹巴曲左岸支流，发源于西藏自治区察隅县境内的岗日嘎布拉山南麓。流域面积 1 558 平方千米，河长 84 千米，落差 3 290 米。

流域东、北面与**贡日嘎布曲**流域接界，西与丹巴曲干流相连。四周多高山，上游地区山峰海拔多在 4 000 米以上，中、下游地区山峰海拔多在 3 000 米以上。地势北高南低，出露岩层多为混合岩和灰岩。

流域多年平均年降水量约 4 300 毫米，年水面蒸发量在 1 000 毫米以下。河水清澈，含沙量小，水质良好。流域多年平均年径流量约 54.5 亿立方米，多年平均流量约 173 立方米每秒，干流水力资源理论蕴藏量约 73.1 万千瓦。

自源头总体上向南流，河源段称直由河。河谷宽窄相间，宽谷段水流平缓，阶地较为发育；峡谷段水流湍急，水面宽一般 30~60 米，两岸岩石破碎，谷坡陡峻，雨季易发生滑坡和泥石流。河床覆盖层多为砂卵石，河源地带支流多冰碛湖。河流左纳一支流后，转向西南流；至阿普衣夋向南流，始称德利河；经得旁、阿切松、龙里、阿木林等地，左纳**学里曲**后，在阿尼库转为西流，于察隅县安尼尼下游约 3 千米处汇入丹巴曲。流域内森林茂密，植被覆盖率在 80% 以上，中、下游地带可种植水稻及亚热带经济作物。

7.17.54.16.2.1　学里曲
(Xueliqu River)

德利河左岸支流，亦称安古河，发源于西藏自治区察隅县境内的洞嘎拉山南麓。流域面积 453 平方千米，河长 37 千米，落差 2 500 米。

流域多年平均年降水量 4 100 毫米，年水面蒸发量 1 000 毫米以下。河水清澈，含沙量小，水质良好。流域多年平均年径流量约 13.6 亿立方米，多年平均流量约 43.1 立方米每秒，水力资源理论蕴藏量约 11.3 万千瓦。

河流自源头总体上向西南流，上游地带多冰碛湖。河道覆盖层多为砂卵石，河流在龙森下游约 1.5 千米汇入德利河。流域内森林茂密，植被覆盖率在 75% 以上。地势北高南低，以峡谷为主，出露岩层多为混合岩和灰岩。人类活动影响小，自然生态环境保持完好，常见的自然灾害有地震、洪水和泥石流。

7.17.54.16.3　唐工河
(Tanggong River)

丹巴曲左岸支流，发源于西藏自治区察隅县境内的古空拉山南麓。流域面积约 2 725 平方千米，河长约 99 千米，落差约 4 141 米。

东面与**贡日嘎布曲**流域接壤，北邻**德利河**，西与丹巴曲干流相连，南界**衣屯河**。四周多高山，上游地区山峰海拔多在 4 000 米以上，中、下游地区山峰海拔多在 3 000 米左右。地势北高南低，出露岩层多为混合岩和灰岩。

流域多年平均年降水量约 5 500 毫米，年水面蒸发量在 1 000 毫米以下。河水清澈，含沙量小，水质良好。多年平均年径流量约 120 亿立方米，多年平均流量约 381 立方米每秒，干流水力资源理论蕴藏量约 164.82 万千瓦。

河流自源头呈南北走向，河源段称江珠扎嘎。经俠中农，在青宗纳左岸支流**丹巴林河**，后转为南流。河流经成格尔、阿好林，在奇布尼附近左岸**阿潘里河**汇入后折向西南流。经阿潘里，河道逐渐展宽，水面宽可达 80~120 米；在察隅县埃托林注入丹巴曲。河谷宽窄相间，宽谷段水流平缓，两岸阶地较为发育；峡谷段水流湍急，水面宽一般 30~80 米，两岸岩石破碎，谷坡陡峻，雨季易发生滑坡和泥石流。河床覆盖层多为砂卵石。流域内森林茂密，植被覆盖率在 80% 以上，中、下游村庄较密集，人类活动较频繁，种植水稻及亚热带经济作物。

7.17.54.16.3.1　丹巴林河
(Danbalin River)

唐工河左岸支流，亦称坦岗河，发源于西藏自治区察隅县境内的嘎空拉知山西麓。流域面积 618 平方千米，河长约 37 千米，落差 1 500 米。

流域多年平均年降水量约 3 550 毫米，年水面蒸发量在 1 000 毫米以下。河水清澈，含沙量小，水质良好。流域多年平均年径流量约 19.2 亿立方米，多年平均流量约 60.9 立方米每秒，水力资源理论蕴藏量约 8.05 万千瓦。

河流自源头向西流，在青宗附近汇入唐工河。源头一带多冰碛湖，流域内人类活动影响小，自然生态环境保持完好，河道覆盖层多为砂卵石。流域内森林茂密，植被覆盖率在 75% 以上，地势东高西低，以峡谷为主，出露岩层多为混合岩和灰岩，常见的自然灾害有地震、洪水和泥石流。

7.17.54.16.3.2　阿潘里河
(Apanli River)

唐工河左岸支流，亦称依特兹河，发源于西藏自治区察隅县境内的朱瓦空山西麓。流域面积 645 平方千米，河长 40 千米，落差 2 250 米。

流域多年平均年降水量约 4 400 毫米，年水面蒸发量在 1 000 毫米以下。河水清澈，含沙量小，水质良好。流域多年平均年径流量约 21.6 亿立方米，多年平均流量约 68.5 立方米每秒，水力资源理论蕴藏量约 14.7 万千瓦。

河流自源头总体上向西流，在扎休下游约 2.5 千米处汇入唐工河。干、支流河源一带多冰碛湖，流域内人类活动影响小，自然生态环境保持完好，河道覆盖层多为砂卵石。域内森林茂密，植被覆盖率在 75% 以上，地势东高西低，以峡谷为主，出露岩层多为混合岩和灰岩，常见的自然灾害有地震、洪水和泥石流。

7.17.54.16.4　恩姆拉河
(Enmula River)

丹巴曲右岸支流，发源于西藏自治区墨脱县境内的公堆颇章山南麓。流域面积约1 788平方千米，河长约96千米，落差约3 191米。

域内多高山，上游地区山峰海拔多在4 000米以上，中、下游地区山峰海拔多在3 000米以上。地势西北高、东南低，出露岩层多为混合岩和灰岩。

流域多年平均年降水量5 500毫米，年水面蒸发量在1 000毫米以下。河水清澈，含沙量小，水质良好。流域多年平均年径流量约80.5亿立方米，多年平均流量约255立方米每秒，水力资源理论蕴藏量约77.09万千瓦。

河流自源头向南流，河谷宽窄相间，宽谷段水流平缓，阶地较为发育。峡谷段水流湍急，水面宽一般30～60米。两岸岩石破碎，谷坡陡峻，雨季易发生滑坡和泥石流。河床覆盖层多为砂卵石，河源一带多冰碛湖。至中游河流转向东南流，经埃克郎里、前里、左纳阿姆布朗、阿特如河后，在墨脱县阿朗林附近汇入丹巴曲。流域内森林茂密，植被覆盖率在98%以上，中、下游地带可种植水稻及亚热带经济作物。

7.17.54.16.5　阿玉河
(Ayu River)

丹巴曲右岸支流，亦称阿曲，发源于西藏自治区墨脱县境内的亚比罗喀山东麓。流域面积约650平方千米，河长约59千米。

域内多高山，上游地带山峰海拔一般4 000米左右，中、下游地带山峰海拔一般3 000米左右。地势西北高、东南低，出露岩层多为混合岩和灰岩。

流域多年平均年降水量约6 500毫米，年水面蒸发量在1 000毫米以下。河水清澈，含沙量小，水质良好。流域多年平均年径流量约32.2亿立方米，多年平均流量约102立方米每秒，水力资源理论蕴藏量约18.7万千瓦。

河流自源头向东南流，河谷宽窄相间。宽谷段水流平缓，阶地较发育。峡谷段水流湍急，两岸岩石破碎，谷坡陡峻，雨季易发生滑坡和泥石流。河床覆盖层多为砂卵石。河道自上而下逐渐展宽，在墨脱县依软以下汇入丹巴曲。域内森林茂密，植被覆盖率在98%以上，可种植水稻及亚热带经济作物。

7.17.54.16.6　衣屯河
(Yitun River)

丹巴曲左岸支流，发源于西藏自治区察隅县岗翁以东约25千米处。流域面积约1 389平方千米，河长约64千米。

流域内多高山，上游地带山峰海拔多在4 000米以上，中、下游地带山峰海拔多在3 000米左右。地势东南高、西北低，出露岩层多为混合岩和灰岩。

流域多年平均年降水量6 350毫米，年水面蒸发量在1 000毫米以下。河水清澈，含沙量小，水质良好。流域多年平均年径流量约72.9亿立方米，多年平均流量约231立方米每秒，水力资源理论蕴藏量75.5万千瓦。

上游段称因通河，自北向南流；下游段称衣屯河，经库隆，在被卡附近转向西北流。河谷宽窄相间，宽谷段水流平缓，阶地较为发育；峡谷段水流湍急，两岸岩石破碎，谷坡陡峻，雨季易发生滑坡和泥石流。河床覆盖层多为砂卵石。河道逐渐展宽，经埃格亚，在察隅县阿米里下游汇入丹巴曲。下游一带森林茂密，可种植水稻及亚热带经济作物。

7.17.55　西曼河
(Ximan River)

雅鲁藏布江下游布拉马普特拉河右岸支流，发源于西藏自治区墨脱县沙共附近的穆达山北麓。国境内流域面积约700平方千米，河长约48千米，落差约600米。位于墨脱县西南部。

西曼河流域东面与底卡里河接界，北面与**锡约尔河**干流相邻，西邻**西巴霞曲**流域；地势北高南低，出露岩层多为混合岩和灰岩。

流域多年平均年降水量约5 400毫米，雨季一般在4—10月，年水面蒸发量在1 000毫米以下。河水清澈，含沙量小，水质良好。流域多年平均年径流深在4 000～5 000毫米之间，水力资源理论蕴藏量2.24万千瓦。

河流自源头向东流，在卡隅附近转向南流，在迪帕上游约1.5千米处流入印度境内，注入布拉马普特拉河。河谷宽窄相间，宽谷段水流平缓，两岸阶地较为发育。流域内村庄较密集，人类活动较频繁，种植水稻及亚热带经济作物。森林茂密，河谷有常绿雨林带、簇叶乔木、丛生竹类和藤本植物，植被覆盖率在98%以上。常见的自然灾害有洪水和泥石流。

7.17.56　西巴霞曲
(Xibaxiaqu River)

雅鲁藏布江下游布拉马普特拉河右岸支流，位于西藏自治区东南部，发源于措美县古堆乡境内的枕不扎山北麓。国境内流域面积25 775平方千米，河长406千米，落差5 090米。流域涉及措美、隆子、错那、曲松、加查、朗县及墨脱等7个县，干流流经措美、隆子、墨脱、错那等4个县。流入印度境内称苏班西里河。

概　　述

流域东西长约280千米，南北宽约120千米，位于东经91°34′～94°47′、北纬27°06′～28°55′。西巴霞曲的水量仅小于雅鲁藏布江和**怒江**西藏段，居西藏第三位。流域东、北部与雅鲁藏布江流域接壤，西邻**哲古错**水系，南与苏班西里河相邻。

流域北部属高原温带半干旱季风气候区，南部属亚热带山地半湿润、湿润气候区。下游降水充沛，气温较高，上游降水稀少，高寒缺氧。流域多年平均年降水量约2 005毫米，降水集中在6—9月。夏季湿润多雨，冬季干燥多风。径流由降水、冰雪融水和地下水补给。11月上旬至翌年的4月中、下旬，上游河段有封冻现象，下游河段无冰情。西巴霞曲主要支流有**洛曲、加波曲、扎日曲**和**坎拉河**，左右岸支流分布较均匀，左岸流域面积11 893平方千米，右岸面积13 882平方千米。

流域地势西北高、东南低，出露地层主要为石灰—二叠系碎硝岩夹冰碛岩、火山岩，以及中元古界浅变质碎硝岩、碳酸盐岩。干流一线地震基本烈度为Ⅷ度。

流域多年平均年径流深在150～600毫米之间，下游区域在600～4 000毫米之间。据2003年水力资源复查成果，全流域水力资源理论蕴藏量约1 387.13万千瓦。至2005年年底，流域内已建小型水电站总装机容量约0.47万千瓦；防洪标准20年一遇的防洪堤一处，全长72千米。

域内农作物有冬小麦、青稞、水稻、玉米、油菜、花生等,主要牲畜有牛、羊、猪等,矿产资源有砂金、铁、铅、硫黄、水晶石等,野生动植物有豹、熊、獐子、羚羊及天麻、贝母、三七等;水、旱、地震、病虫等灾害常有发生。

纪　　实

从河源至隆子县列麦乡为上游段。上游段又称雄曲,河床由砂卵石组成,河谷较宽,河道坡度小,水流平缓,阶地发育,河谷呈U形,植被较差,水土流失严重,水体泥沙含量较大。河流自河源向东北流,至古堆折向东南流,至隆子县日当镇,右纳**朗麦曲**后转向东流,经隆子镇,至列麦乡。列麦乡两岸土地肥沃,物产丰富,是隆子县重要的农业区。坐落在西巴霞曲左岸的隆子镇,是隆子县府驻地。"隆子"藏语意为"万事顺利,实力雄厚",古称"涅"地,吐蕃时期,属约如的涅东岱;帕竹地方政权时建宗;地方政府时期,隆子宗归山南基巧管辖;1959年5月设县,2008年全县总人口35 248人。

列麦至国境线为下游段。河流向东流,河谷逐渐缩窄,山高谷深,水流湍急。植被覆盖率高,森林茂密,自然环境保持完整。至聂荣沃急转南流,流约10千米到达加玉乡,右纳洛曲后转向东北流。这一段干流又称加玉曲。至淮巴,左纳加波曲,以下始称西巴霞曲;先后左纳**玉门曲**、扎日曲、**八哥尔曲**、**马林曲**、**阿协果曲河**等支流,在阿协果曲河汇口以下转向东南流,左纳**苏穆河**,右纳门嘎河、西比河、坎拉河等支流。在勒林附近,转向西南流,约35千米后流入印度。坎拉河是西巴霞曲最大支流。

7.17.56.1　朗麦曲
（Langmaiqu River）

西巴霞曲右岸支流,亦称僧毕雄曲,发源于西藏自治区错那县曲卓木乡境内的格诗山峰北麓。流域面积502平方千米,河长33千米,落差1 020米。流域涉及西藏自治区错那县和隆子县。

流域呈扇形,多年平均年降水量约255毫米,年日照时数约2 980小时,无霜期短,冬、春季节干燥多风。径流多以地下水、降水补给,冬季河水有冰情发生。河道由砂卵石组成,河水泥沙含量小,水质未受污染。多年平均年径流量约0.88亿立方米,多年平均流量约2.79立方米每秒,水力资源理论蕴藏量约2.31万千瓦。

自源头向东流,经隆子县的下热、沙穷村,转向东北流,于隆子县日当镇下马当附近注入西巴霞曲。河床覆盖层多由砂卵石组成,自然灾害主要有水灾、旱灾、地震等。

域内农作物有青稞、小麦、豌豆等,矿产有砂金、铁等,野生动植物有豹、藏麻鸡、红景天、雪莲花等。

7.17.56.2　洛曲
（Luoqu River）

西巴霞曲右岸支流,亦称多曲、加玉河,发源于西藏自治区错那县卡达乡兴达村以上的卡格多山峰的冰川。流域面积2 546平方千米(其中冰川面积324平方千米),河长100千米,落差1 710米。

流域呈扇形,流域涉及错那、隆子两个县;东与坎拉河、**卡门河**流域为邻,北邻西巴霞曲干流,西部和南部与**达旺曲**水系相邻。

流域属南喜马拉雅地貌,地势南高北低,相对高差约1 700米。高原温带半干旱季风气候,太阳辐射强烈,日照时间长,气温较低,昼夜温差大,干湿分明,多夜雨,冬春季干燥,多大风,年无霜期短。流域多年平均年降水量约400毫米,径流的补给形式为冰雪融水、降水及地下水,冰雪融水和降水所占比重较大。流域内植被生长较好,沙石质河床,河水泥沙含量稍大,水质良好。流域多年平均年径流量7.38亿立方米,多年平均流量约23.4立方米每秒。水力资源理论蕴藏量约2.31万千瓦,域内有小型水电站2座,分别位于错那县卡达乡和觉拉乡。

流域内矿产有砂金、水晶石等,野生动植物有藏麻鸡、水獭、獐子、鹰、野鸡、雪莲花等,民族手工业产品有酥油茶壶、酥油桶、藏刀、民族装饰品等。

河流自河源向东流,约20千米折向西流,又约20千米转向西北流;经兴达、卡达,转向北流,经西午至扎洞,左纳多曲;转向东流,在德吉村以下进入隆子县境内,经隆子县加玉乡的欠堆、普玉,于加玉乡的共拉村附近注入西巴霞曲。河谷宽窄相间。流域内经济以农牧业为主,主要种植青稞、小麦、豌豆、油菜,饲养牦牛、黄牛、马、羊等,常见的自然灾害有旱、雪、雹、风、霜、地震等。

7.17.56.3　加波曲
（Jiaboqu River）

西巴霞曲左岸支流,亦称色曲或雄曲,发源于西藏自治区朗县登木乡多龙村境内。流域面积2 302平方千米(其中冰川面积约6平方千米),河长120千米,落差2 710米。流域涉及西藏自治区朗县、曲松、隆子3个县。

域内年日照时数在2 900小时以上,蒸发量大,温度低,日温差大,年无霜期短。流域多年平均年降水量约450毫米,流域多年平均年径流量约7.37亿立方米,多年平均流量约23.4立方米每秒。径流以降水、地下水补给为主。冬季河流有结冰现象,局部河段冰情严重。河床由砂卵石组成,河水泥沙含量小,水质良好。流域内属半农半牧区,农作物有青稞、小麦、豌豆等,饲养的牲畜有牦牛、黄牛、羊等;主要矿产资源有沙金和铁;野生动植物有藏麻鸡、獐子、红景天、雪莲花等;主要灾害有水灾、旱灾和地震。水力资源理论蕴藏量34.43万千瓦,域内有小型水电站2座,总装机容量395千瓦。三安曲林灌区位于三安曲林乡,建于2003年。雪萨乡生产的酥油闻名全藏。

河流自河源向西偏北流,至曲松县杰杰,这一段称错木尼折曲;右纳多美曲后进入隆子县境内,并折向南流,至彭珠,这一段称哈工曲。河流折向东南流,右纳普龙扎达后转向东流,经雪萨乡,沿程纳入拉街朗、奶加雄曲等多条支流,抵达三安曲林乡。这一段称色曲。过三安曲林,河流称雄曲。雄曲先南后东再南流过一S形弯,经斗玉乡,在淮巴附近注入西巴霞曲。加波曲的上游地形较开阔,河谷稍宽,两岸以中低山为主。下游地区山高林密,河谷狭窄,水流湍急,植被良好,灌丛草地分布广泛。三安曲林乡坐落在西巴霞曲岸边,距隆子镇110千米,背靠高高耸立在悬崖之上的三安曲林寺,该寺是佛教徒著名的朝圣之地。

7.17.56.4　玉门曲
（Yumenqu River）

西巴霞曲左岸支流,亦称玉米河,发源于西藏自治区隆子县玉麦乡玉碓附近。流域呈扇形,流域面积409平方千米,河长36千米,落差2 430米。

流域属南喜马拉雅地貌,地势西北高东南低。流域多年平均年降水量约700毫米,径流多由降水、地下水补给。多年平均年径流量约 2.47 亿立方米,多年平均流量约 7.83 立方米每秒,水力资源理论蕴藏量约 5.30 万千瓦。

流域内林草生长茂盛,森林多有分布,植被覆盖率高。河床由砂卵石组成,河水泥沙含量小,水质良好。冬季上游河段有冰情发生。流域内河谷地带种植有少量农作物,野生动植物有棕熊、马鹿、贝母、黄连等,主要灾害有水灾、旱灾和地震。

河流自源头向东流,至玉麦转向东南流,于塔克新以西 4 千米处注入西巴霞曲。两岸多高山,山势险峻,河谷狭窄,河道坡度大,水流急。

7.17.56.5 扎日曲
(Zhariqu River)

西巴霞曲 左岸支流,亦称洛河,发源于西藏自治区隆子县扎日乡曲桑村附近。流域呈扇形,面积 1 098 平方千米,河长 89 千米,落差 3 270 米。流域西与**玉门曲**流域接壤,北与**雅鲁藏布江**水系相连,东邻**八哥尔曲**,南靠西巴霞曲干流。流域涉及西藏自治区朗县和隆子县。

流域多年平均年降水量约 1 450 毫米,径流以降水和地下水补给为主,多年平均年径流量约 12.6 亿立方米,多年平均流量约 40.0 立方米每秒。水力资源理论蕴藏量约 15.18 万千瓦。冬季河流有结冰现象,上游河段冰情严重。河床由砂卵石组成,河水泥沙含量小,水质良好。

流域内属半农半牧经济,河谷地带有零散农田分布,种有青稞、小麦等农作物,饲养牦牛、羊、马等;野生动植物有獐子、黄羊、贝母、灵芝等;常见的自然灾害有水灾、旱灾和地震。

扎日曲自河源向东流,两岸高山林立,河道比降大,河床深切,水流湍急;至扎日急转南流,相继纳入米帕曲和贡布弄后,于达毒以西注入西巴霞曲。扎日曲流域风景优美,植物生长旺盛,植被覆盖率高,灌丛草地、原始森林多有分布。

7.17.56.6 八哥尔曲
(Bageerqu River)

西巴霞曲 左岸支流,发源于西藏自治区隆子县郎村附近的金牙日山南侧。流域呈南北向扇形,流域面积 782 平方千米,河长 41 千米,落差 2 250 米。

流域内温暖湿润,多年平均年降水量约 1 800 毫米,上游至下游降水量呈明显增多趋势,径流多以降水、地下水补给。流域内植被旺盛,森林、灌丛草地分布广泛。河道由砂卵石组成,泥沙含量小,水质良好。上游河段冬季有结冰现象。流域内野生动植物有棕熊、马鹿、贝母、三七等,主要自然灾害有水灾、旱灾和地震。

流域多年平均年径流量约 10.9 亿立方米,多年平均流量约 34.6 立方米每秒,水力资源理论蕴藏量约 5.66 万千瓦。八哥尔曲总体上向东南流,于西比绕依东侧注入西巴霞曲。上游山高谷深,支流较多;河道比降大,水流湍急。下游两岸山峰相对低矮,属宽谷地貌。

7.17.56.7 马林曲
(Malinqu River)

西巴霞曲 左岸支流,发源于西藏自治区隆子县境内喜马拉雅山脉洛拉山南侧。流域呈南北向狭长形,流域面积 370 平方千米,河长 20 千米,落差 1 750 米。

流域内气候温暖湿润,多年平均年降水量约 2 200 毫米,上游至下游降水量呈明显增多趋势,径流以降水、地下水补给为主。流域内植被覆盖率高,天然林木、灌丛草地广泛分布。河床由砂卵石组成,河流泥沙含量小,水质未受污染。河流的上游段在冬季有冰情发生。流域内野生动植物资源丰富,自然灾害有水灾、旱灾和地震。流域多年平均年径流量约 5.74 亿立方米,多年平均流量约 18.2 立方米每秒,水力资源理论蕴藏量 3.32 万千瓦。

马林曲上游山高谷深,地势险峻,河道比降大,水流湍急,属山区性河流。下游地势较开阔,两岸以中低山为主。河流总体上向东南流,沿程迂回曲折,于哥里西娘下游注入西巴霞曲。

7.17.56.8 阿协果曲河
(Axieguoqu River)

西巴霞曲 左岸支流,发源于西藏自治区墨脱县八哥儿村附近的结达拉山口南侧。流域呈南北向扇形,流域面积 624 平方千米,河长 38 千米,落差 1 870 米。

流域内气候温暖湿润,多年平均年降水量约 2 900 毫米,下游河谷地带年无霜期 320 天左右,径流主要由降水补给。上游河段冬季有冰情发生。流域内植被茂盛,森林密布,山花烂漫,百草丛生。河床由砂卵石组成,河流泥沙含量小,水质未受污染,年最大流量出现在 7—8 月。流域内河谷地带有零星农田分布,种有谷类、豆类等农作物,野生动植物种类较多;常见的自然灾害有水灾、旱灾和地震。

流域多年平均年径流量约 14 亿立方米,多年平均流量约 44.4 立方米每秒,水力资源理论蕴藏量约 4.60 万千瓦。

河流由东南转向西南流,于兴达下游 5 千米处注入西巴霞曲。流域属中高山地形,中游山势挺拔,河谷深切,为峡谷河段。因人类活动少,域内的山山水水、花鸟虫草保持着原生态,景色如画。

7.17.56.9 苏穆河
(Sumu River)

西巴霞曲 左岸支流,亦称西乌河,发源于西藏自治区墨脱县波如村附近的波米斯峰东麓。流域面积 1 176 平方千米,河长 61 千米,落差 2 010 米。

流域位于墨脱县境内,呈扇形,地处喜马拉雅山脉东段南坡地质构造区,海拔较低,河口海拔仅 180 米。流域西与西巴霞曲干流相连,东、北部与**雅鲁藏布江**水系为邻,南靠西巴霞曲一无名支流。

流域气候温暖湿润,日照时间短,降水充沛,流域多年平均年降水量约 4 200 毫米;全年无霜冻发生。流域多年平均年径流量约 38.8 亿立方米,多年平均流量约 123 立方米每秒,水力资源理论蕴藏量约 12.52 万千瓦。径流主要由降水和地下水补给,河流无结冰现象。河道比降大,水流湍急,河道由砂卵石组成,最大洪峰流量出现在 7—8 月。河流泥沙含量小,水质未受污染。流域内产有水稻、鸡爪谷、黄豆、棉花、芝麻等,动植物资源丰富,常见灾害有水灾、旱灾、地震等。

苏穆河自源头向东南流,沿途支流较多,过莫巴约 10 千米后河流折向南流,水流约 5 千米左纳惹米河,至莫彭急转西流,经塔派又拐向西南流,至塔莫下游注入西巴霞曲。域内植被覆盖率高,原始森林、灌丛草地遍布。上游河谷开阔,下游河谷狭窄,两岸山峰高耸。因人类活动少,流域内的生态环境仍保持着原始状态。

7.17.56.10　坎拉河
（Kanla River）

西巴霞曲右岸支流，发源于西藏自治区错那县府里村以上的觉姆拉山东麓。流域面积 6 927 平方千米，河长 169 千米，落差 4 710 米。

流域地处喜马拉雅山脉东段南坡，地势西北高、东南低，气候温暖湿润，流域多年平均年降水量约 2 250 毫米。径流主要由降水、地下水补给，最大洪水出现在 7—8 月，上游河段在冬季有结冰现象。流域内植被覆盖较好，河道由沙卵石组成，河流泥沙含量小，水质较好。

流域呈东西向扇形，东部和北部与西巴霞曲干流相连，南临**哈姆得里河**水系，西与**卡门河**为邻。流域多年平均年径流量约 111 亿立方米，多年平均流量约 352 立方米每秒。流域水力资源理论蕴藏量约 223.76 万千瓦，其中干流约 168.92 万千瓦。

流域内农作物有青稞、小麦和豆类；矿藏有砂金、铁等；野生动植物种类多，被国家列入一、二类保护的动物有 10 多种，珍稀濒危植物有胡长连、长蕊兰等；水灾、旱灾和地震常有发生。

河流自源头向东南流，至瑟尔塔姆转向南流，相继纳入**黑马河**、**班尔达姆曲**、**克鲁河**等支流，到帕大折向东流，于勒林注入西巴霞曲。上游地形开阔，河谷宽广，两岸以中低山为主。下游山高林立，河谷狭窄，沿途支流众多，水流湍急。流域内植被生长良好，林木茂盛，因人类活动少，流域内的生态环境仍保持着原始状态。

7.17.56.10.1　打坝河
（Daba River）

坎拉河左岸支流，发源于西藏自治区错那县低勒以上的隔杠拉山峰东侧。流域呈扇形，流域面积 165 平方千米，河长 20 千米，落差 2 010 米。

流域内气候温暖湿润，多年平均年降水量约 850 毫米。径流由降水、地下水和冰雪融水补给，多年平均年径流量约 1.07 亿立方米，多年平均流量约 3.39 立方米每秒，水力资源理论蕴藏量约 3.5 万千瓦。流域内植被覆盖率高，森林分布广泛，生长旺盛。河道由砂卵石组成，河流泥沙含量小，水质良好。

源头一带有冰川分布，河流自源头向东流，流至 5 千米处折向南流，途经低勒、巴热，于塔帕附近注入坎拉河。打坝河上游山高坡陡，河谷窄，水流急；下游河谷宽，左岸山峰低矮，地形开阔，河谷一带有零星农田分布。

7.17.56.10.2　巴尼亚河
（Baniya River）

坎拉河左岸支流，发源于西藏自治区错那县喜马拉雅山脉低色拉山口东侧。流域面积 219 平方千米，河长 16 千米，落差 1 410 米。

流域呈南北向带状，流域内气候温暖湿润，多年平均年降水量约 1 480 毫米。径流主要由降水和地下水补给，多年平均年径流量约 2.52 亿立方米，多年平均流量约 7.99 立方米每秒，最大洪峰流量出现在 7—8 月。水力资源理论蕴藏量约 2.21 万千瓦。河床由砂卵石组成，河流泥沙含量小，水质良好。流域内天然植物生长茂盛，森林密布，河谷一带有少量农作物种植。

河流自源头向南流，左岸高山耸立，右岸开阔平坦，河道比降大，水流急；经帕普、巴布后，于加里附近注入坎拉河。

7.17.56.10.3　黑马河
（Heima River）

坎拉河左岸支流，发源于西藏自治区错那县境内的格几拉山南侧。流域面积 540 平方千米，河长 30 千米，落差 3 370 米。

流域内气候温暖湿润，多年平均年降水量约 2 000 毫米。径流主要由降水和地下水补给，流域多年平均年径流量约 8.32 亿立方米，多年平均流量约 26.4 立方米每秒，水力资源理论蕴藏量约 11.6 万千瓦。河床由砂卵石组成，河水泥沙含量小，水质良好。域内植被覆盖率高，森林密布。

河流自源头向东南流，至热觉附近注入坎拉河。流域属高山峡谷地貌，上游山高谷深，河道坡度大，水流急；下游左岸山峰较矮，地形开阔。河谷地带有农田分布。

7.17.56.10.4　班尔达姆曲
（Banerdamuqu River）

坎拉河左岸支流，亦称色鲁河，发源于西藏自治区错那县境内的格几拉山南侧。流域面积 388 平方千米，河长 32 千米，落差 2 000 米。

域内气候温暖湿润，流域多年平均年降水量约 2 950 毫米。径流主要由降水和地下水补给，河水含沙量小，水质良好。流域多年平均年径流量约 9.12 亿立方米，多年平均流量约 28.9 立方米每秒，水力资源理论蕴藏量 3.50 万千瓦。

河流自源头向南流，约 20 千米后折向东南流，至潘贾母复向南流；沿程纳入多条支流，于吐米尔附近注入坎拉河。流域属高山峡谷地貌，源头及下游地带山势挺拔，河谷狭窄，比降大，水流急。河床主要由砂卵石组成。

7.17.56.10.5　克鲁河
（Kelu River）

坎拉河右岸支流，发源于西藏自治区错那县巴齐杜姆楚村附近的冰川。流域面积 2 536 平方千米，河长 132 千米，落差 3 130 米。

流域属高山峡谷地貌，地势西北高、东南低，气候温暖湿润，流域多年平均年降水量约 2 000 毫米。径流主要由降水和地下水补给，最大洪峰流量出现在 7—8 月，最小流量出现在 1—3 月。上游段有冰情发生。河床由砂卵石、块石组成，河水含沙量小，水质良好。流域多年平均年径流量 39.3 亿立方米，多年平均流量约 125 立方米每秒，干流水力资源理论蕴藏量约 33.75 万千瓦。

源头有冰川分布，河流自源头向东南流，经克罗里安、多雅曲里等地，抵贝利折向南流；至马格利，右纳**马格里曲**后缓转东流，沿程纳入多条支流后，于以木以下注入坎拉河。克鲁河上游段河谷宽阔，两岸山峰以中低山为主；贝利以下的下游段，山高坡陡，河谷狭窄，水流湍急。流域内的河谷地带有农作物种植，林栖珍稀野生动物主要有孟加拉虎、羚牛、长尾叶猴、云豹、小熊猫、大犀鸟、蟒蛇等，雨林资源丰富。流域内植被覆盖率高，森林分布广泛，主要自然灾害有洪水、干旱和地震。

7.17.56.10.5.1 马格里曲
(Mageliqu River)

克鲁河右岸支流，亦称帕嘎河，发源于西藏自治区错那县。流域面积 418 平方千米，河长 30 千米，落差 2 750 米。

流域内气候温暖湿润，多年平均年降水量约 2 650 毫米。径流主要由降水和地下水补给，流域多年平均年径流量约 8.78 亿立方米，多年平均流量约 27.8 立方米每秒，水力资源理论蕴藏量约 6.23 万千瓦。河床由砂卵石组成，河水含沙量小，水质良好。

河流自源头向东北流，河道宽窄相间，比降大，水流急，源头及下游地带山势险峻；河口附近河谷较宽，洪积扇发育。河流相继纳入各支流后，至马格利下游注入克鲁河。

7.17.56.11 哈姆得里河
(Hamudeli River)

西巴霞曲下游苏班西里河右岸支流，亦称杭得拉河，发源于西藏自治区错那县境内的达夫拉山脉北麓。境内流域面积 2 074 平方千米，河长 80 千米，落差 2 090 米。

流域西邻**卡门河**，南与苏班西里河干流相连，北与**坎拉河**流域为邻，东接**西巴霞曲**水系。地处喜马拉雅山脉东段南坡地质构造区，地势西北高、东南低。

流域气候温暖湿润，多年平均年降水量约 4 200 毫米。径流主要由降水和地下水补给，最大洪峰流量出现在 7—8 月，最小流量出现在 1—3 月。河床主要由砂卵石组成，河水含沙量小，水质良好。流域多年平均年径流深在 2 500～3 000 毫米之间，流域水力资源理论蕴藏量约 41.5 万千瓦。

河流自源头向东南流，先后纳入**佩林河**等多条支流后，抵达琴亨，此段河流称南嘎纳迪河。南嘎纳迪河河谷宽窄相间，两岸山峰高耸，河道比降大，水流急。至塔多亚左纳**卡依河**。河流穿行在高山之间。流至塔达折向东北流，约 12 千米又转向东南流。于基明下游流出中国国境，在印度汇入苏班西里河。流域内植被覆盖率高，雨林茂密，林栖珍稀野生动物主要有孟加拉虎、羚牛、长尾叶猴、云豹、小熊猫、大犀鸟、蟒蛇等。主要自然灾害有水灾、旱灾和地震。

7.17.56.11.1 佩林河
(Peilin River)

哈姆得里河右岸支流，发源于西藏自治区错那县境内的达夫拉山。流域面积 307 平方千米，河长 32 千米，落差 2 030 米。

域内气候温暖湿润，多年平均年降水量约 3 500 毫米。径流主要由降水和地下水补给，流域多年平均年径流量约 8.44 亿立方米，多年平均流量约 26.8 立方米每秒，水力资源理论蕴藏量 3.33 万千瓦。

流域属高山峡谷地貌，上游段河谷狭窄，下游段河谷宽窄相间。河流自源头向东南流，河道比降大，水流急；流约 12 千米后渐渐折向东北流，于琴亨西侧约 5 千米处注入哈姆得里河。河床多为砂卵石，河水含沙量小，水质良好。流域内植被生长良好，森林、灌丛草地广泛分布，动植物及矿产资源丰富。

7.17.56.11.2 卡依河
(Kayi River)

哈姆得里河左岸支流，发源于西藏自治区错那县的旁倍普。流域面积 379 平方千米，河长 33 千米，落差 1 160 米。

流域属山间宽谷地貌，除河口段外，河谷宽阔平坦。流域多年平均年降水量约 3 500 毫米。流域多年平均年径流量约 13.3 亿立方米，多年平均流量约 42.2 立方米每秒。降水和地下水是径流的主要补给形式。水力资源理论蕴藏量约 2.32 万千瓦。

河流自河源向东南流，至塔杰折向南流。沿程经过赫波利、迈等地，至哈土隅以下，左纳潘吉堤河后，于塔多亚北侧注入哈姆得里河。河道多以砂卵石组成，河水含沙量小，水质良好。域内植被覆盖率高，雨林茂密，动植物、矿产资源丰富。

7.17.56.12 迪克朗河
(Dikelang River)

西巴霞曲下游苏班西里河右岸支流，亦称帕曲。发源于西藏自治区错那县塔尼附近的达夫拉山脉南麓。国境内流域面积 1 317 平方千米，河长 101 千米，落差 1 403 米；出境后在印度注入苏班西里河。

流域西邻**卡门河**，南与苏班西里河干流相连，东、北与**哈姆得里河**流域接壤；地势西北高、东南低，国境内高差约 2 000 米。

流域属亚热带湿润气候区，气候温暖湿润，多年平均年降水量约 4 000 毫米，国境内多年平均年径流深在 2 500～3 000 毫米之间，径流主要由降水和地下水补给，水力资源理论蕴藏量约 13.4 万千瓦。

河流自源头向东流，流经那兰、瑟格利、多利普，沿程纳入多条支流后抵达达普；折向东北流，至皮克又急转西南流；至多伊穆克，右纳波尔帕尼河后折向东南流，于哈尔木堤岗南侧流出国境。

河流穿行在山峦之间，河谷宽窄相间，河道蜿蜒曲折，皮克以下是宽广的河谷平原。河床主要由砂卵石组成，河水含沙量小，水质良好。域内植被覆盖率高，雨林茂密，矿产及野生动植物资源丰富。主要灾害有水灾、旱灾、地震等。

7.17.57 布拉河
(Bula River)

雅鲁藏布江下游布拉马普特拉河右岸支流，发源于西藏自治区错那县的梅登附近。国境内流域面积 524 平方千米，河长 40 千米，落差 1 403 米。

流域地势北高南低，属亚热带湿润气候区，气候宜人，温暖湿润，多年平均年降水量约 3 250 毫米。径流主要由降水、地下水补给，7—8 月为丰水期，1—3 月为枯水期，多年平均年径流深在 2 500～3 000 毫米。水力资源理论蕴藏量约 5.11 万千瓦。

河流自源头向东南流，经梅登、霍布亚抵达格木布格水，转向南流；过油布至成岗木又折向东南流，左纳波马河后再转向南流，流约 13 千米出国境，于印度境内注入布拉马普特拉河。布拉河支流较多，上段河道比降大，水流急；下游地势开阔、平坦，河谷宽广。河床主要由砂卵石组成，河水含沙量小。

7.17.58 巴尔岗河
(Baergang River)

雅鲁藏布江下游布拉马普特拉河右岸支流，发源于西藏自治区错那县吉郎干尼亚附近。国境内流域面积 186 平方千

米，河长 27 千米，落差 1 200 米。

流域地势北高南低，国境内高差约 2 000 米，亚热带湿润气候，温暖湿润，多年平均年降水量约 3 300 毫米。径流主要由降水和地下水补给，流域多年平均年径流深 2 500～3 000 毫米。水力资源理论蕴藏量 2.62 万千瓦。

巴尔岗河分为东西两支，国境内的东支称迪卡尔河，西支为主流，称佩索内，两支流交汇后在印度境内称巴尔岗河。上游段为山区型河流，水流急；下游段为冲积平原型河流。河床由砂卵石和块石组成，河水含沙量小，水质良好。

7.17.59 卡门河
（Kamen River）

雅鲁藏布江下游布拉马普特拉河右岸支流，发源于西藏自治区错那县莫嘎岗拉山峰东麓。国境内流域面积 10 790 平方千米（其中冰川面积 332 平方千米），河长 236 千米，落差 4 244 米。

概　述

流域介于东经 92°01′～93°21′、北纬 26°55′～27°59′之间，东、北面与**西巴霞曲**流域为邻，西临**娘江曲**流域，南靠布拉马普特拉河干流。

流域地处喜马拉雅山南坡高山峡谷地区，青藏高原的南斜面。流域内现代冰川发育，有典型的冰塔林，古冰川的侵蚀、堆积地形分布较广。山陡谷深，干、支流多发源于源头的古冰川槽谷中，山体破碎，水蚀作用强烈。山峰海拔多为 3 000～4 500 米，山崩、滑坡、泥石流灾害发生频繁，宽谷河段洪积扇、冲积台地、阶地较为发育。

流域属亚热带山地半湿润、湿润气候区，具有"一山有四季，十里不同天"的气候特点。流域内降水丰沛，湿度大，云雾缭绕，多年平均年降水量约 1 600 毫米。流域多年平均气温约 8.5 摄氏度，7 月气温最高，月平均气温 18～25 摄氏度，1 月气温最低，月平均气温 2～6 摄氏度；海拔 1 200 米以下气候炎热，全年无霜。流域内森林茂密，植被覆盖率达 85% 以上，河水清澈。

流域多年平均年径流深在 500～2 500 毫米之间，水力资源理论蕴藏量约 282 万千瓦。流域内农作物一年二至三熟，以种植水稻、玉米、甘蔗等作物为主；野生动植物资源丰富，林栖珍稀野生动物主要有孟加拉虎、羚牛、长尾叶猴、云豹、小熊猫、大犀鸟、蟒蛇等；雨林资源十分丰富。

纪　实

源头至嘎惹马为上游段。河源地带分布着大面积的冰川，冰碛地貌发育，沟谷多为 U 形。河流自源头向东南流，流至 48 千米处，转向西南流，至嘎惹马。上游河谷为山区型河谷，海拔从 6 000 余米逐渐降至 1 800 米。河流穿行于崇山峻岭之间，比降大，水流急。海拔 4 500 米以下的区域，降水丰沛，植被覆盖率为 80% 左右。

嘎惹马至**比迥河**汇口为中游段。河流于莫郎附近右纳**巴秋河**后向东南流，约 8 千米，左纳**帕查河**后折向南流；至郎村河流转向西偏南流，约流 16 千米，右纳比迥河。中游河道从海拔 1 800 米降至 400 米，两岸山高坡陡，森林密布，沿程支流较多，河谷宽窄相间。宽谷段水流平缓，阶地发育，人口相对集中，农牧业生产发达。

比迥河河口至国境线为下游段。下游段始向南流，约流 6 千米转向西南流，又流 40 千米后折向南流，至宾久里，两岸山势险峻，河谷稍窄，河道蜿蜒曲折。宾久里以下，河流弯向东南流，两岸地形平缓，河谷宽阔，河道多岔流及江心洲，分布有沼泽。左纳卡里迪克拉河后，流出国境。左岸的**派克河**，在境外汇入。

7.17.59.1 克纽克曲
（Keniukequ River）

卡门河右岸支流，发源于西藏自治区错那县境内的推岗日山峰东麓冰川。流域面积 1 026 平方千米，河长 57 千米，落差 3 000 米。

流域内冰川及冰蚀地貌发育，属亚热带山地半湿润气候区，温暖湿润，降水充沛，流域多年平均年降水量约 1 000 毫米。多年平均年径流量 8.21 亿立方米，多年平均流量 26.0 立方米每秒，水力资源理论蕴藏量 7.85 万千瓦。

克纽克曲属山区性河流，径流主要由降水、冰雪融水及地下水补给，河道比降大，水流急。自源头向东南流，约 22 千米后转向东流，左纳多条支流后折向南流，于克纽瓦下游约 8.5 千米处注入鲍罗里河。流域内人类活动影响较小，自然生态环境完好；动物资源丰富，植被覆盖率高，森林密布；水资源、水能资源尚未开发。河床由砂卵石及块石组成，河水无污染，泥沙含量小。

7.17.59.2 巴秋河
（Baqiu River）

卡门河右岸支流，发源于西藏自治区错那县境内的康格多山峰南麓。流域面积 1 216 平方千米，河长 73 千米，落差 2 450 米。

源头地带有冰川分布，冰蚀地貌分布较广。气候温暖湿润，降水充沛，流域多年平均年降水量约 1 000 毫米。径流主要由降水及地下水补给，多年平均年径流量约 8.51 亿立方米，多年平均流量约 27.0 立方米每秒。水力资源理论蕴藏量约 6.11 万千瓦。

河流自源头向南流，流至 13 千米处转向东南流，河道比降大，水流急；至拉达村折向东流，于莫郎附近注入卡门河。下游两岸山势较高，河谷宽窄相间，宽谷段有冲、洪积阶地分布，有农作物种植。流域内人类活动影响较小，自然生态环境完好，植被覆盖率高，森林密布，山清水秀；水资源、水能资源尚未开发。河床主要由沙卵石组成，河水无污染，泥沙含量小。

7.17.59.3 帕查河
（Pacha River）

卡门河左岸支流，亦称巴基河，发源于西藏自治区错那县境内扬颇东面。流域面积 501 平方千米，河长 48 千米，落差 2 030 米。

流域内暖热湿润，降水充沛，流域多年年降水量约 1 950 毫米。流域内人类活动影响较小，自然生态环境完好；动物资源丰富；植被覆盖率高，森林密布，百草丛生，山清水秀；水资源、水能资源尚未开发。河床由砂卵石及块石组成，河水无污染，泥沙含量小。径流由降水、地下水及冰雪融水补给，流域多年平均年径流量约 7.77 亿立方米，多年平均流量约 24.6 立方米每秒，水力资源理论蕴藏量约 3.30 万千瓦。

河流属山区性河流，河谷多呈 V 形。河流自源头向南流，约 16 千米后转向西南流，沿程纳入多条支流后，于埃打让附近注入卡门河。帕查河两岸谷坡陡峻，河道比降大，蜿蜒曲折，水流急；中下游段河谷较宽。

7.17.59.4 比迥河
(Bijiong River)

卡门河右岸支流，亦称比却木河或科马河，发源于西藏自治区错那县密明拉牧场附近。国境内流域面积 3 677 平方千米，河长 109 千米，落差 4 780 米。

流域东连卡门河干流，西与不丹王国毗邻，北与**娘江曲**支流**达旺曲**为邻。流域为高山峡谷地貌，西北高、东南低，气候湿润，降水充沛，流域多年平均年降水量约 1 000 毫米。径流由降水、冰雪融水及地下水补给，流域多年平均年径流量约 27.6 亿立方米，多年平均流量约 87.5 立方米每秒，干流水力资源理论蕴藏量约 82.6 万千瓦。

河流自源头南流，上游段称奇五河，经波多至德让宗，沿程支流较多。上游地区以牧业为主，提东奇、麦林、辛章等牧场均分布在上游地区。自德让宗河流转为东流，于赛气奔附近左纳**唯通河**，至报佛以下右纳**莱姆奔曲**，于色拉村以南约 6 千米处注入卡门河。流域内人类活动影响较小，自然生态环境完好；动物资源丰富；植被覆盖率高，森林密布，风景秀丽；水资源、水能资源尚未开发。河床由砂卵石组成，河水无污染，泥沙含量小。流域内经济以农牧业为主，中下游宽谷河段的阶地上有农田分布。

7.17.59.4.1 唯通河
(Weitong River)

比迥河左岸支流，亦称比斯巧姆河，发源于西藏自治区错那县恰惹上游。流域面积 881 平方千米，河长 58 千米，落差 2 300 米。

流域内气候湿润，日照时间短，降水充沛，流域多年平均年降水量约 1 000 毫米。径流主要由降水、地下水补给，流域多年平均年径流量约 6.61 亿立方米，多年平均流量约 21.0 立方米每秒，水力资源理论蕴藏量约 8.03 万千瓦。

河流自源头向南流，相继纳入左右岸多条支流，于求登附近转向东南流，10 千米后注入比迥河。两岸山高谷深，河谷多呈 V 形，河道蜿蜒曲折。流域内人类活动影响较小，自然生态环境完好；动物资源丰富；植被覆盖率高，森林密布。河床主要由砂卵石组成，河水无污染，泥沙含量小。流域经济以牧业为主。

7.17.59.4.2 莱姆奔曲
(Laimubenqu River)

比迥河右岸支流，亦称坦加帕尼河，发源于不丹王国查林附近。中国境内流域面积 921 平方千米，河长 80 千米，落差 1 500 米。

流域地势西高东低，源头地带山峰低矮，地势开阔，平顶山岭较多，山峰海拔多在 3 500～2 000 米；降水充沛，多年平均降水量约 1 800 毫米。径流由降水及地下水补给，多年平均年径流量约 12.9 亿立方米，多年平均流量约 40.9 立方米每秒，水力资源理论蕴藏量约 7.70 万千瓦。经济以农牧业为主。

河流自不丹王国流进中国西藏自治区错那县境后向东南流，至莫库新上游 5 千米处转向东流；经鲁帕，至贾明折向东北流；河道蜿蜒曲折，于哥密里下游 8 千米处注入比迥河。中游段河谷较宽，岸边阶地上有耕地分布；上下游段河谷较窄，两岸山高坡陡，河谷多呈 V 形，水流急。流域内人类活动影响较小，自然生态环境完好；动物资源丰富；植被生长茂盛，森林密布，鸟语花香，风景秀丽。河床由砂卵石及块石组成，河水无污染，泥沙含量小。

7.17.59.5 巴普河
(Bapu River)

卡门河左岸支流，发源于西藏自治区错那县境内的达夫拉山。流域面积 453 平方千米，河长 42 千米，落差 2 040 米。

流域内日照时间短，降水充沛，流域多年平均年降水量约 2 850 毫米。径流主要由降水、地下水补给，多年平均年流量约 10.6 亿立方米，多年平均流量约 33.6 立方米每秒。水力资源理论蕴藏量约 3.64 万千瓦。雨林资源丰富。

巴普河属山区性河流，两岸山峰挺拔，沟壑纵横，河道曲折，穿行于峰岭之间，河谷多呈 V 形，水流时缓时急。河流自源头向南流，至迪比折向西南流，经京顿、得吉等地，于塞巴下游 10 多千米处注入卡门河。流域内人类活动影响较小，自然生态环境完好，植被覆盖率高，森林茂密，鸟语花香，景色秀丽；经济以农牧业为主；水资源、水能资源尚未开发。河床主要由砂卵石组成，河水无污染，泥沙含量小。

7.17.59.6 派克河
(Paike River)

卡门河左岸支流，亦称波尔迪克拉河，发源于西藏自治区错那县派克村附近。国境内流域面积 611 平方千米，河长 63 千米，落差 1 725 米。

流域地势北高南低，国境内高差约 2 000 米；亚热带湿润气候，温暖湿润，气候宜人，流域多年平均年降水量约 3 250 毫米。径流由降水和地下水补给，流域多年平均年径流深 2 500～3 000 毫米。水力资源理论蕴藏量约 6.02 万千瓦。

河流自源头向西南流，至派克以下 8 千米处转向南流，至伦卡；沿程纳入多条支流，河流穿行于山峦之间，比降大，水流急。伦卡以下，河流折向西南流，进入开阔地带，流淌 10 余千米后，于西召瑟下游约 6 千米处流出国境，在印度注入卡门河。河床由砂卵石组成，河水含沙量小，水质良好。

7.17.60 娘江曲
(Niangjiangqu River)

雅鲁藏布江下游布拉马普特拉河的右岸支流上游，亦称纳曼河，发源于西藏自治区错那县曲卓木乡境内的马扎拉山南麓。国境内流域面积 6 707 平方千米（其中冰川面积 416 平方千米），河长 130 千米，落差 3 820 米。流入不丹后称马丹河。

概　述

流域介于东经 91°25′～92°26′、北纬 27°30′～28°26′之间，东临**卡门河**流域，北与**西巴霞曲**流域相邻，西靠**洛扎雄曲**流域，南与布拉马普特拉河北岸水系为邻。

流域地处喜马拉雅山南坡高山峡谷区，青藏高原的南斜面。域内现代山谷冰川发育，古冰川的侵蚀、堆积地形分布较广，山高坡陡，沟壑纵横。源头一带山峰多呈圆顶状，相对不高，海拔在 3 000～4 500 米之间。山体破碎，河谷深切，山体崩、滑坡和泥石流灾害时有发生，冲洪积台地在宽谷河段有较多分布。

流域属亚热带山地半湿润气候区。上游地带高寒缺氧，空气干燥，冬、春季风大。据位于上游的错那县气象站资料，多年平均气温约－0.3 摄氏度，最高气温 18.4 摄氏度，最低气温-37.0摄氏度。多年平均年降水量约520毫米，年蒸发量约978毫米。初冰期在11月上旬，终冰期在翌年4月中、下旬，局部河段有封冻现象。海拔较低的下游地带多年平均年降水量在1 000毫米以上，多年平均气温在8.0摄氏度以上。径流由降水、冰雪融水和地下水补给，最大洪峰流量出现在7—8月。

农田多分布在河谷滩地上，经济结构系半农半牧，农、牧、林、副业并举，以种植青稞、小麦、油菜、豌豆为主，饲养牦牛、黄牛、犏牛、马、驴、骡、羊等。野生动物资源十分丰富，列入国家一、二类保护的动物有十多种，如金钱豹、雪豹、小熊猫、岩羊、野驴等。

娘江曲勒布乡段

流域上游区多年平均年径流深150～400毫米，下游区域400～800毫米。流域水力资源理论蕴藏量约210.5万千瓦，其中干流约98.4万千瓦。域内已建小型水电站9座，总装机容量0.207万千瓦；有灌区1处，干渠总长19.7千米；有3处小型防洪工程，防洪堤总长14.86千米。

纪　　实

自源头至曲卓木乡的洞嘎村为上游段。上游段地带属高原湖盆地貌，地势开阔，山峰低矮，湖盆较多，水系发育；植被以高山草甸生态系统为主。河流自源头大致向南流，沿程纳入多条支流后至洞嘎村，进入下游段。

洞嘎村至出境口为下游段。下游段山高坡陡，河谷狭窄，呈V形，高山地貌，两岸山峰高耸，沟壑纵横，森林茂密，河谷深切。河流向南流，沿程支流较多，水量丰沛，于卡绒附近左纳**达旺曲**后流出中国境。

勒布风光

流域内冰川发育。上游地带植被以灌丛草甸生态系统为主，下游地带以亚热带森林植被为主。植被覆盖率达80%以上，古木参天，云雾缭绕。植被呈现出不同分布带的自然特征：1 000米以下为常绿雨林带；1 000～2 200米为常绿阔叶林带；2 200～2 800米为针阔叶混交林带；2 800～4 000米为亚高山针叶林带；4 000～4 700米为高山灌丛草甸、高山草甸带，4 700米以上为稀疏植被及永久冰雪带。流域内居民以藏族为主，亦有门巴、汉、珞巴等民族。有达旺、达仓贡等多座寺庙，分属多个教派，建筑风格各异，室内壁画精美。

7.17.60.1　组克曲
（Zukequ River）

娘江曲右岸支流，亦称库曲曲，发源于西藏自治区错那县库局乡西部的可奴错。流域面积736平方千米，河长37千米，落差1 940米。

流域多年平均年降水量约420毫米。径流由冰雪融水、降水及地下水补给，多年平均年径流量约2.06亿立方米，多年平均流量约6.53立方米每秒。水力资源理论蕴藏量约3.96万千瓦。

地势西北高、东南低，为谷盆地貌，干支流河源多冰川分布。上游地带植被较差，以高山灌丛草甸生态系统为主；下游植被较好，森林在河谷地带有广泛分布。河床由砂卵石组成，河水含沙量较小，水质良好。经济结构系半农半牧，农作物有青稞、小麦、豆类等，牲畜有牛、马、羊等。

河流自源头向东流，10余千米后左纳龙巴朗，经桑玉至库局，此段河流称乃巴浦；左纳夏额弄后河流称库曲曲，向东流至郭村南侧注入娘江曲。

7.17.60.2　达旺曲
（Dawangqu River）

娘江曲左岸支流，发源于西藏自治区错那县错那镇吉松居委会顶许附近。流域面积3 380平方千米（冰川面积约244平方千米），河长128千米，落差3 840米。

流域多年平均年降水量约560毫米；径流由降水、冰雪融水、地下水补给，多年平均年径流量约12.5亿立方米，多年平均流量约39.6立方米每秒；干流水力资源理论蕴藏量约92.6万千瓦。经济结构系半农半牧，农作物有青稞、小麦、油菜、豌豆、蚕豆等，主要饲养牦牛、黄牛、犏牛、马、羊等牲畜。

源头至浪波乡为上游，称则曲。上游地带为高原湖盆地貌，地势开阔，山峰低矮，植被以高山草甸生态系统为主。河流自源头向南流，至吉松，右纳乃定雄曲、左纳错久雄曲；经桑亚至羊堆，左纳曲拿曲，河流进入下游段。错那镇位于达旺曲上游的右岸，是错那县县府驻地。

浪波乡至河口为下游。下游为高山地貌，两岸山峰高耸，沟壑纵横，河谷深切。**马哥河**汇入后干流称达旺曲，河流转向西南流，沿程支流较多，水量丰沛；经莫麦、克等地，于卡绒下游注入娘江曲。下游地区属亚热带气候，暖热湿润，日照时间短，降水充沛。流域内植被覆盖率高，森林茂密，景色秀丽。河床由砂卵石及块石组成，河水无污染，泥沙含量小，水质良好。

7.17.60.2.1　马哥河
（Mage River）

达旺曲左岸支流，发源于西藏自治区错那县境内的康格多山峰南麓。流域面积849平方千米，河长49千米，落差3 660米。

流域气候暖热湿润，多年平均年降水量约680毫米。径流由降水、冰雪融水及地下水补给，多年平均年径流量约 4.08 亿立方米，多年平均流量约 12.9 立方米每秒，水力资源理论蕴藏量约 15.5 万千瓦。

流域内人类活动影响较小，自然生态环境完好，动植物资源丰富，中下游植被覆盖率高，森林茂密，景色秀丽；水资源、水能资源尚未开发。河床由砂卵石及块石组成，河水无污染，含沙量小，水质良好。经济以农、牧业为主。

源头冰川发育，自源头向西南流，上段称东马河；沿程左岸地势开阔，右岸山势挺拔，数十千米后抵达双里，纳左、右岸两条支流后进入峡谷段，两岸山高坡陡，河谷狭窄，7 千米后流出峡谷，于浪波乡麦林附近注入达旺曲。

7.17.61 洛扎雄曲
（Luozhaxiongqu River）

雅鲁藏布江下游布拉马普特拉河的右岸支流上游，亦称洛扎怒曲（进入不丹王国境内称库鲁河），发源于西藏自治区洛扎县扎日乡安比布玛冰川附近。国境内流域面积 6 312 平方千米（其中冰川面积 761 平方千米），河长 124 千米，落差 3 715 米；流域涉及西藏自治区洛扎县和错美县。

流域西、北与**羊卓雍错**流域毗邻，东与娘江曲接壤，南与**库尔河**相连。流域属藏南山原湖盆谷地中的喜马拉雅山区，地势西北高、东南低，海拔 6 000 米以上的山峰有 6 座，最高峰库拉抗日海拔 7 538 米，最低海拔为 2 310 米。

流域的东南部具有亚热带半湿润、湿润气候的特点，降水多，日照少；西北部为高原温带半干旱季风气候区，少雨多风，气候干燥，日照充足，年无霜期 100 天左右。流域内植被较好，覆盖率达 65% 左右。河水清澈，冬、春季上游段冰情严重。径流由降水、冰雪融水和地下水组成，流域多年平均径流深 150～600 毫米，流域水力资源理论蕴藏量约 108.6 万千瓦。

域内野生动物有猞猁、獐子、野牦牛、水獭、熊、虎、黄羊、山鸡、雪猪等，还有以麝香、虫草、贝母、当归、雪莲、黄连为主的多种名贵药材，矿产有磁铁矿、铅、锌、银矿、钼矿、水晶石等，主要树种有云松、冷松、红豆杉、高山松、乔松等。流域经济以农业为主，农牧并举，主要种植冬小麦及青稞、豌豆、玉米、荞麦、油菜等作物，饲养牦牛、黄牛、犏牛、马、山羊、绵羊等。

源头至扎日乡为上游段。河源一带有大面积的冰川，冰碛地貌发育，因冰川运动作用，源头沟谷多为 U 形。河流自源头向北流，经淌果、勒弄，至勒沙贡折向东偏北流，此河段称康浦曲；沿程支流较多，经蒙达至扎日乡。上游河谷为山区型河谷，海拔从 6 900 余米降至 4 200 米，河道比降大，水流急，多高山峡谷。

卡日错（洛扎）

扎日乡至拉康镇为中游段。流经尾马、吉堆乡，至洛扎县府驻地洛扎镇，河流折向东偏南流，右纳**浦错麦进曲**、左纳**洛扎下曲**。中游段河谷宽窄相间。宽谷段水流较平缓，阶地发育，人口相对集中，农业发达。

洛扎下曲汇口至国境线为下游段，称洛扎雄曲。河谷宽窄相间，蜿蜒曲折。汇口以下河流折向西南流，右岸纳入一较大支流后，又折向东南流，中国和不丹两国界河段，河流呈南偏西流。在松卡尔附近右纳吉罗弄后流出国境。下游人类活动影响小，自然生态环境完好。

流域内的桑嘎古多寺、拉隆寺等多座寺庙，建筑风格独特，在西藏乃至中国建筑史上都有着重要的地位。寺内有不少珍贵的壁画和吐蕃时期的手抄藏传佛教经典，具有较高的参观、研究和科考价值。

洛扎镇坐落在洛扎马雄曲右岸，"洛扎"藏语意为"南岩"，因其位于喜马拉雅山脉南麓而得名。吐蕃时期为约茹的一个东岱，元至元四年（1267年）属羊卓万户府所辖，帕竹地方政权推行宗谿制度，在境内设立了多宗、生格宗和拉康谿 3 个宗谿，西藏和平解放前，由山南基巧管辖；1959 年 5 月，多宗、生格宗和拉康谿合并成立洛热县；1960 年 4 月，洛热县更名为洛扎县。

桑嘎古多寺（洛扎色乡）

7.17.61.1 浦错麦进曲
（Pucuomaijinqu River）

洛扎雄曲右岸支流，亦称熊曲，发源于西藏自治区洛扎县色乡境内的狼姆桑浦冰川。流域面积 974 平方千米，河长 57 千米，落差 2 405 米。

流域内冰川及冰蚀地貌分布较广，少雨多风，气候干燥，日照充足，年无霜期 100 天左右，年日照时数 2 800 小时。流域多年平均年降水量约 600 毫米，径流主要由降水、冰雪融水及地下水组成，多年平均年径流量约 3.90 亿立方米，多年平均流量约 12.4 立方米每秒。流域水力资源理论蕴藏量约 10.1 万千瓦。

河流自源头向东偏北流，河道比降大，水流急，流约 13 千米后转向东流，过曲吉麦复向东偏北流，经色乡左纳一较大支流后，折向东流；于色乡曲许夏村下游注入洛扎雄曲。上游人类活动影响小，自然生态环境完好。河床覆盖层多以砂卵石组成，河水含沙量小，水质无污染；宽谷河段洪、冲积台地、扇形地及阶地比较发育。经济以牧业为主。

7.17.61.2 洛扎下曲
（Luozhaxiaqu River）

洛扎雄曲左岸支流，亦称虾曲，发源于西藏自治区措美县措美镇朗格勒以上的冰川。流域面积 2 038 平方千米，河长 91 千米，落差 2 795 米。

流域地势北高南低，气候干燥，少雨多风，年无霜期 100 天左右，年日照时数 2 800 小时。流域多年平均年降水量约 400 毫米，径流主要由降水、冰雪融水及地下水补给，多年平均年径流量约 5.10 亿立方米，多年平均流量约 16.2 立方米每秒。水力资源理论蕴藏量约 25.41 万千瓦。

源头一带冰川发育。河流自源头向南流，多为 V 形河谷，沿程支流较多。经正角齐折向东偏南流，右纳特沙曲后至措美县城措美镇，此河段称薛雄曲（亦称当许雄曲）。至措美河流转向西南流，经乃西乡，过德穷左纳哈鲁藏布；当巴以上，河流折向南流，至措美县和洛扎县边界又转向西南流，于洛扎县拉康镇附近注入洛扎雄曲。河床多由砂卵石组成，雨季河流泥沙含量大，宽谷地段冲、洪积地貌比较发育。经济以农牧业为主。

措美镇坐落在洛扎下曲左岸，是措美县府驻地。"措美"藏语意为"湖之下游"，因县府驻地低于东北方向的热米湖而得名，吐蕃时期属约如所辖，元代为雅桑万户属地。元至正十一年（1351 年），帕竹地方政权在此设佳孜哲古宗；元至正十四年（1354 年），佳孜哲古宗改为哲古宗，同时设达马豀堆。1959 年，哲古宗和达玛豀堆合并改称哲古县；1965 年经国务院批准哲古县改名措美县。

7.17.62　康布曲
（Kangbuqu River）

雅鲁藏布江下游布拉马普特拉河右岸支流阿莫河上段，亦称康布麻曲、卓木麻曲。发源于西藏自治区亚东县境内的聋木加东山峰东则。境内流域面积 1 690 平方千米，河长 90 千米，落差 3 390 米，进入不丹后称阿莫河。

流域呈南北向扇形，河源一带冰川发育，属喜马拉雅山高山地貌。流域北高南低，帕里镇以北平均海拔在 4 300 米以上，气候寒冷，年无霜期 80 天左右；帕里镇以南平均海拔 2 800 米，气候温暖湿润，日照时间短，年无霜期 200 天左右。气候差异显著。流域内降水由北向南递增，变化范围为 400～1 500 毫米，多年平均年降水量约 1 031 毫米；径流主要由降水补给。河床为砂卵石及漂石组成，河水泥沙含量小；中上游在冬季有冰情发生。流域中下游地带森林茂密。

流域内主要矿产资源有铁、水晶和泥炭，野生动物有金钱豹、长尾叶猴、鹿、猞猁、熊、狐狸、黑颈鹤等，亚东鱼为珍稀野生动物；野生植物有乔松、铁杉、冷杉、藏青杨、黄连、天麻、雪莲、续断、贝母等；主要农作物有小麦、青稞、豌豆、马铃薯，牲畜有牦牛、黄牛、绵羊、山羊、马等；经济林木有苹果、李子等；主要灾害为水灾、旱灾、泥石流、地震等。

流域多年平均年径流深 300～1 200 毫米，水力资源理论蕴藏量约 35.41 万千瓦。域内有防洪堤一处，位于亚东县城下司马镇，堤总长 4.92 千米，防洪标准 30 年一遇。

康布曲属山区河流，比降大，水流急，河流总体上向南流，在上康布有著名的康布温泉；流经康布乡（下康布）至下司马镇，沿程相继纳入**帕里曲**、唐嘎普曲等支流。河流折向南偏东流，经下亚东乡，右纳洞朗曲后，流入不丹境。"亚东"又称"卓木"，藏语意为"旋谷、急流的深谷"，亚东县城附近有著名的黄教寺庙董嘎寺。1888 年英军入侵西藏，亚东曾被英帝国强行辟为商埠。

康布曲

7.17.62.1　帕里曲
（Paliqu River）

康布曲左岸支流，亦称麻曲，发源于西藏自治区亚东县帕里镇昌岗以上的冰碛湖。流域面积 613 平方千米，河长 55 千米，落差 2 050 米。

流域呈南北向扇形，流域东与不丹相邻，北与内陆湖**嘎拉错**、**多庆错**流域接壤，西部和南部与康布曲其他支流水系相连。流域内喜马拉雅山高山地貌，地势北高南低，上游地带平均海拔在 4 300 米以上，气候干燥寒冷，年无霜期约 80 天。中下游地区海拔在 4 300～2 980 米，气候较湿润，日照时间短，年无霜期约 200 天。流域降水量从北向南递增，流域多年平均年降水量约 920 毫米，年蒸发量约 970 毫米，径流由降水及地下水补给为主。河床由砂卵石及漂石组成，河流泥沙含量小，水质良好，在冬季有结冰现象。

流域多年平均年径流量约 4.66 亿立方米，多年平均流量约 14.8 立方米每秒，水力资源理论蕴藏量约 9.18 万千瓦。

帕里曲自源头向西南流，经帕里镇（海拔 4 360 米）和上亚东乡，相继纳入麻浦、邦扎浦、亚拉浦等支流，至下司马镇注入康布曲。源头一带支流较多，地势开阔、平坦，属冲积平原地形，沼泽草甸分布较广；中游段以中山地形为主，河谷宽窄相间，植被较好；下游段属中高山地形，河谷较窄，植被覆盖率高，森林分布广泛。拉萨—亚东公路沿帕里曲河谷蜿蜒南下。河水清澈见底，水流湍急，下游段森林茂密，两岸山峰耸立，云雾笼罩，树木郁郁葱葱，山涧瀑布飞溅，山坡绿草如茵，山花烂漫，牛羊游牧，一派江南风光。

亚东帕里河

五、恒河水系

Ganges River Basin

7.18 恒河水系
（Ganges River Basin）

恒河为印度北部平原大河，全长2 510千米，流域面积97.59万平方千米，约占印度国土面积的1/4，哺育着近5亿人口，最后注入孟加拉湾。水源部分依靠7—10月的季风降雨，部分来自4—6月喜马拉雅山的融雪。恒河的主源甲纳雄曲（也译为甲扎岗嘎河）在中国境内，左岸主要支流呼拉卡那利河的主源**马甲藏布**、根德格河的右支主源**吉隆藏布**及阿润河的主源**朋曲**等也在中国。中国境内的恒河水系总面积约3.9万平方千米。

7.18.1 马甲藏布
（Majiazangbu River）

恒河左岸支流呼拉卡拉利河的上源，亦称孔雀河，发源于西藏自治区普兰县境内喜马拉雅山脉兰批雅山口附近。国境内流域面积3 063平方千米，河长110千米，落差1 800米。

流域东界尼泊尔，南部与尼泊尔和印度毗邻，北部与**拉昂错**、**玛旁雍错**相接，西与**朗钦藏布**流域相邻。

流域位于喜马拉雅山脉南坡。域内有宽阔平坦的河谷平原，有雄伟壮观、秀丽多姿的高山地貌，高寒缺氧，四季分明，年日照时数约3 100小时，年无霜期短。多年平均年降水量约300毫米。河床由砂卵石组成，河水含沙量较大，水质较差。河流在冬季有结冰现象，部分河段出现封冻。径流以降水、融水和地下水补给为主，国境内多年平均年径流深100～200毫米。水力资源理论蕴藏量5.07万千瓦。

流域内矿产资源主要有砂金、铁、硼等，主要的野生动物有牦牛、驴、羚羊和岩羊，野生药用植物有雪莲等，主要的农作物有青稞、小麦和油菜，牲畜有牦牛、绵羊、山羊等，自然灾害有洪水、干旱、泥石流、滑坡、地震等。

普兰县城

干、支流源头冰川广布，山高谷深。自源头向北流，在呸耳桑岗姆附近折向东南流，右纳马洋浦、马山浦，左纳杜不弄后抵达农场，农场以上干流称布朗玛不加曲。河谷宽阔、平坦，灌丛草场分布较多。干流于农场附近纳古尔拉曲后折向南流，经多玛、切烈、纳亚色浦、绒果后至普兰镇（普兰县府驻地），渐渐转向东南流。两岸支流甚密，且呈对称形状，右岸主要支流有赤德蒲、东古英曲、果木子，左岸主要支流有纳如绒、太阳绒、岗芝隆巴。流经多则、岗芝、科加，于普兰镇斜尔瓦附近流出国境。河谷地带景色优美，四周雪峰峻峭，雪峰下是风化的砾石和黄沙形成的堆积层，起伏有序，沟壑纵横。域内农牧业较发达，大片绿洲似翡翠般镶嵌在孔雀河谷。域内分布有我国喜马拉雅山最大的冰川群，著名的纳木那尼峰（神女峰）就位于流域的东部，是著名的观光旅游胜地。

普兰科迦寺

7.18.2 吉隆藏布
（Jilongzangbu River）

恒河左岸支流根德格河的上源，发源于西藏自治区吉隆县宗嘎镇境内的子母拉山。国境内流域面积2 188平方千米，河长114千米，落差2 785米。河流入尼泊尔境内称特耳苏里河。

流域属高原温带半干旱季风气候区。域内冰川广布，山高谷深，海拔在6 000米以上的山峰有多座。上游年降水量350毫米，下游年降水量在1 000毫米以上，流域多年平均年降水量约570毫米。流域内干湿季分明，年日照时数在3 000小时以上，无霜期短。河道由砂卵石、砾石组成，河水含沙量较大。

径流由冰雪融水、地下水及降水补给，国境内多年平均年径流深150～180毫米。流域水力资源理论蕴藏量约33万千瓦，其中干流约29.1万千瓦，已建两座小型水电站总装机容量1 070千瓦。

流域国境内自然生态环境较完好，动植物资源丰富，主要野生动植物有猴、豹、鹿、狼、狐狸、野驴、松、杉、胡黄连、贝母、虫草、三七等；经济系半农半牧，农作物有青稞、小麦、豆类、玉米、油菜等，牧业以饲养牛、马、羊为主。

河流自源头向东流，两岸地势开阔，山峰较矮，支流较多，植被稀疏。经普拉、宗嘎镇，左纳**卧马曲**后折向南流，10余千米后河谷变窄。河道迂回曲折，水流缓急交替，两岸山势挺拔，植被旺盛，远处可见矮矮雪山。至卓汤折向东南流，两岸山高坡陡，森林茂密，水流湍急。经吉隆镇至冲色，河流转向南流，于吉隆镇热索村附近，左纳**岗勒拉**后流入尼泊尔境内。吉隆镇位于吉隆县南缘的森林区，海拔2 600米，为边境小镇，是西藏早期的通商口岸之一。域内风光秀丽，名胜古迹较多，有帕巴寺、查嘎寺、强真寺和吉隆江村自然保护区、吉隆三趾马化石等；自然灾害主要有山洪、泥石流、滑坡、雪灾等。

7.18.2.1 卧马曲
(Womaqu River)

吉隆藏布左岸支流，发源于西藏自治区吉隆县宗嘎镇波若勒穷附近。流域面积165平方千米，河长20千米，落差1 505米。

流域属高原湖盆地貌，地势高亢，山峦低矮，植被稀疏，高寒缺氧，干湿季分明，日照时间长，日温差大，年无霜期短，蒸发量大。流域多年平均年降水量约830毫米。径流主要由地下水、降水补给，多年平均年径流量约0.99亿立方米，多年平均流量约3.14立方米每秒。水力资源理论蕴藏量约1.05万千瓦。

河流自河源向东南流，约9千米后折向西南流，经琼嘎、仲玛等地，先后纳入左右岸两条支流后，于宗嘎镇附近注入吉隆藏布。流域内人类活动影响较小，自然生态环境较完好。河道由砂卵石、砾石组成，河水含沙量较大，水质较好。

7.18.2.2 岗勒拉
(Ganglela River)

吉隆藏布左岸支流，亦称东林藏布，发源于西藏自治区吉隆县吉隆镇虾当附近。国境内流域面积444平方千米，河长28千米，落差2 550米。

流域地处喜马拉雅山脉南坡高山峡谷地带，平均海拔在4 000米以上，山峰高耸、陡峭，终年积雪。人口集中在中下游河谷地带，经济系半农半牧。流域多年平均年降水量约1 000毫米。径流主要由冰雪融水和降水补给，多年平均年径流深400～800毫米。水力资源理论蕴藏量约2.92万千瓦。河床由砂卵石和砾石组成，河水含沙量小，水质良好。

河流自源头向南流，两岸山高坡陡，冰川十分发育，溪水川流不息。于朗布右纳一支流后至色琼，沿中尼边界转向西南流，于吉隆镇热索村附近注入吉隆藏布。

7.18.2.3 斗嘎尔河
(Dougaer River)

吉隆藏布下游特耳苏里河右岸支流的上源，发源于西藏自治区吉隆县贡当乡桑卓上游。国境内流域面积1 365平方千米，河长54千米，落差2 450米。

流域地处喜马拉雅山南坡，地势北高南低，海拔在5 500米以上的山峰有多座，峰顶终年积雪。流域内气温低，干湿季分明，日照时间长，年温差小日温差大，年无霜期短。流域多年平均年降水量约600毫米。径流由降水、冰雪融水、地下水组成，多年平均年径流深在300~500毫米之间。流域水力资源理论蕴藏量约14.8万千瓦。河床由砂卵石和砾石组成，夏季河水含沙量大。

河流自源头向东南流，称查真曲；麻亚曲汇入后干流称桑卓曲；经汝村至亚拉下游4千米处左纳**汝河**，该河汇入后亦称柠河；西南流左纳**拧河**后折向南流，称斗嘎尔河，约7千米后流入尼泊尔，称多木河。斗嘎尔河流域地势高亢，多高山峡谷，除源头山势稍缓外，其他地带山高坡陡，河谷深切，多为窄谷或峡谷河道。上游山体裸露，植被稀疏，下游植被生长良好，森林茂密。流域内动植物及矿产资源众多，经济以牧业为主。

7.18.2.3.1 汝河
(Ruhe River)

斗嘎尔河左岸支流，又称强拉弄曲。发源于西藏自治区吉隆县贡当乡恶拉山峰以东10千米处。流域面积261平方千米，河长30千米，落差1 940米。

流域多年平均年降水量约600毫米。径流由降水、地下水及融水补给，多年平均年径流量约0.91亿立方米，多年平均流量约2.89立方米每秒。水力资源理论蕴藏量约2.4万千瓦。河道由砂卵石和砾石组成，雨季河水含沙量大，水质无污染。

河流自源头向南流，数千米后折向东南流，8千米后转向西南流，经康比至贡当，右纳一发源于昂珠拉的支流后，复向南流，于吉隆县贡当乡吉陵下游注入斗嘎尔河。

7.18.2.3.2 拧河
(Ninghe River)

斗嘎尔河左岸支流，亦称樟曲，发源于西藏自治区吉隆县贡当乡樟村上游。流域面积523平方千米，河长37千米，落差2 380米。

流域内沟壑纵横，地形起伏大，自然生态环境较完好。流域多年平均年降水量约615毫米。径流由冰雪融水、地下水及降水补给，多年平均年径流量约1.88亿立方米，多年平均流量约5.96立方米每秒。水力资源理论蕴藏量约3.05万千瓦。河床主要由砂卵石、砾石组成，雨季河水含沙量大，水质良好。

源头地带冰川发育，地势高亢，植被稀疏。河流自源头向东流，10余千米后，缓缓转向南流，过樟村又渐渐转向西南流，沿岸山峰高耸，植被愈来愈好，灌丛草场、天然林木分布广泛；沿程纳入娘河等支流后，于吉隆县俄拉寺附近注入斗嘎尔河。

7.18.3 朋曲
(Pengqu River)

恒河水系左岸支流阿润河的上源，亦称澎曲。发源于西藏自治区聂拉木县波绒乡色隆村以上的希夏邦马峰北麓情康加勒冰川。进入尼泊尔王国后称阿润河（Arun）。

概　述

流域范围　流域涉及西藏自治区聂拉木、定日、萨迦、定结和岗巴五县，形似长方形，东西长约320千米，南北宽约120千米。国境内流域面积24 272平方千米（其中冰川面积1 631平方千米），河长361千米，落差3 325米。流域东临**夏布曲**和**多庆错**流域，西与**绒霞藏布**、**波曲**和**佩枯错**流域毗邻，北与**雅鲁藏布江**上段南岸水系相邻，南与尼泊尔、印度接壤。

7.18.3 朋曲

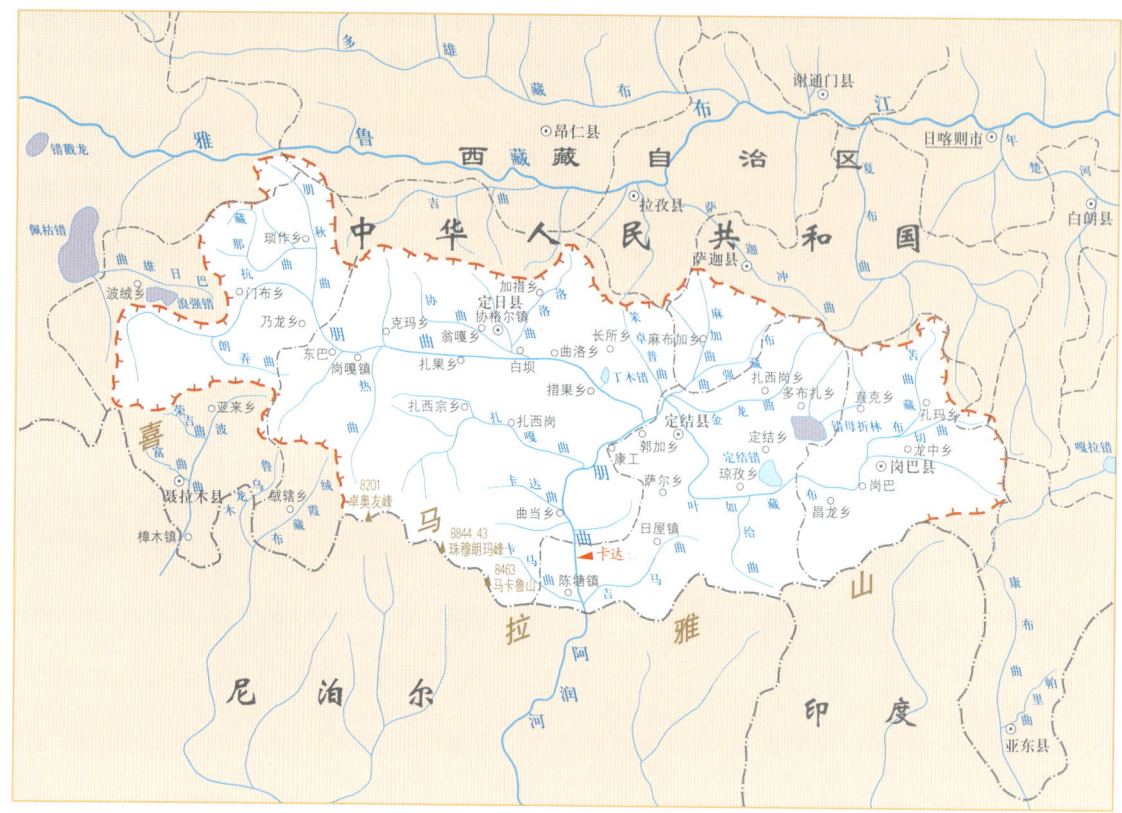

朋曲水系示意图

河流水系 源头海拔 5 530 米，向东流至白坝附近折向南流，在陈塘镇的龙堆村下游 8 公里处流出国境。朋曲较大支流多位于干流的左侧，左岸集水面积 16 357 平方千米，右岸集水面积 8 950 平方千米，流域不对称系数为 0.585。朋曲支流众多，流域面积大于 300 平方千米的左岸支流有**朋秋曲**、**吉马曲**、**洛洛曲**、**叶如藏布**等，右岸支流有朗弄曲、甲拉曲、铜曲、**热曲**、**扎嘎曲**、**卡达曲**等，其中，叶如藏布最大，扎嘎曲次之。

气候水文 流域地跨高原亚温带半干旱季风气候、亚热带季风气候区，空气稀薄，气压低，太阳辐射强，年平均日照时间达 3 300 小时；气温低，年温差小，日温差大多年平均气温约 2.4 摄氏度，年蒸发量 1 638 毫米，冬、春季节空气干燥、风大。流域多年平均年降水量约 600 毫米，降水主要由西南季风带来的暖湿气流所致，6—9 月降水量占年降水量的 90% 左右，7、8 月的降水量占全年的 70% 左右。流域南部降水量大，北部降水量小，流域的西部比东北部降水量较大。北部年降水量约 300 毫米，南部陈塘一带年降水量约 1 000 毫米，局部地区可达 1 500 毫米。

朋曲径流以降水补给为主，其次为融水和地下水补给。7—9 月为洪水期，3 个月的径流量约占全年径流量的 65%；2 月径流量最小。冬季河流中上段有结冰或封冻现象。

地质地貌 流域南部高山、极高山众多。海拔大于 8 000 米的山峰有 5 座，即珠穆朗玛峰、洛子峰、马卡鲁峰、卓奥友峰和希夏邦马峰，海拔大于 6 000 米的山峰有 40 余座。

流域位于喜马拉雅地区的中部，出露的地层有三部分：构成喜马拉雅山体的古老的前寒武纪变质岩系，覆于其上的古生代—中新生代沉积岩系，以及组成藏南分水岭的浅变质岩系。古生代—中新生代沉积岩系地层发育，自朋曲河源向东广泛地分布。沉积岩带由石灰石、砂岩、泥灰岩组成。流域的北部主要由三叠纪和侏罗纪浅变岩系组成，浅变岩系由板岩、千枚岩、片岩及结晶灰岩组成。第四纪冲积层在干、支流的沟谷地带有较多分布，构成河谷阶地和滩地。干流一线地震基本烈度为Ⅷ度。

自然资源 流域内定结县城以北区域多年平均年径流深约 150 毫米，定结县以南区域多年平均年径流深 150～1 000 毫米；流域水力资源理论蕴藏量约 298.23 万千瓦。

流域内矿产资源有硼砂、食盐、铅、锌、水晶等，野生动物有獐子、狼、雪豹、豹猫、金猫、小熊猫、红纹腹子鸽（别名小猫头鹰）、熊、藏羚羊、鹿、秃鹫、黑颈鹤等，野生植物有长蕊、木兰、水青树、锡金海棠、西杏延龄草等，药材有麝香、虫草、天麻、贝母、三七、百合、黄连、鸡肾草、雪莲等。

社会经济 流域内各县均通公路，中（国）尼（泊尔）公路为域内主要干线公路。至 2008 年年底，流域内总人口 7.99 万，耕地面积 1.682 万公顷，年末牲口存栏头数 76.96 万头，地区生产总值 2.95 亿元。下游陈塘一带可种植鸡爪谷等作物，一年两熟。中上游为农牧区，农作物有冬小麦、青稞、油菜等，饲养的牲畜有牛、羊、猪等。域内水灾、旱灾、雪灾、病虫害等时有发生。

纪　实

上游 源头至岗嘎镇为上游段，此段称曼曲或朋秋雄曲，河长 146 千米，落差 1 180 米。自源头向北流，后折向东流，过日啊机波，右纳朗弄曲后折向东北流；经门布乡，渐渐转向东南流，进入古错盆地，纳朋秋曲后流向南；出古错盆地至东巴，转向东流，在岗嘎镇附近有热曲等支流汇入。

源头以下河道左岸的阶地高出水面约 20 米，宽 50～80 米，阶地平坦，后缘与古冰川侧碛相连。在色龙村附近发育有四级阶地，一级阶地高出水面 3～5 米，二级阶地高出水面 15～25 米，三级阶地高出水面 40～50 米，四级阶地高出水面 80～100 米。上游段大部分为高原宽谷，只在昆昨到休莫间有两个峡谷段，上峡谷称门卡堆峡谷，下峡谷称休莫峡谷。干流出休莫峡谷，进入古错盆地，河谷宽达 5 千米左右，河道曲折，多汊流。

中游 岗嘎镇至叶如藏布汇入口为中游段。长 121 千米，落差 200 米，河流沿中国—尼泊尔公路向东流，经扎果乡，于白坝附近左纳洛洛曲，至曲洛乡转向东南流；在定结县郭加乡的莫果附近有最大支流叶如藏布从左岸汇入。

岗嘎镇至叶如藏布汇口河段，谷宽 2~3 千米，河道宽浅、弯曲、多叉，水面宽约 80~200 米，两岸阶地和洪积扇发育。在鄂尔巴附近有四级阶地，分别高出水面 10 米、20 米、35 米和 45 米。协格尔桥附近有三级阶地，分别高出水面 3~5 米、10 米、15 米，一级阶地为河流的冲积物所组成，上部为厚 1 米左右的灰黄色粉砂土，下部为砾石层；二级阶地主要由粗砂、粉砂、亚黏土组成；三级阶地主要由砂和砾石组成。河谷内风沙作用显著，流动和半固定沙丘多有分布。

下游 叶如藏布河口以下为下游段，长 94 千米，落差 1 945 米。河流转向西南流，经扎乡，右纳扎嘎曲、塔居曲后转向南流，至陈塘镇。陈塘镇位于喜马拉雅山脉中段南坡、珠峰东南侧的原始森林地带，是夏尔巴人居住区，1989 年被列入珠峰国家自然保护区，是在地理、环境、气候、地质、生物、民族、历史、人类学等方面不可多得的科研基地。距陈塘镇约 20 千米处的抗击外国侵略者遗址，具有考古和研究价值。下游河道为连续的高山峡谷河道，山高坡陡，水流湍急。

从叶如藏布河口至康工河段为定日、定结两县界河，两岸有高出水面 35~45 米的砂砾石层阶地。康工到扎嘎曲汇入口之间是康工峡谷，峡谷长 16 千米，两岸岩石裸露，河床嵌入基岩。从扎嘎曲汇入口至卡达曲汇入口为宽约 1 千米的宽谷河段。卡达曲汇入口以下，又进入 V 形的龙堆峡谷段。龙堆峡谷长约 36 千米，水面落差 1 340 米。河流在陈塘镇右纳卡马曲、左纳吉马曲，镇下游南流约 7 千米出国境，在印度境内汇入恒河。

希夏巴玛峰

流域的大部分属珠穆朗玛峰自然保护区。该保护区于 1988 年 10 月由西藏自治区人民政府设立，1993 年 11 月被国务院定为国家级保护区。保护区内分布着大量的热带植物化石和三趾马动物群化石，保存着独特的喜马拉雅文化形态，是研究青藏高原隆起、探索自然奥秘、认识当地文化的好场所。位于珠穆朗玛峰脚下的绒布寺建于 1901 年，海拔 5 010 米，是世界上最高的寺庙，属西藏宁玛派。绒布寺与珠峰中绒布冰川遥遥相望，是前往珠峰大本营旅游观光的必经之地。

7.18.3.1 朋秋曲
(Pengqiuqu River)

朋曲左岸支流，亦称捧曲，发源于西藏自治区聂拉木县锁作乡的拉巴帐附近。流域面积 1 300 平方千米，河长 51 千米，落差 970 米。

流域内属喜马拉雅高山地貌，昼夜温差大，蒸发量大。流域多年平均年降水量约 350 毫米，6—9 月降水量占年降水量的 90% 左右；年日照时数约 3 327 小时，年无霜期 130 天左右，冬、春季干燥风大。降水、融水、地下水是径流的主要补给形式，最大洪峰流量出现在 7—8 月，2—3 月为枯水期。流域多年平均年径流量约 1.95 亿立方米，多年平均流量约 6.18 立方米每秒，水力资源理论蕴藏量约 1.25 万千瓦。河床由砂卵石组成，水质未受污染，冬季河流有结冰现象，局部河段会出现封冻。域内植被较差，水土流失严重，雨季河流泥沙含量大；主要灾害有水灾、旱灾、雪灾等。

河流自源头南流，经阿桑、南木沙林、锁作乡、查益等地，纳入藏那抗曲等多条支流后，在锁作乡哲列村下游注入朋曲。域内支流较多，草场、湿地发育，水流平缓。经济以牧业为主，饲养牦牛、马、羊等。

7.18.3.2 热曲
(Requ River)

朋曲右岸支流，亦称热曲藏布，发源于西藏自治区定日县境内的卓奥友峰附近。流域面积 732 平方千米，河长 53 千米，落差 660 米。

流域东、西、北面与朋曲其他水系相邻，南面与尼泊尔毗邻。流域内属喜马拉雅高山地貌，昼夜温差大，蒸发量大。流域多年平均年降水量约 500 毫米，6—9 月降水量占年降水量的 90% 左右；年日照时数约 3 327 小时，年无霜期 130 天左右，冬、春季干燥多大风。径流补给来源为融水、降水、地下水，多年平均年径流量约 2.19 亿立方米，多年平均流量约 6.94 立方米每秒，水力资源理论蕴藏量约 1.2 万千瓦。河道由砂卵石组成，雨季河流泥沙含量大，水质未受污染；冬季河流有结冰现象，上游重于下游。域内植被稀疏，水土流失严重；农作物有青稞、小麦、豌豆等，饲养的牲畜有牦牛、羊等，主要灾害有水灾、旱灾和雪灾。

河源冰川发育。自源头向北流，约 7 千米后，右纳达格布，过玛左纳邦色曲后，折向东北流，此段称热久藏布；至曲布勒，纳入扎果曲，河流复向北流；经龙江、曲龙贡打，多汊流，于岗嘎镇附近注入朋曲。

7.18.3.3 洛洛曲
(Luoluoqu River)

朋曲左岸支流，发源于西藏自治区定日县加措乡境内的脚这强附近。流域面积 1 723 平方千米，河长 57 千米，落差 845 米。

流域内昼夜温差大，蒸发量大。域内多年平均年降水量 260 毫米，降水集中在 6—9 月，降水量约占全年的 90%；年日照时数约 3 327 小时，年无霜期 130 天左右，冬、春季干燥风大。降水、融水、地下水是径流的主要补给形式，河道由砂卵石组成，雨季河流泥沙含量大，水质良好；河流在冬季有结冰现象，上游河段冰情严重。域内植被稀少，水土流失严重；农作物以青稞、春小麦和豌豆为主，主要饲养的牲畜有牦牛、羊等，自然灾害有水灾、旱灾和雪灾。

洛洛曲多年平均年径流量约 2.24 亿立方米，多年平均流量约 7.10 立方米每秒。干流水力资源理论蕴藏量约 2.4 万千瓦，在协格尔镇，建有洛洛水电站，装机容量 500 千瓦。

河流有两源，西源为**协曲**，以北源为正流，两源在河口附近汇合后注入朋曲。自河源向西南流，沿途支沟较多，平均每2～3千米就有一支流汇入；在加错乡附近，河流有一U形拐弯，纳协曲后，于定日县协格尔镇洛洛河村附近注入朋曲。中国—尼泊尔公路沿河谷而建。

7.18.3.3.1　协曲
（Xiequ River）

洛洛曲　右岸支流，亦称西纠曲，发源于西藏自治区定日县克玛乡帮布村境内。流域面积840平方千米（其中冰川面积约7平方千米），河长57千米，落差705米。

流域多年平均年降水量约260毫米，6—9月降水量约占年降水量的90%。径流补给来源为地下水、降水和融水，最大流量出现在7—8月，最小流量出现在2—3月。多年平均年径流量约1.09亿立方米，多年平均流量约3.46立方米每秒。水力资源理论蕴藏量约1.0万千瓦，现有鲁鲁水电站1座，装机容量800千瓦。河床由沙卵石组成，水土流失严重，水质未受污染，冬季河流有封冻现象。流域内农作物有青稞、小麦、豌豆等，牧业以饲养牦牛、羊为主，主要灾害有水灾、旱灾和雪灾。

河流自源头向南流，至欧木都村折向东南流，过翁嘎乡至协格尔镇（定日县城），左纳甲裸藏布后于白坝附近注入洛洛曲。

7.18.3.4　丁木错
（Dingmucuo Lake）

朋曲左岸淡水湖，亦称登么错、登波错，位于西藏自治区定日县境内，属**朋曲**外流淡水湖泊，地理位置为东经87°33′，北纬28°35′。湖呈长椭圆形，作南北向延伸。湖面高程4 155米时，相应湖长6千米，最大湖宽2.9千米，平均宽1.9千米，面积11.1平方千米。湖岸线平滑，周长17千米。湖中有一无名小岛，面积约0.02平方千米。

丁木错坐落在喜马拉雅山北坡一山间盆地内，湖泊东部及北部群山环绕，山高坡陡，西部和南部为冲积—湖积平原，岸坡平缓。湖区属高原温带藏南半干旱气候，多年平均气温2.7摄氏度，1月平均气温零下7.4摄氏度，7月平均气温11.8摄氏度，霜期逾230天，多年平均年降水量约320毫米。流域面积约166平方千米，湖水补给以地表径流为主，入湖河流位于湖的北部，为源短之山溪。湖泊南端有外泄口，湖水经7千米长之外泄河流，注入朋曲。

湖区为灌丛草原植被，尤以湖泊西部植被发育较好，是重要天然放牧场，野生动物主要有獐、藏羚羊、黄羊及野鸭等。湖滨有简易公路，西与318国道相接。

7.18.3.5　叶如藏布
（Yeruzangbu River）

朋曲左岸支流，发源于西藏自治区岗巴县境内的托克拉北麓。流域面积8 376平方千米（其中冰川面积340平方千米），河长193千米，落差880米。流域涉及西藏自治区的岗巴、朗县、定结、萨迦4个县。

流域东与**雅鲁藏布江**支流**夏布曲**、**年楚河**支流**康如普曲**和**多庆错**相连，北与雅鲁藏布江支流**萨迦冲曲**接壤，西临朋曲干流，南与印度和尼泊尔相邻。

流域属高原山地气候，气候干燥，四季分明，日照充足，紫外线强，日温差大，年温差小，高寒缺氧。多年平均气温约2.0摄氏度。流域多年平均年降水量约650毫米，6—9月

降水量占年降水量的90%左右。年日照时数约3 300小时，年无霜期100天左右。径流补给来源为融水、地下水和降水。流域内植被较差，水土流失严重，雨季河流泥沙含量大。冬季河流有结冰现象，上游重于下游。叶如藏布的主要支流有**苦曲藏布**、给曲、**金龙曲**等。出露地层为碎屑岩、夹冰碛岩、火山岩、中元古界浅变质碎屑岩及碳酸盐岩，地震基本烈度为Ⅷ度。

多年平均年径流量约29.3亿立方米，多年平均流量约92.9立方米每秒。干流水力资源理论蕴藏量约8.9万千瓦，域内有水电站3座，总装机容量1 070千瓦。域内矿产有硼砂、食盐、瓷土、泥炭等，农作物有青稞、小麦、豌豆、油菜、土豆等，牲畜有牦牛、犏牛、黄牛、马、绵羊、山羊，野生动物有岩羊、狐狸、水獭、黄鸭、雪鸡等，主要珍贵植物有虫草、紫草、雪莲等。域内主要自然灾害为洪水、干旱、地震、病虫害等。

河源至岗巴为上游。河源一带分布有现代冰川，支沟发育，源头以下约3千米处有大片的沼泽地。自源头向西北流，经龙中转向西流，在当格以下，右纳苦曲藏布后，河流折向西南流直至岗巴村（东距县城岗巴镇约10千米）。

岗巴至定结县琼孜乡乃萨村为中游。过岗巴河流转向西流，河谷逐渐展宽，两岸沼泽地分布广泛，经学不朗，左纳则拉曲，经去汝进入定结县，河流进入湖盆区；过琼孜乡左纳给曲后至乃萨村，河流流出湖盆区，进入下游。

冰湖水下地形测量

乃萨村至河口为下游。过乃萨村后河谷变窄，经萨尔乡的扎西岗折向东北流，而后又折向西北流。萨尔乡至江嘎镇的荣孔之间为一片湖沼地，河谷宽广，河道曲率大。经定结县府驻地江嘎镇纳金龙曲后，于定结县郭加乡莫果附近注入朋曲。河口附近河谷宽阔，最宽处可达2千米，心滩和边滩发育，河漫滩宽广，两岸有多级阶地，分布着较多的新月形沙丘和半固定沙堆。

7.18.3.5.1　苦曲藏布
（Kuquzangbu River）

叶如藏布右岸支流，亦称那曲藏布，发源于西藏自治区岗巴县孔玛乡境内的罗都岗拉山峰南麓。流域面积1 194平方千米，河长50千米，落差600米。

流域地势北高南低，昼夜温差大，蒸发量大，降水量小，多年平均年降水量250毫米，6—9月降水量占全年的90%左右。流域多年平均年日照时数在3 000小时以上，年无霜期短，冬、春季干燥多风。降水、地下水和融水是径流的主要补给形式，最大流量出现在7—8月，2—3月流量最小。多年平均年径流量约1.49亿立方米，多年平均流量约4.72立方米每秒，水力资源理论蕴藏量约1.08万千瓦。河道由砂卵石组成，

域内植被差，水土流失严重，水质未受污染。

源头地带支沟较多。自源头向西南流，过吉林折向南流，至孔玛乡，此段河流称龟曲或贵曲。河流转向西南流，逐渐进入沼泽地，在勒桑附近左纳切曲（切玛龙曲）后，流出沼泽地，经一S形弯后折向南流，于龙中乡茶那附近注入叶如藏布。河流在冬季有结冰现象，局部河段冰情严重。流域内主要农作物有青稞、小麦和豌豆，主要牲畜有羊和牦牛，主要的自然灾害为水灾、旱灾和雪灾。

7.18.3.5.2　金龙曲
(Jinlongqu River)

叶如藏布右岸支流，亦称吉布弄或吉隆藏布，发源于西藏自治区定结县扎西岗乡境内的东公附近。流域面积2 396平方千米，河长86千米，落差1 300米。

流域为喜马拉雅山北麓湖盆地貌，地势东北高、西南低，昼夜温差大，蒸发量大，冬、春季干燥多大风，降水量小。流域多年平均年降水量约235毫米，6—9月降水量占全年的90%左右。径流由降水、地下水和融水补给，最大流量出现在7—8月，最小流量出现在2—3月。多年平均年径流量约2.76亿立方米，多年平均流量约8.75立方米每秒，干流水力资源理论蕴藏量约2.81万千瓦。河道由沙卵石组成，域内植被差，水土流失严重，水质未受污染；冬季河流有结冰现象，上游冰情严重。流域内农作物有青稞、小麦、豌豆等，以饲养牦牛、羊为主，自然灾害主要有水灾、旱灾和雪灾。

河流自源头向西南流，过努如折向西流，努如以上称吉隆藏布；经扎西岗乡、确布乡至纳罗折向南流，过除古转向西流；抵麦嘎又折向西北流，至机脚桥附近，纳右岸支流**麻加曲**后再折向南流，于定结县江嘎镇西宁村右纳笨卓普曲（彭作普曲）后注入叶如藏布，此段干流河段称吉布弄。

7.18.3.5.3　定结错
(Dingjiecuo Lake)

叶如藏布右岸淡水湖，又名共左错、强左错。"定结"藏语意为地底下生长出来。相传因湖中一座小山包下长出一块石头，因此而得名。在西藏自治区南部定结县境内，地理位置为东经88°07′，北纬28°17′。湖形甚不规则，湖面高程4 372米，相应湖泊南北长6.0千米，东西最宽4.0千米，平均宽2.11千米，湖面面积12.7平方千米。

湖泊坐落在喜马拉雅山北坡之小型山间盆地内，为泥石流堰塞叶如藏布支流潴水而成。湖区南北两侧为中低山所环绕；东西两侧地势相对开阔，为低缓丘陵和冲积平原。湖区属高原温带半干旱气候，气候温和，日照充足，干湿季分明，年平均气温2~4摄氏度，年平均降水量300~400毫米，流域面积175平方千米，入湖河流主要位于湖之西部和北部。湖水经由东南部外泄注入叶如藏布，尔后转入**朋曲**。冰雪融水和降水是入湖径流的主要补给形式，据1980年资料，北部湖水pH值8.87，矿化度710毫克每升；南部湖水pH值7.55，矿化度330毫克每升，属碳酸盐型淡水湖泊，湖中有水生维管束植物和鱼类生息繁衍；滨湖牧草生长良好，为藏南重要牧场。环湖南、北、西三面通县级公路。

7.18.3.5.3.1　麻加曲
(Majiaqu River)

金龙曲右岸支流，亦称拉东扎乌，发源于西藏自治区萨迦县麻布加乡境内的拉轨岗日东侧。流域面积1 030平方千米，河长45千米，落差1 200米。

流域多年平均年降水量约235毫米，降水集中在6—9月；年无霜期短，冬、春季节干燥风大。径流主要为地下水、降水、融水补给，河床由砂卵石组成，植被差，水土流失严重，水质未受污染。冬季河流有结冰现象，上游局部河段会发生封冻或连底冻。流域内农作物有青稞、春小麦、豌豆等，牲畜有牦牛、羊等，主要灾害有水灾、旱灾和雪灾。多年平均年径流量约1.18亿立方米，多年平均流量约3.74立方米每秒，水力资源理论蕴藏量约2.03万千瓦。

源头地带支沟较多。自源头向东流，至普村下游折向南流，经度窘、麻布加乡，河谷宽约1~3千米；至雄麦乡曲堆（倾堆）村附近左纳曲强藏布后，于机脚附近（倾堆下游约5千米处）注入金龙曲。

7.18.3.6　扎嘎曲
(Zhagaqu River)

朋曲右岸支流，发源于西藏自治区定日县扎西宗乡境内的绒布冰川末端。流域面积2 280平方千米（其中冰川面积294平方千米），河长102千米，落差1 460米。

流域内地势西北高、东南低，昼夜温差大，蒸发量大，降水量小。流域多年平均年降水量约450毫米，6—9月降水量占年降水总量的90%左右；年无霜期短，冬、春季干燥风大。径流补给以降水和融水为主，最大流量出现在7—8月，年初流量最小。流域多年平均年径流量约6.61亿立方米，多年平均流量约21.0立方米每秒，水力资源理论蕴藏量约5.20万千瓦。河床由砂卵石组成，域内植被稀疏，水土流失严重，河水含沙量大，水质未受污染。冬季河流有岸冰、流冰花和封冻现象。流域内主要农作物有青稞、小麦和豌豆，主要牲畜有牦牛和羊，主要灾害有水灾、旱灾和雪灾。

源头有著名的绒布冰川。绒布冰川地处珠穆朗玛峰脚下海拔5 300~6 300米的地带，长22.4千米，面积85.4平方千米。绒布冰川的冰舌平均宽1.4千米，平均厚度达120米，最厚处在300米以上，巨大的冰塔林高达40~50米，是西藏最雄奇的景色之一。

自源头向西北流，过吉隆，一支流汇入后河流折向东流，过曲宗又转向北流；经巴松、班定、帕卓、扎西宗乡，流经一弧形弯道后，于嘎样折向东南流，过扎西岗等地，至拉穷转向南流，于定日县曲当乡张雪村附近注入朋曲。

7.18.3.7　卡达曲
(Kadaqu River)

朋曲右岸支流，亦称卡得藏布，发源于西藏自治区定日县曲当乡境内的咔达普峰北麓冰川。流域面积377平方千米，河长35千米，落差2 030米。

流域属喜马拉雅山地貌，地势西高东低，日温差大，年温差小，蒸发量大，冬、春季节干燥多风，年无霜期约200天。流域多年平均年降水量约900毫米，6—9月降水量占全年的85%以上。径流补给以融水为主，流域多年平均年径流量约2.34亿立方米，多年平均流量约7.42立方米每秒，水力资源理论蕴藏量约1.46万千瓦。

流域内有冰碛湖分布。河流总体向东流，经卡达普村、优帕村，在曲当乡塘咔附近注入朋曲。河床主要由砂卵石组成，河水含沙量较大，水质良好，上游河段冰情严重。流域内主要灾害有水灾、旱灾和雪灾。

7.18.3.8 卡马曲
(Kamaqu River)

朋曲右岸支流，亦称甘玛藏布，发源于西藏自治区定日县曲当乡白当附近的卓穷冰川。流域面积571平方千米，河长40千米，落差3 325米。流域涉及西藏自治区的定日县和定结县。

流域地势西北高、东南低，昼夜温差大，蒸发量大，年无霜期短。流域多年平均年降水量约1600毫米，6—9月降水量占全年的85%以上。径流补给以融水为主，最大流量出现在7—8月，2—3月流量最小。流域多年平均年径流量约6.00亿立方米，多年平均流量约19.0立方米每秒，水力资源理论蕴藏量约4.92万千瓦。

流域内冰川发育。自源头向东南流，河道比降大，水流急；经白当、学那，在庸嘎托附近进入定结县境内，在定结县的陈塘镇附近注入朋曲。河道由砂卵石组成，河水含沙量大，水质良好。冬季河流有结冰现象，上游段冰情严重。域内高山草甸有零星分布。

7.18.3.9 吉马曲
(Jimaqu River)

朋曲左岸支流，亦称拿当曲，发源于西藏自治区定结县日屋镇境内的作着拉山东麓。流域面积974平方千米（其中冰川面积136平方千米），河长62千米，落差3 525米。

流域地势北高南低，年温差较小，多年平均气温13.8摄氏度，年无霜期在200天左右。雨水充足，多年平均年降水量约1 000毫米，6—9月降水量约占全年的85%以上。径流补给以融水为主，多年平均年径流量约7.79亿立方米，多年平均流量约24.7立方米每秒。水力资源理论蕴藏量约8.71万千瓦，2005年建成的日屋和陈塘水电站总装机容量为400千瓦。流域内农作物有青稞、小麦、豌豆等，牲畜有牦牛、羊等。

源头地带支沟较多，冰川广布。多冰碛湖，主要湖泊有宗错、吉莱普错等。自源头东流，纳左岸一支流后折向南流；经鲁热村、德吉村，左纳麻友弄后转向西流，至普布让拉又折向南流，于陈塘镇陈塘村下游注入朋曲。域内多峡谷，山高谷深，水流湍急。河流有结冰现象，河床由砂卵石组成。域内植被稀疏，河水含沙量大，主要灾害有水灾、旱灾、雪灾。

7.18.3.10 波曲
(Boqu River)

朋曲下游阿润河右岸支流孙科西河上源，发源于西藏自治区聂拉木县亚来乡曲桑以上的帮布勒附近。国境内流域面积2 099平方千米，河长77千米，落差3 530米。

流域属高原温带半湿润气候区，气候湿润，日照时间较长，冬、春季干燥风大。降水集中在5—10月，多年平均年降水量约400～2 000毫米。径流由降水、冰雪融水及地下水补给，多年平均年径流深300～1 600毫米。流域水力资源理论蕴藏量约59.4万千瓦，其中干流49.4万千瓦。

流域经济系半农半牧，农作物有青稞、小麦、豌豆、油菜等，牲畜有牦牛、黄牛、山羊、绵羊、马等，野生动物有獐子、雪豹、野驴、黄羊、水獭等，野生植物有虫草、贝母、当归、雪莲等，天然林木有杉、桦、樟、杨等。流域内交通便利，中国—尼泊尔公路沿波曲干流进入尼泊尔。

波曲流域

干支流源头地带冰川、冰蚀地貌广布，植被稀疏，山体裸露。河流自源头向西流，至土龙村折向西南流，经亚来村至甲村附近，纳左右岸支流丁色普和**荣吉嘎**后，经塔杰林、扎西岗、茶布岭至充堆村，右纳支流富曲。沿程支流较多并成对称状，河道比降大，水流湍急。干流自充堆转向南流，河谷渐渐变窄，呈V形，两岸山峰高耸，森林茂密，河道曲折；于聂拉木县樟木镇雪布岗居委会附近流入尼泊尔境内，汇入孙科西河，与朋曲同属一个水系。河床由砂卵石及砾石组成，河水含沙量小，水质良好。宽谷河段洪、冲积台地及阶地发育。

流域内风光秀丽，有风姿多彩的冰山大川、川流不息的高山流水、飞流千丈的银河瀑布、茂密的原始森林、神秘的庙宇、希夏邦马峰等，是旅游观光和科学考察的理想之地。流域内的樟木镇是中国通向南亚次大陆最大的开放口岸，也是中国—尼泊尔公路的咽喉。

樟木口岸

樟木镇全景

7.18.3.10.1　荣吉嘎
(Rongjiga River)

波曲右岸支流，亦称科亚普或白那曲，发源于西藏自治区聂拉木县亚来乡境内的邦嘎勒附近。流域面积393平方千米，河长27千米，落差1 290米。

径流主要由降水、冰雪融水及地下水补给，多年平均年径流量约2.00亿立方米，多年平均流量约6.34立方米每秒，水力资源理论蕴藏量约1.44万千瓦。流域内人类活动影响小，自然生态环境较完好，经济以牧业为主。上游植被覆盖率高，灌丛草甸分布广泛。河床由砂卵石组成，河水含沙量小，水质良好。

自源头向东流，至科亚折向东南流，河流蜿蜒曲折，河道比降大，水流急，右岸支流较多，相继纳入协布普、沽迭弄巴等支流后，于聂拉木县亚来乡如吉村下游注入波曲。

7.18.3.10.2　富曲
(Fuqu River)

波曲右岸支流，亦称冲堆浦，发源于西藏自治区聂拉木县聂拉木镇境内的希夏邦马峰南麓。流域面积370平方千米，河长23千米，落差1 865米。

流域属高原宽谷湖盆地貌，上游山丘低矮，地势开阔，下游山势较高。源头有冰川、冰湖分布，古冰川侵蚀地形明显。降水集中在5—10月，流域多年平均年降水量约1 400毫米。径流由降水、冰雪融水及地下水补给，多年平均年径流量约2.59亿立方米，多年平均流量约8.21立方米每秒。水力资源理论蕴藏量约8.57万千瓦，已建水电站1座，装机容量800千瓦。

河流自源头向南流，约9千米后缓缓转向东南流。在普罗上游4千米处右纳一支流，于聂拉木镇充堆村附近注入波曲。流域内植被较差，人类活动影响不大，自然生态环境较完好。河床由砂卵石组成，河水含沙量小，水质良好。流域内以农牧业为主，饲养牦牛、羊，主要种植青稞、小麦等，自然灾害有山洪、滑坡和泥石流、雪灾等。

7.18.3.10.3　绒霞藏布
(Rongxiazangbu River)

朋曲下游阿润河右岸支流孙科西河左岸支流达玛柯西河上源亦称绒辖曲，发源于西藏自治区定日县绒辖乡境内的普士拉山附近。国境内流域面积969平方千米，河长45千米，落差2 550米。

流域内光照充足，辐射强烈，年温差小，冬、春季干燥，风大，夏季温暖湿润。降水丰沛，流域多年平均年降水量约1 600毫米。径流由降水、冰雪融水及地下水补给，流域多年平均年径流深500～1 400毫米，水力资源理论蕴藏量5.53万千瓦。人类活动影响较小，自然生态环境基本完好。河道多由砂卵石及砾石组成，河水含沙量小。

源头一带地势开阔，山峰低矮，植被稀疏，冰川、冰蚀地貌广布。自源头向西南流，约10千米后进入窄谷或峡谷段，两岸山峰高耸，巨石嶙峋。左、右岸支流呈对称之势。河道比降大，水流急，沿河而下，植被越来越好，河谷一带灌丛草甸、高大林木广布。河流经达仓、仓木坚、绒辖乡等地，相继纳入多条支流后，于定日县绒辖乡左木德下游约12千米处流出国境，进入尼泊尔后称达玛柯西河，于泥泊尔境内汇入孙科西河。孙科西河为阿润河（**朋曲**流入尼泊尔后名称）右岸支流。

7.18.3.10.3.1　鲁乌龙木
(Luwulongmu River)

绒霞藏布下游达玛柯西河右岸支流，亦称拉不及孔藏布，发源于西藏自治区聂拉木县东南部迫玛勒附近。国境内流域面积314平方千米，河长17千米，落差1 300米。

流域内光照充足，辐射强烈，年温差小，日温差大，冬、春季干燥、风大，夏季温暖湿润，多年平均年降水量约1 000毫米。流域内人类活动影响较小，自然生态环境基本完好。河道多由砂卵石及砾石组成，含沙量小。径流主要由冰雪融水和降水补给，多年平均年径流深600～800毫米，流域水力资源理论蕴藏量约1.05万千瓦。

干支流源头地带冰川、冰蚀地貌广布，植被稀疏，山体裸露。河道比降大，水流急。自源头向东南流，上游河段称巴莫勒甲；至迫玛勒以下，河流缓缓转向西南流，右纳塘桑扛姆后于聂拉木镇的松门那下游流进尼泊尔境内，注入绒霞藏布下游达玛柯西河。

六、印度河水系

Indus River Basin

7.19 印度河水系
(Indus River Basin)

印度河为南亚地区横贯喜马拉雅山的大河，全长 2 900 千米，流域面积 116.55 万平方千米。水源主要来自高山融雪。印度河的主源**森格藏布**发源于海拔 5 500 米中国西藏西南部，然后沿喜马拉雅山麓向西北越过边界流入查谟和克什米尔，在德达附近形成三角洲后分成若干支流在卡拉奇东南分别注入阿拉伯海。北支**奇普恰普河**及南支**朗钦藏布**在中国境内。印度河水系在中国境内的流域面积约 5.9 万平方千米。

7.19.1 森格藏布
(Sengezangbu River)

印度河的上源，亦称狮泉河，发源于西藏自治区革吉县亚热乡雄瓦尔山北麓，是西藏阿里地区最大的河流。国境内流域面积 27 170 平方千米（其中冰川面积 286 平方千米），涉及西藏自治区的噶尔、革吉、日土、扎达 4 个县。

概　　述

流域范围　流域呈扇形，最大长约 340 千米，最大宽约 150 千米。位于东经 79°08′～81°49′、北纬 31°08′～33°17′之间。流域东、北部与藏北内陆河水系为邻，西、南部与**朗钦藏布**流域相邻，西南端与克什米尔地区毗邻。

河流水系　干流始向北流，然后折向西流，最后折向西北流。国境内总长 440 千米。森格藏布的主要支流有**生拉藏布**、**赤左藏布**、**噶尔河**、**噶尔藏布**等，较大支流多从左岸汇入，左岸的集水面积约为右岸的 1.9 倍。

森格藏布

气候水文　森格藏布流域属高原亚寒带干旱气候区，日照时间长，辐射强烈，气温低，温差大，干湿分明，多夜雨，蒸发量大，年无霜期短，冬春季干燥风大。流域是全国太阳辐射总量最多的地方，也是全国日照时数的高值中心。根据中游狮泉河气象站资料，多年平均气温 0.4 摄氏度，最高气温 27.6 摄氏度，最低气温－36.6 摄氏度；多年平均年降水量 71.2 毫米，年蒸发量 1 510 毫米，11 月至翌年 5 月为风季，3—5 月多大风。

径流由地下水、降水和冰雪融水补给，最大洪峰流量一般出现在 7—8 月，峰高量小，峰型尖瘦。除局部河段外，河流在冬季均有封冻现象。

地质地貌　域内地势高亢，属高原宽谷湖盆地貌。流域地势大致东南高、西北低，地势开阔，山峰相对低矮。域内植被稀疏，以荒漠、半荒漠生态系统为主。出露地层主要为碎硝岩夹冰碛岩、火山岩，以及浅变质碎屑岩、碳酸盐岩，地震基本烈度为Ⅷ度。

自然资源　流域多年平均年径流深 10～50 毫米，水力资源理论蕴藏量约 13.6 万千瓦。流域内已查明的矿产资源有砂金、铁、铅、硫黄、水晶石等，野生动植物主要有野牛、野驴、豹、狼、獐子、羚羊及毛刺、红柳、雪莲等。

经济社会　域内耕地少，以牧业为主，农业为辅，主要的牲畜有牛、羊、马、猪等，农作物主要有冬小麦、青稞和油菜；旱、雪、水、病虫等灾害时有发生。

纪　　实

上游段　河源至革吉为上游段。该段长 192 千米，天然落差 646 米，平均比降 3.5‰。河源区水系发育，有南、北两源，北源称威尔，南源那丁穷戈为河流的正源。

河流自源头始向西北流，亚弄棍扎从右岸汇入后，河流继续向西北流，因受地形影响，左岸支流较右岸发育，沿程经过克巴列、江嘎至热玛江，相继纳左岸支流无名沟、色塞洛玛、查日弄、朗木弄及右岸支流嘎日啊弄、邢扎等汇入干流。河流于热玛江纳左岸支流生拉藏布后折向东北流，过曲朗嘎勒，河流又转向西北流，经拉嘎、邦巴区农场抵达革吉县城革吉镇。"革吉"藏语意为"美丽富饶的土地"，旧时革吉县境内曾驻有包括革吉部落在内的 7 个部落，与藏北其他部落一道被称作藏北十八区，统属阿里嘎本所辖。1960 年 8 月，合并 7 部落设立革吉县，自建县起一直隶属阿里地区管辖至今。县府驻地革吉镇。

在上游段的森格卡巴附近，河道右侧杂色火山岩石陡壁的底部，有一泉水长流不息，古藏语称"森格卡巴"。在森格卡巴以上，冰碛物分布广泛。森格卡巴至革吉一线，河谷逐渐展宽，谷底宽约 3 千米，两岸发育着二级阶地，分别高出水面 3～5 米、7～15 米。河流多曲流和分汊，河床两侧不断有潜水自砾石质漫滩中流出，在申多附近有较多泉水从安山岩隙中涌出，成为河道径流的补给水源。

中游段　革吉至扎西岗为中游段。该段长 160 千米，落差 299 米，平均比降 1.9‰。河流过革吉继续向西北流，经雅列芒波河流折向西流，在确登纳左岸支流纳**赤左藏布**之水，经雅列芒波河流折向西流，至狮泉河水电站。电站装机容量 6 000 千瓦，年均发电量为 1 342 万千瓦时。河流出水电站向西南流,至噶尔县狮泉河镇。"噶尔"在藏语中意为"帐篷、兵营",源于原西藏地方政府在抗击侵略军时,甘登次旺曾率兵在此安营扎寨。噶尔县县址曾几度迁移,1988 年 9 月迁到狮泉河镇。狮泉河镇既是噶尔县府驻地,也是阿里地区行署所在地。

狮泉河上游段

下游段 扎西岗至国境处为下游段,该河段长 88 千米,天然落差 319 米,平均坡降 3.7‰。河流自扎西岗向西北流,沿程支流较多,大部分为季节性河流。至拉附附近,支流典角曲从左岸汇入,河流迂回曲折,于典角下游 50 千米处流出国境,进入克什米尔地区,河流称印度河。河流左岸支流小系发育,右岸支流较少,河谷狭窄。

7.19.1.1 生拉藏布
(Shenglazangbu River)

森格藏布左岸支流,发源于西藏自治区革吉县革吉镇境内的**夏赛错**。流域面积 1 195 平方千米(其中冰川面积 5 平方千米),河长 53 千米,落差 770 米。

流域内光照充足,太阳辐射强烈,蒸发量大,年温差小而日温差大,年无霜期短,冬、春季干燥风大。流域多年平均年降水量约 110 毫米,降水集中在 7—8 月。径流主要由地下水、降水补给,流域多年平均年径流量约 0.21 亿立方米,多年平均流量约 0.67 立方米每秒。初冰期为 10 月上旬,终冰期为 5 月上旬,冬季有封冻现象。雨季河水含沙量大,河道为砂卵石组成,水质较好。

流域地势高亢,高寒缺氧,植被覆盖率低,矿产资源主要有砂金、铁等,野生动物主要有雪鸡、野驴等,主要自然灾害有旱灾、雪灾、风灾和洪水灾害。

河谷宽阔,上游支流较多。河流自夏赛错东北缘流出,出湖后向东北流,约 1.5 千米转向西北流。至假摸蒋勒附近左纳则仁、靶尔果;至曲次转向东北流,于革吉县革吉镇热玛江村附近注入森格藏布。

7.19.1.1.1 夏赛错
(Xiasaicuo Lake)

生拉藏布的上源,亦称吓萨尔错,位于西藏自治区革吉县境内,地理位置为东经 81°00′,北纬 31°35′。湖呈狭长蛇曲状,作西南—东北向延伸,湖面高程 5 136 米,相应湖长 8.9 千米,最大湖宽 3.2 千米,平均宽 1.63 千米,面积 14.5 平方千米。湖泊岸线曲折多湾,周长 34 千米。

坐落在阿里高原一狭长的山间谷地内,四周群山环抱。高程均在 5 700~5 800 米之间,山地紧临湖体,湖岸陡峭。湖体由西南、东北两部分组成,中间仅以狭窄的河道相连,其中西南部分是该湖的主体,东北部分湖面仅约 2 平方千米。湖区属高原温带阿里干旱气候区,多年平均气温约 −1 摄氏度,多年平均年降水量约 150 毫米。流域面积 235 平方千米,湖水补给以冰雪融水为主。

入湖河流主要有帕弄河和吓萨尔河,河长分别为 15.5 千米和 13.5 千米,源头均有冰川发育,5—9 月,两河宽分别约为 8 米和 7 米。湖泊的外泄口位于东北端,湖水经**生拉藏布**流入**森格藏布**(狮泉河)。

7.19.1.2 赤左藏布
(Chizuozangbu River)

森格藏布左岸支流,发源于西藏自治区噶尔县左左乡左左村(果仓多)附近的久赤拉山北麓。流域面积 2 500 平方千米(其中冰川面积 11 平方千米),河长 95 千米,落差 1 804 米。流域涉及西藏自治区的革吉县和噶尔县。

流域内日照充足,太阳辐射强烈,蒸发量大,年温差小而日温差大,年无霜期短,冬、春季干燥风大。流域多年平均年降水量约 90 毫米,降水集中在 7、8 月。径流以地下水补给为主,多年平均年径流量约 0.43 亿立方米,多年平均流量约 1.36 立方米每秒,流域水力资源理论蕴藏量约 1.0 万千瓦。年内最大洪峰流量一般出现在 7—8 月,最小流量出现在 1—3 月。河床由砂卵石组成。流域内植被差,水土流失严重,河水含沙量大,水质未受污染。初冰期为 10 月上旬,终冰期为 5 月上旬,冬季有封冻现象。

流域内矿产主要有砂金及铁,野生动物有雪鸡、野驴等,主要灾害有风灾、旱灾和雪灾;经济以牧业为主。

流域内地势高亢,高寒缺氧,植被覆盖率低,河谷宽阔。河流自源头向东流,纳鄂穷弄后抵达芒冬,折向东北流。此河段支流多分布在干流右岸,并且多为季节性河流。河流在芒冬下游 5 千米处转向北流。河道迂回曲折,水流时缓时急。途径上左左村(果仓多)、下左左村(果仓麦)等地,于加中巴玛下游进入革吉县境,流数千米后,于革吉县确登附近注入森格藏布。

7.19.1.3 噶尔河
(Gaer River)

森格藏布左岸支流,亦称朗曲,发源于西藏自治区噶尔县左左乡拉日山南侧。流域面积 1 848 平方千米,河长 94 千米,落差 1 440 米。

河谷宽广,地势开阔,山峰低矮。流域内干燥寒冷、冬春季节风大,太阳辐射强烈、日照时间长,年温差小、日温差大,全年除 7、8 两月外都有霜冻。多年平均气温 0.2 摄氏度,最低气温 −34.6 摄氏度。流域多年平均年降水量约 90 毫米,降水集中在 7、8 月。径流由地下水、降水和冰雪融水补给,多年平均年径流量约 0.37 亿立方米,多年平均流量约 1.17 立方米每秒。河流在冬季有封冻现象。河床由砂卵石组成,河水含沙量大,水质较好。

域内植被稀疏,水土流失严重,经济以牧业为主、农牧业结合,农作物有青稞、小麦、豌豆等,主要牲畜有牦牛、马、驴、羊等,主要矿产有砂金和铁,野生动植物有毛刺、红柳、雪莲等,还有制作氆氇、木碗的民族手工业。域内主要自然灾害有旱灾、雪灾和风沙,建有薪乡水电站装机容量 160 千瓦。

河流自源头向东流约 4 千米,缓缓转向北流,经那果果至江达,左纳龙亚后折向西北流;至格格肉下游 2 千米处转向北流，至直布热又转向西北流，河流蜿蜒曲折，流水潺潺；经左左乡、加木等地，沿程纳入朗弄等支流后，于狮泉河镇下游注入森格藏布。

7.19.1.4 噶尔藏布
(Gaerzangbu River)

森格藏布左岸支流，亦称噶尔塘曲，发源于西藏自治区革吉县亚莫拉山峰附近。流域面积6 258平方千米（其中冰川面积195平方千米），河长230千米，落差1 800米。

流域内光照充足，辐射强烈，蒸发量大，年温差小、日温差大，全年除7、8月外都有霜冻。流域多年平均年降水量约150毫米，降水集中在6—9月。径流由地下水、冰雪融水及降水补给，多年平均年径流量约1.56亿立方米，多年平均流量约4.95立方米每秒。年内最大洪峰流量一般出现在7—8月，年最小流量发生在1—3月。初冰期为10月上旬，终冰期在次年的5月下旬，河流在冬季有封冻现象。域内植被稀疏，山体裸露，土地沙化严重。河床由砂卵石组成，河水含沙量大，水质较好。流域水力资源理论蕴藏量约2.18万千瓦。

新藏公路（219国道）自东南向西北沿噶尔藏布干流通过。流域经济以牧业为主，农作物有青稞、小麦、豌豆等，主要牲畜有牦牛、马、驴、羊等，野生动物有豹、狼、狐狸、雪鸡、野驴、野牛、猞猁、藏羚羊及毛刺、红柳、雪莲等，主要矿产有煤、盐、铁硼和沙金。域内民族手工业主要是制作氆氇、木碗等，主要自然灾害有旱灾、雪灾和风灾。

河流自源头大致向西北流，河道曲折，河谷宽阔，两岸山势挺拔。上游河床为泥质或砾质，冬季经常冻结。上游支流较多，主要支流有吓萨尔弄、巴尔曲、哈母曲、定列错布、薄果、重穷、穷布、帕弄嘎布等，以干流为轴心呈对称状。下游左岸是阿伊拉日居山的主峰区，6 000米以上的山峰有多座，地形起伏大，山上白雪皑皑，山下流水潺潺。下游主河道多汊流、浅滩及江心洲，河道多呈网状分布，河道的最宽处可达10千米，经常出现多股水流并行之状。下游支流多分布在左岸，有20余条，河长多数在10千米以下，最长也不超过20千米。下游为沙质河床，沿岸是广阔的牧场，并有零星农田分布。河流在噶尔县扎西岗上游注入森格藏布。

7.19.2 奇普恰普河
(Qipuqiapu River)

印度河支流什约克河—希奥克河的上源。奇普恰普河外流区位于新疆和田县南部、喀喇昆仑山东南端、西藏日土县东北角，西南与印控克什米尔地区毗邻，东南与藏北内陆湖水系接壤，东、北与**喀拉喀什河**流域相连。区域内自北向南依次分布有奇普恰普河、**鸳鸯湖**、**天南河**、**西大沟**、**加勒万河**、**昌隆河**和**羌臣摩河**等水系，除鸳鸯湖水系而外，各河流出国境后均经希奥克河，入印度河一级支流什约克河，最终注入印度洋。奇普恰普诸河水系中国境内集水总面积约5 900平方千米。

奇普恰普河外流水系地处喀喇昆仑山西南坡，区域由西北向东南依次分布的山脉为：克孜尔塔格山、天河岭、河西大雪山、平顶光山和喀喇昆仑山主山脉，流域海拔都在5 000米以上。区域内河流两岸多为尖削、陡峻的雪峰及巨大的冰川，空气稀薄，太阳辐射强烈，温差大。喀喇昆仑山南坡受印度洋西南季风影响显著，西南季风常造成区域性大降水。

区域内高大的山体为水网的发育创造了条件，发育在克孜尔塔格山和天河岭之间的河流为奇普恰普河和天南河，发育在天河岭和河西大雪山之间的河流为西大沟水系，发育在河西大雪山和平顶光山之间的河流为加勒万河水系，发育在平顶光山和喀喇昆仑山主山脉之间的河流为昌隆河水系，源于喀喇昆仑山脉西段的河流为羌臣摩河。

奇普恰普河流域和鸳鸯湖流域地势相对平缓，河谷浅宽平坦，沿奇普恰普河河谷可通行汽车。天南河、西大沟、加勒万河、昌隆河谷深沟窄，夏季水流湍急，河谷两侧均为险峰峻岭，雪山冰川，海拔均在5 500米以上，通行困难。羌臣摩河上游多为时令性河段，河流基本穿行于高山峡谷间；一般公路可通行至本区域，交通较为方便。空喀山口地势稍有降低，为边界处的重要山口，是中国新疆、西藏通往克什米尔地区的重要通道。

奇普恰普河外流水系地处喀喇昆仑山高山区，又位于中国与印控克什米尔地区交界区域，山高谷深，自然环境较为恶劣，人类活动较少。区域内气候寒冷，且变化急剧，冬季气温可达－40摄氏度以下，盛夏最高温度也不超过20摄氏度。冬季长达8～9个月，昼夜温差大，有"一日四季"之说。区域内受印度洋高空暖流影响，降水多，风力

奇普恰普河水系示意图（中国部分）

强,夏季阵雨冰雹,冬季狂风暴雪;每日午后风起,半夜方止,风力多为7~8级。空气稀薄,气压低,海拔5 000米以上地区含氧量仅为50%。

奇普恰普河外流水系东邻阿克赛钦盆地,盆地内有新藏公路通过,在甜水海附近分出3条支线通往该区域,沿途多沼泽碱滩,新藏公路路窄,坡大,弯急,夏天山洪暴发,坡体易塌方,冬天狂风暴雪,大雪封山,交通时常堵塞。

奇普恰普河为什约克河的源流之一,其源头位于喀喇昆仑山支脉克孜勒塔格山西侧,河流自源头由西北向东南流11千米,在奇普恰普山口(山口东侧为喀拉喀什河支流胜利河流域)附近转向西流;下行约7千米,在五二四三(地名)附近左岸接纳了一条较大无名支流;又下行17千米(天文点下游约5千米),左岸又接纳了较大支流冰莲沟,河长30千米;再流约11千米,右岸接纳了龙纳克龙斯伯河,河长约43千米。此后,河流进入印控克什米尔区境内,又西流约13千米后折向西南流,下行约15千米后称希奥克河。奇普恰普河河流全长74千米,其中国境内河长46千米,集水面积1 040平方千米。

7.19.2.1 鸳鸯湖
(Yuanyang Lake)

位于**奇普恰普河**北岸约8.7千米处的一个高原小盆地内的最低洼处,是鸳鸯湖水系的尾闾,流域总面积326平方千米,多年平均年径流量0.318亿立方米。湖泊属高原闭口湖泊,地理位置为东经78°13′,北纬35°23′,因其东侧4.4千米处还有一季节性湖泊与之相伴而称鸳鸯,湖面海拔为5 140米,水域面积约1.2平方千米。东侧湖泊位于鸳鸯湖上游,属高山吞吐淡水湖,湖面海拔约为5 156米,水域面积约1.6平方千米。两湖间有水道相通,上游湖泊水量可补给下游湖泊。两湖坐落在喀喇昆仑山支脉克兹尔塔格山南麓,盆地内的水网构成向心水系,注入两湖。

鸳鸯湖的水源除来自上游湖泊的泄水外,主要为上游湖泊至鸳鸯湖区间,西、北、南侧3条无名支流的补给,其中西支长约12.5千米,北支长约18千米,南支长约8.8千米。上游湖泊位于两条无名河流的交汇处,分别长约19千米和12千米。

7.19.2.2 西大沟
(Xidagou River)

发源于天河岭东北坡的冰川区,上游源流又称北大沟,干流穿行在南为喀喇昆仑山支脉河西大雪山、北为天河岭之间的峡谷之中。河流自源头由西北向东南流、继而转向南流,经20千米流程,左岸接纳了一无名支流(河长10.7千米)后转向西流;又流约33千米入印控克什米尔区内,左纳**天南河**后,汇入希奥克河。途中右岸先后接纳了支流廿里沟和天河沟(12.3千米)、膏矿沟和河北大沟(11.3千米),左岸也先后接纳了河西大雪山北坡的14条支流,这些支流源头均为小型山谷冰川。西大沟国境内河长44千米,集水面积554平方千米。

7.19.2.2.1 天南河
(Tiannan River)

大西沟支流,发源于喀喇昆仑山天河岭(海拔最高6 475米)北坡冰川区及红平山(海拔5 934米)南坡。河流沿天河岭北缘由东向西流,下行约22千米后折为西南流;又8千米进入印控克什米尔地区境内,汇入西大沟。河流全长32千米,其中国境内河长28千米,集水面积236平方千米。

7.19.2.3 加勒万河
(Jialewan River)

上游源流称徒沟,发源于长平岭西北坡,河流自源头由东向西流经16千米,左岸接纳一无名支流后转向北流;又流9千米,右岸接纳由北而来的无名山沟(河长12.5千米)后转向西流;下游9千米、11千米处,又先后接纳了由北而来的一无名支流(河长14千米)和由南而来的东岔沟(河长24千米)。东岔沟河口以下,河流始称加勒万河,下游约5千米处左岸又接纳西岔沟河(河长14千米)后,又向西北流经43千米流出国境,汇入希奥克河,其间途中两岸分别有南沟、新加勒万河、九龙冲沟、红柳沟和大支流西南峡谷河等支流汇入。

新加勒万河为加勒万河右岸支流,河流自源头由北向南流经13千米后,转大弯向西流;下行21千米,右岸接纳一无名支流(河长20千米)后转西南流,又下行10千米汇入加勒万河,河长约43千米。西南峡谷河为加勒万河右岸大支流,源流由阴暗沟和多湾沟汇集而成,汇合口以下即称西南峡谷河,河流由西北向东南流,再折向西流,继而南流,汇入加勒万河。加勒万河于汇口以下河长约27千米处汇入希奥克河。加勒万河全长87千米,其中国境内河长83千米,集水面积1 745平方千米。

7.19.2.4 羌臣摩河
(Qiangchenmo River)

为希奥克河主要支流,其上游位于西藏自治区日土县境内,发源于喀喇昆仑山西段南坡,河流总体上由东南向西北流,在出境前转向西流;中下游位于克什米尔区内。国境内河长约62千米,流域面积约1 400平方千米。该段支流短小,其中北部有两条小支流源出新疆维吾尔自治区。

7.19.2.4.1 昌隆河
(Changlong River)

为**羌臣摩河**右岸支流空朗昌波河的左岸支流,发源于加南达坂附近、喀喇昆仑山东北坡。河流自源头由西向东流13千米,左岸接纳了一较大无名支流后转东南流;又流17千米,另一较大无名支流自左岸汇入。之后,河流转向南流,下行3.5千米,左岸又接纳了大支流温泉大沟(河长21千米);再下行约6千米,又有一无名支流自右岸汇入;续西南流6千米后汇入空朗昌波河。昌隆河全长约46千米,国境内集水面积约615平方千米。

7.19.3 朗钦藏布
(Langqinzangbu River)

印度河支流萨特莱杰河的上游段,亦称象泉河,发源于西藏自治区普兰县巴嘎乡毒庆拉(土青拉)山峰南麓的冰碛湖。西藏阿里地区最主要的河流之一。

概 述

流域位于东经78°39′~81°12′、北纬30°26′~32°36′,北与**森格藏布**流域相邻,东接**拉昂错**和**马甲藏布**流域,南部与西部和印度接壤。流域最大长约260千米,最大宽约140千米,国境内流域面积23 070平方千米。域内地势东南高、西北低,涉及普兰、噶尔、札达三县,主要位于札达县境内。朗钦藏布境内河长343千米。有大小支流20余条，其中流域面积大于1 000平方千米的有4条，即**索岗绒曲**、**玛那曲**、**香孜河**、**俄布河**。

河流两岸分布着大面积的"土林地貌"，土山林立，蜿蜒数十里，巍巍壮观。这种地貌奇观是世界上绝无仅有的，也是世界上最大规模的雅丹地貌群之一。

朗钦藏布流域

流域属高原寒带干旱气候区，气候寒冷干燥，降水稀少，多大风，年无霜期短，太阳辐射强烈，年日照时数在3 000小时左右。流域多年平均年降水量约250毫米，降水主要集中在6—9月，洪水发生在7—8月，峰高量小，峰型尖瘦。流域多年平均年径流深50～150毫米，径流以地下水补给为主。域内植被稀少，土壤松软，水土流失严重，沿程河床多有淤积，河水含沙量大。在扎达县城托林镇附近，11月至次年4月河流为封冻期。

流域内水力资源理论蕴藏量约28.24万千瓦，托林镇附近修防洪堤一处，堤长0.42千米。流域内矿产资源有铬、铜、铁、蓝晶石、叶蜡石、经宝石、大理石、白云母、石英沙等，野生动植物有猞猁、豹子、狐狸、雪鸡、狼、大头羊及人参果、雪莲、当归等，农作物有青稞、春小麦、大麦、荞麦、豌豆、油菜等。域内自然灾害主要有干旱、冰雹、霜冻、洪涝等。

纪　实

上游段　河流大致向西北流，源头海拔约5 420米。从源头至索岗绒曲汇入口为上游，河段长61千米，平均比降19.7‰。自源头向西南流，源头一带分布有湖泊和冰川，河谷狭窄，山势稍高；至热杰淌嘎，进入开阔地带，左岸以低山为主，右岸地势平坦，有灌丛草地及荒漠地分布；自热杰淌嘎河流折向西北流，经扎达棍巴又逐渐转向西流。

朗钦藏布上游

中游段　索岗绒曲汇入口至扎布让为中游，河段长132千米。该段河流大致向西北流，沿途纳左岸支流西浦曲多桑巴、东波曲、龚贵曲、达巴曲、玛那曲及右岸支流罗曲后，经扎达县城托林镇，至扎布让，河流进入下游段。中游段的主要特点是阶地发育，在扎达公路桥以东2千米处，干流河谷两侧有八级阶地，河谷较宽，以宽谷段为主，间有峡谷段。在扎达附近是一个宽谷盆地，谷底宽在3千米以上。河流流经宽谷河段时，水流缓慢，河道多汊流和江心洲，支流多发源于喜马拉雅山北麓，流经湖相地层，在水流作用下，切蚀而成的土林美丽壮观，其景观酷似我国黄土高原。在高原迷幻光影的衬托下，严整的山体有的像一字形排开的罗汉，有的像鳞次栉比的城池，有塔林、碉堡，山纹明暗有致。扎达县还是阿里地区藏族民间歌舞的主要发源地之一，其中"古格旋"舞已有1 000多年的历史。

扎达县城托林镇坐落在中游左岸，扎达县境内的古格王朝遗址是全国重点文物保护单位。古格王朝遗址位于扎达县城以西18公里的象泉河畔，两岸土山林立，蜿蜒曲折数十里，地貌独特。在土山中已发现藏族先民遗留的400多座洞窟，形成了以朗钦藏布流域为主的古建筑群。建于2004年的扎达水文站位于扎达县城下游，是国际水情报汛站。

扎达土林

扎达县城远景

下游段　扎布让至出境处（什布奇附近）为下游，河段长150千米。该段仍大致向西北流，沿途有香孜曲、马玉曲、俄布河、萨让曲、荣堆曲等支流汇入，于扎达县底雅乡什布奇村下游流入印度境内。下游段以峡谷为主，山势陡峭，河谷深切，水流湍急。

7.19.3.1　索岗绒曲
(Suogangrongqu River)

朗钦藏布左岸支流，亦称兰成曲，发源于西藏自治区扎达县达巴乡西兰塔村附近的古真拉（各则拉）山北麓冰川。流域面积2 680平方千米（其中冰川面积91平方千米），河长89千米，落差940米。

流域属高原寒带干旱气候区，年日照时数约 3 000 小时，年无霜期短。流域多年平均年降水量约 225 毫米，6—9 月降水量占年降水量的 85% 以上。径流的补给以地下水为主，多年平均年径流量约 2.06 亿立方米，多年平均流量约 6.53 立方米每秒。冬季河流有冰情发生，部分河段冰情严重。河道呈宽浅游荡型，河床由砂石组成。水土流失严重，河水含沙量大，河道沿程冲淤变化明显。

域内经济以牧业为主，主要饲养绵羊、牦牛等，农作物主要有青稞、小麦等，野生动植物主要有猞猁、豹子、狐狸及人参果、雪莲、当归，自然灾害有干旱、冰雹、霜冻、洪涝等。

河流上游段由 3 条支沟汇流，明中为干流，河源地带山高坡陡，植被稀疏，现代冰川发育；中游段地势开阔、平坦，灌木林分布广泛；下游段以低山为主，山峰相对低矮，河口一带地形开阔。河流自源头始向北流，在勒恩波下游纳左岸支流明真、曲那坡后折向东北流，经 18 千米后折向西北流，于达巴乡曲龙村古鲁甲附近注入朗钦藏布。

7.19.3.2　玛那曲
（Manaqu River）

朗钦藏布 左岸支流，亦称玛朗曲，发源于西藏自治区札达县境内的仲尼拉山北麓冰川。流域面积 1 085 平方千米（其中冰川面积 263 平方千米），河长 64 千米，落差 1 990 米。

流域多年平均年降水量约 270 毫米，降水集中在 6—9 月。径流以地下水、融水补给为主，多年平均年径流量约 1.09 亿立方米，多年平均流量约 3.46 立方米每秒。冬季河流有结冰现象，河床由砂卵石组成。域内植被稀疏，在中上游地带有小面积的灌木林。河水含沙量大。

域内的农作物有青稞、油菜等，以饲养绵羊、牦牛为主，野生动植物有雪鸡、野驴等，主要的自然灾害有干旱、冰雹和洪涝。

河源处有 3 条支沟，门巴日曲为干流，河源地带现代冰川发育。河流自源头始向北流，至兔久曲，左纳查嘎日曲后折向东北流，在玛朗村下游约 18 千米注入朗钦藏布。域内上游段地势险峻，山高谷深，水流湍急，中下游段地势开阔、平坦。

7.19.3.3　香孜河
（Xiangzi River）

朗钦藏布 右岸支流，发源于西藏自治区札达县香孜乡的错登山峰。流域面积 2 012 平方千米（其中冰川面积 29 平方千米），河长 99 千米，落差 2 662 米。

流域属高原寒带干旱气候区。流域多年平均年降水量约 190 毫米，主要集中在 6—9 月，雨季来得迟、结束早，洪水发生在 7—8 月；流域多年平均年蒸发量约 1 300 毫米。河流在冬季有结冰现象，部分河段冰情严重。河道由砂卵石组成，水土流失严重，河水含沙量大，河床沿程多有淤积，水质良好。径流以地下水补给为主，流域多年平均年径流量约 1.15 亿立方米，多年平均流量约 3.65 立方米每秒。水力资源理论蕴藏量约 1.75 万千瓦。

1995 年建成小型水电站 1 座，装机容量 69 千瓦。电站下游有较多的农田，主要的灌溉渠道有 9 条，总长 50 余千米。香孜河中下游是札达县重要的农牧业生产基地，主要农作物有青稞、小麦、荞麦、豌豆和油菜，饲养的牲畜有绵羊、山羊、牦牛等。流域内野生动植物有猞猁、豹子、狐狸及人参果、雪莲、当归等，主要自然灾害为干旱、冰雹、霜冻、洪涝等。

河流自错登山峰向东南流，至浪备章转向南流，沿程有多条发源于左岸冰川的支流。河谷地带灌丛草地分布广泛。至扎嘎布折向西南流，于热嘎夏左纳索尔岗曲后折向南流，于拉嘎以下又渐渐弯向西南流，在扎达县城西北约 50 千米处注入朗钦藏布。香孜河上、中段属高原宽谷盆地地貌，河床较宽，地势平坦，下段河谷较窄，两岸为低矮山丘。

7.19.3.4　俄布河
（Ebu River）

朗钦藏布 右岸支流，亦称鄂博曲或比吾藏布，发源于西藏自治区噶尔县扎西岗乡的台丁拉山峰。流域面积 4 572 平方千米（其中冰川面积 31 平方千米），河长 129 千米，落差 1 880 米。

流域属高原寒带干旱气候区，气候寒冷干燥、降水量小，多大风，日照充足，太阳辐射强烈，年无霜期短。流域多年平均年降水量约 210 毫米，降水集中在 6—9 月，雨季来得晚、结束早，洪水发生在 7—8 月；多年平均年蒸发量约 1 300 毫米。冬季河流有结冰现象，部分河段会出现封冻。流域内植被稀少，上游地带有少量的灌丛草地分布。河床以砂卵石组成，水土流失严重，含沙量大，水质较好。径流以地下水补给为主，流域多年平均年径流量约 2.97 亿立方米，多年平均流量约 9.42 立方米每秒。水力资源理论蕴藏量约 2.73 万千瓦。

流域内主要农作物有青稞、春小麦、荞麦、豌豆、油菜等，主要牲畜有绵羊、山羊、牦牛、马等，主要自然灾害为干旱、冰雹、霜冻、洪涝等。

源头有冰川和湖泊分布。自源头大致向南偏东流，继向西南。上源称热嘎拉，经噶尔县扎西岗乡拉松姆附近进入札达县境内，流经曲松乡，沿程纳入色尔底曲、格沙、尼哪木稀扎、荣浦等支流，一直向南，于札达县底雅乡鲁巴村南面注入朗钦藏布。格沙是俄布河最大支流。上游地势开阔，河谷较宽，中下游河道坡度较大，河谷狭窄。

7.19.3.5　如许藏布
（Ruxuzangbu River）

朗钦藏布 下游萨特莱杰河的右岸支流，位于西藏自治区札达县境内，亦称帕里河，是西藏唯一的过境国际河流。发源于克什米尔地区的伯冷拉山北麓。国境内流域面积 2 630 平方千米，河长 104 千米，落差 1 150 米。

流域内属高原寒带干旱气候区，气候寒冷干燥，多大风，太阳辐射强烈，年日照时数 3 000 小时左右，年无霜期较短。流域多年平均年降水量约 340 毫米，主要集中在 6—9 月。河流在冬季有结冰现象，部分河段冰情严重。河道狭窄，河谷深切，两岸坡陡而且不稳定，坡体岩层为生物碎屑灰岩。植被较差，水土流失严重，河床多由砂卵石组成，含沙量大，河床沿程多有淤积。径流补给以地下水和冰雪融水为主，国境内流域多年平均年径流深约 100 毫米。水力资源理论蕴藏量 1.0 万千瓦。

流域内主要农作物有青稞、小麦、油菜，饲养绵羊、牦牛等，主要的野生动物有猞猁、狼、豹子，自然灾害有泥石流、干旱、冰雹、霜冻等。

河流从塔克季布列附近入境，进入中国西藏札达县，由北向南流，河道狭窄，两岸山高坡陡，在牙布附近急转西南流，于札达县曲松乡楚鲁松杰村西扎马附近流出国境并汇入萨特莱杰河。沿途支流较多，先纳入切布斯浦、昆沙浦、角热卓浦、鼓弄、巴尔觉曲、松杰曲、巨哇曲等支流。松杰曲是最大支流，流域面积 398 平方千米，河长 35 米。

内陆河湖水系

Inland Rivers and Lakes

一、藏南内陆河湖

Inland Rivers and Lakes in Southern Tibet

10.2 藏南内陆河湖
(Inland Rivers and Lakes in Southern Tibet)

西藏自治区是我国内陆湖泊最为集中的区域，根据《中国河湖大典》编纂规则，结合本区湖泊分布特点，湖泊的序号以终点湖所处的经度数，从东到西排列。西藏区域广阔，南北跨越12个纬度，根据自然地理条件，并便于阅查，以冈底斯山和念青唐古拉山为界，分为藏北内流水系和藏南内流水系。

藏南内流水系，分散布局于藏南外流水系之中，并主要分布在喜马拉雅山以北、雅鲁藏布江以南地区。藏南内流水系总面积约2.67万平方千米。各水系内河谷宽广，地形起伏较小，谷地高程多在3 000～4 000米，山峰高程多在4 500米以上，构成中低山宽谷湖盆地形。

内流水系中的湖泊多为构造湖和堰塞湖，湖泊面积约占西藏内陆湖泊面积的10%。这些湖泊大部分不连续分布在几个封闭的区域内，有的封闭区为一个湖泊水系，有的则有几个相邻的湖泊水系组成。内流河流所汇集的水量均注入湖泊。

由于南侧喜马拉雅山脉的屏障作用，内流水系区域内气候比较寒冷干燥，年平均气温一般在0℃以上，降雨量东部大于西部。与藏北内陆湖泊水系相比，区域内的降水量和产流量较大，蒸发量较小，因此这里湖泊的退缩现象不太明显。湖泊多为微咸水湖和咸水湖，少数为淡水湖。

藏南内流水系相对来说人类活动较多，交通较为方便，经济社会具有一定活力。域内的**羊卓雍错**、**玛旁雍错**为西藏"三大圣湖"中的两座。羊卓雍错因其良好的自然地理条件，已初步进行了水利水电的开发利用，藏南内陆湖泊在本书中的列条湖泊为19座。

10.2.1 拿日雍错
(Nariyongcuo Lake)

又名奶日雍木错，位于西藏自治区错那县境内，南距县驻地约35千米，地理位置为东经91°57′，北纬28°18′。内陆冰碛堰塞湖。湖形很不规则，大体作北西—南东向展布。湖面高程4 755米时，湖泊长7.9千米，最大宽4.9千米，平均宽3.4千米，面积26.8平方千米。湖中有1座小岛，面积0.1平方千米。

四周群山环抱，相对高度一般400～600米，山地直抵湖滨，岸坡较为陡峭；其中西南部山势最为高耸，高程达5 900米以上，常年冰雪覆盖。该湖在水位较低时，分离为彼此独立、相距100余米的大小两湖体，小湖居北，面积3.2平方千米，一旦水位稍高时，两子湖又合而为一。

湖区属高原温带藏南半干旱气候，多年平均气温0.4摄氏度，多年平均年降水量约384.3毫米，其中5—10月降水量约占全年的79.1%。流域面积198平方千米，湖泊补给系数为6.3。入湖河流为4条常年性小河和2条时令河，河长在5～10千米之间。微咸水湖，湖水pH值8.9，矿化度4.670克每升，湖水化学类型属硫酸钠亚型。湖中产拉萨裸裂尻鱼，湖周植被类型以高山草甸为主，放牧为植被利用的主要方式；湖区常见野生动物有金钱豹、雪豹、小熊猫、野驴、野牛、岩羊等。湖东南有省级公路经过，交通方便。

10.2.2 哲古错
(Zhegucuo Lake)

位于西藏自治区措美县境内，地理位置为东经91°38′～91°42′，北纬28°36′～28°45′。湖面高程4 611.4米时，湖泊长15.5千米，最大宽5.8千米，平均宽3.66千米，面积56.8平方千米。湖面基本呈长方形，南北向展布，长宽比达4.2倍。湖泊岸线比较规则，周长38千米。内陆淡水湖泊。

哲古错坐落在藏南东喜马拉雅山北部山间构造盆地内。流域西接**羊卓雍错**水系，东、南、北面与**雅鲁藏布江**及其印度境内河段布拉马普特拉河各支流源区相邻，流域面积1 237平方千米。湖泊南、北、东三侧地势陡峻、山峰林立，尤其是东侧山地高耸雄伟，众多山峰高程在5 300米以上，西侧是一片波状起伏的剥蚀山地，地形相对平缓。南北滨岸滩地狭窄，而东西两侧则发育有20余平方千米的山麓洪积及湖积平原。湖滨有多条古湖岸砂砾堤分布，其中最高的高出现湖面近24米，表明自第四纪以来该湖已明显退缩，原先它是通向羊卓雍错的外流湖泊。现湖北侧的残留湖泊小哲古错（面积1.4平方千米）与拉嘎曲（羊卓雍错入湖河流**嘎马林河**的上游）源头的拉莎错（面积 0.7 平方千米）间距离仅 3 千米左右，分水垭口系一高程为 4 620 米左右的低平谷地，为昔日哲古错湖水向西排入羊卓雍错的通道。

流域属高原温带藏南半干旱气候区，多年平均气温 2.4 摄氏度左右，多年平均年降水量约 380 毫米，径流补给以大气降水为主。汇入湖泊的大小河溪共 10 余条。其中西岸入湖的**业久曲**最大；由南岸入湖的甲曲，河长 16 千米，上中游分东西两支，均源于色贡拉山北侧，西支源头有冰碛湖江白错（面积 0.32 平方千米），两支于近湖滨汇合后北流入哲古错。其他入湖河流河长多不超过 10～12 千米，且因集水面积有限，多数于出山口后地表径流逐渐渗入地下，以潜流形式继续补给湖泊。

湖水北浅南深，水色深蓝，风景秀美，矿化度 0.523 毫克每升，为淡水湖泊，适宜人畜饮用及草场灌溉。东西两侧湖滨地势开阔，沼泽湿地面积大，具有较好的水、土及生物资源，十分有利畜牧业发展。主要牧养畜种有牦牛、黄牛、犏牛、马、驴、山羊、绵羊等。哲古镇坐落在西北侧湖滨，有县乡公路通达，是湖区主要居民点。

10.2.2.1 业久曲
(Yejiuqu River)

哲古错西岸入湖河流，位于西藏自治区措美县境内，地理位置为东经 91°17′～91°40′，北纬 28°31′～28°47′，河流长度 50 千米。正源加雄曲源于雪尖倾日雪山东北格乌更日山（高程 5 836 米）北侧冰雪覆盖区，河源高程 5 580 米，落差 968.6 米，河床平均比降 19.4‰。流域基本呈东西方向展布，面积约 700 平方千米，占哲古错流域总面积的 56.6%。业久曲估算多年平均入湖流量 1.3 立方米每秒。水系比较发达，饮用及灌溉淡水资源较为丰富，特别是河流中游右岸及下游湖滨地区，地势平坦，蒿类及针茅草原等主要植被类型生长茂盛，因而已发展成为措美县北部地区的主要畜牧业基地。

源头至徐玛（右岸支流格乌曲汇入口，河床高程 4 694 米）为上游段，河段长 20 千米，落差 885.5 米，河床平均比降高达 44.3‰。源头有多条支流汇集，有右岸格乌曲、左岸绒嘎曲等。河床比降大，水流较湍急。各支流出山口后进入山间大盆地，地势突然变缓，大面积沼泽湿地形成天然牧场。

徐玛至鱼嘎（左岸支流不朵雄曲汇入口，河床高程 4 630 米）为中游段，河段长 22 千米，落差 64.5 米，河床平均比降 2.9‰，河道十分弯曲，尤以前半段为甚。河宽一般 7～10 米，水深 0.4～0.5 米。右岸支流自西向东有擦龙曲、建新岗古曲、唐泽个热曲、松多曲等，其中松多曲长 25 千米，为诸支流之冠，基本正北流向，汇入口河床高程 4 655 米，上游有吞吐小湖如来错（如勒错），面积近 1 平方千米；左岸支流仅两条，较大的不朵雄曲长仅 7～8 千米。

鱼嘎至入湖河口为下游河段，长约 8 千米，落差 18.6 米，平均河床比降 2.3‰。前半段河道两岸贴近山麓线东行，河谷狭窄；出山口后的下半段进入面积十余平方千米的湖滨洪积、冲积平原，地势十分开阔，河宽加大至 10 米左右，水深 0.5 米。

10.2.3 羊卓雍错
(Yangzhuoyongcuo Lake)

位于西藏自治区山南地区浪卡子县境内，地理位置为东经 90°21′～91°05′，北纬 28°46′～29°11′。藏文"羊"指"上面"，"卓"指"牧区"，"雍"指湖水清澈、水色似碧玉，"羊卓雍错"即为"上面牧区的碧玉湖"；因湖盆形态极不规则，遥视湖面犹如一枝珊瑚，故藏语又有"上面的珊瑚湖"之称谓。

羊卓雍错

湖面高程 4 441 米时，湖泊长 74 千米，最大宽 33 千米，平均宽 8.6 千米，面积 678 平方千米（含**空姆错**面积）。湖岸十分曲折，多湖汊、岬湾，湖中还有岛屿多座。湖泊周长 410 千米。湖水矿化度 1.615 克每升，为硫酸钠亚型内陆微咸水湖泊；湖水深度一般 20～40 米，湖体北部最深处达 59 米；湖泊容积 159.5 亿立方米。

流域四周高山环绕，地形颇为封闭。南面是喜马拉雅山脉的蒙达岗日诸雪山；西以宁金抗沙雪山分水岭与**雅鲁藏布江**支流**年楚河**流域相邻；北距雅鲁藏布江干流仅 8～10 千米，以单薄的岗巴拉山相隔；东与**哲古错**流域之间分布着一片宽广的波状起伏的剥蚀低山。周边山地高程均在 5 000 米以上，其中蒙达岗日雪山和宁金抗沙雪山的多数山峰均超过 6 000 米。流域面积 6 100 平方千米（内有冰川积雪面积 111.6 平方千米），是湖水重要的补给来源。

湖区位于高原温带藏南半干旱气候区，多年平均年降水量约 370 毫米，其中 7—8 月降水量占全年总量的 60% 左右；多年平均气温 2.4 摄氏度，其中最冷月（1 月）平均气温 −8.1 摄氏度，最热月（7 月）平均气温 10.9 摄氏度；多年平均日照时数 2 928.7 小时；多年平均相对湿度 44%。多年平均等于、大于 8 级风力的天数为 88 天，其中瞬时最大风速大于 20 米每秒，多年平均风速 2.9 米每秒；多年平均年水面蒸发量 2 074 毫米，年无霜期 63 天。

流域周围分布着多个封闭湖泊，除东南面的**巴纠错**和西面的**沉错**、空姆错外，还有东南面的哲古错和南面的**普莫雍错**。空姆错目前与羊卓雍错通连，其余湖泊则流域相邻、水系分离，共同组成藏南内陆湖泊最集中的一个次级湖群。

诸内陆湖盆位于喜马拉雅山北斜面地质构造区，系随高原隆升而形成。盆地出露地层以三叠系为主，其次为石炭、二叠系及侏罗系。岩性以一套薄层长石石英砂岩、黑色板岩、黑灰色页岩及细砂岩为主。岩层内褶皱断裂均很发育，并有大量岩脉穿插。断裂的存在在一定程度上控制了湖盆的形态和湖岸地形。由于新构造运动影响，致喜马拉雅山强烈上升，整个湖盆由南向北逐渐向雅鲁藏布江深大断裂带倾斜。

羊卓雍错原是一个大型高原外流湖泊，第四纪高湖面时，它与沉错、巴纠错及空姆错等曾连为一体，湖水通过西侧的墨曲外泄雅鲁藏布江支流曼曲。后因高原气候变干，湖水补给减少，致使湖水位不断下降。当湖面降至出流河道墨曲河床高程时，由于侵蚀基准面下降，造成在亚包（龙沙、龙桑）附近的墨曲河床逐渐被两岸支沟发育的冲积、洪积扇堵塞，

10.2.3 羊卓雍错

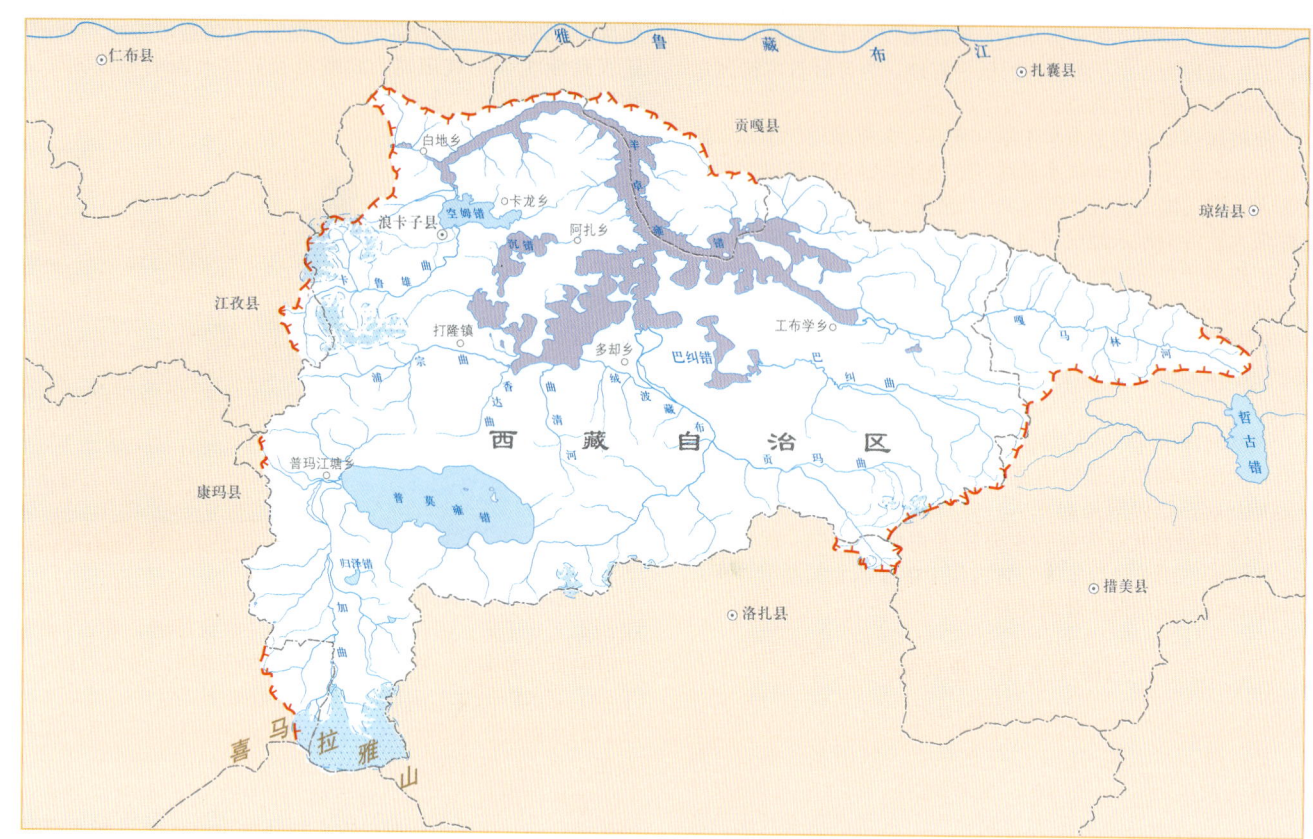

羊卓雍错水系示意图

原来的外流湖泊遂演变成了内陆湖泊。湖水位下降也使一些较大的入湖河流河口三角洲扇形地发育，从而加速了湖盆内部的阻隔，大湖便逐渐被解体分离成若干个次级湖泊。当然，这种因气候因素而引起的湖面波动，在整个演变期间曾发生过多次内外流水系转化的现象。羊卓雍错最终演变成内陆湖泊的时间大约在距今三四千年的晚全新世。从湖滨普遍发育的三级古湖岸砂砾堤最高处仅高出现湖面约30米及湖滨阶地的情况来看，其下降幅度远低于高原中部及北部的湖泊，亦说明与其长期处于外流状态有关。

羊卓雍错湖水补给以大气降水为主，冰雪融水补给为辅。入湖河流主要有6条：从西岸汇入的有**卡鲁雄曲**、浦宗曲；南岸、西南岸汇入的有**绒波藏布**、香达曲、曲清河；东岸汇入的是**嘎马林河**。其中绒波藏布和嘎马林河的流域面积大于1 000平方千米，为羊卓雍错最大的入湖河流。卡鲁雄曲、绒波藏布上源分别有卡惹拉冰川、蒙达岗日冰川和价左冰川群分布，并发育有嘎马错、康布错、抢勇错等大小冰川湖泊，属冰雪融水补给为主的河流，夏季水量较大；嘎马林河和浦宗曲源区冰雪面积较小，是以大气降水补给为主的河流；曲清河与香达曲流域面积较小，源区很少冰雪面积，河川径流不太稳定，年内常出现间歇性断流状况。

羊卓雍错近百年的水位变幅在3～4米之间，一般年际变幅在1米上下。年内水位变幅更小，一般是8月初涨水，9—10月达高峰，11月以后缓慢下降，至翌年5—6月水位最低。

据1975—1980年观察，湖水表层多年平均温度7.0摄氏度，其中月平均水温最高值出现在8月（13.2摄氏度），最低值出现在2月（0.6摄氏度）；实测最高水温18.8摄氏度（1978年7月13日），最低水温－0.2摄氏度；湖水每年11月开始结冰，次年3月消融，冰层最厚达0.6米，湖水清澈、湛蓝，透明度8.7米。湖水pH值9.2～9.3，矿化度垂直变化在1.615～1.891克每升之间，从表层向下有逐渐增高的趋势，属硫酸钠亚型微咸水湖泊。羊卓雍错是一个受人类活动、社会经济影响很小的自然生态类型的湖泊。

根据羊卓雍错来水量和蒸发量平衡计算结果，湖泊多年平均进出水量变化在8.44亿立方米上下，故湖水位保持基本稳定。

湖区是山南地区重要的农牧业生产基地。农业主要种植青稞、油菜、元根、马铃薯等，牧业的牲畜种类主要是牦牛、犏牛、黄牛、马、骡、驴、绵羊、山羊和猪等。

湖泊水生生物中，在浅水带有眼子菜、梅藻草、杉叶藻等沉水植物，以及黄藻门、硅藻门、绿藻门、蓝藻门等藻类分布；浮游动物有方形溞、多刺裸腹溞等；底栖动物有摇蚊幼虫、积翅目幼虫等。丰富的水生植物为鱼类的生栖提供了良好的环境条件，所以湖中高原裸鲤、裂腹鱼、西藏条鳅、拉萨条鳅、刺突鳅等均有分布，其中高原裸鲤蕴藏量高达2亿～3亿丁克。此外，湖中岛屿及滨湖沼泽湿地还栖息有多种水鸟飞禽，如黑颈鹤、赤麻鸭、棕头鸥、白骨顶、黄鸭、斑头雁等。

羊卓雍错与**纳木错**、**玛旁雍错**并称西藏三大"圣湖"。拉萨至湖滨仅100余千米。因为交通往返便捷，湖水湛蓝清澈，湖区景色秀丽，又与远处高山冰川及终年积雪相互映照，近年旅游业发展迅速。羊卓雍错以南40余千米，还有一个美丽的高山湖泊普莫雍错，四周群山环抱，湖光山色极为壮丽。如果将它与羊卓雍错连线开发，则将能成为继纳木错旅游区以外又一个诱人的高山湖泊旅游新景点。

羊卓雍错抽水蓄能电站位于拉萨以南85千米的贡嘎县甘巴乡境内，电站引水发电工程在浪卡子县扎马龙村湖边修建进水口，跨甘巴拉分水岭建长5 883米的引水隧洞，并在其北侧顺坡而下建长754米地下埋管和铺设长约2 290米的地面钢管至山脚，到达地面厂房，发电尾水通过雅鲁藏布江台地上的尾水渠流入江中。为尽量保持湖泊水量平衡，电站利用拉萨电力系统多余电能抽取雅鲁藏布江水蓄能,抽水蓄能系统布置在雅鲁藏布江南岸江边,建低扬程泵房,抽江水入台地上的沉沙池,流至主厂房蓄能泵,再通过同一引水系统抽入羊卓雍错。电站装机容量为11.25万千瓦,最大发电引用流量15.8立方米每秒,最大抽水流量8立方米每秒,多年平均年

羊卓雍错

发电量0.92亿千瓦时。电站建成后,大大改善了拉萨、山南及日喀则地区的电能需求,并担负着系统中的填谷调峰、调频和事故备用等任务,对改善电网的运行条件、增加电网运行安全度、满足负荷增长的需求等均起着十分重要的作用。

10.2.3.1　空姆错
（Kongmucuo Lake）

位于西藏自治区浪卡子县境内,地理位置为东经90°27′,北纬29°01′。湖面高程4441.6米时,湖长13千米,最大宽5.8千米,平均宽3千米,面积40.4平方千米。湖泊西北部与**羊卓雍错**间有一狭窄水道相连,湖水经此排向羊卓雍错,通常认为是羊卓雍错水体的构成部分。湖岸线十分曲折,多半岛、岬湾,除出水口及西南湖滨地形较平坦、开阔外,其余均被相对高程300～500米的山地环抱,地势陡峭。湖水深蓝,最大水深23米,平均水深12米左右,湖水矿化度为0.331克每升,pH值7.4,系硫酸钠亚型淡水湖泊。

空姆错出水口以上流域面积552平方千米。最大入湖河流是西南岸汇入的**卡鲁雄曲**,为典型的冰雪融水与大气降水并重的河流,该河近湖滨段有部分地表径流分流至东侧的**沉错**;其他入湖河流均很短小,河长不足7～8千米。

空姆错南侧湖滨湖积平原面积50余平方千米,是重要的畜牧业生产基地。浪卡子县政府驻地浪卡子镇及其他一些重要居民点都位于湖滨卡鲁雄曲入湖三角洲冲积平原,是全县经济文化中心。

10.2.3.2　绒波藏布
（Rongbozangbu River）

位于西藏自治区浪卡子县境内,又名卡洞加曲、藏觉藏布,是**羊卓雍错**南岸最大入湖河流。位于东经90°29′～91°10′和北纬28°24′～28°50′之间。正源扎拉曲源于蒙达扛热（岗日）雪山西拉莎山（高程5676米）西侧冰雪覆盖区,流域面积1325平方千米,占羊卓雍错总流域面积的21.7%。河长82千米,落差1235米,河床平均比降15.1‰。

流域西南接**普莫雍错**水系;东、北与**巴纠错**入湖河流**巴纠曲**相邻;南面是**洛扎雄曲**。估算多年平均入湖流量约5.68立方米每秒;1977年平均流量为5.33立方米每秒。

流域属高原温带藏南半干旱气候区,多年平均年降水量约350毫米左右,多年平均气温约为2摄氏度。河川径流补给以大气降水为主,辅以少量的冰雪融水径流补给。各支流沿岸、尤其是中下游干流宽谷平原地带水土条件优越,以蒿类、针茅为优势种的主要植被类型生长繁茂,是浪卡子县多久区（多却乡）的主要牧区。流域内建有绒博电站,又有县乡公路通达,更有利于牧区的发展。

源头至洞加北右岸支流共玛曲（贡玛曲）河口为上游段,先后有扎拉曲、甫曲、长波曲等名称,河段长50千米。落差1069米。正源扎拉曲自源头始流向正北,因右侧是高程6425米的蒙达扛热雪山,故有多支源自冰雪区的短小沟溪汇入。从普莫雍错东岸（新吉山西南麓）河流折向东流,并始称甫曲,沿程由西向东,从右岸相继汇入的支流有剖汪曲（长约9千米,正北流向）,撒嘎曲（长约6千米,正北流向,源头串连有几个冰碛小湖）,巴苏善曲（长约11千米,正北流向,源头珠串有几个冰碛小湖）,加纳玛曲（河长约16千米,基本正北流向）,此后干流改称长波曲。右岸支流共玛曲河长约40千米,基本呈东西流向。上游左岸汇入支流少而且源流短小,主要有浪主成曲、朵嘎曲和左弄曲等,河长都在10～15千米之间。上游所有支流均具有典型的山区性河流特征。

洞加北至日莫瓦（热玛瓦）西为中游段,改名藏觉藏布,河段长18千米,落差136.6米。上游河道出山口后进入地势相对平缓的宽谷地带,基本呈西北流向,河道比较顺直,两岸基本无支流汇入。

日莫瓦西至入湖河口为下游段,并始称绒波藏布（曾称卡洞加曲）,河段长14千米,落差29米,河床平均比降2.1‰。由于地势平坦,本段河床河曲十分发育,交汊分流现象明显,并自卡东（加拉日山东南麓）起河道分东西两支入湖,西支称鱼浪白加曲（曾名由让追加曲,先后有正北流向河长均为12～13千米的色玛曲与扎那曲汇入）,入湖前为沙质河床,河宽约8米,水深约1.0米;东支称贡曲,水量较小,并于近湖滨又分东西两汊,东汊称写秀鱼那曲,西汊称谢里淌嘎曲。本河段大部分河床系在原湖积平原基础上冲积形成,故河床两侧均发育有高2.8米以上的侵蚀阶地。

第四纪高湖面时,普莫雍错与巴纠错曾经绒波藏布向羊卓雍错排水,目前河道与西北普莫雍错间分水垭口为一宽200余米的低平谷地,高程为5014米,即仅比普莫雍错湖面高不到4米;巴纠错与绒波藏布目前分水垭口是一宽约4米的低平谷地,高程约4520米,即仅比巴纠错现湖面高17.8米。

10.2.3.3　嘎马林河
（Gamalin River）

羊卓雍错东岸入湖河流。流域地跨西藏自治区浪卡子县与措美县,位于东经91°04′～91°39′和北纬28°44′～29°00′之间。流域面积1010平方千米,占羊卓雍错总流域面积的16.6%。河长68千米,正源扎不曲源于陆哥拉山（高程4956米）西侧,落差515.3米。

流域北接**雅鲁藏布江**外流水系;南与**巴纠错**入湖河流雀曲及**哲古错**入湖河流**业久曲**相邻;东部与哲古错北岸入湖河流交界,基本呈东西方向展布。估算多年平均入湖流量4.28立方米每秒。

流域属高原温带藏南半干旱气候区,多年平均年降水量约380毫米左右,多年平均气温2.4摄氏度,河川径流以大气降水补给为主。嘎马林河在一片波状起伏的剥蚀山地发育,整个流域地势均较平缓,特别中下游地区水系发达,河谷宽阔,蒿类及针茅草原等植被生长茂盛,是浪卡子县重要的畜

牧业区。饲养牲畜种类主要有牦牛、犏牛、黄牛、马、骡、驴、绵羊、山羊、猪等。野生哺乳动物及鸟类资源也比较丰富。

源头至渣渣乡（又名扎扎、查杂）上游河段称渣渣曲（扎扎曲），河段长 26 千米，落差 461.3 米，基本东西流向。源区地势比较平缓，集水范围较小，两岸汇入支流长度多不超过 10 千米。正源扎不曲源头分两支，北支源自陆哥拉山，南支源头是残留小湖拉莎错（面积 0.7 平方千米）。拉莎错与东南侧的哲古错北端残留的小哲古错（面积 1.4 平方千米）之间为距离约 3 千米、高程 4 620 米的低平谷地。该分水垭口仅高出哲古错现湖面 8.6 米，亦即第四纪高湖面时，哲古错湖水曾经由此通道排向羊卓雍错。

渣渣乡至泽如郎（又名策如朗，河床高程 4 456 米）的中游河段称拉嘎曲，河段长 25 千米，落差 38.8 米。由于地势平缓，河道多汊流，河谷沼泽湿地发育，有些河段潴积成湖。本段是河流主要集水区，两岸汇入较大支流共 5~6 条，但河长一般只 10~15 千米。中游最大支流是由右岸汇入的堆日曲，河长约 22 千米，基本正南流向，河源区山峰林立，地势高峻，并有札果寺、木迪寺等文化圣地。

泽如郎至入湖河口的下游河段始称嘎马林河，河段长 17.0 千米，落差 15.2 米。本段河流右岸无支流发育；左岸有吞吐小湖设岗错汇入。下游段河床系在原湖积平原上冲刷形成，故多汊流、浅滩。

10.2.3.4　卡鲁雄曲
（Kaluxiongqu River）

位于西藏自治区浪卡子县境内，又名喀如雄曲，**羊卓雍错**西侧**空姆错**（湖面高程 4 442 米）汇入河流。发源于呀嘎肖波山（高程 5 692 米）北侧，流域介于东经 90°10′~90°26′和北纬 28°46′~29°00′之间。面积 412 平方千米，约占羊卓雍错流域总面积的 6.8%。河流长度 50 千米，落差 1 251 米。

流域北、西分别接**雅鲁藏布江**支流**曼曲**及**年楚河**，余均与羊卓雍错、空姆错水系相邻，基本呈东南—西北展布。流域属高原温带藏南半干旱气候区，多年平均年降水量 350 毫米左右，多年平均气温约 2 摄氏度。卡鲁雄曲是大气降水与冰融水补给并重的河流，流域内上游现代冰川及冰雪区面积达 68.8 平方千米。根据大气降水和冰雪融水估算，河流入湖流量 3.3 立方米每秒。

下游地区地势开阔，以嵩草、针茅等为主要种类组成的亚高山植被类型生长繁茂，是良好的畜牧业生产基地。浪卡子县政府驻地浪卡子镇位于滨湖地区，流域内尚有翁果（原翁姑乡）、柯来（原可劣乡）、曲度（曲杜）等重要居民点，以及桑丁寺、曲德寺等藏传佛教圣地。流域内在翁果附近建有水电站，县、乡级公路直达湖滨，流域社会经济面貌有了很大改变。

按地形及水系特征，可将全河分作上下游两段。

源头至省那（又名申拉）为上游段，河段长 29 千米，落差 1 103 米。自河源起正北流向，至纳师（扎拉西侧）起折转为自西向东曲折流淌。此后，河道南北两侧均有大面积高耸雪山分布，北边是宁金抗沙雪山和奶吉康沙雪山，南边是解冈速松雪山和姜桑拉姆雪山。著名的卡惹拉冰川、枪勇冰川在河道的南侧。夏秋季节，一系列源自冰川及永久冰雪区的支流和冰碛湖（较大的有嘎马错、康布错、枪勇错等）下泄径流相继汇入，使上游河川径流量大增。干流河道为砾质河床，河床宽 10 米左右，水深 0.7 米。

省那至入湖河口为下游段，河段长 21 千米，落差 148.1 米。河道自省那附近流出山口后进入了宽阔河谷带，前段东北流向，河道顺直；至翁姑乡（翁果）附近改东西流向，河道多汊流。可劣乡（柯来）以东段在夏季丰水期有分流现象，主流河道正北向注入空姆错，分支河道向东流入**沉错**。

10.2.4　巴纠错
（Bajiucuo Lake）

位于西藏自治区浪卡子县境内，地理位置为东经 90°47′~90°56′，北纬 28°44′~28°51′，湖面高程 4 502 米时，湖长 13 千米，最大宽 12 千米，平均宽 3.5 千米，面积 45.5 平方千米。湖岸线很不规则，湖周长度 68 千米。碳酸盐型内陆咸水湖泊。

湖盆位于喜马拉雅山地质构造区，系伴随高原隆升而形成。流域东与**哲古错**入湖河流**业久曲**相邻；其余北、西、南三面均被**羊卓雍错**水系环绕，流域面积 855 平方千米。湖中陆连半岛（杜布日山）将湖体大致分成南北两部分，半岛与西侧岸边间最窄距离仅 0.4 千米。湖周高山环抱，除东岸**巴纠曲**近河口段发育有大面积湖积、冲积平原外，其余岸线几乎都紧贴山麓线，地势陡峻。东侧湖滨分布的多条古湖岸砂堤表明，湖泊已明显退缩。湖体西南与羊卓雍错入湖河流**绒波藏布**间分水垭口仅为宽约 4 千米的低平谷地，其高程为 4 520 米。第四纪高湖面时，巴纠错湖水曾经由此排向羊卓雍错，并同为**雅鲁藏布江**外流水系，直至 20 世纪 20—30 年代还曾有两次向羊卓雍错溢水的现象。

流域属高原温带藏南半干旱气候区，多年平均气温约 3 摄氏度，多年平均年降水量约 380 毫米左右。湖水补给以大气降水为主，辅以少量的冰雪融水。最大入湖河流是东岸的巴纠曲。

巴纠错湖水深蓝，湖区景色秀丽，但交通比较封闭。湖水矿化度 2.18 克每升；最大水深 6.7 米，平均水深 4.7 米，估算贮水量 2.1 亿立方米。巴纠曲流域中下游地区地势平坦、开阔，水量补给丰沛，植被生长茂盛，已形成重要牧区。由于广大牧区牧用水量日益增大，使入湖径流减少，湖水位呈现下降趋势。

10.2.4.1　巴纠曲
（Bajiuqu River）

巴纠错东岸入湖河流，又名麻雀曲，发源于格乌更日雪山西侧冰雪覆盖区，源头高程 5 240 米。流域面积 656.0 平方千米，占巴纠错流域总面积（855 平方千米）的 76.7%。河长 60 千米，自然落差 917.8 米，河床平均比降为 15.3‰。流域介于东经 90°54′~91°20′和北纬 28°33′~28°52′之间，位于西藏自治区浪卡子县境内。

河川径流以大气降水补给为主，辅以少量的冰雪融水径流补给，估算多年平均入湖流量约为 1.33 立方米每秒。索改（苏格）乡以下的湖滨平原面积近百平方千米，水量补给丰沛，地形条件优越，同时，亚高山草甸土土质肥沃，嵩类草原植被生长繁茂，是工布学地区的重要畜牧业基地。牧畜种类主要有牛、羊、猪等。野生动植物资源也较丰富。

按地貌与水系特征，可将全河分为上下游两个河段。

源头至索改（苏格）乡西南侧为上游段，河段长度 3 千米，落差 873.2 米，河床平均比降 26.5‰。除正源雅鲁藏外，另有两个源头支流，一是右岸（北岸）汇入的查曲（源头又称节若曲），源自格乌更日雪山北侧；二是左岸（南岸）汇入的冲莎曲，源自雪尖倾日雪山东北侧，源头有3个面积各约0.2平方千米的冰碛小湖以串珠状相连。上述诸河均获一定数量的冰雪融水补给，夏季水量充沛，河道顺直，石质河床，水流比较湍急。

苏格至入湖河口的下游段，先称麻雀曲，后称巴纠曲。河段长27千米，落差44.6米，河床平均比降仅1.7‰。河流进入十分平坦的大型山间盆地，河床大部分系在原湖积平原上冲刷形成，河曲发育、水系交汊，并潴积成许多小型水塘及大面积沼泽。左右岸汇入支流各有4～5条，但均十分短小，它们的共同特点是，在出山口进入沼泽湿地后都成坡面漫流状下泄，无固定的河床形态。

10.2.5　沉错
（Chencuo Lake）

位于西藏自治区浪卡子县境内，地理位置为东经90°28′～90°35′，北纬28°53′～28°59′。湖面高程4 438米时，湖长15.5千米，最大宽4.5千米，平均宽2.5千米，面积39.1平方千米。湖岸线很不规则，多半岛、岬湾，湖周长度54千米。硫酸钠亚型内陆微咸水湖泊。

湖盆位于藏南喜马拉雅山北斜面地质构造区，系伴随高原隆升而形成。湖周被**羊卓雍错**、**空姆错**水系包围。北、东、南三面山地环绕，山体濒临湖岸，仅西岸**卡鲁雄曲**入湖三角洲地势平坦开阔，河道下游于柯来（原可劣乡）东侧分流，其中主流继续向北入空姆错，同时有数条支汊东流入注沉错，是沉错主要的地表径流补给源。入湖的其余沟溪非常短小，长度均不足5千米。沉错流域面积168平方千米（不含卡鲁雄曲按流量比例分摊的流域面积）。

湖区属高原温带藏南半干旱气候区，多年平均气温3摄氏度左右，多年平均年降水量约360毫米。第四纪高湖面时，沉错、空姆错、羊卓雍错曾是统一大湖，卡鲁雄曲则是古大湖的入湖河流，后因古大湖退缩肢解，河流入湖三角洲逐步露出水面，并与对岸的陆连半岛连接，空姆错与沉错遂逐渐被分隔成彼此独立的湖泊。

沉错湖水深蓝色，pH值8.2，矿化度1.254克每升，最大水深23米，平均水深15米，估算贮水量为5.9亿立方米。

10.2.6　普莫雍错
（Pumoyongcuo Lake）

又名博磨湖，婆母拥错，位于西藏自治区浪卡子县境内，地理位置为东经90°13′～90°33′，北纬28°30′～28°38′。湖面高程5 010米时，湖泊东西长32.5千米，南北最大宽14千米，平均宽8.9千米，面积290平方千米。南侧湖岸多半岛、岬湾，其余方位湖岸比较规则平滑，湖泊周长94千米，属弱碱性硫酸钠亚型内陆淡水湖泊。

湖盆位于藏南喜马拉雅山北斜面地质构造区，系伴随高原隆升而形成。流域东、北接**羊卓雍错**各入湖河流源头；西与**雅鲁藏布江**支流**年楚河**相邻；南隔喜马拉雅山分水岭为布拉马普特拉河外流水系；流域面积1 523平方千米。湖泊四周山地环绕，除西部**加曲**入湖三角洲地区及南侧下索湖湾的局部洪积－冲积倾斜平原地区地势比较开阔外，其余为一系列相对高程300～600米的山地，距湖边仅数千米分布，北侧与羊卓雍错的分水岭距湖最近。湖体东北部有3座石质岛屿，面积分别为0.95平方千米、0.32平方千米和0.12平方千米（高程5 035米）。第四纪高湖面时，普莫雍错曾经由东岸外侧**绒波藏布**上游向羊卓雍错排水，并与羊卓雍错同属雅鲁藏布江外流水系。普莫雍错湖面退缩后排水通道堵塞，目前二者间分水垭口为宽200余米、高程5 014米的低平谷地，即仅比普莫雍错湖面高不到4米。据2000年9月5日的实测资料，仅差0.5米就将产生向外溢流。为了防止溢流，当年自治区水利部门在此分水垭口处建有一处挡水坝。

湖区属高原温带藏南半干旱气候区，但具有高原亚寒带羌塘半干旱气候的某些特征，多年平均气温约2摄氏度，多年平均年降水量350毫米左右，湖水以大气降水和冰融水为主要补给来源。汇入湖泊的较大河流有6条，主要集中在西岸和南岸，河长大多不超过20千米，其中，由西岸汇入的加曲最大。

湖泊最大深48米，平均深38米，估算贮水量为110.2亿立方米；pH值7.9，矿化度0.409克每升。丰富的湖泊淡水资源大大改善了湖区的自然环境，也为湖区畜牧业发展创造了良好的条件。在入湖河流三角洲平原及湖泊滨岸带区域，主要植被类型为嵩类草原，生长繁茂，已发展成重要畜牧业生产基地。县乡公路已通普玛江塘乡政府驻地和湖区东岸，高山湖泊的壮丽景色将会吸引更多旅游者前来观光。

10.2.6.1　加曲
（Jiaqu River）

普莫雍错西岸入湖河流，又名佳曲，发源于喜马拉雅山脉安比康雄峰北侧冰川积雪区，河源高程5 900米。流域介于东经90°05′～90°22′和北纬28°13′～28°40′之间，面积744平方千米，占普莫雍错流域面积的49%。河长48千米，自然落差890米，河床平均比降达18.5‰。位于西藏自治区浪卡子县境内。

河流上游冰雪融水补给丰富，河川径流量相对较大，不仅是普莫雍错湖水的主要补给源，同时，也为中下游地区的畜牧业发展提供了良好的水源，特别是河流下游面积达100余平方千米的冲积、湖积倾斜平原，是浪卡子县重要的夏季牧场。

源头至落者山西侧为上游段，长35千米，落差830米，河床平均比降达23.7‰。河流南侧及西侧源区是地势高耸的喜马拉雅山脉，山峰林立，其周边分布有大面积冰川及终年积雪，除正源外，左右岸有7～8条源于冰雪区的较大支流汇入，整个上游呈现典型的扇形水系。有些支流源头分布有冰碛小湖并串连成吞吐湖泊，其中一条右岸支流串联的郎布错（面积0.8平方千米）是较大的一个。地貌形态分析表明，位于河流右岸的归译错（面积3.4平方千米）亦曾经是加曲的吞吐湖泊。落者山西侧的主河道系砾质河床，夏天径流丰沛时河宽约7米，水深约1米。

落者山西侧至入湖口为下游河段，河段长13千米，落差60米，河床平均比降4.6‰。河流出山口后，先西北、后东北沿广阔的冲积、湖积倾斜平原蜿蜒曲折下行，河曲逐渐发育，河槽互相交叉，慢扎（曼杂）东侧开始，河道分成多汊，呈辫状水系向湖滨下泄。左岸7～8条支流中以桑嘎曲最大，河长12～13千米，河宽2米左右。入湖前的河流主泓最宽35米，一般28米左右，沙质河床，水深1.5米。普玛江塘乡政府驻地即坐落在河道的左侧（北侧）。

10.2.7　嘎拉错
（Galacuo Lake）

位于西藏自治区南部康马县境内，地理位置为东经89°22′，北纬28°17′。内陆终点湖泊，具时令性特点。湖呈近似葫芦状，略作东西向延伸。湖面高程4 418米时，相应湖长

7.4千米，最大湖宽5.8千米，平均宽3.59千米，面积26.6平方千米。湖泊岸线圆滑规则，岸线周长22千米。

地处喜马拉雅山北麓，坐落在一东西向伸展的山间盆地（嘎拉盆地）内，南北两侧山势陡峻，山麓逼近湖岸，东西两侧地势平缓，湖滩广阔。湖区属高原温带藏南半干旱区气候，光照充裕，干湿季分明，降水集中，无霜期短，昼夜温差大，年温差较小，多年平均气温约4摄氏度，多年平均年降水量约300～400毫米；6—10月为湿季，11月至翌年5月为干季。流域面积2 450平方千米，入湖河流仅有**恰洛藏布**和门堆共曲（控曲）两条。门堆共曲位于湖区西部，源于喜马拉雅山脉北侧低山丘陵区，河长42千米，最大河宽6米，平均水深0.3米，在中下游段和入湖河口区均有连片沼泽分布；流域面积670平方千米，占嘎拉错流域面积的27.3%。

近百余年来嘎拉错不断萎缩，20世纪70年代后已演变为时令性湖泊。湖区发育有以蒿类和针茅为主要种类组成的草原植被，系较好的天然牧场。滨湖野生动物主要有野驴、盘羊、黄羊及雪鸡、野鸭等。滨湖东南隅为嘎拉乡人民政府驻地，有省级公路南北穿过，可通达康马、亚东县驻地。

10.2.7.1 恰洛藏布
(Qialuozangbu River)

嘎拉错最大的入湖河流，位于湖区南部，源于喜马拉雅山脉北侧地势起伏和缓之低山丘陵区，河源高程约5 100米，流域面积1 750平方千米，占嘎拉错流域面积的71.4%。河长62千米，落差682米，河床平均比降11‰。流域在西藏自治区亚东县与康马县境内，介于东经89°01′～89°48′和北纬27°51′～28°17′之间。

流域呈火炬形展布，东、西、南三面为喜马拉雅山脉向南凸出之弧形山地所环绕，东北与**年楚河**水系接界，西北与**叶如藏布**水系为邻。流域水系发展明显受区域地质构造及南高北低之地形所控制。河流总体由南向北流。**多庆错**为流域内最大吞吐型湖泊，恰洛藏布由南而北流穿全湖。

河流可区分为两个不同特性的自然河段。

流域属高原温带藏南半干旱气候区，多年平均气温约4摄氏度，多年平均年降水量约400毫米。大气降水及冰雪融水为河流的主要补给源。流域植被以蒿类草原为主，兼有杜鹃灌丛及苔草沼泽植被，农作物主要有小麦、青稞、豌豆等，畜牧业以牧养牦牛、犏牛、绵羊、山羊等到为主。流域内有省级公路南北穿过，亚弄寺、汤布寺为主要旅游景点。

上游 源头至多庆错泄水口以上为上游段，名为麻曲，河段长52千米，落差634米，河床平均比降12.2‰。上游河源区支流稀疏。干流由扎虎觉山（高程5 347米）东部之低山丘陵区源出后，顺地势在堂拉山（高程4 913米）以北先大致作自西向东流，下行至雪热扎康附近继而转为东北向流，沿程左、右岸各有短小河溪汇入。恰洛藏布上游段（麻曲）左岸最大支流康曲，河长33千米，源于扎虎觉山北麓，于桌勒以南约1.5千米处汇入干流。康曲汇口以下干流沿程地势平衍，河道蜿蜒曲折，两岸沼泽连绵广布，形成东西宽4～5千米、南北长约20千米之典型水网沼泽湿地景观。干流在入注多庆错之近河口段，主泓河宽13米，平均水深0.4米，流速0.6米每秒。琼桂藏布是上游段右岸最大支流，同时又是多庆错的重要入湖河流，该支流源于喜马拉雅山北侧常年冰雪覆盖区下部之冰舌缘，源头高程5 700米，河源区有冰雪覆盖面积44平方千米；河流长度28千米，水系构成复杂，分支繁多，在近河口段亦有连片沼泽发育。

下游 多庆错泄水口以下至入注嘎拉错河口为河流的下游段，方称恰洛藏布，河段长10千米，落差48米，河床平均比降4.8‰。干流穿过多庆错之后，经其尾端北泄。泄水口以下的下游河段，沿程左岸为恰洛洛日山，高程4 833米；右岸（东岸）为恰洛夹日山；两山之间为峡谷，长约7千米。河流穿行于峡谷之间，河流深切，地势险要。下行至出峡谷口，进入辽阔的嘎拉盆地，于东部入注嘎拉错。近百余年来，嘎拉错不断萎缩，下游河口段常有游移摆动现象发生。

10.2.7.1.1 多庆错
(Duoqingcuo Lake)

又名惰惰错、惰清错，位于西藏自治区最南端，为康马、亚东两县界湖，地理位置为东经89°18′～89°25′，北纬28°06′～18°11′，内陆吞吐湖泊。湖泊近似长方形，作东西向延伸，湖面高程4 466米时，相应湖长11.4千米，最大湖宽9千米，平均宽5.26千米，面积60平方千米。湖泊岸线平滑规则，岸线周长40千米。

地处喜马拉雅山北麓一山间盆地内，盆地南高北低，湖泊坐落于盆地北部之最低处。环湖北部与西部，群山耸峙，地势险峻，山体紧逼湖岸；南部与东部地势开阔，滩地广袤，沼泽连片。湖泊出水口以上流域面积1 720平方千米，河长52千米。计有大小入湖河流7条，其中以南部入湖的**恰洛藏布**（麻曲）为最大。由东北部入湖的琼桂藏布亦是多庆错的重要入湖河流。多庆错之泄水口位于北部，湖水于嘎拉盆地终入**嘎拉错**。据1999年中科院南京地理与湖泊研究所资料，多庆错湖水pH值8.8，矿化度每升0.939克，系硫酸钠亚型淡水湖泊。

多庆错

湖区为蒿类草原和苔草沼泽植被，是重要的放牧场，野生动物主要有野驴、黄羊、盘羊及黑颈鹤、野鸭等。滨湖西侧有省级公路南北穿过。

10.2.8 错母折林
(Cuomuzhelin Lake)

又名多不榨错，位于西藏自治区南部定结县境内，地理位置为东经88°09′～88°18′，北纬28°23′～28°27′。内陆咸水湖泊。湖泊长轴呈西北—东南走向，湖面高程4 421米时，相应湖长13.7千米，最大湖宽8.1千米，平均宽4.9千米，面积66.5平方千米。湖之西部有一无名小岛，面积约0.01平方千米。

湖泊坐落在喜马拉雅山北斜面一断陷盆地内岸，地势开阔。滨湖除南部有低缓山丘外，余均为河积—湖积平原，并有连片沼泽分布。湖北部之土日孤山原是湖中之一岛屿，山顶高程 4 650 米，湖蚀陡崖清晰可见，现已和滨湖陆地相连。

湖区属高原温带藏南半干旱气候，日照充裕，干湿季分明，昼夜温差大，大风日较多，多年平均气温 2 摄氏度上下，多年平均年降水量约 300 毫米，降水集中于每年的 6—9 月。流域面积 986 平方千米。

湖水补给以地表径流为主，入湖河流有压曲、多不榨藏布、明久浦曲、打雅藏布等。其中，最长的是位于东北部的压曲，河长 41 千米，上游有 5 条支流汇入，下游最大河宽 14 米，水深 0.7 米；次为多不榨藏布，位于湖的北部，长 33 千米，下游最大河宽 11 米，水深 1.2 米，水源补给较丰；其他入湖河流长度均不足 30 千米。在入湖河口附近分布有众多小湖，均系大湖面退缩之遗迹。湖水 pH 值 8.4，矿化度 4.293 克每升，属硫酸钠亚型微咸水湖泊。

湖区植被以蒿类和针茅草原为主，土地利用方式为农牧兼营。野生动物主要有藏羚羊、盘羊、黄羊等。滨湖有县道和乡道可通往县驻地。湖东南隅有劣岭寺，为旅游景点。

10.2.9　昂仁金错
(Angrenjincuo Lake)

又名昂仁错，位于西藏自治区昂仁县境内，东距县政府驻地不足 1 千米，地理位置为东经 87°11′，北纬 29°18′，内陆咸水湖泊。湖呈长椭圆形，长轴作西北—东南向延伸。湖面高程 4 303 米时，相应湖长 8.4 千米，最大宽 4.5 千米，平均宽 2.89 千米，面积 24.3 平方千米。湖泊岸线平滑规则，周长 22 千米。湖泊中部有一无名小岛，面积约 0.01 平方千米。

湖泊坐落在冈底斯山南麓一山间盆地内，湖泊四周为高程 4 600～4 700 米的山地环绕，滨岸有零星沼泽地和砂砾地分布。古湖岸砂堤最高高程 4 340 米。

湖区属高原温带藏南半干旱气候，干湿季分明，日照强，无霜期短，多年平均气温约 3 摄氏度，1 月平均气温－6 摄氏度，7 月平均气温 12 摄氏度；多年平均年降水量约 250 毫米，主要集中于 6—9 月间。流域面积 194 平方千米。

湖水主要依赖地表径流补给，有大小入湖河溪 10 余条，均源流短小。其中以罗布弄布最大，河长 11.0 千米，河宽约 2 米；其余河长均在 8 千米以下。据 1999 年考察资料，湖水 pH 值 9.1，矿化度 10.769 克每升，属碳酸盐型咸水湖泊。

湖区植被为针茅草原。土地利用方式为农牧兼营，以牧业为主。湖南侧有 219 国道穿过。

10.2.10　错卧莫
(Cuowomo Lake)

位于西藏自治区西南部的昂仁县境内，地理位置为东经 86°57′，北纬 29°48′。内陆湖泊，湖呈近似 U 形，作北东—南西向延伸。湖面高程 4 970 米时，相应湖长 7.1 千米，最大湖宽 4 千米，平均宽 3.1 千米，面积 22.1 平方千米。岸线长 28 千米。

湖泊坐落在冈底斯山南麓一山间断陷盆地内，四周群山环绕，山体高程 5 200 米以上，湖岸陡峭。湖东部有一半岛，直插湖心，其最高点高出现湖面 104 米。湖中有岛屿两座，分别位于湖西南部和西部，西南部的多普马岛较大，面积约 8 万平方米，高出湖面 36 米。近湖东南隅有补如加弄错小型湖泊，面积 0.9 平方千米，两湖间有水道相连。

湖区属高原温带藏南半干旱气候，气温偏低，日照强，干湿季分明，无霜期短，多年平均气温 3 摄氏度左右，多年平均年降水量约 300 毫米，降水主要集中在每年的 6—9 月。流域面积 182 平方千米。湖水补给以地表径流为主。入湖河流短小，主要有曲巴马曲、拉昌翁河等，其中曲巴马曲河长 14 千米。湖区植被为嵩草草甸，是天然放牧场，野生动物主要有野牦牛、野驴、岩羊、藏羚羊以及黑颈鹤、斑头雁、野鸭等。湖区山高坡陡，地势险峻，交通不便。

10.2.11　浪强错
(Langqiangcuo Lake)

又名嘎汝鱼久错，位于西藏自治区聂拉木县境内，地理位置为东经 85°53′，北纬 28°43′，内陆咸水湖泊。湖近似呈元宝形，作东西向延伸。湖面高程 4 648 米时，相应湖长 7.8 千米，最大湖宽 4.8 千米，平均宽 3.6 千米，面积 28.4 平方千米，岸线长 31 千米。湖中有无名小岛 4 座，合计面积约 0.1 平方千米。

湖泊坐落在喜马拉雅山北斜面一断陷盆地内，滨湖北、东及西南隅山地高耸，湖岸陡峭，岸线平滑顺直；湖区西部地势平缓开阔，岸线曲折，多半岛及盐碱滩地，并有二级较为清晰的湖积阶地，其中高一级阶地高出现湖面 22 米，是与西北部相近的**佩枯错**之间的分水岭，为湖由盛转衰的重要佐证。湖泊南部为洪积—湖积平原及盐碱滩，并以陆连半岛形式向湖中延伸。

湖区属高原温带藏南半干旱气候，冬季寒冷，气温偏低，降水受印度洋暖湿气流影响显著，降水量主要集中在 6—9 月间。湖区多年平均气温约 3 摄氏度，多年平均年降水量约 400 毫米。流域面积 238 平方千米。

湖水补给以冰雪融水径流为主。湖南部有两条时令河，每年 6—9 月汇冰雪融水，渗漏地下后以潜流形式补给湖泊。湖水矿化度 1.997 克每升，属碳酸盐型微咸水湖泊。

湖区植被为针茅草原，适于放牧，野生动物主要有野驴、黄羊、盘羊、狼、旱獭等。湖西北隅约 7 千米处为波绒乡人民政府驻地，是湖区主要居民点，有县级道路经湖南部与 318 国道相连接。

10.2.12　打加错
(Dajiacuo Lake)

位于西藏自治区西南部，跨昂仁、措勤两县境，地理位置为东经 85°40′～85°46′，北纬 29°44′～29°58′，内陆咸水湖泊。湖呈长茄形，作南北向延伸，湖面高程 5 145 米时，相应湖长 25 千米，最大湖宽 7.7 千米，平均宽 4.6 千米，面积 114.5 平方千米。湖泊岸线顺直平滑，周长 62 千米。湖西南部有一小岛，面积约 0.05 平方千米。

该湖坐落在冈底斯山脉岭脊处一山间盆地内，盆地外围为高程 5 300～6 000 米的高山环绕，部分山顶终年积雪。滨湖东部有断续分布的古湖岸砂堤，堤顶高出现湖面 45 米；北端有成片的沼泽地，西部有较为典型的洪积扇发育。

湖区属高原温带藏南半干旱气候，气候偏寒冷，干湿季略分明，多年平均气温约 2 摄氏度，多年平均年降水量约 300 毫米。流域面积 745 平方千米。

湖水补给以地表径流为主，计有大小入湖河流 21 条。其中，较长者有甲娃日曲（河长 23.2 千米）、雅曲（河长 15.3 千米）、查张河（河长 15.6 千米）、查张强马河（河长 15.2 千米）等，均源于高程 6 000 米左右的山地。湖水 pH 值 9.4，矿化度 3.17 克每升，属碳酸盐型微咸水湖泊。

湖区植被为高山草甸，以小嵩草、矮生嵩草、异针茅、紫花针茅为植被的主要组成种类，放牧条件较好，野生动物有野牦牛、野驴、岩羊、藏羚羊及黑颈鹤、野鸭等。滨湖东侧有省级公路通过，南与219国道相连。

10.2.13 佩枯错
(Peikucuo Lake)

又名泊古错、拉错新错，因流域南部佩枯岗日雪山而得名。流域涉及西藏自治区吉隆和聂拉木两县。内陆微咸水湖泊，地理位置为东经85°30′～85°42′，北纬28°46′～29°02′。北距**雅鲁藏布江**直线距离约17千米，东南距**浪强错**直线距离约19千米。湖呈靴形，大致作南北向延伸。湖面高程4 580米时，相应湖长28.5千米，最大湖宽15.3千米，平均宽10.0千米，面积284平方千米；平均水深28米，最大水深41米，贮水量79.6亿立方米。湖泊岸线圆滑规则，周长89千米。湖北部有无名小岛两座，面积均在0.01平方千米以下。

湖泊地处喜马拉雅山北坡一断陷盆地内，北、东、西三面环山，山体直抵湖滨，湖岸陡峭；南部为弧山残丘点缀的洪积—湖积平原，地势开阔，且近岸有小片沼泽发育。东北一隅有6～7道古湖岸砂堤平行湖岸线分布，最高一级古湖岸砂堤高出现湖面达71米，是该湖自第四纪湖泊盛期之后不断萎缩的重要标志。

湖区属高原温带藏南半干旱气候区，多年平均气温约2摄氏度，年平均日照时数逾2 600小时；多年平均年降水量约300～400毫米，降水主要集中在夏秋两季。流域集水面积2 264平方千米。

湖泊南倚喜马拉雅山脉，希夏邦马峰在湖泊东南55千米，雪山冰川发育。冰雪融水是入湖河流的重要补给水源，计有大小入湖河流13条。东南岸入湖的**巴日雄曲**为最大，其次为由南岸入湖的扎曲（打曲），河长37千米，源头有郭骆错（冰川湖，面积4.1平方千米）和大面积冰川分布，源流直抵冰舌缘；6—8月最大河宽7米，水深0.3米。再次为由南岸入湖的拉曲，河长27千米，源流出自冰川湖拉弄错（面积约0.5平方千米），最大河宽5米，水深0.2米。其他入湖河流规模均较小，多为时令河。流域内尚有10多处泉水出露。湖水pH值9.5，矿化度1.921克每升，为碳酸盐型湖泊。

湖中有佩枯湖裸鲤栖息，属中小型经济鱼类。环湖区综合自然区划属藏南山地灌丛草原地带（半干旱），植被以紫花针茅草原类型为主，放牧条件较好。滨湖南、北、西三面有县级公路可与藏南219国道和318国道相连。

10.2.13.1 巴日雄曲
(Barixiongqu River)

佩枯错东南部最大入湖河流，发源于西藏自治区聂拉木县波绒乡境内的尼玛定珠亚峰西侧山区。流域面积580平方千米，河长54千米，落差1 020米，河床平均比降18.9‰；东与恒河水系**朋曲**为邻，北与**雅鲁藏布江**水系（弄普曲）接壤，东南与**浪强错**水系为接界。

流域属高原温带藏南半干旱气候，冬季寒冷，气温偏低，降水主要集中在夏秋两季，日照相对充足，多年平均气温约2摄氏度，多年平均年降水量约300～400毫米，年日照时数在2 600小时以上。

全河可分为两个不同特性的自然河段。

上游为高山峡谷段，长15千米，落差920米，河床平均比降61.3‰；下游为河谷冲积平原段，长39千米，落差100米，河床平均比降2.6‰。自源出后，顺高山峡谷走势先由东北向西南流，得名节金浦，6—8月有冰雪融水径流产生。在高山峡谷的下段，又得名切曲。沿程无支流汇入。

至西日阿附近，河流出峡谷口，进入下游段，两岸地势骤然开阔，河道迂回曲折西流，沿程支流发育，其中尤以右岸（北岸）发育最好，较大者依次为不曲（又名不曲雄），河长16千米；嘎姆弄，河长18千米；普松曲，河长11千米。干支流交汇区有沼泽分布，并有众多小型残迹湖点缀。干流在普松曲河口以下得名扎青藏布，在嘎姆弄河口以下方称巴日雄曲。巴日雄曲在入湖口以上，最大河宽8～9米，水深0.3～0.5米。

流域下游地区植被主要为紫花针茅草原，沿河两岸并有苔草沼泽植被发育，在上游地区主要为嵩草草甸。放牧为域内植被利用的主要方式，野生动物主要有野驴、岩羊、盘羊、黄羊及雪鸡、斑头雁、野鸭、黑颈鹤等。波绒乡人民政府驻地地处巴日雄曲下游，是流域内最大的居民点。

10.2.14 错戳龙
(Cuochuolong Lake)

位于西藏自治区吉隆县辖境内，北距**雅鲁藏布江**约15千米，地理位置为东经85°24′，北纬29°07′，内陆盐湖。湖泊呈南北向延伸，状若矩形。湖面高程4 610米时，相应湖长5.7千米，最大湖宽4.4千米，平均宽3.04千米，面积17.3平方千米。湖泊岸线平滑规则，周长18千米。湖泊中央偏西有无名小岛1座，面积约0.01平方千米。

湖泊地处喜马拉雅山北麓一小型山间盆地内，湖区四周群山环抱，相对高度400～500米。西部山体临近湖岸，地势较陡，其他方位地势相对平坦，为冲积—淤积平原。滨湖有星散分布的多级古湖岸砂堤，其中最高一级高出现湖面90米，是该湖不断萎缩衰退的重要标志。

湖区属高原温带藏南半干旱气候，多年平均气温约2摄氏度，多年平均年降水量约350毫米，降水主要集中在夏秋两季。流域面积367平方千米，湖水补给以地表径流为主。

入湖河流短小，以南部的各弄曲为最大，河长20千米，源于高程5 500米的山地，下游近湖区蜿蜒曲折，并伴有连片沼泽分布，主泓最大河宽7米，水深0.2米；其次为位于湖东部的贡扎曲，河长15千米，下游段最大河宽4米，水深0.2米，两岸亦伴有沼泽分布；其余两条河流长均不足5千米。湖水矿化度154.099克每升，属硫酸钠亚型卤水盐湖。湖区植被以紫花针茅草原类型为主，系较好放牧场。湖区常见野生动物有野驴、狼、狐狸及雪鸡等。湖泊西部有县级公路连通219国道。

10.2.15 公珠错
(Gongzhucuo Lake)

位于西藏自治区普兰县境东部，地理位置为东经82°02′～82°13′，北纬30°35′～30°41′。湖面高程4786米时，湖泊东西长19.6千米，南北最大宽5.7千米，平均宽3.4千米，面积66.2平方千米。湖泊作南东—北西向延伸，湖岸比较顺直，湖周长45千米。碳酸盐型内陆咸水湖泊。

坐落于喜马拉雅山与冈底斯山间噶尔藏布—雅鲁藏布江大断裂带内，属构造湖。流域西邻**玛旁雍错**入湖河流，北与**昂拉仁错**水系接壤，其余方位均紧靠**雅鲁藏布江**源区有关支流；流域面积886平方千米。湖盆南北两侧紧临相对高程逾千米的陡峻山地，湖滨带十分狭窄；东西滨湖是大断裂带古河谷地，河流相冲积、淤积平原面积近百平方千米，地形开阔、平坦。湖滨分布古湖砂堤多条，其中最高砂堤高出现湖面34米。显示第四纪大湖时期，公珠错湖水曾通过西侧的**萨摩河**

（目前其源头与本湖水系间分水垭口宽 4 千米、高程 4 795 米）排向玛旁雍错古大湖，并进而通向印度河的支流**朗钦藏布**（象泉河），亦即昔日它与现玛旁雍错、**拉昂错**同属印度河水系外流湖泊。

流域属高原温带藏南半干旱气候区，多年平均气温 2～3 摄氏度，全年霜期约 210 天，年平均日照时间逾 3 000 小时；多年平均年降水量约 200 毫米。湖水补给以地表径流为主，冰雪融水在地表径流中占有较大的比重。入湖河流十余条，大多分布在湖体的东侧及北侧；河长一般 10～15 千米，中上游段坡陡流急。最长的是由东岸入湖的江藏河，长约 26 千米，源于冈底斯山高程 5 900～6 000 米常年冰雪覆盖区，夏季冰融水补给量较丰沛。其他入湖河溪均源流短小。上游段北东—西南流向，出山口后的中游段地势平坦，下游段多汊流，并在湖滨区域发育有大面积沼泽湿地。

据 20 世纪 60 年代资料，公珠错湖水 pH 值 9.5，矿化度 4.733 克每升，属碳酸盐型微咸水湖泊。湖区植被为高山草原，以紫花针茅、羽柱针茅、青藏苔草、珠峰苔草等为主要组成种类，高山地区主要是风毛菊、小嵩草等组成的稀疏植被。湖滨及湖泊上游地区野生动物主要有野牦牛、野驴、岩羊、藏羚羊、盘羊、黄羊及雪鸡、黑颈鹤、野鸭等。

藏南公路（219 国道）从北部湖滨东西向穿行，因湖区位于雅鲁藏布江、印度河及内陆湖泊诸水系源区分水岭附近，自然环境较差，湖区开发利用受到限制，目前仍主要是季节性牧场。

10.2.16　拉昂错
(Laangcuo Lake)

又名兰嘎错，位于西藏自治区普兰县境内，地理位置为东经 81°06′～81°19′，北纬 30°40′～30°51′。湖面高程 4 572 米时，湖长 29 千米，最大宽 17 千米，平均宽 9.2 千米，面积 268.5 平方千米。湖泊岸线长 127.2 千米，东部岸线较平直、规则，西部多半岛、岬湾，岸线曲折。碳酸盐型内陆终点淡水湖泊。

湖泊地处噶尔藏布—雅鲁藏布江大断裂带内，属断陷构造湖。流域东部、东北部分别与**公珠错**、**昂拉仁错**内陆湖泊水系相邻，其余方位均临近外流水系，其中南侧为**马甲藏布**（孔雀河），北侧为**森格藏布**；西侧是**朗钦藏布**（象泉河）。

流域面积（含**玛旁雍错**）7 380 平方千米。湖盆南北两侧地势高亢，分别是喜马拉雅山的纳木那尼峰（高程 7 728 米）及冈底斯山脉的冈仁波齐峰（高程 6 656 米），而东西方向则是噶尔藏布—公珠错古河谷地，平坦开阔。滨岸带除北部较开阔外，东、西、南岸均十分狭窄，水边线逼近山麓。南部湖体分布有小岛四座，较大的有多色岛（面积约 2 平方千米）、多拉岛（面积约 1.5 平方千米）和纳加多岛（面积约 0.2 平方千米）。从湖泊周围最高阶地面高出湖面 25 米及遗留湖滨明显的两道古湖岸砂砾堤（分别高出现湖面 12.8 米及 4.5 米）判断，第四纪高湖面时它与东侧的玛旁雍错北部湖体通连（现两湖间的达日阿山昔日是一座陆连半岛），后因湖泊退缩，较窄的通连水体逐渐被两侧的洪积、冲积物质堵塞，两湖间目前仅有一条长约 9 千米，宽约 4 米的干嘎河（杠嘎河）通连，水深一般 0.5 米，丰水时期玛旁雍错（湖面高程 4 586 米）湖水由此排入拉昂错。

湖泊位于高原温带藏南半干旱气候区，多年平均年降水量约 170 毫米，年蒸发量 2 200 毫米；多年平均气温约 2 摄氏度，其中最冷 1 月平均 -12 摄氏度，最热 7 月平均 12 摄氏度；年平均霜期约 210 天。湖水主要依大气降水及冰雪融水补给，夏季降水及冰雪融水补给丰沛，湖水位明显上涨。较大的入湖河流有 4 条，其中由北岸入湖的**那曲**为诸河之首。

据 1976 年资料，湖水矿化度 0.941 克每升，pH 值 8.6，系碳酸盐型淡水湖泊。湖泊结冰期为 12 月中旬至翌年 5 月中旬，冰期较玛旁雍错约长 1 个月。

湖区主要植被类型为高山针茅草原，紫花针茅、沙生针茅及高山锦鸡儿灌丛等生长良好；人类经济活动以牧业为主，主要牧养牦牛、绵羊、山羊、马、驴等，野生动物有野牦牛、野驴、藏羚羊、岩羊、盘羊、藏狐、山豹、旱獭以及黑颈鹤、雪鸡、灰鸭等。

湖泊距普兰县城仅 30 余千米，北部湖滨又有 219 国道（新藏公路）通过，交通方便。同时，由于"圣山"冈仁波齐峰、"圣湖"玛旁雍错近在咫尺，周围各教派寺庙及古迹分布众多，有利旅游业发展，每年春夏季节，远近教徒、香客跋山涉水来湖区开展朝圣、转湖等宗教活动者。

10.2.16.1　那曲
(Naqu River)

又名辣曲，**拉昂错**北岸入湖河流，发源于冈底斯山冈仁波齐峰冰川群南侧，河源高程约 5 800 米。流域面积 840 平方千米，河长 58 千米，落差 1 228 米，河床平均比降 21.2‰；位于西藏自治区普兰县境内。

全河可分为两个不同特性的自然河段。源头至峡谷口为上游高山峡谷段，长 33 千米，落差 1 100 米，河床平均比降 33.3‰；峡谷口至入注拉昂错河口为山前洪积—冲积平原段，长 25 千米，落差 128 米，河床平均比降 5.1‰。干流总体自北向南流。冰雪融水是该河径流的主要组成部分。

那曲

冈仁波齐峰

河流自诸山溪源出后，相继汇聚为正源，顺峡谷走势先作东北—西南向流淌，始得名辣曲，穿行于高山峡谷间，两岸雪峰皑皑，岸壁陡峭，水流较为湍急。6—9月河宽7～10米，水深0.3～0.7米。沿程支流稀疏，且流程较短，一般为3～4千米，支流源头均有规模不一的冰川发育。

干流出峡谷口，进入下游段，始得名那曲。沿程河道迂回曲折，左右岸两大支流在该段汇集，支汊纷繁，沼泽连片，小型残迹湖棋布。左岸支流中曲河长38千米，河宽8米，水深0.7米；右岸支流土穷曲弄河长35千米，河宽6米，水深0.4米。那曲在近河口段演变为辫状河道，于拉昂错北部入湖，其中主泓河宽8米，水深0.5米。

流域内有折布寺、林则寺、江扎寺、仁珠屯寺等著名人文景点。巴嘎乡人民政府驻地岗沙为最大居民点。219国道在流域下游东西穿过，南有公路支线直达普兰县人民政府驻地。

10.2.16.2 玛旁雍错
(Mapangyongcuo Lake)

又名玛法木湖，藏语意为"无能胜湖""永恒不败之湖"，位于西藏自治区普兰县境内，地理位置为东经81°22′～81°37′，北纬30°34′～30°47′。湖面高程4586米时，湖长26千米，最大宽21千米，平均宽15.9千米，面积412平方千米。湖岸比较规则，湖周长度83千米。湖水矿化度为0.406克每升，碳酸盐型内陆吞吐淡水湖泊。湖水深一般30～60米，最大水深81.8米，平均水深48米。估算湖泊贮水量约197.8亿立方米。

流域范围 东部、东北部分别与**公珠错**、**昂拉仁错**内陆湖水系相邻，其余方位均紧靠外流水系。其中南侧隔高耸的喜马拉雅山脉纳木那尼峰与**马甲藏布**（孔雀河）相邻；北侧与**森格藏布**（狮泉河）间分水岭是著名的冈底斯山脉冈仁波齐峰；西侧是以缓丘相隔的本流域终点湖泊**拉昂错**，其与**朗钦藏布**（象泉河）源头间的分水垭口是平坦的冲积、湖积平原。湖泊出水口以上的流域面积4560平方千米。

湖区气候 高原温带藏南半干旱气候区，湖区多年平均年降水量约190毫米，其中6—8月降水量约占全年的55%，日最大降水量达47毫米，多年平均气温2摄氏度左右；日均气温5摄氏度以上持续时间约160天，湖区年日照时数约3200小时。

地质地貌 地处噶尔藏布—雅鲁藏布江大断裂带内，属断陷构造湖泊。湖盆南北两侧高山耸立。两山区均有现代冰川发育，冰川末端高度在5500米上下。湖盆边缘残留有一系列冰碛垄、冰碛丘及古冰斗等冰川地貌。

在湖东北及东南部有五级湖滨阶地分布，一级阶地高出现湖面1.5～2米，二级阶地高出现湖面约4米，三级阶地高出现湖面8～10米，四级阶地高出现湖面13～15米，五级阶地高出现湖面27～30米。阶地面大多由磨圆度较好的大小砾石组成，其中东北岸霍尔附近的四级阶地后缘与冈底斯山南麓的高洪积扇相连，而五级阶地地面已几乎被稀疏植被所覆盖。湖盆西侧拉昂错湖滨除见高出现湖面25米的一级高阶地外，尚可见有明显的两道古湖泊砂砾堤。

这些湖滨阶地及湖盆周围的大地貌特征表明，玛旁雍错与拉昂错同处于东起当却藏布（**雅鲁藏布江**上源）、公珠错，西至**噶尔藏布**（印度河上源）的冈底斯山南麓宽广的古谷地之内，而古谷地绵延方向广泛出露的磨圆度较好的砾石层显然是长期由古河床流水运动所形成的。由此说明，公珠错、玛旁雍错及拉昂错三湖在第四纪高湖面时期均是与噶尔藏布相通的外流湖泊。其中玛旁雍错与拉昂错昔时北部湖体彼此通连，嗣后，湖泊西侧水系被象泉河上源水系袭夺，并因湖泊

退缩及冈底斯山山前洪积、冲积物质逐渐堵塞局部河谷而形成分水垭口，致使诸湖逐渐演变成了内陆湖泊。今拉昂错西北通向象泉河上源的分水垭口仅比湖面高约10米，而公珠错西侧与玛旁雍错之入湖河流**萨摩河**源头分水垭口高出公珠错现湖面约9米。

湖泊水系 湖泊集水区域主要分布在湖的东侧，较大的入湖河流有**扎曲藏布**、萨摩河、巴青河、足玛弄河、巴穷河等，它们的共同特点是短小、坡大、源头多有冰川积雪分布。

玛旁雍错

由东南岸入湖的扎曲藏布是最长的河流。萨摩河亦称色乌弄巴，由东北岸入湖，亦为主要入湖河流。

东北滨湖地区由于地势平坦、低洼，形成了大片沼泽和数以百计的残迹小湖，其中较大的有个洛几错和那亚几错等。巴穷河（河长21千米）、巴青河（河长41千米）进入湖滨地区后，先汇入那亚几错，出流河段在近湖口前又与萨摩河合并入玛旁雍错。1976年实测合并后的河段宽27米，平均水深1.38米，最大水深2米。由于那亚几错调节，该河段流速平缓，流量变化稳定。

足玛弄河（河长31千米）大体自北向南流，入湖前流经一较宽的浅水洼地，在河口段因古湖泊砂堤阻挡而偏东南流入玛旁雍错。实测河口处断面宽16.7米，水深0.5米左右，河中心水深超过1米。

湖区北端齐吾寺（极物寺）附近有一条长约9千米的干嘎河（杠嘎河），丰水季节玛旁雍错湖水通过干嘎河排向拉昂错。

湖泊水文 1907年7—8月，瑞典曾实测湖中心最大水深81.8米，1976年7月多次测到60米以上水深值。据此综合分析，湖泊平均水深约为48米，推算湖体贮水量为197.8亿立方米。

湖面每年12月下旬开始结冰，翌年5月上旬融化，结冰期约130天。1976年7月，实测湖水温度近岸边（水深0.1米处）为2.5～5.6摄氏度，离岸80米（水深1.5米处）0.9～2.8摄氏度，水温相对比较稳定。如与同步观测的岸边气温变化比较，水温日变化过程的各项特征值出现时间都要比气温滞后3～5小时，湖水垂直温度均呈正温层序分布：表层15～20米间，层内沿垂线的水温变化很小，2～4米间水温变化梯度也较小，最大的仅每米1.1摄氏度；水深40米以下区域，层内温度变化平缓，水温多介于6.4～7.2摄氏度间。巨大的水体及其夏季贮热量，对湖区的小气候调节作用十分明显，有利于湖区的牧业发展。

湖水呈深蓝色，近岸边浅水区域清澈见底，湖中心最大透明度达14米，是我国透明度最大的湖泊之一。

湖中心表层湖水矿化度0.406克每升，pH值8.2；支流巴青河、巴穷河与萨摩河汇合后入湖河段河水矿化度0.109克

每升，表明湖水亦正在向高矿化转变。

湖区牧业生产与生物资源 普兰县是阿里地区农业比重大、耕地面积最多的县，属半农、半牧型经济。但农业主要集中在南部的马甲藏布河谷地区，北部湖区谷地则是广阔的天然牧场。植被类型以针茅草原为主，紫花针茅、沙生针茅、羽柱针茅、珠峰苔草等组成优势植被的种类；主要野生药用植物有雪莲等。湖区主要牧养牦牛、犏牛、绵羊、山羊、马、驴、骡等，主要野生动物有野牦牛、犏牛、野驴、藏羚羊、岩羊、盘羊、狼、藏狐、猞猁、山豹、旱獭以及黑颈鹤、雪鸡、灰鸭、野鸽等。

湖中常见的藻类，有硅藻门的新月硅藻、窗纹硅藻、龙骨硅藻等8种，绿藻门中有板星藻、鼓藻等4种，蓝藻门中有颤藻、蓝球藻等4种，黄藻门中有黄丝藻等。湖中鱼类主要有高原裸裂尻鱼、长体裸鲤鱼等。在湖泊沉积物中已发现介形类化石2属5种，对研究湖泊演化及湖区气候变迁均有重要意义。

湖泊文化与经济开发 玛旁雍错与**纳木错**、**羊卓雍错**并称西藏三大"圣湖"。它常常被尊为高原"湖泊之国"的高贵"王后"。由于它与冈仁波齐峰同为佛教、苯教、印度教、耆那教所崇奉，虽各教派对它有着各自不同的崇拜解释，但他们对其共同的赞颂却是一致的，认为冈仁波齐峰是"圣山"，山顶终年积雪是带着银冠的"金字塔"；玛旁雍错是"圣湖"，幽蓝碧波的湖水是神话传说中的"西天瑶池"。自古以来，他们都把这里誉为圣地的"世界中心"。因此，在冈仁波齐峰山麓与玛旁雍错湖畔各教派的寺庙林立，古迹分布众多，"圣山"周边有折布寺、林则寺、仁珠屯寺、江扎寺等，"圣湖"湖滨有极物寺、朗拿寺、朋哲寺、阳果寺、锤果寺等。每年春夏秋三季，印度、尼泊尔及湖区周围远近各教教徒、香客，跋山涉水来到圣地朝圣，或登山、或转湖，举行各种宗教活动。

对于玛旁雍错与拉昂错这两个孪生姐妹湖相互依存关系，当地也有不少富于哲理的传说。如出于对这两个近在咫尺的湖泊，一个湖水可口甘甜，一个湖水人畜不能饮用（拉昂错湖水矿化度高）的迷惑不解，而称前者为"神湖"，后者为"鬼湖"。对于目前干嘎现将两湖连系在一起，并在丰水时使"神湖"水不断流向"鬼湖"的现象，则认为"神"与"鬼"并不是完全排斥和互相孤立的，它们的这种流通与联系是瑞祥之兆，代表着光明的未来。

北临219国道，南距普兰县城30千米，"圣山""圣湖"是国家森林公园和重要湿地，每年接待中外游客近万人。

10.2.16.2.1　扎曲藏布
(Zhaquzangbu River)

玛旁雍错东部最大入湖河流，发源于喜马拉雅山脉北侧看龙山（赞地康日），河源高程5 400米。流域面积861平方千米，河长71千米，落差814米，河床平均比降11.5‰；位于西藏自治区普兰县境内。

全河分为两个不同的自然河段。源头至兴枚通朱为上游高山峡谷段，长35千米，落差520米，河床平均比降14.9‰；兴枚通朱至入湖河口为下游山间盆地与宽谷段，长36千米，落差294千米，河床平均比降8.2‰。流域左岸（南岸）支流较多，河道较长；右岸（北岸）支流相对稀疏，河道较短。干流总体自东向西流，河源区有著名的杰马央宗冰川群连绵分布，夏季冰雪融水径流补给颇丰。

河流自源出后，诸山溪相汇成干流，顺峡谷走势先行北流，得名扎钦曲，穿行于高山峡谷间，6—9月河宽5~11米，水深0.3~0.5米。下行约11千米，在穿过小型冰川湖嘎弄果错（面积约0.2平方千米）之后折而西流，沿岸左岸先后有拉弄、亚布弄、沱穷、帮弄钦等支流汇入，河长一般12~16千米，源头均有冰川及小型冰川湖分布，河宽5~9米；右岸依次有扎弄嘎布、扎弄卡玛、且巴门等支流汇入，河长8~14千米，河宽3~6米。随着两岸支流的汇入，干流水势逐渐增强，河宽达14~25米，水深0.5米。

干流出兴枚通朱峡谷口，进入下游段，始得名扎曲藏布，两岸地势豁然开阔，河道曲流发育明显，小型残迹湖泊较多。扎穷和扎涌贡玛为下游段左岸较大支流，河长分别为18千米、22千米，河宽5~7米。那玛丁弄是下游段右岸支流，也是流域内的最大支流，河长25千米，河宽5米。那玛丁弄河口以下干流再无较大支流汇入，近河口区河道迂回曲折，汊流纷繁，于玛旁雍错东部入湖，其中主泓河宽21米，水深0.5米。

流域内植被以针茅草原为主，上游近河源区为嵩草草甸，野生动物主要有野牦牛、野驴、黄羊、岩羊、盘羊、藏羚羊以及雪鸡、野鸭、黑颈鹤等。流域内有县级道路东西横贯，南北相通，并与219国道接连。

10.2.16.2.2　萨摩河
(Samo River)

又称色乌弄巴，为**玛旁雍错**东北部入湖河流，第四纪湖泊盛期时曾是玛旁雍错与**公珠错**的连通河。发源于冈底斯山脉南侧日那格刺山地，河源高程5 600米，流域面积922平方千米，河长64千米，落差1 014米，河床平均比降15.8‰；位于西藏自治区普兰县境内。

全河分为3个不同的自然河段。

源头至拉木弄河口为上游高山峡谷段，长18千米，落差722米，河床平均比降40.1‰。河流自源出后，诸山溪相继汇聚后顺峡谷由东北向西南流，得名荣乌曲，6—9月河宽5米，水深0.2米，沿程罕有支流汇入。

拉木弄河口至托钦达桑为中游山间盆地段，长31千米，落差209米，河床平均比降6.7‰。至拉木弄河口后，干流折而蜿蜒西行，进入中游段，又先后得名峨尔翁曲、下里泥曲、得嘎弄巴曲，沿河两岸沼泽连绵不断，汇入支流增多。由左岸汇入的支流有12条，其中以拉木弄河最大（长18千米），次为弄朗且曲（长16千米），其他支流皆源短流短小或为时令河；右岸汇入的支流有6条，其中帮布曲是全流域最大的支流，河长32千米，最大河宽15米。干流在诸支流汇入后，相应水势逐步增强，河宽增至7~15米。

托钦达桑至入湖河口为下游河流宽谷段，长15千米，落差83米，河床平均比降5.5‰。干流总体自东向西流。干流下行至托钦达桑，进入下游段，始得名萨摩河。右岸仅有一小支流玛尔曲汇入。下游段宽1~1.5千米，河谷之上为低山丘陵，相对高程200~300米；谷内河床宽约10米，水深0.3米。在曲折流淌10余千米之后，于玛旁雍错东北隅入湖，河口区三角洲上支汊分流，干支难辨。沿干流滨岸有219国道（新藏公路）东西通过。

二、羌塘高原内流区河湖

Endorheic Rivers and Lakes in Qiangtang Plateau

10.3 羌塘高原内流区河湖
(Endorheic Rivers and Lakes in Qiangtang Plateau)

"羌塘"藏语意为"北方的高平地",范围为昆仑山脉以南、冈底斯山至念青唐古拉山脉以北,是青藏高原的组成部分。羌塘高原内流区在行政区划上包括青海省的西南部、新疆维吾尔自治区的东南隅(该两部分内容请参见《西北诸河卷》)及西藏自治区的北部。

西藏高原以湖泊众多闻名于世,全区大小湖泊有2 000余个,湖面总面积约2.4万平方千米,占全国湖泊总面积的30%以上。除少量的外流湖泊外,基本上都为内陆湖泊,且大多数集中在藏北地区。

藏北内陆湖泊水系面积59.65万平方千米,湖面高程多在4 500米以上。南与冈底斯山和念青唐古拉山与藏南分界,北有昆仑山和唐古拉山矗立,其东部和西部也有高山分布,形成了一个巨大的与外流区隔绝的封闭区域。水系内部高原面保持得比较完整,但低山、丘陵仍然纵横交织,连绵起伏,构成数以百计的相互不连通的湖盆。每一个湖盆都是一个小的向心水系。水系内地形起伏小,河流切割微弱,河水向湖盆中心汇集,内陆湖泊几乎是一切内流河流的归宿。

藏北内陆湖泊水系由于远离海洋,加之高山阻隔,气候严寒干燥,多年平均气温多在0摄氏度以下,是西藏自治区降水量最少的地区。大部分地区年降水量小于200毫米,西北部降水量最小,东南部降水量较多,这里蒸发强度大,地面径流贫乏,河流一般短小,多为季节性河流。由于气候干旱,历史以来湖泊退缩现象较明显,因此湖泊基本上为咸水湖或盐湖。

藏北高原除南部边沿地区分布有少量城镇、人类活动较多外,北部大部分地区人迹罕至,冰川戈壁众多,基本属无人区。

藏北内流区湖泊星罗棋布,湖泊面积占西藏自治区湖泊总面积的88.5%,西藏最大的三个湖泊**纳木错**、**色林错**和**扎日南木错**均位于该区域。

10.3.1 错鄂
(Cuoe Lake)

位于西藏自治区那曲县境内,地理位置为东经91°28′~91°33′,北纬31°24′~31°32′,内陆湖泊。湖略呈矩形,大致作南北向延伸。湖面高程4 515米时,相应湖长14.8千米,最大宽5.7千米,平均宽4.14千米,面积61.3平方千米。湖泊岸线较为平滑规则,岸线周长40千米。湖中有小岛2座,合计面积0.02平方千米。

错鄂地处藏北高原东南部,坐落在念青唐古拉山北麓一山间盆地内。盆地西部和北部山地高耸,相对高差500~600米;东部和南部山势低缓,相对高差200~300米。滨湖地区为冲积—淤积平原,河网交织,沼泽连片,小型残迹湖星罗

错鄂

棋布,其中以位于东北部之彭错、格姆错、俄鲁耙等较大,面积均在1.0~1.5平方千米之间。

湖区属高原亚寒带羌塘半干旱气候,严寒干燥,长冬无夏,年内无绝对无霜期,大风雪日出现频繁,多年平均气温−2.0摄氏度,多年平均年降水量400~500毫米,年蒸发量在1 800毫米以上,年冰雹日数逾34天。流域面积1 081平方千米,湖水补给以地表径流为主,计有大小入湖河流14条,较大的入湖河流孔曲、尼木曲、扎尔康曲均分布于湖之西部:孔曲源头高程5 100~5 300米,长41千米,下游分成三支汊流入湖,其中主泓最大河宽13米,水深0.5米;尼木曲源头高程5 300米,长26千米,最大河宽13米,水深0.3米;扎尔康曲源头高程5 000米左右,长30千米,最大河宽17米,水深0.7米。

据1984年考察,湖水pH值7.0,矿化度0.520克每升,属碳酸盐型淡水湖。

湖区水草茂盛,放牧点较多。那玛切乡政府驻地位于湖区西部,并有县级道路东与109国道相接。

10.3.2 乃日平错
(Nairipingcuo Lake)

位于西藏自治区那曲县境内,北与**错鄂**毗邻,西南与**崩错**相近,地理位置为东经91°25′~91°31′,北纬31°15′~31°22′,内陆咸水湖泊。湖呈近似椭圆形,湖面高程4 520米时,相应湖南北长12千米,东西最大湖宽8.9千米,平均宽5.8千米,面积69.6平方千米。湖泊岸线圆滑规则,岸线周长37千米。湖中有多座小岛散布,其中最大者面积约0.01平方千米。

乃日平错地处羌塘高原东南部,坐落在念青唐古拉山脉北侧一山间构造盆地内。环湖除东北、西南隅有低缓丘陵逼近湖岸外,其他方位皆为冲积—淤积平原,地势开阔坦荡,平原上小型残迹湖星罗棋布,东部湖滨并有连片沼泽发育。

多条古湖岸砂堤清晰可见，最高一条堤顶高出现湖面20米，是该湖历经湖泊盛期之后逐渐萎缩的重要佐证。

湖区属高原亚寒带羌塘半干旱气候，冬长无夏，寒冷多风，年内无绝对无霜期，多年平均气温-2摄氏度，多年平均年降水量约300毫米，年平均大风日数在80天以上。

流域面积1 161平方千米，湖水主要仰赖地表径流补给，计有入湖河流9条，其中较大者3条：尔玛曲河长40千米，下游段蜿蜒曲折，河宽4～6米，水深0.4米，从西岸入湖；拿里容曲河长34.0千米，河床平均比降17.1‰，下游段河宽2～3米，水深0.3米，从东南岸入湖；普千容曲河长20千米，下游河道迂回曲折，河宽4～6米，水深0.2～0.4米，从南岸入湖；其他入湖河流长度均在10～15千米之间。

湖水pH值9.9，矿化度29.609克每升，属碳酸盐型咸水湖泊。

湖区植被以针茅草原为主，在沼泽区有苔草植被发育，放牧为植被利用的主要方式，湖区较大放牧点有尼琼、察曲、朵隆等。湖区野生动物种类主要有野驴、黄羊、岩羊、野鸭、黑颈鹤等。西部及西南部湖滨有乡级道路东接109国道。

10.3.3　懂错
（Dongcuo Lake）

位于西藏自治区安多县境内，又名东错，地理位置为东经91°05′～91°13′，北纬31°35′～31°48′，内陆咸水湖泊。湖呈近似火矩形，作南北向延伸。湖面高程4 544米时，相应湖长26千米，最大湖宽9.2千米，平均宽4.75千米，面积124平方千米。湖泊岸线较为规则圆滑，岸线周长67千米，岸线发展系数1.78。湖中散布有小型岛屿3座，合计面积约0.02平方千米。

懂错地处羌塘高原东南部，坐落在念青唐古拉山脉北侧一大型山间盆地内。流域东接**怒江**外流水系，北、西、南分别与**兹格塘错**、切里错（又名切如错，湖面积9.1平方千米）、**蓬错**相邻，流域面积1 213平方千米，湖泊补给系数为8.8。湖盆外围东部高山逶迤，山势陡峻，相对高差一般在700～1 000米间，其余方位为低山缓丘，相对高差多在200～400米间。湖滨为宽窄不一的冲积—淤积平原，地势开阔平坦，在主要入湖河流河口区，均发育有较为典型的扇形三角洲，并散布有众多小型残迹湖。东部及南部滨湖地区有保存较为清晰的古湖岸砂堤，堤顶最高高程4 600米，是第四纪湖泊盛期时该湖与蓬错等曾为同一大湖的重要佐证。

湖区属高原亚寒带羌塘半干旱气候，冬季漫长而严寒，年内无绝对无霜期，空气稀薄干燥，大风沙日较多，多年平均气温约-2摄氏度，多年平均年降水量300毫米左右，年平均8级以上大风沙日超过80天。

湖水补给以地表径流为主，计有入湖河流16条，皆源短而流小，其中较大者有：西北部入湖之那木弄曲，河长30千米，下游段河宽13米，水深0.4米；东北部入湖之贡巴曲，河长22千米，下游段河宽13米，水深0.3米。

据1984年资料，湖水矿化度30.438克每升，化学类型为碳酸盐型。

湖区植被以针茅草原为主，放牧为植被利用的主要方式，野生动物种类较多，主要有野驴、黄羊、藏羚羊及雪鸡、斑头雁、野鸭、黑颈鹤等。湖区放牧点主要有鲁玲、机部、娘兴等；有乡级道路由东部湖滨南北穿过。

10.3.4　纳木错
（Namucuo Lake）

藏语"天湖"之意，蒙语称"腾格里海"，为西藏自治区当雄县和班戈县的界湖，地理位置为东经90°16′～91°03′，北纬30°30′～30°56′。湖面高程4 718米时，湖长78.6千米，最大宽50千米，平均宽24.4千米，面积1 920平方千米。流域面积10 610平方千米，是西藏自治区境内最大的湖泊，也是世界上海拔最高的大湖，素以海拔高、湖面浩瀚、景色瑰丽著称。北侧湖岸曲折，多半岛、岬湾，湖中有大小岛屿5座，最大的朗多岛面积1.24平方千米。湖泊周长318千米，湖水pH值9.4，矿化度1.715克每升，系碳酸盐型内陆微咸水湖

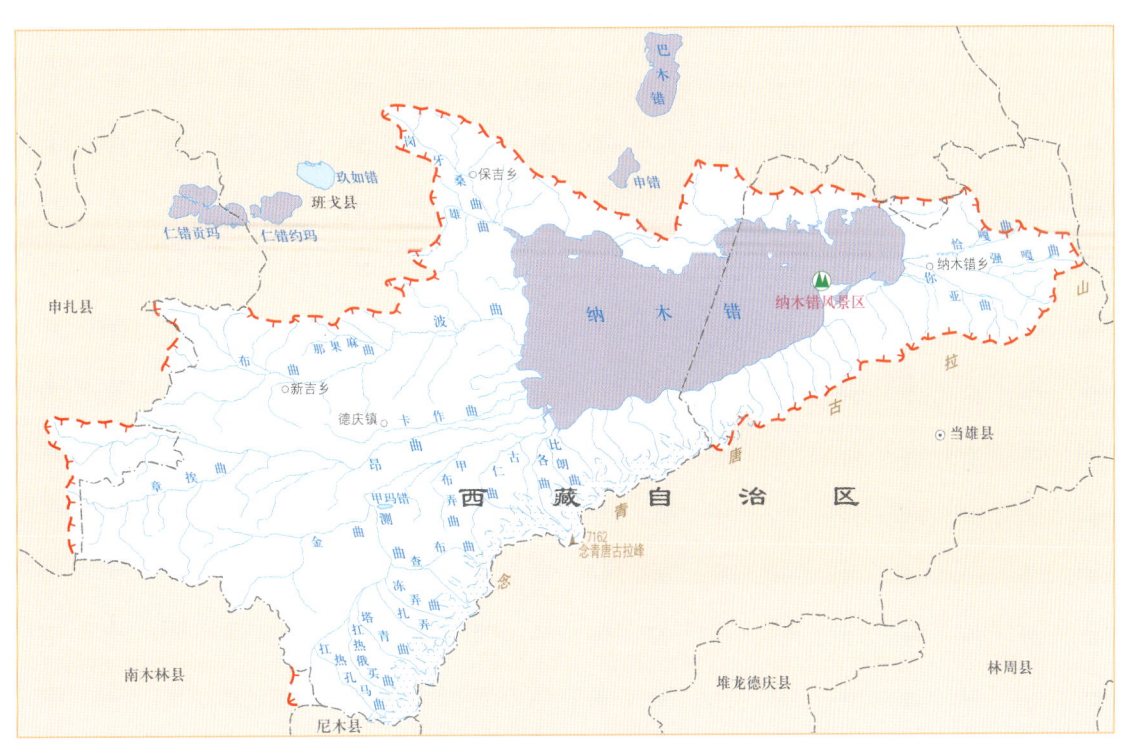

纳木错水系示意图

10.3.4 纳木错

泊。湖水深度一般20～50米，估算湖水容积约784.6亿立方米。

湖泊东、南及西南侧以高耸的念青唐古拉山及冈底斯山为界，接**雅鲁藏布江**外流水系，分水岭的众多山峰高程超过6 000～6 500米，是青藏高原重要的冰川作用中心之一；西侧与**色林错**、**仁错约玛**流域相邻，分水垭口多数地区是开阔的冲积—湖积平原，地势相对比较平缓；北侧与**申错**、**巴木错**水系之间是低山丘陵，地势起伏较大。

念青唐古拉山体阻挡了东南方暖湿气流北上，使纳木错湖区处于高原温带藏南半干旱向高原亚寒带羌塘半干旱气候区的过渡地带。山体南侧的当雄县多年平均气温1.3摄氏度，年降水量486.9毫米；而山体北侧班戈县的多年平均气温－1.2摄氏度，多年平均年降水量301.2毫米。湖区气候大致介于上述两者之间，多年平均年降水量300～400毫米，主要集中在6—9月，其中7—8月占全年降水量的60%；多年平均气温0摄氏度左右，其中最热月（7月）平均气温约10摄氏度，最冷月（1月）平均气温约－11.0摄氏度；湖区年日照时间约3 000小时，日照率为68%；不小于17米每秒风速的大风日达73天。

湖体东北的扎西多半岛周围普遍发育有二级湖滨阶地，第一级高出现湖面5～10米，系由砂砾及灰岩角砾堆积而成；第二级高出现湖面约20米，可分为湖蚀阶地与湖积阶地两种，其中湖蚀阶地面较为平坦，可见清楚的白垩系石灰岩侵蚀面、孤立石柱与天生桥，阶地后缘的陡崖下还可见到许多溶洞、浪蚀穴等岩溶地貌景观。湖体南侧近北东—南西走向的念青唐古拉山体主要由古老的片麻岩系构成，冰雪融水通过一系列梳状平行河溪向湖泊排泄，这些河溪在山麓地带形成的连片冲积、洪积扇裙与上述二级阶地面构成的湖滨平原连成一体，致使地面坡度增大，湖滨平原狭窄。西侧的湖滨平原相对比较开阔，一系列标志湖泊退缩的古湖岸砂砾堤清晰可见，由于地势平坦，一些入湖河流的滨湖段发育有大面积沼泽湿地。湖北侧一系列由灰岩和砂砾岩组成的北西西走向低山丘陵，往往以半岛形式伸向湖中，致使北岸岸线最为曲折，岬湾及陆连半岛连绵分布。因受断裂构造控制，这些低山及陆连半岛临湖面岸壁多挺直陡峭，远远望去犹如布列在湖边的残垣断壁，雄伟壮观。湖泊西北部是宽广的湖滨平原，其外围与诸内陆湖泊的分水垭口是一系列北西走向的条带状低山。

纳木错风云

上述湖区地质及地貌特征说明，湖盆明显受构造控制，属念青唐古拉山北侧大型断陷洼地中发育的一个断陷构造湖泊。

纳木错周围湖滨分布的最高古湖岸砂砾堤高出现湖面约30米，在第四纪高湖面时期，现扎西多半岛等是湖中岛屿，

而且湖水是越过湖西侧的分水垭口流向仁错约玛水系的，并通过**木纠错**、**错鄂**等湖泊最终注入色林错（现色林错湖面高程4 530米，湖滨留下的清晰古湖岸砂砾堤有近30条之多，其中最高的砂砾堤位置高出现湖面约100米）。纳木错滨湖砂砾堤位置相对偏低，以及湖水矿化度远比色林错低等现象，也都印证了昔日纳木错与色林错曾分别是内陆吞吐湖泊和终点湖泊的不同水文地理特征。

汇入纳木错较大的河流有6条，其中最长的是从西南岸汇入的**昂曲**，西南岸入湖的**测曲**流域面积最大，其次是西岸入湖的波曲。岗牙桑曲发源于朗钦山乌拉日峰南侧，流域面积约600平方千米，河长37千米。该河支流雄曲的上游径流有分流现象，一部分流向仁错约玛，一部分汇入干流后向纳木错排泄，故将雄曲上游段作为纳木错与仁错约玛流域的分界线。你亚曲发源于念青唐古拉山脉的莫多西嘎山西侧，流域面积约590平方千米，分南北两支，北支上游由恰嘎曲、强嘎曲汇合而成；南支上游称切烈布曲。该河中下游地区地势开阔，水草丰茂，是纳木错湖区的重要牧场。卡作曲流域面积264平方千米，中游段与昂曲的沼泽地通连，分水界线不很清楚。从南岸入湖近似平行排列的30～40条短小河流，河长在10～15千米之间，流域面积共约1 500平方千米。

冰雪融水与大气降水都十分丰沛，成为纳木错湖水的重要而稳定的补给源。

1979年，在扎西多半岛北侧离岸约1千米处实测湖水深达33米；西侧湖底比较平缓，离岸1.6千米处水深才15米；西北侧离岸3.5千米处水深为30米。在西北湖区的朗多岛西北侧，离岸2.5千米处实测水深为29米。1980年6—7月在近北岸湖中实测到55米水深，近东岸湖中测到37米水深。据2008年资料，纳木错最大水深达122米。

湖面11月中下旬结冰，翌年4月开始融化，冰厚30～40厘米。夏季离岸85米处的湖表层水温日变幅明显小于气温；气温日变化于6～16摄氏度间，而水温日变化在10.5～14.3摄氏度之间，并且水温日变化的极值出现时间较气温要滞后1～3小时。垂直水温均呈正温层序分布，并有明显的分层现象：夏季表层水深24米内，平均温度梯度为每米0.07摄氏度；24～32米之间，平均温度梯度为每米0.63摄氏度；湖底部最低水温为5.6摄氏度。

湖水呈深蓝色，湖水透明度在离岸2～3千米处多在9米以上，一般水深30米以内水域，透明度变化于5～9米之间；而水深大于30米时，透明度在9米以上。

纳木错周围是藏北的重要牧区，农业所占比重很小，放牧、狩猎及少量的捕鱼是当地居民的主要经济活动方式。土壤大多为草甸沼泽土，植被以藏北嵩草-小钩苔草群落为主，常见的伴生植物有杉叶藻、海韭菜等。湖区常见的鸟类有黑颈鹤、棕头鸥、燕鸥、赤麻鸭、斑头雁、普通秋沙鸭等。湖区出没的野生哺乳动物有野牦牛、藏羚羊、藏驴、藏原羚等，有时还可见到盘羊、岩羊、棕熊、藏狐和狼等。湖中的浮游植物以着生硅藻、蓝藻和绿藻为主，浮游动物有矩形龟甲轮虫、盘状鞍甲轮虫等10余种。湖中的鱼类资源主要是小头裸裂尻鱼和刺突高原鳅等，你亚曲下游入湖滨段初夏见有大量拉萨裸裂尻鱼分布，而且极易捕获；但因湖水温度很低、水质贫瘠，鱼类繁殖速度缓慢。

纳木错与**玛旁雍错**、**羊卓雍错**并称西藏三大"圣湖"，论其面积，大致与我国东部著名淡水湖泊太湖相当，但就其巨大的湖泊容积而言，纳木错与其称湖，不如叫海。湖泊南侧紧靠山势巍峨、白雪皑皑的念青唐古拉雪山，北西傍倚和缓起伏的藏北高原大地，犹如镶嵌在高原上的一面明亮镜子，

青藏铁路（羊八井—当雄段）

景色瑰丽，如诗如画，风光无限，目前已成为西藏旅游开发的重点地区。

藏传佛教认为，"神山"冈仁波齐峰属马，"圣湖"纳木错属羊，故马年转山、羊年转湖成了当地民众的习俗。每到羊年的萨嘎达瓦节（指藏历的四月）期间，转湖的人们特别多。从拉萨抵纳木错目前交通十分方便，铁路、公路均可选择，途中的羊八井有我国最著名的湿蒸汽地热田，旅客可在此观赏到地热田中那些飘逸不绝、令人心旷神怡的巨大白色汽柱。在那根拉山口远眺西北方向，那一片连绵开敞、和缓起伏的辽阔大地，正是心目中早已祈盼的藏北高原；而俯视西北侧下方的那一池天水一色、浩瀚无垠、直伸远方天际的蔚蓝色碧波，无疑就是久久向往的圣湖纳木错了。

那根拉山口

湖滨牧场宽阔，牛羊成群，民族风情独特；白雪皑皑的念青唐古拉山像一条银装素裹的巨龙静静地盘踞在东南湖边；碧蓝清澈的湖水中不断向岸边送来排排白色浪花。清晨，天空中飘着的云彩被逐次染红，一道晨曦射在念青唐古拉山雪峰顶上，霞光渐渐向下移动，群峰在霞光中冉冉升起，波光

纳木错晚霞

闪闪的湖面交相辉映出深蓝、天蓝、浅蓝、墨绿、浅绿等色彩。当阳光照射到了扎西多半岛的合掌石上，一轮红日仿佛挣脱群山的怀抱喷薄而出，高悬天空。到了傍晚，夕阳则把纳木错染成一片金黄，把雪峰烧成橘红色的火炬，美不胜收。湖的四面各有一座寺庙，东为扎西多波切寺，南为古尔琼白马寺，西为多加寺，北为恰妥寺，远近教徒香客来寺庙举行宗教活动者络绎不绝。

10.3.4.1 波曲
（Boqu River）

纳木错西岸入湖河流，中上游段称布曲。流域介于东经 89°35′～90°18′和北纬 30°31′～30°50′之间，发源于罗尔布拖波山（高程 5 504 米）北侧，源头高程 5 143 米。流域面积 1 450 平方千米，河长 93.0 千米，落差 425 米，河床平均比降 4.6‰。位于西藏自治区班戈县境内，流域西接**色林错**的**他玛藏布**水系，北与**仁错约玛**流域相邻，南临纳木错卡作曲、**昂曲**诸条支流，基本呈东西向长方形展布。

波曲-聂拉木

流域属高原亚寒带羌塘半干旱气候，多年平均年降水量约 370 毫米，多年平均气温 0 摄氏度左右。河流主要由大气降水补给，辅以部分冰雪融水径流。地势低洼地区土地比较肥沃，以紫花针茅、青藏苔草及小嵩草等为优势种的高山草甸草原植被生长良好，是纳木错流域，乃至藏北地区的重要牧场之一，主要牧养牦牛、绵羊、山羊等牲畜。新吉乡位于上游诸山区性支流汇合的要隘之地，饮用水资源较为充沛，加之地势十分开阔，有利于发展畜牧业生产，是班戈县重要的文化、经济中心之一。波曲下游左岸有宗教圣地多加寺，并有村乡公路通达，有利于文化旅游业的发展。

源头至握江（新吉乡北、左岸支流鹿岗曲河口）为上游段，干流称布曲，河段长 24 千米，落差 231 米，平均河床比降 9.6‰。位于桑德山（高程 5 448 米）南侧的右岸支流布曲和源于牙昂巴山（5 304 米）的左岸支流鹿岗曲相继汇合后，使上游水系呈扇形，诸支流源区地势高亢，群山环抱，大小山峰高程多在 5 300 米以上，径流补给比较丰沛。

握江至扎青曲汇口（扎穷山与色玛山之间）间干流为中游段，统称布曲，河段长 34 千米，落差 100 米，河床平均比降降至 2.9‰。先东南、后东北流向，地势开阔、平缓，河道弯曲度增大，局部河段河道多分汊，发育一定面积的沼泽湿地。除接近扎穷山有左岸较大支流那果麻曲汇入外，本河段基本没有大的支流。扎穷山、色玛山及周围地区山峰林立，地势陡峻。

布曲过扎穷山东侧后进入下游段，并改称波曲，河段长 35 千米，基本呈东西流向，落差 94 米，河床平均比降进一步

10.3.4.2 昂曲
(Angqu River)

纳木错西南岸最长的入湖河流，发源于四布汝山南侧，源头高程 5 380 米。流域面积 1 436 平方千米，占纳木错流域总面积的 13.5%。河长 118 千米，落差 662 米。流域涉及西藏自治区申扎县和班戈县，介于东经 89°22′～91°18′和北纬 30°13′～30°32′之间。

流域西接**色林错**水系，南北分别与纳木错入湖河流**波曲**、卡作曲及**测曲**水系相邻，基本呈由西向东逐渐收缩形状展布，估算多年平均入湖流量约为 11.5 立方米每秒。

流域位于高原亚寒带羌塘半干旱气候区南界，多年平均年降水量约 370 毫米，多年平均气温 0 摄氏度左右。河流主要依靠大气降水补给，辅以部分冰雪融水。上中下游均有宽阔河谷、沼泽湿地，水土条件相对优越，植被资源也较丰富，因此是纳木错流域，乃至藏北地区的重要牧业区，牧养牲畜主要有牦牛、山羊、绵羊等。班戈县德庆镇坐落在昂曲北侧，是本流域重要的经济、文化中心，倚仗周围大片沼泽湿地，并有乡村公路通达，加之昂曲、测曲、卡作曲 3 条河下游水系交叉，谷地宽广，地势平坦等有利条件，德庆镇有进一步发展的广阔空间。

源头至龙堆山（右岸支流绒果曲汇入口）为上游段，河段长度 49 千米，落差 460 米，平均河床比降为 9.4‰。河源自四布汝山南侧形成地表径流后相继入两个山间盆地（面积达 30～40 平方千米），盆底高程分别是 5 104 米及 5 050 米，盆地内目前仍分布着数十个残留冰碛小湖和水塘湿地，第四纪高湖面时它们曾连为一体；干流在盆地内纳多条右岸支流，但河长均不足 10 千米。干流出盆地后继续东流，纳左岸支流洗葱曲后，进入高山峡谷区，河床比降明显加大；于切波山西及东麓相继纳右岸支流章挨曲和绒果曲后，径流量大增，河川进入相对开阔的中游段。章挨曲是昂曲上游右岸最大的支流，河长约 46.0 千米，该支流河源区有大面积冰川积雪分布，沼泽及冰碛小湖星罗棋布，水系十分发育，径流补给丰沛。章挨曲由西而东有 4 个源头，依次是可绍千曲、权曲、章命曲和庞腊曲。上游段河床宽一般 7 米，夏季水深 0.3 米。

龙堆山至波阿浪旺（德庆镇南）为中游段，河段长约 40 千米，落差 136 米，河床平均比降降至 3.4‰。本段河床特点是河曲十分发育、河道汊流频繁，除右岸有中然曲、扎龙曲等几条不足 10 千米长的支流汇入外，其余河道两侧集水面积非常狭窄。中游段干流河宽一般 14～17 米，夏季水深 0.6～0.7 米。

波阿浪旺至入湖河口为下游段，河段长约 29 千米，落差 66 米，河床平均比降进一步降至 2.3‰。本段河道特征除与中游段的河道特征相似（如河道多汊流、辫状水系、基本无支流汇入等）外，更大特征是河川径流还与北侧的卡作曲水系及南侧的测曲水系互有交叉，特别在春夏河水上升季节，这种情况更为明显。

10.3.4.3 测曲
(Cequ River)

纳木错流域面积最大的入湖河流，由西南岸汇入，发源于念青唐古拉山脉穷姆岗日山北坡，源头高程 5 400 米，位于西藏自治区班戈县境内，介于东经 89°38′～90°18′和北纬 29°56′～30°32′之间。

流域面积 2 350 平方千米，占纳木错流域总面积的 22.1%。河长 106 千米，落差 682 米，河床平均比降为 6.4‰。流域西侧及南侧接**雅鲁藏布江**外流水系，北侧与**昂曲**流域相邻，基本呈由西南向东北逐渐收缩形态展布，估算多年平均入湖流量约为 18.8 立方米每秒。

流域地处高原温带藏南半干旱向高原亚寒带羌塘半干旱气候区过渡地带，多年平均年降水量约 380 毫米，多年平均气温 0 摄氏度左右。河川径流属大气降水与冰雪融水混合补给类型，径流相对比较丰沛。河流上中下游河谷地形平坦开阔处均发育有大面积沼泽湿地，紫花针茅、青藏苔草及高山嵩草草甸植被资源十分丰富，是班戈县重要的畜牧业生产基地，牧养的牲畜主要有牦牛、绵羊、山羊等；有多种野生哺乳动物及鸟类资源，上游源区扎热孔马曲与扎热俄买曲经的高海拔大型山间盆地是优良的夏季天然牧场。

源头至左岸支流金曲入汇处（甲马错西侧）以上为河流的上游段，河段长 54 千米，落差 530 米，河床平均比降为 9.8‰。右岸较大的支流，自西向东有扎热孔马曲（为主源）、扎热俄买曲和塔青曲，其中扎热孔马曲最长。由于源区有大面积的冰川积雪覆盖，冰雪融水补给量比较丰沛，故诸支流出山口后在面积达 100 余平方千米的大型山间盆地内汇集，水道互相交叉，潴水形成数十个小型湖泊及大面积沼泽。出盆地后河流始称测曲，又纳右岸支流查布曲、桑曲（河长均不足 20 千米）后进入高山峡谷区正向北流，河床比降明显加大，水流湍急。上游的左侧支流金曲同样也有多个源头，自西向东较大的依次是加布曲、皮斯曲、杜宗曲、安乡曲和赤藏空玛曲，各源头河长多在 15～20 千米之间，诸源头支流相汇后称金曲，并进入高山峡谷区，由西向东，雨季河宽约 12 米，水深 0.6 米。上述左右两支流汇合口东侧，因地势封闭、径流排泄不畅而形成大片沼泽及众多小型湖汊，其中甲马错面积 2.0 平方千米，是其中最大的一个。

由甲马错西下行至强波附近为中游段，河段长 26 千米，落差 104 米，河床平均比降为 4.0‰。本河段特征是河曲十分发育，河道分汊频繁，除右岸有卓角弄曲（河长 12 千米）和甲布弄曲（河长约 14 千米）汇入外，**左岸没有支流汇入**，集水范围非常狭窄。雨季干流河宽一般 17～25 米，水深 0.4～0.5 米，河道两侧有阶地发育，阶地面高出河谷一般 2～3 米。

江布至入湖河口为下游河段，河段长 26 千米，落差 48 米，平均河床比降 1.8‰。由于地势平缓，泥沙大量沉积，滩地面积大增，河道分汊频繁，形成典型的辫状河道。更有甚者，某些河段水道还与临近河流交汊，如北侧与昂曲水系交汊，先是有一部分河川径流向昂曲分流，而后于近湖滨段昂曲又几乎与测曲合并成同一水体向纳木错排泄；南侧右岸较大的支流有古仁曲、各曲、比朗曲等共 4～5 条，大者河长可达 20 千米以上，它们有的也存在径流交汊的特点。从西南岸汇入纳木错的昂曲与卡作曲在德庆镇南侧沼泽地区也有地表地下流域分界不清等情况，如严格按水文地理特征考虑，应将卡作曲、昂曲、测曲及其右岸某些较小支流都合并为同一水系进行分析研究。

10.3.5 蓬错
(Pengcuo Lake)

西藏自治区班戈、安多两县界湖，东与**懂错**、**错鄂**、**乃日**

平错为邻，西与**江错**相近，西南望**巴木错**，东南以河道连接**崩错**。地理位置为东经90°54′～91°02′，北纬31°24′～31°38′，内陆终点湖泊。湖近似长茄形，作南北向延伸。湖面高程4 522米时，相应湖长24.5千米，最大湖宽9.1千米，平均宽5.54千米，面积135.7平方千米。湖泊岸线较为圆滑规则，岸线周长61千米。湖中偏北部有无名小岛2座，合计面积约0.02平方千米。

湖泊地处羌塘高原东南部，坐落在念青唐古拉山脉北侧一大型山间构造盆地内。盆地外围群山环绕，高山耸峙。近湖区北部和西部为低山丘陵，相对高差200～400米，山丘紧临湖体，湖岸陡峭；东部和南部地势低缓开阔，为冲积—淤积平原，并散布有众多小型残迹湖。湖滨多处保存有较为完好的古湖岸砂堤，堤顶最高高程4 600米，是第四纪湖泊盛期时与懂错、巴木错曾为同一大湖面的重要佐证。

湖区属高原亚寒带羌塘半干旱气候，冬季漫长无夏，严寒干燥，年内无绝对无霜期。多年平均气温约－2摄氏度，多年平均年降水量约300毫米，年平均8级以上大风沙日达80天以上。

湖泊流域面积2 709平方千米。湖水补给以地表径流为主，冰雪融水径流占有较大比重，计有大小入湖河流11条，**罗可曲**为最大入湖河流，其他入湖河流河长多在10～20千米间，皆源短而流小。

1980年考察，湖水pH值8.8，矿化度6.01克每升，属碳酸盐型咸水湖泊。

湖区植被以针茅草原为主，滨湖放牧点较多。东南部环湖有县级公路东西穿过，交通方便。

10.3.5.1 罗可曲
(Luokequ River)

蓬错最大入湖河流，发源于念青唐古拉山支脉塔空巴日北侧常年冰雪覆盖区，河源高程约5 500米。流域面积1 913平方千米，占蓬错流域总面积的70.6%。河长94千米，落差978米，河床平均比降10.4‰；地处西藏自治区班戈、那曲两县，另有南部一隅在当雄县境内。流域南、西分别与**纳木错**、**巴木错**水系为邻，东与**乃日平错**水系相接。

流域属高原亚寒带羌塘半干旱气候，气候特征与蓬错流域相同。在中下游地区以针茅草原为主，上游地区以嵩草草甸为主，适于放牧；野生动物主要有野驴、藏羚羊、岩羊，以及雪鸡、野鸭、斑头雁、黑颈鹤等。

全流域水系呈树枝状展布，干流总体上由东南向西北流淌，可明显区分为3个不同特性的自然河段：源头至右岸支流孔玛曲河口为上游高山峡谷段，河段长29千米，落差744米，河床平均比降25.7‰；孔玛曲河口至**崩错**尾闾泄水口为中游山间盆地与吞吐性湖泊段，河段长38千米，落差92米；崩错泄水口至入注蓬错河口为下游宽谷与三角洲平原段，河段长27千米，落差142米，河床平均比降5.3‰。流域内水系发达，大小湖泊众多，崩错为其中最大湖泊。河源区有常年冰雪覆盖面积45平方千米，冰雪融水径流补给颇丰。

上游段 河流由塔空巴日常年冰雪覆盖区源出后，诸山溪顺山谷走势相继汇流，干流先大致作南北向流淌，穿行于高山峡谷间，始得名雅恰雄曲，河宽5～10米，水深0.2～0.3米；约经18千米的流程，有右岸支流打沙雄曲汇入，该支流为上游段最大支流，河长14千米，河宽9米，水深0.3米，沿程有9条次级支流汇入，水系发育良好。打沙雄曲汇入后，干流折转为西北行，又得名打日雄曲，下行约6千

米，右岸小支流孔玛曲汇入后，干流由此进入中游段，水势明显增强，河宽9～15米，水深0.3～0.5米，6—8月间水流湍急。

中游段 孔玛曲河口以下约4千米，干流开始出现分汊，直至入崩错河口，干流及其支汊呈近似扇形展布，流淌于小型三角洲平原，河网稠密，沼泽连片，残迹小湖棋布，直至崩错河口。崩错在河湖关系上实质为干流过水断面的扩大段，又相继汇纳左岸支流过速曲、池恩雄曲、泥得曲及右岸支流错曲、嘎池曲、玛尔尺曲后继续下行。其中较大支流池恩雄曲，河长39千米，河宽6～13米，水深0.2～0.5米；流域面积352平方千米。干流等入湖径流经崩错调节后，于该湖西北隅之尾闾口泄出，始得名罗可曲，由此进入下游段。

下游段 下游段首端河宽5米，水深0.2米；继续西北行，在汇纳模弄曲、拿拉曲等左右岸小支流后，河宽、水深分别增至10米、0.4米；续流，有左岸支流麻荣雄黄曲（河长31千米，河宽4～5米，水深0.3～0.6米，是下游段最大支流）汇入，汇合口以下河流迂回曲折，支汊纷出，进入河口三角洲平原段，其中主泓河宽15米，水深0.8米。

流域内放牧点较多，以班戈县北拉镇为最大，是流域内政治、经济及文化中心，并有县级公路东西穿过，交通方便。

10.3.5.1.1 崩错
(Bengcuo Lake)

西藏自治区班戈、那曲两县界湖，地理位置东经91°02′～91°16′，北纬31°09′～31°18′，系内陆吞吐淡水湖泊。湖呈近似长方形，作西北—东南向延伸，湖面高程4 664米时，相应湖长24.5千米，最大湖宽11.5千米，平均宽5.77千米，面积141平方千米。湖泊岸线较为顺直规则，岸线周长61千米。湖中有无名岛屿1座，面积约0.02平方千米。

崩错地处羌塘高原东南部，坐落在念青唐古拉山脉北侧一狭长形山间盆地内。湖东、西、北三面山地环绕，相对高度300～400米，湖岸陡峭；惟东南部地势开阔，为冲积平原及河口三角洲，并有连片沼泽发育。湖滨有小型残迹湖散布，位于西部之奇习错（面积2.8平方千米）及东南部之那定错（面积1.3平方千米）为其中较大者。

湖泊出水口以上流域面积1 553平方千米。湖水主要由地表径流补给，入湖冰雪融水径流占有较大比重，计有大小入湖河流12条，其中以打日雄曲（罗加曲）为最大，入湖河口以上河段长42千米，流域面积472平方千米；其次为源于湖区南部山地的池恩雄曲；其他入湖河流皆源流短小。

流域植被以针茅草原为主，紫花针茅、羽柱针茅、青藏苔草、珠峰苔草为组成植被的优势种类，适于放牧。湖区主要野生动物种类有野驴、黄羊、岩羊、藏羚羊及黑颈鹤、雪鸡等。湖区放牧点较多，其中以南部之曲果、萨吉较大。滨湖东南、西北隅有乡级道路，分别连通那曲、班戈县政府驻地，南接109国道，交通尚可称便。

10.3.6 兹格塘错
(Zigetangcuo Lake)

曾名孜格丹错、泽格丹湖、次尔改塘错等，位于西藏自治区安多县境内，地理位置为东经90°44′～90°57′，北纬32°00′～32°09′。湖面高程4 561米时，湖长20.2千米，最大宽13.9千米，平均宽9.5千米，面积191.4平方千米。湖大致呈三角形状，岸线比较规则，湖周长度67千米。碳酸盐型内

陆咸水湖泊。

湖盆位于班公—东巧—怒江大断裂带内,属构造湖。流域东邻**错那**入湖河流忘朵曲及卓给曲港,北接**色林错**最大入湖河流**扎加藏布**,西与**徐果错**交界,南侧与**懂错**、**达如错**水系。流域面积3 430平方千米。湖体西侧相对高程300～400米的山地山麓线紧贴湖边,地势陡峻;湖东、北及南部滨岸分布有宽2～4千米的砂砾质盐碱滩地,湖积平原面积较大,地势相对开阔。湖泊周围有一系列古湖岸砂砾堤分布,其中南侧距湖岸1千米范围内,有较清晰的砂砾堤10条,最高一条高出现湖面约55米;东侧距湖岸400米处的一条高出现湖面20米、由均匀细砂砾构成的古湖堤十分醒目,堤外缘有一系列带状残留小湖或干涸盐滩分布。这些均反映湖泊自第四纪高湖面以来已经明显退缩。

流域多年平均气温约−4摄氏度,其中最热月(7月)均温8.9摄氏度,最冷月(1月)均温−13.0摄氏度;多年平均年降水量约350毫米,其中5—9月占年降水量的80%以上。属高原亚寒带半湿润向羌塘半干旱气候过渡区,湖水补给主要是大气降水与地下水。较大的入湖河流有10余条,其中最大的是由北岸汇入的**柴荣藏布**,流域面积1 364平方千米;其次是由南岸汇入的本土尔曲,河长约40千米,流域面积仅256平方千米,该河右岸支流当木曲源头与**懂错**西北岸入湖河流那木弄曲的源头之间分水界是一片低平的沼泽湿地。除此以外,尚有从南岸汇入的布如曲(河长25千米,位于本土尔曲西侧)、龙玛尔曲(河长约12千米,位本土尔曲东侧),从东岸南侧汇入的司麦纠曲(河长38千米),从东北侧汇入的曲纳曲(河长26千米),从北岸汇入的时令小河察曲(河长19千米)、且乃曲(河长18千米),从西岸汇入的荣琼曲(河长23千米)和加曲(河长21千米)等。诸入湖河流的源头或下泄途中多有泉水及其他形式地下水补给,因而多数能够维持经常性径流。泉水中有一部分为热泉,水温大多介于6.5～83.0摄氏度之间。在湖西南岸有一处热泉溢出区(琼那查尼孔玛),面积近2 000平方米,热泉泉眼数以百计,泉华锥数十处,溢出热泉最高水温近100摄氏度,泉眼逸出的气体使泉眼处泉水激烈翻涌,十分壮观。大片泉华、泉华锥说明历史上的地热活动规模相当可观。

据1999年7月22—26日实测,湖泊最大水深为38.9米,全湖水深大于10米的面积有117.54平方千米,其中水深大于20米的面积为47平方千米。按实测资料估算,当水位为4 560米时湖泊贮水量为26.645亿立方米。同年7月实测,表层水温10.5摄氏度,湖底水温为2.3摄氏度,湖水矿化度41.7克每升。另据1958—1998年资料,湖面多年平均年蒸发量925.1毫米。

流域主要植被类型为高山草原,生长紫花针茅、羽柱针茅、高山嵩草、硬叶苔草等旱生植物。山区植被稀疏,植株高一般6～15厘米;河谷平原区植株高可达20～25厘米。流域草场属Ⅱ、Ⅲ级宜牧区,畜牧经济发展较快,是藏系绵羊和牦牛的主要生产基地。野生哺乳动物有藏羚羊、野牦牛、野驴、黄羊、獐子、马鹿、狐狸、狗熊、草豹、狼、猞猁等,常见的鸟类有黑颈鹤、藏雪鸡、赤麻鸭、棕背沙鸡等。

10.3.6.1 柴荣藏布
(Chairongzangbu River)

兹格塘错最大入湖河流,发源于佳拉笛山与来果玉山南侧泉水溢出带,源头高程4 840米。流域面积1 364平方千米,占兹格塘错全流域总面积(3 430平方千米)的39.8%。河长60千米,落差279米。流域介于东经90°47′～91°19′和北纬32°11′～32°29′之间,位于西藏自治区安多县境内。

流域属高原亚寒带半湿润向羌塘半干旱过渡气候区,多年平均气温−0.4摄氏度左右,多年平均年降水量约350毫米,大气降水与地下水是河流的主要补给源,尤其全流域星罗棋布的泉水是干流及许多支流能够保持经常性径流的重要基础,估算年入湖径流总量为0.7亿立方米左右,多年平均流量2.2立方米每秒。

植被主要类型是高山草原,紫花针茅、羽柱针茅、高山嵩草、硬叶苔草等为植被优势种类。山区植被稀疏,而河谷平原区域植被覆盖度可达20%～30%。

源头至东支强赛曲港汇入口(姜阿艰山东麓)为上游段,河段长约28千米,落差229米。强赛曲港汇入口至右岸支流鄂陇曲汇入口为中游段,河段长15千米,落差14米,河床平均比降为0.9‰。鄂陇曲汇入口至入湖河口为下游段,河段长17米,落差36米,河床平均比降为2.1‰。

柴荣藏布上游分北、东两支,北支由一系列发源于北部山区的大小沟溪组成,溪沟长度10～28千米不等,其源头均有相当规模的泉水补给。其中正源尼曲长28千米,源头又有江曲与汤汹曲两条支沟,汤汹曲直接由多处出露的泉水汇集而成,单泉出水量达每小时10 800升。北支各条沟溪出山口后逐渐向布尔克盆地低洼处汇集并形成干流,其水系犹如一把扇子。东支称强赛曲港,由一系列源于流域东部山区的大小沟溪组成,各沟溪长度10～32千米不等,其源头亦均有相当规模的泉水及地下水补给,但汇入干流的径流远比北支要小。

上游北、东两支于姜阿艰山与日巴查仁山间峡谷汇合出布尔克盆地后进入中游段,始称柴荣藏布。河流流淌于平缓的山区之中,河床比降不足1.0‰,河道比较弯曲,砾质河床宽度增至12米左右,夏季水深0.4米。其间有一条长约10千米、具有丰富泉水补给的卓迁曲从干流左岸汇入;支流鄂陇曲长23千米,源于卓普玛索山(高程4 890米)东侧,源头及沿程均有较丰富的泉水补给,河宽约4米,夏季水深0.2米。

下游河段基本上系在古大湖湖积滩地上冲刷所形成,两岸侵蚀阶地发育,因河道左右摆动频繁,形成的细砂砾质河谷宽达300～500米,河床宽5～12米,夏季水深0.3米。入湖前,仅有东侧长约20千米的支流曲各陇曲汇入,其源头也有一系列的泉水补给。

10.3.7 江错
(Jiangcuo Lake)

位于西藏自治区班戈县境东北隅,东邻**蓬错**,西北、西南分别与**达如错**、**巴木错**交界,地理位置为东经90°49′、北纬31°33′,内陆湖泊。湖呈近似椭圆形,湖面高程4 598米时,相应湖长9千米,最大湖宽6.2千米,平均宽4千米,面积36平方千米。湖泊岸线规则圆滑,岸线周长27千米,湖中央有无名小岛1座,面积约0.01平方千米。

江错坐落在念青唐古拉山脉北侧一小型山间盆地内。盆地外围群山环绕,相对高差400～500米;近湖区山势低缓,渐变为岗阜丘陵;东南部、北部及西部滨湖河口区有三角洲平原发育,地势开阔坦荡。三角洲平原上有小型残迹湖点缀,其中以位于滨湖东南隅的那顶错(面积约0.9平方千米)最大。

湖区属高原亚寒带羌塘半干旱气候，寒冷干燥，长冬无夏，年内无绝对无霜期，大风沙日较多，多年平均气温－1.2摄氏度，多年平均年降水量约300毫米，年平均8级以上大风日逾80天。流域面积346平方千米。湖水补给以地表径流为主，计有大小入湖河流12条，以西部入湖之吃荣查杠曲最大（河长25千米，下游段河宽约5米，水深0.4米），其次为北部入湖之岗利曲（河长9千米，源头有一时令湖错贡，面积约0.8平方千米）。湖水pH值9.5，矿化度25.258克每升，属碳酸盐型咸水湖泊。

湖区植被以针茅草原为主，紫花针茅、羽柱针茅、沙生针茅及青藏苔草为组成植被的优势种类，适于放牧。湖区主要野生动物种类有野驴、黄羊、藏羚羊、岩羊及黑颈鹤等。湖区放牧点较多，环湖有乡级道路北接黑阿公路，西达班戈县政府驻地，交通尚属方便。

10.3.8　达如错
（Darucuo Lake）

位于西藏自治区班戈县境东北隅，地理位置为东经90°42′～90°46′，北纬31°37′～31°48′，内陆湖泊。湖呈长瓶状，作南北延伸。湖面高程4 682米时，相应湖长19.5千米，最大湖宽5.4千米，平均宽2.78千米，面积54.2平方千米。湖面可明显区分为大小悬殊的南北两个湖区，两湖区间以近似河道水面相连，状如瓶颈。湖泊岸线顺直平滑，岸线周长51千米。湖中有无名小岛4座，散布在湖区南部，其中面积最大者约0.02平方千米。

达如错地处羌塘高原东南部，坐落在念青唐古拉山北侧一山间盆地内，盆地呈南北狭长形走向。湖泊东西两侧山岭逶迤，高程在5 200～5 300米间，山地紧临湖体，岸坡较陡；南北两侧地势开阔，为低缓丘陵，相对高度一般为100～200米，其中北部滨湖区发育有连片分布之沼泽，众多小型残迹湖点缀其上。

湖区属高原亚寒带羌塘半干旱气候，寒冷干燥，冬长无夏，年内无绝对无霜期，冬春大风沙日较多，多年平均气温－1.2摄氏度左右，多年平均年降水量约300毫米。流域面积574平方千米。

湖水主要依赖地表径流补给，拥有大小入湖河流15条，多分布于湖之东部及北部，皆源流短小。其中较大的有种曲（河长17千米，河宽4米，水深0.3米）、学修曲（河长12千米，河宽3米，水深0.1米）、坡尔扎曲（河长11千米，河宽3米，水深0.3米）。

湖水pH值8.3，矿化度6.914克每升，属硫酸钠亚型咸水湖泊。

湖区植被主要为针茅草原，紫花针茅、羽柱针茅、珠峰苔草、青藏苔草为组成植被的优势种类，适于放牧；野生动物主要有野驴、藏羚羊、岩羊、盘羊及黑颈鹤等。湖区为重要牧区，放牧点较多。环湖有乡级道路北接黑阿公路，西南达班戈县政府驻地。

10.3.9　巴木错
（Bamucuo Lake）

位于西藏自治区班戈县境内，地理位置为东经90°31′～90°39′，北纬31°08′～31°22′。湖面高程4 555米时，湖长24千米，最大宽9.9千米，平均宽7.95千米，面积191平方千米。湖基本呈南北向长方形展布，长宽比达3.04。湖岸比较规则，岸线周长69千米。碳酸盐型内陆咸水湖泊。

巴木错地处念青唐古拉山北部一山间断陷盆地内，属构造湖。流域西接**班戈错**、**仁错约玛**水系；东邻**崩错**、**纳木错**入湖河流源头；南北两侧分别与**申错**以及**蓬错**、**江错**、**东恰错**流域交界。流域面积5 030平方千米。湖体东西两侧相对高程400余米的一系列高耸山峰与湖岸水平距离仅1千米左右，山麓线即水边线，滨岸地势陡峻。湖岸南侧地形比较平缓，与申错间分水垭口高程约4 770米，即高出巴木错湖面215米，而高出申错湖面却只为35米。湖体北部周边地形十分开阔，湖积平原面积达百余平方千米，几条较大的入湖河流均由北部东西两侧汇入，并于湖滨发育一定规模的入湖三角洲。北部湖滨分布有一系列古湖岸砂砾堤，其中最高的高出现湖面达100米。巴木错与东侧蓬错水系间分水垭口高程4 598米，20多个残留小湖在分水垭口附近呈东西向展布，其中最大的拥错（面积2.7平方千米）湖面高程4 590米。据此推断，在第四纪高湖面时，南侧的申错湖水曾通过甲玛曲排向巴木错，而巴木错湖水又通过**桑曲**、拥错及蓬错入湖河流**罗可曲**排向蓬错。从地貌形态分析，在高湖面时巴木错、蓬错曾是同一大湖，现拥错东侧的小山昔日曾是大湖中的岛屿。

流域属高原亚寒带羌塘半干旱气候区，多年平均气温0摄氏度左右，多年平均年降水量约380毫米。湖水主要由大气降水辅以一定的冰雪融水径流补给，入湖河流较大的有4条，其中最大的是**白桑桑曲**，由湖西北岸汇入；第二是**荣钦藏曲**，由湖西岸汇入；第三是**卡莫曲**，由湖东岸汇入；第四是**桑曲**，由湖东北岸汇入。其他入湖河流还有北岸的习朽曲、拉青曲康，南岸的甲玛曲、熊白曲等，但河长均不足20千米。

巴木错湖水清澈、湛蓝，是一个深水湖泊。据1984年资料，湖水pH值9.8，矿化度16.96克每升，水化学类型为碳酸盐型。

班戈县政府所在地普保镇位于白桑桑曲的上游地区，班戈县青龙乡政府在卡莫曲水资源较充沛的中游山区。南北湖滨均有县乡公路通达。北部湖滨，特别是多条重要入湖河流沿岸均有大面积沼泽湿地，紫花针茅、青藏苔草草原及嵩草草甸植被等资源丰富，是重要的畜牧业生产基地，主要牧养牦牛、绵羊、山羊等牲畜。

10.3.9.1　白桑桑曲
（Baisangsangqu River）

巴木错最大入湖河流，位于西藏自治区班戈县境内，流域介于东经89°56′～90°33′和北纬31°12′～31°39′之间。河流长度94千米，正源砂荣曲源于郎钦山脉若如山北侧，河源高程5 340米，落差785米，河床平均比降8.4‰。流域基本呈西北—东南长方形展布，西侧为**班戈错**恰嘎藏布水系，北接**东恰错**流域，南与**荣钦藏曲**相邻，流域面积1 980平方千米，占巴木错流域面积的39.4%。多年平均入湖流量约3.3立方米每秒。

上游东西大山之间的南北向狭长河谷中水草丰茂，固定与临时性居民点密集分布；中下游地区地势低平，水土条件优越，紫花斜草、青藏苔草等植物群落生长茂盛，交通便捷，是班戈县重要的畜牧业基地。

源头至客色（又名格色、克沙）为上游河段，名马尔库曲，长25千米，落差655米，河床平均比降高达26.2‰。源区群山环抱、地势高亢，水系呈扇状分布。正源砂荣曲相继纳右岸支沟普久曲、班温弄巴曲，继续南流至出山口客色附近，其间再无大的支沟汇入。上游段除班戈县政府所在地河谷地形较开阔外，其余均在高山峡谷中穿行，砂质河床，坡陡谷深,水流湍急,具有典型的山区性河流特征。

客色至土那洛西(右岸支流达日嘎巴曲河口)为中游河段,名桑曲,长50千米,落差92米,河床平均比降为1.8‰。基本呈南北流向的上游河段出口后进入山间盆地,并急拐弯呈西北—东南流向,由于盆地地势平坦,源于南北高山的各条支流汇入,形成大片低洼湿地。中游段集水面积约占全流域的三分之二,是河川径流的主要补给区,其中左岸(北岸)支流的规模、数量都明显超过右岸(南岸)。从左岸汇入的支流由西向东依次有:朋贡荣玛曲,河长25千米,源于卡足山西坡;荣马曲康,河长18千米,源于卡足山南坡;茶木曲那嘎,河长24千米,源于卡足山东坡;格马曲谷,河长22千米;弄仁曲康,河长约18千米;曲过莫,河长约18千米,源于色如查巧山西坡;把美曲岗,河长15千米,源于色如查巧山南坡;恰热曲岗,河长32千米,源于雅日阿山北坡。右岸较大的支流仅有两条,自西向东一是雄曲,河长31千米,源于热松玛山北坡;二是达日嘎巴曲,河长36千米,源于尼弄拉山西坡。从巴木错最高古湖岸线高出现湖面约100米分析,白桑桑曲中游河段及其多数支流的下游段,在第四纪高湖面时都曾属古大湖的范围,十分弯曲的河道、大面积的沼泽、星罗棋布的残留小湖(50～60个)等特征也都充分印证了这一点。

土那洛西至入湖河口为下游段,始称白桑桑曲,长19千米,落差38米,平均河床比降为2.0‰。本段河床纯系在湖积平原上冲刷形成,河道更加发育,不少地方水系互相交叉。干流右岸坡面漫流是主要集水形式;左岸多条基本南北流向的支流受平缓地形影响,多于近干流不远处转以潜流方式向干流汇集。从西向东较大支流有:尼亚曲岗,河长25千米,源于克那拉山北侧;甲曲曲,河长31千米,源于克哑罗玛山南侧;弄我曲,河长17千米,源于摩木山西侧。白桑桑曲夏季河宽一般12～14米,水深约0.8米,湖滨河口三角洲面积仅2～3平方千米。

10.3.9.2　荣钦藏曲
(Rongqinzangqu River)

巴木错西岸入湖河流,位于西藏自治区班戈县境内,发源于郎钦山脉都如山南侧,源头高程5 340米,介于东经90°00′～90°33′和北纬30°59′～31°17′之间。

流域面积832平方千米,占巴木错流域面积的16.5%,河长83千米,落差785米,河床平均比降9.5‰。流域西侧为**仁错约玛**水系**玖如错**入湖河流**藏布曲**;北与**白桑桑曲**交界;南邻**纳木错**、**申错**流域。流域基本呈东西向展布,多年平均入湖流量约1.4立方米每秒。

荣钦藏曲是一条山区性河流,除扎日山南麓中游河段的部分地区河谷比较开阔,有利于畜牧生产外,其余河段河谷都十分狭窄,只有零星的牧场分布。

源头至尼扎那马(宗卡巴山西侧)的上游河段称桑曲,河长24千米,落差471米,河床平均比降为19.6‰。源区诸山峰高程多在5 100～5 500米之间,尤以北侧地势更为峻峭,溪沟呈扇状水系。右岸支流有色通基布曲,左岸有那弄曲、玛青曲等,但河长均不足10千米。桑曲与西侧玖如错的入湖河流藏布曲均源于都如山南麓由地下水溢出形成的小湖(名理饿穷错,面积1.0平方千米)。

尼扎那马至穷校乡(又名琼学)的中游河段总雄曲、荣可曲,河长36千米,落差263米,河床平均比降7.3‰。本河段受山地走向控制,河道十分弯曲,先基本西东流向,

至供波纳北突然拐成西北流向,近西扎乡东南的岗确山麓又重改西东流向,大部分河岸临近山麓,河谷十分狭窄,汇入支流除右岸马尔波曲河长11千米外,其余河流多不足5千米。干流河床主要由沙砾质组成,河宽一般7米左右,水深0.2～0.4米。

穷校乡至入湖河口的下游段始称荣钦藏曲,河长23千米,落差51米,平均河床比降2.0‰。受巴木错湖面连续下降影响,本段河床不断下切,致使河道非常弯曲,石质河床,河谷狭窄,河宽一般8米左右,水深0.3米。拉给附近开始,湖积平原地势开阔,河道比较顺直,并于湖滨形成面积3～4平方千米的入湖三角洲。

10.3.9.3　桑曲
(Sangqu River)

巴木错东北岸入湖河流,位于西藏自治区班戈县境内,发源于缅日山西侧,源头高程5 100米,流域面积476平方千米,占巴木错流域面积的9.5%。河长63千米,落差545米,河床平均比降8.7‰。流域介于东经90°38′～91°02′和北纬31°05′～31°32′之间,基本呈东南—北西方向展布。

流域北接**拥错**、**蓬错**及**江错**水系;东邻**崩错**入湖河流泥得曲;南与入湖河流**卡莫曲**交界。多年平均入湖流量约0.8立方米每秒。各河段沿岸两侧分布的沼泽湿地面积不大,仅上中游接合部德玛乡及那青强日扎附近具有发展畜牧业条件。

源头至德玛乡(多格)为上游河段,称措那雄曲,河长17千米,落差338米,河床平均比降19.9‰。除正源弄日曲外,右岸(北岸)另有东西流向的两条源头支沟相继汇入,并于山间盆地形成一片面积5～6平方千米的沼泽湿地。德玛乡即位于该沼泽北沿的德尔崩山东南山麓,具有较好的自然条件。

桑曲

德玛乡至右岸(北岸)支流达曲曲康河口为中游段,河长33千米,落差172米,河床平均比降5.2‰。河流出德玛乡盆地后进入高山峡谷区,改东南—北西流向,河名边青雄曲,河谷两岸近在咫尺的甲色玛山与勇玛拉则山,相对高程都在400米左右,河床比降上升至10‰,河槽狭窄,水流湍急。出山口后,河流进入一面积近20平方千米的盆地,流速变缓,同时又有左岸两支流(河长均不足10千米)于那青强日扎附近汇入,致盆地内沼泽湿地发育。出沼泽地后,河流呈南北流向,并改称雄曲,沙质河床,河宽2.4米,水深0.3米左右,直至右岸支流达曲曲康汇入。达曲曲康河长约23千米,是桑曲最大支流,源于白拉山南侧,基本呈北南流向,河宽约2米,水深0.2米左右。

达曲曲康河口以下至入湖河口为下游河段,始称桑曲,

河长 13 千米，落差 35 米，河床平均比降为 2.7‰。因基本在原湖积平原上冲刷形成，故河道十分弯曲，流向多变；沙质河床，河宽加大至 6 米左右，水深 0.5 米，但入湖口三角洲面积不大。

10.3.9.4　卡莫曲
（Kamoqu River）

巴木错东岸入湖河流，位于西藏自治区班戈县境内，发源于沙热玛山（拉恰东）北侧，河源高程 5 020 米，基本呈东南—西北方向展布，流域面积 992 平方千米，占巴木错流域总面积的 19.7%。河长 82 千米，落差 465 米，河床平均比降 5.7‰。

流域介于东经 90°35′~91°09′和北纬 30°16′~31°19′之间。流域西邻**申错**水系，北接**桑曲**，东与**崩错**、南与**纳木错**流域交界，多年平均入湖流量约为 1.67 立方米每秒。

中上游河段地势平坦，沼泽湿地面积大，植被生长茂盛，有利于畜牧业发展。青龙乡以及东嘎、曲日等重要居民点均坐落于河流沿岸，使这一地区成为班戈县重要的文化、区域经济发展中心。

源头至错龙确出水口（原曲日乡西，今属尼玛乡）的上游河段称桑曲，河长 20 千米，落差 298 米，河床平均比降 14.9‰。源区多座高程 5 100 米以上的圆形高山彼此紧邻分布，除正源拉恰熊曲外，山间尚有多个源头溪沟呈扇状向西侧错龙确湖盆汇集，形成面积 6.1 平方千米的湖泊错龙确及面积 13~14 平方千米的沼泽湿地。班戈县原曲日乡即坐落沼泽北沿的罗布惹山麓。错龙确系吞吐湖泊，上游径流经调蓄后，继续向中游河段排泄。

错龙确出水口以下至左岸支流帕弄曲汇合口（青龙乡北）的中游河段相继称孔瓦尔雄曲、扎桑雄曲和年布雄曲，河长 40 千米，落差 78 米，平均河床比降 2.0‰。干流基本呈东南—西北流向，沙质河床，河宽 6~7 米，水深 0.5 米。由于地势平缓，河床比降很小，致使河道十分弯曲，沿岸发育大面积沼泽和许多小型残留湖泊。本河段是径流的主要补给区，其中左岸汇入支流较多，从东往西较大的依次有：嘎尔确曲，河长 19 千米，基本正北流向，中上游分汊很多；舍尔确曲，河长 17 千米，基本西南—东北流向；帕弄曲，河长 21 千米，基本正北流向。右岸（北岸）仅 3~4 条小支流，河长均不足 10 千米。

帕弄曲河口至湖河口的下游河段长 22 千米，前段称青龙曲，后段才称卡莫曲，落差 89 米，河床平均比降上升至 4.0‰。青龙曲东西两侧分别是称俄山和青龙日那山，河谷深切，砾质河床，十分顺直；出山口后的河床系在平坦的湖积平原上冲刷所形成，弯曲度大增。下游河段基本呈南北流向（近入湖口改东西流向）。受地形影响，下游段集水面积很小，沿程基本无支流汇入。

10.3.10　申错
（Shencuo Lake）

位于西藏自治区班戈县境内，地理位置为东经 90°29′、北纬 31°00′。湖面高程 4 735 米时，湖长 11.5 千米，最大宽 5.6 千米，平均宽 3.8 千米，面积 43.3 平方千米。湖岸比较规则，湖周长度 35 千米，碳酸盐型咸水湖泊。

申错湖盆由断陷构造形成，周边分别与**巴木错**、**纳木错**水系交界，流域面积 391 平方千米。湖区多年平均气温−1.0 摄氏度左右，多年平均年降水量约 350 毫米，属高原亚寒带羌塘半干旱气候区。

湖水主要由降水补给，计有大小入湖河流 7~8 条。最大的是东南岸入湖的桑曲，河长 21.5 千米，上游坡陡流急，下游河谷开阔，河道顺直，沼泽发育；其余河流长多不足 10 千米。湖周分布的最高古湖岸砂堤高程约 4 780 米，而与北侧巴木错间分水垭口高程是 4 770 米左右，表明第四纪高湖面时，申错湖水曾北流入注巴木错。

湖中有小岛 2 座，面积分别为 0.03 平方千米与 0.05 平方千米。北部近湖滨另有一面积约为 1 平方千米的残留小湖——错穷。

湖体西南侧地势十分陡峻，水边线紧贴山麓，其余滨岸比较开阔。支流桑曲河口三角洲发育有面积 10 余平方千米的沼泽湿地，植被生长良好，并有公路从湖的东南岸通过。

10.3.11　东恰错
（Dongqiacuo Lake）

又名东卡错，位于西藏自治区班戈县辖境内，地理位置为东经 90°25′、北纬 31°47′，内陆咸水湖泊。湖面高程 4 616 米时，湖长 10.5 千米，最大湖宽 7.1 千米，平均宽 4.45 千米，面积 46.7 平方千米。湖泊岸线较为圆滑规则，周长 33 千米。湖西北部有一座无名小岛，面积约 0.01 平方千米。

东恰错坐落在羌塘高原东南部一大型山间盆地内，湖区地势开阔，南部和东部为广袤的冲积—淤积平原，并有连片沼泽发育，小型残迹湖塘星罗棋布，面积一般在 0.01~0.03 平方千米之间；北部和西部滨湖多低缓残丘，相对高度 100~200 米。

湖区属高原亚寒带羌塘半干旱气候，寒冷干燥，冬季漫长，年内无绝对无霜期，风沙日较多，多年平均气温−1.2 摄氏度上下，多年平均年降水量约 300 毫米。流域面积 1 428 平方千米，拥有大小入湖河流计 13 条。其中东南部桑曲为最大入湖河流，河长 37 千米，落差 584 米，下游段河宽 6.0~9.0 米，水深 0.4~0.5 米；其次为差多曲康，河长 32 千米，落差 484 米，下游段河宽 6 米，水深 0.5 米；其他入湖河流皆源流短小。

湖水 pH 值 8.3，矿化度 36.38 克每升，水化学类型属碳酸盐型。

湖区植被以针茅草原为主，滨湖沼泽区为沼泽植被，紫花针茅、羽柱针茅、青藏苔草等为组成植被的优势种类。湖区野生动物种类主要有野驴、岩羊、黄羊、藏羚羊以及黑颈鹤、雪鸡等。滨湖放牧点较多，近湖东、南、西侧均有乡级道路北接黑阿公路，西南达班戈县政府驻地。

10.3.12　徐果错
（Xuguocuo Lake）

藏语意为"圆开湖"，位于西藏自治区班戈县境内，地理位置为东经 90°20′、北纬 31°57′，内陆咸水湖泊。湖面高程 4 595 米时，相应湖东西长 6.5 千米，南北最大宽 6 千米，平均宽 3.49 千米，面积 22.7 平方千米。湖泊岸线较为圆滑规则，周长 33 千米。湖西北部有一无名小岛，面积约 0.01 平方千米。

徐果错坐落在羌塘高原东部一山间盆地内，周围地形支离破碎，低山残丘散乱分布，分水岭不十分明显。残丘间小型残迹湖泊众多，面积多在 0.10~0.50 平方千米间。

湖区属高原亚寒带羌塘半干旱气候，寒冷干燥，冬季漫长，年内无绝对无霜期，大风沙日较多，多年平均气温−1.5

摄氏度上下，多年平均年降水量约300毫米。流域面积998平方千米，拥有大小入湖河流4条，其中以东部入湖的**桑曲**最大；其次为北部入湖的江梭甲不弄曲，河长26千米，河源由3眼泉水补给。

湖水pH值9.6，矿化度35.58克每升，水化学类型属碳酸盐型。固体矿床以石盐沉积为主。

湖区植被以针茅草原为主，紫花针茅、羽柱针茅等为组成植被的优势种类。湖区主要野生动物种类有野驴、藏羚羊、岩羊以及黑颈鹤等。滨湖区放牧点较多，主要有徐果骇、冬巴孔玛、纠查红等。黑阿公路从滨湖北部东西穿过，交通方便。

10.3.12.1 桑曲
(Sangqu River)

徐果错水系中最大的入湖河流，位于西藏自治区班戈县境内，发源于嘎你山，源头高程在5200米以上。流域面积596平方千米，占徐果错流域总面积的59.7%。河长60千米，落差605米，河床平均比降10.1‰。流域南、东分别与**东恰错**、**达如错**、**兹格塘错**水系为邻，北与**色林错**水系**扎加藏布**相接。

全河可明显区分为两个不同特性的自然河段：上游高山峡谷段，河长14千米，落差454米，平均比降32.4‰；下游山间盆地与河谷冲积平原段，河长46千米，落差151米，河床平均比降3.3‰。流域内小型支流较多，河道迂回曲折，残迹小湖棋布，湿地沼泽连片。水系大致呈弯折之羽毛状展布。

干流由嘎你山区源出的各支沟汇集形成后，顺山谷先由东北流向西南，约经3千米流程后折而向北曲折流淌，始得名克尔木曲，两岸山势高耸，河谷陡峻，支流稀疏而短小，最长者不逾3千米。

行至克木错扎附近，干流出峡谷口，进入下游段，又得名多底曲岗，其间汇入支流较多，在干支流交汇处附近往往发育有成片之沼泽。学雅送科曲是进入山间盆地后首先纳入的右岸较大支流，河长13千米；继而，右岸又有前门琼过曲、苦索尼亚曲岗和那日弄曲等依次来汇。那日弄曲是右岸又一较大支流，河长8千米，源头为两泉眼，长年不断流。干流在纳入那日弄曲后西行，始得名桑曲，蜿蜒曲折，穿行于河谷平原之中，出松曲是左岸最大支流，河长16千米。干流在出松曲河口至入湖口之间，两岸再无较大支流入注，河宽变化于7~9米间，水深0.4~0.5米，于徐果错东部入注该湖。

流域植被以针茅草原为主，紫花针茅、羽柱针茅、沙生针茅等为组成植被的优势种类，在沼泽区则为苔草植被；放牧点较多。

10.3.13 其香错
(Qixiangcuo Lake)

因其香山而得名，又称气相错、齐波江错，位于西藏自治区尼玛县双湖特别区东南部，地理位置为东经89°52′~90°04′，北纬32°24′~32°31′。湖面高程4610米时，东西长18.1千米，南北最大宽13.5千米，平均宽8.2千米，面积149平方千米。湖岸线比较规则，湖周长度54千米，碳酸盐型内陆卤水盐湖。

湖盆南北两侧相对高程200~400米的中低山岭大致平行湖岸作东西向延伸，南侧山地多为第三系红色砂砾岩，北部山地为灰岩，属断陷构造湖。流域北邻**昂达尔错**、**雅根查错**水系，西与**洋纳朋错**、**瀑赛尔错**水系交界，南侧、东侧分别与洋纳朋错及**色林错**入湖河流**扎加藏布**相邻，流域面积2639平方千米。东部湖滨比较平坦，湖积、冲积盐碱沼泽湿地面积达数平方千米。西岸南北两侧分别是支流**夏玛纳多曲**和夏龙曲入湖河口砂砾质冲积三角洲，地势开阔；中间湖湾滨岸带（莎巧木峰东南山麓）有面积1~2平方千米的沼泽湿地，巴岭乡政府驻地缅香（色哇）即坐落在湿地边缘。湖周分布的湖积阶地及多级古湖岸砂砾堤（最高堤顶面高程约4620米）显示，第四纪以来湖泊已有明显退缩。

流域属高原亚寒带羌塘半干旱气候，寒冷干燥，降水甚少，多年平均气温约-0.6摄氏度；多年平均年降水量约250毫米，降水多集中在6—9月，并以固体降水（雪、雹）为主要形式。径流补给中大气降水及地下水均占相当大的比重。

西南岸汇入的夏玛纳多曲是其香错最大入湖河流，仅夏季出现地表径流。除此以外，还有东岸入湖的戳润曲，河长36千米；东北岸入湖的改来曲，河长13千米；北岸入湖的索布查曲（色曲），河长19千米；西北岸入湖的夏龙曲，河长14千米等。除索布查曲因河床比降大、河道平直，具有典型的山区性河流特征外，其余河流大都下游河谷宽，河床分汊多、河槽径流很小。如夏龙曲近滨湖段河谷宽达50~80米，谷底很平，全由黑色片状细砂砾组成，谷内河槽分汊达数十条之多，1976年考察时仅见其中一条河槽有水流通过，流量只有0.005立方米每秒。

流域内主要分布于各山麓的大小泉眼数以千计，单泉出流量一般在0.001~0.1立方米每秒之间，成为各大小河流重要的补给水源。巴岭乡驻地的色哇泉实测流量为0.004立方米每秒，源源不断地排向湖泊，也是色哇地区居民的重要饮用水水源。湖滨多处泉水出露显示，地下水补给在整个其香错湖水水量平衡中起着重要作用。

1976年6月进行湖体水文考察时，在离岸约3千米处，测得水深3.9米；表层水温9.0摄氏度，底层水温5.8摄氏度；湖水pH值10.17，矿化度63.455克每升，为碳酸盐型卤水盐湖。

湖区主要植被类型是高山针茅草原，但因自然环境恶劣，植株生长稀疏、矮小，限制了畜牧业的发展，主要牧养牦牛、绵羊、山羊等。湖区野生动物资源比较丰富，主要野生哺乳动物有藏羚羊、野牦牛、野驴、黄羊、盘羊、野兔、狐狸、狼等；主要野禽有雪鸡、斑头雁、棕头鸥等；主要野生药用植物有麻黄、红花、党参、青活麻等；湖中有大量卤虫分布。

20世纪60—70年代巴岭乡（色哇）曾被认为是进入北方羌塘无人区前的最后一个居民点，之后随着尼玛县双湖特别区的正式建制，这一状况已经改变。巴岭乡有县乡公路与外界连接，并与南侧黑阿公路相距不远。

10.3.13.1 夏玛纳多曲
(Xiamanaduoqu River)

其香错西南岸入湖河流，发源于廓洛山（其香山）南侧，河源高程5130米，位于西藏自治区尼玛县双湖特别区东南部。流域介于东经89°32′~89°56′和北纬32°22′~32°41′之间，面积752平方千米，占其香错全流域面积的28.5%。河长61千米，落差520米，河床平均比降8.5‰。大气降水及地下水在径流补给中均占相当比重。

源头至吉俄措村东北约2千米处的吉格夏格亥（又名七给

强木亥，右岸支流多丁曲布秀交汇口）为上游段，河段长 38 千米，落差 400 米，河床平均比降为 10.5‰。正源与右岸支流多丁曲布秀均源于廓洛山东段南侧山麓，沟溪源头大多以出露的泉水为直接补给源。由于气温很低，出露泉水仅春夏季节处于地表流动状态，一般仅在 6~9 月存在河川径流。上游段河床为粗砂质，河宽 1.0 米左右，水深 0.1 米。

吉格夏格亥至入湖河口为下游段，长 23 千米，落差 120 米，河床平均比降 5.2‰。本河段两岸基本无支流汇入，河道左右摆动频繁，细砂质河谷宽 20~40 米，河床宽 4 米左右，水深 0.2 米。河口三角洲面积达 30 余平方千米，由黑色片状细砾石组成，坡面平整，有多条河槽分汊，基本无植被发育。巴岭乡政府驻地缅香（色哇）即坐落在三角洲北侧湖滨。

植被类型以紫花针茅草原为主，土壤属冷钙土。因自然环境恶劣，畜牧业发展受到限制。藏羚羊、野牦牛及雪鸡、斑头雁等野生动物常有出没。

10.3.14　多尔索洞错
(Duoersuodongcuo Lake)

又名吐错、洞错，位于西藏自治区尼玛县双湖特别区境内，东连**米提江占木错**，南与**孔纳木错**相通，地理位置为东经 89°38′~89°59′，北纬 33°16′~33°31′，内陆终点湖泊。湖形犹若长筒，大致作南北向延伸。湖面高程 4 921 米时，相应湖长 29.7 千米，最大湖宽 22.3 千米，平均宽 13.47 千米，面积 400 平方千米。湖泊岸线周长 147 千米。

湖泊地处青藏高原腹地，坐落在一大型山间断陷盆地内。滨湖地势开阔，并有多道古湖岸砂堤分布，尤以东岸古湖岸砂堤分布最为明显；其中一、二级台地长约 8 千米，距现湖岸 100~200 米；三、四级台地长约 1.5 千米，距现湖岸 800~900 米。最高一级古湖岸砂堤高出现湖面 39 米，是第四纪湖泊盛期之时该湖与米提江占木错、孔纳木错等曾为同一大湖面以及此后大湖面逐渐萎缩、解体之重要佐证。

湖区属高原亚寒带羌塘半干旱气候，冬季严寒而漫长，年内无绝对无霜期，昼夜温差大，多大风雪天气，多年平均气温约 -3 摄氏度，多年平均年降水量约 200 毫米，年大风日数逾 200 天，年日照时数超过 3 000 小时。流域面积 13 753 平方千米。

湖水补给主要来自两个方面：其一为东部的米提江占木错水系，来水经调蓄后由其西部尾闾宽 20 米左右之连通河入注多尔索洞错；其二为西部的**托纳藏布**。

多尔索洞错属硫酸镁亚型咸水湖泊，湖水 pH 值 8.39，矿化度 48.192 克每升。湖水中钾含量较高，具开发利用价值。

湖区植被以针茅草原为主，紫花针茅、羽柱针茅、珠峰苔草、青藏苔草为组成植被的优势种类，基本上尚未被开发利用。湖区野生动物主要有野牦牛、野驴、藏羚羊、黄羊、盘羊、岩羊以及雪鸡、鸬鹚、鱼鸥、斑头雁、黑颈鹤等。湖区环境恶劣，交通不便，人迹罕见，资源与环境尚处于自然演变状态。

10.3.14.1　米提江占木错
(Mitijiangzhanmucuo Lake)

又名赤布张湖、莫尔江散，为青海省格尔木市和西藏自治区安多县界湖，东经 89°59′~90°25′，北纬 33°18′~33°40′。湖面约 3/5 位于青海省境内，其余位于西藏自治区境内。湖西与水系终点湖泊多尔索洞错以狭窄水道相通连，属多尔索洞错水系内面积最大之内陆吞吐咸水湖泊。湖形极不规则，略呈弯曲之藕节状，大致东西向延伸。湖面高程 4 931.0 米时，相应湖长 66.0 千米，最大湖宽 16.0 千米，平均宽 7.22 千米，面积 476.8 平方千米。湖岸曲折多湾，岸线周长 193.0 千米。

湖泊地处青藏高原腹地，与多尔索洞错、**波涛湖**、**燕子湖**、**诺多错**、**玛巧错**、**日居错**等周围许多湖泊坐落在同一大型山间断陷盆地内。盆地南部为唐古拉山，北为祖尔肯乌拉山，东为尕恰迪如岗日雪山，西为普若岗日雪山（高程 6 480 米）。湖区东南部和北部为洪积—冲积平原，地势开阔；其余方位为低山丘阜环绕，山丘逼近湖岸，相对高度 250~400 米。平原区多小型残迹湖并有多级古湖岸砂堤分布，其中最高一级的古湖岸砂堤高出现湖面 29.0 米，是第四纪湖泊盛期时该湖与多尔索洞错、玛巧错等曾为同一大湖面的重要实证。

湖区属高原亚寒带羌塘半干旱气候，严寒而干冷，冬季漫长，年内无绝对无霜期，昼夜温差大，多大风雪天气，多年平均气温约 -3 摄氏度，多年平均年降水量约 400 毫米。流域面积 10 108.1 平方千米。

湖水补给以地表径流为主，其中冰雪融水亦占有较大比重。湖泊水系较发达，入湖河流主要有 4 条：一为**帮陇陇巴河**，位于湖区西北部，源于祖尔肯乌拉山区之梅花雪山，河长约 155.5 千米，流域面积 3 910.4 平方千米；二为**曾松曲**，河长 86.0 千米，流域面积 1 860.0 平方千米；三为**切尔恰藏布**，河长 60.0 千米，流域面积 1 150.0 平方千米；四为**曲郎岛日河**，源于祖尔肯乌拉山区，河长 55.0 千米，流域面积 630.9 平方千米。上述诸河来水经调节后于湖之西端以湖湾型尾闾西泄，入注

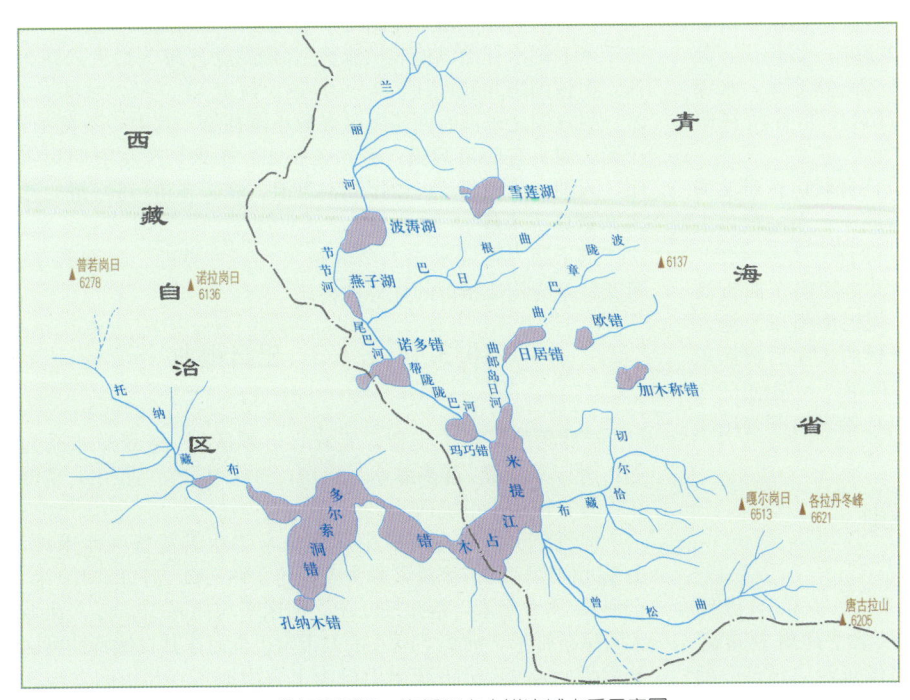

多尔索洞错—米提江占木错流域水系示意图

本水系终点湖泊多尔索洞错。

湖区植被以针茅草原为主，放牧为植被利用的主要方式。

湖区环境恶劣，人烟稀少。近湖北端之色务乡人民政府驻地是湖区最大居民点，有乡级道路通过，东南与109国道相接。

10.3.14.1.1　帮陇陇巴河
（Banglonglongba River）

米提江占木错水系中最大的入湖河流，位于湖区之西北部，东经89°40′～90°16′，北纬33°33′～34°23′。流域北与**乌兰乌拉湖**水系接壤，南抵米提江占木错之河口，东界**雪莲湖**、**日居错**水系，西与西藏内陆湖泊**美日切错**水系紧邻。流域大致呈条带形，在行政区划上以青海省格尔木市为主，西藏自治区安多县仅占有流域中段之西部一隅。

河流源出祖尔肯乌拉山脉北段之梅花雪山西侧，源头高程约5 800米，河长155.5千米，沿程以串珠状流容**波涛湖**、**燕子湖**、**诺多错**、**玛巧错**，经玛巧错之尾闾口直接泄入米提江占木错西北隅之汊湾。其流经的不同河段有不同之称谓：波涛湖以上名兰丽河，波涛湖与燕子湖之间名节节河，燕子湖与诺多错之间名尾巴河，诺多错与玛巧错之间方称帮陇陇巴河。河流落差860米，河床平均比降5.5‰。

全河可明显区分为两个不同特征的自然河段：波涛湖以上为上游山区段，长82.0千米，落差817米；波涛湖以下为下游山间盆地与河流宽谷相间段，长73.5千米，落差43米，平均比降0.59‰。流域面积3 910.4平方千米，占米提江占木错流域总面积的38.7%。

流域属高原亚寒带羌塘半干旱气候，多年平均气温－3摄氏度以下，多年平均年降水量约400毫米。流域植被以高寒草原为主，上游近河源地区有高山垫状稀疏植被发育，每年6—9月在下游地区偶有放牧生产活动。

径流以冰雪融水为主，泉水补给也占有一定成分。上游近河源区水系发育较好，众沟溪成扇形展布。顺山势而下，干流先由东南向西曲折流淌，进入高程为5 133米的一小型山间盆地，6—9月沿程河宽3～5米，水深0.1～0.2米，全系沙性河床。出山间盆地后干流则急转而曲折流向西南，沿程两岸均有支流汇入，一般长8～15千米，多为时令性沟溪，其中左岸春光河为上游段最大支流，长34千米，宽5米，水深0.1米，其源头有两泉眼，入干流之河口对岸亦有两泉眼出露。

干流进入5 000米河床高程以下形成支汊分流，皆于波涛湖北岸入注，并发育有典型的扇形三角洲地貌。入湖前，主泓河宽8米，水深0.2米；偏支河宽5米，水深0.2米。

波涛湖以下，干流进入下游段，继而又折转向东曲折流淌，沿程支流多短小而稀疏，惟于左岸（尾巴河河段）汇入的**巴日根曲**是流域最大支流。干流在巴日根曲入注后继而东南行，在流经诺多错之后，由北部入注玛巧错，入湖前6—9月河宽3～6米，水深0.3米。干流经由玛巧错东南部之尾闾口入注米提江占木错。

10.3.14.1.1.1　波涛湖
（Botao Lake）

位于青海省格尔木市境内，东经89°54′～90°01′，北纬33°58′～34°04′，西北、东北分别与**太平湖**、**太平南湖**及**雪莲湖**相近，南与**燕子湖**为邻。湖呈方形，略作东西向延伸。湖面高程4 983.0米时，相应湖长11.9千米，最大湖宽9.9千米，平均宽5.9千米，面积70.2平方千米。湖泊岸线平滑，周长36.0千米。

波涛湖地处青藏高原腹地，与周围相近的雪莲湖、燕子湖、**米提江占木错**等同坐落在祖尔肯乌拉山和唐古拉山之间的山间断陷盆地内。湖周东、西、南三面山地环绕，相对高度一般为200～300米；北及西南一隅地势开阔坦荡，为河湖冲积—淤积平原。湖滨多小型残迹湖点缀，东南部滨湖区有古湖岸砂堤环列，是该湖历经第四纪湖泊盛期之后逐渐萎缩分化的重要佐证。

湖区属高原亚寒带羌塘半干旱气候。流域面积1 860.2平方千米。湖水补给以地表径流为主，冰雪融水及泉水亦占有一定成分。湖泊水系发育较好，大小入湖河流计有4条，其中以从北部入湖的**帮陇陇巴河**上游段兰丽最大，长82.0千米，入湖前河道成扇形多股汊流分支，其余3条均为短小之时令沟溪，分别位于湖之东部及东南部。

波涛湖为微碱水湖，湖水pH值8.6，矿化度2.749克每升，属硫酸钠亚型水。

湖区植被以青藏苔草、紫花针茅高寒草原为主。流域野生动物主要种类有野牦牛、野驴、岩羊、盘羊、黄羊、藏羚羊以及雪鸡、野鸭、斑头雁、黑颈鹤等。

10.3.14.1.1.2　燕子湖
（Yanzi Lake）

位于青海省格尔木市境内，东经89°56′、北纬33°52′，北与**波涛湖**相望，南与**诺多错**为邻。湖呈"宝瓶状"，作北西—南东向延伸。湖面高程4 973.0米时，相应湖长7.0千米，最大湖宽3.3千米，平均宽2.3千米，面积16.1平方千米。湖泊岸线平滑，周长18.0千米。湖之北部有岛屿1座，面积约1万平方米。

燕子湖地处青藏高原腹地，与周围的湖泊同坐落在祖尔肯乌拉山和唐古拉山之间的山间断陷盆地内。湖区南北两侧山地与岗岭对峙，相对高度200～300米；湖滨四周地势开阔坦荡，为河湖冲积—淤积平原，其中滨湖东部平原有众多小型残迹湖分布。

湖区属高原亚寒带羌塘半干旱气候。流域面积2 236.3平方千米。湖水补给以地表径流为主，**帮陇陇巴河**为最大入湖河流，由该河之北部入注，6—9月最大河宽51.0米，水深0.7米。另在湖之东部有两条无名泉源小溪补给，其中一条长4.5千米，源头有明泉两眼；另一条长4.0千米，源头有明泉一眼。入湖径流经调节后由尾闾河下泄，经诺多错、**玛巧错**，注入**米提江占木错**。

燕子湖为微碱水湖。湖区植被为高寒草原，青藏苔草、紫花针茅为构成植被的优势种类。

10.3.14.1.1.3　巴日根曲
（Barigenqu River）

帮陇陇巴河最大支流。流域北与**雪莲湖**、**波涛湖**水系为邻，南与**日居错**、**诺多错**水系接壤，东枕祖尔肯乌拉山，坐落在青海省格尔木市境内。

河流源于祖尔肯乌拉山脉北段常年冰雪覆盖区西南坡，由东北向西南曲折流淌，源头高程约5 730米，河口4 970米，全河长74.0千米，落差760米，河床平均比降10.3‰。流域大致呈条带形，面积740.0平方千米。全河按其自然特性可分为两个河段：源头至出山口为上游山地宽谷与山间盆地相间段，长59.0千米，落差650米；山口以下为下游洪积—冲积平原段，长15.0千米，落差110米，河床平均比降7.3‰。

流域属高原亚寒带羌塘半干旱气候，植被以高寒草原为主，青藏苔草、紫花针茅为构成植被的优势种类，上游山区有风毛菊稀疏植被发育。

河源区水系呈扇形展布，由常年冰雪覆盖区诸山谷源出后，顺山势而下，大致在高程5 290米相继汇聚成干流曲折西南行，上游15.0千米的河段，系时令性河溪，在6—9月有冰雪融水径流。继而下行，两岸支流稀疏而短小，一般长8～11千米，仍以时令性河溪为主，其中左岸最长的支流也仅17千米。在山间盆地内，干流河宽3～6米，水深0.3米，河床组成物质主要是大小不一的砾石。出山谷口进入下游段，水势渐增，河宽5米，水深0.4米，并有汊流现象。近河口段，干流分作南北两支：北支为主泓，曲折西流约2千米后入注帮陇陇巴河；南支曲折南流约5千米后注入帮陇陇巴河。

10.3.14.1.1.4　诺多错
（Nuoduocuo Lake）

又名劳日特错、靖多错，为青海省格尔木市、西藏自治区安多县界湖，东经89°56′～90°04′，北纬33°42′～33°46′。湖呈"宝葫芦状"，大致作东西向延伸。湖面高程4 955米时，相应湖长13.5千米，最大湖宽7.5千米，平均宽4.24千米，面积57.3平方千米。湖泊岸线较为圆滑规则，湖周长42.0千米。湖泊西部有无名小岛1座，面积约0.01平方千米。

湖泊地处青藏高原腹地，与周围相近的湖泊同坐落在祖尔肯乌拉山和唐古拉山之间的山间断陷盆地内。南、北两端河流之出入口附近地势开阔坦荡，为冲积—淤积平原；其他方位低山丘陵环绕，相对高度200～300米，起伏和缓。西部湖滨有残迹小湖分布，面积多在0.1～0.3平方千米间，是湖泊历经第四纪盛期后不断萎缩的重要佐证。

湖区属高原亚寒带羌塘半干旱气候。流域面积3 453.6平方千米。湖水补给以地表径流为主，**帮陇陇巴河**由北部入湖，入湖口以上河长126.5千米，入湖河口并发育有典型三角洲地貌。此外，湖周尚有5条时令性入湖河溪，河长10～15千米。入湖径流经调蓄后由该湖南部泄出，经**玛巧错**入注**米提江占木错**。

湖水pH值8.6，矿化度3.021克每升，属硫酸钠亚型微咸水湖。

湖区植被以针茅草原为主。

10.3.14.1.1.5　玛巧错
（Maqiaocuo Lake）

又名玛角茶卡，位于青海省格尔木市境内，东经90°13′，北纬33°37′。西北与**诺多错**相望，东南与**米提江占木错**紧邻。湖呈近似椭圆形，湖面高程4 940.0米时，相应湖长6.7千米，最大湖宽5.5千米，平均宽4.0千米，面积26.8平方千米。湖泊岸线圆滑而规则，周长21.0千米。湖之偏西北部有无名小岛1座，面积约0.01平方千米。

湖泊地处青藏羌塘高原腹地东部，与周边湖泊等同坐落在祖尔肯乌拉山与唐古拉山之间一大型山间断陷盆地内，西、南环湖，东北部为山地丘陵，相对高度一般150～250米，起伏和缓；其他方位为较宽阔的河谷平原，地势坦荡。

湖区属高原亚寒带羌塘半干旱气候。流域面积3 910.4平方千米。湖水补给以地表径流为主，**帮陇陇巴河**为该湖最大的入湖河流。此外，湖之西南和东北部尚有2条时令性河溪入湖，河长5～8千米。入湖径流经调蓄后由该湖东南部尾闾口下泄，入注米提江占木错西北隅之汊湾。玛巧错为微咸水湖。

湖区植被以针茅草原为主。

湖东北约10千米处青海省格尔木市境内，有西藏自治区安多县色务乡政府驻地，湖东南有乡道可达西藏自治区安多县政府驻地。

10.3.14.1.2　曲郎岛日河
（Qulangdaori River）

米提江占木错主要入湖河流之一，位于湖区北部。流域西与帮陇陇巴河接界，东枕祖尔肯乌拉山，东南与**欧错**、**加木称错**水系紧邻。流域大致呈宽带形，北东—南西向延伸，位于青海省格尔木市境内。

河流源出祖尔肯乌拉山北段、岗钦雪山常年冰雪覆盖区西南侧，源头高程约5 600米，河长55.0千米，落差669.0米。**日居错**以上为上游高山深谷与山间盆地相间的时令河，河段长43.0千米，落差665.0米，河床平均比降15.5‰；日居错以下为下游河流宽谷，河段长12.0千米，落差4.0米，河床平均比降0.33‰。流域面积630.9平方千米，占米提江占木错流域总面积的6.2%。

流域属高原亚寒带羌塘半干旱气候，植被以高寒草原为主，上游近河源地区有高山垫状稀疏植被发育。湖区野生动物主要种类有野牦牛、野驴、黄羊、藏羚羊及雪鸡、斑头雁、野鸭、黑颈鹤、鸥类等。

河流上游河源区水系发育较好，呈扇形展布。诸沟溪由常年冰雪覆盖区出源后，顺山谷走势而下，大致在5 160米高程处相继汇聚为干流，向西南曲折流淌，名波陇章巴曲。冰雪融水是径流的主要补给形式，6—9月河宽4米，水深0.4米，沙质河床；下行至约5 119米高程处，干流时而潜入沙下以潜流形式下注。沿程支流稀疏，仅右岸有支流汇入，其中最大的根曲河长仅10千米。

干流由日居错东北隅入湖，经调蓄后由湖西南端尾闾口下泄，其尾闾河方称曲郎岛日河，蜿蜒流淌于宽阔的沙质河谷之中，谷宽一般300～600米，河宽10米，水深0.7米，于米提江占木错东北端入湖，河口区发育有小型三角洲。近河口区两岸小型残迹湖棋布，是米提江占木错自第四纪湖泊盛期之后日益萎缩的重要标志。

流域多风沙天气，环境恶劣，人烟稀少。近河口区右岸有色务乡政府驻地，并有乡间道路，东南可达西藏自治区安多县政府驻地。

10.3.14.1.2.1　日居错
（Rijucuo Lake）

又名日塔错，位于青海省格尔木市境内，东经90°21′，北纬33°48′，南与**米提江占木错**、**玛巧错**紧邻，北隔扎隆贡玛山岭与**雪莲湖**水系相接，东近**欧错**，西望**诺多错**。湖呈近似葫芦形，略作北东—南西向延伸。湖面高程4 935.0米时，相应湖长11.2千米，最大湖宽3.9千米，平均宽2.3千米，湖水面积25.9平方千米。湖泊岸线较平整规则，岸线周长27.0千米。湖中央有无名小岛1座，面积约5 000平方米。

日居错位居青藏羌塘高原腹地东部，湖泊南北两侧山地对峙，湖泊长轴与山脊走向大体一致，相对高程250～400米；湖泊东西两侧地势开阔坦荡，为冲积—淤积平原；滨湖东部有泉眼数处，并形成连片沼泽。湖区属高原亚寒带羌塘半干旱气候，流域面积 490.9 平方千米。湖水补给以地表径流为主，冰雪融水及泉水补给亦占有较大成分。曲郎岛日河为该湖最大的吞吐性河流，入湖口位于湖之东北隅，泄水尾闾口位于湖之西南端。另在湖之东部有泉溪补给，溪长约 2.5 千米。日居错为微咸水湖，湖水南泄入米提江占木错。湖区植被主要为高寒草原。

10.3.14.1.3 切尔恰藏布
(Qieerqiazangbu River)

又名切尔恰曲，为**米提江占木错**主要入湖河流之一，位于湖区东部。流域位于青海省格尔木市境内，北界**加木称错**，南与**曾松曲**水系紧邻，东倚唐古拉山终年冰雪覆盖区。

河流为典型的山区性河流，源头高程约 5 800 米，河长 60.0 千米，落差 869 米。河源区有终年冰雪覆盖，面积达 96.0 平方千米，计有大小冰川 8 条，冰塔林发育甚为壮观，水源相对较丰富，冰雪融水是该河的主要补给源。全河可区分为两个不同特性的自然河段：上游为高山深谷与山间盆地，长 46 千米，落差 820 米，河床平均比降 17.8‰；下游为宽谷河流，长 14 千米，河床平均比降 3.5‰。流域面积 1 150.0 平方千米，占米提江占木错流域总面积的 11.3%。

流域属高原亚寒带羌塘半干旱气候，植被以高寒草原为主，紫花针茅、青藏苔草为植被的优势种，上游近河源区有高山嵩草、高寒草甸植被发育。湖区野生动物主要种类有野牦牛、野驴、黄羊、藏羚羊及雪鸡、斑头雁、野鸭、黑颈鹤、鸥类等。

河流源于唐古拉山各拉丹冬峰之西侧，卡恰苏亚洛为流域最高峰，海拔 6 047 米。上游河源区水系发育，冰雪融水形成的众沟溪顺山坡下注相继汇流，构成较为紊乱复杂的水系，大致可区分为南北两大支：北支沿流域北侧山麓，自东而西曲折流淌，得名尕恰迪如曲，沿程河宽变化于 5～7 米，水深 0.2 米；南支沿流域南侧山麓自东而西曲折流淌，水势略胜，河宽 2～6 米，水深 0.2～0.4 米。南北两支均是砾石质河床，两支于山间盆地之下端相汇（汇口河床高程约 4 980 米）后，干流始得名切尔恰藏布，并由此进入该河的下游河段，河宽 18 米，水深 0.9 米，河床全系沙质组成。河口区发育有小型扇形三角洲。

10.3.14.1.4 曾松曲
(Zengsongqu River)

米提江占木错主要入湖河流之一。流域北与**切尔恰藏布**紧邻，南、东、西三面为唐古拉山所环绕，河源区东枕唐古拉山常年冰雪覆盖区，主要位于青海省格尔木市境内。河流源头高程约 5 600 米，河长 86.0 千米，落差 669.0 米。河源区有常年冰雪覆盖面积达 92.0 平方千米，冰雪融水是该河的主要补给源，泉溪补给也占有一定成分。

全河可区分为两个不同特性的自然河段：由源头至河床海拔约 5 140 米为上游高山深谷段，河段长 36.0 千米，落差 460.0 米，河床平均比降 12.8‰；沿程而下至入湖河口为下游山间盆地与河流宽谷段，长 50.0 千米，落差 209.0 米，平均比降 4.2‰。流域面积 1 860.0 平方千米，占米提江占木错流域总面积的 18.4%。流域属高原亚寒带羌塘半干旱气候，植被以高寒草原为主，上游近河源区有高山垫状植被发育，湖区野生动物主要种类有野牦牛、野驴、黄羊、藏羚羊及雪鸡、斑头雁、野鸭、黑颈鹤、鸥类等。

上游河源区水系发育较好，沟溪众多，水系呈扇形展布。

源头由冰雪融水源出后，诸沟溪顺高山深谷而下，沿程相继汇聚成 V 形的南北两大分支，约于 5 140 米高程处相汇，总体自东而西曲折流淌。北支为正源，名嘎纳钦马曲，6—9 月河宽 15 米，水深 0.4 米，近源头有一温泉出露（高程约 5 270 米）；南支名嘎纳钦玛曲，6—9 月河宽 6 米，水深 0.4 米。两分支均系砾石质河床。

南北两支汇口以下干流进入下游山间盆地段，沿河两岸全是广袤的砂砾地，其中沿右岸 2.0～6.0 千米段有 5 眼泉水形成的泉溪补给；沿程河宽变化于 8～12 米，水深 0.7～0.8 米。至河床高程 5 020 米处有左岸支流扎保布曲岗来汇，河长 41.0 千米，为砂砾质时令性河溪。支流汇入口以下，干流进入宽谷河段，始名曾松曲，并形成蜿蜒曲折的支汊分流现象，可明显区分为东西两支，其中西支河宽 10.0 米，水深 0.6 米，流速 0.7 米每秒；东支河宽 8.0 米，水深 0.5 米。东、西两支均于米提江占木错之东南端入湖，河口区发育有较为典型之三角洲地貌。

10.3.14.2 孔纳木错
(Kongnamucuo Lake)

又名扩朗错，位于西藏自治区北部尼玛县双湖特别区境内，地理位置为东经 89°50′，北纬 33°16′，内陆吞吐湖泊。湖泊近似长方形，大致作东西向延伸。湖面高程 4 921 米时，相应湖长 6 千米，最大湖宽 3.6 千米，平均宽 2.57 千米，面积 15.4 平方千米，湖泊岸线周长 20 千米。湖之偏西北部有无名小岛 1 座，面积约 0.01 平方千米。

湖泊地处青藏高原腹地，与**多尔索洞错**同在一大型山间断陷盆地内，第四纪湖泊盛期时原系多尔索洞错南部之一较大湖湾，后因大湖面萎缩，湖湾被沙嘴封淤，遂演变为半封闭的吞吐湖泊。目前两湖之间仅由宽 80～100 米的水道相连，水体交换微弱。滨湖地势开阔，为冲积—淤积平原，平原之上有众多小型残迹湖分布。湖泊拥有区间流域面积 88 平方千米，湖水部分由多尔索洞错汇入，部分来自南部的生陇盖曲补给，该河河长 2.5 千米，源头为一泉眼。

10.3.14.3 托纳藏布
(Tuonazangbu River)

多尔索洞错水系中重要的入湖河流，又名托纳木藏布，发源于普若岗日常年冰雪覆盖区的冰舌缘，源头海拔 6 000 米以上。流域水系呈树枝状展布，流域面积 2 310 平方千米，占多尔索洞错流域总面积的 16.8%。河长 89 千米，位于尼玛县双湖特别区境内。流域南与**才多茶卡**、**蒂让碧错**水系为邻，北接**美日切错**流域，干流总体由西向东流淌，入注多尔索洞错西部之大湖湾。

全河可明显区分为两个不同特性的自然河段。上游为高山峡谷段，分南、北两支。南支为正源，名托纳木勒马天包曲，河段长 65 千米，河床平均比降 16.3‰；北支名托纳木藏布，源于高程 5 500 米的两泉眼及沼泽区，河段长 39 千米，河床平均比降 14.4‰。下游为山间盆地及冲积平原段，河段长 24 千米，河床平均比降 0.8‰。

南支托纳木勒马天包曲源出后，依山谷走向先作东南向流淌，继而曲折东行，穿流于高山峡谷间，两岸山势陡峻，河谷深切，6—9 月最大河宽 5～7 米，水深 0.2～0.3 米；在与北支交汇之前最大河宽达 11 米，水深 0.4 米，河床全由粗砂物质组成。北支托纳木藏布顺峡谷走势曲折东南行，河宽 7～11 米，水深 0.3 米；在与南支交汇之前最大河宽达 14 米，水深0.6米，粗砂砾质河床。

南北两支于山间盆地内相汇，干流始得名托纳藏布，进入下游段。交汇区支汊分流，沼泽广布，小型残迹湖犹如繁星点缀，形成"水乡泽国"之湿地自然景观。干流下行，众支汊逐渐缩并为单股河道，最大河宽增为38.0米，水深0.8米。沿程支流明显增多。其中，右岸最大的支流河长13千米，源头有一泉眼；左岸最大支流河长8千米，源头有两泉眼。在干支流交汇区均发育有连片沼泽。干流在入注多尔索洞错西部大湖湾之前，最大河宽达90米，水深1.0米。

流域上游地区主要为风毛菊、红景天稀疏植被及青藏苔草草原，下游地区为针茅草原，植被基本上处于自然状态。野生动物主要有野牦牛、野驴、藏羚羊、岩羊、盘羊、黄羊，以及雪鸡、斑头雁、鱼鸥、黑颈鹤等。托纳藏布流域自然环境恶劣，交通不便，人迹罕至。

10.3.15 雪莲湖
(Xuelian Lake)

位于青海省格尔木市境内，地理位置东经90°12′～90°19′，北纬34°03′～34°08′。西邻**波涛湖**，南隔结日山（海拔5 376米）和扎隆涌玛山（海拔5 482米）分别与**诺多错**、**日居错**相近，为内陆咸水湖泊。

湖呈长靴形，作北东—南西向延伸。湖面高程5 274.0米时，相应湖泊长10.5千米，最大湖泊宽8.8千米，平均宽4.92千米，面积51.7平方千米。岸线周长36千米，岸线发展系数1.41。湖东北部有无名小岛1座，面积约0.01平方千米。

雪莲湖地处青藏高原腹地，坐落在祖尔肯乌拉山脉西侧一小型山间盆地内。盆地外围低山丘陵环绕，地势起伏和缓，相对高差200～300米；滨湖西南和东北部分别有古湖岸砂堤环列，堤长各2.5千米，堤顶高出现湖面6.0米。堤外有小型残迹湖分布。

湖区属高原亚寒带羌塘半干旱气候，多年平均气温约－3.0摄氏度，多年平均年降水量在400毫米上下。湖泊流域面积296.7平方千米，湖泊补给系数4.7。湖水主要仰赖地表径流补给。计有大小入湖河流6条，其中最大的一条长11.0千米，源于北部山区，6—9月河宽4.0米，水深0.1米；其他均为短小之时令沟溪。属咸水湖。湖区植被稀疏，偶见风毛菊生长。

10.3.16 欧错
(Oucuo Lake)

位于青海省格尔木市境内，地理位置为东经90°31′、北纬33°48′。东南与**加木称错**相近，西与**日居错**为邻，为内陆咸水湖泊。

湖若钟形，略作南北延伸。湖面高程5 047.0米时，相应湖泊长5.4千米，最大湖宽4.6千米，平均宽3.02千米，面积16.3平方千米。湖泊岸线规则而平滑，周长15.5千米，岸线发展系数1.08。湖中有无名岛屿2座，合计面积不足0.01平方千米。

欧错深居青藏高原腹地，坐落在祖尔肯乌拉山脉岗钦雪山南侧一次级山间盆地内，盆地外缘为山地与丘陵所环绕，相对高度一般在200～300米；滨湖区地势渐显开阔，东北部为冰缘倾斜平原，北部有零散沼泽分布。

湖区属高原亚寒带羌塘半干旱气候，多年平均气温约－3.0摄氏度，多年平均年降水量约为300毫米。流域面积281平方千米，湖泊补给系数16.3。湖水补给以地表径流为主，冰雪融水占有较大成分。较大入湖河溪有2条，其中长者21.0千米，位于湖之东部，6—9月最大河宽5米，水深0.3米。

湖区植被属紫花针茅草原，发育较好，主要野生动物有野牦牛、野驴、黄羊、藏羚羊及雪鸡等。

10.3.17 加木称错
(Jiamuchengcuo Lake)

位于青海省格尔木市境内，地理位置为东经90°38′、北纬33°44′。西北与**欧错**相邻，西南隔达散木格日山（海拔5 394米）与**米提江占木错**为邻，南与**切尔恰藏布**水系相距约1千米，两者仅以地额丘日缓丘（海拔5 082米）相隔，为内陆咸水湖泊。

湖呈纺锤形，北东—南西向延伸。湖面高程4 995.0米，相应湖泊长9.0千米，最大湖宽5.5千米，平均宽3.39千米，面积30.5平方千米。湖泊岸线较平滑规则，周长25.0千米，岸线发展系数1.28。湖西北部有小岛1座，面积约0.01平方千米。

加木称错地处青藏高原腹地，坐落在祖尔肯乌拉山脉岗钦雪山南部一次级山间盆地内。湖盆外缘山地与丘陵环绕，相对高度一般在200～300米；滨湖东、南、西部地势开阔坦荡，为洪积淤积平原，并有零散沼泽及小型残迹湖分布。第四纪大湖面时期，加木称错是个内陆吞吐湖泊，湖面超出现湖面约10米，即最高古湖岸砂砾堤高程约在5 005米位置，湖水曾通过其西南部的切尔恰藏布（切尔恰曲）排向米提江占木错。现大比例尺地形图显示，海拔5 000米等高线沿近岸绕湖一周，说明近期湖泊已不断萎缩。

湖区属高原亚寒带羌塘半干旱气候，多年平均气温约－3.0摄氏度，多年平均年降水量约300毫米。

流域面积420平方千米，湖泊补给系数12.8。湖水补给以地表径流为主，计有大小入湖河溪13条，但多属时令河，其中较大者仅两条：一条长23千米，源于盆地西部肯布赤山（海拔5 300～5 500米）；另一条长16千米，源于盆地东南部拉曼山（海拔5 340米）。

湖区植被属紫花针茅高寒草原，野生动物主要有野牦牛、野驴、黄羊、藏羚羊、盘羊等。

10.3.18 仁错约玛
(Rencuoyuema Lake)

位于西藏自治区班戈县境内，地理位置为东经89°46′～89°54′，北纬30°53′～30°58′。湖面高程4 648米时，湖长11.1千米，最大宽7.6千米，平均宽5米，面积55.2平方千米。湖岸比较曲折，多砂堤、沙嘴和岬湾，湖岸长度38千米。

仁错约玛与东西两侧的**玖如错**及**仁错贡玛**两湖同处于冈底斯山和念青唐古拉山北斜面著名的仁错断陷盆地内，都是构造湖。仁错盆地三湖总流域面积3 394平方千米。湖周清晰分布的古湖岸砂堤（最高高程4 700米左右）表明，在第四纪高湖面时，仁错盆地三湖曾经是同一湖体，而且西藏最大湖泊**纳木错**湖水曾经通过雄曲—那曲—曲曲进入盆地古湖，又经木纠错及永珠藏布流向古色林错大湖。汇入仁错盆地三湖的一些河流至今仍表现有径流跨流域分流的现象。如仁错约玛的东岸入湖河流那曲上游古弄玛千曲出山口后，在仁错约玛与纳木错低缓分水岭处，径流也分汊成多支，一部分经那曲西流入仁错约玛，而另一部分则向东经雄曲注入纳木错，反映目前上述三大内陆次级水系在演变过程中千丝万缕的联系。

湖区多年平均气温－1摄氏度左右，多年平均年降水量320～350毫米，属高原亚寒带羌塘半干旱气候区。汇入盆地的17～18条大小河流中，最大的是由玖如错北岸入湖的**藏布曲**。直接汇入仁错约玛的主要有两条，均由东岸入湖，其一为那曲（河长46千米），另一为扁曲（河长28千米），两河下游交织，合计流域面积584平方千米；与仁错约玛通连的两个湖泊，西为仁错贡玛，东为玖如错。仁错约玛处于全流域的汇水中心，且湖面最低，属内陆终点湖；仁错贡玛与玖如错则为内陆吞吐湖，仁错贡玛出水口以上流域面积1 479平方千米，玖如错出水口以上流域面积1 030平方千米，仁错约玛区间集水面积885平方千米。

仁错约玛湖水pH值8.3，矿化度83.015克每升，是弱碱性碳酸盐型内陆终点卤水盐湖。

仁错约玛滨岸带除东北岸因紧邻山地而较狭窄外，其余均是大面积的冲积、湖积平原，地势十分开阔，其间并有多个残留小湖及大片沼泽湿地分布。土壤主要类型是寒钙土，植被主要类型是紫花针茅草原。

10.3.18.1　仁错贡玛
（Rencuogongma Lake）

西藏自治区申扎县与班戈县界湖，地理位置为东经89°35′～89°46′，北纬30°53′～30°59′。湖面高程4 650米时，湖长17.5千米，最大宽8.8千米，平均宽5.9千米，面积103.7平方千米。岸线曲折，多沙堤、半岛、岬湾，湖岸周长76千米。内陆吞吐咸水湖泊。

仁错贡玛与东侧的**仁错约玛**、**玖如错**同处著名的仁错断陷盆地，属构造湖。第四纪高湖面时，三湖属同一湖体，后因大湖面下降而逐渐分离成彼此独立的湖泊，但水系仍然沟通。仁错贡玛与仁错约玛仅隔一条宽1.2～1.3千米、相对高程约20米平整的湖相沉积砂堤，砂堤南端的一条小河将两湖沟通，使前者湖水得以缓慢地向后者排泄。

入湖河流主要分布在湖泊西侧及南侧。北侧因紧靠山地，河流非常短小。由西岸入湖的**扎让雄曲**最大，扎让雄曲与**色林错**水系的**阿里藏布**同源于他玛藏布；在阳定山南侧，他玛藏布大部分径流往西北流向**木纠错**及色林错，而少部分径流折向东经扎让雄曲流向仁错贡玛。由南岸入湖的10多条河流，河长一般20～30千米，几乎呈梳状南北向排列，河流上游段都具山区性河道特征；出山口后下游段河曲十分发育。仁错贡玛出水口以上流域面积1 479平方千米。

湖周分布宽广的湖积平原和大面积沼泽湿地，土壤主要类型是寒钙土，植被类型主要是紫花针茅草原，水源补给条件较好，成为优良天然牧场，十分有利于畜牧业发展。湖滨及岛屿主要鸟类有斑头雁、黑颈鹤等；野生哺乳动物有藏羚羊、盘羊、藏原羚等。牧场大量牧养牦牛、绵羊、山羊等。

10.3.18.1.1　扎让雄曲
（Zharangxiongqu River）

仁错贡玛最大的入湖河流，位于西藏自治区申扎县与班戈县境内，流域介于东经89°18′～89°35′和北纬30°44′～31°05′之间。河长47千米，源头高程（与**阿里藏布**的源头段他玛藏布分流处）4 695米，落差仅45米，河床平均比降不足1.0‰。

于仁错贡玛西岸入湖。流域面积508平方千米，占仁错贡玛出水口以上流域面积的34.3%，占**仁错约玛**水系（仁错盆地三湖）总流域面积的15.0%。

河流以大气降水补给为主，源头另获得他玛藏布分流的部分径流；基本呈由西向东流向，右岸水系发育优于左岸。左岸最大支流录曲长约20千米，上游南北流向，出山口后改北西—东南流向；右岸最大支流下扛弄巴曲长约35千米，上游南北流向，出山口后改西南—东北流向。

该河上中游与**色林错**水系他玛藏布合流，至阳定山丘卡附近，部分径流向东分流的河段始称扎让雄曲。按地貌特征划分，扎让雄曲已属于河流的下游段。河床系在平缓的古湖相沉积平原上冲刷所形成，比降很小，河曲蜿蜒，径流流速非常缓慢，河道两侧沼泽湿地发育（面积约70～80平方千米）。

流域内原沼泽面积大，水土资源基础好，紫花针茅等植物生长茂盛，加之乡村公路通贯其间，有利畜牧业生产发展。牧民主要以牧养牦牛、绵羊、山羊等为生。

10.3.18.2　玖如错
（Jiurucuo Lake）

位于西藏自治区班戈县境内，地理位置为东经89°56′，北纬31°00′。湖面高程4 678米时，湖长9千米，最大宽6.2千米，平均宽4.5千米，面积40.4平方千米。湖岸比较规则，近似圆形，北岸有坨俄玛与坨贡玛两个小岛（现已成陆连半岛）。湖岸周长31千米，内陆吞吐淡水湖泊。

玖如错与西侧**仁错约玛**、**仁错贡玛**同处著名的仁错断陷盆地内，属构造湖。玖如错与仁错约玛间连接河道阿拉曲长约18千米，河床系在地势十分平缓的古湖泊沉积平原上冲刷形成，河道非常弯曲，一般河宽仅1.0米左右，水深0.3～0.4米，雨季河川径流比较湍急。

湖泊出水口以上流域面积1 030平方千米。由北岸入湖的**藏布曲**是玖如错，同时也是整个盆地水系中最大入湖河流。

湖盆地貌形态显示，玖如错是三湖中最深的湖泊。西岸紧靠甲荣山，4 700米等高线距水边仅100米左右，滨岸地势峻峭；东岸临近保吉山和甲布日山，4 700米等高线距水边1.5～2千米，湖滩地面积相对较大；北岸原距查德儿日山很近，后因藏布曲下游入湖三角洲面积不断扩大，逐渐向湖体延伸，使现水边线与山麓间已有5～6千米之遥，其间形成了一片面积20～30平方千米的沼泽湿地；南侧则是地势开阔平坦的湖积—冲积平原，面积达150余平方千米。

南北滨湖区为良好的天然牧场，主要土壤类型是寒钙土，主要植被类型是紫花针茅草原，牧养的牲畜主要有牦牛、绵羊、山羊等；野生哺乳动物主要有藏羚羊、藏原羚，鸟类有斑头雁、黑颈鹤等。湖泊三面环山，景色美丽，湖水清澈、湛蓝，可饮用；有乡村公路直通湖边，交通比较方便。

10.3.18.2.1　藏布曲
（Zangbuqu River）

玖如错的最大入湖河流，位于西藏自治区班戈县境内。流域介于东经89°37′～90°04′和北纬31°02′～31°19′之间。河长55千米，发源于郎穷山南坡，源头高程5 400米，落差722米，河床平均比降13.1‰。流域面积920平方千米，占玖如错出水口以上流域面积的89.3%，占**仁错约玛**水系（仁错盆地三湖）总流域面积的27.1%。估算多年平均入湖流量约1.7立方米每秒。

支流多位于干流的左岸，呈扇形水系。流域地形封闭，山高谷深，基本保留原始自然景观状态。上游地区荒无人烟，有零星的夏季牧场；中下游区地势平坦，土壤主要为寒钙土类型，比较肥沃；植被主要类型是紫花针茅草原，有利畜牧业发展，主要牧养牦牛、绵羊、山羊等。

源头至长给（河床高程4 867米）为上游段，长14千米，落差533米，平均河床比降高达38.1‰。先称嘎穷曲，后名扒列曲康，基本呈北南流向，河道顺直，河床深切，雨季径流湍急，具典型的山区性河流特征。

长给至窝尔东俄玛为中游段，长29千米，落差153米，河床平均比降降至5.3‰。先称桑曲，后名窝东桑曲，基本呈西东向蜿蜒下行，河道非常弯曲，河宽一般3米左右，水深约0.2米。河道左侧地势峻峭，先后有3条长10~12千米的山区性短小支流汇入；右侧集水面积很小，地形平缓。

窝尔东俄玛至入湖河口为下游段，方称藏布曲，长12千米，落差36米，河床平均比降降为3.0‰，基本呈西北—东南流向。下游段河床大部分系在平坦的古湖积平原上冲刷形成，河曲十分发育，近湖滨段径流分汊交织下泄，形成面积达20~30平方千米的沼泽湿地。窝尔东俄玛附近由左岸汇入的玛尔下曲是藏布曲最大的支流，源于高程5 483米的英冬山，河长28千米，基本呈东北—西南流向，两岸发育有大片沼泽湿地。

10.3.19　雅根查错
（Yagenchacuo Lake）

又名雅根茶错、亚根亚姆茶卡，藏语意为"牛驮湖"，位于西藏自治区尼玛县双湖特别区东南部，地理位置为东经89°45′~89°51′，北纬32°57′~33°06′，内陆盐湖。湖略呈"狮头形"，作南北向延伸。湖面高程4 865米时，相应湖长16.8千米，最大湖宽9.4千米，平均宽6.43千米，面积108平方千米。湖泊岸线较为圆滑规则，周长49千米。湖中有两座无名小岛，分布在湖之西北及西南部，面积均约0.01平方千米。

雅根查错地处藏北高原腹地，坐落在唐古拉山—山间盆地内。盆地外围为相对高差100米左右的低阜岗丘，地势起伏和缓。滨湖北、东、西三面均有古湖岸砂堤分布，砂堤高出现湖面4米；湖东分布众多小型残迹湖，面积一般在0.5平方千米左右，最大的约3平方千米，滨湖东南部有近5平方千米的盐碱沼泽，显示湖泊在近期不断萎缩。

湖区属高原亚寒带羌塘半干旱气候，严寒干燥，冬季漫长，年内无绝对无霜期；多年平均气温约－4摄氏度，多年平均年降水量约200~300毫米，年大风日逾200天。流域面积1 828平方千米。

湖水补给以地表径流为主，泉水补给占有重要成分。计有大小入湖河流9条，其中6条为时令河，河源均有泉水补给。较大的河流为斗勒河（克斗勒马曲），河长34千米，流域内有泉25眼，单泉出水量多在3 600~7 200升每小时之间，下游段最大河宽3~5米，水深0.2米；孔纳木曲，河长40千米，上游为时令河，入湖河口受砂堤阻塞，河水不能直接入湖，以地下潜流形式补给湖泊；无名河，长约10千米，源头有出水量每小时2 880~10 800升的泉眼12处，入湖水量较丰。

湖水pH值8.0，矿化度196.600克每升，水化学类型为硫酸镁亚型。

湖区植被为针茅草原，基本上尚处于原生状态，野生动物主要有野牦牛、野驴、藏羚羊、黄羊、岩羊等。

10.3.20　美日切错
（Meiriqiecuo Lake）

位于西藏自治区北部，为安多县与尼玛县双湖特别区界湖，以安多县所辖湖面为主，地理位置为东经89°39′~89°48′，北纬33°35′~33°41′，内陆咸水湖泊。湖形甚不规则，长轴大致呈北东—南西向延伸。湖面高程4 946米时，相应湖长13.8千米，最大湖宽7.5千米，平均宽5.02米，面积69平方千米。湖泊岸线周长43千米。湖中有两座无名小岛，一在近北岸水域，另一在湖中央，面积0.01平方千米左右。

美日切错地处藏北高原腹地，坐落在一山间构造盆地内，盆地外围山地环绕，滨湖区除北部为河谷冲积平原外，其他方位均为相对高度在150~250米之低山丘陵，起伏和缓。环湖四周小型残迹湖泊星罗棋布，是第四纪湖泊盛期之后湖面不断萎缩的重要标志。

湖区属高原亚寒带羌塘半干旱气候，严寒干燥，降水稀少，蒸发强烈，冬季漫长，年内无绝对无霜期，大风日频繁出现，多年平均气温－4摄氏度上下，多年平均年降水量约200毫米，年大风日数超过200天。流域面积1 590平方千米。

湖水主要仰赖冰雪融水径流补给，有3条入湖河流，分布在湖之北部及东北部，其中以**美日北河**最大，河长65千米。据20世纪80年代调查，湖水pH值8.2，矿化度21.050克每升，水化学类型属硫酸钠亚型。

湖区植被为针茅草原，基本上处于原生状态，野生动物主要有野牦牛、野驴、棕熊、狼及藏羚羊、黄羊、盘羊等。湖区环境恶劣，交通闭塞，人迹罕见。

10.3.20.1　美日北河
（Meiribei River）

美日切错水系最大的入湖河流，因位于湖区北部，遂以美日北河称之。流域大部分在西藏自治区安多县境内，尼玛县仅据有上游河源区一隅。流域东、南、西三面被**多尔索洞错**水系所环抱，北与**多格错仁**水系接壤。

河源出自高程6 000米以上的诺拉岗日和索拉木岗日常年冰雪覆盖区，河长65千米，自然总落差1 054米；流域面积732平方千米，占美日切错流域总面积的46.0%。上游支流众多，下游水系不发育。干流总体由西北向东南流，于美日切错东北岸入湖。河流可分为两个不同特性的自然河段：上游为高山深谷段，河段长31千米，落差900米，河床平均比降29.0‰；下游为冲积平原段，河段长34千米，落差154米，河床平均比降4.5‰。冰雪融水是径流的主要补给源，泉水补给也占有一定比重。

流域植被以针茅草原为主，仅上游河源区为风毛菊、红景天稀疏植被，基本处于原生状态；野生动物主要有野牦牛、野驴、藏羚羊、黄羊、盘羊、狼及雪鸡等。

上游段分为南北两支，北支略盛。北支源自诺拉岗日，源区有常年冰雪覆盖面积约16平方千米，河源区诸沟溪汇集后，顺山谷先自西而东流，沿程相继汇纳众多支流。大致在近山麓段，干流折而向东南曲折流，6—9月最大河宽8米，水深0.3米。南支源自索拉木岗日，源区有常年冰雪覆盖面积约4平方千米，河流源出后依山谷大致由西向东曲折流，6—9月最大河宽5米，水深0.2米。南北两支约在海拔5 100米处之山麓相汇，进入下游冲积平原段。

下游段由西北向东南曲折流，仅在中部右岸有两眼泉集径流汇入，最大河宽 8 米，水深 0.3 米。于美日切错东北部分作两股入湖，在近湖区发育有一小型河口三角洲。

10.3.21 班戈错
(Bangecuo Lake)

"班戈"为藏语"吉祥保护神"之意，寓意班戈错为"神佑吉祥之湖"。位于西藏自治区班戈县境西北隅，地理位置为东经 89°26′～89°39′，北纬 31°40′～31°47′，距县政府驻地约 60 千米，西与**色林错**相望，内陆盐湖。由东西向相互毗邻的 3 个湖泊组成：班戈Ⅰ湖居东，为时令性卤水盐湖，水深 0.3～1.0 米，面积 4.5 平方千米；班戈Ⅱ湖居中，为干盐湖，唯夏季遇暴雨时可形成间歇性浑浊浅水，水深几厘米至数十厘米；班戈Ⅲ湖居西，为半干盐湖，西部有大面积芒硝沉积，仅东部为受河水径流补给的卤水区。卤水区水域近似椭圆形，湖面高程 4 520 米时，湖面南北长 10.1 千米，东西最大湖宽 8.1 千米，平均宽 5.47 千米，面积 55.2 平方千米。湖泊岸线圆滑规则，周长 33 千米，湖西北部有无名小岛 1 座，面积约 0.01 平方千米。

班戈错

湖泊坐落在藏北高原东南部古伦坡拉—色林错断陷盆地内，盆地外围为低山丘陵，山脊平缓，山丘浑圆，相对高度 200 米上下。环湖周围为广阔的冲积—淤积倾斜平原，坡度 5～20 度，近山麓处较陡，靠湖盆处较缓。平原上有众多小型残迹湖点缀，分布有一～三级阶地及多道古湖岸砂砾堤，是古班戈错自湖泊盛期之后逐渐萎缩的重要佐证。

湖区属高原亚寒带羌塘半干旱气候，寒冷干燥，冬季漫长，日照充裕，风沙日较多，多年平均气温约 −1.5 摄氏度，昼夜温差最大在 30 摄氏度以上。1958—1964 年多年平均年降水量约 308.3 毫米，年内降水多集中在 6—9 月间；多年平均年蒸发量 2 239 毫米。流域面积（Ⅲ湖）2 175 平方千米，湖水补给以地表径流为主，由东部入湖的**卡挖藏布**为最大入湖河流。1975 年调查，晶上卤水 pH 值 9.7，矿化度 132.4 克每升；晶下卤水 pH 值 10.3，矿化度 237.5 克每升，属硫酸镁亚型盐湖。湖区植被以针茅草原为主。

班戈错以赋存硼砂盐湖沉积矿床而享有盛誉。远在公元 6 世纪，盐湖中的硼砂就已被开采利用。20 世纪 50 年代初，湖区建有硼砂厂，生产精制硼砂，畅销国内外。湖区东北侧有藏北高原主要交通干线黑（河）阿（里）公路东西穿过，南去申扎、东南至班戈县政府驻地均有支线道路相接，交通方便。

10.3.21.1 卡挖藏布
(Kawazangbu River)

班戈错（班戈Ⅲ湖）的入湖河流，又名恰嘎藏布，地处西藏自治区班戈县境内，位于班戈错东南部。流域东部和北部分别与**巴木错**和**纳卡错**水系为邻，西部和南部分别与**色林错**和**玖如错**水系相接。

卡挖藏布发源于郎钦山区，源头高程 5 200 米；流域面积 1 572 平方千米，占班戈错流域总面积的 72.3%。河流总体自东南向西北流淌，河长 79 千米，落差 685 米。全河分为两个不同特性的自然河段：上游山区段，长 15 千米，落差 540 米，平均比降 36‰；下游山间盆地与冲积平原段，河段长 64 千米，落差 145 米，河床平均比降 2.3‰。水系呈不对称羽毛状展布，河网稠密，小型残迹湖棋布，山间盆地内沼泽连片。

源头诸沟溪由郎钦山北侧源出后顺山谷走向下注，相继汇流后，始得名吴藏曲，穿行于高山峡谷间，两岸山势险峻，河谷陡峭，7—9 月河宽 3.0 米，水深 0.2 米。上游段两岸支流稀疏且源流短小，其中仅以右岸支流多日曲稍大，长 7.5 千米。

干流西北行，出曲如多扎山谷口，进入下游山间盆地段，两岸地势骤然开阔，汇入支流明显增多，河道迂回曲折，支汊纷繁，沿河两岸沼泽广袤，小型湖泊众多。左岸汇入的较大支流依次有：甲弄曲，河长 21 千米；格生弄巴曲，河长 18 千米，下游近河口段以地下潜流汇入干流。右岸汇入的较大支流依次有：那卫曲，河长 12 千米；多查加曲，河长 16 千米；多让弄巴曲，河长 27 千米。在山间盆地内，众多支流来汇，使干流水势显著增强，主泓河宽达 11 米，水深 0.3 米，始得名卡挖藏布。

干流出山间盆地后，诸支汊缩并为单股，呈典型蛇曲状继续西北向，进入冲积平原段。汇入的较大支流，左岸有则尔根多曲，河长 33 千米，近河口段以潜流形式汇入。右岸依次有甲嘎玛弄，河长 27 千米，下游近河口段亦为潜流形式汇入；达曲，河长 28 千米。达曲河口以下，干流河宽 13～15 米，水深 0.5～0.6 米。近河口段有三角洲发育，干流分汊为多股呈扇形以潜流形式入注班戈错（班戈Ⅲ湖）。

流域是班戈县重要牧业区，放牧点较多，门当乡人民政府驻地是流域内最大的居民点，并有省级道路东西穿过，东距班戈县政府驻地约 28 千米。

10.3.22 纳卡错
(Nakacuo Lake)

又名纳木卡错，位于西藏自治区班戈县境西北隅，西南与**班戈错**、**色林错**相望，地理位置为东经 89°47′、北纬 31°52′，内陆咸水湖泊。湖泊长轴略呈西北—东南向延伸，湖面高程 4 534 米时，相应湖长 6.5 千米，最大湖宽 4.3 千米，平均宽 2.58 千米，面积 16.8 平方千米。湖岸线较为平滑顺直，岸线周长 18 千米。

纳卡错坐落在断陷构造盆地内，湖泊西南部为低山丘陵，山脊平缓，山丘浑圆，相对高度 200 米上下，山丘逼近湖岸。其他方位地势开阔，为冲积—淤积倾斜平原。平原之上分布有多级阶地及砂砾堤，是该湖自第四纪盛期之后逐渐萎缩的重要佐证。湖泊东南部分布有连片沼泽及盐碱滩，面积约 30 平方千米。

湖区属高原亚寒带羌塘半干旱气候，寒冷干燥，冬季漫长无夏，大风沙日较多，多年平均气温约 −1.5 摄氏度，多年平均年降水量约 300 毫米，年 8 级以上大风日逾 80 天。

流域面积 1 197 平方千米，湖水补给以地表径流为主，计有大小入湖河流 10 条，其中 6 条为时令河。东南岸入湖的桑曲最大，河长 30.5 千米，源头高程 4 880 米。湖水矿化度

14.1克每升，属碳酸盐型咸水湖泊。湖区植被以针茅草原为主。湖区东南部有县级道路南北穿过，南接黑（河）阿（里）公路。

10.3.23　洋纳朋错
(Yangnapengcuo Lake)

位于西藏自治区尼玛县双湖特别区东南部，地理位置为东经89°46′、北纬32°20′。湖面高程4 620米时，湖长5.9千米，最大宽3.4千米，平均宽2.1千米，面积12.5平方千米。湖岸较规则，湖泊周长16.5千米，碳酸盐型内陆咸水湖泊。

湖泊地处藏北高原中部，坐落在唐古拉山西段南侧山间构造盆地内，流域东、北接*其香错*水系；西与*瀑赛尔错*及*赞宗错*流域相邻，南部是*色林错*最大入湖河流*扎加藏布*。流域面积285平方千米。除西北侧的多木日阿索玛山地势稍高外，其余湖滨均为开阔的砂砾盐碱滩。

流域属高原亚寒带羌塘半干旱气候区，多年平均气温约−5摄氏度，多年平均年降水量250毫米左右。全流域有泉水40余处，表明大气降水及地下水同是湖水补给的主要来源。6条入湖河流分布在湖东、北、西三岸，其中东岸入湖的勒日雅尔尕曲，河长10.5千米，源于玛尔确山西侧泉水溢出带；东南岸入湖的兴瓦尔查曲，河长7.5千米，源于纳布采松巴山北侧泉水溢出带；其他入湖河流共同特点都是河源或沿程有规模不等的泉水补给。

湖面第四纪以来已经明显缩小，目前碟形湖盆显示湖水不会很深。据20世纪60年代考察，湖水pH值8.3，矿化度14.090克每升，属碳酸盐型内陆咸水湖泊。流域植被类型主要是针茅草原，局部地区有垫状驼绒藜分布。湖区定居牧民很少，现湖西多木热（多木日）有简易公路北通巴岭乡政府驻地。

10.3.24　太平南湖
(Taipingnan Lake)

位于西藏自治区北部安多县境内，北距*太平湖*2.4千米，东距青海省界3.2千米，内陆咸水湖泊，地理位置为东经89°44′、北纬34°13′。湖近似三角形，长轴呈北西—南东向延伸，湖面高程5 045米时，相应湖长6.1千米，最大宽3.8千米，平均宽2.28千米，面积13.9平方千米。湖岸线平整，长度16千米。

太平南湖地处藏北高原北部，系构造湖，滨湖西北和东南部为相对高度130～160米的低山丘陵，其余方位均地势开阔。湖区属高原亚寒带羌塘半干旱区气候，多年平均气温−6摄氏度，多年平均年降水量约150～200毫米。流域面积282平方千米，湖水主要依赖泉集河和时令河径流补给，北岸入湖的一条泉集河长1.8千米，西岸入湖的时令河长19千米。

湖区植被以针茅草原类型为主，紫花针茅为组成植被的优势种，野生动物有野牦牛、野驴、藏羚羊、黄羊、狼、狐狸、猞猁及雪鸡等。湖区人迹罕至，自然条件恶劣。

10.3.25　太平湖
(Taiping Lake)

位于西藏自治区北部安多县境内，东距青海省界约8千米，内陆咸水湖泊，地理位置为东经89°43′、北纬34°18′。湖近似菱形，湖面高程5 095米时，相应湖长7.4千米，最大宽3.6千米，平均宽2.7千米，面积19.8平方千米。湖泊岸线平整，长度18.5千米。

太平湖地处藏北高原北部一山间盆地内，系构造湖。滨湖北部及东北部为砂砾质的冲积平原，地势相对开阔；湖东南为相对高度100米左右的丘陵低山，山麓线逼近湖岸。

湖区属高原亚寒带羌塘半干旱气候，多年平均气温−6摄氏度，年降水量150～200毫米。流域面积376平方千米，湖水主要依赖湖北岸及东岸汇入的5条时令河补给，其中最大的河长约20千米；其余4条长度均不超过15千米。

湖周植被以针茅草原类型为主，紫花针茅为组成植被的优势品种，野生动物有野牦牛、野驴、藏羚羊、黄羊、狼、狐狸、猞猁及雪鸡等。湖区人迹罕至，自然条件恶劣。

10.3.26　扎木错玛琼
(Zhamucuomaqiong Lake)

在西藏自治区北部尼玛县双湖特别区境内，东南距*雅根查错*约7.2千米，地理位置为东经89°42′、北纬33°09′，内陆卤水盐湖。湖泊长轴呈北西—南东走向，湖面高程4 885米时，相应湖长6.3千米，最大宽4.5千米，平均宽2.9千米，面积18.1平方千米。湖泊岸线曲折，岸线长度27千米。

扎木错玛琼地处藏北高原北部的唐古拉山间盆地内，为断陷构造湖。湖盆四周为相对高度低于100米的低山丘陵环绕，地势比较开阔。湖滨发育有宽约1.5千米左右的砂砾质滩地。

湖区属高原亚寒带羌塘半干旱气候，多年平均气温约−6摄氏度，多年平均年降水量约200毫米。流域面积598平方千米，入湖河流有6条，其中4条为时令小河。从东岸入湖的孔纳木尼陇曲，河长9.5千米，常年河；最长的时令河于湖西北岸入湖，河长32千米。流域内尚有小型残留咸水湖塘60余个，分布在入湖河流下游段两侧，最大者约0.7平方千米，多数均在0.05平方千米以下。

湖区植被以针茅草原类型为主，紫花针茅为组成植被的优势种类，野生动物有野牦牛、野驴、黄羊、盘羊、猞猁及雪鸡等。湖区人迹罕至。

10.3.27　昂达尔错
(Angdaercuo Lake)

位于西藏自治区尼玛县双湖特别区东南部，东经89°31′～89°38′，北纬32°40′～32°45′，碳酸盐型内陆终点盐湖。湖面高程4 861米时，湖东西长11.1千米，南北最大宽5.6千米，平均宽3.1千米，面积34.3平方千米。湖岸比较规则，湖周长度30千米。

湖泊地处唐古拉山西段南侧，坐落在山间构造盆地内。流域北接*雅根查错*水系，西与*果根错*入湖河流交界，南、东与*瀑赛尔错*、*其香错*流域相邻，流域面积1 422平方千米。除东部狭长形的塞仁山、廓洛山（其香山）地势陡峻外，流域内其余地区地势较为平缓。

流域属高原亚寒带羌塘半干旱气候区，高寒缺氧、降水稀少、异常干燥，多年平均气温约−6摄氏度，多年平均年降水量约200毫米，主要集中在6—9月，且固体降水是主要形式。

径流主要依赖地下水补给。最大的地表径流补给来自东岸入湖的塞仁夏玛曲，河长38千米，源头最高峰杂达期索玛高程5 401米，自东向西流经塞仁山与廓洛山间多个宽谷盆地，沿程不断有南北山麓出露的泉水补给，上游水量较为丰沛。出山口后，地势突然变缓，径流一部分潜入地下，最后于湖东侧形成大片沼泽湿地，并通过*昂达尔东错*等两个小湖复又补给昂达尔错。第二条较大的入湖河流是西南岸汇入的贡卡姜玛曲，河长 20 千米。除此而外均是短小的时令小溪。

据 1976 年 6 月考察取得的自然地理、湖泊水文等资料，西北岸湖滨冲积、湖积倾斜平原面积达 40～50 平方千米，全是由第三系红色砂砾岩风化的、直径 1 厘米左右的细砂砾堆积而成。湖滨滩地植被极为稀疏。东南岸湖滨滩地面积相对较小，距水边线 800～1 000 米处有一道顶宽 15～20 米、高出现湖面 7.5 米、长约 10 千米的大砂堤，堤面由均匀的细砂砾构成，大堤东侧还残留两个小湖（昂达尔东错等，湖水通过穿过大堤的连接小河不断排向昂达尔错）。这种地貌特征说明在第四纪高湖面时三湖面同属同一大湖。

湖体大断面实测资料表明，湖水最深处仅 0.94 米，湖水清澈见底。除近岸边 200 米范围内湖底有些淤泥外，其余湖底全是坚硬的白色石盐结晶。湖中心水样 pH 值 10.50，矿化度高达 357.685 克每升，属碳酸盐型内陆卤水盐湖。

湖区主要植被类型为针茅草原，间有青藏硬叶苔草分布。野生动物主要有藏羚羊、野牦牛、野驴以及斑头雁、棕头鸥等；盛产颜色洁白、品质优良的食盐。

10.3.27.1　昂达尔东错
（Angdaerdongcuo Lake）

位于西藏自治区尼玛县双湖特别区东南部，地理位置为东经 89°38′、北纬 32°44′。湖面高程 4 863 米时，湖长 2.7 千米，最大宽 1.7 千米，平均宽 1.1 千米，面积 3.1 平方千米，内陆吞吐微咸水湖泊。

湖泊与西侧的昂达尔错在第四纪高湖面时曾属同一大湖，目前两湖间仅隔一条顶宽 15～20 米、高出昂达尔东错湖面 5.5 米、长约 10 千米的巨大古湖砂砾堤。塞仁夏玛曲先以地下水出露形式于昂达尔东错东侧形成沼泽，并补给昂达尔东错，昂达尔东错湖水再通过其西南岸的一条宽 5～7 米小河，穿越上述古湖大砂砾堤向西侧昂达尔错排泄。据 1976 年 7 月考察，经湖中心水样分析，湖水 pH 值 9.0，矿化度仅为 2.248 克每升，远远低于西侧昂达尔错；实测最大水深约 1 米。

在昂达尔东错北约 200 米处另有一个面积不足 1 平方千米的小湖，湖水不深、味苦，并同样也通过一条小河穿越大堤向西侧昂达尔错排泄。该湖与昂达尔东错都是古昂达尔错大湖退缩后残留的内陆吞吐湖泊。

鸟岛

距西侧大砂堤约 500 米处，湖中有一面积不足 3 000 平方米的小岛，考察时发现 100 余个棕头鸥、赤麻鸭、斑头雁等鸟巢。小岛实质是一个露出水面 1～2 米的砂质浅滩，因湖水含盐量很低，水中又有比较丰富的水生动植物，成为鸟类的天堂。

10.3.28　赞宗错
（Zanzongcuo Lake）

又名赞宗茶卡，藏语意为"碉堡湖"，位于西藏自治区尼玛县双湖特别区境内，地理位置为东经 89°36′、北纬 32°15′，硫酸钠亚型内陆卤水盐湖。湖面高程 4 550 米时，湖长 4.5 千米，最大宽 3.2 千米，平均宽 2.9 千米，面积 13 平方千米。经常有水的核心区域面积仅有 8.5 平方千米。湖岸规则，形似元宝，岸线周长 14.5 千米。

赞宗错地处藏北高原中部班公—东巧—怒江大断裂带北侧山间构造盆地内。流域东、北、西分别接洋纳朋错及瀑赛尔错水系，南部是扎加藏布诸支流。流域面积 234 平方千米，湖泊补给系数为 26.5。湖滨均为开阔的砂砾质冲积—洪积平原，近水边有大面积石盐沉积，显示自第四纪高湖面以来，湖泊已经严重退缩。

流域属高原亚寒带羌塘半干旱气候区，多年平均气温约 −3 摄氏度，多年平均年降水量约 250 毫米。湖水主要靠大气降水及地下水补给。有 4 条间歇性河溪从北岸汇入，其中最长的董曲陇巴长 10.5 千米。各河均源自山前泉水溢出带，沿程亦有大小不等的泉水补给。据 1980 年资料，该湖的南、东、西部滨湖石盐沉积面积达 4.5 平方千米，盐层厚 0.1～0.3 米。

湖泊核心卤水区湖水矿化度为 74.182 克每升（其中锂的含量达 27.56 克每升）。流域主要植被类型为高山针茅草原，局部地区已开辟为季节性牧场，定居牧民甚少，每年夏季有许多藏胞前来湖滨石盐沉积区开采食盐。

10.3.29　普嘎错
（Pugacuo Lake）

又名补嘎错，西藏自治区班戈县与申扎县界湖，碳酸盐型内陆卤水盐湖。地理位置为东经 89°33′、北纬 31°06′。湖形如肾，湖面高程 4 783 米时，湖泊长 9.5 千米，最大宽 6.3 千米，平均宽 3.8 千米，面积 36.2 平方千米。湖泊周长 32 千米，岸线发展系数 1.50。

普嘎错湖盆系构造形成。流域北邻色林错入湖河流波曲藏布源头，西北接果忙错流域，其余均与仁错约玛水系交界。流域面积 662 平方千米，湖泊补给系数为 17.3。湖区除南部、东南部有平缓山丘临近湖岸外，其余湖周均为宽广的冲积、洪积倾斜平原。尤以湖体北侧范围最大，倾斜平原面积达 70～80 平方千米，地势十分开阔。总有多条古湖岸砂砾堤分布，最高砂砾堤高程 4 820 米，即高出现湖面约 37 米，表明第四纪高湖面时湖水面积超出现今湖面积约两倍。退缩后的古湖盆地至今仍存有数十个残留小湖及零星沼泽分布。残留小湖以湖东北部的甲公尔错最大，面积为 0.3 平方千米，其余面积多在 0.05 平方千米以下。

湖区属高原亚寒带羌塘半干旱气候，多年平均气温 −1 摄氏度，多年平均年降水量约 350 毫米，大气降水是湖泊的主要补给源。入湖河流共有 8 条，最大者是西岸入湖的达尔嘎波曲，河长 18.3 千米，源头高程 5 330 米（穷日山）；其次是东北岸入湖的索热曲康河（河长 16 千米）和西北岸入湖的巴扎曲杠河（河长 16 千米）；其余河长多不足 10 千米。这些河流的共同之处是，下游近河口段均系在古湖相沉积平原上冲刷形成，河曲发育，河道多分汊并发育有大片沼泽湿地。

据西藏地质局藏北地质队 1960 年考察，普嘎错湖水 pH 值 8.3，矿化度 84.2 克每升，属碳酸盐型盐湖；1980 年考察，湖水 pH 值 8.3，矿化度 2.49 克每升，属碳酸盐型微咸水湖。

差别原因待查。湖水中硼含量较高（B_2O_3 含量为 1.399 克每升），具有开发利用价值。

湖滨地区为高山草原植被，主要种类组成有紫花针茅、青藏苔草、珠峰苔草等，东部及南部山区分布有小嵩草草甸植被，适于放牧。滨湖东西两侧有乡级道路南北穿过，交通尚属方便。

10.3.30 向阳湖
(Xiangyang Lake)

位于西藏自治区安多县境内，北距青海省治多县境约 6 千米，地理位置为东经 89°18′～89°33′、北纬 35°45′～35°51′，内陆咸水湖泊。湖面高程 4 870 米时，相应湖长 21.5 千米，最大宽 6.2 千米，平均宽 4.52 千米，面积 97.1 平方千米。湖泊岸线较为平整，湖岸线长 62 千米。湖中有一小岛，面积约 0.2 平方千米，高出现湖面约 11 米。

向阳湖地处可可西里山脉北麓的断陷盆地内，四周山地和丘陵环绕，山地相对高差 500～600 米，丘陵起伏和缓，相对高差 50～150 米。湖滨为洪积—湖积平原，地势较为开阔，北部湖滨古湖岸砂堤清晰可见，堤顶高出现湖面约 10 米，是该湖自第四纪以来不断萎缩衰退的重要佐证。

湖区属高原亚寒带羌塘半干旱气候，多年平均气温 -4 摄氏度左右，多年平均年降水量 100～150 毫米。流域面积 1 217 平方千米，湖水主要依靠东岸入湖的金阳河补给。金阳河河长 42 千米，源于可可西里山脉北麓的常年冰雪覆盖区，冰雪覆盖面积近 100 平方千米；近河口段河宽 3～6 米，水深 0.4 米。

湖区植被以针茅草原为主，系良好的天然牧场，是安多县发展藏系绵羊和牦牛的基地之一。湖西仅有乡间小路，离公路干线较远。

10.3.31 瀑赛尔错
(Pusaiercuo Lake)

位于西藏自治区尼玛县双湖特别区东南部，内陆咸水湖泊，地理位置为东经 89°26′、北纬 32°20′。湖面高程 4 586 米时，湖长 8.6 千米，最大宽 3.4 千米，平均宽 2.2 千米，面积 18.3 平方千米。湖岸比较规则，湖泊周长 20 千米。

瀑赛尔错地处藏北高原中部西唐古拉山南侧山间构造盆地内。流域东接**洋纳朋错**、**其香错**水系，北临**昂达尔错**入湖河流；西与**果根错**流域相邻；南部分水岭以外是一片开阔的波状起伏低山丘陵，一系列残留小湖或干涸湖盆分布其间。流域面积 850 平方千米，湖泊东西两侧洪积平原面积大，地势开阔；南北两侧湖滨带较为狭窄，特别是北岸山麓线紧贴湖岸。

流域属高原亚寒带羌塘半干旱气候区，多年平均气温约 -6.0 摄氏度，多年平均年降水量约 200 毫米。流域内泉眼出露星罗棋布，单眼泉出水量 1 800～18 000 升每小时的泉眼即达 100 余处，表明该湖是一个泉水补给与大气降水补给并存的湖泊。

入湖大小河流计有 6 条。最长的是由东岸汇入的曲陇曲布秀，河长 33 千米，基本呈东北—西南流向，源于高程 5 238 米的昂权姜玛（昂查姜玛）山南侧泉水溢出带，其中游右岸又有支流曲龙陇巴汇入。东岸另一条较大入湖河流是卡玛尼雅尔，河长 17 千米，基本呈北南流向，源区有叉曲贡玛泉、叉曲约玛泉等一系列泉水补给。另外 4 条河流分布在湖北岸与西岸，河长均不足 15 千米，它们的共同特点是源头或沿程均有泉水补给。

第四纪以来，瀑赛尔错面积已大大缩小，目前的碟形湖盆地貌特征表明湖水不会太深。据 1980 年资料，湖水矿化度 12.545 克每升，属碳酸盐型咸水湖泊。流域主要植被类型为高山针茅草原，湖区交通闭塞，仅个别地方有季节性牧场。

10.3.32 多格错仁强错
(Duogecuorenqiangcuo Lake)

位于西藏自治区北部安多县境内，东距青海省约 6 千米，内陆盐湖，地理位置为东经 89°07′～89°23′、北纬 35°13′～35°23′。湖面高程 4 787 米时，相应湖长 27.3 千米，最大宽 12.3 千米，平均宽 7.6 千米，面积 207.3 平方千米。湖岸线长度 91 千米，湖东南有 3 条砂堤伸入湖体，形成 3 个半岛；湖西部近岸边有沙质小岛 2 座，面积 0.05～0.08 平方千米。

地处藏北高原东部可可西里山与冬布勒山之间的第四系沉积盆地内。流域除南北分水岭为高山外，其余方位地形起伏和缓，低山、丘陵广布。湖滨湖积—冲积平原大多为盐碱地，入湖河口区域分布有小片沼泽湿地。东、南湖滨可见 5 条古湖岸砂堤，其中位于湖区偏西南部的一条长达 7.5 千米，堤顶高出现湖面 33 米；环湖四周残迹小湖棋布，面积 0.6～3.8 平方千米，都是古大湖逐渐萎缩之痕迹。

湖区属高原亚寒带羌塘半干旱气候，多年平均气温 -6～-4 摄氏度，多年平均年降水量约 150 毫米。流域面积 5 007 平方千米，湖水主要依赖冰雪融水和泉水补给，较大的入湖河流有**天台河**、**五泉河**、**玉龙河**、**西南河**等。湖北为可可西里山麓地带，由一系列出露泉水汇集形成的地表、地下径流亦是湖水的重要补给源。

湖周植被以高山荒漠类垫状驼绒藜为主，野生动物有野牦牛、野驴、藏羚羊、黄羊、狐狸、猞猁及雪鸡等。湖区人迹罕至，交通闭塞。

10.3.32.1 天台河
(Tiantai River)

多格错仁强错最长的入湖河流，发源于可可西里山南侧雪山，源头高程 5 400 米，河源区冰雪覆盖面积约 45 平方千米。流域面积 892 平方千米，占多格错仁强错流域面积的 17.8%。河长 84 千米（其中时令河段长 31 千米），水系呈树枝状分布，落差 613 米。位于西藏自治区北部，跨安多县与尼玛县双湖特别区，流域介于东经 88°58′～89°46′和北纬 35°20′～35°42′之间。

流域北与**向阳湖**水系毗邻，其余方位以可可西里山及其支脉分水岭为界。河流大致分为 3 段：上游段称百流河，河段长 21 千米，落差 320 米，河床平均比降 15.2‰；中游段为时令河段，河段长 31 千米，落差 160 米，河床平均比降 5.2‰；支流小天台河汇口至入湖口为下游段，河段长 32 千米，落差 133 米，河床平均比降 4.2‰。

天台河自源头由东向西流，经约 10 千米的峡谷段，进入山间小型盆地，先后接纳源于冰川雪山的 10 条支流，其中较长的一条有 18 千米。干流河宽 4～5 米，水深 0.5～0.6 米，河床以砾石为主。由源头下行约 21 千米后，河流潜入地下，以时令河状态在宽谷中向西南下行，河床以沙质为主，其间有 5 条时令小河汇入，在入湖口以上 32 千米处，与由北向南的支流小天台（长 20 千米）交汇。汇口以下的下游段始称天台河，经约 11 千米宽窄相间的谷地后进入山前坡地，由东北向西南作 S 形蜿蜒流淌，于多格错仁强错西部湖湾和湖汊入湖，入湖前支汊繁出，主泓与支汊难辨。

上游段植被以风毛菊、红景天稀疏植被类型为主，中下游段则以针茅草原及垫状驼绒藜荒漠类型为主，野生动物有野牦牛、野驴、藏羚羊、黄羊及雪鸡等。

10.3.32.2　玉龙河
(Yulong River)

多格错仁强错主要入湖河流之一，发源于可可西里岗扎日雪山，河源高程 5 400 米，河源区冰雪覆盖面积近 11 平方千米，流域面积 328 平方千米。河流长 53 千米，落差 613 米，河床平均比降 11.6‰。位于西藏自治区北部安多县境内，流域介于东经 89°20′～89°42′和北纬 35°20′～35°35′之间。

流域呈狭长形展布，基本以可可西里山及其支脉为界，全河可分为上、下游两个不同特性的自然河段。上游段长 20 千米，落差 380 米，河床平均比降 19‰；下游段长 33 千米，落差 233 米，河床平均比降 7.1‰。流域上游源头区为风毛菊、红景天稀疏植被，近湖滨地区为垫状驼绒藜荒漠，其他地区主要为青藏苔草草原。

河流源出后，沿 13 千米的峡谷段向西南偏南方向流，进入金草滩，河宽约 3 米，水深 0.3 米，河床由砾石组成，有 9 条短小支流汇入。金草滩西南纳左侧最大支流（河长 16.5 千米）后进入下游段，约经 13 千米的丘间宽谷继续向西南偏西方向流淌，河宽增至 7 米，水深 0.4 米。下游段支流较少，仅有左侧的沙水沟（河长 6 千米）和一条时令小河以地下潜流形式汇入。入湖前 5.5 千米，干流分成两支，在湖的东北岸平行入湖。

10.3.32.3　西南河
(Xinan River)

多格错仁强错主要入湖河流之一，发源于冬布勒山北侧，源头高程 5 360 米，自然落差 573 米。流域面积 544 平方千米，河长 54 千米。位于西藏自治区北部安多县境内，流域介于东经 88°52′～89°12′和北纬 35°00′～35°18′之间。

按其自然特性全河可分为上、下游两段：上游山区段河段长 30.5 千米（其中时令河段 10.5 千米），落差 440 米，河床平均比降 14.4‰；下游洪积—冲积平原段长 23.5 千米，落差 133 米，河床平均比降 5.7‰。

上游段水系发育相对较好，略呈树枝状展布。该河由冬布勒山区源出后，先以时令河形式顺峡谷走势由西向东曲折流，下行约 10.5 千米后出峡谷口，演变为常年河，折转东北向，进入山间宽谷段，至月形湖西约 5.8 千米处，左岸有一较大支流（河长 23 千米，源于冬布勒山东侧）汇入。汇口以下，进入下游段，继而又转折为北至西北行，于湖西南岸入湖。沿程地势开阔，河道迂回曲折，并有分汊汊流出现。下游段支流稀，河口区发育有连片沼泽湿地。

流域内植被上游地区以高山草原类青藏苔草为主，下游地区主要以高山荒漠类垫状驼绒藜荒漠为主，常见野生动物有野牦牛、野驴、藏羚羊、黄羊及雪鸡等。

10.3.32.4　五泉河
(Wuquan River)

多格错仁强错中流域面积最大的入湖河流，发源于若拉岗日雪山，河源区有冰雪覆盖面积约 5 平方千米，源头高程 5 320 米。流域面积 1 504 平方千米，占多格错仁强错流域面积的 30.0%，河流长 58 千米，落差 533 米。位于西藏自治区北部，跨安多县与尼玛县双湖特别区，流域介于东经 88°33′～89°05′和北纬 35°04′～35°32′之间。

流域北侧是可可西里山，西与**若那错**水系相邻，南以冬布勒山为界。全河可分为上、下两个自然河段：源头至映月湖（面积 1.5 平方千米）东南 2.5 千米处为上游段，河段长 28 千米，落差 498 米，河床平均比降 17.8‰；映月湖东南 2.5 千米处至入湖口为下游段，河段长 30 千米，落差 35 米，河床平均比降 1.1‰。

河流自若拉岗日冰川冰舌缘流出，经约 10 千米的峡谷段，自西向东紧贴山地作 S 形流淌后进入山前坡地，先后受纳 9 条小支流，于映月湖西南约 3 千米处，进入小片沙滩地，并形成 3 支分汊，在纳左侧 13 眼泉水形成的泉溪和右侧 25 眼泉水潜流后，水流合并进入下游段。上游段 6—9 月河宽一般在 8～11 米，水深 0.1～0.2 米，河床由沙质组成。下游段基本呈自西向东流，河道稍有弯曲，时有分汊，河宽 15～20 米，水深 0.4 米，沙质河床。两侧有 12 条支流汇入，其中较长的有大沙河、桑洁河（长 18 千米）、双泉河（长 13 千米）。大沙河位于干流右侧，长度 41 千米，发源于若拉岗日雪山，河宽约 7 米，沙质河床，出山口后潜入地下，尔后以泉水形式复出，以地下渗流形式汇入。干流在入湖前约 3 千米，进入湖西沼泽湿地，以漫流形式汇入湖泊。

流域内源头区为风毛菊、红景天稀疏植被，滨湖沼泽区为苔草植被，其余为垫状驼绒藜荒漠，野生动物有野牦牛、野驴、藏羚羊、黄羊、狐狸、猞猁及雪鸡等。

10.3.33　色林错
(Selincuo Lake)

西藏自治区第二大湖，原名奇林湖，藏语有"威光映照的魔鬼湖"之意。系申扎、班戈、尼玛 3 个县的界湖，地理位置为东经 88°33′～89°21′，北纬 31°34′～31°57′。

色林错湖畔

湖面高程 4 530 米时，湖泊东西长 77.7 千米，最大宽 45.5 千米，平均宽 21 千米，面积 1 628 平方千米。西部岸线曲折，多半岛、岬湾，东部相对比较平整。湖周长度 255 千米，岸线发展系数为 1.77。湖水矿化度为 18.268 克每升，硫酸钠亚型内陆终点咸水湖泊。1979 年以来对湖泊进行了实地勘测，据 1980 年实测，整个湖泊可分为浅水区（1～10 米深）、次浅水区（10～30 米深）、次深水区（30～40 米深）和深水区（大于 40 米深）4 部分，其中深水区主要在湖体的东部中心区域。初步分析，若将全湖平均水深按 23 米计，则林错的贮水量为 374.4 亿立方米。

湖面呈深蓝色，水深 33 米处实测透明度为 8.5 米。

色林错湖水化学类型为硫酸钠亚型，湖水 pH 值 9.7，偏

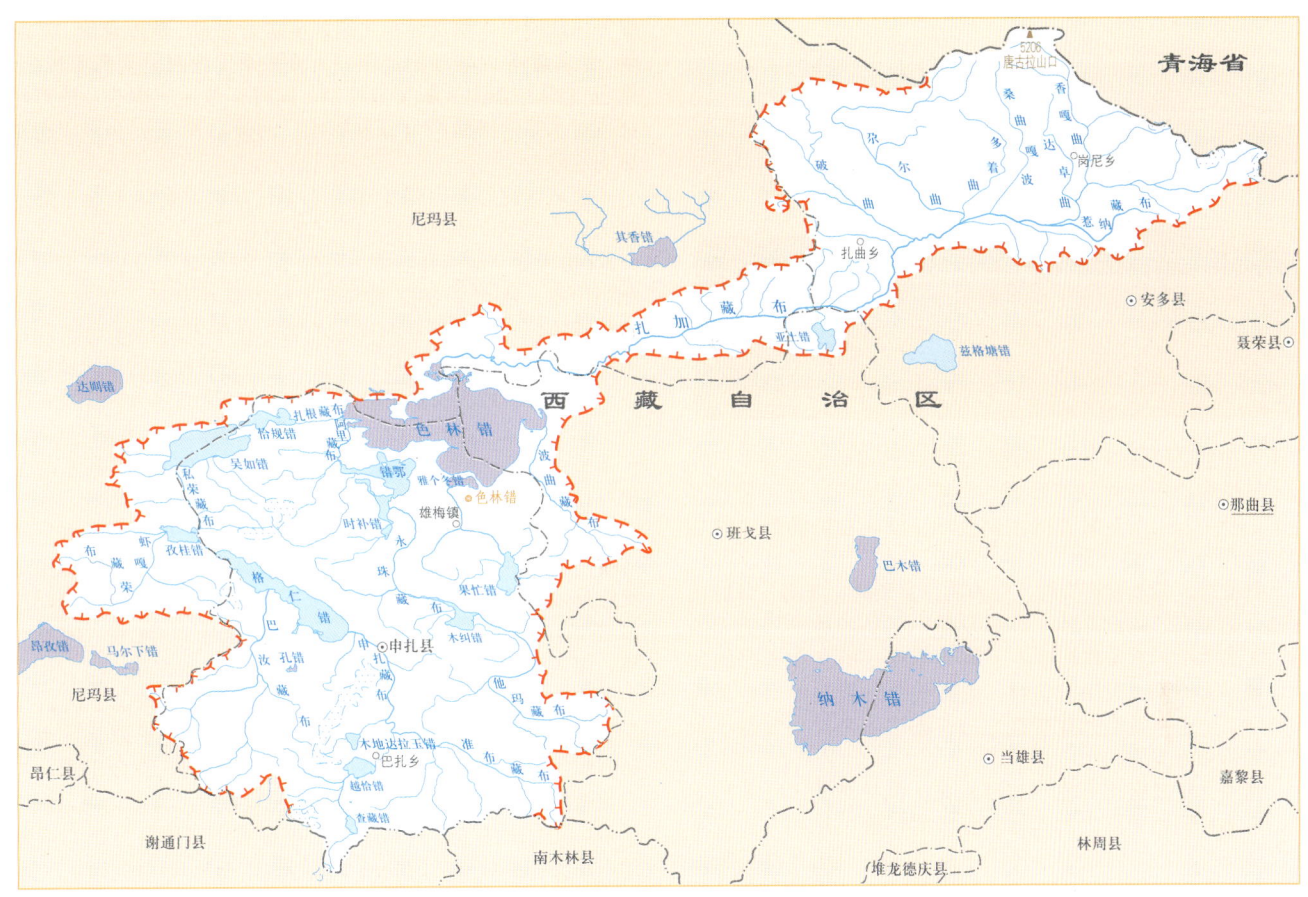

色林错湖区水系示意图

碱性。色林错与流域内一系列吞吐湖泊如**格仁错**、**吴如错**、**恰规错**、**错鄂**等，虽同处于相近的气候及下垫面条件，但由于水文地理特征的差异，各湖水化学性质明显不同。吞吐湖泊因水量不断交换使盐类物质不易积累，均为淡水湖；而色林错是流域内汇水及盐类物质不断积累的中心，故已演化成硫酸盐类型的咸水湖。

流域范围 地处藏北内陆区的东南部，其集水面积主要分布在湖体的南侧与东北侧。流域南以冈底斯山脉高大的强拉潘日、拔布日等雪山与**雅鲁藏布江**外流水系相隔；东及东南部与**纳木错**、**仁错约玛**及**班戈错**内陆湖泊流域接壤，中间分水垭口地势十分平缓，有的分水界线很不明显；西北侧基本以黑阿公路为界接广阔的藏北高原内陆水系，集水面积很小。流域面积43 822平方千米。

湖区气候水文 流域属高原亚寒带羌塘半干旱气候，多年平均年降水量约300毫米，6—9月约占年降水量的90%左右，夏季降水经常伴有冰雹现象；年蒸发量为2 160毫米，以4—7月为最大；多年平均气温0摄氏度上下，其中最热月（7月）平均气温9～10摄氏度，最低月（1月）平均气温－14～－13摄氏度；日均气温大于0摄氏度时间约170天，霜期持续时间约280天；年日照时数约3 000小时；湖区不小于17米每秒的大风日数年均约90天。

11月下旬至翌年4月初湖水结冰，冰期130天左右，最大冰厚可达0.5米。据1997年、1998年观测资料，湖中心夏季表层水温可达13.0～14.2摄氏度，平均日变幅1摄氏度左右；在浅水区域表层水温变化于11～21.2摄氏度之间，日变化可达3.2～7.5摄氏度；同步观测的岸边气温日变化为30摄氏度以上。说明湖水温度变化受气温的影响很大，只是越向湖体中心，这种影响越来越小，且水温沿垂线呈正温层序变化。

湖盆地质地貌 色林错处于班公—东巧—怒江大断裂带槽谷中，属断陷构造湖。湖盆地貌形态主要是古湖相台地、山麓坡地和湖积—冲积平原两大类。前者为高出湖面200～300米的低山丘陵，由于受到长期侵蚀、切割，地面波状起伏，有的已为高程4 700米左右的残丘；冲积—湖积平原在湖盆周围低山丘陵与湖滨之间广布，尤其湖体南侧面积很大，其间有一系列标志湖泊退缩的古湖岸砂砾堤发育。湖周明显的古湖岸砂砾堤大小多达数十条，湖体南侧、东南侧第10条古湖砂砾堤高出现湖面70米，一般认为是色林错盆地清晰古湖堤的最高位置；高出现湖面达100米左右的第13条古湖堤也应是古湖泊退缩遗留下来的痕迹。

古湖岸砂砾堤分布说明，目前色林错周围的较小湖泊，如班戈错（湖面高程4 515米）、吴如错、恰规错、错鄂、**雅个冬错**等，都是原古色林错大湖的一部分。例如色林错与距离东岸10千米处的班戈错之间分水垭口是高程4 590米的厚层湖相沉积砂砾层，其顶部与色林错现存的一条古湖砂砾堤自然相连，说明两湖的分离历史并不很长。

湖泊水系 色林错主要入湖河流有4条，即由北岸汇入的**扎加藏布**、西岸汇入的**扎根藏布**、东北岸汇入的**波曲藏布**和西南岸汇入的**阿里藏布**。它们连同串通的一系列吞吐湖泊，共同组成了西藏最大的封闭内陆水系，扎根藏布居入湖各河之首。

湖区牧业及生物资源 湖区干燥寒冷，自然条件恶劣，生态环境脆弱，为国家级自然保护区。土壤主要有栗钙土、棕钙土、灰棕荒漠土、高山草甸土及盐碱土，湖滨沼泽为草甸沼泽土、腐泥沼泽土等。植被以紫花针茅、青藏苔草草原为主，局部地区是沙生针茅草原。药用植物有雪莲、当归等。

色林错

沼泽植物群落以藏嵩草-华扁穗草为主。湖积平原地势平坦开阔，又受湖泊小气候调节影响，天然牧草生长良好，是放养绵羊、牦牛、山羊等牲畜的主要牧场。湖区常见的野生哺乳动物有藏羚羊、藏原羚、盘羊、藏狐、雪豹、狼，以及野牦牛、野驴等，鸟类有斑头雁、棕头鸥、黑颈鹤、燕鸥、普通秋沙鸭、䴙䴘类等。每到夏季，湖滨及湖中小岛各种候鸟铺天盖地，充满生机。黑颈鹤是世界上鹤类中唯一栖息在高原的种类，被列为国家一级保护动物，申扎县色林错湿地即是黑颈鹤繁殖及生态系统自然保护区之一。湖中的鱼类主要是小头裸裂尻鱼和鳅类等。

湖泊文化及经济开发 长期以来，色林错湖区既无玛尼堆，也不见经幡，巨大的湖体、复杂的环境一直被人们蒙上一层神秘的面纱，以致神怪传说不胜其多。当地有些藏胞称该湖是"威光映照的魔鬼湖""妖魔湖"，说它"除了好看，毫无用处"。究其原因，是由于无法对这巨大水体中所经常发生的各种奇妙自然现象作出合理的科学解释所致。

中科院科学工作者在湖区多处发现的旧石器及中石器时代的石器具证明，距今几万年前，这里曾是一个温暖潮湿、湖水充盈、河川纵横的环境，到处都有可以饮用的淡水资源，古人类在此逐水草而居，狩猎，垂钓，过着无忧无虑的游牧生活，后因气候环境改变，才迫使先民迁移他乡。

色林错流域是西藏自治区最大内陆湖泊水系，综合研究流域内河湖水文地理特征及演化历史，并适当开展湖泊游旅事业，对于普及大众科学知识、发展地方经济，乃至揭示高原隆升过程中自然环境、生态演化与人类活动间的关系等，均具有重要意义。

湖区地处藏北高原自然条件相对较好的东南地区，地势比较开阔，植被发育良好，具有发展畜牧业生产条件。流域内除终点湖泊色林错外，还有较多的吞吐湖泊蕴藏着丰富的淡水资源。在确保湖区的生态平衡、改善湖区自然环境的基础上，可以通过多种形式向牧区草场提供淡水资源，发展区域经济。

10.3.33.1 扎加藏布
(Zhajiazangbu River)

色林错最长的入湖河流，亦是西藏自治区最长的内陆河流。发源于唐古拉山脉登卡雪山（吉日格帕）西侧冰雪覆盖区，源头高程5 400米左右。流域面积14 850平方千米，占色林错流域总面积的33.9%。河长409千米，落差870米，河床平均比降2.1‰。地跨尼玛、班戈、安多3县，流域介于东经88°51′～92°12′和北纬31°55′～33°20′之间，基本呈北东—南西走向。

流域东接**长江**及**怒江**水系；南与**兹格塘错**、**徐果错**、**纳卡**错等内陆湖泊水系交界；北侧是**多尔索洞错**、**雅根查错**、**其香错**、**赞宗错**等内陆湖泊流域。河流水系发育明显受高原班公-东巧-怒江东西向大断裂带控制，同时区域地质构造及地形特征也对水系的格局产生深刻影响。河流右岸支流众多，而左岸支流较少。

流域属高原亚寒带羌塘半干旱气候带，多年平均年降水量约300毫米，其中80%以上集中在夏季，多年平均气温—3.0摄氏度。河流补给中大气降水、冰雪融水及地下水均占相当比重。流域主要植被类型为高山针茅草原，紫花针茅、羽柱针茅、青藏苔草等为优势种类；在中下游沼泽地区分布有以藏北嵩草、华扁穗草、海韭菜等为优势种类的沼泽植被。

根据河谷地貌及水系分布特征，全河大致可分为3段：源头至**尕尔曲**汇入口为上游段，河长162千米，落差656米，河床平均比降4.0‰，水系发育较好，支流众多，是河水的主要补给区；尕尔曲汇入口至森梗帕保（森格加隆）附近（河床高程4 600米）为中游段，河段长150千米，落差144米，河床平均比降为1‰，河曲显著发育，河谷加宽，河槽互相交叉，形成辫状水系；森梗帕保以下至入湖河口为下游段，长97千米，落差70米，河床平均比降降至0.7‰左右，河道平整，汊流减少，两岸阶地发育，盐碱沼泽湿地广布。

上游 扎加藏布源远流长，上游右侧有多条源于唐古拉山各高耸冰川积雪覆盖区域的支流相继汇入。正源拉萨曲自唐古拉山登卡雪山西侧冰雪覆盖区源出后西流10余千米，与右侧源头支流岗盖曲汇合后始称扎加藏布；过青藏公路后约9千米，先后纳源于唐古拉山巴斯康根雪山（穆阿吕山）南侧的右岸支流布纽曲（河长约28千米）、查岗曲（河长约17千米）和恰木赛曲（河长约16千米）及左岸的较大支流岛雄曲（河长约28千米），共同组成了河流的源区水系。本段河道流经地势相对平缓的东西向大型山间盆地，由唐古拉山下渗的大量冰雪融水在盆地低处形成星罗棋布的大小水塘与沼泽湿地，成为河流补给的重要水源。此后，又有一系列重要的右岸支流相继汇入干流：一是经过青藏公路西侧支线四号道班附近的**香嘎曲**；二是经过青藏公路西侧支线五号道班的**达卓曲**；三是经过土门煤矿西矿区西侧的**桑曲嘎波**。

与右岸相比，左岸的支流不但数量少，而且规模也小得多，其中最大的是**惹纳藏布**，其次是陇纳曲曲（又名莫库，河长38千米）和玛陇曲（河长36千米）。左岸支流惹纳藏布汇入后，干流河谷明显加宽，河床很不稳定，河槽交错纷杂，形成辫状水系。

中游 尕尔曲汇入口以下为中游河段，河谷明显加宽，河床坡降小，多汊流，两岸支流减少。河谷宽度一般在500米左右，个别河段可达2～3千米，夏季水面宽可达100米以上，河道中多浅滩，在窄谷河段两岸发育有阶地。比较大的支流仍然分布在右岸，自上至下有**破曲**、汤夏曲（又称唐夏尔曲，河长44千米，源于玉塞扎根山东侧，源头高程5 150米，是一条泉集河）。汤夏曲汇入口以下经7～8千米流程后，干流基本呈东西流向，河槽相互交织，成为典型的辫状水系，砂质河床，河槽宽一般30～60米，少数地段可达100米以上，整个河床在宽达1～2千米的河谷内摆动。沿程左岸汇入的支流有数十条之多，但多为长10～20千米的溪沟，仅个别的可达30千米。

下游 森梗帕保以下为下游段，河道基本沿东西大断裂带走向流淌，河床平均比降降至0.7‰左右，河道开始平整，汊流明显减少，河谷两岸地形平坦，盐碱沼泽湿地广布。沿程仅有区间短小溪沟汇入，干流基本承担过水任务。河谷两侧有三级阶地发育，在牛堡大桥（鄂加卒附近）河床宽98.0

米,所见基座阶地相对高度分别为 5 米、10～15 米和 50 米;基座系第三系砂页岩,上覆第四系砂砾层。近湖滨段河床是色林错古湖面下降后逐渐在湖积平原上冲刷形成,河道平整、单一、少汊流,夏季水面宽达 500～600 米,并发育大面积入湖河口三角洲。

扎加藏布具有常年河川径流,是色林错湖水的主要补给源,近湖滨段 6—9 月河床水深可达 2～2.5 米,春秋季节为 0.5～1 米,多年平均入湖流量为 26.7 立方米每秒。

10.3.33.1.1　香嘎曲
(Xianggaqu River)

扎加藏布 右岸一级支流,又名香尕尔曲,发源于唐古拉山主峰各拉丹冬南侧冰川积雪区,源头高程 5 600 米上下,流域面积 1 420 平方千米,河流长度 91 千米,落差 729 米。

流域基本呈北南方向展布,大部分流域位于西藏自治区安多县,河源区位居青海省境内。流域介于东经 91°09′～91°43′和北纬 32°43′～33°20′之间,东、北两侧与**长江**源区通天河交界;西部与**达卓曲**相邻。河流水系发育受唐古拉山区域地质构造及流域北高南低的地形特征所制约。

流域属高原亚寒带羌塘半干旱气候区,多年平均年降水量约 350 毫米,多年平均气温-7.0 摄氏度左右。河水补给主要来自源区冰雪融水和地下水。流域植被主要类型为高山针茅草原,紫花针茅、羽柱针茅、青藏苔草等为优势种类,野生动物主要有藏羚羊、野牦牛、藏驴等。

源头至右岸支流才格勒曲汇入口为上游段,亦称拉萨曲,河长 35 千米,落差 497 米,沿程山高坡陡,河床平均比降 14.2‰;才格勒曲汇入口至左岸支流曲果曲汇入口为中游段,始称香嘎曲,长 28 千米,落差 163 米,河道主要流经山间盆地及局部冲积平原,河床平均比降 5.8‰;曲果曲汇入口以下为下游段,长 28 千米,河道主要流经冲积平原地区,落差 69 米,河床平均比降仅为 2.5‰。

源区众多沟溪源于唐古拉山主峰各拉丹冬南侧之面积近百平方千米的冰川积雪覆盖区域,出山口汇集后始称拉萨曲,并沿山间峡谷顺东南方向流淌,上游段属山区河流,河床砾、石质兼有,宽 12～15 米,水深 0.6 米,显示山区河流特征。中游段由北向南蜿蜒曲折下行 17～18 千米后进入一大型山间盆地——瓦里百里塘,盆地内众多支流来汇,右岸较大支流有佳尼尔曲(长约 18 千米),左岸较大支流有曲果曲(长约 25 千米),导致干流水势大增。下游段除南行至 15 千米处有左岸支流休冬曲(长约 37 千米)汇入外,河段总体平整、单一,区间面积比较狭窄。在青藏公路西侧支线的四号道班以南 2 千米处香嘎曲与干流扎加藏布相汇,汇入前香嘎曲河槽摆动纷繁,河谷明显变宽,沙砾质河床宽达 20 米,水深 1.7 米。

10.3.33.1.2　达卓曲
(Dazhuoqu River)

扎加藏布 右岸一级支流,位于西藏自治区安多县境内,流域介于东经 91°11′～91°30′和北纬 32°39′～33°09′之间,基本呈北南方向展布。河长 74 千米,正源折格陇巴曲源于唐古拉山当玛岗雪山东侧冰川积雪区,源头高程 5 400 米,下游段与扎加藏布干流汇合口河床高程 4 840 米,落差为 560 米。流域东西两侧分别与支流**香嘎曲**及**桑曲嘎波**相邻,面积 728 平方千米。

流域多年平均年降水量约 350 毫米,多年平均气温-7.0 摄氏度,属高原亚寒带羌塘半干旱气候区。河水补给源主要是上游冰雪融水及中下游之地下水。流域植被主要类型为高山针茅草原,紫花针茅、羽柱针茅、青藏苔草等为优势种类;主要的野生动物有野牦牛、藏羚羊、藏驴及雪鸡等。

源头至托玛尔山西麓诸支流会合口为上游段,河长 32 千米,落差 440 米,河床平均比降高达 13.8‰;托玛尔山西麓至与扎加藏布干流汇合口为下游段,河长 42 千米,落差 120 米,河床平均比降为 2.9‰。

达卓曲源区发育的 20 余条沟溪,每年 4—9 月获冰雪融水补给并顺山势平行南泄,其中最东侧的折格陇巴曲为诸沟溪之首,砾、石质河床宽 5 米左右,水深 0.2 米。诸沟溪于托玛尔山西侧逐渐汇成统一干流,进入下游段,并因流经达卓玛山而得名。河段绝大部分流淌于平坦的大型山间盆地之中,河曲发育,河床摆动频繁。下行至青藏公路西侧支线五号道班附近的盆地最低洼区域,受地下水影响而形成的大小水塘和沼泽使河流水势明显增强。汇入干流前,河床宽增至 10～12 米,水深 0.4～0.5 米。

10.3.33.1.3　惹纳藏布
(Renazangbu River)

扎加藏布 左岸支流,又名日阿纳藏布,发源于唐古拉山脉托纠山(妥尔久山)西侧,河源高程 5 050 米。流域面积 496 平方千米,河长 59 千米,落差 255 米,河床平均比降 4.3‰,大致为东西流向。位于西藏自治区安多县境内,流域介于东经 91°17′～91°49′和北纬 32°25′～32°40′之间。

流域处于高原亚寒带那曲果洛半湿润向羌塘半干旱气候区的过渡地带,多年平均年降水量约 380 毫米,多年平均气温-6.0 摄氏度左右。径流主要来自大气降水、冰雪融水和地下水。

流域主要植被类型为高山针茅草原,紫花针茅、羽柱针茅、青藏苔草等为优势种类,野生动物主要是野牦牛、藏羚羊、藏驴以及雪鸡、雪雀等。

上游段由多条源区沟溪组成,其中正源托钦曲长 25 千米,落差 180 米,河床平均比降 7.2‰;下游段始称惹纳藏布,长 34 千米,河道顺直,很少有支流汇入,落差 75 米,河床平均比降降为 2.2‰。

青藏公路托纠该拉山口(头二九山口)以西的托纠山(妥尔久山)西侧源出多条沟溪顺山势呈梳状往西南方向平行下泄,出山口后在扎塔尔山西北的山间盆地相继汇集形成上游段,山间盆地内众多大小水塘及沼泽湿地均为上游河段重要的补给水源。

下游段因遇相对高程 150 米左右的扎塔尔山阻挡,河流沿山间宽谷突折向北西方向流,区间流域面积很小,基本无支流汇入。河床砾质,宽约 25 米,水深 0.5 米,在汇入扎加藏布前,二者平行下泄 10 余千米,途中相互有多条汊流连接,水系发生交叉。

10.3.33.1.4　桑曲嘎波
(Sangqugabo River)

扎加藏布 右岸支流,又名巴嘎热曲,发源于唐古拉山主峰西南侧冰雪覆盖区,源头高程 5 600 米左右。流域面积 688 平方千米,河长 84 千米,落差 842 米,河床平均比降 10‰。大部分面积位于西藏自治区安多县境内,局部位居青海省境内,流域介于东经 91°04′～91°20′和北纬 32°36′～33°19′之间,基本呈北南狭长形展布。

流域位居高原亚寒带羌塘半干旱气候区,多年平均年降水量约350毫米，多年平均气温-6.0摄氏度左右。河水补给主要为冰雪融水及中下游的部分地下水。

针茅草原为流域内主要植被类型，优势种有紫花针茅、羽柱针茅、青藏苔草等，野生动物有藏羚羊、野牦牛、野驴及雪鸡等。

源头至尕尔琼山东麓为上游段，名支巴曲，长36千米，落差570米，河床平均比降15.8‰；尕尔琼山东麓以下为下游段，始称桑曲嘎波，长48千米，落差272米，河床平均比降为5.7‰。

流域内有冰雪覆盖面积70余平方千米，支巴曲由源自冰川末端的沟溪获夏春季冰雪融水补给汇集形成，河床石质或砾质，宽9～12米，水深0.4～0.5米。河流行至尕尔琼山东麓出山口后进入宽谷及山间盆地，河流进入下游段，始称桑曲嘎波，河床比降减小，河道明显顺直，地下水补给增多，河道宽度增至14米左右，局部地区河槽有分汊现象。河流继续南行，因沿程区间狭小，水源补给贫乏，河川径流下渗严重，一般仅能维持4—11月有径流通过，在汇入扎加藏布前形成多股汊流，主河道反而逐渐趋向萎缩，汇入干流扎加藏布的地表径流也有所减少。

10.3.33.1.5 尕尔曲
(Gaerqu River)

又名嘎曲，**扎加藏布**右岸支流。流域绝大部分面积分布在西藏自治区安多县境内，仅局部源区位居青海省，流域介于东经90°24′～91°12′和北纬32°35′～33°13′之间。河长152千米，先东西流向、后北西—南东流向。发源于唐古拉山主峰西侧冰雪覆盖区，源头高程5600米，落差856米，河床平均坡降为5.6‰。

流域北接**多尔索洞错**水系，东、西两侧分别与**桑曲嘎波**及**破曲**交界，流域面积3216平方千米。流域位于高原亚寒带羌塘半干旱气候区，多年平均年降水量约320毫米，多年平均气温-5.0摄氏度。河水补给主要是源区的冰雪融水及中下游的部分地下水。针茅草原是流域内主要植被类型，优势种为紫花针茅、羽柱针茅、青藏苔草等，常见的野生动物有野牦牛、藏羚羊、藏驴、鼠兔、兔及雪鸡等。

源头至右岸支流查柴夏玛曲汇入口（赛保山北麓）为上游段，河段长72千米，落差625米，河床平均比降8.7‰；查柴夏玛曲汇口以下为下游段，长80千米，落差231米，河床平均比降2.9‰。

有多条直接获冰川末端冰融水补给后呈北南流向的沟溪相继于距源头约25千米出山口处汇集成干流，始称尕尔曲；此后，上游干流一直沿唐古拉山南麓正西向流淌，一系列右岸支流如梳状先后汇入，较大支流有旦麦曲岗（长29千米）、查曲夏玛（长23千米）、查曲贡玛（长12千米）及查柴夏玛曲（长18千米）等。诸支流形成的山前冲积-洪积扇台地于河流右岸连片成裙状分布。河床为沙砾质，宽10～15米，水深0.4～0.6米。

干流下游段出唐古拉山南麓谷地，突然折西北—东南向，冲出崩果额茸山峡谷后进入一山间盆地，因河床坡降减缓，河曲开始发育，河道分成多股汊流互相交织下泄。盆地周边多条支流汇入，使干流流量加大。在左岸较大支流扎店木尔曲（长24千米）汇入后，干流流出盆地沿山区峡谷下行，河道开始平直，石砾质河床宽度加大至20～27米，水深0.6～0.8米。汇入扎加藏布前约3千米处有左岸大支流**多着曲**来汇。

10.3.33.1.5.1 多着曲
(Duozhaoqu River)

尕尔曲的左岸支流，又名朱巴曲，发源于碾日玛查山西侧，源头高程5320米。流域面积1020平方千米，河长68千米，落差574米。位于西藏自治区安多县境内，流域介于东经90°49′～91°12′和北纬32°37′～33°03′之间。

以右岸支流支巴曲汇入口为界分上、下游两段。上游段长49千米，源头有东西两支：东支称杂古尔夏玛曲，长13千米；西支称姜托冯叉玛曲，长12千米。两支会合后称多着曲，顺北西—南东向于峡谷间蜿蜒穿行。距源头约33千米处有右岸支流嘎巴孔曲（河段长19千米）来汇，流向转为正南；继之，河流出山口进入曲牙尔山间盆地，流向逐渐转为南西，纳右岸最大支流支巴曲（长35千米）后进入下游段。

下游河段长19千米，沿程地势平缓，区间基本没有水源补给，因蒸发及下渗，河槽仅4—11月存在径流。入尕尔曲前沙质河床宽约25米，水深0.7米。

10.3.33.1.6 破曲
(Poqu River)

扎加藏布右岸支流，又名隆曲，发源于唐古拉山美多曲冬山西南侧，源头高程5280米。流域面积1760平方千米，河长89千米，落差550米，河床平均比降6.2‰，大致为北西—南东流向。流域北接**多尔索洞错**水系；东、西两侧分别与右岸另外一级支流**尕尔曲**及汤夏曲交界。流域介于东经90°11′～90°51′和北纬32°30′～33°08′之间，位于西藏自治区安多县境内。

流域属高原亚寒带羌塘半干旱气候，多年平均年降水量约300毫米，多年平均气温-4.0摄氏度。河水补给源主要是大气降水及地下水，冰雪融水补给相对较少。流域主要植被类型是高山针茅草原，常见的野生动物有野牦牛、藏羚羊、野驴、鼠兔以及雪鸡、雪雀等。

源头至右岸支流通季某木曲汇入口为上游段，长35千米，落差415米，河床平均比降11.9‰；通季某木曲汇入口至左岸支流多扎继苍曲汇入口为中游段，始称破曲，长30千米，河槽交叉频繁，落差85米，河床平均比降2.8‰；多扎继苍曲汇入口以下为下游段，长24千米，区间面积小，河曲发育，落差50米，河床平均比降为2.1‰。

河源处多条沟溪如梳状平行南流，出山口后于江刀塘盆地相继汇集成刀浪曲；继而下行又名港地改曲。诸沟溪的主要补给源是一系列地下出露的泉水，单眼泉出水量多数在3600～7200升每小时之间，少数达到10800升每小时。砾质河床，宽6米，水深0.3米。

中游段转为南东流向，前段穿行于高山峡谷之间，河道顺直，坡陡流急；下段进入宽阔之山间谷地，地势平缓，地下水补给丰富，又有左岸支流根清玛折曲（长16千米）来汇，水势渐增，河槽交织频繁。

下游段除最后一条左岸支流加日曲（长12千米）汇入外，再无大的地表径流补充，干流主要起过水作用，河道比降进一步减小，多汊流、浅滩。

10.3.33.1.7 亚土错
(Yatucuo Lake)

又名姜折错，位于西藏自治区班戈县境内，地理位置为东经90°26′～90°30′，北纬32°07′～32°12′。湖面高程4664米

时，湖长 8.6 千米，最大宽 4.7 千米，平均宽 2.9 千米，面积 24.5 平方千米。湖泊长轴呈北西—南东走向，湖周长度 31.4 千米。属**扎加藏布**流域内陆吞吐淡水湖泊。

亚土错地处鄂布赛山与扎加藏布中游河谷间之断陷盆地内，构造湖。流域面积 136 平方千米。湖区属高原亚寒带羌塘半干旱气候区，多年平均年降水量约 320 毫米，多年平均气温 -4.0~-3.0 摄氏度。直接补给湖泊的仅有南岸两条溪沟：一是巴纳陇曲（长 9 千米），另一是加布玛曲（长 3.8 千米），均由地下水汇集所形成。湖水补给主要是由汊流加低加布曲（长约 10 千米）引入的湖泊上游的扎加藏布之径流，经过湖内调蓄后，再从出湖汊流错尔鄂曲（长约 8 千米）向湖泊下游干流排泄，实质上亚土错是一个直接连通扎加藏布中游干流的季节性湖泊，湖面面积随着扎加藏布河水引入的多寡而经常发生变化。

湖区三面环山，仅北部、东北部地势平坦开阔，分布众多残留水塘及沼泽。西、南及东南侧均是相对高程 200 米左右的丘陵低山，山麓线紧贴水边，滨岸带十分狭窄。西南部湖中有一座高出水面 22 米的小岛（面积仅 0.05 平方千米）；南岸另有两座陆连半岛，高湖水位时成为时令性岛屿。

湖区交通闭塞，北部湖滨以紫花针茅为主的高山草原，是良好的天然牧场，主要牧养绵羊、牦牛等牲畜。

10.3.33.2　波曲藏布
(Boquzangbu River)

色林错东岸入湖河流，发源于湖泊东南的郎钦山南麓，流域面积 1 360 平方千米，河长 85 千米。主要位于西藏自治区班戈县境内。

中上游呈南-东-北-西流向，源区海拔低，冰雪融水补给不足，二级支流甚少；塔温山东侧出山口后的下游段河床是在古大湖退缩后的湖滨滩地上冲刷所形成，于曲莱附近大致平行于古湖岸砂堤改向北流，最后经小潟湖（同旧错）注入色林错东部浆东如瑞湖汊。近湖滨段河滩地宽广，河谷宽度一般 80~100 米，水深 0.5~1.0 米，两岸有阶地发育。

10.3.33.3　阿里藏布
(Alizangbu River)

色林错西南岸入湖河流，主要位于西藏自治区班戈县境内。河长 245 千米，流域面积 7 145 平方千米，为色林错第三大入湖河流。源头海拔不高，与**纳木错**入湖河流**波曲**及**昂曲**源头间的分水界（新古附近）高程 5 200 米。

源头至加若附近为上游段，河名他玛藏布。他玛藏布正源始称查果曲，源于扎纳山西侧冰雪覆盖区。查果曲与右岸支流龙桑曲及左岸支流龙觉曲汇流后西流，先名为恰木曲、你阿章藏布，后则易名为他玛藏布。源头至左岸支流鲁藏雄曲汇入口河长 69 千米，落差 434 米，河床平均比降 6.3‰，河道比较顺直，左岸有较大支流查龙藏布汇入。与鲁藏雄曲会合前地形比较平缓，河曲开始发育，河道宽度 1~2 千米，沿岸形成大片沼泽湿地，乡政府驻地及鲁仓寺等即位于沼泽湿地南侧。鲁藏雄曲会入口至阳定山西侧丘卡附近分流处河长 31 千米，天然落差 71 米，河床平均比降 2.3‰，受山脉走向控制开始东北流，后转南北流向；至丘卡附近河川径流分成两股：大部分径流量西北流入木纠错；少部分径流折向东流，经**扎让雄曲**入**仁错贡玛**。在丘卡附近分流后河道有多条分汊，右侧主要汊道称木纠藏布，左侧主要汊道仍称他玛藏布，长 25 千米，落差 27 米，河床平均比降 1‰。由于坡度变

缓，上游泥沙在此逐渐沉积，致使河床在宽达 5~6 千米的范围内摆动，形成更大规模的沼泽及星罗棋布的大小水塘，近木纠错湖滨三角洲不断向湖体延伸，面积达 20 余平方千米。于是该河段也便成了色林错与仁错约玛两湖流域间的一段特定的分水界线。

加若附近至日拉山出水口为中游段，河名永珠藏布，本河段木纠错以上河床落差较小，排水不畅，河道两侧形成了大面积沼泽湿地；木纠错以下的河道进入山区，落差较大，两侧河滩面积很小，沿途基本无支流汇入，河道比较平整、单一。

下游段从日拉山附近开始，河流出山口后改向北流先注入**错鄂**。错鄂湖水很深，贮水量大，具有相当大的调蓄功能，湖泊来水量大致与湖面消耗损失基本平衡，只有在每年的多雨季节，当错鄂上涨到一定水位时，才有水量经由阿里藏布流向色林错。因此，阿里藏布实际上是一条季节性河流，是在古大湖下降后的湖积平原上逐渐冲刷所形成，河床坡降很小，河谷宽，谷底十分平整。

10.3.33.3.1　木纠错
(Mujiucuo Lake)

阿里藏布干流上的大型湖泊。湖面高程 4 668 米时，南北长 22 千米，东西最大宽 13 千米，平均宽 3.6 千米，面积 78 平方千米。湖周长度 97.2 千米。碳酸盐型内陆吞吐淡水湖泊，平均水深约 8 米，估算贮水量 6.2 亿立方米。

湖泊地处高原亚寒带羌塘半干旱气候区，多年平均年降水量约 260 毫米，多年平均气温 0 摄氏度上下，全年霜期持续时间达 270 天。木纠错是断陷构造湖泊，湖泊出水口以上流域面积 3 052 平方千米。

木纠错东南岸上承**阿里藏布**上游他玛藏布，西北岸下经**阿里藏布**中游段永珠藏布排水至**错鄂**及**色林错**。木纠错主要补给源是他玛藏布，区间其余入湖河流均十分短小。

他玛藏布入湖口段有大面积沼泽湿地，致使木纠错东岸近湖滨段河口三角洲面积达 20 余平方千米。湖区交通相对比较闭塞，但水草丰茂，成为重要牧场。申扎县买巴乡驻地列吉日即位于入湖三角洲之南侧。

10.3.33.3.2　错鄂
(Cuoe Lake)

又名错俄木、触安姆错，位于西藏自治区申扎县境内，地理位置为东经 88°32′~88°50′，北纬 31°25′~31°42′。湖面高程 4 561 米时，湖泊南北长 28.5 千米，东西最大宽 16.7 千米，平均宽 9.4 千米，面积 269 平方千米。湖岸线很不规则，湖周长度 170 千米，碳酸盐型内陆吞吐淡水湖泊，断陷构造湖。

属高原亚寒带羌塘半干旱气候区，第四纪高湖面时，曾与北侧**色林错**为同一大湖，现两湖间分水垭口最窄距离仅约 1 千米。湖区多年平均年降水量约 290 毫米，多年平均气温零摄氏度左右，其中最热月（7 月）平均 9~10 摄氏度，最冷月（1 月）平均 -13.0 摄氏度。

湖水补给主要来自东南岸入湖的**阿里藏布**的上中游段及西岸入湖的普种藏布。普种藏布长 65 千米，源于康巴多钦山麓，入湖水量较小。湖水由西北端外泄口流出，经约 20 千米长的河段最终汇入色林错。出水口以上流域面积为 6 338 平方千米，累计湖泊面积 361 平方千米。错鄂湖面高程虽较近在咫尺的色林错湖面高 31 米，但受两湖间分水垭口高程控制及错

鄂湖体调蓄功能影响，只在夏季高水位时，才有湖水外溢色林错。

据 1979 年 8 月考察资料综合分析，湖泊平均水深 18 米，贮水量约为 48.4 亿立方米。湖水湛蓝、清澈，透明度 11.5 米，pH 值 7.0，矿化度 0.516 克每升，属碳酸盐型淡水湖泊。

湖泊岸线曲折，多岬湾、岛屿。最大岛屿是位于西南湖区的玛尔拥岛，面积 56 平方千米，随着湖面的下降，该岛正在逐渐演变成为陆连半岛，并即将形成一个新的封闭湖泊（阿尔坚错）。另有两个较大的岛屿，一是色多岗前岛，一是卓垻卡劲岛，面积分别为 1.2 平方千米和 4 平方千米。阿里藏布上中游段在入湖前于东南滨湖地区形成了宽约 20 千米、面积达 60~70 平方千米的冲积三角洲平原，大面积沼泽湿地中以紫花针茅、青藏硬叶苔草为优势种群的针茅草原植被类型，是良好天然牧场；又因东距雄梅镇及申扎至安多公路不远，故湖区居民点逐年增多，已发展成藏北重要的畜牧业基地。湖滩地及岛屿有大量黑颈鹤、棕头鸥等鸟类栖息，湖滨出没的野生哺乳动物主要有藏羚羊、藏原羚等，湖中有小头裸裂尻鱼及鳅科鱼类生息繁衍。

10.3.33.3.2.1　时补错
（Shibucuo Lake）

位于西藏自治区申扎县境，北与**错鄂**间有相距 1.5 千米水道通连，地理位置为东经 88°43′、北纬 31°23′。内陆吞吐湖泊，湖呈近似斧形，略作北东—南西向延伸。湖面高程 4 570 米时，相应湖长 5.4 千米，最大湖宽 3.1 千米，平均宽 2.5 千米，面积 13.5 平方千米。湖泊岸线较为规则平滑，岸线周长 21 千米。湖中有无名岛屿 2 座：一在南部，面积约 0.3 平方千米；另一在西部，面积约 0.01 平方千米。

湖泊东西两侧为海拔 5 100~5 400 米的山地，山体紧临湖岸，岸坡较陡；南北两侧地势开阔坦荡，为淤积平原和沼泽地，并散布有较多小型残迹湖。湖区属高原亚寒带羌塘半干旱气候，寒冷干燥，冬季漫长多风沙，日照充裕，多年平均气温约 0.5 摄氏度，多年平均年降水量约 300 毫米，湖泊出水口以上流域面积 294 平方千米。

湖水主要由南岸入湖的曲尔康河和两眼泉水补给。曲尔康河长 27 千米，源于海拔 5 120 米的山区，其中游段有 5 千米的时令河及 0.5 千米长的地下暗河，下游段河宽 1.5 米，水深 0.2 米，在汇纳上游来水并经调节后经北部尾闾下泄，入注错鄂。

湖区牧业较发达，放牧点甚多，其中南部放牧点最大。北部和东部湖滨有乡级道路南接省道。

10.3.33.4　扎根藏布
（Zhagenzangbu River）

色林错西岸入湖河流，河长 355 千米，流域面积 15 315 平方千米，约占全湖流域面积的 34.9%，居各入湖河流流域面积之首，也是西藏自治区境内流域面积最大的一条内陆河流。流域主要涉及申扎和尼玛两县。

发源于冈底斯山北麓冰雪覆盖区，沿程有多个名称。源头主要有两支：东支准布藏布是正源，源于扳布日北坡终年积雪及冰川的末端；西支查藏藏布源于强拉潘日北麓冰雪区，沿程先后通过了吞吐湖泊**查藏错**与**越恰错**。东、西两支于巴扎附近会合北流，在汇纳西侧的**木地达拉玉错**后，称申扎藏布。申扎藏布又相继通过了**格仁错**、**孜桂错**、**吴如错**和**恰规错**等吞吐湖泊，河名称谓也不断变化。格仁错与孜桂错之间称加虾藏布，孜桂错与吴如错之间称私荣藏布，出恰规错后才称扎根藏布。

中上游河床连同串通的吞吐湖泊地貌形态表现出明显受断裂带控制特征，如河湖呈带状排列，其纵向（长轴走向）普遍发育有低洼槽地，而横向则多为山地夹峙等。如格仁错，低洼槽谷顺湖泊长轴延伸长度达 140 千米，而两侧湖岸十分平直，山麓断层三角面清晰可见。

据古湖岸砾堤高程及位置推断，在第四纪大湖面时期，扎根藏布下游段的吴如错、恰规错同为色林错古大湖的一部分，故扎根藏布近色林错湖滨河段是古大湖下降后冲刷所形成，河道平整、单一、少汊流，水面宽达 200~300 米，河谷两侧发育有标志湖泊退缩的多级阶地，基座系第三系砂页岩，上覆第四系河湖相砂砾层，河口段为入湖三角洲。

扎根藏布是西藏串通吞吐湖泊数量最多的一条内陆河。除上游木地达拉玉错外，先后串通的面积大于 10 平方千米的吞吐湖泊有查藏错、越恰错、格仁错、孜桂错、吴如错和恰规错，湖泊总面积达 1 084 平方千米。这些吞吐湖泊湖面高程沿途逐渐下降，湖水不停地上、下交换，因此具有典型的水文地理特征和学术研究意义。吞吐湖泊分级调节上游来水，一般情况下，越处于上游位置的湖泊，水体交换率越高，吞吐湖泊的各种盐类物质难于在湖体中不断积累，所以它们虽处于内陆湖区，却全都是矿化度低于 1 克每升的淡水湖泊。丰富的淡水贮量，为本流域内广大的牧区草场灌溉和人畜饮用水需求提供了重要的保障，有利于牧区的发展。

10.3.33.4.1　查藏错
（Chazangcuo Lake）

位于西藏自治区申扎县境内，地理位置为东经 88°35′、北纬 30°14′，内陆吞吐淡水湖泊。湖面高程 4 828 米时，湖长 10.4 千米，最大宽度 4.2 千米，平均宽度 1.7 千米，面积 17.8 平方千米。湖岸甚不规则，湖周长度 31.4 千米，流域面积 543 平方千米。

查藏错是**扎根藏布**河源西侧支流查藏藏布的一个源头湖泊，南跨分水岭与**雅鲁藏布江**水系相邻。湖区处于高原亚寒带羌塘半干旱气候区，多年平均气温 0~2 摄氏度，多年平均年降水量约 300~400 毫米，其中 90% 左右集中在雨季（6—9 月）。湖水补给除大气降水外还有少量冰雪融水。入湖河流以发源于湖体西侧强拉潘日雪山北麓居多，河长均不超过 20 千米，这些河流短小，但落差大，河床侵蚀严重，出山口后坡降遂转缓，多于下游滨湖地区形成大片扇形河谷。湖水经北部外泄口入查藏藏布，转注**越恰错**。除湖泊南岸紧靠山地，滨岸带较窄外，东西两侧（尤其是西侧）广泛分布洪积、冲积扇状地形，因扇缘地带有大量地下水不断涌溢，有利于沼泽的发育。湖滨沼泽植被以藏北嵩草-华扁穗草群落为主，海韭菜、小钩苔草、紫花针茅等亦有分布，有利于湖区畜牧业发展。近年来，湖滨固定或季节性的牧民居住点逐步增多。

湖中有 6 座沙质小岛，面积 0.01~0.04 平方千米不等。在小岛及湖滨沼泽栖息的鸟类主要有黑颈鹤、棕头鸥、赤麻鸭、绿头鸭、斑头雁等，也经常有藏羚羊、盘羊等野生哺乳动物出没。

10.3.33.4.2　越恰错
（Yueqiacuo Lake）

位于西藏自治区申扎县南部，地理位置为东经 88°33′~88°41′、北纬 30°26′~30°31′，内陆吞吐淡水湖泊。湖面高程

4 812 米时，湖长 12.6 千米，最大宽 8.1 千米，平均宽 4.9 千米，面积 62.2 平方千米。湖岸比较规则，湖周长度 33.6 千米。

湖区属高原亚寒带羌塘半干旱气候区，多年平均年降水量约 300 毫米，年蒸发量约 2 100 毫米，多年平均气温 0 摄氏度上下。入湖河流主要有查藏藏布和若褥藏布，前者河长约 40 千米，后者河长 45 千米。查藏藏布上游有**查藏错**通连。越恰错湖水经约 20 千米长的巴汝郎牛河流向**扎根藏布**申扎藏布段。出水口以上流域面积 1 445 平方千米，其中湖泊面积累计 80 平方千米。

湖区地势高、气温低、交通不便。查藏藏布与若褥藏布下游地势平坦，水土条件相对较好，有大片沼泽湿地，主要植被类型为藏北嵩草草甸，适宜放牧。牧民以放养牦牛、绵羊、山羊等为生。申扎县巴扎乡驻地位于滨湖北部。

10.3.33.4.3　木地达拉玉错
（Mudidalayucuo Lake）

位于西藏自治区申扎县境内，地理位置为东经 88°35′、北纬 30°35′，内陆吞吐淡水湖泊。湖面高程 4 804 米时，湖长 7.5 千米，最大宽 5.5 千米，平均宽 3.2 千米，面积 23.6 平方千米。湖岸比较平整，湖周长度 22.8 千米。

湖泊系冈底斯山北斜面陷落构造湖，湖区属高原亚寒带羌塘半干旱气候区，多年平均气温 0 摄氏度左右，多年平均年降水量约 300 毫米。多条入湖河流源于北侧和西侧的申扎杰岗山，河长均不足 10 千米，冰雪融水补给比重大。湖水从东岸外泄口经木地熊曲入**扎根藏布**申扎藏布段。该湖与南侧的**越恰错**相距约 3.5 千米，两湖间湖相沉积形成的分水垭口高程 4 815 米，仅分别高出两湖湖面 11 米及 3 米，从湖滨遗留的最高砂堤高程 4 850 米推断，第四纪高湖面时两湖曾同属同一大湖。

湖泊东岸紧靠山地，湖滨滩地较为狭窄；其余滨岸区地势平坦、开阔，发育有沼泽湿地面积约 6～7 平方千米，尤其在湖泊北岸，紫花针茅、藏北嵩草、小钩苔草等植物生长良好，为重要的牧场。

10.3.33.4.4　格仁错
（Gerencuo Lake）

又名加仁错，位于西藏自治区申扎县境内，地理位置为东经 88°03′～88°34′，北纬 30°57′～31°19′。湖面高程 4 650 米时，湖长 60 千米，最大宽 14 千米，平均宽 7.9 千米，面积 475.9 平方千米。湖泊外形狭长，岸线比较平整，湖周长度 145 千米。湖水矿化度 0.261 克每升，属碳酸盐型内陆吞吐淡水湖泊。最大水深 22 米，平均水深 15 米，推算湖泊贮水量约 71.4 亿立方米。

湖泊处于高原亚寒带羌塘半干旱气候区，多年平均年降水量约 260 毫米，其中 90%集中在 6—9 月（雨季），年蒸发量约 2 200 毫米。湖区多年平均气温 0 摄氏度上下，其中最热月（7月）平均气温 9.0 摄氏度，最冷月（1月）平均气温 -12.0 摄氏度。日均气温大于 0 摄氏度时间约 180 天，全年霜期持续时间约 270 天。湖泊补给源主要是由东南岸入湖的**扎根藏布**申扎藏布段和从西南岸汇入的**巴汝藏布**。湖泊出水口以上流域面积为 9 681 平方千米，其中累计湖泊面积 579.5 平方千米。

湖面呈南东—北西狭长形展布，长宽比达 7.6，是冈底斯山北斜面山间断陷盆地内受地质构造方向控制的构造湖盆。湖盆的东北、西南两侧山体高大，湖岸陡直，岸线与山麓线近乎平行，山麓断崖岩面清晰，并有多处泉水涌溢；湖东北

格仁错

侧山体为白垩系地层，西南侧山体为古生界地层，东南岸湖滨有多条古湖岸砂砾堤分布，最高一条高出现湖面 30 米左右，第四纪大湖时期，格仁错曾与西北隅的**孜桂错**连为一体。

湖滨滩地面积很小，只在申扎藏布与巴汝藏布下游段有局部湖滨平原，其中申扎藏布湖滨冲积平原面积相对较大，地势平坦，河床分汊纷繁，河谷宽达 2～3 千米，形成连片沼泽湿地。湖滨主要植物群落为藏北嵩草-华扁穗草草甸，伴生植物有小钩苔草、海韭菜、杉叶藻等，药用植物有雪莲、一枝嵩、藏当归等。湖滨湿地是藏北重要的畜牧业基地，主要牧养绵羊、山羊、牦牛等家畜。申扎县政府驻地申扎镇即位于申扎藏布的东岸，格仁错的东南方向。

湖滨常见的鸟类有棕头鸥、燕鸥、斑头雁、黑颈鹤及各种野鸭，野生哺乳动物主要有藏羚羊、藏原羊、野驴、盘羊、雪豹等；湖中产鲤科裂腹鱼类。县乡级公路沿湖南侧通过，并连接黑阿公路，交通较为方便。

10.3.33.4.4.1　巴汝藏布
（Baruzangbu River）

格仁错西南岸入湖河流，位于西藏自治区申扎县境内，流域介于东经 87°45′～88°34′和北纬 30°20′～31°10′之间，河长 119 千米。发源于冈底斯山强拉潘日雪山北侧冰雪覆盖区，河源高程 5 480 米，自然总落差 830 米。

流域东邻**扎根藏布**申扎藏布段；西与**昂孜错**入湖河流**达扎藏布**及**马尔下错**入湖河流尼瓦藏布交界，基本呈南北向展布，面积 2 820 平方千米。河流水系发展明显受冈底斯山区域地质构造及南高北低之地形所控制。流域属高原亚寒带羌塘半干旱气候区，多年平均降水量约 260 毫米，多年平均气温 0 摄氏度左右，降水及冰雪融水是径流的主要来源。中下游平原地区主要是高山紫花针茅草原植被，上游山区以嵩草草甸及风毛菊、红景天稀疏植被为主；野生动物有藏羚羊、藏原羊、野驴、野牦牛、雪豹及棕头鸥、斑头雁、黑颈鹤、燕鸭、野鸭、雪鸡、雪雀等。

源头至左岸支流色拉藏布汇入口为上游段，长 26 千米，落差 552 米，河床平均比降 21.2‰；色拉藏布汇入口至左岸支流崩纳藏布汇入口为中游段，长 41 千米，落差 176 米，河床平均比降 4.3‰；崩纳藏布汇入口至入湖河口为下游段，长 52 千米，落差 102 米，河床平均比降 2.0‰。

10 余条长度 10 千米左右的沟溪从源头顺山势平行北淌，相继汇集形成巴汝藏布的正源夏拉藏布，沙砾质河床，宽 4～6 米，水深 0.2～0.3 米。坡陡流急，河床深切，河谷两侧发育多级侵蚀阶地。在帮弄垓嘎附近汇纳同样源于强拉潘日雪山北侧的左岸支流色拉藏布（河长 25 千米）后，进入中游段。

中游段仍称夏拉藏布,总体呈南北流向,河宽增至12米左右,水深0.4米;进入学贡淌盆地(面积约60平方千米)后,干流流速明显变慢,河床加宽,继之又纳右岸较大支流卡藏布,河川径流量明显增加,遂潴水形成大片沼泽湿地。

在杂热罗玛附近左岸支流崩纳藏布汇入后,进入下游段,始称巴汝藏布,继续由南向北流淌,河谷两岸地势十分开阔,过申扎县下过乡政府驻地后,河流进入著名的列直淌嘎盆地(面积达100平方千米),河床左右摆动频繁,河槽相互交叉,局部地区形成辫状水系。下游段右岸区间汇流面积较小,基本无支流汇入;左岸先后有曲岗玛布曲(长约20千米,源头有面积2.5平方千米的小湖叶野错)、甲吉藏布(长约25千米)两条支流汇入。

10.3.33.4.5　孜桂错
（Ziguicuo Lake）

曾名柴坤错,位于西藏自治区尼玛县境内,地理位置为东经87°49′～87°51′,北纬31°20′～31°25′。湖面高程4 645米时东西长15.9千米,南北最大宽7千米,平均宽4.6千米,面积73平方千米。湖泊呈菱形,近东西向长方形展布,岸线比较平整,湖周长度45.4千米,属碳酸盐型内陆吞吐淡水湖泊。湖泊平均水深约10米,估算贮水量7.3亿立方米。

孜桂错

湖盆处于**格仁错**南东—北西向狭长形山间断陷低洼槽谷北端,系构造成因。湖区属于高原亚寒带羌塘半干旱气候区,多年平均年降水量约240毫米,年蒸发量约2 200毫米,多年平均气温0摄氏度上下。湖区除西岸分布大面积沼泽湿地外,北、东、南侧紧靠山体,湖岸陡峭,滨岸带十分狭窄。

湖水主要由东岸加虾藏布(**扎根藏布**中游一段名称)和西岸的**虾嘎荣藏布**汇入。湖泊出水口以上流域面积12 009平方千米,其中累计湖泊面积653平方千米。南侧湖滨有县乡道路通过,并与黑阿公路连接。

10.3.33.4.5.1　虾嘎荣藏布
（Xiagarongzangbu River）

孜桂错西岸入湖河流,发源于仲布布噶日山北侧冰雪覆盖区,河源高程5 240米,流域面积1 648平方千米,河长97千米,自然落差595米。位于西藏自治区尼玛县境内,流域介于东经87°25′～88°05′和北纬31°02′～31°23′之间。

流域属高原亚寒带羌塘半干旱气候区,多年平均年降水量240毫米左右,多年平均气温约为0摄氏度。河水补给以降水为主,辅以少量的冰雪融水径流。流域内主要植被类型是高山紫花针茅草原,上中游山区多为嵩草草甸及风毛菊、红景天稀疏植被,常见野生动物有藏羚羊、藏原羊、野牦牛及

棕头鸥、斑头雁、黑颈鹤、雪鸡、雪雀等;中下游开阔河谷沼泽地区已开辟成为良好的牧场,主要牧养绵羊、山羊及牦牛等牲畜。

该河上中游分两支,西支扎嘎藏布,东支多腊藏布曲,以西支为正源。河源至亚扎为上游段,长35千米,落差475米,河床平均比降13.6‰;亚扎至罗旺卓母为中游段,长42千米,落差98米,河床平均比降2.3‰;罗旺卓母至入湖河口为下游段,长20千米,落差22米,河床平均比降1.1‰。

正源加嘎藏布系由10余条短小沟溪逐渐汇集所形成。干流顺高山峡谷先由西向东、后由北而南下泄,砾、石质河床宽约7米,水深0.4米。至亚扎附近,河流出山口进入宽谷盆地,为中游段,河名康翁藏布,河宽增至11米左右。南行至卓瓦区南侧,纳右岸支流申格曲(长约22千米)及若我虑曲(长约24千米)汇集形成的加尔各错(面积0.4平方千米)湖水后折向东流,改称扎嘎藏布。因地势平缓、开阔,河曲发育,于沿岸形成大片沼泽。受地形影响,干流于卓瓦区东4千米处开始折向北流进入嘎淌列淌盆地(面积约35平方千米),河床左右摆动频繁。在申亚乡附近东支多腊藏布曲(长36千米,发源于高程6 008米的拉日低岗雪山西侧冰雪覆盖区)汇入后,遂称虾嘎荣藏布;水量的突然增加使申亚至罗旺卓母间一段平坦河道沿岸变为"水乡泽国",出罗旺卓母后继续沿山谷北行进入下游段,区间面积很小,两侧很少径流补充,河流出山口后于孜桂错湖滨形成面积达10余平方千米的细砂砾质三角洲。

10.3.33.4.6　吴如错
（Wurucuo Lake）

又名无如错、阿达错,系西藏自治区申扎县、尼玛县界湖,地理位置为东经87°50′～88°11′,北纬31°37′～31°48′。湖泊略呈南西—北东向长方形展布。湖面高程4 548米时,湖长33.6千米,最大宽13.4千米,平均宽10.2千米,面积343平方千米。湖泊岸线比较平整,湖周长度88.6千米。湖水矿化度0.413克每升,属碳酸盐型内陆吞吐淡水湖泊。湖泊最大水深14米,平均水深约10米,估算贮水量34.3亿立方米。

湖盆处于班公-怒江大断裂带槽谷中,属断陷构造湖。湖周湖积—冲积平原广布。湖泊东岸、南岸遗留有一系列标志湖泊退缩的古湖岸砂砾堤。现吴如错与东北隅的**恰规错**之间被高出湖面约10米的砂堤阻隔,但一条长1千米、宽约100米的河道穿过砂堤沟通两湖,并使前者湖水继续向后者排泄,为**扎根藏布**串连的内陆吞吐湖泊。湖水补给绝大部分是由西南岸入湖的私荣藏布(扎根藏布中游一段名称)汇入的径流;另有两条从南岸入湖的较大季节性河流,一为陆仁弄巴,另一为扎弄巴,河长均在35千米上下,仅雨季有少量河川径流入湖。吴如错出水口以上流域面积14 262平方千米,其中累计湖泊面积996平方千米。

湖区位于高原亚寒带羌塘半干旱气候区,多年平均年降水量约230毫米,年平均蒸发强度约2 200毫米;多年平均气温-1.0摄氏度,其中最热月(7月)气温平均8.5摄氏度,最冷月(1月)气温平均-13.0摄氏度。湖周地势平坦,滨湖平原面积广阔,私荣藏布下游近湖滨地区,有沼泽湿地面积达60～70平方千米。主要植被类型为紫花针茅草原,土壤为寒钙土,山地及湖盆宽谷地已形成藏北重要的牧业区。

10.3.33.4.7　恰规错
（Qiaguicuo Lake）

又称卡规错,曾名察尔骨特湖,西藏自治区申扎县、尼

玛县界湖，地理位置为东经88°08′~88°22′，北纬31°47′~31°52′。湖面高程4 547米时，湖东西长27.2千米，南北最大宽7.9千米，平均宽3.3千米，面积88.5平方千米。湖泊岸线比较曲折，湖周长度64.8千米。湖水矿化度0.369克每升，属碳酸盐型内陆吞吐淡水湖泊。湖泊平均水深约10米，估算贮水量为8.9亿立方米。

恰规错

湖水补给主要有**扎根藏布**流域的径流，并由湖体东岸外泄排入**色林错**。出水口以上流域面积14 714平方千米，累计湖泊面积1 084平方千米。

湖区位于高原亚寒带羌塘半干旱气候区，湖滨地势开阔，植被主要类型为紫花针茅草原，水草资源丰富，是藏北重要的畜牧业区。

10.3.34 桃湖
(Taohu Lake)

位于西藏自治区北部安多县境内，北与新疆维吾尔自治区若羌县仅一山之隔，相距约6千米，地理位置为东经89°20′、北纬36°10′，内陆咸水湖泊。湖面高程4 876米时，相应湖长6.4千米，最大宽4.8千米，平均宽3.19千米，面积20.4平方千米。湖泊岸线较为平整，岸线长18.5千米。

桃湖地处藏北高原北部昆仑山与可可西里山之间的断陷盆地内。盆地呈北西—南东走向，周围为起伏和缓的低山、丘陵，相对高差一般在200~300米；滨湖地势开阔，为冲积—淤积平原或砂砾滩。

湖区属高原亚寒带羌塘半干旱气候，多年平均气温-4~-2摄氏度，多年平均年降水量约100毫米。流域面积348平方千米。湖水补给以季节性地表径流和地下潜流为主。有3条时令河分别在湖西北岸和西南岸入湖，河长均不超过10千米。

流域内植被以高山草原类青藏苔草为主，仅在湖区南部为高山荒漠类垫状驼绒藜荒漠；野生动物有野牦牛、野驴、黄羊、藏羚羊、獐子、马鹿、草豹、狗熊等。湖区人迹罕至，交通闭塞。

10.3.35 果忙错
(Guomangcuo Lake)

又名戈昂错，位于西藏自治区申扎县境内，地理位置为东经89°08′~89°15′，北纬31°08′~31°18′。湖体南北走向，外形似花瓶。湖面高程4 629米时，湖长18.9千米，最大宽9千米，平均宽5.1千米，面积97平方千米。湖岸比较规则，湖周长度46千米，岸线发展系数为1.31。

果忙错流域东接**普嘎错**及**仁错约玛**水系，其余均与**色林错**流域相邻。断陷构造湖盆，湖泊四周高山环抱，山峰高程多在5 200~5 500米之间。其中东、西、南侧山麓线紧贴湖边，滨岸带非常狭窄，仅北岸地形略开阔，波那曲河口及湖滨分布有面积7~8平方千米的沼泽湿地。湖滨保存的第四纪高湖面时期的最高古湖岸砂砾堤，高出现湖面达71米，波那曲源头与色林错水系达日阿布曲的源头间仅以宽200~300米、高程为4 682米的低平湖相沉积平原相隔，在第四纪高湖面时，果忙错湖水曾经通过达日阿布曲排向色林错。

流域面积945平方千米，湖区多年平均年降水量约350毫米，多年平均气温-1.0摄氏度，属高原亚寒带羌塘半干旱气候区。湖水主要由降水及部分高山冰雪融水补给。大小入湖河流12~13条，其中较大的是由西岸汇入的唐ío青卡曲，河长约28千米；东岸入湖的枯约曲，河长约20千米，以及下龙曲，河长约18千米；北岸入湖的波那曲，河长约10千米。除波那曲外，所有入湖河流均具有典型的山区河流特征。湖水矿化度14.84克每升，属碳酸盐型咸水湖泊。

北岸的沼泽湿地区植被类型主要为紫花针茅，这里水草丰茂，地势开阔，可发展畜牧业。湖水清澈，群山环抱，风景秀丽，又有乡村公路直通湖滨，具有发展旅游业的潜力。

10.3.36 果根错
(Guogencuo Lake)

又名戈梗错，位于西藏自治区尼玛县双湖特别区境内，地理位置为东经89°10′~89°15′，北纬32°22′~32°27′。湖面高程4 659米时，南北长9.8千米，东西最大宽5.2千米，平均宽2.9千米，面积28.8平方千米。湖岸较规则，湖周长度24.6千米，属碳酸盐型内陆微咸水湖泊。

果根错地处藏北高原中部唐古拉山西段南侧山间构造盆地内。流域东接**瀑赛尔错**水系，北与**昂达尔错**、**毕洛错**水系相邻，西倚**纳江错**流域，南部分水岭外是一片波状起伏的开阔低山丘陵。流域面积1 748平方千米。湖泊南部分水岭距湖边仅6~7千米，故滨岸带比较狭窄；其余方位的湖滨多为平坦的细砂质滩地或盐碱地，尤以北岸**大权饶河**入湖口冲积—洪积平原最为开阔。

流域属高原亚寒带羌塘半干旱气候区，多年平均年降水量200毫米，多年平均气温约-6摄氏度，高寒缺氧，环境严酷。径流以地下水及降水为主要补给源，有泉眼80余处，单眼泉出水量最大达36 000升每小时。大权饶河为最大的入湖河流，另一条较大入湖河流是东岸的多尔曲，河长仅10.5千米，入湖径流较为稳定。

湖盆似碟形，底较平而水不深。湖水矿化度1.243克每升，属重碳酸盐型微咸水内陆湖泊。

流域主要植被类型为高山针茅草原，局部地区有青藏硬叶苔草及垫状驼绒藜植被分布。湖西岸有公路通过，自然条件相对较好的地方已开发成季节性牧场。多玛乡位于湖泊西侧。

10.3.36.1 大权饶河
(Dacharao River)

果根错东北岸汇入的河流，位于西藏自治区尼玛县双湖特别区境内，流域介于东经88°58′~89°32′和北纬32°25′~32°52′之间。河长62千米，发源于唐古拉山西段洛日代尔山西南侧，源头高程5 180米，自然落差521米。流域面积1 148平方千米，占果根错流域面积的65.7%。

流域内植被十分稀疏，目前仅在一些泉水出露地带有零星的畜牧业发展，大部分地区仍是野生动物的天堂，主要的野生哺乳动物有藏羚羊、野牦牛、野驴等。

河流上游段分东西两支，西支称桑莫，东支称曲瑞。

桑莫为正源，河长 47 千米，落差 439 米，河床平均比降 9.3‰。从源头洛日代尔山南侧起至出山口约 13～14 千米河段为时令河，出山口后，由于先后获曲姜玛泉、曲洛玛泉和汉塞日阿柔泉等一系列泉水的补给，始有经常性的地表径流。河道先名曲姜玛，后称桑莫，基本为西北—东南流向，砂质河床，河宽 2 米左右，水深约 0.2 米。

东支曲瑞源于桑嘎尔塘布山南侧，河长 28 千米，落差 444 米，河床平均比降 15.9‰，因先后获得桑嘎尔琼古泉、达日冈尼泉、阿枸鲁宗泉和赛埋木浪夏玛泉等一系列泉水补给，河川径流亦较稳定。河流先称塞卡尔陇巴，出山口后称曲瑞，大致为北南流向，与桑莫会合前的河段为砂质河床，宽约 3 米，水深约 0.5 米。

东西两支汇合后为下游段，始称大权饶河，长 15 千米，落差 82 米，河床平均比降 5.5‰，基本为北南流向，地势平坦，河道多汊流、浅滩，河槽左右摆动频繁，砂质河床的河谷宽度达 1～2 千米。大权饶河上游段是主要集水区，以地下水补给为主，水系比较发育，径流较为稳定；下游段是径流过水段，区间补充水量很少。

10.3.37　永波湖
（Yongbo Lake）

位于西藏自治区北部安多县境内，属内陆盐湖，北距多格错仁强错约 22 千米，西南距**恒梁湖** 13 千米，地理位置为东经 89°14′、北纬 34°57′。湖泊长轴呈南北向伸展，湖面高程 4 845 米时，湖长 12.2 千米，最大宽 4 千米，平均宽 3.07 千米，面积 37.5 平方千米。湖泊岸线曲折，湖周长 48 千米。湖中有岛屿 3 座，其中最大的面积约为 0.3 平方千米。

永波湖地处藏北高原东北部，坐落在可可西里山系南部的冬布勒山南侧第四系沉积盆地内。湖泊四周丘陵低山环抱，湖北为相对高度 200 米左右的冬布勒山余脉，其余方位为相对高度 100 米左右的丘陵冈阜。

湖区属高原亚寒带羌塘半干旱气候，多年平均气温 −6 摄氏度，多年平均年降水量 150～200 毫米。流域面积 717 平方千米。湖水主要依赖东、西、南岸的 11 条河溪补给，其中以东岸入湖的两条河流最长，河长分别为 40 千米、37 千米，均发源于冬布勒山的岗盖尔雪山，冰雪融水径流是重要补给源。其余 9 条河流为时令河，长度均在 30 千米以下。湖西岸边约 1 千米处还有 2 眼泉水出露。

湖周植被以针茅草原为主，仅在湖东南局部地区为垫状驼绒藜荒漠，野生动物资源有野牦牛、野驴、狐狸、猞猁、雪鸡等。湖区人迹罕至，交通不便。

10.3.38　围山湖
（Weishan Lake）

位于西藏自治区北部尼玛县双湖特别区境内，地理位置为东经 89°14′、北纬 35°58′，属内陆咸水湖泊。湖面高程 4 880 米时，相应湖长 12.4 千米，最大宽 5.5 千米，平均宽 2.6 千米，面积 32.4 平方千米。湖体被分为南北两个湖区，其间以狭窄水道相通。北湖区有岛屿 2 座，其中一座较大者在湖中心，为石质岛屿，高出湖面 72 米，面积 1.75 平方千米，围山湖也因此而得名。湖泊形态很不规则。

围山湖地处昆仑山与可可西里山之间的构造盆地内。湖滨为低山丘陵环抱，小型残迹湖泊星罗棋布，面积大多为 0.3～0.5 平方千米，个别可达 4 平方千米。

湖区属高原亚寒带羌塘半干旱气候，多年平均气温 −4 摄氏度，多年平均年降水量 100～150 毫米。流域面积 622 平方千米。湖泊无常年性地表径流注入，仅有 2 条较短的时令小河 6—9 月汇水入湖。

湖周植被为青藏苔草草原和垫状驼绒藜荒漠，野生动物有藏羚羊、野牦牛、野驴、黄羊、盘羊、石羊、狐狸等。湖人迹罕至，交通十分不便。

10.3.39　多格错仁
（Duogecuoren Lake）

藏语意为"北石梯长湖"，在西藏自治区北部安多县与尼

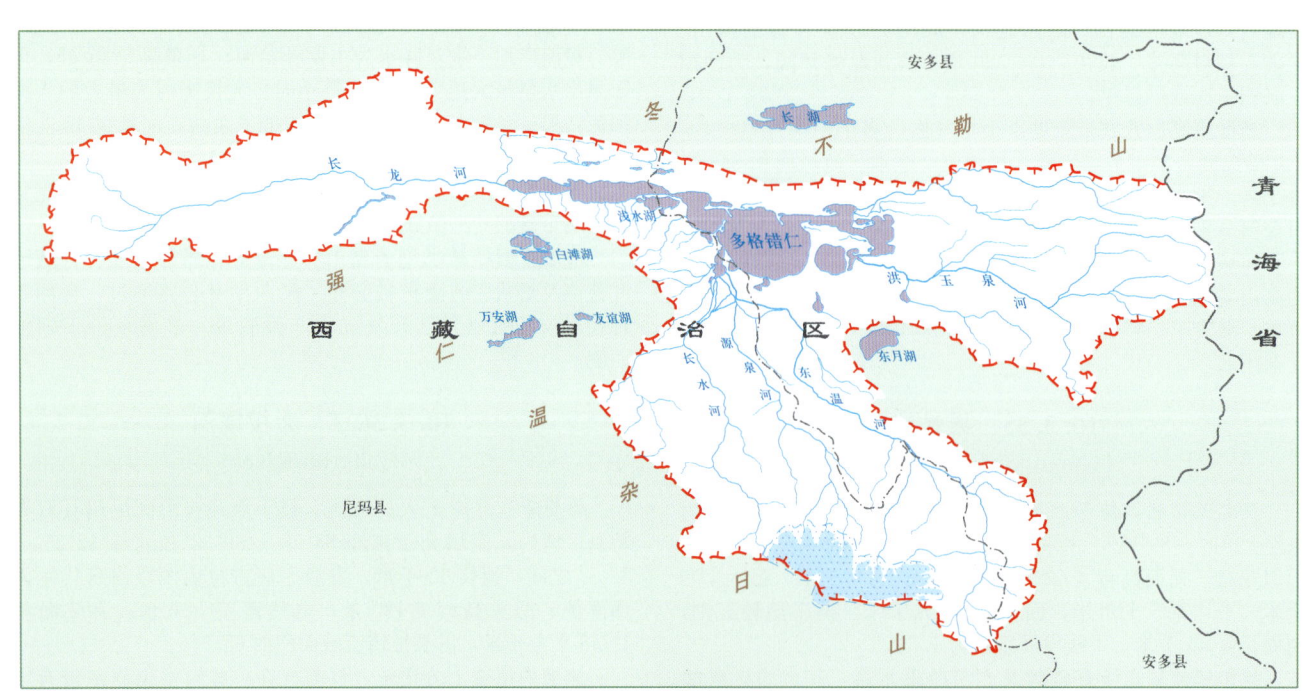

多格错仁湖区水系示意图

玛县双湖特别区境内，属内陆盐湖。地理位置为东经88°32′～89°14′，北纬34°29′～34°41′。湖泊呈东西向延伸。湖面高程4 814米时，相应湖长68.4千米，最大宽13.5千米，平均宽5.57千米，面积393.3平方千米。全湖可明显区分为中、西、东三大湖区，其中以中部湖区湖面最为开阔，系该湖主体；西部湖面东西狭长，与主湖区由长1千米、宽不足百米的小河连接；东部湖区受滨湖山丘制约，岸线曲折，多半岛、岬湾，湖形显得支离破碎。湖岸线长280千米。

多格错仁地处藏北高原东北部，坐落在冬布勒山与强仁温杂日山之间的断陷盆地内。北部以相对高度150米左右的低山丘陵与**长湖**相隔，南部为强仁温杂日山脉东段的普若岗日雪山，山前分布着浅切割的低山丘陵和残丘，近湖区则渐变为宽阔的冲积平原。源于普若岗日雪山的河流，依山势自南向北流入湖泊。环湖古湖岸砂堤多处可见，其中尤以中部湖区东侧两条并列滨岸砂堤最为壮观，堤长8.7千米，堤顶高程高出现湖面6米。砂堤间及流域范围内还分布有众多残迹湖，大的水面面积2.8平方千米，小者仅0.01～0.02平方千米。显然，这些均是自第四纪湖泊盛期之后，湖泊不断萎缩衰退之重要佐证。

湖区属高原亚寒带羌塘半干旱气候，多年平均气温－6摄氏度，多年平均年降水量150～200毫米。流域面积6 623平方千米。湖水主要依赖冰雪融水径流和泉水补给，流域内共有大小河流30余条，其中时令河占22条，有泉水60多眼，主要入湖河流有**洪玉泉河**、**东温河**、**源泉河**、**长水河**、**长龙河**。湖水pH值6.5，矿化度226.35克每升，属氯化物型盐湖。湖水中钾含量较高，可开发利用。

湖周土壤贫瘠，植被以垫状驼绒藜荒漠类型为主，野生动物有野牦牛、野驴、藏羚羊、黄羊、狼、狐狸、猞猁及雪鸡等。湖区人迹罕至，交通闭塞。

10.3.39.1　洪玉泉河

（Hongyuquan River）

多格错仁东南部入湖河流，因受流域洪玉泉眼群的补给而得名，位于西藏自治区安多县境内。流域地理位置介于东经89°10′～89°48′和北纬34°26′～34°41′之间。河长77.5千米，发源于安多县北部的玉带山西侧，源头高程5 520米，流域面积1 120平方千米，落差706米，河床比降9.1‰。

依其沿程自然特性，全河可分为上、下游两个河段：从源头至出山谷口为上游山区段，长51.5千米（含地下潜流段6.5千米），落差570米，平均比降11.1‰；山谷口以下至河口为下游山前洪积-冲积平原段，长26千米，落差136米，平均比降5.2‰。

上游段属较为典型的藏北高原腹地山区河流特性，支流稀疏。河流源出后，总体呈自东而西依山谷走势曲折流淌，沿河两岸山地起伏和缓，相对高差一般为200～300米，河谷亦较开阔。上段河宽约5～7米，水深0.1米；下段河宽增至10～15米，水深0.2～0.4米，河床全为砂砾组成。河出山谷口，潜入砂砾戈壁滩地，成为地下潜流，约经6.5千米于洪玉泉附近复又溢出地表，并汇纳该处的5眼泉水下注，宽2.5米，水深0.3米，蜿蜒流淌于广袤无垠的盐碱荒滩之上。两岸小型残迹湖如繁星点缀，亦有稀疏泉眼出露。近河口区，演变为辫状水系，于多格错仁的东南部入湖。

流域植被类型以针茅草原为主，野生动物有野牦牛、野驴、藏羚羊、黄羊、狐狸、猞猁及雪鸡等。区内人迹罕至、交通闭塞。

10.3.39.2　东温河

（Dongwen River）

多格错仁最长的入湖河流，发源于西藏自治区尼玛县双湖特别区中东部的普若岗日雪山东侧，河源高程5 460米。流域面积1 380平方千米，河长109千米，落差646米，地跨安多县与尼玛县双湖特别区，地理位置介于东经88°58′～89°30′和北纬33°50′～34°30′之间。

流域属高原亚寒带羌塘半干旱气候，严寒干燥，冬季漫长而无夏，年内无绝对无霜期，大风沙日较频繁出现。冰雪融水及泉水是河流的主要补给源。

按其自然特性，全河可分为上、下游两个河段：源头至峡谷口为上游高山峡谷与山间盆地段，长76千米，落差530米；峡谷口以下至入湖口为下游冲积平原段，河段长33千米，落差116米。

河源区有东、西两支，以东支为正源；前者有冰雪覆盖面积约48平方千米，后者有冰雪覆盖面积约14平方千米。河源区水系较为发达，但支流水系皆源流短小，河长一般为3～4千米，多为时令河。河道顺冰缘区山谷走势，总体由南东向北西曲折流淌，6～9月河宽约5米，水深0.3米，河床组成物质以粗砂为主。沿程两岸短小支流汇入，使干流在约11千米的流程后变为常年河，河宽增至12米左右。继之，在流经约43千米后，复又变为时令河，两岸砂砾荒漠绵亘，河道继续作北西行。西支源于普若岗日北侧常年冰雪覆盖区，河长28千米，6～9月最大河宽10米，水深0.2米。

在东、西两支交汇区的右侧，有众多泉眼（温泉）及小型残迹湖分布，成为干流水源补给的重要组成部分。西支汇入后，东温河再次演变为常年河。出峡谷口，干流进入下游段，河道迂回曲折，干流支汊时分时合，其中主泓河宽14～18米，水深0.5米，于多格错仁中部湖区的南部入湖。在河口区，与**长水河**、**源泉河**下游水系共同构成了复杂的水系网，形成复合式的三角洲水网平原景观。

流域内植被以高山针茅草原类型为主，野生动物有野牦牛、野驴、藏羚羊、黄羊、狐狸、猞猁及雪鸡等。区内人迹罕至，交通不便。

10.3.39.3　源泉河

（Yuanquan River）

多格错仁南部入湖河流，跨西藏自治区安多县与尼玛县双湖特别区。流域介于东经88°53′～89°12′和北纬34°02′～34°30′之间。河长66千米，发源于普若岗日雪山北侧，源头高程5 360米，落差546米，河床平均比降8.27‰。流域面积740平方千米。

全河可分为两个自然河段。从源头冰舌缘至源泉为上游高山深谷段，长29千米，落差380米，河床平均比降13.1‰；源泉以下至入注多格错仁河为下游山前洪积—冲积平原段，河长37千米，落差166米，河床平均比降4.5‰。冰雪融水和地下水为河流的主要补给源，流域内有温泉近20眼。

河流源出后，依山势沿高山深谷先作东北向流淌，继而又折转为西北行，约经10千米潜入地下，6～9月，冰雪融水盛期有径流形成。沿程支流稀疏，均系短小的时令沟溪。至源泉附近，有9眼温泉入注，河流演变为常年河，河宽约10米，水深0.4米。源泉以下，河流出山谷口，进入下游段，河道迂回曲折，流淌于广袤的砂砾滩地之中，两岸支流鲜见。入湖口位于多格错仁中部湖区南岸。在近河口区支汊分流现象显著，并与**东温河**、**长水河**下游水系形成了典型的复合式三角洲。

流域植被以针茅草原和青藏苔草草原类型为主，野生动物有野牦牛、野驴、藏羚羊、黄羊、狐狸及雪鸡等。流域内人迹罕至，交通闭塞。

10.3.39.4 长水河
(Changshui River)

多格错仁南部入湖河流，在西藏自治区尼玛县双湖特别区境内。流域介于东经88°41′～89°00′和北纬34°00′～34°30′之间。河长52千米，发源于高程5 140米的山地，源头有数眼泉水补给，落差326米。流域南界是强仁温杂日山支脉，西与**万安湖**、**友谊湖**水系接壤。流域面积836平方千米。

全河可分为两个自然河段。从源头至左岸最大支流交汇口为上游山区宽谷河段，长37千米，落差238米，河床平均比降6.4‰；交汇口以下至河口为下游山前洪积—冲积平原段，长15千米，落差88米，河床平均比降5.9‰。

自源头沿山间宽谷流出后，径直向北至西北流，6—9月，上段河宽约4米，水深0.3米。在沿程接纳2条时令性小河后，水势有所增强，河宽达5米，水深0.4米，河床组成物质皆以砾石为主。下行约37千米，有左岸最大无名支流汇入（河长33千米）。交汇口以下进入下游河段，两岸砂砾滩地广阔，河道迂回曲折，支汊时分时合，最终于多格错仁中部湖区的南岸入湖。在河口区，与右岸**源泉河**、**东温河**下游水系共同构成了复杂的水系网。

流域内植被以高山针茅草原和青藏苔草草原类型为主，野生动物有野牦牛、野驴、藏羚羊、黄羊、狐狸、猞猁及雪鸡等。区内人迹罕至，交通不便。

10.3.39.5 长龙河
(Changlong River)

多格错仁西部入湖河流，在西藏自治区尼玛县双湖特别区境内。流域介于东经87°41′～88°31′和北纬34°31′～34°43′之间，北与**雪环湖**、**玉盘湖**水系接壤，西以黑虎岭至北陡黑山一线为界，南侧是**映天湖**、托把湖（面积5.3平方千米）流域。该河源于高程4 941米、由泉水补给形成之诺武湖（面积约0.3平方千米）。河长61千米，落差127米，河床比降2.1‰，流域面积1 876平方千米。

全河可区分为两个河段：从源头至流程26千米处为上游常年性河流段，落差60米，河床平均比降2.3‰；由此以下至河口为下游时令性河段，河段长35千米，落差67米，河床平均比降1.9‰。流域内水系不甚发育，支流短小而稀疏。河源区地处多格错仁西部山区与山前洪积—冲积平原的交接部位。全河总体呈自西向东流淌。

上游段几乎无支流汇入，流淌于莽莽砂砾荒漠区。在流经26千米后河床干涸，地表径流消失，部分径流潜入地下，演变为时令河。沿程左岸有3条时令性小河汇入，河长约8～12千米，源头均受泉水补给。

流域北部以高山草原类紫花针茅和青藏苔草草原为主，南部以高山荒漠类垫状驼绒藜荒漠为主，常见野生动物有野牦牛、野驴、藏羚羊、黄羊、狐狸、猞猁及雪鸡等。流域内人迹罕至，交通不便。

10.3.40 东月湖
(Dongyue Lake)

位于西藏自治区北部安多县境内，属内陆卤水盐湖，地理位置为东经89°12′、北纬34°23′。北距**多格错仁**12.5千米。湖面高程4 847米时，相应湖长7.5千米，最大宽4.2米，平均宽3.12千米，面积23.4平方千米。湖泊岸线平整，湖周长度21千米。

地处藏北高原北部一山间盆地内，属构造湖。湖体呈东北—西南走向，湖滨为相对高度100～200米的低山丘陵环绕，仅东南隅有小片平坦砂砾滩地。

湖区多年平均气温－6摄氏度，多年平均年降水量150～200毫米，属高原亚寒带羌塘半干旱气候。流域面积495平方千米，湖泊补给系数为20.2。湖水主要依赖降水及地下水补给，有3条较大时令河汇入，湖西有多眼泉水出露。其中南岸入湖河长29千米，东岸入湖河长27千米，西北岸入湖河长仅4.2千米。湖水pH值6.7，矿化度60.37克每升，属氯化物型卤水盐湖，湖水中钾含量高。

湖区植被以紫花针茅草原类型为主，仅南部为垫状驼绒藜荒漠类型，野生动物有野牦牛、野驴、黄羊、藏羚羊、狐狸、猞猁及雪鸡等。湖区人迹罕至，交通不便。

10.3.41 长湖
(Changhu Lake)

又名可尼斯湖、仁错，在西藏自治区北部安多县境内，南距**多格错仁**约8千米，属内陆咸水湖泊，地理位置为东经88°57′～89°07′，北纬34°41′～34°44′。湖泊呈东西走向，湖面高程4 840米时，相应湖长15.4千米，最大宽3.9千米，平均宽2.99千米，面积46平方千米。湖中有小岛6座，总面积仅为0.15平方千米。湖岸线曲折，湖周长度50千米。

长湖坐落在冬布勒山南麓第四系沉积盆地内，与周围的**恒梁湖**、**永波湖**、圆湖、双泉湖等共同组成了盆地内的次级湖泊群。滨湖四周除湖东入湖河口区有小片沼泽湿地发育外，其余方位均为相对高度在200～300米的低缓丘陵和冈阜环绕。

湖区属高原亚寒带羌塘半干旱气候，多年平均气温－6摄氏度，多年平均年降水量150～200毫米。流域面积1 016平方千米，湖水主要依赖降水及季节性冰雪融水补给，最大入湖河流为**西峡河**。

湖区植被以青藏苔草草原类型为主，仅南部湖区为垫状驼绒藜荒漠类型，野生动物有野牦牛、野驴、黄羊、藏羚羊、草豹、狐狸、猞猁及雪鸡等。湖区人迹罕至，交通不便。

10.3.41.1 西峡河
(Xixia River)

长湖东部入湖河流，在西藏自治区北部安多县境内。流域地理位置为东经89°07′～89°52′，北纬34°38′～34°55′。流域北界冬布勒山，南与**多格错仁**水系相邻。河长80.5千米，发源于冬布勒山常年冰雪覆盖区，流域面积896平方千米。河源高程5 290米，落差450米。

全河可分为两个自然河段。上游为峡谷与山间盆地相间段，长69千米，落差440米，河床平均比降6.4‰；下游为宽谷段，长11.5千米，落差10米，河床平均比降0.87‰。具有较为典型的藏北高原腹地山区河流特性。

该河自源出后，依峡谷走势先由北而南曲折流淌，下行约8千米，进入流域内最大的山间盆地——红沙滩盆地，河道折转为蜿蜒西行，穿越红沙滩盆地西缘峡谷后复又进入圆湖盆地。该盆地是干流较为集中汇纳支流的区域，先后有25条时令性支流汇入，其中左岸11条，右岸14条，长度一般在8～12千米间，6—9月融冰盛期有径流入注。干流上游段河宽10～12米，水深0.1～0.2米，砂质河床。穿越圆湖盆地分水岭后，干流继续曲折西行，进入下游段，河宽与水深皆无显著变化，但两岸支流鲜见。干流于长湖东部入湖。河口区有小型三角洲发育，并形成滨湖沼泽湿地。

西峡河流域植被以青藏苔草草原为主，下游局部河段两侧为垫状驼绒藜荒漠，野生动物有野牦牛、野驴、藏羚羊、黄羊及雪鸡等。流域内人迹罕至，交通不便。

10.3.42　才多茶卡
(Caiduochaka Salt Lake)

外形似鞋底，故别称鞋底湖，位于西藏自治区尼玛县双湖特别区境内，地理位置为东经88°57′～89°07′、北纬33°08′～33°12′。湖面高程4 822米时，湖东西长18千米，南北最大宽4千米，平均宽2.1千米，水面面积38.5平方千米。湖体西部岸线平直、规则，东部岸线十分曲折。湖周长45.8千米，属内陆硫酸钠亚型卤水盐湖。

湖泊地处阿木岗日—西亚尔岗雪山与雅曲雅堆山之间一断陷盆地，系构造湖。流域西接**鄂雅错**水系，南邻**蒂让碧错**，北侧是普若岗日雪山，东部与小湖雀尔茶卡（面积4.9平方千米）流域交界。流域面积1 820平方千米。

据1976年6月实地考察资料，湖周第三系红色砂砾岩广泛分布，低山丘陵环抱。东、西、北三侧细砂质湖滩地面积较大，近水边滩地上分布有宽6～8米的白色盐碱（芒硝）结晶带，唯南岸与相对高程400米左右的馒头状山体紧靠。西南滨湖滩地分布有多道古湖岸砂砾堤，其中最明显的有两条：一条高出湖面8～9米，另一条距上述古堤200～300米近湖岸分布。古堤之间则分布有一系列盐碱沼泽及残留水塘。才多茶卡与南侧蒂让碧错间分水垭口高程仅4 850米，后者及现存两湖周围的许多残留水体昔日都同属才多茶卡古大湖，目前才多茶卡已逐渐被新形成的水下砂堤分成几个相互连通的更小湖泊（如东南部的鸭湖等），湖中原先的一个面积4平方千米的岛屿现已成为南岸陆连半岛。

流域多年平均年降水量约180毫米，多年平均气温－6摄氏度左右，属高原亚寒带羌塘半干旱气候区。湖水由降水、地下水及部分冰雪融水补给。从东岸入湖的流沙河是湖泊主要补给源，河长48千米，上游有3条分支。源于普若岗日雪山南麓的北支比惹藏布是正源，长26千米，系泉集河，径流量较稳定，是干流的主要径流来源。西支切纳强玛曲长28千米，源于阿木岗日雪山东南侧，有20平方千米左右的冰雪覆盖面积，出山口后进入一半封闭的山间盆地，形成了面积达30余平方千米的沼泽湿地及许多季节性的小型湖泊群，汇入干流的径流量已经很少。东支称大沙河，河长约35千米，补给源明显较西支偏少，径流十分有限。湖周还有一些间歇性小沟溪汇入，多为干涸河谷，如同一条条白色绸带一直延伸至山谷之中。

才多茶卡湖水清澈见底，远眺湖面呈草绿色。湖底为砂砾质，湖水较深。据近西南岸表层湖水样品分析，湖水pH值8.0，矿化度280.071克每升，系硫酸钠亚型卤水盐湖。

湖泊西北及东侧植被主要是高山紫花针茅草原，覆盖度较大，成了野牦牛、藏羚羊、野驴等野生动物繁衍生息的乐园，可谓"水草丰茂，生机盎然"。其余地区主要是稀疏的青藏苔草草原，植被覆盖率较低。

尼玛县双湖特别区政府驻地位于才多茶卡西侧1千米处。

10.3.43　蒂让碧错
(Dirangbicuo Lake)

因湖南端的蒂让玛尔包山而得名。位于西藏自治区尼玛县双湖特别区境内，地理位置为东经89°04′、北纬33°03′。湖呈狭长形，湖面高程4 840米时，湖泊南北长11千米，东西最大宽3.7千米，平均宽2千米，面积22.1平方千米。湖泊西岸比较平整，东岸多半岛、岬湾，岸线十分曲折。湖周长39千米，属硫酸钠亚型内陆咸水盐湖。

湖泊地处阿木岗日—西亚尔岗雪山与雅曲雅堆山之间的断陷盆地内，系构造湖。流域西接**鄂雅错**水系，北与**才多茶卡**相邻，南界**华洛错**入湖河流源区，东与**雅根查错**、**孔纳木错**流域毗邻。流域面积798平方千米。据1979年6月考察资料，南侧湖滨狭窄，蒂让玛尔包山等山麓逼近湖岸，近岸分布有较厚的湖相黑色淤泥沉积；东西两侧是由相对高程100余米的第三系红色砂砾岩构成的丘陵低山，近湖滨为一系列表面覆盖厚层白色盐碱（芒硝）的细砂砾质冲积-洪积扇滩地；北部与才多茶卡间低平分水垭口是一片宽约4千米、高程4 850米的细砂砾质湖积平原。

流域多年平均年降水量约180毫米，多年平均气温－6摄氏度左右，属高原亚寒带羌塘半干旱气候。湖水主要由降水及地下水补给。入湖的短小时令河有8～9条之多，主要集中在湖泊东西两侧。最长的是从东北岸汇入的咸水河，河长约30千米，多数支流的源头一年四季均获一定数量的泉水补给。

近西岸湖底为细砂砾质，湖水清澈见底，从湖中显露的面积0.01～0.20平方千米的10多个砂质小岛判断，该湖湖水已不深，蓄水量十分有限。据近岸表层湖水样分析，pH值8.9，矿化度109.859克每升，属硫酸钠亚型卤水盐湖。

藏黄羊

流域内植被主要是稀疏高山紫花针茅草原，东西两侧入湖河流中上游地区植被覆盖度较大，近湖滨大部分地区砂砾裸露；经常出没的野生动物有野牦牛、藏羚羊、野驴、藏黄羊、黑唇鼠兔以及藏雪鸡、西藏毛腿沙鸡、棕背雪雀等，属西藏自治区羌塘野生动物保护的核心地区。

10.3.44　恒梁湖
(Hengliang Lake)

位于西藏自治区安多县境内，属内陆咸水湖泊，地理位置为东经89°03′、北纬34°53′。湖面高程4 855米时，相应湖长6.7千米，最大宽4.6千米，平均宽2.66千米，面积17.8平方千米。湖岸线较平整，长23千米。

恒梁湖坐落在冬布勒山南麓第四系沉积盆地内。与周围的**永波湖**、**长湖**、中岛湖（面积4.3平方千米）、双泉湖（面积2平方千米）、圆湖（面积6.8平方千米）等共同组成盆地内的次级小湖群，各湖流域相邻，相间以低丘、冈陵相隔。

湖区属高原亚寒带羌塘半干旱气候，多年平均气温－6摄氏度，多年平均年降水量 150～200 毫米。流域面积 250 平方千米，湖泊补给系数 13。湖水主要依赖西岸入湖的一条时令河补给，河长 18 千米，发源于冬布勒山南麓。

湖区植被除南部为垫状驼绒藜荒漠类型外，其余为青藏苔草草原类型，野生动物有野牦牛、野驴、黄羊、藏羚羊、獐、马鹿、草豹、棕熊、狐狸、猞猁及雪鸡等。湖区人迹罕至，交通不便。

10.3.45　雅个冬错
（Yagedongcuo Lake）

又名雅根错，位于西藏自治区申扎县境内，地理位置为东经 89°01′、北纬 31°34′。湖面高程 4 534 米时，相应湖泊长 10.6 千米，最大宽 4.7 千米，平均宽 3.3 千米，面积 34.8 平方千米。湖岸比较规则，周长 26 千米，属碳酸盐型内陆咸水湖泊。

湖泊处于班公—东巧—怒江大断裂构造带，湖区多年平均年降水量约 300 毫米，多年平均气温 0 摄氏度左右，属高原亚寒带羌塘半干旱气候区。湖周分布的大面积湖积—冲积平原及一系列古湖岸砂砾堤显示，第四纪高湖面时，它是**色林错**古大湖的一部分，现两湖间砂砾堤宽仅数百米。

流域面积 1 015 平方千米。较大的入湖河流主要有南岸汇入的充松曲、沙卓雄曲，河长分别为 15 千米和 20 千米；由西南岸入湖的色那尔曲，河长约 10 千米。这些河流上游都有一定规模的径流量，但出山口后逐渐断流，部分径流以地下潜流形式继续向湖体方向汇集。

据 1979 年 8 月考察实测，湖泊最大水深 2.1 米，平均水深 1.5 米，估算湖泊贮水量约 0.5 亿立方米；湖中心表层湖水 pH 值 9.8，矿化度 39.58 克每升，属碳酸盐型内陆咸水湖泊；湖中心表层有大量藻类漂浮。

湖泊东岸特别是南岸近湖滨段广大缓坡地带，形成大面积沼泽湿地，发育有草甸沼泽土。湖区植被以紫花针茅、青藏苔草草原为主要类型，已成为申扎县雄梅镇重要的畜牧业生产基地，并有乡镇公路通过。

10.3.46　荷花湖
（Hehua Lake）

在西藏自治区北部尼玛县双湖特别区境内，属内陆咸水湖泊，地理位置为东经 88°58′、北纬 36°09′。湖面高程 4 832 米时，湖长 8.2 千米，最大宽 4.5 千米，平均宽 2.8 千米，面积 22.5 平方千米。湖中有小岛 3 座，面积 0.01～0.03 平方千米。湖泊岸线曲折，湖周长 25.5 千米。

荷花湖坐落在昆仑山与可可西里山之间的断陷盆地内。该盆地内小型湖泊众多，有的独立，有的彼此间以河沟通连。荷花湖是其中较大的一个，由东西两湖组成，西部湖区略大，东西湖之间以狭窄的水道相连。湖周被高出湖面 100 米左右的冈阜、残丘环绕。

湖区属高原亚寒带羌塘半干旱气候，多年平均气温−4～−2 摄氏度，多年平均年降水量约 100 毫米。流域面积 775 平方千米。入湖河流稀疏而短小。湖水以源于昆仑山余脉的一条 11 千米长的小河补给为主。此外，夏季尚有 2 条时令小河分别汇入东、西湖。

流域内植被以青藏苔草草原为主，野生动物有野牦牛、野驴、藏羚羊、黄羊、盘羊、岩羊、狐狸、猞猁、狼等。湖区人迹罕至，交通闭塞。

10.3.47　玉液湖
（Yuye Lake）

位于西藏自治区北部尼玛县双湖特别区境内，属内陆咸水湖泊，地理位置为东经 88°37′～88°52′，北纬 35°58～36°04′。湖面高程 4 850 米时，相应湖长 22.3 千米，最大宽 7.6 千米，平均宽 3.69 千米，面积 82.2 平方千米。湖泊形态极不规则，岸线曲折，多半岛、岬湾，湖岸线长 110 千米。湖中有石质岛屿 3 座，高出现湖面近 70 米，大岛面积 2.05 平方千米，其余 2 座岛面积分别为 0.03 平方千米和 0.06 平方千米。

玉液湖地处藏北高原，南望可可西里山，北倚昆仑山，坐落在两大山脉之间的断陷盆地内。湖区北部冈阜、残丘连绵，风蚀地貌典型，丘间凹地多残迹小湖，并有冻土沼泽发育；湖区南部为洪积—冲积平原，并有低缓孤丘点缀，湖滨有古湖岸砂堤环列，堤顶高程高出现湖面约 30 米。自然景观显示，该湖正在经历着不断萎缩衰退的演变过程。

湖区属高原亚寒带羌塘半干旱气候，严寒干燥，冬季漫长，终年无夏，年内无绝对无霜期，大风沙日频繁出现。多年平均气温约−6 摄氏度，多年平均年降水量约 150 毫米，年内大风日数在 200 天以上。湖泊流域面积 2 102 平方千米。湖水主要仰赖冰雪融水补给。入湖河流皆为时令河，主要有**西沙河**（河长 86 千米）、牛肠河（河长 41 千米）和燕嘴河（河长 35 千米）等，每年 6—9 月有径流入湖。

湖区植被以垫状驼绒藜荒漠为主，野生动物资源有野牦牛、野驴、藏羚羊、盘羊、岩羊、狐狸、猞猁等。湖区人迹罕至，交通闭塞。

10.3.47.1　西沙河
（Xisha River）

玉液湖最大的入湖河流，位于湖区东南部，为时令河。流域位于西藏自治区北部尼玛县双湖特别区境内，介于东经 88°44′～89°10′和北纬 35°39′～36°02′之间。流域北邻**荷花湖**水系，西与**琼浆湖**流域接壤，南枕可可西里山，东侧为低山丘陵。河长 86 千米，发源于可可西里山脉纳日雪山南麓，河源区冰雪覆盖面积近 9 平方千米。自然落差 905 米，河床平均比降 10.5‰。流域面积 1 028 平方千米。

流域地处高原亚寒带羌塘半干旱气候区，多年平均气温−6 摄氏度上下，多年平均年降水量 150～200 毫米。河流补给以每年 6—9 月的冰雪融水为主，支流稀疏而短小，全系时令河。

河流源出后，全河流程大致呈半圆弧形，于玉液湖东岸入湖。在河源区，依山谷走势，干流先向东南曲折流淌，得名雪莲沟；约下行 15 千米后渐转为东至东北行，方称西沙河；继流转为北行，约下行 45 千米后又转为西北行。沿河两岸孤丘、沙滩，支流罕见，但丘间洼地内面积 0.5～1.0 平方千米之残迹小湖星罗棋布。在入湖河口区有支汊分流现象，并发育有小型河口三角洲及沼泽湿地。

西沙河流域植被以垫状驼绒藜荒漠为主，野生动物资源有野牦牛、野驴、藏羚羊、盘羊、岩羊、狐狸、猞猁等。流域内人迹罕至，交通闭塞。

10.3.48　毕洛错
（Biluocuo Lake）

因湖西南侧比洛山而得名，又称比陇错、比洛错，位于西藏自治区尼玛县双湖特别区境内，地理位置为东经 88°50′、

北纬32°54′。湖面高程4 810米时，湖泊长7.1千米，最大宽5.7千米，平均宽3.5千米，面积24.9平方千米。湖岸比较规则，湖周长21.4千米，属硫酸镁亚型内陆卤水盐湖。

湖泊地处阿木岗日—西亚尔岗与雅曲雅堆山之间的断陷盆地内，系构造湖。流域北接**才多茶卡**、**蒂让碧错**入湖河流源区；西邻**鄂雅错**水系；南、东隔大片波状起伏的丘陵山地与**纳江错**、**果根错**流域交界。流域面积733平方千米。湖泊西、东、东北侧10多座相对高程300～400米的圆形山峰距离湖岸仅2～6千米，山前洪积、冲积扇台地接近湖滨分布。南北两侧地形相对比较开阔，其中南侧约5千米处与时令湖角陇错（面积1.3平方千米）间的低平分水垭口是昔日两湖通连河床的一部分，地势十分平缓；北侧湖滨是入湖河流尕尔布曲形成的沙砾质河口三角洲。

流域多年平均年降水量180毫米，多年平均气温－6摄氏度左右，属高原亚寒带羌塘半干旱气候区。湖水主要依赖降水及地下水补给。最大入湖河流是从西北岸汇入的尕尔布曲，河长48千米，源于雅曲雅堆山南侧地下水溢出带，源头高程5 180米。该河上中游段基本东西流向，仅夏季7～9月有少量地表径流；入湖前的下游河段长仅4千米，始称尕尔布曲，基本北南流向，因右岸有出水量10 800升每小时的尕尔布泉汇入，可保持常年有径流注入湖泊。除此而外，湖泊周围尚有一些泉水出露而形成的泉集小溪径流汇入湖泊，如南部湖滨的角陇错北泉，单泉出水量达126 000升每小时。形成的泉集河河床宽达23～90米，水深0.1～0.4米，是湖水的重要补给源。

据1989年资料，湖水pH值8.3，矿化度高达330.462克每升，属硫酸镁亚型内陆卤水盐湖。湖区植被主要类型是以紫花针茅、羽柱针茅、青藏苔草为优势种的高山针茅草原，野生动物主要有野牦牛、野驴、藏羚羊等，有县乡公路从东部湖滨通过。

10.3.49 浅水湖
(Qianshui Lake)

位于西藏自治区北部尼玛县双湖特别区境内，属内陆盐湖，地理位置为东经88°49′、北纬34°38′。湖泊呈东西向延伸，湖面高程4 829米时，相应湖长7.1千米，最大宽3.3千米，平均宽1.72千米，面积12.2平方千米。湖岸较曲折，岸线长29千米。

浅水湖地处藏北高原东北部，坐落在冬布勒山与强仁温杂日山之间的断陷盆地内，北、东、西三面为**多格错仁**所环抱，两湖间仅以古湖岸砂垦和低缓冈阜相隔，最短直线距离约200米。湖区南部地势开阔，为缓坡状倾斜平原。第四纪湖泊盛期时，该湖与多格错仁属同一大湖体。

湖区属高原亚寒带羌塘半干旱气候，多年平均气温－6摄氏度左右，多年平均年降水量150～200毫米。流域面积60平方千米。湖水主要依赖南部的2条时令河补给，河长分别为8.2千米和6.5千米。

湖周土壤贫瘠，植被以高山荒漠类垫状驼绒藜荒漠为主，野生动物主要有野牦牛、野驴、藏羚羊、黄羊、狐狸、猞猁及雪鸡等。湖区人迹罕至，交通闭塞。

10.3.50 鄂雅错
(Eyacuo Lake)

又名鄂雅错琼，位于西藏自治区尼玛县双湖特别区境内，地理位置为东经88°39′～88°45′，北纬32°56′～33°02′。湖面高程4 817米时，湖长12.7千米，最大宽7.6千米，平均宽4.6千米，面积58.7平方千米。湖泊呈东北—西南走向，湖岸除南端较曲折外，其余均比较平直，湖周长41.2千米，属硫酸镁亚型内陆卤水盐湖。

湖泊地处西唐古拉山脉阿木岗日—西雅尔岗山与比洛山间断陷盆地内，系构造湖。流域东邻**才多茶卡**、**蒂让碧错**、**毕洛错**水系；北越阿木岗日雪山接**阿木错**入湖河流源头；西侧是分水岭阿木岗日—西雅尔岗雪山；南与比洛山及**北雷错**流域交界。

流域面积1 227平方千米。北部、东北部湖区是开阔的冲积-湖积倾斜平原，面积达250余平方千米，其间分布有沼泽及众多残留小湖、水塘。东、西、南方位地形相对较封闭，相对高程100～300米的丘陵低山山脊线距离湖岸约6～10千米，其中西侧山地坡面前缘有大量地下水出露；东岸有一系列时令性溪沟形成的冲积扇于湖滨连成一片，其间大小水塘、湖泊星罗棋布；南部湖滨砂砾质湖积平原内有封闭的残留时令湖鄂雅次琼（面积3平方千米）及半封闭湖湾比让昌（面积约2.5平方千米）。

流域多年平均年降水量180毫米，多年平均气温－6摄氏度左右，属高原亚寒带羌塘干旱气候。湖泊以冰雪融水及由其转换的地下水补给为主。较大的入湖河流有3条，集水区主要分布在湖泊北侧。

赛日作河（又名普鲁强玛河）是最大入湖河流，河长41千米，从东北岸汇入。河流始西北—东南流向，后改向南流汇入湖泊。近湖滨干流段汛期河床宽可达59米，平均水深0.9米，估算入湖流量可达37.2立方米每秒。

另两条较大入湖河流是由西北岸入湖的锐曲及改达窝玛曲。锐曲长约26千米，西北—东南流向，源于西亚尔岗山东侧；改达窝玛曲长约19千米，西北—东南流向，源于西亚尔岗扎琼鄂玛峰北侧冰川冰舌前缘，其他的入湖河溪多是近湖滨段由大量地下水出露所形成，虽源流短小，但总体径流量亦相当可观。

据1989年资料，湖水矿化度110.647克每升，属硫酸镁亚型内陆卤水盐湖。

流域内植被主要类型是青藏苔草草原，夏季植株高可达10～20厘米，北部赛日作河上游地区主要是风毛菊、红景天构成的高山垫状稀疏植被；主要大型野生哺乳动物有野牦牛、野驴、藏羚羊等。长期以来，本区是野生动物繁衍生息的天堂。尼玛县双湖特别区政府驻地位于湖泊北部的赛日作河左岸支流苏尕陇哇（索格鲁玛曲）沿岸。

10.3.51 阿木错
(Amucuo Lake)

又名达尔岗许错查，位于西藏自治区尼玛县双湖特别区境内，地理位置为东经88°37′～88°45′，北纬33°25′～33°29′。湖面高程4 965米时，湖东西长13.6千米，南北最大宽6.3千米，平均宽2.6千米，面积34.8平方千米。东部湖体较规则，西部呈东西向狭长形，湖周长度39.2千米，属硫酸镁亚型内陆卤水盐湖。

湖泊地处藏北高原北部阿木岗日雪山北、希杂日山东侧一断陷盆地内，为构造湖。流域北邻**达尔沃错温**及**令戈错**、**龙尾湖**水系，西接**依布茶卡**入湖河流**江爱藏布**源区，南越玛威山、阿木岗日雪山与**孔孔茶卡**、恰岗错、**鄂雅错**流域交界，东侧与**才多茶卡**流域间是一片波状起伏的低山丘陵。流域面积1 735平方千米。湖泊东北侧一系列短小溪沟形成的小型山

阿木错

前洪积-冲积扇逼近湖岸，湖滨带比较狭窄；西、西南及东南侧几条较长入湖河流形成的细砂砾质三角洲滩地面积较大，地势开阔；北部与达尔沃错温之间以一道宽400米左右、高出湖面仅3米的低平分水垭口相隔；南岸紧靠"秋赤"山山麓（"秋赤"在藏语中为"金字塔"之意）。在第四纪高湖面时，阿木错与北侧达尔沃错温属同一大湖。

流域多年平均年降水量180毫米，多年平均气温－7摄氏度左右，属高原亚寒带羌塘半干旱气候。湖水补给主要是降水、地下水及少量冰雪融水。入湖河流有西岸汇入的**希杂洛玛曲**以及几条由东侧阿木岗日雪山的冰融水补给的短小河溪。南侧入湖河溪计5～6条，但河长均在15～20千米之间，其中东侧的3条先汇入淡水湖（面积1.5平方千米），再以地下水形式补给该湖泊。这些河溪夏季冰融水补给比较丰沛。

据1976年6月考察资料，湖中心表层水样分析结果，湖水pH值8.4，矿化度172.76克每升，属硫酸镁亚型卤水盐湖。

流域内植被类型及覆盖情况差异很大。湖泊东、南侧主要类型为高山紫花针茅草原，覆盖度大，野牦牛、藏羚羊、野驴等野生动物成群结队出没其间，水草丰茂，生机盎然，紫色的棘豆花、黄色的垂头菊及白色垫状点地梅花竞相争艳。西部希杂洛玛曲中上游地区主要植被类型是稀疏青藏苔草草原，植被覆盖率低，处处是干涸的河谷、裸露的砂砾、连片的白色盐碱地，很少见到野生动物出没。

尼玛县双湖特别区位于湖区南侧。

10.3.51.1　希杂洛玛曲
（Xizaluomaqu River）

阿木错最大入湖河流，又名麻丝河，因其北侧的希杂日山而得名。流域位于西藏自治区尼玛县双湖特别区境内，介于东经87°58′～88°41′和北纬33°22′～33°43′之间。河长110千米，发源于那底岗日雪山（白象山）南坡冰雪覆盖区，河源高程5 800米，落差835米。流域面积1 291平方千米。河流集水区绝大部分地处希杂日山与玛威山之间一大型断陷盆地内，干流河道明显受东西向构造带控制，各支流均具南北向排列的特点。根据1976年7月考察资料，盆地内干流河床宽一般50～300米，有的甚至超过500米，两岸高出河谷底部0.5～1.0米的阶地清晰可见，河床为干涸状态，仅见局部低洼处有小股清澈积水。

上游分南北两支，均发源于那底岗日雪山冰雪覆盖区，出山口后即进入一大型山间盆地，基本呈东西流向。南支为正源，河长38千米，落差685米，为时令河，仅夏季偶然有径流通过；北支称希杂洛玛曲，河长30千米，也是时令河。

南、北两支流汇合口至左岸支流大沙河汇入口为中游段，河长55千米，落差95米。本河段处于大盆地的中心区域，河道弯曲，左右岸有多条支流汇入。大沙河长25千米，西北—东南流向，其源头由2～3个泉集小湖（如月牙湖）补给而形成，下泄4～5千米后即下渗消失，与干流汇合口处仅是一条宽达100～200米的残留河谷沙质河滩。

大沙河汇入口至河口为下游段，河长17千米，落差55米，河床平均比降3.2‰。本河段出盆地后穿行于丘陵山区间东流，沿程无支流汇入。河谷宽一般500米以上，近湖滨段超过1 000米，两岸阶地发育。夏季洪水时，局部河槽水深可达1.5米。

该河河床平均比降小，中上游汇集的有限径流在经过大盆地时大都蒸发或下渗，故实际入湖水量很小，与其庞杂的水系规模很不相称。

10.3.52　达尔沃错温
（Daerwocuowen Lake）

又名苦水海，藏语"错温"有蓝色的含意，说明湖水较深。流域位于西藏自治区尼玛县双湖特别区境内，地理位置为东经88°41′～88°44′，北纬33°30′～33°38′。湖呈长条形，北窄南宽。湖面高程4 958米时，湖泊长17.3千米，最大宽4.9千米，平均宽2.1千米，面积为36.8平方千米。湖岸北曲折，多沙嘴、半岛；南部比较平整。湖周长度49千米，属内陆卤水盐湖。

该湖地处藏北高原北部阿木岗日雪山北、希杂日山以东一断陷盆地内，为构造湖，南邻**阿木错**湖体。流域面积820平方千米，湖区西部滨岸带狭窄，相对高程100～200米的低山丘陵逼近湖岸；东部湖滨比较开阔，其中东北侧是入湖河流冰沙河的砂砾质三角洲，东南部是一系列短小入湖沟溪形成的山前洪积—冲积扇台地；南部与阿木错之间是一低平分水垭口；北部湖滨是入湖河流温泉沟形成的砂砾三角洲。

流域多年平均年降水量约180毫米，多年平均气温约－7摄氏度，属高原亚寒带羌塘半干旱气候区。湖水主要是降水及地下水补给。较大的入湖河流有两条：一是由东北岸入湖的冰沙河，河长约25千米，基本呈东西流向，其源头及沿程是由泉水出露补给而形成的泉集河；另一条是从北岸入湖的温泉沟，河长约24千米，基本呈西北—东南流向，中下游多有泉水补给。

流域植被类型主要是由青藏苔草、羽柱针茅等组成的青藏苔草草原，野生动物主要有野牦牛、藏羚羊、野驴、黑唇鼠兔等，常见鸟类有西藏毛腿沙鸡、棕背雪鸡、红眉朱雀，偶见斑头雁、黑颈鹤等。

10.3.53　崩则错
（Bengzecuo Lake）

位于西藏自治区尼玛县双湖特别区境内，地理位置为东经88°38′～88°42′，北纬32°04′～32°06′。湖面高程4 536米时，湖长6.3千米，最大宽4.1千米，平均宽2.9千米，面积18.5平方千米。湖泊为椭圆状，岸线较平整，湖周长20.5千米，属碳酸盐型内陆吞吐湖泊。

湖泊地处藏北高原中部西唐古拉山南侧构造盆地内，东西两侧滨湖地势较陡，分布连绵低山丘陵；而北距**纳江错**20千米、南至郭加林湖（杜佳里湖）5～6千米间的宽广区域是平坦开阔的砂砾质湖积—洪积平原，显示上述三湖在第四纪高湖面时曾是同一大湖的组成部分。崩则错湖面高程较纳江错低70米，而比南侧郭加林湖高26米。纳江错南端外泄湖水经沼泽湿地小溪（巴碌陇高）向南排泄，至协德乡附近下渗成潜流，下行约5～6千米后复以两条地表径流注入崩则错；崩则错南端亦有约6千米长的外泄小河将湖水向终点湖泊郭加林湖排泄。因此崩则错与北侧纳江错一样，均属内陆吞吐湖泊，其出水口以上流域面积3 822平方千米。

据1964年资料，湖水pH值为9.1，矿化度15.942克每升，属碳酸盐型咸水湖泊。郭加林湖（终点湖泊）卤水矿化度高达220.5克每升，仅雨季有表水面积1～2平方千米，已基本演化为干盐湖。

10.3.53.1　纳江错
（Najiangcuo Lake）

位于西藏自治区尼玛县双湖特别区境内，地理位置为东经88°39′～88°44′，北纬32°16′～32°21′。湖面高程4 606米时，湖泊南北长9.2千米，东西最大宽7.8千米，平均宽4.8千米，面积44.3平方千米。湖岸较规则，形似倒三角，湖周长28.5千米，属碳酸盐型内陆吞吐咸水湖泊。

湖泊地处藏北高原中部西唐古拉山南侧山间构造盆地内。流域北、西分别接鲁雄错、**毕洛错**、**诺尔玛错**及**赛布错**水系；东与**果根错**流域相邻；南部是**崩则错**及终点湖泊郭加林湖，出水口以上流域面积3 294平方千米。湖泊东西两侧相对高程400～600米的山地距湖边仅7～8千米，地势高峻；南北两侧湖滨是砂砾质及盐碱洪积—湖积平原。其中北部湖滨诸入湖河口附近发育有规模较小的沼泽湿地。

流域属高原亚寒带羌塘半干旱气候区，多年平均年降水量约250毫米，多年平均气温－4摄氏度左右。湖水主要是大气降水及地下水。据初步统计，泉水出露点星罗棋布，全流域计有150～160处。入湖河流主要集中在湖北岸，另有几条间歇性时令河从湖西南岸汇入。最大的是东北岸入湖的**浦志藏布**，其次是从北岸汇入的**卡续当玛河**。西南岸入湖的间歇性河流主要有日阿莎曲（河长45千米）、夏涌曲（河长43千米）和俊翁陇巴（江吾陇巴）等。这些河流的共同特点是上中游泉水补给丰富，径流量大；出山口后，强烈的蒸发和下渗使河床几乎全部断流，仅部分径流以潜流形式补给湖泊。南端有外泄水口，湖水最终注入崩则错。

据1980年资料，湖水pH值达9.6，矿化度10.145克每升，属碳酸盐型咸水湖泊。流域主要植被类型为高山针茅草原，仅在泉水出露区域及协德乡驻地周围分布有良好的牧场，其余地区定居牧民数量较少。

10.3.53.1.1　浦志藏布
（Puzhizangbu River）

纳江错东北岸入河流，位于西藏自治区尼玛县双湖特别区境内，介于东经88°42′～89°04′和北纬32°20′～32°50′之间。河长62千米，发源于西唐古拉山米多尔陇巴东侧，源头高程5 200米，落差594米。流域面积1 196平方千米。

流域位于高原亚寒带羌塘半干旱气候区，多年平均年降水量约250毫米，多年平均气温－5摄氏度左右，河川径流主要由地下水及降水补给。

全河大致分3段。源头至容布琼古（容琼）泉为上游段，河名容布琼果，河长25千米，落差377米，河床平均比降15.1‰，先东南后转西南流，仅每年7～9月有少量的河川径流，属时令河，几乎无支流汇入。

容布琼古泉至浦志为中游段，河名容藏，河长25千米，落差203米，河床平均比降8.1‰，河流大致顺东西两低山之

间谷地南流，亦无支流汇入，由于得到多处泉水（单泉出水量在每小时3 600～11 400升之间）补给，河川径流逐渐丰富，基本为常年河，近浦志段河槽摆动频繁，砂质河床宽达50～60米。

浦志至入湖口为下游段，始称浦志藏布，河长12千米，落差14米，河床平均比降仅1.2‰，河段基本上是在古大湖积平原上冲刷形成，多汊流，河槽左右摆动，河谷宽一般达23～74米，水深0.2～0.6米。近湖滨段，有东侧支流长浦德车（河长12千米）及西侧支流色曲司陇（河长28千米）汇入，其中色曲司陇中上游泉水补给量丰富，汇入径流量较大。

流域主要植被类型是稀疏高山针茅草原，间有青藏苔草及垫状驼绒藜分布，除一些泉水出露地区有零星畜牧业外，大部分地区仍为野生动物出没的天堂。

10.3.53.1.2　卡续当玛河
（Kaxudangma River）

纳江错北岸入湖河流，位于西藏自治区尼玛县双湖特别区境内，流域东经88°14′～88°45′，北纬32°21′～32°40′。河长58千米，发源于西唐古拉山扎毛休纳南侧，源头高程5 220米，落差614米，河床平均比降10.6‰。流域面积904平方千米。

流域位于高原亚寒带羌塘半干旱气候区，多年平均年降水量约250毫米，多年平均气温－5摄氏度左右。

河流大致分3段。正源恰木俄曲（河长约14千米）与右岸无名小支流会合口以上为上游段，长约19千米，落差272米，河床平均比降14.3‰。因源区基本无冰雪融水及地下水补给，径流量很小，出山口后河流基本断流，故上游段为时令河。

至左岸支流仁车曲汇入口（卡续山南麓）为中游段，河名先称曲萨，后名约尔布多，河长26千米，先西东后东南流向，落差270米，河床平均比降10.4‰。本河段是主要的集水区，一是得益于一系列泉水补给（单泉出水量多在7 200升每小时至28 800升每小时之间）；二是左、右岸有两条较大支流汇入，右岸砸桑曲，河长26千米，左岸仁车曲，河长约15千米，两支流均获得多处泉水补给，水量较为丰富，尤其后者，河源及沿程汇集有泉水数十处。

仁车曲口至入湖河口为下游段，始称卡续当玛河，河长13千米，西北—东南流向，落差72米，河床平均比降5.5‰。本河段河床宽窄变化很大，宽处超过100米，窄处仅3～4米，河槽摆动频繁，沿程无支流汇入。近湖滨段有沼泽湿地发育，并有多处泉眼出露。

流域主要植被类型属高山针茅草原，仅一些泉水出露区域及湖滨沼泽湿地地区有少量牧民从事畜牧业生产活动。

10.3.54　令戈错
（Linggecuo Lake）

又名东湖，位于西藏自治区尼玛县双湖特别区境内，地理位置为东经88°32′～88°38′，北纬33°47′～33°55′。湖面高程5 051米时，湖长15.3千米，最大宽8.1千米，平均宽6.3米，面积95.6平方千米。湖泊呈北东—南西走向，岸线较为平整，湖周长45.6米，属硫酸钠亚型内陆淡水湖泊。

湖泊地处藏北高原北部普若岗日雪山以西、强仁温杂日山与希杂日山之间的一断陷盆地内，系构造湖。流域西接**龙尾湖**水系，北邻**半岛湖**及**万安湖**入湖河流的源头支流，南与**达尔沃错**温流域交界，东界是著名的普若岗日雪山。流域面

积 1 856 平方千米。湖区地形比较封闭，四周低山丘陵（相对高程 100～300 米）环绕，湖滨带狭窄。其中湖北、西、南侧湖岸距流域分界线一般仅 5～10 千米。现湖滨分布的许多封闭湖塘及沼泽湿地，均是昔日古湖泊退缩后的残留水体。

流域属高原亚寒带羌塘半干旱气候区，多年平均年降水量约 170 毫米，多年平均气温约 -6 摄氏度。降水及冰雪融水是湖水补给的主要来源。入湖大小河流有 15～16 条，但多为河长不足 10 米的时令河。最大的入湖河流是湖泊东侧源于普若岗日雪山西麓的无名河，河长 44 千米（其中长年河段 15 千米）；中上游水系较发育，流域面积达 1 450 平方千米，约占全湖流域总面积的 78%；河源区冰雪覆盖面积达 32 平方千米，冰融水补给丰富。湖水矿化度 0.990 克每升，pH 值为 8.5，属硫酸钠亚型淡水湖泊。

流域内地表砂砾裸露，植被稀疏，植被主要类型为青藏苔草草原，野生动物主要有野牦牛、藏羚羊、野驴、黑唇鼠兔等；鸟类有西藏毛腿沙鸡、棕背雪鸡、红眉朱雀以及斑头雁、黑颈鹤等。

10.3.55　白滩湖
（Baitan Lake）

位于西藏自治区北部尼玛县双湖特别区境内，北距**多格错仁**直线距离仅 7 千米，属内陆卤水盐湖，地理位置为东经 88°35′、北纬 34°33′。湖面高程 4 811 米时，相应湖长 11.7 千米，最大宽 2.5 千米，平均宽 1.34 千米，面积 15.7 平方千米。湖体由 3 个子湖呈串珠状组成，其间以宽 100～200 米的水道相连通。湖泊岸线曲折，多半岛、湖湾，岸线长 35 千米。湖中有岛屿 6 座，其中最大的面积 0.18 平方千米，其余均在 0.05 平方千米以下。

白滩湖地处藏北高原东北部，坐落在冬布勒山与强仁温杂日山之间的断陷盆地内，湖泊四周地势起伏和缓，为低矮的冈陵或孤丘，相对高差一般不超过 100 米。丘间洼地多残迹小湖。流域内计有 120 余个，其中最大者为旋山湖，面积 0.7 平方千米。入湖河口区有小片砂砾滩地发育。

湖区属高原亚寒带羌塘半干旱气候，多年平均气温 -6 摄氏度左右，多年平均年降水量 150～200 毫米。流域面积 554 平方千米。入湖河流共有 7 条，以西南岸入湖的一无名河最大，河长 14 千米，源头有 11 眼泉水补给；其余 6 条均为时令河。

湖周土壤贫瘠，植被以高山荒漠类垫状驼绒藜荒漠为主，野生动物有野牦牛、野驴、藏羚羊、黄羊、狐狸、猞猁及雪鸡等。湖区人迹罕至，交通闭塞。

10.3.56　万安湖
（Wan'an Lake）

位于西藏自治区北部尼玛县双湖特别区境内，北距**白滩湖**直线距离约 9 千米，属内陆卤水盐湖，地理位置为东经 88°34′、北纬 34°26′。湖泊呈北东—南西走向，湖面高程 4 916 米时，相应湖长 9.5 千米，最大宽 2.7 千米，平均度 1.09 千米，面积 10.4 平方千米。湖泊岸线曲折，岸线长 26 千米。

地处藏北高原北部强仁温杂日山北侧一小型山间盆地内。湖滨多为相对高度 100～230 米的低山丘陵环抱，地势起伏和缓，仅在湖西南、东南部地势相对开阔，并有小片砂质滩地发育。环湖南、东、北三面有 2 条与湖岸紧临而并行的古湖岸砂堤绵延分布，分别长 2.6 千米和 1.8 千米，成为揭示湖泊不断萎缩的重要佐证。

湖区属高原亚寒带羌塘半干旱气候，多年平均气温 -6 摄氏度左右，多年平均年降水量 150～200 毫米。流域面积 798 平方千米。入湖河流十分稀少，*向峰河*是唯一入湖河流。湖周土壤贫瘠，植被以高山荒漠类垫状驼绒藜荒漠为主，野生动物资源有野牦牛、野驴、藏羚羊、黄羊、狐狸、猞猁及雪鸡等。湖区人迹罕至，交通闭塞。

10.3.56.1　向峰河
（Xiangfeng River）

万安湖最大的入湖河流，位于湖区东南部，在西藏自治区北部尼玛县双湖特别区境内。流域介于东经 88°25′～88°54′和北纬 34°00′～34°25′之间。流域东与**多格错仁**水系相邻，南界强仁温杂日山分水岭，西与莱阳河（面积 1.3 平方千米）、**半岛湖**水系相接壤。河流源自强仁温杂日山北侧山区，源头高程约 5 400 米，河长 72 千米，落差 484 米；流域面积 712 平方千米。

流域内属高原亚寒带羌塘半干旱气候，严寒干燥，降水稀少，冬季漫长，年内无绝对无霜期，大风沙日频繁出现。河流补给以泉水为主，兼有季节性冰雪融水及降水。

干流总体由东南向西北曲折流淌。河源区水系略显树枝状，为时令河，6—9 月冰雪融水期间有径流产生。由源头下行约 9 千米，河流进入小片沼泽地，附近有 4 眼泉水汇入后，转为常年河，于万安湖西南隅入湖，河宽 5～6 米，水深 0.2～0.4 米；河床组成物质以砂砾为主。沿程计有 9 条支流汇入，多为短小的时令河，仅 1 条支流为常年河；右岸 4 条支流全系短小的时令河。沿河两岸土壤贫瘠，景观单调。

流域植被在上游为稀疏高山紫花针茅和青藏苔草草原类型，下游段以高山荒漠类垫状驼绒藜荒漠类型为主，野生动物有野牦牛、野驴、藏羚羊、黄羊及雪鸡等。流域内人迹罕至，交通闭塞。

10.3.57　琼浆湖
（Qiongjiang Lake）

位于西藏自治区尼玛县双湖特别区境内，属内陆咸水湖泊，东与**玉液湖**相近，西与**美菊湖**为邻，地理位置为东经 88°30′、北纬 36°02′。湖面高程 4 850 米时，湖长 10.5 千米，最大宽 2.3 千米，平均宽 1.73 千米，面积 18.2 平方千米。湖岸线曲折，长 30 千米。湖中有 2 座小岛，面积在 0.02～0.04 平方千米之间。

琼浆湖地处藏北高原北部，坐落在昆仑山与可可西里山之间的断陷盆地内。滨湖东、南部为宽阔的洪积—冲积平原，北、西部为低缓残丘，丘间洼地多残迹小湖或沼泽。

湖区处于高原亚寒羌塘带半干旱气候向高原寒带昆仑干旱气候过渡带，多年平均气温 -6 摄氏度，多年平均年降水量 100 毫米左右。流域面积 752 平方千米。湖水主要依赖湖周的 5 条时令河补给，其中最长者为 16 千米。

湖区植被以高山草原类青藏苔草草原为主，野生动物有藏羚羊、野牦牛、野驴、黄羊、盘羊、石羊、狐狸、猞猁等。湖区人迹罕至，交通闭塞。

10.3.58　半岛湖
（Bandao Lake）

因伸入西部湖体的一座陆连半岛而得名，位于西藏自治区尼玛县双湖特别区境内，地理位置为东经 88°24′～88°29′、北纬 34°08′～34°12′。湖面高程 4 914 米时，湖长 8.2 千米，最大宽5.4千米，平均宽3.6千米，面积29.2平方千米。湖岸较平整，湖周长度27.8千米，属内陆卤水盐湖。

半岛湖地处藏北高原北部普若岗日及强仁温杂日山西侧山间盆地内，构造成因。流域北、东接**万安湖**入湖河流**向峰河**，南邻**龙尾湖**、**令戈错**入湖河流源区，西侧是**纳克茶卡—琵琶湖**水系。流域面积1 209平方千米，湖泊补给系数为40.4。东西两侧湖滨带较狭窄，相对高程200～300米的强仁温杂日山、圆顶山山麓进距离湖边很近；南北两侧分别是平坦而开阔的盐碱砂砾质滩地，尤以南侧面积更大。湖周分布的最高古湖岸砂砾堤高程，即高出现湖面约16米；现湖泊东南及西北侧分布的10多个残留小湖、水塘，最大者约2平方千米，在第四纪大湖面时期，它们都同属古大湖湖体。

流域属高原亚寒带羌塘半干旱气候区，多年平均年降水量160毫米左右，多年平均气温约−7摄氏度。湖水主要由降水及地下水补给。较大的入湖河流有3条，集中在湖泊南岸，其中西边的称长虹河（红河），中间及东边的河流均为无名河。规模最大的是中间无名河，河长34千米，源于虹霞梁山南侧，上中游水系呈树枝状，但多为6—9月存在地表径流的时令河。西边的长虹河河长约30千米，源于虹霞梁山的北侧，中下游河道较平整，径流比较集中，近湖滨段河床宽约6米，水深约0.2米。

流域大部分地表砂砾裸露，植被覆盖稀疏，山区主要是垫状驼绒藜植被类型，湖区及河流中下游地区为青藏苔草草原；野生动物有野牦牛、藏羚羊、野驴、藏狐、黑唇鼠兔等，常见的鸟类有西藏毛腿沙鸡、棕背雪鸡以及斑头雁、黑颈鹤等。

10.3.59　北雷错
(Beileicuo Lake)

又名皮洛错，位于西藏自治区北部尼玛县双湖特别区境内，地理位置为东经88°26′、北纬32°56′，属内陆卤水盐湖，西与**朋彦错**相近。湖泊呈近似长靴形，作南北向延伸。湖面高程4 813米时，相应湖长7.2千米，最大湖宽4.6千米，平均宽3.03千米，面积21.8平方千米。湖东南部有一半岛伸入湖中，名皮洛拖，高出现湖面104米。湖泊岸线平滑顺直，周长22千米。湖之西北部有无名小岛1座，面积约0.02平方千米。

北雷错地处藏北高原腹地，坐落在唐古拉山西段一小型山间盆地内。湖泊东、西两侧为山地丘陵，地势陡峻；南北两侧地势相对开阔，为洪积—冲积平原。湖滨多为砂砾地所环绕。

湖区属高原亚寒带羌塘半干旱气候，严寒干燥，蒸发强烈，冬季漫长，年内几绝对无霜期，大风日较多。多年平均气温约−4摄氏度，多年平均年降水量约200毫米，年大风日逾200天。流域面积630平方千米，湖泊补给系数27.9。湖泊主要依赖泉水和地下渗流补给，无河川径流直接入湖。湖周有28眼山泉，单泉出水量大多1 800～2 880升每小时，最大泉眼出水量达32 400升每小时。湖水pH值9.0，矿化度130.361克每升，水化学类型为碳酸盐型（1976年）。湖水中钾含量较高，具开发利用价值。

湖区植被以针茅草原为主，夏季有牧民从事放牧生产。湖西南有乡级道路与县道相接，东北可直达双湖特别区驻地。

10.3.60　若拉错
(Ruolacuo Lake)

藏语意为"死尸湖"，在西藏自治区北部尼玛县双湖特别区境内。湖泊东北与**淡冰湖**毗邻，直线距离不足百米；西北与**双莲湖**相近，有水道直接连通。内陆终点卤水盐湖，地理位置为东经88°19′～88°25′，北纬35°22′～35°27′，呈近似铃形。湖面高程4 807米时，相应湖长10.8千米，最大宽8.4千米，平均宽5.38千米，面积57平方千米。湖岸线规则，岸线长32千米。

地处藏北高原北部、可可西里山西段山间盆地内。湖盆外围是相对高度100～150米的低山丘陵，边缘有大片沙丘和砂砾滩地。第四纪大湖面时期曾与淡冰湖、双莲湖为同一大湖，现与双莲湖之间以宽200米、长约1 000米的水道相连；与**淡冰湖**之间有一条长约4千米、宽100～300米的湖岸砂堤相隔，砂堤中段亦有小河通连。夏季高水位时，双莲湖、淡冰湖均有少量径流入注若拉错。故若拉错为内陆终点湖，其余两湖则为内陆吞吐湖泊。

湖属高原亚寒带羌塘半干旱气候，多年平均气温−6～−4摄氏度，多年平均年降水量100～150毫米。流域面积（含淡冰湖、双莲湖）3 471平方千米。直接入湖的河流除双莲湖、淡冰湖及水系外，尚有红泥河和5条短小时令河。红泥河河长29千米，源头为龙眼泉，高程4 903米，河宽4～7米。湖水pH值7.5，矿化度215.319克每升，属硫酸镁亚型卤水盐湖。湖水中钾含量较高，具开发利用价值。

湖区土壤贫瘠，以垫状驼绒藜荒漠植被类型为主，野生动物有野牦牛、野驴、藏羚羊、黄羊、狐狸、猞猁及雪鸡等。湖区人迹罕至，交通闭塞。

10.3.60.1　双莲湖
(Shuanglian Lake)

位于西藏自治区北部尼玛县双湖特别区境内，东南与**若拉错**紧临，有水道通连。内陆吞吐咸水湖泊，地理位置为东经88°18′、北纬35°30′。该湖由相对平行的南、北两湖体组成，中部为相对高度不足20米的冈地相隔，两湖体之间由长约300米、宽约100米的水道通连。湖面高程4 815米时，相应湖长8.1千米，最大宽2.2千米，平均宽1.43千米，面积11.6平方千米。湖泊岸线曲折多弯，岸线长31千米。

地处藏北高原北部、可可西里山脉西段山间盆地内。盆地外围为相对高度不足百米的低缓丘陵。双莲湖湖面比若拉错湖面高出8米，夏季高水位时期湖水泄入若拉错。

湖区属高原亚寒带羌塘半干旱气候，多年平均气温−5摄氏度左右，多年平均年降水量100～150毫米。流域面积1 091.6平方千米。湖水补给主要来自入湖河流的季节性冰雪融水和降水。主要入湖河流有**湃浪河**（时令河）、**烈马河**（时令河）。

湖区土壤贫瘠，植被稀疏，以高山荒漠类垫状驼绒藜为主，野生动物有野牦牛、野驴、藏羚羊、黄羊及雪鸡等。湖区人迹罕至，交通闭塞。

10.3.60.1.1　湃浪河
(Pailang River)

双莲湖最大入湖河流，时令河，在西藏自治区北部尼玛县双湖特别区境内。流域介于东经88°03′～88°38′和北纬35°29′～35°46′之间。流域北邻**仙鹤湖**、**玉琳湖**（面积5.2平方千米）水系，西与**雪景湖**流域接壤。

湃浪河源出可可西里雪山，源头海拔5 820米，河长81千米，落差465米；流域面积674平方千米。流域属高原亚寒带羌塘半干旱气候，河水补给主要为季节性冰雪融水为主，6—9月有径流产生。

湃浪河地处藏北高原北部，位于双莲湖区东北部，干流总体由北向南曲折流淌。上游段流经丘陵山区，水系发育呈扇形展布，河源区分3支，分别为东湃浪河（河长15千米）、西湃浪河（河长27千米）和北湃浪河，以北湃浪河为正源，河长39千米。3分支相继于小型山间盆地内交汇后，干流始称湃浪河。干流继而下行，左岸支流挥戈河（河长20千米）入注后出山口，进入下游冲积平原段，再无支流汇入，河道迂回蜿蜒，支汊分流显著，在近河口段流向呈半圆弧形转折，终在双莲湖南岸入湖，河口区发育有小型三角洲。

流域内土壤瘠薄，植被稀疏，上游段以青藏苔草草原为主，下游段以高山荒漠类垫状驼藜荒漠为主，野生动物有野牦牛、野驴、藏羚羊、黄羊、狐狸、猞猁、黑唇鼠兔及雪鸡等。流域内人迹罕至，交通闭塞。

10.3.60.1.2　烈马河
(Liema River)

双莲湖主要入湖河流之一，时令河，发源于玉帽山、狮子山一带的山区，源头海拔5 440米，河长54千米，落差633米，河床平均比降11.7‰；流域面积364平方千米，在西藏自治区北部尼玛县双湖特别区境内。流域介于东经87°53′~88°17′和北纬35°19′~35°31′之间。

流域属高原亚寒带羌塘半干旱气候，严寒干燥，降水稀少，长冬无夏，年内无绝对无霜期，大风沙日常有出现。多年平均气温−5摄氏度，多年平均年降水量100~150毫米。河水主要依赖季节性降水和冰雪融水补给，6—9月有径流产生。

干流总体由西向东蜿蜒流淌，于双莲湖西南隅湖湾入湖。流域呈狭长带状，水系甚不发育，支流为短小而稀疏的时令河，皆分布于上游山区河段。干流下游河段沿程地势开阔，为低缓残丘及冲积平原，河口区分布有连片砂砾地。

流域内土壤瘠薄，植被稀疏，植被类型以垫状驼绒藜荒漠为主，野生动物有野牦牛、野驴、藏羚羊、黄羊、狐狸、猞猁、黑唇鼠兔及雪鸡等。流域内人迹罕至，交通闭塞。

10.3.60.2　淡冰湖
(Danbing Lake)

在西藏自治区北部尼玛县双湖特别区境内，西南与**若拉错**最近距离仅百米左右，属内陆咸水湖泊，地理位置为东经88°27′、北纬35°27′。湖体长轴呈北东—南西向延伸，湖面高程4 810米时，相应湖长10.4千米，最大宽4.1千米，平均宽2.13千米，面积22.2平方千米。湖岸线长度32千米。

淡水湖地处藏北高原北部，坐落在可可西里山脉西段的山间盆地内。环湖地势开阔，南部为山前洪积—冲积平原，北和东北部为砂砾地，缓坡状起伏的砂丘随处可见。

湖区属高原亚寒带羌塘半干旱气候，多年平均气温约−5摄氏度，多年平均年降水量100~150毫米。流域面积902平方千米。湖泊水系不发育，入湖河流稀疏，**裕民河**为最大入湖时令河，径流主要为季节性降水和冰雪融水。湖水在夏季高水位时期经西南部的小河流入若拉错，为内陆吞吐湖泊。

湖区植被稀疏，土壤贫瘠，以高山荒漠类垫状驼绒藜荒漠为主，野生动物有野牦牛、野驴、藏羚羊、黄羊、狐狸、猞猁及雪鸡等。湖区人迹罕至，交通闭塞。

10.3.60.2.1　裕民河
(Yumin River)

淡冰湖最大的入湖河流，时令河，在西藏自治区北部尼玛县双湖特别区境内。流域介于东经88°29′~88°52′和北纬35°20′~35°45′之间，地处淡冰湖区的东北部。河长71千米，源于可可西里山脉西段南侧，源头高程5 240米，河源区上部有冰雪覆盖，落差430米；流域面积792平方千米。

全河可分为上、下游两个自然河段：上游为山地丘陵段，河长34千米，落差360米，河床平均比降10.6‰，总体为从北向南曲折流淌；下游为冲积平原段，河长37千米，落差70米，河床平均比降1.9‰，总体为东向西流流向。流域内支流稀疏，皆为时令河，最长者为左岸的甘水河，河长27千米。干流于淡冰湖的东部入湖，河口区为广袤的砂砾地貌景观。

流域植被在上游段以风毛菊、红景天等稀疏植被及青藏苔草草原类型为主，下游段则以高山荒漠类垫状驼绒藜为主，野生动物主要有野牦牛、野驴、藏羚羊、黄羊、狐狸、猞猁、黑唇鼠兔及雪鸡等。流域内人迹罕至，交通闭塞。

10.3.61　美菊湖
(Meiju Lake)

在西藏自治区尼玛县双湖特别区境内，属内陆咸水湖泊，地理位置为东经88°25′、北纬36°01′。湖面高程4 840米时，湖长10千米，最大宽2.6千米，平均宽1.34千米，湖泊面积13.4平方千米。湖岸线曲折，长29千米。

美菊湖地处藏北高原北部、昆仑山与可可西里山之间的次级断陷盆地内。由1个主湖和东部3个由狭窄通道相连的小湖组成。湖盆四周为低缓残丘和孤岭，地势起伏和缓，丘间凹地多有残迹小湖或沼泽分布，流域界线不明显。

湖属高原亚寒带羌塘半干旱气候区向高原寒带昆仑干旱气候过渡带，多年平均气温−6摄氏度，多年平均年降水量100毫米左右。流域面积570平方千米。湖水主要依赖玉琳湖（面积5.2平方千米）及其入湖的时令河利民河、沂水河补给。沂水河河长约46千米，源于可可西里山区；利民河河长28千米。

湖区植被以高山草原类青藏苔草和高山荒漠类垫状驼绒藜为主，野生动物有野牦牛、野驴、藏羚羊、黄羊、盘羊、石羊、狐狸、猞猁等。湖区人迹罕至，交通闭塞。

10.3.62　长颈湖
(Changjing Lake)

因湖泊形似牛角而得，在西藏自治区尼玛县双湖特别区北部，地理位置为东经88°24′、北纬35°04′，属内陆卤水盐湖。湖面高程4 900米时，相应湖泊南北长6千米，东西最大湖宽2.4千米，平均宽1.83千米，面积11.0平方千米。

湖区东南部地势开阔，多盐碱滩和砂砾地，其余方位为低山丘陵环绕，相对高程约100~200米。

湖区属高原亚寒带羌塘半干旱气候，严寒干燥，降水稀少，蒸发强烈，日照充裕，多风沙天气；多年平均气温约−4摄氏度，多年平均年降水量约150毫米，年大风沙日超过200天。无常年性河流入湖，湖水主要依赖地下潜流及冰雪融水补给。湖水pH值7.1，矿化度90.249克每升，为硫酸镁亚型卤水盐湖。

湖区植被很不发育，属高原荒漠，偶见垫状驼绒藜等生长。湖区交通不便，人迹罕至。

10.3.63　恰尔嘎木错
(Qiaergamucuo Lake)

又名恰岗错，属构造湖，在西藏自治区尼玛县双湖特别

区境内,西距**孔孔茶卡**约 15 千米。内陆卤水盐湖,地理位置为东经 88°24′、北纬 33°14′。湖面高程 4 750 米时,相应湖长 8 千米,最大宽 4.1 千米,平均宽 2.63 千米,面积 21 平方千米。湖岸稍曲折,岸线长 26 千米。

地处藏北高原北部、唐古拉山脉北侧的断陷盆地内。该湖与孔孔茶卡在第四纪大湖面时期为同一大湖,演变成为各自独立的"姐妹"湖。湖周的沼泽湿地及残留小湖均是湖泊退缩的重要标志。

湖区属高原亚寒带羌塘半干旱气候,多年平均气温-6 摄氏度,多年平均年降水量 150～200 毫米。流域面积 1 037 平方千米。湖水主要依赖地表径流补给,入湖河流共有 12 条,其中时令河 4 条。以齐陇乌如河最长,河长 41 千米,其余均在 30 千米以下。湖水矿化度 183.544 克每升,属硫酸钠亚型盐湖。

湖周植被以高山草原为主,紫花针茅为优势种类,野生动物有野牦牛、野驴、藏羚羊、黄羊及雪鸡等。湖西玛威荣那为嘎措乡政府驻地,东南有简易公路通尼玛县双湖特别区政府驻地。

10.3.64 玉盘湖
(Yupan Lake)

因湖呈圆盘形而得名,在西藏自治区北部尼玛县双湖特别区境内,属内陆咸水湖泊,地理位置为东经 88°23′、北纬 34°55′。湖面高程 4 892 米时,相应湖长 5.2 千米,最大宽 3.9 千米,平均宽 2.96 千米,水面面积 15.4 平方千米。湖岸线平整规则,湖周长 15.5 千米。

该湖地处藏北高原北部,坐落在可可西里山支脉冬布勒山南麓一山间盆地内。湖西紧临铁青山,其他方位为冈坡地及冲积平原。

湖区属高原亚寒带羌塘半干旱气候,多年平均气温-6 摄氏度,多年平均年降水量 100～150 毫米。流域面积 511 平方千米。湖东北有一条无名河入湖,河长 29 千米,发源于冬布勒山南侧,河源区有 2 眼泉水入注,在离湖东岸 6 千米处潜入地下,以地下水形式补给湖泊。湖水 pH 值 7.3,矿化度 19.612 克每升,属硫酸镁亚型咸水湖泊。

湖区植被以青藏苔草草原类型为主,野生动物有野牦牛、野驴、藏羚羊、黄羊、狐狸、猞猁及雪鸡等。湖区人迹罕至,交通闭塞。

10.3.65 龙尾湖
(Longwei Lake)

因湖西北侧上游方向有望龙山、长龙山而得名,位于西藏自治区尼玛县双湖特别区境内,地理位置为东经 88°15′～88°22′,北纬 33°50′～33°54′。湖面高程 4 924 米时,湖长 10.2 千米,最大宽 8.3 千米,平均宽 4.3 千米,面积 43.8 平方千米。湖体略呈马鞍形,岸线较平整,湖周长 34.2 千米。湖水 pH 值 8.0,矿化度仅 2.1 克每升,属碳酸盐型微咸水湖泊。

湖区地处希扎日山与强仁温杂日山之间的断陷盆地内,系构造湖。流域北接**半岛湖**水系;东邻**令戈错**水系;西侧是**饮龙湖**流域;南与**阿木错**入湖河流交界。流域面积 1 088 平方千米。湖盆较封闭,东侧、北侧砂砾质湖滩地面积较大,相对开阔;其余方位相对高程 300～400 米的低山山麓线紧靠湖岸,滨岸带较狭窄。湖体东部及北部发育有两条近似陆连半岛状狭长形浪蚀沙堤,堤宽 30～50 米,分别长 3.7 千米和

2.5 千米,高出湖面仅数十厘米,被隔的局部水体目前仍与大湖面通连,若进一步发展延伸,可致被隔水体与大湖分离。

流域多年平均年降水量约 160 毫米,多年平均气温约-7 摄氏度,属高原亚寒带羌塘半干旱气候。湖水主要由降水和地下水补给,湖体西南隅为主要集水区。西岸汇入的黑石河是最大入湖河流,河长 34 千米,源头高程 5 652 米。上游分两支:北支为正源,补给量相对比较充沛;南支源区沟溪众多,但仅夏季有少量地表径流。下游河段穿行于山地峡谷之间,河道平整,无支流汇入。河流入湖前发育有较大面积的砂砾质三角洲倾斜平原。

流域大部分地区砂砾裸露,植被覆盖率很低,山区主要是风毛菊、红景天垫状稀疏植被类型,平原及湖滨地区则为青藏苔草草原,基本为无人区;常见野生哺乳动物有野牦牛、藏羚羊、野驴、藏狐、黑唇鼠兔等;鸟类有西藏毛腿沙鸡、棕背雪鸡、红眉朱雀等,在水草条件较好地区偶然见有斑头雁、黑颈鹤。

10.3.66 孔错
(Kongcuo Lake)

在西藏自治区申扎县境西南部,北距**格仁错**约 16 千米,地理位置为东经 88°21′、北纬 30°50′,属内陆咸水湖泊。湖略呈长靴状,湖面高程 4 882 米时,湖泊东西长 5.5 千米,南北最大宽 2.6 千米,平均宽 2.13 千米,面积 11.7 平方千米。湖泊岸线平直而规则,岸线长 20 千米,岸线发展系数 1.65。湖的西部有无名小岛 1 座,面积约 0.01 平方千米。

孔错地处藏北高原东部,坐落在冈底斯山脉申扎杰岗日山地西北坡之山间盆地内。流域四周群山环绕,海拔 5 100～5 200 米,山体直抵湖滨,湖岸陡峭,唯东南滨湖一隅地势略较开阔,为冲积平原。

湖区属高原亚寒带羌塘半干旱气候,寒冷干燥,降水稀少,昼夜温差大,风沙日出现频繁。多年平均气温约 0.4 摄氏度,多年平均年降水量 200～300 毫米,年 8 级以上大风日数达 100 天以上。湖泊流域面积 82 平方千米。无入湖河流,湖水补给以地下径流为主。

湖区天然植被为高山草甸,主要种类有小嵩草、矮生嵩草、紫花针茅、异针茅等。湖区交通不便。

10.3.67 赛布错
(Saibucuo Lake)

又名狮湖错,位于西藏自治区尼玛县双湖特别区境内,地理位置为东经 88°09′～88°17′,北纬 31°58′～32°02′。湖面高程 4 516 米时,湖泊长 13.2 千米,最大宽 6.7 千米,平均宽 4.8 千米,面积 62.7 平方千米。湖泊长轴呈东南走向,湖岸较规则,湖周长 41.6 千米。

湖泊地处班公-东巧东西向深大断裂构造带内,系构造湖。流域北接**诺尔玛错**水系,东临**纳江错**、**崩则错**入湖河流,西与**甲热布错**、祝曲错(面积 2 平方千米)相邻,南面是**恰规错**及**吴如错**。流域面积 2 123 平方千米。湖周地形开阔,除北部湖滨分布大面积沼泽湿地外,余均为砂砾质湖滩地。

流域属高原亚寒带羌塘半干旱气候区,多年平均年降水量约 200 毫米,多年平均气温-1 摄氏度左右。湖水以地下水和降水补给为主。入湖的大小河流共 14～15 条,较大的都集中在湖体北侧,其共同特点是中上游都有经常性的河川地表径流,出山口进入洪积—冲积平原后,几乎均渗入地下,并以地下水形式补给湖泊。所以,在湖滨洪积扇扇缘附近(一

赛布错

般距湖岸2～3千米处）有许多泉眼或泉水溢出带分布。

最大的入湖河流是巴日哇曲岗，源头及众多支流几乎都由泉水补给所形成。该河上中游有经常性河川地表径流的河段长约40千米，北南流向，出山口前河宽约2米，水深0.2米；出山口后，经12千米的潜流后，于距湖岸2千米处出露，复以地表水形式经沼泽区汇入湖泊。从北岸入湖的河流还有达日者陇岗，上中游长约25千米，下游潜流部分长约18千米；日阿赛陇岗，上中游河道长约20千米，下游潜流部分长约18千米；果别曲岗，上中流长约15千米，下游潜流部分长约18千米；阿崩曲，上游河长约12千米，下游潜流部分长约10千米等。其他湖岸入湖的河流都是河长15千米以下的时令小河。

据1976年资料，湖水矿化度14.627克每升，pH值9.5，属碳酸盐型内陆咸水湖泊。全流域分布大小泉眼近90处，尤以湖滨地区较为集中。

湖周洪积—冲积平原上主要植被类型为高山紫花针茅草原，长势较好；黑阿公路从南部湖滨直通尼玛县政府驻地。湖区牧民以牧养牦牛、绵羊、山羊等牲畜为生，湖周的措折罗玛镇（原尼玛镇）、申亚地吾（克巴塔查）等为主要牧居点。

10.3.68　太苦湖
（Taiku Lake）

在西藏自治区北部尼玛县双湖特别区辖内，属内陆咸水湖泊，地理位置为东经88°17′、北纬34°53′。太苦湖东与玉盘湖为邻，两湖间直线距离约5千米。湖呈"楔形"，作北东—南西向延伸，湖面高程4982米时，相应湖泊面积20平方千米。现存卤水面积4.7平方千米，相应湖长4.1千米，平均宽1.1千米；岸线平整，长10.5千米。

该湖地处藏北高原北部，坐落在可可西里山脉西段支脉冬布勒山南麓一山间盆地内，盆地外围为低山丘陵环绕，地势起伏和缓，相对高度200～300米；滨湖地势开阔，多为盐碱砂滩。

湖区属高原亚寒带羌塘半干旱气候，寒冷干燥，多年平均气温约－6摄氏度，多年平均年降水量约100～150毫米。流域面积532平方千米。无常年性河川径流入湖，湖水主要依赖季节性冰雪融水及地下水补给。湖水pH值7.2，矿化度45.1克每升，属氯化物型咸水湖。

湖区植被以高山草原类青藏苔草草原为主，野生动物主要有野牦牛、野驴、藏羚羊、黄羊、狐狸等。湖区人迹罕至，交通闭塞。

10.3.69　雪梅湖
（Xuemei Lake）

在西藏自治区尼玛县双湖特别区境内，北距新疆维吾尔自治区若羌县境16千米，属内陆咸水湖泊，地理位置为东经88°16′、北纬36°17′。湖泊长轴呈北东—南西向延伸，湖面高程4878米时，相应湖长9.9千米，最大宽4.7千米，平均宽3.38千米，面积33.5平方千米。湖岸线除东北部比较曲折外，其余方位均较为平整，长35千米。

该湖地处藏北高原北部，坐落在昆仑山南坡断陷盆地内。滨湖北、东部为洪积—冲积平原；南、西部为低缓残丘，丘间凹地多小型残迹湖。

湖区属高原寒带昆仑干旱气候，多年平均气温－4～－2摄氏度，多年平均年降水量75～100毫米。流域面积1455平方千米。湖水主要依赖湖东纳上游时令河来水的展翅湖（面积4平方千米）补给。此外，湖北、西北有5条源于昆仑山南坡的时令河，出山口后即潜入地下，以地下水形式补给湖泊。

湖周植被以高山草原类青藏苔草草原为主，仅在湖南部为高山荒漠类垫状驼绒藜，野生动物有藏羚羊、野牦牛、野驴、黄羊、盘羊、岩羊、狐狸、猞猁等。湖区人迹罕至，交通闭塞。

10.3.70　朋彦错
（Pengyancuo Lake）

藏语意为"毛驴猞猁湖"，在西藏自治区尼玛县双湖特别区境西南部，地理位置为东经88°12′、北纬32°54′，属内陆盐湖。湖泊大体呈菱形，长轴作东西向延伸。湖面高程4722米时，相应湖长12.6千米，最大宽6.5千米，平均宽3.87千米，面积48.8平方千米。湖泊岸线较为平滑规则，岸线周长35千米。湖泊西部有1座无名小岛，面积约0.01平方千米。

朋彦错地处藏北高原腹地，坐落在西唐古拉山的山间盆地内。盆地外围低山丘陵环抱；近湖区北部为坡积、洪积砂砾地，其他方位为冲积、洪积、湖积砂砾地及盐碱滩。湖滨有多级古湖岸砂堤分布，其中东部有2条长约5千米、呈南北向平行延伸的古湖岸砂堤将该湖与东侧的东朋彦错（咸水湖，面积3.9平方千米）相隔离。

湖区属高原亚寒带羌塘半干旱气候，严寒干燥，降水稀少，蒸发强烈，冬季漫长而无夏，大风日出现频繁，多年平均气温－4摄氏度左右；多年平均年降水量约200毫米，年大风日逾200天。流域面积1520平方千米。湖泊主要依赖泉水径流补给，流域内出露泉眼达90余处，汇成大小入湖泉集小河11条，其中除西南部有2条泉溪直接入湖外，其余均以潜流形式补给湖泊。为固液相并存的硼砂—芒硝—石盐沉积盐湖。湖表卤水主要分布于湖区西南部，面积约40平方千米，水深0.2～1.0米，最大水深3米以上。pH值8.9，矿化度332.864克每升，属硫酸镁亚型盐湖。

湖区植被以针茅草原为主，湖泊四周水源较丰，水草相对茂盛，每年夏季吸引不少牧民来此放牧，也是野牦牛、野驴、藏羚羊、黄羊、岩羊等野生动物繁衍栖息的良好场所。滨湖北部有乡级道路东西穿过，东与县级道路相接，可直达尼玛县双湖特别区政府驻地。

10.3.71　银波湖
（Yinbo Lake）

在西藏自治区北部尼玛县双湖特别区境内，属内陆咸水湖泊，地理位置为东经88°09′、北纬36°11′。湖面高程4891米时，湖长9.4千米，最大宽5.5千米，平均宽3.23千米，面积30.4平方千米。除东南部湖岸线稍曲折外，其余方位湖岸线平整，岸线长29千米。

该湖地处藏北高原北部的昆仑山与可可西里山之间的断陷盆地内。盆地四周为高出湖面100～200米的低缓冈丘环绕。滨湖地势低缓，小型残迹湖星罗棋布，面积大的1平方千米左右，小的多数为0.01～0.02平方千米。

湖区属高原寒带昆仑干旱气候，多年平均气温约-4摄氏度，多年平均年降水量约100毫米。流域面积880平方千米。入湖河流稀疏，湖水补给主要来自湖区西北部的雪源河，每年6—9月有冰雪融水径流入湖。

湖周植被以高山荒漠类垫状驼绒藜荒漠为主，野生动物有藏羚羊、野牦牛、野驴、黄羊、盘羊、岩羊、狐狸、猞猁、狼及雪鸡等。湖区人迹罕至，交通闭塞。

10.3.72 诺尔玛错
(Nuoermacuo Lake)

又名脑日错、罗尔湖，位于西藏自治区尼玛县双湖特别区境内，地理位置为东经87°58′～88°06′，北纬32°19′～32°27′。湖面高程4 695米时，湖泊长16.6千米，最大宽5.7千米，平均宽4.1千米，面积68.1平方千米。湖泊呈北东—南西向近长方形展布，湖岸较规则，湖周长度43千米，属碳酸盐型内陆咸水湖泊。

该湖地处木嘎岗日与西唐古拉山的山间盆地内，其南侧是东西走向的班公-东巧深大断裂构造带。流域东部及东南部与**赛布错**水系相邻，西北、西及西南分别是**拔度错**（帕度错）及**甲热布错**流域，北侧为**朋彦错**入湖河流；流域面积1 368.0平方千米。湖区地势比较封闭，其中湖东、南、西三侧相对高程500～600米山地距湖边仅5～10千米，只有北部湖滨是相对开阔的砂砾质洪积—湖积平原。西侧湖滨双湖特别区至尼玛县政府驻地的南北公路原是一条平行于湖岸的古湖砂砾堤，其坚固、平整程度胜于人工修造。湖滨基本无白色盐碱滩分布。诺尔玛错西南7～8千米处的昌玛错（面积4平方千米）是古大湖湖面下降后的残迹湖，目前与诺尔玛错水系仍然相通。两湖之间的大片沼泽湿地及数十个残留水塘湖汊即是湖泊退缩之佐证。

流域属高原亚寒带羌塘半干旱气候，多年平均年降水量不足200毫米，多年平均气温-3摄氏度左右。湖水主要由降水、冰雪融水及地下水补给，入湖大小河溪10余条，主要集中在湖泊西侧、西南侧，少数分布在东北侧。最大入湖河流是南岸的查叁曲，河长约32千米，源于木嘎岗日雪山冰雪覆盖区，源区冰川积雪面积有10余平方千米。河流先西东流向，与昌玛错东北出水口汇合后改北东流向。其余较大入湖河溪的共同特点：河溪均源流短小，长度多在10～20千米间；上游一般均有经常性的地表径流，但出山口后多潜入地下；湖西岸河溪多由降水和冰雪融水补给，而东北岸的河溪则多由地下水补给。

据1980年资料，湖水矿化度35.420克每升，pH值9.6，属偏碱性碳酸盐型咸水湖泊。

流域主要植被类型为高山针茅草原，湖泊南部及西岸滨湖地区水草比较丰富，交通较方便，许多地方已成为良好的夏季牧场。

10.3.73 孔孔茶卡
(Kongkongchaka Salt Lake)

藏语意为"孔洞盐湖"，在西藏自治区北部尼玛县双湖特别区境内，东与**恰尔嘎木错**相近，地理位置为东经88°06′、北纬33°10′。湖泊呈东西向延伸，湖面高程4 771米时，相应湖长12.6千米，最大宽6.4千米，平均宽3千米，面积37.7平方千米。

孔孔茶卡地处藏北高原腹地，坐落在唐古拉山西段北侧的断陷盆地内。第四纪大湖面时期与东面的恰尔嘎木错为同一古湖泊，现湖周遍布的10多个残留小湖及成片的沼泽湿地即为古湖泊退缩的重要佐证。湖泊四周地势较平缓，湖面可区分为东、西两大湖区，东区已演变为干盐湖，主要沉积石盐、白云石、方解石及文石等矿床；西区为卤水盐湖。

湖区属高原亚寒带羌塘半干旱气候，多年平均气温-6摄氏度，多年平均年降水量150～200毫米。流域面积1 617平方千米。湖水主要依赖湖周泉水汇集的河流补给，湖滨有泉眼50余处。入湖河流共有11条，其中以桑勒玛加陇洼为最长，河长23千米；其次为赛松洛子河，河长21.5千米。湖水pH值7.4，矿化度332.841克每升，属硫酸钠亚型盐湖。

湖周植被以高山草原为主，紫花针茅为组成植被的优势种类，野生动物有野牦牛、野驴、藏羚羊、黄羊及雪鸡等，北部有简易公路通尼玛县双湖特别区政府驻地。

10.3.74 仙鹤湖
(Xianhe Lake)

在西藏自治区北部尼玛县双湖特别区境内，属内陆咸水湖泊，地理位置为东经88°05′、北纬36°00′。湖面高程4 835米时，相应湖长9.9千米，最大宽5.3千米，平均宽3.37千米，面积33.4平方千米。湖泊岸线较为平整，湖岸线长28千米。

该湖地处藏北高原北部，坐落于可可西里山脉西段北坡断陷盆地内。滨湖南北两侧分布低山丘陵，地势起伏较大；东西两侧为冲积平原，地势开阔。入湖的时令河河口段有沼泽发育，丘间凹地并有众多残迹小湖。

湖区属高原寒带昆仑干旱气候，多年平均气温-4～-2摄氏度，多年平均年降水量约100毫米。流域面积1 393平方千米。湖水主要依赖**狭床河**、沛水河和沙塘河3条时令河补给，其中以狭床河为最大，河长80千米。湖水pH值8.3，矿化度8.218克每升，属硫酸镁亚型咸水湖泊。

湖周植被北部以青藏苔草草原为主，南部则以垫状驼绒藜荒漠为主，野生动物有藏羚羊、野牦牛、野驴、黄羊、盘羊、岩羊、狐狸、猞猁、狼及雪鸡等。湖区人迹罕至，交通闭塞。

10.3.74.1 狭床河
(Xiachuang River)

仙鹤湖最大的入湖河流，时令河，发源于昆仑山脉南侧常年冰雪覆盖区，源头高程6 047米。流域面积660平方千米，河长80千米，自然总落差1 212米。流域介于东经87°35′～88°12′和北纬36°00′～36°17′之间，位于西藏自治区尼玛县双湖特别区境内。

流域东、北与**美菊湖**和**银波湖**流域为邻，西、南与澄雪湖（面积1.2平方千米）和水乡湖（面积6平方千米）流域接界。河源区有冰雪覆盖面积约24平方千米，6—9月冰雪融水径流比较丰沛。

河流自源出后，总体从西北向东南流淌。上游为高山深谷段，依山谷走势先由北而南流，始称雪源河，沿程汇入的支流均为短小时令性山溪。出山谷口，干流进入下游宽谷与冲积平原段，折而向东在穿过万清湖（面积约1平方千米）后方称狭床河，继而下行于仙鹤湖西北隅入湖。沿河两岸小型残迹湖星罗棋布，河口区并发育有连片沼泽湿地。

流域内植被以高山荒漠类垫状驼绒藜荒漠为主，常见有藏羚羊、野牦牛、野驴、黄羊等野生动物出没。流域内人迹罕至，交通较为闭塞。

10.3.75 映天湖
(Yingtian Lake)

位于西藏自治区北部尼玛县双湖特别区境内，东北距托把湖约100米，西南距**浩波湖**约1.1千米，内陆盐湖，地理位置为东经88°04′，北纬34°26′。湖泊呈北东—南西走向，湖面高程4 824米时，相应湖泊长5.7千米，最大宽4.4千米，平均宽2.5千米，面积14.4平方千米。湖岸线较平整，岸线长16千米，岸线发展系数1.19。

映天湖地处藏北高原北部，与浩波湖、托把湖（面积5.3平方千米）同处于第四系沉积盆地内，大湖面时期，三湖曾为同一湖体。目前湖泊的补给来源较少，致使湖面比浩波湖、托把湖低。湖盆外围为相对高度100～250米的低山丘陵，湖滨多砂砾地。

湖区属高原亚寒带羌塘半干旱气候，多年平均气温－6摄氏度，多年平均年降水量150～200毫米。流域面积494平方千米（包括近在咫尺的托把湖）。湖周的3眼泉水是湖水的重要补给来源。此外，距湖东约3千米的弯弓沟（时令河）夏季（6—9月）有少量河水以地下水形式补给湖泊。

湖周植被北部以青藏苔草草原为主，南部则以高山荒漠类垫状驼绒藜荒漠为主，野生动物有野牦牛、野驴、藏羚羊、黄羊、狐狸、猞猁及雪鸡等。湖区人迹罕至，交通闭塞。

10.3.76 雪环湖
(Xuehuan Lake)

在西藏自治区北部尼玛县双湖特别区境内，属内陆咸水湖泊，地理位置为东经88°03′、北纬35°01′。湖呈椭圆形，长轴作南北向伸展，湖面高程4 811米时，相应湖长11.0千米，最大宽5.5千米，平均宽3.69千米，面积40.6平方千米。湖泊岸线较圆滑规则，长29千米。

地处藏北高原腹地，坐落在冬布勒山西侧一山间盆地内。湖南北滨岸地势开阔，为洪积—冲积平原，有小片砂砾地；东西两侧为相对高度70～200米的低山丘陵，地势起伏和缓。

湖区属高原亚寒带羌塘半干旱气候，多年平均气温－6摄氏度，多年平均年降水量100～150毫米。流域面积1 680平方千米。入湖河流主要集中于西南岸，其中以**汇水河**为最长，其次为两条泉集小溪，长度分别为8.2千米和3千米。在汇水河谷两岸分布的小型残迹湖泊多达60余个，除靴子湖等3个面积大于0.1平方千米的湖泊外，其余湖面积均在0.1平方千米以下。

湖区植被除南部为垫状驼绒藜荒漠外，其他地区为青藏苔草草原类型，青藏苔草、羽柱针茅为优势种类，野生动物有野牦牛、野驴、藏羚羊、黄羊、狐狸、猞猁及雪鸡等。湖区人迹罕至，交通不便。

10.3.76.1 汇水河
(Huishui River)

雪环湖入湖河流，位于西藏自治区北部尼玛县双湖特别区境内，介于东经87°34′～88°02′和北纬34°44′～34°59′之间。流域北部分水界为红土山，西与双嘴湖（时令湖，面积2平方千米）流域毗邻，南部分水岭为北陡黑山。

河长56千米，发源于北陡黑山西脉，源头高程约5 345米，由西南向东北曲折流淌，流域面积760平方千米，落差534米，河床平均比降9.5‰。

源头至三角湖北约2千米处为上游时令河段，长37千米，落差467米，河床平均比降12.6‰，河水补给以季节性冰雪融水为主，6—9月径流较丰。上游沿程有6条时令河入注，其中较大者有右岸的南岔河（河长19千米）及左岸实水沟（河长13千米）。时令河段尾端以下为下游常年性河段，河长19千米，落差67米，河床平均比降3.5‰，下游前段右侧有一泉集小溪（长约5千米）入注；汇口段河宽18～19米，水深0.4～0.5米，沿程地势开阔平坦，多汊流。在雪环湖之南岸入湖，河口区发育有小型三角洲。

流域内植被主要为青藏苔草草原类型，仅在入湖前局部地区为垫状驼绒藜荒漠类型，野生动物有野牦牛、野驴、藏羚羊、黄羊、狐狸、猞猁及雪鸡等。

10.3.77 饮龙湖
(Yinlong Lake)

因湖东北分水岭龙首山、长龙山而得名，位于西藏自治区尼玛县双湖特别区境内，地理位置为东经88°02′、北纬33°55′。湖面高程5 085.0米时，湖长4.9千米，最大宽2.8千米，平均宽2.2千米，面积10.7平方千米。湖泊呈北西—南东向展布，湖周长13.8千米，属内陆卤水盐湖。

湖泊地处那底岗日雪山北侧山间断陷盆地内，内陆构造湖。流域东、南接**龙尾湖**入湖河流，西邻**琵琶湖**水系，北部分水岭龙首山与**半岛湖**流域交界。流域面积323平方千米。湖区除西北侧地势较开阔外，余均被相对高程300～400米的山地所包围，山前冲积—洪积扇砂砾质台地近湖岸分布，滨湖带比较狭窄。

湖区属高原亚寒带羌塘半干旱气候区，流域多年平均年降水量约160毫米，多年平均气温－7摄氏度左右。湖水补给主要是降水及地下水。周围山地发育的几条时令小溪（长度均在10千米以内）以地下水形式补给湖泊，无直接入湖的河流。

流域植被覆盖率很低，山区主要是风毛菊、红景天垫状植被类型，平原及湖滨地区则为青藏苔草草原，常见的野生动物主要有野牦牛、藏羚羊、野驴等。

10.3.78 浩波湖
(Haobo Lake)

位于西藏自治区尼玛县双湖特别区境内，东距**映天湖**约1.1千米，属内陆卤水盐湖，地理位置为东经88°00′、北纬34°24′。湖泊呈北东—南西走向，湖面高程4 831米时，相应湖长5.9千米，最大宽4.4千米，平均宽2.5千米，面积15平方千米。湖泊岸线平整，长15.5千米。

浩波湖地处藏北高原北部，坐落在确旦日山与ძ仁温杂日山之间的断陷盆地内。第四纪大湖面时期，它与相邻的映天湖等曾为同一大湖。环湖为相对高度200～350米的低山丘陵围绕，山丘浑圆，起伏和缓，滨岸多盐碱砂砾地。

湖区属高原亚寒带羌塘半干旱气候，多年平均气温－6摄氏度，多年平均年降水量150～200毫米。流域面积685平方千米。湖水补给以泉水为主，流域内共有泉眼10余处，形成5条泉集小溪入湖，其中最长者为蛤蟆泉、藕山泉形成的泉溪，长约4.5千米，于湖西岸入湖。

湖区植被北部以青藏苔草草原为主，南部则是高山荒漠类垫状驼绒藜荒漠，野生动物有野牦牛、野驴、藏羚羊、黄羊、狐狸、猞猁及雪鸡等。湖区人迹罕至，交通闭塞。

10.3.79 拔度错
(Baducuo Lake)

又名帕度错，位于西藏自治区北部尼玛县双湖特别区境西南隅，地理位置为东经87°46′～87°54′，北纬32°44′～32°51′，属内陆淡水湖泊。湖泊呈长茄形，作东北—西南向延伸。湖面高程4750米时，相应湖长15.6千米，最大宽6.7千米，平均宽3.81千米，面积59.5平方千米。湖泊岸线较为规则顺直，岸线周长47千米。湖西南部有一座无名小岛，面积约0.01平方千米；东北部有一南北向延伸的砂埂，名拔度错拔，长约2千米，埂面高程4762米，高出现湖面12米。

拔度错地处藏北高原腹地，坐落在一山间盆地内。盆地外围为桑孜则扎俄山和木嘎岗日山所环绕，滨湖地势相对开阔，系冲积—洪积砂砾地及沼泽。东部和北部滨岸带分布有7道古湖岸砂堤，最长达6千米以上。砂堤最高高程4775米，高出现湖面25米，并有众多小型残迹湖散布，均是近期湖泊衰退之重要标志。

湖区属高原亚寒带羌塘半干旱气候，严寒干燥，长冬无夏，多年平均气温约－4摄氏度，多年平均年降水量约200毫米，年大风日数逾200天。流域面积2130平方千米。湖水补给以地表径流为主，冰雪融水占有较大比重，有大小入湖河流5条，其中以西南岸入湖的**萨嘎尔藏布**最大，其次为窝尔章河。窝尔章河河长34千米，源头为高程6100米以上的鲁伯日抗常年冰雪覆盖区，最大河宽15米，水深0.3米，亦由西南岸入湖。湖水矿化度228克每升。

湖区植被为针茅草原，有放牧生产活动，野生动物主要有野牦牛、野驴、藏羚羊、盘羊、岩羊、雪豹、棕熊及雪鸡、斑头雁、鸬鹚、黑颈鹤等。滨湖西北部有乡级道路与县级道路相接，并可达双湖特别区政府驻地。

10.3.79.1 萨嘎尔藏布
(Sagaerzangbu River)

拔度错最大的入湖河流，发源于木嘎岗日冰雪覆盖区，源头高程6000米以上。流域面积1044平方千米，河长65千米，落差1250米，位于西藏自治区尼玛县双湖特别区辖境内。流域东南分别与**诺尔玛错**、**甲热布错**水系为邻，西南与**雅根错**水系接壤，西北与**达杂迪扎错**水系交界。

流域水系较发达，呈树枝状展布。干流总体由西南向东北流，可明显区分为两个不同特性的自然河段：上游为高山峡谷段，河长45千米，落差1150米，河床平均比降25.6‰；下游为冲积平原段，河长20千米，落差100米，河床平均比降5‰。冰雪融水是河径流的主要补给形式。

河流源出后依峡谷走势作东北流，名么阿虾弄曲，6—9月最大河宽约5米，水深0.2米。沿程两岸山势险峻，河谷深切。在约21千米的流程中，相继纳入扎么那曲、祖果那曲、萨居鲁白格曲及泽章曲等支流。其中右岸支流泽章曲最大，河长20千米，最大河宽4米，水深0.3米。干流继而曲折北行，始得名萨嘎尔藏布，水势大增，最大河宽12～18米，水深0.4米。

出峡谷口，干流进入下游段，分作3支呈扇形展布，其中主泓由北流折向东流，另两支北流，入注桑真湖（面积4.8平方千米）。桑真湖在汇纳两分支及上游桑加曲等来水并经调节后于其东部尾闾下泄，复又并入萨嘎尔藏布主泓，曲折东流，入注湖泊西南部之一小型湖湾。在入湖之河口区有连片沼泽。

流域上游地区为风毛菊、红景天稀疏植被，下游地区主要为针茅草原，野生动物主要有野牦牛、野驴、藏羚羊、岩羊、盘羊、黄羊、雪豹、棕熊以及雪鸡、鸥类、斑头雁、黑颈鹤等。流域内有乡级道路穿过，并与县级道路相接，可达尼玛县双湖特别区政府驻地。

10.3.80 甲热布错
(Jiarebucuo Lake)

又名甲日阿普错，位于西藏自治区尼玛县双湖特别区境内，地理位置为东经87°43′～87°49′，北纬32°09′～32°14′。湖面高程4635米时，湖长10.1千米，最大宽4.9千米，平均宽3.6千米，面积36.4平方千米。湖泊岸线平整，湖周长29千米。

湖泊地处藏北高原中部木嘎岗日雪山南侧山间盆地内，东邻**诺尔玛错**及**赛ब布错**水系；北接**拔度错**入湖河流；西与**雅根错**及**达则错**流域相邻；南部与祝曲错入湖河鲁日根曲布香之间的分水垭口是一片平坦的沼泽湿地，流域面积796平方千米。湖西、北、东三面环山，滨岸滩地狭窄；南侧是开阔的冲积—湖积平原，有大面积沼泽。湖区沉积地貌特征表明，昔日甲热布错是一个内陆吞吐湖泊，曾通过鲁日根曲布香汇入祝曲错。

流域属高原亚寒带羌塘半干旱气候区，多年平均年降水量200毫米，多年平均气温－3摄氏度。汇入湖泊的大小河溪有10余条，其中西南岸入湖的索弄藏布最大，河长约48千米，源于甲木拉岗日雪山南侧，源区冰雪分布面积约10平方千米。下游河床宽约11米，水深约0.4米。其他入湖河溪长度一般不足10千米，除少数几条有泉水补给外，其他多为雨季有径流产生的间歇性溪沟。全流域有泉眼10余处，是河川径流的重要补给水源。

据1980年资料，湖水矿化度22.940克每升，属碳酸盐型咸水湖泊。高山紫花针茅草原为流域主要植被类型，湖泊南部、西南部滨湖带水草资源条件较好，有畜牧业生产活动。尼玛县及双湖特别区政府驻地间公路从东南湖滨通过。

10.3.81 肖茶卡
(Xiaochaka Salt Lake)

藏语意为"骰子盐湖"，位于西藏自治区北部尼玛县双湖特别区境内，北距措折强玛乡政府驻地约10千米，属内陆卤水盐湖，地理位置为东经87°47′、北纬33°03′。湖泊呈南北向延伸，湖面高程4795米时，相应湖长5.2千米，最大宽3.8千米，平均宽2.33千米，面积12.1平方千米。湖泊岸线平整，长14.8千米。

地处藏北高原腹地，坐落在江爱山东南侧山间盆地内。盆地外围为低山丘陵环绕，山丘起伏和缓，相对高程一般100～200米。近湖地区地势开阔，为冲积—淤积平原，其中南、东部主要是砂砾层沉积，北部为粉砂黏土沉积。湖滨有众多残迹小湖分布，湖西有连片沼泽发育。属固、液相并存盐湖，南部为干湖区，石盐沉积面积约占全湖的1/2；湖北部为矿化度较高的卤水湖区，深约0.4米，湖水pH值7.3，矿化度319.776克每升，属硫酸镁亚型卤水盐湖。

湖区属高原亚寒带羌塘半干旱气候，多年平均气温－6摄氏度，多年平均年降水量150～200毫米。流域面积692平方千米。湖水主要依赖上游山区季节性冰雪融水和泉水补给。入湖河流有**塘草贡玛曲**、塘草窝玛曲（河长19千米）及湖西的诸泉集小河。

湖区植被以高山草原为主，青藏苔草为优势种类，野生动物有野牦牛、野驴、藏羚羊、黄羊、狐狸及雪鸡等。湖区交通不便，每年有牧民来此采盐。

10.3.81.1　塘茸贡玛曲
（Tangronggongmaqu River）

肖茶卡最大的入湖河流，发源于江爱山脉南麓，源头高程5500米，流域面积568平方千米。河长57千米，落差705米，河床平均比降12.4‰。流域位于西藏自治区尼玛县双湖特别区境内，东经87°33′～87°45′，北纬33°05′～33°28′，北与**江爱藏布**流域相隔，东与**孔孔茶卡**水系毗邻，西至江爱山余脉分水岭。

全河可划分为上、下游两段：源头以下约26千米的流程为上游山地丘陵河段，名查桑曲，落差597米，河床平均比降23.0‰；下游段为宽谷和冲积平原，始称塘茸贡玛曲，河长31千米，河段落差108米，河床平均比降3.5‰。流域水系不发达。

塘茸贡玛曲为一条地表径流和地下潜流沿程交替转换的河流。自源出后，河流先顺山谷走势向南流，6—9月河宽约3米，水深0.2米；下行6.5千米水流潜入地下，经10千米后复出地表，形成3眼泉水并汇集成泉集河；继而南流7.5千米后再次潜入地下，于入湖前31千米处复又溢出，流向作S形折转。此后，径流先入注嘛木尕错（面积4平方千米），经调蓄后再东南流，于肖茶卡西岸入湖。下游段河宽4～17米，水深0.2米。河口区呈现沼泽湿地景观。

流域源头区植被以风毛菊、红景天稀疏植被类型为主，其余为高山草原类型，青藏苔草为组成植被的优势种类，是良好的夏季牧场。域内主要野生动物有野牦牛、野驴、藏羚羊、黄羊、狐狸及雪鸡等。擦卡措果为流域内的较大居民点，有便道至尼玛县双湖特别区政府驻地。

10.3.82　纳克茶卡
（Nakechaka Salt Lake）

又名黄水湖，位于西藏自治区尼玛县双湖特别区境内，地理位置为东经87°39′～87°44′，北纬34°19′～34°22′。湖面高程4889.3米时，湖长9.1千米，最大宽5.5千米，平均宽3.4千米，面积31.2平方千米。湖岸较平整，长轴略呈北东—南西走向，湖周长24千米，属内陆终点卤水盐湖。

湖泊地处藏北高原北部确旦日山与马背山间小型断陷盆地内，系构造湖，西与**确旦错**及小波湖（面积0.4平方千米）等诸小湖水系相邻，东接**浩波湖**及**半岛湖**入湖河流长虹河；北侧是**多格错仁**入湖河流**长龙河**源区；南部由冰池河通连**琵琶湖**。流域面积（包括琵琶湖出水口以上）1421平方千米。湖泊东西两侧滨岸地势较陡，西侧紧靠确旦日山山麓，东侧的马背山山麓距湖边仅2千米左右；南北两侧是开阔的细砂砾质盐碱滩地。湖周分布多条古湖岸砂砾堤，最高一条高出现湖面31米。环湖岸有一层2～5米宽的白色盐碱结晶；湖岸与水边线之间是一片黑色黏稠淤泥质湖相沉积物，表面覆盖一层白色盐碱，最宽的达2～3千米；湖中间水域内尚分布有众多盐碱浅滩或盐晶礁岛，实际湖水占有的面积已经很小，是一个正在向干盐湖演化的高矿化卤水盐湖。

流域属高原亚寒带羌塘半干旱气候区，多年平均年降水量130毫米左右，多年平均气温约-7摄氏度，湖水由降水及地下水补给，集水区主要分布在南北两侧，入湖河流全为时令河。北侧较大的河流是平沙河，河长约25千米，源于凌云山南侧，北南流向，流域面积224平方千米，上中游河谷一般6—9月具有少量河川径流，下游近湖滨段全部消失于地下，谷宽达2～3千米，以地下水形式汇入湖泊。南侧较大河流是与琵琶湖通连的冰池河，河长约12千米，河谷宽100～200米。第四纪高湖面时，两湖同属西北—东南向狭长形大湖，现琵琶湖仍有部分水量通过冰池河补给纳克茶卡。故后者是本流域终点湖泊，而琵琶湖则是吞吐湖泊。

流域自然环境恶劣，植被稀疏，大部分地区地表砂砾裸露。上游山区主要为风毛菊、红景天稀疏植被，在湖滨及河流中下游地区主要是青藏苔草草原。流域经常出没的野生动物有野牦牛、藏羚羊、藏原羚、野驴、黑唇鼠兔等，野生珍稀鸟类主要有西藏毛腿沙鸡、棕背雪鸡、红眉朱雀等，湖滨及水草较好地区有斑头雁、黑颈鹤等野生鸟类栖息。

10.3.82.1　琵琶湖
（Pipa Lake）

位于西藏自治区尼玛县双湖特别区境内，因形似琵琶而得名，地理位置为东经87°48′、北纬34°12′。湖面高程4928米时，湖长7.2千米，最大宽4.2千米，平均宽2.2千米，面积15.8平方千米。南部湖区岸线平直，北部比较曲折，湖周长21.2千米，属内陆吞吐咸水湖泊。

琵琶湖地处藏北高原腹地那底岗日雪山与确旦日山间一断陷盆地内，为内陆构造湖。流域大致作南北狭长形展布，南接**依布茶卡**最大入湖河流**江爱藏布**源区；北部由**冰池河**通连终点湖泊**纳克茶卡**。出水口以上流域面积814平方千米。湖泊东西两侧与相对高程200～300米的低山山麓紧靠，滨岸滩地狭窄，南北湖滨是开阔平坦的砂砾质湖滩地。在第四纪高湖面时，琵琶湖与西北侧的纳克茶卡及西南侧的残留小湖（如波湖）等都属于同一大湖。

流域属高原亚寒带羌塘半干旱气候区，多年平均年降水量约160毫米，多年平均气温约-7摄氏度。湖泊主要依赖降水及地下水补给，集水区大部分分布在湖体南侧。最大入湖河流是由南岸汇入的冗流河，河长约40千米，源于黑尖山西侧，南北流向，为时令河，仅每年夏季有少量河川径流。其他入湖河流很小。流域内有泉眼20余处，其中南侧及西侧湖滨较集中，出露后直接补给湖泊。

湖区地表大多砂砾裸露，植被覆盖率很低，山区主要是风毛菊、红景天稀疏植被，湖滨及河湖滩地则分布着青藏苔草草原；经常有野牦牛、藏羚羊、野驴、藏狐等出没，小型哺乳动物黑唇鼠兔等数量多，对草场破坏很大；常见的鸟类有西藏毛腿沙鸡、棕背雪鸡、红眉朱雀等，偶尔也有斑头雁、黑颈鹤等珍稀鸟类在湖滩地栖息。

10.3.83　达则错
（Dazecuo Lake）

曾名达格济湖、打者错，位于西藏自治区尼玛县境内，地理位置为东经87°25′～87°39′，北纬31°49′～31°59′。湖面高程4459米时，湖泊长度21.1千米，最大宽16.9千米，平均宽11.6千米，面积244.7平方千米。湖周岸线长度66千米，岸线发展系数为1.19，属碳酸盐型内陆咸水湖泊。

湖盆位于班公—东巧—怒江大断裂构造带内。南北两岸紧靠山地，滨岸滩地狭窄，东西湖滨地势开阔、平缓。北岸山体系古生界灰岩组成，南岸山地则广泛分布着白垩系红色泥岩，南北两岸出露地层显著不连续。湖滨见多条古湖岸砂砾

达则错

堤分布，尤以东岸保存清晰、完整，最高一条砂砾堤高出现湖面约 90 米；湖盆内还有 30 多个残留小湖和零星水塘沼泽，显示湖泊自第四纪高湖面以来已经严重退缩。湖区气候干燥寒冷，多年平均年降水量约 200 毫米；多年平均年蒸发量大于 2 000 毫米；多年平均气温 -1~0 摄氏度，属高原亚寒带羌塘半干旱气候。

湖泊流域东邻祝曲错（面积 2 平方千米）、**吴如错**；西接**洞错**入湖河流惹多藏布；北侧由东向西与**雅根错**、**虾别错**、普许错（面积 4.5 平方千米）、查布罗错（面积 3.7 平方千米）、巫嘎错（面积 9.4 平方千米）、直若错等中小湖泊入湖河流相邻；南侧由西向东是**扎日南木错**、阿果错、**当穿错**、**当惹雍错**、**戈芒错**及**张乃错**水系。流域面积 11 130 平方千米。流域内尚有**它日错**（面积 40.7 平方千米）和**冻果错**（面积 23.9 平方千米）两个内陆吞吐湖泊通连，累计湖泊面积 309.3 平方千米。湖水补给主要是降水及少量冰雪融水。主要入湖河流来自西岸的**波仓藏布**和那若曲岗两条。那若曲岗长 45 千米，流域面积 680 平方千米，发源于木嘎岗日的木嘎各波雪山终年冰雪区。

据 1976 年 9 月实测资料：湖泊最大水深 31.7 米，若平均水深按 20 米计，则贮水量约为 48.9 亿立方米。湖中心表层水样分析结果，pH 值 10.2，矿化度 29.804 克每升，属碳酸盐型咸水湖泊。

湖水每年 11 月中旬至次年 4 月中旬结冰，冰层厚 0.8~1 米，湖滨及冰面有一薄层白色粉末状晶体，采集可作洗涤物件之用。

湖区植被以针茅草原为主，紫花针茅、羽柱针茅、沙生针茅、珠峰苔草、青藏苔草等为优势种类；在滨湖沼泽区为沼泽植被，以藏北嵩草、华扁穗草、海韭菜等为优势种类。湖区常见野生哺乳动物有藏羚羊、野驴、野牦牛等，鸟类有斑头雁、黑颈鹤、棕头鸥等；牧民以牧养绵羊、山羊、牦牛、马等为生。黑阿公路紧靠南岸湖滨通过，交通方便。

10.3.83.1 波仓藏布
(Bocangzangbu River)

又名莫昌藏布，**达则错**最大的入湖河流，发源于巴林岗日雪山北侧冰雪覆盖区，源头高程 5 400 米。流域面积 8 494 平方千米，占达则错流域面积（11 130 平方千米）的 76.3%。河长 257 千米，落差 941 米。位于西藏自治区尼玛县境内，流域地理位置为东经 85°30′~87°26′，北纬 31°21′~32°20′。

集水面积大多分布在降水量相对较多的黑阿公路以南地区，源区又有一定的冰雪融水补给，估算平均年入湖径流量 1.8 亿立方米左右，是藏北较大的内流河之一。河流水系发育主要受高原班公—东巧东西向大断裂带控制，同时南北横向次级构造带也对其有影响，干流基本呈东西走向，而一些支流又往往具有南北流向的特征。

流域属高原亚寒带羌塘半干旱气候，多年平均年降水量约 200 毫米，多年平均气温 -1~0 摄氏度；主要植被类型为针茅草原，在中下游沼泽地区分布有沼泽植被。

河流自源头蜿蜒东流，沿程串连着几个盆地。

上游分南北两支。

南支博藏布（正源）河长 122 千米，河床平均比降 5.2‰，上段称聂杂藏布，其源头是由雪山山麓出露泉水补给的**它日错**。它日错以下，有一段峡谷宽仅 100 米左右，两岸发育有 2~3 级阶地。在阿泽塘卡至它色朗一段改呈南北流向，后继续东流改称博藏布，在出山口后形成扇形河谷。区间有一些季节性支流汇入，其中较大的有右岸的托纳藏布和基若藏布，前者长约 30 千米，流域面积 304 平方千米；后者长约 40 千米，流域面积 690 平方千米。

北支恰马藏布河长 145 千米，河床平均比降 4.2‰。上段称曲先藏布，由东向西流；中段称比日藏布，折转为由西向东流；下段始称恰马藏布。北支流域面积 2 040 平方千米。恰马藏布在与博藏布汇合前，有约 6 千米的河段以潜流形式下泄，虽其长度大于南支，但径流量明显偏小，故将南支定为河流的正源。

波仓藏布

南北两支在西洛日山西北会合后进入中游段，始称波仓藏布。河长 90 千米，河床平均比降降至 1‰ 左右。本段河谷宽窄相间，宽处 5~8 千米，窄处不足 1 千米，呈串珠状，附近经哥绒村，右岸**冻果错**，出口河流沿东北继续前行。沿程地势平坦，基本无支流加入，进入宽谷盆地时，河道分汊纷繁，河曲发育，沼泽湿地广布。

舍藏布汇入口以下为下游段，河长 45 千米，河床平均比降为 2‰。河流两侧地形开阔，沼泽湿地发育，谷宽一般 50~100 米，无支流汇入。在黑阿公路附近的河段，河谷内发育有高出河面 1~1.5 米的高位河漫滩，并有一级相对高度 10 米左右的阶地，此系古大湖湖面退缩后河床下切所形成。据 1976 年 9 月观测资料，该河段河床宽 20~50 米不等，水深 0.1~0.4 米。尼玛县人民政府驻地位于波仓藏布下游右岸。

波仓藏布径流源源不断补给达则错，同时还为沿岸大小牧场提供灌溉、饮用水水源。但河川径流的年内分配很不均匀，夏季径流量大，冬季大部分河床处于干涸状态，仅下游河口沼泽区域有少量径流入湖。

10.3.83.1.1 它日错
(Taricuo Lake)

波仓藏布上游南支聂杂藏布的源头湖泊，位于西藏自治区尼玛县境内，地理位置为东经 85°36′~85°45′，北纬 31°29′~

31°33′。湖面高程 4 966 米时，湖长 14.6 千米，最大宽 3.8 千米，平均宽 2.8 千米，水面面积 40.7 平方千米。湖泊呈东西向狭长形状，湖周岸线长度 37.2 千米，属内陆吞吐淡水湖泊。

湖盆明显受西南侧巴林岗日雪山地质构造带控制，为断陷构造湖。出水口以上流域面积 310 平方千米。湖区十分封闭，除东岸湖水外泄区发育有较宽阔的河谷砂砾质滩地外，其余湖岸均紧贴山麓线，滨岸滩地非常狭窄。

湖区属高原亚寒带羌塘半干旱气候，多年平均年降水量不足 200 毫米，多年平均气温 0～1 摄氏度。湖泊周围基本无地表径流汇入，湖水几乎全部依靠巴林岗日雪山形成的地下水补给。湖水由东岸外泄河汇入波仓藏布正源博藏布。

湖滨植被类型主要是以紫花针茅为优势种的高山草原，湖周山区有风毛菊、红景天等稀疏高山垫状植被分布。湖区交通闭塞，目前主要用作夏季牧场。

10.3.83.1.2　冻果错
(Dongguocuo Lake)

波仓藏布 中游的湖泊，位于西藏自治区尼玛县境内，地理位置为东经 86°56′～87°02′，北纬 31°42′～31°44′。湖面高程 4 550 米时，湖长 10 千米，最大宽 3.8 千米，平均宽 2.4 千米，面积 23.9 平方千米。湖岸周长 29.5 千米，属内陆吞吐淡水湖泊，断陷构造湖。

湖东岸及东北岸地势相对开阔，湖滩地发育较好，其他方位山地紧逼湖体，湖岸陡峭。湖区多年平均年降水量约 200 毫米，多年平均气温 0 摄氏度左右，属高原亚寒带羌塘半干旱气候区。湖水补给少部分由波仓藏布分出的一支汊流从湖东北岸汇入；大部分由 *舍藏藏布* 分出的汊流从湖东南岸汇入。上述入湖水量经调蓄后复又从湖体东岸外泄入波仓藏布下游河段。

东部湖滨分布大片沼泽湿地，水草资源比较丰富，植被以紫花针茅草原为主要类型，是良好的天然牧场，牧民主要以牧养牦牛、绵羊、山羊等为生。

10.3.83.1.3　舍藏藏布
(Shezangzangbu River)

系 *波仓藏布* 下游段右岸支流，发源于青扒贡陇山的冰雪覆盖区，地处西藏自治区尼玛县境南部。流域面积 1 610 平方千米，河长 75 千米，落差 750 米。流域内水系较为发达，呈树枝状展布，干流总体由西南向东北曲折流淌。

流域属高原亚寒带羌塘半干旱气候，多年平均气温约－1 摄氏度，多年平均年降水量 150～200 毫米，年大风日数逾 80 天。河源区常年冰雪覆盖面积较广，冰雪融水是河川径流的重要组成部分。

沿程可分为两个自然河段：河源至沙嘎尔河口附近为上游高山峡谷段，河长 35 千米，落差 512 米，河床平均比降 14.6‰；沙嘎尔河口以下为下游山间盆地及冲积平原段，河长 40 千米，落差 238 米，河床平均比降 6‰。

河流自源出后，诸山溪相继汇为正流，依山谷走势先由西向东曲折流淌，得名各那藏布，穿行于高山峡谷间，6～9 月河宽约 5 米，水深 0.2 米。上游段两岸支流发育悬殊。左岸（北岸）支流稀疏而短小，右岸（南岸）支流稠密而源长，且河源区均有常年冰雪覆盖，较大支流主要有刚弄曲，河长 18 千米；贡茶曲，河长 22 千米。贡茶曲河口以下，干流继续曲折东行，始称舍藏藏布，下行 10 千米，右岸又有大支流沙嘎尔入注。该支流长 28 千米，上游水系发达，作扇形展布，近河口段宽 6～7 米。

沙嘎尔河口以下，干流出峡谷口，进入下游段，河道蜿蜒曲折，流向由此急转为东北行，河宽约 7～8 米，水深 0.3 米。继而下行 11 千米，干流呈多股汊道分流之状，形成宽达 4.5 千米的网状河道，左岸下游段最大支流贯来曲（河长 36 千米）的汇入，更使这一地区展现出河道纵横交织、沼泽连绵、小型残迹湖遍布的典型湿地自然景观。在河网带中，右岸一支少部分径流分流东行，入注 *戈芒错* 的西北隅；左岸一支少部分径流分流西北行，入注 *冻果错* 的东南隅；而主泓则曲折东北行，直接入注波仓藏布，近河口段宽约 7 米，水深 0.4 米。

流域植被以针茅草原为主，上游地区有分布较广的嵩草草甸及风毛菊、红景天稀疏植被，沼泽区兼有苔草植被，野生动物主要有野牦牛、野驴、岩羊、盘羊、藏羚羊及雪鸡、野鸭、斑头雁、黑颈鹤等。本流域是尼玛县重要牧业区之一，兰种、重不曲等为重要放牧点。流域内有乡级道路纵横穿过，东北可直达尼玛县政府驻地。

10.3.84　马尔下错
(Maerxiacuo Lake)

在西藏自治区尼玛县境南端，西邻 *昂孜错*，东与村章错、马儿果错等诸残迹小湖相近，地理位置为东经 87°22′～87°34′，北纬 30°51′～31°02′，属内陆咸水湖泊。湖泊略呈"哑铃"状，两端宽阔，中部狭窄，作东西向展布。湖面高程 4 690 米时，相应湖长 20.5 千米，最大宽 6 千米，平均 3.11 千米，面积 63.8 平方千米。湖泊岸线较平滑，周长 57 千米。湖中有无名小岛 3 座，2 座位于湖之西部，1 座位于湖之中部，合计面积 0.05 平方千米。

该湖位于昂孜山北麓，与昂孜错坐落在同一大型断陷盆地内，盆地外围群山环绕，平均高程在 5 000 米以上。近湖地区，除西南及东北部有山地直逼湖体、湖岸较陡外，其他方位地势坦荡，为冲积—洪积平原，东南部入湖河口区并有连片沼泽分布。滨湖古湖岸砂堤清晰可见，堤顶高程约 4 720 米，是第四纪湖泊盛期时该湖与昂孜错为同一大湖体的重要佐证。

湖区多年平均气温－2～0 摄氏度，多年平均年降水量 200～250 毫米，降水主要集中在每年的 6 月下旬至 8 月下旬。流域面积 1 404 平方千米。湖水补给以地表径流为主，大小入湖河流共计 19 条，其中以 *雅贝藏布* 为最大。其他入湖河流皆源流短小，补给湖水甚微。

湖区植被以紫花针茅草原为主，东南部滨湖沼泽区有苔草植被发育。湖东卓瓦乡人民政府驻地是湖区最大居民点，滨湖南部有乡级道路北通尼玛县政府驻地，东达申扎县政府驻地。

10.3.84.1　雅贝藏布
(Yabeizangbu River)

马尔下错 最大的入湖河流，发源于高程 5 100 米以上的山地，流域面积 1 100 平方千米。河长 65 千米，落差 410 米；位于西藏自治区尼玛县辖内。19 条大小支流呈不对称羽毛状展布，其中以左岸支流较多。河流总体由东南向西北流。

全河可分为两个不同河段：源头至贡几附近为上游山区段，河长 5 千米，落差 178 米，河床平均比降 35.6‰；贡几以下为下游山间盆地与冲积平原段，河长 60 千米，落差 232 米，河床平均比降 3.9‰。

河流自源出后，顺山谷走向先由东北向西南流淌，沿程两岸山高坡陡，至贡几附近出峡谷口，并相继有源于南、北、东三方位群山的诸多无名山溪来汇，由此干流进入下游段，得名约马雄藏，并转而西流，河宽2～3米，水深0.1米，河床全由砂质组成。下行约5千米后，左岸有较大支流次仁弄穷、子弄、夏多依次来汇，其中夏多河长14千米，河宽4米。与夏多河口相对应的是右岸支流纳布的汇入口。纳布是最大支流，河长24千米，河口附近河宽5米。夏多、纳布河口以下，始称雅贝藏布，两岸有连续的沼泽分布，沼泽带宽度在山间盆地内达2～3千米，在河谷平原内约0.5～1.0千米。干流继续曲折西或西北行，沿程在纳入几条小支流后，河在7～10米间变化，水深约0.4米，直至注入马尔下错。

流域植被以针茅草原为主，沿河两岸局部地段有苔草沼泽植被发育，适宜放牧；野生动物主要有野牦牛、野驴、岩羊、盘羊、黄羊、藏羚羊以及斑头雁、黑颈鹤、野鸭等。卓瓦乡人民政府驻地是流域内最大的居民点，并有乡级道路北通尼玛县政府驻地，东达申扎县政府驻地。

10.3.85 确旦错
(Quedancuo Lake)

因湖东侧的确旦日山得名，又曾因湖西北岸双崖大顶山的一山崖名"缺天洒嘎"而称其为"缺天湖"，位于西藏自治区尼玛县双湖特别区境内，地理位置为东经87°27′～87°32′，北纬34°19′～34°24′。湖面高程4 867米时，湖长9.8千米，最大宽5.2千米，平均宽3.7千米，面积36.4平方千米。湖泊长轴略作西北—东南向延伸。湖岸较规则，周长30.2千米，属内陆咸水盐湖。

确旦错地处确旦日山与双崖大顶山之间的断陷盆地内，系构造湖。流域北接**错尼**水系，东邻**纳克茶卡**，南、西两侧波状起伏低山丘陵外是**玛尔果茶卡**及**向阳湖**。流域面积1 284平方千米。湖泊东南侧长横山、西北侧双崖大顶山山麓线紧贴湖岸，滨岸带狭窄，其余湖滨大多为平坦的砂砾质滩地。滩地上缘分布有多条古湖岸砂砾堤，最高砂砾堤高出现湖面约33米。湖岸覆盖一层2～3米至10多米宽的白色盐晶。水边线附近已完全沼泽化，有50～200米宽黑色、呈黏糊状的淤泥沉积。整个湖面被许多白色盐碱礁滩或盐质小岛分割得支离破碎，卤水湖面所剩无几。

流域属高原亚寒带羌塘半干旱气候区，多年平均年降水量130毫米左右，多年平均气温-7～-6摄氏度，集水区域主要分布在湖泊西南及东北两侧。湖水主要依赖降水和地下水补给。入湖沟溪近20条，但径流量很小，多为干沟。沟溪上游夏季一般都有少量地表径流，但出山口以后，逐渐干涸消失。确旦错南侧5～6千米处，成簇分布着7个互不通连、面积小于1平方千米的残留小湖，它们曾经同属面积20～30平方千米、径流通向确旦错的吞吐湖泊，后因气候干燥、湖面退缩而分离，再无径流通向确旦错。

流域内植被稀疏，覆盖率低，上游山区主要是高山垫状植被类型，如风毛菊、红景天稀疏植被等，湖滨及河溪中下游地区主要植被类型是青藏苔草草原，其中优势种有青藏苔草、羽柱针茅等；经常出没的野生动物有野牦牛、藏羚羊、野驴、黄羊、藏狐、黑唇鼠兔等，鸟类有斑头雁、黑颈鹤、西藏毛腿沙鸡、棕背雪鸡、红眉朱雀等。

10.3.86 雪景湖
(Xuejing Lake)

位于西藏自治区尼玛县双湖特别区境内，属内陆咸水湖泊，地理位置为东经87°17′～87°28′，北纬35°57′～36°01′。湖泊呈东西向延伸，湖面高程4 798米时，相应湖长16.4千米，最大宽5.9千米，平均宽3.24千米，面积53.1平方千米。湖岸曲折，岸线长度65千米。湖内多半岛和小岛，小岛面积均在0.03平方千米以下。

雪景湖地处藏北高原北部，坐落在昆仑山脉与可可西里山脉之间的第四系沉积盆地内。滨湖南北两侧为低山缓丘，相对高度100～200米；东西两侧地势开阔平坦，为砂砾地；东北与东南近岸分别有2～3千米长的古湖岸砂堤环列，堤外有残迹小湖分布。

湖区属高原寒带昆仑干旱气候，多年平均气温约-4摄氏度，多年平均年降水量75～100毫米，年大风沙日逾200天。流域面积3 053平方千米。湖泊东、西部各有一条常年入湖河流，东部者称**玲珑河**，西部者称**淋水河**，两均源于昆仑山脉木孜塔格山常年冰雪覆盖区南侧，河源区冰雪覆盖面积达90余平方千米，冰雪融水为河流的主要补给源。

近湖区为垫状驼绒藜荒漠植被，湖周低山丘陵为青藏苔草草原，野生动物有藏羚羊、野牦牛、野驴、黄羊、盘羊、石羊、狐狸、猞猁及雪鸡等。湖区人迹罕至，交通闭塞。

10.3.86.1 玲珑河
(Linglong River)

雪景湖最大入湖河流，发源于昆仑山脉木孜塔格山冰川冰舌缘，源头高程5 700米。流域面积1 746平方千米，河长50千米，落差902米，位于西藏自治区尼玛县双湖特别区境内。流域介于东经87°21′～87°59′和北纬35°43′～36°24′之间，北倚昆仑山，西邻**淋水河**，东界水乡湖（面积6平方千米）。河源区有常年冰雪覆盖面积90余平方千米，冰雪融水为主要补给源。

河源区水系呈树枝状展布。源区诸沟溪6—9月冰雪融水径流汇聚成干流，顺高山峡谷地势曲折南流，干流河宽约7米，水深0.2米。约经20千米之流程出峡谷口，进入广袤的山前坡积戈壁滩，河流潜入地下，约12千米后复溢出成常年河，继而蜿蜒南行，穿流于丘间谷地间，入湖河口区发育有扇形三角洲。**微水河**是其最大支流，在干流河口左岸汇入。

流域属高原寒带昆仑干旱气候，上游段发育有风毛菊、红景天稀疏植被，余为青藏苔草草原和垫状驼绒藜荒漠，野生动物主要有野牦牛、野驴、黄羊、盘羊、岩羊、藏羚羊、猞猁及雪鸡等。流域内人迹罕至，交通闭塞。

10.3.86.1.1 微水河
(Weishui River)

玲珑河最大支流，属时令性河流，位于西藏自治区尼玛县双湖特别区境内。流域介于东经87°27′～88°00′和北纬35°43′～36°02′之间。河长71千米，发源于可可西里山脉横云山北侧，源头高程5 350米，落差550米。流域面积1 092平方千米。干支流河床一般均呈干涸状态，在每年6—9月的时段内有短暂径流产生，季节性冰雪融水为主要补给源。干流在上游段沿程为高山深谷，下游段沿程为低山缓丘及宽谷，在玲珑河河口附近的左岸汇入。主要支流均位于左岸，计有狭石沟（河长31千米）、启光沟（河长38千米）等。流域内残迹湖有20余个，其中面积在1平方千米以上者有双联湖、明磊湖等。

流域植被甚不发育，河源区以风毛菊、红景天稀疏植被为主，其余均为垫状驼绒藜荒漠。流域内人迹罕见，交通闭塞。

10.3.86.2　淋水河
(Linshui River)

雪景湖主要入湖河流之一，发源于昆仑山脉木孜塔格雪山常年冰雪覆盖区南侧，源头高程 5 520 米。流域面积 516 平方千米，河长 47 千米，落差 722 米，流域位于西藏自治区尼玛县双湖特别区境内，介于东经 87°09′~87°21′和北纬 35°59′~36°21′之间，北枕昆仑山脉，东邻**玲珑河**，西与**振泉湖**水系相隔。

全河可分为上游 24 千米长的时令河段和下游 23 千米长的常年河段。河源区 6—9 月有冰雪融水径流产生，干流由 3 支沟溪相汇形成，顺山谷走势曲折南流，出峡谷口，进入广袤的山前坡积戈壁沙滩，河流潜入地下，大致于丘间宽谷地貌段上缘溢出，演变为常年河，继续曲折南流，终入雪景湖西部之湖湾。下游段河宽 5 米，水深约 0.1 米，河床全由砂质组成。沿程支流鲜见，河口区沙滩连绵，并有小型残迹湖点缀。

流域属高原寒带昆仑干旱气候，上游河源区发育有风毛菊、红景天稀疏植被，余为青藏苔草草原和垫状驼绒藜荒漠，野生动物主要有野牦牛、野驴、黄羊、岩羊、盘羊、藏羚羊、猞猁及雪鸡等。流域内人迹罕见，交通闭塞。

10.3.87　错尼
(Cuoni Lake)

又名鱼尾湖，因由一条短窄的水道将东西两湖连通，藏语"错尼"意为"双湖"，位于西藏自治区尼玛县双湖特别区内，地理位置为东经 87°09′~87°21′，北纬 34°30′~34°36′。湖面高程 4 902 米时，湖长 17 米，最大宽 6.2 千米，平均宽 4 千米，面积 67.5 平方千米。其中东面之湖面积 41.6 平方千米，湖岸较规则，湖周长 26 千米；西面之湖面积 25.9 平方千米，湖岸曲折，多半岛、岬湾，湖周长 57 千米。两湖均属硫酸镁亚型内陆终点卤水盐湖。

湖泊地处藏北高原可可西里山脉西南、藏色岗日雪山东侧的一山间盆地内，属构造湖。流域接**布若错**，北邻**江尼茶卡**水系，南越低平的分水岭与**嘎尔孔茶卡**、**喷呐湖**及**玛尔果茶卡**流域交界，东侧是**确旦错**、**多格错仁**、**雪环湖**诸湖源区溪流。流域面积 3 068 平方千米。湖盆四周低山环抱（相对高程 300~500 米），东北及东南侧山体出露酸性凝灰岩，北侧分布侏罗系灰岩，湖区地层不连续。湖西侧及南侧地形较开阔，其余湖岸贴近山麓线，水边线附近多分布约 1 米宽的白色盐晶带。湖滨见有 10~11 条细砂砾质古湖堤，其中最高的高出现湖面 9~10 米。

流域植被稀疏，覆盖率低，上游山区主要是高山垫状植被类型，如风毛菊、红景天等；中下游及近湖滨地区植被类型是青藏苔草草原，其中优势种有青藏苔草、羽柱针茅等。整个湖区地表土壤贫瘠，多数地方砂砾裸露。

流域属高原亚寒带羌塘半干旱气候区，多年平均年降水量约 130 毫米，多年平均气温为 -7~-6 摄氏度，降水多以固态形式出现。湖水主要补给源是冰雪融水及降水。位于湖体西侧的**曲龙河**是最大的入湖河流，湖泊东、南、北三侧集水面积很小，只有一些短小的季节性溪沟分布。

据 1976 年 8 月考察资料，错尼东湖最大水深为 58.7 米。湖水垂直水温变化呈现一条明显的 S 形曲线。这种夏季湖水温度上层冷（比重大）、下层热（比重小）的不稳定结构在我国物理湖泊学中实属罕见。湖中心湖水 pH 值 8.6，矿化度 56.733 克每升，属硫酸镁亚型卤水盐湖。

域内经常出没的野生哺乳动物有野牦牛、藏羚羊、藏黄羊、野驴、藏狐、雪豹、狼、黑唇鼠兔、岩羊、盘羊等，鸟类有斑头雁、黑颈鹤、西藏毛腿沙鸡、棕背雪雀、红眉朱雀、藏雪鸡、高原山鹑等，是西藏自治区羌塘野生动物自然保护区的核心地区。

10.3.87.1　曲龙河
(Qulong River)

又名甜水河，**错尼**最大入湖河流，发源于藏色岗日雪山东侧永久冰雪覆盖区，河源高程 5 800 米。流域面积 2 550 平方千米，河长 138 千米，落差 898 米。流域位于西藏自治区改则县、尼玛县境内，介于东经 85°52′~87°09′和北纬 34°12′~34°36′之间。流域基本呈东西狭长形展布，多年平均入湖流量约 2 立方米每秒。

全河大致分 3 段。上游段分南北两支：南支是正源，河长 28 千米，落差 606 米，河床平均比降 21.6‰，源头处永久冰雪覆盖面积约 100 平方千米，由 3~4 条冰川末端产生的沟溪径流汇合后形成，冰雪融水充沛，呈东西流向，砂质河床宽 3 米，夏季平均水深 0.5 米左右；北支长约 25 千米，源区有永久冰雪覆盖面积 10 余平方千米，冰融水补给远较南支要小，东南流向。

上游两支流会合口至白云湖西岸入湖口为中游段，河长 68 千米，先称甜水河，后名漫道河，落差 255 米，平均河床比降为 3.8‰。河流大致东西流向，沿程除右岸有清水泉、坦东泉及左岸鹅头泉等形成的泉集小河汇入外，区间来水量甚少。河床均系砂质，宽 3~7 米，水深 0.3~0.5 米。在接近白云湖前的 20 余千米，因河床比降明显减小，河道多汊流、漫滩，致使有些河段河谷宽达 2~3 千米，又有"漫道河"之称。

白云湖至入湖口为下游段，始得名曲龙河，河长 42 千米，落差 37 米，河床平均比降仅为 0.9‰。白云湖是干流贯通的吞吐淡水湖泊，面积 2 平方千米，中上游干流通过白云湖后进入面积近百平方千米的大型平坦山间盆地，河川径流受阻，河道纵横交错，并发育 20 余个通连湖汊或封闭的小湖水塘，较大的有河汊湖（面积 0.4 平方千米）、新波湖（面积 0.4 平方千米）等。出盆地后，众多河汊受山地地形控制，复又归并成一条，继续向东北流，河床泥沙质，宽 20~30 米，水深 0.5~0.6 米。干流在**吐坡错**以西约 6 千米处，纳左岸汇入的元宝湖（面积 6.7 平方千米）下泄后改向东流，并入吞吐湖泊吐坡错，出吐坡错后干流再东流 4 千米，分成南北两支注入错尼西湖。

10.3.87.1.1　吐坡错
(Tupocuo Lake)

错尼水系内陆吞吐湖泊，位于西藏自治区尼玛县境内，地理位置为东经 87°03′~87°08′，北纬 34°29′~34°32′。湖面高程 4 901 米（低于终点湖错尼）时，湖长 7.2 千米，最大宽 4.1 千米，平均宽 3.1 千米，面积 22.5 平方千米。湖岸较规则，湖周长度 20.1 千米。

位于藏北高原北部藏色岗日雪山东侧一山间盆地内，构造成因。湖周环抱低山丘陵，南北两岸水边线紧贴山麓，东、西湖滨相对比较平坦。其中东侧与错尼间湖滩地（即分水垭口）高程均低于 4 910 米，即第四纪高湖面时吐坡错与错尼属同一大湖。

湖区属高原亚寒带羌塘半干旱气候，湖水补给绝大部分来自西岸汇入的**曲龙河**，河水经调蓄后由东岸下泄，入错尼西湖。

湖区干燥寒冷，土壤贫瘠，大部分地面砂砾裸露，植被稀疏，目前仍是人迹罕至之地，野生动物有野牦牛、藏羚羊、野驴、狼、黑唇鼠兔、藏狐以及斑头雁、黑颈鹤、西藏毛腿沙鸡、红眉朱雀等，植被主要类型是青藏苔草草原，其中优势种是青藏苔草、羽柱针茅等。

10.3.88 雅根错
(Yagencuo Lake)

又名雅个朵错，位于西藏自治区尼玛县境内，地理位置为东经87°15′～87°21′，北纬32°18′～32°24′。湖面高程4978米时，湖长10.2千米，最大宽7.8千米，平均宽4.2千米，面积42.4平方千米。东、北湖岸较规则，西、南湖岸多半岛、岬湾，周长37千米，属内陆咸水湖泊。

湖泊地处木嘎岗日雪山西侧构造盆地内。流域东邻**甲热布错**、**拔度错**水系；北接次乌如错诸入湖河流，西、南分别是**佣尖错**及**虾别错**流域，流域面积834平方千米。除东北岸大面积湖积平原上发育有沼泽以外，其余方位相对高程300米左右的山体距离岸边仅2～3千米，水边线基本沿山麓走向延伸。东北侧湖滨有5～6条古湖岸砂砾堤。

流域属高原亚寒带羌塘半干旱气候区，多年平均年降水量不足200毫米，多年平均气温−3～−2摄氏度。湖水以降水补给为主，辅以部分冰雪融水及地下水。汇入湖泊的大小河流有5条，多集中在湖体北岸。最长的是梭如藏布，河长约38千米，上游分两支：东支长约11千米，河源有节得普错等3个小湖，有多条沟溪汇入；西支长约17千米，径流量比东支要小。两支流汇口以下为下游段，残留湖塘及沼泽湿地广布。雨季河宽约9米，水深0.3米左右。北岸入湖的另一入湖河流称柯绒曲，长约16千米。

地貌特征显示，该湖是一个湖水较深的高山湖泊，湖区景色壮丽。东北湖滨由于地势平坦，高山紫花针茅草原生长良好，又有简易土路通达，适宜发展畜牧业。

10.3.89 昂孜错
(Angzicuo Lake)

位于西藏自治区尼玛县境内，因位于昂孜山北麓而得名，东与**马尔下错**为邻，西隔分水岭与**当惹雍错**相近，地理位置为东经86°59′～87°20′，北纬30°54′～31°09′，属内陆咸水湖泊。湖呈近似"元宝"形，作东北—西南向延伸。湖面高程4683米时，相应湖长37.2千米，最大宽18.5千米，平均宽12.41千米，面积461.5平方千米。湖泊岸线较平滑，周长120千米。湖中有无名小岛4座，分别罗列于湖泊东、中、西部，合计面积约0.05平方千米。

湖泊坐落在一大型断陷盆地内，盆地外围群山环绕，山势高耸，平均海拔5000米以上。近湖地区，除东南部及西部一隅有山地直抵湖体外，其余方位地势坦荡，为冲积—洪积平原，河口区多有沼泽分布。滨湖古湖岸砂堤多处可见，最高一级古湖岸砂堤高出现湖面37米，是第四纪湖泊盛期时该湖与马尔下错为同一大湖体的重要佐证。

湖区属高原亚寒带羌塘半干旱气候，日照充裕，风沙日较多，多年平均气温−2～0摄氏度，多年平均年降水量200～250毫米，主要集中在每年的6月下旬至8月下旬。流域面积7132平方千米。湖泊水系较发达，拥有大小入湖河流22条，其中较大的有**达扎藏布**、**江子藏布**等，其他入湖河流尚有格马尔曲、曲均河等，河长一般在30千米上下，源流短小。湖区植被以紫花针茅草原为主，滨湖沼泽区有苔草植被发育，放牧为植被利用的主要方式。

滨湖西南隅有甲谷乡人民政府驻地，是湖区最大的居民点。环湖南、北、西三面有乡级道路，北与省级道路和尼玛县政府驻地相接。湖西北隅有卡尔贡寺著名人文景点。

10.3.89.1 达扎藏布
(Dazhazangbu River)

昂孜错最大入湖河流，又名达热藏布，位于昂孜错东南部，流域范围跨西藏自治区尼玛、昂仁两县。发源于念青唐古拉山脉强拉潘日北麓高程5800米以上的常年冰雪覆盖区，大致由东南向西北方向流，于昂孜错西南隅入湖。河长124千米，落差1117米，流域面积2980平方千米。

流域水系发达，大小支流呈树枝状展布；右岸较大支流有空藏布、亚弄等。源头及支流河源区有常年冰雪覆盖面积10平方千米以上，冰雪融水是河川径流的重要组成部分。全河可分为3段：源头至峡谷口为上游高山峡谷段，河长40千米，落差750米，河床平均比降18.8‰；峡谷口以下至地庆附近为中游山间盆地与峡谷相间段，河长69千米，落差320米，河床平均比降4.6‰；地庆以下至入湖口为下游冲积平原段，长15千米，落差47米，河床平均比降3.1‰。

达扎藏布自源出后，顺峡谷走势先由东南向西北流，得名扎弄纳玻，下行约11千米折而西行，又名容藏布，沿程有左（南）、右（北）岸支流相继来汇，左岸支流多源于常年冰雪覆盖区，径流相对较丰，普只曲康是上游段最大支流，河长14千米，容藏布获众支流入注后，水势逐渐增强，在峡谷口以上河宽达12米，水深0.6米。

出峡谷口，干流进入中游段。察嘎淌是流域内最大的一个山间盆地，也是支流水系发育最好、河网最为密集的河段，沿河两岸又有连片的沼泽，使之呈现一派"水乡"景观。流域内一些较大支流如右岸的空藏布、左岸的拉萨藏布和南容藏布等均在盆地内相继汇入干流。空藏布河长30千米，河宽4千米，水深0.5米；拉萨藏布河长36千米，6—8月河宽6米，水深0.5米；南容藏布是最大的支流，河长37千米，6—8月河宽12米，水深0.4米。

南容藏布河口以下，干流进入长约45千米的峡谷段，始得名达扎藏布，干流曲折流淌于峡谷间，沿程相继汇入的较大支流有左岸的柯岗、巴弄和右岸的亚弄。柯岗、巴弄源流均较短小，亚弄河长31千米，河宽达7米，水深0.2米。达扎藏布因中上游众多支流汇入，下行至地庆附近，6—8月间河宽达27米，水深0.7米，已演变成"泱泱"大河。

地庆以下进入下游段，两岸地势开阔坦荡，河道迂回婉蜒，遂演变为典型的辫状水系，在入注昂孜错前的河口段主泓宽约17米，水深0.7米，河床全由砂质组成。

下游地区植被以针茅草原为主；中上游地区以嵩草草甸为主，在山间盆地干支流交汇地区往往也发育有苔草沼泽植被。流域野生动物主要有野牦牛、野驴、盘羊、岩羊、黄羊、藏羚羊以及斑头雁、黑颈鹤、野鸭、雪鸡等。吉瓦乡人民政府驻地位于流域中部，有乡级道路北通黑阿公路和尼玛县政府驻地。

10.3.89.2 江子藏布
(Jiangzizangbu River)

昂孜错第二大入湖河流，位于湖区南部于昂孜错西南隅入湖。流域跨西藏自治区尼玛、昂仁两县。发源于念青唐古拉山脉布钦日山北麓，总体呈东南至西北流向，河长77千米，落差717米，流域面积1 288平方千米。

流域水系较为发达，呈蘑菇状，拥有大小支流27条，但多数源流短小，径流不丰。全河可分为2个不同的自然河段：源头至左岸支流弄穷河口为上游高山峡谷段，河长35千米，落差550米，河床平均比降15.7‰；弄穷河口以下至入湖口为下游冲积平原段，河长42千米，落差167米，河床平均比降4‰。

河流自源出后，涓涓细流顺峡谷走势先作南北向流，得名架兴巴弄；下行约6千米，流向折而向西及西北，称多扎藏布。河流穿行于深山峡谷间，出峡谷前河宽6米，水深0.3米。

在左岸支流弄穷河口以下，干流出峡谷口，进入下游段。下游上段称自扎藏布，沿程左岸有丁曲，右岸有沙舍、拔子3条较大支流相继汇入，干支流河道汊流纷繁，迂回曲折，两岸沼泽连绵，小型湖泊棋布，展现辫状河道特点，河道宽约0.5～1千米。丁曲是最大支流，河长33千米，其主泓河宽达10米，水深0.2米。丁曲河口以下，干流始称江子藏布，纳右岸支流沙舍（河长19千米）、拔子（河长31千米）后，最大河宽达15米，水深0.4米。拔子河口以下，干流基本转向北流，并在入注昂孜错之河口区发育了连片沼泽。

上游地区植被为嵩草草甸，下游地区为针茅草原，野生动物主要有野牦牛、野驴、藏羚羊、黄羊、盘羊、熊及斑头雁、黑颈鹤、野鸭等。丁曲下游段滨河有贡久布（公觉布）乡人民政府驻地，是流域内之最大居民点，有乡级道路南达昂仁县政府驻地，北通尼玛县政府驻地。

10.3.90　戈芒错
（Gemangcuo Lake）

又名割忘错，位于西藏自治区尼玛县境内，东南与**张乃错**（差布错）毗邻，西北与**冻果错**相近，北距尼玛县政府驻地直线距离约22千米，地理位置为东经87°16′、北纬31°35′，内陆终点咸水湖泊，呈近似矩形。湖面高程4 602米时，东西长17.5千米，南北最大湖宽5.5千米，平均宽2.97千米，面积52平方千米。湖泊岸线平滑顺直，周长32千米。

戈芒错地处藏北高原南部一狭长形山间盆地内。湖区西北及西南部为浑圆而平缓的低山丘陵，相对高差一般在250～350米之间；滨湖地区为冲积—淤积平原，环湖并有小型残迹湖散布。

湖区属高原亚寒带羌塘半干旱气候，寒冷干燥，冬季漫长无夏，年内无绝对无霜期，日照充裕，大风沙日较频繁出现；多年平均气温约-4摄氏度，多年平均年降水量约150毫米。湖水补给以地表径流为主，水源主要有2处：一为**张乃错**的尾闾河，另一为**舍藏藏布**的少部分径流。后者为**达则错**入湖河流**波仓藏布**的支流，该河在沙嘎尔河口以下呈多支散流形式下注，其中一小支向东分流入注戈芒错。湖水矿化度14.756克每升，属碳酸盐型咸水湖泊。

湖区植被以针茅草原为主。戈芒错与张乃错的环湖北部有省级道路东西穿过，湖区东部有县级和乡级道路相通。

10.3.90.1　张乃错
（Zhangnaicuo Lake）

又名差布错，位于西藏自治区尼玛县境内，西北与**戈芒错**毗邻，距尼玛县政府驻地直线距离约30千米。湖泊地理位置为东经87°24′、北纬31°33′，内陆吞吐湖泊。湖呈近似矩形，作东南—西北向延伸。湖面高程4 614米时，湖长8.5千米，最大湖泊宽5.5千米，平均宽4.2千米，面积36平方千米。湖泊岸线平滑顺直，周长26.8千米。

张乃错坐落在藏北高原南部一狭长形山间盆地内，盆地东北、西南部为平缓的低山丘陵，相对高差200～300米；滨湖区域为冲积—淤积平原，西北部并有连片沼泽发育；环湖散布有小型残迹湖，其中以位于西北端之岗脚错最大，面积2平方千米。流域面积680平方千米。湖水补给以地表径流为主，有入湖河流3条，其中以源于西南部之窝容曲（窝涌）最大，河长约30千米，河宽3～5米，水深0.1～0.2米。该河下游段河道分3股汊流，其中2股于西南部入张乃错，另1股入张乃错的尾闾河。湖西北端有长1 780米之尾闾河，湖水经此入注戈芒错。

湖区植被以针茅草原为主，局部沼泽区为苔草沼泽植被，滨湖放牧点较多，以长乃（张乃）、果龙较大。湖区野生动物主要有野牦牛、野驴、藏羚羊、黄羊、岩羊以及斑头雁、野鸭、黑颈鹤等。

10.3.91　虾别错
（Xiabiecuo Lake）

位于西藏自治区尼玛县境内，地理位置为东经87°16′、北纬32°13′。湖面高程4 597米时，湖长6.2千米，最大宽4千米，平均宽2.5千米，面积15.5平方千米。湖岸比较规则，周长19千米。

湖泊地处木嘎岗日雪山西侧构造盆地内，东南临**达则错**水系，北与**雅根错**相邻，西侧是普许错（面积4.5平方千米）；流域面积404平方千米。湖泊东、北、西三面高山（相对高程500～1 000米）环绕，其中位于湖东北仅8～10千米的木嘎各坡雪山（高程6 289米）有冰雪面积8平方千米左右。滨湖区发育有较大面积沼泽，南侧湖积倾斜平原面积达40～50平方千米，地势开阔。从湖滨分布的古湖岸砂砾堤位置及高程判断，该湖自第四纪大湖期以来湖面已强烈退缩。

流域属高原亚寒羌塘半干旱气候区，多年平均年降水量约180毫米，多年平均气温-1摄氏度左右。降水是湖水的主要补给源，也有少量的冰雪融水及地下水补给。较大的入湖河流有南岸入湖的隔列曲，河长约27千米，上游分东西两支：东支称敌巴曲，河长约20千米，源于木嘎各坡雪山南侧，获部分冰雪融水补给；西支称弄巴曲，河长19千米，源于目嘎日山南侧，径流量较小。两支汇合的下游河段长7千米左右，南北流向，砂砾质河床宽7米左右。西岸入湖的李岗弄巴曲，河长约17千米，源头是一面积0.8平方千米的小湖词嘎儿错，该小湖同时也是西北侧**佣尖错**入湖河流的源头，亦即词嘎儿错是两个流域的分水界线。其他入湖河流均源流短小。

据20世纪60年代资料，湖水矿化度10.215克每升，属碳酸盐型内陆咸水湖泊。在湖滨沼泽及湖南侧的倾斜湖积平原上，主要植被类型为高山紫花针茅草原，长势良好，有利于畜牧业的发展。

10.3.92　得雨湖
（Deyu Lake）

位于西藏自治区尼玛县双湖特别区境内，属内陆咸水湖泊，地理位置为东经87°16′、北纬35°41′，北近**雪景湖**，西望**涌波湖**。湖形狭长，呈东西向延伸。湖面高程4 838米时，相应湖长17.8千米，最大宽4.3千米，平均宽2.46千米，面积

43.7平方千米。湖岸线长48千米。

地处藏北高原北部可可西里山脉西段山间盆地内。湖周低山丘陵环绕，其中湖北是相对高度300～500米的玉尔巴杂钦山，南面为相对高度100多米的丘陵冈阜，湖东西两侧多为相对高度不足70米的低缓残丘。近湖岸分布有大面积砂砾地及盐碱滩。第四纪湖泊盛期时，该湖与西侧的涌波湖曾为同一大湖体。

湖区属高原寒带昆仑干旱气候，多年平均气温－6～－4摄氏度，多年平均年降水量约100毫米。流域面积1 464平方千米。湖水主要依赖湖周汇入的时令河补给，大小入湖河流有28条之多。其中最长者为湖东岸入湖的炎峪沟，河长24千米，其余河长大多不足10千米。流域内尚分布有70多个残迹小湖，其中面积大于0.1平方千米的有10余个。

湖区植被类型除南部为垫状驼绒藜荒漠外，其余为青藏苔草草原，青藏苔草、羽柱针茅组成植被的优势种类，野生动物有野牦牛、野驴、藏羚羊、黄羊、盘羊、岩羊、狼、狐狸及雪鸡等。湖区人迹罕至，自然条件恶劣，交通不便。

10.3.93　朝阳湖
(Zhaoyang Lake)

在西藏自治区尼玛县双湖特别区境内，属内陆卤水盐湖，地理位置为东经87°15′、北纬35°17′。湖呈长条状，作东西向延伸。湖面高程4 740米时，相应湖长13.8千米，最大宽2.7千米，平均宽1.65千米，面积22.8平方千米。湖岸线长37千米。

地处藏北高原北部，坐落在可可西里山脉西段余脉萨玛绥加日山山麓山间盆地内。滨湖西南和北部为盐碱滩地，仅有少量残丘点缀，地势较开阔。其余为相对高度100米以下的低缓丘陵环绕。湖相沉积物表明，从第四纪大湖期以来，湖泊在不断衰退、萎缩。湖北部的小朝阳湖（时令湖）及流域内残留星罗棋布的小湖、水塘、沼泽均是古湖泊退缩的重要标志。

湖区属高原亚寒带羌塘半干旱气候，多年平均气温－6～－4摄氏度，多年平均年降水量100～150毫米。流域面积332.2平方千米。湖水主要依赖北部的春雨沟（河长45千米）和新河沟（河长44千米）补给，两河均发源于萨玛绥加日山南麓，每年6—9月有河川径流产生，先入小朝阳湖，然后以潜流形式补给该湖。

湖周主要植被类型为垫状驼绒藜荒漠，野生动物有野牦牛、野驴、藏羚羊、黄羊、盘羊、石羊、狼、狐狸、猞猁及雪鸡等。湖区交通闭塞，人迹罕至。

10.3.94　角木茶卡
(Jiaomuchaka Salt Lake)

因湖西枕角木日山而得名，藏语意为"百灵鸟盐湖"，在西藏自治区尼玛县西部，地理位置为东经87°12′～87°14′、北纬33°15′～33°18′。湖体似楔形，呈南北向延伸。湖面高程4 750米时，面积41.8平方千米。由于湖泊退缩，现湖面已支离破碎，被分离成大小10多个残留卤水湖，其中3个较大者面积分别为6平方千米、4平方千米和1.6平方千米，其余均不足0.5平方千米，现有卤水总面积约12.5平方千米。

湖泊位于一山间盆地内。湖盆外围有比让山和角木日山东西对峙，相对高度100～400米；南北两侧地势较开阔，为洪积—冲积平原。滨湖多盐碱沼泽湿地。

湖区属高原亚寒带羌塘半干旱气候，多年平均气温－6摄氏度左右，多年平均年降水量150～200毫米。无常年河入湖，湖水主要依赖地下潜流和泉水补给。盐类矿床主要是石盐和芒硝沉积。

湖区植被以高山草原类青藏苔草草原为主，野生动物主要有野牦牛、野驴、藏羚羊、黄羊、熊及黑颈鹤等。湖区人迹罕至，交通闭塞。

10.3.95　懂布错
(Dongbucuo Lake)

在西藏自治区尼玛县境内，地理位置为东经87°14′、北纬31°20′，内陆咸水湖泊。湖形极不规则，西侧湖连半岛直伸湖中将湖体分为南北两湖区，其中南部湖区略大，南北两湖区间由宽约100米的水道相连。湖面高程4 645米时，相应湖长10千米，最大湖泊宽5千米，平均宽2.7千米，面积27平方千米。

湖泊坐落在一山间断陷盆地内。盆地东、西、南三面高山环绕，山体高程5 600～6 000米；西北侧为盆地之缺口，系地势坦荡之冲积—淤积平原，湖滨并有连片沼泽发育。

湖泊属高原亚寒带羌塘半干旱气候，多年平均气温－2～0摄氏度，多年平均年降水量约200毫米，以每年的6月下旬至8月下旬最为集中。流域面积约450平方千米。湖水补给以地表径流为主，有入湖河流3条，即由东岸入湖的若果河和狭弄河，由北岸入湖的无名河。若果河长19千米，下游段最大河宽8米，水深0.4米；狭弄河及无名河河长分别为9.5千米、2.9千米。

湖区植被以紫花针茅草原为主，北部滨湖沼泽区有苔草植被发育，湖区山高路险，交通不便。

10.3.96　亚克错
(Yakecuo Lake)

藏语意为"牦牛湖"，在西藏自治区尼玛县双湖特别区境内，南距**错尼**约9千米，内陆卤水盐湖，地理位置为东经87°12′、北纬34°42′。湖面高程4 890米时，相应湖长6.3千米，最大宽5.8千米，平均宽2.94千米，面积18.5平方千米，湖岸线曲折，湖周长27千米。

亚克错地处藏北高原北部，坐落在强日玛查山东南麓一山间盆地内。湖周大多为盐碱滩地，地势开阔，仅湖东北部有相对高度100～200米的低缓丘陵散布。

湖区属高原亚寒带羌塘半干旱气候，多年平均气温－6摄氏度，多年平均年降水量100～150毫米。流域面积368平方千米。湖周无地表径流入注，湖水主要依赖地下水补给，湖底有石盐沉积。

湖周植被以高山荒漠类垫状驼绒藜荒漠类型为主，偶见低矮的羽柱针茅和硬叶苔草，土壤贫瘠，植被甚不发育；常见的野生动物有野牦牛、野驴、藏羚羊、黄羊、狼、黑唇鼠兔以及雪鸡等。湖区人迹罕至，交通闭塞。

10.3.97　达杂迪扎错
(Dazadizhacuo Lake)

位于西藏自治区尼玛县境内，地理位置为87°07′、北纬32°52′，属内陆咸水湖泊，湖泊大致呈东北—西南向长条形。湖面高程4 731米时，相应湖长7千米，最大宽2.6千米，平均宽1.43千米，面积10平方千米，岸线周长18千米。湖东北部近岸有无名小岛1座，面积约0.01平方千米。

达杂迪扎错地处藏北高原腹地，坐落在一山间盆地内。

湖区西及西南部为山地丘陵，地势较陡，其余方位为冲积—淤积平原。东南部湖滨有大片沼泽，并有小型残迹湖分布。

湖区属高原亚寒带羌塘半干旱气候，多年平均气温约－4摄氏度，多年平均年降水量约200毫米，年大风日数超过200天。流域面积2 080平方千米。湖水补给以地表径流为主，湖周有5条河流在湖东北、东南及西南部入湖，以**桑绿河**最大。

湖区植被以针茅草原为主，在沼泽区主要为苔草沼泽植被，野生动物主要有野牦牛、野驴、黄羊、藏羚羊、岩羊、棕熊以及斑头雁、黑颈鹤等。湖区环境恶劣，交通闭塞，人类经济活动罕见。

10.3.97.1 桑绿河
(Sanglu River)

达杂迪扎错最大的入湖河流，发源于桑孜则俄山西北麓，源头海拔5 230米。流域面积1 428平方千米，河长67千米，总落差499米。流域地处西藏自治区尼玛县双湖特别区境内，东南与**拨度错**水系为邻，西北与**依布茶卡**水系接壤。流域水系呈树枝状展布，拥有大小支流20余条，干流总体由东向西流淌，于达杂迪扎错之东部入湖。

流域属高原亚寒带羌塘半干旱气候，严寒干燥，降水稀少，冬季漫长而无夏，年内无绝对无霜期，大风雪日较多；多年平均气温约－4摄氏度，多年平均年降水量约200毫米，年大风日数逾200天。

全河可分为两段：上游为山地及丘陵段，河长43千米，落差432米，河床平均比降10.0‰；下游为冲积平原段，河长24千米，落差67米，河床平均比降2.8‰。

河源区干支流均系时令河，仅在每年7～9月有少量径流产生。干流自源出后，依山谷走势先曲折北流，大约经15千米的流程，折而西转，由此始为常年性河流，雨季河宽3米，水深0.2米。在上游段有17条支流汇入，仅左岸1条无名支流为常年河，河长约14千米。此外左岸有2泉眼、右岸有1泉眼补给。

进入下游段，左岸有3条常年性支流汇入，依次是沙色朗弄巴（河长43千米）、木狮曲（河长32千米）、沙宙甲布雄曲（河长34千米），右岸2条常年性支流，依次是查布曲（河长14千米）、无名河（河长11千米）。支流相继汇入使干流水势逐渐增强，下游段雨季最大河宽达7米，水深0.2米左右。在入湖河口段发育有一小型河口三角洲。

上游地区植被以风毛菊、红景天稀疏植被为主，下游地区主要为针茅草原；野生动物主种有野牦牛、野驴、藏羚羊、岩羊、棕熊以及雪鸡、斑头雁、黑颈鹤等。

10.3.98 玛尔果茶卡
(Maerguochaka Salt Lake)

藏意为"红废墟盐湖"，位于西藏自治区尼玛县境内，地理位置为东经86°56′～87°05′，北纬33°48′～33°55′。湖面高程4 830米时，湖泊长度15.6千米，最大宽8.7千米，平均宽5.1千米，面积80平方千米。湖泊大致呈南西—北东向伸展，南北两岸较平整，东西两岸相对曲折。湖泊周长50.8千米。

湖泊地处玛依岗日雪山东北，坐落在孜热山与纳洛日山之间的断陷盆地内，系构造湖。流域西邻**嘎尔孔茶卡**、**喷呐湖**水系，南与**热觉茶卡**入湖河流交界，北侧是**错尼**、**确旦错**水系，东侧隔纳洛日山接向阳湖及**依布茶卡**。流域面积2 620平方千米。湖泊四周低山丘陵环抱（相对高程100～200米），其中南岸与西岸的山麓线临近水边，滨岸带较狭窄；东岸特别

是东北岸湖滩地面积很大。湖滨均分布一层宽数十米的白色盐碱结晶。据1976年8月考察，南岸狭窄的湖滨滩地上有多条古湖岸砂砾堤分布，最大的一条高出现湖约20米。

流域多年平均年降水量130～150毫米，多年平均气温－7摄氏度左右，属高原亚寒带羌塘半干旱气候区。冰融水及地下水是湖泊的主要补给水源。最大入湖河流为从东北岸汇入的**虾河**，是湖水的主要补给源。此外，汇入湖泊的还有8～9条时令小溪，短的6～7千米，最长的亦不超过30千米，多数仅上游段雨季存在有限地表径流，出山口后几乎都下渗消失于地下。

据1976年8月的考察资料，该湖湖底全是坚硬、平坦的无色石盐沉积，湖中心最大水深仅为0.05米。中心表层卤水pH值6.5～7.0，矿化度318.032克每升，属硫酸镁亚型卤水盐湖。

流域内植被稀疏，覆盖率低，自然环境恶劣，山区主要是风毛菊、红景天稀疏植被，近湖滨开阔平坦地区主要是青藏苔草草原，其优势种有青藏苔草、羽柱针茅等。夏季生长最好的青藏苔草单株株高仅8～10厘米，而其主根可扎入土中1米多深，支根又可在土中水平伸展2米以上，以满足其吸取足够水分与生长发育的需要，反映了湖泊区域自然景观已逐渐呈现荒漠化的特征。域内野生动物有野牦牛、藏羚羊、藏黄羊、野驴、黑唇鼠兔等，鸟类有西藏毛腿沙鸡、棕背雪雀、红眉朱雀、藏雪鸡等。流域为国家级的自然保护区。

10.3.98.1 虾河
(Xiahe River)

玛尔果茶卡最大入湖河流，位于西藏自治区尼玛县双湖特别区境内，发源于色乌岗日雪山东北坡冰雪覆盖区，源头高程5 560米，流域面积1 596平方千米，地理位置东经86°36′～87°28′，北纬33°55′～34°13′。河长82千米，落差730米，河流大致呈西北—东南流向。

全河可分3段：源头至石水泉为上游段，名甜水河，河长26千米，河床平均比降16.5‰；石水泉至冒沙泉为中游段，名石水河，河长21千米，河床平均比降10.1‰；冒沙泉至入湖河口为下游段，始称虾河，河长35千米，河床平均比降2.5‰。河水主要由源区冰融水和地下水补给。流域植被稀疏，上游山区主要是风毛菊、红景天稀疏植被，中下游地区是青藏苔草草原，优势种有青藏苔草、羽柱针茅等；经常出没的野生动物有野牦牛、藏羚羊、藏野驴、藏狐、狼、黑唇鼠兔等，珍稀鸟类有西藏毛腿沙鸡、棕背雪雀、藏雪鸡等。

上游有4支源头，分别连接色乌岗日雪山东北坡四条冰川下部的冰舌缘。春夏冰雪融水季节，各条源头支沟宽1.5～3米，水深0.1～0.2米。各支沟汇入后，继续东南方向流淌，砾质河床宽度加大至3～4米，水深约0.4米。因源头冰雪覆盖面积较大，上游段是整个虾河径流补给量最多的一段。从石水泉始，干流进入一山间盆地，径流逐渐下渗消失于盆底的戈壁沙滩之中，故中游段仅夏季6—9月偶然出现有地表径流，河道分汊多，河床不稳定。河段左岸盆地边缘山区有6～7条长10千米左右的山溪，出山口后也都相继下渗消失，以潜流形式与干流平行下泄，在下游低洼地段复又以一系列泉水或泉水溢出形式补给干流河段，较大的有冒沙泉、渗水泉、草绒泉等，因此，径流量明显增大。下游河道左右摆动频繁，形成辫状水系。干流入湖前改北南流向，许多地段砂质河谷宽达400～500米，地形低洼处并有小面积的零星沼泽分布。

10.3.99 江尼茶卡
(Jiangnichaka Salt Lake)

由通连的东西两个湖体组成，西湖称龙舟湖，东湖称葫芦湖。位于西藏自治区尼玛县及尼玛县双湖特别区境内，地理位置为东经86°22′~87°03′，北纬35°01′~35°06′。湖面高程4 784米时，湖泊长17.5千米，最大宽3.5千米，平均宽2.2千米，面积38.2平方千米，其中西湖面积24.1平方千米，东湖面积14.1平方千米。西湖岸线曲折，东湖相对比较平整，湖周总长57.8千米。属硫酸钠亚型内陆终点卤水盐湖。

地处可可西里山脉西段萨马绥加山与强日玛查山之间的断陷盆地内，系构造湖。流域呈南西—北东向展布，内含**玛尔盖茶卡**及**淡水湖**两个面积大于10平方千米的吞吐湖泊；西接**羊湖**及**布若错**水系，南邻**错尼**入湖河流，北隔绥加山是**胜利湖**流域，东侧以低平分水垭口与鸭子湖以及**朝阳湖**水系交界。流域面积7 603平方千米，流域内累计湖泊面积为161平方千米（其中含面积不足10平方千米的其他小湖面积20平方千米）。

湖区四周为相对高程50~150米的丘陵低山环抱。其中南北两侧4 800米等高线近湖岸走向分布，滨岸带比较狭窄。东西两侧地势比较开阔，西侧是表层覆盖白色盐碱结晶的细砂砾质滩地；东侧与鸭子湖（面积5平方千米）间分水垭口是一条高程为4 790米平整的古湖岸砂砾堤，堤面宽30~50米，考察队载重汽车队来往堤面行驶时，如履平坦公路一般。据1976年在上游吞吐湖泊玛尔盖茶卡北岸考察，现存最高古湖岸砂砾堤高程为4 794米，即第四纪高湖面时，玛尔盖茶卡、江尼茶卡及东侧的鸭子湖均属同一湖体。

流域多年平均年降水量100~120毫米，多年平均气温－6~－5摄氏度。降水稀少，寒冷干燥，属高原亚寒带羌塘半干旱与高原寒带昆仑干旱过渡区气候。湖水补给主要来自**玉龙河**，其次是玛尔盖茶卡部分下泄湖水。

湖水呈浅蓝色，湖中无岛屿及很少砂质陆连半岛分布，南北两侧4 800米等高线，沿湖岸走向延伸，表明湖盆底坡较陡、湖水较深。江尼茶卡在整个流域水系中处于终点湖泊位置。

流域植被类型单调，上游山区主要是风毛菊、红景天等稀疏植被，近湖滨是青藏苔草草原植被，主要有青藏苔草、羽柱针茅等；常见的野生动物有野牦牛、藏羚羊、野驴等。域内蕴藏着巨大的石盐盐矿资源，具有开采利用前景。

10.3.99.1 玉龙河
(Yulong River)

江尼茶卡西湖最大入湖河流，位于西藏自治区尼玛县境内，发源于藏色岗日雪山北坡冰雪覆盖区，源头高程5 540米。流域面积2 443平方千米，河长150千米，落差756米，流向大致由西南向东北流。流域介于东经85°47′~86°54′和北纬34°35′~35°04′之间。

根据地形及水文地理特征，全河可分为3段：河源至昆玉泉，称友谊沟，为上游段，河长20千米，落差260米，河床平均比降13.0‰；昆玉泉至**淡水湖**为中游段，河长48千米，落差371米，河床平均比降7.7‰；淡水湖至河口为下游段，河长82千米，落差125米，河床平均比降仅1.5‰。

流域呈狭长形展布，多年平均年降水量约130毫米，多年平均气温－7摄氏度左右，属高原亚寒带羌塘半干旱气候区。河水主要由上游冰融水及沿程出露的地下水（泉水）补给，很少有支流汇入。全流域植被稀疏，干燥寒冷，大部分地区砂砾裸露，自然环境恶劣，上游山区主要是风毛菊、红景天等稀疏植被，中下游地区主要是青藏苔草草原；常见的野生动物有野牦牛、藏羚羊、野驴、藏狐、狼等。

玉龙河自源头藏色岗日雪山北坡冰川冰舌缘起至入注江尼茶卡河口源远流长，蜿蜒曲折，绵延150千米，沿程穿越多个大小盆地，各段水文地理特征具有明显差异。

上游河段友谊沟长20千米，大致作西南—东北流向。上段坡陡流急，7~8条源头支沟，分别源自各冰川冰舌末端，源区冰雪覆盖面积近50平方千米，友谊沟是其中最长的一条；出山口后各支沟先后渗入地下成潜流形式继续下泄，约经5千米后复又以泉水（昆玉泉）形式出露集水成河进入中游河段，称白龙冰河。

中游段河流大致东西流向，因流经地势平缓的山间盆地，河道分汊增多，河道宽度多在100米以上，部分河段宽达200~300米，并在盆地低洼处形成一面积23.2平方千米的吞吐湖泊——淡水湖。中游河段基本无支流汇入，但有一系列泉水出露形成的泉集小溪直接补给干流，夏季水源较丰。

淡水湖出流后的下游河段始称玉龙河，大致作西南—东北流向。起始段流速缓慢，河道非常弯曲，先潴水形成吞吐湖泊前卫湖（面积1.2平方千米），前卫湖出流后河道逐渐离开盆地，河床也随之收缩，一般宽度为35米左右。约13~14千米后，河道又进入一小型盆地，右岸有一面积3.9平方千米、由地下水补给的石榴湖通过汊流汇入，河道宽度加大至200米左右，两侧相应地形成不能通行的沼泽湿地。下游段的最后30余千米进入湖滨平原区域，汊流增多，形成辫状河道，直至入湖前5~6千米才逐渐收缩成宽约28米、夏季汛期时水深0.4米的入湖河道。

10.3.99.1.1 淡水湖
(Danshui Lake)

玉龙河的吞吐湖泊，又名青蛙湖，位于西藏自治区尼玛县境内，地理位置为东经86°22′~86°26′，北纬34°41′~34°44′。湖面高程4 909米时，湖长7千米，最大宽5.1千米，平均宽3.3千米，面积23.2平方千米。湖岸较规则，大致呈圆形，湖周长19.4千米。

地处藏色岗日雪山东侧一山间盆地内，系由玉龙河中游段低洼河谷地段形成的河积湖。湖泊南北两侧分别是龙尾山及屋脊山，山麓近湖岸分布；东西两侧是开阔的冲积—湖积平原。湖水主要由玉龙河上中游段河水补给，夏季冰融水补给比较丰沛。湖水由东岸下泄入玉龙河下游河段，出水口以上流域面积1 032平方千米。

湖面积随季节的变化较大。据20世纪80年代资料，湖水矿化度8.004克每升，属硫酸镁亚型咸水湖泊。

10.3.99.2 玛尔盖茶卡
(Maergaichaka Salt Lake)

曾名约基台错、亦名基台错、绥加错等，位于西藏自治区尼玛县境内，地理位置为东经86°40′~86°52′，北纬35°05′~35°10′。湖面高程4 785米时，湖长18.8千米，最大宽5.6千米，平均宽4.2千米，面积79.6平方千米。湖泊由通连的两个大小湖体组成，西北侧大湖体呈南西—北东向长方形，湖岸规则；东南侧小湖体湖形甚不规则，湖岸十分曲折。湖周长67.7千米，属硫酸钠亚型内陆吞吐卤水盐湖。

地处可可西里山西脉萨玛绥加山与强日玛查山之间的断

陷盆地内，系构造湖。流域亦大致呈南西—北东向展布，流域面积3 950平方千米。

据1976年8月考察资料，相对高程500米左右、由红色砂砾岩构成的缓加山山脊距湖北岸7～8千米平行分布；山麓与水边线之间的湖滩地上平行分布着6道古湖岸砂砾堤，其中最高的一条高出湖面约9米，坚硬结实。外围残留许多干涸小湖；湖东岸地势比较开阔，滩地上的白色盐晶带宽达4～5千米；西岸与南岸湖滨为裸露的大面积细砂砾质滩地。湖水通过其东南侧的涟湖河缓缓排向终点湖泊**江尼茶卡**西湖。

西岸汇入的时令河**日马卜松曲**（即蛛丝河）是湖泊的主要补给源，湖西北岸尚有3条较大入湖河流：东侧是双崖河，河长约19千米；中间是荡漾河，河长14千米；西侧是清水涧，河长约13千米。这些河流上游坡陡流急，出山口后径流很快下渗，潜流一段后，复又以泉水溢出形式补给湖泊。湖北岸及东岸另有20余条长度不大的干沟，只在降水较大时，沟内才有径流汇入。

1976年考察时，实测最大湖泊水深仅1.35米，湖水清澈见底。湖底白色颗粒状盐晶透过阳光照射时，发射出闪闪亮光，五颜六色，晶莹夺目；湖面上漂浮着的很多小盐花，显示湖水含盐量呈过饱和状态；湖面偶遇波浪时，浪的迎阳面呈现银灰色，而背阳面却是草绿色，真有变幻莫测之感。湖中心表层湖水pH值9.52，矿化度323.461克每升，属硫酸钠亚型卤水盐湖。

流域内植被极为稀疏、单调，周围山区主要是稀疏的风毛菊、红景天等高山垫状植被，近湖滨是青藏苔草草原，长势不盛，即使在夏季，整个视野均以淡黄色为主；常见的野生动物有野牦牛、藏羚羊、藏野驴、藏狐、高原兔以及棕颈雪雀、棕背雪雀等。湖底蕴藏丰富的盐矿资源，具开采利用价值。

10.3.99.2.1　日马卜松曲
（Rimabosongqu River）

又名蛛丝河，系**玛尔盖茶卡**最大入湖河流，发源于布若岗日雪山北坡冰雪覆盖区，源头高程5 600米。流域面积3 193平方千米，河长170千米，落差815米，河床平均比降4.8‰。流域大致呈西南—东北向展布，地理位置介于东经85°30′～86°39′和北纬34°32′～35°14′之间，地跨西藏自治区尼玛、改则两县。

全河可分3段：河源至长蛇岭与小石坪山（高程5 551米）间峡谷口为上游段，河名狼窝沟，河长38千米，落差463米，河床平均比降12.2‰；长蛇岭、小石坪山间峡谷口至右岸支流泉水湖沙河汇入口为中游段，河名黄龙沙河，河长78千米，落差246米，河床平均比降3.2‰；沙河汇入口至入湖河口为下游段，始称日马卜松曲，河长54千米，落差106米，河床平均比降2‰。

河水主要由上游冰雪融水及沿程少量的地下水补给，一般仅6—9月有少量河川径流，多数时间河床呈干涸状态，呈现一片寒漠景观的恶劣自然环境。

河流源出后，总体往东北方向蜿蜒延伸。上游由呈扇形排列的大小支沟组成，其中源自冰川冰舌前缘的弧弯沟是正源，南北流向，有覆盖面积10余平方千米的冰川积雪，各支沟在长蛇岭与小石坪山之间的峡谷相继汇集后进入中游段。

中游段河流基本自西向东流，河段地处一狭长山间构造盆地内。前段水系比较发育，有多条支沟加入；后段河道弯曲、河谷宽阔，两岸无支流汇入，但在河道右侧低洼地段由地下水补给形成的孤立小湖星罗棋布，其中最大的沙嘴湖面积也仅3.6平方千米。

右岸支流泉水湖沙河汇入后，河流进入下游段。泉水湖沙河长约40千米，上游称细水河，系因源头补给源细水泉而得名，南北流向，下行约20千米与右岸泉水湖下泄的湖水会合后始称泉水湖沙河。下游河段呈西南—北东流向，河道基本位于玛尔盖茶卡湖盆区域，在宽约1～2千米的细砂质河床内分成许多细小水沟向下游排泄，辫状河道形同蛛丝，故名曰蛛丝河。沿程除偶有几处泉水出露外，别无支流汇入。近湖滨约10千米处，河道分成多股下泄，多数直接东流注入玛尔盖茶卡，另有一股北流排向湖盆北沿低洼处的白雪湖（面积2平方千米），该湖系由盆地北部山区南流的清水涧及山前溢出的泉水补给所形成，丰水时湖水东流排向玛尔盖茶卡。入湖前河段左右摆动频繁，形成面积约25平方千米的湖滨洪积—冲积细砂砾质三角洲。

10.3.100　振泉湖
（Zhenquan Lake）

属内陆咸水湖泊，位于西藏自治区尼玛县双湖特别区境内，地理位置为东经86°58′、北纬35°55′。湖泊呈东西走向，湖面高程4 784米时，相应湖长16.9千米，最大宽5.9千米，平均宽2.51千米，面积42.4平方千米。湖岸线长43.5千米。

地处藏北高原北部，坐落在昆仑山与可可西里山之间的第四系沉积盆地内。盆地外围低山丘陵环抱，其中湖北为相对高度400余米的昆仑山余脉，南为相对高度100米左右的低缓丘陵。滨湖北部有高出湖面16～20米的湖积阶地，其组成物质为灰黄色泥质湖相沉积；近岸分布一条高出湖面1.5米的砂砾堤，是湖泊近期退缩之痕迹。湖区地貌特征显示，第四纪高湖面时期，它与位于其西部的涟水湖（面积7.6平方千米）、北岛湖（面积6.4平方千米）、西泉湖（面积1.5平方千米）等曾为同一大湖。

湖区属高原寒带昆仑干旱区气候，多年平均气温−4摄氏度左右，多年平均年降水量75～100毫米。流域面积2 454平方千米。湖水主要依赖北岸汇入的**嬉龙河**和**迎雪河**补给，湖东部、南部尚有清水河、沮水河、潆水河等6条时令河入注。冰雪融水为河湖的主要补给源。湖水pH值7.7，矿化度22.646克每升，属硫酸镁亚型咸水湖泊。湖中有硅藻35种，绿藻3种。

湖周植被类型以高山荒漠类垫状驼绒藜荒漠为主，野生动物有野牦牛、野驴、藏羚羊、黄羊、盘羊、岩羊、狐狸、猞猁及雪鸡等。湖区人迹罕至，交通闭塞。

10.3.100.1　嬉龙河
（Xilong River）

振泉湖主要入湖河流，发源于昆仑山脉南侧山区，局部山峰有常年冰雪覆盖，源头高程5 883米。流域面积468平方千米，河长51千米，落差1 099米，河床平均比降21.5‰。流域介于东经86°35′～86°55′和北纬35°56′～36°18′之间。北以昆仑山脉为界，东邻**迎雪河**，西与北岛湖流域接壤。流域略呈长条形，北宽而南窄，位于西藏自治区尼玛县双湖特别区境内。

流域属高原寒带昆仑干旱气候，寒冷干燥，降水稀少，多年平均气温−4摄氏度左右，多年平均年降水量75～100毫米，河水主要依赖冰雪融水补给。

河流自源出后，总体由北西向南东曲折流淌。上游段水系发育较好，其中河源区先后有7条小支流汇入（其中6条为时令河），长度均不逾6千米。位于右岸的大新河为上游河段最大支流，河长20千米。大新河口以上，干流河宽不足3米；大新河口以下，进入下游段，河宽约4米，水深0.2米，河床多砂质，两岸支流鲜见。近河口区，干流分作两支，于振泉湖西北岸入湖。据1976年8月考察，该河流量不稳定，时而有水，时而断流。

流域内的上游段植被以风毛菊、红景天为主，下游段以垫状驼绒藜荒漠为主，野生动物有野牦牛、野驴、藏羚羊、黄羊、盘羊、岩羊、狐狸、猞猁及雪鸡等。

10.3.100.2　迎雪河
（Yingxue River）

振泉湖主要入湖河流，发源于昆仑山脉南侧常年冰雪覆盖区，源头海拔6367米。流域面积1276平方千米，冰雪覆盖面积近30平方千米。河长72千米（其中时令河段50千米），落差1583米，河床平均比降22‰。流域介于东经86°52′～87°16′和北纬35°55′～36°22′之间，北面以昆仑山脉为界，东隔**雪景湖**流域，西邻**嬉龙河**，位于西藏自治区北部尼玛县双湖特别区内。

河流总体由北东向南西流。自冰舌缘源出后，先穿行于15千米长的高山深谷，继而进入长达50千米的戈壁滩时令河段，其间先后有4条时令性支流入注。支流均源于海拔6000米以上的常年冰雪覆盖区，其中以左岸淙流河最长，达37千米。入湖河口以上7千米处，干流转为常年河，河宽约5米，水深0.2米，于振泉湖北岸入湖。河水主要依赖昆仑山南侧冰雪融水补给。

流域植被类型沿程依次可见风毛菊、红景天稀疏植被、青藏苔草草原及垫状驼绒藜荒漠植被，野生动物主要有野牦牛、野驴、藏羚羊、黄羊、盘羊、岩石羊、狐狸、猞猁及雪鸡等。

10.3.101　康如茶卡
（Kangruchaka Salt Lake）

又名康鲁茶卡，位于西藏自治区尼玛县境内，地理位置为东经86°58′、北纬33°33′。湖面高程4766米时，湖泊长5.2千米，最大宽2.9千米，平均宽1.8千米，面积9.6平方千米。湖泊近似三角形，湖岸较规则，湖周长度13.6千米。属硫酸镁亚型内陆卤水盐湖。

湖泊位于玛依岗日雪山与加若山之间的断陷盆地内，系构造湖。流域北邻**热觉茶卡**，南与**依布茶卡**入湖河流**江爱藏布**交界，东西两侧分别是加若山及玛依岗日雪山，流域面积384平方千米。湖泊西侧是兰新岭圆形山地，山麓线离湖岸仅2千米余；东侧的湖东山距湖约10千米。湖泊南北两侧地势相对十分开阔，其中西北侧与热觉茶卡之间的分水垭口为高程4775米左右的低平湖积沉积滩地，推断在第四纪高湖面时期，两湖曾属同一湖体。

流域多年平均年降水量约130～150毫米，多年平均气温－7摄氏度左右，属高原亚寒带羌塘半干旱气候。湖水主要依降水、冰雪融水及地下水补给。有3条源于玛依岗日雪山东北坡冰雪覆盖区的无名时令河从湖泊西岸汇入，另有一些干沟发育于东侧湖东山，遇较大降水时才有径流入湖。上述时令河的特点是上游冰雪融化水量补给充沛，出兰新岭山口后径流逐渐下渗消失，继以地下水补给湖泊。

湖滨分布数十米宽的黑色淤泥带，上覆一层白色盐碱结晶。从开阔、平坦的湖盆地貌特征分析，该湖湖水很浅。据近湖岸表层水样分析，湖水pH值8.6，矿化度53.396克每升，属硫酸镁亚型卤水盐湖。

湖区植被覆盖率很低，野生动物稀少，自然环境恶劣。

10.3.102　热觉茶卡
（Rejuechaka Salt Lake）

位于西藏自治区尼玛县境内，地理位置为东经86°49′～86°53′，北纬33°40′～33°43′。湖面高程4751米时，湖泊长6.7千米，最大宽4.5千米，平均宽3千米，面积20平方千米。湖泊近似椭圆形，其中西北及东南湖岸比较曲折，湖周长26千米，属内陆卤水盐湖。

湖泊坐落在玛依岗日雪山与孜然山—加若山之间的断陷盆地内，系构造湖。流域北接**喷呐湖**及**玛尔果茶卡**，东邻**康如茶卡**，西侧是长蛇湖（面积1.2平方千米），南以玛依岗日雪山与**冈塘错**、**依布茶卡**水系交界；流域面积1040平方千米。湖内有小岛3座。湖体南及西南侧是相对高程200～300米的山地，山麓线贴近湖岸分布；其余方向地势平坦、开阔，其中西北、东南两侧规模较大的湖积倾斜平原（戈壁沙滩）显示湖泊退缩的规模。热觉茶卡昔日与康如茶卡属同一大湖体。

流域属高原亚寒带羌塘半干旱气候，多年平均年降水量130～150毫米，多年平均气温－7摄氏度左右，冰雪融水及地下水是湖水主要补给源。

入湖河流有2条，其中平沙河为最大入湖河流，该河大致分为3段：上游段由5～6条源于冰舌前缘的沟溪汇集而成，河段长16千米，南北流向，河道坡陡流急；中游段长14千米，南北流向，基本流淌于一山间盆地内。径流大量下渗，并在盆地低洼处形成面积10平方千米的沼泽；出盆地后为下游河段，长12千米，西北—东南流向，沿程有诸多出露泉水不断补充，水量明显增大，近湖滨段河道分汊众多，最后分成三股汊流汇入湖泊。此外，湖东及东北岸还有3条10～20千米长的时令小溪汇入。

流域山区为高山垫状植被，湖泊主要为青藏苔草草原。湖区环境恶劣，人迹罕至，成为野生动物繁衍生息的理想之地。

10.3.103　映山湖
（Yingshan Lake）

位于西藏自治区尼玛县双湖特别区（宁贡曲久隆西南3千米）境内，地理位置为东经86°53′、北纬35°21′。湖面高程4950米时，湖泊面积0.7平方千米。湖泊近似圆形，岸线规则。

湖泊坐落于可可西里山西端余脉萨玛绥加山以南常雾梁山西侧山间盆地内。流域面积68平方千米。湖区属高原寒带昆仑干旱气候，多年平均年降水量不足100毫米，多年平均气温－6摄氏度左右，自然环境恶劣。据1976年8月考察资料，湖泊北侧滩地面积较大，近水边分布厚层淤泥质湖相沉积；东岸及南岸水边为砂砾质硬底，湖滨见有7条退缩湖岸砂砾堤，其中最高一条距离水边仅20～30米，高出现湖面2.5米；测得湖泊最大水深1.3米。湖中心表层水样分析结果，pH值8.4，矿化度2.945克每升，属硫酸钠亚型微咸水内陆湖泊。湖中有水生植物和底栖动物生栖繁衍，但未见鱼类。湖中偏东北方有一宽1米、长7～8米的砂质小岛。

该湖湖水矿化度低，水域生长有水生植物，并有大量低等动物，湖边无盐碱结晶分布，这在羌塘地区湖泊中极为罕见。湖泊规模虽小，但其特殊的水域环境及水生生物种群在西藏湖泊研究中具有重要意义。

10.3.104 依布茶卡
(Yibuchaka Salt Lake)

曾名腰布茶卡、伊布茶卡，位于西藏自治区尼玛县境内，地理位置为东经86°40′～86°49′，北纬32°55′～33°01′。湖面高程4 557米时，湖长15.1千米，最大宽7.7千米，平均宽5.8千米，面积88平方千米。湖体大致呈东西向展布，湖岸比较规则，周长52千米。

湖泊坐落在玛依岗日雪山以南的穷莫山—牛山与冈唐日山（又名黑石山）之间断陷盆地内，系构造湖。流域大致呈北东—南西向展布，东邻**龙尾湖**及**阿木错**水系，南侧分水岭从东向西依次是江爱山、角木日山、穷莫山、牛山，北侧分水岭从东向西依次是沃若日山、纳洛日山、加若山、岗塘达哇丘尼山及冈唐日山，西南侧越波状起伏的低山丘陵与盐碱湖（面积4.3平方千米）及**日干配错**水系交界。流域面积6 528平方千米。湖体东西两侧相对高程800～1 200米山地山麓线及山前砂砾质冲积—洪积扇台地近岸边分布，南北两侧是地势开阔的入湖河流三角洲及湖积平原。第四纪高湖面以来，湖面已明显下降和萎缩，如湖泊南侧的大面积盐碱滩地及多个残留水体，昔日都属古大湖范围。

流域多年平均年降水量150～170毫米，多年平均气温-6摄氏度左右，属高原亚寒带羌塘半干旱气候区。湖水补给以降水为主，冰雪融水及地下水补给亦占相当比重。最大的入湖河流是从北岸汇入的**江爱藏布**，其流域面积占湖泊全流域面积的81.9%，是维持湖水补给与水量平衡的关键。另一条入湖河流是从东南岸汇入的泉水沟，河长35千米，流域面积360平方千米，砂质河床宽约2米，夏季水深0.5米。因东西两支源头均获泉水补给，径流量比较稳定，原为依布茶卡南湖重要补给源的清水河和嘎琼曲，目前是维持两个较大的残留小型盐湖的生命线，其中清水河长25千米，嘎琼曲长15千米，已属时令小溪。

据1978年考察资料，湖泊水深为1.5米，湖区沉积有大量石盐和芒硝，湖水pH值8.2，矿化度96.820克每升，属硫酸钠亚型卤水盐湖。

湖泊流域内的山区为高山垫状植被，其余多为紫花针茅草原，植被覆盖度较大，不少地区可开发成夏季牧场，常见的野生动物有野牦牛、藏羚羊、藏黄羊、藏驴、狼、黑唇鼠兔以及西藏毛腿沙鸡、棕背雪鸡等。

10.3.104.1 江爱藏布
(Jiang'aizangbu River)

又名甲柔藏布、加诺藏布，是**依布茶卡**的最大入湖河流，羌塘高原较大的内陆河流之一，位于西藏自治区尼玛县境内，流域介于东经86°40′～88°04′和北纬33°01′～33°49′之间。发源于那底岗日雪山（白象山）西侧冰川末端冰雪覆盖区，源头高程5 640米。流域面积5 345平方千米，河长195千米，落差1 083米，河床平均比降为5.6‰，大致作东北—西南流向。

流域属高原亚寒带羌塘半干旱气候，多年平均年降水量约170毫米，多年平均气温-6摄氏度左右，河水补给以降水为主，冰雪融水及地下水亦占一定比重，其中地下水补给是河流能够维持经常性径流的重要因素。

流域植被主要是紫花针茅草原，山区多是风毛菊、红景天稀疏高山垫状植被，常见的野生动物有野牦牛、藏羚羊、藏黄羊、野驴、黑唇鼠兔以及西藏毛腿沙鸡、棕背雪鸡等。

河流发育在北东走向的多个通连构造的山间盆地之中，河床多为宽谷，局部地段有窄谷出现。全河大致可以分为3段：上游段自源头至左岸支流乱石沟汇入口，河长57千米，落差766米，河床平均比降13.4‰；中游段自乱石沟至右岸支流伏牛沟汇入口，河长45千米，落差4米，河床平均比降不足0.1‰；下游段自伏牛沟汇入口至入湖河口，河长93千米，落差313米，河床平均比降3.4‰。

上游源区有3条较大的支流，其中两条分别源出那底岗日雪山（白象山）南北两侧现代冰川前缘冰雪覆盖区。北侧一支出山口后折向西流，很快进入山间盆地，径流下渗变潜流下泄。南侧一支为正源，称夷泯曲，河长57千米，除源区冰融水外，还汇集一支由地下水出露形成的泉集时令河，因而径流较大，据1976年7月考察，泉集河河谷宽达100～200米，砂砾质谷底十分平整，在夷泯曲下游段发现有因泉水秋冬季出露而形成的泉冰体，宽约300米，长约700米，泉冰消融后形成的径流汇入夷泯曲。上游另一条支流是源于江爱山（江爱达日那雪山）东侧的乱石沟，河长34千米，大致东西流向，夏季河川径流较大，出山口后流速减缓，河床摆动频繁，形成大面积扇形洪积坡地。与夷泯曲汇合前乱石沟河宽10米左右，水深0.4米。

乱石沟汇入后进入中游段。本河段地处一面积约150平方千米的山间盆地，河流在盆地内蜿蜒伸展，河汊较多，面积约80平方千米的沼泽洼地与大小水塘星罗棋布，河谷两侧山前洪积扇前缘相连成裙，盆地底部淤泥质湖相沉积物广布，显示本段河床是盆地内古湖泊的残留部分。河段内有两条较大支流汇入：右岸汇入的支流称胜利河，河长44千米，河宽4～5米，夏季水深0.1米；左岸支流名红水沟，因流经第三系红色砂砾层而得名，河长40千米，河宽约6.0米，夏季水深0.2米。

从右岸支流伏牛沟汇口开始进入下游段，称江爱藏布。本河段特点是，除小部分河床谷地较窄以外，大部分河谷宽度均在10千米以上，河谷两侧的山前洪积扇发育，扇缘宽度可达2～6千米。河床基本平直，局部地区有分汊现象。本河段很少有支流汇入，较大的一条是近角木日山河床右岸的南流河，河长约20千米。近湖滨段的河谷宽度增大到千米以上，河谷内分汊的10多条河槽径流平行下泄，各河槽宽度7～12米间，水深0.2～0.8米不等。河流形成的三角洲倾斜平原面积达100余平方千米。

10.3.105 当惹雍错
(Dangreyongcuo Lake)

又名唐古拉攸木错，位于西藏自治区尼玛县境南端，北与**当穹错**相近，地理位置为东经86°23′～86°49′，北纬30°45′～31°22′，内陆咸水湖泊。湖呈近似长靴形，作东北—西南向延伸。湖面高程4 528米时，相应湖长71.7千米，最大宽19.4千米，平均宽11.65千米，面积835平方千米。湖泊岸线较平滑，岸线长198千米。

以江穷河口附近湖面最窄，仅3千米，由此可将该湖划分为南北两大湖区。北部湖区是"长靴形"之底部，湖面宽阔，面积408平方千米；南部湖区是"长靴形"之筒部，湖面狭长，面积427平方千米。

地处冈底斯山脉中段北麓，坐落在一大型断陷盆地内。盆地外围群山环绕，平均高程在5 000米以上，并有现代冰川

当惹雍错

发育。北部湖区东西两侧山地高耸，紧逼湖体，湖岸陡峭，唯北部一隅地势起伏和缓，为多级古湖岸砂堤，其中最高一级高出现湖面152米，是第四纪湖泊盛期时与当穹错（当雄错）为同一大湖体的重要标志。南部湖区除滨湖南部山势较陡、山体紧逼湖岸外，其余方位为入湖河流形成的三角洲冲积平原和湖积盐碱滩地。

湖区属高原亚寒带羌塘半干旱气候，寒冷干燥，降水稀少，日照充裕，辐射强烈，昼夜温差大，风沙日较多。湖区多年平均气温 0～2 摄氏度，多年平均年降水量 200～250 毫米，降水主要集中在每年的 6 月下旬至 8 月下旬。

流域面积 9 055 平方千米。湖泊水系较发达，入湖河流主要有**达果藏布**、**卜寨藏布**和麦弄曲等，其中以湖区东南部的达果藏布最大，湖区西北部的卜寨藏布为第二大入湖河流，麦弄曲源于湖区西部山地，河长 31 千米；其他入湖河流尚有鄂弄、夺玛、者弄曲等，皆源流短小。据1984年资料，湖水 pH 值 9.5，矿化度 18.486 克每升，为碳酸盐型咸水湖泊。

近湖区植被为针茅草原，紫花针茅、羽柱针茅、珠峰苔草、青藏苔草为组成植被的优势种类，在远湖区尚伴生有嵩草草甸、小嵩草、矮生嵩草、线叶嵩草、藏北嵩草等为组成该植被类型的优势种类，放牧为植被利用的主要方式。湖区野生动物主要有野牦牛、野驴、藏羚羊、黄羊、盘羊、熊以及斑头雁、黑颈鹤、野鸭等。

近湖区有文布乡、来多乡、尼果乡、达果乡等人民政府驻地，是湖区较大居民点，东南隅有斯西寺、东北隅有卡尔贡寺等著名人文景点。湖东有省级道路通过，并与滨湖诸条乡级道路相连，可通达尼玛县政府驻地。

10.3.105.1　达果藏布
(Daguozangbu River)

当惹雍错最大的入湖河流，位于湖区东南部，发源于冈底斯山脉中段北麓海拔 5 700 米以上的辟顶拉、穹昂姑等高山区。流域面积 5 899 平方千米，河长 210 千米，落差 1 165 米，河床平均比降 5.5‰，流域涉及昂仁、尼玛两县。

流域属高原亚寒带羌塘半干旱气候，寒冷干燥，日照充裕，风沙日较多，多年平均气温约 2 摄氏度，多年平均年降水量 250 毫米上下，降水主要集中于每年的 6 月下旬至 8 月下旬。

流域内水系发达，呈不对称羽毛状展布。右岸支流发育较好，卜曲、孜达曲、**昂玛藏布**、捧果藏布、卡嘎曲等一些重要支流多分布于右岸；左岸支流除学觉藏布规模较大外，其他多源流短小。河源区有常年冰雪覆盖面积 12 平方千米以上，冰雪融水是河川径流的重要组成部分。

全河可分为 3 段：源头至狼峨日为上游山间盆地段，河长 86 千米，落差 598 米，河床平均比降 7.0‰；狼峨日至左岸支流嗡布绒汇口为中游高山峡谷段，河长 58 千米，落差 348 米，河床平均比降 6.0‰；嗡布绒汇口以下至入湖口为下游冲积平原段，河长 66 千米，落差 219 米，河床平均比降 3.3‰。

河源诸山溪自源出后，相汇于长带状的山间盆地内，由西南向东北曲折流，干流始得名大洛藏布，沿程有众多支流来汇。左岸较大支流依次有朗峒、甲布曲、夏拉、敖曲、窝碑曲等，以敖曲最大，河长 19 千米，河宽 9 米。右岸较大支流依次有辟顶曲、康弄下马、麦俄、昂玛藏布、卜曲、孜达曲等。其中卜曲是上游段最大支流，河长 24 千米，河宽 15 米；孜达曲是右岸第二大支流，河长 20 千米，河宽 4 米。随着支流的陆续汇入，沿程水势逐步增强，上游段的上部河宽约 13 米，水深 0.4 米，下部河宽、水深已分别增至 25 米、0.7 米。干支流交汇使河道迂回曲折，汊流纷繁，沿河两岸发育了断续分布的沼泽带。

干流行至狼峨日附近，流向急转，折而由东向西行，进入中游段，两岸山势陡峻，河谷缩狭。沿程汇入的支流，大多源流短小，只有左岸的学觉藏布较大，河长 42 千米，河宽 13 米，是干流重要补给源之一。干流在此得到补给后，使河宽达 28～31 米，水深 0.8～1 米，已呈"滔滔江河"之势。行至支流嗡布绒河口以下，干流又折而由南向北曲折流淌，进入下游段，始得名达果藏布。

宽阔而坦荡的地势使河道再次汊流繁出，下游较大支流全分布于右岸，其中昂玛藏布是最大的支流。以下又有捧果藏布、卡嘎曲两条较大支流汇入，河长分别为 34 千米、21 千米，河宽分别为 16 米、5 米。卡嘎曲河口以下，干流即进入长约 8 千米的扇形河口三角洲段，砂砾地广袤，多达 6 条以上的天然堤清晰罗列于河道两侧，河网交织，其中主泓宽达 30 米，水深 0.3 米。

流域下游地区植被以针茅草原为主，上游地区以嵩草草甸和风毛菊、红景天稀疏植被为主，放牧为植被利用的主要方式。流域野生动物主要有野牦牛、野驴、盘羊、岩羊、黄羊、羚羊以及斑头雁、黑颈鹤、野鸭、雪鸡等。达若乡、措迈乡、达果乡人民政府驻地滨河或近河，是流域内的重要居民点，并有省级道路南北贯穿。加叶寺是流域内的人文景点。

10.3.105.1.1　昂玛藏布
(Angmazangbu River)

达果藏布下游右岸支流，发源于冈底斯山脉中段北侧高程 5 700 米以上的山区。流域面积 1 170 平方千米，河长 96 千米，落差 1 056 米，河床平均比降 11‰；流域范围涉及昂仁、尼玛两县。大小支流 39 条，呈羽毛状展布；其中左岸支流 20 条，源远流长，水量相对较丰；右岸有支流 19 条，源短而流小，水量不丰，多为时令性河流。

全河可分为 2 段：源头至支流差绒曲汇口为上游段，河长 58 千米，落差 830 米，河床平均比降 14.3‰，是支流分布最为密集的河段，较大的支流基本上都分布在该河段；差绒曲汇口以下至河口为下游段，河长 38 千米，落差 226 米，河床平均比降 5.9‰。

河流自源出后，顺高山峡谷走势先作由南而北流，得名卓布拉，约经 8 千米折转为自东向西流，进入宽谷段，河宽约 7 米，水深 0.2 米，又得名当藏布，沿程有支流相继汇入，其中以南岸汇入的上桑、雪古舍、阿茂等支流较大，河长一般为 9～15 千米，河宽 6～7 米。支流汇入使水势渐增，干流河宽 10～12 米，水深 0.2～0.3 米。在干支流交汇处，多有规模不一的沼泽发育，并有小型湖泊点缀。干流在果美以下，方得名昂玛藏布。下行约15千米，有最大支流差绒曲从左岸来汇，该支流长约17千米，且有泉水出露补给，河宽5米。干流在差绒曲河口附近河宽达13米，水深0.4米。差绒曲河口以下，昂玛藏布进入下游段，两岸再无较大支流汇入。

差绒曲河口西北直线距离约4千米，为措迈乡人民政府驻地，并有省级道路南北穿过。

10.3.105.2　卜寨藏布
（Buzhaizangbu River）

当惹雍错西北部入湖河流，位于西藏自治区尼玛县境内。发源于弄仁拉东北方高程6 000米以上的常年冰雪覆盖区，源头冰雪覆盖面积约2平方千米。流域面积736平方千米，河长56千米，落差1 465米，河床平均比降26.2‰；流域内水系大致呈羽毛状，支流短小，多为时令河。

流域属高原亚寒带羌塘半干旱气候，寒冷干燥，降水稀少，日照充裕，辐射强烈，风沙日较多，多年平均气温0～2摄氏度，多年平均年降水量约200毫米，降水主要集中在每年的6月下旬至8月下旬。流域植被以针茅草原为主，紫花针茅、羽柱针茅、珠峰苔草、青藏苔草为组成植被的优势种类，野生动物主要有野牦牛、野驴、黄羊、盘羊、藏羚羊及黑颈鹤、斑头雁、野鸭等。

干流可分为两个不同的自然河段：源头至峡谷口为上游高山峡谷段，河长22千米，落差1 230米，河床平均比降55.9‰；峡谷口以下至入湖口为下游宽谷冲积平原段，河长34千米，落差235米，河床平均比降6.9‰。河流自源出后，顺峡谷走势呈S形作东北—西南方向流，直至峡谷口，沿程依次得名青布嘎、甲韵、拉长渣，两岸各有4条支流汇入，皆为短小的时令沟溪。沿河两岸山高坡险，岩壁峭立。峡谷中段在6—9月宽约2.5米，水深0.5米，河床全由块石组成，至峡谷口河宽和水深分别增至4米、0.6米。

峡谷口以下，河流进入下游段，始得名卜寨藏布，转而曲折东南行，沿河两岸有沼泽发育，平原水网特征渐显。谢纳和上曲是水系中两条最大支流，呈近似对称状分布于左右岸，前者河长19千米，河宽2米；后者河长14千米，河宽3米。此后再无支流汇入，以河宽4米、水深0.4米的水势流经10千米，于当惹雍错西北部入湖。

来多乡人民政府驻地位于下游左岸，地势平衍，水草环境较好，是流域内最大居民点，有乡级道路东与省级道路相接。

10.3.106　当穹错
（Dangqiongcuo Lake）

又名当雄错、当穹错，位于西藏自治区尼玛县境内，南与**当惹雍错**相近，地理位置为东经86°41′～86°48′，北纬31°32′～31°37′，属内陆卤水盐湖。湖形若钟，作北东—南西向延伸，湖面高程4 475米时，相应湖长10.5千米，最大宽7.6千米，平均宽5.19千米，面积54.5平方千米。湖泊岸线较为规则，岸线长31千米。湖之西南部有岛屿1座，名舍朵，面积约0.4平方千米，高出湖面48米。

地处冈底斯山脉中段北麓，坐落在一断陷盆地内。湖泊东、西及北部三面群山环绕，山体紧逼湖岸；唯西南部地势起伏和缓，湖滨为沼泽地和盐碱滩，以上为多级古湖岸砂堤，是第四纪湖泊盛期时该湖与当惹雍错为同一大湖体的重要佐证。

湖区属高原亚寒带羌塘半干旱气候，多年平均气温0～2摄氏度，多年平均年降水量约200毫米，主要集中在6月下旬至8月下旬。流域面积885平方千米。湖泊水系不发达，入湖

当穹错

河流有各千雄、玉扎、曲热白玛、夺窝弄巴等6条。其中，西南部入湖的各千雄最长，约38千米，源头为高程6 100余米的雪山，冰雪覆盖面积约3平方千米，中游段为13千米的潜流，下游河口段河宽仅2米许，水深0.1米；其次为从西部入湖的玉扎，长约15千米；其他入湖河流，源流更为短小。此外，湖之西北、东北隅各有1条泉集小河汇水入湖。湖水pH值10.2，矿化度129.983克每升，属碳酸盐型卤水盐湖。

湖区植被以针茅草原为主，兼有嵩草草甸，放牧为植被利用的主要方式。湖区野生动物种类主要有野牦牛、野驴、藏羚羊、黄羊、盘羊以及斑头雁、野鸭、黑颈鹤等。

滨湖东北隅为文布乡人民政府驻地，是湖区重要居民点，并有乡级道路东北通尼玛县政府驻地及黑阿公路。

10.3.107　涌波湖
（Yongbo Lake）

属内陆咸水湖泊，位于西藏自治区尼玛县双湖特别区境内，东与**得雨湖**相距35千米，地理位置为东经86°33′～86°47′，北纬35°43′～35°46′。湖面高程4 875米时，相应湖长20.5千米，最大宽6.0千米，平均宽2.74千米，面积56平方千米。湖泊岸线曲折，长60千米。湖中有岛屿1座，面积约0.6平方千米，高出现湖面37米。湖水呈深蓝色，pH值9.2，矿化度23.022克每升，属硫酸钠亚型咸水湖泊。湖水中有硅藻11种（其中多数种为淡水型），绿藻1种，蓝藻1种。

湖泊地处可可西里山脉西段，坐落在玉尔巴杂钦山与萨玛绥加日山之间的沉积盆地内，湖泊呈东西向延伸，与区域构造线和山脉走向大体一致。湖周多低山残丘，唯南部**浑水河**河口区地势开阔坦荡，有广袤戈壁滩分布。滨湖东岸环绕一条近代湖岸砂堤，堤外有一潟湖，长1～2千米，宽7～8米，水深0.2～0.3米。潟湖外另有约10条同心圆状古湖岸砂堤，最高堤顶高出现湖面12米。砂堤间分布有面积不一的白色盐碱结晶壳。

湖区属高原寒带昆仑干旱气候，多年平均气温－4摄氏度，多年平均年降水量约100毫米。流域面积1 386平方千米。湖水主要依赖南岸入湖的浑水河补给，另在湖区北部尚有14条时令小河入湖。

湖区植被以青藏苔草草原为主，青藏苔草、羽柱针茅等为构成植被的优势种类，野生动物有野牦牛、野驴、藏羚羊、黄羊及雪鸡等。湖区人迹罕至，交通不便。

10.3.107.1　浑水河
（Hunshui River）

涌波湖最大入湖河流，发源于可可西里山脉耸峙岭常年

冰雪覆盖区，源头高程 5 600 米，河源区冰雪覆盖面积约 52 平方千米。流域面积 1 126 平方千米，河长 129 千米，落差 725 米，河床平均比降 5.6‰。流域介于东经 85°32′～86°42′和北纬 35°35′～35°49′之间，涉及西藏自治区尼玛县、改则县和新疆维吾尔自治区且末县。

浑水河是以时令河为基本特性的河流，流域地势西高东低，呈狭长形展布，河流总体呈西东流向。干流可分为上、中、下游自然河段。

源头至支流小浑水河的交汇口为上游高山深谷段，初名雪头河，河长 31 千米，落差 392 米，河床平均比降 12.6‰。支流众多，呈扇形展布；上段为时令河，6—9 月有冰雪融水径流，下段为常年河，河宽 1.2 米，水深 0.2 米。

小浑水河口以下至大鹏湖为中游宽谷段，始得名浑水河，河长 32 千米，落差 188 米，河床平均比降 5.9‰；常年河特性，河宽增至约 4 米，沿程支流稀疏。大鹏湖湖面高程 5 018 米时，相应湖长 6.3 千米，最大宽 2.5 千米，平均宽 1.65 千米，水面面积 10.4 平方千米，岸线长 18 千米。丘间凹地分布有月岛湖（面积 5.5 平方千米）、聚宝湖（面积 3 平方千米）、沉鱼湖（面积 6.6 平方千米）等小湖。湖水主要依赖**浑水河**补给，入湖河水经调蓄后于该湖东北部流出，尔后入注**涌波湖**，属涌波湖水系内陆吞吐湖泊。湖周植被以垫状驼绒藜荒漠为主。常见野生动物有野牦牛、野驴、黄羊、藏羚羊以及黑颈鹤等。

大鹏湖以下为下游冲积平原及低缓残丘段，河长 66 千米，落差 145 米，河床平均比降 2.2‰，全系时令河，仅每年 6—9 月有径流产生，沿程支流鲜见，残迹小湖星罗棋布。于涌波湖南岸入注，河口段砂滩戈壁广袤。

流域上游地区以风毛菊、红景天稀疏植被为主，中下游地区有青藏苔草草原及垫状驼绒藜荒漠植被发育，野生动物主要种类有野牦牛、野驴、黄羊、藏羚羊以及雪鸡、斑头雁、黑颈鹤等。

10.3.108　唢呐湖
(Suona Lake)

因外形近似唢呐而得名，又名宾错嘎哇，位于西藏自治区尼玛县境内，地理位置为东经 86°38′～86°44′，北纬 33°52′～33°57′。湖面高程 4 813 米时，相应湖长 9.5 千米，最大宽 5.7 千米，平均宽 3 米，面积 28 平方千米。湖泊呈北东—南西走向，岸线长 29.6 千米，内陆卤水盐湖。

湖泊位于色乌岗日与玛依岗日两雪山之间的断陷盆地内，系构造湖。流域东邻**玛尔果茶卡**，西接**嘎尔孔茶卡**，北侧是色乌岗日雪山，南越低平分水垭口与**热觉茶卡**交界。流域面积 978 平方千米。湖区东北与西南两侧是戈壁滩地，地势平坦；其余方位为相对高程 200～300 米的丘陵低山，山麓线近湖滨分布。

流域属高原亚寒带羌塘半干旱气候区，多年平均年降水量 130～150 毫米，多年平均气温 -7 摄氏度左右，湖水主要依赖冰雪融水及地下水补给。东北岸汇入的咸水河是最大入湖河流，河长 29 千米，大致北—南流向，源于色乌岗日雪山南坡冰川冰舌前缘，源头流域范围内有冰雪覆盖面积 10 余平方千米，夏季冰融水补给颇丰；上游段坡陡流急，砂砾质河床宽约 2.5～3 米；出山口后河道两侧侵蚀阶地发育，并形成洪积—冲积扇形戈壁滩地。东北岸另有入湖小河红泥沟，系由地下水溢出汇集而成，近湖滨段下渗于地下，以潜流形式补给湖泊。

流域内植被稀疏，覆盖率低，大部分地表砂砾裸露，山区主要是高山垫状植被类型，近湖滨滩地为青藏苔草草原；主要的野生动物有野牦牛、藏羚羊、野驴、黑唇鼠兔等，鸟类有西藏毛腿沙鸡、棕背雪雀等。

10.3.109　冈塘错
(Gangtangcuo Lake)

因湖泊东西两侧的岗塘山（岗塘达哇丘尼山及冈唐日山）而得名，又名七一湖，藏语意为"步行湖"，位于西藏自治区尼玛县境内，地理位置为东经 86°40′、北纬 33°12′。湖面高程 4 866 米时，湖长 4.7 千米，最大宽 3.9 千米，平均宽 2.4 千米，面积 11.3 平方千米。湖泊近似心形，岸线较规则，周长 14.2 千米，属碳酸盐型内陆卤水盐湖。

湖泊位于玛依岗日雪山以南的岗塘达哇丘尼山（又名长蛇山）与冈唐日山（又名黑石山）之间的断陷盆地内，为构造湖。流域大致呈南北狭长形展布，西接本松错（面积 8.5 平方千米），南、东与**依布茶卡**水系交界，北是玛依岗日—连峰雪山。流域面积 555 平方千米。湖体西侧冈塘日山山脊线距湖岸仅 2 千米；东侧及南侧的地形坡度较大，滨岸带亦较狭窄；湖北侧是面积 20～30 平方千米的湖积倾斜平原戈壁沙滩，上覆一层白色的盐碱结晶。湖东及北部滩地上分布着一系列古湖岸砂砾堤。

流域属高原亚寒带羌塘半干旱气候，多年平均年降水量 130～150 毫米，多年平均气温 -6 摄氏度左右，湖水主要依赖冰雪融水及地下水补给。由北岸汇入、源于冰雪覆盖区的一条时令河是湖水主要补给源，河长约 35 千米，基本呈北南流向，源头有 10 平方千米面积的冰川积雪；源头分 3 支，各支径流顺坡流淌 7～8 千米后，相继进入山间盆地，径流逐渐渗入砂砾滩地成潜流，约经 15 千米于盆地出口复又以地下水出露汇集成地表径流，经 12 千米的流程后注入湖泊。

据 1976 年 7 月考察资料，湖泊最大水深 3.9 米，湖底底质是黑色淤泥；湖中心表层水样分析结果，pH 值 9.5，矿化度 208.737 克每升，属碳酸盐型内陆卤水盐湖。

冈塘错为较封闭的山区性湖泊，流域内植被稀疏，自然景观单调，环境恶劣，主要植被类型为风毛菊、红景天高山垫状稀疏植被及青藏苔草草原。湖区交通闭塞，人迹罕至，目前仍是野牦牛、藏羚羊、野驴、狼、黑唇鼠兔等野生动物的理想繁衍、生息区域。

10.3.110　甲若错
(Jiaruocuo Lake)

位于西藏自治区尼玛县境内，地理位置为东经 86°36′、北纬 32°12′。湖呈南北狭长形状。湖面高程 4 472 米时，湖长 8 千米，最大宽 2.7 千米，平均宽 1.7 千米，面积 13.5 平方千米。湖岸较曲折，岸线长 27 千米，属内陆终点卤水盐湖。

地处藏北高原班公—东巧东西向深大断裂带北侧山间构造盆地内。流域包括北部吞吐湖泊**垌莫错**及最大入湖河流**董杯曲岗**通连的上游吞吐湖泊**佣尖错**，北邻吓先错，**日干配错**；西接**直若错**（又名孜如错）；东侧与**雅根错**、**虾别错**相邻；南面从东向西分别是普许错（面积 4.5 平方千米）、查布罗错（面积 3.7 平方千米）及巫嘎错（面积 9.4 平方千米）等诸小湖水系。流域面积 2 283 平方千米。湖泊西北侧及西侧地势较高，湖滨带较狭窄，东岸与南岸是湖积平原及沼泽盐碱湿地。据湖滨分布的古湖岸砂砾堤高程及有关资料，昔日它与北侧的垌莫错属同一大湖。

流域属高原亚寒带羌塘半干旱气候，多年平均年降水量170毫米，多年平均气温－1摄氏度。湖水以降水补给为主。入湖河流主要集中在北岸及东岸，其中较大的有3条：一为北岸汇入、连接吞吐湖泊峒莫错的达个拥曲岗，两湖间河段长约11千米；二是来自东侧80千米长的最大入湖河流董杯曲岗；三为由东岸入湖的妈儿迁曲岗，河长32千米，源于高程5 070米的木嘎日山南侧。其他入湖河流长均不超过10～15千米。

流域地势自北向南逐渐倾斜。上游山区地形封闭，仅狭窄的河谷区域有青藏苔草植被分布，不利于畜牧业发展；东部及南部的倾斜平原地区地形开阔，主要植被类型是紫花针茅草原，接近南侧的黑阿公路，畜牧业生产得到长足发展，主要牧养牦牛、山羊、绵羊等牲畜。尼玛县俄久乡政府驻地位于湖泊东侧，是畜牧经济发展的中心。

10.3.110.1 峒莫错
(Dongmocuo Lake)

甲若错水系的内陆吞吐湖泊，位于西藏自治区尼玛县境内，地理位置为东经86°34′、北纬32°18′。湖面高程4 482米时，湖长5.1千米，最大宽3.2千米，平均宽2.1千米，面积10.8平方千米。湖形较规则，周长14.2千米，属内陆咸水湖泊。

湖水由南岸出水口经连通河达个拥曲岗排向甲若错，成为内陆吞吐湖泊。出水口以上流域面积1 210平方千米。湖周除南部、西南部与相对高程500余米的山地紧靠外，其余方位均是平缓开阔的沼泽盐碱湿地（面积达60余平方千米）。昔日与南侧的甲若错属同一大湖，现两湖周边分布的大面积盐碱沼泽即是古大湖退缩的重要标志。湖水以降水补给为主。入湖大小河流5～6条，均从北部汇入。最长的是东北岸入湖的色扎弄巴曲（色日阿弄巴曲），河长47千米，源于扛姆日拉山口西侧，东北—西南流向；出山口后河道呈多股汊流，河谷宽度达数千米；进入湖滨沼泽湿地后，分别纳右岸的支流扎木念曲（河长20千米）、查姆弄曲（河长18千米）成统一河道入湖。其次是北岸汇入的阿姆弄巴曲，河长24千米，湖西北侧入湖的萨哥弄巴曲（河长26千米）、卡藏罗弄巴曲（河长26千米）及吉弄巴曲（河长15千米）等，均系每年6～9月有径流的间歇性河流。湖南岸外泄的达个拥曲岗，河长11千米，砾质河床宽2.1米，水深0.2米。河道十分弯曲。

流域地势平坦，主要植被类型高山紫花针茅草原生长良好，有利于畜牧业发展。

10.3.110.2 董杯曲岗
(Dongbeiqugang River)

甲若错的最大入湖河流，发源于张被宏山，源头高程5 280米，流域面积746平方千米，河长80千米，落差799米。流域呈东北—西南狭长形展布，位于西藏自治区尼玛县境内。

河川径流主要由大气降水补给。全河大致分为3段。上游有南北两支：北支为正源，称扎拉当玛曲，南支称岗绒曲。两支流汇口以上为上游段，河长28千米，落差355米，河床平均比降12.7‰。岗绒曲长6千米，亦是**佣尖错**的外泄河。两支流汇口至卡儿拱勒北为中游河段，河长42千米，落差385米，河床平均比降9.2‰。河道出山口后，地形平缓开阔，在宽达3～4千米范围内分成多条时令河由东北向西南方向下泄，并有部分径流经北侧**峒莫错**支流排向峒莫错。卡儿拱勒

北至湖口为下游段，河长10千米，落差59米，河床平均比降5.9‰。河流至此又归并为两条常流河，经峒莫错南侧与达个拥曲岗交汇后流入甲若错。

上游群山环抱，狭窄的河谷地区主要植被类型为青藏苔草草原，不具备畜牧业生产条件；中下游地区主要植被类型是高山紫花针茅草原，畜牧生产有一定发展，主要饲养牦牛、山羊、绵羊等。

10.3.110.2.1 佣尖错
(Yongjiancuo Lake)

又名佣钦错，**甲若错**水系的内陆吞吐湖泊，位于西藏自治区尼玛县境内，地理位置为东经87°03′、北纬32°22′。湖面高程4 979米时，湖长9.1千米，最大宽4.1千米，平均宽2米，水面面积17.9平方千米。湖形不规则，湖周长27.5千米，属碳酸盐型咸水湖泊。

湖泊地处木嘎岗日雪山西侧构造盆地。湖水通过岗绒曲汇入**董杯曲岗**，为甲若错源区的吞吐湖泊，出水口以上流域面积210平方千米。湖盆十分封闭，四周高山（相对高程500～800米）环绕，除东北岸入湖河流军张河河口局部地形较开阔、并有4～5个残迹小湖及水塘外，其余湖滨带均非常狭窄。

流域属高原亚寒带羌塘半干旱气候，多年平均年降水量180毫米左右，多年平均气温－1～－2摄氏度。湖水补给主要是降水，入湖河流仅东北岸军张河一条，河长约18千米，其上游巴多嘎弄巴的源头是一面积0.8平方千米的小湖词嘎儿错。该小湖同时也是其东南侧**虾别错**入湖河流李岗弄巴曲的源头。

湖区地貌及水文地理特征显示，佣尖错湖水较深，矿化度较低。滨湖植被发育较差，交通闭塞，不利于牧民定居及畜牧业的发展。

10.3.111 嘎尔孔茶卡
(Gaerkongchaka Salt Lake)

位于西藏自治区尼玛县境内，地理位置为东经86°27′～86°33′，北纬33°55′～34°00′。湖面高程4 907米时，湖长11千米，最大宽8.6千米，平均宽4.7千米，面积51.6平方千米。湖泊近似三角形，湖岸线除南部比较曲折外，余均较平直，湖周长39.2千米，属内陆卤水盐湖。

湖泊地处**色乌岗日**与**玛依岗日**两雪山之间的断陷盆地内，系构造湖。流域西邻**拉相错**，东接**喷呐湖**，北侧是分水岭色乌岗日雪山，南越低山丘陵与**热觉茶卡**及玛耶错（面积6.4平方千米）交界。流域面积1 862平方千米。湖区北部及西部为洪积—冲积倾斜平原，多是细砂砾质戈壁沙滩；东部凤凰山及南部长龙山的山麓线紧靠岸边。湖体中有大小岛屿8座，最大的位于湖体南部，面积0.6平方千米，高出湖面5米。湖滨分布的最高古湖岸砂砾堤高出现湖面13米。

流域属高原亚寒带羌塘半干旱气候区，多年平均年降水量130～150毫米，多年平均气温－7摄氏度左右。湖水以地下水补给为主，辅以少量的降水。最大的入湖河流是由西岸汇入的双泉河，长47千米，源头高程5 060米，落差153米，河源是由两处泉水（称牦牛泉）出露后汇集而成的双泉湖（又称各庄错），面积5平方千米，湖面高程5 060米。双泉上游段河床平均比降较小（2.4‰），河宽2.5～3米，夏季河床水深0.4～0.5米；出山口后的下游河段途经戈壁沙滩，下渗严重，河道宽度一般1～2米，夏季河床水深减至0.2～0.3米。

流域内植被稀疏，大部分地区地表砂砾裸露，山区主要为风毛菊、红景天高山垫状稀疏植被，近湖滨滩地主要是青藏苔草草场；常见的野生动物是野牦牛、藏羚羊、野驴、黑唇鼠兔等，鸟类主要是西藏毛腿沙鸡、棕背雪雀等，偶尔亦见斑头雁、棕头鸥、赤麻鸭等出没。

10.3.112 许如错
（Xurucuo Lake）

又名畜如错、霞如错、苏鲁池，在西藏自治区昂仁县境内，南距查孜乡政府驻地约10千米，地理位置为东经86°20′~86°29′，北纬30°10′~30°23′，属内陆咸水湖泊。湖呈葫芦状，作南北向延伸。湖面高程4714米时，相应湖长24.4千米，最大宽12.8千米，平均宽8.65千米，面积211.1平方千米。湖泊岸线平滑规则，周长68千米。湖中有无名小岛2座，面积均不足0.01平方千米。

湖泊坐落在冈底斯山北麓一山间盆地内，盆地南高北低，湖泊位居盆地最北端。湖区外围为高程6000~6200米的群山环绕。滨湖东北隅地势略较开阔，并分布有数条古湖岸砂堤，最高一条高出现湖面26米；南部入湖河流的下游为窄带状冲积平原，其上河网交织，并有星散沼泽地分布；其他方位山地紧临湖体，湖岸陡峭。

湖区属高原亚寒带羌塘半干旱气候，多年平均气温0~2摄氏度，多年平均年降水量200~300毫米。流域面积1931平方千米。湖水补给以地表径流为主，其中冰雪融水占有较大比重，流域内有常年冰雪覆盖面积约45平方千米。入湖水系呈向心状分布，有大小入湖河流28条。南部入湖的吓弄藏布最长（河长48千米），其源头有冰雪覆盖，下游段河宽12米，水深0.4米；全河计有16条支流汇入，水量较丰。其他入湖河流均源流短小，河长10千米左右。

湖区植被为高山草原、高山草甸，主要种类组成是紫花针茅、羽柱针茅、珠峰苔草、青藏苔草、小嵩草、矮生嵩草等，放牧为植被的利用方式。湖区野生动物有藏羚羊、岩羊、野驴、野牦牛及斑头雁、黑颈鹤、野鸭等。

10.3.113 姆错丙尼
（Mucuobingni Lake）

藏语意为"姐妹湖"，分为东南、西北两部分水域，中间湖区狭窄，仅由100余米宽的水道通连。流域位于西藏自治区昂仁县境西北隅，地理位置为东经86°09′~86°21′，北纬30°33′~30°44′，属内陆咸水湖泊。湖面高程4685米时，相应湖长20.8千米，最大宽10.5千米，平均宽7.03千米，面积146.2平方千米。湖泊岸线平滑、规则，周长74千米。湖泊西北部有无名小岛2座，合计面积0.05平方千米。

湖泊地处藏北高原南部，坐落在拉布琼山北麓一山间盆地内。湖泊四周为高程5000米以上的山体环抱，湖盆狭窄，仅在滨湖东北和东南部地势稍较开阔，有河谷平原和小片沼泽发育。滨湖西部有2条古湖岸砂堤，其中较高一级古湖岸砂堤高出现湖面55米。

湖区属高原亚寒带羌塘半干旱气候，多年平均气温约−4摄氏度，其中1月平均气温−16摄氏度，7月平均气温10~12摄氏度；多年平均年降水量约100毫米，主要集中在7月下旬至8月下旬。

流域面积858平方千米，湖水主要以地表径流补给为主，有大小入湖河流5条。其中以北部入湖的夺勒藏布最大，河长17千米，河源高程5500米，河宽约3米，水深0.2米，河区有连片沼泽发育；其次为由南岸入湖的查宁曲，河长16.5千米，河源高程5400余米，6—9月下游宽2~3米，水深0.2米。

湖区发育有沼泽植被和高原草甸植被，常见种类以藏北嵩草、华扁穗草、帕米尔嵩草、小钩苔草等为主，放牧是植被利用的主要方式。湖北有尼果乡（沙内）及宁果、夏嘎尔、坚定等多个自然村居民点。

10.3.114 日干配错
（Riganpeicuo Lake）

又名日根错，因北面的日根山而得名，位于西藏自治区尼玛县境内，地理位置为东经86°13′~86°17′，北纬32°32′~32°37′。湖面高程4666米时，相应湖长10千米，最大宽6.2千米，平均宽3.9千米，面积39.1平方千米。湖岸较平整，湖周长30.2千米，属内陆卤水盐湖。

湖泊地处藏北高原岗塘达哇丘尼山南麓山间断陷盆地内。流域西接加青错（面积9.7平方千米）及南扎错；东邻日根错（面积3.7平方千米）、吓先错（面积4.9平方千米）；南与**甲若错**、**直若错**水系交界；北边分水岭外是一片波状起伏山地丘陵，其间分布一系列小型干涸湖盆。流域面积1079平方千米。西岸入湖河流甲雅曲河口三角洲及湖滨倾斜湖积平原面积较大，岸线曲折，多岬湾，近岸湖中有小岛多个，最大的面积仅0.2平方千米；距东北湖岸5千米外有一小湖，湖面高程4690米，两湖间分水垭口是一道高出日干配错现湖面近40米的古湖岸砂砾堤，第四纪高湖面时，两湖曾属同一大湖。湖泊北、东、南方位紧临相对高程200~600米的山地，滨岸带狭窄，岸线亦相当平整。

流域属高原亚寒带羌塘半干旱气候，多年平均年降水量约160毫米，多年平均气温−2摄氏度左右。降水是湖水主要补给源。入湖大小河流5条，以甲雅曲为最大，河长38千米，源于孜岗拉雅打山北侧，基本由西向东流，中游河段先后有4处泉水补给，径流较为稳定，最大的是从左岸汇入的甲雅曲古泉，出水量可供300人饮用。出山口后的下游段径流逐渐渗入地下，以潜流形式补给湖泊，仅在多雨季节河道才有地表径流。其他西南岸入湖的耳打俄曲、东南岸入湖的朗扎曲、东岸入湖的张目日弄注曲以及西北岸入湖的强弄尼子曲等，河长都在15~25千米之间，亦仅雨季出现径流，且水量十分有限。

流域内主要植被类型为紫花针茅草原，生长良好，尤其在湖泊西侧的甲雅曲中下游及湖泊南侧湖滨开阔平缓地区，畜牧业生产发展较好，主要牧养牦牛、山羊和绵羊等牲畜；有乡村公路与外界通连。

10.3.115 直若错
（Zhiruocuo Lake）

又名孜如错，位于西藏自治区尼玛县境内，地理位置为东经86°12′，北纬32°10′。湖面高程4487米时，湖长8.5千米，最大宽2.8千米，平均宽1.2千米，面积10.6平方千米，湖周长22千米。属内陆卤水盐湖。

湖泊地处藏北高原中部班公—东巧东西向深大断裂带北侧山间断陷盆地内。流域北接**日干配错**，东临**甲若错**，西与夺廓错果（面积1.6平方千米）相邻，南侧是达则错入湖河流**波仑藏布**水系。流域面积1995平方千米。湖泊由通连的东、西两湖组成，东湖较大，西湖很小且岸线曲折，两湖间最窄处仅200米左右。湖中有2座小岛，较大的面积0.15平方千米。湖盆南北两侧多为相对高程 200～500 米的低山丘陵，而东西湖滨则地势相对开阔。湖滨分布有古湖砂砾堤，湖西部入湖河流达木扎藏布下游大片沼泽湿地及一系列残留小湖亦均是古湖退缩之痕迹。

流域属高原亚寒带羌塘半干旱气候区，多年平均年降水量约 170 毫米，多年平均气温约为 -2 摄氏度。湖水以降水补给为主。入湖河流主要有两条：一是北岸汇入的曲纳，河长 46 千米；另一条是西岸汇入的达木扎藏布，河长 43.5 千米。

湖区分布有广阔的冲积—湖积平原，紫花针茅草原等主要植被类型生长良好，尤以湖泊西侧的沼泽湿地最茂，已形成重要牧区，主要饲养牦牛、山羊、绵羊等；有乡村公路贯穿其间，南接黑阿公路。流域内有泉水溢出点近 20 处，是附近牧区人畜饮用水的重要源泉。

10.3.116　北于湖
(Beiyu Lake)

位于西藏自治区北部尼玛县境内，地理位置为东经 86°11′、北纬 33°02′，属内陆盐湖。湖泊呈北东—南西走向。湖面高程 4 820 米时，相应湖长 5.9 千米，最大宽 3.5 千米，平均宽 1.78 千米，面积 10.5 平方千米。湖泊岸线平直，长 17 千米。

湖泊地处藏北高原北部长岭山与各扎山之间一断陷盆地内。湖区属高原亚寒带羌塘半干旱气候，多年平均气温 -4 摄氏度，多年平均年降水量约 150 毫米。流域面积 1 240 平方千米。湖西岸有一条入湖河流，河长 13 千米，河宽 3 米左右，砾石河床，河源有泉水补给。湖东南有时令河 1 条，河长 30 千米，以潜流形式补给湖泊。湖水矿化度 366.47 克每升，为内陆卤水盐湖。

湖区植被以高山草原类型为主，紫花针茅草和青藏苔草为组成植被的优势种类；野生动物主要种类有野牦牛、野驴、藏羚羊、黄羊及黑颈鹤等。湖区交通闭塞，人迹罕至，为羌塘野生动物保护区的核心区。

10.3.117　拉相错
(Laxiangcuo Lake)

位于西藏自治区改则县境内，地理位置为东经 86°03′、北纬 33°58′，属内陆咸水湖泊。湖面高程 4 965 米时，相应湖长 6.8 千米，最大宽 4 千米，平均宽 2.49 千米，面积 16.9 平方千米。

湖泊地处藏北高原腹地，坐落在茶足日山北侧之山间盆地内。湖盆外围为相对高度 250～350 米的低山残丘环绕，湖滨为倾斜平原及戈壁沙滩。湖区属高原亚寒带羌塘半干旱气候，多年平均气温 -6 摄氏度，多年平均年降水量 100～150 毫米。流域面积 1 087 平方千米。

湖水以地下水补给为主，湖南岸 1 千米处有一眼泉水，是湖泊重要的地表水补给源。湖周植被主要类型为青藏苔草草原，野生动物有野牦牛、野驴、黄羊、藏羚羊、狗熊及雪鸡、黑颈鹤等。湖区交通闭塞，人迹罕至。

10.3.118　达玛孜壤
(Damazirang Lake)

位于西藏自治区尼玛县境西端，西距**扎日南木错**直线距离约 4 千米，地理位置为东经 86°00′、北纬 30°57′，属内陆咸水湖泊。湖形近似哑铃，东西两端湖面较开阔，中部狭窄。湖面高程 4 622 米时，相应湖长 10.1 千米，最大宽 4.9 千米，平均宽 3.28 千米，面积 33.1 平方千米。湖岸线周长 31.0 千米。

湖泊地处藏北高原南部，坐落在扎日南木错古湖盆区内，湖面高程高出扎日南木错现湖面 9 米。湖泊南部相对高程 400～600 米的山地丘陵逼近湖岸，其他方位滨湖地势开阔；东部有连片的沼泽和盐碱滩地发育，其间并有许多残积小湖；北部、东北部环湖多条古湖岸砂堤清晰可见，最高一级古湖岸砂堤高出现湖面 110 米；西部湖滩有一裸露干涸河床（砂质），长 6 千米，与扎日南木错直接通连。上述痕迹表明，该湖在第四纪湖泊盛期时曾与扎日南木错为同一大湖体。

湖区属高原亚寒带羌塘半干旱气候，多年平均气温 -4 摄氏度左右，多年平均年降水量约 150 毫米，降水主要集中在 7—8 月间。流域面积 1 043 平方千米。湖水补给以地表径流为主。

主要入湖河流有扎阿布曲、达孜藏布、机谦藏布等。扎阿布曲长 40 余千米，在南岸入湖河口附近河宽 4 米，水深 0.2 米，沿径 8 条支流在串联众小湖后汇入，是达玛孜壤最大的水量补给源。达孜藏布长 28 千米，源头有 3 个小湖和成片沼泽地，于东岸入湖。机谦藏布长 6.6 千米，在东南岸入湖。

湖滨为沼泽植被，地势较高处为高原草甸植被，优势种类为藏北嵩草、华扁穗草、海韭菜、细叶西伯利亚蓼、帕米尔嵩草等，湖区适于放牧。湖西有简易公路可通措勤、尼玛县政府驻地。

10.3.119　扎日南木错
(Zharinanmucuo Lake)

又名塔热错，为西藏自治区第三大湖泊。湖区主要位于措勤县，东岸局部属昂仁县和尼玛县，地理位置为东经 85°20′～85°54′，北纬 30°44′～31°05′，属内陆终点湖泊。湖近似矩形，作东西向延伸。湖面高程 4 613 米时，相应湖长 54.3 千米，最大宽 26.2 千米，平均宽 18.36 千米，面积 997 平方千米。湖岸线周长 183 千米。

扎日南木错

湖泊坐落在冈底斯山北侧一大型山间盆地内，湖盆南北两侧为断裂带所控制，沿断裂带分布着相对高程 500 米以下的平缓低山，并排列于湖体两岸。湖滨有多级古湖岸砂堤分布，最高一级高出现湖面 119 米；砂堤间有许多残迹小湖点缀，是该湖在历经盛期之后不断萎缩的重要标志。

湖区属高原亚寒带羌塘半干旱气候，多年平均气温约 -4 摄氏度，多年平均年降水量约 150 毫米，主要集中于 7 月下旬至 8 月下旬。流域面积 16 430 平方千米。湖水主要依赖地表径流补给，以从西北岸入湖的**措勤藏布**最大，主要集水区域位于湖之南部，源于冈底斯山脉北侧的常年冰雪覆盖区。冰

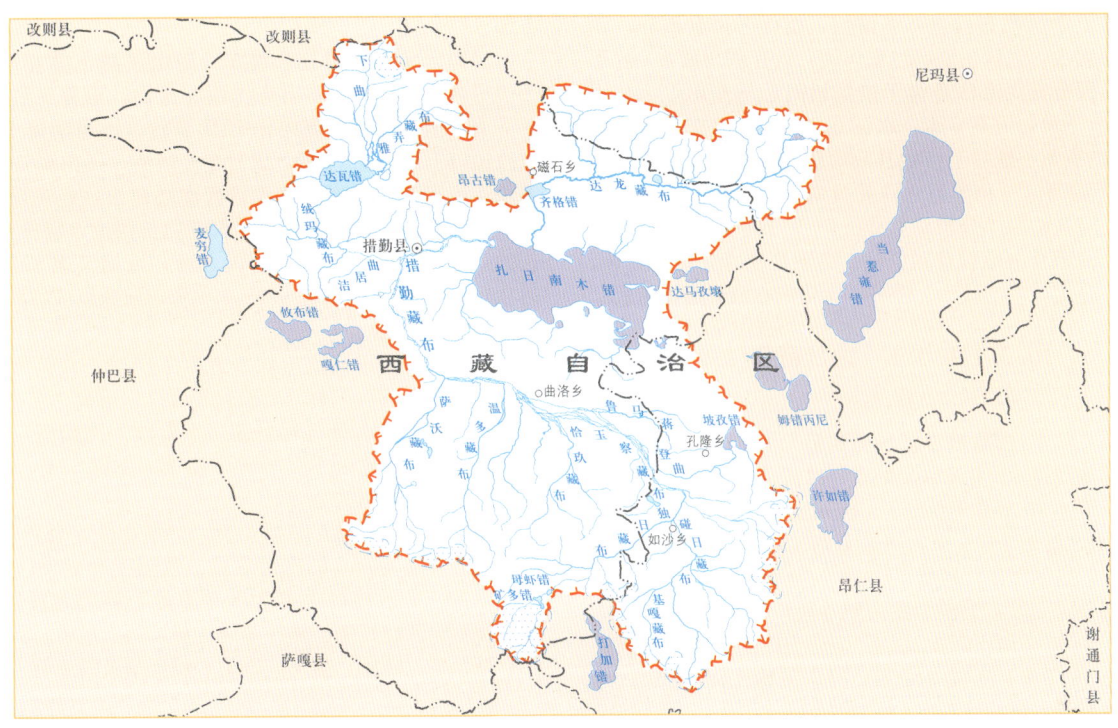

扎日南木错水系示意图

雪融水为径流的主要补给源。第二大入湖河流为**达龙藏布**，亦为西北部入湖。其他入湖河流尚有扎批桑、达给藏布等，但皆源流短小。

据1976年资料，湖水透明度2.45米；表层水温11.3～11.9摄氏度，底层水温12～12.1摄氏度；湖水pH值9.6，矿化度13.896克每升，属碳酸盐型内陆咸水湖泊。湖底多为细砂砾质，局部为黑色淤泥，沉积物中有介形类化石2属2种。湖中有裂腹鱼类生栖繁衍。滨湖植被发育良好，夏季青藏苔草、紫花针茅株高达20～30厘米，是重要的天然放牧场。滨湖沼泽区有鸥类、鸭类、斑头雁、鹬类以及黑颈鹤、天鹅等珍稀鸟类栖息。

措勤县政府驻地措勤镇，东距该湖直线距离不足20千米，襟河带湖，是本流域的中心。流域内有省级道路南北穿过，措勤镇近郊有门东寺，是著名人文景点。扎日南木错湖面浩瀚，湖水碧蓝，与蓝天交相辉映，自然景观纯朴优美，为天然旅游胜地。

10.3.119.1 措勤藏布
(Cuoqinzangbu River)

又名索雅藏布，为**扎日南木错**中最大的入湖河流，发源于冈底斯山脉北侧高程6 100米以上的常年冰雪覆盖区及结布错、次仁错、拉日错等小型冰川湖。流域面积9 930平方千米，河长253千米，落差1 487米，河床平均比降5.9‰。流域地跨西藏自治区措勤、昂仁两县，干流大致作S形由东南向西北流。

流域属高原亚寒带羌塘半干旱气候，多年平均气温约－4摄氏度，多年平均年降水量约150毫米，主要集中在7月下旬至8月下旬。流域上游地区主要植被为嵩草草甸，中下游地区为针茅草原，小嵩草、矮生嵩草、异针茅、紫花针茅为优势植被种类；野生动物主要种类有野牦牛、野驴、盘羊、岩羊、藏羚羊以及雪鸡、黑颈鹤、野鸭等。

全河可分为3段：上游高山峡谷段，河长75千米，落差

措勤藏布

1 170米，河床平均比降15.6‰；中游山间盆地与河谷冲积平原段，河长97千米，落差190米，河床平均比降1.96‰；下游河谷平原与河口三角洲段，河长81千米，落差127米，河床平均比降1.57‰。流域内水系发达，支流众多，主要支流有**独日藏布**、**鲁马蒋登曲**、**恰玖藏布**、**温多藏布**、**萨沃藏布**等。冰雪融水是河流的主要补给源，河源区有常年冰雪覆盖面积43平方千米。

河源区水系呈树枝状展布，大致可分为东、中、西3支，均源出终年冰雪覆盖区或小型冰川湖。东支名蓬扎曲，中支名结仁藏布，西支名基嘎藏布，顺山势总体由南向北流向，6—9月间，河宽7～14米，水深0.3米。在松木知附近，三支流相继汇入，干流始得名碰日藏布，其中主泓河宽6米，水深0.4米。下行至江张孔玛附近，有左岸支流独日藏布入注。独日藏布为本河流域面积最大的一级支流。

独日藏布汇口以下，干流进入中游段，得名玉察藏布，大体由东南向西北流，两岸地势开阔平缓。一般河谷宽度为1～2千米，局部宽达3～4千米，河汊繁多，主泓难辨。其中在康马尔附近，主泓宽达37米，水深0.5米。许多大的支流均相继在本河段汇入，其中左岸有恰玖藏布、温多藏布、萨沃藏布，右岸有鲁马蒋登曲。

干流在汇萨沃藏布后进入下游段,始得名措勤藏布,该段沿程支流稀少,河床主要起过水作用,只有**绒玛藏布**(**达瓦错**水系)一股分支汊流洁居曲于措勤镇附近从左岸汇入,汊流河道长 36 千米,河宽 5 米,水深 0.3 米。干流在曲折流经约 54 千米的宽阔谷地后于措勤县政府驻地附近折而东流,经 21 千米的下游河口三角洲后入注扎日南木错。河口三角洲段地势低洼,有连片沼泽分布,主泓在 6—9 月间宽达 17 米,水深 1.3 米,河床全由砾石及砂组成。措勤县政府驻地措勤镇,滨河近湖,是流域内的政治、经济、文化中心及交通枢纽。

10.3.119.1.1　独日藏布
(Durizangbu River)

又名朵日藏布,**措勤藏布**流域面积最大的支流,发源于冈底斯山脉北侧高程 6 000 米以上的常年冰雪覆盖区,河源区有冰川覆盖面积达 10 平方千米以上。流域面积 1 157 平方千米,河长 75 千米,落差 1 070 米,河床平均比降 14.3‰;流域涉及西藏自治区措勤和昂仁两县。

全河可分为 2 段:上游为高山峡谷段,河长 32 千米,落差 72 千米,河床平均比降 22.6‰;下游为山间盆地与宽谷相间段,河长 43 千米,落差 346 米,河床平均比降 8.0‰。冰雪融水是河流的主要补给源,水源补给较丰。

河流自源出后,水系呈树枝状展布。诸山溪相汇后,干流始得名矿多索弄;顺山势东北向流淌于高山峡谷间,沿程穿越呈串珠状展布的错阿龙、矿多错、母虾错等诸小型冰川湖,其中以矿多错最大,面积 4.5 平方千米。6—9 月间,上游段河宽约 7 米,水深 0.3 米,河组成物质以块石为主,兼有砂或砂砾。

干流出母虾错下行约 5 千米出峡谷口,进入下游段。差女淌嘎是流经的第一个山间盆地,河段遂称之为差女藏布,沿程有众多支流来汇,水势增强,河宽 10 米,水深 0.3~0.4 米,河道蜿蜒曲折,两岸并发育有宽约 1 千米、呈连绵分布之沼泽。作轰布拿曲是下游段最大支流,河长 35 千米,位居左岸,源于高程 5 800 米以上的小型冰川湖,河源区亦有常年冰雪覆盖。作轰布拿曲汇入后下行约 4 千米,进入长约 10 千米的宽谷段,出谷口,进入另一山间盆地——垂底淌嘎,始得名独日藏布;纳左岸支流美窝弄巴曲后于拢格尔木下游约 2 千米处从左岸汇入措勤藏布。干流在垂底淌嘎盆地主泓与支汊交错,主泓最大河宽约 7 米,水深 0.4 米。

流域内植被为嵩草草甸,小嵩草、矮生嵩草、异针茅、紫花针茅为主要组成种类,适于放牧;野生动物主要有野牦牛、野驴、盘羊、岩羊、藏羚羊等。录布为昂仁县如沙乡政府驻地,地处独日藏布与干流措勤藏布交汇口附近,为流域内之重要居民点,有乡间道路相通。

10.3.119.1.2　鲁马蒋登曲
(Lumajiangdengqu River)

又名奴玛蒋塘,**措勤藏布**中游段右岸支流,发源于冈底斯山支脉特柱山北侧高程 6 000 米以上的终年冰雪覆盖区,河源区约有 6 平方千米的常年冰雪覆盖面积。流域面积 1 060 平方千米,河长 95 千米,落差 1 200 米,河床平均比降 12.6‰;流域涉及西藏自治区昂仁和措勤两县。

全河可分为 2 段:上游高山峡谷与山间盆地及吞吐性湖泊段,河长 55 千米,落差 1 114 米,河床平均比降 20.3‰;下游山间盆地与冲积平原段,河长 40 千米,落差 86 米,河床平均比降 2.2‰。冰雪融水是该河的主要补给源,水源补给比较丰沛。

河源区水系呈树枝状展布。诸山溪源出并相继汇流后,干流得名扎杂弄曲;顺山势作西北流向,沿程又继而得名撑麻弄曲;至扎附近流向作 U 形急转,折而南流入**坡孜错**。坡孜错以上河长 42 千米,属时令性河流,仅在 6—9 月有冰雪融水径流产生。河流由坡孜错西南端泄出,经尼龙错(面积约 0.2 平方千米)等诸小型咸水湖曲折西流,穿行于 12 千米长的高山峡谷间,得名扎嘴弄巴曲,继而又名扎翁弄巴曲,河宽在 5~6 米间,水深 0.3~0.5 米,河床组成物质为砂、砾或石质兼而有之。

行至纲里附近河流出峡谷进入下游段,并转为北至西北流,又得名木藏加布曲,沿程有布曲曲、涡曲、克马曲等支流汇入,干流方得名鲁马蒋登曲。下游段河网交织,小型湖泊棋布,在河口段附近主泓河宽约 15 米,水深 0.4~0.6 米,河床组成以砂或砾石为主。

流域内雪山巍峨,草原广袤,河湖相映,自然景观纯朴,是人们追求返璞归真的理想之地。流域上游地区主要植被为嵩草草甸,下游地区主要为针茅草原,种类组成以小嵩草、矮生嵩草、紫花钱茅、异针茅居优势,适于放牧;野生动物主要有野牦牛、野驴、盘羊、岩羊、藏羚羊及雪鸡等。

10.3.119.1.2.1　坡孜错
(Pozicuo Lake)

又名坡寨错,位于西藏自治区昂仁县境内,地理位置为东经 86°07′、北纬 30°28′,属**扎日南木错**水系**措勤藏布**支流**鲁马蒋登曲**串通之内陆吞吐咸水湖泊。湖呈"钳口"形,略作西北—东南向延伸。湖面高程 4 963 米时,相应湖长 8.6 千米,最大湖宽 5.3 千米,平均宽 3.19 千米,水面面积 27.4 平方千米。湖泊岸线平滑顺直,周长 30 千米。湖中有 2 座无名小岛:较大者在西南端,面积约 0.1 平方千米,高出现湖面 21 米。

湖泊坐落在冈底斯山脉北坡、拉布琼山南麓一山间盆地内,四周为高程 5 300 米以上的群山环绕。滨湖东北部地势开阔,为砂砾滩地,残迹小湖马丁错点缀其上;南部有一半岛直伸入湖,半岛陆连部外围及湖之西南部多为连片沼泽,有涤格错、尼龙错等残迹小湖分布。环湖有多级古湖岸砂堤,最高一级古湖岸砂堤高出现湖面 29 米。

流域面积 445 平方千米。有 4 条时令河入湖,以撑麻弄曲最大,系鲁马蒋登曲的上游段,6—9 月有冰雪融水径流入湖。上游来水经调节后由湖泊西南端泄水口下泄入鲁马蒋登曲。

湖区植被为嵩草草甸,种类组成以小嵩草、矮生嵩草、异针茅、紫花针茅等为主,湖区南部为主要牧场。滨湖北部有乡道相通。

10.3.119.1.3　恰玖藏布
(Qiajiuzangbu River)

又名查玖藏布,**措勤藏布**中游左岸支流,位于西藏自治区措勤县境内。发源于届龙拉、日拉等冈底斯山脉北侧 5 700 米以上的高山区,源头有星散常年冰雪覆盖,覆盖面积约 3 平方千米。流域面积 743 平方千米,河长 55 千米,落差 924 米,河床平均比降 16.8‰。

全河可分为 2 段:源头至虾木嘴附近为上游高山峡谷段,河长 36 千米,落差 832 米,河床平均比降 23.1‰;虾木嘴以下至入干流措勤藏布河口为下游山间盆地与冲积平原段,河长 19 千米,落差 92 米,河床平均比降 4.8‰。冰雪融水是径流的主要补给源。

河流由多处散布的常年冰雪覆盖区及机列错（小型冰碛湖，面积约 0.3 平方千米）源出并相继汇流后，顺山势大致作北西流向，始得名卡木扎曲，6—9 月间河宽约 4～5 米，水深 0.2 米。河床组成物质系大小不一的块石。下行至那木我日附近有左侧最大支流阿喔加布（河长 29 千米）入注。阿喔加布河口以下，干流折转作北东流向，下行至虾木嘴附近又有右侧最大支流白汤曲入注。该支流源于小型冰碛湖措丁，河长 26 千米。

虾木嘴以下，干流出峡谷口，始得名恰尔藏布，并进入下游河段。该段水势明显增强，河宽 6～8 米，水深 0.2～0.6 米。下游段复作北西向下行，且两岸再无较大支流注入，河道蜿蜒曲折，多汊流，至布把附近入汇措勤藏布。

流域内植被在上游地区主要是嵩草草甸，下游地区主要为针茅草原，种类组成以小嵩草、矮生嵩草、异针茅、紫花针茅居优势，适于放牧；野生动物主要有野驴、野牦牛、岩羊、盘羊、藏羚羊及雪鸡、黑颈鹤、野鸭等。雄玛、曾巴、夏木错是本流域内较大居民点。流域西侧有省道南北穿过，并与乡道相接。

10.3.119.1.4　温多藏布
（Wenduozangbu River）

又名沙莫弄巴曲，**措勤藏布**中游左岸支流，发源于冈底斯山脉北斜面 6 100 米以上的终年冰雪覆盖区，冰雪覆盖面积近 10 平方千米。流域面积 749 平方千米，河长 73 千米，总落差 1 344 米，河床平均比降 18.4‰。位于西藏自治区措勤县境内。

全河可分为 2 段：源头至下弄嘎尔泼黑为上游高山峡谷段，河长 36 千米，落差 1 048 米，河床平均比降 29.1‰；下弄嘎尔泼黑以下为下游山间盆地与冲积平原段，河长 37 千米，落差 296 米，河床平均比降 8‰。冰雪融水是该河径流的主要补给源。

河源区水系呈树枝状展布，分为 3 支：西支下布桑曲，中支北故曲，东支沙各青曲，其中东支最长，为正源。3 支顺山势北流在中卢古附近相继交汇后，得名沙各模曲，流淌于高山峡谷间，6—9 月河宽约 6 米，水深 0.2 米许。河流下行至下弄嘎尔泼黑进入下游段。沿程支流不发育，仅有左岸翁弄曲、孔朗门弄巴曲两条，皆源流短小。干流在下各打至郎门浪勒间 7 千米的沿河两岸发育了连续的沼泽带。朗门浪勒以下，干流作北偏东行，始得名温多藏布，流淌于冲积平原之上。下游段河宽变化于 6～12 米间，水深 0.3 米，支汊纷出，在布个觉悟以下分为 4 股汇入措勤藏布。

流域内植被在上游地区主要是嵩草草甸，下游地区主要为针茅草原，种类组成以小嵩草、矮生嵩草、异针茅、紫花针茅居优势，放牧为植被利用的主要方式；野生动物主要有野牦牛、野驴、盘羊、岩羊、黄羊、藏羚羊及雪鸡等。奈堆勒、沙莫勒、塔庄勒是流域内较大居民点，沿河有乡间道路与流域内省道相接连。

10.3.119.1.5　萨沃藏布
（Sawozangbu River）

又名烘多藏布，**措勤藏布**中游左岸支流，位于西藏自治区措勤县境内，发源于冈底斯山脉北斜面 6 000 米以上的我多拉、沙我拉、刚落九等冰川群，冰雪覆盖面积约 14 平方千米。流域面积 1 072 平方千米，河长 68 千米，落差 1 260 米，河床平均比降 18.5‰。

全河可分为 3 段：源头至起格勒为上游高山峡谷段，河长 16 千米，落差 758 米，河床平均比降 47.4‰；起格勒至烘多阿勒附近为中游山间盆地与高山峡谷相间段，河长 47 千米，落差 486 米，河床平均比降 10.3‰；烘多阿勒至入干流河口为下游河谷冲积平原段，河长 5 千米，落差 16 米，河床平均比降 3.2‰。冰雪融水是该河径流的主要补给源。

该河由我多拉常年冰雪覆盖区源出后，顺山势曲折北流，先名我多曲，后又名汪多鲁曲，穿行于高山峡谷间，沿程相继汇纳源于诸冰雪覆盖区或小型冰碛湖之山溪。下行至起格勒，进入中游段，又得名窝多热曲，6—9 月干流河宽约 5 米，水深 0.2 米许，河床组成物质以大小不一的块石为主。中游段流经两处山间盆地与两段峡谷，在山间盆地有较多支流汇入，河道迂回曲折，支汊分流，水系稠密如网；在峡谷段，水系缩并成单股河道向下游流淌。流经第一处山间盆地那加时，在拉尔附近有最大支流沙我曲从左岸入注。该河河长 24 千米，源头有大面积常年冰雪覆盖。此后干流水势增强，河宽变化于 5～7 米间，水深 0.2～0.4 米。继之，干流在穿越一段高山峡谷后在植峨弄勒以下进入流域内最大山间盆地懂闷淌嘎。盆地段河道支汊纷繁，呈多股散流形式下注，主泓与支汊莫辨。在流经约 7 千米长的最后一段峡谷，始得名萨沃藏布，河流于烘多阿勒附近出峡谷口进入下游段，河宽约 10 米，从左岸汇入措勤藏布。

流域内植被在上游地区以嵩草草甸为主，中下游地区主要为针茅草原，种类组成以小嵩草、矮生嵩草、异针茅、紫花针茅等居优势，放牧为植被利用的主要方式；野生动物主要有野牦牛、野驴、岩羊、盘羊、黄羊、藏羚羊及雪鸡等。干流附近有乡间道路相通，并与下游近河口段省道相接。那加是流域内较大居民点。

10.3.119.2　达龙藏布
（Dalongzangbu River）

扎日南木错第二大入湖河流，在该湖西北部入湖，发源于冈底斯山脉北侧高程 5 100 米以上的山区。流域面积 2 560 平方千米，河长 160 千米，落差 487 米，河床平均比降 3‰。流域地跨西藏自治区措勤、尼玛两县。

全河可区分为 3 段：上游高山峡谷段，河长 36 千米，落差 320 米，河床平均比降 8.9‰；中游山间盆地与宽谷段，河长 115 千米，落差 150 米，河床平均比降 1.3‰；下游冲积平原段，河长 9 千米，落差 17 米，河床平均比降 1.9‰。流域内水系较发达，季节性融雪径流是该河的主要补给源。

该河源出可洼山区，河源段也因山而得名"可洼"，顺山谷走势由东北向西南流，沿程流经李铁错（面积约 1 平方千米）、错龙错（面积 5.8 平方千米）后又相继得名朵曲绒曲、梓擦弄曲、热巴嘎曲等。河源区无常年性冰雪覆盖，故上游段为时令河特性。

出峡谷口，进入中游段，干流折向西行，沿程又依次得名朵康巴藏布、央弄藏布、列瓦藏布、雄曲藏布等。盆地地势平衍，两侧有众多支流汇入。阿果错（面积 4.8 平方千米）、阿马次（面积约 0.8 平方千米）等大小湖泊星罗棋布，呈现一派水网平原自然景观。左岸汇入的较大支流有雄退仁曲，河长 22 千米；右岸汇入的较大支流，一为诺嘎藏布，河长 38 千米，另一为**鲁马蒋登曲**，河长 40 千米。干流因诸支流汇入，水势逐渐增强，河宽由 4 米加大至 18 米，水深加大到 0.3～0.4 米。行至奶俄莫，干流经约 5 千米后入注**齐格错**，来水经调节后于该湖南部之尾闾南泄，尾闾河道始得名达龙藏布。

干流在穿越 7 千米的宽谷后进入下游段，河宽达 24 米，水深0.4米，河床全部由砂砾组成。

流域内植被以针茅草原为主，上游河源区为嵩草草甸，紫花针茅、异针茅、珠峰苔草、青藏苔草、小嵩草等为组成植被的优势种类，野生动物主要种类有野牦牛、野驴、岩羊、盘羊、黄羊、藏羚羊及斑头雁、黑颈鹤、野鸭等。格玛（克马）为措勤县磁石乡人民政府驻地，是流域内的重要居民点。沿干流河道及齐格错有乡间道路通过。

10.3.119.2.1　齐格错
(Qigecuo Lake)

又名纪格错，位于西藏自治区措勤县境内，地理位置为东经85°32′、北纬31°12′，属**达龙藏布**水系内陆吞吐淡水湖泊。湖近似呈蘑菇形，湖面高程4663米时，相应湖长7.3千米，最大宽6.2千米，平均宽2.78千米，面积20.3平方千米，湖岸线长23千米。湖之西北部有无名小岛1座，面积约0.01平方千米。

湖泊地处巴林岗日南侧一山间盆地内的西北缘，西与**昂古错**（蔡几错）为邻，南与**扎日南木错**相近，北及东北侧为达龙藏布入湖河口三角洲，有大片沼泽分布。湖滨有古湖岸砂堤10多条，其中最高一级古湖岸砂堤高出现湖面87米，是昔日湖泊盛期时与昂古错为同一大湖体的重要标志。

湖水补给以地表径流为主，达龙藏布从湖中南北穿过，入湖前，河长136千米，流域面积约2360平方千米。河道呈分支汊流形式入注扎日南木错，其中主泓河宽18米，水深0.3米；湖泊尾闾河道宽24米，水深0.4米。1978年实测，湖水pH值8.7，矿化度0.283克每升，属淡水湖泊。

湖区植被以针茅草原为主，在沼泽区有苔草植被发育，放牧条件良好。湖滨有乡间道路通措勤县政府驻地。

10.3.120　戈木茶卡
(Gemuchaka Salt Lake)

又名戈木错、戈孟湖、戈穆茶卡，藏语意为"门湖"，位于西藏自治区改则县境内，地理位置为东经85°46′~85°52′，北纬33°37′~33°44′，属内陆卤水盐湖。湖面高程4668米时，相应湖长10.9千米，最大宽8.3千米，平均宽6.97千米，面积76平方千米。湖水深0.5米左右。

湖泊地处藏北高原腹地，东北隔茶足日山与**拉相错**相近，东南望苏干加年山，坐落在两山之间的盆地内。盆地外围为高程5100~5500米的山地和相对高程200~300米的孤山丘陵；滨湖地势开阔，多为盐碱地和戈壁滩。

湖区属高原亚寒带羌塘半干旱气候，多年平均气温-6摄氏度，多年平均年降水量100~150毫米。流域面积675平方千米。湖水依赖湖周出露的泉水补给，其中东岸入湖的泉溪最大，长25千米，源头有6~7个泉眼；其余2条泉溪从湖西南岸入湖，均较短小。湖水矿化度317.997克每升，为硫酸钠亚型，属固液相并存盐湖，以石盐、芒硝和石膏沉积为主。其中石盐主要分布在湖区东北部，出露面积约31.75平方千米，层厚0.6米，最大厚1.32米，储量超过3300万吨。

湖区植被稀疏，仅有星散青藏苔草生长，野生动物主要有野牦牛、野驴、藏羚羊、黄羊、熊以及雪鸡、黑颈鹤等。湖区仅有乡级便道。

10.3.121　布若错
(Buruocuo Lake)

位于西藏自治区改则县境内，南与**雪源湖**仅相隔3千米，地理位置为东经85°42′~85°49′，北纬34°20′~34°28′，属内陆咸水湖泊。湖体呈北东—西南走向，湖面高程5158米时，相应湖长18千米，最大宽7.2千米，平均宽4.86千米，面积87.5平方千米。湖岸线稍曲折，长约51千米。流域面积638平方千米。

湖泊地处藏北高原北部，坐落在藏色岗日和布若岗日两大雪山山间盆地内，东西两侧高大山体紧逼湖缘，湖岸陡峭；北侧有多条古湖岸砂堤环列，最高砂堤高出现湖面82米。

湖区属高原亚寒带羌塘半干旱气候，多年平均气温-6摄氏度，多年平均年降水量100~150毫米。湖水主要依赖东西两侧的雪山融水补给，位于湖区西北部的百汇河为唯一的常年性入湖河流，河长26千米。此外还有12条时令河在夏季汇纳冰雪融水直接入湖。

湖周植被以风毛菊、红景天稀疏植被类型为主，常见野生动物有野牦牛、野驴、黄羊、藏羚羊、岩羊、大头羊、熊、猞猁及黑颈鹤等。湖区交通闭塞，人迹罕至。

10.3.122　雪源湖
(Xueyuan Lake)

位于西藏自治区改则县境内，北距**布若错**约3千米，地理位置为东经85°43′、北纬34°16′，属内陆咸水湖泊。湖呈南北向延伸，湖面高程5193米时，相应湖长8.6千米，最大宽4.1千米，平均宽2.88千米，面积24.8平方千米。湖泊岸线规则，岸线长23千米。

湖泊地处藏北高原腹地，坐落在布若岗日与藏色岗日两雪山间的山间盆地内。滨湖西岸为高出湖面约200米的低山，山体紧逼湖岸，地势较陡峭；东岸河流入湖口有冲积—洪积扇发育，地势较开阔。

湖区属高原亚寒带羌塘半干旱气候，多年平均气温-6~-4摄氏度，多年平均年降水量100~150毫米。流域面积210平方千米。湖水主要依赖冰雪融水补给，流域内有冰雪覆盖面积约28平方千米。

湖周植被以青藏苔草草原为主，常见野生动物有野牦牛、野驴、黄羊、藏羚羊、狗熊及雪鸡、黑颈鹤、白鸭等。湖区交通闭塞，人迹罕至。

10.3.123　甲多错
(Jiaduocuo Lake)

又名大熊湖，位于西藏自治区改则县境内，北近**雪源湖**，东望**拉相错**，地理位置为东经85°37′、北纬34°03′，属内陆咸水湖泊。湖面高程4883米时，相应湖长10.2千米，最大宽6.6千米，平均宽3.95千米，面积40.3平方千米。湖岸线规则，岸线长27千米。

地处藏北高原北部，坐落在茶足日山西麓一山间盆地内。滨湖南北部为软质戈壁滩，东西部为相对高度200~500米的低山丘陵，近湖西岸有一条长约7千米的古湖岸砂堤，高出现湖面17米。

湖区属高原亚寒带羌塘半干旱气候，多年平均气温-6~-4摄氏度，多年平均年降水量100~150毫米。流域面积664平方千米。湖北部山麓有7眼泉水出露，以地下渗流形式补给湖泊。

湖周植被以紫花针茅草原类型为主，常见野生动物有野牦牛、野驴、黄羊、藏羚羊、熊及雪鸡、黑颈鹤等。湖区交通闭塞，人迹罕至。

10.3.124 南扎错
(Nanzhacuo Lake)

又名纳丁错,位于西藏自治区改则县境内,地理位置为东经85°27′、北纬32°40′,属内陆咸水湖泊。湖体由东、中、西三部分水域组成,东西两侧水域较大,中部较小,以狭窄通道与东西湖相连。湖面高程4 868米时,相应湖长7千米,最大宽4.1千米,平均宽1.8千米,面积12.8平方千米。

地处藏北高原一山间盆地内。湖滨除东南部地势低缓、西北侧有零星的沼泽地外,余为相对高度100米左右的丘陵环抱;近岸分布有2条古湖岸砂堤。

湖区属高原亚寒带羌塘半干旱气候,多年平均温度−2摄氏度左右,多年平均年降水量150～200毫米。流域面积521平方千米。无常年性河流注入,仅东南部有一时令河,6—9月有径流入湖。

湖周植被以紫花针茅草原类型为主,有少量牧民从事放牧生产活动,主要牧养牦牛、犏牛、马、绵羊、山羊等。湖区仅有乡级道路,交通不便。

10.3.125 昂古错
(Anggucuo Lake)

又名蔡几错,位于西藏自治区措勤县境内,地理位置为东经85°26′、北纬31°13′,属内陆咸水湖泊。湖形似钟,湖面高程4 658米时,相应湖长6.5千米,南北最大湖宽5.9千米,平均宽3.48千米,面积22.6平方千米。湖泊岸线圆滑,周长22千米。湖中有无名小岛1座,面积不足0.01平方千米。

坐落在一山间盆地之南缘,除湖区南部山地紧逼湖岸外,其他方位为冲积—湖积平原。湖周多残迹小湖,东与**齐格错**相近。湖区北部有古湖岸砂堤分布,堤顶高程4 750米,高出现湖面92米。

湖区属高原亚寒带羌塘半干旱气候,多年平均气温约−4摄氏度,多年平均年降水量150毫米,主要集中在每年的7月下旬至8月下旬。流域面积1 142平方千米,湖水以地表径流补给为主。入湖河流有从北岸入湖的**桑无藏布**及西岸入湖的无名河等3条,其中以桑无藏布最大,无名河河长26千米。湖水pH值9.8,矿化度15.172克每升,湖水化学类型属碳酸盐型;B_2O_3含量较高,达586.4毫克每升。

湖区植被为针茅草原,紫花针茅、羽柱针茅、珠峰苔草、青藏苔草组成植被的优势种类,放牧条件较好,野生动物主要有野牦牛、野驴、盘羊、岩羊、黄羊、羚羊及斑头雁、黑颈鹤、野鸭等。滨湖东南部有乡级道路,西南约35千米可直达措勤县政府驻地。

10.3.125.1 桑无藏布
(Sangwuzangbu River)

昂古错中最大的入湖河流,发源于巴林岗日山南麓高程5 800米以上的高山区,流域面积616平方千米,河长53千米,落差1 142米,河床平均比降21.5‰。位于西藏自治区措勤县东北隅。

全河可区分为2段:源头至峡谷口为上游高山峡谷段,河长30千米,落差960米,河床平均比降32.0‰;峡谷口至入注昂古错河口为下游山间盆地段,河长23千米,落差182米,河床平均比降7.9‰。

上游段支流短小而稀疏,水源不丰。干流源出后,顺峡谷走势先由西北向东南流,沿程先后得名扎曲我布查、尝翁弄巴、萨玛罗。6—9月上游段上部河宽约3米,水深0.1米;下部河宽3米,水深0.3米,全系涓涓细流。

出峡谷口,进入下游段,干流转而曲折南流,始得名桑无藏布,干流时有多支汊流衍生,且沿河两岸断续分布有宽0.5～1.0千米的沼泽带。至果提布附近,有最大支流石达耳弄从右岸汇入,河长32千米,最大河宽约6米,水深约0.4米。支流汇入后,干流进入广袤的砂砾滩地,主泓河宽3米,水深0.2米,下行约10千米入注昂古错,入湖河口区有一小型三角洲。

流域内植被以针茅草原为主,紫花针茅、羽柱针茅、珠峰苔草、青藏苔草为构成植被的优势种类,上游河源区有嵩草草甸植被发育,下游河口及局部排水不良的滨湖区有小面积苔草沼泽植被发育;野生动物主要有野牦牛、野驴、岩羊、盘羊、黄羊、藏羚羊以及斑头雁、黑颈鹤、野鸭等。流域内有多条乡级道路,可直通措勤县政府驻地。

10.3.126 圆湖
(Yuanhu Lake)

因湖体近似圆形而得名,位于西藏自治区改则县境内,属内陆咸水湖泊,地理位置为东经85°20′、北纬33°56′。湖面高程4 815米时,相应湖泊长4.2千米,最大宽3.1千米,平均宽2.5千米,面积10.3平方千米。湖泊岸线平整,长11.5千米。

圆湖地处藏北高原北部,坐落在长梁山东麓一山间盆地内。除湖西山地丘陵紧临湖岸外,其余方位为戈壁滩和沙砾地。

湖区属高原亚寒带羌塘半干旱气候,多年平均气温−6～−4摄氏度,多年平均年降水量100～150毫米。流域面积720平方千米。湖水补给以泉水为主,紧临湖西北部有4眼泉水,涌出后直接流入湖泊;另有一条时令河从北部入湖,河长约30千米,仅在夏季(5—8月)有径流汇入。

湖区植被稀疏,以青藏苔草草原类型为主,野生动物有野牦牛、野驴、藏羚羊、黄羊及雪鸡、黑颈鹤等。湖区交通闭塞,木布为唯一的居民点,以放牧为生。

10.3.127 拉雄错
(Laxiongcuo Lake)

位于西藏自治区改则县境内,地理位置为东经85°09′～85°16′、北纬34°18′～34°23′,属内陆咸水湖泊。湖近似圆形,略呈南东—北西向延伸,湖面高程4 887米时,相应湖长10.8千米,最大宽7.6千米,平均宽5.53千米,面积59.7平方千米。湖岸线平整,长28.5千米。

拉雄错地处藏北高原北部一山间盆地内。滨湖北、东、南三面为盐碱砂砾地,地势开阔;西岸紧临相对高度200米左右的低山缓丘。

湖区属高原亚寒带羌塘半干旱气候,多年平均气温−6～−4摄氏度,多年平均年降水量100～150毫米。流域面积670平方千米。湖水主要依赖冰雪融水径流补给,位于湖区东北部的向阳河为主要入湖河流,河长29千米,源于高程5 776米的雪山,冰雪覆盖面积6平方千米。湖水pH值10.0,矿化度12.605克每升,属碳酸盐型咸水湖泊。

湖区植被以青藏苔草草原为主,常见野生动物有野牦牛、野驴、黄羊、藏羚羊、狼及黑颈鹤等。湖区交通闭塞,人迹罕至。

10.3.128　扎西错
(Zhaxicuo Lake)

又名扎西错布,涉及西藏自治区改则和尼玛两县,地理位置为东经85°07′、北纬32°12′,属内陆湖泊。湖呈葫芦状,湖面高程4 421米时,相应湖长9.3千米,最大宽8.3千米,平均宽5.08千米,面积47.2平方千米。湖中有一小岛,面积0.16平方千米,高出湖面1米。

扎西错地处藏北高原中部一山间盆地内。第四纪湖泊盛期时,该湖与西部的**洞错**曾为同一大湖。沉积地貌特征显示,现湖面较古湖泊已下降了19米;湖泊外围为相对高度300~400米的低山丘陵;滨湖东西部为冲积—湖积砂砾地和沼泽;南北部为山前坡积—洪积扇砂砾地,地势高仰。东部滨岸有2条大致与湖岸平行的古湖岸砂堤,长约11千米,堤顶高程4 440米。

湖区属高原亚寒带羌塘半干旱气候,多年平均气温0摄氏度,多年平均年降水量约200毫米。流域面积2 127平方千米。湖水主要依赖泉集河潜流补给,直接入湖的泉集河为**勒仁藏布**。此外,湖南部山麓带尚有4眼泉水,以地下潜流形式入湖。据1988年实测,湖水pH值7.8,矿化度165.273克每升,属硫酸镁亚型卤水盐湖。

湖区植被以高山草原为主,青藏苔草和紫花针茅为组成植被的优势种类,牧民以牧养牦牛、犏牛、马、绵羊、山羊等为生。湖南部有省级公路穿过,交通方便。

10.3.128.1　勒仁藏布
(Lerenzangbu River)

扎西错入湖河流,发源于西藏自治区尼玛县中仓乡境内的荣冬勒附近。流域面积1 416平方千米,河长59.5千米,天然落差588米,河床平均比降9.9‰。流域涉及西藏自治区改则和尼玛两县。

按自然特征可分为3段。从源头至嘎曲为上游段,河长24千米,落差309米,河床平均比降12.9‰,由5条泉集小河先后相汇而成,河道沿程串联4个小湖(面积0.03~0.20平方千米)。嘎曲至达果档玛为中游段,河长14千米,落差120米,河床平均比降8.6‰,上游来水下渗后成干沟河床。达果档玛至入湖口为下游段,河长21.5千米,落差159米,河床平均比降7.4‰,系潜流复出后的河段,行至巴弄附近,汇纳右岸孔弄、桑生曲两条时令性小支流后,于扎西错东北部入湖。泉水为河流的主要补给源。

流域内植被以紫花针茅草原为主,系较好牧场。

10.3.129　棉桃湖
(Miantao Lake)

因湖形椭圆,近似棉桃而得名,在西藏自治区改则县境内,地理位置为东经85°07′、北纬35°01′,属内陆盐湖。湖面高程4 950米时,相应湖泊面积15平方千米,其中水域(湖表卤水)面积1.3平方千米。

棉桃湖地处藏北高原北部,坐落在一小型山间盆地内,四周为低缓残丘,盐碱滩和戈壁广布。

湖区属高原亚寒带羌塘半干旱气候,严寒干燥,降水稀少,蒸发强烈,日照充裕,多风沙,多年平均气温-4摄氏度,多年平均年降水量约150毫米,年大风沙日逾200天。流域面积约200平方千米,无常年性河流入湖,湖水主要由冰雪融水径流和地下潜流补给。

湖区植被十分稀疏,属高原荒漠,环境恶劣,人迹罕至。

10.3.130　拉顺湖
(Lashun Lake)

又名蝎子湖,在西藏自治区改则县境内,东北距**拉雄错**约11千米,属内陆盐湖。地理位置为东经85°05′、北纬34°18′。湖略呈V形,湖面高程4 870米时,相应湖长10千米,最大宽3.5千米,平均宽1.8千米,面积18平方千米。其中经常有水的水域(卤水)面积9.6平方千米。

拉顺错地处藏北高原北部,坐落在布若岗日山西南侧一山间盆地内。湖滨东西两侧为盐碱滩、砂砾滩,地势开阔;南北两侧为相对高度200~300米的低山丘陵。

湖区属高原亚寒带羌塘半干旱气候,多年平均气温-6~-4摄氏度,多年平均年降水量100~150毫米。流域面积1 292平方千米,湖泊补给系数70.8。湖水主要依赖冰雪融水径流补给,**拉顺东河**为最大入湖河流。湖水pH值9.01,矿化度51.886克每升,属硫酸钠亚型盐湖。

湖区植被以青藏苔草草原为主,北部低山区发育有风毛菊、红景天稀疏植被,野生动物主要有野牦牛、野驴、黄羊、藏羚羊、狼及黑颈鹤等。湖区交通闭塞,人迹罕至。

10.3.130.1　拉顺东河
(Lashundong River)

拉顺湖入湖河流,位于西藏自治区改则县境内,发源于布若岗日雪山西侧,源头高程5 660米,河源区有常年冰雪覆盖面积约30平方千米。流域面积944平方千米,河长65.5千米,自然落差790米,河床平均比降12.1‰。流域内属高原亚寒带羌塘半干旱气候,冰雪融水为河流的主要补给源。

全河可分为上、下游两个河段。从源头至右岸最大支流(无名)入河口为上游高山深谷段,河长21千米,落差560米,河床平均比降26.7‰。6—9月河宽1.5~4.0米,水深0.1~0.5米,河床组成物质以砂为主,沿程支流较多而源流短小。最大支流河口至入湖口为下游宽谷与冲积平原段,河长44.5千米,落差230米,河床平均比降5.2‰,沿程支流稀少,干流蜿蜒曲折,河床组成物质以砂砾为主,河宽3~8米,水深0.2~0.4米。于拉顺湖东岸入湖,河口区有一小型三角洲。

流域上游地区以风毛菊、红景天稀疏植被为主,下游地区以青藏苔草草原为主。野生动物主要有野牦牛、野驴、黄羊、藏羚羊及野鸭、黑颈鹤等。

10.3.131　达瓦错
(Dawacuo Lake)

又名达娃错,藏语意为"月亮湖",位于西藏自治区措勤县辖境内,地理位置为东经84°53′~85°03′、北纬31°11′~31°18′,属内陆湖。湖面高程4 626米时,相应湖长16.5千米,最大宽11.4千米,平均宽6.93千米,面积114.4平方千米。湖泊岸线圆滑规则,周长45千米。湖中有小岛3座,其中1座在湖的西部,另两座在湖的东部,以东部的烈门德窝最大,面积约0.05平方千米,高出现湖面12米。

达瓦错坐落于冈底斯山脉北麓一山间盆地内。湖区东部、东北部地势开阔,河网如织,湖荡棋布,沼泽连片,其中清木柯错为最大的残迹湖,面积6.3平方千米;在滨湖西南隅发育有宽带状河谷冲积平原;其他方位均为群山环绕,湖岸较为陡峭。

湖区属高原亚寒带羌塘半干旱气候，多年平均气温4摄氏度，多年平均年降水量约150毫米，降水主要集中在7月下旬至8月下旬。湖水补给以地表径流为主，其中冰雪融水占有较大比重。流域面积2 534平方千米。有大小入湖河流8条，主要的有3条，分别是由湖区北部入湖的**下曲**，湖区东北部入湖的**雅弄藏布**和湖区南部入湖的**绒玛藏布**。

据1988年资料，湖水pH值9.3，矿化度34.698克每升，水化学类型属硫酸钠亚型，为咸水湖泊。滨湖浅卤水带有少量芒硝等盐类沉积。

湖区植被以针茅草原为主，水网沼泽区为苔草植被，放牧条件良好。西部环湖有乡级道路相通，并与湖区东部的省道相接。湖东北约8千米处为达雄乡政府驻地，是湖区主要居民点。

10.3.131.1　下曲
(Xiaqu River)

达瓦错北部入湖河流，位于西藏自治区措勤县境内，发源于冈底斯山脉北侧高程6 300米以上的下岗江（夏康坚）终年冰雪覆盖区，河源区有常年冰雪覆盖面积14平方千米。流域面积646平方千米，河长51千米，落差1 674米，河床平均比降32.8‰。

全河可分为2段：源头至朗塘淌上部为上游高山峡谷段，河长25千米，落差1 430米，河床平均比降57.2‰；朗塘淌以下至入湖口为下游山间盆地段，河长26千米，落差244米，河床平均比降9.4‰。

河流由冰雪覆盖区源出后，顺山谷走势先向北流淌，约下行3千米左右，继之作U形转弯折向南流，沿程汇荣舍、荣那诸山溪，水势逐渐增强，7—8月干流河宽约3米，水深0.3米。

至朗塘淌，干流进入下游段，两岸地势开阔坦荡，汇入支流较多，干流分支纷繁，在下游段上部，主泓河宽一般在7米左右，水深0.6米，河床全由粒径不一的砂质组成。河流尾闾段，与左侧**雅弄藏布**共同发育了连片分布的水网沼泽区，小型湖泊棋布。朗达是该河最大支流，在其尾闾段从左岸汇入，河长30千米，河宽约4米，水深0.3~0.4米。在入注达瓦错之河口区，因水网分流，主泓河宽仅5米许，水深约0.2米。

流域内植被以针茅草原为主，上游河源区为嵩草草甸，下游水网沼泽区为苔草植被，适于放牧。

10.3.131.2　雅弄藏布
(Yanongzangbu River)

达瓦错东北部入湖河流，位于西藏自治区措勤县境内，发源于冈底斯山脉北侧高程5 900米以上的高山。流域面积400平方千米，河长52千米，落差1 274米，河床平均比降24.5‰。

全河可分为2段：源头至达雄为上游高山峡谷段，河长35千米，落差1 232米，河床平均比降35.2‰；达雄以下至入湖口为下游山间盆地段，河长17千米，落差42米，河床平均比降2.5‰。季节性积雪融水在河流补给中占有一定比重。

河源区分为南北两支。北支名雅弄藏布，沿峡谷走势由东北向西南流，河长17千米，水源相对较丰，河宽约6米，水深0.7米；南支名木扎弄，顺峡谷走势由东南流向西北，河长约18千米，水源不及北支丰盛，河宽约4米，水深仅0.4米许。南北两支于特荣海相汇后曲折西南流，水势增强，河宽达7米，水深0.6米，河床全由砾石组成。达雄以下，进入下游段，干流迂回曲折，分支繁多，与西侧的**下曲**水系共同展现了一派河网交织、湖荡棋布、沼泽连片之纯朴自然景观。主泓在近river口段河宽约7米，水深0.6米。

流域内植被以针茅草原为主，上游河源区有嵩草草甸发育，下游近湖区为苔草沼泽植被，适于放牧；野生动物主要有野牦牛、野驴、盘羊、岩羊、藏羚羊以及斑头雁、黑颈鹤、野鸭等。达雄为措勤县下辖达雄乡人民政府驻地，是流域内的主要居民点，有乡级道路东与省级道路相接。

10.3.131.3　绒玛藏布
(Rongmazangbu River)

达瓦错西南部入湖河流，位于西藏自治区措勤县境内，发源于冈底斯山脉北侧高程5 300米以上的山区。流域面积598平方千米，河长53千米，落差674米，河床平均比降12.7‰。

全河可分为3段：上游高山峡谷与山间盆地段，河长38千米，落差616米，河床平均比降16.2‰；中游山间宽谷段，河长7千米，落差34米，河床平均比降4.9‰；下游河谷冲积平原段，河长8千米，落差24米，河床平均比降3.0‰。河源区季节性积雪融水及泉水是河流的主要补给源。

河源区诸山涧小溪相继汇聚后，干流先得名棍宗藏布，大致由西南向东北方向曲折流，沿程又继而得名鲁汪藏布，河宽约8米，水深0.3米。山间盆地多是支流汇入之地，其中齐攻布是该河最大的一级支流，河长25千米，河宽约5米，水深0.2米，于托弄附近从左岸汇入。上游段沿河两岸约有30千米连续分布之沼泽，其间并有多个小湖点缀，为湿地自然景观。下行至夹角八给呢附近，从右岸派生出一分支汊流，名洁居曲，分泄该河部分水量东入**扎日南木错**支流**措勤藏布**。夹角八给呢以下，干流进入中下游段，始得名绒玛藏布，河宽约7~9米，水深0.4米。

流域内植被以针茅草原为主，沿河两岸的沼泽区为苔草植被，适于放牧。流域内有多条乡级道路穿过，东与省级道路相接。

10.3.132　攸布错
(Youbucuo Lake)

又名敌布错，在西藏自治区措勤县境内，地理位置为东经84°43′~84°52′，北纬30°45′~30°51′，属内陆终点湖泊。湖泊呈西北—东南向延伸，湖面高程4 638米时，相应湖长13.4千米，最大宽8千米，平均宽4.8千米，面积63.4平方千米。湖泊岸线顺直平滑，周长39千米。湖中偏西部有无名小岛1座，面积约0.005平方千米。

攸布错地处藏北高原南部，坐落在冈底斯山北麓一山间盆地内。盆地四周群山环抱，山地大多逼近湖体，湖岸陡峭，仅西部河流入湖口附近地势略较开阔，为冲积—湖积平原及沼泽地。滨湖西南、东南隅分布有数道古湖岸砂堤，其中最高一级古湖岸砂堤高出现湖面62米，是第四纪湖泊盛期时东与**嘎仁错**、西与**麦穷错**为同一大湖体的重要佐证。

湖区属高原亚寒带羌塘半干旱气候，年日照时数逾3 000小时，多年平均气温0摄氏度，多年平均年降水量约200毫米。流域面积2 130平方千米。湖周有入湖河流3条。**康巴藏布**是该湖最主要的入湖河流，由东部入湖；从西部入湖的塔母弄布曲，河长26千米，下游河宽10米，水深0.3米，是麦穷错入湖河流促贡藏布在池布勒附近分流形成的汊道；卡不

攸布错

过河河长 10 千米，其下游 6.5 千米的河段是以地下潜流形式入湖的。湖水矿化度 34.993 克每升，属硫酸钠亚型咸水湖泊。

湖区植被为针茅草原，适于放牧。滨湖西侧有乡道通往措勤县政府驻地。

10.3.132.1 康巴藏布
（Kangbazangbu River）

攸布错最大的入湖河流，流域位于西藏自治区措勤县境内，发源于冈底斯山北斜面高程 6 000 米以上的常年冰雪覆盖区，冰雪覆盖区约 15 平方千米。流域面积 1 740 平方千米，河长 101 千米，河床平均比降 13.5‰；总体流向是顺山势曲折北流，先入**嘎仁错**，尔后经其尾闾下泄，终入攸布错。

全河可分为 3 段：上游高山峡谷段，河长 42 千米，落差 1 100 米，河床平均比降 26.2‰；中游山间盆地与吞吐性湖泊段，河长 55 千米，落差 250 米，河床平均比降 4.5‰；下游宽谷尾闾段，河长 4 千米，落差 12 米，河床平均比降 3.0‰。河流左岸支流发育较好，源远而流长。

上游水系发达，河流源出后沿高山峡谷顺山势东北流，沿程相继汇纳诸山溪，水势逐渐增大，至莫青朵附近，6—8 月干流宽达 8 米，水深 0.3 米，河床全由较大块石组成。下行至我江木，干流河宽缩至 5 米，但水深已增至 0.6 米。再下行至洛塔勒，有该河第二大支流亚务鲁弄巴于左岸来汇。该河长 28 千米，中下游段河宽 5 米，河床皆由砾石组成，两岸有连续分布之沼泽，水草丰盛，是放牧点较为稠密之地区。

由洛塔勒下行约 4 千米，进入中游段，河道迂回曲折，汊流开始发育；干流河宽 13～14 米，水深 0.3 米，河床组成物质已由块石逐渐演变为砾石，两岸有沼泽时断时续地分布。在昌务场以上约 2.5 千米处，有该河第一大支流渣曲于左岸来汇。渣曲河长 41 千米，中下游段河道蜿蜒曲折，主泓与支汊难辨；在入干流河口以上缩并为两支，河宽分别为 3 米、4 米，水深均在 0.2 米上下。渣曲中下游两岸有宽 500～1 000 米、呈连续分布的沼泽，是流域内又一放牧点较为稠密地区。

康巴藏布干流在德无加里以下，进入宽展的冲积平原与入嘎仁错的河口三角洲区间段，水网交织，沼泽广袤，并与嘎仁错另一入湖河流擦隆托玛的河口区连成环湖东南部的沼泽带，为一鲜明之自然景观，嘎仁错湖水于西北隅下泄，下游尾闾段曲折西行于宽谷之中，终入攸布错。

流域内植被以针茅草原为主，沿河湖滨有小面积苔草沼泽植被，河源区局部有蒿草草甸植被；野生动物主要有野牦牛、野驴、岩羊、盘羊、黄羊、藏羚羊和鸥类、鸭类、鹬类以及天鹅、黑颈鹤等。江让乡政府驻地位于滨湖东部沼泽带上缘，是流域内的重要居民点，并有乡级道路与省级道路相连。

10.3.132.1.1 嘎仁错
（Garencuo Lake）

藏语意为"腰带湖"，位于西藏自治区措勤县境内，地理位置为东经 84°53′～85°01′，北纬 30°43′～30°49′，属内陆吞吐湖泊。湖形犹若向西敞开的钳口，湖面高程 4 650 米时，相应湖长 13.7 千米，最大湖宽 7.8 千米，平均 4.82 千米，面积 66 平方千米。湖泊岸线平滑规则，周长 57 千米。湖中有无名小岛 2 座，面积分别约 0.02 平方千米、0.03 平方千米。**康巴藏布**是最大入湖河流。

嘎仁错

嘎仁错地处藏北高原南部，坐落在冈底斯山北麓一山间盆地内。盆地外围为高程 4 900～5 300 米的山地环绕。滨湖东南部为冲积平原和沼泽；北部近山麓有多条古湖岸砂堤，其中最高一级高出现湖面 50 米，滨湖其他方位，山地均逼近湖体。日阿祖山由西部直插湖中，形成该湖最大的半岛，也是控制该湖形态最重要的标志。

湖区属高原亚寒带羌塘半干旱气候。流域面积 1 726 平方千米。康巴藏布既是该湖最大的入湖河流，也是该湖唯一的泄水尾闾，嘎仁错湖口以上面积为 1 260 平方千米。湖水由其西北端下泄，经 4 千米的尾闾河道泄入攸布错。湖水 pH 值 7.4，湖水矿化度 277.546 克每升，属硫酸镁亚型卤水盐湖。

嘎仁错

湖区植被以针茅草原为主，东南滨湖一带有苔草沼泽植被发育，是较好的牧场。

10.3.133 杰萨错
（Jiesacuo Lake）

位于西藏自治区措勤县境内，地理位置为东经 84°42′～84°52′，北纬 30°05′～30°21′，属内陆湖。湖呈长条形，作西北—东南向延伸。湖面高程 5 201 米时，相应湖长 32.1 千米，最大湖宽 7.2 千米，平均宽 4.6 千米，面积 146.2 平方千米。湖岸线平滑，周长 75 千米。湖中有 1 座岛屿，面积约 0.1 平方千米。

杰萨错坐落在冈底斯山北麓、康琼岗日东侧一断裂谷地内，四周为高程 5 800～6 000 米的高山环绕，湖岸陡峭。河流入湖口处有小规模冲积砂砾地，滨湖东侧有古湖岸砂堤，高出现湖面 119 米。

湖区气候属高原亚寒带羌塘半干旱气候，多年平均气温 -2～0 摄氏度，多年平均年降水量 200～300 毫米。流域面积 946 平方千米。流域内有 21 处冰雪覆盖的雪山，总面积约 20 平方千米，其中离湖最近者仅 2 千米，是典型的靠冰雪融水补给的淡水湖泊。有大小入湖河流 27 条，其中以东岸入湖的支驾河和南端入湖的尼阿康藏布水量最大，河源区均为雪山。支驾河河长 36 千米，沿河有 21 条支流汇入，入湖前河宽约 11 米，水深 0.3 米。尼阿康藏布全长 16.5 千米，上游有 5 条支流汇入，下游段河宽约 7 米，水深 0.2 米。其他入湖河流皆源流短小或为时令河。

湖区植被为高山草甸，小嵩草、矮生嵩草、紫花针茅、异针茅等为植被的主要组成种类，放牧是植被的利用方式。湖区野生动物主要有野牦牛、野驴、岩羊、盘羊、羚羊及黑颈鹤、黄鸭等。湖东南侧有乡级道路，南与 219 国道相接。

10.3.134　洞错
(Dongcuo Lake)

藏语意为"荒凉湖"，在西藏自治区改则县境内，东与**扎西错**紧相毗邻，地理位置为东经 84°41′～84°47′，北纬 32°07′～32°13′，内陆盐湖。湖面高程 4 394 米时，湖长 13.8 千米，最大宽 6.8 千米，平均宽 6.4 千米，面积 87.7 平方千米。湖中有小岛 2 座。

洞错

地处藏北高原中部，湖盆受班公—怒江东西向大断裂带控制，第四纪大湖面时期与西面的扎西错为同一大湖。滨湖东西侧为沼泽地和盐碱地，地势开阔；南北两侧为山前坡积和洪积砂砾地。环湖有多条古湖岸砂堤，最高一条高出现湖面 46 米。

湖区属高原亚寒带羌塘半干旱气候，多年平均气温 0 摄氏度左右，多年平均年降水量 150～200 毫米。流域面积 5 538 平方千米。湖水主要依赖地表径流补给，入湖河流主要集中于东岸，其中**下曲藏布**为最大。湖水 pH 值 8.7，矿化度 102.320 克每升，属硫酸钠亚型盐湖。湖区主要黏土矿物为伊利石、绿泥石及蒙脱石，盐类矿物为石盐、芒硝，碳酸盐矿物为白云石、方解石及文石。湖表卤水分布面积约 80 平方千米，平均水深 1 米，最大水深 1.5 米以上，是一大型芒硝、石盐卤水矿床。

湖区植被以苔草和紫花针茅草原为主，系天然草场，牧民以牧养牦牛、犏牛、马、绵羊、山羊等为生。省级公路从南部湖滨东西穿过。

10.3.134.1　下曲藏布
(Xiaquzangbu River)

洞错东南部入湖河流，发源于巴林岗日山北麓一山间盆地内的果扎错小湖（面积约 1 平方千米），源头高程约 5 300 米，河源区有连绵冰雪覆盖面积 72 平方千米。流域面积 3 760 平方千米，河长 116 千米，落差 906 米，河床平均比降 7.8‰。流域介于东经 84°47′～85°21′和北纬 31°31′～32°21 之间，涉及改则、尼玛、措勤 3 县。

下曲藏布

流域内水系发达，支流较多，呈树枝状展布，干流总体由东南向西北曲折流淌。冰雪融水和泉水为河流的主要补给源。全河可分为上中下游 3 段。

源头至支流**重昌藏布**河口（曲松木勒附近）为上游山区与山间盆地相间段，河长 64 千米，落差 700 米，河床平均比降 10.9‰。上游段河网密集、支流众多，其中左岸支流源于夏康坚常年冰雪覆盖区，支流短小，坡降大，以时令性河溪为特点，6—9 月有冰雪融水径流产生；右岸支流长而曲折，以常年河为主，其中重昌藏布为最大支流。

重昌藏布河口至右岸支流色呐熊曲河口（路玛巴热附近）为中游宽谷段，河长 16 千米，落差 100 米，河床平均比降 6.3‰。沿程支流稀疏，河道相对稳定。据 1976 年 9 月考察，黑阿公路交会处河段河宽 10～12 米，平均水深 0.25 米，断面平均流量 4.5 立方米每秒，水温 5.4 摄氏度，河水 pH 值 6.5。

色呐熊曲河口以下进入下游冲积平原段，河长 36 千米，落差 106 米，河床平均比降 2.9‰。两岸地势骤然开阔，干流支汊纷繁，作扇面形蜿蜒曲折下行，沿程沼泽广袤，小型湖泊棋布，入湖口前干流丰泓分作南北两支于洞错东部入湖，河宽 5～12 米，水深 0.2～0.3 米。

流域属高原亚寒带羌塘半干旱气候，植被以青藏苔草草原为主，系较好牧场，牧民以牧养牦牛、马、绵羊、山羊等为主。沼泽湿地鸟类资源丰富，有雁类、鸭类以及黑颈鹤等。改则县洞错乡政府驻地位于下曲藏布下游河畔，并有省级公路直达县政府驻地。

10.3.134.1.1　重昌藏布
(Chongchangzangbu River)

下曲藏布上游右岸支流，发源于巴林岗日北麓扒纳色勒（高程 5 208 米）。流域面积 1 424 平方千米，河长 73 千米，落差 608 米，河床平均比降 8.3‰。流域介于东经 85°10′～85°45′和北纬 31°39′～32°02′之间，位于西藏自治区西部尼玛县境内。

流域水系呈不对称分布，左岸支流明显多于右岸，计有支流16条，其中以曲颂则弄巴最长，河长37千米；右岸支流短小，大多为时令河。干流自东而西曲折流淌，沿程先得名格朋觉藏布，下行至那波附近又易名那菠藏布，再继而下行至加列淌附近始称重昌藏布。河宽3～4米，水深0.3～0.4米，河床主要由块石或砾石组成。支流源头多泉眼分布，全流域计有泉眼10余处，为河流的重要补给源。

流域内属高原亚寒带羌塘半干旱气候，植被以青藏苔草和紫花针茅草原为主。

10.3.135 羊湖
（Yanghu Lake）

因湖形如羊而得名，位于西藏自治区改则县境内，地理位置为东经84°34′～84°43′，北纬35°23′～35°28′，属内陆盐湖。湖泊呈东西向延伸，湖面高程4778米时，相应湖长14.4千米，最大宽7.5千米，平均宽6.25千米，水深38米（离岸3.75千米处），面积90平方千米。湖泊岸线平滑而规则，周长39千米。

羊湖地处藏北高原北部，坐落在昆仑山、可可西里山与喀喇昆仑山之间的断陷盆地内，属构造湖。湖盆南、北、东三面为低山丘陵环绕，岭脊平缓，山丘浑圆，相对高度100～200米；湖盆西部地势坦荡开阔，为冲积平原。湖滨有古湖岸砂堤分布，堤顶高出现湖面12米。

湖区属高原寒带昆仑干旱气候，冬季严寒漫长而终年无夏，空气干燥，降水稀少，多年平均气温−4～−2摄氏度，多年平均年降水量75～100毫米。流域面积8215平方千米。湖泊水系不发育，入湖河流十分稀疏。**隆桑曲**为最大入湖河流，位于湖区东南部。据1987年8月综合考察资料，湖水呈蓝绿色，透明度2.2米；夏季表层水温为12.6摄氏度，底层为7.0摄氏度，水深25米以下为同温层，水温1.8摄氏度。湖水pH值8.6，矿化度96.105克每升，属氯化物型卤水盐湖。

湖区植被单调而稀疏，以垫状驼绒藜荒漠为主，常见野生动物主要有野牦牛、野驴、黄羊、藏羚羊、狼、狐狸、猞猁等。湖区环境恶劣，交通闭塞，人迹罕至。

10.3.135.1 隆桑曲
（Longsangqu River）

羊湖最大入湖河流，位于西藏自治区改则县境内，发源于布若岗日常年冰雪覆盖区下部之冰舌缘，源头高程5700米，河源区有冰雪覆盖面积92平方千米。流域面积7763平方千米，河长249千米，天然落差922米，河床平均比降3.7‰。河流总体流向顺流域内之地势由南东向北西作蛇形曲折流淌，于羊湖西部入注该湖。流域介于东经84°15′～85°37′和北纬34°25′～35°17′之间。

流域北界昆仑山，东和东南部分别与**玛尔盖茶卡**及**布若错**流域毗邻，西与**拉雄错**流域接壤。河流水情变化复杂，常年河、时令河及潜流均有显现。沿程大致可分为3段：源头至河床高程5043米为上游高山深谷段，河长77千米，落差657米，河床平均比降8.5‰；出深谷口，进入中游山间盆地与河流宽谷相间段，以时令河特性为主，兼有潜流形式出现，河长125千米，落差219米，河床平均比降1.8‰；下游为河流宽谷与冲积平原段，河长47千米，落差46米，河床平均比降1.0‰。河水补给以冰雪融水为主，冰雪融水径流颇丰。

干流自冰舌缘源出后，顺高山深谷之走势曲折西北流，始得名二岔沟，5—9月河源段宽约4米，水深0.3米，砂质河床。沿河左岸有12条、右岸有8条沟溪入注，但多为源短小的时令河，河长一般4～5千米，其中最长者也只有12千米。随着支流陆续汇入，干流沿程水势逐渐增强，河宽达7～10米，水深0.5～0.6米，河床由砂质渐变为砂砾质。

大致在5043米高程以下，干流进入中游段，始由二岔沟易名为隆桑曲，并由常年河变为时令河，仅每年5—9月有径流产生。该段右岸无支流汇入，左岸支流亦十分稀疏。下行约25千米，有左岸支流头岔沟入注，河长35千米。又下行34千米，有左岸支流**西岔沟**入注。中游段尾端约有10千米的流程为潜流河段，其后干流进入下游段。

下游河道流向急转，改为向北东流，干流呈钳形分作两支。其中左支（北支）为主泓，名卡拉苏代牙，于西部入注羊湖，在入湖前约13千米处由时令河演变为常年河，河宽7米，水深0.4米，河床全由泥质组成。据1987年8月3日河口段实测资料，断面流量为10立方米每秒，河水矿化度519毫克每升，pH值8.8。右支（南支）为偏支，仍为时令河特性，于羊湖西南部入注一无名小湖（时令湖，面积约4平方千米）。

流域内物理风化作用强烈，土壤瘠薄，植被稀疏，上游地区以青藏苔草草原和风毛菊、红景天稀疏植被为主，中下游地区以垫状驼绒藜荒漠为主；野生动物主要有野牦牛、野驴、岩羊、盘羊、黄羊、藏羚羊、熊、狼、猞猁、狐狸及雪鸡等。

10.3.135.1.1 西岔沟
（Xichagou River）

隆桑曲上游左岸支流，位于西藏自治区改则县境内，发源于独雪山常年冰雪覆盖区下部的冰舌缘，源头高程5700米，河源区有冰雪覆盖面积26平方千米。流域面积1682平方千米，河长97千米，落差738米，河床平均比降7.6‰。河流补给以冰雪融水为主，泉水补给在河川径流中也占有一定成分。

上游河源区沟溪众多，可明显区分为东、西两支，作"钳形"相汇于独雪山西北侧一小型山间盆地内。东支为正源，河长42千米，由南东向北西曲折流，穿行于高山峡谷间，得名雪水河。5—9月河宽4米，水深0.3米，河床由砂质或砂砾质组成。随着沿程诸短小沟溪的相继汇入，水势逐渐增强，河宽达5～6米，水深0.5米。沿程下行约18千米，雪水河易名为西岔沟。西支为名清水河，河长37千米，由南东折向北东曲折流，穿行于深山峡谷间，5—9月上段河宽3～5米，水深0.2～0.4米；下段河宽7～8米，水深0.4～0.5米，河床由砂或砂砾组成。

东西两支相汇后，干流出山间盆地曲折西北行，沿程为低山丘陵区之宽阔谷地，河宽8～10米，水深0.6～0.7米。两岸支流稀少，除在东西两汇口以下约1千米处，左岸有狼窝泉2眼泉水形成的常年性泉溪小河外，其余支流短小且全系时令河。下行约33千米，干流折而东北行，并由常年河演变为时令河，直至从左岸入注隆桑曲。此段两岸地势坦荡，沙漠连绵不断。

流域内土壤贫瘠，中上游地区以青藏苔草草原植被和风毛菊、红景天稀疏植被为主，下游地区以垫状驼绒藜荒漠为主。

10.3.136 冈玛错
（Gangmacuo Lake）

因湖西南侧的冈玛日山而得名，又名拉克湖，藏语意为红脚湖，位于西藏自治区改则县境内，地理位置为东经84°35′、北纬33°50′，属内陆盐湖。湖呈菱形，作东西向延伸。湖面高程4 670米时，相应湖长6.1千米，最大宽4千米，平均宽2.23千米，面积13.6平方千米。

冈玛错地处藏北高原北部一小型山间盆地内。滨湖地势开阔，为砂砾所覆盖，其间有相对高度100～200米的残丘、低山点缀，近岸有1.5千米宽的盐碱滩。

湖区属高原亚寒带羌塘半干旱气候，多年平均气温－6～－4摄氏度，多年平均年降水量100～150毫米。流域面积677平方千米，湖泊补给系数48.8。湖水补给以地下渗流为主。湖水pH值9.5，矿化度364.380克每升，属碳酸盐型盐湖。湖水中钾、硼含量高，可开发利用。

湖周植被为青藏苔草草原，系良好天然牧场，西部湖滨为果查放牧点，牧民主要牧养牦牛、犏牛、马、绵羊、山羊等。湖区北侧8.5千米处有简易公路，5—9月可通汽车。

10.3.137　才玛尔错
（Caimaercuo Lake）

又名次玛错，位于西藏自治区改则县境内，地理位置为东经84°35′、北纬33°33′，属内陆盐湖。湖面高程4 580米时，相应湖长9.1千米，最大宽5.9千米，平均宽4.2千米，面积38平方千米。

才玛尔错地处藏北高原北部山间盆地内。湖盆南北两侧分别为波扎玛龙山和扎里山，滨湖东部有古湖岸砂堤分布，高出现湖面60米。第四纪大湖面时期，才玛尔错与西北面的**布尔嘎错**为同一大湖。

湖区属高原亚寒带羌塘半干旱气候，多年平均气温－6～－4摄氏度，多年平均年降水量100～150毫米。流域面积2 758平方千米。湖水主要依赖冰雪融水和泉水补给，入湖河流主要有2条，分别为东南部的**改来藏布**和北部的**乌孜藏布**。湖水pH值8.8，矿化度214.55克每升，属碳酸盐型盐湖。湖内有石盐、芒硝沉积，卤水中钾、硼含量高，具开发利用价值。

湖区植被以紫花针茅草原类型为主，系良好天然牧场，主要牧养牦牛、犏牛、马、绵羊、山羊等。湖区南面有乡级便道。

10.3.137.1　改来藏布
（Gailaizangbu River）

才玛尔错东南部入湖河流，位于西藏自治区改则县境内，发源于都古尔雪山北坡冰雪区（冰雪覆盖面积约12平方千米）。流域面积1 152平方千米，河长78.8千米，落差1 702米，河床平均比降21.6‰。

源头至改来丹果泉为上游段，河长32.8千米，落差1 303米，河床平均比降11.9‰；改来丹果泉至康鹏丹果泉为中游段，河长23.7千米，落差281米，河床平均比降11.9‰；康鹏丹果泉至入湖口为下游段，河长22.3千米，落差118米，河床平均比降5.3‰。冰雪融水和地下水为河流主要补给水源。

改来藏布地处都古尔山北坡和扎那山南麓之山间盆地内。河流沿山谷先北行约5千米后改向西行，河床宽1～2米，由砾石组成；在生多欧布附近，纳左岸一支流后折向西北，行约6.5千米后潜入地下，河长4.5千米，河床改为砂质，称都古尔藏布。在改来丹果泉复出后进入中游段，始称改来藏布，河流沿着4米宽的砂砾河床继续西行。过康鹏丹果泉附近沼泽区，进入下游段，左右岸有5条泉溪汇入，距入湖口4.5千米

处河流进入盐碱草地，水势明显减弱，呈辫状入湖。

河流两岸植被良好，主要为紫花针茅和青藏苔草草原，夏季有少量牧民来此放牧。下游沿河段可通汽车。

10.3.137.2　乌孜藏布
（Wuzizangbu River）

才玛尔错北部入湖河流，位于西藏自治区改则县境内，发源于高程5 600多米的山地。流域面积1 262平方千米，河长73.5千米，落差1 024米，河床平均比降13.9‰，属典型的山区性河流。

源头至右岸干支流第一交汇口为上游段，河长31.6千米，落差753米，河床平均比降23.8‰；第一交汇口至则夏龙为中游段，河长32千米，落差221米，河床平均比降6.9‰；则夏龙至入湖口为下游段，河长9.9千米，落差50米，河床平均比降5.0‰。泉水为河流的主要补给水源，流域内有大小泉眼约15处。

乌孜藏布地处藏北高原一山间盆地内，河流沿峡谷南流4千米后，潜入地下，在离源头17.5千米处，复出进入沼泽区（面积约4平方千米）后拐向西北，至右岸第一支流汇合点；干流进入中游段继续在宽谷沙砾河床中西行，坡度明显变小，汇入右岸三条支流后，折向西南，在扎勒治附近接纳左岸欧荣丹果泉水，至则夏龙；则夏龙以下进入下游段，沿着戈壁滩、盐碱草地于才玛尔错西北部入湖。

沿河两岸植被以紫花针茅草原和青藏苔草草原为主，有牧民从事放牧活动。河流下游有乡级道路穿河而过。

10.3.138　多玛错
（Duomacuo Lake）

因湖南侧之多玛日山而得名，藏语意为"红石湖"，在西藏自治区改则县境内，地理位置为东经84°27′、北纬32°58′，属内陆盐湖。湖面高程4 688米时，相应湖长5.2千米，最大宽3.3千米，平均宽2.4千米，面积12.8平方千米。

多玛错地处藏北高原中部一小型山间盆地内。盆地外围为相对高度200～300米的低山、残丘环绕。湖滨多为砂砾和盐碱地；北部滨岸分布有古湖岸砂堤和残留小湖。

湖区属高原亚寒带羌塘半干旱气候，多年平均气温约－2摄氏度，多年平均年降水量约150毫米。流域面积245平方千米。湖水补给以地下径流为主。湖水pH值8.5，矿化度115.655克每升，属硫酸镁亚型盐湖。

湖周植被以紫花针茅草原类型为主，为良好天然牧场。湖西南有多玛放牧点，牧民主要牧养牦牛、犏牛、马、绵羊、山羊等。

10.3.139　布尔嘎错
（Buergacuo Lake）

位于西藏自治区改则县境内，东南与**才玛尔错**为邻，西北与**冈玛错**相近，地理位置为东经84°27′、北纬33°40′，属内陆卤水盐湖。湖泊呈南北向延伸，湖面高程4 605米时，相应湖长5.4千米，最大宽3.3千米，平均宽2.33千米，面积12.6平方千米。

布尔嘎错地处藏北高原北部，坐落在让布拉山与扎里山之间的山间盆地内。盆地外围为相对高度200～300米的低山丘陵环绕，滨湖东西两侧为宽度达11千米的盐碱滩地，南部有大片沼泽，面积约20平方千米；环湖东北至东南有5条古湖岸砂堤分布，最长达4.6千米，最高古湖岸砂堤高出现湖面

36 米。

湖区属高原亚寒带羌塘半干旱气候，多年平均气温－4 摄氏度，多年平均年降水量 100～150 毫米。流域面积 993 平方千米。湖水补给以泉水为主，入湖河流 3 条，河长均不超过 30 千米，分布在湖北、西、西南部。湖水 pH 值 7.90，矿化度 134.84 克每升，属硫酸钠亚型卤水盐湖。湖水中钾含量较高，具开发价值。

湖周植被以青藏苔草草原为主，常见野生动物有野牦牛、野驴、黄羊、藏羚羊以及黑颈鹤、雁类、鸥类等水禽。

10.3.140 热那错
(Renacuo Lake)

位于西藏自治区改则县境内，地理位置为东经 84°16′、北纬 32°43′，属内陆咸水湖泊。湖呈近似圆形，湖面高程 4 595 米时，相应湖长 5.8 千米，最大宽 4.3 千米，平均宽 2.93 千米，面积 17 平方千米。

热那错地处藏北高原中部。湖周地势平缓，多为盐碱、砂砾和草地，仅在湖西南隅有高出湖面 70～130 米的残丘。离湖南岸 0.6～0.8 千米处有 2 条古湖岸砂堤，其中较高一条高出现湖面 22 米。

湖区属高原亚寒带羌塘半干旱气候，多年平均气温－2 摄氏度，多年平均年降水量约 150 毫米。流域面积 457 平方千米。湖水补给以地下水为主。湖水 pH 值 9.7，矿化度 18.256 克每升，属碳酸盐型咸水湖泊。

湖区植被以紫花针茅草原为主，系良好天然牧场。湖区西面有县道可直抵改则县政府驻地。

10.3.141 心湖
(Xinhu Lake)

因形似心脏而得名，位于西藏自治区改则县境内，地理位置为东经 84°15′、北纬 34°23′，属内陆咸水湖泊。湖面高程 4 806 米时，相应湖长 7.6 千米，最大宽 5.5 千米，平均宽 3.9 千米，面积 29.4 平方千米。

地处藏北高原北部，坐落在查多岗日山北侧一小型山间盆地内。滨湖四周地势开阔，为盐碱地和砂砾地，南北沿岸各有一条古湖岸砂堤，高出现湖面 34 米。

湖区属高原亚寒带羌塘半干旱气候，多年平均气温－4 摄氏度，多年平均年降水量 75～100 毫米。流域面积 2 100 平方千米。湖水补给以泉水为主，流域内出露大小泉眼 40 余处，汇成 6～7 条溪流，其中以北部入湖的一条由 16 眼泉水汇集而成的溪流最大，长 15 千米。

湖区植被以垫状驼绒藜荒漠类型为主，常见野生动物有野牦牛、野驴、黄羊、藏羚羊及雪鸡、黑颈鹤、黄鸭等。

10.3.142 拉果错
(Laguocuo Lake)

又名拉戈尔湖，藏语意为"手磨湖"，在西藏自治区改则县境内，北距县政府驻地约 30 千米，地理位置为东经 84°02′～84°12′、北纬 31°59′～32°04′，属内陆盐湖。湖面高程 4 470 米时，相应湖长 20 千米，最大宽 10 千米，平均宽 4.56 千米，面积 91.2 平方千米。

拉果错地处藏北高原南部。湖滨为低山丘陵环抱，东岸有 10 条古湖岸砂堤分布，最高者高出现湖面 130 米，系第四纪大湖面时期该湖与南面的**扎布耶茶卡**、**塔若错**为同一大湖体之重要标志。现湖西南的西扎错（面积 4.8 平方千米）、江戈错（面积 3.1 平方千米）、步查嘎错等均是古大湖退缩后的残留湖。

湖区属高原亚寒带羌塘半干旱气候，多年平均气温 0 摄氏度左右，多年平均年降水量 150～200 毫米。流域面积 3 620 平方千米。湖水主要依赖冰雪融水和泉水补给。南岸入湖河流 2 条，为**索美藏布**和**桑热河**。西北隅有一处泉水出露，并以地下径流形式汇入湖泊。湖表卤水 pH 值 7.4，矿化度 91.86 克每升，属硫酸钠亚型卤水盐湖，是青藏高原钠钙硼酸盐——钠硼解石矿物沉积的典型盐湖，具综合利用前景。

湖区植被以紫花针茅草原类型为主，系良好草场，牧民主要牧养牦牛、犏牛、马、绵羊、山羊等。湖区有乡道通往县城。

10.3.142.1 索美藏布
(Suomeizangbu River)

拉果错东南部入湖河流，位于西藏自治区改则县境内，发源于夏康坚冰川，河源区有冰雪覆盖面积约 38 平方千米。流域面积 2 100 平方千米，河长 138 千米，落差 2 136 米，河床平均比降 15.4‰。东邻**洞错**的**下曲藏布**，南与**扎布耶茶卡**的**罗具藏布**相接，北界分水岭为高程 5 600 米的山地。

全河可分为 3 段：源头到下孜为上游高山峡谷段，河长 42 千米（全为时令河），落差 1 868 米，河床平均比降 44.5‰，河道较窄，河床由石块组成；下孜到冻度东勒为中游高山宽谷段，河长 75 千米，落差 220 米，河床平均比降 2.9‰，河宽 7～12 米，河床由砂或砾石组成；冻度东勒到入湖口为下游丘陵及冲积平原段，河长 21 千米，落差 48 米，河床平均比降 2.3‰。河宽大多在 12 米左右，仅在入湖前收缩成 3 米，河床由砾石或砂组成。

沿程支流众多，其中左侧较大的有阿米青弄巴曲（时令河，河长 29 千米）、呷弄曲（河长 22 千米）、扎曲（时令河，河长 17 千米）、着熊下马尔曲（时令河，河长 16 千米），右侧较大的有塔穷曲（时令河，河长 17 千米）、割弄玛曲（河长 9 千米）等。

河流补给主要以夏季冰雪融水为主。河流在总体上由东向西略偏北流。其源头有两支，分别是纳根查如曲和扯昌安弄曲，均位于下岗川冰川西侧。两支相汇后为干流，先由南向北作 S 形流，在查嘎附近，河流顺山势折向西流，直至下孜；过下孜经约 9 千米长的沼泽区后，河流继续向西至西北行，于得波果尔附近，再度进入沼泽河段；在子古多姐以南干流分为多支，分别从南北绕过巴桑山（高程 4 764 米），在冻度东勒附近各分支复又相汇成单股河道。河流继续西行进入下游段，直至入湖前约 2 千米，转向正北，在拉果错南部入湖。

流域内植被以高山针茅草原为主，紫花针茅、青藏苔草为优势种，系良好天然牧场。中游的罗波和位于支流呷弄曲的永措为较大放牧点。流域内有乡级道路可与省级道路直接通连。

10.3.142.2 桑热河
(Sangre River)

拉果错南部入湖河流，位于西藏自治区改则县境内，发源于高程 5 038 米由地下水补给形成的弄角错、昂马错（均为时令湖，面积在 0.05 平方千米以下）。流域面积 1 220 平方千米，河长 102 千米，落差 568 米，河床平均比降 5.6‰。

流域西与**仓木错**的入湖河流冬隆藏布相隔。按其自然特点，全河大致可分为3段：源头至扎多格勒为上游高山峡谷段，河长58千米，落差422米，河床平均比降7.3‰；扎多格勒至得布日错（面积约0.1平方千米）为中游高山宽谷段，河长21千米，落差110米，河床平均比降5.2‰；得布日错至入湖河口为下游冲积平原段，河长23千米，落差36米，河床平均比降1.6‰。河流主要依赖降水形成的地表与地下径流补给。

自河源流出后，顺高山峡谷走势向西北至西方向流淌，在夺勒附近，右纳支流子曲ături（河长9千米）；经可如勒后，干流继续西行，左侧先后接纳江摸曲、沙弄曲、吉落曲、央弄曲（河长均在15千米以内）等支流，干流折向西南，经扎多格勒作U形拐弯，并于色脚附近潜入地下，尔后又以沼泽、小型湖泊形式复出，其间有作布作曲、甲布弄曲（长度均在7千米以内）等支流汇入；过得布日错河流折向东北至北行，又经5千米沼泽段，穿江戈错（面积3.1平方千米）、西扎错（面积4.7平方千米）后在拉果错西南部入湖。

流域植被以嵩草草甸和针茅草原为主，嵩草、紫花针茅、青藏苔草为组成植被的优势种类。流域内有便道连通省级道路。

10.3.143 查波错
(Chabocuo Lake)

位于西藏自治区改则县境内，地理位置为东经84°12′、北纬33°22′，属内陆卤水盐湖。湖泊呈北西—南东向延伸，湖面高程4 505米时，相应湖长8.1千米，最大宽6.6千米，平均宽4.4千米，面积35.5平方千米。湖中有岛屿2座，最大者面积约0.6平方千米。

查波错地处藏北高原北部，坐落在波扎亚龙山、让布拉山及查阿岔柔山之间的山间盆地内，盆地外围群山环绕，相对高度在500米以上。滨湖四周地势开阔，为宽达3千米左右的湖积平原及盐碱滩，湖西并发育有连片沼泽地。

湖区属高原亚寒带羌塘半干旱气候，多年平均气温-6～-4摄氏度，多年平均年降水量100～150毫米。流域面积3 115平方千米，湖泊补给系数86.7，湖泊主要依赖泉水补给。湖水pH值8.2，矿化度140.11克每升，属硫酸钠亚型卤水盐湖。

湖泊植被以紫花针茅草原类型为主，牧民主要牧养牦牛、犏牛、马、绵羊、山羊等。滨湖西侧有乡道通往县政府驻地。

10.3.144 扎布耶茶卡
(Zhabuyechaka Salt Lake)

又名查木错、扎布耶查卡、扎布茶卡错，藏语意为"灌木丛上部的盐湖"，在西藏自治区仲巴县境内，地理位置为东经83°57′～84°08′，北纬31°15′～31°31′，属内陆终点湖泊。

湖呈狭腰葫芦状，湖中部有一由古钙华、砂砾堤、湖心岛等组成的长条状半岛直逼近东岸，仅剩下0.6千米宽的水域，故全湖明显区分为南北两大水域。湖面高程4 421米时，南北相应湖长29千米，东西最大湖宽16.6千米，平均宽8.38千米，面积243平方千米。其中北湖（卤水湖）97平方千米，南湖（干盐滩和卤水并存）146平方千米。湖泊岸线较为圆滑规则，周长113千米。湖中散布有大小岛屿5座，其中以位于南部湖区西南隅之色列岛最大，面积为0.2平方千米，高出现湖面31米；岛上有泉眼出露，可供50人饮用。

扎布耶茶卡地处藏北高原南部，坐落在冈底斯山脉北麓一山间断陷盆地内。湖泊南部为东西透迤、高程4 800～5 100米的山地，隔山与*塔若错*相近，山势险峻；湖泊北部亦山峦重叠，但近湖区则山势低缓。湖泊东西两侧地势坦荡，为冲积—淤积平原，尤以东部由桑目旧曲—罗具藏布所形成的复合三角洲平原更为辽阔，水网纵横，盐碱沼泽广布，砂砾地连绵不断；还清晰环列有9级古湖岸砂堤，最高一级古湖岸砂堤高出现湖面179米，是第四纪湖泊盛期时该湖与塔若错为同一大湖面的重要标志。

湖区属高原亚寒带羌塘半干旱气候，多年平均气温约0摄氏度，多年平均年降水量约200毫米。流域面积16 994平方千米，湖泊补给系数68.9。湖水补给以地表径流为主，冰雪融水亦占有一定比重。有大小入湖河流8条，其中以**桑目旧曲**为最大，**罗具藏布**为第二大入湖河流，其他入湖河流皆源短而流小，多为时令河或以地下潜流形式入湖。

扎布耶茶卡为干盐滩与湖表卤水共存的半干盐湖。南部湖区晶间卤水pH值9.31，矿化度439.8克每升；湖表卤水pH值9.17，矿化度368.99克每升；北部湖区卤水pH值9.15，矿化度393.502克每升。湖泊属硫酸钠亚型盐湖，湖中已发现各种盐类矿物20种，其中属氯化物类的矿物有石盐、水石盐及钾石盐3种；属硫酸盐类的矿物有石膏、钾石膏、芒硝、无水芒硝及钾芒硝5种；属碳酸盐类的矿物有水菱镁矿、菱镁矿、天然碱、氯碳酸钠镁石、单斜钠钙石、含锂白云母、扎布耶石、文石及白云石10种；属硼酸盐类的矿物有硼砂及三方硼砂2种。已形成盐类矿床的主要是石盐、芒硝、硼酸盐和水菱镁矿等沉积，湖区中间厚而边缘薄，沉积层序清晰，湖相沉积层厚达7米以上，含盐层厚一般超过5米。其中表层石盐沉积，储量在4 000万吨以上，为该湖的主要开采矿产。卤水中富含Li^+、B^{3+}、Rb^+、Cs^+等元素，其含量居全国已知诸盐湖之冠，在世界现代盐湖中亦属罕见。

湖区植被以针茅草原为主，滨湖沼泽区为西藏嵩草、扁穗草植被，并伴生有青藏苔草、细叶西伯利亚蓼、云生毛莨、碱茅等；局部山坳区有灌丛植被。湖泊上游及沿河、滨湖沼泽区野生动物主要有野牦牛、野驴、黄羊、岩羊、盘羊、藏羚羊及黑颈鹤、雁类及野鸭等。湖区南北皆有乡间道路可通往县政府驻地。

10.3.144.1 桑目旧曲
(Sangmujiuqu River)

*扎布耶茶卡*最大的入湖河流，发源于冈底斯山脉北麓高程6 000米以上的常年冰雪覆盖区及宁脚错戈等小型冰川湖，河源区有常年冰雪覆盖面积约70平方千米，小型冰川湖80多个，有大小支流达30余条。流域面积11 652平方千米，河长246千米，落差1 579米，河床平均比降6.4‰，总体是由南向北曲折流，于扎布耶茶卡东部入湖。

上中游段名布（毕）多藏布，入*塔若错*后，其尾闾口以下又得名独曲，进入下游冲积平原后始得名桑目旧曲。流域涉及仲巴县和措勤县。

沿程可分为3段：上游高山峡谷段，河长25千米，落差986米，河床平均比降39.4‰；中游宽谷与山间盆地及吞吐性湖泊段，河长165千米，落差448米，河床平均比降2.7‰；下游宽谷与冲积平原段，河长56千米，落差145米，河床平均比降2.6‰。

干流自源出后，顺山势曲折流向东北，沿河两岸群山耸峙，山高谷深，水流湍急，沿程汇纳诸多源自冰雪覆盖区小型冰川湖的山涧溪流，6—8月在山涧口附近干流河宽7～9米，水深0.2～0.3米。河床组成物质以砾石为主，两岸7—8

月有牧民放牧活动。

查章强玛以下，干流由东北渐转为西北行，进入中游段，并得名布（毕）多藏布。在盆地内，河道迂回曲折，汊流时分时合，并有连片沼泽和众多小型湖泊发育，呈较为典型的水网沼泽景观；在宽谷间，干流及汊流复又缩并。干流河宽变化于12～17米，水深0.5～0.7米，河床组成物质以砂砾为主。香卓藏布是中游段左岸最大支流，河长39.5千米，该支流上游有二源，均源自冰雪覆盖区，二源于阿达勒附近合流后始名香卓藏布，6—8月间河宽约7米，水深0.4～0.5米，河床由砾石组成，该支流汇口以下进入24千米的冲积平原段，河汊纷繁，主泓与汊流难辨，并与塔若错另一入湖河流隆那藏布共同组成了宽达8千米的三角洲水网平原沼泽带。中游段沿河湖滨水草资源丰富，是仲巴县重要的牧业区。

塔若错是桑目旧曲流域最大的吞吐性淡水湖，也是中下游之间河道的转折点。来水经塔若错吞吐调蓄之后，于该湖东北隅尾闾泄出。尾闾名独曲，是为下游段之始，其下行约8千米，右岸有支流**脚布曲**来汇，为流域最大的支流。纳脚布曲之后，干流折而北行，约经9千米的宽谷段后转为西北及至正西流向，始名桑目旧曲。河道蜿蜒曲折，汊流奇出，主泓与支汊时分时合，流势渐缓，主泓河宽一般为6～7米，汊流河宽3～5米，水深0.2米左右。河床以及沿河两岸全系砂砾。自出宽谷下行约12千米，右岸又有第二大支流**甲布曲**来汇，纳甲布曲后，水势增强，干流（主泓）最大河宽达17～18米，水深0.2～0.3米。继而下行进入河口区，北与**罗具藏布**河口三角洲相连接，共同形成复合式三角洲平原，地势坦荡，水网纵横，盐沼广袤，成为扎布耶茶卡东部湖滨鲜明的自然景观。

流域内植被以针茅草原为主，沿河两岸或湖滨排水不良的沼泽区为苔草植被，河源高山区为嵩草草甸，野生动物主要有野牦牛、野驴、黄羊、岩羊、盘羊、藏羚羊及黑颈鹤、天鹅、鸥类、雁类、鸭类和鹬类等。中下游沿河湖滨皆有乡间道路通往县政府驻地。

10.3.144.1.1　塔若错
（Taruocuo Lake）

属**桑目旧曲**水系，为西藏最大的内陆吞吐淡水湖泊，位于西藏自治区仲巴县境内，地理位置为东经83°55′～84°20′，北纬31°03′～31°13′。湖作东西向延伸，湖面高程4566米时，相应湖长38.1千米，最大湖宽17.2千米，平均宽12.8千米，面积487平方千米。湖泊平均水深19.9米，估算贮水量96.8亿立方米，岸线较平滑规则，周长108千米。湖中有奴多、错多等小岛5座，合计面积1.3平方千米。

塔若错地处藏北高原南部，坐落在冈底斯山北麓一山间断陷盆地内。湖泊四周唯西南一隅地势开阔，为河流入湖口三角洲冲积平原和沼泽，余均为群山所环绕，山体高程多在5000米以上，湖岸陡峭。滨湖东部有一条古湖岸砂堤，堤顶高出现湖面34米，是第四纪湖泊盛期时该湖与其北部紧邻之**扎布耶茶卡**为同一大湖的重要标志。湖水pH值8.7，矿化度0.709克每升，为碳酸盐型淡水湖泊。

流域面积7416平方千米。湖水补给以地表径流为主，冰雪融水在湖水补给中占有较大比重。有大小入湖河流19条，以布（毕）多藏布为最大，该河系桑目旧曲的中上游段，河长163千米，流域面积5186平方千米；并与入该湖之另一河流隆那藏布共同发育了宽达8千米的三角洲水网平原沼泽带，其中主泓最大河宽17～18米，水深0.8米。其他入湖河流尚

有穷波曲，萨翁弄曲等，但皆源短而流小，或为时令性河流。湖之东北隅有一泄水尾闾，下泄湖水经桑目旧曲汇入扎布耶茶卡。

湖区植被以针茅草原为主，放牧条件较好。

10.3.144.1.2　脚布曲
（Jiaobuqu River）

桑目旧曲最大的支流，发源于冈底斯山北麓高程6000米以上的高山区。流域面积2038平方千米，河长135千米，河床平均比降10.7‰，于卡多勒附近入注桑目旧曲。流域范围涉及西藏自治区仲巴县和措勤县境。

沿程可分为3段：上游为高山峡谷段，河长51千米，落差1205米，河床平均比降23.6‰；中游为宽谷与吞吐性湖泊段，河长55千米，落差129米，河床平均比降2.3‰；下游为峡谷尾闾段，河长29千米，落差116米，河床平均比降4.0‰。流域内有大小支流20条，其中左岸11条，右岸9条。河源区有白里绪错、节萨错、胀西州错等许多小型冰川湖发育，面积一般在0.01～0.02平方千米之间。

上游段支流较多。河流自戈不桑拉、那不索拉等群山源出后，顺山势北流，沿河两岸峰峦重叠，谷深坡陡。干流北行约23千米，左岸有较大支流来汇，汇口以下6—8月间河宽约3米，水深0.2米，河床主要由砂砾石组成。日塞啊以下，干流始得名尼里麦打曲；在右纳德郭曲、坚固曲两条支流后，干流又得名尼只曲。在周琴以上约1.5千米河段，左岸有较大支流伦曲（河长26千米，源头有小型冰川湖白里绪错）汇入，其后干流又得名即如曲。大致在机若尼勒以下约2千米处，分别左纳支流家母日曲、右纳支流尼木冬曲，家母日曲源于措依浓不隆高山区，河长25千米，其上游水系发育；尼木冬曲河长17千米。随后干流水势大增，河宽达10米，水深0.3米，又得名促贡藏布，并由此而进入了中游段。

中游段河流蜿蜒北行，在池布勒附近，干流在右岸有一分流汊道，名塔母弄曲，先东北行约12千米，依山势又转东南行约14千米，于**攸布错**之西北部入注该湖。干流行至勒那各附近，两岸地势骤然开阔，河道迂回曲折，转为西北行，于**麦穷错**东南部汇入该湖。麦穷错既是脚布曲最大的吞吐性湖泊，也是其中下游段河道的转折点。麦穷错调蓄上游来水并于湖之北端下泄，进入脚布曲下游段。

下游段河流先入加波错（面积约3平方千米），出流后穿峡谷曲折西行，始得名脚布曲，尔后注入桑目旧曲。

10.3.144.1.2.1　麦穷错
（Maiqiongcuo Lake）

又名曲依错，属**桑目旧曲**水系，内陆吞吐湖泊，在西藏自治区仲巴县辖境内，地理位置为东经84°32′～84°37′，北纬30°57′～31°06′。湖呈长茄形，作南北向延伸，湖面高程4666米时，相应湖长17.2千米，最大宽5.3千米，平均宽3.62千米，面积62.3平方千米。湖泊岸线较为顺直平滑，周长52千米。湖之南部和北部各有小岛1座，合计面积约0.01平方千米。

麦穷错地处藏北高原南部，坐落在冈底斯山北麓一山间盆地内。盆地外围群山环抱，山势高耸，滨湖地势相对开阔，多连续分布之沼泽地及残迹小湖。环湖东、西、南三面清晰可见多级古湖岸砂堤，其中最高一级高出现湖面34米，是第四纪湖泊盛期时与位于其东部的**攸布错**、**嘎仁错**为同一大湖的重要佐证。

湖区属高原亚寒带羌塘半干旱气候，多年平均气温约0摄氏度，年日照时数逾3 000小时，多年平均年降水量约200毫米。流域面积1 782平方千米。计有大小入湖河流9条，其中以由东南岸入湖的促贡藏布（**脚布曲**的中上游段）为最大，河长89千米，流域面积1 083平方千米；其次为荣布河，河长35千米，由西岸入湖。在吞纳了促贡藏布等来水之后，经调蓄，于湖的北端下泄，经**加波错**注入脚布曲。

湖区植被以针茅草原为主，为较好牧场。

10.3.144.1.3　甲布曲
(Jiabuqu River)

桑目旧曲下游段右岸支流，发源于冈底斯山北麓高程5 300米以上的下热勒等崇山峻岭区。流域面积1 602平方千米，河长88千米，落差828米，河床平均比降9.4‰，总体上先自北而南流，再转为由东向西流。流域范围跨西藏自治区仲巴县和措勤县境。

沿程可分为3段：上游高山峡谷段，河长13千米，落差568米，河床平均比降43.7‰；中游宽谷与山间盆地相间段，河长48千米，落差168米，河床平均比降3.5‰；下游冲积平原段，河长27千米，落差68米，河床平均比降2.5‰。有大小支流13条，其中左岸11条，右岸2条。

河流源出后，顺山谷走向东南流，两岸山高谷深。下行约9千米至松门朵附近，纳左岸支流古老圩后折而南流，得名央弄，7—8月河宽2米许，水深0.3米，河床组成物质为块石。

南行至央弄松朵，进入中游段，纳左岸支流则木达后，干流又依次得名下也弄巴、夏夜，水势增强，河宽8米，河床组成物质渐由块石演变为砾石。干流经才扎等地，进入扯布淌、下脚淌等山间盆地区，渐由南流折转为西流，沿程左岸有支流穷边、夺见边、香罗布、香作布等汇入，形成干支流交织、河道迂回曲折、小型湖泊星罗棋布的自然景观。香罗布是甲布曲最大的支流，河长37千米，7—8月河宽8米，水深0.3米。众支流汇入后，使干流水势增强，在流出盆地之前，河宽10～15米，水深0.3～0.7米。

当干流出玉那之后，地势骤然开阔，地表物质多由砂砾组成，干流由此进入下游段，先名婆若曲，近河口段始名甲布曲，并于窝桑南约1.5千米处汇入桑目旧曲。甲布曲是桑目旧曲下游水系网络的重要组成部分，对河口三角洲盐沼平原的塑造起着重要作用。

流域植被以针茅草原、紫花针茅、羽柱针茅、珠峰苔草、青藏苔草为主要组成种类，放牧是植被利用的主要方式，野生动物主要有野牦牛、野驴、黄羊、岩羊等。流域是重要的牧业区，有乡道通往县政府驻地。

10.3.144.2　罗具藏布
(Luojuzangbu River)

扎布耶茶卡第二大入湖河流，又名鲁居藏布，发源于冈底斯山北麓高程6 000米以上的高山区。流域面积1 676平方千米，河长116千米，河床平均比降13.6‰，总体流向由东北流向西南，于**扎布耶茶卡**之东北部入湖。流域范围涉及西藏自治区仲巴县、改则县和措勤县境。

沿程可分为3段：上游高山峡谷段，河长51千米，落差1 310米，河床平均比降25.7‰；中游山间盆地与宽谷相间段，河长26千米，落差115米，河床平均比降4.4‰；下游冲积平原及河口三角洲段，河长39千米，落差154米，河床平均比降3.9‰。流域内水系较发达，有大小支流17条，其中左岸9条，右岸8条，以左岸汇入的桑穷藏布为最大，其余多为时令河。

干流源出高程6 000米以上的芝马弄给尼，顺山谷先由东南流向西北，继而折转流向西南，沿程有诸山溪来汇。源头至萨加得尔长达19千米的河段为时令河，只在每年7—8月间冰雪融水期有河川径流出现。萨加得尔以下，始为常年河，得名桑青藏布，河宽约5米，水深0.4～0.5米，河床组成物质为块石。在那苏以下约3.5千米处，桑穷藏布从左岸汇入。桑穷藏布河长38千米，流域面积296平方千米。汇入口以上河宽3米，水深0.3～0.4米。

桑穷藏布汇口以下，干流进入中游段，河流曲折西行，河宽4～6米，水深0.2～0.4米，河床组成物质由块石渐变为砂砾。在汤德勒附近右岸有郭青弄巴和郭穷弄巴两条较大支流汇入，河长分别为21千米和12千米，此后再无较大支流汇入。

大致在给郭弄勒以下，进入下游段，河道迂回曲折，主泓与汊流时分时合。在三角洲顶端（查脚岗）附近，河宽约9～10米，水深0.3米。至入湖河口区，南与**桑目旧曲**河口三角洲相连接，形成复合式三角洲群。中下游是重要的牧业区，滨河有乡级道路可通往县政府驻地。

10.3.145　玉环湖
(Yuhuan Lake)

位于西藏自治区改则县境内，西南与**三岛湖**紧邻，地理位置为东经83°55′、北纬34°48′，属内陆盐湖。湖面高程4 916米时，相应湖长6.7千米，最大宽3.2千米，平均宽1.54千米，面积10.3平方千米。

该湖与其相邻的**三岛湖**同处于昆仑山南部第四系沉积盆地内。湖泊东西两侧为缓坡状起伏的低山丘陵，南北两侧为宽阔的洪积台地和河口三角洲平原，戈壁、干沟广布。

湖区属高原寒带干旱、半干旱气候，多年平均气温−6～−4摄氏度，多年平均年降水量75～100毫米。流域面积（包括三岛湖）2 670平方千米。流域内无明显的地表径流汇入，主要依赖湖滨出露的泉水补给。

湖周植被为垫状驼绒藜荒漠类型，常见野生动物有野牦牛、野驴、黄羊、藏羚羊及雪鸡、黑颈鹤等。

10.3.146　三岛湖
(Sandao Lake)

因湖中有3座小岛而得名，在西藏自治区改则县境内，东北与**玉环湖**紧邻，地理位置为东经83°53′、北纬34°44′，属内陆盐湖。湖面高程4 916米时，相应湖长7.7千米，最大宽4.3千米，平均宽2.65千米，面积20.4平方千米。3座小岛中面积最大者为1.08平方千米，另两座分别为0.18平方千米和0.08平方千米。

三岛湖地处昆仑山南部第四系沉积盆地内。湖泊东西两侧为缓坡状起伏的低山丘陵，南北两侧为宽阔的洪积台地和河口三角洲平原，戈壁、干沟广布。

湖区属高原寒带干旱、半干旱气候，多年平均气温−6～−4摄氏度，多年平均年降水量75～100毫米。流域面积（包括**玉环湖**）2 670平方千米。湖区无明显的地表径流汇入，主要依赖湖滨出露的泉水补给。

植被类型以垫状驼绒藜荒漠为主，常见野生动物有野牦牛、野驴、黄羊、藏羚羊及雪鸡、黑颈鹤、黄鸭等。

10.3.147　万泉湖
(Wanquan Lake)

位于西藏自治区改则县境内，西北与**温泉湖**紧邻，为内陆终点湖泊，地理位置为东经83°49′、北纬34°15′，属内陆盐湖。湖面高程4 882米时，相应湖泊长度8.8千米，最大宽6.3千米，平均宽3.45千米，面积30.4平方千米。

万泉湖地处藏北高原北部山间盆地内。湖盆外围低山残丘环绕；湖滨为较开阔的洪积—冲积平原，分布大面积盐碱地；湖南、东部有多条古湖岸砂堤，其中最高者高出现湖面48米，砂堤间并残存面积不足2平方千米的小湖水塘20余个。

湖区属高原亚寒带羌塘半干旱气候，多年平均气温－5摄氏度左右，多年平均年降水量75～100毫米。流域面积3 953平方千米。湖水主要依赖温泉湖下泄湖水、湖周的多股泉水以及2条区间时令小河补给。

湖区大部分植被类型以垫状驼绒藜荒漠为主，仅在东南部湖区有成片苔草沼泽，野生动物有野牦牛、野驴、黄羊、藏羚羊及雪鸡、黑颈鹤等。

10.3.147.1　温泉湖
(Wenquan Lake)

因湖南部有一处温泉水补给而得名，位于西藏自治区改则县境内，东南与**万泉湖**紧邻，地理位置为东经83°33′、北纬34°26′，属内陆咸水湖泊。湖面高程4 919米时，相应湖长5.8千米，最大宽3.5千米，平均宽2.3千米，面积13.4平方千米。

温泉湖地处藏北高原北部山间盆地内。湖盆西周为起伏不大的低山丘陵，山麓发育有洪积倾斜台地。

湖区属高原寒带干旱区向高原亚寒带羌塘半干旱区过渡气候，多年平均气温－6～－4摄氏度，多年平均年降水量75～100毫米。流域面积1 183平方千米。无地表径流汇入，湖水主要依赖泉水补给，湖水由湖体东南部外泄入万泉湖，属内陆吞吐湖泊。

湖区植被类型以垫状驼绒藜荒漠为主，常见野生动物有野牦牛、野驴、黄羊、藏羚羊及黑颈鹤、黄鸭等。

10.3.148　吓嘎错
(Xiagacuo Lake)

位于西藏自治区西部改则县境内，地理位置为东经83°49′、北纬32°19′，属内陆咸水湖泊。湖面高程4 355米时，湖长17.8千米，最大宽3.7千米，平均宽1.3千米，面积23.2平方千米。湖泊岸线稍曲折，湖长29千米。湖中有小岛4座，面积在0.02～0.06平方千米之间。

吓嘎错地处藏北高原中部山间盆地内。滨湖南侧为高程5 400～5 600米的连绵山体，余为广阔的沼泽湿地和盐碱滩。

湖区属高原亚寒带羌塘半干旱气候，多年平均气温0摄氏度左右，多年平均年降水量150～200毫米。流域面积5 123平方千米。湖水主要依赖地表径流及泉水补给。入湖河流中以**罗仁藏布**最大，流域内有泉眼17处。湖水pH值9.7，矿化度14.392克每升，属碳酸盐型咸水湖泊。

植被种类以青藏苔草草原为主，系天然草场，牧民以牧养牦牛、犏牛、马、绵羊、山羊等为生。省级公路（黑阿公路）紧临南侧湖滨，吓嘎错东距县政府驻地改则镇19千米。

10.3.148.1　罗仁藏布
(Luorenzangbu River)

吓嘎错东北部入湖河流，发源于雀岗一带山区，源头高程5 533米。流域面积4 100平方千米，河长183千米，总落差1 178米，河床平均比降6.4‰。河床介于东经83°50′～84°14′和北纬32°11′～32°49′之间，位于西藏自治区改则县境内。

河流总体由北东向南西流，干流始名扒青藏布。左岸支流吉嘎尔曲（河长37千米）河口以上为上游山区河段，河长51千米，落差665米，河床平均比降13.0‰，干支流皆为时令河，6～9月有季节性冰雪融水径流产生。

吉嘎尔曲河口至采日模为低山丘陵与宽谷的中游河段，河长100千米，落差434米，河床平均比降4.3‰；干流又相继得名米巴藏布、阿隆藏布，有时令河与常年河交替的特性，河宽约5米，水深0.2米，河床组成物质以砂砾为主，沿程支流稀疏。

采日模以下进入下游冲积平原河段，河长32千米，落差79米，河床平均比降2.5‰；两岸地势开阔，沼泽连绵，河流支汊纷繁，呈扇形展布，分多股散流于吓嘎错东北部入湖；其中北支为主泓，方称罗仁藏布，河宽4～5米，水深0.2米，河床为泥质。

流域植被以高山草原为主，紫花针茅和青藏苔草为组成植被的优势种类，系良好天然牧场，是改则县重要牧区之一。湖泊沼泽地带有雁类、野鸭等野生鸟类栖息。改则县政府驻地位于罗仁藏布下游段左侧、吓嘎错东，南部有省级公路（黑阿公路）东西穿过。

10.3.149　拉布错
(Labucuo Lake)

位于西藏自治区改则县境内，地理位置为东经83°48′、北纬33°57′，属内陆咸水湖泊。湖面高程4 560米时，相应湖长5千米，最大宽3.2千米，平均宽2.48千米，面积12.4平方千米。湖中有小岛3座，面积均在0.05平方千米以内。

拉布错地处藏北高原北部。湖泊呈北东—南西向延伸，湖滨为较宽阔的盐碱地和戈壁滩，有40多眼泉水出露，湖西有成片沼泽地和古湖泊退缩残留的小湖水塘20余个。

湖区属高原亚寒带羌塘半干旱气候，多年平均气温－4～－2摄氏度，多年平均年降水量100～150毫米。流域面积672平方千米。塔赛藏布系唯一入湖河流，河长12.5千米，源头为面积1.4平方千米、由地下水补给形成的小湖扎多拿日错穷及其周围成片分布的沼泽。湖水pH值9.0，矿化度45.238克每升，属碳酸盐型咸水湖泊。

湖周植被以紫花针茅草原为主，系天然草场，牧民主要

吓嘎错

牧养牦牛、犏牛、马、绵羊、山羊等。

10.3.150 帕龙错
(Palongcuo Lake)

又名布鲁错，在西藏自治区仲巴县境内，地理位置为东经83°31′～83°39′，北纬30°47′～30°59′，属内陆咸水湖泊。湖呈南北向延伸，湖面高程5092米时，相应湖长20.7千米，最大湖宽11.4千米，平均宽6.8千米，面积141平方千米。湖泊岸线周长67千米。湖东北部近岸有1座无名小岛，面积约0.05平方千米。

帕龙错坐落于冈底斯山北麓一山间断陷盆地内，盆地外围四面环山。其中，西部为高程6200～6400米的郭董岗日雪山，山体逼近湖岸，滨湖其余方位地势相对开阔；北部和东部为砂砾地，入湖河口区为沼泽地和盐碱滩；南部为宽阔的河谷平原。环湖有多级不连续分布的古湖岸砂砾堤，最高一级高出湖面68米。

湖区多年平均气温约为0摄氏度，1月平均气温−10摄氏度，7月平均气温8摄氏度，多年平均年无霜期约110天，多年平均年降水量约300毫米。流域面积1500平方千米。湖水补给以冰雪融水径流为主，流域内有终年冰雪覆盖面积约100平方千米。有3条常年河和13条时令河入湖，以东岸入湖的供阿藏布最大，河长34千米，源于高程6300余米的沙木瓜康日雪山；其次为雅曲藏布，源于郭董岗日雪山，河长约26千米，由南部入湖，7～9月最大河宽5米，水深0.5米。

湖区为风毛菊、红景天稀疏植被，有放牧场；野生动物有野牦牛、野驴、藏羚羊、马熊等。湖滨有简易公路通219国道和县政府驻地。

10.3.151 仓木错
(Cangmucuo Lake)

又名麻米错、茶错，位于西藏自治区改则县境内，地理位置为东经83°29′～83°36′，北纬32°04′～32°11′，属内陆盐湖。湖呈北西一南东向延伸，湖面高程4342米时，相应湖长15.9千米，最大宽8.7千米，平均宽5.5千米，面积87.5平方千米。

仓木错地处藏北高原南部，坐落在隆格尔山北侧一山间盆地内。滨湖地势较开阔，东南岸有面积达数十平方千米的沼泽，其余均为大面积盐碱地。湖泊退缩痕迹明显，东岸有古湖岸砂堤分布，其中最高一道高出湖面97米，此高度上并可见多处湖蚀洞穴。

湖区属高原亚寒带羌塘半干旱气候，多年平均气温0～2摄氏度，多年平均年降水量150～200毫米。流域面积2507平方千米。湖水主要依赖东南岸入湖的**冬隆藏布**和共昌曲嘎曲补给，源头均有大面积冰雪覆盖。据1976年9月考察资料，实测水深0.3～6.3米。湖水透明度2.5米，水呈绿蓝色；表层水温16.4摄氏度，底层（水深6.3米）水温16摄氏度；最大风浪时波长7～8米，波高0.8～1米。近岸浅水区砂砾底质，深水区为黑色淤泥底质。湖水pH值8.95，矿化度174.88克每升，属硫酸镁亚型盐湖。

湖区植被以紫花针茅草原类型为主，沼泽地则以苔草植被为主，为良好天然牧场，牧民主要牧养牦牛、犏牛、马、绵羊、山羊等。湖区东部有县级道路通往县政府驻地。

10.3.151.1 冬隆藏布
(Donglongzangbu River)

又称多布荣藏布，**仓木错**东南部入湖河流，发源于隆格尔山阿贡扎冰川东侧冰舌缘，源头高程5700米，河源区有常年冰雪覆盖面积近100平方千米，有大小冰川30余条，冰雪融水补给颇丰，河流补给以冰雪融水径流为主。流域面积1560平方千米，河长82千米，落差1358米，河床平均比降16.6‰。流域东与**拉果错**水系相邻，西与**果普错**流域接壤，南界**扎让错**流域，位于西藏自治区改则县境内。

河流总体由东南向西北曲折流。全河可分为上中下游3段。

源头至鲁布勒为上游高山峡谷段，河长43千米，落差1100米，河床平均比降25.6‰，水系较发达，尤以左岸支流众多，均源于隆格尔山常年冰雪覆盖区，主要支流有扎那、谷穷玛、牙那扎等10余条；右岸支流稀疏，主要支流仅有各慈洞弄巴、扎弄2条。上游段河宽约9～10米，水深0.2～0.4米。

鲁布勒至得雄为中游宽谷段，河长16千米，落差200米，河床平均比降12.5‰，沿程支流稀少，河宽保持在11米左右，水深约0.4米。

得雄以下为下游冲积平原段，河长23千米，落差58米，河床平均坡降2.5‰。该河段右岸有较大支流张岗曲（河长29千米）入注，麻米以下河口段，干流呈多股分汊以扇形展布，于仓木错东岸入湖，其中主泓河宽4米，水深0.2米。河口区有较为典型的三角洲地貌发育，小型湖泊棋布。

流域内植被以紫花针茅和青藏苔草草原为主，当地居民以牧业为生，是改则县重要牧区之一。麻米乡政府驻地位于下游段河畔，有县级公路通往改则县城。

10.3.152 仁青休布错
(Renqingxiubucuo Lake)

位于西藏自治区仲巴县境内，西北距**昂拉仁错**直线距离约12千米，地理位置为东经83°19′～83°33′，北纬31°10′～31°21′。湖面高程4756米时，相应湖东西长21.5千米，南北最大宽16.4千米，平均宽8.7千米，面积187.1平方千米。湖泊岸线周长70千米，咸水湖。

仁青休布错地处冈底斯山北麓，坐落在郭董岗日、达拉日与隆格尔山之间的山间盆地内。湖泊四周为相对高度400～700米的山地，滨湖西南部地势较开阔，为**祝地藏布**河口三角洲平原。滨岸带有多级古湖岸砂堤，最高一级古湖岸砂堤高出现湖面104米，表明在第四纪大湖面时期该湖与昂拉仁错为相互连通的水域。

湖区多年平均气温约−1摄氏度，年日照时数逾3000小时，多年平均年降水量约150毫米。流域面积2557平方千米。湖周共有18条大小入湖河流，其中6条为时令河。入湖河流中以祝地藏布最大，河源区有大面积冰雪覆盖，冰雪融水径流是河流的主要补给水源。

湖区植被为针茅草原，紫花针茅、羽柱针茅、珠峰苔草、青藏苔草为植被的主要组成种类，放牧是植被的主要利用方式；野生动物资源丰富，常见种类有野牦牛、野驴、岩羊、羚羊及斑头雁、黑颈鹤、野鸭等。仁多乡政府驻地是主要居民点，湖滨有乡道环绕，可通往县政府驻地。

10.3.152.1 祝地藏布
(Zhudizangbu River)

仁青休布错西部入湖河流，发源于冈底斯山脉北麓。流域面积1350平方千米，河长91千米，落差1244米，河床平均比降13.7‰。流域西界**昂拉仁错**水系，东与**帕龙错**水系为

邻,坐落在郭董岗日与达拉日两山之间,位于西藏自治区仲巴县境内。

源头至高山峡谷口为上游段,河长 20 千米,落差 900 米,河床平均比降 45‰;峡谷口以下至业路冲沙附近为中游山间盆地段,河长 50 千米,落差 276 米,河床平均比降 5.5‰;业路冲沙以下为下游宽谷与三角洲冲积平原段,河长 21 千米,落差 68 米,河床平均比降 3.2‰。冰雪融水径流是该河的主要补给源。

河流由高程 6 000 米以上的常年冰雪覆盖区源出后,顺高山峡谷先由西向东曲折流,始得名勤曲,沿程汇两岸诸短小山溪,6—9 月有冰雪融水径流。

干流出峡谷口,急转东北行,进入中游段,又得名白当藏布,河道迂回曲折,支汊分流,两岸支流发育,形成水网交织、沼泽广袤、小型湖荡棋布的自然景观。其中主泓河宽 4 米,水深 0.1 米,河床全由砂质组成。中游段的下部又名边当藏布;流域内最大支流吉东藏布从右岸汇入,河长 38 千米,源头为冰雪覆盖区,6—9 月最大河宽 7 米,水深 0.2 米。左岸较大支流麦多藏布河长 11 千米,最大河宽 5 米,水深 0.2 米。较大支流汇注后,干流水势明显增强,最大河宽 8 米,水深 0.5 米。

行至业路冲沙,干流继续东北行,进入下游段,方得名祝地藏布,两岸基本无支流汇入,河道演变为辫状水系,其中主泓最大河宽 16 米,水深 0.4 米。近湖区段河流蜿蜒流淌于小型三角洲平原之上,分 3 支注仁青休布错。

流域内植被由上游至下游依次为凤毛菊、红景天稀疏植被及嵩草草甸和针茅草原,其中针茅草原为流域内植被的主要类型,在沿河沼泽地区还发育有苔草沼泽植被;野生动物资源丰富,常见有野牦牛、野驴、盘羊、岩羊、藏羚羊及雪鸡、斑头雁、野鸭、黑颈鹤等。流域内有乡级道路纵横穿过,南接 219 国道,东南达县政府驻地。

10.3.153 昂拉仁错
(Anglarencuo Lake)

又名昂拉陵湖,流域涉及西藏自治区仲巴、改则和革吉三县,地理位置为东经 82°48′~83°23′,北纬 31°27′~31°40′,属内陆终点湖泊。湖泊大致作东西向延伸,湖面高程 4 715 米时,相应湖长 56.5 千米,最大湖宽 17.9 千米,平均宽 9.07 千米,面积 512.7 平方千米,为西藏第七大湖。湖泊岸线周长 197 千米。

地处冈底斯山北麓一断陷盆地内,湖滨除西南部地势较开阔外,其他方位山地和丘陵均逼近湖岸。湖泊多岬湾,湖中多岛屿,其中以位于湖东部的错多岛最大,面积约 32 平方千米。滨湖残迹小湖广布,其中较大者有昂里擦嘎(面积 3.4 平方千米)、俄港错(面积 2 平方千米)、吓嘎错(面积 1 平方千米),多级古湖岸砂堤清晰可见,最高一级古湖岸砂堤高出现湖面 165 米,其盛期时和位于其东、西两侧的**仁青休布错**和**错呐错**为同一大湖,当时湖泊面积是现在的 4 倍多。

湖区属高原亚寒带羌塘半干旱气候,多年平均气温-1 摄氏度,多年平均年降水量 150~200 毫米,年日照时数在 3 500 小时以上。流域面积 10 983 平方千米。冰雪融水径流是湖泊主要补给源。从西岸汇入的**昂翁藏布**和从西南岸汇入的**拉布让藏布**为主要入湖河流。湖水矿化度 98.8 克每升,属硫酸钠亚型卤水盐湖。

滨湖地区属针茅草原植被,紫花针茅、羽柱针茅、珠峰苔草、青藏苔草为植被的主要组成种类,野生动物有野牦牛、野驴、藏羚羊、岩羊及黑颈鹤、斑头雁、野鸭等。湖滨及入湖河流两岸水草茂盛,是藏北的一个重要牧业区。亚热镇是流域内的重要居民点,环湖有简易公路通往仲巴、革吉、改则县政府驻地。

10.3.153.1 昂翁藏布
(Angwengzangbu River)

原名阿毛藏布,是藏北内陆河流水系中的重要河流之一,**昂拉仁错**最大的入湖河流,发源于冈底斯山脉北麓高程 5 900 米以上的常年冰雪覆盖区,总体由西南向东北流。流域面积 7 077 平方千米,河长 183 千米,落差 1 185 米,河床平均比降 6.48‰。流域西南隔冈底斯山与**公珠错**、**拉昂错**水系为界,西与**森格藏布**及**错呐错**水系相接,流域地跨西藏自治区革吉、改则两县。

全河可分为 3 段:源头至支流**惹查木曲**汇口为上游高山峡谷段,河长 87 千米,落差 990 米,河床平均比降 11.4‰;惹查木曲汇口以下至支流**琐色藏布**汇口为中游山间盆地段,河长 44 千米,落差 122 米,河床平均比降 2.8‰;琐色藏布汇口以下为下游宽谷及冲积平原段,河长 52 千米,落差 73 米,河床平均比降 1.4‰。流域内水系发达,惹查木曲和琐色藏布是两条最大支流。冰雪融水是该河径流的主要补给源。

河流源远流长,其在不同的河段有不同的称谓。

上游段系山区河流特性,穿行于高山峡谷与小型山间盆地间。正源由冈底斯山脉冰雪覆盖区源出后顺山势流向东北,约经 6.5 千米注入**金美错**,经调蓄后于湖之东北端泄出,再流经约 7 千米,于右岸汇赛场丁错、嘎玛尔敌布错、可尔多曲等来水后始得名牙多布果曲,6—8 月宽 11~13 米,水深 0.4 米,河床由块石或砾石组成。干流继续东北行,在迂回穿流节麻布错等一系列串珠状小湖后,又分别名可尔多曲及罗墩曲。至左岸支流下巴尔汇入后,干流始名嘎尔木雄曲。继之,顺山谷走向东流,宽约 13 米,水深 0.3~0.4 米,河床由砾石组成。行至却藏附近有右岸支流惹查木曲来汇。惹查木曲是流域面积最大的支流,汇口以下,干流始得名昂翁藏布,由此进入中游段。

中游段河流两岸地势豁然开阔,沼泽连绵不断。河道迂回曲折,汊流纷繁,主泓在 6—8 月最大河宽 15~18 米,水深 0.4~0.6 米,河床多由砾石和砂组成。干流下行至革巴尽古附近,又有支流琐色藏布从右岸入注,该河口以下进入下游段。

下游河流继续东北折而东行,越许布勒、董家日两侧山体之后,穿行于宽阔的冲积平原之中。汊流发育,主泓河宽 17~25 米,水深 0.3~0.5 米。两岸沙丘广布,小型残迹湖多如繁星。大致于弄吐贡玛附近穿越昂拉仁错滨湖河口区,发育形成面积约 6 平方千米的扇形三角洲。

流域植被以针茅草原为主,上游地区为嵩草草甸及凤毛菊、红景天稀疏植被,放牧为植被利用的主要方式,野生动物主要有野牦牛、野驴、岩羊、盘羊、藏羚羊及雪鸡、野鸭、斑头雁、黑颈鹤等。亚热镇是流域内最大的居民点,并有乡级道路纵横穿过,南接 219 国道,可达革吉县政府驻地。

10.3.153.1.1 金美错
(Jinmeicuo Lake)

昂翁藏布河源区较大湖泊之一,又名久玛错、君玛错,位于西藏自治区革吉县境,地理位置为东经 81°38′、北纬 31°10′,属内陆吞吐湖。湖面高程 5 355 米时,相应湖泊长

11.9 千米，最大湖宽 2.1 千米，平均宽 1.41 千米，面积 16.8 平方千米。湖泊岸线平滑顺直，长 26 千米。

该湖坐落在冈底斯山北麓一山间谷地内，湖呈长带形，作西南—东北向延伸，两岸群山耸峙，山势陡峻，山麓线逼近湖岸。流域面积 95 平方千米。湖泊水源以冰雪融水径流为主，淡水湖。湖周有 5 条山溪性河流汇入，均源于高程 5 900～6 000 米的高山区，来水经湖泊调蓄后于东北端尾闾入注昂翁藏布上游段。

湖区植被以高山草甸类型为主，小嵩草、矮生嵩草、异针茅、紫花针茅等是优势种类，为高山放牧场，野生动物有野牦牛、野驴、藏羚羊、岩羊及黑颈鹤、斑头雁、雪鸡等。滨湖北部和东北部有乡道可南达 219 国道，北连省道和县政府驻地。

10.3.153.1.2　惹查木曲
（Rechamuqu River）

昂翁藏布流域面积最大的支流，发源于冈底斯山北坡的错鄂、普当错、错姜普、错纳布哲等诸小型冰川湖。流域面积 2 693 平方千米，河长 84 千米，落差 440 米，河床平均比降 5.2‰。流域位于西藏自治区革吉县境内。

干流可分为 3 段：源头至入注阿果错河口为上游高山宽谷段，河长 40 千米，落差 234 米，河床平均比降 5.9‰；阿果错至敌玛尔附近为中游山间盆地与吞吐性湖泊段，河长 15 千米，落差 24 米，河床平均比降 1.6‰；敌玛尔以下为下游高山峡谷段，河长 29 千米，落差 182 米，河床平均比降 6.3‰。流域内大小支流众多，小型冰川湖泊棋布。冰雪融水是径流的重要组成部分。

源头诸溪流相汇成干流后，绕高山宽谷曲折东行，初名甲玛尔曲，6—9 月最大河宽 5 米，水深 0.1 米，河床多由块石组成。沿程陆续有长 7～9 千米的支流汇入，干流最大河宽增至 18 米，水深 0.3 米，又得名鸭布巨曲。继续东行约 12 千米于西北隅入注**阿果错**，由此该河进入中游段。

阿果错是本流域内最大的吞吐湖泊，来水于湖之北端泄出，干流又得名卡折阿曲，转西北行，流淌于山间盆地内；下行约 3 千米，右纳较大支流古尔都曲，该河长 31 千米，6—9 月最大河宽 7 米，水深 0.2 米。干支汇口以下，干流始得名惹查木曲，水势得到进一步增强，河宽达 13 米，水深 0.4 米，两岸发育有连片的沼泽。

干流行至敌玛尔，进入下游段，两岸山高坡陡，河道骤然缩并，且再无较大支流汇入。下游干流河宽 9～17 米，水深 0.5～0.6 米。

流域内植被为针茅草原、嵩草草甸及风毛菊、红景天稀疏植被类型，有乡级道路纵横穿过，南接 219 国道，西北可抵革吉县政府驻地。

10.3.153.1.2.1　阿果错
（Aguocuo Lake）

又名阿过错，位于西藏自治区革吉县境内，地理位置为东经 82°11′～82°17′，北纬 30°55′～31°02′。位于**惹查木曲**中游的起始段，属内陆吞吐湖泊。湖泊作东南—西北向延伸，湖面高程 5 116 米时，相应湖长 12.9 千米，最大湖泊宽 8.9 千米，平均宽 4.83 千米，面积 62.3 平方千米。湖泊岸线较为圆滑规则，岸线周长 38 千米。

阿果错坐落在冈底斯山北麓一山间盆地内，滨湖东南及西部为冲积—淤积平原，并有连片沼泽发育，多小型残迹湖；

其余方位山地和丘陵直抵湖岸，相对高度 200～300 米。出水口以上流域面积 1 212 平方千米，湖水补给以冰雪融水径流为主。入湖河流有 5 条，其中以西北岸入湖的**惹查木曲**上游河段鸭布巨曲最大，近河口段 6—9 月最大河宽 18 米，水深 0.3 米；其余入湖河流均为时令河。河源区常年冰雪覆盖面积呈星散分布，并有 20 多个小型冰川湖（湖泊面积大多不足 1 平方千米）。

湖水 pH 值 8.5，湖水矿化度 0.284 克每升，属碳酸盐型淡水湖泊。湖泊尾闾位于北端，出湖径流又汇入惹查木曲（卡折阿曲）。

湖区植被以高山草甸类型为主，优势种类有小嵩草、异针茅、紫花针茅、矮生嵩草、线叶嵩草、藏北嵩草等，为高山放牧场。

10.3.153.1.3　琐色藏布
（Suosezangbu River）

昂翁藏布右岸支流，发源于冈底斯山北坡高程 5 900 米以上的常年冰雪覆盖区及小型冰川湖。流域面积 1 398 平方千米，河长 118 千米，落差 1 112 米，河床平均比降 9.4‰；位于西藏自治区革吉县境内。

干流呈 S 形，总体由东南向西北流。全河可分为 3 段：源头至木弄勒附近为上游高山峡谷段，河长 12 千米，落差 574 米，河床平均比降 47.8‰；木弄勒至克尔扎布附近为中游河流宽谷段，河长 51 千米，落差 376 米，河床平均比降 7.4‰；克尔扎布至入注昂翁藏布河口为下游山间盆地及冲积平原段，河长 55 千米，落差 162 米，河床平均比降 3.2‰。流域内有康青松布日、康穹拉等大面积常年冰雪覆盖区，冰雪融水是径流的主要补给源。

干流自源出后，溪水顺高山峡谷走势先向东北流淌，始得名巴那尔浦，6—9 月河溪宽约 2 米，水深 0.1 米，河床全由大小不一块石组成；沿程罕有支流汇入。

大致在木弄勒附近，河流出峡谷口折而西北行，进入中游段，以潜流形式约流经 25 千米复又转为地表径流，6—9 月丰水期河宽约 15 米，水深 0.3～0.6 米。支流发育，其中较大支流左岸有折莫弄、康青、康穹，右岸有夏索弄巴，河长一般 12～15 千米，且下段亦多为潜流。在地玛附近干支流较为集中的区域，有连绵不断的沼泽分布。

行至克尔扎布，河流进入下游段，又依次得名那瓦尔曲、纳弯尔藏布，崩笋当至入注昂翁藏布河口段方称琐色藏布。沿程地势骤然开阔坦荡，河道蜿蜒蛇曲下行，干流与汊道时分时合，两岸沼泽与小型残迹湖时现，显现一派典型的湿地自然景观。下游段河宽约 7～11 米，水深 0.4～0.6 米，砂砾为河床主要组成物质。

流域内植被以针茅草原为主，兼有嵩草草甸、苔草沼泽植被及风毛菊、红景天稀疏植被，系天然放牧场；野生动物主要有野牦牛、野驴、岩羊、藏羚羊及雪鸡、黑颈鹤、斑头雁、野鸭等。流域内有乡级道路穿过，南可接 219 国道，布嘎、地玛、萨列为较大居民点。

10.3.153.2　拉布让藏布
（Laburangzangbu River）

昂拉仁错第二大入湖河流，发源于冈底斯山北坡高程 5 900 米以上的常年冰雪覆盖区。流域面积 2 810 平方千米，河长 114 千米，落差 1 185 米，河床平均比降 10.4‰。流域地跨西藏自治区革吉和仲巴两县。

全河可分为2段：源头至松当结勒为上游高山峡谷段，河长28千米，落差800米，河床平均比降28.6‰；松当结勒至入注昂拉仁错河口为下游宽谷及冲积平原河段，河长86千米，落差385米，河床平均比降4.5‰。冰雪融水是该河径流的主要补给源。

河流自源出后，宋达强玛罗弄、宋达强玛弄弄等诸山溪相继汇入，始得名宋达罗玛曲，先由西向东流，穿行于高山峡谷间。6—9月，河宽约5米，水深0.3米，河床主要由块石组成。下行约10千米，有右岸较大支流中达罗玛曲入注。该支流长15千米，河源区亦有较大面积冰雪覆盖。中达罗玛曲河口以下，干流折而北行，右岸又有较大支流卓木扎曲来汇，河长25千米，河源区亦有大面积冰雪覆盖及小型冰川湖分布，6—9月来水甚丰。

干流自卓木扎曲河口约经4千米于松当结勒附近出峡谷口，进入下游段，又相继得名松当藏布、巴尔玛藏布。沿程分别有甲志藏布、甲布扎藏布等较大支流汇入，在广阔的冲积平原上干支流河道支汊纷繁曲折，形成宽3~6千米的河系网，展现出河流与沿岸沼泽、小型残迹湖交错之水网湿地自然景观。甲志藏布长约42千米，河宽5~7米，水深0.2米；甲布扎藏布长约45千米，河宽3~4米，水深0.1~0.2米。干支流河床组成物质为砂砾或砂。香拉以下，河流折而东行，河网带开始缩并，宽约0.5~1.0千米，方得名拉布让藏布，其中主泓宽12~18米，水深0.3~0.4米。在临近河口段，有该河最大支流**拉加纳曲**从右岸汇入，使干流河道骤然展宽至30~40米。

流域内植被以针茅草原为主，沿河沼泽区为苔草沼泽植被，上游地区为嵩草草甸及风毛菊、红景天稀疏植被，野生动物主要有黑颈鹤、斑头雁、野鸭、雪鸡及岩羊、黄羊、藏羚羊、野牦牛、野驴等。流域内有乡级道路穿过，夏那、德吾日、格玛、加热为较大居民点。

10.3.153.2.1　拉加纳曲
（Lajianaqu River）

亦称拉加哪曲，**拉布让藏布**右岸支流，发源于冈底斯山北坡高程5 800米以上的高山区，源头有星散之常年冰雪覆盖区分布。流域面积830平方千米，河长79千米，落差1 085米，河床平均比降13.7‰。流域内支流短小，多为时令性沟溪。干流呈"之"字形，由南向北流。流域位于西藏自治区仲巴县境内。

全河可分为2段：源头到伯炯弄河口为上游高山峡谷段，河长27千米，落差701米，河床平均比降26.0‰；伯炯弄河口全入注拉布让藏布河口为下游宽谷及冲积平原段，河长52千米，落差384米，河床平均比降7.4‰。

源头折垭龙、嘎波达冬等星散分布之常年冰雪覆盖区，每年6—9月冰雪融水形成山溪，诸山溪在科网罗顶附近相汇成干流，始得名夺弄藏布，穿行于高山峡谷中，沿途支流短小，其中左岸较大支流库珠江弄河长16千米，右岸较大支流伯炯弄河长11千米，其他支流一般长仅4~5米。干支流河床主要由块石组成。

伯炯弄河口以下，两岸地势豁然开阔，进入下游段，河道迂回曲折，主泓与汊流时分时合，主泓河宽约5~7米，水深0.2~0.3米，河床质由块石渐变为砂砾及砂质。下行至虾米尔果，该河始得名拉加曲。在俄果扎以下，水流潜入地下，地表有长约5千米的干涸河床段。尔后，潜流溢出地表，流入俄港错（面积约3平方千米）。经其尾闾约2千米的流程，于右岸入注拉布让藏布。

流域内有乡级道路穿过，嘎尔、帐玛讲、加个勒为较大居民点。

10.3.154　果普错
（Guopucuo Lake）

又名过布错，位于西藏自治区改则县境内，地理位置为东经83°07′~83°15′，北纬31°49′~31°55′，内陆咸水湖泊。湖呈L形，湖面高程4 724米时，相应湖长14.8千米，最大宽6.2千米，平均宽4.21千米，面积62.3平方千米。

果普错地处藏北高原南部，坐落在隆格尔山西北侧一山间盆地内。滨湖南部为高出湖面约250米的低山残丘，其余方位均为宽阔的盐碱、沼泽地；北部及东北部滨岸分布有多条古湖岸砂堤，其中最高砂堤高出现湖面46米。

湖区属高原亚寒带半干旱气候，多年平均气温0~2摄氏度，多年平均年降水量150~200毫米。流域面积2 362平方千米。湖水主要依赖冰雪融水径流补给。入湖河流4条，其中以西岸入湖的**江窘藏布**为最大，其余入湖河流有它康巴曲（河长47千米）、桑让普曲（河长31千米）和虾弄嘎波曲（河长9千米）等。

湖周植被以紫花针茅和苔草草原为主，系较好天然牧场，牧民主要牧养牦牛、犏牛、马、绵羊、山羊等。湖区有便道北与省级公路（黑阿公路）相接，并可通往县政府驻地。

10.3.154.1　江窘藏布
（Jiangjiongzangbu River）

果普错东南部入湖河流，发源于隆格尔山阿贸扎冰川西侧冰舌缘，源头高程5 700米，河源区有常年冰雪覆盖面积40余平方千米。流域面积688平方千米，河长79千米，落差976米，河床平均比降12.4‰。流域东枕隆格尔雪山，南邻**拉仁错**流域，西与**捌千错**流域相隔，位于西藏自治区改则县境内。

全河大致呈S形，先绕湖区东南至南流，尔后折而从湖区西部入湖。上游为高山峡谷及山间盆地段，分南北两支。北支为正源，名扎查普曲，河长42千米，落差918米，河床平均比降21.9‰，6—9月河宽8~9米，水深0.4~0.5米。河床组成物质以砾石为主，沿河两岸有成片沼泽时断时续地分布。南支名年久藏布，河长27千米，其上游又称扛弄龙玛曲，夏季冰雪融水盛期有部分径流分泄注入左侧的仲吨错（面积约7平方千米，咸水湖），南支主泓则曲折下行，河宽7米，水深0.3米，在穿越2千米湖沼湿地后，在扎布扎附近与北支相汇。

干流进入下游冲积平原段，方得名江窘藏布，河长37千米，落差58米，河床平均比降1.6‰。下游段河道曲折蜿蜒，河宽约9~10米，水深0.4~0.5米，河床组成物质仍以砾石为主。沿河两岸有宽约0.5千米的沼泽地连续分布，近河口段左岸先后有支流拉哪洼藏布（河长28千米）和朵仁江玛（河长24千米）汇入。

流域上游山区植被以嵩草草甸类型为主，下游冲积平原地区主要为紫花针茅、青藏苔草草原，系良好的天然牧场。流域内牧居点较多，其中以位居（北支）上游段的罗玛为最大，是流域内的政治和经济中心。流域内有便道北与省级公路（黑阿公路）相接。

10.3.155　拜惹布错
（Bairebucuo Lake）

又名麻克哈湖、麻喀木错，藏语意为"吉祥湖"，位于西藏自治区改则县境内，地理位置为东经 83°00′～83°14′，北纬 34°58′～35°07′，属内陆盐湖。湖呈北东—南西向延伸，湖面高程 4 958 米时，相应湖长 22.3 千米，最大宽 7.1 千米，平均宽 5.8 千米，面积 128.8 平方千米。湖近东岸有小岛 2 座，面积 0.05 平方千米。

拜惹布错地处西昆仑山南部第四系沉积盆地内。盆地外围东部为较宽阔的洪积台地，余为低山丘陵；滨湖西南部有数条古湖岸砂堤分布，其中最高堤顶高出现湖面约 20 米。

湖属高原寒带昆仑干旱气候，多年平均气温约－4 摄氏度，多年平均年降水量约 75 毫米。流域面积 3 840 平方千米。湖水主要依赖冰雪融水和泉集河补给。

湖区植被以垫状驼绒藜荒漠类型为主，常见野生动物有野牦牛、野驴、藏羚羊及雪鸡、黑颈鹤等。

10.3.156 达热布错
(Darebucuo Lake)

又名搭拉不错，位于西藏自治区改则县境内，地理位置为东经 83°13′、北纬 32°28′，属内陆咸水湖泊。湖泊长轴呈南北向延伸，湖面高程 4 436 米时，相应湖长 6.8 千米，最大宽 5.5 千米，平均宽 3.09 千米，面积 21 平方千米。

达热布错地处藏北高原中部，坐落在日杂不多山南麓一山间盆地内。滨湖南侧沼泽地成片，东西两侧有星散的盐碱地。湖东及东南部各有一道古湖岸砂堤，高出现湖面 24 米，是第四纪大湖面时期与位于其北侧的鸡岛错（面积 5.2 平方千米）、南侧的物玛错（面积 4.4 平方千米）等属同一大湖的重要标志。

湖区属高原亚寒带羌塘半干旱气候，多年平均气温 0 摄氏度左右，多年平均年降水量 150～200 毫米。流域面积 1 250 平方千米。扎嘎尔藏布为主要入湖河流，河长 40.5 千米，源头高程 5 120 米。

湖周植被以青藏苔草草原为主，系良好天然牧场，牧民主要牧养牦牛、犏牛、马、绵羊、山羊等。湖西南约 3 千米为物玛乡达热村，省级公路（黑阿公路）从南部湖滨东西穿过。

10.3.157 碱水湖
(Jianshui Lake)

位于西藏自治区改则县境内，北距新疆维吾尔自治区民丰县境 6 千米，地理位置为东经 83°00′～83°12′，北纬 35°15′～35°20′，属内陆咸水湖泊。湖面高程 4 884 米时，相应湖长 17 千米，最大宽 7.5 千米，平均宽 5.2 千米，面积 88.9 平方千米。

地处西昆仑山南麓第四系沉积盆地内。湖泊近似矩形，长轴呈北东—南西向延伸。南北两侧为低山丘陵，相对高程 100～200 米；东西两侧为湖积倾斜平原，其间有多条古湖岸砂堤分布，最高堤顶高出现湖面 36 米。湖南部岸线曲折，发育有半封闭的湖湾。

湖属高原寒带昆仑干旱气候，多年平均气温－4 摄氏度，多年平均年降水量约 75 毫米。流域面积 4 940 平方千米。湖水主要依赖冰雪融水径流补给。湖区西部之拉水河为最大入湖河流，河长 25 千米，源头为冰融水补给形成的黑石湖（面积 4.8 平方千米）。

湖区以垫状驼绒藜荒漠为主要植被类型，野生动物有野牦牛、野驴、黄羊、藏羚羊、狗熊及雪鸡、黑颈鹤、黄鸭等。湖区环境恶劣，交通困难，人迹罕至。

10.3.158 喀湖错
(Kahucuo Lake)

位于西藏自治区改则县境内，地理位置为东经 82°59′、北纬 33°23′，属内陆咸水湖泊。湖面高程 4 763 米时，相应湖泊长 6.7 千米，最大宽 5.1 千米，平均宽 3.3 千米，面积 22 平方千米。

喀湖错地处藏北高原西部，坐落在喀喇昆仑山脉东段一山间盆地内。滨湖地势开阔，多为砂砾、戈壁和盐碱地，湖泊退缩痕迹显著。

湖属高原亚寒带羌塘半干旱气候，多年平均气温约－4 摄氏度，多年平均年降水量约 100 毫米。流域面积 1 612 平方千米。无地表径流直接入湖，湖水主要依赖地下水补给。

湖区植被以紫花针茅草原为主，湖西有巴热村，牧民主要牧养牦牛、犏牛、马、绵羊、山羊等；湖东北仅有乡间小路。

10.3.159 长条湖
(Changtiao Lake)

位于西藏自治区改则县境内，地理位置为东经 82°58′、北纬 33°57′，属内陆终点盐湖。湖面高程 4 940 米时，相应湖泊长 6.2 千米，最大宽 3.6 千米，平均宽 2.7 千米，面积 16.6 平方千米。

长条湖地处藏北高原西部，坐落在喀喇昆仑山脉东段一山间盆地内。湖盆外围为低山丘陵环绕，滨湖西部有 3～4 平方千米的沼泽分布，南部和东部有残留小湖，湖泊退缩痕迹清晰可见。

湖区属高原亚寒带羌塘半干旱气候，多年平均气温－6～－4 摄氏度，多年平均年降水量 75～100 毫米。流域面积 897 平方千米（未含托和平错流域面积）。湖水主要依赖北部入湖的百泉河补给，该河长 44 千米，河宽 4～6 米，水深约 0.3 米。它与上游吞吐湖泊**托和平错**连通，在夏季丰水季节汇纳托和平错下泄湖水，并有中下游沿河两侧有 20 余处泉水补给，该河也因此而得名。湖水 pH 值 9.97，矿化度 51.949 克每升，属碳酸盐型卤水盐湖。

湖区植被以垫状驼绒藜荒漠为主，常见野生动物有野牦牛、野驴、黄羊、藏羚羊、狼、熊以及雪鸡、黑颈鹤等。湖区交通闭塞，人迹罕至。

10.3.159.1 托和平错
(Tuohepingcuo Lake)

位于西藏自治区改则县境内，地理位置为东经 83°09′、北纬 34°11′，属内陆吞吐咸水湖泊。湖面高程 5 015 米时，相应湖长 11.5 千米，最大宽 3.5 千米，平均宽 2.75 千米，面积 31.6 平方千米。湖泊形态不规则，湖岸曲折，多沙嘴、半岛，岸线长 48 千米。湖体西部有一座砂砾质小岛，面积 0.02 平方千米。

地处藏北高原西部，坐落在喀喇昆仑山脉东段北侧一处第四系沉积盆地内。滨湖南部为低山丘陵，余为洪积、冲积和湖积平原，多砂砾或盐碱地。东岸有多条古湖岸砂堤环绕。流域面积 2 012 平方千米，湖水主要依赖冰雪融水和泉水补给，**托和平河**为主要入湖河流，夏季高水位时，湖泊经西端百泉河出流，季节性地注入长条湖，故托和平错属内陆间歇性吞吐湖泊。

10.3.159.1.1 托和平河
(Tuoheping River)

托和平错最大入湖河流，发源于黑山头（高程 5 830 米），流域面积 1 584 平方千米。河长 90 千米（其中时令河段长 22 千米），落差 815 米，河床平均比降 9.1‰。流域在西藏自治区改则县境内，北与**拜惹布错**入湖河流相邻，东面是高程 5 700 米左右的山地。

全河由上游丘陵峡谷段、中游丘陵台地段、下游湖积平原段组成。源头到峡谷口为上游段，河长 34 千米，落差 630 米，河床平均比降 18.5‰，河道宽度均在 4 米以下，由块石组成；峡谷口到卧牛岭附近为中游段，河长 31 千米，落差 110 米，河床平均比降 3.5‰，河道宽 5～10 米，最宽处 23 米，由块石或砾石组成；卧牛岭附近到入湖河口为下游段，河长 25 千米，落差 75 米，河床平均比降 3.0‰，河宽 7～15 米，河床由砾石或粗砂组成。

全河有支流 10 条，左侧 7 条，右侧 3 条。左岸最大支流长 21 千米；右岸最大支流长 20 千米，源于高程 6 000 多米的小冰川，6—9 月河水先流入下游鸭子湖（面积 4.7 平方千米），经调蓄后再注入托和平河。河水主要依靠冰雪融水和地下水（支流以泉集河形式）补给。

河流自源头流出，先作南至西南流向，出峡谷口后经砂砾地折向西北，入鸭子湖并经调蓄后出湖，转向南至东南，在入托和平河前 8 千米处与左侧一泉溪汇合后再转向正南。河道先分汊后集中，夏季冰雪融水盛期，水深 0.4 米，于北岸入湖。

10.3.160　别若则错
(Bieruozecuo Lake)

又名白弱错，位于西藏自治区革吉县境内，属内陆卤水盐湖，地理位置为东经 82°56′、北纬 32°26′。湖泊长轴呈北西—南东走向，湖面高程 4 395 米时，相应湖长 10 千米，最大宽 4.5 千米，平均宽 3.3 千米，面积 33.2 平方千米，湖水深 0.8 米。湖泊岸线平整，岸线长 26 千米。

别若则错

别若则错地处藏北高原中部，著名的班公—东巧—怒江大断裂构造带经湖盆东西穿过。湖区三面环山，仅滨湖西南部地势开阔，有大片沼泽、盐碱滩地。第四纪大湖面时期与西部的**扎仓茶卡**为同一大湖，并与东部的**达热布错**互相连通，后因古大湖退缩肢解，三湖遂各自独立成湖。现该湖西南的都曲错（面积 1.5 平方千米）亦是昔日古大湖退缩后的残留小湖之一。

湖区属高原亚寒带羌塘半干旱气候，多年平均气温 0 摄氏度，多年平均年降水量约 150 毫米。流域面积 2 123 平方千米。主要入湖河流有**帕莫藏布**和罗尔根藏布，均从湖西南岸入湖。湖水 pH 值 8.7，矿化度 110.467 克每升，属硫酸钠亚型卤水盐湖。湖水中钾、硼、锂含量较高，具综合利用前景。

湖区植被以高山草原为主，紫花针茅、青藏苔草为组成植被的优势种类，系良好天然牧场。牧民以牧养牦牛、犏牛、马、绵羊、山羊等为生。湖区有文布当桑（夏麦）、绒热、帕姆等较大居民点，湖滨有省（区）级公路（黑阿公路）东西穿过。

10.3.160.1　帕莫藏布
(Pamozangbu River)

又称帕古沫藏布，*别若则错*西南部入湖河流，发源于冈布鲁雪山东南侧，河源区有冰雪覆盖面积约 22 平方千米，源头高程 5 740 米。流域面积 1 868 平方千米，位于西藏自治区革吉县境内，河长 102 千米，落差 1 345 米，河床平均比降 13.2‰。

源头至左岸支流苏弄曲河口为上游高山峡谷段，河长 27 千米，落差 834 米，河床平均比降 30.9‰。两岸山高坡陡，河流深切，6—9 月河宽 1.5～2 米，水深约 0.2 米，河床组成物质以块石为主。沿程支流短小，河长一般 5～7 千米。

苏弄曲河口至荣扎为中游宽谷段，河长 49 千米，落差 322 米，河床平均比降 6.6‰。两岸山势低缓，河谷渐显开阔，一般为 0.5～1.5 千米，沿河两岸阶地连绵不断。中游段河宽 5～6 米，水深 0.4～0.5 米，河床组成物质以砂砾为主。沿程汇入的较大支流左岸有羊扎弄曲（河长 10.5 千米，河宽 2～3 米，水深 0.1 米）、纳嘎里木曲（河长 15.5 千米，河宽 2 米），右岸有岗布玛甲曲（河长 11 千米，河宽 2 米）。

荣扎以下进入下游冲积平原段，河长 26 千米，落差 189 米，河床平均比降 7.3‰。两岸地势开阔坦荡，支流罕见。干流河宽 6 米，水深 0.3 米。在近河口段帕莫藏布又称容扎藏布，并与右邻**罗尔根藏布**共同发育了典型的复合式河口三角洲地貌，河网交织，沼泽广布。

河水以冰雪融水为主要补给源。

流域植被在上游地区以风毛菊、红景天稀疏植被为主，在中下游地区主要是以紫花针茅、青藏苔草为优势种组成的高山草原；牧居点较多，牧民主要牧养牦牛、绵羊、山羊等。流域内有乡间便道，北可直达黑阿公路。

10.3.161　黑石北湖
(Heishibei Lake)

位于西藏自治区改则县境内，北距新疆维吾尔自治区于田县境仅 5 千米，地理位置为东经 82°36′～82°50′，北纬 35°31′～35°37′，属内陆咸水湖泊。湖呈近似蝌蚪形，作北东—南西向延伸。湖面高程 5 048 米时，相应湖泊长 19.5 千米，最大宽 7.8 千米，平均宽 4.8 千米，面积 93.5 平方千米。实测湖泊最大水深 59 米。

黑石北湖地处西昆仑山南麓断陷盆地内。滨湖北部是高耸的昆仑山，南部为相对高程 200 余米的低山丘陵，东西两侧是河谷平原或洪积冲积倾斜台地，地势开阔。近湖东北部环列有多条古湖岸砂堤，其中最高一级高出现湖面 32 米。

湖区属高原寒带昆仑干旱气候，多年平均气温 －4 摄氏度，多年平均年降水量约 75 毫米。流域面积 1 614 平方千米。湖水主要由冰雪融水补给，流域上游（西北部）有琼木孜塔格雪山，常年冰雪覆盖面积达 120 平方千米。据 1987 年 8 月实测，表层湖水温度 8.7 摄氏度，底层水温 0 摄氏度左右，湖水透明度 4.5 米。pH 值 9.5，矿化度 40.561 克每升，属硫酸钠亚型咸水湖泊。

湖周植被以青藏苔草草原为主，常见野生动物有野牦牛、野驴、黄羊、藏羚羊以及雪鸡、黑颈鹤等。湖区交通不便，人迹罕至。

10.3.162　捌千错
(Baqiancuo Lake)

位于西藏自治区革吉县境之东缘，地理位置为东经 82°47′、北纬 31°56′，属内陆咸水湖泊。湖呈近似纺锤形，略作东南—西北向延伸。湖面高程 4 956 米时，相应湖长 7 千米，最大宽 3.2 千米，平均宽 2.21 千米，面积 15.5 平方千米。湖泊岸线较为圆滑规则，岸线周长 18 千米。

捌千错坐落在冈底斯山北麓一山间盆地内，盆地外围群山环抱，山峦绵亘，相对高程在 1 000 米上下；滨湖区除东部山势陡峻、山体紧临湖岸外，其余方位地势均相对开阔和缓，多为砂砾滩地。

湖区属高原亚寒带羌塘半干旱气候，多年平均气温－2～－1 摄氏度，多年平均年降水量约 150 毫米，年日照时数逾 3 500 小时。流域面积 404 平方千米。湖水主要依赖地表径流补给。入湖河流主要有 3 条，其中以美清河最大，河长 28.5 千米，源于海拔 5 900 米以上的山地，河床平均比降 23.3‰，6—9 月下游河宽 2～3 米，河床全由砂质组成；其他两条由北岸和西北岸入湖，河长 10 千米左右。此外，湖周尚有 6 条时令小溪，每年 6—9 月偶有径流入湖，河长都在 5 千米以内。湖区山高路险，交通不便。

10.3.163　扎仓茶卡
(Zhacangchaka Salt Lake)

又名张藏茶卡、张张茶卡、夏布错，藏语意为"岩边盐湖"，在西藏自治区革吉县境内，地理位置为东经 82°02′～82°46′，北纬 32°32′～32°38′，为固液相并存盐湖。

湖泊呈东西向延伸，湖面高程 4 326 米时，相应湖长约 40 千米，宽 10～15 千米，面积 128 平方千米。自东而西分别由尕热布甲茶卡（茶卡错、尕尕错）、改杆茶卡（夏布错、尕弄加拉错）和恰果茶卡（琼穷错、确登错）3 个彼此紧邻的子湖组成，各湖之间为第四系湖相沉积阶地所分隔。尕热布甲茶卡湖长 6.5 千米，宽 3.6～5.7 千米，面积 35 平方千米，卤水 pH 值 7.9，矿化度 340.6 克每升；改杆茶卡湖长 13.5 千米，宽 3.5～6 千米，面积 60 平方千米，卤水 pH 值 8.0，矿化度 211.1 克每升；恰果茶卡湖长 10.7 千米，宽 2～4.5 千米，面积 33 平方千米，卤水 pH 值 7.5，矿化度 308 克每升。以上 3 个子湖均属硫酸盐镁亚型盐湖。盐类矿床主要是卤水锂、硼酸盐、石盐及芒硝沉积（1978 年），其中卤水锂矿为高锂湖表卤水和晶间卤水，水深一般 0.15 米，最大水深达 1.2 米以上。

扎仓茶卡湖盆由断裂构造产生，著名的班公—怒江大断裂带经湖盆宽谷东西穿过。湖盆外围，南北两山对峙，南部为千果山，高程约 5 000 米；北部为亚龙日山，高程 4 500～4 600 米。湖滨为阶梯状古湖岸砂堤和阶地，最高一级阶地为侵蚀阶地，高出现湖面约 200 米；其下依次有 3 级堆积阶地，并发育有 10 多条古湖岸砂砾堤。尕热布甲茶卡与改杆茶卡之间分布有一级湖成阶地，宽 200～300 米，高出现湖面 4～5 米，阶地面平坦（可通汽车），由含盐矿层和碳酸盐黏土物质组成。改杆茶卡与恰果茶卡之间分布有一级和二级湖相高阶地，宽 300～500 米，相对高度 20～40 米。

湖区属高原亚寒带羌塘半干旱气候，多年平均气温－0.2 摄氏度，多年平均年降水量约 150 毫米，年蒸发量 2 300 毫米。流域面积 552 平方千米。入湖河流多分布在湖区南部或西南部，主要有南扎弄河、怎色乌河、刑穷河、刑迁弄巴河等，其中以刑迁弄巴河最长（河长 18.4 千米）。所有入湖河流均在入湖前 5～10 千米潜入地下，以地下水形式补给湖泊。

扎仓茶卡是一复合式盐类矿床，盐类资源丰富，其中尤以硼、锂资源最为珍贵，具良好开发远景。革吉县擦咔乡政府驻地位于滨湖东南部，并有省级公路（黑阿公路）东西穿过。

湖周植被以高山草原类型为主，紫花针茅为组成植被的优势种类。牧民主要牧养牦牛、马、绵羊、山羊等。

10.3.164　昆楚克错
(Kunchukecuo Lake)

位于西藏自治区改则县境内，地理位置为东经 82°40′、北纬 33°43′，属内陆咸水湖泊。湖面高程 5 063 米时，相应湖长 6.8 千米，最大宽 5.0 千米，平均宽 3.4 千米，面积 23.4 平方千米。湖泊形态规则，岸线长 20 千米。

昆楚克错地处藏北高原西部，坐落在喀喇昆仑山脉东段一处第四系沉积盆地内。盆地外围山地环绕，其中以西部地势最高，高程 6 100～6 300 米，有小规模雪山分布。北部及西部湖滨为广袤的砂砾地，地势开阔，余为相对高度 100～200 米的低山丘陵直抵湖岸。

湖区属高原亚寒带羌塘半干旱气候，多年平均气温－6～－4 摄氏度，多年平均年降水量 100～150 毫米。流域面积 423 平方千米。湖泊水系极不发育，无常年性河流汇入。仅湖区西部有一小河，源于常年冰雪覆盖区下部冰舌缘，6—9 月河宽 3 米，在其下游距湖约 4 千米处潜入砂砾地下，以地下潜流形式补给湖泊。

湖周植被以青藏苔草草原为主，野生动物主要有野牦牛、野驴、黄羊、岩羊、盘羊、藏羚羊及雪鸡等。湖区人迹罕至，仅湖区西部有乡间小道，5—8 月可通汽车。

10.3.165　普让茶卡
(Purangchaka Salt Lake)

位于西藏自治区革吉县辖境内，属内陆干盐湖，地理位置为东经 82°30′、北纬 33°05′。湖面高程 4 400 米时，面积 35 平方千米。

普让茶卡地处藏北高原西北隅，坐落在喀喇昆仑山脉东段一山间盆地内。湖泊呈南东—北西向延伸，与盆地走向一致。盆地外围山地与丘陵环抱，其中以西南部之多朵日山为最高（高程 5 043 米），隔山与**纳屋错**相近。滨湖地势开阔，为盐碱沼泽和戈壁砂砾地。

湖区属高原亚寒带羌塘半干旱气候，多年平均气温－2～0 摄氏度，多年平均年降水量 75～100 毫米。湖泊水系甚不发育，无常年性河流汇入，湖水主要依赖地下渗流补给。

湖区土壤贫瘠，植被类型以稀疏紫花针茅草原为主，野生动物有野牦牛、野驴、藏羚羊、黄羊、岩羊及雪鸡等，湖泊盐类矿床主要是石盐沉积。夏季湖区有少量牧民从事放牧生产。

10.3.166　错呐错
(Cuonacuo Lake)

又名茶里错、错那湖，藏语意为"黑湖"，在西藏自治区革吉县境内，地理位置为东经 82°17′～82°23′，北纬 31°33′～31°42′，属内陆咸水湖泊。作南北向延伸，北部湖域相对开阔。湖面高程 4 796 米时，相应湖长 15.1 千米，最大湖宽 6.9

千米，平均宽 3.42 千米，面积 51.7 平方千米。湖泊岸线周长 42 千米。

错呐错坐落在冈底斯山北麓一山间盆地内，滨湖地势开阔，起伏和缓；北部多小型碱水湖，主要有查勒错（面积 3 平方千米）、得拉格错（面积 4 平方千米）、得嘎尔错（面积 0.4 平方千米）等；西、南为洪积扇台地和河口三角洲平原，多盐碱沼泽。

湖区属高原亚寒带羌塘半干旱气候，多年平均气温－2～－1 摄氏度，多年平均年降水量 150 毫米。流域面积 852 平方千米。湖水主要由地表径流补给，入湖河流分布于南部和西部。其中，南岸入湖的托青河最大，河长 41 千米，源于高程 5 600 米之木玻日居山，其下游段河宽 3 米，流程迂回曲折，沿河两岸有连片盐沼分布；其次为西岸入湖的卓西扎嘎河，河长 36.5 千米，其上游称谷青河，源头高程 5 200 米，有 7 处泉水汇入，水量较丰。湖水 pH 值 9.4，矿化度 45.7 克每升，属碳酸盐型咸水湖泊。

湖区植被为紫花针茅、青藏苔草草原，野生动物主要有野牦牛、岩羊、盘羊、藏羚羊、野驴等。湖滨有乡道北与省道（黑阿公路）直接相连，南可接 219 国道。

10.3.167　恰贡错
（Qiagongcuo Lake）

位于西藏自治区日土县境东北缘，地理位置为东经 82°20′、北纬 34°26′，属内陆盐湖。湖泊近似椭圆形，岸线平整。湖面高程 5 094 米时，相应湖长 7.3 千米，最大宽 4.4 千米，平均宽 3.07 千米，面积 22.4 平方千米。

恰贡错地处藏北高原西北隅，坐落在喀喇昆仑山脉东北侧一第四系沉积盆地内。盆地外围山地与丘陵环绕，其中以北部之土则岗日山最高（高程 6 356 米），并有常年冰雪覆盖。滨湖地势相对开阔，北、东、西三面为冲积—洪积平原及沙砾地，唯南部为低缓山丘紧临湖岸。湖周古湖岸砂堤清晰可见，最高堤顶高出现湖面 26 米，成为湖泊日益萎缩的重要标志。

湖区属高原寒带昆仑干旱气候，多年平均气温－6～－4 摄氏度，多年平均年降水量约 75 毫米。流域面积 522 平方千米。湖泊水系不发育，入湖径流贫乏，湖水仅依赖西北部之一条时令河补给，河长 10.5 千米，6—9 月有冰雪融水径流入湖。湖水矿化度 183.544 克每升，属硫酸镁亚型卤水盐湖。

湖周植被以青藏苔草草原为主，常见野生动物有野牦牛、野驴、藏羚羊、黄羊、盘羊、熊等。湖区环境恶劣，交通不便，仅滨湖北部有乡级便道，夏季可通汽车。

10.3.168　美马错
（Meimacuo Lake）

位于西藏自治区西北部，湖面跨西藏自治区日土、改则两县，南与**阿鲁错**相邻，地理位置为东经 82°11′～82°17′，北纬 34°06′～34°18′，属内陆终点咸水湖泊。湖体呈北西—南东向长条状延伸。湖面高程 4 920 米时，相应湖长 33.1 千米，最大宽 7.5 千米，平均宽 4.24 千米，面积 140.5 平方千米。湖岸线平整，周长 79 千米。

美马错与其南面相毗邻的阿鲁错处于同一个第四系山间沉积盆地内，高湖面时曾为同一大湖体，后因气候变干，湖泊萎缩，致使同一大湖体肢解为两个独立的湖泊。由于湖水补给量的差异，现湖面比阿鲁错低 20 米，但两湖之间通过长约 12 千米的连通小河仍保持湖水补给关系。

湖区地处高原寒带昆仑干旱区与高原亚寒带羌塘半干旱区气候过渡带，多年平均气温－5 摄氏度，多年平均年降水量约 75 毫米。流域面积 2 294 平方千米。湖水主要依赖阿鲁错及北部的泉水河和夏季冰雪融水补给。泉水河长 15 千米，有 9 条泉溪汇入，共 25 眼泉水（泉水矿化度仅为 0.508 克每升）；湖西有 14 条时令河，均发源于常年冰雪覆盖区。湖水 pH 值 9.98，矿化度 19.605 克每升，属碳酸盐型咸水湖泊。

湖滨有宽窄不一的戈壁滩。

湖区东部及北部为青藏苔草草原植被，西部和南部为垫状驼绒藜荒漠，东南为沼泽地；野生动物主要有野牦牛、野驴、藏羚羊、盘羊、岩羊以及雪鸡、黑颈鹤、黄鸭等，其中种群单一、比较罕见、毛色呈棕黄色的"金色野牦牛"，在该湖区亦有分布。湖区人迹罕至，湖西仅有乡间道路可通往日土、改则县政府驻地。

10.3.168.1　阿鲁错
（Alucuo Lake）

位于西藏自治区西北部，跨日土、改则两县，地理位置为东经 82°18′～82°29′，北纬 33°55′～34°07′，属内陆吞吐微咸水湖泊，北与**美马错**毗邻，直线距离约 6 千米。湖泊呈北西—南东向长条状延伸。湖面高程 4 940 米时，相应湖长 26.4 千米，最大宽 9.2 千米，平均宽 3.9 千米，面积 103 平方千米。湖岸线较平滑，周长 72 千米。

阿鲁错现湖面高出美马错 20 米，两湖间通过长约 12 千米的小河保持着通连关系。小河宽 5 米，砂质河床，河床平均比降 1.8‰。

湖区属高原寒带昆仑干旱区与高原亚寒带羌塘半干旱区气候过渡带，多年平均气温－6～－4 摄氏度，多年平均年降水量约 75 毫米。流域面积 1 004 平方千米。湖水主要依赖冰雪融水补给，源区有冰雪覆盖面积 112 平方千米，有大小入湖河流 26 条，以位于湖南端的一条无名河为最大（河长 22 千米），其余入湖河流长度均不足 15 千米。湖水经北面的小河蜿蜒外泄入注美马错。湖水 pH 值 8.9，矿化度 1.817 克每升，为碳酸盐型微咸水湖泊。

湖周植被以针茅草原为主，兼有垫状驼绒藜荒漠，野生动物主要有野牦牛、野驴、藏羚羊、盘羊、熊及黑颈鹤等。

10.3.169　纳屋错
（Nawucuo Lake）

位于西藏自治区革吉县境内，属内陆终点卤水盐湖，地理位置为东经 82°02′～82°16′，北纬 32°47′～32°57′。湖体由南北两湖组成，中间由 2 千米长、45 米宽的河道相沟通。北湖区小，岸线曲折；南湖区大，岸线平整。湖面高程 4 381 米时，相应湖长 23.5 千米，最大宽 5.3 千米，平均宽 2.8 千米，面积 65.8 平方千米。湖中有小岛 7 座，面积均不足 0.2 平方千米。

纳屋错地处藏北高原西北隅、喀喇昆仑山脉东段南侧，坐落在雄巴日山、亚龙日山与多杂日山之间的山间盆地内，盆地长轴呈北西—南东向延伸。滨湖地势开阔，多盐碱地，并有古湖岸砂堤系列，北部近岸有近 10 平方千米沼泽分布。第四纪大湖面时期，纳屋错与北邻的**古波克错**等属同一大湖，湖面高出现湖面 79 米，纳屋错地势最低，演变为内陆终点湖。

湖区属高原亚寒带羌塘半干旱气候，多年平均气温－2～0 摄氏度，多年平均年降水量 75～100 毫米。流域面积 1 872 平方千米。湖水主要依赖**贾个热不嘎河**补给。湖水 pH 值

7.6，矿化度232.646克每升，属硫酸钠亚型卤水盐湖。

湖周植被以高山草原类紫花针茅草原为主，系良好天然牧场，主要放牧点分布在入湖河流两侧，牧民主要牧养牦牛、马、绵羊、山羊等。湖周仅有乡间小路，南距省级公路（黑阿公路）最近处有35千米左右。

10.3.169.1　贾个热不嘎河
(Jiagerebuga River)

纳屋错西北部入湖河流，位于西藏自治区革吉县境内，发源于塔查普山常年冰雪覆盖区之冰舌缘，高程6 150米。流域面积1 548平方千米，河长110千米，落差1 769米，河床平均比降16.1‰。

流域北枕喀喇昆仑山脉南侧之塔查普山，西界雄巴日山及亚龙日山，东临多杂日山。流域略呈长条带状，河流上游段由东北向西南流，总体由北而南流。

河流大致可分为3段。源头至布木错为上游高山深谷及山间盆地段，河长48千米，落差1 618米，河床平均比降33.7‰，始得名塔查普河，河宽3～6米，水深0.2～0.5米；沿程时令河与常年河交替出现。布木错至古波克错尾端为中游宽谷及吞吐性湖泊段，易名为草不杂河，河长53千米，落差131米，河床平均比降2.5‰，河道曲折多弯，河床全由砂质组成，河宽3米，水深0.3米，在入古波克错河口附近广泛发育有沼泽湿地。草不杂河经古波克错调蓄后，于其尾端下泄，由此进入下游冲积平原河段，方得名贾个热不嘎河，河长9千米，落差20米，河床平均比降2.2‰，在入湖河口区发育有约10平方千米的连片沼泽湿地。河流主要依靠冰雪融水补给，源头冰雪覆盖面积约9平方千米。

流域内系良好天然牧场，干流两侧有羌多（措扎）、改巴得拉、拉木卓等牧居点，牧民主要牧养牦牛、马、绵羊、山羊等。沿河谷有乡间便道，但南距干线公路（黑阿公路）较远。

10.3.169.2　古波克错
(Gubokecuo Lake)

又名拉木错，在西藏自治区革吉县境内，地理位置为东经82°01′、北纬33°06′，属内陆吞吐咸水湖泊。南距**纳屋错**约8千米，并以**贾个热不嘎河**通连。湖面高程4 401米时，相应湖长16千米，最大宽2.5千米，平均宽1千米，面积16平方千米。湖岸曲折多湾，湖中有大小岛屿9座，其中最大者面积近1平方千米。

古波克错与纳屋错共同坐落在雄巴日山、亚龙日山与多杂日山之间的山间盆地内。滨湖地势开阔，为盐碱地，并有古湖岸砂堤分布。第四纪大湖面时期与纳屋错属同一大湖，彼时湖面高出现湖面59米。后因气候逐渐干燥，古大湖泊衰退肢解，古波克错与纳屋错即为湖泊衰变过程中残留的两个较大子湖，古波克错演变为内陆吞吐湖，而纳屋错则演变为内陆终点湖。流域面积816平方千米。湖水主要依赖贾个热不嘎河补给。入湖前的河流长约90千米，径流经湖泊调蓄后泄入纳屋错。

湖周植被以高山草原类紫花针茅草原为主，系良好天然牧场，牧居点较多，牧民主要牧养牦牛、马、绵羊、山羊等。

10.3.170　聂尔错
(Nieercuo Lake)

藏语意为"近湖"，在西藏自治区革吉县境内，属内陆卤水盐湖。地理位置为东经82°13′、北纬32°17′。湖面高程4 399米时，相应湖长10.9千米，最大宽3.5千米，平均宽3.03千米，面积33平方千米。湖泊岸线曲折，岸线长36千米。湖内有大小岛屿50余座，其中有7座面积在0.1平方千米以上，最大的1.3平方千米。

聂尔错

地处藏北高原西部，坐落在喀喇昆仑山脉与冈底斯山脉之间的断陷盆地内，属构造湖，呈北西—南东向延伸，与区域构造线相一致。湖泊北枕相对高度500～800米的干果山，地势高耸，南迎相对高度200～300米的低山丘陵，地势起伏和缓；东南、西北两侧为冲积—洪积平原，地势开阔，盐碱沼泽和砂砾地广布。

湖区属高原亚寒带羌塘半干旱气候，多年平均气温约0摄氏度，多年平均年降水量约150毫米。流域面积5 343平方千米。主要入湖河流**响曲**于湖之西北部入注，另有郭藏布由东南部入湖，河长38.5千米。据1988年资料，湖水pH值7.6，矿化度232.633克每升，属硫酸钠亚型盐湖；主要盐类沉积矿床为石膏、钾石膏、芒硝、无水芒硝、钠硼解石等，具综合开发利用前景。

湖区植被以高山草原类型为主，紫花针茅、青藏苔草为组成植被的优势种类。在滨湖沼泽区则发育有苔草沼泽植被。湖周有热琼嘎布和加热行政村，居民主要牧养牦牛、马、绵羊、山羊等。省级黑阿公路从滨湖东南部东西穿过。

10.3.170.1　响曲
(Xiangqu River)

聂尔错西北部入湖河流，位于西藏自治区革吉县境内，发源于冈底斯山西支脉亚龙赛龙日山东侧，源头高程5 240米。流域面积4 077平方千米，河长172千米，落差841米，河床平均比降4.9‰。

南与**森格藏布**（狮泉河）水系毗邻，北与**扎仓茶卡**水系以干果山相隔，河流由南而北作蛇曲状蜿蜒下行，于聂尔错西北部入湖。全河水情变化复杂，地表径流与地下潜流沿程互有转换，大致可分为3段：源头至扎那勒为上游山区段，河长48千米，落差430米，河床平均比降9‰；扎那勒至雄巴为中游山间盆地段，河长43千米，落差222米，河床平均比降5.2‰；雄巴以下至入湖口为下游宽谷及冲积平段，河长81千米，落差189米，河床平均比降2.3‰。

流域属高原亚寒带羌塘半干旱气候，多年平均气温0摄氏度上下，多年平均年降水量约150毫米。河流主要依赖大气降水和地下水补给。

流域上游地区以风毛菊、红景天稀疏植被为主，中下游地区主要是以高山草原、紫花针茅和青藏苔草为组成植被的优势种类，沿河两岸和滨湖沼泽区则发育有沼泽植被。

干流由源出后顺山谷走势先作东北向曲折下行，始得名纳木纳孜曲，继之又易名嘎学弄曲，行到格巴冬布附近则折转为西北行，并经 9.5 千米的潜流段，在俄如附近复溢出地表。6—9 月，河宽 5~12 米，水深 0.1~0.2 米，河床全系砾石组成。上游段左岸相继汇入较大支流依次有尼穷弄巴曲（河长 12 千米）、捷嘎巴玛曲（河长 31 千米）、捷嘎香玛曲（河长 32 千米），右岸相继汇入的较大支流有弄玛荣曲（河长 11 千米）、嘎学尼玛曲（河长 19.5 千米）。

中游段干流又易名为堆萨扎旺曲，以分汊多股形式蜿蜒北行，主泓河宽 6~11 米，水深 0.1 米，河床组成物质以沙为主。沿程两岸支流稀疏，左岸仅有蓬波弄巴曲（河长 18 千米），右岸有纳卓弄巴曲（河长 9.5 千米）。干流下行到卓龚附近，再经 28 千米的潜流段后，在巴雄附近分东西两支溢出地表，西支为主泓，始称响曲；东支为偏支，有部分潜流溢出后注入**色喀执错**水系（纳嘎布河）。响曲河宽 6~17 米，水深 0.3 米。左岸有两条较大支流汇入：其一为普拉曲，河长 15 千米；另一为鄂如巴弄曲，河长 12 千米。

下游段两岸沼泽连绵不断，且河流时有分汊现象。近河口段有良好的三角洲地貌发育，地势坦荡，砂砾滩地广袤，沼泽宽阔。

流域内牧居点较多，主要有那果、相多仁、相麦、雄巴、热琼嘎布等，其中雄巴为乡政府驻地，有省级公路（黑阿公路）东西穿过。

10.3.171　色喀执错
（Sekazhicuo Lake）

又名色卡执错，位于西藏自治区革吉县辖境内，地理位置为东经 82°03′、北纬 32°00′，属内陆终点湖泊。湖若倒悬之钟形，湖面高程 4 565 米时，相应湖南北长 6.5 千米，最大宽 3.9 千米，平均宽 2.89 千米，面积 18.8 平方千米。湖泊南部有一长条状半岛由西岸径直向东延伸，仅距东岸约 0.5 千米，将该湖明显区分为南、北两大湖区，北部湖区为该湖主体，南部湖区面积仅约 5 平方千米。湖泊岸线周长 24 千米。

色喀执错坐落在冈底斯山北麓一山间盆地内，北部地势开阔，为砂砾地，并有一道与湖岸平行的古湖岸砂砾堤，长约 2 千米，堤顶高程高出现湖面 20 米，是该湖与其周围的赤日错（面积 0.7 平方千米）、昂巴艺丐错（面积 0.8 平方千米）等残留小湖在第四纪湖泊盛期时为同一大湖体的重要佐证。

湖区属高原亚寒带羌塘半干旱气候，多年平均气温 −2~−1 摄氏度，多年平均年降水量约 150 毫米。流域面积 1 269 平方千米。湖水主要由地表径流补给，其中冰雪融水径流占有较大比重。由东部入注之**久尖曲**为该湖最大的入湖河流，其次为由西北岸入湖的纳嘎布河（河长 12 千米），上游河源区有数眼泉水补给。

湖区植被以紫花针茅、青藏苔草草原为主，放牧为植被利用的主要方式。滨湖北部邻近黑阿公路，并有乡级道路与之相连。

10.3.171.1　久尖曲
（Jiujianqu River）

色喀执错入湖河流，位于西藏自治区革吉县境内，发源于高程 6 100 米以上的冈布鲁山终年冰雪覆盖区。流域面积 758 平方千米，河长 57 千米，河床平均比降 26.9‰。

全河可分为 3 段：源头至叶布穷以下约 1.5 千米处为上游高山峡谷段，河长 10 千米，落差 1 330 米，河床平均比降 133‰；下行至洞古错泄水口为中游山间盆地与宽谷及吞吐性湖泊段，河长 37 千米，落差 182 米，河床平均比降 4.9‰；洞古错泄水口至入注色喀执错河口为下游宽谷段，河长 10 千米，落差 23 米，河床平均比降 2.3‰。

干流自源出后，向西至西北流，穿行于高山峡谷间，上游段名北弄，为时令河，只在每年的 6—10 月有冰雪融水期间才有径流产生。进入中游段，由时令河演变为常年河，又得名达湾藏布，蜿蜒流淌于山间盆地与宽谷之间，河宽 2~6 米，水深 0.2~0.4 米，河床全由砂砾物质组成，沿河两岸断续有宽达 1~1.5 千米的沼泽分布。及至入洞古错的河口区，干流呈扇形分支展布。其中主泓入洞古错，河宽 7 米，水深 0.4 米；左岸旁支南流分注塔瓦卡勒错（面积约 1 平方千米）。河网纵横，湖沼广袤，形成河口三角洲。

干流入洞古错（面积 6.5 平方千米）并经调蓄后，于湖的西北端下泄，进入下游段始得名久尖曲，河宽 4 米，水深 0.4 米，径直西行，直入色喀执错。河流两岸全系砂砾地，河谷之上为起伏和缓之低山丘陵。

流域内植被以针茅草原为主，北部有乡级道路与省道（黑阿公路）相连。

10.3.172　骆驼湖
（Luotuo Lake）

因湖形似骆驼而得名，位于西藏自治区日土县境内，地理位置为东经 81°52′~82°02′，北纬 34°25′~34°29′，西与**清澈湖**相距仅 1.7 千米，属内陆终点湖泊。该湖是青藏高原湖面较高的湖泊。湖面高程 5 103 米时，相应湖长度 12 千米，最大宽 7.3 千米，平均宽 5.3 千米，面积 63.2 平方千米。湖岸线长 41 千米。

骆驼湖地处藏北高原西北部，坐落在喀喇昆仑山脉东北侧第四系沉积盆地内，属断陷构造湖。湖盆外围低山丘陵环绕，滨湖东岸有古湖岸砂堤分布，堤顶高出现湖面 17 米。第四纪大湖面时期，该湖与清澈湖曾同属同一大湖，现骆驼湖演变为内陆终点湖，湖面比清澈湖低 1 米，清澈湖则演变为内陆吞吐湖泊，两湖间由小河连通。

湖泊属高原寒带昆仑干旱气候，多年平均气温约 −5 摄氏度，多年平均年降水量约 75 毫米。流域面积 1 011 平方千米。湖水主要依赖清澈湖来水和南部一时令性小河补给，时令河长 10.5 千米，源头有常年冰雪覆盖面积约 25 平方千米。据 1987 年资料，湖水 pH 值 9.7，矿化度 5.315 克每升，属碳酸盐型微咸水湖泊。

湖区植被以垫状驼绒藜荒漠为主，仅北部有青藏苔草草原植被发育，野生动物主要有野牦牛、野驴、黄羊、藏羚羊、盘羊及雪鸡、斑头雁、黑颈鹤等。湖区环境恶劣，交通不便，夏季汽车可达东部湖滨。

10.3.172.1　清澈湖
（Qingche Lake）

位于西藏自治区日土县境内，地理位置为东经 81°44′~81°52′，北纬 34°25′~34°29′，属内陆微咸水湖泊。该湖是青藏高原湖面较高的湖泊。湖面高程 5 104 米时，相应湖长 14.1 千米，最大宽 5.6 千米，平均宽 4.1 千米，面积 58.2 平方千米。湖泊岸线平整，周长 36 千米。

清澈湖地处藏北高原西北部，坐落在喀喇昆仑山脉东北侧第四系沉积盆地内，湖泊长轴呈北西—南东向延伸，与区域构造线相一致，属断陷构造湖。湖泊南倚高程 6 000 米以上的巍峨雪山，坡麓洪积扇群紧逼湖岸；滨湖北部为相对高度100～200米的低山丘陵，其余方位为洪积—冲积平原，地势开阔。

湖区属高原寒带昆仑干旱气候，多年平均气温－5摄氏度左右，多年平均年降水量约75毫米。流域面积568平方千米。湖泊主要依赖6—9月源自南部雪山的时令河冰雪融水径流补给，河源区有冰雪覆盖面积28平方千米。入湖径流经调蓄后由东部小河外泄入注**骆驼湖**。

湖区植被以垫状驼绒藜荒漠为主，野生动物主要有野牦牛、野驴、藏羚羊、盘羊、黄羊、熊及斑头雁、黑颈鹤等。湖区人迹罕至，交通闭塞。

10.3.173　普尔错
(Puercuo Lake)

位于西藏自治区日土县境内，地理位置为东经81°56′～82°00′，北纬34°50′～34°55′，属内陆微咸水湖泊。湖面高程5 045米时，相应湖长16.2千米，最大宽5.2千米，平均宽2.48千米，面积40平方千米。湖泊形态独特，南部和北部之东西两侧各有一半岛伸入湖中，将其区分成北、中、南三部分湖区，并有湖水呈北淡南咸的分异现象。

普尔错地处昆仑山南坡断陷盆地内，属断陷构造湖。东与**月牙湖**相近，其间并由月牙河相沟通。湖滨为高出湖面100～200米的低山丘陵环绕，东部月牙河谷有大片戈壁分布。湖泊东部近岸古湖岸砂堤清晰可见，堤顶高出现湖面15米。

湖区属高原寒带昆仑干旱气候，多年平均气温约－6摄氏度，多年平均年降水量约75毫米。流域面积1 555平方千米。湖水主要依赖月牙河补给，该河为月牙湖的外泄河，长23千米，砂质河床，河宽22～40米，水深0.4～0.6米，河水pH值8.0，矿化度0.193克每升。普尔错属内陆终点湖泊。据1987年资料，北湖湖水pH值9.40、矿化度为2.697克每升；南湖湖水pH值9.60、矿化度为5.067克每升，属碳酸盐型微咸水湖泊。

湖周植被以垫状驼绒藜荒漠类型为主，常见野生动物有野牦牛、藏羚羊、大头羊、盘羊、黄羊、野驴、熊、狼及黑颈鹤等。湖区人迹罕至，交通不便。

10.3.173.1　月牙湖
(Yueya Lake)

位于西藏自治区日土县境内，地理位置为东经82°13′、北纬34°54′，属内陆吞吐淡水湖泊。湖面高程5 110米时，相应湖长5.8千米，最大宽4.3千米，平均宽2.55千米，面积14.8平方千米。湖泊岸线长17.5千米。湖中有小岛2座，面积约0.01平方千米。

月牙湖地处西昆仑山南部次级断陷盆地内，属构造湖。湖的西部、西北部为低山丘陵，北、东部为宽阔的山前洪积倾斜平原，南部为山前洪积扇形成的戈壁滩。现湖面与第四纪大湖面相比约下降了10米。流域面积875平方千米。湖水主要依赖冰雪融水形成的季节性河流和地下潜流补给。直接入湖的时令河有3条，最长的26千米，其余为16千米左右，均源于土则雪山，源区有冰雪覆盖面积约40平方千米。湖水通过南部的月牙河下泄注入**普尔错**。据1987年资料，湖水pH值8.4、矿化度0.654克每升，属硫酸钠亚型内陆吞吐淡水湖泊，淡水资源弥足珍贵。

湖区植被类型以青藏苔草草原为主，仅东南部为垫状驼绒藜荒漠类型，常见野生动物有野牦牛、藏羚羊、大头羊、盘羊、黄羊、野驴、熊及黑颈鹤等。湖区人迹罕至，交通不便。

10.3.174　独立石湖
(Dulishi Lake)

位于西藏自治区日土县境内，地理位置为东经81°51′～81°57′，北纬34°40′～34°48′，属内陆咸水湖泊。湖面高程5 031米时，相应湖长14.4千米，最大宽7.7千米，平均宽5.3千米，面积75.3平方千米。湖泊岸线平整，长38.5千米。

独立石湖地处藏北高原西北部，坐落在西昆仑山脉南侧一断陷盆地内，属断陷构造湖。湖盆外围低山丘陵环绕，滨湖地势开阔，东部为洪积—冲积扇形成的大片砂砾地，东北部有3条古湖岸砂堤，最高堤高出现湖面79米。

湖区属高原寒带昆仑干旱气候，多年平均气温－5摄氏度上下，多年平均年降水量约75毫米。流域面积1 435平方千米。湖水主要依赖西南部的大沙河补给，该河长33千米，砂质河床，源头为洪积扇前缘潜水出露带及泉水汇集区，下游段河宽5～6米，水深0.3米左右。

据1987年资料，湖水pH值9.9、矿化度28.449克每升，属碳酸盐型内陆咸水湖泊。

湖区主要植被类型为垫状驼绒藜荒漠，野生动物有野牦牛、藏羚羊、大头羊、黄羊、野驴、熊及黑颈鹤等。湖区人迹罕至，交通闭塞，仅在夏季汽车可达湖滨。

10.3.175　鲁玛江冬错
(Lumajiangdongcuo Lake)

又名措作错、查罗尔错，在西藏自治区日土县境内，西南与**显民得错**紧密相邻，地理位置为东经81°27～81°49′，北纬33°54′～34°07′，属内陆咸水湖泊。湖面高程4 810米时，相应湖长38.9千米，最大宽19.6千米，平均宽8.35千米，面积325平方千米。岸线曲折，并有石质半岛伸入湖中，岸线长146千米。

鲁玛江冬错地处藏北高原西北，与显民得错共同坐落在喀喇昆仑山脉东段一山间断陷盆地内，属断陷构造湖。湖泊北部及西南、东南部为戈壁和盐碱滩所覆盖的洪积—冲积平原，其余方位山地丘陵直抵湖滨，岸坡较陡。第四纪湖泊盛期时，该湖与显民得错曾为同一大湖，现该湖演变为内陆终点湖，显民得错演变为内陆吞吐湖。

湖区属高原亚寒带羌塘半干旱气候，多年平均气温约－4摄氏度，多年平均年降水量50～75毫米。流域面积9 355平方千米。湖水补给主要来自**库尔拿河**及**尔玛好尔毛河**，冰雪融水为河湖的主要补给源。

湖泊植被稀疏而单调，以垫状驼绒藜荒漠为主，野生动物主要有野牦牛、野驴、熊、藏羚羊、黄羊、盘羊及雪鸡等。湖区环境恶劣，交通不便，仅每年4—9月汽车可达湖滨。

10.3.175.1　尔玛好尔毛河
(Ermahaoermao River)

又名容玛藏布，为**鲁玛江冬错**东南部入湖河流，发源于喀喇昆仑山脉东段，常年冰雪覆盖区下部冰舌缘，源头高程5 440米，河源区有冰雪覆盖面积约32平方千米。流域面积1 900平方千米，河长73千米（其中潜流河段约8千米），落差630米，河床平均比降8.6‰。流域位于西藏自治区日土县境内，东与**阿鲁错**、**美马错**水系相邻，北与**清澈湖**、**骆驼湖**水系接界，南为高程 6 200 米左右的山地。

流域上游为高山深谷与山间盆地，河长 32 千米，落差 600 米，河床平均比降 18.8‰；下游为丘间冲积平原，河长 41 千米，落差 30 米，河床平均比降 0.7‰。河流主要依赖冰雪融水及泉水补给，6—9 月为河川径流丰水期。

河流总体由南东向北西曲折流。在近河源区，依山势先作西流，沿程山高谷深，约经 4 千米即进入山间盆地，并潜入盆地内的干涸河床下，两岸戈壁广袤；大致经 8 千米的潜流段，复溢出地表继续西行。上游段水系不发育，仅尾部右岸有一长约 5 千米的泉溪入注。干流河宽约 3 米，水深 0.1 米。

支流入注口以下，干流出山间盆地，进入下游段，始得名尔玛好尔毛河，由此折转为北西行，两岸地表多为盐碱滩或戈壁所覆盖。河道蜿蜒曲折，河宽 5～10 米，水深 0.2～0.5 米，于鲁玛江冬错东南部入湖，其间右岸先后有两条河长分别为 23 千米、3 千米的支流汇入，源头均有泉水出露。在下游段上部，干流有分流现象，于左岸分出一偏支，与宁日河（河长 42 千米）合流下注一无名小湖（面积约 0.1 平方千米）。

流域植被以垫状驼绒藜荒漠为主，野生动物主要有野牦牛、野驴、黄羊、盘羊、岩羊、藏羚羊及雪鸡等。流域环境恶劣，交通不便，仅每年 4～9 月滨河区可通汽车。

10.3.175.2　库尔拿河
(Kuerna River)

鲁玛江冬错西北部入湖河流，发源于喀喇昆仑山脉东段冰雪覆盖区下部的冰舌缘，源头高程约 5 700 米，河源区有常年冰雪覆盖面积约 96 平方千米。流域面积 2 530 平方千米，河长 126 千米，落差 890 米，河床平均比降 7.1‰。流域位于西藏自治区日土县境内，北与**窝尔巴错**水系接壤，南以**先且错**水系为邻，西界**结则茶卡**水系，东南为高程 5 600 米上下的丘陵山地。

全河可分为 3 段：源头至多湖为上游高山深谷与山间盆地段，河长 52 千米（时令河），落差 446 米，河床平均比降 8.6‰；多湖至库尔拿附近为高山峡谷与河流宽谷相间中游段，河长 62 千米（其中时令河段 40 千米），落差 425 米，河床平均比降 6.9‰；库尔拿至入注鲁玛江冬错河口为下游冲积平原段，河长 12 千米，落差 19 米，河床平均比降 1.6‰。河流主要由冰雪融水补给，6—9 月为河川径流丰水期。

河流总体呈近似弧形由北西向南东曲折流淌。河源区有两条大致为北东—南西向延伸的平行山岭，其上均有常年冰雪覆盖。源区有山溪 12 条，略作梳状展布，长 12～16 千米，穿越高山深谷相继汇流于山间盆地内，沿程先后串通 5 个小湖（面积 0.1～0.5 平方千米）曲折下行。干支流均为时令河，6—9 月有冰雪融水径流产生。多湖是上游段尾端最大吞吐性湖泊，湖面高程 5 254 米，面积 4.8 平方千米。上游来水经多湖调蓄后由其尾部下泄，由此进入中游段，始得名热合拔白草河，河宽约 15 米，水深 0.3 米，全系砂质河床。下行约 22 千米后再次演变为时令河，直至库尔拿附近右岸一泉集小河（河长 1.5 千米）汇入后又成为常年河，并进入下游冲积平原段，称为库尔拿河。下游段河宽 7 米许，水深 0.3 米。在**显民得错**西南端入湖，经调蓄后由湖东北端泄出，终入鲁玛江冬错。

沿河两岸戈壁、沙滩连绵广布，生态系统脆弱，仅在中下游局部地区有青藏苔草及紫花针茅草原发育。镇亚（赞亚）、热合盘、显明得为夏季放牧点，中下游沿河 4～9 月可通汽车。

10.3.175.2.1　显民得错
(Xianmindecuo Lake)

位于西藏自治区日土县境内，东北与**鲁玛江冬错**紧密相邻，地理位置为东经 81°25′、北纬 35°57′，属内陆吞吐咸水湖泊。湖面高程 4 813 米时，相应湖长 6.8 千米，最大宽 3.1 千米，平均宽 2.29 千米，面积 15.6 平方千米。

显民得错与鲁玛江冬错坐落在喀喇昆仑山脉东段同一山间断陷构造盆地内，属断陷构造湖，第四纪湖泊盛期时，该湖与鲁玛江冬错曾为同一大湖，现两湖之间由 200 米宽的河道沟通。湖滨为盐碱滩和戈壁所覆盖的冲积平原，地势开阔坦荡。流域面积 2 530 平方千米，库尔拿河为其吞吐之河流。

湖区自然环境严酷，生态系统脆弱，滨湖西南部 4—9 月可通汽车。

10.3.176　阿翁错
(Awengcuo Lake)

位于西藏自治区日土县境内，地理位置为东经 81°38′～81°48′、北纬 32°42′～32°49′，属内陆卤水盐湖，西与**班公错**相近。湖面高程 4 427 米时，湖长 23.3 千米，最大宽 5.3 千米，平均宽 2.5 千米，面积 58.6 平方千米，水深 0.1～1.2 米。

阿翁错地处藏北高原西北部，湖盆受北西—南东向延伸的班公—怒江大断裂带所控制，属断陷构造湖，湖泊亦呈北西—南东向延伸，与区域构造线方向相一致。湖泊外围为相对高度约 500 米的山地环绕。滨湖西北、东南部地势开阔，为戈壁滩和盐碱地，多有泉眼出露，仅近岸带就有 9 眼之多；其余方位山地丘陵均直抵湖滨，地势较陡。

湖区属高原温带阿里干旱气候向高原亚寒带羌塘半干旱气候的过渡类型，多年平均气温约 0 摄氏度，多年平均年降水量约 100 毫米。流域面积 1 808 平方千米。位于湖区西部的**扎哥拉哥藏布**为主要入湖河流，冰雪融水为湖泊的主要补给源。流域内另有 50 余处泉水出露，亦是入湖径流的重要组成部分。据 1988 年资料，湖水 pH 值 9.2，矿化度 84.169 克每升，属碳酸盐型卤水盐湖，盐类矿床主要是石盐、芒硝、方解石及文石。

湖周植被以紫花针茅草原为主，是较好天然牧场，牧民主要牧养牦牛、犏牛、马、绵羊、山羊等。滨湖北侧有乡级道路东西穿过，西与 219 国道直接相连。

10.3.176.1　扎哥拉哥藏布
(Zhagelagezangbu River)

又名阿翁藏布，**阿翁错**西部入湖河流，发源于昂龙岗日冰川下部之冰舌缘，源头高程约 5 700 米，河源区有常年冰雪覆盖面积约 60 平方千米。流域面积 1 586 平方千米，河长 92 千米，落差 1 273 米，河床平均比降 13.8‰。流域界多仁杂山，西隔高程 6 708 米的昂龙岗日雪山与外流水系**森格藏布**（狮泉河）接壤，北侧分水岭是高程 5 000 米左右的山地，位于西藏自治区西北部日土县境内。

全河可分为 3 段：源头至支流扎木嘎河河口为上游高山深谷段，河长 42 千米，落差 1 122 米，河床平均比降 26.7‰；扎木嘎河口至支流采哥拉宝藏布河口为中游宽谷段，河长 30 千米（含地下潜流段 12.5 千米），落差 123 米，河床平均比降 4.1‰；采哥拉宝藏布河口至入注阿翁错河口为下游冲积平原段，河长 20 千米，落差 28 米，河床平均比降 1.4‰。河水主要依赖冰雪融水和地下水补给，6—9 月为河川径流的盛期。

河源区曲折北流的水系可区分为东西两支。东支源于昂龙岗日常年冰雪覆盖区东侧，为河流正源，始名垄巴翁布河，6—9 月河宽 2～3 米，水深 0.1 米。西支得名扎木嘎河，河长 32 千米，6—9 月河宽 3 米，水深 0.1 米。

东西两支呈交汇后，进入中游段，折而蜿蜒东南行，下行约 1 千米流程后即潜入地下，再经 12.5 千米在多布羌鸟、普哥阿垄、杨沼之间以 20 余眼泉水形式复出成为沼泽湿地，涓涓小溪汇流后出沼泽继续东南下行，干流又易名为阿龙藏布，河道骤然加宽至 45 米以上，水深 0.2 米，河床组成物质以沙为主。沿程左岸有支流丁字藏布汇入，该支流是由 10 余眼泉水汇集的泉集河，长 12.5 千米。丁字藏布河口以下，干流始称扎哥拉哥藏布，河道又进一步展宽至 72 米，水深 0.4 米。

左岸又一较大支流采哥拉宝藏布（河长 14 千米）汇入后，干流进入下游段，支汊分流纷繁，其中主泓河宽达 125 米，水深 0.3 米。河口区发育有典型的三角洲平原，河流在阿翁错之西北部入湖。

流域植被以紫花针茅草原为主，牧民主要牧养牦牛、犏牛、马、绵羊、山羊等。杨沼、丁字、王宝等为流域内较大牧居点。中下游滨河地带有乡道东西穿过，西与 219 国道相接。

10.3.177　邦达错
(Bangdacuo Lake)

又名雅尔错、雅协错、雅西尔错，藏语意为"怀挂湖""悬怀湖"，位于西藏自治区日土县境内，地理位置为东经 81°29′～81°39′，北纬 34°54′～35°00′，属内陆卤水盐湖。湖面高程 4 902 米时，湖长 15 千米，最大宽 9.2 千米，平均宽 7.1 千米，面积 106.5 平方千米。湖岸线较为平整，长 44.2 千米，属内陆终点湖。

邦达错地处藏北高原西北隅，坐落在昆仑山脉南侧第四系沉积盆地内。湖泊东部及西南部地势开阔坦荡，为洪积、冲积倾斜平原，地表为盐碱滩及砂砾戈壁；其余方位为相对高程 100～200 米的低山丘陵环绕，地势起伏和缓。湖滨有多条古湖岸砂堤断续环列，最高古湖岸砂堤高出现湖面 138 米，是第四纪湖泊盛期之后湖泊严重萎缩的重要标志。

湖区属高原寒带昆仑干旱气候，多年平均气温约 -6 摄氏度，多年平均年降水量 75～100 毫米。流域面积 3 421 平方千米。湖水主要依赖**泉水河**补给，冰雪融水是河湖的重要补给源。

据 1987 年资料，湖水 pH 值 8.9，矿化度为 65.453 克每升，为硫酸镁亚型卤水盐湖，湖水中钾含量较高，具开发利用价值。湖区人迹罕至，交通不便，5—9 月汽车可达滨湖南部。

10.3.177.1　泉水河
(Quanshui River)

邦达错西南部入湖河流，发源于常年冰雪覆盖区下部的冰舌缘，源头高程约 5 700 米。流域面积 2 452 平方千米，河长 111.5 千米，落差 798 米，河床平均比降 7.2‰。流域东与**普尔错**、**独立石湖**水系为邻，西与**郭扎错**水系相隔，西南为喀喇昆仑山脉中段常年冰雪覆盖区，有冰雪覆盖面积逾 120 平方千米；位于西藏自治区日土县境内。

全河可分为 3 段：源头至窝尔巴错尾闾口为上游高山峡谷及吞吐性湖泊段，河长 33 千米，落差 523 米，河床平均比降 15.8‰；窝尔巴错尾闾口至拉竹龙附近为低山丘陵及河流宽谷段，河长 67 千米，落差 243 米，河床平均比降 3.6‰；拉竹龙至入注邦达错河口为下游冲积平原段，河长 11.5 千米，落差 32 米，河床平均比降 2.8‰。河流主要由冰雪融水径流补给，每年 6—9 月为冰雪融水盛期；泉水补给在河川径流中也占有一定比重。

河流总体由南西向北东曲折流。自源出后，诸山溪顺山谷走势相汇于峡谷口，两岸山高谷深，水流湍急。出峡谷口后的干流 6—9 月河宽 3～7 米，水深 0.2～0.5 米。**窝尔巴错**为最大的吞吐湖泊，干流由其西南端入湖，经调蓄后由东北端泄出，河流进入中游段。

中游段因沿程右岸有饮水泉入注，故干流得名饮水河。饮水泉是由 7 眼泉水汇集而成的泉集小河，长约 2 千米，在其以下右岸又有一条较大支流（河长 22 千米）和 2 条时令河汇入，而左岸支流不发育。干流在中游段多有支汊分流现象，其中主泓河宽 8～12 米，水深 0.3～0.6 米，河床全由砂砾物质组成。在中游段的尾部，河水大量下渗转为潜流，约经 11 千米在拉竹龙附近复溢出地表形成 9 个泉眼，并汇集成河，干流进入下游段，始名泉水河。

下游段沿程河道迂回曲折，两岸地势坦荡。河流最大河宽 10 米，水深 0.3 米，于邦达错之西南部入湖。在近河口区发育有小规模三角洲地貌。

流域植被以垫状驼绒藜荒漠及青藏苔草草原为主，基本上处于原生状态，野生动物有野牦牛、野驴、黄羊、盘羊、岩羊、藏羚羊及斑头雁、野鸭、黑颈鹤等。

10.3.177.1.1　窝尔巴错
(Woerbacuo Lake)

位于西藏自治区日土县辖境内，地理位置为东经 80°59′～81°05′，北纬 34°27′～34°36′，属内陆吞吐湖泊。湖形甚不规则，大致呈南西—北东向延伸。湖面高程 5 177 米时，相应湖长 18.3 千米，最大湖宽 7.5 千米，平均宽 5.13 千米，面积 93.8 平方千米。窝尔巴错为青藏高原湖面较高的湖泊。湖中有石质岛屿 3 座，高出现湖面 90～150 米，面积分别为 1.05 平方千米、1.10 平方千米、1.65 平方千米。

该湖坐落在喀喇昆仑山脉中段东北侧一山间盆地内。湖盆外围南部为高程 6 200～6 400 米的巍峨雪山，山地直抵滨岸；其余方位为低缓丘陵或戈壁沙滩。

湖区属高原寒带昆仑干旱气候，多年平均气温 -8～-6 摄氏度，多年平均年降水量 75～100 毫米，出水口以上流域面积 804 平方千米。湖泊补给以冰雪融水径流为主，有大小入湖河流计 11 条（常年河 4 条，时令河 7 条），其中以西南部入湖之**泉水河**最大，入湖口以上长约 15 千米，入湖径流经调蓄后由湖之东北部泄出，终入**邦达错**。依据流域水文地理特征分析，该湖属低矿化湖泊。

湖泊植被以青藏苔草草原及垫状驼绒藜荒漠为主，野生动物有野牦牛、野驴、黄羊、大头羊、藏羚羊及雪鸡、黑颈鹤、野鸭、斑头雁等。

10.3.178　先且错
(Xianqiecuo Lake)

位于西藏自治区日土县境内，地理位置为东经 81°23′、北纬 33°40′，属内陆咸水湖泊。湖面高程 4 658 米时，相应湖长 5.4 千米，最大宽 3 千米，平均宽 2.07 千米，面积 11.2 平方千米。

先且错地处藏北高原西北部，坐落在喀喇昆仑山脉东南侧一小型山间盆地内。北与**显民得错**、**鲁玛江冬错**相近，西北与**结则茶卡**水系接壤。湖滨除东南部为低山丘陵环绕外，其余方位地势开阔坦荡，为戈壁及盐碱滩覆盖的洪积—冲积平原。

湖区属高原寒带昆仑干旱气候，多年平均气温－4～－2摄氏度，多年平均年降水量约75毫米。流域面积321平方千米。湖泊水系不发育，流域内无地表径流入注，湖水主要依赖地下径流补给。湖区北部有一泉溪小河，南行约2千米后潜入地下，以潜流形式汇入该湖。

湖区植被十分稀疏，以垫状驼绒藜荒漠为主，野生动物有野牦牛、野驴、藏羚羊、大头羊、黄羊等。湖区西部有乡间便道，4—9月汽车可抵湖滨。

10.3.179　郭扎错
（Guozhacuo Lake）

又名里田错、明亮湖，位于西藏自治区日土县境内，地理位置为东经80°55′～81°15′，北纬34°58′～35°05′，属内陆咸水湖泊。湖形似"腰鼓"状，呈东西向延伸，湖面高程5 080米时，相应湖长30.4千米，最大宽11.6千米，平均宽8.31千米，最大水深81.9米，面积252.6平方千米。湖岸线长104千米。

郭扎错地处藏北高原西北隅，坐落在西昆仑山南麓第四系沉积盆地内。湖西与**阿克赛钦湖**流域以低平分水垭口相隔；北部和东部湖滨分布有多条古湖岸砂堤，最高堤堤顶高出现湖面约60米。

湖区属高原寒带昆仑干旱气候，多年平均气温－8～－6摄氏度，多年平均年降水量约75毫米。流域面积2 622平方千米。湖水主要依赖北部冰雪融水补给，较大的入湖河流有3条，其中**郭扎东北河**最长，其余两条河长分别为41千米、27千米。据1991年资料，流域内分布现代冰川62条，冰雪覆盖面积544.3平方千米，冰川体积达92.3立方千米，固体水源丰富。据1987年8月实测湖水表面温度7.0摄氏度左右；湖水pH值8.3～9.2，矿化度北部湖体为3.458克每升，中部湖体为3.841克每升，南部湖体为11.6580克每升，显示湖水由北而南逐渐变咸。

湖区植被类型以青藏苔草草原和垫状驼绒藜荒漠为主，常见野生动物有野牦牛、藏羚羊、大头羊、盘羊、野驴、熊及黑颈鹤等。湖周仅有乡级道路，交通不便，5—9月汽车可抵湖滨。

10.3.179.1　郭扎东北河
（Guozhadongbei River）

因位于**郭扎错**之东北部而得名，为该湖的最大入湖河流，发源于平顶冰川群下部的冰舌缘，河源区有大面积常年冰雪覆盖，源头海拔约5 700米。流域面积908平方千米，河长80千米，落差620米，河床平均比降7.8‰。流域介于东经81°14′～81°56′和北纬35°00′～35°22′之间，在西藏自治区日土县境内。

流域北枕高程达6 600米的昆仑山脉平顶冰川群，南部毗邻**邦达错**流域。河流总体由东北曲折流向西南，于郭扎错东北端入注该湖，下游近河口段并发育有扇形三角洲。沿程水系不发育，仅有两条支流汇入，河长依次为18.5千米、16千米，均源于右侧的冰舌缘；干支流均系时令河，6—9月有冰雪融水径流形成。

流域内以风毛菊、红景天稀疏植被及垫状驼绒藜荒漠植被类型为主，野生动物主要有野牦牛、野驴、藏羚羊、盘羊、黄羊、熊以及雪鸡、黑颈鹤、斑头雁、野鸭等。域内高寒缺氧，人迹罕至，下游段滨河4—8月可通汽车。

10.3.180　结则茶卡
（Jiezechaka Salt Lake）

又名钦白错，位于西藏自治区日土县境内，地理位置为东经80°50′～80°58′，北纬33°53′～34°01′，属内陆盐湖。湖面高程4 524.0米时，相应湖泊长16.1千米，最大宽9.2千米，平均宽6.68千米，面积108平方千米。湖近似椭圆形，湖岸线长44千米。

结则茶卡地处藏北高原西北隅，坐落在喀喇昆仑山脉东南侧一第四系沉积盆地内，属构造湖。盆地北枕巴康拉山（高程6 200余米）；东、西分别与**鲁玛江冬错**及**班公错**水系接壤；南为低山丘陵环绕，相对高程200～300米。滨湖西北及东南部为冲积平原，古湖岸砂堤清晰可见。结则茶卡为迄今所知青藏高原湖面下降幅度最大的湖泊，最高的湖滨砾石堤高出湖面280米，古湖面积达371平方千米，为现代湖泊的3.4倍。

湖区属高原寒带羌塘半干旱气候，多年平均气温约－4摄氏度，多年平均年降水量50～75毫米，年蒸发量2 100～2 300毫米。流域面积2 488平方千米。湖泊水系甚不发育，入湖径流匮乏，湖水主要由来自西北部的4条泉集小河补给，其中较长的两条分别为10千米、11千米，最大河宽3米。据1984年测量资料，湖水pH值9.0，矿化度96.051克每升，属碳酸盐型卤水盐湖。湖水中钾、锂含量较高，具开发利用价值。

湖周植被以紫花针茅草原为主，有放牧生产活动，牧民主要放养牦牛、犏牛、马、绵羊、山羊等。滨湖南部及西部有乡级道路，西可与219国道相接。

10.3.181　热帮错
（Rebangcuo Lake）

位于西藏自治区日土县境内，地理位置为东经80°34′、北纬33°02′，属内陆盐湖。湖泊呈东西向延伸，湖面高程4 324.0米时，相应湖长16.4千米，最大宽4.1千米，平均宽1.93千米，水深约0.3米，面积31.6平方千米。湖中有小岛3座，其中面积最大的约0.9平方千米。

热帮错地处藏北高原西部，坐落在断裂谷地内，属构造湖。第四纪湖泊盛期时，该湖曾与其西侧的**昆仲错**、芦布错（面积8.4平方千米）、嘎错（面积1.8平方千米）、左用错（面积7.2平方千米）等属同一大湖，并有河流与**班公错**通连。现湖泊东部滨岸带清晰可见古湖岸砂堤5～6条，堤顶高出现湖面36米，是古湖泊日益退缩肢解的重要佐证。湖泊东西两侧地势开阔，滩地延绵达10余千米；南北两侧山地丘陵逼近滨湖，滩地相对狭窄，宽约0.5～1.5千米。

湖区属高原温带阿里干旱气候，多年平均气温0～2摄氏度，多年平均年降水量50～75毫米。流域面积1 562平方千米。环湖的多眼泉水为主要补给水源。据1978年资料，湖水pH值9.2，矿化度68.386克每升，属碳酸盐型卤水盐湖，湖水中钾、硼含量较高。

湖区北部以紫花针茅、青藏苔草草原植被类型为主，其余多为垫状驼绒藜、木亚菊荒漠植被类型。滨湖地区为牧业区，牧民主要牧养牦牛、犏牛、马、绵羊、山羊等。滨湖有乡间道路，向西与219国道连接。

10.3.182 埃永错
(Aiyongcuo Lake)

位于西藏自治区日土县境内，地理位置为东经80°33′、北纬33°21′，属内陆卤水盐湖。湖面高程4 290米时，相应湖长11.2千米，最大宽2.8千米，平均宽2千米，面积22.4平方千米。湖中有小岛11座，最大的面积0.1平方千米，最小的不足0.01平方千米。

埃永错地处藏北高原西部，与位于其西侧的阿永布错（面积4.8平方千米）、常木错（面积9.2平方千米）、卡易错（面积3平方千米）等同坐落在喀喇昆仑山脉南麓一断裂谷地内，属构造湖。湖泊大致呈东西向延伸，与区域构造线方向一致。第四纪湖泊盛期时，该湖与阿永布错、常木错等曾为同一大湖，后因湖面逐渐退缩，成为彼此连通的小湖群，埃永错遂演变为面积最大的吞吐性湖泊，而常木错则演变为内陆终点湖泊。湖泊南北两侧洪积扇群沿湖泊长轴方向展布，东西两侧为河流宽谷倾斜平原，多残迹小湖、盐碱地和泉眼沼泽。

湖区属高原温带阿里干旱气候，多年平均气温－2～0摄氏度，多年平均年降水量50～75毫米。流域面积532平方千米。湖泊主要依赖泉水补给，湖东岸汇入的由大量泉眼汇集而成的泉溪河长约30千米，最大河宽10米，其上游有41处泉眼（左侧21处，右侧20处）。来水经调蓄后由该湖西部尾端泄出，先入阿永布错，最终注入常木错。终点湖泊常木错湖水pH值8.2，矿化度62.531克每升，因此推测埃永错矿化度应低于常木错。

湖区植被类型北以沙生针茅草原为主，南部为风毛菊、红景天稀疏植被，东西两侧为苔草沼泽。野生动物有野牦牛、藏羚羊、黄羊、盘羊、熊、狼、狐狸等。湖西北有乡道，向西约经25千米可与219国道（新藏公路）相接。

10.3.183 龙木错
(Longmucuo Lake)

又名错龙纳。属内陆卤水盐湖。位于西藏自治区日土县境内。地理位置为东经80°21′～80°33′，北纬34°35′～34°40′。湖呈"宝葫芦"形。湖面高程5 002米时，相应湖长17.2千米，最大宽9.1千米，平均宽5.64千米，面积97平方千米。平均水深约1米。

地处西藏高原西北隅，喀喇昆仑山脉西段北麓，坐落在楷木错—玛尔茶卡—金沙江深大断裂构造带控制的断裂谷地内，属构造湖。西隔低缓的古湖泊砂砾堤与**松木希错**紧相毗邻，西南隔熊彩岗日山与**泽错**相近。湖周地势开阔，为戈壁所覆盖的洪积、冲积倾斜平原及台地，滨湖有多条古湖岸砂堤清晰环列，最高古湖岸砂堤高出现湖面150～160米，表明第四纪湖泊盛期时该湖与松木希错曾为同一大湖。

湖区属高原寒带干旱气候，多年平均气温－8～－6摄氏度，多年平均年降水量50～75毫米。流域面积667平方千米。无地表径流汇入，湖水补给以接受松木希错的地下渗流为主。据1988年资料，湖水pH值7.6，矿化度172.467克每升，属硫酸镁亚型卤水盐湖，盐类矿床主要是石盐、芒硝沉积。

湖周植被类型以垫状驼绒藜荒漠为主，野生动物有野牦牛、野驴、藏羚羊、大头羊、盘羊、黄羊等。219国道（新藏公路）经滨湖西部南北穿过。

10.3.184 芒错
(Mangcuo Lake)

位于西藏自治区日土县境内，属内陆卤水盐湖，地理位置为东经80°27′、北纬34°30′。湖面高程5 020米时，相应湖长4.9千米，最大宽3千米，平均宽2.5千米，面积12.4平方千米。

芒错地处藏北高原西北部，坐落在喀喇昆仑山脉西段一山间盆地内，盆地外围为散尔多山、巴康拉山、熊彩岗日山等山体环绕，高程在6 400米以上；滨湖东西两侧山地丘陵紧临湖岸，地势陡峻；南北两侧为盐碱滩和戈壁滩覆盖的洪积—冲积平原，地势开阔。该湖北望**龙木错**，西北与**松木希错**相邻。湖略呈长方形，长轴作南北向延伸。

湖区属高原寒带干旱气候，多年平均气温－8～－6摄氏度，多年平均年降水量50～75毫米。流域面积382平方千米。湖泊水系极不发育，无地表径流汇入，湖水以地下潜流补给为主。据1984年资料，湖水pH值8.3，矿化度88.57克每升，属碳酸盐型卤水盐湖，湖水中钾含量较高。

湖周植被以垫状驼绒藜荒漠为主，野生动物有野牦牛、野驴、藏羚羊、大头羊、岩羊、盘羊等，219国道（新藏公路）从湖西部南北穿过。

10.3.185 昆仲错
(Kunzhongcuo Lake)

位于西藏自治区日土县境内，地理位置为东经80°24′、北纬33°06′。湖面高程4 338米时，相应湖长6.3千米，最大宽4.4千米，平均宽2.38千米，面积15平方千米，属内陆咸水湖泊。

昆仲错地处藏北高原西北部一断裂谷地内，东与**热帮错**相近，西与芦布错（面积8.4平方千米）、嘎错（面积1.8平方千米）、左用错（面积7.2平方千米）紧密相邻。诸湖在断裂谷地内呈东西向分布，与区域构造线方向相一致，属构造湖，第四纪大湖面时期诸湖属同一大湖。现该湖东西两侧地势开阔，为盐碱滩及戈壁所覆盖的冲积平原；南北两侧山地丘陵逼近湖岸，地势陡峻。

湖区属高原温带干旱气候，多年平均气温0～2摄氏度，多年平均年降水量50～75毫米。流域面积525平方千米。湖泊水系甚不发育，乌哥桑河为唯一入湖河流，位于湖区西南部，河长32千米，源头有星散的常年冰雪覆盖区，5—9月冰雪融水径流为湖泊之主要补给源。

湖区北部植被以紫花针茅草原为主，其余多为垫状驼绒藜荒漠类型，湖滨为牧业区，牧民主要牧养牦牛、犏牛、马、绵羊、山羊等。湖西龙门卡为热帮乡政府驻地，有乡间道路西与219国道（新藏公路）相接，通往县政府驻地。

10.3.186 松木希错
(Songmuxicuo Lake)

位于西藏自治区日土县境内，东与**龙木错**以低缓的古湖泊砂砾堤相隔，南越熊彩岗日山与**泽错**为邻，地理位置为东经80°15′、北纬34°36′，属内陆淡水湖泊。湖泊长轴呈南西—北东向延伸。湖面高程5 051米时，相应湖泊长度8.2千米，最大宽4.5千米，平均宽3千米，面积24.6平方千米。湖曲折多湾，岸线周长34千米。

松木希错地处藏北高原西北部、喀喇昆仑山脉西段北麓，坐落在**龙木错—玛尔盖茶卡—金沙江**深大断裂构造带控制的断陷盆地内，属构造湖，第四纪大湖面时期，该湖与龙木错曾为同一大湖。湖滨除西部山地丘陵逼近湖岸、地势较为陡峻之外，其余方位为砂砾戈壁所覆盖的洪积、冲积倾斜平原及台地，并有多条古湖岸砂堤环列，其中最高一级砂堤高出现湖面106米。

湖区属高原寒带昆仑干旱气候，多年平均气温－6～－4摄氏度，多年平均年降水量约75毫米。流域面积1 605平方千米。湖水主要由地表径流补给，**秋马强绒河**为主要补给水源，于松木希错西南部入湖。据1978年夏季调查，湖水pH值8.7，矿化度0.246克每升；1987年8月再次调查，湖水pH值8.1，矿化度0.428克每升，属硫酸钠亚型淡水湖泊。

湖区植被除北部有青藏苔草草原发育外，其余地区皆为垫状驼绒藜荒漠，湖区南部有假桑玛日村，牧民主要牧养牦牛、犏牛、马、绵羊、山羊等。近湖东部有219国道（新藏公路）南北穿过。

10.3.186.1　秋马强绒河
(Qiumaqiangrong River)

松木希错西南入湖河流，发源于喀喇昆仑山脉西段、熊彩岗日山常年冰雪覆盖区东北侧的冰舌缘，源头高程约5 700米，河源区有常年冰雪覆盖面积约110平方千米。流域面积1 408平方千米，河长50.5千米，落差649米，河床平均比降12.9‰。流域位于西藏自治区日土县境内，介于东经79°45′～80°11′和北纬34°20′～34°46′之间。河水主要由冰雪融水径流补给。

该河上游支流众多，水系发育良好。众支流由诸冰舌缘源出后，依高山峡谷作东北向流，在山间盆地内逐渐缩并成干流，始得名野马滩河，大致在5 129米高程以下方称秋马强绒河，蜿蜒流淌于由砂砾覆盖的广袤倾斜平原。6—9月主泓河宽13～20米，水深1～2米，于松木希错西南部入湖。在河口区发育有较为典型的河口三角洲。

流域内植被以青藏苔草草原和垫状驼绒藜荒漠类型为主，有稀疏放牧点，牧民主要牧养牦牛、犏牛、绵羊、山羊等。

10.3.187　班公错
(Bangongcuo Lake)

又名错木昂拉仁波，为我国和克什米尔（印度实际控制区）之间的界湖，属内陆终点湖泊，地理位置为东经78°25′～79°56′，北纬33°26′～33°58′。湖面高程4 241米时，相应湖面积604平方千米，其中我国境内湖泊面积413平方千米。湖泊呈长带状，作东西向延伸，东西两端水域开阔，中部为河道型水域。湖泊周长403千米，岸线发展系数为4.46。我国境内湖泊东西长110千米，南北平均宽约4千米，实测最大水深41.3米，湖泊周长285千米。国境内之湖面在西藏自治区阿里地区日土县境内，湖周群山环绕，雪峰巍峨，高山、草原与湖泊交相辉映，构成一幅壮丽雄伟的画卷。

该湖南倚冈底斯山脉一支脉班公山，北屏喀喇昆仑山，坐落在南北两山夹峙的深山槽谷中，是班公错—色林错东西向深大断裂构造谷西段之组成部分。

班公错原先本是一条外流河，与印度河上源支流什约克河相接。后因气候趋干，两岸巨量的洪积物将其出口处堵塞，遂与什约克河断隔而演变为内陆湖泊。现湖泊南北两岸地层不连续，北岸至今仍保持有清晰的断层崖；同时沿东西向尚有多处呈线性排列的温泉出露，是湖中有大断层通过的重要标志。湖泊水下地形中有明显的深槽存在，东段北岸水深大，湖盆形态不对称等，亦是构造湖的重要表征，故班公错属构

阿里风光

造断陷湖。在班公错的东端，湖滨见有9级古湖岸砂砾堤，其相对高度分别高出现湖面4.5米、8米、12.8米、14.4米、18.7米、30米、45米、52米和80米，是班公错成湖并历经盛期之后逐渐萎缩的重要佐证。

班公错由东、中、西3个湖区组成。

东部湖区指第一浅弯段以东水体，又名昂拉锐错，是全湖水面最宽广的湖区，平均水深约22米，超过40米水深者有3处，均出现于湖区东北部，湖区面积约224平方千米，蓄水量46.57亿立方米。湖区东、东南及西北近岸分布有歹嘎勒岛、道喔昌岛、道拉绕岛等，其中道拉绕岛面积最大，枯水时与对岸陆地相连。

中部湖区指第一、第二浅弯段之间的河谷型水域，长约70千米，面积107平方千米，平均水深约18米，蓄水量19.48亿立方米。第一浅弯段长约2千米，平均宽0.5千米，最大水深不足5米。第二浅弯段长约4千米，局部水域宽仅100～150米，最大水深变化于1～1.5米之间，是全湖最浅窄之处。

西部湖区指第二浅弯段以西水域，湖面较为宽广，一般在5千米左右，面积273平方千米，其中我国境内水面约82平方千米。

班公错流域属高原温带干旱气候，寒冷干燥，日照充足，降水稀少，大风日较多，蒸发强烈，多年平均气温0.0～1.0摄氏度，多年平均年降水量70～80毫米（日土县气象资料，1993年），是西藏最干旱的地区之一。流域面积28 714平方千米，大部分面积分布在湖体东段的环湖区，而中段及西段较小，故入湖河流以分布于东部湖区为主，其中**麻嘎藏布**、**多玛曲**两条支流即占流域总面积近50%，中西部湖区入湖河流除**昌隆河**较大外，其余均较小，且多为时令性河流。冰雪融水是河川径流的主要组成部分，泉水也占有一定比重。

年入湖径流总量为8.57亿立方米，据此推算相当于流域内的平均径流深为30.5毫米；年湖面降水量为0.36亿立方米，年湖面蒸发量约8.93亿立方米，湖泊水量大致处于相对平衡状态。据1976年实测水下地形量算结果，当湖面水位为4 242米时，东部和中部两个湖区的湖面积为330.5平方千米，湖容积为66.05亿立方米。

班公错水质分布具东淡西咸的特点，在第一浅弯段两侧为划分界面，东部湖区属淡水，中部以及西部湖区属咸水，具有自东往西不断咸化的鲜明特点。东部湖区淡水的矿化度最高为0.747克每升，最低为0.147克每升，多数测点在0.6克每升上下；中部和西部湖区矿化度差异较大，前者最高值为2.762克每升，最低值为2.666克每升；后者最高值达19.61克每升，最低值11.02克每升。这是由于湖水存在着稳定的自东向西流动之湖流，以及第一、第二浅弯段的存在，

强烈阻滞湖区之间水体交换的结果。同一湖泊,水质咸淡各异,实属罕见。目前,班公错的淡水贮量仍得以保持46.57亿立方米,这对于十分干旱的阿里地区而言殊显珍贵。

1976年8月观测表明,全湖水温最高值为18.4摄氏度,最低值为7.8摄氏度。除局部水域外,广大湖体垂线水温均呈正温层分布。东部湖体水深约18~20米内,水温变化于13~15摄氏度之间,温差仅2摄氏度左右;中部湖体水深15~16米,水温均在14摄氏度上下,温差只有0.2摄氏度。东部湖区湖底最低水温值为7.8摄氏度,中部湖区湖底最低水温值为8.4摄氏度,均高于淡水最大密度时的水温值。

据相关观察资料,湖区内生物多样性很高。浮游藻类有硅藻门、绿藻门以及蓝藻门中的藻类,底栖动物有寡毛类、摇蚊幼虫等。滨湖高等植物植被类型以赖草-芦苇群落为主。湖中盛产鱼类,主要有西藏弓鱼、班公湖裸裂尻鱼、班公湖条鳅等,湖底沉积物中见介形类化石6属13种。广大湖区又以水禽、涉禽的重要繁殖地而著名,主要鸟类有黑颈鹤、斑头雁、棕头鸥、燕鸥、白翅浮鸥、普通秋沙鸭、赤麻鸭、绿头鸭、红头潜鸭以及白骨顶、红脚鹬、白腰草鹬等。

鸟岛

流域内植被组成复杂,以针茅草原为主要植被类型,局部山坳沟谷区有连片灌木林发育,土地利用为农牧兼营;野生动物种类较多,主要有野驴、野牦牛、岩羊、盘羊、黄羊、羚羊及雪鸡等,尤以沼泽草甸区野驴数量较多为一显著特征。

湖水清澈浩渺,环湖草原广袤,群山巍峨,壮丽而纯朴多姿的高原自然景观令探险旅游者神往。滨东部湖区西南隅有日土县政府驻地。日土岩画主要分布在班公错南部和东部近二三百平方千米的区域内,岩画内容有狩猎、放牧、日、月、牛、马、羊、房屋、人物等。湖东有219国道南北穿过,并与滨湖乡道相接。

日土岩画

10.3.187.1 多玛曲
(Duomaqu River)

又称乌江,是**班公错**第二大入湖河流,位于西藏自治区日土县境内,地处班公错东部湖区西北部。流域面积约3 000平方千米,河长约95千米,落差1 559米,河床平均比降16.4‰。

上游段有东西两支。东支源于喀喇昆仑山脉南麓高程约5 000米的泉眼露头,经多玛乡(藏嘎夏)下行约10千米汇右岸又一泉流后始得名多玛曲,沿山谷曲折西南流,河长54千米。西支源于喀喇昆仑山脉一南侧支脉终年冰雪覆盖区,源头高程约5 800米,汇集的冰雪融水顺山势而下,穿高山峡谷一路东行,河长亦约54千米。东西两支于昂则附近相汇,5—9月河宽10~20米,水深约1米。昂则以下进入下游宽谷与冲积平原段,西南流,并于班公错东部湖区西北岸入湖。下游段河长约41千米,河宽40~70米,水深约1.2米,发育有河口三角洲,乌江农场即位于三角洲的上缘。

流域内植被以针茅草原为主要类型,紫花针茅、羽柱针茅、珠峰苔草、青藏苔草等为优势种类,土地利用方式为农牧兼营。流域东侧有219国道北南穿过,另有乡道横贯流域东西并与之相接。

10.3.187.2 麻嘎藏布
(Magazangbu River)

又名玛卡藏布,是**班公错**东部最大入湖河流,发源于冈底斯山脉北斜面塔布渣终年冰雪覆盖区下部的冰舌缘,源头高程约5 800米。流域面积9 200平方千米,河长168千米,落差1 559米,河床平均比降9.3‰。河流总体流向由南而北,于日土县政府驻地东北入注班公错东部湖区。流域位于西藏自治区日土县辖境内。冰雪融水是径流的主要补给源。

全河可分为上、中、下游3段:源头至甲岗附近为上游高山峡谷段,河长66千米,落差1 424米,河床平均比降21.6‰;继而下行至戈巴克为中游宽谷段,河长83千米,落差106米,河床平均比降1.28‰;再继而下行至入注班公错河口为下游淤积平原与河口三角洲段,河长19千米,落差29米,河床平均比降1.53‰。

河流自源出后,诸山溪彼此相汇成干流,先得名塔布渣,依山势由东北流向西南,5—9月间河宽3~5米,水深0.2~0.6米。下行约20千米,较大支流洛沟由左岸来汇。其后干流水势增大,河宽6米,水深0.4米,并折转曲折流向西北,又相继得名洛曲、劳基曲,穿行于高山峡谷间,且多有时令性山溪汇入,干流河宽约5米,水深0.4~0.6米。沿河两岸有条带状灌木林断续分布,并散见有放牧点。干流行至甲岗附近支流**戴藏布**于左岸汇入,由此进入中游段。

中游段干流沿断裂谷呈蛇曲状曲折北行,谷宽约1~3千米,宽谷两侧以上则山峰兀立,断崖清晰可见。中游的上段,河宽12~18米,水深0.3~0.6米,干流下行至日苏木附近,有右岸支流巴扎雄曲来汇。该支流河长43千米,沿程穿行了左用错(面积7.2平方千米)等小型湖沼,入干流之前河宽约20米,水深0.4米。干流在纳入巴扎雄曲之后,水势进一步增强,河宽变化于15~29米之间,水深0.4~0.8米。

干流在戈巴克以下始得名麻嘎藏布,沿河两岸地势骤然开阔坦荡,由此进入下游段。河宽增至52~75米,入班公错河口区河宽达500米以上,水深0.7~0.8米。曲垄藏布(又名曲隆藏布)位于干流左岸,是下游段最大的支流,河长45

千米，在日土县政府驻地附近分为多支散流入注，与干流共同塑造成复合三角洲平原。下游段河道迂回曲折，水网纵横，小型湖泊棋布，沼泽连片，展现出湖沼水网平原景观。

流域内植被组成复杂，针茅草原为主要植被类型，局部山坳沟谷区有灌木林发育，下游河口滨湖区为赖草-芦苇沼泽草甸，伴生种类有细叶西伯利亚蓼、青藏野青茅、早熟禾、碱茅等，形成著名的玛卡草原，是重要的放牧区。域内野生动物资源丰富，主要有野驴、野牦牛、岩羊、盘羊、黄羊、藏羚羊及雪鸡等，尤以草甸区野驴数量甚多为一大特征；下游河口区水禽主要有黑颈鹤、斑头雁、棕头鸥、燕鸥、普通秋沙鸭、赤麻鸭、绿头鸭、红脚鹬等。流域内有219国道南北穿过，并有县、乡道与其相连，交通方便。支流曲垄藏布上建有小型水电站1座。

10.3.187.2.1　戴藏布
(Daizangbu River)

麻嘎藏布最大支流，位于其上游段的左岸，发源于曲垄山口附近常年冰雪覆盖区下部的冰舌缘，源头高程约5 800米。流域面积1 008平方千米，河长64千米，落差1 424米，河床平均比降22.3‰。

全河可分为上、下2段：源头至卜让附近为上游高山峡谷段，河长24千米，落差1 100米，河床平均比降45.8‰；卜让至入注干流麻嘎藏布河口为下游山间盆地及宽谷段，河长40千米，落差324米，河床平均比降8.1‰。

上游段为时令河，每年5—9月有冰雪融水径流下注。河流源出后先行东南流，得名为夏要，下行约12千米，又折转南流，沿程纳诸山溪穿行于高山峡谷间。至卜让进入下游段，演变为常年河，始得名戴藏布，流向转为东南行至东行。约下行11千米，河流进入戈壁滩，潜入地下经7千米再次溢出地表，蜿蜒曲折下行，直至甲岗附近入干流。下游段河宽一般12~15米，水深0.4~0.5米。樟木垄是戴藏布最大支流，位于其下游段左岸，亦源于常年冰雪覆盖区，河长33千米，每年5—9月有冰雪融水径流汇入。

流域植被以针茅草原为主，上游段下部沿河两岸及沟谷区有连续成片的灌木林发育，放牧为植被利用的主要方式。流域内有乡道沿干流东西穿过，东接219国道。

10.3.187.3　昌隆河
(Changlong River)

又称强隆贡玛，是**班公错**第三大入湖河流，发源于喀喇昆仑山脉南坡终年冰雪覆盖区下部的冰舌缘，源头高程约5 800米。流域面积1 644平方千米，河长89千米，落差1 559米，河床平均比降17.5‰。湖泊位于西藏自治区日土县境内，坐落于班公错中部湖区与西部湖区间的北部。

尼亚格祖（买争拿马、丹布古鲁）为该河上下游的分界点。上游河段，河长59千米，落差1 229米，河床平均比降20.8‰，其中河源区有19千米的河段为时令河；尼亚格祖以下为下游段，河长30千米，落差330米，河床平均比降11.0‰。

冰雪融水径流顺山谷先行西北流，经20千米左右，折转为西南流，穿行于高山峡谷间，沿程汇纳诸时令性溪流。上游段得名麦巴尔曲，又名长川河，右岸支流儒阿过马曲汇入后又名昌格隆格曲。干流行至尼亚格祖有最大支流绝拉沟（基鸟拉沟）从右岸来汇。绝拉沟发源于喀喇昆仑山脉羌臣摩山冰川群南麓，河长26千米，冰雪融水较丰。干流在汇纳绝拉沟后水势增强，6—9月河宽约20~30米。

尼亚格祖以下干河进入下游段，又转作东南流，始得名昌隆河，穿行于山间宽谷段，谷宽一般1~2千米，两侧高山耸峙。下游段河宽约30~40米，于班公错西部湖区的东端入湖，并有河口三角洲发育。

流域内植被以针茅草原为主，尼亚格祖以上沿河两岸有长约7千米、宽0.4~0.7千米的红柳灌木林发育，河口区有大面积的赖草-芦苇草甸，放牧为植被利用的主要方式；野生动物种类较多，主要有野驴、野牦牛、岩羊、盘羊、藏羚羊及雪鸡等。流域内沿干流及主要支流河谷均建有县级或乡级道路，东与219国道相接，喀纳、尼亚格祖为主要居民点。

10.3.188　泽错
(Zecuo Lake)

又名泽普错，藏语意为"人熊湖"，在西藏自治区日土县境内，东北隔熊彩岗日山与**松木希错**、**龙木错**相接，地理位置为东经79°43′~79°51′，北纬34°04′~34°14′，属内陆咸水湖泊。湖面高程4 961米时，湖长21千米，最大宽9.9千米，平均宽5.6千米，面积112.7平方千米。湖泊形态规则，岸线平整，长58千米。

泽错地处藏北高原西部边陲，坐落在喀喇昆仑山脉西段南麓一山间盆地内。盆地外围高山环绕，高程达6 300~6 700米，山顶有大面积常年冰雪覆盖，其中东部山地紧临湖岸，冰舌缘距湖岸线仅2~3千米；滨湖其他方位多为砂砾戈壁覆盖的洪积—冲积平原。环湖有多级古湖岸砂堤分布，最高一级高出现湖面200米以上。

湖区属高原温带干旱气候，多年平均气温−6~−4摄氏度，多年平均年降水量50~75毫米。流域面积1 363平方千米。湖水主要由冰雪融水补给，流域内有常年冰雪覆盖面积136平方千米。有大小入湖河流19条，其中大多为源流短小的时令河，从北岸入湖的**猎斯高热嘎河**为最大入湖河流。据1984年资料，湖水pH值8.89，矿化度40.970克每升，属硫酸钠亚型咸水湖泊。

湖周植被以垫状驼绒藜荒漠为主，野生动物主要有野牦牛、野驴、大头羊、黄羊、藏羚羊、盘羊及雪鸡等。湖区环境严酷，滨湖南部有乡间道路，东与219国道（新藏公路）相接。

10.3.188.1　猎斯高热嘎河
(Liesigaorega River)

泽错最大入湖河流，地处湖区西北部，发源于喀喇昆仑山脉西段、扎嘎尔山常年冰雪覆盖区北侧的冰舌缘，源头高程5 700米，冰雪覆盖面积约100平方千米。流域面积460平方千米，河长56千米，落差739米，河床平均比降13.2‰。流域位于西藏自治区日土县境内，介于东经79°33′~79°47′和北纬34°14′~34°29′之间。

河流自源头顺高山峡谷先作北流，约经16千米以近似90度方向折转为东流，又下行约12千米再折转为南流，后于泽错北部入湖。6—9月中游段河宽8米，水深0.4；下游段河宽3~5米，水深0.3~0.4米。河床以砂质为主，滨河两岸砂砾戈壁连绵广袤。沿程支流稀疏，且以短小时令河为主，仅在近河口段右岸有一较大支流尼字龙河汇入，河长18千米，河宽4米，亦源出扎嘎尔山常年冰雪覆盖区。

上中游地区的植被以风毛菊、红景天稀疏植被及青藏苔草草原为主，下游地区以垫状驼绒藜荒漠为主，野生动物主要有野牦牛、野驴、藏羚羊、大头羊、盘羊、黄羊等。

10.3.189　曼冬错
（Mandongcuo Lake）

又名斯潘古尔湖，位于西藏自治区日土县境内，地理位置为东经78°48′～79°01′，北纬33°30′～33°34′，属内陆咸水湖泊。湖呈长条形，作东西向延伸。湖面高程4 305米时，相应湖长20.9千米，最大宽4.5千米，平均宽2.95千米，面积61.6平方千米。湖岸线周长49千米。湖中有无名小岛3座，合计面积约0.01平方千米。

曼冬错坐落在班公山南侧之断裂谷地内，隔山北与**班公错**相近。滨湖南北两侧地势陡峭，山体紧逼湖岸，湖滨发育四级阶地，最高一级阶地高出现湖面45米，是湖泊盛期时与班公错为同一大湖的重要佐证。湖泊东西两侧地势开阔平坦。湖东有**唐热曲**自东向西入注，湖西则是入注班公错西部湖区的通达河（印控克什米尔）下游冲积平原的组成部分。

湖区属高原温带干旱气候，多年平均气温0～1摄氏度，多年平均年降水量70～80毫米。流域面积1 462平方千米。入湖河流不多，唐热曲为最大的入湖河流。其他入湖河流尚有热琼等，但皆为源流短小的时令河。据1976年资料，湖水pH值9.83，矿化度11.961克每升，属碳酸盐型咸水湖泊。湖中有硅藻58种，绿藻1种，蓝藻4种。

湖区属紫花针茅草原及风毛菊、红景天稀疏植被类型，放牧为植被利用的主要方式。南部湖滨有县道东西穿过，东可直达日土县政府驻地。新张、斯潘古尔、尚当等为湖区较大居民点。

10.3.189.1　唐热曲
（Tangrequ River）

曼冬错最大入湖河流，地处湖区东部，发源于冈底斯山脉北侧山区，山顶高程6 000米以上，有冰川群分布，河流源头高程5 800米。流域面积1 000平方千米，河长64千米，落差1 495米，河床平均比降23.4‰。河流总体自东向西流，在新张以下于曼冬错的东岸入湖。流域地处西藏自治区日土县境内，北与**班公错**流域相邻。支流不甚发育，冰雪融水是径流的主要补给源。

全河可分为上、下2段：源头至日玛尔为上游高山峡谷段，河长17千米，落差1 430米，河床平均比降84.1‰；日玛尔至入注曼冬错的河口为下游山间宽谷段，河长47千米，落差65米，河床平均比降1.4‰。

上游段为时令性河流，河流自源出后，依山谷走向先向北流，穿行于高山峡谷间，先得名努卜垄，沿程汇纳诸山溪后又得名日玛尔。出高山峡谷口后，干流转向为西流，并进入下游段，始得名唐热曲，流淌于山间宽谷中。谷宽一般为4～5千米，宽谷内戈壁连绵不断，两侧岸壁峭立，山体夹峙，断崖清晰可辨。下游段河宽7～10米，水深0.5～0.7米。

流域内植被以风毛菊、红景天稀疏植被为主，河流上游散见有放牧点，野生动物有野牦牛、野驴、黄羊、岩羊、藏羚羊及雪鸡等。流域东近日土县政府驻地，下游滨河有县级道路东西穿过，并与219国道相通。

附　　录

Appendix

附表一　　　　　　　　　　西南诸河卷列条河流一览表

序号	条目编号	河名	水　系	发源地	入河（湖、海）口	河长(km)	流域面积(km²)	多年平均年径流量(亿 m³)	行经地区	备注
1	7.14	澜沧江	国际河流	青海省玉树藏族自治州杂多县境内唐古拉山北麓查加日玛西侧	于云南省西双版纳傣族自治州勐腊县出境，于越南胡志明市以南入南海	2 161	164 400		青海、西藏、云南3省（自治区）境内共45个县（市、区）	河长、流域面积为中国境内数据
2	7.14.1	扎阿曲	澜沧江上游扎曲段左岸支流	青海省杂多县采莫赛山东南	青海省杂多县尕那松多	91.7	2 572		青海省杂多县	
3	7.14.2	阿涌	澜沧江上游扎曲段右岸支流	青海省杂多县昆果日玛山	青海省杂多县尕青玛山西麓	91	1 169		青海省杂多县	
4	7.14.3	布当曲	澜沧江上游扎曲段左岸支流	青海省杂多县与治多县交界处的色的日雪山	青海省杂多县扎青乡西南	91.5	1 930		青海省杂多县	
5	7.14.4	沙曲	澜沧江上游扎曲段左岸支流	青海省杂多县藏西查牙本桑山西南	青海省杂多县蒙扎赛山西山脚下	47.9	901		青海省杂多县	
6	7.14.5	班涌	澜沧江上游扎曲段右岸支流	青海省囊谦县优日阿仁麻山南侧	青海省囊谦县西北部哇罗以西	62.3	890		青海省囊谦县	
7	7.14.6	宁曲	澜沧江上游扎曲段左岸支流	青海省杂多县玛日赛山南麓	青海省囊谦县觉拉乡西	80.1	1 169		青海省杂多县、玉树县、囊谦县	
8	7.14.7	子曲	澜沧江上游扎曲段左岸支流	青海省杂多县扎格俄玛山、沙诺贡俄山之间的无名山岭	西藏自治区昌都县北边界以下15千米多	292.7	12 645		青海省杂多县、玉树县、囊谦县及西藏自治区昌都县	
9	7.14.7.1	隆曲	子曲左岸支流	青海省玉树县中部无名山岭	青海省玉树县下拉秀乡子曲大桥南	55.7	789		青海省玉树县	
10	7.14.7.2	盖曲	子曲左岸支流	西藏自治区江达县字呷乡俄拉山北麓	西藏自治区昌都县面达乡巴通村	150	5 930		西藏自治区江达县，昌都县，青海省囊谦县	
11	7.14.7.2.1	郭曲	盖曲右岸支流	西藏自治区江达县生达乡扎杰来玛山峰北侧	西藏自治区江达县生达乡洛玛村	48	550		西藏自治区江达县	
12	7.14.7.2.2	亚涌曲	盖曲右岸支流	青海省玉树县小苏莽乡	西藏自治区江达县生达乡附近	66	853		青海省玉树县、西藏江达县	
13	7.14.7.2.3	草曲	盖曲右岸支流	青海省玉树县东南由衣玛崩山	青海、西藏分界处的昌都县面达乡	96.1	1 300		青海省玉树县、西藏自治区昌都县	
14	7.14.7.2.4	蒙朵曲	盖曲左岸支流	西藏自治区昌都县面达乡达都村	西藏自治区昌都县蒙多那	39	410		西藏自治区昌都县	
15	7.14.8	热曲	澜沧江左岸支流	西藏自治区昌都县拉多乡娘如村	青海省囊谦县嘎日	82	2 470		青海省囊谦县、西藏自治区昌都县	
16	7.14.8.1	妥曲	热曲左岸支流	西藏自治区昌都县妥坝乡	西藏自治区昌都县热瀑	36	638		西藏自治区昌都县	
17	7.14.8.2	玉曲	热曲右岸支流	西藏自治区昌都县拉多乡	西藏自治区昌都县瓦达	45	640		西藏自治区昌都县	

续表

序号	条目编号	河名	水 系	发源地	入河（湖、海）口	河长(km)	流域面积(km²)	多年平均年径流量(亿 m³)	行 经 地 区	备注
18	7.14.9	吉曲	澜沧江右岸支流	西藏自治区巴青县贡日乡桑堆敌玛村	西藏自治区昌都县城南	499	16 774		西藏自治区巴青、类乌齐县和青海省杂多县	
19	7.14.9.1	木曲	吉曲右岸支流	西藏自治区丁青县嘎塔乡嘎塔村	西藏自治区丁青县木塔乡木桑松多村	58	1 170		西藏自治区丁青县、巴青县	
20	7.14.9.2	羊木涌	吉曲右岸支流	西藏自治区丁青县嘎塔乡	青海省杂多县苏鲁乡	79	851		西藏自治区丁青县、青海省杂多县	
21	7.14.9.3	沙木曲	吉曲右岸支流	西藏自治区丁青县布塔乡	青海省囊谦县与杂多县交界处	82	1 412		青海省囊谦县、西藏自治区丁青县	
22	7.14.9.3.1	等曲	沙木曲右岸支流	西藏自治区丁青县布塔乡	西藏自治区丁青县布塔乡布塔村	34	284		西藏自治区丁青县	
23	7.14.9.4	买曲	吉曲右岸支流	青海省西藏边界的他翁他念山西北麓	青海省囊谦县麦曲居民点东南	62	875		青海省囊谦县	
24	7.14.9.5	巴曲	吉曲左岸支流	青海省囊谦县东南日阿恰赛	西藏自治区类乌齐县尚卡乡吉村	133.4	1 752		青海省囊谦县、西藏自治区类乌齐县	
25	7.14.10	麦曲	澜沧江左岸支流	西藏自治区贡觉县拉妥乡芒康山西北麓	西藏自治区察雅县烟多镇多瓦下游	151	6 450		西藏自治区昌都县、察雅县、贡觉县、芒康县	
26	7.14.10.1	汪布曲	麦曲右岸支流	西藏自治区贡觉县莫洛镇西南侧	西藏自治区察雅县香堆镇	47	650		西藏自治区贡觉县、察雅县	
27	7.14.10.2	勒曲	麦曲左岸支流	西藏自治区芒康县昂多乡	西藏自治区察雅县香堆镇当多乡	88	1 000		西藏自治区芒康县、察雅县	
28	7.14.10.3	勇曲	麦曲右岸支流	西藏自治区察雅县扩达乡北侧	西藏自治区察雅县扩达乡乌然村	63	693	1.39	西藏自治区察雅县	
29	7.14.10.4	色曲	麦曲右岸支流	西藏自治区昌都县埃西乡达久塘	西藏自治区察雅县烟多镇色嘎村	82	1 486	5.5	西藏自治区昌都察雅县	
30	7.14.10.4.1	多曲	色曲左岸支流	西藏自治区昌都县妥坝乡钟尼娘达	西藏自治区察雅县王卡乡多巴村	49	613	1.23	西藏自治区昌都县、察雅县	
31	7.14.10.5	雅曲涌	麦曲右岸支流	西藏自治区察雅县新卡乡	西藏自治区察雅县烟多镇多瓦村	36	314	0.55	西藏自治区察雅县	
32	7.14.11	金河	澜沧江右岸支流	西藏自治区丁青县丁青镇卡塘村则绒格	西藏自治区察雅县卡贡乡	301	6 493		西藏自治区丁青县、类乌齐县、昌都县、察雅县、青海省囊谦县	
33	7.14.11.3	热曲	金河左岸支流	青海省囊谦县境南界群山中		83.7	710	2.14	青海省囊谦县	
34	7.14.11.4	格曲	金河右岸支流	西藏自治区丁青县丁青镇扎帮果以南	西藏自治区类乌齐县桑多镇	100	1 713	6	西藏自治区丁青县、类乌齐县	
35	7.14.11.4.1	抽曲	格曲右岸支流	西藏自治区类乌齐县卡玛多乡夏莫普	西藏自治区类乌齐县帮嘎	42	380	1.33	西藏自治区类乌齐县	
36	7.14.12	若曲	澜沧江右岸支流	西藏自治区左贡县北部的日许错	西藏自治区左贡县仁果乡沙龙村下游 4 千米	78	873		西藏自治区左贡县	
37	7.14.13	培曲	澜沧江左岸支流	西藏自治区察雅县阿孜觉萨村	西藏自治区芒康县措瓦乡萨诺以下	62	1 060		西藏自治区察雅县、芒康县	
38	7.14.13.1	熊曲	培曲左岸支流	西藏自治区芒康县措瓦乡没沙牛场	西藏自治区芒康县措瓦以下	34	415	1.41	西藏自治区芒康县	
39	7.14.14	登曲	澜沧江右岸支流	西藏自治区芒康县曲登乡东达拉山	西藏自治区芒康县于曲登乡邦多村	60	1 057		西藏自治区芒康县	
40	7.14.15	阿东河	澜沧江左岸支流	云南省德钦县升平镇布阿哑口北侧	云南省德钦县溜筒江	42.7	473.2		云南省德钦县	

续表

序号	条目编号	河名	水系	发源地	入河（湖、海）口	河长(km)	流域面积(km²)	多年平均年径流量(亿m³)	行经地区	备注
41	7.14.16	德钦小河	澜沧江左岸支流	云南省德钦县木堵东山西坡	云南省德钦县云岭乡	27.5	238.3		云南省德钦县	
42	7.14.17	永春河	澜沧江左岸支流	云南省玉龙纳西族自治县鲁甸乡	云南省维西傈僳族自治县白济汛乡	59.1	791.7		云南省玉龙纳西族自治县、维西傈僳族自治县	
43	7.14.18	通甸河	澜沧江左岸支流	云南省兰坪县金顶镇栗树场	云南省维西傈僳族自治县维登乡小甸村	101.3	1 350.4		云南省兰坪县、维西傈僳族自治县	
44	7.14.19	沘江	澜沧江左岸支流	云南省兰坪县拉井镇绿竹坪村	云南省云龙县宝丰乡洗澡塘村	169.5	2 709.4		云南省兰坪县、云龙县、剑川县	
45	7.14.19.1	象图小河	沘江左岸支流	云南省剑川县雪邦山南麓	云南省云龙县白石镇	35.4	419.4		云南省剑川县、云龙县	
46	7.14.20	漕涧河	澜沧江右岸支流	云南省云龙县漕涧镇北部三崇山双梁子	云南省保山市瓦窑镇繁荣村	57.6	520.1		云南省云龙县、保山市	
47	7.14.21	永平河	澜沧江左岸支流	云南省永平县龙门乡李子树村后阿荒山南麓	云南省永平县水泄乡下丙龙村	103.4	1 440.2		云南省永平县	
48	7.14.22	黑惠江	澜沧江左岸支流	云南省玉龙纳西族自治县九河乡白汗场	云南省南涧县小湾东镇	341.8	12 110.9		云南省玉龙纳西族自治县、剑川县、洱源县、大理市、漾濞县、巍山县、南涧县、昌宁县、凤庆县	
49	7.14.22.2	狮沙河	黑惠江右岸支流	云南省剑川县西北部老君山西南麓	云南省洱源县乔后镇下合江村	73.9	992.5		云南省剑川县、洱源县	
50	7.14.22.3	西洱河	黑惠江左岸支流	云南省洱源县牛街乡长木畊	云南省大理市平坡	135.8	2 718.4	8.99	云南省剑川县、洱源县、大理市、漾濞县	
51	7.14.22.4	顺濞河	黑惠江右岸支流	云南省云龙县关坪乡兔子坪西南麓	云南省漾濞县顺濞乡河边村	132.7	1 716.5		云南省云龙县、永平县、漾濞县	
52	7.14.22.5	歪角河	黑惠江左岸支流	云南省巍山彝族回族自治县五印乡新民村	云南省巍山彝族回族自治县河南村以西	44.7	530.7		云南省巍山彝族回族自治县	
53	7.14.22.6	小黑河	黑惠江右岸支流	云南省凤庆县诗礼乡河东村	云南省凤庆县鲁史镇大河村	26.6	349.9		云南省凤庆县	
54	7.14.25	罗闸河	澜沧江右岸支流	云南省昌宁县漭水镇新炉村董瓮山	云南省云县忙怀乡忙槐村	190.2	3 230.7		云南省昌宁县、凤庆县、云县、永德县	
55	7.14.25.1	秧琅河	罗闸河右岸支流	云南省永德县乌木龙乡扎模大雪山	云南省凤庆县三岔河镇浪泥塘村	46.3	388.1		云南省永德县、凤庆县	
56	7.14.25.2	凤庆河	罗闸河左岸支流	云南省凤庆县凤山镇白侯寺大围龙	云南省云县爱华镇草皮街	48.3	481.2	1.665	云南省凤庆县、云县	
57	7.14.26	勐片河	澜沧江左岸支流	云南省景东县林街乡猫头子山南麓	云南省景东县曼等乡新田村	52.2	553.9		云南省景东县	
58	7.14.27	大寨河	澜沧江右岸支流	云南省云县茶房乡罗家村	云南省云县大寨镇	53.5	487.6		云南省云县	
59	7.14.29	勐戛河	澜沧江左岸支流	云南省景谷县永平镇黄草岭村后山箐	云南省景谷县永平镇曼海村	100.6	1 539		云南省景谷县	
60	7.14.29.2	民乐河	勐戛河右岸支流	云南省景谷傣族彝族自治县民乐镇烂坝塘梁子		58.3	421.8		云南省景谷傣族彝族自治县、临沧市	
61	7.14.30	小黑江	澜沧江右岸支流	云南省耿马傣族佤族自治县芒洪乡大雪山西北麓	云南省双江、澜沧、景谷三县交界处澜沧县文东乡芒召村	173	5 784	46.82	云南省耿马傣族佤族自治县、沧源佤族自治县、双江拉祜族佤族布朗族傣族自治县、澜沧拉祜自治县	

续表

序号	条目编号	河名	水系	发源地	入河（湖、海）口	河长(km)	流域面积(km²)	多年平均年径流量(亿m³)	行经地区	备注
62	7.14.30.2	勐董河	小黑江右岸支流	云南省沧源佤族自治县与缅甸边界岗欧斯歪壤母山	云南省耿马县贺派乡	57.2（中国境内）	771.7（中国境内）		缅甸、云南省沧源佤族自治县、耿马傣族佤族自治县	
63	7.14.30.3	拉勐河	小黑江右岸支流	云南省沧源佤族自治县单甲乡安墩山	云南省沧源佤族自治县勐省农场	63.2	714.1		云南省沧源佤族自治县、澜沧拉祜族自治县	
64	7.14.30.4	勐勐河	小黑江左岸支流	云南省临沧市临翔区南美乡南棱田	云南省双江县沙河乡	84.5	1 354.6		云南省临翔区、双江县	河流间断
65	7.14.30.5	下允河	小黑江右岸支流	云南省澜沧拉祜族自治县富邦乡火石山村	云南省澜沧拉祜族自治县上允镇小芒堆	42.6	750.9		云南省澜沧拉祜族自治县	
66	7.14.31	芒帕河	澜沧江右岸支流	云南省澜沧拉祜族自治县南岭乡北部纳别寨	云南省澜沧拉祜族自治县大山村	58.1	589.7		云南省澜沧拉祜族自治县	
67	7.14.32	威远江	澜沧江左岸支流	云南省镇沅彝族哈尼族拉祜族自治县里威乡朝阳山	云南省普洱市思茅港镇大边堆村	274.2	8 810.5	51.78	云南省镇沅彝族哈尼族拉祜族自治县、景谷傣族彝族自治县、宁洱哈尼族彝族自治县、思茅区	
68	7.14.32.1	景谷河	威远江右岸支流	云南省镇沅彝族哈尼族拉祜族自治县振太乡打拉阱	云南省景谷傣族彝族自治县威远镇蛮冷	77.2	634		云南省镇沅彝族哈尼族拉祜族自治县、景谷傣族彝族自治县	
69	7.14.32.2	小黑江	威远江左岸支流	云南省镇沅彝族哈尼族拉祜族自治县田坝乡干坝子大山	云南省景谷县益智乡田房岔江村	110.7	1 979.9		云南省镇沅彝族哈尼族拉祜族自治县、景谷傣族彝族自治县、思茅区	
70	7.14.32.3	普洱大河	威远江左岸支流	云南省宁洱哈尼族彝族自治县宁洱镇芹菜塘	云南省思茅区龙潭乡南宋渡口	91.8	1 894.3		云南省宁洱哈尼族彝族自治县、思茅区	
71	7.14.32.3.1	思茅河	普洱大河左岸支流	云南省普洱市思茅区南屏乡大尖山	云南省普洱市思茅区思茅镇莲花村	56	296		云南省普洱市思茅区	
72	7.14.32.3.2	南邦河	普洱大河左岸支流	云南省普洱市思茅区南屏镇糯倒	云南思茅区云仙乡	56.7	467.4		云南省普洱市思茅区	
73	7.14.33	黑河	澜沧江右岸支流	云南省澜沧拉祜族自治县雪林乡大黑山	云南省澜沧拉祜族自治县糯扎渡镇	137.6	2 106.5		云南省澜沧拉祜族自治县	
74	7.14.34	大中河	澜沧江左岸支流	云南省景洪市勐板村波罗大山西侧	云南省普洱市思茅港镇蛮奎	68.5	549.7		云南省景洪市、普洱市思茅区	
75	7.14.35	南甸河	澜沧江右岸支流	云南省澜沧拉祜族自治县糯扎渡镇	云南省澜沧拉祜族自治县大忙界村	42.8	227.1		云南省澜沧县	
76	7.14.36	南昆河	澜沧江左岸支流	云南省景洪市大渡岗乡北部波罗大山		65.8	599.1		云南省景洪市	
77	7.14.37	南果河	澜沧江右岸支流	云南省澜沧拉祜族自治县发展河哈尼族乡南宾村	云南省勐海县勐往乡小糯有村北	90.9	1 248.2		云南省澜沧拉祜族自治县、勐海县	
78	7.14.38	勐养河	澜沧江左岸支流	云南省景洪市基诺山乡曼坡山南麓	云南省景洪市勐养镇下寨村萝卜山北	47.2	599.4		云南省景洪市	
79	7.14.40	流沙河	澜沧江右岸支流	云南省勐海县格朗和乡	云南省景洪市允景洪镇曼听村南	121	2 052.8	11.01	云南省勐海县、景洪市	
80	7.14.40.1	南哈河	流沙河左岸支流	云南省勐海县勐遮镇星火老寨		35.8	464.4		云南省勐海县	
81	7.14.41	南班河	澜沧江左岸支流	云南省宁洱县磨黑镇曼见村	云南省勐腊县勐仑镇会板	297.8	7 678.9		云南省洱源县、普洱市、江城县、景洪市、勐腊县	
82	7.14.41.1	普文河	南班河右岸支流	云南省普洱市思茅区白沙坡西麓	云南省景洪市基诺山乡仙火山南麓	108.2	1 188.2		云南省普洱市、景洪市	

续表

序号	条目编号	河 名	水 系	发源地	入河（湖、海）口	河长 (km)	流域面积 (km²)	多年平均年径流量 (亿 m³)	行经地区	备注
83	7.14.41.2	磨者河	南班河左岸支流	云南省勐腊县易武乡曼腊村	云南省勐腊县勐仑镇曼着	58.4	519.5		云南省勐腊县	
84	7.14.41.3	南品河	南班河左岸支流	云南省勐腊县易武乡曼腊村刺竹林		95.3	786		云南省勐腊县	
85	7.14.42	南阿河	澜沧江右岸支流	云南省勐海县布朗山乡广怀巴母	云南省景洪市景哈乡和广寨南	135（中国境内）	1 528.5（中国境内）		云南省景洪市	
86	7.14.43	南腊河	澜沧江左岸支流	云南省勐腊县勐伴镇大青树寨	云南省勐腊县芒果树乡怕良各脚西南	186.8（中国境内）	3 911（中国境内）		中国勐腊县、老挝北部边境	全流域总面积4 570km²
87	7.14.43.1	南木窝河	南腊河左岸支流	云南省勐腊县磨憨镇	云南省勐腊县勐腊镇曼迈村	75	660.7		云南省勐腊县	
88	7.14.43.2	南满河	南腊河左岸支流	云南省勐腊县磨憨镇	云南省勐腊县勐捧镇曼坡村	98.2	592.5		云南省勐腊县	
89	7.14.44	南垒河	澜沧江下游湄公河右岸支流	云南省澜沧拉祜族自治县拉巴乡扎蝶寨芒东村黑山梁子	缅甸	88.9（中国境内）	1 928.7		云南省澜沧拉祜族自治县、孟连傣族拉祜族佤族自治县、缅甸	流域面积为境内数据，不含南览河部分
90	7.14.44.1	南腊河	南垒河左岸支流	云南省澜沧拉祜族自治县糯福乡	云南省普洱孟连县芒信镇	47.4	698.2		云南省澜沧拉祜族自治县	
91	7.14.44.2	南览河	南垒河左岸支流	云南省澜沧拉祜族自治县竹塘乡	缅甸	227.5（中国境内）	4 002.7（中国境内）		云南省澜沧拉祜族自治县、勐海县、缅甸	
92	7.15	怒江	国际河流	西藏自治区北部唐古拉山脉南麓安多县境内	缅甸	2 013（3 673）	136 000（325 000）		西藏自治区、云南	括号内为全流域数据
93	7.15.2	母曲	怒江右岸支流	西藏自治区那曲县香茂乡香雄日山北麓	西藏自治区那曲县罗玛镇坡勒村的泥根朗靶	74	2 103		西藏自治区那曲县	
94	7.15.3	次曲	怒江左岸支流	西藏自治区聂荣县尼玛乡江格拉山西麓	西藏自治区那曲县那曲镇	91	1 090		西藏自治区聂荣县、那曲县	
95	7.15.4	龚曲	怒江右岸支流	西藏自治区那曲县达萨乡查觉村境内的那木国	西藏自治区那曲县则诺曲汇口以下	60	1 232		西藏自治区那曲县	
96	7.15.5	罗曲	怒江右岸支流	西藏自治区那曲县洛麦乡那玛村达朗列境内的罗布卡山北麓	西藏自治区比如县达塘乡达孜村	93	1 479		西藏自治区那曲县、比如县	
97	7.15.6	卡曲	怒江左岸支流	西藏自治区安多县滩堆乡昂庆村恰查玛境内唐古拉山南麓	西藏自治区那曲县达前乡帕那村岗廓	219	8 590		西藏自治区安多县、聂荣县、比如县、那曲县	
98	7.15.6.1	桑曲	卡曲右岸支流	西藏自治区安多县帮麦乡桑登曲果村尕绞松库境内的麦若莱日山南麓	西藏自治区聂荣县错阳	76	1 772	2.03	西藏自治区安多县、聂荣县	
99	7.15.6.2	白曲	卡曲左岸支流	西藏自治区聂荣县白雄乡玛扎贡玛村	西藏自治区聂荣县白雄乡色列下游	94	2 149	7.09	西藏自治区聂荣县	
100	7.15.6.2.1	江曲	白曲左岸支流	西藏自治区比如县夏曲镇改玛村	西藏自治区比如县那欠	42	721	2.38	西藏自治区比如县	
101	7.15.7	嘎曲	怒江右岸支流	西藏自治区比如县良曲乡库勒村境内朗卡拉铁	西藏自治区比如县良曲乡热如村	71	1 060		西藏自治区比如县	
102	7.15.8	索曲	怒江左岸支流	西藏自治区聂荣县索雄乡果切玛村仲果次庆唐古拉山南麓	西藏自治区索县若达乡嘎欧卡村	260	13 840		西藏自治区聂荣县、索县、巴青县、比如县	
103	7.15.8.1	登曲	素曲左岸支流	西藏自治区聂荣县当木江乡登嘎村附近登玛绞尼山东麓	西藏自治区聂荣县当木江乡登嘎村	50	439	1.1	西藏自治区聂荣县	

续表

序号	条目编号	河名	水系	发源地	入河（湖、海）口	河长(km)	流域面积(km²)	多年平均年径流量(亿m³)	行经地区	备注
104	7.15.8.2	贡曲	素曲左岸支流	西藏自治区巴青县岗切乡拉迦刚多吉热沙山南麓	西藏自治区巴青县岗切乡伦布村	56	944	2.69	西藏自治区巴青县	
105	7.15.8.3	本曲	索曲右岸支流	西藏自治区聂荣县桑荣乡朗玛隆达村境内的错隆山南麓	西藏自治区巴青县杂色镇梅帕塘村	143	2 405	6.13	西藏自治区聂荣县、巴青县	
106	7.15.8.4	巴青曲	索曲左岸支流	西藏自治区巴青县玛如乡格隆改村伦布雄境内	西藏自治区巴青县杂色镇梅帕塘村	85	1 259	4.41	西藏自治区巴青县	
107	7.15.8.5	枪曲	索曲左岸支流	西藏自治区巴青县江绵乡的枪堆	西藏自治区索县亚拉镇鲁乃村	56	419	1.89	西藏自治区巴青县、索县	
108	7.15.8.6	益曲	索曲左岸支流	西藏自治区巴青县江绵乡索日亚拉村境内唐古拉山南麓	西藏自治区索县亚拉镇的色热塘村	110	2 362	10.3	西藏自治区索县、巴青县	
109	7.15.8.7	库尔色曲	索曲右岸支流	西藏自治区比如县扎拉乡桑布村境内的帕以拉山东麓	西藏自治区索县亚拉镇央安村	47	1 280	4.48	西藏自治区比如县、索县	
110	7.15.9	热玛曲	怒江左岸支流	西藏自治区巴青县雅安镇贡庆达村境内拉根徐晓山西麓	西藏自治区索县亚加勒乡嘎达村	126	2 378	10.7	西藏自治区巴青县、索县	
111	7.15.10	热曲	怒江左岸支流	西藏自治区索县荣布镇恰卡村境内的恰拉山南麓	西藏自治区索县色昌乡南巴村	50	1 453	6.54	西藏自治区索县、丁青县	
112	7.15.11	姐曲	怒江右岸支流	西藏自治区比如县羊秀乡亚贡村松夺	西藏自治区边坝县沙丁乡栋定村	135	5 590		西藏自治区比如县、边坝县	
113	7.15.11.1	七曲	姐曲右岸支流	西藏自治区比如县羊秀乡瓦聂村董木青格	西藏自治区比如县羊秀乡奇达村	79	1 050	5.78	西藏自治区比如县	
114	7.15.11.2	莫弄曲	姐曲右岸支流	西藏自治区比如县白嘎乡扎西隆村打如格	西藏自治区边坝县尼木乡雪巴村	71	1 281		西藏自治区比如县、边坝县	
115	7.15.12	美曲	怒江右岸支流	西藏自治区边坝县边坝镇洛亚村拿木中	西藏自治区边坝县草卡镇索村	76	1 658		西藏自治区边巴县	
116	7.15.13	拉布希曲	怒江右岸支流	西藏自治区边坝县拉孜乡生卡村打堆塘东拉山北麓	西藏自治区边坝县热玉乡热玉村	87	1 322		西藏自治区边巴县	
117	7.15.14	色曲	怒江左岸支流	西藏自治区丁青县嘎塔乡江塔村露隆六卡境内布加岗日山北麓	西藏自治区丁青县当堆乡斯壤（斯荣）村	161	4 810		西藏自治区丁青县	
118	7.15.14.1	汝曲	色曲左岸支流	西藏自治区丁青县色扎乡日帕村斯雄喀境内	西藏自治区丁青县尺牍镇瓦郭（瓦河）村	80	1 364	6.14	西藏自治区丁青县	
119	7.15.15	多让曲	怒江右岸支流	西藏自治区边坝县马武乡西龙村	西藏自治区洛隆县俄西乡涅巴瓦下游约8.4千米	41	514		西藏自治区边坝县、洛隆县	
120	7.15.16	当曲	怒江左岸支流	西藏自治区丁青县当雄乡伊达西村	西藏自治区丁青县骑曲汇口下游2.5千米	44	797		西藏自治区丁青县	
121	7.15.17	卓玛郎错曲	怒江右岸支流	西藏自治区洛隆县孜托镇然尼村境内的倾多拉山北麓	西藏自治区洛隆县俄西乡西果（西湖）村达惹定	81	2 552		西藏自治区洛隆县	
122	7.15.17.1	西曲	卓玛郎错曲左岸支流	西藏自治区洛隆县中亦乡的咱拢格	西藏自治区洛隆县俄西乡西果村附近	61	854	5.55	西藏自治区洛隆县	
123	7.15.18	达曲	怒江左岸支流	西藏自治区类乌齐县卡玛多乡纳隆村境内朱拉冬	西藏自治区洛隆县新荣乡	113	2 995		西藏自治区类乌齐县、丁青县、洛隆县	
124	7.15.18.1	卸曲	达曲左岸支流	西藏自治区丁青县协雄乡协堆村境内的雄安格里	西藏自治区丁青县沙乡拉托（俄仁果）	65	1 263	5.56	西藏自治区丁青县	
125	7.15.19	洛隆曲	怒江右岸支流	西藏自治区洛隆县康沙镇阿彭襄	西藏自治区洛隆县马利镇的日吾欧上游	40	566		西藏自治区洛隆县	
126	7.15.20	惹曲	怒江左岸支流	西藏自治区丁青县桑多乡孜洛咯	西藏自治区洛隆县马利镇兴玛久以下	45	401		西藏自治区丁青县、洛隆县	

续表

序号	条目编号	河 名	水 系	发源地	入河（湖、海）口	河长(km)	流域面积(km²)	多年平均年径流量(亿 m³)	行 经 地 区	备注
127	7.15.21	马曲涌	怒江左岸支流	西藏自治区丁青县桑多乡安拉村	西藏自治区洛隆县白达乡玛荣以下5千米	65	654		西藏自治区丁青县、类乌齐县、洛隆县	
128	7.15.22	德曲	怒江右岸支流	西藏自治区波密县康玉乡吾那村境内伯舒拉岭山北麓	西藏自治区八宿县拥巴乡拥巴村	100	3 733		西藏自治区波密县、洛隆县、八宿县	
129	7.15.22.1	巴曲	德曲左岸支流	西藏自治区洛隆县腊久乡白堆（八堆）村内的错仁错	西藏自治区洛隆县腊久乡东尼村	49	1 002	6.01	西藏自治区洛隆县	
130	7.15.22.1.1	察曲	巴曲左岸支流	西藏自治区洛隆县腊久乡的江余雄	西藏自治区洛隆县腊久乡尼提附近	49	616	2.53	西藏自治区洛隆县	
131	7.15.23	八宿曲	怒江右岸支流	西藏自治区八宿县吉达乡圭拉村境内苍龙日山西麓	西藏自治区八宿县林卡乡布则村（怒江大桥）	125	3 110		西藏自治区八宿县	
132	7.15.23.1	瓦曲	八宿曲右岸支流	西藏自治区八宿县林卡乡九木加	西藏自治区八宿县林卡乡子嘎以下约3千米	54	852	4.09	西藏自治区八宿县	
133	7.15.24	列曲	怒江左岸支流	西藏自治区左贡县旺达镇林家村	西藏自治区左贡县绕金乡帕巴村	61	404		西藏自治区左贡县	
134	7.15.25	然布曲	怒江右岸支流	西藏自治区察隅县古拉乡萨麦（沙美）村境内的百学错	西藏自治区察隅县古拉乡安巴（阿巴）村	65	1 879		西藏自治区察隅县、左贡县	
135	7.15.26	木空曲	怒江右岸支流	西藏自治区察隅县竹瓦根镇境内的速腊	西藏自治区察隅县察瓦龙乡目巴村附近	44	426		西藏自治区察隅县	
136	7.15.27	伟曲	怒江左岸支流	西藏自治区洛隆县马利镇布宿村境内的瓦合山南麓	西藏自治区察隅县察瓦龙乡目巴村南	402	9 190		西藏自治区洛隆县、八宿县、左贡县、察隅县	
137	7.15.28	迎麻洛河	怒江左岸支流	云南省贡山独龙族怒族自治县棒当乡安卡以北	云南省贡山独龙族怒族自治县城以北	35.3	271.7		云南省贡山独龙族怒族自治县	
138	7.15.29	普拉河	怒江右岸支流	云南省贡山独龙族怒族自治县茨开镇独怒山	云南省贡山独龙族怒族自治县茨开镇	31.9	406.3		云南省贡山独龙族怒族自治县	
139	7.15.30	老窝河	怒江左岸支流	云南省云龙县漕涧镇架仲山	云南省泸水县六库镇	44.6	579.2		云南省云龙县、泸水县	
140	7.15.31	孙足河	怒江左岸支流	云南省保山市隆阳区汶上乡黄泥坡		43.9	386.8		云南省保山市隆阳区、云龙县	
141	7.15.32	水长河	怒江左岸支流	云南省保山市施甸县水长乡王家山	云南省保山市隆阳区杨柳乡小河口	46.7	703.6		云南省保山市隆阳区、施甸县	
142	7.15.32.1	罗明坝河	水长河右岸支流	云南省保山市隆阳区杨柳乡	云南省保山市隆阳区杨柳乡岩头南	38.9	308		云南省保山市	
143	7.15.33	勐梅河	怒江右岸支流	云南省龙陵县镇安镇油竹坡	云南省龙陵县腊勐乡岭岗寨	34.1	252.7		云南省龙陵县	
144	7.15.34	施甸河	怒江左岸支流	云南省施甸县甸阳镇东南鹰窝山	云南省施甸县何元乡打岩子	62.4	642.4		云南省施甸县	
145	7.15.35	苏帕河	怒江右岸支流	云南省龙陵县龙新乡大雪山西麓	云南省龙陵县天宁乡三江口	67.4	664		云南省龙陵县	
146	7.15.36	勐波罗河	怒江左岸支流	云南省保山市隆阳区老营街汪家箐猴子石卡山东北麓	云南省永德县小勐统镇鸭塘村	193	6 646.4		云南省保山市、昌宁县、施甸县、永德县、凤庆县	
147	7.15.36.3	大勐统河	勐波罗河左岸支流	云南省昌宁县翁堵乡风吹山	云南省昌宁县湾甸乡大城	107.8	3 077.9	12.5	云南省昌宁县	
148	7.15.36.3.1	勐底大河	大勐统河左岸支流	云南省永德县亚练乡大雪山	云南省永德县永康镇土令	37.9	373.8	1.13	云南省永德县	
149	7.15.36.3.2	镇康河	大勐统河左岸支流	云南省永德县明朗乡亮山	云南省永德县小勐统镇	66.6	1 047.6	5.19	云南省永德县	

续表

序号	条目编号	河 名	水 系	发源地	入河（湖、海）口	河长 (km)	流域面积 (km²)	多年平均年径流量 (亿 m³)	行 经 地 区	备注
150	7.15.37	曼辛河	怒江右岸支流	云南省勐戛镇半坡寨	云南省芒市勐戛镇杨家场	40.8（中国境内）	186（230）		云南省潞西市、缅甸	括号内为全部流域面积
151	7.15.38	南汀河	怒江左岸支流	云南省临沧县博尚镇永泉村西南	缅甸	272.9（中国境内）	8 207.9（中国境内）		云南省临沧市、云县、耿马傣族佤族自治县、永德县、镇康县	
152	7.15.38.2	河底岗河	南汀河左岸支流	云南省耿马傣族佤族自治县大兴乡龚家寨以东	云南省耿马傣族佤族自治县勐撒镇平掌北	43.8	697.6	3.12	云南省耿马傣族佤族自治县	
153	7.15.38.3	小黑河	南汀河左岸支流	云南省沧源佤族自治县班洪乡窝坎大山	云南省耿马县孟定坝滚乃村	53.8	418.8	4.19	云南省沧源县、耿马傣族佤族自治县	
154	7.15.38.4	南棒河	南汀河右岸支流	云南省永德县小勐统镇三角山	云南省耿马县孟定镇南棒村西南	113.6	2 797.3	21.3	云南省永德县、耿马傣族佤族自治县、镇康县	
155	7.15.38.4.1	勐棒河	南棒河右岸支流	云南省镇康县勐捧镇北部	云南省镇康县凤尾镇以南	46.6	966.3	7.38	云南省镇康县	
156	7.15.38.4.2	勐撒河	南棒河左岸支流	云南省永德县明朗乡老别山乾树丫口	云南省永德县南竹田村	39.4	313	2.52	云南省永德县、镇康县、耿马县	
157	7.15.39	南滚河	怒江左岸支流	云南省沧源佤族自治县勐董镇西	缅甸	62.1（中国境内）	558（中国境内）		云南省沧源佤族自治县、缅甸	
158	7.15.40	南卡江	怒江左岸支流	缅甸	缅甸	93	2 268.3（中国境内）		缅甸、云南省西盟佤族自治县、孟连傣族拉祜族佤族自治县	
159	7.15.40.1	南康河	南卡江左岸支流	缅甸	云南省西盟县力所乡	46.3（中国境内）	1 063.8（中国境内）	12.2	缅甸、云南省西盟佤族自治县	
160	7.15.40.1.1	库杏河	南康河左岸支流	云南省西盟佤族自治县中课乡北部冈窝少	云南省西盟佤族自治县中课乡窝笼	45.9	557.6	7.2	云南省西盟佤族自治县	
161	7.15.40.2	南马河	南卡江左岸支流	云南省孟连县勐马镇	云南省孟连县勐马镇勐阿	53.6	504.3	4.07	云南省孟连县	
162	7.16	伊洛瓦底江	西南国际河流	西藏自治区察隅县境内的伯舒拉岭山脉西南麓	缅甸	177.3	21 300（中国境内）4 344（干流区间）		西藏、云南及缅甸	
163	7.16.1	日东曲	伊洛瓦底江左岸支流	西藏自治区察隅县竹瓦根镇曲瓦村附近	西藏自治区竹瓦根镇帮果下游50千米处	76	806		西藏自治区察隅县	
164	7.16.2	勐戛河	伊洛瓦底江左岸支流	云南省盈江县苏典乡	缅甸	52.6	968		云南省盈江县、缅甸	
165	7.16.2.1	勐典河	勐戛河左岸支流	云南省盈江县勐弄乡	云南省盈江县卡场乡	34.6	423		云南省盈江县	
166	7.16.3	勐乃河	伊洛瓦底江左岸支流	云南省盈江县昔马镇	缅甸	48.9	382		云南省盈江县、缅甸	
167	7.16.4	大盈江	伊洛瓦底江左岸支流	云南省腾冲县猴桥镇	缅甸	196.2	5 859		云南省腾冲县、梁河县、陇川县、盈江县、缅甸	
168	7.16.4.1	古永河	大盈江左岸支流	云南省腾冲县猴桥镇箱子坡	云南省腾冲县猴桥镇猴桥村	40.5	328		云南省腾冲县	
169	7.16.4.2	支那河	大盈江右岸支流	云南省盈江县支那乡	云南省盈江县盏西镇勐乃村	37.7	337		云南省盈江县	
170	7.16.4.3	南底河	大盈江左岸支流	云南省腾冲县打苴乡	云南省盈江县旧城镇	91.3	1 721		云南省腾冲县、梁河县、盈江县	
171	7.16.4.3.1	明朗河	南底河右岸支流	云南腾冲县中和乡	云南省腾冲县中和乡	48.3	431	10.1	云南省腾冲县	

293

续表

序号	条目编号	河 名	水 系	发源地	入河(湖、海)口	河长(km)	流域面积(km²)	多年平均年径流量(亿 m³)	行 经 地 区	备注
172	7.16.4.4	盏达河	大盈江右岸支流	云南省盈江县勐弄乡昔家坡	云南省盈江县荷花乡太平村西村附近	36.3	348		云南省盈江县	
173	7.16.4.5	户宋河	大盈江右岸支流	云南省盈江县铜壁关乡	云南省盈江县太平镇芒允乡的芒蚌东侧	34.4	229		云南省盈江县	
174	7.16.4.6	户撒河	大盈江左岸支流	云南省陇川县户撒乡	云南省盈江县姐冒乡曼岗	40.5	265		云南省陇川县、盈江县	
175	7.16.5	瑞丽江	伊洛瓦底江左岸支流	云南省腾冲县明光乡	缅甸	369.5	9 743		云南省腾冲县、龙陵县、梁河县、潞西市、陇川县、瑞丽市	
176	7.16.5.1	西沙河	瑞丽江右岸支流	云南省腾冲县滇滩镇	云南省腾冲县固东镇新河村	48.1	471		云南省腾冲县	
177	7.16.5.3	龙江小江	瑞丽江左岸支流	云南省腾冲县界头乡	云南省腾冲县曲石乡	78.8	981		云南省腾冲县	
178	7.16.5.4	香柏河	瑞丽江左岸支流	云南省龙陵县龙新乡与镇安乡边界	云南省龙陵县	32.6	135		云南省龙陵县	
179	7.16.5.5	萝卜坝河	瑞丽江右岸支流	云南省梁河县杞木寨乡	云南省梁河县勐养坝	60.7	574		云南省梁河县、盈江、陇川县	
180	7.16.5.6	芒市河	瑞丽河左岸支流	云南省龙陵县荆竹坪村西部	云南省潞西市遮放坝	117.1	1 881	12.4	云南省龙陵县、潞西市	
181	7.16.5.8	南碗河	瑞丽江右岸支流	云南省陇川县护国乡	云南省瑞丽市弄岛	148.5	1 439	13.98	云南省陇川县、盈江	
182	7.17	雅鲁藏布江	西南国际河流	西藏自治区普兰县喜马拉雅山北麓杰马央宗冰川	西藏自治区巴昔卡进入印度境内	2 057	242 000		西藏自治区阿里、日喀则、山南、拉萨、那曲、林芝、昌都	
183	7.17.1	郭昌曲	雅鲁藏布江右岸支流	西藏自治区仲巴县霍尔巴乡普琼村附近	西藏自治区仲巴县霍尔巴乡普琼村休古嘎布附近	56	711		西藏自治区仲巴县	
184	7.17.2	来乌藏布	雅鲁藏布江左岸支流	西藏自治区仲巴县森里错	西藏自治区仲巴县帕羊镇格曲村	140	3 476		西藏自治区仲巴县	
185	7.17.3	日阿苏藏布	雅鲁藏布江右岸支流	西藏自治区仲巴县境内的惹嘎康日山北麓	西藏自治区仲巴县纳久乡热苏村	101	2 629		西藏自治区仲巴县	
186	7.17.3.1	加柱藏布	日阿苏藏布左岸支流	西藏自治区仲巴县境内的巴穷哈姆日山北麓	西藏自治区雄如日苏附近	47	826		西藏自治区仲巴县	
187	7.17.4	拉龙藏布	雅鲁藏布江右岸支流	西藏自治区仲巴县境内的惹嘎康日山北麓	西藏自治区仲巴县偏吉乡巴雄村下游约6.5千米处	52	711		西藏自治区仲巴县	列荣藏布、勒龙藏布
188	7.17.5	柴曲	雅鲁藏布江右岸支流	西藏自治区仲巴县帕羊镇达热村	西藏自治区仲巴县亚热乡里孜村	148	4 302		西藏自治区仲巴县	柴曲藏布
189	7.17.6	尼多曲	雅鲁藏布江左岸支流	西藏自治区仲巴县琼果乡热珠村	西藏自治区萨嘎县拉藏乡巴玛附近	73	1 261		西藏自治区仲巴县、萨嘎县	门曲
190	7.17.7	加塔藏布	雅鲁藏布江左岸支流	西藏自治区措勤县曲洛乡	西藏自治区萨嘎县加加镇	160	6 264		西藏自治区措勤县、萨嘎县	加大藏布、加达藏布
191	7.17.7.1	如角藏布	加塔藏布右岸支流	西藏自治区萨嘎县如角乡孜阿日错	西藏自治区萨嘎县如角乡纳勒	58	1 097		西藏自治区萨嘎县	如觉藏布
192	7.17.7.2	萨曲	加塔藏布左岸支流	西藏自治区萨嘎县达吉岭乡境内的曲鲁卓布勒附近	西藏自治区萨嘎县达吉岭乡鲁嘎村的路嘎耳	70	1 090		西藏自治区萨嘎县	
193	7.17.8	吉曲	雅鲁藏布江右岸支流	西藏自治区聂拉木县琐作乡	西藏自治区昂仁县多白乡拉郭村	92	1 664		西藏自治区聂拉木县、定日县、昂仁县	彭吉藏布
194	7.17.10	忙嘎普曲	雅鲁藏布江右岸支流	西藏自治区拉孜县芒普乡轨岗日山北麓	西藏自治区拉孜县查务乡达尔村附近	33	760		西藏自治区拉孜县	

续表

序号	条目编号	河名	水系	发源地	入河（湖、海）口	河长(km)	流域面积(km²)	多年平均年径流量(亿 m³)	行经地区	备注
195	7.17.11	萨迦冲曲	雅鲁藏布江右岸支流	西藏自治区萨迦县萨迦镇卡吾村	西藏自治区拉孜县曲下镇土林村	85	1 449		西藏自治区萨迦县、拉孜县	萨迦藏布
196	7.17.12	多雄藏布	雅鲁藏布江左岸支流	西藏自治区萨嘎县却则呀姑扎山	西藏自治区拉孜县彭措林乡	303	19 697		西藏自治区萨嘎县、昂仁县、拉孜县、谢通门县、申扎县	
197	7.17.12.1	孔弄曲	多雄藏布左岸支流	西藏自治区昂仁县阿木雄乡拉母嘎山西麓	西藏自治区昂仁县切热乡格夺村	88	1 783	2.85	西藏自治区昂仁县	加木曲
198	7.17.12.2	美曲藏布	多雄藏布左岸支流	西藏自治区申扎县巴扎聂切沃玛村	西藏自治区昂仁县达居乡桑嘎村	206	9 979	20.0	西藏自治区申扎县、谢通门县、昂仁县	
199	7.17.12.2.1	查洛客曲	美曲藏布右岸支流	西藏自治区谢通门县美巴切勤乡擦若村	西藏自治区谢通门县美巴切勤乡吉果布村	65	1 296	2.27	西藏自治区谢通门县	
200	7.17.12.2.2	布曲藏布	美曲藏布左岸支流	西藏自治区谢通门县青都乡念青唐古拉山南麓	西藏自治区谢通门县达木夏乡德列村	117	2 698	6.48	西藏自治区谢通门县	
201	7.17.12.2.3	烈巴藏布	美曲藏布右岸支流	西藏自治区昂仁县达若乡	西藏自治区谢通门县列巴乡多康村	87	1 559	3.82	西藏自治区昂仁县、谢通门县	
202	7.17.13	荣曲	雅鲁藏布江右岸支流	西藏自治区谢通门县纳当乡境内查咱木部山南麓	西藏自治区谢通门县通门乡卓郭村	64	1 350		西藏自治区谢通门县	
203	7.17.14	热曲	雅鲁藏布江右岸支流	西藏自治区拉孜县热萨乡宗贝村附近	西藏自治区拉孜县扎西岗乡吉荣村附近	56	691		西藏自治区拉孜县	
204	7.17.15	夏布曲	雅鲁藏布江左岸支流	西藏自治区康马县雄章乡	西藏自治区萨迦县吉定镇桑珠岗村	185	5 420		西藏自治区康马县、江孜县、白朗县、岗巴县、萨迦县、拉孜县、日喀则市	
205	7.17.16	塘河	雅鲁藏布江右岸支流	西藏自治区谢通门县春哲乡罗堆村	西藏自治区谢通门县达那答乡嘎如仲村	100	2 418		西藏自治区谢通门县	大纳浦曲
206	7.17.17	年楚河	雅鲁藏布江右岸支流	西藏自治区康马县喜马拉雅山脉中段北麓什娥错	西藏自治区日喀则市	223	11 101		西藏自治区康马、江孜、白朗、日喀则、浪卡子、仁布县（市）	年曲或酿曲
207	7.17.17.2	学堆河	年楚河右岸支流	西藏自治区江孜县热龙乡卡惹拉冰川末端	江孜县龙马乡入满拉水库	45	764	1.15	西藏自治区江孜县	龙马河、热龙曲
208	7.17.17.3	康如普曲	年楚河左岸支流	西藏自治区康马县喜马拉雅山北麓	西藏自治区康马县南尼乡	102	2 896	4.34	西藏自治区康马县	康马河
209	7.17.17.4	江嘎雄曲	年楚河左岸支流	西藏自治区白朗县嘎普乡马岗村	西藏自治区白朗县洛江镇宗下村	56	1 450	1.96	西藏自治区白朗县	丹雄曲或汪丹雄曲
210	7.17.17.5	孜日阿曲	年楚河左岸支流	西藏自治区日喀则市纳尔乡杂龙村西南4千米处	西藏自治区甲措雄乡色玛村下游约3千米处	45	900	1.58	西藏自治区日喀则市	孜慈曲
211	7.17.18	湘曲	雅鲁藏布江右岸支流	西藏自治区谢通门县娘热乡卡嘎村	西藏自治区南木林县艾玛乡	173	7 346		西藏自治区谢通门县、南木林县、尼木县	香曲
212	7.17.18.1	仁堆曲	湘曲左岸支流	西藏自治区南木林县仁堆乡	西藏自治区南木林县普当乡	57	1 338	3.48	西藏自治区南木林县	罗扎藏布
213	7.17.18.2	觉母曲	湘曲左岸支流	西藏自治区尼木县麻江乡	西藏自治区南木林县热当乡	104	2 390	7.65	西藏自治区尼木县、南木林县	拉布藏布
214	7.17.19	浪孔曲	雅鲁藏布江左岸支流	西藏自治区南木林县芒热乡	西藏自治区南木林县奴玛乡	72	1 601		西藏自治区南木林	邬郁玛曲
215	7.17.20	曼曲	雅鲁藏布江右岸支流	西藏自治区浪卡子县白地乡	西藏自治区仁布县仁布乡	77	1 377		西藏自治区浪卡子县、仁布县	门曲
216	7.17.21	尼木玛曲	雅鲁藏布江左岸支流	西藏自治区尼木县麻江乡	西藏自治区尼木县尼木乡	76	2 339		西藏自治区尼木县、南木林县、当雄县	

295

续表

序号	条目编号	河名	水系	发源地	入河（湖、海）口	河长(km)	流域面积(km²)	多年平均年径流量(亿m³)	行经地区	备注
217	7.17.21.1	绒曲	尼木玛曲左岸支流	西藏自治区尼木县绒迈乡山岗村的绒觉附近	西藏自治区尼木县塔荣镇林岗村下游	51	626	1.55	西藏自治区尼木县	青杯曲
218	7.17.22	色莆沟	雅鲁藏布江左岸支流	西藏自治区曲水县达嘎乡色莆村结普兰附近	西藏自治区曲水县达嘎乡雅江曲水大桥附近	37	314		西藏自治区曲水县	色普曲、色曲
219	7.17.23	拉萨河	雅鲁藏布江左岸支流	西藏自治区嘉黎县彭错孔玛朵山峰下	西藏自治区曲水县城附近	551	32 896		西藏自治区嘉黎县、那曲县、当雄县、林周县、墨竹工卡县、桑日县、达孜县、拉萨市城关区、堆龙德庆县、曲水县	
220	7.17.23.1	麦曲	拉萨河左岸支流	西藏自治区嘉黎县夏玛乡	西藏自治区嘉黎县措多乡	76	2 312	12.3	西藏自治区嘉黎县	
221	7.17.23.2	桑曲	拉萨河右岸支流	西藏自治区那曲县古露镇	西藏自治区当雄县乌玛塘乡	95	2 215	6.65	西藏自治区那曲县、当雄县、林周县	绒土鲁
222	7.17.23.3	乌鲁龙曲	拉萨河右岸支流	西藏自治区当雄县乌玛塘乡	西藏自治区林周县旁多乡	123.3	3 933	10.2	西藏自治区当雄县、林周县	
223	7.17.23.3.1	拉曲	乌鲁龙曲右岸支流	西藏自治区当雄县宁中乡西部念青唐古拉山主峰西南侧	西藏自治区当雄县宁中乡	63	1 588	3.97	西藏自治区当雄县	
224	7.17.23.4	雪绒藏布	拉萨河左岸支流	西藏自治区墨竹工卡县门巴乡	西藏自治区墨竹工卡县尼玛江热乡	84	2 041	9.39	西藏自治区墨竹工卡县	雪弄藏布或学绒藏布
225	7.17.23.6	墨竹玛曲	拉萨河左岸支流	西藏自治区桑日县增期乡	西藏自治区墨竹工卡县工卡镇	93	2 172	6.3	西藏自治区桑日县、墨竹工卡县	墨竹曲
226	7.17.23.7	玉年曲	拉萨河右岸支流	西藏自治区林周县卡孜乡	西藏自治区林周县边觉林乡	77	1 867	4.85	西藏自治区林周县	澎波河
227	7.17.23.8	流沙曲	拉萨河右岸支流	西藏自治区拉萨市城关区夺底乡林宗村	西藏自治区拉萨市西郊	18	231	0.555	西藏自治区拉萨市	
228	7.17.23.9	堆龙曲	拉萨河右岸支流	西藏自治区当雄县格达乡羊易村	西藏自治区堆龙德庆县乃琼镇	153	5 093	12.7	西藏自治区当雄县、堆龙德庆县	
229	7.17.23.9.1	古仁曲	堆龙曲左岸支流	西藏自治区当雄县羊八井镇西北念青唐古拉山中段	西藏自治区当雄县羊八井附近	40	662	1.66	西藏自治区当雄县	
230	7.17.23.9.2	楚布曲	堆龙曲右岸支流	西藏自治区堆龙德庆县古荣乡西南的扎嘎拉东侧	西藏自治区古荣乡下游	41	618	1.55	西藏自治区堆龙德庆县	赛曲
231	7.17.24	扎囊河	雅鲁藏布江右岸支流	西藏自治区扎囊县吉汝乡沙布夏村附近	西藏自治区扎塘镇北侧5千米处	39	528		西藏自治区扎囊县	斯工沟
232	7.17.25	亚拉雄藏布	雅鲁藏布江右岸支流	西藏自治区措美县哲古镇	西藏自治区乃东县泽当镇	78	2 024		西藏自治区措美县、乃东县、琼结县	雅砻河或雅拉雄曲
233	7.17.25.1	琼结河	亚拉雄藏布左岸支流	西藏自治区琼结县加麻乡	西藏自治区乃东县昌珠镇卡多居委会	52	1 059	1.59	西藏自治区琼结县、乃东县	巴雄曲
234	7.17.26	吉舍曲	雅鲁藏布江右岸支流	西藏自治区隆子县日当镇	西藏自治区桑日县绒乡	101	2 033		西藏自治区桑日县、隆子县、曲松县	四曲哪妈或舍曲河
235	7.17.26.1	曲松河	吉舍曲右岸支流	西藏自治区曲松县下江乡境内	西藏自治区曲松镇隆堆村下游	52	647	1.13	西藏自治区曲松县	尼久或措堆村沟
236	7.17.27	沃卡河	雅鲁藏布江左岸支流	西藏自治区桑日县增期乡	西藏自治区桑日县白堆乡藏嘎村	62	1 430		西藏自治区墨竹工卡县、桑日县、加查县	增久曲
237	7.17.27.1	罗林曲	沃卡河左岸支流	西藏自治区加查县崔久乡琼果吉附近	西藏自治区桑日县增期乡雪巴村附近	36	428	1.20	西藏自治区加查县、桑日县	德里母曲
238	7.17.28	色布垄曲	雅鲁藏布江左岸支流	西藏自治区加查县崔久乡境内	西藏自治区加查水电站南侧	46	570		西藏自治区加查县	丝波绒曲或斯巴荣曲

序号	条目编号	河 名	水 系	发源地	入河（湖、海）口	河长(km)	流域面积(km²)	多年平均年径流量(亿 m³)	行 经 地 区	备注
239	7.17.29	脚不郎	雅鲁藏布江左岸支流	西藏自治区加查县坝乡	西藏自治区加查县冷达乡	81	1 618		西藏自治区加查县	坝曲、聂曲
240	7.17.30	古如曲	雅鲁藏布江右岸支流	西藏自治区朗县登木乡境内	西藏自治区朗县仲达镇附近	44	708		西藏自治区朗县	
241	7.17.31	拿窝蒲	雅鲁藏布江右岸支流	西藏自治区朗县拉多乡杰雄村以上	西藏自治区朗县县城附近	58	618		西藏自治区朗县	普曲
242	7.17.32	阿那塘	雅鲁藏布江左岸支流	西藏自治区米林县卧龙镇巴拉拉绰北侧	西藏自治区朗县洞嘎镇达木村北侧	50	600		西藏自治区米林县、朗县	
243	7.17.33	金东曲	雅鲁藏布江右岸支流	西藏自治区朗县金东乡捏多勒以上	西藏自治区金东乡秀村附近	45	964		西藏自治区朗县	
244	7.17.34	那姆曲	雅鲁藏布江左岸支流	西藏自治区米林县卧龙镇扎西绕岗	西藏自治区米林县卧龙镇本宗村	50	1 150		西藏自治区米林县	比朴曲
245	7.17.35	里龙普曲	雅鲁藏布江右岸支流	西藏自治区米林县里龙乡	西藏自治区米林县里龙乡	81	1 558		西藏自治区米林县	
246	7.17.36	拉普曲	雅鲁藏布江左岸支流	西藏自治区米林县扎西绕登乡	西藏自治区米林县扎西绕登乡	54	1 127		西藏自治区米林县	
247	7.17.37	南伊曲	雅鲁藏布江右岸支流	西藏自治区米林县南伊珞巴民族乡境内	西藏自治区南伊珞巴民族乡才召村以下	58	629		西藏自治区米林县	纳玉普曲
248	7.17.38	尼洋河	雅鲁藏布江左岸支流	西藏自治区工布江达县加兴乡俄拉、拉闻山等群山环抱的湖盆带	西藏自治区林芝县林芝镇布久乡	286	17 535		西藏自治区工布江达县、林芝县、加查县	尼洋曲
249	7.17.38.1	野弄	尼洋河左岸支流	西藏自治区工布江达县加兴乡境内	西藏自治区加兴乡西朗村附近	35	591	3.66	西藏自治区工布江达县	
250	7.17.38.2	洞中弄	尼洋河左岸支流	西藏自治区工布江达县金达镇境内	西藏自治区金达镇政府所在地附近	45	308	1.85	西藏自治区工布江达县	
251	7.17.38.3	下不梭朗	尼洋河左岸支流	西藏自治区工布江达县金达镇峡索村	西藏自治区金达镇金达附近	47	558	4.07	西藏自治区工布江达县	梭曲
252	7.17.38.4	娘曲	尼洋河左岸支流	西藏自治区工布江达县娘蒲乡乌拉山	西藏自治区工布江达县江达乡	85	1 861	16.0	西藏自治区工布江达县	
253	7.17.38.5	巴朗曲	尼洋河右岸支流	西藏自治区工布江达县仲萨乡巴拉劣果山	西藏自治区工布江达县仲萨乡	55	1 605	16.1	西藏自治区工布江达县	泥曲
254	7.17.38.5.1	司马朗曲	巴朗曲左岸支流	西藏自治区工布江达县仲萨乡巴朗村多庆岗以上	西藏自治区仲萨乡扎门达勒卡附近	21	245	1.59	西藏自治区工布江达县	
255	7.17.38.5.2	吉普曲	巴朗曲右岸支流	西藏自治区工布江达县仲萨乡洞母附近	西藏自治区仲萨乡麦村附近	37	346	3.81	西藏自治区工布江达县	
256	7.17.38.6	巴河	尼洋河左岸支流	西藏自治区工布江达县错高乡	西藏自治区工布江达县巴河镇	100	4 191	66.6	西藏自治区工布江达县	帕桑曲
257	7.17.38.6.1	罗结曲	巴河左岸支流	西藏自治区工布江达县错高乡境内新错	西藏自治区错高乡结巴西侧	39	654	11.1	西藏自治区工布江达县	
258	7.17.38.6.3	朱拉曲	巴河右岸支流	西藏自治区工布江达县朱拉乡马穷附近	西藏自治区工布江达县错高乡雪卡村	94	1 787	25.0	西藏自治区工布江达县	特罗克拉河
259	7.17.38.6.3.1	色布弄巴	朱拉曲左岸支流	西藏自治区工布江达县朱拉乡宁查附近	西藏自治区朱拉乡扎热村下游	31	477	10.0	西藏自治区工布江达县	
260	7.17.38.7	几布雄	尼洋河右岸支流	西藏自治区林芝县百巴镇空麻附近	西藏自治区百巴镇扎麦村下游	46	715	7.87	西藏自治区林芝县	克拉曲
261	7.17.38.8	则弄	尼洋河右岸支流	西藏自治区林芝县百巴镇喇嘛念附近	西藏自治区百巴镇龙美下游	49	541	6.49	西藏自治区林芝县	
262	7.17.38.9	白雍	尼洋河右岸支流	西藏自治区林芝县百巴镇帮钦巴附近	西藏自治区百巴镇百巴村附近	36	409	4.50	西藏自治区林芝县	

续表

序号	条目编号	河 名	水 系	发源地	入河（湖、海）口	河长(km)	流域面积(km²)	多年平均年径流量(亿 m³)	行 经 地 区	备注
263	7.17.38.10	八及曲	尼洋河左岸支流	西藏自治区林芝县八一镇揩古附近	西藏自治区八一镇附近	30	307	2.61	西藏自治区林芝县	白及弄巴曲
264	7.17.38.11	林芝沟	尼洋河左岸支流	西藏自治区林芝县林芝镇错楚以上	西藏自治区林芝镇达格孜村附近	40	327	2.29	西藏自治区林芝县	
265	7.17.39	帕隆藏布	雅鲁藏布江左岸支流	西藏自治区八宿县然乌镇曲尺附近	西藏自治区林芝县鲁朗镇拉月村的色青	289	28 969		西藏自治区嘉黎县、波密县、林芝县、八宿县、边坝县	
266	7.17.39.1	真空弄巴	帕隆藏布右岸支流	西藏自治区八宿县然乌镇曲卡勒以上	西藏自治区然乌镇宗巴村附近	40	502	5.02	西藏自治区八宿县	真孔弄巴
267	7.17.39.3	牟汝弄巴	帕隆藏布右岸支流	西藏自治区波密县玉普乡境内的昌穹	西藏自治区玉普乡日昂寺附近	34	312	4.52	西藏自治区波密县	
268	7.14.39.4	曲宗藏布	帕隆藏布右岸支流	西藏自治区波密县多吉乡通村	西藏自治区波密县松宗镇	73	1 469	19.1	西藏自治区波密县	
269	7.17.39.5	尼觉河	帕隆藏布右岸支流	西藏自治区波密县扎木镇让雄以上	西藏自治区扎木镇尼足附近	21	148	2.19	西藏自治区波密县	尼足弄巴
270	7.17.39.6	若弄巴	帕隆藏布左岸支流	西藏自治区波密县扎木镇德卓附近	西藏自治区松宗镇达兴村附近	20	169	2.40	西藏自治区波密县	多洛弄巴
271	7.17.39.7	波堆藏布	帕隆藏布右岸支流	西藏自治区波密县玉仁乡错青玛	西藏自治区波密县扎木镇卡达村	102	4 212	67.4	西藏自治区波密县	波得藏布
272	7.17.39.7.1	亚龙藏布	波堆藏布左岸支流	西藏自治区波密县倾多镇拿乌松多	西藏自治区波密县倾多镇达龙村附近	70	1 387	19.4	西藏自治区波密县	
273	7.17.39.8	易贡藏布	帕隆藏布右岸支流	西藏自治区嘉黎县阿扎镇曲隆村沃布尔沃玛附近	西藏自治区波密县通麦附近	286	13 533	135	西藏自治区嘉黎县、边坝县、波密县	
274	7.17.39.8.1	徐达曲	易贡藏布右岸支流	西藏自治区嘉黎县阿扎镇境内	西藏自治区阿扎镇附近	30	393	2.67	西藏自治区嘉黎县	
275	7.17.39.8.2	松曲	易贡藏布左岸支流	西藏自治区嘉黎县嘉黎镇栋多村几日阿拉托错	西藏自治区嘉黎县嘉黎镇玛塘村以下	85	2 265	14.3	西藏自治区嘉黎县	
276	7.17.39.8.3	尼都藏布	易贡藏布右岸支流	西藏自治区嘉黎县忠玉乡北冲附近	西藏自治区嘉黎县忠玉乡仲宇村附近	68	1 267	12.7	西藏自治区嘉黎县	
277	7.17.39.8.4	夏曲	易贡藏布左岸支流	西藏自治区边坝县金岭乡郎杰贡村	西藏自治区嘉黎县忠玉乡江巴下游	82	2 952	35.4	西藏自治区边坝县、嘉黎县	霞曲
278	7.17.39.8.5	龙普曲	易贡藏布右岸支流	西藏自治区波密县八盖乡境内	西藏自治区八盖乡吕松下游约 4 千米	25	546	6.01	西藏自治区波密县	
279	7.17.39.8.6	勒曲藏布	易贡藏布左岸支流	西藏自治区波密县易贡乡西北的若果冰川	西藏自治区波密县易贡乡贡扎村	48	1 651	42.9	西藏自治区波密县	麻果藏布
280	7.17.39.8.8	磨龙曲	易贡藏布左岸支流	西藏自治区波密县易贡乡白仁目以上	西藏自治区波密县易贡乡多卡附近	33	372	5.95	西藏自治区波密县	
281	7.17.39.8.9	拉月曲	帕隆藏布右岸支流	西藏自治区林芝县鲁朗镇贡定村冲果俄	西藏自治区林芝县鲁朗镇拉月村排龙以下	87	2 857	34.7	西藏自治区林芝县、工布江达县	
282	7.17.40	邦英河	雅鲁藏布江右岸支流	西藏自治区墨脱县帮辛乡鲁普巴上游	西藏自治区帮辛乡邦英以下	38	367		西藏自治区墨脱县	央朗藏布
283	7.17.41	金珠曲	雅鲁藏布江左岸支流	西藏自治区墨脱县格当乡兴格村	西藏自治区墨脱县达木珞巴民族乡	76	2 133		西藏自治区墨脱县	金珠藏布
284	7.17.41.1	嘎隆曲	金珠曲右岸支流	西藏自治区墨脱县达木珞巴民族乡波弄贡东部	西藏自治区达木珞巴民族乡巴迪村附近	47	573		西藏自治区墨脱县	
285	7.17.42	修莫河	雅鲁藏布江左岸支流	西藏自治区墨脱县墨脱镇境内	西藏自治区墨脱镇巴日村附近	51	637		西藏自治区墨脱县	磨修莫河

续表

序号	条目编号	河名	水　系	发源地	入河（湖、海）口	河长(km)	流域面积(km²)	多年平均年径流量(亿 m³)	行　经　地　区	备注
286	7.17.43	西工河	雅鲁藏布江左岸支流	西藏自治区墨脱县背崩乡境内	西藏自治区墨脱镇亚让村下游	28	265		西藏自治区墨脱县	
287	7.17.44	白马西路河	雅鲁藏布江右岸支流	西藏自治区墨脱县境内的多雄拉山	西藏自治区墨脱县背崩乡解放大桥附近	38	769		西藏自治区墨脱县	
288	7.17.44.1	比西曲	白马西路河右岸支流	西藏自治区墨脱县背崩乡境内	西藏自治区墨脱县德钦乡易翁白村附近	28	182	5.46	西藏自治区墨脱县	比西日河
289	7.17.45	多姆普曲	雅鲁藏布江右岸支流	西藏自治区墨脱县境内的盖西比山	西藏自治区墨脱县西让村附近	28	308		西藏自治区墨脱县	泸公河
290	7.17.46	仰桑曲	雅鲁藏布江左岸支流	西藏自治区墨脱县背崩乡	西藏自治区墨脱县阿米吉刀附近	61	1 306		西藏自治区墨脱县	仰桑河
291	7.17.46.1	荣布马古曲	仰桑曲右岸支流	西藏自治区墨脱县境内堪里喀坡山西麓	西藏自治区墨脱县库琴附近	41	330	9.41	西藏自治区墨脱县	阿尔彭河
292	7.17.47	宁贡河	雅鲁藏布江右岸支流	西藏自治区墨脱县境内巴塔蝶巴山西麓	西藏自治区墨脱县仁东以下	51	790		西藏自治区墨脱县	宁贡曲
293	7.17.47.1	那布曲	宁贡曲左岸支流	西藏自治区墨脱县境内巴塔蝶巴山西麓	西藏自治区墨脱县那布附近	34	430	12.9	西藏自治区墨脱县	陵岗曲
294	7.17.48	昔勒帕抵曲	雅鲁藏布江右岸支流	西藏自治区墨脱县境内的雪嘎山南麓	西藏自治区墨脱县墨金附近	62	1 040		西藏自治区墨脱县	昔勒帕挺河
295	7.17.49	安贡河	雅鲁藏布江右岸支流	西藏自治区墨脱境内的塔达	西藏自治区墨脱县格邦附近	28	149		西藏自治区墨脱县	
296	7.17.50	希芝河	雅鲁藏布江右岸支流	西藏自治区墨脱县境内的阿波尔山南麓	西藏自治区墨脱县多兴附近	38	567		西藏自治区墨脱县	希芒河
297	7.17.51	锡约尔河	雅鲁藏布江右岸支流	西藏自治区墨脱县扎日莎巴山东麓	西藏自治区墨脱县耶克兴附近	206	5 384		西藏自治区墨脱县	锡约姆河
298	7.17.51.1	德钦姆河	锡约尔河左岸支流	西藏自治区墨脱县境内的东拉山南麓	西藏自治区墨脱县希热附近	52	1 353	23.4	西藏自治区墨脱县	德青姆河或约梅河
299	7.17.51.2	永木河	锡约尔河左岸支流	西藏自治区墨脱县境内的开特迪拉山南麓	西藏自治区墨脱县营五附近	44	550	16.5	西藏自治区墨脱县	希卡河
300	7.17.52	木乃河	雅鲁藏布江干流左岸支流	西藏自治区墨脱县库姆的纳山南麓	西藏自治区墨脱县邦金	73	1 258		西藏自治区墨脱县	亚木乃河
301	7.17.53	西些尔河	雅鲁藏布江下游布拉马普特拉河左岸支流	西藏自治区墨脱县沙珍山南麓	西藏自治区墨脱县博马科下游 3.5km 流入印度	41	600		西藏自治区墨脱县	中国境内数据
302	7.17.54	察隅曲	雅鲁藏布江下游布拉马普特拉河左岸支流	西藏自治区察隅县古玉乡普学村	西藏自治区察隅县下察隅镇巴兰岗流入印度境内	248	17 881		西藏自治区察隅县、左贡县	中国境内数据
303	7.17.54.1	沙夷弄巴	察隅曲左岸支流	西藏自治区左贡县中林卡乡	西藏自治区察隅县古玉乡罗玛村	53	615	5.54	西藏自治区左贡县、察隅县	
304	7.17.54.2	卡阴弄巴	察隅曲左岸支流	西藏自治区左贡县中林卡乡种青村	西藏自治区察隅县古玉乡车因附近	36	268	2.68	西藏自治区左贡县、察隅县	
305	7.17.54.3	桑久曲	察隅曲左岸支流	西藏自治区察隅县竹瓦根镇桑久村	西藏自治区察隅县桑久村卓娃贡附近	34	363	3.45	西藏自治区察隅县	
306	7.17.54.4	达朵河	察隅曲左岸支流	西藏自治区察隅县竹瓦根镇东南的雅戛拉山北麓	西藏自治区察隅县竹瓦根镇附近	34	217	2.62	西藏自治区察隅县	
307	7.17.54.5	钦果拉曲	察隅曲右岸支流	西藏自治区察隅县竹瓦根镇境内的都拉山南麓	西藏自治区察隅县竹瓦根镇雄久村	53	808	9.70	西藏自治区察隅县	
308	7.17.54.6	堆普曲	察隅曲左岸支流	西藏自治区察隅县竹瓦根镇境内的茸翁拉山北麓	西藏自治区察隅县竹瓦根镇比坝附近	48	663	8.62	西藏自治区察隅县	

续表

序号	条目编号	河 名	水 系	发源地	入河（湖、海）口	河长(km)	流域面积(km²)	多年平均年径流量(亿 m³)	行 经 地 区	备注
309	7.17.54.7	尺古曲	察隅曲右岸支流	西藏自治区察隅县竹瓦根镇境内的都拉山南麓	西藏自治区察隅县竹瓦根镇比坝附近	68	946	15.6	西藏自治区察隅县	
310	7.17.54.8	贡日嘎布曲	察隅曲右岸支流	西藏自治区察隅县上察隅镇贡日嘎布拉山东麓	西藏自治区察隅县下察隅镇塔玛村附近	161	5 370	96.7	西藏自治区察隅县	
311	7.17.54.8.1	空扎曲	贡日嘎布曲左岸支流	西藏自治区察隅县上察隅镇布藏村	西藏自治区察隅县上察隅镇布宗村附近	31	456	5.47	西藏自治区察隅县	
312	7.17.54.8.2	雅达曲	贡日嘎布曲左岸支流	西藏自治区察隅县上察隅镇布宗村附近的贡日嘎布拉山东麓	西藏自治区察隅县上察隅镇本堆村附近	47	721	10.8	西藏自治区察隅县	
313	7.17.54.8.3	脚通龙曲	贡日嘎布曲左岸支流	西藏自治区察隅县上察隅镇迟巴村附近	西藏自治区上察隅镇迟巴村附近	41	270	5.40	西藏自治区察隅县	
314	7.17.54.9	拉曲	察隅曲左岸支流	西藏自治区察隅县下察隅镇宗果村	西藏自治区察隅县下察隅镇日玛村	44	443	6.87	西藏自治区察隅县	
315	7.17.54.10	底富河	察隅曲左岸支流	西藏自治区察隅县下察隅镇夏觉拉以上的冰碛湖	西藏自治区察隅县下察隅镇力秋附近	40	283	5.09	西藏自治区察隅县	
316	7.17.54.11	赛梯曲	察隅曲左岸支流	西藏自治区察隅县境内康藏山西麓	西藏自治区察隅县东	34	384		西藏自治区察隅县	
317	7.17.54.12	特乓曲	察隅曲右岸支流	西藏自治区察隅县坦果特库山南麓	西藏自治区察隅县哈洞附近	25	183		西藏自治区察隅县	
318	7.17.54.13	多格曲	察隅曲右岸支流	西藏自治区察隅县卡能附近	西藏自治区察隅县前门里附近	38	482		西藏自治区察隅县	
319	7.17.54.14	杜莱曲	察隅曲右岸支流	西藏自治区察隅县知拉山南麓	西藏自治区察隅县下察隅镇前门里	69	1 823		西藏自治区察隅县	
320	7.17.54.14.1	莫翁曲	杜莱曲右岸支流	西藏自治区察隅县扎雄附近	西藏自治区察隅县培洛根附近	40	434	13.0	西藏自治区察隅县	
321	7.17.54.14.2	卡里加曲	杜莱曲右岸支流	西藏自治区察隅县因通拉山南麓	西藏自治区察隅县卡里加附近	29	259	7.77	西藏自治区察隅县	
322	7.17.54.15	蒂丁河	察隅曲下游鲁希特河右岸支流			35	357			中国境内数据
323	7.17.54.16	丹巴曲	察隅曲下游鲁希特河右岸支流	西藏自治区墨脱县境内的岗日嘎布拉山南麓	西藏自治区墨脱尼杂木哈特附近流入印度境内	157	12 114		西藏自治区墨脱县、察隅县	中国境内数据
324	7.17.54.16.1	安扎曲	丹巴曲右岸支流	西藏自治区墨脱县安扎拉山南麓	西藏自治区墨脱县安嘎邦下游约4km	45	514	17.0	西藏自治区墨脱县	
325	7.17.54.16.2	德利河	丹巴曲左岸支流	西藏自治区察隅县境内的岗日嘎布拉山南麓	西藏自治区墨脱尼尼附近	84	1 558	54.5	西藏自治区墨脱县	
326	7.17.54.16.2.1	学里曲	德利河左岸支流	西藏自治区察隅县洞嘎拉山南麓	西藏自治区察隅县龙森下游约1.5km处	37	453	13.6	西藏自治区察隅县	
327	7.17.54.16.3	唐工河	丹巴曲左岸支流	西藏自治区察隅县古空拉山南麓	西藏自治区察隅县埃托林	99	2 725	120	西藏自治区察隅县	
328	7.17.54.16.3.1	丹巴林河	唐工河左岸支流	西藏自治区察隅县嘎空拉知山西麓	西藏自治区察隅县青宗附近	37	618	19.2	西藏自治区察隅县	
329	7.17.54.16.3.2	阿潘里河	唐工河左岸支流	西藏自治区察隅县朱瓦空山西麓	西藏自治区察隅县扎林下游约2.5km	40	645	21.6	西藏自治区察隅县	
330	7.17.54.16.4	恩姆拉河	丹巴曲右岸支流	西藏自治区墨脱县公堆颇章山南麓	西藏自治区察隅县阿朗林附近	96	1 788	80.5	西藏自治区察隅县	
331	7.17.54.16.5	阿玉河	丹巴曲右岸支流	西藏自治区墨脱县亚比罗喀钦山东麓	西藏自治区墨脱县依钦以下	59	650	32.2	西藏自治区墨脱县	

续表

序号	条目编号	河 名	水 系	发源地	入河（湖、海）口	河长(km)	流域面积(km²)	多年平均年径流量(亿 m³)	行 经 地 区	备注
332	7.17.54.16.6	衣屯河	丹巴曲左岸支流	西藏自治区察隅县岗翁以东约25千米处	西藏自治区察隅县阿米里下游	64	1 389	72.9	西藏自治区察隅县	
333	7.17.55	西曼河	雅鲁藏布江下游布拉马普特拉河右岸支流	西藏自治区墨脱县沙共附近穆达山北麓	西藏自治区墨脱县迪帕上游1.5千米流入印度	48	700		西藏自治区墨脱县	
334	7.17.56	西巴霞曲	雅鲁藏布江下游布拉马普特拉河右岸支流	西藏自治区措美县古堆乡枕不扎山北麓	西藏自治区错那县流入印度境内	406	25 775		西藏自治区措美县、隆子县、墨脱县、错那县	中国境内数据
335	7.17.56.1	朗麦曲	西巴霞曲右岸支流	西藏自治区错那县曲卓木乡格诗山峰北麓	西藏自治区隆子县日当镇下多当附近	33	502	0.88	西藏自治区错那县、隆子县	
336	7.17.56.2	洛曲	西巴霞曲右岸支流	西藏自治区错那县卡达乡兴达村卡格多山峰的冰川	西藏自治区隆子县加玉乡共拉村	100	2 546	7.38	西藏自治区错那县、隆子县	
337	7.17.56.3	加波曲	西巴霞曲左岸支流	西藏自治区朗县登木乡多龙村	西藏自治区隆子县斗玉乡准巴	120	2 302	7.37	西藏自治区朗县、曲松县、隆子县	
338	7.17.56.4	玉门曲	西巴霞曲左岸支流	西藏自治区隆子县玉麦乡玉碓附近	西藏自治区隆子县塔克新以西4千米处	36	409	2.47	西藏自治区隆子县	
339	7.17.56.5	扎日曲	西巴霞曲左岸支流	西藏自治区隆子县扎日乡桑村	西藏自治区隆子县扎日乡达毒	89	1 098	12.6	西藏自治区朗县、隆子县	
340	7.17.56.6	八哥尔曲	西巴霞曲左岸支流	西藏自治区隆子县郎村金牙日山南侧	西藏自治区隆子县西比绕依东侧	41	782	10.9	西藏自治区隆子县	
341	7.17.56.7	马林曲	西巴霞曲左岸支流	西藏自治区隆子县境内喜马拉雅山脉洛拉山南侧	西藏自治区隆子县哥里西娘下游	20	370	5.74	西藏自治区隆子县	
342	7.17.56.8	阿协果曲河	西巴霞曲左岸支流	西藏自治区墨脱县八哥村结达拉山口南侧	西藏自治区墨脱县兴达下游5千米处	38	624	14	西藏自治区墨脱县	
343	7.17.56.9	苏穆河	西巴霞曲左岸支流	西藏自治区墨脱县波加波米斯峰东麓	西藏自治区墨脱县塔莫	61	1 176	38.8	西藏自治区墨脱县	
344	7.17.56.10	坎拉河	西巴霞曲右岸支流	西藏自治区错那县府里村觉姆拉山东麓	西藏自治区错那县勒林	169	6 927	111	西藏自治区错那县	
345	7.17.56.10.1	打坝河	坎拉河左岸支流	西藏自治区错那县低勒以上隔杠拉山峰东侧	西藏自治区错那县塔帕附近	20	165	1.07	西藏自治区错那县	
346	7.17.56.10.2	巴尼亚河	坎拉河左岸支流	西藏自治区错那县喜马拉雅山脉低色拉山口东侧	西藏自治区错那县加里附近	16	219	2.52	西藏自治区错那县	
347	7.17.56.10.3	黑马河	坎拉河左岸支流	西藏自治区错那县境内格拉山南侧	西藏自治区错那县热觉附近	30	540	8.32	西藏自治区错那县	
348	7.17.56.10.4	班尔达姆曲	坎拉河左岸支流	西藏自治区错那县格几拉山南侧	西藏自治区错那县吐米尔附近	32	388	9.12	西藏自治区错那县	
349	7.17.56.10.5	克鲁河	坎拉河右岸支流	西藏自治区错那县巴齐杜拉姆楚村附近的冰川	西藏自治区错那县以木	132	2 536	39.3	西藏自治区错那县	
350	7.17.56.10.5.1	马格里曲	克鲁河右岸支流	西藏自治区错那县	西藏自治区错那县马格利下游	30	418	8.78	西藏自治区错那县	
351	7.17.56.11	哈姆得里河	西巴霞曲下游苏班西里河右岸支流	西藏自治区错那县达夫拉山脉北麓	西藏自治区错那县基明下游流入印度境内	80	2 074		西藏自治区错那县	中国境内数据
352	7.17.56.11.1	佩林河	哈姆得里河右岸支流	西藏自治区错那县达夫拉山	西藏自治区错那县琴亨西侧约5千米处	32	307	8.44	西藏自治区错那县	
353	7.17.56.11.2	卡依河	哈姆得里河左岸支流	西藏自治区错那县旁倍普	西藏自治区错那县塔多亚北侧	33	379	13.3	西藏自治区错那县	
354	7.17.56.12	迪克朗河	西巴霞曲下游苏班西里河右岸支流	西藏自治区错那县达夫拉山脉南麓	西藏自治区错那县哈尔木堤南侧岗流出国境	101	1 317		西藏自治区错那县	中国境内数据

续表

序号	条目编号	河 名	水 系	发源地	入河（湖、海）口	河长(km)	流域面积(km²)	多年平均年径流量(亿m³)	行经地区	备注
355	7.17.57	布拉河	雅鲁藏布江下游布拉马普特拉河右岸支流	西藏自治区错那县梅登附近	西藏自治区错那县流入印度境内	40	524		西藏自治区错那县	中国境内数据
356	7.17.58	巴尔岗河	雅鲁藏布江下游布拉马普特拉河右岸支流	西藏自治区错那县吉郎干尼亚附近	西藏自治区错那县流入印度境内	27	186		西藏自治区错那县	
357	7.17.59	卡门河	雅鲁藏布江下游布拉马普特拉河右岸支流	西藏自治区错那县莫嘎岗拉山峰东麓	西藏自治区错那县流出国境	236	10 790		西藏自治区错那县	中国境内数据
358	7.17.59.1	克纽克曲	卡门河右岸支流	西藏自治区错那县境内推岗日山峰东麓冰川	西藏自治区错那县克纽瓦下游约8.5千米处	57	1 026	8.21	西藏自治区错那县	
359	7.17.59.2	巴秋河	卡门河右岸支流	西藏自治区错那境内的康格多山峰南麓	西藏自治区错那县莫朗	73	1 216	8.51	西藏自治区错那县	
360	7.17.59.3	帕查河	卡门河左岸支流	西藏自治区错那县扬颇东面	西藏自治区错那县埃打让附近	48	501	7.77	西藏自治区错那县	
361	7.17.59.4	比迥河	卡门河右岸支流	西藏自治区错那县密明拉牧场附近	西藏自治区错那县色拉村以南约6千米处	109	3 677	27.6	西藏自治区错那县	
362	7.17.59.4.1	唯通河	比迥河左岸支流	西藏自治区错那县拾惹上游	西藏自治区错那县求登下游	58	881	6.61	西藏自治区错那县	
363	7.17.59.4.2	莱姆奔河	比迥河右岸支流	不丹王国查林附近	西藏自治区错那县哥密里下游8千米处	80	921	12.9	西藏自治区错那县	中国境内数据
364	7.17.59.5	巴普河	卡门河左岸支流	西藏自治区错那县的达夫拉山	西藏自治区错那县塞巴下游10多千米处	42	453	10.6	西藏自治区错那县	
365	7.17.59.6	派克河	卡门河左岸支流	西藏自治区错那县派克村附近	西藏自治区错那县西召瑟下游约6千米处流出国境	63	611		西藏自治区错那县	中国境内数据
366	7.17.60	娘江曲	雅鲁藏布江下游布拉马普特拉河右岸支流上游	西藏自治区错那县曲卓木乡马扎拉山南麓	西藏自治区错拉县卡绒流出中国国境	130	6 707		西藏自治区错那县	中国境内数据
367	7.17.60.1	组克曲	娘江曲右岸支流	西藏自治区错那县库局乡的可奴错	西藏自治区错那县郭村南侧	37	736	2.06	西藏自治区错那县	
368	7.17.60.2	达旺曲	娘江曲左岸支流	西藏自治区错那县错那镇吉松居委会顶许附近	西藏自治区错那县卡绒	128	3 380	12.5	西藏自治区错那县	
369	7.17.60.2.1	马哥河	达旺曲左岸支流	西藏自治区错那县康格多山峰南麓	西藏自治区错那县浪波乡麦林附近	49	849	4.08	西藏自治区错那县	
370	7.17.61	洛扎雄曲	雅鲁藏布江下游布拉马普特拉河右岸支流上游	西藏自治区洛扎县扎日乡安比布玛冰川附近	西藏自治区洛扎县松卡尔附近流出中国国境	124	6 312		西藏自治区洛扎县、措美县	中国境内数据
371	7.17.61.1	浦错麦进曲	洛扎雄曲右岸支流	西藏自治区洛扎县色乡境内狼姆桑浦冰川	色乡曲许村下游	57	974	3.90	西藏自治区洛扎县	
372	7.17.61.2	洛扎下曲	洛扎雄曲左岸支流	西藏自治区措美县措美镇朗格勒以上的冰川	西藏自治区洛扎县拉康镇附近	91	2 038	5.10	西藏自治区措美县、洛扎县	
373	7.17.62	康布曲	雅鲁藏布江下游布拉马普特拉河右岸支流阿莫河上游	西藏自治区亚东县聋木加东山峰东侧	西藏自治区亚东县下亚东乡流入不丹境	90	1 690		西藏自治区亚东县	中国境内数据
374	7.17.62.1	帕里曲	康布曲左岸支流	西藏自治区亚东县帕里镇昌岗以上的冰碛湖	西藏自治区亚东县下司马镇	55	613	4.66	西藏自治区亚东县	
375	7.18.1	马甲藏布	恒河左岸支流呼拉卡拉利河的上源	西藏自治区普兰县喜马拉雅山脉兰批雅山口	西藏自治区普兰县兰镇斜尔瓦	110	3 063		西藏自治区普兰县	中国境内数据
376	7.18.2	吉隆藏布	恒河左岸支流根德格河的上源	西藏自治区吉隆县宗嘎镇境内的子母拉山	西藏自治区吉隆县吉隆镇热索村流入尼泊尔境内	114	2 188		西藏自治区吉隆县	中国境内数据

续表

序号	条目编号	河名	水系	发源地	入河（湖、海）口	河长(km)	流域面积(km²)	多年平均年径流量(亿 m³)	行经地区	备注
377	7.18.2.1	卧马曲	吉隆藏布左岸支流	西藏自治区吉隆县宗嘎镇波若勒穷	西藏自治区吉隆县宗嘎镇附近	20	165	0.99	西藏自治区吉隆县	
378	7.18.2.2	岗勒曲	吉隆藏布左岸支流	西藏自治区吉隆县吉隆镇虾当附近	西藏自治区吉隆县吉隆镇热索村附近	28	444		西藏自治区吉隆县	中国境内数据
379	7.18.2.3	斗嘎尔河	吉隆藏布下游特耳苏里河右岸支流的上源	西藏自治区吉隆县贡当乡桑卓上游	西藏自治区吉隆县乡汝村流入尼泊尔境内	54	1 365		西藏自治区吉隆县	中国境内数据
380	7.18.2.3.1	汝河	斗嘎尔河左岸支流	西藏自治区吉隆县贡当乡恶拉山峰以东10千米处	西藏自治区吉隆县贡当乡吉陵下游	30	261	0.91	西藏自治区吉隆县	
381	7.18.2.3.2	拧河	斗嘎尔河左岸支流	西藏自治区吉隆县贡当乡樟村上游	西藏自治区吉隆县俄拉寺附近	37	523	1.88	西藏自治区吉隆县	
382	7.18.3	朋曲	恒河水系左岸支流阿润河的上源	西藏自治区聂拉木县波绒乡色隆村的希夏邦马峰北麓情康加勒冰川	西藏自治区定结县陈塘镇流出国境	361	24 272		西藏自治区聂拉木县、定日县、定结县、萨迦县、岗巴县	中国境内数据
383	7.18.3.1	朋秋曲	朋曲左岸支流	西藏自治区聂拉木县锁作乡拉巴帐附近	西藏自治区聂拉木县锁作乡哲列村下游	51	1 300	1.95	西藏自治区聂拉木县	
384	7.18.3.2	热曲	朋曲右岸支流	西藏自治区定日县境内卓奥友峰附近	西藏自治区定日县岗嘎镇附近	53	732	2.19	西藏自治区定日县	
385	7.18.3.3	洛洛曲	朋曲左岸支流	西藏自治区定日县加措乡脚这强附近	西藏自治区定日县协格尔镇洛洛河村附近	57	1 723	2.24	西藏自治区定日县	
386	7.18.3.3.1	协曲	洛洛曲右岸支流	西藏自治区定日县克玛乡帮布村	西藏自治区定日县白坝附近	57	840	1.09	西藏自治区定日县	
387	7.18.3.5	叶如藏布	朋曲左岸支流	西藏自治区岗巴县孔玛乡托克拉北麓	西藏自治区定结县郭加乡莫果附近	193	8 376	29.3	西藏自治区岗巴县、萨迦县、定结县、朗县	
388	7.18.3.5.1	苦曲藏布	叶如藏布右岸支流	西藏自治区岗巴县孔玛乡罗都岗拉山峰南麓	西藏自治区岗巴县龙中乡茶那	50	1 194	1.49	西藏自治区岗巴县	
389	7.18.3.5.2	金龙曲	叶如藏布右岸支流	西藏自治区定结县扎西岗乡东公附近	西藏自治区定结县江嘎镇宁村	86	2 396	2.76	西藏自治区定结县、萨迦县	
390	7.18.3.5.3.1	麻加曲	金龙曲右岸支流	西藏自治区萨迦县麻布加乡拉轨岗日东侧	西藏自治区萨迦县雄麦乡曲堆	45	1 030	1.18	西藏自治区萨迦县	
391	7.18.3.6	扎嘎曲	朋曲右岸支流	西藏自治区定日县扎西宗乡绒辖冰川末端	西藏自治区定日县曲当乡张雪村附近	102	2 280	6.61	西藏自治区定日县	
392	7.18.3.7	卡达曲	朋曲右岸支流	西藏自治区定日县曲当乡咔达普峰北麓冰川	西藏自治区定日县曲当乡塘咔附近	35	377	2.34	西藏自治区定日县	
393	7.18.3.8	卡马曲	朋曲右岸支流	西藏自治区定日县曲当乡白当附近	西藏自治区定结县陈塘镇附近	40	571	6.00	西藏自治区定日县、定结县	
394	7.18.3.9	吉马曲	朋曲左岸支流	西藏自治区定结县日屋镇境内作着拉山东麓	西藏自治区定结县陈塘镇塘村下游	62	974	7.79	西藏自治区定结县	
395	7.18.3.10	波曲	朋曲下游阿润河右岸支流孙科西河上源	西藏自治区聂拉木县亚来乡曲桑以上的帮布勒附近	西藏自治区聂拉木县樟木镇雪布岗居委会附近流入尼泊尔境内	77	2 099		西藏自治区聂拉木县	中国境内数据
396	7.18.3.10.1	荣吉嘎	波曲右岸支流	西藏自治区聂拉木县亚来乡邦嘎勒附近	西藏自治区聂拉木县亚来乡如吉村下游	27	393	2.00	西藏自治区聂拉木县	
397	7.18.3.10.2	富曲	波曲左岸支流	西藏自治区聂拉木县聂拉木镇境内希夏邦马峰南麓	西藏自治区聂拉木县充堆村附近	23	370	2.59	西藏自治区聂拉木县	
398	7.18.3.10.3	绒霞藏布	朋曲下游阿润河右岸孙科西河左岸支流达玛柯西河上源	西藏自治区定日县绒辖乡境内普士拉山附近	西藏自治区定日县绒辖乡左木德下游12千米处流入尼泊尔境内	45	969		西藏自治区定日县	中国境内数据

续表

序号	条目编号	河名	水系	发源地	入河（湖、海）口	河长(km)	流域面积(km²)	多年平均年径流量(亿 m³)	行经地区	备注
399	7.18.3.10.3.1	鲁乌龙木	绒霞藏布下游达玛柯西河右岸支流	西藏自治区聂拉木县东南部迫玛勒附近	西藏自治区聂拉木县聂拉木镇松门那下游流入尼泊尔境内	17	314		西藏自治区聂拉木县	中国境内数据
400	7.19.1	森格藏布	印度河上源	西藏自治区革吉县亚热乡雄瓦尔山北麓	西藏自治区日土县日松乡典角下游50千米处流出国境	440	27 170		西藏自治区革吉县、噶尔县、日土县、札达县	中国境内数据
401	7.19.1.1	生拉藏布	森格藏布左岸支流	西藏自治区革吉县革吉镇境内	西藏自治区革吉县革吉镇热玛江村	53	1 195	0.21	西藏自治区革吉县	
402	7.19.1.2	赤左藏布	森格藏布左岸支流	西藏自治区噶尔县左左乡左村久赤拉山北麓	西藏自治区革吉县确登	95	2 500	0.43	西藏自治区革吉县、噶尔县	
403	7.19.1.3	噶尔河	森格藏布左岸支流	西藏自治区噶尔县左左乡拉日山南侧	西藏自治区噶尔县狮泉河镇	94	1 848	0.37	西藏自治区噶尔县	
404	7.19.1.4	噶尔藏布	森格藏布左岸支流	西藏自治区革吉县亚莫拉山峰附近	西藏自治区噶尔县扎西岗乡	230	6 258	1.56	西藏自治区革吉县、噶尔县	
405	7.19.2	奇普恰普河	印度河支流什约克河—希奥克河上源	喀喇昆仑山支脉克孜将塔格山西侧	流入印控克什米尔区	46	1 040			中国境内数据
406	7.19.2.2	西大沟	奇普恰普—希奥克河支流	天河岭东北坡的冰川区	流入印控克什米尔区	44	554			中国境内数据
407	7.19.2.2.1	天南河	大西沟支流	喀喇昆仑山天河岭	流入印控克什米尔区	28	236			中国境内数据
408	7.19.2.3	加勒万河	奇普恰普—希奥克河支流	长平岭西北坡	流入印控克什米尔区	83	1 745			中国境内数据
409	7.19.2.4	羌臣摩河	奇普恰普—希奥克河支流	喀喇昆仑山西段南坡	流入印控克什米尔区	62	1 400		西藏自治区日土县	中国境内数据
410	7.19.2.4.1	昌隆河	羌臣摩河右岸支流空朗昌波河左岸支流	加南达坡附近、喀喇昆仑山东北坡	流入印控克什米尔区	46	615（中国境内数据）			
411	7.19.3	朗钦藏布	印度河支流萨特莱杰河上游段	西藏自治区普兰县巴嘎乡毒庆拉山峰南麓	西藏自治区札达县底雅乡什布奇村流入印度境内	343	23 070		西藏自治区普兰县、噶尔县、札达县	中国境内数据
412	7.19.3.1	索岗绒曲	朗钦藏布左岸支流	西藏自治区札达县达巴乡达兰村古真拉山北麓	西藏自治区札达县达巴乡龙村古鲁曲古鲁甲附近	89	2 680	2.06	西藏自治区札达县	
413	7.19.3.2	玛那曲	朗钦藏布左岸支流	西藏自治区札达县仲尼拉山北麓	西藏自治区札达县玛朗村下游	64	1 085	1.09	西藏自治区札达县	
414	7.19.3.3	香孜河	朗钦藏布右岸支流	西藏自治区札达县香孜乡错登山峰南麓	西藏自治区札达县城西北约50千米处	99	2012	1.15	西藏自治区札达县	
415	7.19.3.4	俄布河	朗钦藏布右岸支流	西藏自治区噶尔县扎西岗乡台丁拉山峰	西藏自治区札达县底雅乡鲁巴村南	129	4 572	2.97	西藏自治区札达县、噶尔县	
416	7.19.3.5	如许藏布	朗钦藏布下游萨特莱杰河右岸支流	克什米尔地区的伯冷拉山北麓	西藏自治区札达县曲松乡楚鲁松杰村西扎马附近出境	104	2 630		西藏自治区札达县	中国境内数据
417	10.2.2.1	业久曲	哲古错入湖河流	雪尖倾日雪山东北格乌更日山	哲古错西岸入湖	50	700	1.3	西藏自治区措美县	
418	10.2.3.2	绒波藏布	羊卓雍错入湖河流	蒙达扛热雪山西拉莎山西侧	羊卓雍错南岸入湖	82	1 325		西藏自治区浪卡子县	
419	10.2.3.3	嘎马林河	羊卓雍错入湖河流	陆哥拉山西侧	羊卓雍错东岸入湖	68	1 010		西藏自治区浪卡子县、措美县	
420	10.2.3.4	卡鲁雄曲	羊卓雍错入湖河流	呀嘎肖波山北侧	羊卓雍错西岸入湖	50	412		西藏自治区浪卡子县	

续表

序号	条目编号	河名	水系	发源地	入河（湖、海）口	河长(km)	流域面积(km²)	多年平均年径流量(亿 m³)	行经地区	备注
421	10.2.4.1	巴纠曲	巴纠错入湖河流	格乌更日雪山西侧	巴纠错东岸入湖	60	656		西藏自治区浪卡子县	
422	10.2.6.1	加曲	普莫雍错入湖河流	喜马拉雅山脉安比康雄峰北侧	普莫雍错西岸入湖	48	744		西藏自治区浪卡子县	
423	10.2.7.1	恰洛藏布	嘎拉错入湖河流	喜马拉雅山北侧	嘎拉错东部入湖	62	1 750		西藏自治区亚东县、康马县	
424	10.2.13.1	巴日雄曲	佩枯错入湖河流	西藏自治区聂拉木县波绒乡尼玛定珠亚峰西侧	佩枯错东南岸入湖	54	580		西藏自治区聂拉木县	
425	10.2.16.1	那曲	拉昂错入湖河流	冈底斯山冈仁波齐峰冰川群南侧	拉昂错北岸入湖	58	840		西藏自治区普兰县	
426	10.2.16.2.1	扎曲藏布	玛旁雍错入湖河流	喜马拉雅山脉北侧看龙山	玛旁雍错东岸入湖	71	861		西藏自治区普兰县	
427	10.2.16.2.2	萨摩河	玛旁雍错入湖河流	冈底斯山脉南侧日那格剌山地	玛旁雍错东北岸入湖	64	922		西藏自治区普兰县	
428	10.3.4.1	波曲	纳木错	罗尔布拖波山北侧	西岸	93	1 450		西藏自治区班戈县	
429	10.3.4.2	昂曲	纳木错	四布汝山南侧	西南岸	118	1 436		西藏自治区申扎县、班戈县	
430	10.3.4.3	测曲	纳木错	穷姆岗日山北坡	西南岸	106	2 350		西藏自治区班戈县	
431	10.3.5.1	罗可曲	蓬错	塔空巴日山北侧	西南岸	94	1 913		西藏自治区班戈县、那曲县	
432	10.3.6.1	柴荣藏布	兹格塘错	佳拉笛山、来果玉山南侧	东北岸	60	1 364	0.7	西藏自治区安多县	
433	10.3.9.1	白桑桑曲	巴木错	郎钦山脉都如山北侧	西北岸	94	1 980		西藏自治区班戈县	
434	10.3.9.2	荣钦藏曲	巴木错	郎钦山脉都如山南侧	西岸	83	832		西藏自治区班戈县	
435	10.3.9.3	桑曲	巴木错	缅日山西侧	东北岸	63	476		西藏自治区班戈县	
436	10.3.9.4	卡莫曲	巴木错	沙热玛山北侧	东岸	82	992		西藏自治区班戈县	
437	10.3.12.1	桑曲	徐果错	嘎你山	东南岸	60	596		西藏自治区班戈县	
438	10.3.13.1	夏玛纳多曲	其香错	廓洛山南侧	西南岸	61	752		西藏自治区尼玛县双湖特别区	
439	10.3.14.1.1	帮陇陇巴河	米提江占木错	祖尔肯乌拉山脉北段梅花雪山西侧	西北岸	155.5	3 910.4		青海省格尔木市、西藏自治区安多县	
440	10.3.14.1.1.3	巴日根曲	帮陇陇巴河支流	祖尔肯乌拉山脉北段常年冰雪覆盖区西南坡		74.0	740		青海省格尔木市	
441	10.3.14.1.2	曲郎岛日河	米提江占木错	祖尔肯乌拉山北段岗钦雪山西南侧	北岸	55	630.9		青海省格尔木市	
442	10.3.14.1.3	切尔恰藏布	米提江占木错	唐古拉山各拉丹冬峰西侧	东岸	60	1 150		青海省格尔木市	
443	10.3.14.1.4	曾松曲	米提江占木错	唐古拉山冰雪覆盖区	东岸	86	1 860		青海省格尔木市	
444	10.3.14.3	托纳藏布	多尔索洞错	普若岗日雪山	西岸	89	2 310		西藏自治区尼玛县双湖特别区	
445	10.3.18.1.1	扎让雄曲	仁错贡玛	与他玛藏布分流处	西岸	47	508		西藏自治区申扎县、班戈县	规模以下
446	10.3.18.2.1	藏布曲	玖如错	郎穷山南坡	北岸	55	920		西藏自治区班戈县	
447	10.3.20.1	美日北河	美日切错	诺拉岗日雪山和索拉木岗日常年冰雪覆盖区	东北岸	65	732		西藏自治区安多县、尼玛多湖特别区	
448	10.3.21.1	卡挖藏布	班戈错	郎钦山	东南岸	79	1 572		西藏自治区班戈县	
449	10.3.32.1	天台河	多格错仁强错	可可西里山南侧雪山	西岸	84	892		西藏自治区安多县、尼玛县双湖特别区	
450	10.3.32.2	玉龙河	多格错仁强错	可可西里岗日雪山	东北岸	53	328		西藏自治区安多县	

续表

序号	条目编号	河　名	水　系	发源地	入河（湖、海）口	河长(km)	流域面积(km²)	多年平均年径流量(亿 m³)	行　经　地　区	备注
451	10.3.32.3	西南河	多格错仁强错	冬布勒山北侧	西南岸	54	544		西藏自治区安多县	
452	10.3.32.4	五泉河	多格错仁强错	若拉岗日雪山	西岸	58	1 504		西藏自治区安多县、尼玛县双湖特别区	
453	10.3.33.1	扎加藏布	色林错	登卡雪山西侧	北岸	409	14 850		西藏自治区尼玛县、班戈县、安多县	
454	10.3.33.1.1	香嘎曲	扎加藏布	各拉丹冬南侧雪山	青藏公路西侧支线四号道班以南2千米处	91	1 420		西藏自治区安多县	
455	10.3.33.1.2	达卓曲	扎加藏布	当玛岗雪山东侧	青藏公路西侧支线五号道班附近	74	728		西藏自治区安多县	
456	10.3.33.1.3	惹纳藏布	扎加藏布	托纠山西侧	扎加藏布左岸	59	496		西藏自治区安多县	
457	10.3.33.1.4	桑曲嘎波	扎加藏布	唐古拉山主峰西南侧	扎加藏布右岸	84	688		西藏自治区安多县	
458	10.3.33.1.5	尕尔曲	扎加藏布	唐古拉山主峰西侧	扎加藏布右岸	152	3 216		西藏自治区安多县	
459	10.3.33.1.5.1	多着曲	尕尔曲	碾日玛查山西侧	尕尔曲左岸	68	1 020		西藏自治区安多县	
460	10.3.33.1.6	破曲	扎加藏布	美多曲冬山西南侧	扎加藏布右岸	89	1 760		西藏自治区安多县	
461	10.3.33.2	波曲藏布	色林错	郎钦山南麓	东岸浆东如瑞湖汊	85	1 360		西藏自治区班戈县、申扎县	
462	10.3.33.3	阿里藏布	色林错	念青唐古拉山	西南岸	245	7 145		西藏自治区申扎县、班戈县	
463	10.3.33.4	扎根藏布	色林错	冈底斯山北麓	西岸	355	15 315		西藏自治区申扎县、尼玛县	
464	10.3.33.4.4.1	巴汝藏布	格仁错	强拉潘日雪山北侧	西南岸	119	2 820		西藏自治区申扎县	
465	10.3.33.4.5.1	虾嘎荣藏布	孜桂错	仲布布噶日山北侧	西岸	97	1 648		西藏自治区尼玛县	
466	10.3.36.1	大枚饶河	果根错	洛日代尔山西南侧	东北岸	62	1 148		西藏自治区尼玛县双湖特别区	
467	10.3.39.1	洪玉泉河	多格错仁	玉带山西侧	东南岸	77.5	1 120		西藏自治区安多县	
468	10.3.39.2	东温河	多格错仁	普若岗日雪山东侧	南岸	109	1 380		西藏自治区安多县、双湖特别区	
469	10.3.39.3	源泉河	多格错仁	普若岗日雪山北侧	南岸	66	740		西藏自治区安多县、尼玛县双湖特别区	
470	10.3.39.4	长水河	多格错仁	强仁温杂日山东脉	南岸	52	836		西藏自治区尼玛县双湖特别区	
471	10.3.39.5	长龙河	多格错仁	演武湖	西岸	61	1 876		西藏自治区尼玛县双湖特别区	
472	10.3.41.1	西峡河	长湖	冬布勒山	东岸	80.5	896		西藏自治区安多县	
473	10.3.47.1	西沙河	玉液湖	纳日雪山南麓	东南岸	86	1 028		西藏自治区尼玛县双湖特别区	
474	10.3.51.1	希杂洛玛曲	阿木错	那底岗日雪山南坡	西岸	110	1 291		西藏自治区尼玛县双湖特别区	
475	10.3.53.1.1	浦志藏布	纳江错	西唐古拉山米多尔陇巴东侧	东北岸	62	1 196		西藏自治区尼玛县双湖特别区	
476	10.3.53.1.2	卡续当玛河	纳江错	西唐古拉山扎毛休纳南侧	北岸	58	904		西藏自治区尼玛县双湖特别区	
477	10.3.56.1	向峰河	万安湖	强仁温杂日山北侧	东南岸	72	712		西藏自治区尼玛县双湖特别区	
478	10.3.60.1.1	湃浪河	若拉错	可可西里雪山	双莲湖南岸	81	674		西藏自治区尼玛县双湖特别区	

续表

序号	条目编号	河名	水系	发源地	入河（湖、海）口	河长(km)	流域面积(km²)	多年平均年径流量(亿 m³)	行经地区	备注
479	10.3.60.1.2	烈马河	若拉错	玉帽山、狮子山山区	双莲湖西南岸	54	364		西藏自治区尼玛县双湖特别区	
480	10.3.60.2.1	裕民河	若拉错	可可西里山西段南侧	淡冰湖东北岸	71	792		西藏自治区尼玛县双湖特别区	
481	10.3.74.1	狭床河	仙鹤湖	昆仑山南侧	西北岸	80	660		西藏自治区尼玛县双湖特别区	
482	10.3.76.1	汇水河	雪环湖	北陡黑山西脉	南岸	56	760		西藏自治区尼玛县双湖特别区	
483	10.3.79.1	萨嘎尔藏布	拔度错	木嘎岗日冰雪覆盖区	西南岸	65	1 044		西藏自治区尼玛县双湖特别区	
484	10.3.81.1	塘苴贡玛曲	肖茶卡	江爱山脉南麓	西岸	57	568		西藏自治区尼玛县双湖特别区	
485	10.3.83.1	波仓藏布	达则错	巴林岗日雪山北侧	西岸	257	8 494	1.8	西藏自治区尼玛县	
486	10.3.83.1.3	舍藏藏布	波仓藏布右岸支流	青扒贡陇山	波仓藏布右岸	75	1 610		西藏自治区尼玛县	
487	10.3.84.1	雅贝藏布	马尔下错	高程 5 100 米以上山地	东南岸	65	1 100		西藏自治区尼玛县	
488	10.3.86.1	玲珑河	雪景湖	昆仑山脉木孜塔格山冰川	东北岸	50	1 746		西藏自治区尼玛县双湖特别区	
489	10.3.86.1.1	微水河	玲珑河左岸支流	可可西里山脉横云山北侧	玲珑河左岸	71	1 092		西藏自治区尼玛县双湖特别区	
490	10.3.86.2	淋水河	雪景湖	昆仑山脉木孜塔格雪山	西岸	47	516		西藏自治区尼玛县双湖特别区	规模以下
491	10.3.87.1	曲龙河	错尼	藏色岗日雪山东侧	西岸	138	2 550		西藏自治区改则县、尼玛县、尼玛县双湖特别区	
492	10.3.89.1	达扎藏布	昂孜错	强拉潘日北麓	西南岸	124	2 980		西藏自治区尼玛县、昂仁县	
493	10.3.89.2	江子藏布	昂孜错	布钦日山北麓	西南岸	77	1 288		西藏自治区尼玛县、昂仁县	
494	10.3.97.1	桑绿河	达杂迪扎错	桑孜则扎俄山西北麓	东岸	67	1 428		西藏自治区尼玛县双湖特别区	
495	10.3.98.1	虾河	玛尔果茶卡	色乌岗日雪山东北坡	西北岸	82	1 596		西藏自治区尼玛县、尼玛县双湖特别区	
496	10.3.99.1	玉龙河	江尼茶卡	藏色岗日雪山北坡	西岸	150	2 443		西藏自治区尼玛县	
497	10.3.99.2.1	日马卜松曲	江尼茶卡·玛尔盖茶卡	布若岗日雪山北坡	玛尔盖茶卡西南岸	170	3 193		西藏自治区尼玛县、改则县	
498	10.3.100.1	嘻龙河	振泉湖	昆仑山脉南侧山区	西北岸	51	468		西藏自治区尼玛县双湖特别区	
499	10.3.100.2	迎雪河	振泉湖	昆仑山脉南侧	东北岸	72	1 276		西藏自治区尼玛县双湖特别区	
500	10.3.104.1	江爱藏布	依布茶卡	那底岗日雪山西侧	东北岸	195	5 345		西藏自治区尼玛县、尼玛县双湖特别区	
501	10.3.105.1	达果藏布	当惹雍错	冈底斯山中段北麓碎顶拉、穷昂姑高山区	东南岸	210	5 899		西藏自治区昂仁县、尼玛县	
502	10.3.105.1.1	昂玛藏布	当惹雍错·达果藏布	穷昂姑山	达果藏布右岸	96	1 170		西藏自治区昂仁县、尼玛县	
503	10.3.105.2	卜寨藏布	当惹雍错	弄仁拉东北冰雪覆盖区	西北岸	56	736		西藏自治区尼玛县	
504	10.3.107.1	浑水河	涌波湖	可可西里山脉耸峙岭	西岸	129	1 126		西藏自治区尼玛县、改则县，新疆维吾尔自治区且末县	

续表

序号	条目编号	河 名	水 系	发源地	入河（湖、海）口	河长(km)	流域面积(km²)	多年平均年径流量(亿 m³)	行 经 地 区	备注
505	10.3.110.2	董杯曲岗	甲若错	张被宏山	东北岸	80	746		西藏自治区尼玛县	
506	10.3.119.1	措勤藏布	扎日南木错	冈底斯山北侧	东南岸	253	9 930		西藏自治区措勤县、昂仁县	
507	10.3.119.1.1	独日藏布	扎日南木错·措勤藏布	冈底斯山北侧	措勤藏布左岸	75	1 157		西藏自治区措勤县、昂仁县	
508	10.3.119.1.2	鲁玛蒋登曲	扎日南木错·措勤藏布	冈底斯山支脉特柱山北侧	措勤藏布右岸	95	1 060		西藏自治区措勤县、昂仁县	
509	10.3.119.1.3	恰玖藏布	扎日南木错·措勤藏布	届龙拉、日拉等高山区	措勤藏布左岸	55	743		西藏自治区措勤县	
510	10.3.119.1.4	温多藏布	扎日南木错·措勤藏布	冈底斯山北侧	措勤藏布左岸	73	749		西藏自治区措勤县	
511	10.3.119.1.5	萨沃藏布	扎日南木错·措勤藏布	冈底斯山北侧我多拉等冰川群	措勤藏布左岸	68	1 072		西藏自治区措勤县	
512	10.3.119.2	达龙藏布	扎日南木错	冈底斯山北侧	左岸	160	2 560		西藏自治区措勤县、尼玛县	
513	10.3.125.1	桑无藏布	昂古错	巴林岗日山南麓	北岸	53	616		西藏自治区措勤县	
514	10.3.128.1	勒仁藏布	扎西错	尼玛县中仓乡荣冬勒附近	东北岸	59.5	1 416		西藏自治区改则县、尼玛县	
515	10.3.130.1	拉顺东河	拉顺湖	布若岗日雪山西侧	东岸	65.5	944		西藏自治区改则县	
516	10.3.131.1	下曲	达瓦错	下岗江冰雪覆盖区	北岸	51	646		西藏自治区措勤县	
517	10.3.131.2	雅弄藏布	达瓦错	冈底斯山脉北侧	东北岸	52	400		西藏自治区措勤县	
518	10.3.131.3	绒玛藏布	达瓦错	冈底斯山脉北侧	西南岸	53	598		西藏自治区措勤县	
519	10.3.132.1	康巴藏布	攸布错	冈底斯山北侧	东岸	101	1 740		西藏自治区措勤县	
520	10.3.134.1	下曲藏布	洞错	巴林岗日山北侧	东南岸	116	3 760		西藏自治区改则县、尼玛县、措勤县	
521	10.3.134.1.1	重昌藏布	洞错·下曲藏布	巴林岗日山北麓扒纳色勒	下曲藏布右岸	73	1 424		西藏自治区尼玛县	
522	10.3.135.1	隆桑曲	羊湖	布若岗日雪山	西岸	249	7 763		西藏自治区改则县	
523	10.3.135.1.1	西岔沟	羊湖·隆桑曲	独雪山	隆桑曲左岸	97	1 682		西藏自治区改则县	
524	10.3.137.1	改来藏布	才玛尔错	都古尔雪山北坡	东南岸	78.8	1 152		西藏自治区改则县	
525	10.3.137.2	乌孜藏布	才玛尔错	高程5 600多米的山地	北岸	73.5	1 262		西藏自治区改则县	
526	10.3.142.1	索美藏布	拉果错	夏康坚冰川	东南岸	138	2 100		西藏自治区改则县	
527	10.3.142.2	桑热河	拉果错	弄角错、昂马错	南岸	102	1 220		西藏自治区改则县、措勤县	
528	10.3.144.1	桑目旧曲	扎布耶茶卡	冈底斯山北麓	东岸	246	11 652		西藏自治区仲巴县、措勤县	
529	10.3.144.1.2	脚布曲	扎布耶茶卡·桑目旧曲	冈底斯山北麓	桑目旧曲右岸	135	2 038		西藏自治区仲巴县、措勤县	
530	10.3.144.1.3	甲布曲	扎布耶茶卡·桑目旧曲	冈底斯山北麓下热勒等	桑目旧曲右岸	88	1 602		西藏自治区仲巴县、措勤县	
531	10.3.144.2	罗贝藏布	扎布耶茶卡	冈底斯山北麓	东北岸	116	1 676		西藏自治区改则县、措勤县、仲巴县	
532	10.3.148.1	罗仁藏布	吓嘎错	雀岗一带的山区	东北岸	183	4 100		西藏自治区改则县	
533	10.3.151.1	冬隆藏布	仓木错	隆格尔山阿贸扎冰川东侧	东南岸	82	1 560		西藏自治区改则县	
534	10.3.152.1	祝地藏布	仁青休布错	冈底斯山北麓	西岸	91	1 350		西藏自治区仲巴县	
535	10.3.153.1	昂翁藏布	昂拉仁错	冈底斯山北麓	西岸	183	7 077		西藏自治区革吉县、改则县	
536	10.3.153.1.2	惹查木曲	昂拉仁错·昂翁藏布	冈底斯山北麓错鄂等小型冰川湖	昂翁藏布右岸	84	2 693		西藏自治区革吉县	

续表

序号	条目编号	河 名	水 系	发源地	入河（湖、海）口	河长(km)	流域面积(km²)	多年平均年径流量(亿 m³)	行 经 地 区	备注
537	10.3.153.1.3	琐色藏布	昂拉仁错·昂翁藏布	冈底斯山北麓冰雪覆盖区及小型冰川湖	昂翁藏布右岸	118	1 398		西藏自治区革吉县	
538	10.3.153.2	拉布让藏布	昂拉仁错	冈底斯山北麓冰雪覆盖区	西南岸	114	2 810		西藏自治区革吉县、仲巴县	
539	10.3.153.2.1	拉加纳曲	昂拉仁错·拉布让藏布	冈底斯山北麓高山区	拉布让藏布右岸	79	830		西藏自治区仲巴县	
540	10.3.154.1	江窘藏布	果普错	隆格尔山阿贸扎冰川西侧	东南岸	79	688		西藏自治区改则县	
541	10.3.159.1.1	托和平河	托和平错	黑山头	北岸	90	1 584		西藏自治区改则县	
542	10.3.160.1	帕莫藏布	别若则错	冈布鲁雪山东南侧	西南岸	102	1 868		西藏自治区革吉县	
543	10.3.169.1	贾个热不嘎河	纳屋错	塔查普山冰雪覆盖区	西北岸	110	1 548		西藏自治区革吉县	
544	10.3.170.1	响曲	聂尔错	亚龙赛龙日山东侧	西北岸	172	4 077		西藏自治区革吉县	
545	10.3.171.1	久尖曲	色喀执错	冈布鲁冰雪覆盖区	西北岸	57	758		西藏自治区革吉县	
546	10.3.175.1	尔玛好尔毛河	鲁玛江冬错	喀喇昆仑山脉东段	东南岸	73	1 900		西藏自治区日土县	
547	10.3.175.2	库尔拿河	鲁玛江冬错	喀喇昆仑山脉东段	西北岸	126	2 530		西藏自治区日土县	
548	10.3.176.1	扎哥拉哥藏布	阿翁错	昂龙岗日冰川	西岸	92	1 586		西藏自治区日土县	
549	10.3.177.1	泉水河	邦达错	绿梅游麻	西南岸	111.5	2 452		西藏自治区日土县	
550	10.3.179.1	郭扎东北河	郭扎错	昆仑山南麓平顶冰川	东北岸	80	908		西藏自治区日土县	
551	10.3.186.1	秋马强绒河	松木希错	喀喇昆仑山脉熊彩岗日山	西南岸	50.5	1 408		西藏自治区日土县	
552	10.3.187.1	多玛曲	班公错	喀喇昆仑山脉	北岸	95	3 000		西藏自治区日土县	
553	10.3.187.2	麻嘎藏布	班公错	冈底斯山北坡塔布渣	东岸	168	9 200		西藏自治区日土县	
554	10.3.187.2.1	戴藏布	班公错·麻嘎藏布	曲垄山口	麻嘎藏布左岸	64	1 008		西藏自治区日土县	
555	10.3.187.3	昌隆河	班公错	喀喇昆仑山脉南坡	北岸	89	1 644		西藏自治区日土县	
556	10.3.188.1	猎斯高热嘎河	泽错	喀喇昆仑山脉扎嘎尔山	西北岸	56	460		西藏自治区日土县	
557	10.3.189.1	唐热曲	曼冬错	冈底斯山北麓	东岸	64	1 000		西藏自治区日土县	

附表二　　　　　　　　　　西南诸河卷列条湖泊一览表

序号	条目编号	湖名	湖泊性质	水系	湖面面积（km²）	蓄水量（万 m³）	所在地区	备注
1	7.14.11.1	布托错青	淡水湖	金河	9.0		西藏自治区丁青县	
2	7.14.11.2	布托错穷	淡水湖	金河	6.4		西藏自治区丁青县	
3	7.14.19.2	天池	淡水湖	沘江	1.26	1 002	云南省云龙县	扩建为水库型湖泊
4	7.14.22.1	剑湖	淡水湖	黑惠江	6.20	1 860	云南省剑川县金华镇	
5	7.14.22.3.1	海西海	淡水湖	西洱河	4.33	5 310	云南省洱源县牛街乡	扩建为水库型湖泊
6	7.14.22.3.2	茈碧湖	淡水湖	西洱河	7.43	8 070	云南省洱源县茈碧乡	扩建为水库型湖泊
7	7.14.22.3.3	西湖	淡水湖	西洱河	3.3	593	云南省洱源县	
8	7.14.22.3.4	洱海	淡水湖	西洱河	249.4	288 000	云南省洱源县、大理市	
9	7.15.1	错那	淡水湖	怒江	182.4		西藏自治区安多县	
10	7.15.1.1	嘎弄错	淡水湖	怒江	15.6		西藏自治区安多县	
11	7.15.1.1.1	错加	淡水湖	怒江	20.0		西藏自治区安多县	
12	7.16.5.2	腾冲火口湖	火山口湖	伊洛瓦底江	0.03		云南省腾冲县	封闭型湖泊
13	7.17.2.1	森里错	淡水湖	雅鲁藏布江·来乌藏布	83.8		西藏自治区仲巴县	
14	7.17.9	朗错	咸水湖	雅鲁藏布江	12.1		西藏自治区昂仁县	
15	7.17.12.1.1	安觉错	淡水湖	雅鲁藏布江·多雄藏布·孔弄曲	18.5		西藏自治区昂仁县	
16	7.17.17.3.1	冲巴雍错	淡水湖	雅鲁藏布江·年楚河·康如普曲	12.3		西藏自治区康马县	
17	7.17.38.6.2	八松错	淡水湖	雅鲁藏布江·尼洋河·巴河	25.5		西藏自治区工布江达县	最大水深60m
18	7.17.39.2	然乌错	淡水湖	雅鲁藏布江·帕隆藏布	22.0		西藏自治区八宿县	
19	7.17.39.8.7	易贡错	淡水湖	雅鲁藏布江·帕隆藏布·易贡藏布	22.0	15 000	西藏自治区波密县	2000年消失
20	7.18.3.4	丁木错	淡水湖	朋曲左岸	11.1		西藏自治区定日县	
21	7.18.3.5.3	定结错	淡水湖	叶如藏布右岸	12.7		西藏自治区定结县	
22	7.19.1.1.1	夏赛错	淡水湖	生拉藏布的上源	14.5		西藏自治区革吉县	
23	7.19.2.1	鸳鸯湖	淡水湖	奇普恰普河北岸	1.2			
24	10.2.1	拿日雍错	微咸水湖	内陆湖	26.8		西藏自治区错那县	
25	10.2.2	哲古错	淡水湖	内陆湖	56.8		西藏自治区措美县	
26	10.2.3	羊卓雍错	微咸水湖	内陆湖	678	1 595 000	西藏自治区浪卡子县	
27	10.2.3.1	空姆错	淡水湖	羊卓雍错	40.4		西藏自治区浪卡子县	
28	10.2.4	巴纠错	咸水湖	内陆湖	45.5	21 000	西藏自治区浪卡子县	
29	10.2.5	沉错	微咸水湖	内陆湖	39.1	59 000	西藏自治区浪子卡县	
30	10.2.6	普莫雍错	淡水湖	内陆湖	290	1 102 000	西藏自治区浪卡子县	
31	10.2.7	嘎拉错		内陆终点湖	26.6		西藏自治区康马县	
32	10.2.7.1.1	多庆错	淡水湖	嘎拉错	60		西藏自治区康马县、亚东县	
33	10.2.8	错母折林	微咸水湖	内陆湖	66.5		西藏自治区定结县	
34	10.2.9	昂仁金错	咸水湖	内陆湖	24.3		西藏自治区昂仁县	
35	10.2.10	错卧莫		内陆湖	22.1		西藏自治区昂仁县	
36	10.2.11	浪强错	微咸水湖	内陆湖	28.4		西藏自治区聂拉木县	
37	10.2.12	打加错	微咸水湖	内陆湖	114.5		西藏自治区昂仁县、措勤县	
38	10.2.13	佩枯错	微咸水湖	内陆湖	284	796 000	西藏自治区吉隆县、聂拉木县	

续表

序号	条目编号	湖名	湖泊性质	水系	湖面面积（km²）	蓄水量（万 m³）	所在地区	备注
39	10.2.14	错戳龙	盐湖	内陆湖	17.3		西藏自治区吉隆县	
40	10.2.15	公珠错	微咸水湖	内陆湖	66.2		西藏自治区普兰县	
41	10.2.16	拉昂错	淡水湖	内陆终点湖	268.5		西藏自治区普兰县	
42	10.2.16.2	玛旁雍错	淡水湖	拉昂错	412	1 978 000	西藏自治区普兰县	
43	10.3.1	错鄂		内陆湖	61.3		西藏自治区那曲县	
44	10.3.2	乃日平错	咸水湖	内陆湖	69.6		西藏自治区那曲县	
45	10.3.3	懂错	咸水湖	内陆湖	124.0		西藏自治区安多县	
46	10.3.4	纳木错	咸水湖	内陆湖	1 920	7 846 000	西藏自治区当雄县、班戈县	
47	10.3.5	蓬错	咸水湖	内陆终点湖	135.7		西藏自治区班戈县、安多县	
48	10.3.5.1.1	崩错	淡水湖	蓬错·罗可曲	141.0		西藏自治区班戈县、那曲县	
49	10.3.6	兹格塘错	咸水湖	内陆湖	191.4	266 450	西藏自治区安多县	
50	10.3.7	江错	咸水湖	内陆湖	36.0		西藏自治区班戈县	
51	10.3.8	达如错	咸水湖	内陆湖	54.2		西藏自治区班戈县	
52	10.3.9	巴木错	咸水湖	内陆湖	191.0		西藏自治区班戈县	
53	10.3.10	申错	咸水湖	内陆湖	43.3		西藏自治区班戈县	
54	10.3.11	东恰错	咸水湖	内陆湖	46.7		西藏自治区班戈县	
55	10.3.12	徐果错	咸水湖	内陆湖	22.7		西藏自治区班戈县	
56	10.3.13	其香错	盐湖	内陆湖	149		西藏自治区尼玛县、尼玛县双湖特别区	
57	10.3.14	多尔索洞错	咸水湖	内陆终点湖	400		西藏自治区尼玛县双湖特别区	
58	10.3.14.1	米提江占木错	咸水湖	多尔索洞错	476.8		青海省格尔木市、西藏自治区安多县	
59	10.3.14.1.1.1	波涛湖	微咸水湖	多尔索洞错	70.2		青海省格尔木市	
60	10.3.14.1.1.2	燕子湖	微咸水湖	多尔索洞错	16.1		青海省格尔木市	
61	10.3.14.1.1.4	诺多错	微咸水湖	多尔索洞错	57.3		青海省格尔木市、西藏自治区安多县	
62	10.3.14.1.1.5	玛巧错	微咸水湖	多尔索洞错	26.8		青海省格尔木市	
63	10.3.14.1.2.1	日居错	微咸水湖	多尔索洞错	25.9		青海省格尔木市	
64	10.3.14.2	孔纳木错	咸水湖	多尔索洞错	15.4		西藏自治区尼玛县双湖特别区	
65	10.3.15	雪莲湖	咸水湖	内陆湖	51.7		青海省格尔木市	
66	10.3.16	欧错	咸水湖	内陆湖	16.3		青海省格尔木市	
67	10.3.17	加木称错	咸水湖	内陆湖	30.5		青海省格尔木市	
68	10.3.18	仁错约玛	盐湖	内陆终点湖	55.2		西藏自治区班戈县	
69	10.3.18.1	仁错贡玛	咸水湖	仁错约玛	103.7		西藏自治区班戈县、申扎县	
70	10.3.18.2	玖如错	淡水湖	仁错约玛	40.4		西藏自治区班戈县	
71	10.3.19	雅根查错	盐湖	内陆湖	108		西藏自治区尼玛县双湖特别区	
72	10.3.20	美日切错	咸水湖	内陆湖	69		西藏自治区安多县、尼玛县双湖特别区	
73	10.3.21	班戈错	盐湖	内陆湖	55.2		西藏自治区班戈县	班戈Ⅲ湖
74	10.3.22	纳卡错	咸水湖	内陆湖	16.8		西藏自治区班戈县	
75	10.3.23	洋纳朋错	咸水湖	内陆湖	12.5		西藏自治区尼玛县双湖特别区	
76	10.3.24	太平南湖	咸水湖	内陆湖	13.9		西藏自治区安多县	
77	10.3.25	太平湖	咸水湖	内陆湖	19.8		西藏自治区安多县	
78	10.3.26	扎木错玛琼	盐湖	内陆湖	18.1		西藏自治区尼玛县双湖特别区	

续表

序号	条目编号	湖名	湖泊性质	水系	湖面面积(km²)	蓄水量(万 m³)	所在地区	备注
79	10.3.27	昂达尔错	盐湖	内陆终点湖	34.3		西藏自治区尼玛县双湖特别区	最大水深0.94米
80	10.3.27.1	昂达尔东错	微咸水湖	昂达尔错	3.1		西藏自治区尼玛县双湖特别区	规模以下,最大水深1.0米
81	10.3.28	赞宗错	盐湖	内陆湖	13		西藏自治区尼玛县双湖特别区	卤水面积8.5km²
82	10.3.29	普嘎错	盐湖	内陆湖	36.2		西藏自治区班戈县、申扎县	
83	10.3.30	向阳湖	咸水湖	内陆湖	97.1		西藏自治区安多县	
84	10.3.31	瀑赛尔错	咸水湖	内陆湖	18.3		西藏自治区尼玛县双湖特别区	
85	10.3.32	多格错仁强错	盐湖	内陆湖	207.3		西藏自治区安多县	
86	10.3.33	色林错	咸水湖	内陆终点湖	1 628	3 744 000	西藏自治区申扎县、尼玛县、班戈县	
87	10.3.33.1.7	亚土错	淡水湖	色林错	24.5		西藏自治区班戈县	
88	10.3.33.3.1	木纠错	淡水湖	色林错	78	62 000	西藏自治区申扎县	
89	10.3.33.3.2	错鄂	淡水湖	色林错	269	484 000	西藏自治区申扎县	
90	10.3.33.3.2.1	时补错	淡水湖	错鄂	13.5		西藏自治区申扎县	
91	10.3.33.4.1	查藏错	淡水湖	色林错	17.8		西藏自治区申扎县	
92	10.3.33.4.2	越恰错	淡水湖	色林错	62.2		西藏自治区申扎县	
93	10.3.33.4.3	木地达拉玉错	淡水湖	色林错	23.6		西藏自治区申扎县	
94	10.3.33.4.4	格仁错	淡水湖	色林错	475.9	714 000	西藏自治区申扎县	
95	10.3.33.4.5	孜桂错	淡水湖	色林错	73	73 000	西藏自治区尼玛县	
96	10.3.33.4.6	吴如错	淡水湖	色林错	343	343 000	西藏自治区申扎县、尼玛县	
97	10.3.33.4.7	恰规错	淡水湖	色林错	88.5	89 000	西藏自治区申扎县、尼玛县双湖特别区	
98	10.3.34	桃湖	咸水湖	内陆湖	20.4		西藏自治区安多县	
99	10.3.35	果忙错	咸水湖	内陆湖	97		西藏自治区申扎县	
100	10.3.36	果根错	微咸水湖	内陆湖	28.8		西藏自治区尼玛县双湖特别区	
101	10.3.37	永波湖	盐湖	内陆湖	37.5		西藏自治区安多县	
102	10.3.38	围山湖	咸水湖	内陆湖	32.4		西藏自治区尼玛县双湖特别区	
103	10.3.39	多格错仁	盐湖	内陆湖	393.3		西藏自治区安多县、尼玛县双湖特别区	
104	10.3.40	东月湖	盐湖	内陆湖	23.4		西藏自治区安多县	
105	10.3.41	长湖	咸水湖	内陆湖	46		西藏自治区安多县	
106	10.3.42	才多茶卡	盐湖	内陆湖	38.5		西藏自治区尼玛县双湖特别区	
107	10.3.43	蒂让碧错	盐湖	内陆湖	22.1		西藏自治区尼玛县双湖特别区	
108	10.3.44	恒梁湖	咸水湖	内陆湖	17.8		西藏自治区安多县	
109	10.3.45	雅个冬错	咸水湖	内陆湖	34.8	5 000	西藏自治区申扎县	
110	10.3.46	荷花湖	咸水湖	内陆湖	22.5		西藏自治区尼玛县双湖特别区	
111	10.3.47	玉液湖	咸水湖	内陆湖	82.2		西藏自治区尼玛县双湖特别区	
112	10.3.48	毕洛湖	盐湖	内陆湖	24.9		西藏自治区尼玛县双湖特别区	
113	10.3.49	浅水湖	盐湖	内陆湖	12.2		西藏自治区尼玛县双湖特别区	
114	10.3.50	鄂雅错	盐湖	内陆湖	58.7		西藏自治区尼玛县双湖特别区	
115	10.3.51	阿木错	盐湖	内陆湖	34.8		西藏自治区尼玛县双湖特别区	最大水深2.1m
116	10.3.52	达尔沃错温	盐湖	内陆湖	36.8		西藏自治区尼玛县双湖特别区	
117	10.3.53	崩则错	盐湖	郭加林湖	18.5		西藏自治区尼玛县双湖特别区	实属吞吐湖
118	10.3.53.1	纳江错	咸水湖	郭加林湖	44.3		西藏自治区尼玛县双湖特别区	
119	10.3.54	今戈错	淡水湖	内陆湖	95.6		西藏自治区尼玛县双湖特别区	
120	10.3.55	白滩湖	盐湖	内陆湖	15.7		西藏自治区尼玛县双湖特别区	

续表

序号	条目编号	湖名	湖泊性质	水系	湖面面积（km²）	蓄水量（万 m³）	所在地区	备注
121	10.3.56	万安湖	盐湖	内陆湖	10.4		西藏自治区尼玛县双湖特别区	
122	10.3.57	琼浆湖	咸水湖	内陆湖	18.2		西藏自治区尼玛县双湖特别区	
123	10.3.58	半岛湖	盐湖	内陆湖	29.2		西藏自治区尼玛县双湖特别区	
124	10.3.59	北雷湖	盐湖	内陆湖	21.8		西藏自治区尼玛县双湖特别区	
125	10.3.60	若拉错	盐湖	内陆终点湖	57		西藏自治区尼玛县双湖特别区	
126	10.3.60.1	双莲湖	咸水湖	若拉错	11.6		西藏自治区尼玛县双湖特别区	
127	10.3.60.2	淡冰湖	咸水湖	若拉错	22.2		西藏自治区尼玛县双湖特别区	
128	10.3.61	美菊湖	咸水湖	内陆湖	13.4		西藏自治区尼玛县双湖特别区	
129	10.3.62	长颈湖	盐湖	内陆湖	11		西藏自治区尼玛县双湖特别区	卤水面积 4.6km²
130	10.3.63	恰尔嘎木错	盐湖	内陆湖	21		西藏自治区尼玛县双湖特别区	
131	10.3.64	玉盘湖	咸水湖	内陆湖	15.4		西藏自治区尼玛县双湖特别区	
132	10.3.65	龙尾湖	微咸水湖	内陆湖	43.8		西藏自治区尼玛县双湖特别区	
133	10.3.66	孔错	咸水湖	内陆湖	11.7		西藏自治区申扎县	
134	10.3.67	赛布错	咸水湖	内陆湖	62.7		西藏自治区尼玛县双湖特别区	
135	10.3.68	太苍湖	咸水湖	内陆湖	20		西藏自治区尼玛县双湖特别区	卤水面积 4.7km²
136	10.3.69	雪梅湖	咸水湖	内陆湖	33.5		西藏自治区尼玛县双湖特别区	
137	10.3.70	朋彦错	盐湖	内陆湖	48.8		西藏自治区尼玛县双湖特别区	
138	10.3.71	银波湖	咸水湖	内陆湖	30.4		西藏自治区尼玛县双湖特别区	
139	10.3.72	诺尔玛错	咸水湖	内陆湖	68.1		西藏自治区尼玛县双湖特别区	
140	10.3.73	孔孔茶卡	盐湖	内陆湖	37.7		西藏自治区尼玛县双湖特别区	
141	10.3.74	仙鹤湖	咸水湖	内陆湖	33.4		西藏自治区尼玛县双湖特别区	
142	10.3.75	映天湖	盐湖	内陆湖	14.4		西藏自治区尼玛县双湖特别区	
143	10.3.76	雪环湖	咸水湖	内陆湖	40.6		西藏自治区尼玛县双湖特别区	
144	10.3.77	饮龙湖	盐湖	内陆湖	10.7		西藏自治区尼玛县双湖特别区	
145	10.3.78	浩波湖	盐湖	内陆湖	15		西藏自治区尼玛县双湖特别区	
146	10.3.79	拔度错	淡水湖	内陆湖	59.5		西藏自治区尼玛县双湖特别区	
147	10.3.80	甲热布错	咸水湖	内陆湖	36.4		西藏自治区尼玛县双湖特别区	
148	10.3.81	肖茶卡	盐湖	内陆湖	12.1		西藏自治区尼玛县双湖特别区	
149	10.3.82	纳克茶卡	盐湖	内陆终点湖	31.2		西藏自治区尼玛县双湖特别区	
150	10.3.82.1	琵琶湖	咸水湖	纳克茶卡	15.8		西藏自治区尼玛县双湖特别区	
151	10.3.83	达则错	咸水湖	内陆终点湖	244.7	489 000	西藏自治区尼玛县	
152	10.3.83.1.1	它日错	淡水湖	达则错	40.7		西藏自治区尼玛县	
153	10.3.83.1.2	冻果错	淡水湖	达则错	23.9		西藏自治区尼玛县	
154	10.3.84	马尔下错	咸水湖	内陆湖	63.8		西藏自治区尼玛县	
155	10.3.85	确旦错	盐湖	内陆湖	36.4		西藏自治区尼玛县双湖特别区	实为盐湖
156	10.3.86	雪景湖	咸水湖	内陆湖	53.1		西藏自治区尼玛县双湖特别区	
157	10.3.87	错尼	盐湖	内陆终点湖	67.5		西藏自治区尼玛县双湖特别区	最大水深 58.7m
158	10.3.87.1.1	吐坡错	咸水湖（内陆吞吐湖泊）	错尼	22.5		西藏自治区尼玛县	
159	10.3.88	雅根错	咸水湖	内陆湖	42.4		西藏自治区尼玛县	
160	10.3.89	昂孜错	咸水湖	内陆湖	461.5		西藏自治区尼玛县	
161	10.3.90	戈芒错	咸水湖	内陆终点湖	52		西藏自治区尼玛县	
162	10.3.90.1	张乃错	淡水湖	戈芒错	36		西藏自治区尼玛县	

续表

序号	条目编号	湖名	湖泊性质	水系	湖面面积（km²）	蓄水量（万m³）	所在地区	备注
163	10.3.91	虾别错	咸水湖	内陆湖	15.5		西藏自治区尼玛县	
164	10.3.92	得雨湖	咸水湖	内陆湖	43.7		西藏自治区尼玛县双湖特别区	
165	10.3.93	朝阳湖	盐湖	内陆湖	22.8		西藏自治区尼玛县双湖特别区	
166	10.3.94	角木茶卡	盐湖	内陆湖	41.8		西藏自治区尼玛县	卤水面积12.5km²
167	10.3.95	懂布错	咸水湖	内陆湖	27		西藏自治区尼玛县	
168	10.3.96	亚克错	盐湖	内陆湖	18.5		西藏自治区尼玛县双湖特别区	
169	10.3.97	达杂迪扎错	咸水湖	内陆湖	10		西藏自治区尼玛县	
170	10.3.98	玛尔果茶卡	盐湖	内陆湖	80.0		西藏自治区尼玛县	最大水深0.05m
171	10.3.99	江尼茶卡	盐湖	内陆终点湖	38.2		西藏自治区尼玛县、尼玛县双湖特别区	
172	10.3.99.1.1	淡水湖	咸水湖	江尼茶卡	23.2		西藏自治区尼玛县	
173	10.3.99.2	玛尔盖茶卡	盐湖	江尼茶卡	79.6		西藏自治区尼玛县	最大水深1.35m
174	10.3.100	振泉湖	咸水湖	内陆湖	42.4		西藏自治区尼玛县双湖特别区	
175	10.3.101	康如茶卡	盐湖	内陆湖	9.6		西藏自治区尼玛县	
176	10.3.102	热觉茶卡	盐湖	内陆湖	20		西藏自治区尼玛县	
177	10.3.103	映山湖	微咸水湖	内陆湖	0.7		西藏自治区尼玛县双湖特别区	规模以下，最大水深1.3m
178	10.3.104	依布茶卡	盐湖	内陆湖	88		西藏自治区尼玛县	最大水深1.5m
179	10.3.105	当惹雍错	咸水湖	内陆湖	835.0		西藏自治区尼玛县	
180	10.3.106	当穷错	盐湖	内陆湖	54.5		西藏自治区尼玛县	
181	10.3.107	涌波湖	咸水湖	内陆终点湖	56.0		西藏自治区尼玛县双湖特别区	
182	10.3.108	唢呐湖	盐湖	内陆湖	28		西藏自治区尼玛县	
183	10.3.109	冈塘错	盐湖	内陆湖	11.3		西藏自治区尼玛县	最大水深3.9m
184	10.3.110	甲若错	盐湖	内陆终点湖	13.5		西藏自治区尼玛县	
185	10.3.110.1	峒莫错	咸水湖	甲若错	10.8		西藏自治区尼玛县	
186	10.3.110.2.1	佣尖错	咸水湖	甲若错	17.9		西藏自治区尼玛县	
187	10.3.111	嘎尔孔茶卡	盐湖	内陆湖	51.6		西藏自治区尼玛县	
188	10.3.112	许如错	咸水湖	内陆湖	211.1		西藏自治区昂仁县	
189	10.3.113	姆错丙尼	咸水湖	内陆湖	146.2		西藏自治区昂仁县	
190	10.3.114	日干配错	盐湖	内陆湖	39.1		西藏自治区尼玛县	
191	10.3.115	直若错	盐湖	内陆湖	10.6		西藏自治区尼玛县	
192	10.3.116	北于湖	盐湖	内陆湖	10.5		西藏自治区尼玛县	
193	10.3.117	拉柏错	咸水湖	内陆湖	16.9		西藏自治区改则县	
194	10.3.118	达玛孜壤	咸水湖	内陆湖	33.1		西藏自治区尼玛县	
195	10.3.119	扎日南木错	咸水湖	内陆终点湖	997		西藏自治区措勤县、昂仁县、尼玛县	
196	10.3.119.1.2.1	坡孜错	咸水湖	扎日南木错	27.4		西藏自治区昂仁县	
197	10.3.119.2.1	齐格错	淡水湖	扎日南木错	20.3		西藏自治区措勤县	
198	10.3.120	戈木茶卡	盐湖	内陆湖	76		西藏自治区改则县	
199	10.3.121	布若错	咸水湖	内陆湖	87.5		西藏自治区改则县	
200	10.3.122	雪源湖	咸水湖	内陆湖	24.8		西藏自治区改则县	
201	10.3.123	甲多错	咸水湖	内陆湖	40.3		西藏自治区改则县	
202	10.3.124	南扎错	咸水湖	内陆湖	12.8		西藏自治区改则县	
203	10.3.125	昂古错	咸水湖	内陆湖	22.6		西藏自治区措勤县	
204	10.3.126	圆湖	咸水湖	内陆湖	10.3		西藏自治区改则县	

续表

序号	条目编号	湖名	湖泊性质	水系	湖面面积（km²）	蓄水量（万m³）	所在地区	备注
205	10.3.127	拉雄错	咸水湖	内陆湖	59.7		西藏自治区改则县	
206	10.3.128	扎西错	盐湖	内陆湖	47.2		西藏自治区改则县、尼玛县	
207	10.3.129	棉桃湖	盐湖	内陆湖	15		西藏自治区改则县	
208	10.3.130	拉顺湖	盐湖	内陆湖	18		西藏自治区改则县	卤水面积9.6km²
209	10.3.131	达瓦错	咸水湖	内陆湖	114.4		西藏自治区措勤县	
210	10.3.132	攸布错	咸水湖	内陆终点湖	63.4		西藏自治区措勤县	
211	10.3.132.1.1	嘎仁错	盐湖	攸布错	66		西藏自治区措勤县	
212	10.3.133	杰萨错	淡水湖	内陆湖	146.2		西藏自治区措勤县	
213	10.3.134	洞错	盐湖	内陆湖	87.7		西藏自治区改则县	卤水面积80.0km²，最大水深1.5m
214	10.3.135	羊湖	盐湖	内陆湖	90		西藏自治区改则县	
215	10.3.136	冈玛错	盐湖	内陆湖	13.6		西藏自治区改则县	
216	10.3.137	才玛尔错	盐湖	内陆湖	38		西藏自治区改则县	
217	10.3.138	多玛错	盐湖	内陆湖	12.8		西藏自治区改则县	
218	10.3.139	布尔嘎错	盐湖	内陆湖	12.6		西藏自治区改则县	
219	10.3.140	热那错	咸水湖	内陆湖	17		西藏自治区改则县	
220	10.3.141	心湖	咸水湖	内陆湖	29.4		西藏自治区改则县	
221	10.3.142	拉果错	盐湖	内陆湖	91.2		西藏自治区改则县	
222	10.3.143	查波错	盐湖	内陆湖	35.5		西藏自治区改则县	
223	10.3.144	扎布耶茶卡	盐湖	内陆终点湖	243		西藏自治区仲巴县	
224	10.3.144.1.1	塔若错	淡水湖	扎布耶茶卡	487	968 000	西藏自治区仲巴县	
225	10.3.144.1.2.1	麦穷错	淡水湖	扎布耶茶卡	62.3		西藏自治区仲巴县	
226	10.3.145	玉环湖	盐湖	内陆湖	10.3		西藏自治区改则县	
227	10.3.146	三岛湖	盐湖	内陆湖	20.4		西藏自治区改则县	
228	10.3.147	万泉湖	盐湖	内陆终点湖	30.4		西藏自治区改则县	
229	10.3.147.1	温泉湖	咸水湖	万泉湖	13.4		西藏自治区改则县	
230	10.3.148	吓嘎错	咸水湖	内陆湖	23.2		西藏自治区改则县	
231	10.3.149	拉布错	咸水湖	内陆湖	12.4		西藏自治区改则县	
232	10.3.150	帕龙错	咸水湖	内陆湖	141		西藏自治区仲巴县	
233	10.3.151	仓木错	盐湖	内陆湖	87.5		西藏自治区改则县	水深6.3m
234	10.3.152	仁青休布错	咸水湖	内陆湖	187.1		西藏自治区仲巴县	
235	10.3.153	昂拉仁错	盐湖	内陆终点湖	512.7		西藏自治区仲巴县、革吉县、改则县	
236	10.3.153.1.1	金美错	淡水湖	昂拉仁错	16.8		西藏自治区革吉县	
237	10.3.153.1.2.1	阿果错	淡水湖	昂拉仁错	62.3		西藏自治区革吉县	
238	10.3.154	果普错	咸水湖	内陆湖	62.3		西藏自治区改则县	
239	10.3.155	拜惹布错	盐湖	内陆湖	128.8		西藏自治区改则县	
240	10.3.156	达热布错	咸水湖	内陆湖	21		西藏自治区改则县	
241	10.3.157	碱水湖	咸水湖	内陆湖	88.9		西藏自治区改则县	
242	10.3.158	喀湖错	咸水湖	内陆湖	22		西藏自治区改则县	
243	10.3.159	长条湖	盐湖	内陆终点湖	16.6		西藏自治区改则县	

续表

序号	条目编号	湖名	湖泊性质	水系	湖面面积（km²）	蓄水量（万 m³）	所在地区	备注
244	10.3.159.1	托和平错	咸水湖	长条湖	31.6		西藏自治区改则县	
245	10.3.160	别若则错	盐湖	内陆湖	33.2		西藏自治区革吉县	
246	10.3.161	黑石北湖	咸水湖	内陆湖	93.5		西藏自治区改则县	最大水深59.0m
247	10.3.162	捌千错	咸水湖	内陆湖	15.5		西藏自治区革吉县	
248	10.3.163	扎仓茶卡	盐湖	内陆湖	128.0		西藏自治区革吉县	卤水面积22.4km²，最大水深1.2m
249	10.3.164	昆楚克错	咸水湖	内陆湖	23.4		西藏自治区改则县	
250	10.3.165	普让茶卡	盐湖	内陆湖	35		西藏自治区革吉县	
251	10.3.166	错呐错	咸水湖	内陆湖	51.7		西藏自治区革吉县	
252	10.3.167	恰贡错	盐湖	内陆湖	22.4		西藏自治区日土县	
253	10.3.168	美马错	咸水湖	内陆终点湖	140.5		西藏自治区日土县、改则县	
254	10.3.168.1	阿鲁错	微咸水湖	美马错	103		西藏自治区日土县、改则县	
255	10.3.169	纳屋错	盐湖	内陆终点湖	65.8		西藏自治区革吉县	
256	10.3.169.2	古波克错	咸水湖	纳屋错	16		西藏自治区革吉县	
257	10.3.170	聂尔错	盐湖	内陆湖	33		西藏自治区革吉县	
258	10.3.171	色喀执错	盐湖	内陆终点湖	18.8		西藏自治区革吉县	
259	10.3.172	骆驼湖	咸水湖	内陆终点湖	63.2		西藏自治区日土县	
260	10.3.172.1	清澈湖	微咸水湖	骆驼湖	58.2		西藏自治区日土县	
261	10.3.173	普尔错	微咸水湖	内陆终点湖	40.0		西藏自治区日土县	
262	10.3.173.1	月牙湖	淡水湖	普尔错	14.8		西藏自治区日土县	
263	10.3.174	独立石湖	咸水湖	内陆湖	75.3		西藏自治区日土县	
264	10.3.175	鲁玛江冬错	咸水湖	内陆湖	325		西藏自治区日土县	
265	10.3.175.2.1	显民得错	咸水湖	鲁玛江冬错	15.6		西藏自治区日土县	
266	10.3.176	阿翁错	盐湖	内陆湖	58.6		西藏自治区日土县	水深1.2m
267	10.3.177	邦达错	盐湖	内陆终点湖	106.5		西藏自治区日土县	
268	10.3.177.1.1	窝尔巴错	咸水湖	邦达错	93.8		西藏自治区日土县	
269	10.3.178	先且错	咸水湖	内陆湖	11.2		西藏自治区日土县	
270	10.3.179	郭扎错	咸水湖	内陆湖	252.6		西藏自治区日土县	最大水深81.9m
271	10.3.180	结则茶卡	盐湖	内陆湖	108		西藏自治区日土县	
272	10.3.181	热帮错	盐湖	内陆湖	31.6		西藏自治区日土县	
273	10.3.182	埃永错	盐湖	常木错为其终点湖	22.4		西藏自治区日土县	实属吞吐湖，水深0.4m
274	10.3.183	龙木错	盐湖	内陆湖	97		西藏自治区日土县	
275	10.3.184	芒错	盐湖	内陆湖	12.4		西藏自治区日土县	
276	10.3.185	昆仲错	咸水湖	内陆湖	15		西藏自治区日土县	
277	10.3.186	松木希错	淡水湖	内陆湖	24.6		西藏自治区日土县	
278	10.3.187	班公错	咸水湖（东淡西咸）	内陆终点湖	413（境内）		西藏自治区日土县	中国境内面积
279	10.3.188	泽错	咸水湖	内陆湖	112.7		西藏自治区日土县	
280	10.3.189	曼冬错	咸水湖	内陆湖	61.6		西藏自治区日土县	

附表三　　　　　　　　　　西南诸河卷列条水库一览表

序号	条目编号	库名	所在河流	控制流域面积（km²）	库容（万 m³）	坝型	坝长（m）	坝高（m）	主要功能	坝址所在地	备注
1	7.14.23	小湾水库	澜沧江	113 300	1 513 200	混凝土双曲拱坝	922.7	292	发电、防洪、灌溉、航运、拦沙	云南省南涧县、凤庆县	
2	7.14.24	漫湾水库	澜沧江	114 500	92 000	混凝土重力坝	418	132	发电	云南省云县、景东县	
3	7.14.28	大朝山水库	澜沧江	121 000	94 000	碾压混凝土溢流重力坝	480	111	发电	云南省临沧市、普洱市	
4	7.14.29.1	昔木水库	勐嘎河·昔木河	38.4	2 600	土石坝	212	31.2	灌溉、防洪、工业供水	云南省景谷傣族彝族自治县永平镇昔木村	
5	7.14.30.1	弄巴水库	小黑江·南桠河·那弄河	35.6	1 100	均质土坝	230	22.4	灌溉、防洪、人畜饮水、水产养殖	云南省耿马县耿马镇	
6	7.14.32.1.1	响水水库	景谷河	322	5 670	浆砌石重力坝	108	53	灌溉、防洪、发电、城镇供水	云南省景谷傣族彝族自治县响水村	
7	7.14.32.3.1.1	洗马河水库	思茅河·洗马河	9.45	420	均质土坝	169	15	城市供水、灌溉	云南省普洱市思茅城区东面	
8	7.14.33.1	多依林水库	黑河·杜康河	57	1 740	均质土坝	176	46.6	灌溉、防洪、发电、城镇供水	云南省澜沧拉祜族自治县富邦乡多依林村	
9	7.14.39	景洪水库	澜沧江	149 100	113 900	碾压混凝土重力坝	704.5	108	发电、防洪、航运	云南省景洪市北郊	
10	7.14.40.1.1	曼满水库	南哈河·南木央河	50.1	1 520	土石混合坝	155	46	防洪、灌溉、城镇供水	云南省勐海县巴达乡	
11	7.14.40.1.2	勐邦水库	南哈河·南岭河	43.5	2 300	均质土坝	84.8	25.4	灌溉、防洪、城镇供水	云南省勐海县勐遮镇	
12	7.14.40.2	曼飞龙水库	流沙河·曼飞龙河	43.8	1 261.3	均质土坝	316	20.8	灌溉、防洪、养殖、旅游	云南省景洪市嘎洒乡曼飞龙村	
13	7.15.32.1.1	大海坝水库	罗明坝河	10.7	2 370	均质土坝	80	23	灌溉、工业供水	云南省保山市杨柳乡	
14	7.15.35.1	茄子山水库	苏帕河	211	12 560	混凝土面板堆石坝	236	106.1	发电、防洪	云南省保山市龙陵县龙新乡	库容为正常蓄水位时库容
15	7.15.36.1	北庙水库	勐波罗河	164.4	7 350	均质土坝	280	73	防洪、灌溉、城市供水、发电	云南省保山市隆阳区板桥镇北庙村	
16	7.15.36.2	三块石水库	勐波罗河·姚关河	43.2	2 340	均质土坝	218	41	灌溉、防洪、发电、集镇饮水	云南省施甸县姚关镇蒜园村三架湾	
17	7.15.38.1	博尚水库	南汀河	87.2	2 320	均质土坝	354	27	防洪、灌溉、发电	云南省临沧市临翔区博尚镇	
18	7.16.4.5.1	户宋河水库	伊洛瓦底江·大盈江·户宋河	162	8 055	均质土坝	251.5	44.75	以发电为主，兼有灌溉、防洪、水产养殖、旅游	云南省盈江县铜壁关乡	
19	7.16.5.6.1	芒究水库	伊洛瓦底江·瑞丽江·芒市河·南木黑河	43.7	1 866	均质土坝	132	42	灌溉、城市供水、防洪、发电、水产养殖、旅游	云南省潞西市	
20	7.16.5.7	姐勒水库	伊洛瓦底江·瑞丽江·南卡河	54.8	2 512	均质土坝	118	40	灌溉、城市供水、防洪、发电、水产养殖、旅游	云南省瑞丽市姐勒乡	
21	7.17.17.1	满拉水库	雅鲁藏布江·年楚河	2 757	15 500	黏土心墙堆石坝	287	75.3	灌溉、发电、防洪、供水、旅游	西藏自治区江孜县龙马乡	属山谷型水库
22	7.17.23.5	直孔水库	雅鲁藏布江·拉萨河	19 963	22 400	混凝土重力坝	1 422	55.6	发电、防洪、灌溉	西藏自治区墨竹工卡县	

附表四　　西南诸河卷灌溉面积在 2 万公顷以上的灌区一览表

序号	灌区名称	水　　源	灌溉面积（万 hm^2）	建成时间	受　益　地　区	备注
1	勐海灌区	流沙河、勐邦水库、曼满水库、那达勐水库等	2.086	2001年开工，规划2015年建成	云南省勐海县	
2	盈江灌区	大盈江及其支流	2.222	2002年开工，规划2015年建成	云南省盈江县	
3	满拉灌区	满拉水库	3.53		西藏自治区江孜县、白朗县、日喀则市	西藏自治区境内
4	雅砻灌区	雅砻水库	2.11	2002年1月	西藏自治区琼结县、乃东县	西藏自治区境内

索 引
Index

条题汉字笔画索引

二画

丁木错	162
七曲	62
卜寨藏布	246
八及曲	129
八松错	128
八哥尔曲	150
八宿曲	66
几布雄	129
乃日平错	184

三画

三块石水库	72
三岛湖	265
才多茶卡	219
才玛尔错	261
下不梭朗	126
下允河	36
下曲	257
下曲藏布	259
大中河	40
大权饶河	215
大盈江	82
大海坝水库	69
大勐统河	73
大朝山水库	32
大寨河	32
万安湖	224
万泉湖	266
小黑江	33
小黑江	38
小黑河	29
小黑河	76
小湾水库	29
久尖曲	276
子曲	7
马甲藏布	158
马尔下错	234
马曲涌	65
马林曲	150
马格里曲	152
马哥河	155

四画

天台河	205
天池	20
天南河	169
扎木错玛琼	203
扎日曲	150
扎日南木错	250
扎仓茶卡	273
扎布耶茶卡	263
扎让雄曲	200
扎加藏布	208
扎西错	256
扎曲藏布	183
扎阿曲	5
扎根藏布	212
扎哥拉哥藏布	278
扎嘎曲	163
扎囊河	120
木乃河	141
木纠错	211
木地达拉玉错	213
木曲	12
木空曲	67
五泉河	206
支那河	85
太平南湖	203
太平湖	203
太苦湖	228
戈木茶卡	254
戈芒错	238
比西曲	139
比迥河	154
切尔恰藏布	198
瓦曲	66
日干配错	249
日马卜松曲	242
日东曲	81
日阿苏藏布	98
日居错	197
冈玛错	260
冈塘错	247
水长河	69
长水河	218
长龙河	218
长条湖	271
长颈湖	226
长湖	218
仁青休布错	267
仁堆曲	110
仁错约玛	199
仁错贡玛	200
公珠错	180
仓木错	267
月牙湖	277
丹巴曲	146
丹巴林河	147
乌孜藏布	261
乌鲁龙曲	116
凤庆河	31
斗嘎尔河	159
户宋河	86
户宋河水库	87
户撒河	87
心湖	262
尺古曲	144
巴木错	191
巴日根曲	196
巴日雄曲	180
巴尔岗河	152
巴尼亚河	151
巴纠曲	176
巴纠错	176
巴曲	13
巴曲	66
巴汝藏布	213
巴青曲	60
巴河	127
巴秋河	153
巴朗曲	126
巴普河	154
孔孔茶卡	229
孔弄曲	103
孔纳木错	198
孔错	227
双莲湖	225

五画

玉门曲	149
玉龙河	206
玉龙河	241

玉曲……………………………… 10	汇水河…………………………… 230	西曼河…………………………… 148
玉年曲…………………………… 118	宁曲……………………………… 6	西湖……………………………… 26
玉环湖…………………………… 265	宁贡河…………………………… 140	达扎藏布………………………… 237
玉盘湖…………………………… 227	它日错…………………………… 233	达瓦错…………………………… 256
玉液湖…………………………… 220	永木河…………………………… 141	达龙藏布………………………… 253
打加错…………………………… 179	永平河…………………………… 20	达尔沃错温……………………… 222
打坝河…………………………… 151	永波湖…………………………… 216	达曲……………………………… 64
古仁曲…………………………… 119	永春河…………………………… 18	达则错…………………………… 232
古永河…………………………… 85	司马朗曲………………………… 127	达朵河…………………………… 143
古如曲…………………………… 121	尼木玛曲………………………… 111	达杂迪扎错……………………… 239
古波克错………………………… 275	尼多曲…………………………… 99	达如错…………………………… 191
本曲……………………………… 60	尼洋河…………………………… 123	达玛孜壤………………………… 250
布尔嘎错………………………… 261	尼觉河…………………………… 134	达卓曲…………………………… 209
布托错穷………………………… 16	尼都藏布………………………… 136	达旺曲…………………………… 155
布托错青………………………… 16	民乐河…………………………… 33	达果藏布………………………… 245
布当曲…………………………… 6	加木称错………………………… 199	达热布错………………………… 271
布曲藏布………………………… 104	加曲……………………………… 177	列曲……………………………… 67
布若错…………………………… 254	加波曲…………………………… 149	毕洛错…………………………… 220
布拉河…………………………… 152	加柱藏布………………………… 98	当曲……………………………… 64
龙木错…………………………… 281	加勒万河………………………… 169	当穹错…………………………… 246
龙江小江………………………… 90	加塔藏布………………………… 99	当惹雍错………………………… 244
龙尾湖…………………………… 227	尕尔曲…………………………… 210	吐坡错…………………………… 236
龙普曲…………………………… 136	母曲……………………………… 56	吓嘎错…………………………… 266
东月湖…………………………… 218		曲龙河…………………………… 236
东恰错…………………………… 193	**六画**	曲松河…………………………… 121
东温河…………………………… 217		曲宗藏布………………………… 133
卡门河…………………………… 153	邦达错…………………………… 279	曲郎岛日河……………………… 197
卡马曲…………………………… 164	邦英河…………………………… 138	则弄……………………………… 129
卡达曲…………………………… 163	吉马曲…………………………… 164	年楚河…………………………… 105
卡曲……………………………… 57	吉曲……………………………… 10	朱拉曲…………………………… 128
卡阴弄巴………………………… 143	吉曲……………………………… 100	先且错…………………………… 279
卡里加曲………………………… 146	吉舍曲…………………………… 120	伟曲……………………………… 67
卡依河…………………………… 152	吉隆藏布………………………… 158	仰桑曲…………………………… 140
卡挖藏布………………………… 202	吉普曲…………………………… 127	伊洛瓦底江……………………… 80
卡莫曲…………………………… 193	托纳藏布………………………… 198	向阳湖…………………………… 205
卡续当玛河……………………… 223	托和平河………………………… 271	向峰河…………………………… 224
卡鲁雄曲………………………… 176	托和平错………………………… 271	多尔索洞错……………………… 195
北于湖…………………………… 250	老窝河…………………………… 68	多让曲…………………………… 63
北庙水库………………………… 72	芒市河…………………………… 90	多曲……………………………… 14
北雷错…………………………… 225	芒究水库………………………… 91	多庆错…………………………… 178
业久曲…………………………… 173	芒怕河…………………………… 36	多玛曲…………………………… 283
甲布曲…………………………… 265	芒错……………………………… 281	多玛错…………………………… 261
甲多错…………………………… 254	亚土错…………………………… 210	多依林水库……………………… 40
甲若错…………………………… 247	亚龙藏布………………………… 134	多姆普曲………………………… 139
甲热布错………………………… 231	亚克错…………………………… 239	多格曲…………………………… 145
申错……………………………… 193	亚拉雄藏布……………………… 120	多格错仁………………………… 216
叶如藏布………………………… 162	亚涌曲…………………………… 9	多格错仁强错…………………… 205
生拉藏布………………………… 167	协曲……………………………… 162	多着曲…………………………… 210
仙鹤湖…………………………… 229	西工河…………………………… 139	多雄藏布………………………… 101
白马西路河……………………… 139	西大沟…………………………… 169	色布弄巴………………………… 129
白曲……………………………… 57	西巴霞曲………………………… 148	色布垄曲………………………… 121
白桑桑曲………………………… 191	西曲……………………………… 64	色曲……………………………… 14
白雍……………………………… 129	西岔沟…………………………… 260	色曲……………………………… 63
白滩湖…………………………… 224	西沙河…………………………… 90	色林错…………………………… 206
令戈错…………………………… 223	西沙河…………………………… 220	色莆沟…………………………… 112
印度河水系……………………… 166	西些尔河………………………… 141	色喀执错………………………… 276
冬隆藏布………………………… 267	西南河…………………………… 206	齐格错…………………………… 254
尔玛好尔毛河…………………… 277	西峡河…………………………… 218	衣屯河…………………………… 148
半岛湖…………………………… 224	西洱河…………………………… 24	冲巴雍错………………………… 109

名称	页码
次曲	56
忙嘎普曲	100
羊木涌	12
羊卓雍错	173
羊湖	260
米提江占木错	195
江子藏布	237
江尼茶卡	241
江曲	58
江爱藏布	244
江窘藏布	270
江错	190
江嘎雄曲	109
汝曲	63
汝河	159
安扎河	147
安贡河	140
安觉错	103
许如错	249
那布曲	140
那曲	181
那姆曲	122
孙足河	69
如许藏布	171
如角藏布	99
牟汝弄巴	133
买曲	12

七画

名称	页码
弄巴水库	35
玖如错	200
麦曲	13
麦曲	115
麦穷错	264
玛巧错	197
玛尔果茶卡	240
玛尔盖茶卡	241
玛那曲	171
玛旁雍错	182
贡日嘎布曲	144
贡曲	59
赤左藏布	167
坎拉河	151
克纽克曲	153
克鲁河	151
苏帕河	70
苏穆河	150
杜莱曲	146
来乌藏布	97
肖茶卡	231
里龙普曲	123
吴如错	214
时补错	212
围山湖	216
别若则错	272
岗勒拉	159
攸布错	257
佣尖错	248

名称	页码
希芝河	140
希杂洛玛曲	222
妥曲	10
角木茶卡	239
迎雪河	243
饮龙湖	230
冻果错	234
库尔色曲	61
库尔拿河	278
库杏河	78
羌臣摩河	169
羌塘高原内流区河湖	184
汪布曲	13
沈江	18
沙木曲	12
沙夷弄巴	143
沙曲	6
沃卡河	121
沉错	177
改来藏布	261
张乃错	238
阿木错	221
阿玉河	148
阿东河	17
阿协果曲河	150
阿那塘	122
阿里藏布	211
阿果错	269
阿翁错	278
阿涌	5
阿鲁错	274
阿潘里河	147
孜日阿曲	110
孜桂错	214
纳木错	185
纳卡错	202
纳江错	223
纳克茶卡	232
纳屋错	274

八画

名称	页码
拔度错	231
抽曲	16
坡孜错	252
拉月曲	137
拉布让藏布	269
拉布希曲	63
拉布错	266
拉龙藏布	98
拉加纳曲	270
拉曲	117
拉曲	145
拉果错	262
拉昂错	181
拉相错	250
拉顺东河	256
拉顺湖	256
拉勐河	35

名称	页码
拉萨河	112
拉雄错	255
拉普曲	123
拧河	159
其香错	194
苦曲藏布	162
昔木水库	33
昔勒帕抵曲	140
若曲	17
若弄巴	134
若拉错	225
直孔水库	117
直若错	249
茄子山水库	70
林芝沟	130
松木希错	281
松曲	136
枪曲	60
杰萨错	258
卧马曲	159
奇普恰普河	168
欧错	199
卓玛郎错曲	64
果忙错	215
果根错	215
果普错	270
昆仲错	281
昆楚克错	273
昌隆河	169
昌隆河	284
明朗河	86
易贡错	137
易贡藏布	135
昂仁金错	179
昂古错	255
昂达尔东错	204
昂达尔错	203
昂曲	188
昂玛藏布	245
昂孜错	237
昂拉仁错	268
昂翁藏布	268
迪克朗河	152
迪麻洛河	68
罗仁藏布	266
罗可曲	189
罗曲	56
罗林曲	121
罗具藏布	265
罗明坝河	69
罗闸河	30
罗结曲	128
帕龙错	267
帕里曲	157
帕查河	153
帕莫藏布	272
帕隆藏布	130
佩林河	152
佩枯错	180

321

依布茶卡	244	南捧河	76	派克河	154
舍藏藏布	234	南康河	78	洛扎下曲	156
金龙曲	163	南腊河	47	洛扎雄曲	156
金东曲	122	南腊河	50	洛曲	149
金河	15	南畹河	92	洛洛曲	161
金美错	268	南满河	49	洛隆曲	65
金珠曲	138	南滚河	77	洋纳朋错	203
朋曲	159	查波错	263	浑水河	246
朋秋曲	161	查洛容曲	104	觉母曲	111
朋彦错	228	查藏错	212	祝地藏布	267
底富河	145	威远江	36	怒江	52
浅水湖	221	歪角河	29	勇曲	14
河底岗河	76	显民得错	278	绒玛藏布	257
波仓藏布	233	映山湖	243	绒波藏布	175
波曲	164	映天湖	230	绒霞藏布	165
波曲	187	虾别错	238	结则茶卡	280
波曲藏布	211	虾河	240	骆驼湖	276
波涛湖	196	虾嘎荣藏布	214		
波堆藏布	134	思茅河	39	**十画**	
泽错	284	响水水库	38		
学里曲	147	响曲	275	班戈错	202
学堆河	109	哈姆得里河	152	班公错	282
定结错	163	钦果拉曲	143	班尔达姆曲	151
空扎曲	144	卸曲	65	班涌	6
空姆错	175	拜惹布错	270	盏达河	86
弥沙河	24	香孜河	171	振泉湖	242
姐曲	61	香柏河	90	捌千错	273
姐勒水库	92	香嘎曲	209	哲古错	172
姆错丙尼	249	秋马强绒河	282	热曲	10
组克曲	155	重昌藏布	259	热曲	16
		顺濞河	28	热曲	61
九画		修莫河	139	热曲	105
		俄布河	171	热曲	161
帮陇陇巴河	196	泉水河	279	热那错	262
玲珑河	235	剑湖	23	热玛曲	61
垌莫错	248	狭床河	229	热帮错	280
茈碧湖	26	独日藏布	252	热觉茶卡	243
草曲	9	独立石湖	277	埃永错	281
荣布马古曲	140	施甸河	70	聂尔错	275
荣吉嘎	165	恒河水系	158	莱姆奔曲	154
荣曲	104	恒梁湖	219	莫弄曲	62
荣钦藏曲	192	恰尔嘎木错	226	莫翁曲	146
南马河	78	恰玖藏布	252	荷花湖	220
南木窝河	49	恰贡错	274	真空弄巴	133
南扎错	255	恰㮋错	214	桃湖	215
南卡江	77	恰洛藏布	178	格仁错	213
南汀河	74	美马错	274	格曲	16
南邦河	40	美日切错	201	索曲	58
南伊曲	123	美日北河	201	索岗绒曲	170
南甸河	41	美曲	62	索美藏布	262
南阿河	47	美曲藏布	103	贾个热不嘎河	275
南果河	41	美菊湖	226	夏布曲	105
南昆河	41	兹格塘错	189	夏曲	136
南底河	85	洱海	26	夏玛纳多曲	194
南览河	50	洪玉泉河	217	夏赛错	167
南品河	47	洞中弄	126	破曲	210
南哈河	43	洞错	259	烈马河	226
南垒河	49	测曲	188	烈巴藏布	104
南班河	44	洗马河水库	39	柴曲	98

柴荣藏布	190
唢呐湖	247
恩姆拉河	148
圆湖	255
特乓曲	145
秧琅河	31
徐达曲	136
徐果错	193
拿日雍错	172
拿窝蒲	122
鸳鸯湖	169
郭扎东北河	280
郭扎错	280
郭曲	9
郭昌曲	97
唐工河	147
唐热曲	285
益曲	60
浦志藏布	223
浦错麦进曲	156
浩波湖	230
海西海	25
流沙河	42
流沙河	118
浪孔曲	111
浪强错	179
涌波湖	246
朗麦曲	149
朗钦藏布	169
朗错	100
诺尔玛错	229
诺多错	197
娘曲	126
娘江曲	154
通甸河	18
桑久曲	143
桑无藏布	255
桑目旧曲	263
桑曲	57
桑曲	116
桑曲	192
桑曲	194
桑曲嘎波	209
桑热河	262
桑绿河	240
勐乃河	82
勐片河	31
勐邦水库	43
勐典河	82
勐底大河	73
勐波罗河	70
勐养河	41
勐勐河	36
勐梅河	70
勐戛河	32
勐戛河	82
勐捧河	77
勐董河	35
勐撒河	77

十一画

琐色藏布	269
措勤藏布	251
堆龙曲	118
堆普曲	143
培曲	17
勒仁藏布	256
勒曲	14
勒曲藏布	137
萝卜坝河	90
萨曲	99
萨沃藏布	253
萨迦冲曲	100
萨嘎尔藏布	231
萨摩河	183
龚曲	56
雪环湖	230
雪绒藏布	117
雪莲湖	199
雪梅湖	228
雪景湖	235
雪源湖	254
野弄	126
曼飞龙水库	44
曼冬错	285
曼曲	111
曼辛河	74
曼满水库	43
鄂雅错	221
唯通河	154
崩则错	222
崩错	189
银波湖	228
得雨湖	238
脚不郎	121
脚布曲	264
脚通龙曲	145
象图小河	20
猎斯高热嘎河	284
麻加曲	163
麻嘎藏布	283
康巴藏布	258
康布曲	157
康如茶卡	243
康如普曲	109
盖曲	8
清澈湖	276
淋水河	236
淡水湖	241
淡冰湖	226
隆曲	8
隆桑曲	260
续曲	112

十二画

琵琶湖	232
琼结河	120

琼浆湖	224
塔若错	264
越恰错	212
博尚水库	76
惹曲	65
惹纳藏布	209
惹查木曲	269
董杯曲岗	248
蒂丁河	146
蒂让碧错	219
朝阳湖	239
森里错	98
森格藏布	166
棉桃湖	256
确旦错	235
雅个冬错	220
雅贝藏布	234
雅达曲	144
雅曲涌	14
雅弄藏布	257
雅根查错	201
雅根错	237
雅鲁藏布江	93
景谷河	38
景洪水库	42
喀湖错	271
黑马河	151
黑石北湖	272
黑河	40
黑惠江	21
等曲	12
鲁马蒋登曲	252
鲁乌龙木	165
鲁玛江冬错	277
然乌错	133
然布曲	67
普文河	46
普尔错	277
普让茶卡	273
普拉河	68
普洱大河	39
普莫雍错	177
普嘎错	204
曾松曲	198
湘曲	110
温多藏布	253
温泉湖	266
湃浪河	225
富曲	165
窝尔巴错	279
裕民河	226
登曲	17
登曲	59

十三画

瑞丽江	87
塘河	105
塘茸贡玛曲	232
蓬错	188

蒙朵曲 …… 9	嘎曲 …… 58	懂布错 …… 239
楚布曲 …… 119	嘎弄错 …… 55	懂错 …… 185
错尼 …… 236	嘎拉错 …… 177	澜沧江 …… 1
错加 …… 55	嘎隆曲 …… 138	嬉龙河 …… 242
错母折林 …… 178	漕涧河 …… 20	
错那 …… 55	漫湾水库 …… 30	**十六画**
错呐错 …… 273	赛布错 …… 227	
错卧莫 …… 179	赛梯曲 …… 145	燕子湖 …… 196
错鄂 …… 184	察曲 …… 66	赞宗错 …… 204
错鄂 …… 211	察隅曲 …… 142	磨龙曲 …… 137
错戳龙 …… 180	熊曲 …… 17	磨者河 …… 47
锡约尔河 …… 141		
微水河 …… 235	**十五画**	**十七画**
腾冲火口湖 …… 90		
满拉水库 …… 108	噶尔河 …… 167	戴藏布 …… 284
源泉河 …… 217	噶尔藏布 …… 168	藏布曲 …… 200
	墨竹玛曲 …… 117	藏南内陆河湖 …… 172
十四画	镇康河 …… 73	
	德曲 …… 65	**十八画**
碱水湖 …… 271	德利河 …… 147	
嘎马林河 …… 175	德钦小河 …… 18	瀑赛尔错 …… 205
嘎仁错 …… 258	德钦姆河 …… 141	
嘎尔孔茶卡 …… 248		

条 题 外 文 索 引

A

Adong River	17
Aguocuo Lake	269
Aiyongcuo Lake	281
Alizangbu River	211
Alucuo Lake	274
Amucuo Lake	221
Anatang River	122
Angdaercuo Lake	203
Angdaerdongcuo Lake	204
Anggucuo Lake	255
Anglarencuo Lake	268
Angmazangbu River	245
Angong River	140
Angqu River	188
Angrenjincuo Lake	179
Angwengzangbu River	268
Angzicuo Lake	237
Anjuecuo Lake	103
Anzha River	147
Apanli River	147
Awengcuo Lake	278
Axieguoqu River	150
Ayong River	5
Ayu River	148

B

Baducuo Lake	231
Baergang River	152
Bageerqu River	150
Bahe River	127
Baimaxilu River	139
Baiqu River	57
Bairebucuo Lake	270
Baisangsangqu River	191
Baitan Lake	224
Baiyong River	129
Bajiqu River	129
Bajiucuo Lake	176
Bajiuqu River	176
Balangqu River	126
Bamucuo Lake	191
Bandao Lake	224
Banerdamuqu River	151
Bangdacuo Lake	279
Bangecuo Lake	202
Banglonglongba River	196
Bangongcuo Lake	282
Bangying River	138
Baniya River	151
Banyong River	6
Bapu River	154
Baqiancuo Lake	273
Baqingqu River	60
Baqiu River	153
Baqu River	13
Baqu River	66
Barigenqu River	196
Barixiongqu River	180
Baruzangbu River	213
Basongcuo Lake	128
Basuqu River	66
Beileicuo Lake	225
Beimiao Reservoir	72
Beiyu Lake	250
Bengcuo Lake	189
Bengzecuo Lake	222
Benqu River	60
Bieruozecuo Lake	272
Bijiang River	18
Bijiong River	154
Biluocuo Lake	220
Bixiqu River	139
Bocangzangbu River	233
Boduizangbu River	134
Boqu River	164
Boqu River	187
Boquzangbu River	211
Boshang Reservoir	76
Botao Lake	196
Budangqu River	6
Buergacuo Lake	261
Bula River	152
Buquzangbu River	104
Buruocuo Lake	254
Butuocuoqing Lake	16
Butuocuoqiong Lake	16
Buzhaizangbu River	246

C

Caiduochaka Salt Lake	219
Caimaercuo Lake	261
Cangmucuo Lake	267
Caojian River	20
Caoqu River	9
Cequ River	188
Chabocuo Lake	263
Chaiqu River	98
Chairongzangbu River	190
Chaluorongqu River	104
Changhu Lake	218
Changjing Lake	226
Changlong River	169
Changlong River	218
Changlong River	284
Changshui River	218
Changtiao Lake	271
Chaqu River	66
Chayuqu River	142
Chazangcuo Lake	212
Chencuo Lake	177
Chiguqu River	144
Chizuozangbu River	167
Chongbayongcuo Lake	109
Chongchangzangbu River	259
Chouqu River	16
Chubuqu River	119
Ciqu River	56
Cuochuolong Lake	180
Cuoe Lake	184
Cuoe Lake	211
Cuojia Lake	55
Cuomuzhelin Lake	178
Cuonacuo Lake	273
Cuona Lake	55
Cuoni Lake	236
Cuoqinzangbu River	251
Cuowomo Lake	179

D

Daba River	151
Dachaoshan Reservoir	32
Dacharao River	215
Daduo River	143
Daerwocuowen Lake	222
Daguozangbu River	245
Dahaiba Reservoir	69
Daizangbu River	284
Dajiacuo Lake	179
Dalongzangbu River	253
Damazirang Lake	250
Damengtong River	73
Danbalin River	147
Danbaqu River	146
Danbing Lake	226

325

Dangqiongcuo Lake ······ 246	Duoyilin Reservoir ······ 40	Hamudeli River ······ 152
Dangqu River ······ 64	Duozhaoqu River ······ 210	Haobo Lake ······ 230
Dangreyongcuo Lake ······ 244	Durizangbu River ······ 252	Hedigang River ······ 76
Danshui Lake ······ 241		Hehua Lake ······ 220
Daqu River ······ 64	**E**	Heihe River ······ 40
Darebucuo Lake ······ 271	Ebu River ······ 171	Heihui River ······ 21
Darucuo Lake ······ 191	Endorheic Rivers and Lakes in Qiangtang	Heima River ······ 151
Dawacuo Lake ······ 256	Plateau ······ 184	Heishibei Lake ······ 272
Dawangqu River ······ 155	Enmula River ······ 148	Hengliang Lake ······ 219
Daying River ······ 82	Erhai Lake ······ 26	Hongyuquan River ······ 217
Dazadizhacuo Lake ······ 239	Ermahaoermao River ······ 277	Huishui River ······ 230
Dazecuo Lake ······ 232	Eyacuo Lake ······ 221	Hunshui River ······ 246
Dazhai River ······ 32		Husa River ······ 87
Dazhazangbu River ······ 237	**F**	Husonghe Reservoir ······ 87
Dazhong River ······ 40	Fengqing River ······ 31	Husong River ······ 86
Dazhuoqu River ······ 209	Fuqu River ······ 165	
Deli River ······ 147		**I**
Dengqu River ······ 12	**G**	
Dengqu River ······ 17	Gaerkongchaka Salt Lake ······ 248	Indus River Basin ······ 166
Dengqu River ······ 59	Gaerqu River ······ 210	Inland Rivers and Lakes in Southern Tibet
Deqinmu River ······ 141	Gaer River ······ 167	······ 172
Deqinxiao River ······ 18	Gaerzangbu River ······ 168	
Dequ River ······ 65	Gailaizangbu River ······ 261	**J**
Deyu Lake ······ 238	Gaiqu River ······ 8	Jiaboqu River ······ 149
Diding River ······ 146	Galacuo Lake ······ 177	Jiabuqu River ······ 265
Difu River ······ 145	Galongqu River ······ 138	Jiaduocuo Lake ······ 254
Dikelang River ······ 152	Gamalin River ······ 175	Jiagerebuga River ······ 275
Dimaluo River ······ 68	Ganges River Basin ······ 158	Jialewan River ······ 169
Dingjiecuo Lake ······ 163	Ganglela River ······ 159	Jiamuchengcuo Lake ······ 199
Dingmucuo Lake ······ 162	Gangmacuo Lake ······ 260	Jiang'aizangbu River ······ 244
Dirangbicuo Lake ······ 219	Gangtangcuo Lake ······ 247	Jiangcuo Lake ······ 190
Dongbeiqugang River ······ 248	Ganongcuo Lake ······ 55	Jianggaxiongqu River ······ 109
Dongbucuo Lake ······ 239	Gaqu River ······ 58	Jiangjiongzangbu River ······ 270
Dongcuo Lake ······ 185	Garencuo Lake ······ 258	Jiangnichaka Salt Lake ······ 241
Dongcuo Lake ······ 259	Gemangcuo Lake ······ 238	Jiangqu River ······ 58
Dongguocuo Lake ······ 234	Gemuchaka Salt Lake ······ 254	Jiangzizangbu River ······ 237
Donglongzangbu River ······ 267	Gequ River ······ 16	Jianhu Lake ······ 23
Dongmocuo Lake ······ 248	Gerencuo Lake ······ 213	Jianshui Lake ······ 271
Dongqiacuo Lake ······ 193	Gongqu River ······ 56	Jiaobulang River ······ 121
Dongwen River ······ 217	Gongqu River ······ 59	Jiaobuqu River ······ 264
Dongyue Lake ······ 218	Gongrigabuqu River ······ 144	Jiaomuchaka Salt Lake ······ 239
Dongzhongnong River ······ 126	Gongzhucuo Lake ······ 180	Jiaotonglongqu River ······ 145
Dougaer River ······ 159	Gubokecuo Lake ······ 275	Jiaqu River ······ 177
Duilongqu River ······ 118	Guochangqu River ······ 97	Jiarebucuo Lake ······ 231
Duipuqu River ······ 143	Guogencuo Lake ······ 215	Jiaruocuo Lake ······ 247
Dulaiqu River ······ 146	Guomangcuo Lake ······ 215	Jiatazangbu River ······ 99
Dulishi Lake ······ 277	Guopucuo Lake ······ 270	Jiazhuzangbu River ······ 98
Duoersuodongcuo Lake ······ 195	Guoqu River ······ 9	Jibuxiong River ······ 129
Duogecuoren Lake ······ 216	Guozhacuo Lake ······ 280	Jiele Reservoir ······ 92
Duogecuorenqiangcuo Lake)	Guozhadongbei River ······ 280	Jiequ River ······ 61
······ 205	Gurenqu River ······ 119	Jiesacuo Lake ······ 258
Duogequ River ······ 145	Guruqu River ······ 121	Jiezechaka Salt Lake ······ 280
Duomacuo Lake ······ 261	Guyong River ······ 85	Jilongzangbu River ······ 158
Duomaqu River ······ 283		Jimaqu River ······ 164
Duomupuqu River ······ 139	**H**	Jindongqu River ······ 122
Duoqingcuo Lake ······ 178		Jinggu River ······ 38
Duoqu River ······ 14	Haixihai Lake ······ 25	Jinghong Reservoir ······ 42
Duorangqu River ······ 63		Jinhe River ······ 15
Duoxiongzangbu River ······ 101		

Jinlongqu River ... 163	Langkongqu River ... 111	Mageliqu River ... 152
Jinmeicuo Lake ... 268	Langmaiqu River ... 149	Mage River ... 155
Jinzhuqu River ... 138	Langqiangcuo Lake ... 179	Maiqiongcuo Lake ... 264
Jipuqu River ... 127	Langqinzangbu River ... 169	Maiqu River ... 115
Jiqu River ... 10	Laowo River ... 68	Maiqu River ... 12
Jiqu River ... 100	Lapuqu River ... 123	Maiqu River ... 13
Jishequ River ... 120	Laqu River ... 117	Majiaqu River ... 163
Jiujianqu River ... 276	Laqu River ... 145	Majiazangbu River ... 158
Jiurucuo Lake ... 200	Lasa River ... 112	Malinqu River ... 150
Juemuqu River ... 111	Lashundong River ... 256	Manaqu River ... 171
	Lashun Lake ... 256	Mandongcuo Lake ... 285
	Laxiangcuo Lake ... 250	Manfeilong Reservoir ... 44
K	Laxiongcuo Lake ... 255	Mangcuo Lake ... 281
	Layuequ River ... 137	Manggapuqu River ... 100
Kadaqu River ... 163	Lequ River ... 14	Mangjiu Reservoir ... 91
Kahucuo Lake ... 271	Lequzangbu River ... 137	Mangpa River ... 36
Kalijiaqu River ... 146	Lerenzangbu River ... 256	Mangshi River ... 90
Kaluxiongqu River ... 176	Liebazangbu River ... 104	Manla Reservoir ... 108
Kamaqu River ... 164	Liema River ... 226	Manman Reservoir ... 43
Kamen River ... 153	Liequ River ... 67	Manqu River ... 111
Kamoqu River ... 193	Liesigaorega River ... 284	Manwan Reservoir ... 30
Kangbazangbu River ... 258	Lilongpuqu River ... 123	Manxin River ... 74
Kangbuqu River ... 157	Linggecuo Lake ... 223	Mapangyongcuo Lake ... 182
Kangruchaka Salt Lake ... 243	Linglong River ... 235	Maqiaocuo Lake ... 197
Kangrupuqu River ... 109	Linshui River ... 236	Maquyong River ... 65
Kanla River ... 151	Linzhigou River ... 130	Meiju Lake ... 226
Kaqu River ... 57	Liusha River ... 118	Meimacuo Lake ... 274
Kawazangbu River ... 202	Liusha River ... 42	Meiqu River ... 62
Kaxudangma River ... 223	Longjiangxiao River ... 90	Meiquzangbu River ... 103
Kayinnongba River ... 143	Longmucuo Lake ... 281	Meiribei River ... 201
Kayi River ... 152	Longpuqu River ... 136	Meiriqiecuo Lake ... 201
Kelu River ... 151	Longqu River ... 8	Mengbang Reservoir ... 43
Keniukequ River ... 153	Longsangqu River ... 260	Mengboluo River ... 70
Kongcuo Lake ... 227	Longwei Lake ... 227	Mengdian River ... 82
Kongkongchaka Salt Lake ... 229	Lumajiangdengqu River ... 252	Mengdida River ... 73
Kongmucuo Lake ... 175	Lumajiangdongcuo Lake ... 277	Mengdong River ... 35
Kongnamucuo Lake ... 198	Luoboba River ... 90	Mengduoqu River ... 9
Kongnongqu River ... 103	Luojiequ River ... 128	Mengjia River ... 32
Kongzhaqu River ... 144	Luojuzangbu River ... 265	Mengjia River ... 82
Kuerna River ... 278	Luokequ River ... 189	Mengmei River ... 70
Kuersequ River ... 61	Luolinqu River ... 121	Mengmeng River ... 36
Kunchukecuo Lake ... 273	Luolongqu River ... 65	Mengnai River ... 82
Kunzhongcuo Lake ... 281	Luoluoqu River ... 161	Mengpeng River ... 77
Kuquzangbu River ... 162	Luomingba River ... 69	Mengpian River ... 31
Kuxing River ... 78	Luoqu River ... 149	Mengsa River ... 77
	Luoqu River ... 56	Mengyang River ... 41
L	Luorenzangbu River ... 266	Miantao Lake ... 256
	Luotuo Lake ... 276	Minglang River ... 86
Laangcuo Lake ... 181	Luozha River ... 30	Minle River ... 33
Labucuo Lake ... 266	Luozhaxiaqu River ... 156	Misha River ... 24
Laburangzangbu River ... 269	Luozhaxiongqu River ... 156	Mitijiangzhanmucuo Lake ... 195
Labuxiqu River ... 63	Luwulongmu River ... 165	Molongqu River ... 137
Laguocuo Lake ... 262		Monongqu River ... 62
Laimubenqu River ... 154	**M**	Mowengqu River ... 146
Laiwuzangbu River ... 97		Mozhe River ... 47
Lajianaqu River ... 270	Maergaichaka Salt Lake ... 241	Mozhumaqu River ... 117
Lalongzangbu River ... 98	Maerguochaka Salt Lake ... 240	Mucuobingni Lake ... 249
Lameng River ... 35	Maerxiacuo Lake ... 234	Mudidalayucuo Lake ... 213
Lancang River ... 1	Magazangbu River ... 283	Mujiucuo Lake ... 211
Langcuo Lake ... 100		

Mukongqu River ⋯⋯ 67		Qulong River ⋯⋯ 236
Munai River ⋯⋯ 141		Qusong River ⋯⋯ 121
Muqu River ⋯⋯ 12	**O**	Quzongzangbu River ⋯⋯ 133
Muqu River ⋯⋯ 56	Oucuo Lake ⋯⋯ 199	
Murunongba River ⋯⋯ 133		**R**
N	**P**	
	Pacha River ⋯⋯ 153	Ranbuqu River ⋯⋯ 67
Nabuqu River ⋯⋯ 140	Paike River ⋯⋯ 154	Ranwucuo Lake ⋯⋯ 133
Nairipingcuo Lake ⋯⋯ 184	Pailang River ⋯⋯ 225	Rebangcuo Lake ⋯⋯ 280
Najiangcuo Lake ⋯⋯ 223	Paliqu River ⋯⋯ 157	Rechamuqu River ⋯⋯ 269
Nakacuo Lake ⋯⋯ 202	Palongcuo Lake ⋯⋯ 267	Rejuechaka Salt Lake ⋯⋯ 243
Nakechaka Salt Lake ⋯⋯ 232	Palongzangbu River ⋯⋯ 130	Remaqu River ⋯⋯ 61
Namucuo Lake ⋯⋯ 185	Pamozangbu River ⋯⋯ 272	Renacuo Lake ⋯⋯ 262
Namuqu River ⋯⋯ 122	Peikucuo Lake ⋯⋯ 180	Renazangbu River ⋯⋯ 209
Nan'a River ⋯⋯ 47	Peilin River ⋯⋯ 152	Rencuogongma Lake ⋯⋯ 200
Nanbang River ⋯⋯ 40	Peiqu River ⋯⋯ 17	Rencuoyuema Lake ⋯⋯ 199
Nanban River ⋯⋯ 44	Pengcuo Lake ⋯⋯ 188	Renduiqu River ⋯⋯ 110
Nandian River ⋯⋯ 41	Pengqiuqu River ⋯⋯ 161	Renqingxiubucuo Lake ⋯⋯ 267
Nandi River ⋯⋯ 85	Pengqu River ⋯⋯ 159	Requ River ⋯⋯ 10
Nangun River ⋯⋯ 77	Pengyancuo Lake ⋯⋯ 228	Requ River ⋯⋯ 105
Nanguo River ⋯⋯ 41	Pipa Lake ⋯⋯ 232	Requ River ⋯⋯ 16
Nanha River ⋯⋯ 43	Poqu River ⋯⋯ 210	Requ River ⋯⋯ 161
Nankang River ⋯⋯ 78	Pozicuo Lake ⋯⋯ 252	Requ River ⋯⋯ 61
Nanka River ⋯⋯ 77	Pucuomaijinqu River ⋯⋯ 156	Requ River ⋯⋯ 65
Nankun River ⋯⋯ 41	Puercuo Lake ⋯⋯ 277	Riasuzangbu River ⋯⋯ 98
Nanlan River ⋯⋯ 50	Puerda River ⋯⋯ 39	Ridongqu River ⋯⋯ 81
Nanla River ⋯⋯ 47	Pugacuo Lake ⋯⋯ 204	Riganpeicuo Lake ⋯⋯ 249
Nanla River ⋯⋯ 50	Pula River ⋯⋯ 68	Rijucuo Lake ⋯⋯ 197
Nanlei River ⋯⋯ 49	Pumoyongcuo Lake ⋯⋯ 177	Rimabosongqu River ⋯⋯ 242
Nanman River ⋯⋯ 49	Purangchaka Salt Lake ⋯⋯ 273	Rongbozangbu River ⋯⋯ 175
Nanma River ⋯⋯ 78	Pusaiercuo Lake ⋯⋯ 205	Rongbumaguqu River ⋯⋯ 140
Nanmuwo River ⋯⋯ 49	Puwen River ⋯⋯ 46	Rongjiga River ⋯⋯ 165
Nanpeng River ⋯⋯ 76	Puzhizangbu River ⋯⋯ 223	Rongmazangbu River ⋯⋯ 257
Nanpin River ⋯⋯ 47		Rongqinzangqu River ⋯⋯ 192
Nanting River ⋯⋯ 74	**Q**	Rongqu River ⋯⋯ 104
Nanwan River ⋯⋯ 92		Rongxiazangbu River ⋯⋯ 165
Nanyiqu River ⋯⋯ 123	Qiaergamucuo Lake ⋯⋯ 226	Ruhe River ⋯⋯ 159
Nanzhacuo Lake ⋯⋯ 255	Qiagongcuo Lake ⋯⋯ 274	Ruili River ⋯⋯ 87
Naqu River ⋯⋯ 181	Qiaguicuo Lake ⋯⋯ 214	Rujiaozangbu River ⋯⋯ 99
Nariyongcuo Lake ⋯⋯ 172	Qiajiuzangbu River ⋯⋯ 252	Ruolacuo Lake ⋯⋯ 225
Nawopu River ⋯⋯ 122	Qialuozangbu River ⋯⋯ 178	Ruonongba River ⋯⋯ 134
Nawucuo Lake ⋯⋯ 274	Qiangchenmo River ⋯⋯ 169	Ruoqu River ⋯⋯ 17
Nianchu River ⋯⋯ 105	Qiangqu River ⋯⋯ 60	Ruqu River ⋯⋯ 63
Niangjiangqu River ⋯⋯ 154	Qianshui Lake ⋯⋯ 221	Ruxuzangbu River ⋯⋯ 171
Niangqu River ⋯⋯ 126	Qieerqiazangbu River ⋯⋯ 198	
Niduoqu River ⋯⋯ 99	Qiezishan Reservoir ⋯⋯ 70	**S**
Niduzangbu River ⋯⋯ 136	Qigecuo Lake ⋯⋯ 254	
Nieercuo Lake ⋯⋯ 275	Qingche Lake ⋯⋯ 276	Sagaerzangbu River ⋯⋯ 231
Nijue River ⋯⋯ 134	Qinguolaqu River ⋯⋯ 143	Saibucuo Lake ⋯⋯ 227
Nimumaqu River ⋯⋯ 111	Qiongjiang Lake ⋯⋯ 224	Saitiqu River ⋯⋯ 145
Ninggong River ⋯⋯ 140	Qiongjie River ⋯⋯ 120	Sajiachongqu River ⋯⋯ 100
Ninghe River ⋯⋯ 159	Qipuqiapu River ⋯⋯ 168	Samo River ⋯⋯ 183
Ningqu River ⋯⋯ 6	Qiqu River ⋯⋯ 62	Sandao Lake ⋯⋯ 265
Niyang River ⋯⋯ 123	Qiumaqiangrong River ⋯⋯ 282	Sangjiuqu River ⋯⋯ 143
Nongba Reservoir ⋯⋯ 35	Qixiangcuo Lake ⋯⋯ 194	Sanglu River ⋯⋯ 240
Nujiang River ⋯⋯ 52	Quanshui River ⋯⋯ 279	Sangmujiuqu River ⋯⋯ 263
Nuoduocuo Lake ⋯⋯ 197	Quedancuo Lake ⋯⋯ 235	Sangqugabo River ⋯⋯ 209
Nuoermacuo Lake ⋯⋯ 229	Qulangdaori River ⋯⋯ 197	Sangqu River ⋯⋯ 116
		Sangqu River ⋯⋯ 192

Sangqu River ········· 194	Tuoheping River ········· 271	Xiayun River ········· 36
Sangqu River ········· 57	Tuonazangbu River ········· 198	Xibaxiaqu River ········· 148
Sangre River ········· 262	Tuoqu River ········· 10	Xichagou River ········· 260
Sangwuzangbu River ········· 255	Tupocuo Lake ········· 236	Xidagou River ········· 169
Sankuaishi Reservoir ········· 72		Xiequ River ········· 162
Saqu River ········· 99	**W**	Xiequ River ········· 65
Sawozangbu River ········· 253		Xier River ········· 24
Sebulongqu River ········· 121	Waijiao River ········· 29	Xigong River ········· 139
Sebunongba River ········· 129	Wan'an Lake ········· 224	Xihu Lake ········· 26
Sekazhicuo Lake ········· 276	Wangbuqu River ········· 13	Xilepadiqu River ········· 140
Selincuo Lake ········· 206	Wanquan Lake ········· 266	Xilong River ········· 242
Sengezangbu River ········· 166	Waqu River ········· 66	Ximahe Reservoir ········· 39
Senlicuo Lake ········· 98	Weiqu River ········· 67	Ximan River ········· 148
Sepugou River ········· 112	Weishan Lake ········· 216	Ximu Reservoir ········· 33
Sequ River ········· 14	Weishui River ········· 235	Xinan River ········· 206
Sequ River ········· 63	Weitong River ········· 154	Xinhu Lake ········· 262
Shamuqu River ········· 12	Weiyuan River ········· 36	Xiongqu River ········· 17
Shaqu River ········· 6	Wenduozangbu River ········· 253	Xiqu River ········· 64
Shayinongba River ········· 143	Wenquan Lake ········· 266	Xisha River ········· 220
Shencuo Lake ········· 193	Woerbacuo Lake ········· 279	Xisha River ········· 90
Shenglazangbu River ········· 167	Woka River ········· 121	Xiumo River ········· 139
Shezangzangbu River ········· 234	Womaqu River ········· 159	Xixia River ········· 218
Shibucuo Lake ········· 212	Wululongqu River ········· 116	Xixieer River ········· 141
Shidian River ········· 70	Wuquan River ········· 206	Xiyueer River ········· 141
Shuanglian Lake ········· 225	Wurucuo Lake ········· 214	Xizaluomaqu River ········· 222
Shuichang River ········· 69	Wuzizangbu River ········· 261	Xizhi River ········· 140
Shunbi River ········· 28		Xudaqu River ········· 136
Simalangqu River ········· 127	**X**	Xuedui River ········· 109
Simao River ········· 39		Xuehuan Lake ········· 230
Songmuxicuo Lake ········· 281	Xiabiecuo Lake ········· 238	Xuejing Lake ········· 235
Songqu River ········· 136	Xiabuqu River ········· 105	Xuelian Lake ········· 199
Sumu River ········· 150	Xiabusuolang River ········· 126	Xueliqu River ········· 147
Sunzu River ········· 69	Xiachuang River ········· 229	Xuemei Lake ········· 228
Suogangrongqu River ········· 170	Xiagacuo Lake ········· 266	Xuerongzangbu River ········· 117
Suomeizangbu River ········· 262	Xiagarongzangbu River ········· 214	Xueyuan Lake ········· 254
Suona Lake ········· 247	Xiahe River ········· 240	Xuguocuo Lake ········· 193
Suoqu River ········· 58	Xiamanaduoqu River ········· 194	Xuqu River ········· 112
Suosezangbu River ········· 269	Xiangbai River ········· 90	Xurucuo Lake ········· 249
Supa River ········· 70	Xiangfeng River ········· 224	
	Xianggaqu River ········· 209	**Y**
T	Xiangqu River ········· 110	
	Xiangqu River ········· 275	Yabeizangbu River ········· 234
Taiku Lake ········· 228	Xiangshui Reservoir ········· 38	Yadaqu River ········· 144
Taiping Lake ········· 203	Xiangtuxiao River ········· 20	Yagedongcuo Lake ········· 220
Taipingnan Lake ········· 203	Xiangyang Lake ········· 205	Yagenchacuo Lake ········· 201
Tanggong River ········· 147	Xiangzi River ········· 171	Yagencuo Lake ········· 237
Tanghe River ········· 105	Xianhe Lake ········· 229	Yakecuo Lake ········· 239
Tangrequ River ········· 285	Xianmindecuo Lake ········· 278	Yalaxiongzangbu River ········· 120
Tangronggongmaqu River ········· 232	Xianqiecuo Lake ········· 279	Yalongzangbu River ········· 134
Taohu Lake ········· 215	Xiaochaka Salt Lake ········· 231	Yaluzangbu River ········· 93
Taricuo Lake ········· 233	Xiaohei River ········· 29	Yanghu Lake ········· 260
Taruocuo Lake ········· 264	Xiaohei River ········· 33	Yanglang River ········· 31
Tengchong Caldera Lake ········· 90	Xiaohei River ········· 38	Yangmuyong River ········· 12
Tepangqu River ········· 145	Xiaohei River ········· 76	Yangnapengcuo Lake ········· 203
Tianchi Lake ········· 20	Xiaowan Reservoir ········· 29	Yangsangqu River ········· 140
Tiannan River ········· 169	Xiaqu River ········· 136	Yangzhuoyongcuo Lake ········· 173
Tiantai River ········· 205	Xiaqu River ········· 257	Yanongzangbu River ········· 257
Tongdian River ········· 18	Xiaquzangbu River ········· 259	Yanzi Lake ········· 196
Tuohepingcuo Lake ········· 271	Xiasaicuo Lake ········· 167	Yaquyong River ········· 14

Yatucuo Lake … 210	Yueqiacuo Lake … 212	Zhamucuomaqiong Lake … 203
Yayongqu River … 9	Yueya Lake … 277	Zhanang River … 120
Yejiuqu River … 173	Yuhuan Lake … 265	Zhanda River … 86
Yenong River … 126	Yulong River … 206	Zhangnaicuo Lake … 238
Yeruzangbu River … 162	Yulong River … 241	Zhaoyang Lake … 239
Yibuchaka Salt Lake … 244	Yumenqu River … 149	Zhaquzangbu River … 183
Yigongcuo Lake … 137	Yumin River … 226	Zharangxiongqu River … 200
Yigongzangbu River … 135	Yunianqu River … 118	Zharinanmucuo Lake … 250
Yiluowadi River … 80	Yupan Lake … 227	Zhariqu River … 150
Yinbo Lake … 228	Yuqu River … 10	Zhaxicuo Lake … 256
Yingshan Lake … 243	Yuye Lake … 220	Zhegucuo Lake … 172
Yingtian Lake … 230		Zhenkang River … 73
Yingxue River … 243	**Z**	Zhenkongnongba River … 133
Yinlong Lake … 230		Zhenquan Lake … 242
Yiqu River … 60	Zangbuqu River … 200	Zhikong Reservoir … 117
Yitun River … 148	Zanzongcuo Lake … 204	Zhina River … 85
Yongbo Lake … 216	Zecuo Lake … 284	Zhiruocuo Lake … 249
Yongbo Lake … 246	Zengsongqu River … 198	Zhudizangbu River … 267
Yongchun River … 18	Zenong River … 129	Zhulaqu River … 128
Yongjiancuo Lake … 248	Zhaaqu River … 5	Zhuomalangcuoqu River … 64
Yongmu River … 141	Zhabuyechaka Salt Lake … 263	Zibi Lake … 26
Yongping River … 20	Zhacangchaka Salt Lake … 273	Zigetangcuo Lake … 189
Yongqu River … 14	Zhagaqu River … 163	Ziguicuo Lake … 214
Youbucuo Lake … 257	Zhagelagezangbu River … 278	Ziqu River … 7
Yuanhu Lake … 255	Zhagenzangbu River … 212	Ziriaqu River … 110
Yuanquan River … 217	Zhajiazangbu River … 208	Zukequ River … 155
Yuanyang Lake … 169		

内 容 索 引

A

阿崩曲　228
阿比曲　68
阿藏送赛曲　6
阿达错　214
阿德淌河　146
阿东河　17
阿尔坚错　212
阿尔彭河　140
阿果错　253
阿果错　269
阿果曲　119
阿过错　269
阿哈森河　146
阿禾江　85
阿拉曲　200
阿里藏布　211
阿龙藏布　279
阿龙雄　10
阿隆藏布　266
阿鲁错　274
阿马次　253
阿毛藏布　268
阿茂　245
阿米青弄巴曲　262
阿姆布朗　148
阿姆弄巴曲　248
阿木错　103
阿木错　221
阿那塘　122
阿潘里河　147
阿曲　5
阿曲　10
阿曲　148
阿润河　159，164
阿特如河　148
阿翁藏布　278
阿翁错　278
阿喔加布　253
阿协果曲河　150
阿永布错　281
阿涌　5
阿玉河　148
阿扎错　136
阿扎曲　144
阿总曲　17
阿尊河　146
埃永错　281
艾曲　63

艾喜曲　68
安多错那湖　55
安多曲　53
安贡错　132
安贡河　140
安古河　147
安觉错　103
安乐街河　18
安目错　132
安特勒河　147
安乡曲　188
安扎河　147
昂巴艺布错　276
昂达尔错　203
昂达尔东错　204
昂古错　255
昂瓜涌曲　5
昂拉陵湖　268
昂拉仁错　268
昂拉锐错　282
昂里擦嘎　268
昂马错　262
昂玛藏布　245
昂纳涌曲　5
昂曲　11，15
昂曲　67
昂曲　188
昂仁错　179
昂仁金错　179
昂翁藏布　268
昂孜错　237
敖曲　245

B

八哥尔曲　150
八及曲　129
八松错　128
八宿曲　66
巴阿拥　10
巴布龙曲　116
巴昌曲　118
巴恩曲　63
巴尔岗河　152
巴尔觉曲　171
巴尔玛藏布　270
巴尔曲　13
巴尔曲　168
巴嘎当　117
巴嘎热曲　209

巴河　127
巴基河　153
巴加西仁河　141
巴纠错　176
巴纠曲　176
巴朗曲　126
巴勒曲　118
巴里拥　10
巴里中波　64
巴莫勒甲　165
巴木错　191
巴那尔浦　269
巴纳陇曲　211
巴纳涌　11
巴尼亚河　151
巴弄　237
巴普河　154
巴青河　182
巴青曲　60
巴穷河　182
巴秋河　153
巴曲　13
巴曲　66
巴日藏布　64
巴日根曲　196
巴日曲　13
巴日哇曲岗　228
巴日雄曲　180
巴汝藏布　213
巴松错　128
巴苏善曲　175
巴雄曲　120
巴扎郎牛河　213
巴扎曲杠河　204
巴扎雄曲　283
扒列曲康　201
扒青藏布　266
扒曲　114
吧索曲　55
捌大曲岗　56
捌千错　273
拔度错　231
拔嘎浦曲　100
拔子　238
把美曲岗　192
靶尔果　167
靶曲　62
坝曲　121
坝竹河　91
白当藏布　268

白及弄巴曲 129
白里绪错 264
白龙冰河 241
白马西路河 139
白那曲 165
白曲 8
白曲 57
白曲 111
白曲 118
白曲 119
白曲 125
白弱错 272
白桑桑曲 191
白滩湖 224
白汤曲 253
白雪湖 242
白雍 129
白云湖 236
百汇河 254
百灵鸟盐湖 239
百流河 205
百泉河 271
拜惹布错 270
班尔达姆曲 151
班戈错 202
班戈Ⅰ湖 202
班戈Ⅱ湖 202
班戈Ⅲ湖 202
班公错 282
班曲 6
班温弄巴曲 191
班涌 6
班章烘曲 68
半岛湖 224
邦达错 279
邦敢河 36
邦迈河 70
邦色曲 161
邦英河 138
邦扎浦 157
帮布曲 183
帮打普曲 120
帮陇陇巴河 196
帮弄钦 183
帮玉曲 107
蚌渺河 70
北大沟 169
北岛湖 242
北敌曲 253
北雷错 225
北庙水库 72
北弄 276
北湃浪河 226
北仆水 21
北桥河 31
北石梯长湖 216
北永弄巴 129
北于湖 250
本曲 60
本松错 247

本土尔曲 190
笨卓普曲 163
崩崩弄巴 138
崩错 189
崩纳藏布 214
崩笋达 269
崩则错 222
比迴河 154
比郎曲 117
比朗曲 188
比陇错 220
比洛错 220
比扑曲 122
比却木河 154
比让昌 221
比惹藏布 219
比日藏布 233
比斯巧姆河 154
比吾藏布 171
比吾隆曲 64
比西曲 139
比西日河 139
沘江 18
必农曲 64
毕洛错 220
闭合曲 68
辟顶曲 245
碧玉河 18
边当藏布 268
边浪曲 128
边青雄曲 192
边绒朗曲 136
扁曲 200
别若则错 272
宾错嘎哇 247
槟榔江 83
冰池河 232
冰莲沟 169
冰沙河 222
丙麻河 72
波仓藏布 233
波得藏布 134
波斗藏布 132
波堆藏布 134
波尔迪克拉河 154
波尔帕尼河 152
波陇章巴曲 197
波罗江 25，26
波马河 152
波那曲 215
波曲 12
波曲 116
波曲 164
波曲 187
波曲藏布 211
波涛湖 196
波注隆 117
玻曲 17
剥弄曲 63
伯炯弄 270

泊古错 180
博藏布 233
博磨湖 177
博尚水库 76
薄果 168
卜曲 245
卜寨藏布 246
补嘎错 204
补如加弄错 179
补远江 44
不朵雄曲 173
不曲 180
布巴沟 66
布（毕）多藏布 264
布擦孜曲 111
布冲错 16
布当曲 6
布尔嘎错 261
布拉河 152
布拉马普特拉河 93
布朗玛不加曲 158
布鲁错 267
布马浦河 100
布纽曲 208
布曲 15
布曲 63
布曲 105
布曲 145
布曲 187
布曲藏布 104
布曲曲 252
布如曲 190
布若错 254
布托错青 16
布托错穷 16
布托湖 16
布夏麦曲 56
布雍曲 15
布志曲 135
步行湖 247

C

擦龙曲 173
擦隆托玛 258
才多茶卡 219
才格勒曲 209
才玛尔错 261
采哥拉宝藏布 279
蔡几错 255
仓木错 267
苍山十八溪 26
漕涧河 20
草坝河 40
草不杂河 275
草错弄 16
草曲 9
测曲 188
策仁刺曲 17
叉朗 121

茶错 267	长川河 284	次曲 56
茶多曲 105	长虹河 225	次仁弄穷 235
茶房河 32	**长湖 218**	淙流河 243
茶里错 273	**长颈湖 226**	粗细弄 97
茶米能 11	**长龙河 218**	促贡藏布 264，265
茶木曲那嘎 192	长马曲 103	促千曲 65
查波错 263	长浦德车 223	村章错 234
查布罗错 233	长蛇湖 243	措布松曲 58
查布曲 188	**长水河 218**	措堆村沟 121
查布曲 240	**长条湖 271**	措那雄曲 192
查藏藏布 212，213	尝翁弄巴 255	**措勤藏布 251**
查藏错 212	常木错 281	措作错 277
查柴夏玛曲 210	**朝阳湖 239**	错不朗藏布 116
查当 98	扯昌安弄曲 262	错布弄巴 135
查嘎日曲 171	**沉错 177**	错布弄巴曲 137
查岗曲 208	沉鱼湖 247	**错戳龙 180**
查果曲 211	陈者曲 105	错多岛 268
查玖藏布 252	称曲 56	错俄木 211
查拉曲 136	撑麻弄曲 252	**错鄂 184，211**
查勒错 274	程雄曲 135	错尔鄂曲 211
查龙藏布 211	惩香错 99	错高 128
查罗尔错 277	澄雪湖 229	错贡 191
查洛容曲 104	橙曲 68	错加 55
查姆弄曲 248	吃荣查杠曲 191	错久雄曲 155
查木错 263	池恩雄曲 189	错浪湖 121
查纳普曲 103	**尺古曲 144**	错龙错 253
查宁曲 249	赤布张湖 195	错龙纳 281
查曲 105	赤藏空玛曲 188	错龙确 193
查曲 176	赤德蒲 158	**错母折林 178**
查曲贡玛 210	赤隆藏布 132	错木昂拉仁波 282
查曲卡 66	赤日错 276	错木尼折曲 149
查曲夏玛 210	赤松茶曲 67	错目曲 101
查日弄 166	赤雄曲 114	**错那 55**
查日涌曲 6	**赤左藏布 167**	错那湖 273
查桑曲 229	充松曲 220	**错呐错 273**
查桑曲 232	**冲巴雍错 109**	**错尼 236**
查张河 179	冲巴雍母错 109	错青浦曲 16
查张强马河 179	冲巴涌曲 109	错穷 193
查真曲 159	冲堆浦 165	错曲 16
察尔骨特湖 214	冲家河 68	错曲 189
察曲 66	冲江河 69	错饶错 58
察曲 190	冲曲 101	错瑞曲 122
察隅河 142	冲莎曲 177	**错卧莫 179**
察隅曲 142	抽曲 16	**重昌藏布 259**
差布错 238	愁金弄巴 143	重穷 168
差多曲康 193	出松曲 194	
差女藏布 252	**楚布曲 119**	**D**
差绒曲 246	楚尔丹劳河 68	
柴坤错 214	楚朗 126	搭拉不错 271
柴曲 98	楚曲 57	达巴曲 170
柴曲藏布 95，98	触安姆错 211	**达朵河 143**
柴荣藏布 190	春光河 196	达尔嘎波曲 204
昌格隆格河 284	春雨沟 239	达尔岗许错查 221
昌各弄巴 66	戳润曲 194	**达尔沃错温 222**
昌隆河 169	词嘎儿错 238	达格布 161
昌隆河 284	**茈碧湖 26**	达格济湖 232
昌玛错 229	慈巴沟 144	达格弄藏布 98
昌木钦玛曲 56	次尔改塘错 189	达个拥曲岗 248
昌曲 13	次玛错 261	达给藏布 251
长波曲 175	次鸟如错 237	**达果藏布 245**

333

达龙藏布 253	大双河 29	登么错 162
达玛柯西河 165	大田河 32	登木曲 122
达玛孜壤 250	大西河 71	**登曲 17**
达木楚 116	大新河 243	**登曲 59**
达木扎藏布 250	大熊湖 254	**等曲 12**
达曲 64	**大盈江 82**	等旺洛 68
达曲 64	大盈江 86	迪卡尔河 153
达曲 202	大寨河 32	迪克朗河 152
达曲曲康 192	大中河 40	迪麻洛河 68
达热布错 271	戴藏布 284	迪曲 63
达热藏布 237	**丹巴林河 147**	敌巴曲 238
达日嘎巴曲 192	**丹巴曲 146**	敌布错 257
达日者陇岗 228	丹戈眷河 139	**底富河 145**
达如错 191	丹雄曲 109	地补河 145
达塞洛河 81	担当洛河 81	地曲 63
达娃错 256	耽巴曲 118	**蒂丁河 146**
达瓦错 256	旦麦曲岗 210	**蒂让碧错 219**
达湾藏布 276	**淡冰湖 226**	滇堂河 83
达旺曲 155	**淡水湖 241**	典角曲 167
达瓮曲 64	当藏布 245	碉堡湖 204
达西母曲 121	当木江曲 59	叠水河 85
达杂迪扎错 239	当木曲 190	**丁木错 162**
达则错 232	当穹错 246	丁曲 12
达扎藏布 237	**当穹错 246**	丁曲 238
达卓曲 209	当曲 13	丁色普 164
达孜藏布 250	当曲 57	丁字藏布 279
打坝河 151	**当曲 64**	**定结错 163**
打加错 179	当曲 105	**定列错布 168**
打龙曲 134	当曲 116	定雄曲 155
打洛江 51	当却藏布 95	东波曲 170
打平河 21	**当惹雍错 244**	东补涌 6
打曲 65	当雄错 246	东岔沟 169
打曲河 142	当雄河 116	东错 185
打日雄曲 189	当许雄曲 157	东大河 25
打沙雄曲 189	挡帕河 35	东洱河 39
打雅藏布 179	凼木曲 63	东沟 120
打者错 232	荡漾河 242	东古英曲 158
大巴江 80, 82	刀浪曲 210	东河 71, 72
大毕铺 13	岛雄曲 208	东湖 23
大杈饶河 215	倒淌河 87	东湖 223
大岔河 83	得不半错 129	东脚涌曲 6
大朝山水库 32	得嘎尔错 274	东久曲 138
大车江 82	得嘎弄巴曲 183	东卡错 193
大地河 73	得拉格错 274	东林藏布 159
大锅莫洛河 81	得热浦 109	东马河 156
大海凤水库 69	**得雨湖 238**	东漠涌 8
大开河 46	德觉河 73	东湃浪河 226
大朗河 19, 20	德郭曲 264	东朋彦错 228
大洛藏布 245	德里母曲 121	**东恰错 193**
大勐统河 73	**德利河 147**	**东温河 217**
大纳浦曲 105	**德钦姆河 141**	**东月湖 218**
大蒲窝河 88	德钦小河 18	冬尕日曲 57
大曲 68	德青姆河 141	冬隆藏布 262
大沙河 71	德曲 8	**冬隆藏布 267**
大沙河 85	**德曲 65**	**董杯曲岗 248**
大沙河 206	德曲 136	董曲陇巴 204
大沙河 219	德呷雄 65	**懂布错 239**
大沙河 222	灯草坝河 85	**懂错 185**
大沙河 277	登波错 162	冻错曲 66
大哨河 70	登额陇 59	**冻果错 234**

冻些雄曲 62
垌莫错 **248**
洞错 195
洞错 **259**
洞多弄巴 136
洞古错 276
洞朗曲 157
洞中弄 **126**
都古尔藏布 261
都曲错 272
斗嘎尔河 **159**
斗勒河 201
独达河 39
独立石湖 **277**
独龙江 80
独曲 264
独日藏布 **252**
杜不弄 158
杜康河 40
杜莱河 146
杜莱曲 **146**
堆龙曲 **118**
堆普曲 **143**
堆曲 143
堆日曲 176
堆萨扎旺曲 276
沌穷 183
多不榨藏布 179
多不榨错 178
多布荣藏布 267
多查加曲 202
多底曲岗 194
多丁曲布秀 195
多尔曲 215
多尔索洞错 195
多格错仁 **216**
多格错仁强错 **205**
多格曲 **145**
多湖 278
多腊藏布曲 214
多列曲 105
多洛弄巴 134
多玛错 **261**
多玛曲 **283**
多美曲 149
多姆普曲 **139**
多木河 159
多那曲 116
多弄曲 104
多庆错 **178**
多庆曲 68
多曲 **14**
多曲 149
多让弄巴曲 202
多让曲 **63**
多日曲 202
多实陇 9
多湾沟 169
多雄藏布 **101**
多雄河 139

多依林水库 **40**
多隅曲 66
多则曲 66
多扎藏布 238
多扎继苍曲 210
多着曲 **210**
夺底沟 118
夺见边 265
夺廊错果 249
夺勒藏布 249
夺玛 245
夺弄藏布 270
朵嘎曲 175
朵康巴藏布 253
朵曲绒曲 253
朵仁江玛 270
朵日藏布 252
惰清错 178
惰情错 178

E

俄布河 **171**
俄嘎龙巴 68
俄港错 268
俄港错 270
俄鲁粑 184
俄鲁多错 125
俄玉曲 67
峨尔翁曲 183
额公藏布 132
恶美松曲 103
饿弄曲 111
鄂博曲 171
鄂陇曲 190
鄂弄 245
鄂穷弄 167
鄂如巴弄曲 276
鄂雅次琼 221
鄂雅错 **221**
鄂雅错琼 221
恩达曲 12
恩久弄 63
恩梅开江 80
恩姆拉河 **148**
尔玛好尔毛河 **277**
尔玛曲 185
耳打俄曲 249
洱海 **26**
洱源海子 26
二岔沟 260
二道河 18
二道河 32

F

发展河 41
凤庆河 **31**
凤尾河 77

凤尾箐 26
凤羽河 25
伏牛沟 244
伏树河 29
甫曲 175
付雄曲 135
富曲 **165**

G

嘎巴孔曲 210
嘎池曲 189
嘎错 280
嘎达曲 81
嘎尔孔茶卡 **248**
嘎尔木雄曲 268
嘎尔曲 10
嘎尔确曲 193
嘎金马 129
嘎拉错 **177**
嘎隆曲 **138**
嘎马错 174,176
嘎马林河 175
嘎玛尔敌布错 268
嘎姆弄 180
嘎纳钦马曲 198
嘎纳钦玛曲 198
嘎弄错 **55**
嘎弄果错 183
嘎弄曲 58
嘎穷曲 201
嘎琼曲 244
嘎曲 **14**
嘎曲 **58**
嘎曲 63
嘎曲 210
嘎仁错 **258**
嘎日啊弄 166
嘎汝鱼久错 179
嘎学尼玛曲 276
嘎学弄曲 276
噶尔藏布 **168**
噶尔河 **167**
噶尔塘曲 168
尕尔布曲 221
尕尔曲 **210**
尕恰迪如曲 198
尕热布甲茶卡 273
尕茸曲 6
尕沙河 6
尕涌 12
改巴曲 132
改达窝玛曲 221
改杆茶卡 273
改来藏布 **261**
改来曲 194
盖曲 **8**
干嘎河 181,182
甘玛藏布 164
甘穷郎 12

甘水河 226	各曲 188	郭穷弄巴 265
橄榄河 72	各惹洞弄巴 267	郭曲 7
冈玛错 260	各同培曲 17	**郭曲 9**
冈塘错 247	给曲 162	郭仁曲 59
刚弄曲 234	根德格河 158	郭荣涌曲 6
岗布玛甲曲 272	根清玛拆曲 210	郭涌曲 5
岗盖曲 208	根曲 197	**郭扎错 280**
岗勒拉 159	更戛河 73	**郭扎东北河 280**
岗利曲 191	公郎河 30	锅路曲 68
岗曲 58	公龙河 18	果别曲岗 228
岗曲 60	**公珠错 180**	**果根错 215**
岗日嘎布藏布 138	供阿藏布 267	果朗河 91
岗绒曲 248	龚贵曲 170	**果忙错 215**
岗牙桑曲 186	**龚曲 56**	果木子 158
岗芝隆巴 158	共玛曲 175	**果普错 270**
港地改曲 210	共易曲嘎曲 267	果曲 10
杠宗曲 188	共左错 163	果曲 59
高各查依 7	贡巴曲 185	果曲 68
高树根河 88	贡布弄 150	果扎错 259
高涌 7	贡布曲 57	过布错 270
高子海 20	贡茶曲 234	过懦曲 67
膏矿沟 169	贡卡姜玛曲 204	过曲 11
戈昂错 215	贡隆雄 10	过速曲 189
戈梗错 215	贡囊普曲 64	
戈郎河 91	**贡曲 59**	**H**
戈芒错 238	贡曲 175	
戈孟湖 254	**贡日嘎布曲 144**	哈东隆巴 135
戈木茶卡 254	贡扎曲 180	哈工曲 149
戈木错 254	**古波克错 275**	哈里河 145
戈穆茶卡 254	古尔都曲 269	哈鲁藏布 157
割弄玛曲 262	古尔拉曲 158	哈母曲 168
割忘错 238	古老河 75	**哈姆得里河 152**
格达沟 119	古老圩 265	海潮河 26
格多河 145	古里河 31	海尾河 25，26
格浪姐河 35	**古仁曲 119**	**海西海 25**
格浪浪河 40	古仁曲 188	韩嘎曲 116
格浪秧河 78	**古如曲 121**	杭得拉河 152
格浪重河 78	古雄曲 111	**浩波湖 230**
格龙涌曲 5	**古永河 85**	河北大沟 169
格马尔曲 237	谷青河 274	河汉湖 236
格马曲俗 192	谷穷玛 267	河冲河 89
格玛涌 8	鼓弄 171	**河底岗河 76**
格姆错 184	故打曲 68	**荷花湖 220**
格弄曲 64	挂登河 19	贺勐河 36
格朋觉藏布 260	关坪河 29	黑海湖 55
格穷曲 99	灌木丛上部的盐湖 263	**黑河 40**
格曲 16	广沙河 91	黑湖 273
格曲 60	归达曲 14	**黑惠江 21**
格仁错 213	归仁曲 119	**黑马河 151**
格沙 171	归译错 177	**黑石北湖 272**
格生弄巴曲 202	龟曲 163	黑石河 227
格乌曲 173	贵曲 163	黑石湖 271
隔界河 69	桂花树河 86	黑水河 70
隔列曲 238	棍宗藏布 257	黑桃树河 20
个洛儿错 182	郭藏布 275	**恒河水系 158**
各那藏布 234	**郭昌曲 97**	**恒梁湖 219**
各弄曲 180	郭加林湖 223	烘多藏布 253
各千雄 246	郭骆错 180	红废墟盐湖 240
各青曲 13	郭欠曲 61	红脚湖 261
各曲 9	郭青弄巴 265	红柳沟 169

红那河 92	加波曲 **149**	甲柔藏布 244
红泥沟 247	加布玛曲 211	**甲若错** **247**
红泥河 225	加布曲 188	甲娃日曲 179
红丘河 91	加布扎藏布 103	甲雅曲 249
红石湖 261	加达藏布 99	甲韵 246
红石头河 73	加达隆巴曲 142	甲扎岗噶河 158
红水沟 244	加大藏布 99	甲志藏布 270
洪巴日曲 59	加低加布曲 211	**贾个热不嘎河** **275**
洪玉泉河 **217**	加尔各错 214	贾来曲 234
后河 69	加尔普曲 123	贾木沟 119
呼拉卡拉利河 158	加嘎藏布 214	架兴巴弄 238
弧弯沟 242	加贡弄巴 136	坚固曲 264
葫芦湖 241	加果空桑贡玛曲 3	碱水湖 **271**
户撒河 **87**	**加勒万河** **169**	建新岗古曲 173
户宋河 **86**	加木采曲 57	**剑湖** **23**
户宋河水库 **87**	**加木称错** **199**	**江爱藏布** **244**
怀挂湖 279	加木曲 56	江白错 173
荒凉湖 259	加木曲 103	江藏河 181
黄龙沙河 242	加纳玛曲 175	**江错** **190**
黄龙山 72	加诺藏布 244	江达曲 68
黄水湖 232	加青错 249	**江嘎雄曲** **109**
灰窑江 89	**加曲** **177**	江戈错 262, 263
挥戈河 226	加仁错 213	江公普曲 105
汇水河 **230**	加日曲 210	江洪曲 145
惠河 40	加荣曲 190	**江窘藏布** **270**
浑水沟 86	**加塔藏布** **99**	江陇曲 61
浑水河 **246**	加虾藏布 212	江摸曲 263
	加雄曲 173	江那曲 132
J	加玉河 149	**江尼茶卡** **241**
	加玉曲 149	江琼 9
机独洛河 68	**加柱藏布** **98**	江曲 9
机列错 253	夹武不曲 99	**江曲** **58**
机谦藏布 250	佳东曲 116	江曲 190
鸡岛错 271	佳尼尔曲 209	江日达 13
鸡街河 23	佳曲 177	江日曲 109
积曲 61	家脚河 45	江梭甲不弄曲 194
基嘎藏布 251	家母日曲 264	江翁曲 112
基若藏布 233	戛独河 87	江西沟 8
基台错 241	甲布弄曲 188	江咬马河 55
吉布弄 163	甲布弄曲 263	江照曲 57
吉东藏布 268	**甲布曲** **265**	江珠扎嘎 147
吉嘎尔曲 266	甲布扎藏布 270	**江子藏布** **237**
吉莱普错 164	甲错藏布 110	姜拆错 210
吉隆藏布 **158**	甲登弄巴 133	姜曲 63
吉隆藏布 163	**甲多错** **254**	姜托玛叉玛曲 210
吉罗弄 156	甲嘎玛弄 202	姜章河 98
吉落曲 263	甲公尔错 204	浆东如瑞 211
吉马曲 **164**	甲吉藏布 214	奖木曲 9
吉浦 120	甲拉曲 160	角陇错 221
吉普曲 **127**	甲裸藏布 162	角米能 11
吉曲 **10**	甲马错 188	**角木茶卡** **239**
吉曲 **100**	甲玛尔曲 269	角热卓浦 171
吉曲 112	甲玛曲 191	**脚不郎** **121**
吉舍曲 **120**	甲纳雄曲 158	**脚布曲** **264**
吉太曲 80	甲弄曲 202	脚母那 123
吉祥湖 270	甲曲 173	脚曲 15, 16
即如曲 264	甲曲曲 192	**脚通龙曲** **145**
几布雄 **129**	甲惹淌 98	脚物麦曲 104
纪格错 254	**甲热布错** **231**	接壤河 81
加波错 264	甲日阿普错 231	节节河 196

K

节金浦 180	卡不过河 257	康玉曲 66
节曲 68	卡藏布 214	扛弄龙玛曲 270
节萨错 264	卡藏罗弄巴曲 248	扛热俄买曲 188
杰马央宗曲 94	卡查河 146	扛热孔马曲 188
杰曲 61	**卡达曲 163**	柯岗 237
杰曲 64	卡得藏布 163	柯绒曲 237
杰萨错 258	卡德曲 66	科马河 154
洁居曲 252，257	卡洞加曲 175	科亚普 165
结苦弄 62	卡嘎曲 245	可尔多曲 268
结曲 63	卡规错 214	可尼斯湖 218
结曲 105	卡家曲 105	可绍千曲 188
结曲 111	卡拉苏代牙 260	可洼 253
结绕涌 6	卡兰米约河 146	克尔木曲 194
结仁藏布 251	卡里迪克拉河 153	克拉曲 129
结则茶卡 280	**卡里加曲 146**	克劳龙河 81
捷嘎巴玛曲 276	**卡鲁雄曲 176**	**克鲁河 151**
捷嘎香玛曲 276	卡马普曲 122	克马曲 252
羯羊河 82	**卡马曲 164**	**克纽克曲 153**
姐勒水库 92	卡玛尼雅尔 205	空藏布 237
姐妹湖 249	**卡门河 153**	空江 20
姐曲 61	**卡莫曲 193**	空朗昌波河 169
界头小江 90	卡木扎曲 253	**空姆错 175**
金厂河 85	卡期曲岗 56	空曲 105
金东曲 122	**卡曲 57**	空汝壳曲 105
金嘎采久 110	**卡挖藏布 202**	**空扎曲 144**
金河 15	卡乌普曲 106	**孔错 227**
金龙河 19	**卡续当玛河 223**	孔洞盐湖 229
金龙河 23	卡依河 152	**孔孔茶卡 229**
金龙曲 163	卡易错 281	孔朗门弄巴 253
金美错 268	**卡阴弄巴 143**	**孔玛尔雄曲 193**
金坪河 19	卡阴因弄巴 143	**孔玛曲 189**
金曲 188	卡折阿曲 269	**孔纳木错 198**
金阳河 205	卡作曲 186，188	孔纳木尼陇曲 203
金珠藏布 138	喀湖错 271	孔纳木曲 201
金珠曲 138	喀隆错 55	孔弄 256
近湖 275	喀如雄曲 176	**孔弄曲 103**
景谷河 38	开曲 68	孔曲 184
景洪水库 42	凯邦亚湖 87	孔雀河 158
景养河 46	**坎拉河 151**	枯柯河 71
靖多错 197	**康巴藏布 258**	枯约曲 215
九龙冲沟 169	康布错 174，176	**苦曲藏布 162**
久尖曲 276	康布麻曲 157	苦水海 222
久玛错 268	**康布曲 157**	苦索尼亚曲岗 194
玖如错 200	康谷 6	库比藏布 95
玖哇曲 105	康结杂曲 111	**库尔拿河 278**
沮水河 242	康鲁茶卡 243	**库尔色曲 61**
巨哇曲 171	康马河 109	库鲁河 156
聚宝湖 247	康弄下马 245	库曲曲 155
觉昂曲 136	康浦曲 156	**库杏河 78**
觉都 16	康青 269	库珠江弄 270
觉洛藏布 134	康穷 269	矿多错 252
觉母曲 111	**康如茶卡 243**	矿多索弄 252
觉曲 68	**康如普曲 109**	坤达曲 14
绝拉沟 284	康萨普曲 104	**昆楚克错 273**
军荣弄 114	康沙乡曲 65	昆明池 26
军张河 248	康是曲 178	昆沙浦 171
君玛错 268	康翁藏布 214	**昆仲错 281**
俊翁陇巴 223		扩朗错 198

L

拉昂错 181	来风河 26	连振浦 117
拉巴河 36	来乌藏布 97	涟湖河 242
拉崩河 146	莱姆奔曲 154	涟水湖 242
拉不及孔藏布 165	莱阳河 46	良荣沟 130
拉布藏布 110，111	兰成曲 170	列曲 67
拉布错 266	兰嘎错 181	列荣藏布 98
拉布让藏布 269	兰丽河 196	列瓦藏布 253
拉布希曲 63	澜沧江 1	烈巴藏布 104
拉昌翁河 179	郎布错 177	烈马河 226
拉长渣 246	郎达曲 12	猎斯高热嘎河 284
拉错新错 180	狼窝沟 242	林芝沟 130
拉档尕曲 105	朗阿曲 104	淋水河 236
拉东扎乌 163	朗巴浦 120	玲珑河 235
拉嘎曲 176	朗布曲 121	陵岗曲 140
拉戈尔湖 262	朗错 100	令戈错 223
拉跟玛曲 111	朗达 257	刘弄曲 99
拉果错 262	朗堆普曲 105	流沙河 42
拉加哪曲 270	朗贡普曲 123	流沙河 118
拉加纳曲 270	朗贡曲 123	流沙河 219
拉加涌 11	朗麦曲 149	六米河 29
拉街朗 149	朗木弄 166	龙巴朗 155
拉卡如曲 112	朗弄 168	龙川江 87，90
拉克湖 260	朗弄曲 160	龙格冲果错 129
拉龙藏布 98	朗钦藏布 169	龙骨河 46
拉马河 82	朗丘弄巴 138	龙戛河 48
拉玛曲 60	朗曲 167	龙江 87
拉勐河 35	朗扎曲 249	龙江大江 89
拉木错 125	浪错 100	龙江小江 90
拉木错 275	浪光河 91	龙纠河 109
拉木弄河 183	浪孔曲 111	龙觉曲 211
拉木曲 138	浪强错 179	龙马河 109
拉哪洼藏布 270	浪穹海子 26	龙玛尔曲 190
拉弄 183	浪主成曲 175	龙母河 89
拉弄错 180	劳基曲 283	龙木错 281
拉普曲 123	劳日特错 197	龙纳克龙斯伯河 169
拉恰熊曲 193	老表河 70	龙帕河 44
拉青曲康 191	老发金河 34	龙普曲 136
拉庆雍 64	老窝河 68	龙曲 8
拉曲 117	老杨箐河 39	龙让 16
拉曲 145	老营河 71	龙仁曲 103
拉曲 180	乐曲 56	龙忍曲 67
拉萨藏布 237	勒布曲 14	龙桑曲 211
拉萨河 112	勒龙藏布 98	龙潭河 41
拉萨曲 208	勒曲 14	龙王塘 72
拉萨曲 209	勒曲藏布 137	龙尾湖 227
拉沙河 82	勒仁藏布 256	龙亚 167
拉莎错 176	勒日雅尔尕曲 203	龙养河 41
拉水河 271	冷加曲 67	龙舟湖 241
拉顺东河 256	冷弄巴 67	隆那藏布 264
拉顺湖 256	冷曲 66	隆曲 8
拉瓦西曲 66	梨园河 29	隆曲 210
拉相错 250	李岗弄巴曲 238，248	隆桑曲 260
拉雄错 255	李铁错 253	陇冒曲 3
拉月曲 137	里龙普曲 123	陇纳玛曲 208
腊弄弄 64	里田错 280	垄巴翁布河 279
辣曲 181	理饿穷错 192	娄巴曲 144
辣蒜河 33	立窘曲 111	芦布错 280
	利民河 226	泸公河 139
	利弄朗 121	泸水 52
	连曲 60	鲁藏雄曲 211

鲁居藏布 265
鲁郎河 138
鲁马蒋登曲 252
鲁玛江冬错 277
鲁日根曲布香 231
鲁汪藏布 257
鲁乌龙木 165
鲁希特河 142，146
陆仁弄巴 214
陆伍河 29
录曲 200
鹿岗曲 187
潞江 52
麓川江 87
乱石沟 244
伦曲 264
轮马河 83
罗布弄布 179
罗墩曲 268
罗尔根藏布 272
罗尔湖 229
罗结曲 128
罗具藏布 265
罗可曲 189
罗朗曲 119
罗林曲 121
罗马弄巴 66
罗明坝河 69
罗木舍海 25
罗曲 56
罗曲 170
罗仁藏布 266
罗时江 26
罗梭江 44
罗扎藏布 110
罗闸河 30
萝卜坝河 90
洛沟 283
洛河 150
洛隆曲 65
洛洛曲 161
洛姆曲 137
洛曲 54
洛曲 105
洛曲 149
洛曲 283
洛雄藏布 103
洛扎怒曲 156
洛扎下曲 156
洛扎雄曲 156
洛足藏布 104
骆驼湖 276
落勺河 72

M

妈儿迁曲岗 248
麻必洛河 81
麻地河 46
麻嘎藏布 283

麻嘎藏布 283
麻果藏布 137
麻果龙藏布 137
麻加曲 163
麻喀木错 270
麻克哈湖 270
麻米错 267
麻浦 157
麻曲 157
麻曲 178
麻雀曲 176
麻荣雄黄曲 189
麻沙曲 99
麻丝河 222
麻亚曲 159
麻友弄 164
马丹河 154
马儿果错 234
马尔波曲 192
马尔库曲 191
马尔下错 234
马哥河 155
马格里曲 152
马河 69
马甲藏布 158
马林曲 150
马浦茶几 110
马曲涌 65
马泉河 95
马日曲 65
马荣曲 114
马桑扎曲 104
马山浦 158
马通河 146
马西共曲 67
马洋浦 158
马拥 10
马攸藏布 95
马玉曲 170
玛尔尺曲 189
玛尔盖茶卡 241
玛尔果茶卡 240
玛尔曲 183
玛尔下曲 201
玛法木湖 182
玛岗普曲 100
玛角茶卡 197
玛卡藏布 283
玛朗曲 171
玛陇曲 208
玛那曲 171
玛纳浦 118
玛旁雍错 182
玛巧错 197
玛青曲 192
玛耶错 248
骂木河 39
嘛木尔错 232
买曲 12
麦巴尔曲 284

麦地藏布 114
麦多藏布 268
麦俄 245
麦拉曲 98
麦弄朗 121
麦弄曲 245
麦穷错 264
麦曲 12
麦曲 13
麦曲 62
麦曲 115
麦若曲 57
满拉水库 108
曼达河 39
曼冬错 285
曼洞山河 91
曼飞龙河 43，44
曼飞龙水库 44
曼浪河 41
曼老江 46
曼连河 39
曼满水库 43
曼曲 111
曼曲 160
曼汤河 44
曼辛河 74
曼召河 41
漫道河 236
漫湾水库 30
芒错 281
芒究水库 91
芒库河 77
芒麦曲 111
芒帕河 74
芒帕河 36
芒片河 34
芒迁河 38
芒市大河 90
芒市河 90
芒牙河 83
芒佑河 76
忙嘎普曲 100
忙捞河 73
毛驴猞猁湖 228
毛热曲 66
牦牛湖 239
茂兰河 31
冒曲 12
么阿虾弄曲 231
梅里拉鲁曲 68
梅子河 39
湄公河 5
美菊湖 226
美马错 274
美清河 273
美曲 62
美曲藏布 103
美日北河 201
美日切错 201
美窝弄巴曲 252

美衣弄巴 138	明中 171	那木弄曲 185
门巴日曲 171	模弄曲 189	那弄河 35
门堆共曲 178	磨房河 69	那弄曲 192
门嘎河 149	磨龙河 89	那糯河 38
门果曲 104	**磨龙曲 137**	那曲 11
门湖 254	磨修莫河 139	那曲 53
门罗巴河 32	磨羊河 44	**那曲 181**
门曲 99	**磨者河 47**	那曲 200
门曲 111	莫昌藏布 233	那曲藏布 162
勐板河 40	莫尔江散 195	那日弄曲 194
勐邦水库 43	莫海 7	那锐弄 6
勐波罗河 70	**莫弄曲 62**	那若曲岗 233
勐底大河 73	**莫翁曲 146**	那瓦尔曲 269
勐典河 82	莫涌 8	那卫曲 202
勐董河 35	墨汝弄巴 136	那亚几错 182
勐堆河 77	**墨竹玛曲 117**	纳布 235
勐回河 74	墨竹曲 117	纳丁错 255
勐戛河 32	**牟汝弄巴 133**	纳懂河 41
勐戛河 82	母各曲 56	纳嘎布河 276
勐库大河 36	**母曲 56**	纳嘎里木曲 272
勐库河 36	牡音河 50	纳根查如曲 262
勐烈河 39	**姆错丙尼 249**	**纳江错 223**
勐龙河 47	木藏加布曲 252	**纳卡错 202**
勐梅河 70	木厂河 77	**纳克茶卡 232**
勐勐河 36	**木地达拉玉错 213**	纳曼河 154
勐明河 70	木地熊曲 213	**纳木错 185**
勐乃河 82	木纠藏布 211	纳木卡错 202
勐捧河 77	**木纠错 211**	纳木纳孜曲 276
勐片河 31	**木空曲 67**	纳浦曲 105
勐撒河 77	木笼河 82	纳如绒 158
勐送河 41	**木乃河 141**	纳弯尔藏布 269
勐梭河 78	木切而河 81	**纳屋错 274**
勐统河 37	木切尔河 81	纳雄藏布 99
勐统河 73	木切涌 12	纳玉普曲 123
勐旺河 46	**木曲 12**	纳卓弄巴曲 276
勐先河 46	木狮曲 240	乃巴浦 155
勐鸭河 82	木涌 12	乃钦果拉曲 143
勐养河 41	目曲 66	**乃日平错 184**
勐佑河 31	穆雷江 82	奶加雄曲 149
蒙朵曲 9		奶日雍木错 172
蒙索河 38	**N**	耐干涌 6
锰坎河 40		**南阿河 47**
弥直河 24，25，26	拿当曲 164	南啊河 41
弥沙河 24	拿拉曲 189	**南班河 44**
米巴藏布 266	拿里容曲 185	**南邦河 40**
米米曲 120	**拿日雍错 172**	南背囡河 47
米帕曲 150	**拿窝蒲 122**	南背弄河 47
米提江占木错 195	那波藏布 260	南奔江 80，83
棉桃湖 256	**那布曲 140**	南碧河 34
缅箐河 86	那丁穷戈 166	南丙河 41
民乐河 33	那顶错 190	南丙河 51
名木扎弄 257	那定错 189	南岔河 230
名尼里麦打曲 264	那嘎沟 120	南岛河 48
名塔布渣 283	那果麻曲 187	**南底河 85**
明光河 87	那拉藏布 134	**南甸河 41**
明久浦曲 179	那栗河 39	南丁多河 47
明朗河 86	那龙藏布 137	南丁河 74
明磊湖 235	那玛丁弄 183	南定河 74
明亮湖 280	那勐河 41	南嘎纳迪河 152
明真 171	**那姆曲 122**	南格朗河 43

341

南沟 169	南容藏布 237	娘曲 126
南瓜河 48	南润河 49	娘热藏布 110
南滚河 77	南洒河 92	娘热沟 118
南果河 41	南太白江 82	酿曲 105
南哈河 43	南汀河 41	**聂尔错 275**
南杭河 48	**南汀河 74**	聂曲 121
南混河 43	南袜河 75	聂荣曲 57
南基河 50	**南畹河 92**	聂杂藏布 233
南卡镐河 78	南往河 51	涅如藏布 107
南卡河 92	南窝河 43	**宁贡河 140**
南卡江 77	南锡河 78	宁贡曲 140
南开河 43	南溪河 43	宁湖 26
南坎河 47	南线河 46	**宁曲 6**
南康河 78	南醒河 47	宁日河 278
南柯河 76	南逊河 33	**拧河 159**
南肯河 41	南雅河 47	柠河 159
南昆河 41	**南伊曲 123**	牛肠河 220
南拉河 51	南衣河 77	牛玛曲 118
南腊河 47	南远河 49	弄巴曲 238
南腊河 50	南吒河 50	**弄巴水库 35**
南腊河 78	**南扎错 255**	弄角错 262
南兰河 51	南扎弄河 273	弄坎江 91
南览河 50	难涨河 88	弄朗且曲 183
南朗河 41	囊宋河 86	弄玛弄曲 16
南朗河 51	脑日错 229	弄玛荣曲 276
南佬河 51	尼阿康藏布 259	弄普曲 104
南栳河 35	尼布曲 119	弄穷 238
南垒河 49	**尼都藏布 136**	弄仁曲康 192
南里河 51	**尼多曲 99**	弄日曲 192
南岭河 43	尼久曲 121	弄我曲 192
南令河 76	**尼觉河 134**	奴堆藏布 111
南流河 244	尼龙错 252	奴玛蒋塘 252
南落曲 64	尼玛沟 112	努卜垄 285
南马河 78	尼木冬曲 264	**怒江 52**
南满河 49	**尼木玛曲 111**	暖里河 39
南满河 51	尼木曲 184	**诺多错 197**
南曼河 42	尼哪木稀扎 171	**诺尔玛错 229**
南卯江 87	尼穷弄巴曲 276	诺嘎藏布 253
南门河 51	尼曲 190	诺弄曲 67
南木河 43	尼日河 141	
南木黑河 91	尼瓦藏布 213	**O**
南木界河 51	尼屋藏布 135	
南木浪河 48	尼亚曲岗 192	**欧错 199**
南木切曲 105	**尼洋河 123**	
南木算河 77	尼洋曲 123	**P**
南木窝河 49	尼只曲 264	
南木央河 43	尼字龙河 284	帕布曲 112
南木养河 42	尼足弄巴 134	**帕查河 153**
南泥河 49	泥得曲 189	帕度错 231
南弄河 78	泥曲 126	帕嘎河 152
南糯河 73	泥曲 143	帕古沟 112
南捧河 76	你阿章藏布 211	帕古沫藏布 272
南碰河 41	你亚曲 186	帕里河 171
南披河 50	年布雄曲 193	**帕里曲 157**
南片河 77	**年楚河 105**	**帕龙错 267**
南撇河 51	年久藏布 270	**帕隆藏布 130**
南品河 47	年曲 105	**帕莫藏布 272**
南骑乐河 47	廿里沟 169	帕弄嘎布 168
南桥河 31	娘河 159	帕弄河 167
南桥河 73	**娘江曲 154**	帕弄曲 193

帕曲 152	普拉松 123	枪曲 60
帕桑错 128	普龙扎达 149	枪勇错 176
帕桑曲 127	**普莫雍错 177**	强嘎曲 186
帕索河 70	普千容曲 185	强拉弄曲 159
派克河 154	普曲 122	强隆贡玛 284
湃浪河 225	普曲 135，136	强弄尼子曲 249
潘吉堤河 152	**普让茶卡 273**	强赛曲港 190
盘河 75	普荣嘎尔播曲 97	强雄藏布 103
庞腊曲 188	普松曲 180	强左错 163
旁堆沟 120	普塘错庆 16	抢勇错 174
抛钦曲 60	普塘错琼 16	桥头河 46
培曲 17	**普文河 46**	切布斯浦 171
沛水河 229	普许错 233，238	**切尔恰藏布 198**
佩枯错 180	普则玛曲 111	切尔恰曲 198
佩林河 152	普只曲康 237	切间藏布 104
佩索河 153	普种藏布 211	切里错 185
朋贡荣玛曲 192	普宗西曲 134	切烈布曲 186
朋秋曲 161	**瀑赛尔错 205**	切玛龙曲 163
朋秋雄曲 160		切纳强玛曲 219
朋曲 159	**Q**	切琼藏布 104
朋彦错 228		切曲 163
彭错 112	七昌河 20	切曲 180
彭错 184	**七曲 62**	**茄子山水库 70**
彭吉藏布 100	七一湖 247	且巴门 183
彭曲 60	齐波江错 194	且乃曲 190
彭作普曲 163	**齐格错 254**	钦白错 280
蓬波弄巴曲 276	齐攻布 257	**钦果拉曲 143**
蓬错 188	齐陇乌如河 227	勤曲 268
蓬扎曲 251	其曲 62	青杯曲 112
澎波河 118	**其香错 194**	青波 121
澎曲 159	奇林湖 206	青布嘎 246
捧果藏布 245	**奇普恰普河 168**	青龙曲 193
捧曲 161	奇五河 154	青蛙湖 241
碰日藏布 251	奇习错 189	**清澈湖 276**
皮洛错 225	骑曲 64	清卡河 36
皮斯曲 188	气相错 194	清木柯错 256
琵琶湖 232	启光沟 235	清水河 74
片马河 80	**恰尔嘎木错 226**	清水河 75
平沙河 232	恰嘎藏布 202	清水河 242，244，260
平沙河 243	恰嘎曲 186	清水涧 242
平头河 23	恰岗错 226	清水江 18
坡尔扎曲 191	**恰贡错 274**	庆福河 18
坡寨错 252	**恰规错 214**	穷边 265
坡孜错 252	恰果茶卡 273	穷波曲 264
婆母拥错 177	**恰玖藏布 252**	穷布 168
婆若曲 265	**恰洛藏布 178**	穷莫麦曲 111
破曲 210	恰马藏布 233	穷莫麦曲 112
剖汪曲 175	恰木俄曲 223	穷木曲 112
扑水河 26	恰木曲 211	穷日弄 6
蒲贯漂河 69	恰木赛曲 208	琼桂藏布 178
浦错麦进曲 156	恰热曲岗 192	琼果曲 120
浦志藏布 223	千曲 63	**琼浆湖 224**
浦宗曲 174	迁诺曲 56	**琼结河 120**
普尔错 277	谦迈河 40	**秋马强绒河 282**
普洱大河 39	谦哲河 36	秋木曲 110
普洱河 39	前门琼过曲 194	俅江 81
普嘎错 204	前卫湖 241	球江 81
普久曲 191	**浅水湖 221**	曲阿弄 6
普拉河 68	**羌臣摩河 169**	曲阿曲 82
普拉曲 276	**羌塘高原内流区河湖 184**	曲巴马曲 179

曲尔康河　212
曲岗玛布曲　214
曲岗曲　63
曲各陇曲　190
曲果曲　209
曲过莫　192
曲姜玛　216
曲均河　237
曲郎岛日河　197
曲龙河　236
曲龙陇巴　205
曲陇曲布秀　205
曲垄藏布　283
曲米邦稿　5
曲拿曲　155
曲那坡　171
曲那通　68
曲纳　250
曲纳曲　190
曲强藏布　163
曲切朗　118
曲清河　174
曲热白玛　246
曲瑞　216
曲萨　223
曲塞后　117
曲松河　121
曲颂则弄巴　260
曲先藏布　233
曲依错　264
曲扎曲　68
曲宗藏布　133
权曲　188
泉水沟　244
泉水河　274
泉水河　279
泉水湖沙河　242
泉溪河　281
缺安曲　107
缺天湖　235
雀尔茶卡　219
确旦错　235

R

然巴雄曲　111
然布曲　67
然龙曲　67
然然嘎曲　65
然速　17
然乌错　133
然也涌曲　6
然者涌曲　6
惹查木曲　269
惹米河　150
惹纳藏布　209
惹曲　65
热巴嘎曲　253
热帮错　280
热昌陇　8

热嘎拉　171
热海河　86
热合拔白草河　278
热久藏布　161
热觉茶卡　243
热龙曲　109
热路曲　67
热玛曲　61
热米湖　157
热那错　262
热琼　285
热曲　10
热曲　16
热曲　61
热曲　63
热曲　64
热曲　105
热曲　161
热曲藏布　161
热振藏布　114
人熊湖　284
仁车曲　223
仁错　218
仁错贡玛　200
仁错约玛　199
仁堆曲　110
仁拉普曲　107
仁青休布错　267
日阿嘎藏布　98
日阿纳藏布　209
日阿赛陇岗　228
日阿莎曲　223
日阿苏藏布　98
日东而美　82
日东河　82
日东曲　81
日干配错　249
日根错　249
日居错　197
日马卜松曲　242
日玛尔　285
日青曲　8
日曲　17
日曲　63
日塔错　197
日知曲　100
日子俄敌能　11
冗流河　232
荣布马古曲　140
荣堆曲　170
荣吉嘎　165
荣可曲　192
荣马曲康　192
荣那　257
荣那河　265
荣浦　171
荣钦藏曲　192
荣琼曲　190
荣曲　61
荣曲　104

荣舍　257
荣乌曲　183
绒波藏布　175
绒嘎曲　173
绒果曲　188
绒玛藏布　257
绒土鲁　116
绒辖曲　165
绒霞藏布　165
容布琼果　223
容藏　223
容藏布　237
容玛藏布　277
容木斯维河　35
容扎藏布　272
如角藏布　99
如觉藏布　99
如来错　173
如曲　68
如许藏布　171
儒阿过马曲　284
汝河　159
汝曲　63
汝曲藏布　104
锐曲　221
瑞滇河　90
瑞丽江　87
若果河　239
若拉错　225
若弄巴　134
若曲　17
若曲　64
若曲　65
若褥藏布　213
若我虑曲　214

S

撒嘎曲　175
撒赛曲　60
萨尔温江　52
萨嘎尔藏布　231
萨哥弄巴曲　248
萨加藏布　100
萨迦冲曲　100
萨居鲁白惜曲　231
萨玛罗　255
萨摩河　182
萨摩河　183
萨曲　99
萨让曲　170
萨色曲　60
萨特莱杰河　169
萨翁弄曲　264
萨沃藏布　253
塞卡尔陇巴　216
塞柯河后　146
塞陇　8
塞仁夏玛曲　203，204
赛布错　227

赛藏布	105	色莆沟	112	师里河	19
赛场丁错	268	色普曲	112	诗礼河	29
赛曲	15	色曲	14	狮湖错	227
赛曲	105	色曲	14	狮泉河	166
赛曲	119	色曲	15	狮尾河	19
赛日作河	221	色曲	63	施甸河	70
赛松洛子河	229	色曲	112	什娥错	105
赛梯曲	145	色曲	149	石达耳弄	255
三岔河	18	色曲司陇	223	石房河	29
三岔河	25	色荣藏布	114	石缸河	68
三岛湖	265	色通堤布曲	192	石榴湖	241
三块石水库	72	色乌弄巴	183	石浦	118
桑阿涌	11	色兴沟	119	石水河	240
桑昂曲	142	色扎弄巴曲	248	石竹河	80,82
桑堆曲	143	色寨洛玛	166	时补错	212
桑嘎曲	177	森格藏布	166	实水沟	230
桑沽河	206	森里错	98	史曲	14
桑加曲	231	僧毕雄曲	149	手磨湖	262
桑久曲	143	沙帝甲布雄曲	240	舒崩河	141
桑勒玛加陇洼	229	沙额涌	12	暑场海	20
桑绿河	240	沙鄂玛夏弄曲	56	双湖	236
桑莫	216	沙嘎尔	234,238	双莲湖	225
桑目旧曲	263	沙各模曲	253	双联湖	235
桑钦曲	136	沙各青曲	253	双泉河	206
桑青藏布	265	沙莫弄巴曲	253	双泉河	248
桑青曲	136	沙木曲	12	双泉湖	219
桑穷藏布	265	沙弄曲	263	双泉湖	248
桑穷曲	136	沙平河	23	双崖河	242
桑曲	53,55	沙切涌	6	双嘴湖	230
桑曲	57	沙丘弄巴	66	水长河	69
桑曲	116	沙曲	6	水磨房河	18
桑曲	142	沙曲	63	水乡湖	229
桑曲	188	沙色朗弄巴	240	顺濞河	28
桑曲	192	沙舍	238	顺甸河	30
桑曲	192	沙水沟	206	顺利河	88
桑曲	193	沙塘	229	顺新河	89
桑曲	194	沙我曲	253	司马朗曲	127
桑曲	201	沙仙朗	126	司麦纠曲	190
桑曲	202	沙夷隆巴	143	丝波绒曲	121
桑曲嘎波	209	沙夷弄巴	143	私荣藏布	212
桑让普曲	270	沙卓雄曲	220	思茅河	39
桑热河	262	砂荣曲	191	斯巴荣曲	121
桑日阿普曲	104	晒米河	77	斯工沟	120
桑生曲	256	上曲	246	斯潘古尔湖	285
桑无藏布	255	上桑	245	斯荣浦曲	63
桑真湖	231	蛇孔弄巴	138	斯瓦洛巴河	68
桑卓曲	159	舍藏藏布	234	死尸湖	225
色布垄曲	121	舍尔确曲	193	四曲哪吗	120
色布弄巴	129	舍曲河	120	寺布弄	121
色布曲	112	设岗错	176	松波蒲	122
色尔底曲	171	渑水河	242	松当藏布	270
色卡执错	276	申错	193	松多曲	173
色喀执错	276	申格曲	214	松杰曲	171
色拉藏布	213	申扎藏布	212	松木希错	281
色来曲	106	神佑吉祥之湖	202	松曲	11
色林错	206	生拉藏布	167	松曲	136
色鲁河	151	生陇盖曲	198	松山河	90
色玛曲	175	生曲	68	松宗藏布	133
色那尔曲	220	胜备江	28	宋达罗玛曲	270
色呐熊曲	259	胜利河	244	宋达强玛罗弄	270

宋达强玛强弄 270	唐嘎普曲 157	妥曲 10
送玉曲弄 144	**唐工河 147**	
苏班西里河 148，152	唐古拉攸木错 244	**W**
苏尕陇哇 221	**唐热曲 285**	
苏鲁池 249	唐乡青卡曲 215	瓦曲 65
苏木涌 9	唐泽个热曲 173	瓦曲 66
苏穆河 150	塘河 105	歪角河 29
苏弄曲 272	塘木曲 12	弯弓沟 230
苏帕河 70	**塘茸贡玛曲 232**	湾甸河 72
素苦曲 145	塘茸窝玛曲 231	湾水河 32
素曲 58	塘桑扛姆 165	畹町河 89
绥加错 241	螳螂河 23	**万安湖 224**
孙科西河 164，165	淌曲 252	万马河 55
孙足河 69	桃湖 215	万清湖 229
梭啰涌 7	桃色曲 58	**万泉湖 266**
梭曲 126	桃源河 23	**汪布曲 13**
梭如藏布 237	淘金河 70	汪丹雄曲 109
索布查曲 194	特耳苏里河 158	汪多鲁曲 253
索尔岗曲 171	特鲁河 142	忘朵曲 55
索岗绒曲 170	特罗克拉河 128	威尔 166
索美藏布 262	**特乓曲 145**	威光映照的魔鬼湖 206
索弄巴 62	特沙曲 157	威日达曲 61
索弄藏布 231	**腾冲火口湖 90**	威远河 37
索曲 58	腾格里海 185	**威远江 36**
索热曲康河 204	腾日涌 13	微水河 235
索雅藏布 251	提琴曲 138	围山湖 216
唢呐湖 247	天池 20	**唯通河 154**
琐色藏布 269	天河沟 169	卫曲 68
	天湖 185	**伟曲 67**
T	**天南河 169**	尾巴河 196
	天台河 205	尾闾河 238
他玛藏布 200，211	甜水河 236	纬曲 61
它康巴曲 270	甜水河 240	**温多藏布 253**
它日错 233	通达河 38	温泉大沟 169
塔查普河 275	**通甸河 18**	温泉沟 222
塔居曲 161	通季某木曲 210	**温泉湖 266**
塔拉弄河 50	通曲 68	文板河 38
塔龙嘎么 100	同旧错 211	翁弄曲 253
塔鲁曲 68	佟曲 14	喻布绒 245
塔玛陇 8	铜曲 160	瓮布曲 95
塔母弄布曲 257	头岔沟 260	窝东桑曲 201
塔母弄布曲 264	头道水 75	窝多热曲 253
塔木曲 103	骰子盐湖 231	**窝尔巴错 279**
塔青曲 188	徒沟 169	窝尔章河 231
塔曲 105	土穷曲弄 182	窝金曲 60
塔热错 250	土曲 55	窝容曲 238
塔若错 264	吐错 195	我多曲 253
塔赛藏布 266	吐鲁河 23	我容曲 56
塔瓦卡勒错 276	**吐坡错 236**	沃卡河 121
塔约普曲 118	托把湖 218，230	**卧马曲 159**
踏青河 46	**托和平错 271**	乌哥桑河 281
太苦湖 228	**托和平河 271**	乌江 283
太平湖 203	托吉曲 5	**乌鲁龙曲 116**
太平江 85	**托纳藏布 198**	乌弄 126
太平南湖 203	托纳藏布 233	乌树弄曲 136
太阳绒 158	托纳木藏布 198	**乌孜藏布 261**
坦岗河 147	托纳木勒马天包曲 198	邬郁玛曲 111
坦加帕尼河 154	托钦曲 209	巫嘎错 233
汤夏曲 210	托青河 274	无名沟 166
汤汹曲 190	拖枝河 18	无名河 201

无名河 240	洗马河 39	香柏河 90
无如错 214	**洗马河水库 39**	香达曲 174
吾沙河 68	洗惹曲 188	**香嘎曲 209**
吴藏曲 202	细水河 242	**香尕尔曲 209**
吴如错 214	呷弄曲 262	香罗布 265
五郎庙 72	**虾别错 238**	香曲 95，110
五里河 46	虾底曲 142	香卓藏布 264
五泉河 206	**虾嘎荣藏布 214**	香孜河 171
物玛错 271	**虾河 240**	香作布 265
	虾鲁藏布 109	**湘曲 110**
X	虾弄嘎波曲 270	湘子龙巴 134
	虾曲 156	**响曲 275**
西巴霞曲 148	**狭床河 229**	**响水水库 38**
西比河 149	狭弄河 239	**向峰河 224**
西岔沟 260	狭石沟 235	向阳河 255
西岔沟河 169	霞曲 136	**向阳湖 205**
西大沟 169	霞如错 249	象泉河 169
西大河 25	霞舍涌 11	**象图小河 20**
西洱河 24	下巴尔 268	小波湖 232
西洱河 26	**下不梭朗 126**	小朝阳湖 239
西洱河 39	下布曲 105	小河 274
西工河 139	下布桑曲 253	**小黑河 29**
西河 75	下扎弄巴曲 200	**小黑河 76**
西湖 26	下里泥曲 183	**小黑江 33**
西纠曲 162	**下龙曲 215**	**小黑江 38**
西理河 29	下弄 10	小黑江 38
西曼河 148	下秋曲 57	小黑江 44
西南河 206	**下曲 257**	小湖叶野错 214
西南峡谷河 169	**下曲藏布 259**	**小浑水河 247**
西湃浪河 226	下如曲 57	小江 80
西浦曲多桑巴 170	下瓦曲 105	小梁河 85
西曲 9	下也弄巴 265	小勐统河 77
西曲 64	**下允河 36**	小蒲窝河 88
西泉湖 242	**吓嘎错 266**	小塘河 40
西沙河 90	吓嘎错 268	小天台河 205
西沙河 220	吓弄藏布 249	**小湾水库 29**
西山河 37	吓萨尔错 167	小哲古错 172，176
西乌河 150	吓萨尔河 167	小中河 40
西峡河 218	吓萨尔弄 168	晓各龙曲 7
西些尔河 141	吓先错 249	晓街河 31
西扎错 262	夏布错 273	孝感泉 72
西扎错 263	**夏布曲 105**	**肖茶卡 231**
西庄河 71	夏多 235	歇拉勃曲 112
希奥克河 168	夏额弄 155	歇龙曲 134
希卡河 141	夏拉藏布 213	歇曲 105
希芒河 140	夏龙曲 194	蝎子湖 256
希杂洛玛曲 222	**夏玛纳多曲 194**	协布普 165
希芝河 140	夏曲 109	**协曲 162**
昔戛河 75	夏曲 136	鞋底湖 219
昔勒帕抵曲 140	**夏赛错 167**	写秀鱼那曲 175
昔勒帕挺河 140	夏索弄巴 269	**卸曲 65**
昔木河 33	夏夜 265	谢里淌嘎曲 175
昔木水库 33	夏涌曲 223	谢纳 246
昔弄 62	**仙鹤湖 229**	**心湖 262**
锡腊河 73	**先旦错 279**	新波湖 236
锡约尔河 141	咸水河 219	新登河 26
锡约姆河 141	咸水河 247	新河沟 239
嬉龙河 242	**显民得错 278**	新加勒万河 169
习朽曲 191	香柏河 74	信房河 39
洗菜河 70	香柏河 85	兴瓦尔查曲 203

刑迁弄巴河 273	鸭孔弄巴 62	羊卓雍错 **173**
刑穷河 273	鸭子湖 241	杨柳河 90
邢扎 166	鸭子湖 272	洋勒 116
胸龙达 17	牙多布果曲 268	**洋纳朋错 203**
雄千普曲 105	牙那扎 267	洋伞河 87
雄曲 65	牙曲 68	仰桑河 140
雄曲 66	**雅贝藏布 234**	**仰桑曲 140**
雄曲 119	**雅达曲 144**	漾备江 21
雄曲 149	雅尔错 279	漾漠江 21
雄曲 186	**雅个冬错 220**	漾水 21
雄曲 192	雅个朵错 237	漾溪江 21
雄曲 200	雅根茶错 201	腰布茶卡 244
雄曲藏布 253	**雅根查错 201**	腰带湖 258
雄退仁曲 253	雅根错 220	姚关河 72
熊白曲 191	**雅根错 237**	窑涌 6
熊曲 17	雅拉雄布曲 120	野马滩河 282
熊曲 156	雅龙藏布 138	**野弄 126**
熊日弄巴 62	雅砻河 96,120	野油坝河 92
休冬曲 209	**雅鲁藏布江 93**	**业久曲 173**
休普曲 105	雅鲁曲 176	叶朗 114
修莫河 139	**雅弄藏布 257**	**叶如藏布 162**
秀达曲 135	雅恰雄曲 189	叶榆水 24
徐达曲 **136**	雅曲 14	叶榆泽 26
徐果错 **193**	雅曲 179	伊布茶卡 244
许如错 **249**	雅曲藏布 267	**伊洛瓦底江 80**
畜如错 249	雅曲涌 14	衣屯河 148
续曲 **112**	雅西尔错 279	**依布茶卡 244**
轩干河 77	雅协错 279	依牛河 146
轩岗河 91	亚布弄 183	依特兹河 147
悬怀湖 279	亚各鲁弄巴 258	夷泯曲 244
靴子湖 230	亚根亚姆茶卡 201	沂水河 26
薛雄曲 157	**亚克错 239**	沂水河 226
学堆河 109	亚拉浦 157	倚邦河 46
学觉藏布 245	**亚拉雄藏布 120**	**易贡藏布 135**
学里曲 147	**亚龙藏布 134**	**易贡错 137**
学那曲 132	亚马河 54	**益曲 60**
学曲 16	亚木乃河 141	因门曲 56
学曲 63	亚弄 237	因通河 148
学绒藏布 117	亚弄棍扎 166	阴暗沟 169
学修曲 191	亚弄浦 104	**银波湖 228**
学雅送科曲 194	亚弄曲 104	银江 20
雪古曲 118,119	亚曲 9	引波弄 117
雪古舍 245	亚惹穷曲 114	**饮龙湖 230**
雪环湖 230	**亚土错 210**	饮水河 279
雪景湖 235	**亚涌曲 9**	饮水泉 279
雪莲沟 220	岩边盐湖 273	**印度河水系 166**
雪莲湖 199	炎峪沟 239	迎春河 31
雪梅湖 228	盐井河 44	**迎雪河 243**
雪弄藏布 117	演武湖 218	赢(瓢)打曲 135
雪绒藏布 117	**燕子湖 196**	**映山湖 243**
雪水河 260	燕嘴河 220	**映天湖 230**
雪头河 247	央朗藏布 96,138	映月湖 206
雪源河 229	央弄 265	**佣尖错 248**
雪源湖 254	央弄藏布 253	佣钦错 248
	央弄曲 263	拥错 191
Y	**秧琅河 31**	拥曲 61
	羊湖 260	永安江 26
压曲 179	羊街河 23	**永波湖 216**
鸭布巨曲 269	**羊木涌 12**	**永春河 18**
鸭湖 219	羊扎弄曲 272	永丰河 23

永康河 73		扎根藏布 212
永木河 141		扎果曲 161
永平大河 20		**扎加藏布 208**
永平河 20	藏布曲 119	扎拉当玛曲 248
永浦曲 57	**藏布曲 200**	扎拉曲 175
永珠藏布 211	藏觉藏布 175	扎龙曲 188
勇曲 14	藏那抗曲 161	扎么那曲 231
勇曲 111	**藏南内陆河湖 172**	**扎木错玛琼 203**
涌波湖 246	藏曲 57	扎木嘎河 279
涌通曲 63	杂堆曲 63	扎木念曲 248
攸布错 257	杂古尔夏玛曲 210	扎那曲 3
忧曲 56	杂拉铺 14	扎那曲 175
尤曲 10	砸桑曲 223	扎纳沟 119
尤曲 119	赞曲 8	**扎囊河 120**
游涌 8	赞宗茶卡 204	扎弄 267
友谊沟 241	**赞宗错 204**	扎弄巴 214
有塔穹曲 262	澡塘河 69	扎弄嘎布 183
有扎那 267	则不弄 114	扎弄卡玛 183
佑甸河 31	则尔根多曲 202	扎弄纳玻 237
于夏要 284	则拉曲 162	扎弄弄 12
鱼浪白加曲 175	则木达 265	扎批桑 251
鱼尾湖 236	**则弄 129**	扎钦曲 183
瑜护雄曲 62	则诺曲 56	扎青藏布 180
玉察藏布 251	则普曲 134	扎穷 183
玉环湖 265	则曲 155	扎曲 3，5，6，7，13
玉琳湖 225，226	则仁 167	扎曲 180
玉龙河 26	则荣曲 61	扎曲 262
玉龙河 206	则绪藏布 110	**扎曲藏布 183**
玉龙河 241	则学藏布 110	扎曲我布查 255
玉门曲 149	**泽错 284**	**扎让雄曲 200**
玉米河 149	泽格丹湖 189	扎仁陇巴 11
玉年曲 118	泽普错 284	**扎日南木错 250**
玉盘湖 227	泽通曲 67	**扎日曲 150**
玉扑藏布 132	泽章曲 231	扎桑雄曲 193
玉曲 10	怎色乌河 273	扎翁弄巴曲 252
玉曲 65	**曾松曲 198**	**扎西错 256**
玉曲 67	增久曲 121	扎西错布 256
玉肖贡玛 60	渣曲 258	扎衣曲 101
玉液湖 220	渣渣曲 176	扎涌贡玛 183
玉扎 246	扎阿布曲 250	扎玉曲 68
裕民河 226	扎阿曲 5	扎杂弄曲 252
鸳鸯湖 169	扎保布曲岗 198	扎嘴弄巴曲 252
元宝湖 236	扎不曲 176	沾迭弄巴 165
圆湖 219	扎布茶卡错 263	**盏达河 86**
圆湖 255	**扎布耶茶卡 263**	张藏茶卡 273
圆开湖 193	扎布耶查卡 263	张岗曲 267
源泉河 217	**扎仓茶卡 273**	张目日弄洼曲 249
约尔布多 223	扎查普曲 270	**张乃错 238**
约基台错 241	扎店木尔曲 210	张田河 70
约马雄藏 235	扎多拿日错穹 266	张张茶卡 273
约梅河 141	扎朵河 89	章挨曲 188
约曲 99	扎尔康曲 184	章命曲 188
月岛湖 247	扎嘎藏布 214	章外河 36
月亮湖 256	扎嘎尔藏布 271	樟曲 159
月牙河 277	扎嘎卡曲 56	胀西州错 264
月牙湖 277	扎嘎曲 119	瘴气河 46
岳涌 8	**扎嘎曲 163**	樟木垡 284
越恰错 212	扎尕曲 5	折格陇巴曲 209
云玛曲 116	**扎哥拉哥藏布 278**	折古错 129
	扎格涌曲 6	折规藏布 99

349

折莫弄 269	中曲 182	孜曲 7
哲古错 172	中然曲 188	孜惹曲 110
者层能 12	中亦曲 64	**孜日阿曲 110**
者弄曲 245	种曲 191	孜如错 249
真都藏布 98	仲吨错 270	孜西曲 66
真都淌 98	众根涌曲 6	**兹格塘错 189**
真空弄巴 133	朱巴曲 210	子弄 235
真孔弄巴 133	**朱拉曲 128**	子弄曲 263
真木朗 118	茱阳湖 224	子切涌 8
振泉湖 242	蛛丝河 242	**子曲 7**
振太河 38	竹瓦根曲 143	子群涌 8
镇安河 70	**祝地藏布 267**	姊妹湖 90
镇康河 73	祝曲错 227，233	姊妹山河 90
支巴曲 210	准布藏布 212	梓擦弄曲 253
支驾河 259	卓布拉 245	紫曲 15
支那河 85	卓给曲港 55	自扎藏布 238
直孔藏布 114	卓角弄曲 188	宗错 164
直孔水库 117	**卓玛郎错曲 64**	宗荣曲 110
直曲河 147	卓木麻曲 157	总雄曲 192
直若错 233	卓木扎曲 270	足玛弄河 182
直若错 249	卓迁曲 190	**组克曲 155**
只切河 18	卓仁木青曲 99	祖果那曲 231
只曲河 18	卓西扎嘎河 274	左弄曲 175
智曲 11	着熊下马尔曲 262	左用错 280
中达罗玛曲 270	孜达曲 245	佐曲 17
中岛湖 219	孜格丹错 189	作布作曲 263
中河 40	**孜桂错 214**	作轰布拿曲 252

《中国河湖大典 西南诸河卷》
编辑出版人员名单

总 编 辑：汤鑫华

副总编辑：胡昌支

特约编辑：谢良华

责任编辑：吉鑫丽　王　丽　王德鸿　吴　娟　冯红春　李金玲　王海琴

英文编辑：方　平　李金玲

索引编辑：吉鑫丽　吴　娟　冯红春　李金玲　王海琴　沈晓飞　任书杰　闫莉莉

美术编辑：刘一檠　芦　博

地图编辑：黄云燕

封面设计：刘一檠

版式设计：王国华　黄云燕

责任排版：吴建军　郭会东　孙　静　丁英玲　聂彦环

责任校对：张　莉　梁晓静

责任印制：崔志强　帅　丹　孙长福　王　凌

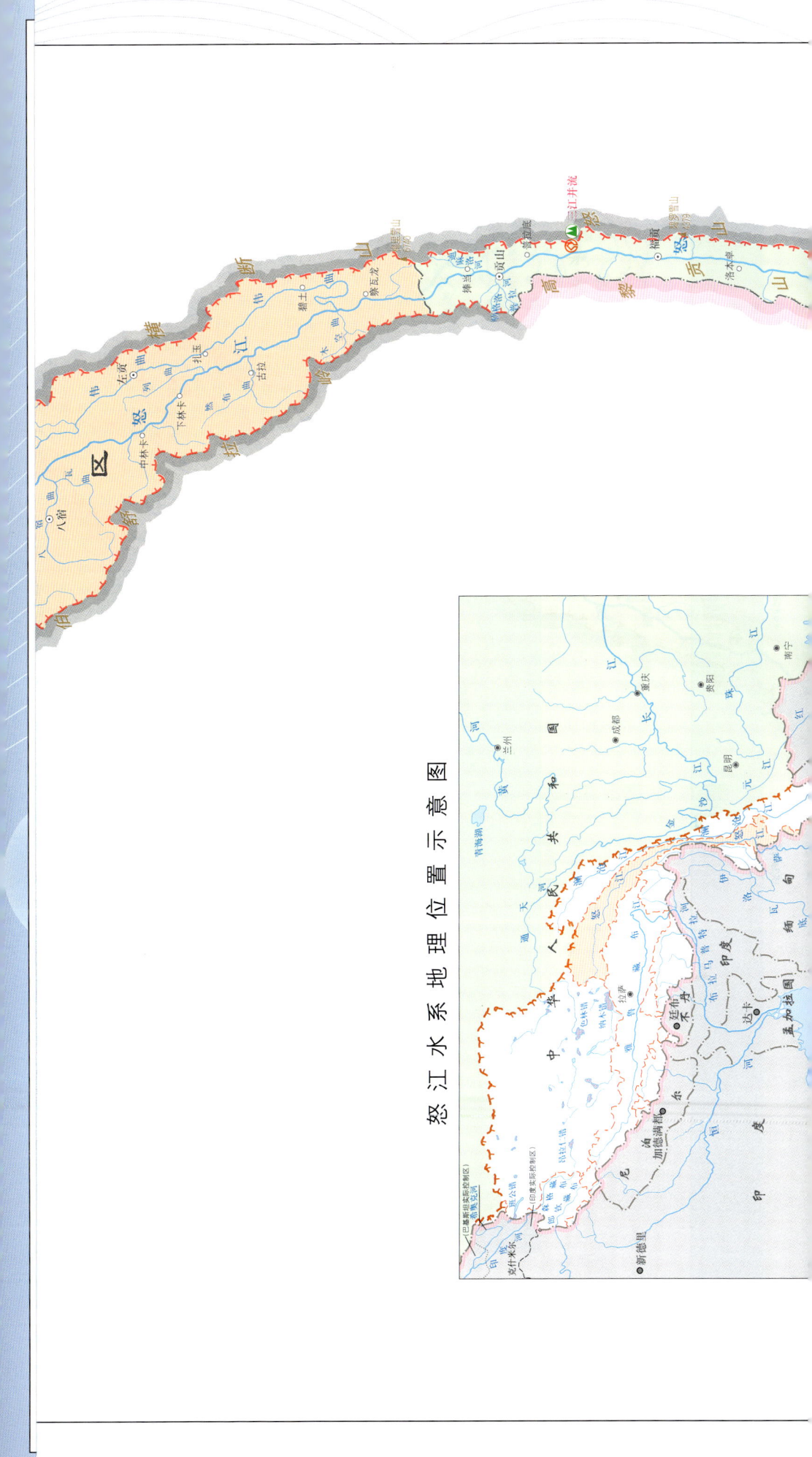

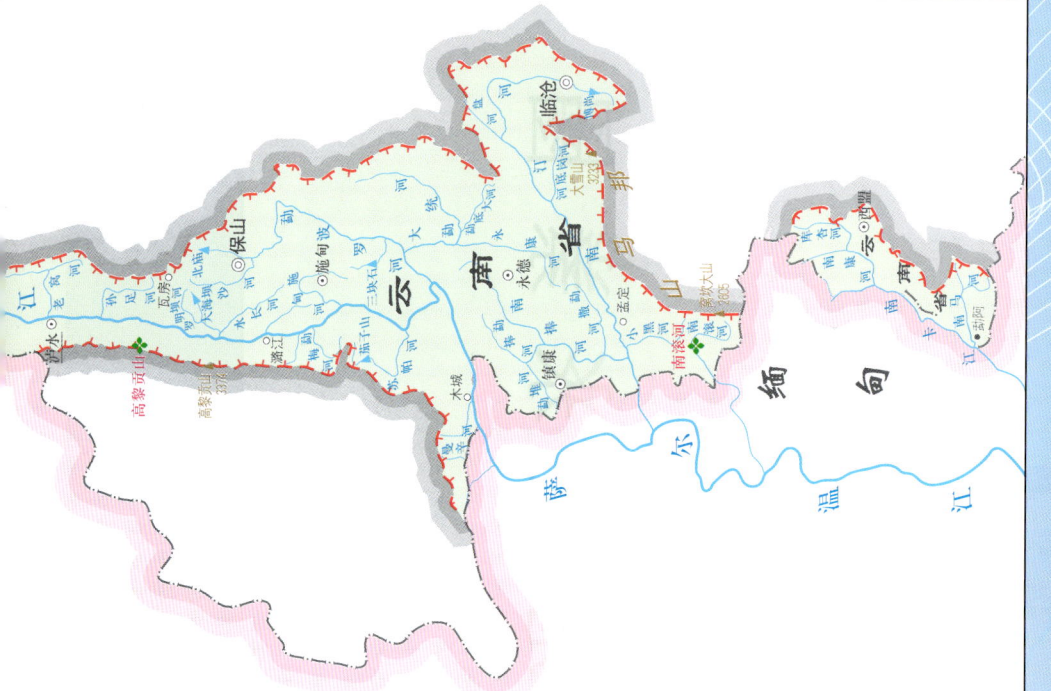

江及藏南河湖水系图

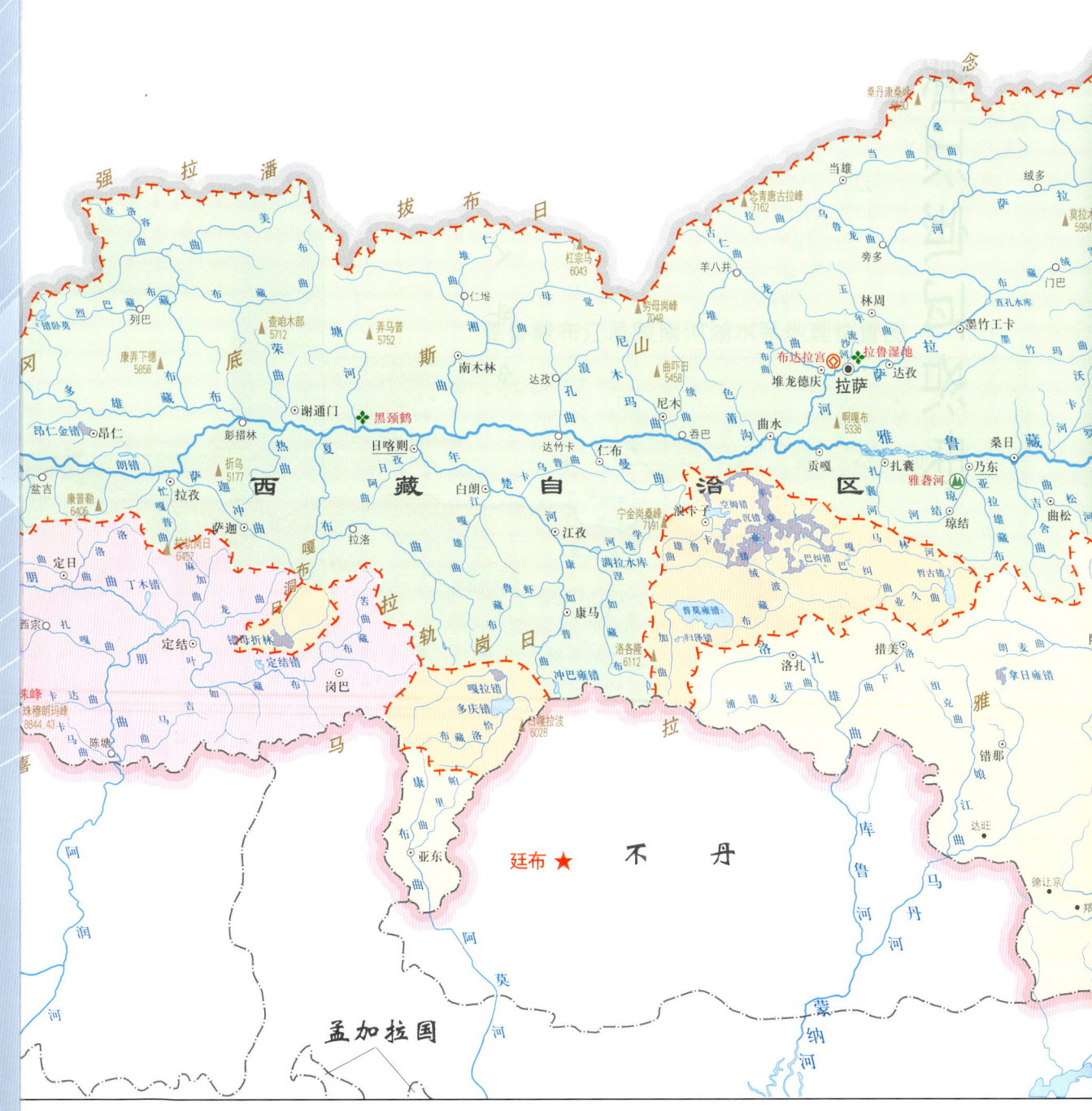

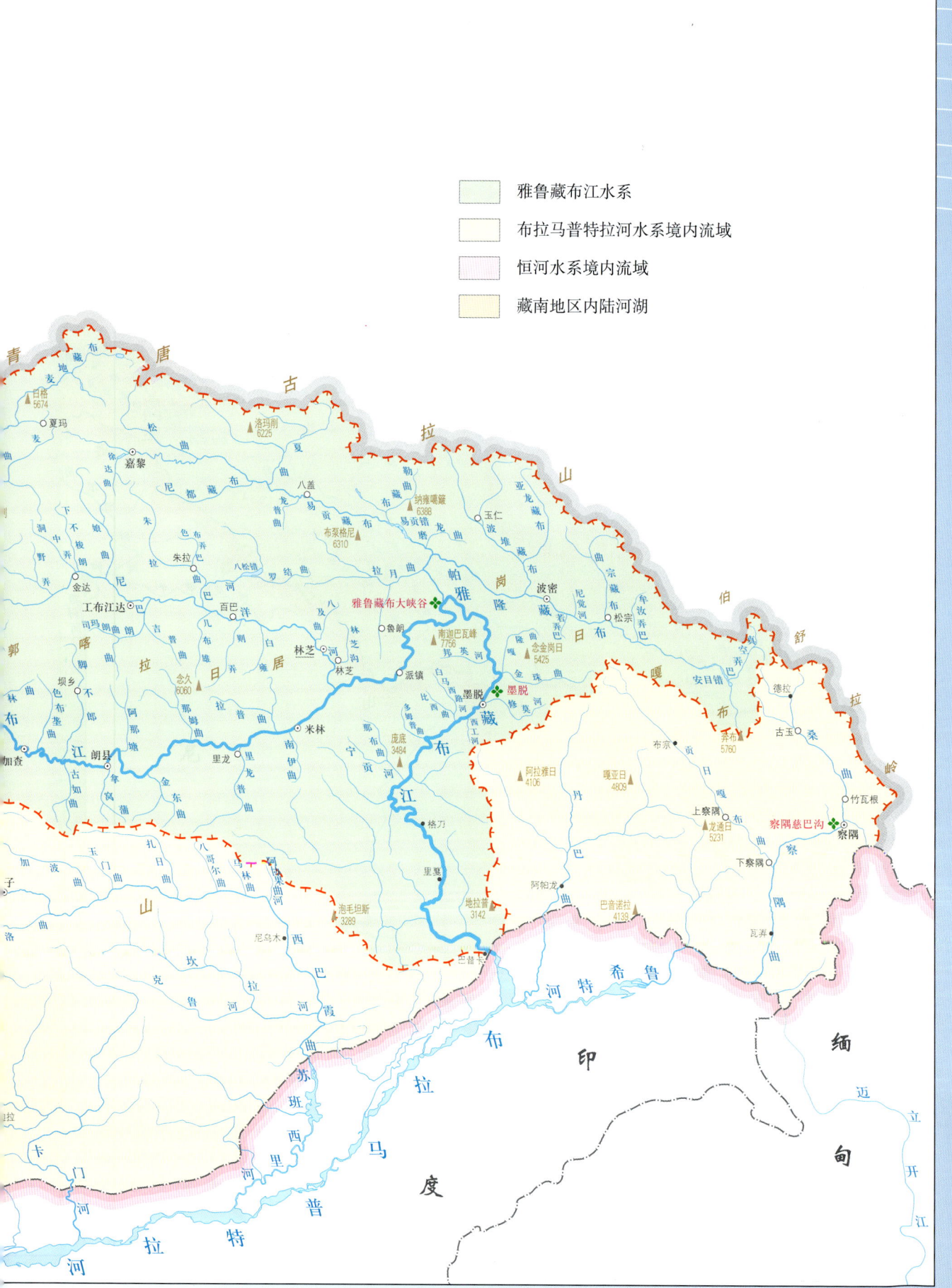

陆河湖水系图

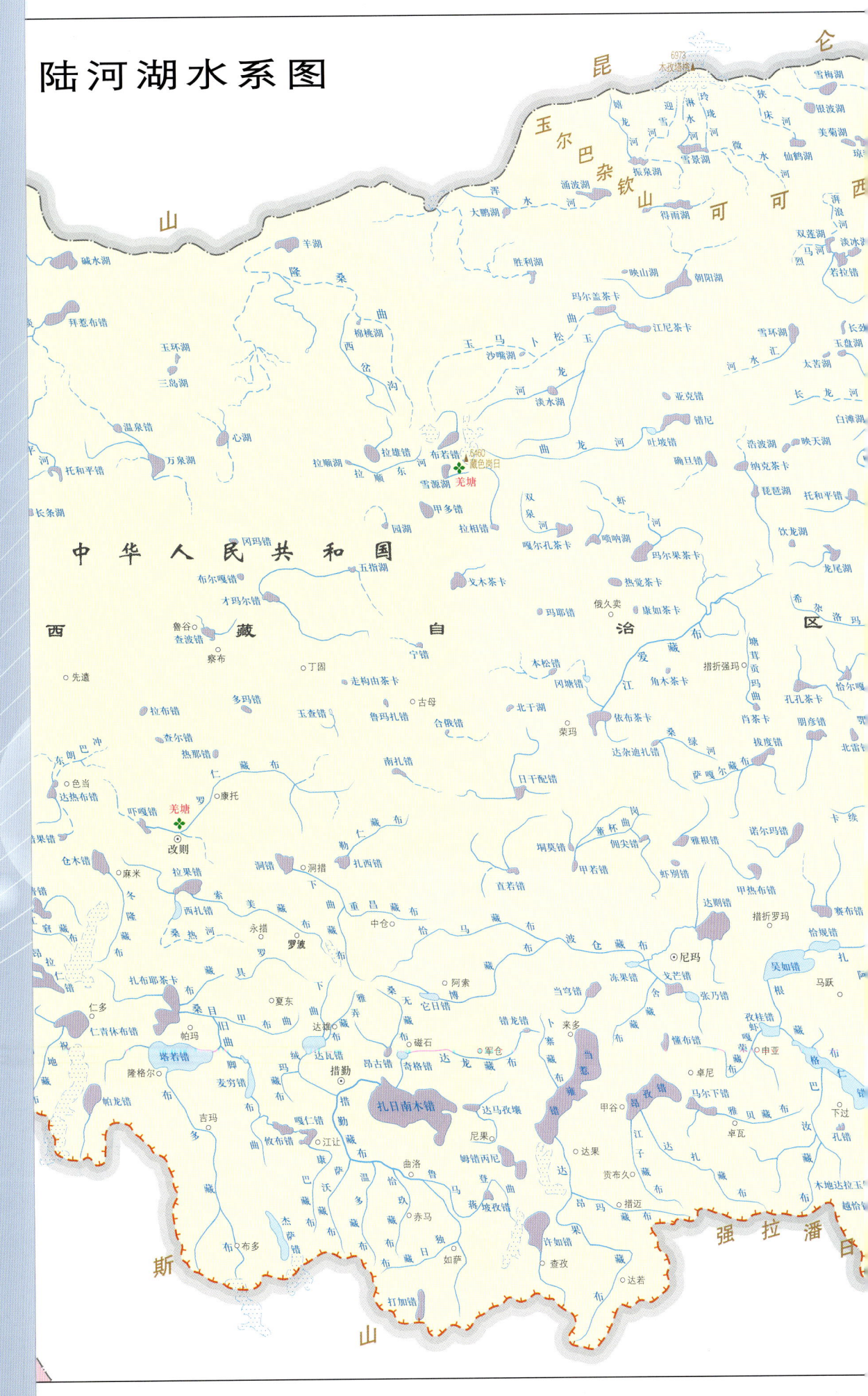

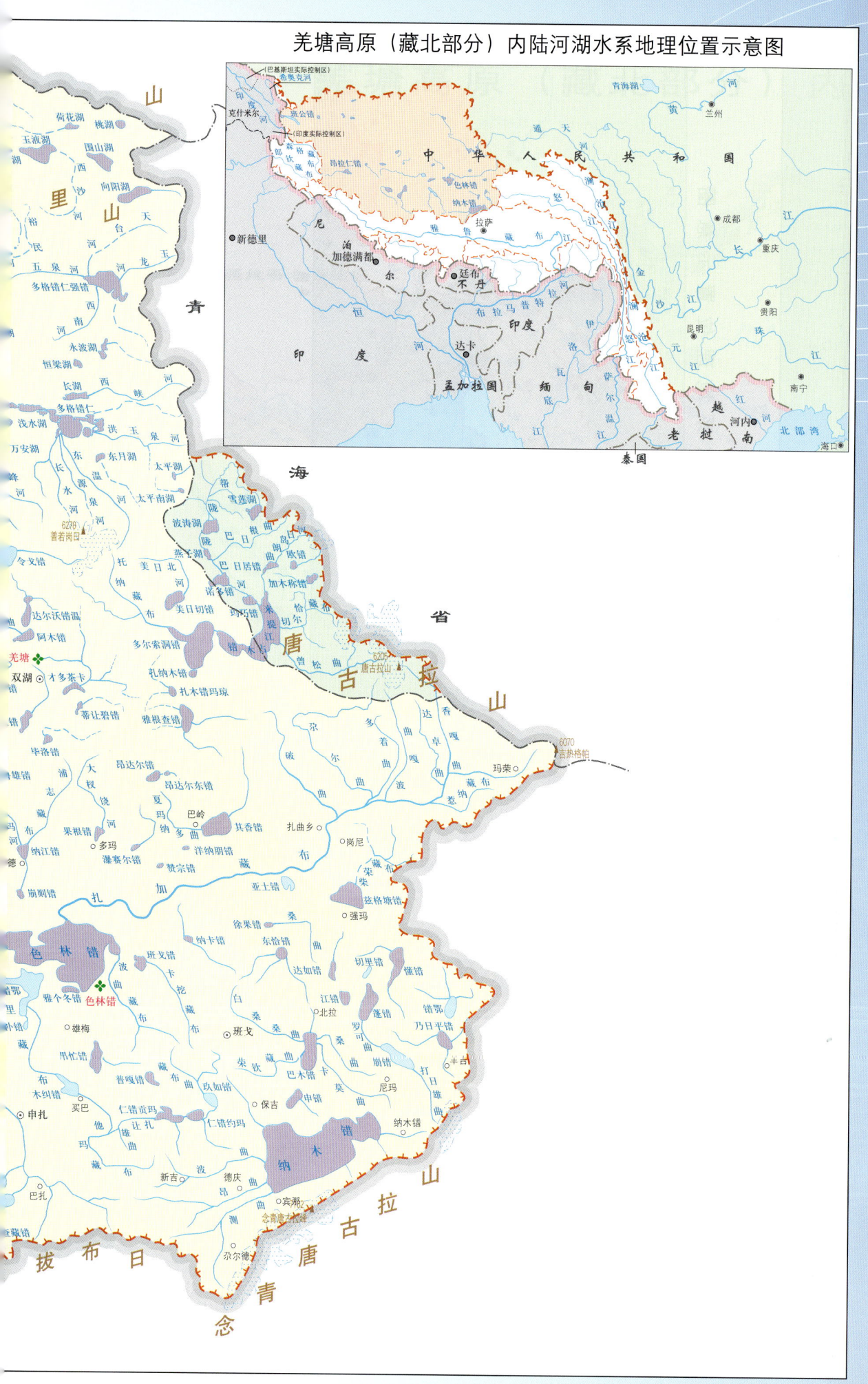

羌塘高原（藏北部分）内陆河湖水系地理位置示意图